煤层气与煤炭协调开发理论与技术

Theory and Technology of Coordinated Development of Coalbed Methane and Coal Resources

矿区煤层气开发项目组 编著

科 学 出 版 社

北 京

内 容 简 介

煤矿区煤层气是指生产煤矿井田范围内煤层赋存的煤层气资源，是我国煤层气资源的重要组成部分。本书全面总结了煤矿区煤层气与煤炭协调开发，煤矿区煤层气地质条件精细探测技术，煤矿区煤层气抽采产能预测技术，未采动区地面煤层气钻井技术，采动区煤层气地面抽采技术，煤矿区煤层气井下抽采钻孔施工技术，低透气性煤层增渗技术，煤矿区煤层气安全集输技术，低浓度煤层气利用技术等。同时，介绍了上述技术在山西晋城矿区、两淮矿区和重庆松藻矿区的应用示范效果，具有很强的理论和实用价值。

本书可供从事煤矿安全、煤层气开发领域的技术人员，以及从事相关领域的教学和科研人员参考使用。

图书在版编目(CIP)数据

煤层气与煤炭协调开发理论与技术=Theory and Technology of Coordinated Development of Coalbed Methane and Coal Resources / 矿区煤层气开发项目组编著. —北京：科学出版社，2021.3

ISBN 978-7-03-067986-4

Ⅰ. ①煤… Ⅱ. ①矿… Ⅲ. ①煤层–地下气化煤气–油气开采 ②煤矿开采 Ⅳ. ①P618.11 ②TD82

中国版本图书馆 CIP 数据核字(2021)第 022397 号

责任编辑：李 雪 崔元春 / 责任校对：王萌萌
责任印制：师艳茹 / 封面设计：无极书装

科学出版社 出版
北京东黄城根北街 16 号
邮政编码：100717
http://www.sciencep.com
天津市新科印刷有限公司 印刷
科学出版社发行 各地新华书店经销
*
2021 年 3 月第 一 版 开本：787×1092 1/16
2021 年 3 月第一次印刷 印张：33 1/4 插页：10
字数：788 000

定价：298.00 元

（如有印装质量问题，我社负责调换）

前　言

煤层气(即煤层甲烷，又称煤矿瓦斯)是一种储存于煤层及其邻近岩层中以自生自储式为主的天然气，是宝贵的清洁能源资源。煤层气吸附在煤孔隙内表面上或以游离态分布在煤的孔隙中，其中大部分存在于裂隙中。在我国煤矿现今采深条件下，中等变质煤中游离态煤层气仅占5%～12%，其余为吸附态煤层气，这是我国煤矿区煤层气赋存的一个特征。

煤矿区煤层气是指生产煤矿井田范围内煤层赋存的煤层气资源，是我国煤层气资源的重要组成部分。以往的煤矿生产以开采煤炭资源为主，没有把伴生在煤层中的煤层气作为能源资源进行开发，而是把其当作煤矿主要的危险有害因素进行抽放和管理，防止因煤层气的涌出而发生窒息、爆炸、煤与瓦斯突出事故，确保煤矿生产安全。随着国民经济的发展，对能源、环境等提出了更高的要求，清洁能源的需求量大增，煤矿区煤层气的开发与利用已成为保障清洁能源供应的重要补充。

我国大多数煤矿的煤层渗透性低，抽采煤层气效果差，给煤矿区煤层气资源开发带来了困难。煤矿生产实践表明，伴随着煤炭开采，采场顶板岩层下沉破坏，将促使地应力发生改变，煤层中吸附态煤层气将迅速解吸转化为游离态煤层气，部分游离态煤层气会涌入采掘场所，成为危险有害因素，煤层气(瓦斯)治理已是煤矿安全的头等要务，因此，煤矿区煤层气与煤炭开采关系密切，且相互影响。

针对这两种资源同源共生又相互影响的特点，如何从时间和空间上合理安排煤矿的采掘部署和煤层气开发的时序有机衔接，使采煤活动有利于煤层气的开发，从而降低煤层气含量和涌出量，提高采掘的安全性，达到趋利避害，促使两种资源的开发效果最大化，已成为煤矿区煤层气开发必须攻克的科技难题。

从“十一五”到“十三五”，国家科技重大专项“大型油气田及煤层气开发”中设立了“煤矿区煤层气开发与利用”项目，开展了煤矿区煤层气与煤炭协调开发，煤矿区煤层气地质条件精细探测技术，煤矿区煤层气抽采产能预测技术，未采动区地面煤层气钻井技术，采动区煤层气地面抽采技术，煤矿区煤层气井下抽采钻孔施工技术，低透气性煤层增渗技术，煤矿区煤层气安全集输技术，低浓度煤层气利用技术等基础研究和技术研发。同时，根据我国煤层赋存条件、开采方式和煤矿区煤层气赋存特点，选择在全国具有一定代表性的山西晋城矿区厚煤层条件、两淮矿区煤层群条件、重庆松藻矿区地质条件复杂煤层作为工程示范对象，应用各相关研究成果建设煤层气与煤炭协调开发示范工程，实现煤矿区煤层气与煤炭协调开发的技术创新和发展。山西晋城无烟煤矿业集团有限责任公司(简称晋煤集团)实施示范工程之前，2008 年煤炭产量为 3709 万 t，煤层气井下抽采量为 3.76 亿 m^3，煤层气井下抽采利用量为 1.59 亿 m^3，井下瓦斯超限 141 次。实施示范工程后，2018 年煤炭产量达到 6722 万 t，较 2008 年增加 81%。煤层气井下抽采量和利用量分别达到 14.6 亿 m^3 和 11.5 亿 m^3，分别增加 288%和 623%，井下瓦斯超限次数下降到 0 次，取得了显著的社会经济效益。通过国家科技重大专项“大型油气田及煤层气开发”的实施，初步形成了我国煤矿区煤层气与煤炭协调开发的模式，为实现两种资源合理开发，促进煤矿安全、环保、高效发展奠定了基础。

为了进一步推广这一成果，促进我国有条件的煤矿逐步实现煤层气与煤炭两种资源高效、安全开发，项目组系统总结了相关的研究成果并出版本书供煤矿及煤层气领域同行参考。

全书共 11 章，各章编写人员如下：第 1 章由齐庆新、靳秀良、李宏艳、雷毅汇稿；第 2 章由胡运兵汇稿；第 3 章由靳秀良、晋香兰汇稿；第 4 章由石智军、张阳汇稿；第 5 章由孙东玲、孙海涛、李日富汇稿；第 6 章由石智军、张阳汇稿；第 7 章由胡千庭、武文宾汇稿；第 8 章由杜子健、郭寿松汇稿；第 9 章由陈亚飞、陈金华、李雪飞汇稿；第 10 章由李国富、李平、宋庆尧、张纯如、陈久福、葛兆龙汇稿；第 11 章由赵路正汇稿。全书由申宝宏、刘见中统稿。

在项目实施过程中得到了国家科技重大专项“大型油气田及煤层气开发”全体专家组，特别是技术总师贾承造院士的关怀，以及重大专项实施管理办公室王雪飞处长、傅国友处长、赵力民处长的大力支持，在此表示衷心的感谢。项目的成功实施得到了矿区煤层气项目主要参与单位——中国煤炭科工集团、煤炭科学研究总院(简称煤科总院)、中煤科工集团重庆研究院有限公司(简称重庆研究院)、中煤科工集团西安研究院有限公司(简称西安研究院)、煤科集团沈阳研究院有限公司(简称沈阳研究院)、煤炭科学技术研究院有限公司(简称煤科院)、天地科技股份有限公司(简称天地科技)、晋煤集团、淮南矿业(集团)有限责任公司(简称淮南矿业集团)、淮北矿业(集团)有限责任公司(简称淮北矿业集团)、重庆松藻煤电有限责任公司、重庆大学等单位领导和工程技术人员的大力支持，在此对其表示衷心的感谢。在项目实施和书稿编写过程中得到了吴吟高级经济师、袁亮院士、卢鉴章教授级高级工程师、刘修源教授级高级工程师、张泓教授级高级工程师、张新民研究员、宁宇研究员、赵学社研究员、朱凤山教授级高级工程师、康立军研究员、史士东研究员、胡千庭教授、张遂安教授、张群研究员、王魁军研究员、贺天才教授级高级工程师、李国彪教授级高级工程师、都新建教授级高级工程师、王德璋教授级高级工程师、方良才教授级高级工程师、孔祥喜教授级高级工程师、唐永志教授级高级工程师、李伟教授级高级工程师、何辉教授级高级工程师、陈家祥教授级高级工程师、黄昌文教授级高级工程师、孙大发教授级高级工程师等专家的谆谆教诲和无私奉献，在此代表全体项目成员表示衷心的感谢。

由于编者技术水平有限，书中不足之处，望读者批评指正。

申宝宏

2020 年 12 月

目　　录

第 1 章　煤矿区煤层气与煤炭协调开发

煤层气与煤炭同源共生，均是宝贵能源。我国煤层气资源丰富，地质资源量达36.8 万亿 m^3，而煤炭更是多年来占我国一次能源消费结构的 60%以上。研究结果表明，煤炭开采能够显著提高煤层气抽采效率，而煤层气抽采能够降低矿井瓦斯灾害的发生和减少温室气体排放，因此，煤层气开发与煤炭开采密切相关。我国高瓦斯突出矿区所占比例大，约占煤矿区总数的 55%，给煤矿安全带来了巨大压力；特别是 2013 年国务院发布的《国务院办公厅关于进一步加快煤层气(煤矿瓦斯)抽采利用的意见》，对促进煤矿安全生产形势提出了更高的要求。因此，煤矿区煤层气与煤炭协调开发是我国煤矿瓦斯防治和煤层气产业化发展新形势下，资源利用、安全生产与环境保护的必然需求。

1.1　煤矿区瓦斯富集规律及控制因素

煤矿区瓦斯是在煤的生成和变质过程中伴生的气体，其成分以甲烷为主。瓦斯爆炸是煤矿主要灾害之一，给煤矿安全生产带来了很大影响。为解决此问题，众多学者近年来对煤矿瓦斯含量、瓦斯压力、透气性等进行了大量研究，基本掌握了重点矿区瓦斯赋存特征及其控制因素，为煤矿地面与井下瓦斯抽采提供了基础依据。

本节重点阐述我国主要含煤区的含气性、渗透性的基本特征及其控制因素，旨在为煤矿区瓦斯赋存规律研究提供区域背景资料。

1.1.1　我国煤层含气性的基本特征

1. 煤层气含量

煤层气含量是指煤层经过长期地质演化，生气、吸附、解吸、逸散、保存，最终达到吸附-解吸平衡状态时的气含量。影响煤层含气性的因素有很多，总体上可分为内因和外因两类：内因指煤层本身的因素，如煤岩煤质特征、煤的变质程度、煤的吸附能力等；外因主要有盖层的封闭性、盆地(煤田)构造及其演化、地壳升降所引起的埋藏剥蚀及地下水动力条件等。煤层含气性是内外因素相互作用、共同影响的结果。当然，对于不同盆地，并非所有因素起同等作用，各种因素影响的显著性有着很大的差异。

我国不同时代煤层气含量由老到新总体上呈减少趋势。其中，华南地区早石炭世、晚二叠世煤层气含量最高，其次是川黔滇地区晚二叠世煤层，西北、华北地区早-中侏罗世煤层气含量最低。下面按煤层形成时代分别进行介绍。

1) 华南地区早石炭世煤

我国早石炭世含煤地层以湘中地区的测水煤系最为重要，涟源、邵阳煤层气含量平均为 16～18m^3/t。

2) 华北地区石炭—二叠纪煤

鄂尔多斯盆地西部煤层气含量平均为 10～12m^3/t，在贺兰山和桌子山一带，煤层气含量呈西高东低、北高南低的特征。鄂尔多斯盆地东缘煤层气含量平均为 6～8m^3/t，在渭北煤田，韩城矿区的煤层气含量最高。河东煤田煤层气含量呈南高北低趋势。

沁水盆地煤层气含量平均为 16～18m^3/t，从全盆地范围来看，晋城—樊庄—潘庄—大宁一带煤层气含量最高，阳泉、寿阳、屯留—安泽、樊庄—潘庄—大宁盆地的煤层含气性明显好于西部的汾西、霍州。

太行山东麓煤层气含量平均为 8～10m^3/t。河南焦作矿区、安阳矿区、鹤壁矿区煤层气含量最高，河北峰峰矿区和邢台矿区煤层气含量处于中等水平。

豫西煤层气含量平均为 6～8m^3/t，在新安矿区、登封矿区煤层气含量最高。江苏徐州、安徽淮南和淮北一带煤层气含量平均为 6～8m^3/t。鲁西南煤层气含量平均低于 2m^3/t，鲁西北煤层气含量平均为 4～6m^3/t，淄博、济宁、兖州等地的煤层气含量均很低。

总体上看，华北石炭—二叠纪煤层在沁水盆地、鄂尔多斯盆地西部、太行山东麓煤层气含量较高，在豫西、江苏徐州、安徽淮北和淮南地区煤层气含量基本相当，区域上差别较小。鲁西南、鲁西北地区煤层气含量最低。

3) 华南晚二叠世煤

乐萍一带煤层气含量平均为 14～16m^3/t，该区花鼓山的龙潭组煤层气含量最高；以花鼓山为中心，向东西方向的煤层气含量呈下降趋势。

川南黔北地区煤层气含量平均为 12～14m^3/t，华蓥山煤层气含量平均为 8～10m^3/t，六盘水煤层气含量平均为 8～10m^3/t。

4) 西北、华北地区早-中侏罗世煤

昆仑—秦岭以北地区是我国早-中侏罗世煤的主要分布区，该地区煤层气含量普遍较低，平均为 4～6m^3/t。在西北地区，甘肃靖远宝积山，青海西宁、木里，新疆乌鲁木齐老君庙、白杨河、阜康—大黄山和艾维尔沟等地的煤层气含量相对较高，而焉耆及乌鲁木齐浅水河等地的煤层气含量最低，为 0.02～0.89m^3/t。陕西彬长矿区煤层气含量为 2～5m^3/t，内蒙古东胜矿区、山西大同矿区、甘肃华亭矿区煤层气含量相对较低。

5) 东北早白垩世煤

黑龙江三江—穆棱河地区煤层气含量平均为 2～4m^3/t，其中鹤岗、双鸭山矿区煤层气含量较低，平均为 1.89m^3/t 和 3.33m^3/t。

2. 含气饱和度

近年来，煤层气测试井为煤层气的含气饱和度的计算提供了具有价值的参数。本书根据相关测试资料，计算了我国部分矿区煤层气的含气饱和度(图 1-1)。

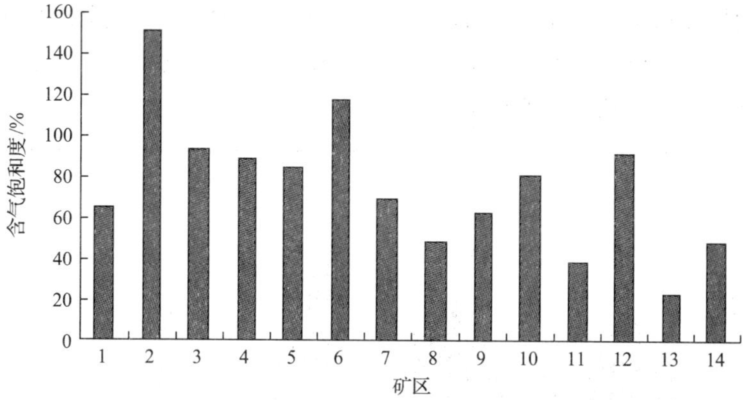

图 1-1　我国部分矿区煤层气的含气饱和度

1-辽宁铁法；2-河南安阳；3-河南鹤壁；4-河南焦作；5-河南平顶山；6-安徽淮北；7-安徽淮南；8-山西阳泉；9-山西潞安；10-山西晋城；11-陕西韩城；12-山西吉县；13-新疆吐哈；14-甘肃宁县

从图 1-1 中可以看出，河南安阳、安徽淮北等地部分煤层的含气饱和度大于 100%，处于过饱和状态；河南鹤壁、山西吉县等地煤层的含气饱和度介于 90%～100%，处于正常状态；辽宁铁法、河南焦作和平顶山、安徽淮南、山西潞安和晋城等矿地煤层的含气饱和度介于 62.49%～88.62%，处于较低饱和度状态；山西阳泉、陕西韩城、甘肃宁县等地煤层的含气饱和度介于 23.36%～49.07%，处于低饱和度状态。各个地区含气饱和度分布很不均衡：吐哈盆地煤层的含气饱和度介于 22.24%～28.52%；沁水盆地煤层的含气饱和度值分布范围为 28.9%～131%，大部分地区煤层的含气饱和度在 50%左右，樊庄、屯留一安泽一带较高，多数煤层均处于未饱和状态，只有大宁 3 煤、15 煤处于过饱和状态。

总体上说，太行山东麓、豫西、徐淮等地，煤层的含气饱和度相对高；鄂尔多斯盆地东缘南部，煤层的含气饱和度呈正常状态；沁水盆地煤层的含气饱和度相对较低；陕西渭北地区、黄陵、甘肃华亭及吐哈盆地煤层的含气饱和度相对偏低。

1.1.2　我国煤层渗透性的基本特征及其控制因素

1. 我国煤层渗透性的基本特征

从统计的 192 层试井资料来看，我国煤层试井渗透率(以下简称渗透率)测值主要变化范围为 0.001～82.84mD[①]，变化范围很大。其中，渗透率超过 100mD 的测值的真实性值得考虑。

煤层渗透率统计结果(图 1-2)表明，渗透率小于 0.01mD 的占 7.61%，介于 0.01～0.05mD 的占 14.1%，介于 0.05～0.1mD 的占 10.9%，介于 0.1～0.5mD 的占 24.5%，介于 0.5～1.0mD 的占 14.1%，介于 1.0～5.0mD 的占 15.2%，介于 5.0～10mD 的占 3.8%，介于 10～50mD 的占 8.7%，介于 50～100mD 的占 1.09%。从统计结果来看，我国煤层渗透率测值的主要分布范围为 0.1～5mD；另外，渗透率测值小于 0.05mD 的也占有比较高

① $1D = 0.986923 \times 10^{-12} m^2$。

的比例。而美国黑勇士盆地煤层绝对渗透率多在 1～25mD；圣胡安盆地部分高压区煤层绝对渗透率为 5～15mD。相比之下，我国煤层渗透率总体相对偏低，但在相对较低的背景中存在着渗透率较高的地区或煤层。

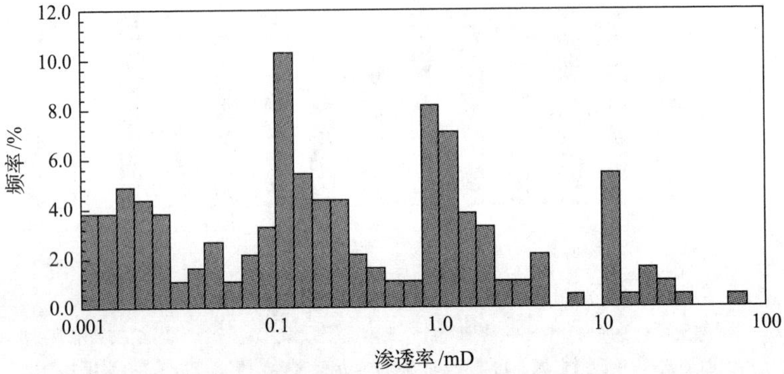

图 1-2　我国煤层渗透率测值频率分布直方图(N=192)

现有资料表明，我国煤层渗透性具有一定的地域性分布特点。根据对 17 个矿区的统计可知，辽宁沈北、河北大城、山西屯留诸矿区煤层渗透率小于 0.1mD；渗透率测值大于 1mD 的矿区有河北开滦，安徽淮北、淮南，陕西韩城，山西阳泉、晋城、柳林，云南恩洪 8 个矿区；其余各矿区的煤层渗透率测值介于 0.1～1mD。东北和西南地区煤层渗透率较低，总体上低于华北地区，但局部地区有异常值出现；华北地区煤层渗透率则呈现西高东低的特点。

运用我国煤层小于 100mD 的渗透率数据，对 2 个以上测试层次的 17 个矿区(地区)的主要渗透率测值进行算术平均可知，渗透率测值相差很悬殊。山西阳泉矿区的煤层平均渗透率最大，为 9.67mD；辽宁沈北矿区的煤层平均渗透率最小，仅为 0.033mD；二者相差几十倍。就同一矿区而言，渗透率分布也很不均衡。例如，安徽淮南矿区共测试了 13 个层次，渗透率最小值为 0.01mD，最大值为 12.89mD，相差 3 个数量级；又如，山西晋城矿区共统计了 35 个层次，渗透率最小值为 0.004mD，最大值为 5.707mD，也相差 3 个数量级。煤层渗透性的巨大差异是煤层非均质性的生动体现，从侧面反映了我国煤层气开发条件的复杂性和多样性。

2. 我国煤层渗透性的控制因素

影响煤层渗透性的影响因素是十分复杂的。地质构造、应力状态、煤层埋深、煤体结构、煤岩煤质特征、煤级和裂隙系统的发育程度等内外因素都不同程度地影响着煤层渗透率。在不同的地质环境中，对煤层渗透率起主导作用的因素有所不同，有时是某一因素起主要作用，有时是多因素综合作用。例如，煤级和裂隙系统的发育程度、煤岩组分、地应力等影响渗透率；裂隙的开合程度受原地应力的控制；煤级、煤岩组分通过裂隙系统的发育特征影响渗透率；有效应力、煤层埋深对渗透率的作用是通过地应力来体现的。但从总体上来说，煤层渗透率主要受煤中裂隙和原地应力的影响。在这方面很多学者进行了大量的研究，这里不做重点论述。

1.2　煤层气与煤炭协调开发模式

1.2.1　煤层气与煤炭协调开发模式定义

1. 煤层气与煤炭协调开发的内涵

煤层气与煤炭协调开发的关键在于协调煤层气开发与煤炭开采的时空关系，煤层气开发与煤炭开采在时间和空间上既对立又统一。煤层气与煤炭两种资源同源共生的特点决定了煤层气开发与煤炭开采密切相关且相互影响，合理进行煤层气开发规划和煤炭采掘部署以协调煤层气开发与煤炭开采的时空关系，才能实现煤层气与煤炭协调开发。

从时间关系分析，在采动影响下，煤体应力场、裂隙场(裂缝场)和瓦斯流动场是不断变化的，在这个变化过程中存在一个时刻对于瓦斯抽采是合适的，同时，瓦斯抽采效果的提高也可促进煤炭的回采速度，因此，经过合理设计与规划，采煤与采气在时间上是可以达到最佳状态的。“先采气，后采煤”是保证高瓦斯煤炭安全开采必须遵循的原则，对于不同条件的煤层和不同的抽采方法，抽采瓦斯的时间和成本是不同的。对于单一煤层或煤层群、近距离煤层群或远距离煤层群，采掘过程中瓦斯涌出来源是不同的，针对不同的瓦斯涌出来源需采用不同的抽采方法。对于相同条件的煤层，不同抽采方法会导致抽采效果产生巨大差异，地面井抽采与井下抽采、钻孔抽采与巷道抽采、顺层钻孔抽采与穿层钻孔抽采，诸如此类，不同抽采方法的抽采量、抽采时间有很大差异，因此对于不同条件矿区的模式和相适应技术体系的研究具有重要意义，抽采时间的规划和抽采方法的选择是煤层气开发与煤炭开采在时间上协调的关键。

从空间关系分析，由于煤层气与煤炭为同一载体，在煤炭开采或煤层气开发过程中必然会对这一载体产生影响，这些影响存在有利的方面，也存在有害的方面。例如，煤层开采的扰动一方面有利于提高瓦斯抽采的效果，另一方面不利于地面井的稳定性，这些影响中有利和有害的方面就体现了采煤与采气在空间上的对立与统一。

煤层气与煤炭协调开发在空间上突出体现为煤与瓦斯共采，采煤对采气的促进作用及各抽采方法在空间上的协调是煤与瓦斯共采的重要体现。采煤与采气在开采顺序上存在 3 种方式：①先采气后采煤。通过预抽煤层瓦斯消除突出危险性，实现安全开采。②煤与瓦斯同采。利用煤层开采对煤体应力、裂隙和瓦斯流动所产生的影响布置钻孔或巷道抽采卸压煤层瓦斯，可取得较好的抽采效果。③先采煤后采气。在煤炭回采完成后，利用地面井或井下钻孔方法对封闭采空区进行抽采。采煤对采气的促进作用在煤层群条件下体现得尤为明显，卸压开采抽采瓦斯技术已初步形成体系，开采保护层后抽采被保护层卸压瓦斯、本煤层抽采覆岩裂缝区瓦斯等技术在安徽淮南、山西阳泉等高瓦斯煤层群条件的矿区取得了较大成功。不同抽采方法在空间上的协调体现在全方位立体式抽采瓦斯技术，地面井与井下瓦斯抽采的协调、煤层预抽与卸压抽采的协调、巷道抽采与钻孔抽采的协调、穿层钻孔与本煤层钻孔的协调等方面需要在有限的空间中发挥出最好的效果。因此，煤与瓦斯共采技术是煤炭开采与煤层气开发在空间上协调的关键。

煤炭开采与煤层气开发在时空关系上的对立和统一都是存在的，避开对立的一面同时利用统一的一面是解决这一矛盾的可行性办法。在时间上，合理协调煤炭采掘部署与煤层气抽采规划，合理选择抽采方法，保证采煤与采气在时间上不发生冲突，做到“采、掘、抽”协调。在空间上，符合条件区域内采用预抽瓦斯方法降低煤层突出危险性，采动影响区域利用采动裂缝合理选择抽采方法，在不同瓦斯地质条件及煤炭开采与煤层气开发的空间布局条件下，利用煤与瓦斯共采技术实现采煤与采气的相互促进和抽采方法的协调。深刻理解并处理好煤层气开发与煤炭开采的时空关系，才能真正实现煤层气与煤炭协调开发。

2. 协调开发的时空转换机制

基于采气与采煤工程的时空约束分析，可得采煤与采气工程受约束等级与指标，见表 1-1。采煤工程在生产规划区、开拓准备区、煤炭生产区(简称三区)内的时间和空间上均受到严重制约，同时受到煤矿安全生产容许最高瓦斯含量指标的限制；采气工程在三区内的时空限制较小，在不考虑受采动作用影响的情况下，每种抽采技术工艺均存在着极限抽采率，是制约煤层气抽采效率的重要指标。

表 1-1　采煤与采气工程受约束等级与指标表

工程类别	约束等级		临界/极限指标
	时间维度	空间维度	
采煤工程	严重	严重	高瓦斯含量
采气工程	一般	一般	极限抽采率(未采动下)

煤层气与煤炭协调开发就是采气与采煤的优势互补，消除或降低系统工程的时空约束。采气与采煤的时空协调示意图如图 1-3 所示。煤层气地面井开发技术在时空协调关系中发挥了重要作用，在采煤工程及井巷工程施工前有效降低了煤层中的瓦斯含量，为巷道作业提供了安全的环境，节约了因瓦斯含量高而增加的施工费用和时间投入，消除了

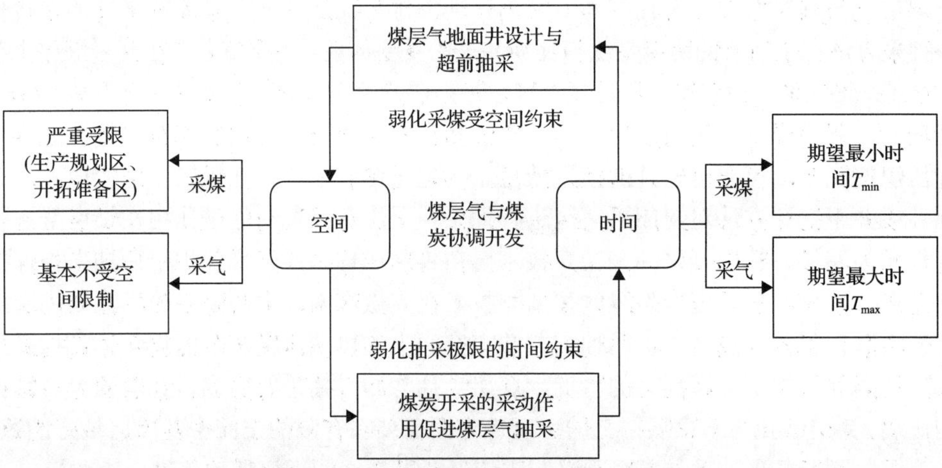

图 1-3　采气与采煤的时空协调示意图

矿井的采掘接替压力，有效解决了采煤在空间上受到的制约，即以时间换取空间；同时，在采气工程进入一定阶段后，采气效率会受到严重制约，而此时通过采煤活动能够突破抽采瓶颈，提高采气井或钻孔的采气能力，缩短采气工程时间，即以空间换取时间。

3. 煤层气与煤炭协调开发模式与分类原则

模式，即解决某一类问题的方法论，是人们在生产生活实践中对经验的抽象和升华，简单地说，就是从不断重复出现的事件中发现和抽象出的规律，是解决问题、形成经验的高度归纳总结。从上面对煤层气与煤炭协调开发的内涵的解读可以概括出，煤层气与煤炭协调开发的模式是指在煤层气与煤炭一体化开发过程中，以生产安全、经济最优、技术先进、环保节能及政策规范要求等为基本原则，以客观的煤层气与煤炭资源赋存、地质条件及当前的技术条件等因素为依据，对煤层气开发与煤炭开采技术、方法和系统工程关系的分析与总结。其总体思路为：以研究区所在的地质条件为基础，分析煤炭高效开采与煤层气抽采的各项关键技术，通过各项关键技术的有效匹配，以达到煤炭与煤层气两种资源高效开发的目的。随着煤层气作为一种新兴清洁能源的产业地位的提高，以及国家能源战略、政策的导向，煤炭与煤层气作为同等地位资源的开发也将成为未来的发展趋势，煤层气与煤炭协调开发模式也势必将与时俱进，并做出积极调整。

模式分类是通过构造一个分类函数或者分类模型将数据集映射到某一个给定的类别中，它是模式识别的核心研究内容，关联着其识别的整体效率，广泛应用于各个研究领域。煤层气与煤炭协调开发模式是复杂的、系统的工程，对其进行归纳分类既是开创性工作也是抽象性工作。为了使煤层气与煤炭协调开发模式分类更全面、合理，更具有科学性和代表性，首先需要确定煤层气与煤炭协调开发模式分类的目标和依据。

综合煤层气与煤炭协调开发的内涵特征及相互支撑与制约关系可知，煤层气与煤炭协调开发模式分类以生产安全、经济最优、技术先进、环保节能及政策规范要求等为基本目标，具体如下所述。

(1) 生产安全："安全第一"是我国安全生产方针的首要内容，煤层气与煤炭协调开发中必须以此为基本原则，以采气保采煤，以采煤促采气，实现采煤采气安全生产一体化。

(2) 经济最优：经济效益最优是煤层气与煤炭协调开发的重要原则和目的，经济效益最优即煤层气与煤炭两种资源开发量、开发效率的最大化，以及最大限度实现两种资源的有效回收。

(3) 技术先进：先进的工程技术是实现资源高效开发和改善协调开发关系的关键，先进技术的合理应用是实现煤层气与煤炭协调开发的基础保证。

(4) 环保节能：煤层气与煤炭协调开发过程对环境影响的关键是温室气体的排放。环境污染是影响人类生活的关键因素，因此煤层气与煤炭协调开发分类需要以节能环保为原则。

(5) 政策规范要求：国家的政策要求与指向是煤炭、煤层气开发的框架标杆和未来发展方向，也是煤层气与煤炭协调开发的重要法律依据。

我国煤炭资源分布范围广，资源赋存条件具有显著的区域差异性，同时客观条件因素更是给煤层气与煤炭协调开发划定了范围，因此，在以上分类目标的前提下，对煤层气与煤炭协调开发模式进行分类还需要依据实际条件，主要依据如下：

(1)煤及煤层气资源的赋存特征，如资源的赋存量、分布及可开发性等。

(2)煤层气与煤炭赋存的地质条件，如地质构造、水文地质及地形地貌等。

(3)资源开发的技术条件，如特殊条件的煤炭开发、煤层气抽采新技术等。

1.2.2　煤层气与煤炭协调开发模式分类方法、模型及指标

1. 煤层气与煤炭协调开发模式分类方法

分类方法是通过比较事物之间的相似性，把具有某些共同点或相似特征的事物归属于一个不确定集合的逻辑方法，其中一种是依据事物的外部特征进行分类，称为外部分类法；另一种是根据事物的本质特征进行分类，称为本质分类法。分类方法在不同领域均有应用，如数据处理、生物医学、遥感影像等。

外部分类法多采用基于特征指标的数学统计算法进行分类，是取样本的某一指标作为分类指标，用统计方法找出该指标与其他指标的相关关系，代表分类的统计规律，其类别划分就是把标志量分成几个级别，该方法一般选取工程意义鲜明的指标作为分类指标。其中代表性的算法为数学聚类，即将样本的各个指标都作为分类标志，全面考察样本分散性，比较两两样本的贴近度，逐步把样本划分为几类，使每一类中的样本贴近度都充分高。由于煤层气与煤炭协调开发的样本量较大，采用聚类方法考察的工作量太大，并且对于两两样本贴近度缺乏判定依据，会增加分类的不准确性。

本质分类法多采用基于目标分解和指标层次分析的数学算法进行分类，是将目标分解成指标，并按演绎逻辑将指标分配给某个子类，形成树形结构。该方法有两种方式，即平面分类法与自顶向下分类法。前者在分类过程中只构建一个分类器，在模型训练时利用类别间的层次关系，而对测试文本进行分类时，不再使用类别层次结构信息，而是由分类器将文本直接分到一个或多个类别中，无法很好地利用类别间的层次关系；后者运用自顶向下式方法将类别层次中的每一层看成一个分类平面，每一层可以独立采用平面分类中比较成熟的分类算法设置一个多类分类器，或者按照该层的类别数目设置多个二元分类器，能较好地利用类别间的层次关系，并且能在一定程度上适应类别层次结构的变化。

煤层气与煤炭协调开发模式在时空上和不同层面上受多种因素的影响和制约，具有层次化特点，已有的数据包括对模式各个指标的量化具有一定的基础。因此，本书提出用自顶向下式的统计分类法对煤层气与煤炭协调开发模式进行归纳。

2. 煤层气与煤炭协调开发模式分类模型

将煤层气与煤炭协调开发模式按照层次关系组织成虚拟类别树，根节点煤层气与煤炭协调开发是虚拟节点，枝节点代表大类和子类，叶节点代表小类，训练文档都被人工分在叶节点对应的小类中。协调开发模式层次分类方法流程如图 1-4 所示。

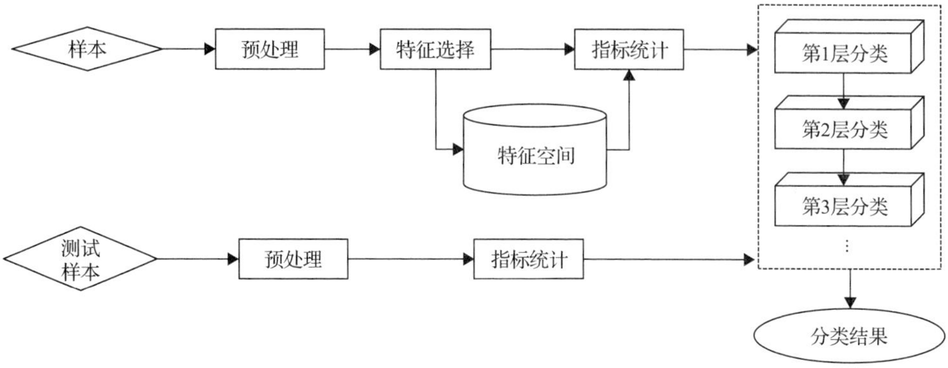

图 1-4 协调开发模式层次分类方法流程图

模式分类中各目标相关度按照重要程度的统计见表 1-2。

表 1-2 协调开发模式分类方法中各目标相关度

目标	安全	经济	技术	环保
安全	—	一般	重要	一般
经济	重要	—	较重要	较重要
技术	重要	较重要	—	一般
环保	一般	较重要	一般	—

由上述相关度分析可知，模式分类中各目标相关度在一定程度上决定了煤层气和煤炭协调开发过程中各目标实现的优先级别。

3. 煤层气与煤炭协调开发模式分类指标

煤层气与煤炭协调开发模式受多种因素的影响和制约，如图 1-5 所示，煤炭开采主要受煤矿区地质条件(地形地貌、构造程度、水文地质)、煤层赋存(煤层间距、倾角、厚度、瓦斯含量)等自然因素的制约，而煤层气开发还受到煤层气储性限制(变质程度、

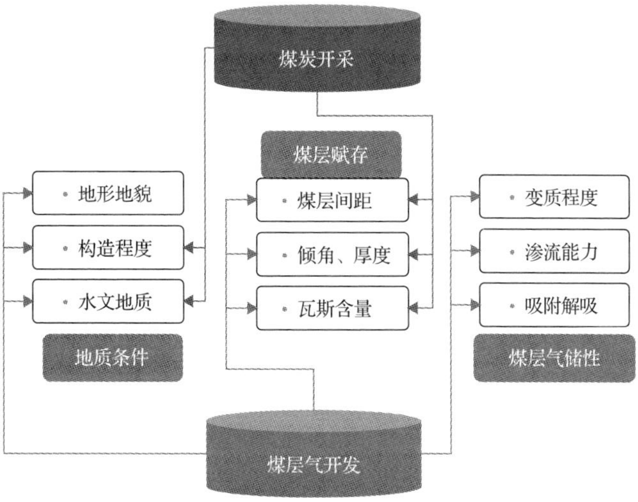

图 1-5 煤炭开采与煤层气开发受客观自然因素的制约关系

渗流能力、吸附解吸)，受制约的层级高于煤炭开采。同时，从生产安全、资源高效回收的角度来看，煤层气开发的层级均高于煤炭开采。因此，以煤层气开发作为煤层气与煤炭协调开发模式分类的依据准则。

1.2.3　煤层气与煤炭协调开发模式分类结果及典型案例

1. 煤层气与煤炭协调开发模式分类结果

基于对全国98个煤矿区的地质条件特征进行分析，提出以地面开发和煤层群开发为分类条件的层次分析法。煤层气开发的层次分析逻辑过程如图 1-6 所示。将煤层气与煤炭协调开发模式归纳为 4 种组合，即单一煤层井上下联合抽采模式、煤层群井上下联合抽采模式、单一煤层井下抽采模式和煤层群井下抽采模式。由于单一煤层井下抽采相当于煤层群井下抽采的首采层，将煤层气与煤炭协调开发模式分为单一煤层井上下联合抽采模式、煤层群井上下联合抽采模式、单一煤层/煤层群井下抽采模式 3 种，各种模式对应的主要煤矿区分布与典型代表见表 1-3。

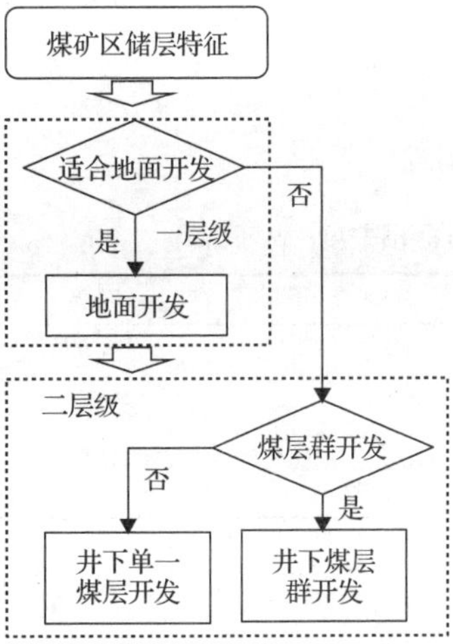

图 1-6　煤层气开发的层次分析逻辑过程

表 1-3　煤矿区煤层气与煤炭协调开发模式分类表

模式	依据	煤炭基地	矿区	典型代表矿区
单一煤层井上下联合抽采模式	具备井上下联合抽采条件，单一煤层	晋东煤炭基地	晋城、潞安、阳泉、武夏	晋城矿区
煤层群井上下联合抽采模式	具备井上下联合抽采条件，煤层群	蒙东煤炭基地	鸡西、七台河、鹤岗、双鸭山	两淮矿区
		冀中煤炭基地	峰峰、邯郸、邢台、井陉、开滦、平原	
		河南煤炭基地	鹤壁、焦作、郑州、平顶山、永夏	
		晋中煤炭基地	西山、东山、汾西、霍州、离柳、乡宁、霍东、石隰	
		宁东煤炭基地	石嘴山、石炭井、横城、韦州	
煤层群井下抽采模式	只适合井下抽采，煤层群条件	云贵川煤炭基地	老厂、镇雄、恩洪、盘县、普兴、水城、六枝、织纳、黔北、筠连、古叙	松藻矿区
单一煤层井下抽采模式	只适合井下抽采，单一煤层	其他	云南省能源投资集团有限公司(少数)	

2. 晋城矿区三区联动井上下整体抽采煤层气开发模式

1) 三区联动井上下整体抽采煤层气开发模式

三区联动井上下整体抽采煤层气开发模式以晋城矿区的地质特点、煤层赋存特征为基础，基于煤炭开采的三区划分及各区的特点，充分发挥地面井抽采技术优势，实现煤层气与煤炭协调开发。三区联动井上下整体抽采煤层气开发模式框架如图 1-7 所示，主要包括 3 方面的内容：三区联动评判指标、三区划分与界定、各区对应的煤层气开发技术体系，各部分之间相辅相成。在空间上体现为井上下结合，即地面与井下瓦斯抽采相结合，与煤矿开采衔接完全一致；在时间上体现为煤矿生产规划区实施地面预抽、煤矿开拓准备区实施井上下联合抽采、煤矿生产区实施井下瓦斯抽采；在方式上体现为多种抽采方式相结合，即地面抽采、长钻孔抽采和顺层钻孔抽采方法相结合。

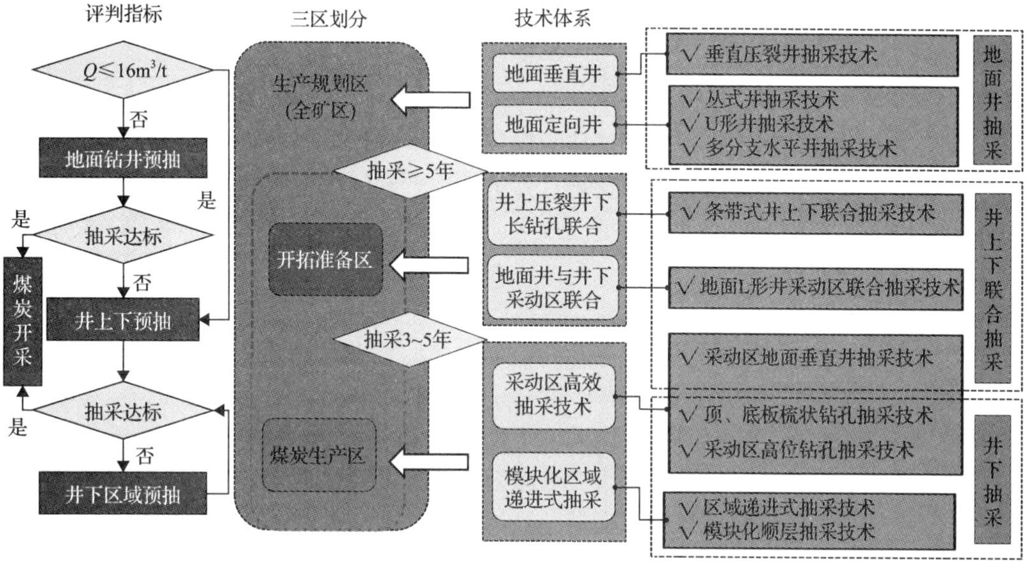

图 1-7　三区联动井上下整体抽采煤层气开发模式框架

实施三区联动井上下整体抽采煤层气开发的关键在于 3 个区域的确定及实现地面、井下抽采的联动。地面抽采钻井布置密度方面，要考虑单井的抽采效果、允许抽采的时间，以及使煤层瓦斯均匀地降低，不留下局部瓦斯含量大、压力高、有突出危险的隐患。给煤炭开采创造安全条件方面，要考虑避让井下采掘巷道和井筒硐室；要考虑使采面抽采效果达到最佳；要考虑在抽采全过程真正能够做到一井多用。

三区联动体系是煤层气与煤炭开发的过程体系，根据煤层气开发的时空顺序，通常可分为以下几种情况。

(1) 先进行生产规划区抽采，若煤层气抽采达标，在进入开拓准备区和煤炭生产区后可以不需要进行其他相关抽采工程，但这种情况基本上无法实现；若煤层气抽采未达标，在进入开拓准备区后需要继续进行煤层气抽采。

(2) 当生产规划区煤层气抽采未达标时，在进入开拓准备区后继续进行煤层气抽采，若煤层气抽采达标，在进入煤炭生产区后可以不需要进行其他相关抽采工程；若煤层气抽采未达标，在进入煤炭生产区后续继续进行煤层气抽采，直至抽采达标后，再进行煤炭开采。

三区联动评判指标是形成三区联动机制的关键，本书在三区划分和技术体系的基础上，基于井田的煤层气资源特征和煤炭开采对瓦斯安全指标要求，总结出了三区联动的时空接替指标，主要指标为煤层瓦斯含量、抽采时间。

三区划分与界定是三区联动的基础，特别是对生产规划区的界定。生产规划区不受煤炭生产接替和采掘工程的影响，煤层气抽采时间充足，而开拓准备区和煤炭生产区受时间限制严重，因此，生产规划区的界定直接影响到开拓准备区和煤炭生产区的煤层气抽采，是晋城矿区煤层气与煤炭协调开发的关键。

基于三区联动指标中的煤层瓦斯含量和抽采时间指标，在保证生产规划区最小抽采时间的基础上，开展煤层气地面井抽采。因此，需要对生产矿区进行整体设计与规划，设计出合理的生产规划区。

2) 煤层气开发技术体系

煤层气开发技术体系是针对三区特点进行的煤层气开发技术的综合，从开发工艺上主要分为地面井抽采、井上下联合抽采及井下抽采。其中，生产规划区不具备井下开发条件，煤层气开发技术只为地面井抽采技术；开拓准备区以井上下联合抽采技术为主，充分发挥地面钻井抽采效果；煤炭生产区以井下强化抽采技术为主，随着技术的发展，开始探索井上下联合抽采技术，充分发挥地面井的作用，提高煤层气与煤炭开发效率。

根据三区划分，晋城矿区三区联动井上下整体抽采煤层气开发模式形成以地面常规垂直井、多分支水平井、分段压裂 U 形井、采动区 L 形井为主的地面抽采技术和以本煤层抽采、裂缝带抽采、高(底)抽巷抽采、上隅角及采空区井下抽采技术为主体的井上下抽采综合应用技术体系。技术体系主要分为地面井抽采、井上下联合抽采及井下抽采 3 部分，其中地面井抽采包括各种地面钻井开发技术，井上下联合抽采为发挥并结合地面钻井和井下钻孔优势的抽采技术，井下抽采是与煤炭开采影响相结合的井下强化与促进抽采技术，各个部分对应的关键技术如图 1-8 所示。

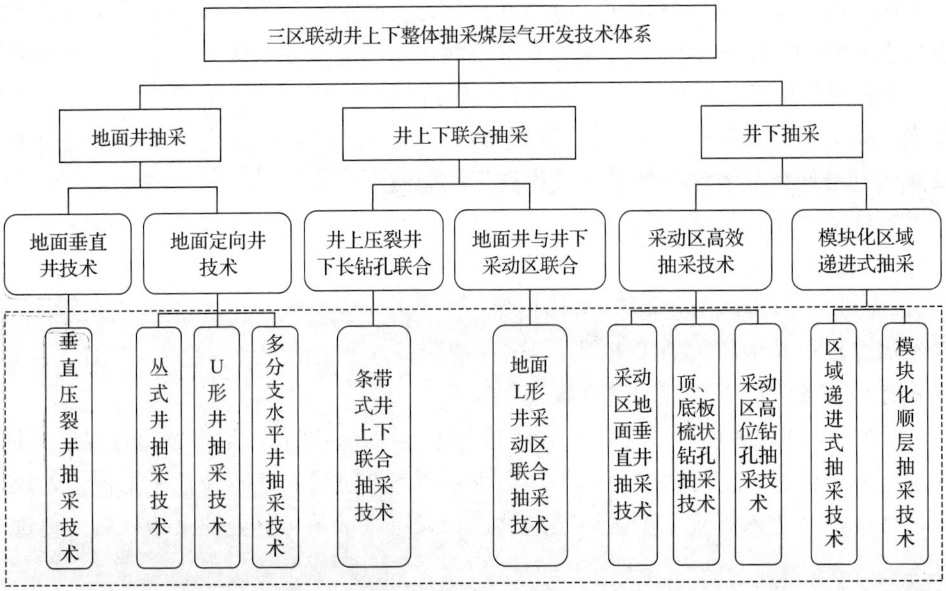

图 1-8　三区联动井上下整体抽采煤层气开发技术体系框架图

3. 两淮煤层群条件下保护层卸压井上下立体抽采煤层气开发模式

1)煤层群条件下保护层卸压井上下立体抽采煤层气开发模式

两淮矿区煤层赋存具有高瓦斯煤层群(8～15 层可采煤层)、煤层瓦斯含量高(12～32m^3/t)、表土厚(300～600m)、埋藏深(400～2000m)、极碎软(普氏系数f为 0.2～0.8)、透气性低(渗透率为 0.001～0.01mD)、瓦斯压力大(高达 6.4MPa)、煤层倾角变化大(0°～90°)等特点，尤其是具有低渗透率和非均质性的特性，形成以井下抽采为主、地面抽采为辅的开发特点。针对两淮矿区煤层的赋存特点，充分利用煤层群这一有利条件，综合两淮矿区多年来煤层气抽采方面所取得的成果，提出了煤层群条件下煤层气与煤炭一体化协调开发模式，即煤层群条件下保护层卸压井上下立体抽采煤层气开发模式(图 1-9 和图 1-10)。

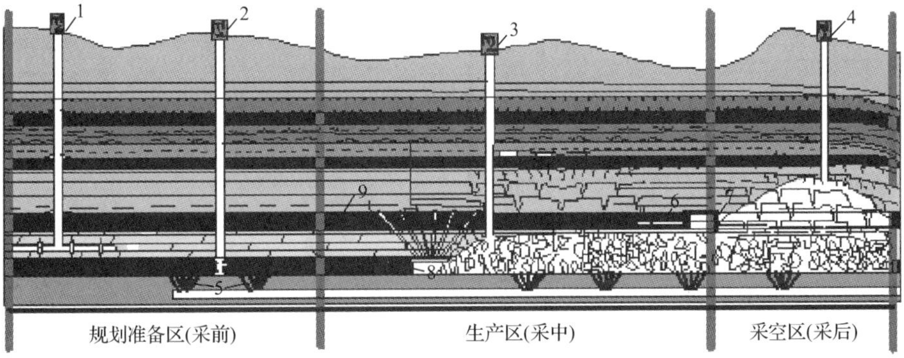

图 1-9　煤层群条件下保护层卸压井上下立体抽采煤层气开发模式布置图

1-地面水平分段压裂井；2-准备区地面压裂井；3-地面采动区井；4-地面采空区井；5-穿层钻孔；6-顺层钻孔；7-采空区埋管；8-保护层(首采层)；9-被保护层(卸压层)

根据两淮矿区煤炭与煤层气资源赋存地质条件、资源分布特点、矿区资源开发现状、采掘规划和煤炭安全开采的需求，围绕煤层群条件下煤炭开发的全过程，以煤层卸压开采为基本原理，协调煤层气与煤炭的一体化开发。煤层群条件下保护层卸压井上下立体抽采煤层气开发模式以煤炭开采为主线，根据矿区煤层气开发至煤炭开采的全过程，将两种资源的协调开发在时间上分为煤炭的采前、采中和采后“三阶段”；在空间上分为规划准备区、生产区和采空区“三区域”，随着煤炭采掘活动的推进，“三阶段”和“三区域”在时空上不断地演变和转换。

“三阶段”“三区域”的协调开发情况分别为：

规划准备区(采前)：根据煤炭开发采掘接续、煤层气赋存规律等情况，提前 5～10 年进行煤层气与煤炭协调开发规划，选择保护层和被保护层，在煤炭未开发区域，采用地面垂直井、地面水平分段压裂井等技术进行地面煤层气预抽；在煤炭的开拓准备区域利用地面垂直井和煤层底板穿层钻孔进行开拓区域预抽，整体预抽时间为 5～10 年。该阶段的抽采目标为：瓦斯含量小于 8m^3/t，瓦斯压力小于 0.74MPa，煤层气整体采收率为 30%～50%。

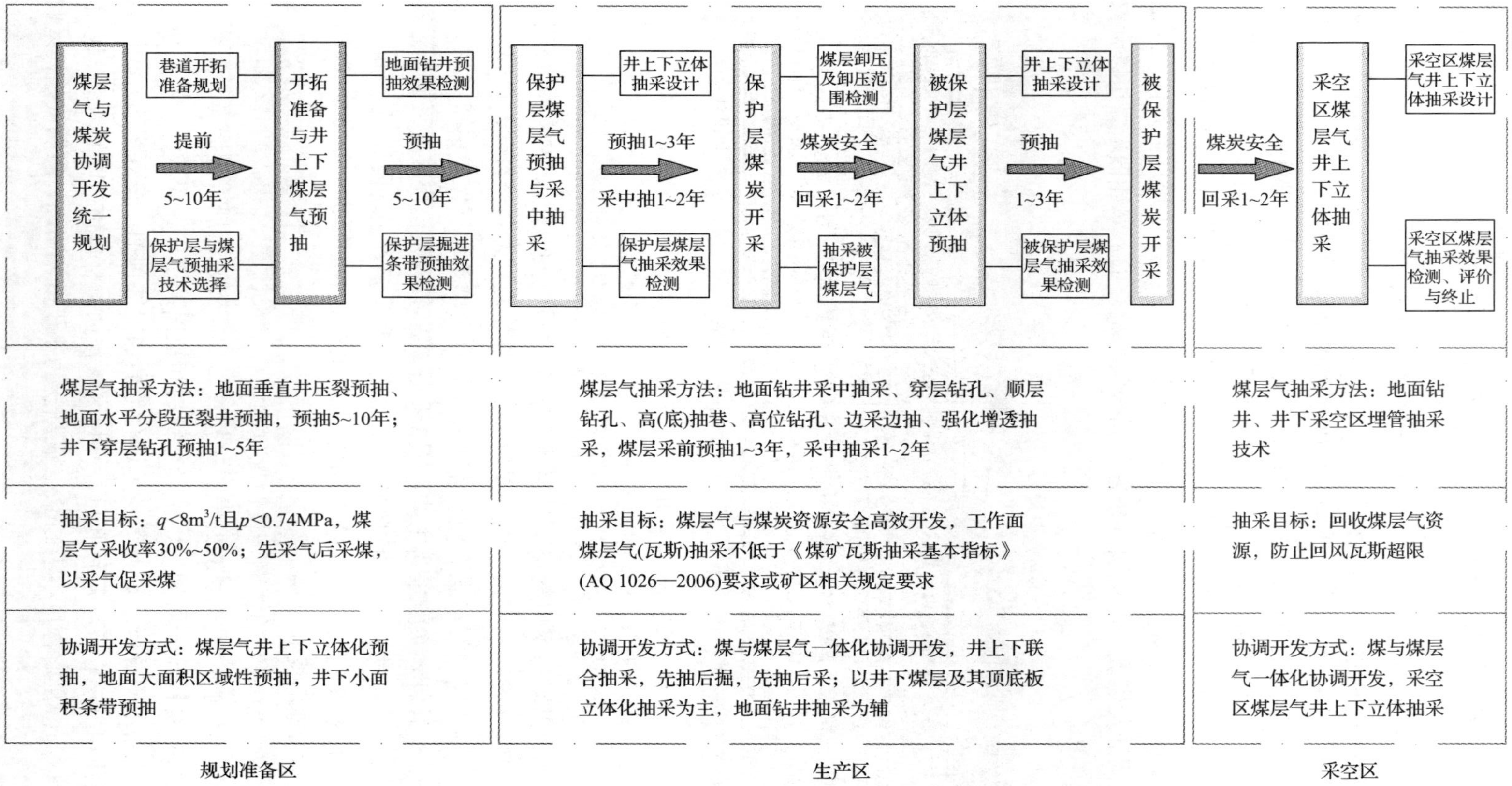

图1-10　煤层群条件下保护层卸压井上下立体抽采煤层气开发模式

q-瓦斯含量；p-瓦斯压力

生产区(采中)：为保证煤炭安全生产，在煤炭掘进和回采区域，实施以井下煤层气煤层及顶底板立体抽采为主、地面采动区钻井抽采相结合的方式进行煤层气抽采，以保证煤矿井下煤炭回采区域瓦斯压力降至 0.74MPa 以下，煤层瓦斯含量降至 $8m^3/t$ 以下。该阶段针对煤层群赋存条件，先开采保护层，利用保护层采动卸压作用，抽采保护层和被保护层煤层气，最终实现保护层和被保护层煤层气和煤炭的安全回收。采动区保护层卸压井上下立体抽采示意图如图 1-11 所示。

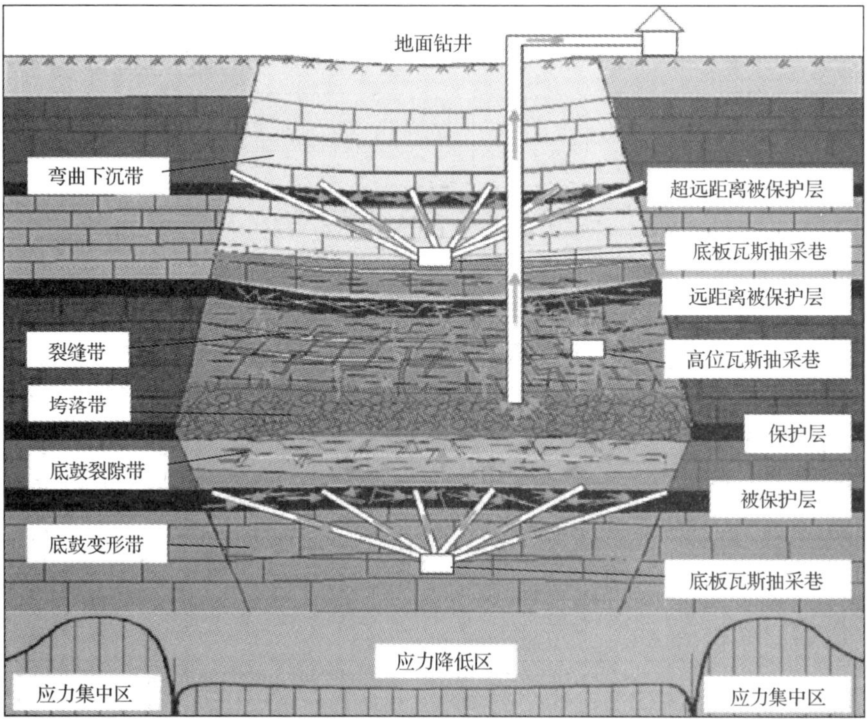

图 1-11　采动区保护层卸压井上下立体抽采示意图

采空区(采后)：保护层和被保护层煤炭开采后，采空区存在大量余煤，煤层及其围岩继续释放出煤层气，受采动影响，上下邻近层的煤层气会向采空区汇聚，为减少采空区煤层气(瓦斯)涌出量，应实施采空区地面垂直井、井下煤层气抽采相结合的方式进行采空区煤层气抽采。

2)煤层气开发技术体系

通过收集筛选以两淮矿区为代表的煤层群条件下煤矿区煤层气抽采技术，将抽采技术分为地面煤层气抽采技术和井下煤层气抽采技术。地面煤层气抽采技术又分为地面压裂井和地面非压裂井抽采技术；井下煤层气抽采技术又可分为保护层(首采层)煤层气抽采技术、被保护层(邻近层)抽采技术和采空区抽采技术，技术分类如图 1-12 所示，具体技术体系见表 1-4。

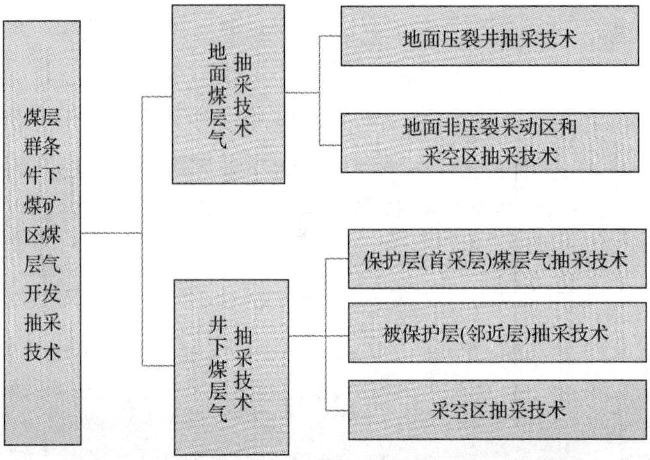

图 1-12　煤层群条件下煤层气开发技术分类图

表 1-4　煤层群条件下煤矿区煤层气抽采方法

抽采分类				抽采方法	适用条件
地面煤层气抽采技术	地面压裂井抽采技术（地面垂直钻井预抽、地面水平分段压裂钻井预抽）			超前于煤炭开采，设置压裂井形式的地面钻井，以压裂法在煤层中形成人工裂缝和产气通道进行抽采	高瓦斯煤层群首采层开采之前
	地面采动区抽采技术（以地面垂直井为主）			首采层开采后，引起邻近层卸压并产生“卸压增透”和“卸压增流”效应，利用之前的地面压裂井或预先由地面向上覆各卸压煤层打穿层地面钻井，在地面钻井抽采负压的作用下进行采动区煤层气抽采	首采层开采后卸压层抽采
	地面采空区抽采技术（以地面垂直井为主）			卸压层开采完毕后，再次利用采动区地面钻井负压抽采本层工作面开采时的采空区煤层气	工作面采空区抽采
井下煤层气抽采技术	保护层（首采层）煤层气抽采技术	未卸压抽采	岩巷揭煤与煤巷掘进预抽	①由岩巷向煤层打穿层钻孔； ②由巷道工作面打超前钻孔抽采	高瓦斯煤层或突出危险煤层
			采区大面积预抽	①由开采层工作面运输巷、回风巷、煤门打上下向顺层钻孔抽采或打交叉钻孔抽采； ②由岩巷、石门、邻近层打穿层钻孔抽采，突出煤层煤层气预抽可采用网格布孔； ③倾向顺层长钻孔递进掩护区域性抽采； ④地面钻孔抽采	有预抽时间的、煤层气含量较高的煤层
		采动卸压抽采	边采边抽	①由运输巷、回风巷向工作面前方卸压区打钻孔抽采； ②由岩巷、煤门向开采层上部或下部未采的分层打穿层钻孔或顺层钻孔抽采； ③顶板走向钻孔	煤层透气性较小，预抽时间不充分的煤层
		人为卸压抽采	水力割缝、松动爆破、水力压裂	①由工作面运输巷打顺层钻孔用水力割缝； ②由工作面运输巷或回风巷打钻孔进行松动爆破； ③由岩巷或地面打钻孔进行水力压裂	多用于低透气性煤层
	被保护层（邻近层）抽采技术	上、下邻近层抽采		①由工作面运输巷、回风巷或岩巷向邻近层打钻孔抽采； ②由工作面运输巷、回风巷打斜交迎面钻孔抽采； ③由煤门打顺层钻孔抽采； ④在邻近层掘进集瓦斯巷道抽采； ⑤由岩巷、石门、邻近层打穿层钻孔抽采； ⑥高位专用巷道； ⑦地面钻孔抽采	煤层气主要来源于邻近层或为了消除邻近层突出危险性
	采空区抽采技术	全封闭抽采		密封采空区插管抽采	煤层气涌出量大的采空区
		半封闭抽采		①由现采空区后方设密闭墙插管抽采； ②由采空区附近巷道向采空区上方打钻孔抽采	

4. 松藻矿区井下“三区”配套“三超前”增透抽采煤层气开发模式

1) 井下“三区”配套“三超前”增透抽采煤层气开发模式

松藻矿区属于近距离碎软低渗突出煤层群开发条件，主要面临着煤层突出危险严重、煤层预抽效果差、邻近层卸压煤层气涌出量大等难题。针对以上难题，首先选取合理的煤层开采顺序，选择突出危险性相对较弱的煤层作为首采煤层(保护层)先行开采，利用首采煤层采动使邻近低渗强突出煤层卸压增透，实现邻近低渗强突出煤层卸压抽采，将其强突出危险性变为弱突出危险性或无突出危险性，达到安全高效开采的目的，解决主采煤层消突难题；其次采取适用的保护层增透技术实现保护层增透抽采，提高煤层预抽效果，解决保护层预抽效果差的难题，并超前形成保护层增透、预抽空间条件并预留足够的超前时间，实现保护层工作面有序接替；最后采取合理的邻近层、采空区抽采技术，在保护层回采过程中充分抽采邻近层卸压煤层气与采空区煤层气，实现保护层工作面安全高效开采与煤层气资源最大化抽采。

基于以上矿区煤层气与煤炭协调开发的思路，松藻矿区首先在煤系底板茅口灰岩内超前开掘底板、开拓巷道与专用瓦斯抽采巷道并安装煤层气抽采管路，为煤层气超前抽采提供时间、空间条件，以此实现底板巷道开拓超前于煤层气抽采工程。其次在底板巷道内向保护层掘进条带与石门揭煤区域实施穿层钻孔水力化增透措施，然后施工穿层钻孔进行煤层气抽采，消除保护层掘进条带与石门揭煤区域突出危险后进行保护层工作面顺槽掘进与开切眼布置；保护层准备工作面形成后在顺槽内向工作面区域实施顺层钻孔水力压裂增透措施，然后施工顺层钻孔进行煤层气抽采，工作面达到消突条件后进行回采。因此煤层气抽采工程超前于保护层开采。保护层回采造成被保护层卸压增透，利用穿层网格钻孔抽采被保护层卸压煤层气，同时利用采空区抽采技术抽采保护层采空区煤层气，进而实现保护层安全回采及消除被保护层突出危险性；在保护范围内布置被保护层回采工作面进行回采，因此，保护层开采超前于被保护层开采。这样便形成了松藻矿区近距离碎软低渗突出煤层群条件下的井下“三区”配套“三超前”增透抽采煤层气开发模式，即根据矿井开拓部署及采掘时空顺序的不同，将矿井生产区域划分成开拓区、准备区和回采区：开拓区为煤层气超前抽采提供时间、空间条件，实现开拓超前，即底板巷道开拓超前于煤层气抽采工程；准备区内利用水力化增透措施对保护煤层实施增透，进而对保护层进行超前预抽并达到安全开采标准，形成煤层气抽采超前于保护层开采；保护范围内利用采动卸压增透作用抽采被保护层卸压煤层气，降低其残余煤层气含量至安全标准以下，同时对采空区煤层气进行抽采，由此保护层开采超前于被保护层开采。经过“三区”的合理划分及与“三超前”在时间-空间上的合理配合，最终实现松藻矿区煤层气与煤炭协调开发。

松藻矿区近距离碎软低渗突出煤层群条件下的井下“三区”配套、“三超前”增透抽采煤层气开发模式框架如图 1-13 所示。

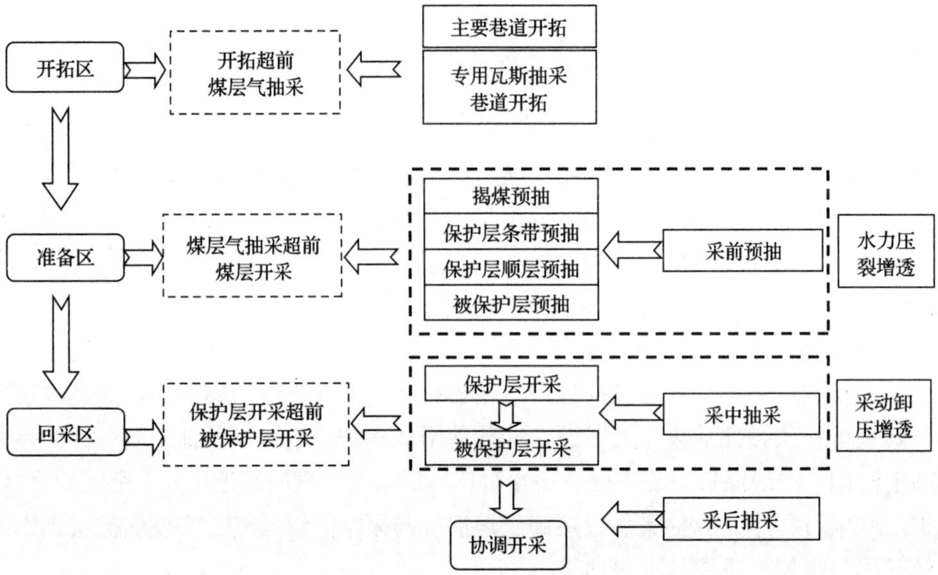

图 1-13　松藻矿区井下“三区”配套、“三超前”增透抽采煤层气开发模式框架图

(1) 开拓区。

矿井开拓区的功能任务主要是为煤层气抽采创造条件。开拓区主要是主要巷道开拓及专用瓦斯抽采巷道开拓。主要巷道超前于专用瓦斯抽采巷道开拓掘进，超前距离至少为 1 个工作面条带距离，确保专用瓦斯抽采巷道的施工。同时布置煤层气抽采管路系统。

(2) 准备区。

矿井准备区的功能任务主要是布置出满足安全开采条件的工作面。主要任务包括：石门揭煤水力压裂、煤层气预抽钻孔的施工、煤层气预抽；在底板瓦斯抽采巷向保护层掘进条带区域打压裂钻孔并进行水力压裂，以及施工穿层钻孔进行掘进条带预抽。

当条带预抽达到条带区域煤层气含量或煤层气压力达到安全标准后，进行保护层顺槽的掘进及开切眼的布置，形成准备工作面；在保护层准备工作面施工顺层钻孔进行回采区域水力压裂增透，然后在两个顺槽施工本层平行抽采钻孔，进行本层预抽，超前预抽时间为半年以上，超前距离为 600m 以上，直至本层预抽准备工作面区域煤层气含量或煤层气压力达到安全标准。

在保护层预抽的同时，通过底板瓦斯抽采巷向被保护层施工穿层网格钻孔进行被保护层的煤层气预抽，以降低被保护层煤层气含量与煤层气压力。

(3) 回采区。

在保证保护层准备工作面预抽达标后，进行保护层煤炭开采。当被保护层瓦斯预抽区域达到安全标准后，进行被保护层的回采。这样就形成了一个保护层和被保护层的循环开采。

煤层工作面在向前推进过程中，在工作面前方会形成一个 3～5m 的卸压区域，进一步增加了煤层的透气性，有利于煤层气的抽采。

由于保护层和被保护层间距较小，保护层开采后，被保护层大量的卸压瓦斯会涌入保护层工作面采空区。为保证保护层安全开采，同时实现最大化开发煤层气资源，需进行采空区煤层气抽采。保护层采空区抽采方式采用采空区密闭插管抽采和回风顺槽高位钻孔抽采。

保护层工作面的回采巷道采前形成时间不少于 8 个月，以满足工作面本层先抽后采的要求；同时邻近的被保护层卸压抽采也要提前进行，随着工作面的推进至少保持超前 200m。

2) 煤层气开发技术体系

基于矿区进行煤层气开发与煤炭开采活动时所选择的煤层气抽采技术与煤炭开采技术必须与地质条件相适应的原则，根据松藻矿区地质条件的特点，在认真分析煤炭开采与煤层气抽采面临的难题的基础上，提出了矿区应坚持超前开采保护层并结合煤层赋存条件变化选择适宜的煤炭开采技术进行煤炭开采，以原始煤层增透技术与保护层开采卸压增透技术并举的方式进行煤层增透，以掘前预抽、采前预抽、采中抽采、采后抽采技术相结合的方式进行煤层气综合立体式抽采作为复杂地质条件煤矿区煤层气与煤炭协调开发技术选择的总体思路原则。

(1) 坚持采用适用的地质精细化探测技术。

松藻矿区地质条件复杂，隐伏地质构造及其破坏带一方面影响着采掘工程的合理布置与安全快速推进，另一方面影响着矿区煤层气抽采工程的抽采效果。基于此，矿区在采掘工程及煤层气抽采工程实施前，应采用适用的地质精细化探测技术对区内隐伏地质构造进行超前探测，以有效指导采掘工程及煤层气抽采工程施工，为煤层气与煤炭安全高效开采提供地质保障。

(2) 坚持采用适宜的井下煤层增透技术。

推广采用井下水力压裂技术对石门揭煤区域、保护层掘进条带区域、保护层准备工作面开采区域的原始煤层进行增透，以提高原始煤层抽采效果；利用保护层超前开采的采动影响，实现被保护层地应力有效释放，进而提高煤层透气性，达到高效抽采及改善开采条件的目的。

(3) 坚持采用综合立体抽采煤层气技术。

根据煤炭开采阶段的不同，采用石门揭煤预抽、底板穿层掘进条带预抽、保护层工作面顺层钻孔预抽、边掘边抽、边采边抽、底板穿层网格钻孔抽采、上邻近层穿层钻孔抽采、顶板高位钻孔抽采、老空区密闭插管抽采等煤层气抽采技术，以实现不同煤炭开采区域煤层气的综合立体抽采。

(4) 坚持采用高效的煤岩层钻进技术。

为保障井下煤层气抽采钻孔能够按照设计严格施工，尽可能地减少煤层气抽采工程投入，消除煤层气抽采“空白带”，提高钻进效率及减少对采掘工程造成的影响，矿区应坚持采用适用于特定复杂地质条件的、高效的多岩性穿层钻进技术与碎软突出煤层顺层钻进技术。

(5) 坚持因地制宜，选用合适的煤炭开采技术。

根据煤层赋存条件的不同，应选择最为合适的煤炭开采方法。应首选机械化程度比较高的综合机械化煤炭开采技术，在煤层赋存条件复杂地段，不适合机械化作业的情况下，应选择最适合的煤炭开采技术；应采用先进适宜的保护层无煤柱开采技术，以减少被保护层煤柱影响范围及提高煤炭资源回采率；应根据实际情况采用适宜的保护层工作面顺槽快速掘进技术，以实现保护层工作面的连续快速推进、缓解采掘接替紧张局面。

3) 协调开发时空关系

(1) 掘进超前空间距离。

掘进超前是为了给接替采区的采前预抽与工作面的准备提供施工条件。

煤层开拓巷道必须超前保护层准备一个工作面，以确保下一个工作面的施工具备空间条件；底板开拓巷道必须超前瓦斯巷一个工作面，以确保下一个瓦斯巷的施工具备空间条件；瓦斯巷必须超前保护层准备工作面两条瓦斯巷，以确保下一个保护层准备工作面煤巷掘进时抽采钻孔的施工。

(2) 抽采超前空间距离。

抽采超前是为了给接替采区提供采前预抽空间条件，进而保障足够的抽采时间，使煤层消除突出危险性，保障煤炭安全高效开采。

打通一矿煤层回采工作面均实现了综合机械化开采，煤巷掘进也实现了综掘。根据打通一矿掘进巷道预抽、回采工作面本层采前预抽、被保护层网格预抽等预抽技术抽采达标时间的经验值，在掘进工作面的掘进速度、回采工作面的回采速度统计的基础上，计算出空间层面抽采超前必须满足的最低指标，见表 1-5。

表 1-5　空间层面抽采超前最低控制指标

序号	项目	最少超前距离/m
1	突出薄煤层巷道掘前掘进条带预抽采	600
2	突出薄煤层采面本层采前预抽采	600
3	突出中厚煤层巷道掘前掘进条带预抽采	1000
4	突出中厚煤层采面开采前本层预抽采	全部完工
5	薄煤层开采时，中厚煤层网格预抽采	300

保护层穿层掘进条带超前抽采、保护层工作面本层超前抽采、被保护层穿层网格超前抽采空间距离最低控制指标分别如图 1-14～图 1-16 所示。

(3) 保护层开采超前空间范围。

被保护层的受保护范围受与保护层的距离和卸压角的影响，卸压角一般小于 90°，这就说明随着层间距的增大与卸压角的减小，受保护范围将随之减小。因此，为了实现矿井煤炭产量的提高，必须要保证主采的中厚煤层开采范围加大，需要合理配比保护层工作面与被保护层工作面开采面积，一般要求厚保面积比不低于 1∶1.2。

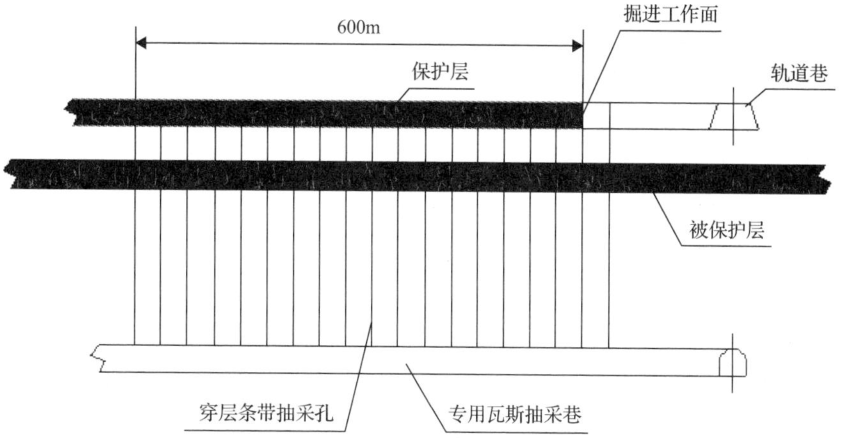

图 1-14　保护层穿层掘进条带抽采最小超前距离示意图

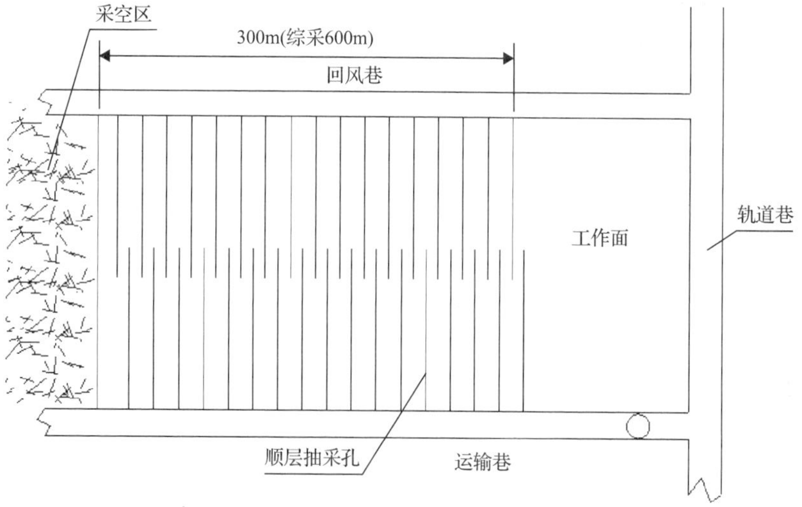

图 1-15　保护层工作面本层抽采最小超前距离示意图

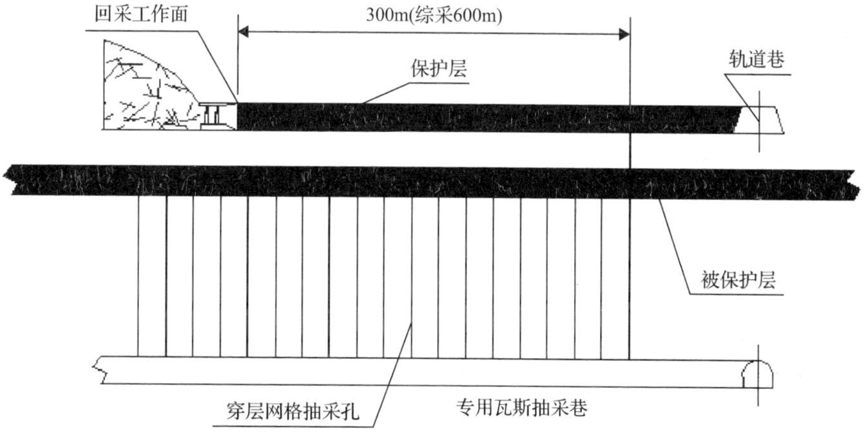

图 1-16　被保护层穿层网格抽采最小超前距离示意图

(4)掘进超前时间。

开拓区超前准备区 5～8 年：开拓巷道是指井田范围内为了采煤，从地面向地下开掘的一系列巷道，其进入煤体，建立矿井提升、运输、通风、瓦斯抽采、排水和动力供应等生产系统。综合矿区开拓方式、开采方法、巷道掘进技术水平，条带预抽钻孔施工、水力压裂、预抽时间等因素，为了保证开拓区巷道掘进与准备区煤层气预抽相互衔接，开拓区超前准备区 5～8 年，即主要开拓巷道(包括运输大巷、轨道大巷、回风大巷、底板专用瓦斯抽采巷)超前准备区工序(包括条带预抽、石门揭煤预抽等)5～8 年的时间。制定年度生产计划时应根据矿井采掘部署形象，列出需要开掘的巷道名称、断面、长度等，安排足够的施工力量保证超前时间完成，为条带预抽、石门揭煤预抽提供时间保障。

若开采水平可采储量剩余服务年限不足 8 年，新水平必须进行延深施工。

开拓煤量可采期≥5 年，准备煤量可采期≥18 个月，回采煤量可采期≥1 年。

开拓煤量是指井田范围内已掘进的开拓巷道，松藻矿区具体包括运输大巷、轨道大巷、回风大巷、底板专用瓦斯抽采巷等底板开拓系统所圈定的尚未采出的可采储量。

准备煤量具体指已经完成采区上山及车场、区段集中平巷及必要的联络巷等准备巷道，正在进行煤层增透或已经抽采达标的煤量。

回采煤量是指抽采已经达标，并且已经掘进完成的回采巷道和开切眼所圈定的可采储量。

通过对 3 个煤量可采期的规定，从开采角度保证开拓、准备、回采工作的顺利衔接。

在水平生产能力开始递减前 1～1.5 年，必须完成接替水平的基本井巷工程、安全系统、安装工程。

水平接替是矿井采掘接替工作最为重要的环节，新水平井巷工程、安装系统、安装工程工作量大，难以在短期内构成生产系统，形成生产能力，因此必须对接替水平提早计划、提前准备，保证原生产水平生产能力开始递减前 1～1.5 年，完成接替水平的基本井巷工程、安全系统、安装工程，从而保证矿井产量平稳。

在采区(盘区)生产能力开始递减的前 6 个月，接替采区(盘区)必须完成设备安装并调试使其正常运转。

(5)煤层气抽采超前时间。

准备区煤层气抽采超前回采区煤层开采 3～5 年：保护层、被保护层煤层开采之前必须采取综合预抽措施以保证抽采达标，其中准备区是煤层气抽采的主要环节，综合预抽措施包括揭煤预抽、保护层条带预抽、保护层顺层预抽、被保护层预抽，在揭煤预抽、保护层条带预抽、保护层顺层预抽中，采用了水力割缝、水力压裂、中压注水等增透强化措施。综合考虑增透后煤层透气性、煤层气含量、抽采影响范围、煤层增透抽采技术水平等因素，为了确保足够的煤层气预抽时间，保证抽采达标，实现煤层气预抽和煤炭安全开采的衔接，准备区煤层气抽采应超前回采区煤炭开采 3～5 年。

首采薄煤层保护层掘进前的本层预抽不少于 12 个月。

回采前的保护层顺层预抽时间不少于 3 个月。

(6)保护层开采超前时间。

保护层工作面的回采巷道采前形成时间不少于 8 个月，以满足首采层工作面本层先抽后采的要求；接续采区首采工作面至少提前 6 个月具备生产条件；采煤工作面相邻接替间隔时间不超过 3 个月；矿井保护煤量可采期不得少于 24 个月，可供布置工作面的保护煤量可采期不得少于 18 个月。

本章汇稿人：齐庆新　靳秀良　李宏艳　雷　毅

本章主要编写人员：孙中学　舒龙勇　邓志刚　季文博

第 2 章　煤矿区煤层气地质条件精细探测技术

本章重点讲述煤矿区采动稳定区煤层气赋存地质条件的精细探测技术，其中包括煤层气富集区地震预测技术、地面井碎软煤层煤体结构参数探测及量化判识技术、煤层气富集区井下电磁波透视技术、煤层气富集区井下地震探测技术、煤矿井下随钻无缆测井技术、煤层气抽采区块优选及钻孔优化设计技术等。

2.1　煤矿区煤层气富集区地面探测技术

2.1.1　煤层气富集区地震预测技术

1. 煤层气富集区地震预测的理论依据

大量实际测试资料表明：煤体吸附的煤层气含量多少对煤层力学性质的影响显著。一般情况下，煤层气含量越高，煤体强度越低，呈塑性变形，出现体积膨胀；煤层气含量越低，煤体强度越高，煤体的压缩性减小，呈脆性变形。另外，从瓦斯突出煤体(指结构严重破坏且含有大量瓦斯的煤体)角度出发，因为煤体结构、颗粒组分、非均质体和各向异性的差异，突出煤体和非突出煤体在抗拉强度和抗压强度上有很大不同。实际测试表明：瓦斯突出煤体的单轴抗压强度是非突出煤体的 1/3 左右。

弹性模量的实际测试结果表明：煤中含气时，煤层的弹性模量有很大变化。一般情况下，随着煤体吸附的煤层气含量的增加，煤岩的弹性模量降低。主要原因在于煤层气分子受煤岩固体颗粒的吸引，附着在颗粒表面，分子之间的连接距离增大，连接力减小，煤岩整体抵抗变形的能力降低。在单轴情况下弹性模量依赖于煤层的孔隙压力，在孔隙压力不太高的条件下，弹性模量随孔隙压力的增加呈直线衰减，当煤层的围压较大时能延缓这种衰减。另外，弹性模量、泊松比和超声波速参数与瓦斯突出煤体和非突出煤体之间也有较好的对应关系。瓦斯突出煤体的弹性模量基本上为非突出煤体的 1/3，瓦斯突出煤体的泊松比约为非突出煤体的 2 倍。超声波测试表明：非突出煤体的超声波速为 1500～2700m/s，平均值为 1971～2251m/s；而瓦斯突出煤体的超声波速小于 1000m/s，平均值为 640m/s，呈现出两个明显不同的超声波速分布范围。非突出煤体的超声波速是瓦斯突出煤体的 1.5 倍以上。从图 2-1 可以看出，瓦斯突出煤体和非突出煤体的超声波速值存在着两个明显不同的范围。

对沁水盆地中南部的煤样进行三轴压缩力学实验，结果表明在静态条件下，弹性模量、抗压强度和泊松比存在以下关系：自然煤样的弹性模量、抗压强度大于水饱和煤样，水饱和煤样的弹性模量、抗压强度又大于水、气饱和煤样；对于泊松比来说，自然煤样小于水饱和煤样，水饱和煤样又小于水、气饱和煤样。另外，测试结果还表明：同一煤层

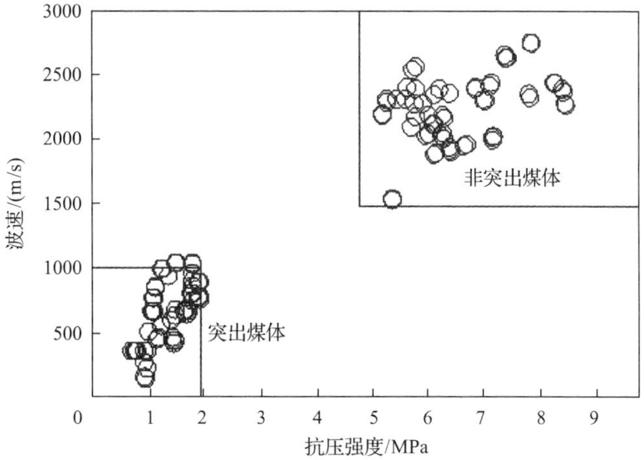

图 2-1　煤体结构类型与波速分布图

中的突出煤体弹性参数明显低于非突出煤体，突出煤体的密度降低幅度为 1.4%～8.6%，平均约 5%；纵波速度降低幅度为 25.7%～34.8%，平均约 30%。这些变化反映了突出煤体和非突出煤体在地质特征和物性特征上存在着明显的差异，这也为利用地球物理勘探技术预测煤层气富集区或瓦斯突出危险区域提供了理论基础。

2. 煤层气富集区的地震预测

从煤层气储层的差异特征出发，在晋城矿区成庄矿利用三维地震资料对煤层气富集区进行了尝试性的预测分析。

1) 利用地震 T_0 进行定性预测

晋城矿区的煤层气富集区除了受地下水影响较大外，煤层埋深也是一个重要的影响因素。一般情况下，随着埋深的增加，煤层气含量也会增加；当埋深很大时，煤层气含量趋于常量。因此，可以根据三维地震解释的等 T_0 平面图进行时—深转换，进而为煤层气含量的定性预测提供依据。图 2-2 中，红色区域代表 2-1 煤层 T_0 值小(即埋深小)、紫色区域代表 T_0 值大(即埋深大)，图中的等值线为依据 8 个已知钻孔勾绘的煤层气含量等值线(表 2-1)。与实际抽采资料对比，地震定性预测结果与实际情况基本吻合。

2) 利用波阻抗反演技术预测

煤层因煤层气含量不同，煤层地震波速度和密度产生差异。煤层气含量相对富集区的地震波速和密度要比正常煤层低。因此，三维地震资料通过钻孔资料约束进行波阻抗反演，在排除煤层构造异常对波阻抗值的影响后，煤层波阻抗值较低的区域则可视为煤层气相对富集区。根据晋城矿区的实际条件，利用高密度三维地震数据体、煤层反射波解释层位及断层数据、测井数据、岩性数据等，对研究区在多井约束下进行了三维地震叠后资料波阻抗反演，以利用煤层波阻抗值进行煤层气富集区预测，发现已知钻孔所测的煤层气含量数据及波阻抗值的统计结果具有一定的相关性(图 2-3)，说明利用地震波阻抗反演的方法进行煤层气富集区预测具有一定的可行性。

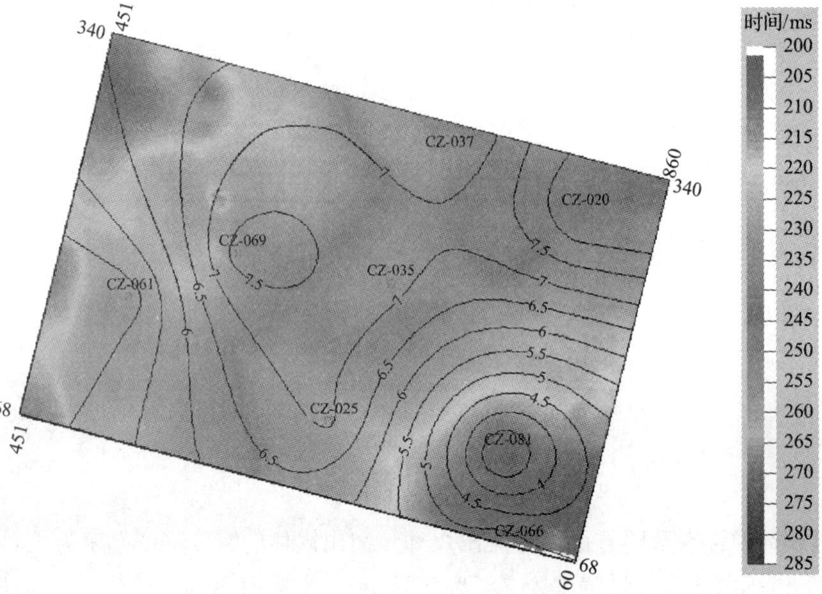

图 2-2　煤层等 T_0 影像与煤层气含量等值线叠合图(文后附彩图)

煤层气含量单位为 m^3/t

表 2-1　研究区钻孔煤层气含量值

孔号	CZ-020	CZ-069	CZ-035	CZ-025	CZ-037	CZ-066	CZ-061	CZ-081
煤层气含量/(m^3/t)	8.61	7.77	7.18	7.07	6.48	5.39	4.76	2.43

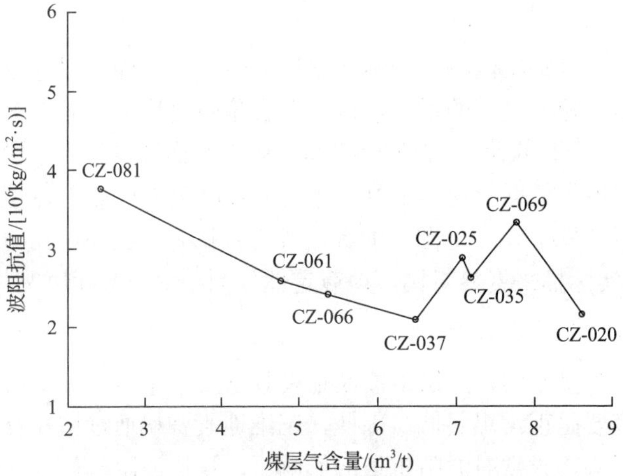

图 2-3　波阻抗值与煤层气含量的关系曲线图

3) 利用地震频谱分解技术预测

煤层含气时会引起地震反射信号的高频部分衰减加剧，产生时频谱中的低频异常特征。这种频率响应的异常，为利用频谱分解技术进行煤层气相对富集区的预测提供了基础。

地震频谱分解技术是一种频率域的解释方法，该技术可提取地震资料有效频带范围内所有离散频率对应的调谐振幅和调谐相位，通过在短时窗内进行频谱分解来研究薄层变化和地质体的不连续性等。

煤层气富集将导致煤层的频率及衰减特性发生变化，在煤层气相对富集区域，高频能量相对衰减，低频能量相对增加。此种频率能量的变化特征为利用频谱分解技术预测煤层气富集区提供了可能。通过不同频率下的能量切片变化，可以分析同一区域在不同频率下的能量变化趋势，若该区域在低频时能量相对增强、高频时能量相对减弱，则可预测为煤层气相对富集区域。

图 2-4 为沿煤层不同频率(35Hz、55Hz 及 75Hz)下的振幅谱切片，图中红色色标为高值、黄色色标为中间值、黑色色标为低值。从图中可以看到：当频率为 35Hz 时，红色区域的范围明显大于黄色区域的范围；随着频率的增加，红色区域的范围逐渐变小，变为黄色，而原来黄色区域的部分能量逐渐增强，变为红色；当频率增加到 75Hz 时，振幅值达到最大。因此，推测频率为 35Hz 的振幅谱切片红色区域为煤层气相对富集区，而黄色区域则为煤层气相对较少的区域。

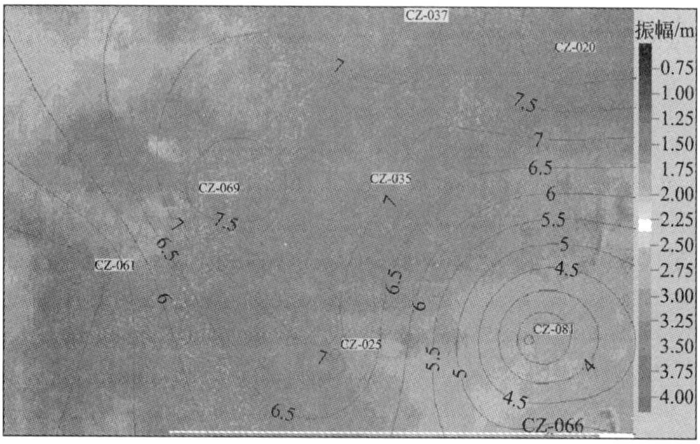

(a) 35Hz

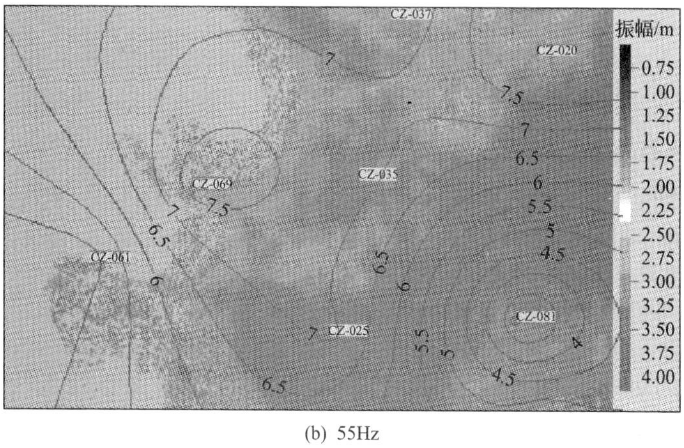

(b) 55Hz

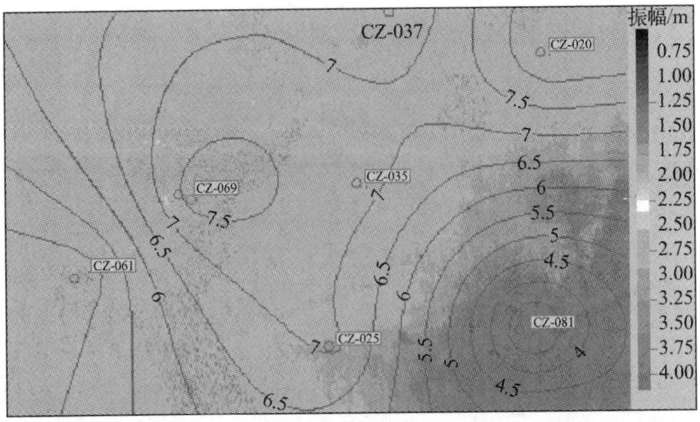

(c) 75Hz

图 2-4　不同频率的振幅切片(文后附彩图)

3. 煤层气富集区的 SVM 综合预测

理论研究和实际开发表明：尽管影响煤层气含量的因素复杂多变，但在一定范围内，煤层气的分布与赋存具有规律性。前人对煤层气含量的影响因素及定量预测做了大量研究，建立了煤层含气性与煤层埋深的定量关系，但此方法受地质构造和围岩岩性影响较大。另外，也有学者把岩心测试、测井和地震属性相结合，利用数学统计的方法建立了相应的线性方程，对煤层含气性进行预测，但煤层气含量与其影响因素之间的关系复杂，利用线性关系很难准确表达煤层气含量的变化规律。因此，一种具有很强的非线性逼近能力的 BP 人工神经网络技术被广泛应用，它通过对已知样本的学习，建立煤层气含量同主控因素之间的非线性映射关系，再利用这种关系对未知样本进行预测。同线性方程相比，BP 人工神经网络技术更加客观和真实，但这种方法存在网络结构难以确定、过学习和欠学习及局部极小等问题，当样本数量较少时，误差较大。

1) 支持向量回归的基本原理

支持向量机(SVM)是由 Vapnik 等提出的，是以最小化错误率的理论界限为思想，以统计学习理论(SLT)为基础，服务于小样本统计估计和预测学习的一种新的机器学习方法。它能够在对小样本学习的基础上，对其他样本进行快速、准确的拟合预测，具有更好的泛化性能和精度，减少了对经验的依赖，较好地解决了小样本的学习问题。通过某种事先选择的非线性映射，SVM 将输入向量映射到一个高维特征空间，并在这个特征空间中构造最优分类超平面，以达到求得最优解的实现过程。支持向量回归就是利用一个非线性映射将训练数据集非线性映射到一个高维特征空间(Hilbert 空间)，将非线性函数回归问题转化为高维特征空间中的线性函数回归问题。

SVM 使用的一般步骤如下：

(1) 按照 SVM 要求的格式准备数据集；

(2) 对数据进行简单的标准化操作；

(3) 考虑选用核函数；

(4) 采用交叉验证选择最佳参数 C 与 g；

(5) 采用最佳参数 C 与 g 对整个训练集进行训练获取支持向量机模型；

(6)利用获取的模型进行测试与预测。

针对已知样本数目偏少的实际情况，采用基于支持向量机方法非线性地进行三维地震属性参数的优选。运用人工智能进行属性优选的关键问题是如何从 N 种属性中选择出 M 种最优属性。

2)煤层气富集区的主控因素

煤层气地面实际抽采数据表明：煤层气含量的总体分布特征受煤层埋深变化的影响较大，在煤层埋深小于 300m 地带，煤层气含量一般小于 8.0m^3/t，但在晋城地区由于煤变质程度高，煤层气含量可以达 10～12m^3/t；煤层埋深在 300～600m 时，煤层气含量一般在 10～16m^3/t；煤层埋深在 600～1000m 范围时，煤层气含量变化在 14～22m^3/t；煤层埋深为 1500m 时，煤层气含量可达 25m^3/t；在晋城地区北部的白壁—沁县一带，煤层埋深接近 2000m，煤层气含量最大可达 30m^3/t。另外，地质构造也是影响气体存储的重要条件之一，封闭型地质构造有利于气体储存，开放型地质构造有利于气体逸散。晋城矿区向斜和背斜发育，在向斜轴部，由于受到两翼的挤压，气体不易向两翼逸散，气体相对富集；对背斜而言，气体会沿煤层裂隙向轴部聚集，再加上背斜顶部围岩封闭良好，在背斜顶部也易聚集气体，形成气体富集区。实际生产表明，被向斜和背斜构造控制的区域，在回采时瓦斯涌出量比较大，有的甚至达到约 70m^3/min。

尽管影响煤层气含量的因素复杂多变，但在一定范围内，煤层气的分布与赋存具有规律性。对于晋城矿区成庄矿面积约为 2.1km^2 的特定研究区域而言，在影响煤层气富集的沉积环境及煤田地质史、煤变质程度、煤层埋深、煤层和围岩的透气性、煤层露头、地质构造、岩浆活动和水文地质条件这八大因素中，可以认为沉积环境及煤田地质史、煤变质程度、煤层露头、岩浆活动等因素基本稳定，煤层埋深、地质构造和水文条件可能会发生变化，因此这些因素就成为特定条件下影响煤层气地面抽采关键参数如透气性、煤层气含量、渗透率、储层压力等的主要因素。

3)煤层气富集区的 SVM 预测

由上述分析可知：煤层埋深、地质构造和水文条件等是影响晋城矿区成庄矿煤层气富集程度的主要因素。从地震属性的地质意义出发，初步选取包括 T_0 时间、振幅、频率、相干、方差和波阻抗等在内的 13 个地震属性，并借助 SVM 技术对上述多个地震属性加以优选，在已知钻孔的约束下利用已经建立的 SVM 模型，对未知区开展煤层气富集区的预测。表 2-2 为 6 个已知钻孔的 Inline、Crossline 及煤层气含量，表 2-3 为 6 个已知钻孔的 13 个属性的值，其中 zk1202、zk1201、zk1402、zk1401、zk1502 用于训练，zk1302 用于检验。

按照上述单步寻优算法的思路，以表 2-2、表 2-3 的数据为例，运用支持向量机实现多属性的非线性优选，并进行煤层气预测。

表 2-2　6 个已知钻孔的 Inline、Crossline 及煤层气含量

钻孔	Inline	Crossline	3 号煤层气含量/(m^3/t)
zk1202	456	762	4.47
zk1201	477	955	4.48
zk1402	795	808	5.38
zk1401	808	954	1.71
zk1502	985	841	3.68
zk1302	610	742	4.46

表 2-3　6 个已知钻孔的 13 个属性的值

钻孔	iT2	A30	A03	AA	Rms	Fmain	Aimax	Fwidth	Rflw	Avgf	Hvyf	Slope	Coh
zk1202	263	28414.16	27774.82	56188.98	7639.35	52.73	727939.63	5.86	73.68	53.71	54.55	0.318688719	99.74171
zk1201	269	18488.13	17550.77	36038.91	4742.08	59.57	554290.94	7.81	67.68	55.66	52.29	0.559016994	98.2311
zk1402	301	12169.34	25062.08	37231.42	5175.86	62.5	521237.38	12.7	61.12	53.71	53.51	0.537645329	94.79791
zk1401	369	21875.06	27205.77	49080.82	6120.77	53.71	687148.31	6.84	74.38	52.73	51.12	0.486135911	97.38907
zk1502	337	22975.75	23442.91	46418.66	6207.95	55.66	625407.88	6.84	70.81	56.64	56.57	0.25	97.43587
zk1302	278	11615.28	18701.89	30317.17	4086.14	50.78	473990.47	10.74	62.74	51.76	53.64	1.125433942	93.02136

注：iT2 为波峰时间；A30 为波谷振幅；A03 为波峰振幅；AA 为相对振幅；Rms 为均方根振幅；Fmain 为主题；Aimax 为主频振幅；Fwidth 为带宽；Rflw 为高低频振幅比；Avgf 为平均频率；Hvyf 为重心频率；Slope 为斜率；Coh 为相干系数。

图 2-5 为运用上述 13 个属性对工区内所有点进行 SVM 预测的全区煤层气 SVM 预测效果图，图 2-6 为用已知的 8 个钻孔进行插值后的等值线图和渐变图。

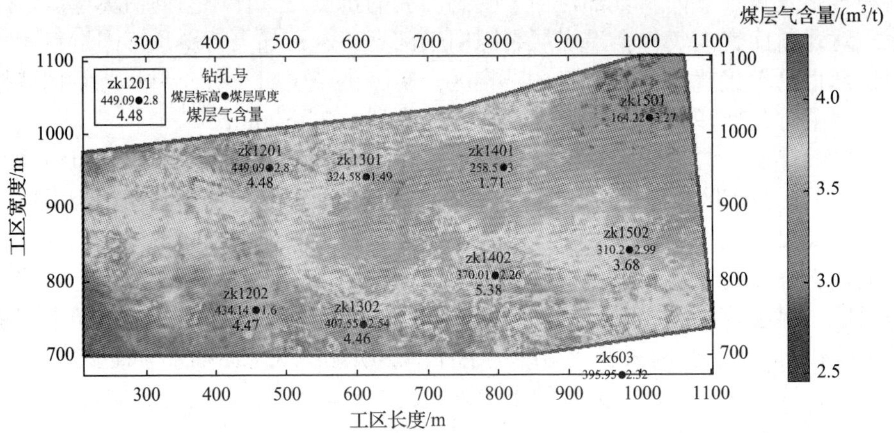

图 2-5　全区煤层气 SVM 预测效果图(文后附彩图)

煤层标高与煤层厚度单位均为 m

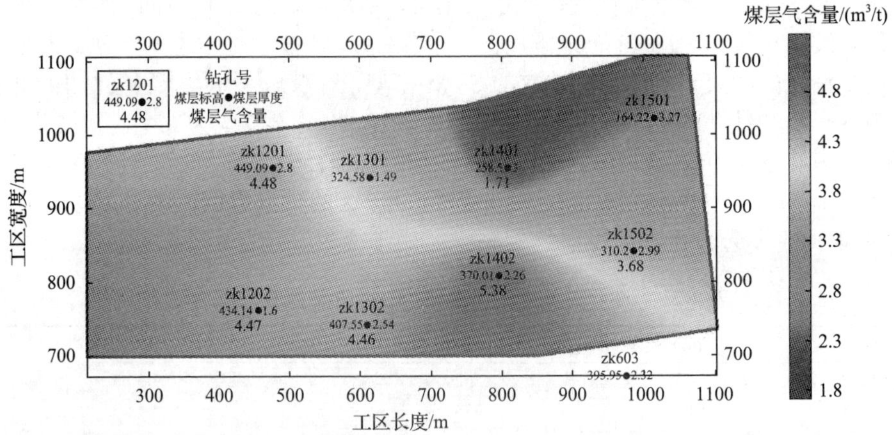

图 2-6　对已知的 6 个钻孔进行插值后的等值线图和渐变图(文后附彩图)

煤层标高与煤层厚度单位均为 m

根据煤层气含量的影响因素分析，选取适当的参数，利用支持向量回归对工区的煤层气含量进行定量预测。采用该方法建立的煤层气含量预测模型具有准确性高、容易实现的优点，是煤层气含量预测方法的有益尝试。

2.1.2　地面井碎软煤层煤体结构参数探测及量化判识技术装备

1. 碎软煤层煤体弹性参数探测原理

井中声波发射器发射的声脉冲经过泥浆、地层传播到接收器，接收到的主要组分波有滑行地层纵波(P)、横波(S)、低频和高频伪瑞利波(RL)及斯通利波(ST)。第一个波列：从 P 波开始到后续振荡基础结束，除了 P 波都称为漏泄模式波(leaky mode)。第二个波列：从 S 波开始，直至后续波振荡结束，包括滑行横波、视瑞利波、斯通利波。对于软地层(流体声速大于地层横波速度)，不能激发出滑行横波和伪瑞利波，全波列中只出现滑行纵波和斯通利波，如图 2-7 所示。在地面井中把声波全波列都记录下来，通过数字信号处理，可获得纵波、横波和斯通利波等波形信息，由此开展地层破裂压力、地层渗透性等方面的研究。

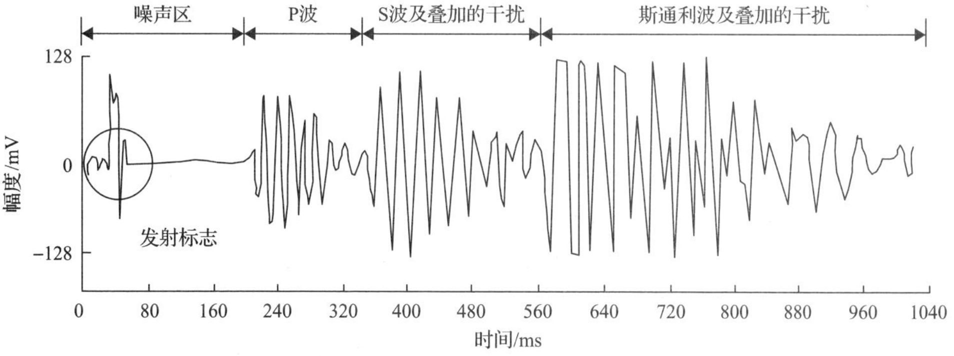

图 2-7　井中波形记录

2. 碎软低渗煤层类型量化判识技术

将声波全波列都记录下来，通过数字信号处理，可获得纵波、横波、斯通利波的速度、频谱、振幅和波形信息。利用地层岩性、岩石力学参数、裂缝识别来综合判别煤岩的硬度和碎裂程度。

1)纵横波速比鉴定岩性

纵波速度 V_p 与横波速度 V_s 的比值与岩性密切相关，不同岩性中其分布范围不同，因此可以利用 V_p/V_s 参数的分布确定岩性。图 2-8 是以 V_p/V_s 和 P 波阻抗交会图为例，对煤层结构进行的分类。

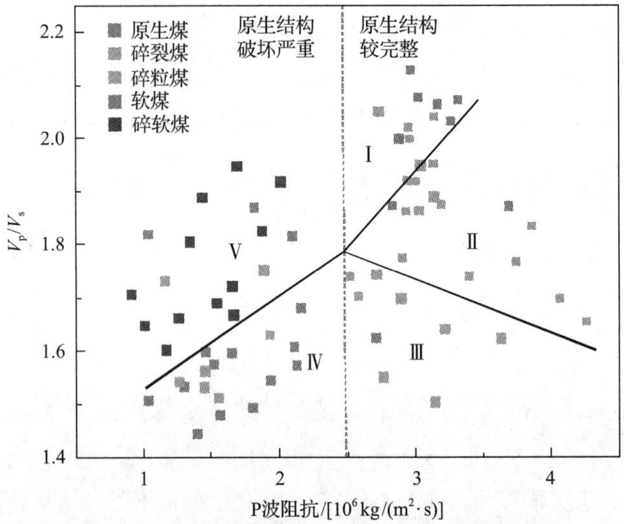

图 2-8　V_p/V_s与 P 波阻抗交会图(文后附彩图)

2)频谱转换系数鉴定岩性

当声波发射器 T 发射声脉冲时，利用 R_1、R_2 接收器接收的波形曲线计算频谱曲线，令 $S_1(f)$、$S_2(f)$分别为 R_1、R_2 的频谱，则有

$$S_2(f)=T(f)S_1(f) \tag{2-1}$$

式中，$T(f)$为转换系数，变化范围为 0～1。一般而言，岩性不同，其转换系数也不尽相同。对于颗粒骨架支撑的岩性，横波转换系数为 0.8 以上；对于泥质骨架支撑的岩性，横波转换系数在 0.5 左右；对于煤岩，可以通过岩石物理实验的方法确定其转换系数范围。

3)井眼岩石力学特性分析

利用地层纵波、横波时差可以求取地层岩石物理参数，利用实验室岩心分析资料与现场声波全波列资料可以计算煤岩力学参数与抗压强度或坚固系数的关系，从而判断煤岩的坚硬程度。通常描述岩体力学特性的参数有切变模量、杨氏模量、泊松比、体积模量和拉梅常数。切变模量是指剪切应力与剪切应变之比；杨氏模量的大小体现了材料的刚性；泊松比指岩体受法向应力作用时，横向缩短和纵向伸长的比值，泊松比越大，表示弹性越小，塑性越大；体积模量可描述均质各向同性固体的弹性，表示不可压缩性；拉梅常数是应力-应变关系中出现的材料相关量，在计算中可以作为求解波速和体积模量、杨氏模量的过程量。

4)裂缝识别技术

A. 利用纵、横波信息识别裂缝

(1)速度变化：对水平或低角度裂缝，声波在岩层中传播通过该裂缝时，时差就会增加，裂缝密度越大，声波时差增加越多。水平裂缝发育的井段，时差曲线上会出现明显的周波跳跃，但是对井壁残余气饱和度高的气层，即使是孔隙型储集层，也可能出现周波跳跃，要借助其他测井资料将两者区分开来。

(2) 幅度衰减：声波通过裂缝时幅度衰减程度与裂缝倾角和声波全波中各子波的波形有关。一般地，低倾角裂缝横波幅度衰减大，高倾角裂缝纵波幅度衰减大。

B. 利用斯通利波信息识别裂缝

(1) 利用斯通利波时差、幅度衰减识别裂缝。

低频斯通利波(管波)在井内传播时像一个活塞运动，使井壁径向上产生膨胀和收缩，裂缝带处，井内和地层中的流体可以自由连通，使管波能量消耗。所以它对与井眼相交的渗透性裂缝较为敏感，地层或裂缝带的渗透性越好，斯通利波的时差越大，斯通利波的衰减也越显著。

(2) 利用反射斯通利波识别裂缝。

对于低频斯通利波，波列记录的时间长，对裂缝和层界面敏感，往往出现反射斯通利波，因此分离出反射斯通利波有利于地层裂缝的识别和评价。反射斯通利波信号越强，裂缝越发育。

3. 碎软煤层煤体弹性参数探测装置的特点及用途

1) 技术特点

碎软煤层煤体弹性参数探测装置可以采取在单孔原位测试，只需要将水或泥浆进行耦合，便可对碎软煤层煤体进行弹性力学参数原位测试及全波列成像，具有如下技术特点：

(1) 直接测试，水或泥浆需要进行耦合；

(2) 纵、横波同时测试，首波直接自动读取纵横波的声时、声幅；

(3) 碎软煤层煤体弹性力学等物理参数直接计算；

(4) 低频率、大功率、长源距探测；

(5) 发射功能连续可调；

(6) 实时绘制测点参数曲线。

2) 应用范围

碎软煤层煤体弹性参数适用于地面井孔径大于 60mm、孔中有水或泥浆的现场条件。通过记录纵波、横波、低频和高频伪瑞利波及斯通利波全波列波形，可自动计算地面井孔中不同层位的弹性模量、剪切模量、体积模量、拉梅常数等弹性力学参数，利用地面井孔探测可判别碎软煤层并进行地层分类。

2.2　煤矿区煤层气富集区井下探测技术

2.2.1　煤层气富集区井下电磁波透视技术与装备

由于国家加大了对煤层气资源的利用力度，在井下要解决煤层气高效开发利用，首先必须能够准确地将与煤层气密切相关的小构造和软分层划分出来，但是已有的技术在探测精度、准确度、探测距离方面均不能满足需求。针对上述问题研究采用高频电磁波作为“光源”，通过研究煤、岩电性参数与衰减规律，提出孔巷电磁波成像技术和探测工艺，在井下巷道、钻孔联合透视照亮煤层内部不同的地质条件，用 CT 成像显示工作面内部的地质构造和煤层气富集区，有效指导井下煤层气抽采工作。

本节重点论述煤层气富集区井下电磁波透视探测原理、孔巷透视探测工作模式、探测成果解释方法、煤层气富集程度划分方法、典型应用案例。

1. 电磁波透视探测原理

电磁波透视探测技术是利用巷道(钻孔)间电磁波的交叉发射与接收进行探测。电磁波在煤层的传播过程中，经过地质异常体时，发生折射、反射、吸收后，产生不同的能量衰减，可依据接收到的电磁波衰减差异特征划分地质异常范围。

2. 孔巷透视探测工作模式

电磁波透视探测技术主要应用于钻孔、巷道之间。因此，其探测工作模式主要分为 3 种，分别是巷道之间、钻孔之间、钻孔与巷道之间。3 种模式的探测工艺基本一致，只是受限于空间与装备的差异，在具体工艺方法中有所不同。因此，在实际应用中，需根据实际情况选择不同的工艺方案。

1) 巷道间探测工作模式

巷道之间的电磁波探测方法主要分为两种，即同步法和定点法。同步法是一种一对一式的发接方式，即发射机与接收机同时逐点移动，并在各测点分别发射和接收场强值，如图 2-9 所示。这种方式不存在距离偏移，不受发射与接收距离差异的影响，但是工作量较大，尤其是需要频繁调试发射机，增加了施工难度与发射的不稳定性。

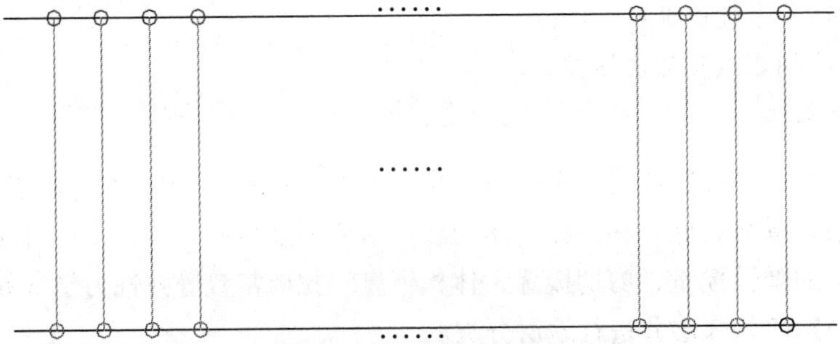

图 2-9 巷道同步法探测工作模式示意图(文后附彩图)

定点法施工难度系数相对稍小，是一种一对多式的发接方式，发射机相对固定，接收机在一定范围内逐点观测其场强值，如图 2-10 所示。

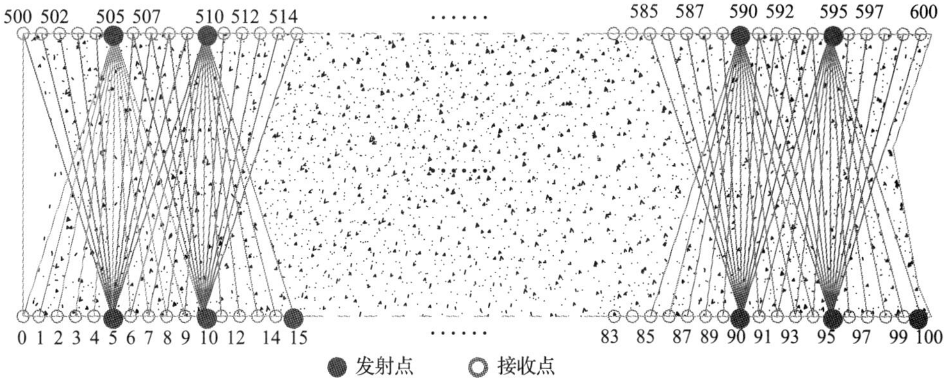

图 2-10　巷道定点法探测工作模式示意图(文后附彩图)

2) 钻孔间探测工作模式

钻孔间的电磁波探测工艺同巷道间的探测工艺基本一致，也分为同步法与定点法，不同的是钻孔探测的精度相对更高。对于钻孔电磁波透视而言，同步法反而比定点法更具优势，钻孔探测的装备调试较为方便，发射、接收稳定，因此，同步法应用较为广泛，探测过程中要严格控制移动距离，保证两孔同步，其探测工艺方案如图 2-11 所示。

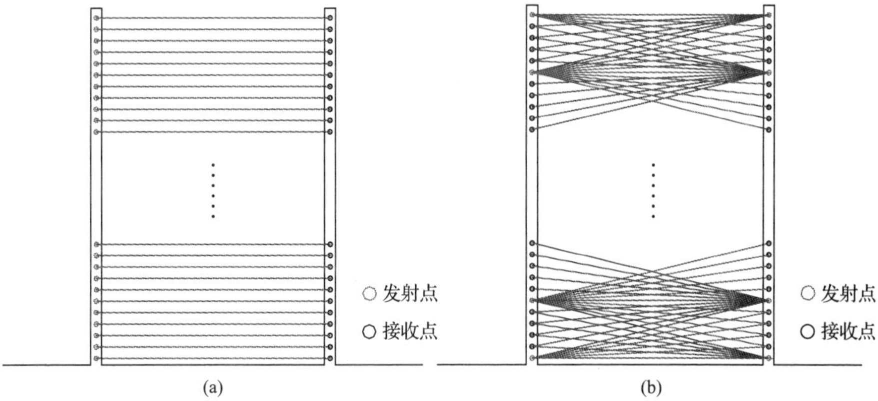

图 2-11　钻孔间探测工作模式示意图(文后附彩图)

3) 钻孔与巷道间探测工作模式

钻孔与巷道间探测工作模式为在钻孔中发射、巷道中接收。具体的探测工作模式如图 2-12 所示。

3. 探测成果解释方法

电磁波透视探测成果的解释主要有两种方法：综合曲线法与 CT 成像法。

1) 综合曲线法

透视综合曲线图是由理论场强、实测场强和衰减系数 3 条曲线组成的。资料的推断解释就是根据这 3 条曲线的对比进行的。一般来说，场强的异常现象主要有实测低于理论、实测高于理论和干扰条纹 3 种。

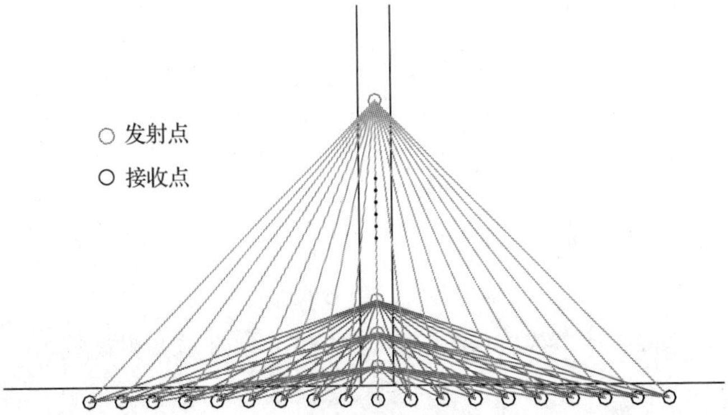

图 2-12　钻孔与巷道间电磁波探测示意图(文后附彩图)

(1) 实测场强曲线的异常部分低于理论场强曲线。这是因为围岩或煤层的吸收系数小于异常地质体，所以异常的特征是阴影，场强值因异常地质体的屏蔽而小于正常场。

(2) 实测场强曲线的异常部分高于理论场强曲线。形成这种异常有两个原因：一是煤层的吸收系数大于异常地质体，如有规律的火成岩侵入体等；二是透视范围内有规律的干扰场大于正常场。

(3) 干扰条纹。实测场强曲线相对于理论场强曲线，出现有规律的振荡现象，呈类似正弦波曲线的形式，但曲线比较尖、陡。这主要是由层面反射直达波相干扰引起的。

综合曲线法成果解释应建立在正演数值模拟的基础之上。对不同地质体的正演数值模拟结果进行对比研究，从而进行电磁波透视结果解释分析。一般情况下，综合曲线解释是利用综合曲线的形态、衰减系数大小、平面位置分析来判断异常的。

2) CT 成像法

CT 成像法是利用层析成像将透视探测结果以图像的形式展现出来。电磁波在煤层气富集区由于产生衰减而形成衰减异常区，根据电磁波衰减区域的形状、大小及衰减幅度等综合特征来判定煤层气的富集程度。

4. 煤层气富集程度划分方法

在采煤工作面，因构造破坏形成煤层松动的软分层区，它造成了煤岩层应力分布不均匀，如压性、压扭性小断层、褶皱、岩浆岩侵入、煤层厚度变化等地段。在一些由于受水平挤压而形成的断距较小的压性或扭性小断层带，对煤层造成一定的破坏，应力释放不充分，仍存在着应力集中，其两侧还处于强烈挤压状态，对煤层气储存较为有利，常是富集程度最高的集中地点。该区域对电磁波有强烈的吸收作用，电磁波在这些破碎带和软分层带的传播过程中，被折射、反射、吸收和屏蔽，使信号减弱或消失，形成电磁波衰减值大的区域和透视阴影区，达到预测煤层气富集程度的目的。煤层气富集程度划分方法见表 2-4。

表 2-4　煤层气富集程度划分方法　　（单位：dB）

煤层气富集程度	低	中	高
电磁波衰减值（α）	$\alpha\leqslant5$	$5<\alpha<15$	$\alpha\geqslant15$

5. 典型应用案例

演马庄矿属瓦斯突出矿井，查明瓦斯分布富集区对于保障安全生产意义重大。27131 下段工作面二$_1$煤层平均煤厚为 4.07m，平均倾角为 11°，工作面长 370m、宽 110m。区域地质构造以断层为主，如停采线近邻断距达 10～20m 的 F147 断层。为探明工作面内部的瓦斯富集区域，采用 0.3MHz、0.5MHz 和 1.5MHz 3 种频率进行了多频电磁波 CT 同步透视。接收点间距为 5m，发射点间距为 50m，每个发射点对应 21 个接收点，共 336 个接收点，16 个发射点。探测数据经过处理解释，得到如图 2-13 所示的 CT 成果图。

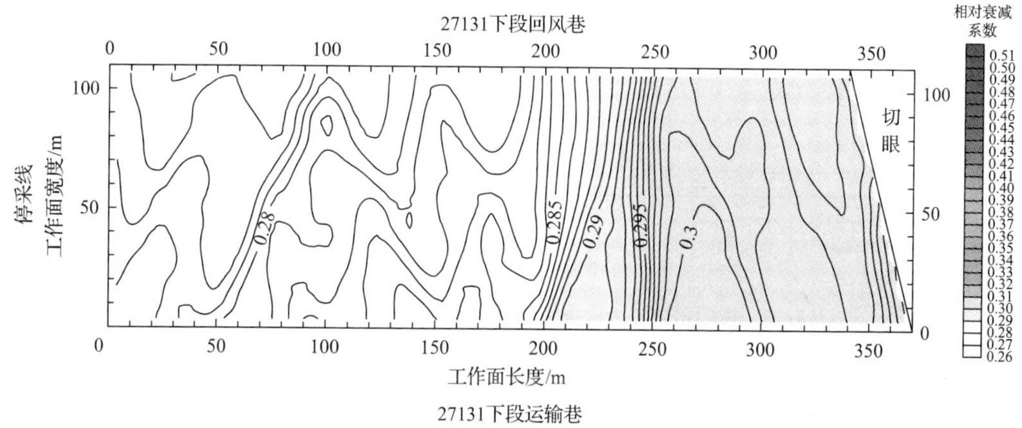

(a) 0.3MHz

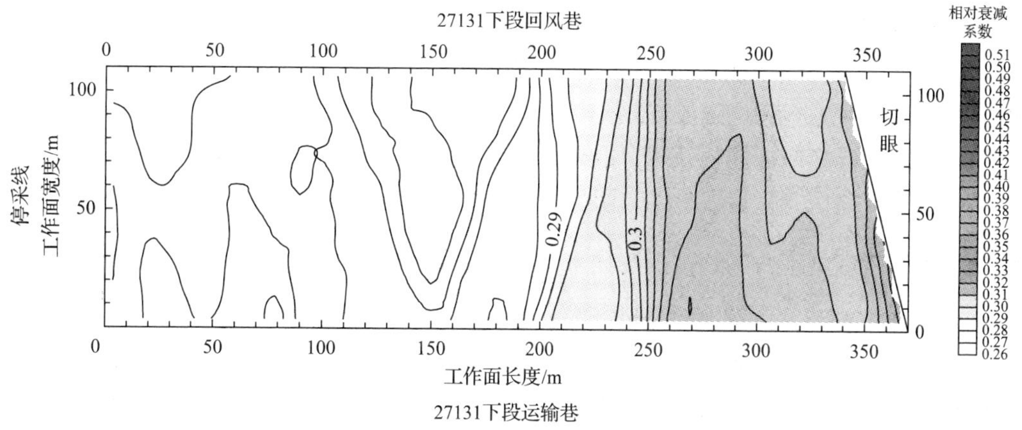

(b) 0.5MHz

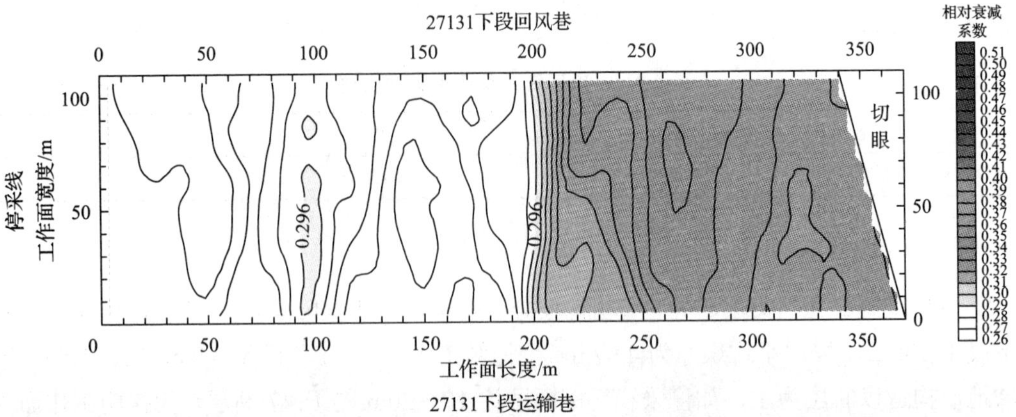

(c) 1.5MHz

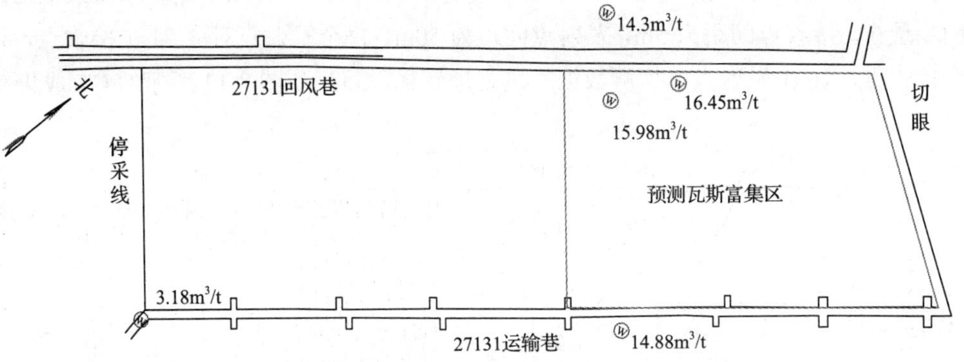

(d) 预测结果与钻孔瓦斯含量

图 2-13　电磁波 CT 透视成果与钻孔瓦斯含量对比(文后附彩图)

3 种频率在 200m 至切眼处均存在大面积衰减区，且频率越高，相对衰减越明显。其中，1.5MHz 相对 0.5MHz、0.3MHz，在 200～250m 区域内电磁波相对衰减更严重。27131 运输巷停采线附近的钻孔瓦斯含量为 3.18m^3/t，属于低瓦斯分布区；27131 运输巷 225m 钻孔瓦斯含量为 14.88m^3/t，27131 回风巷 220m、225m、255m 钻孔瓦斯含量分别为 14.3m^3/t、15.98m^3/t、16.45m^3/t，属于高瓦斯区域。电磁波 CT 透视结果与钻孔瓦斯含量的情况一致，可见多频电磁波 CT 同步透视能够有效探测瓦斯富集区。

综上所述，电磁波透视技术探测结果与实际回采情况一致性较好，说明电磁波透视技术及装备对煤层气富集区有一定的分辨能力，探测效果较好。

2.2.2　煤层气富集区井下地震探测技术

煤层气含量的多寡对煤层的物性参数有较大影响，也是实现煤层气地球物理勘探的基础。实际测试结果表明：煤中含气时，煤层的弹性模量有很大变化。一般情况下，随着煤体吸附的煤层气含量的增加，煤岩的弹性模量降低。已知模型煤层气富集区反射波的波形特征表现为明显的传播时间延长、振幅减弱和主频降低的特征等，与正常煤层的波场特征存在显著的差异。产生这一现象的主要原因是：双相介质中因固体骨架和流体或气体的共同作用，地震纵波速度降低，波至时间加长，使地震波不同频率成分的能量分布发生了变化，低频成分相对增强，高频成分相对减弱，地震波能量向低频方向移动。这种地震反射波场特征的变化，为利用地震资料的时间、振幅和频率变化等特征识别煤层气富集区提供了理论依据。

1. 地震超前探测技术的理论基础

地震弹性波法探测技术就是在地下界面利用地震检波器接收反射回来的地震波，对反射信号的运动学和动力学特征进行分析，从而达到探测瓦斯富集区的一种勘探方法。探测前方每个波阻抗变化的界面，如地层面、煤岩界面、断层面、应力集中带等都可产生反射波。在煤体中接收来自不同界面的反射波，可查明煤体周围煤岩层中的地质异常体及瓦斯赋存异常体；同时，反射波的到达时间与反射面的深度有关。反射波振幅与反射系数有关，据此可推算地下波阻抗的变化，进而对地层岩性做出预测。

煤矿井下地震超前探测技术通常采用单道或两道、多炮激发的观测系统。根据煤矿井下巷道的特点，激发点和接收点通常布置在巷道的一侧。采用小药量炸药激发震源，高精度三分量地震检波器接收地震信号。三分量地震检波器记录了 2 个水平方向和 1 个垂直方向。多分量检波器接收的地震信号携带了更为丰富的信息量，更易识别小的地质异常构造的位置和影响范围。接收到的地震信号主要通过反射波提取、地震波速度分析及偏移成像，提取掘进工作面前方反射界面的信息，超前预报异常地质构造。

地震检波器接收到的信号中，只有从巷道掘进面前方和侧面反射回来的信号才包含有关前方岩层的信息。由传播时间可得 P 波速度 V_{p}：

$$V_{\mathrm{p}}=\frac{X_1}{T_1} \tag{2-2}$$

式中，X_1 为爆破孔与传感器的距离，m；T_1 为直达纵波的传播时间，s。

已知地震波的传播速度就可以通过测得的反射波传播的时间推导出反射面距离传感器的距离及与巷道掘进面的距离，整个推导过程可由下式导出：

$$T_2=\frac{X_2+X_3}{V_{\mathrm{p}}}=\frac{2X_2+X_1}{V_{\mathrm{p}}} \tag{2-3}$$

式中，T_2 为反射波的传播时间，s；X_2 为爆破孔与反射面的距离，m；X_3 为传感器与反射面的距离，m。

2. 井下地震波超前探测正演模拟

1）断层正演数值模拟与波场分析

图 2-14 为断层模型及数值模拟波场快照图。建立模型，根据实际矿井地震资料的频谱，选用主频为 200Hz 的里克子波作为震源子波。观测系统采用单炮激发、24 道接收，最小炮检距为 18m，炮间距为 1.5m。通过波场快照可以清晰了解弹性波传播的全过程，

直达波、断层界面的反射纵波和反射横波被检波器接收。

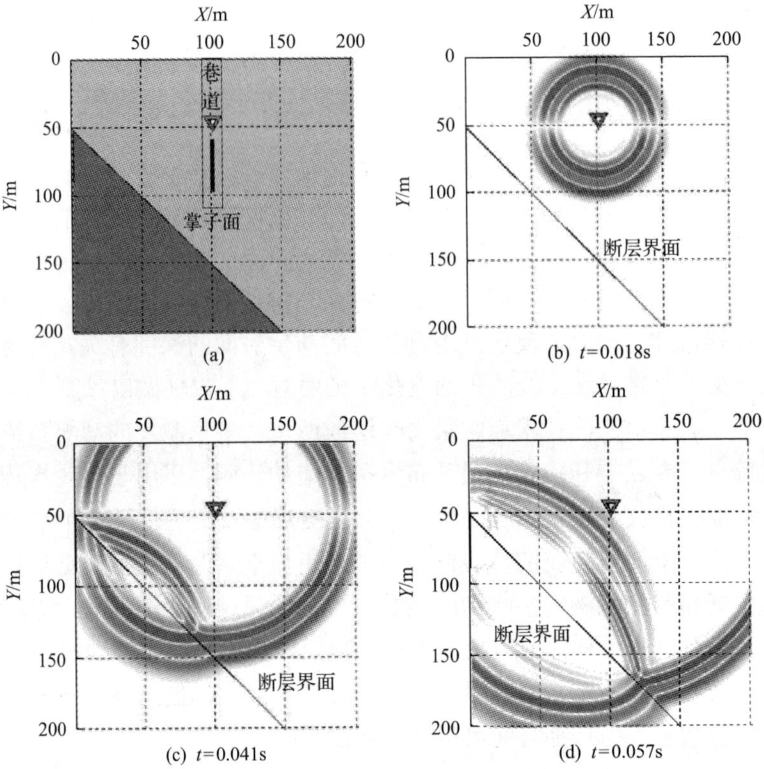

图 2-14 断层模型及数值模拟波场快照图(文后附彩图)

2) 陷落柱正演数值模拟与波场分析

研究常规井下掘进巷道观测系统在井下地震数值正演中对陷落柱正演模拟的应用，并对其波场进行分析。根据陷落柱的特征，设计了两个陷落柱模型，两个模型均为边长为 200m 的正方形，这两个模型即为陷落柱模型的水平平面图，主要模拟陷落柱的水平切片部分。图 2-15 为陷落柱 1 模型及数值模拟波场快照图，模型 1 表示陷落柱的波阻抗值大于周围围岩；图 2-16 为陷落柱 2 模型及数值模拟波场快照图，模型 2 表示陷落柱的波

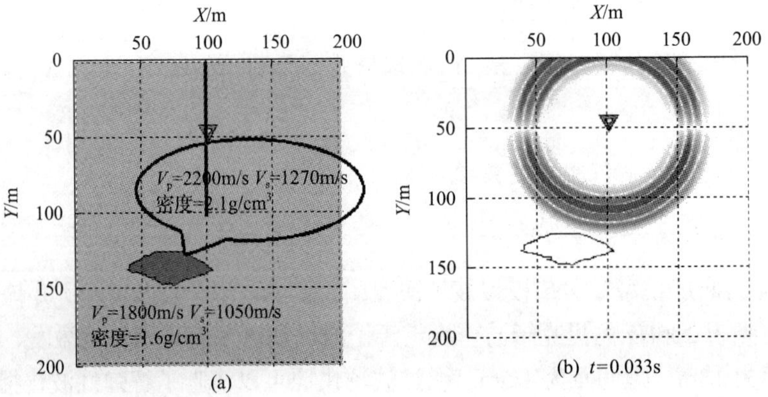

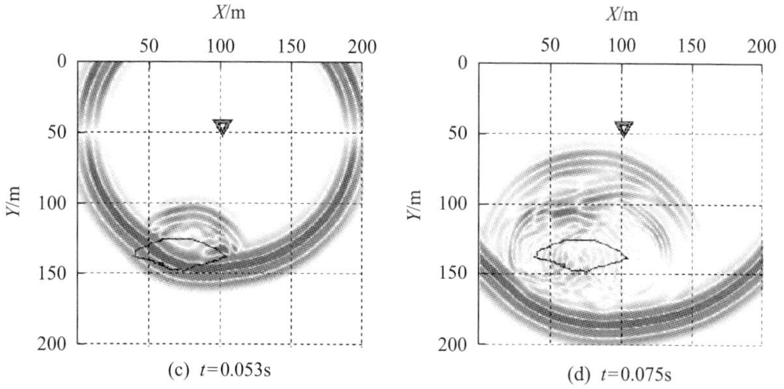

图 2-15　陷落柱 1 模型及数值模拟波场快照图(文后附彩图)

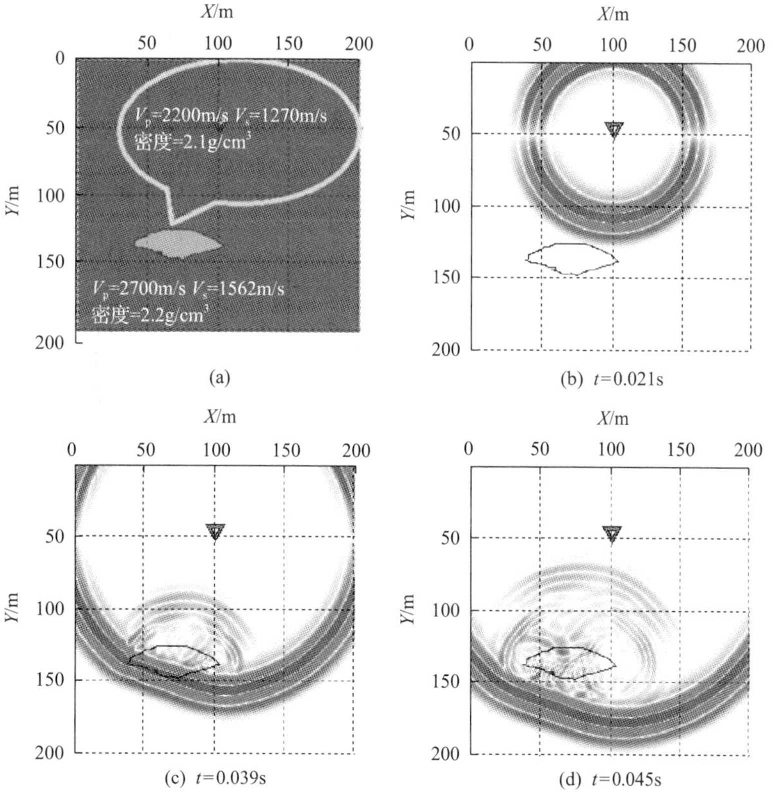

图 2-16　陷落柱 2 模型及数值模拟波场快照图(文后附彩图)

阻抗值小于周围围岩。红色三角形表示炸药激发，子波主频为 200Hz，观测系统与前述断层模型一致。

通过对波阻抗大于和小于围岩的两种陷落柱进行数值模拟，发现：当地震波传播至陷落柱时，会产生反射 P 波、转换 S 波，同时也会产生比较复杂的波场，这也是陷落柱难以识别的原因之一。

3) 采空区正演数值模拟与波场分析

研究常规井下观测系统在井下地震数值正演中对采空区正演模拟的应用，实现了对其波场的分析，发现了完全含水的采空区的地震波场的显著特征。根据采空区的地质特征，设计了一个边长为 200m 的正方形采空区模型，假设该采空区处于完全饱和水状态。红色三角形表示炸药激发，黑线表示检波器，子波为主频为 200Hz 的里克子波，观测系统与前述模型一致，如图 2-17 所示。

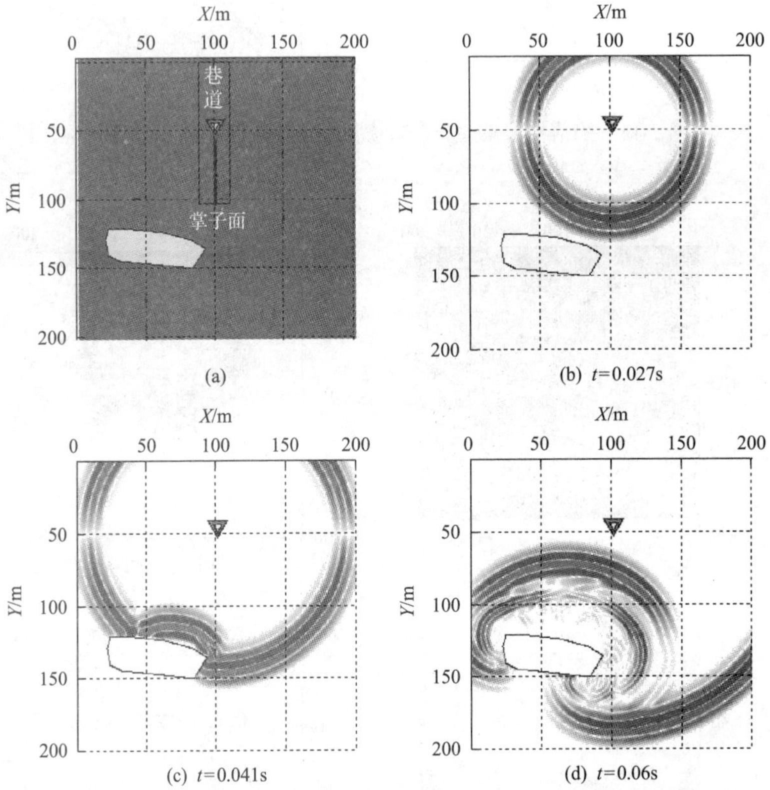

图 2-17　采空区模型平面及数值模拟波场快照图(文后附彩图)

采空区最主要的波场辨识方法是强阻抗界面，这也是地震方法可以比较精准地探测采空区的主要原因之一。

4) 软弱层正演数值模拟与波场分析

根据软弱层的地质特征，设计了两个软弱层模型，软弱层为边长为 200m 的正方形，即为软弱层模型的水平平面图。红色三角形表示炸药激发，黑线表示检波器，子波为主频为 200Hz 的里克子波，观测系统与前述断层模型一致。

图 2-18 为软弱层模型 1 数值模拟波场快照，当 t=0.015s 时，可以发现波场在均匀、各向同性煤质中传播，波前为一个标准圆形，二维介质平面任何方向的速度一致；当 t=0.026s 时，波场已经部分传播至软弱层位置，可以发现波场已经不如煤质中的波形完整，此时整个波场分为 3 部分，软弱层右上方的波场分为反射纵波和未传播至软弱层位

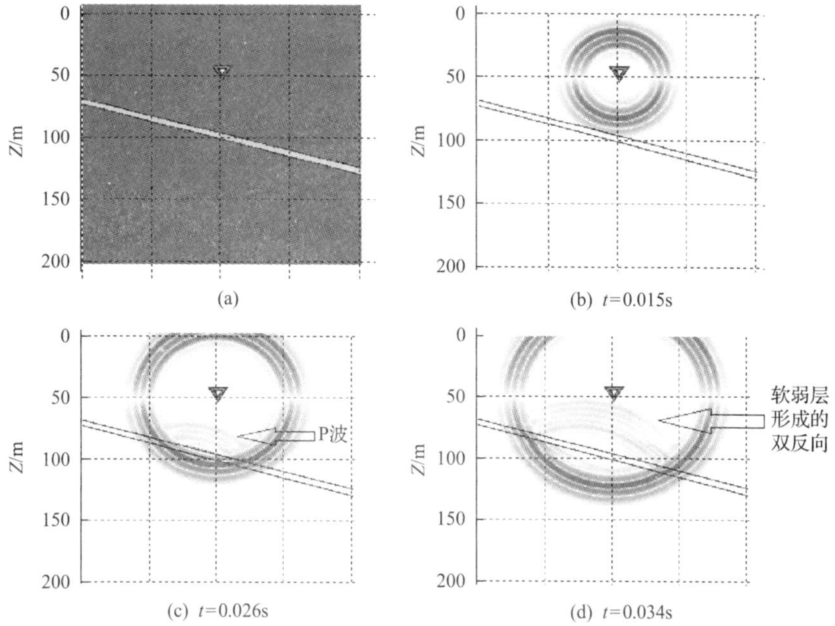

图 2-18　软弱层模型 1 数值模拟波场快照图(文后附彩图)

置的部分纵波，而软弱层左下方已经出现了透射纵波；当 t=0.034s 时，软弱层左下方的透射纵波已经传播超过了边界，而软弱层右上方出现双反射现象。

图 2-19 为软弱层模型 2 数值模拟波场快照，当 t=0.018s 时，可以发现第一个软弱层

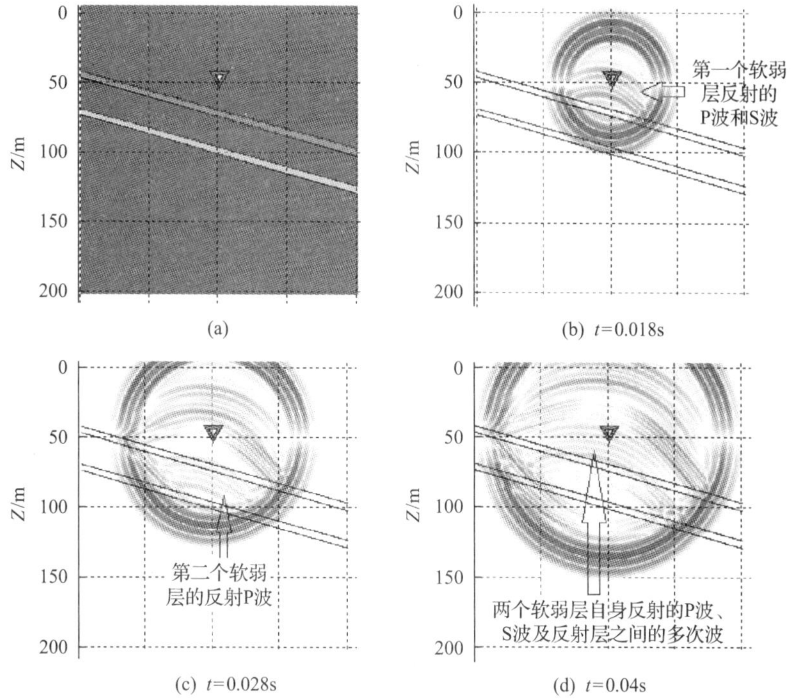

图 2-19　软弱层模型 2 数值模拟波场快照图(文后附彩图)

的反射纵波和反射横波；当 t=0.028s 时，波场已经传播至第二个软弱层位置，产生第二个软弱层的反射纵波；当 t=0.04s 时，不仅发现两个软弱层自身反射的纵波和横波，还在两个反射层间产生了多次波。

2.2.3 煤矿井下随钻无缆测井技术及装备

1. 随钻测井的基本原理

随钻测井系统包括随钻测斜、随钻测井和数据传输及其他核心技术与装备，其中随钻测斜是指钻孔倾角、方位角和钻杆工具面向角等参数的测量；随钻测井包括随钻电阻率测井、自然伽马测井、放射性测井、光电因子(eP)测井、井径测井及声波测井等；数据传输包括基于通缆信号的有线传输和基于泥浆脉冲、电磁波等信号的无线传输方式；其他随钻测量参数包括随钻温度、随钻震动、随钻钻头钻压、随钻地层压力测量等。

1)伽马测井原理

岩石中存在能够放射出足够强的伽马射线的放射性核素 K、U 和 Th，这些放射性核素在地层中的聚集与地层的沉积环境有密切关系。核素放射的伽马射线能量一般为几万电子伏特到几千万电子伏特。不同能量的伽马射线进入物质中后，与物质的相互作用主要有光电效应、康普顿效应和电子对效应 3 种形式。发生何种效应主要取决于伽马射线的能量，能量小于 0.1MeV 时，主要发生光电效应；能量为 0.1～0.2MeV(中等能量)时，主要发生康普顿效应；能量超过 2.0MeV 时，则以电子对效应为主。伽马射线的 3 种效应均产生电子，这些电子能引起物质中原子的电离核激发闪光，射线探测器就是利用这两种物理现象来探测伽马射线的。装置输出的光子转化为电流信号，电流信号经过后续伽马处理电路(包括电压跟随器、鉴别器和脉冲整形器等)转化为计数率，其大小反映钻孔内岩层伽马射线的强弱，而伽马射线的强弱反映所测量地层中含放射性物质的多少，从而可确定地层的性质与有关的地质问题。

2)随钻测斜技术

钻孔测斜仪通常由三分量加速度计和三分量磁力计构成，测量物体轴向的静态加速度分量及磁场强度分量，通过坐标系转换及误差校正，获得物体在当前测点的空间姿态，即倾角、方位角及工具面向角。

方位角是地球磁北方向与钻孔轴线上某点的切线在水平面投影之间的夹角，即磁方位角，磁方位角范围为 0°～360°；倾角是钻孔轴线上某点的切线与水平面之间的夹角，倾角以水平面为基准，上仰为正，下倾为负，倾角范围为+90°～–90°；工具面向角为钻具的造斜方向与参考方向之间的夹角，工具面向角范围为 0°～360°，其反映钻具后续造斜方向，钻进过程中仅用于指导钻进方向的调整，并不参与钻孔轨迹的计算。

测斜仪主要的误差来自 3 个方面：①器件误差；②安装误差；③磁罗差。加速度计和磁强计的器件误差主要包括零偏误差、刻度系数误差、温度漂移误差及各个敏感轴不正交引起的误差；安装误差主要指传感器各个敏感轴与钻具坐标轴不重合引起的误差，由于机械加工和装配水平的限制，不重合引起的误差总是存在，只有进行结构误差的校正与补偿，才能有效控制安装误差的大小，保证仪器测量精度。此外，磁强计周围磁性材料(硬磁效应和软磁效应）造成的磁罗差会对测量结果引起较大的误差，还需要进行磁罗差补偿。

在实际使用中，为了不影响地磁场的测量，磁强计和加速度计测量传感器仪周围不能有磁性材料的存在，因此通常将测斜装置安装在一段无磁钻铤内部。此外，为了减小或消除前、后的钢制钻具对无磁钻铤内测斜装置的影响，通常在无磁钻铤前后还需要再加装一系列的无磁钻具。通过各种误差源的补偿与控制方法，保证了测斜仪姿态角的解算精度。

3）数据无线传输技术

在石油行业，电磁波随钻测量系统（MWD）分为地面系统和井下系统两个部分。井下仪器发射的电磁信号通过钻杆和地层传输至地面接收电极，地面仪器完成信号接收、信号调理、信号处理和数据解调/解码，如图 2-20 所示。相应地，煤矿井下电磁波随钻测量系统分为两部分：孔口仪器和孔内仪器。孔内仪器发射的电磁信号通过钻杆和地层传输到孔口接收电极，孔口仪器完成信号接收、信号调理、信号处理和数据解调/解码。图 2-21 所示为煤矿井下电磁波随钻测量系统示意图。

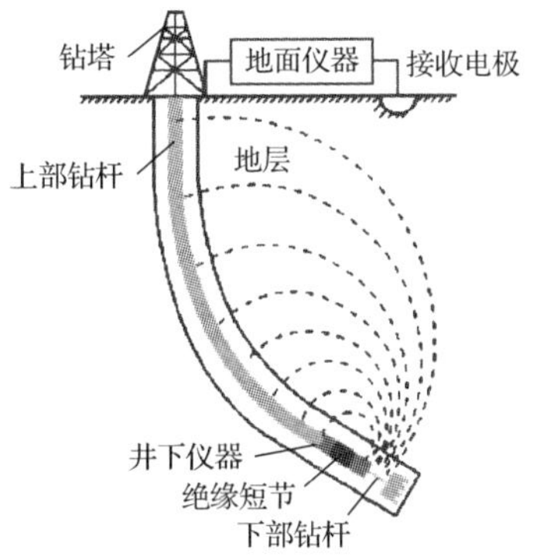

图 2-20　地面电磁波随钻测量示意图

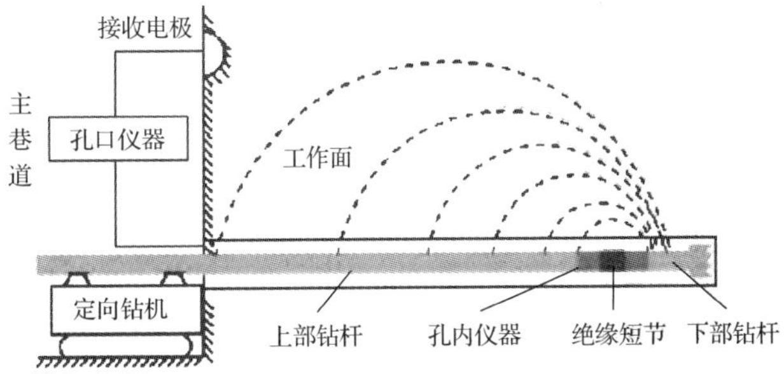

图 2-21　煤矿井下电磁波随钻测量系统示意图

2. 随钻无缆测井井下工业性试验

为提高电磁波随钻方位伽马测井系统的稳定性和可靠性，进行了大量的工业性试验，整个系统的可靠性大大增强，能够满足井下随钻测井的要求。

伯方煤矿目前开采煤层为 3 号煤层。本次试验钻孔为 3305 工作面 3 号钻场 1 号钻孔，1 号钻孔设计孔深为 300m，设计开孔倾角为–3°，设计开孔方位角为 320°，实际开孔倾角为 2.7°，实际开孔方位角为 309.7°，从 28m 之后采用电磁波随钻方位伽马测井系统进行定向钻进，钻进到 178m 处提钻。整个测量过程中，电磁波测斜数据中的倾角数据正常，方位角数据正常，上、下伽马数据最大为 160API、最小为 20API。试验钻孔在 3 号煤层中开孔，3 号煤上面是砂质泥岩，再往上是较厚的砂岩层。

图 2-22（a）是伽马曲线，是将测试的计数率根据标准井中的刻度系数转换为国际标准单位 API；图 2-22（b）中上下位移是指钻孔轨迹相对于开孔点的垂直距离，开孔点向上为正，开孔点向下为负，图中灰色的虚线为钻孔轨迹，顶板为泥岩，底板为细砂岩。根据钻孔轨迹与煤层顶板之间的关系，钻孔在煤层中延伸一段距离（0～15m 处），进入顶板后在顶板中靠近煤层顶部的地方向前延伸一段距离后（15～47m 处），再次进入煤层，最终在煤层顶部靠近顶板的地方停止钻进。根据伽马曲线的变化，刚入孔进入煤层时伽马数

值较低(<80API)；随着轨迹靠近顶板，数值逐渐增大(90～120API)，穿到顶板后伽马数值达到最大(120～170API)，随着在顶板中的延伸，伽马数值逐渐下降(<80API)，根据已知的地层资料，顶板这部分为砂质泥岩；从伽马数据上看，应该是进入顶板到达砂质泥岩后轨迹逐渐下降，之后再次进入煤层，在煤层中伽马数值一直稳定在较低的数值。在钻孔末端，由于轨迹再次靠近顶板，伽马数值有逐渐增加的趋势。伽马曲线基本反映了从煤层到泥岩层再回到煤层的这种变化趋势。

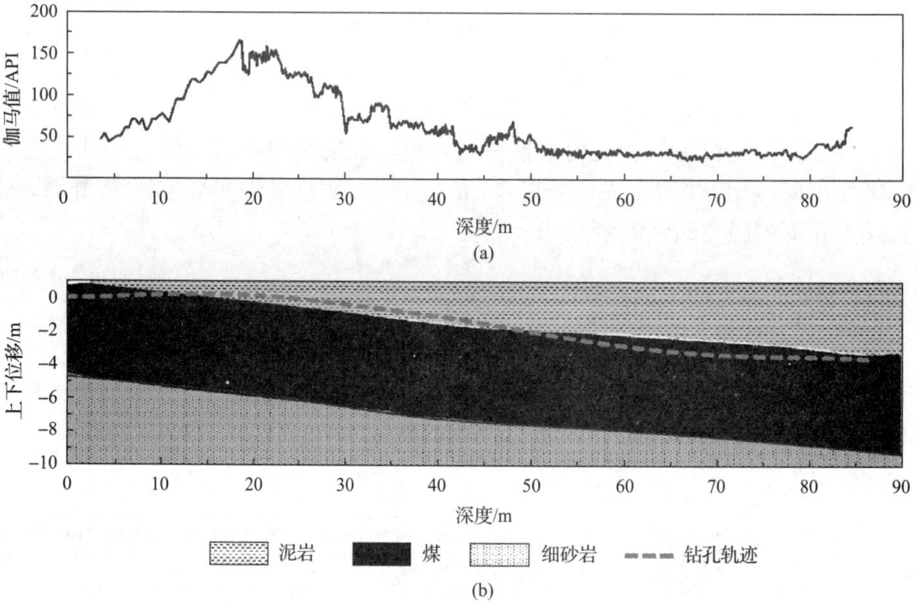

图 2-22 钻孔轨迹及伽马曲线

2.2.4 采动区裂缝带微震监测技术与装备

工作面开采过程中，采动围岩在应力作用下发生变形破坏，变形破坏过程中产生的微震是煤岩体能量释放过程的物理效应之一，微震的强度和频度在一定程度上反映了煤岩体的应力状态和释放变形能的速度。对工作面等开采区域持续进行一段时间的监测，可根据监测到的采动围岩微震发生特征，给出工作面围岩体的破坏特征，辅以采矿理论和其他现场实测结果的分析，可得到工作面采动区裂缝带分布规律，为工作面安全高效开采提供参考依据。

微震监测技术是一种区域性的实时监测手段。相比于示踪剂法、电位法、温度测井法等传统监测手段，该方法具有远距离、动态、三维、实时监测的特点。可以根据微震分布特征评价采动区煤岩裂缝带分布及其演化趋势，为采动区煤层气地面开发奠定基础。

1. 地质条件对微震波传播特性的影响

1)岩性对微震波传播特性的影响

在具备条件的矿井，选择砂岩、灰岩、花岗岩 3 类岩体，开展岩性对微震波传播特性的影响的试验研究。在选定的特定区域进行定点放炮，距离放炮点不同位置布置传感器，接收信号。不同位置处的拾震器接收的波形振幅值与拾震器距放炮点的距离关系曲线如图 2-23 所示。

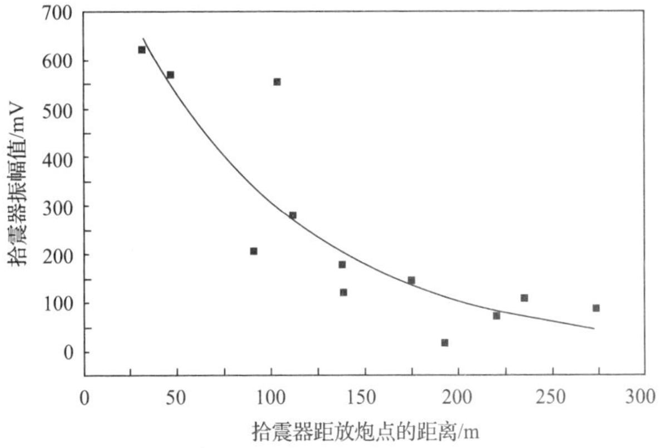

(a) 砂岩中微震波衰减曲线

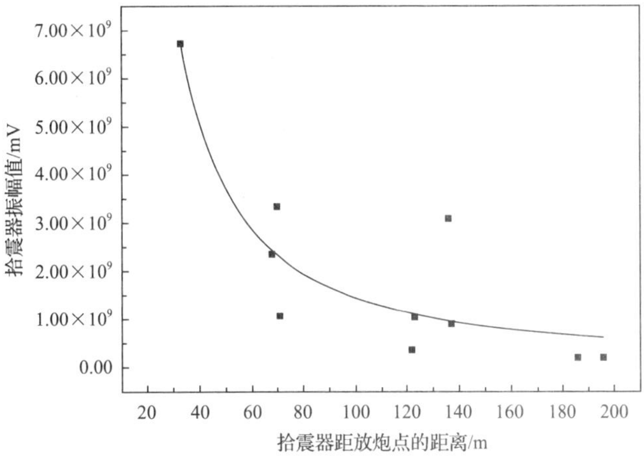

(b) 灰岩中微震波衰减曲线

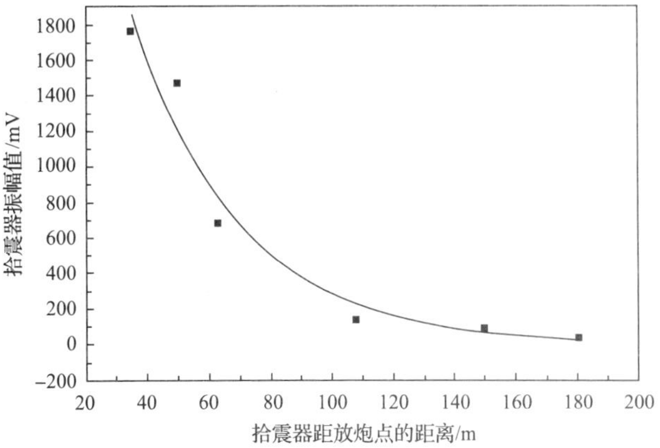

(c) 花岗岩中微震波衰减曲线

图 2-23　不同岩性岩体中放炮产生的波形衰减特性

由图 2-23(a)可知，在砂岩中，微震传播到距离放炮点 100m 时，微震波的振幅值从 600mV 衰减至 300mV 左右，衰减幅度达 66.7%；传播距离达到 200m 时，振幅值衰减为

100mV，衰减幅度达 83.3%。距离放炮点前 200m 是微震波衰减的主要阶段。由图 2-23(b)可知，在灰岩中微震波在传播过程的前 70m，衰减幅度达 70.6%。由图 2-23(c)可知，在花岗岩中微震波在传播过程的前 100m 内振幅急剧衰减，更远距离的拾震器基本已无法接收到波形信号。

通过对砂岩、灰岩、花岗岩微震波衰减结果的分析得出以下结论：①砂岩破裂过程中释放的能量较大，微震事件中低频信号成分较多，中低频信号传播距离较远；②灰岩矿井信号的主要来源是底板拉伸破裂，破裂过程释放能量较小，释放的弹性波以高频成分为主，其信号传播距离较近；③花岗岩矿体受采动导致的岩体破裂尺度较小，破裂信号所含中高频成分较多，其信号传播距离在深井砂岩和灰岩之间。

2)采空区对微震波传播速度的影响

选择国家能源集团神东煤炭集团公司石圪台煤矿，开展采空区对微震波传播速度的影响试验。拾震器采取立体布置形式，在 31201 工作面回风顺槽布置 7 个拾震器，编号分别为 1#、2#、…、7#，在 2-2 煤层顶板布置 8#、9#、10# 和 11# 4 个拾震器；在 31201 工作面运输顺槽布置 7 个拾震器，编号分别为 12#、13#、…、18#。分两次在不同位置进行定点放炮，装药量均为 18kg 乳胶炸药。利用不同位置拾震器接收到的微震信号，获取放炮产生的震动信号到达拾震器所在位置的时间，相关信息见表 2-5。

表 2-5　石圪台煤矿不同位置拾震器接收到放炮信息的时间

位置	传感器编号	第一次放炮信息		第二次放炮信息	
		距放炮点距离/m	到时/s	距放炮点距离/m	到时/s
31201工作面回风顺槽	1#	32.9	2.28	131.3	3.17
	2#	39.1	2.281	131.8	3.171
	3#	61.6	2.283	139.1	3.174
	4#	88.9	2.287	152.1	3.178
	5#	117.2	2.294	169.3	3.181
	6#	146.5	2.304	189.8	3.188
	7#	175.7	2.312	212.5	3.194
2-2煤层顶板	8#	359.61	2.414	276.05	3.228
	9#	330.24	2.388	245.31	3.225
	10#	219.63	2.351	191.54	3.225
	11#	178.28	2.328	142.44	3.176
31201工作面运输顺槽	12#	279.4	2.375	181.1	3.191
	13#	280.7	2.378	181.8	3.192
	14#	289.5	2.381	191.2	3.198
	15#	291.3	2.376	196.7	3.199
	16#	302.1	2.382	211.8	3.204
	17#	318.7	2.383	231.8	3.211
	18#	328.5	2.386	246.6	3.216

从表 2-5 可以看出：①井下各拾震器到时与拾震器及标定炮距离基本成正比；②地面拾震器在传播距离相似时到时延迟，如标定炮 1 中井下通道 7(距放炮点 175.7m)和地面通道 11(距放炮点 178.28m)，两个拾震器距离炮点差 2.58m，到时相差 0.016s，按波

速 4000m/s 计算可得 0.016s 传播距离为 64m。产生到时差的主要原因有两个：一是微震波在采空区中传播，其路径相比实体中传播变长；二是微震波在垂直层面方向传播，一部分能量被反射回来，只有部分能量透过层面继续向前传播，地震波能量衰减大，震动强度降低，而在同层走向上传播衰减量小。所以，辅运、主运中拾震器与标定炮位置在同一层，波速较稳定；地面拾震器接收到的波通过了采空区及不同岩层界面，造成了速度变慢，到时延迟。

由此可见，采空区使微震波的传播路径变长，且微震波穿过了不同的岩层界面，造成了波速变慢，到时延迟。

2. 寺河矿采动区裂缝带微震探测应用

1）微震监测结果揭示的采动裂缝带分布特征

根据微震监测结果可得到采动裂缝带的发育范围，如图 2-24 所示，为微震事件分布特征，由图可知，顶板采动裂缝带最大高度可达到 160m，大多数微震事件发生在顶板 0～70m 范围。综合考虑顶板岩层运动特点、瓦斯运动特点和抽放钻孔施工效率等情况，合理的抽放钻孔布置最优范围为 40～65m。

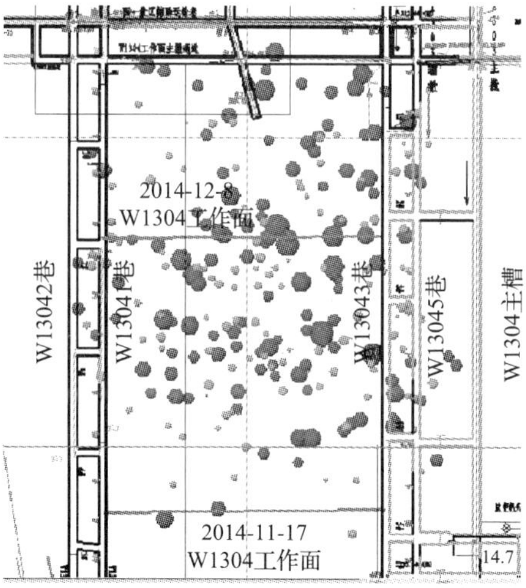

(a) 平面分布

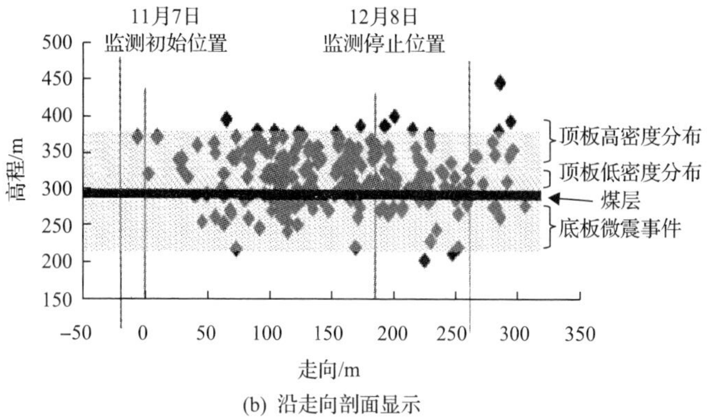

(b) 沿走向剖面显示

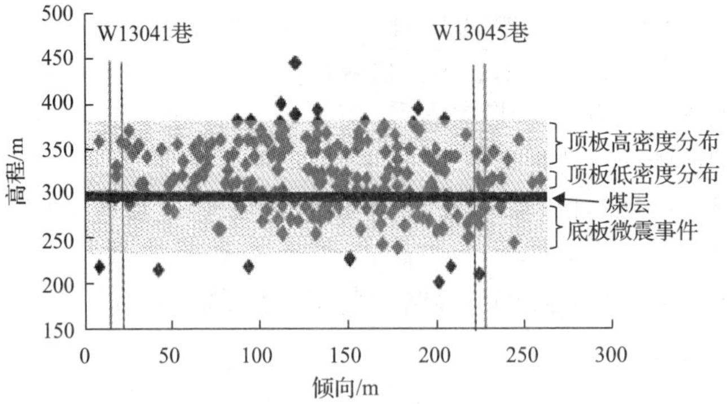

(c) 沿倾向剖面显示

图 2-24　微震事件分布特征(文后附彩图)

2) 双端堵水监测结果揭示的采动裂缝带分布特征

分别施工 3 个钻孔进行观测。受双端堵水监测技术自身特点的限制，实验选择在工作面采过 20d 后进行，根据各个钻孔的观测数据，绘制采前、采后渗水量变化曲线，如图 2-25 所示。由图可知，3 个钻孔顶板渗漏主要发生在 37～58m，说明该范围裂缝带发育。结合瓦斯运移规律和抽放最佳效果，该范围可以考虑为抽放孔的合理布设范围。

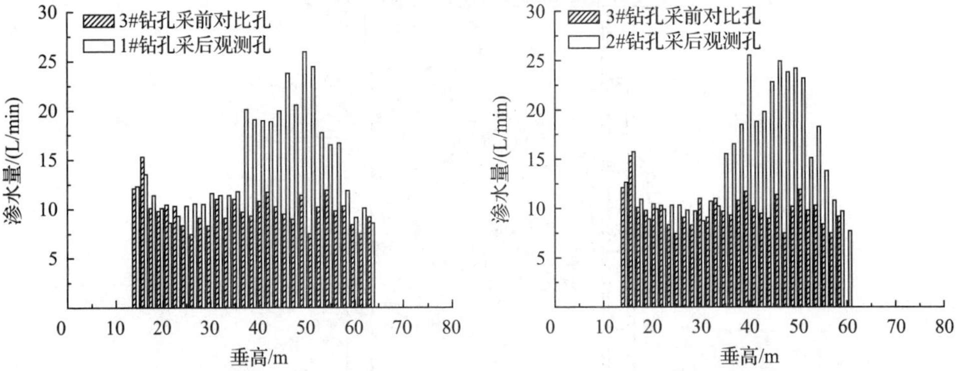

(a) 1#钻孔、3#钻孔　　(b) 2#钻孔、3#钻孔

图 2-25　钻孔渗水量变化规律

3) UDEC 数值模拟计算揭示的采动裂缝带分布特征

如图 2-26 所示，工作面推进 140m 时，横向上“三带”范围进一步扩展，但纵向上采动裂缝带发育高度及特征与推进到 110m 时差别不大，说明覆岩运动基本稳定。因此，认为工作面垮落带高度为 13m，裂缝带高度为 54m。

4) 井下抽采煤层气体积分数法计算得到的采动裂缝带分布特征

图 2-27 为 3#钻孔法距、抽放瓦斯体积分数随工作面推进距离变化曲线。由图可知，可以把稳定抽采区域的钻孔段所处位置作为裂缝带高度。由始抽段进入抽采体积分数发生变化区段(高体积分数段)的钻孔距煤层顶板法距为 56m，因而可认为顶板裂缝带高度为 56m。

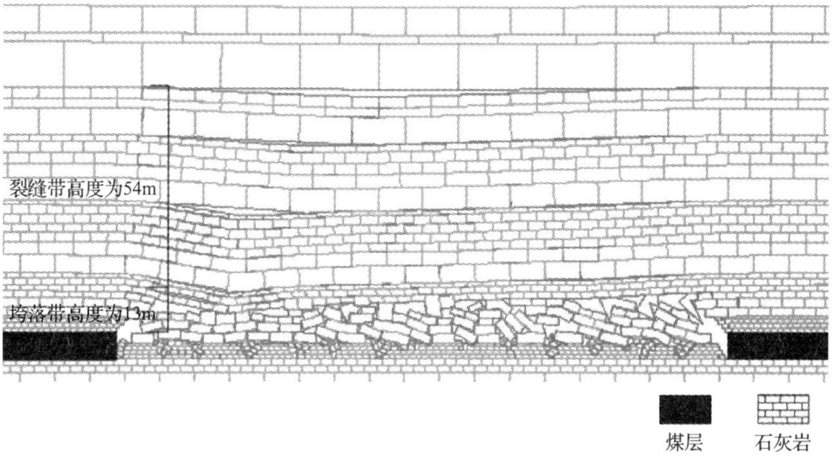

图 2-26　工作面推进 140m 时覆岩垮落带和裂缝带分布情况

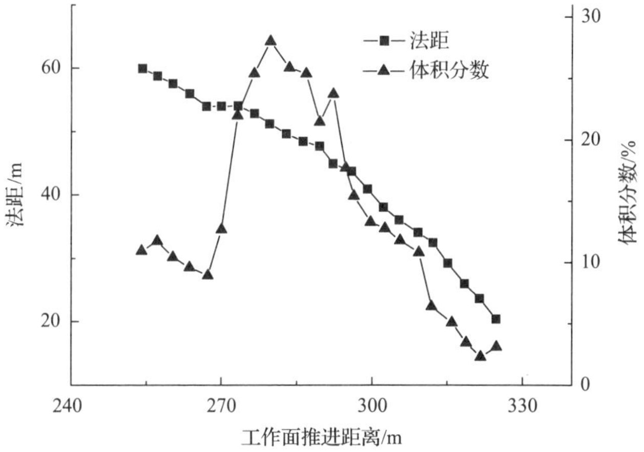

图 2-27　3#钻场钻孔法距、抽放瓦斯体积分数随工作面推进距离变化曲线

综上，微震监测结果揭示的采动裂缝带高度为 40～65m，双端堵水监测结果揭示的采动裂缝带高度为 56m，UDEC 数值模拟计算结果揭示的采动裂缝带高度为 54m，井下抽采煤层气体积分数法计算得到的采动裂缝带分布范围为 56m，详见表 2-6。

表 2-6　不同手段或方法揭示的“裂缝带”情况对比

监测技术或方法	采动裂缝带高度/m	备注
微震监测	40～65	区域监测手段
双端堵水监测	56	单点监测手段
UDEC 数值模拟计算	54	理论分析
井下抽采煤层气体积分数法	56	煤层气抽采实践

由于我国煤矿复杂的地质条件和开采条件，微震监测技术在采动区裂缝带煤层气的抽采应用方面还处于发展阶段，要提高采动区裂缝带煤层气的抽采效率，还需在实践的基础上结合具体开采条件，进一步从微震监测技术理论和设备等方面开展深入研究。

2.3 煤层气抽采区块优选及钻孔优化设计技术

煤层气是主要以吸附态赋存于煤层中的一种自生自储式非常规天然气，其富集成藏应具备“生、储、保”基本地质条件。煤层气的基本成因与常规天然气没有实质性差别，在一定埋深范围内，煤层气都发生过“解吸—扩散—运移”，并普遍存在“垂向分带”现象。煤级越高，解吸带深度越小；风化带越深，解吸带深度越大。解吸带内煤层气富集在一定程度上服从于常规天然气的构造控气规律，原生带内煤层气富集可能更多地受控于煤层的吸附特性。在烟煤—无烟煤地区，与相似煤级(或有机质成熟度)常规储层中的腐殖型天然气相比，煤层气稳定碳同位素的偏轻效应越强，煤层气的运移效应就可能越大，煤层气富集所要求的各种“圈闭”条件与常规天然气富集条件便越趋于接近。

煤层条件包括煤层的厚度、孔渗性含气性和煤的吸附与解吸特性等，是煤层气研究的一个重要内容；而沉积作用和构造演化水动力活动及热力场分布等区域动力学条件，对煤层特征及温压条件有直接影响，这些因素相互耦合从而决定了煤层气的储层程度，直接影响了煤层气的开发效果。因此，只有查清煤层气在地下的储集机理及各种地质因素对煤层气赋存的控制作用，才能掌握煤层气资源的分布规律，指导煤层气有利开发区的选择。

进行煤层气有利区块优选时，第一，要分析煤层与煤质条件，以及煤层气生气条件；第二，利用波阻抗反演和地质统计学反演，分析煤层发育条件；第三，通过裂缝发育程度研究，分析煤层气储层的储集条件；第四，结合构造、水文、顶底板岩性，分析煤层气的保存条件，以及利用振幅随偏移距的变化(AVO)技术，分析煤层气的含气性；第五，综合“生、储、保”条件及含气性，圈定煤层气开发有利区块。

2.3.1 煤层厚度分析

煤层既是生气层又是储气层，是自然界中由植物遗体转变的成层可燃沉积矿产，由有机矿物质组成。无论是煤层气资源评价，还是勘探开发研究，都必须考虑煤层厚度及其分布规律。煤层作为含煤岩系的有机组成部分，常常赋存于一定的层位，与其他共生的岩石类型构成特定的沉积序列。煤层形成时受基底构造、原始成煤环境、后期冲刷作用和构造作用的影响，造成不同煤田、不同区块，甚至是同一区块内的煤层厚度不同，出现煤层增厚、变薄现象。煤层厚度准确来说是指煤层的有效可采厚度，即开采煤层中剔除夹矸后满足经济开采条件的煤层总厚度。煤层的有效可采厚度是控制煤层气井产能的主要因素之一，它决定着开发区资源量的大小、煤层气井的日产气量和生产周期的长短，是评价煤层气井的重要参数。一定厚度的煤层是煤层气藏形成的物质基础，它既提供气源，又提供储集空间。煤层厚度越大，资源总量越多，相同条件下气井的单井日产气量和累计总产气量越高，气井的衰减越晚，稳定生产周期越长，对煤层气开采越有利。煤层气作为自生自储的非常规天然气，煤层既是生气的烃源岩，又是煤层气储集的场所，其分布特征即为煤层气储层分布特征。

由煤层厚度与煤层气含量之间的相关性分析，可知煤层厚度与煤层气含量呈现为一定的正相关关系。

对于煤层厚度的研究，一般还是以地震反演作为主要技术手段，其中波阻抗反演和地质统计学反演应用最为广泛，如图 2-28 所示。

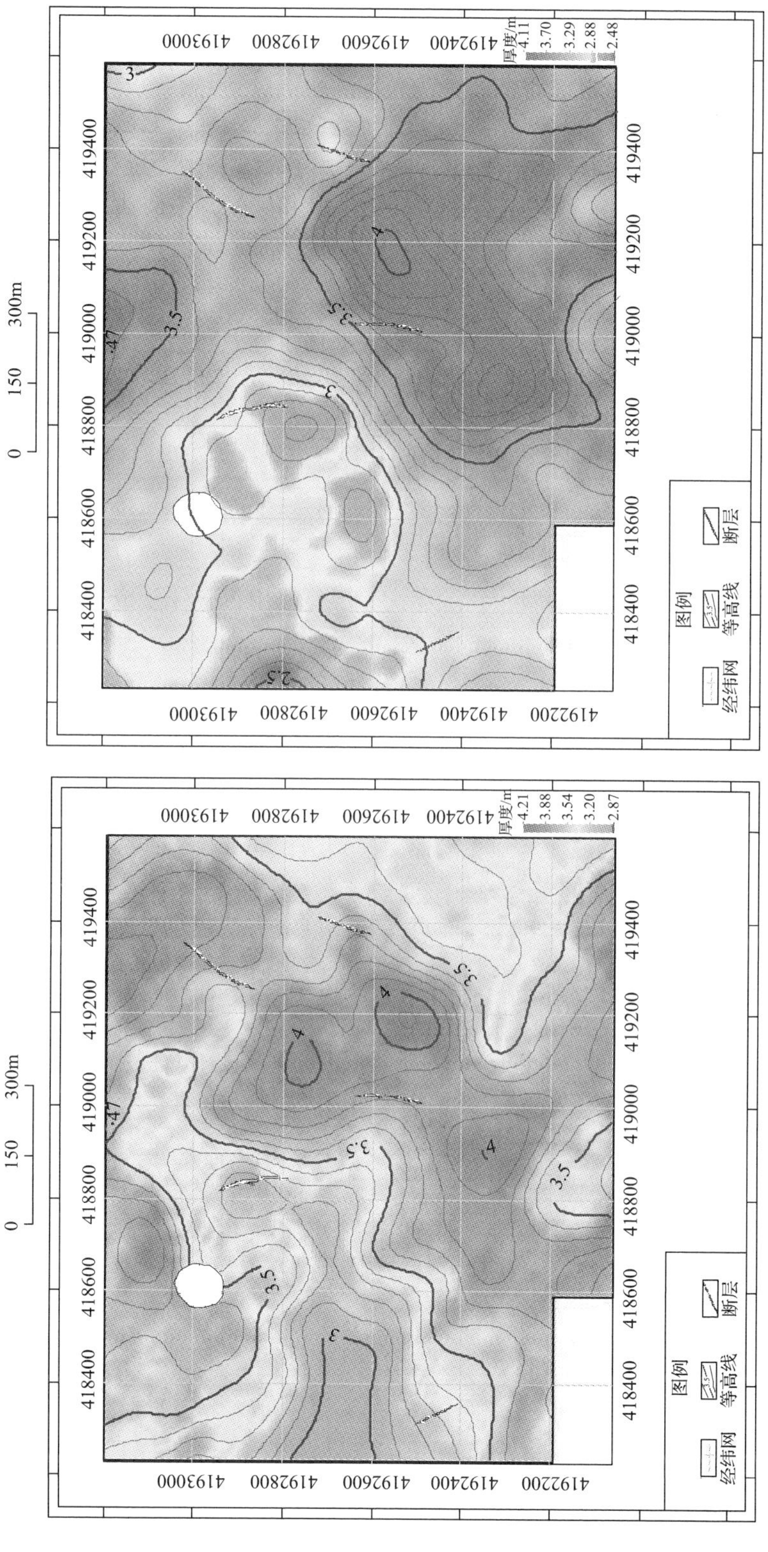

(a) 地质统计学反演煤层厚度

(b) 波阻抗反演煤层厚度

图2-28　地质统计学反演与波阻抗反演煤层厚度对比图(文后附彩图)

2.3.2　煤层气储层储集条件分析

煤层作为储层具有两方面的特性：一方面在压力作用下，煤层具有容纳气体的能力；另一方面，煤层具有允许气体流动的能力。煤层孔渗性反映了煤层的这些特性，直接影响煤层气的开发效果。煤层为孔隙—裂隙型储集层，煤层孔隙度分为基质孔隙度和裂隙孔隙度，二者之和为总孔隙度。煤的孔隙性受控于煤级和煤的物质组成，孔隙特征是影响煤层储气能力、煤层气在煤中的赋存状态及运移能力的重要物性因素。因此，开展煤层孔隙—裂隙特征及其孔渗性研究，是煤层气勘探开发及其相关问题研究的主要内容。

煤层是由孔隙和裂隙构成的多孔介质。这一特性使得煤层具有储气能力和允许煤层"扩散—渗流—运移"的能力。一般认为，煤层具有由孔隙—裂隙组成的双重孔隙结构。煤中的孔隙是指煤基质中未被固体物(有机质和矿物质)充填的空间。煤的孔隙特征是研究煤层气赋存状态、气/水介质与煤基质间相互作用及煤层气"解吸—扩散—渗流"的重要基础。

1)煤层裂隙发育区研究

煤层具有由孔隙—裂隙组成的双重孔隙结构。煤化作用过程中生成的大量挥发性物质以吸附态赋存在煤的孔隙中，气体的产出须先从煤体内表面解吸，通过微孔扩散，流入裂隙系统，最终汇入井筒。因此，裂隙是气体运移的主要通道，它关系到储层的渗透性，决定开发井的产能高低。

一般情况下，人工解释只能在地震剖面和时间切片上识别出比较明显的断层和裂隙系统，而小的断层和裂缝却难以识别和解释。这一现象存在的主要因素有以下两个方面：一是在地震资料中，我们肉眼只能识别和解释那些在破裂面两侧有明显错动的断层，而那些在破裂面两侧没有明显错动的小裂隙则往往会被忽略掉；二是在进行断层的人工解释时，往往受控于解释人员的经验和能力，经验越丰富、能力越高，其解释结果就越精细，但人毕竟不能与电脑等同，即使经验再丰富、能力再高，解释过程中产生疏漏总是在所难免，并且人为的主观性一直存在。

为研究区内的裂隙发育程度，可依据地震属性识别裂隙技术开展相关工作。地震属性种类繁多，发展至今已明确定义的达 300 余种，其中常用的也有几十种，主要有振幅、频率、相位、能量、波形、衰减、相关和比率八大类，从定义的角度又可分为几何学、运动学、动力学和统计学四大类。在裂缝研究中应用的地震属性也有几十种，如三瞬属性、均方根振幅、吸收系数、相关类等。对于裂缝的识别，优选出敏感性较好的相干、最大正曲率、最大负曲率，以及基于蚂蚁追踪算法的蚂蚁体属性，如图 2-29 所示，已成为裂隙研究的首要手段。

单一属性的应用具有一定的局限性，为更好地精细研究裂隙发育，可进行多属性分析，主要有多属性叠合、多属性融合和基于 BP 人工神经网络运算的裂隙概率运算分析。其中，有监督的 BP 人工神经网络运算裂隙概率体可很好地划分裂隙发育范围，应用效果较直观和精细，目前逐渐广泛应用起来，如图 2-30 所示。

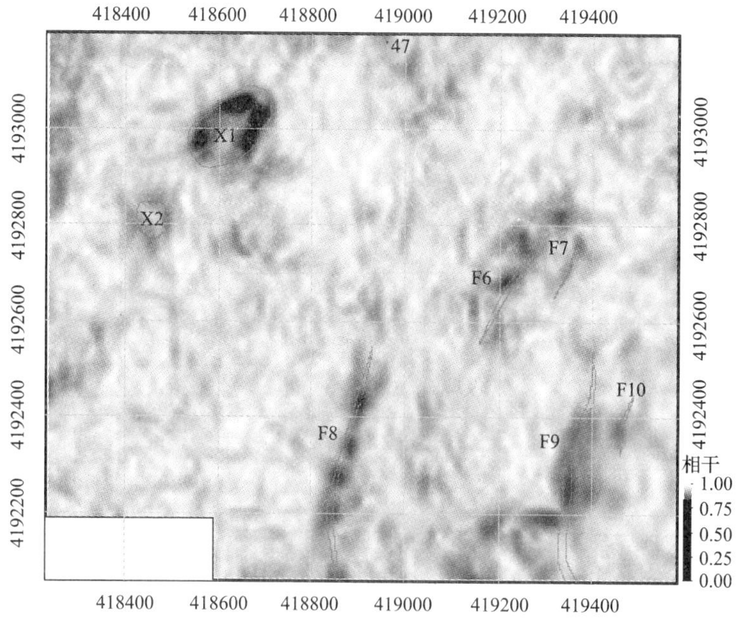

(a) 相干平面属性

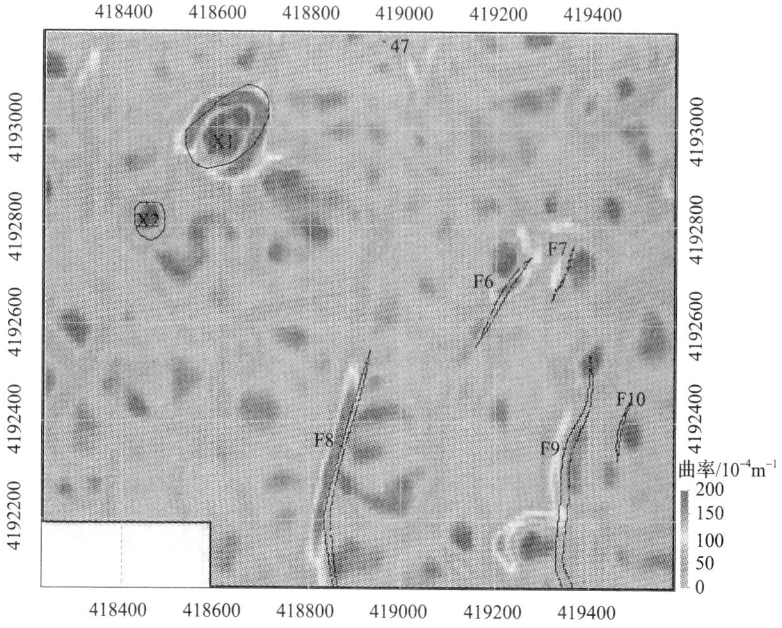

(b) 曲率平面属性

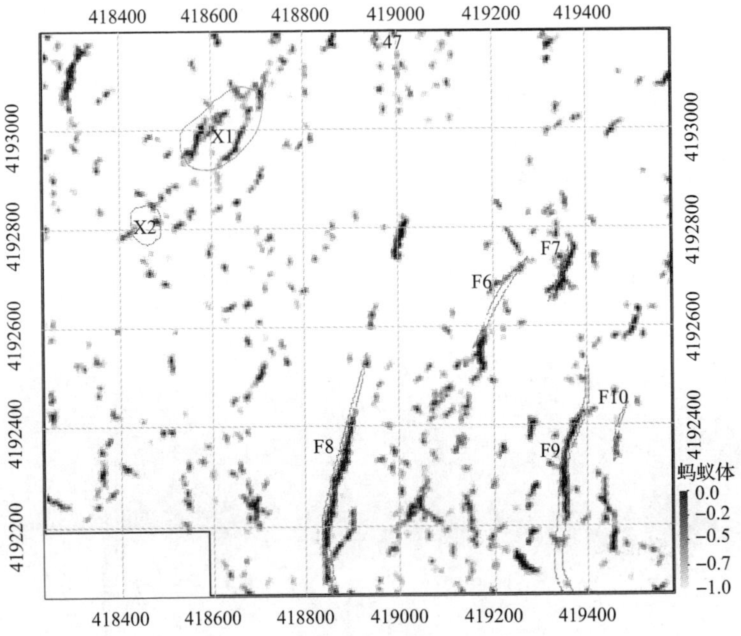

(c) 蚂蚁体平面属性

图 2-29　相干、曲率、蚂蚁体断裂识别系统(文后附彩图)

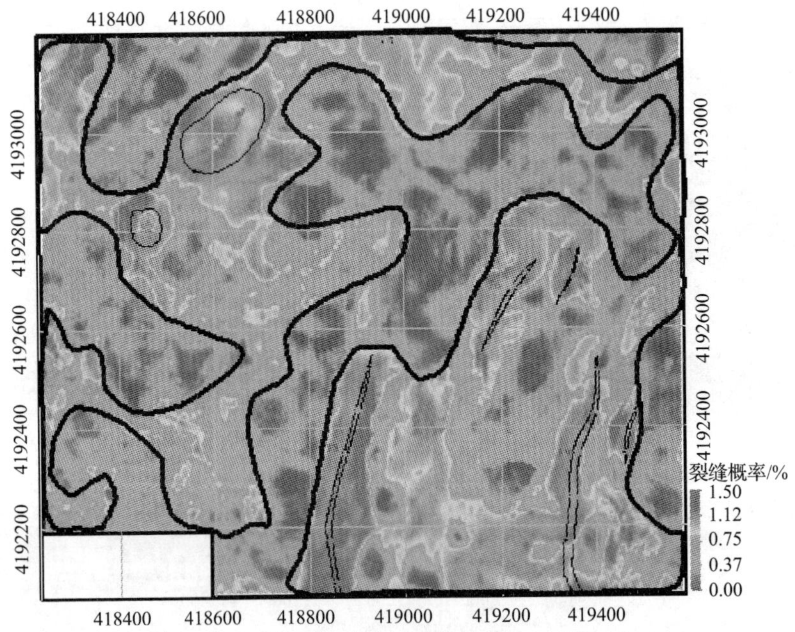

图 2-30　基于 BP 人工神经网络运算的煤层裂隙发育区识别(文后附彩图)

2) 煤层孔渗物性研究

煤孔隙结构是指煤中孔隙和喉道的集合形状、大小分布及其相互连通关系。煤孔隙大到裂缝，小到分子间隙。煤的细微孔隙结构随着煤化作用而变化，这是煤层的重要特征。根据成因，煤孔隙可分为原生孔和次生孔，原生孔是指煤沉积过程中形成的结构孔隙，次生孔是煤化作用过程中煤结构去挥发分作用而形成的。煤的孔隙度(率)是煤中孔隙—裂隙体积与煤总体积之比(用百分数表示)，是衡量煤层储集性的一个重要参数。煤的孔隙度与煤变质程度相关，此外还与煤的裂隙有关。

由于煤层的各向异性和强非均质性，煤层的物性参数一般采用岩心物性分析测定或由核磁测井测量来确定。由于研究区不存在以上资料，采用常规测井信息中的声波时差来计算煤层的基质孔隙度。

煤层的基质孔隙度计算采用声波时差的平均时间公式：

$$\Phi = (\Delta t - \Delta t_{ma}) / (\Delta t_f - \Delta t_{ma}) \tag{2-4}$$

式中，Φ 为煤层孔隙度；Δt 为煤层声波测井值，μs/m；Δt_{ma} 为岩石骨架声波时差，为 380～410μs/m；Δt_f 为流体声波时差，为 620μs/m。

利用以上公式，求取得到钻井的孔隙度曲线。

常规反演无法对孔隙度进行预测，为得到煤层的孔隙度情况，需进一步进行地质统计学协模拟工作。图 2-31 为基质孔隙度协模拟参数示意图。在反演有效孔隙度体时，应用岩石物理参数交汇分析，发现纵波阻抗和基质孔隙度的相关性好于其他弹性参数。因此，通过岩性体和纵波阻抗来做趋势分析，协模拟得到了基质孔隙度体，如图 2-32 所示。从而可以提取煤层基质平均孔隙度图。

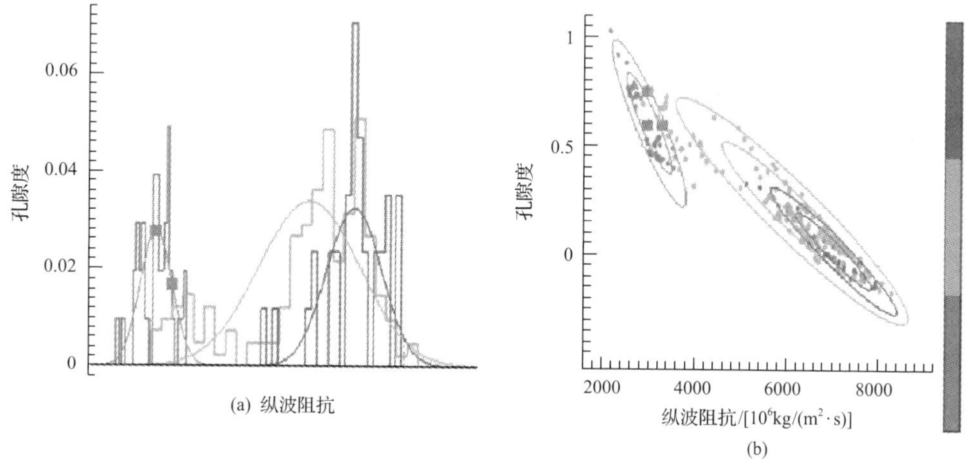

图 2-31　基质孔隙度协模拟参数示意图(文后附彩图)

煤层渗透性受控于多种复杂地质因素，如地质构造、应力状态、煤层埋深、煤体结构、煤变质程度和天然裂隙系统等。我国大部分煤层在沉积后不同程度地经历了多个方向、多个期次的应力场改造，煤层原始渗透性主要取决于天然裂隙的发育程度和裂隙的张开度，其中天然裂隙的发育程度受控于煤化历程和地质历史时期构造运动的综合作用；而裂隙的张开度受控于原岩应力。在煤层气开发过程中，随着气、水介质的排出，煤层压力逐渐下降，煤层有效应力增加，煤层微孔隙和微裂隙被压缩，进而闭合，煤体发生显著的弹塑性形变，煤层渗透率明显下降。因此，影响煤层渗透性的主要因素包括地质构造、煤层埋深、煤体结构和现今地应力等。

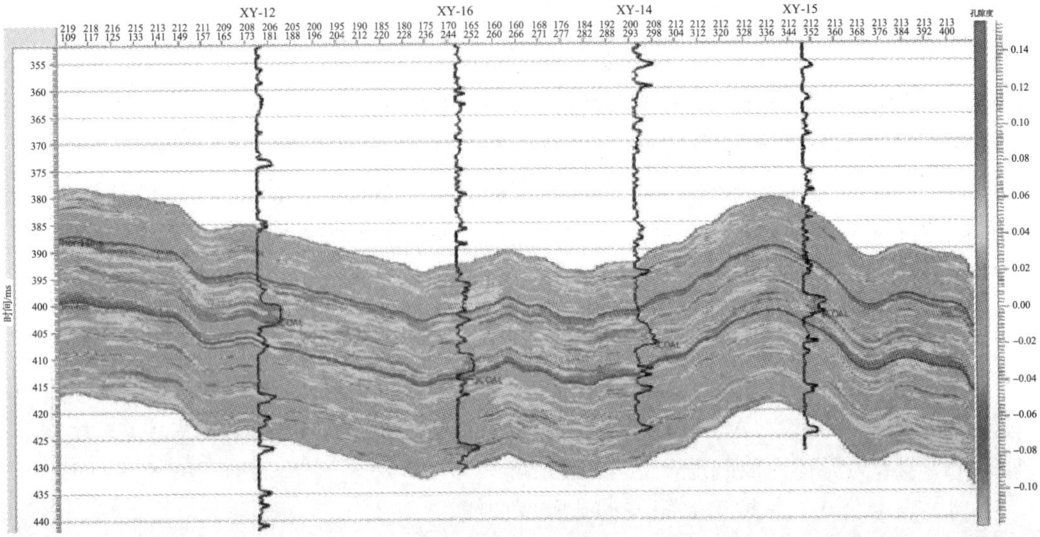

图 2-32　4 口井模拟基质孔隙度剖面(文后附彩图)

煤层的渗透率大小取决于天然裂隙系统的发育特征，并极大地受到应力和煤层埋深等因素的影响。煤基质孔隙是煤层气的主要储存空间，但其渗透率很小。煤的天然裂隙系统渗透性好，是包括煤层气在内煤中流体运移渗流的主要通道，因此天然裂隙系统是煤层渗透特征的决定因素。渗透率作为衡量多孔介质允许流体通过能力的一项指标，是评价煤层渗透性和影响煤层产气量的重要参数。为了获得渗透率测试资料，探索用数学方法对煤层渗透率进行预测计算就显得尤为重要。

对于渗透性的研究，一般采用基于最大主曲率的煤层渗透性预测技术。

三维地震沿层曲率属性可被用来预测裂隙。另外，可先计算体曲率，然后从体曲率数据体中沿层提取相应的曲率属性。由于噪声对曲率计算影响较大，需首先对三维地震数据体进行构造导向的滤波，如倾角导向体控制的中值滤波，以去除噪声并增强地震同相轴的横向连续性；其次从三维地震数据体中自动追踪煤层底板反射同相轴。采用自动追踪而不是手动追踪的目的是为了保持原始地震同相轴的波形和振幅，减少因人工拾取层位后噪声放大、产生人工痕迹而引起曲率值异常。沿层提取最大正曲率揭示断层(裂隙)线性构造，是作为裂隙渗透率计算公式中构造曲率参数的最优选择。另外，煤层厚度 H 可通过地震波阻抗反演获得；裂缝间距 e 可从实验室岩心测试资料或成像测井获得。将确定好的参数值作为输入，可计算出煤层的裂缝渗透率并制作渗透率等值线图。图 2-33 为煤层裂隙渗透率预测流程。

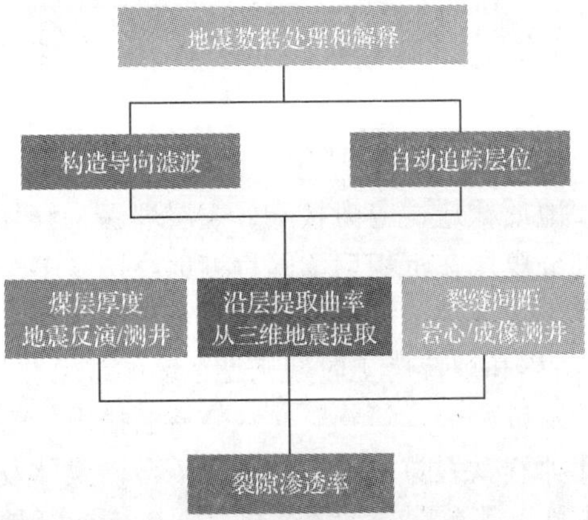

图 2-33　煤层裂隙渗透率预测流程

2.3.3　煤层气保存条件分析

良好的封盖层可以减少构造运动过程中煤层气在运移过程中向外渗流和散失，保持较高的地层压力，维持最大的吸附量，减弱水动力条件对煤层气的影响。煤层顶板封盖条件对于煤层气的保存与富集具有十分重要的作用。

煤层顶底板岩性通常为泥岩、砂岩和少量的石灰岩，不同岩性的顶底板对煤层气的保存是不相同的。

泥岩作为煤层常见的顶板岩石类型，往往表现为具有一定的稳定性和连续性，所以可以将其视为煤层的区域性盖层。若裂隙不发育，泥岩作为非渗透性盖层，具有非常好的封盖能力。砂岩顶底板总体上不利于煤层气的保存，煤层气含量一般和上覆砂岩厚度呈负指数关系，但因其成分结构的不同及成岩后生作用的差异，封盖能力变化较大。华北型煤田煤层以砂岩为顶底板且煤级低于焦煤，使得石炭-二叠系煤层煤层气保存的顶底板条件受到影响。灰岩作为煤层直接顶底板，较常见于华北型煤田的太原组和华南型煤田的合山组，只有在构造运动较弱的地区，溶洞、缝合线不发育的致密灰岩才可形成一定的封盖能力。华北地区南部太原组灰岩的封盖能力极弱，北部灰岩由于泥质含量增高封盖能力有所增强，但总体上表现出太原组煤层气含量低于山西组的一般规律。均质围岩的封盖能力显然要强于非均质围岩，其在其他条件的有利配合下可对煤层起到一定程度的封盖作用。目前，多采用波阻抗反演等方法对煤层顶板岩性进行预测，泥岩越厚、越发育，顶底板的封堵、保存条件越好。

除了顶底板泥岩的发育条件，构造、水文、上覆地层厚度对于瓦斯的富集也有着较大的影响。通天断层的存在对煤层气的保存和排采不利。煤层气可能通过通天断层而溢出地表。另外，通天断层的存在，使地表水或者潜水层的水通过通天断层进入煤层，使得在开发煤层气过程中，煤层气中的水得到不断供给，压力降低不显著，煤层气无法游离出来。

水文地质条件控制着煤层气的保存和运移，是影响煤层气富集和后期生产的重要地质因素。地下水活动的强弱、水文地质条件对煤层气富集规律的控制，可概括为两种作用：一种是煤层气随地下水运移逸散作用，导致煤层气散失；另一种是水力封闭控气作用，有利于煤层气保存。从开发角度来看，煤层气井通过抽排煤层中的地下水来降低煤层压力，从而降低煤层对煤层气的吸附以达到生产的目的。排水降压是目前煤层气井生产的唯一措施，排水降压的效果直接控制着煤层气井产能的大小。影响煤层气井产能的水文地质条件主要包括煤层自身及其顶底板岩层的水文地质条件和与煤层气开采有关的主要含水层条件：①煤层自身的水文条件包括煤层的储水性、渗透性和原始水头等；②煤层顶底板岩层的水文地质条件主要指煤层顶底板的储水性、渗透性及煤层和顶底板的连通程度等；③主要含水层与煤层气开发目标层的水力联系情况包括含、隔水层状况及其补给、径流、排泄和水化学特征等。排水降压效果的研究目的是预测将来煤层气井的排水降压难易程度、水量大小、降压传播特征及可能的水处理措施。

上覆地层厚度指的是所研究煤层其上部所有地层的厚度，可由地表标高与煤层埋深计算。一般认为，煤层气以吸附态为主，按等温吸附规律来看，煤层气含量大小主要与储层压力有关，上覆地层有效厚度对煤层气含量的影响实质上是对煤层压力的控制，上覆地层厚度越大，煤层压力越大，煤层气含量越大，上覆地层厚度与煤层气含量的关系较煤层埋深与煤层气含量的关系更密切。图 2-34 为上覆地层与煤层气含量的相关性图，从图中可以看出上覆地层厚度与煤层气含量之间具有较好的相关性。

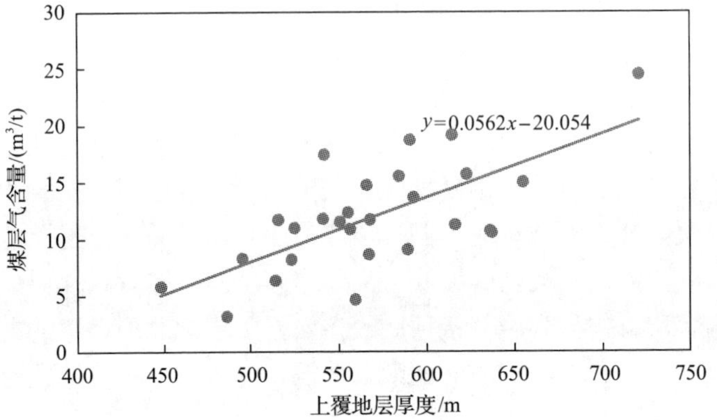

图 2-34　上覆地层厚度与煤层气含量的相关性

2.3.4　煤层气 AVO 含气性分析

煤层含气性不仅可以通过生、储、保等地质条件进行研究，还可以通过 AVO 技术进行分析。

图 2-35 为 Rutherford 和 Williams 的 AVO 分类图，根据该分类图可将 AVO 分为 3 类。图 2-36 为 Castagna 分类图，Castagna 等发现了某些第 3 类含气饱和度异常的砂岩振幅随炮间距缓慢减小，称它们为第 4 类 AVO 异常。

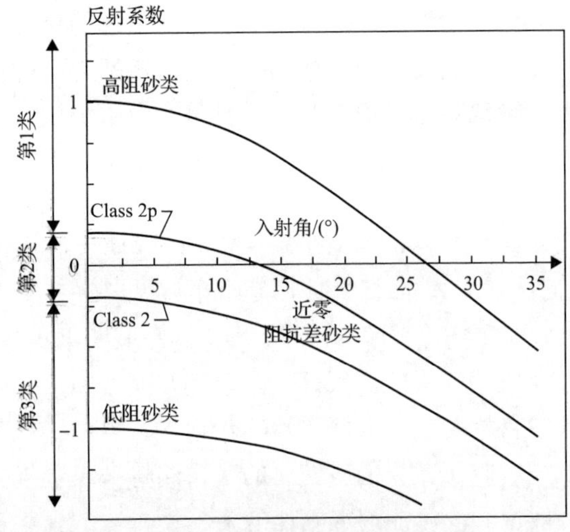

图 2-35　Rutherford 和 Williams 的 AVO 分类图

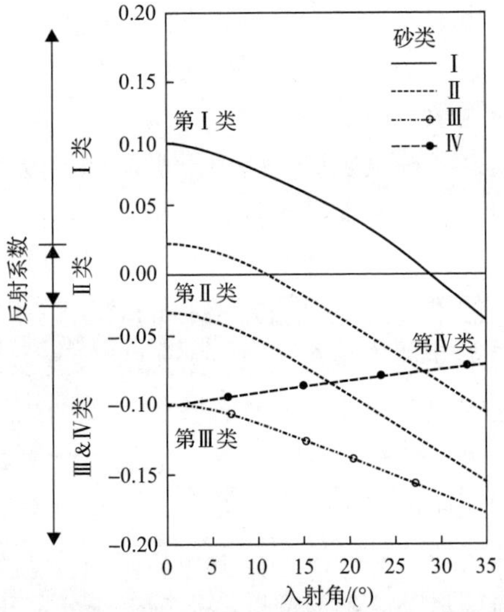

图 2-36　Castagna 分类图

图 2-37 为 P-G 交会图。AVO 截距与梯度(P-G)交会图分析是 AVO 碳氢检测技术的一种重要分析手段。以 AVO 技术为基础，应用完全形式的策普里兹(Zoeppritz)方程合成 AVO 理论模型，并根据舒易(Shuey)简化公式拟合 P-G 值，通过改变岩层的纵波速度及泊松比参数，来研究它们在 P-G 交会直线图中的表现。通过分析认为：P-G 交会直线的斜率随着地层泊松比差异的增大而增大；P-G 交会直线的长度随着纵波速度差异的增加而增长。对实际地震资料进行 P-G 交会图分析，通过 P-G 交会直线的交会特征，可以预测泊松比异常地层，即含气层。

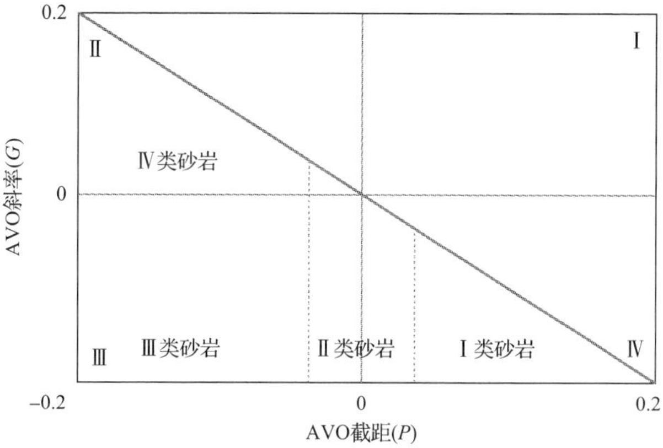

图 2-37　P-G 交会图

第Ⅰ类：$P>0$，$G<0$；

第Ⅱ类：$P\approx 0$，属“暗点”型；

第Ⅲ类：$P<<0$，属“亮点”型；

第Ⅳ类：$P<<0$，$G>0$。

其中，第Ⅲ类 AVO 为典型 AVO 异常，呈负截距和负梯度。这一类 AVO 代表对流体相当敏感的柔软砂岩，离背景趋势很远。因此，在地震数据上很容易被检测到。

AVO 属性反演采用了 Zoeppritz 方程的两个近似式，一个是阿基•理查德(Aki Richards)公式，另一个是 Shuey 公式。通过这两个公式可以得到包括弹性波阻抗变化率、截距、流体因子等在内的多种 AVO 属性。

地震资料高保真度处理是叠前 AVO 反演的关键因素。要先对收集到的叠前道集数据进行检查。从道集数据可以看出，道集的质量较好，但其近道和远道残余部分多次波由于受多次波和噪声的干扰影响，其道集信噪比需要进一步提高。如果用这样的叠前道集资料做 AVO 反演分析，将会影响结果的稳定性和可靠性。多次波通常作为噪声在地震数据叠前处理阶段进行压制，经过多次波压制处理的地震资料，其保真度和信噪比有了较明显的提高。对道集噪声进行去除，道集的质量有了较大的提高，波组特征清楚，同相轴连续性明显改善。

通过 AVO 属性反演得到的数据体有：截距(P)、梯度(G)、流体因子、$\lambda\times\rho$(λ 表示拉梅系数，ρ 表示密度)、$\mu\times\rho$(μ 表示泊松比)、泊松比、Sign(NI)$\times G$(梯度)等。根据井

上检测Ⅲ类 AVO 的含气特征，可更好地突出煤层气 AVO 异常优选梯度属性作为检测煤层气的方法。

应用 Aki Richards 二项式对井旁道的 AVO 响应特征进行分析，对截距 Intercept(*A*)和梯度 Gradient(*B*)即 *P*、*G* 属性进行分析，判别煤层的煤层气 AVO 的响应特征。图 2-38 中，绿色是波谷，即煤层顶面反射；红色是波峰，即煤层底面反射。从梯度分析图上可以看到，绿色和红色曲线随着偏移距的增大，其绝对振幅在增大。在 *P-G* 交会图中，表现为煤层顶面反射在第一象限，煤层底面反射在第三象限，表现为很弱的Ⅲ类 AVO 含气的特征。

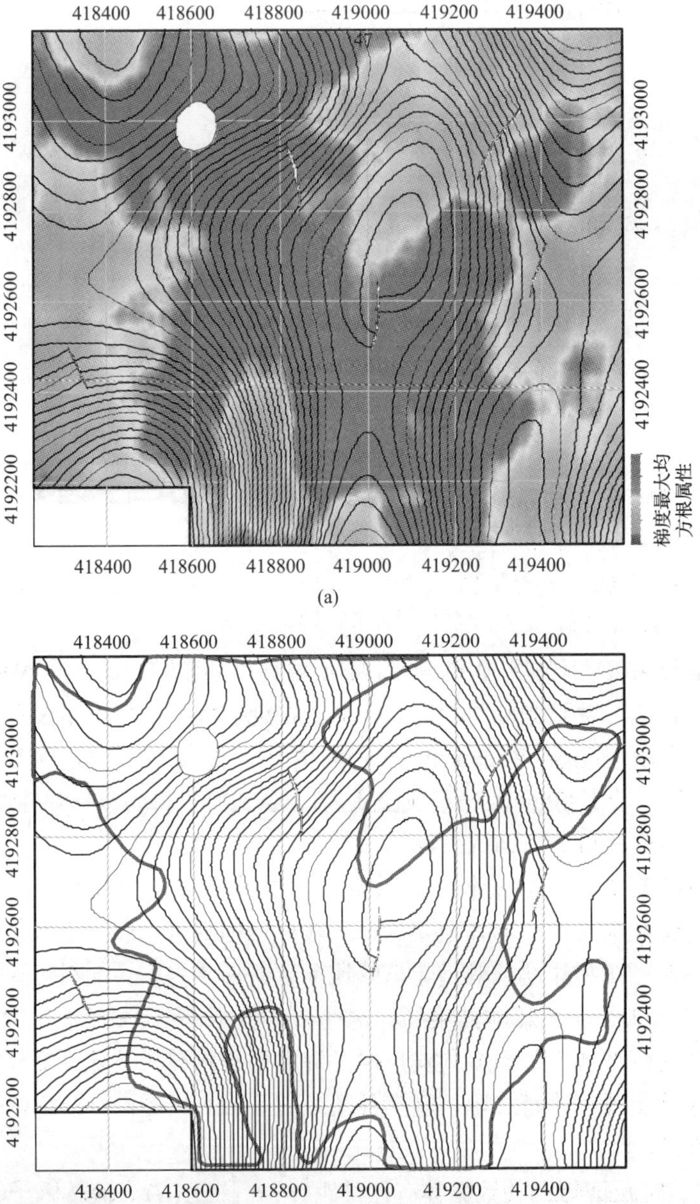

图 2-38　煤层梯度最大均方根属性及含气性预测区(文后附彩图)

沿煤层提取梯度的最大均方根属性，利用梯度属性研究煤层气的平面分布特征，可得到煤层的煤层气检测平面图，如图 2-38 所示。在煤层梯度最大均方根属性图中，大的梯度值为红色，也就是煤层气相对较为发育的区域，蓝色为煤层气不发育区。可见，中部区域煤层气 AVO 响应明显，煤层气含量高。

2.3.5　有利区块优选

从地质、物探的角度出发，综合考虑煤层气的资源因素、储层因素、保存及运移因素、AVO 含气性响应，对上述各方面单一要素进行多手段结合的剖析，在剖析的基础上开展多要素结合的配套条件优选。不仅要评价煤层气的可采性，即有没有气，而且要考虑煤层气的易采性，即是否容易采出来。有利区预测中评价的资源因素主要为煤层厚度条件，储层因素主要为裂隙发育条件、孔隙度等，保存及运移因素主要包括煤层顶板泥岩发育条件、构造情况、水文地质条件及上覆地层厚度。

依据前期的地质分析和煤质分析，确定煤层气富集的关键影响因素，明确优选原则，一般采用“五图叠合”的煤层气选区划分方法。

煤层厚度图：反映煤层资源条件。

微裂隙发育评价成果图：反映煤层渗流性能的裂隙预测结果(多属性叠合、多属性神经网络裂隙概率和孔隙度)。

顶板泥岩发育条件图：反映煤层保存条件(顶底板波阻抗)。

构造图：反映煤层气聚集、保存构造环境。

AVO 梯度属性图：反映煤层含气性。

同时，兼顾上覆地层厚度、水文地质条件等因素，划分出若干类煤层气有利区类型，如图 2-39 所示。

2.3.6　钻孔优化布置

在划分出的若干类煤层气有利区中，确定各主力煤层优先考虑的有利区。根据“拓展场面、类型兼顾、多层并探、择优定靶”的原则，优选钻井井位。

在钻孔布置中，一般主要考虑地质因素、经济效益和开发要素。基于上述原则，在钻孔设计布置中，以煤层厚度、煤层储集条件、顶底板泥岩发育条件等地质因素为依据，在优选的有利区块中设计钻孔及井网，并尽可能地选在最佳有利区中。同时，钻孔位置应以现阶段正在开采的煤层为主进行定位设计，并尽可能照顾到下伏煤层，以提高抽采量，以及有利于后期两层煤的采掘。在最佳有利区中煤层气抽采地质条件很好，单孔钻孔的抽采有效范围相对较大，此时可以适当地增大井网间距，在保证抽采效果的前提下，降低开发成本，兼顾经济效益。

图 2-40 为井十字剖面图。在井位设计中，要充分考虑构造、煤层厚度、裂隙发育条件、顶底板岩性、煤层孔渗性、AVO 响应情况等多方面因素。

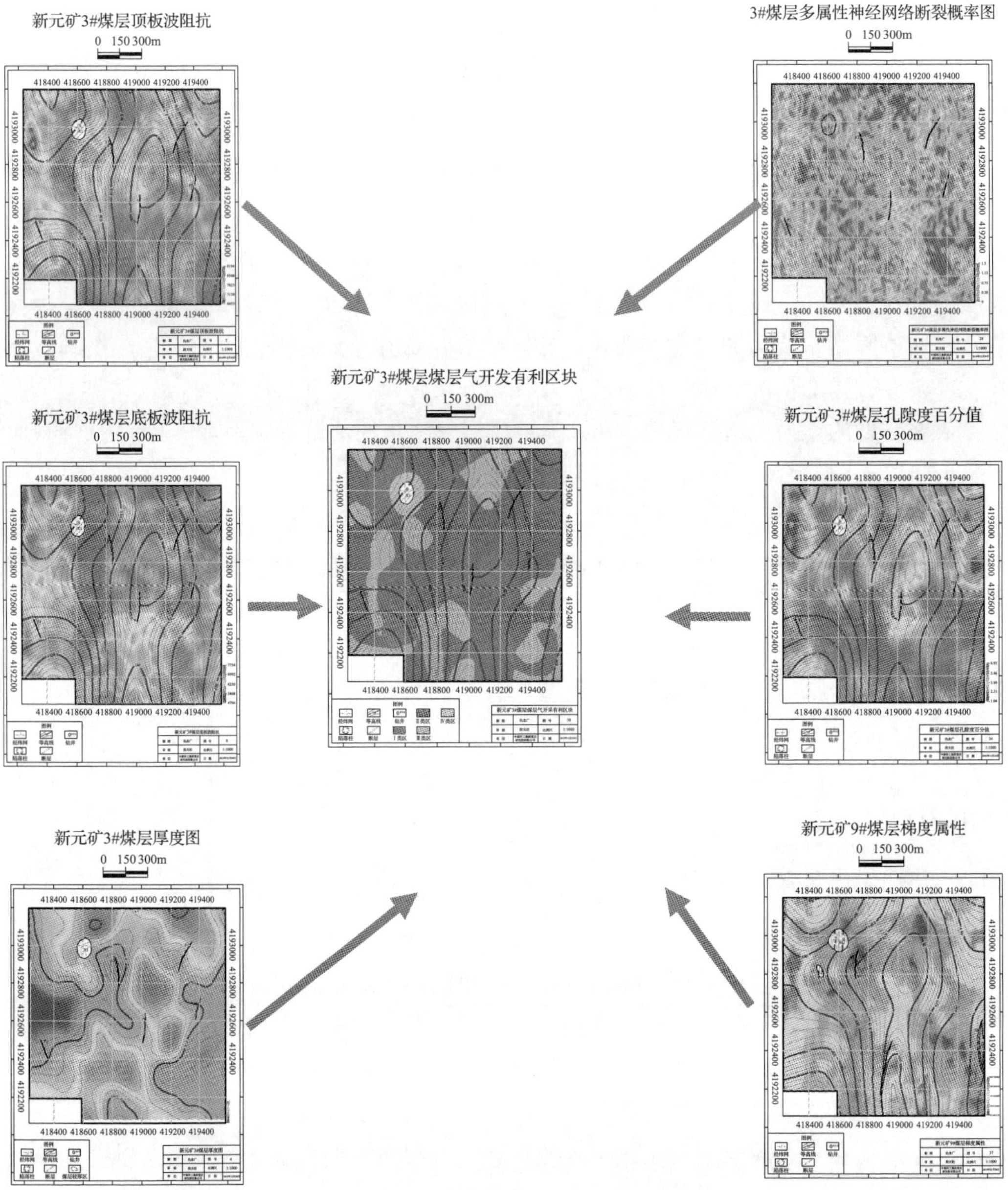

图 2-39　有利区带划分(文后附彩图)

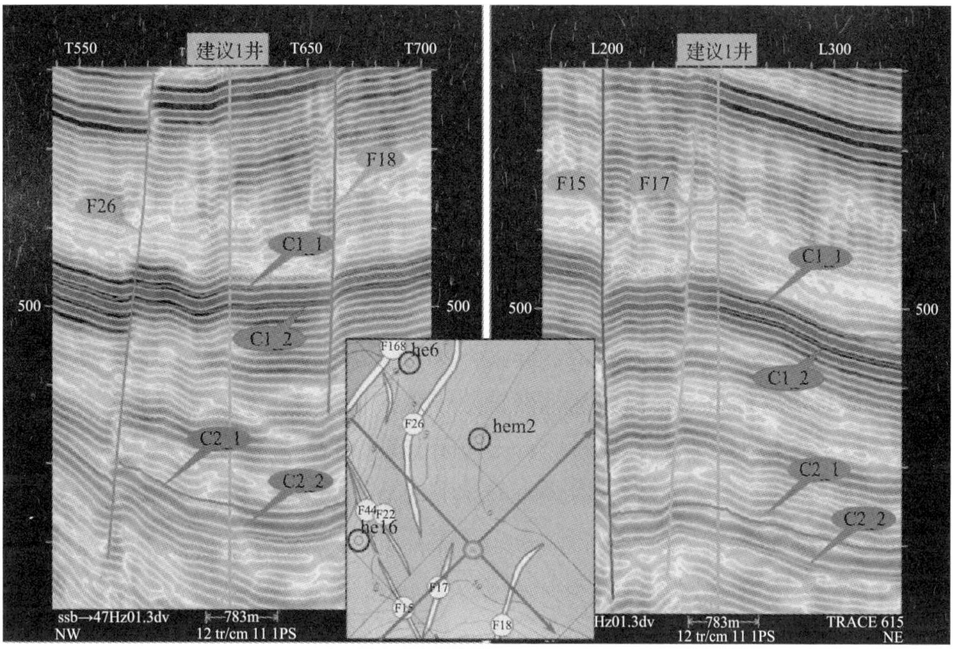

图 2-40　井十字剖面图

本章汇稿人：胡运兵

本章主要编写人员：吴燕清　胡运兵　程建远　邵　雁
李宏艳　康跃明　鲜鹏辉　闫国才
仇念广　刘百祥　段天柱

第 3 章　煤矿区煤层气抽采产能预测技术

煤矿区煤层气抽采产能预测是煤层气资源勘探开发的关键技术之一，主要包括产能预测、敏感性分析、历史拟合、气井产能分析和诊断、煤层气开发方式选择、井网部署和开发规划、增产措施及工艺优化等。抽采产能预测可用于煤层气选区评价、煤层精确描述、气井产量预测、煤层气开发可行性研究及开发方案定制等。

目前我国煤矿区煤层气抽采包括地面煤层气开发和井下瓦斯抽采两种方式。煤矿区煤层气开发过程中，受矿区地质条件、井下开采条件、储层参数测试、煤层气开发井情况、煤层气抽采与煤矿生产的接续等因素的影响，易造成煤层气抽采产能预测与实际生产情况匹配性较差，煤层气井产量不稳定、井下瓦斯抽采浓度低，地面煤层气和井下煤层气(瓦斯)抽采与煤炭生产在空间上和时间上不能很好地衔接，煤层气抽采部署和抽采作业不合理。因此，煤矿区煤层气抽采产能的合理预测对地面煤层气开发产量与井下瓦斯抽采效率、煤矿区瓦斯抽采的时空衔接、抽采作业及工程部署优化、煤层气开发经济评价至关重要。

近几年，依托国家科技重大专项“大型油气田及煤层气开发”等项目的支撑，西安研究院充分利用煤层气开发技术，结合煤矿区煤层气开发的特点和需求，研发煤矿区煤层气抽采产能预测技术并取得了重要进展。在煤矿区煤层气参数测试技术与装置方面，在原有地面煤层气测试装备的基础上，对煤矿井下主要瓦斯参数进行了分析，并对煤矿井下渗透率测试、矿井瓦斯含量与压力快速测试问题进行了重点攻关，初步研制了煤矿井下小型煤层气参数测试装备、CPD25M 型煤层瓦斯参数快速测定装备，为煤矿井下煤层气参数测试提供了技术支持。在煤矿井下煤层密闭取心技术与装备方面，重点研究了煤层取心技术要求、密闭取心装置构成及工作原理、密闭取心技术及工艺，研发出的密闭取心装置具有双筒单动结构，取心内筒采用密闭性设计，可兼作瓦斯解吸罐作用的特点，该装置采用模块化设计、框架式结构，解体性好，便于拆卸和维护，取心过程操作简单，与各种钻机、钻具连接十分方便，具有很强的井下环境和技术适应性。在煤矿区煤层气开发工程优化设计技术方面，重点从地质条件、煤矿采掘与煤层气开发的相互影响、井位优化部署、井型优化、井网优化、增产措施优化及抽采工艺优化 7 个方面开展优化设计，提出了不同条件下的煤层气开发方式，形成了煤矿规划区煤层气开发工程优化技术、采动区煤层气开发工程优化技术，为煤矿区煤层气开发工作优化提供了技术支持。在碎软低渗煤层煤层气开发区优选方面，采用层次分析法，选取煤层厚度及占比、煤层埋深、构造位置、储层压力、煤层气含量、渗透率、普氏系数、筛分指数、顶板岩性及厚度 9 个参数特征，建立了碎软低渗煤层区煤层气开发地质条件评价体系，以晋城赵庄矿为例，进行了碎软低渗煤层煤层气开发工程优化，指出赵庄矿西北部采区为碎软低渗煤层地面煤层气抽采高产井田。在煤矿区煤层气抽采产能数值模拟技术方面，在对原始条件下地面煤层气抽采产能预测模型进行分析的基础上，重点开展了原始条件下、采动条件下、保护层开采条件下 3 种煤层气产能预测技术。在采动条件下地面煤层气预测技术方面，基于应力场、裂隙、渗透率等动态变化特征，重点研究了采动影响的边界范围确定、采动条件下煤层气抽采数学模型及求解，研发形成了煤矿区煤层气产能数值模拟软件 CCGS V1.0。在保护层开采条件下煤层气产能预测技术方面，在确定好被保护层位置的基础上，建立了煤层气产能预测模型，编制形成了产能预测软件。不同条件下的煤层气产能预测技术对地面煤层气开发、井下高瓦斯和突出矿井的瓦斯抽采作业等具有指导意义。

目前，煤矿区煤层气抽采产能预测技术充分考虑了煤层气抽采部署和抽采作业与煤炭生产在时间上、空间上有序衔接。在煤层气与煤炭协调开发中，通过煤层气产能预测可分析煤层气产量、产出效果、抽采效果等，为煤层气抽采井网优化、气井产能诊断，项目经济分析等提供基础数据和分析手段。在煤层气抽采前，根据地质条件、储层条件，结合煤炭采掘部署规划，对煤层气抽采井(钻孔)进行产能预测，依据预测得到的动态产量，结合经济评价技术，对煤矿规划区、开拓准备区及生产区的煤层气抽采工程进行优化设计，协调煤层气抽采与煤炭生产、地面煤层气开发与井下煤层气抽采的关系，实现煤层气高效抽采和煤炭的安全高效生产。

本章重点论述煤矿区煤层气参数测试、煤矿井下煤层密闭取心、煤矿区煤层气开发工程优化设计、碎软低渗煤层煤层气开发区优选、煤矿区煤层气抽采产能数值模拟等技术与装置。

3.1　煤矿区煤层气参数测试技术与装置

煤层气(瓦斯)参数是煤层气地面开发或煤矿井下抽采的关键参数。地面煤层气参数主要包括地面煤层气含量、渗透率、储层压力及梯度、储层温度、破裂压力、破裂压力梯度、地应力、应力梯度等；煤矿井下瓦斯参数主要包括瓦斯含量、瓦斯浓度、瓦斯压力、瓦斯放散初速度等。

本节重点论述煤层气含量测试技术、煤矿井下储层渗透率测试方法、矿井瓦斯含量与压力快速测定装置。

3.1.1　煤层气含量测试技术

煤层气含量是表征煤层气储层特征的关键参数之一，其含量由损失气、解吸气和残余气含量组成。其中，解吸气含量和残余气含量是通过解吸实验方法实测得到的，而损失气是煤心在提升过程和地面暴露过程中散失掉的那一部分气体量，至今尚无法实际测定，只能按照一定的方法进行估算。目前，煤层气损失气含量普遍采用美国矿业局(United States Bureau of Mines，USBM)提出的直接法(direct method)进行估算。

为了探讨煤层气含量中损失气的测定方法，研制了模拟绳索取心过程中煤层气损失气测定装置。该装置主要包括高压解吸系统、恒温水浴系统、数据监测及记录系统、提升系统、解吸量测量系统、实验气源及其他组件 7 个部分。

采集淮南矿区煤样，将煤样制作成 1～3mm、30～50mm 和块状样品(5～10cm)3 种粒度的样品进行实验。实验结果显示，煤样从高压到常压的解吸规律呈三段型，提心和地面暴露段解吸曲线的斜率与罐中解吸段曲线的斜率存在显著差异，前两段明显大于第三段，且提心段最大，地面暴露段居中；随解吸时间增加，煤样中甲烷解吸速率呈衰减趋势。

不同粒度煤样的解吸速率差异很大。3 种粒度样品在模拟提心的 11min 内，1～3mm 粒度样品每克煤解吸气体量为 13.15cm^3，30～50mm 粒度样品每克煤解吸气体量为 0.39cm^3，块状样品每克煤解吸气体量为 0.24cm^3。30～50mm 粒度样品每克煤样解吸气体量是块状样品的 1.625 倍。

不同粒度煤样的甲烷损失气含量差异也较大。1～3mm 粒度样品损失气含量为 13.55cm^3/g，30～50mm 粒度样品为 0.55cm^3/g，块状样品为 0.37cm^3/g。实验测试的损失气含量与美国矿业局用直接法估算的损失气含量相差较大。粒度越小，两种方法测定的损失气含量差异越大。

模拟实验实际测得的损失气含量比美国矿业局利用直接法估算的值要高很多。初步分析，原因在于直接法在求解扩散方程过程中，为了能够得到用简单表达式形式表示的解析解，大大简化了边界条件和初始条件，导致求解条件与实际条件出入很大，估算的煤层气和瓦斯损失气含量偏低很多，估算的煤层气和瓦斯含量也低。今后在矿井瓦斯类型鉴定、煤矿安全通风设计、煤层气勘探开发及煤矿瓦斯灾害防治中要充分考虑准确估算损失气含量的重要性。

3.1.2 煤矿井下储层渗透率测试方法

1. 方法原理

煤矿井下储层渗透率测试从原理上与地面注入/压降试井测试水平井测试方法类似。即当储层中流体的流动处于平衡状态时，若改变井的工作制度(改变压力)，则在近孔附近将造成一个压力扰动，此扰动随着时间的推移不断向储层四周径向扩展，最后达到一个新的平衡状态。这种压力扰动的不稳定过程与地层、流体的性质有关。因此，用测试仪器将井底压力随时间的变化规律记录下来，通过分析，可以判断和确定储层的性质。

2. 测试方法

煤层作为储层，具有天然裂隙发育、渗透率较低、吸附能力强等特征。煤层中割理的发育程度、面割理的走向、割理的宽度是控制煤层渗透率的主要因素。虽然基质孔隙也有一定的渗透性，但因其孔径较小，渗透率可视为零。因此，煤层渗透率取决于割理系统的渗透率。由于煤层基质渗透率远远小于煤层割理渗透率，流体只在割理中流动，测试所反映的渗透率为以割理渗透率为主的综合渗透率。

基于煤层的特征，经过多年的实践，注入/压降试井作为一种常用的试井方法在煤层气井测试中被广泛采用。在注入/压降测试中，地层压力高于气体解吸压力，煤层割理孔隙始终被水饱和，流体流动呈单相流状态，这就给后续分析带来了很大的便利。

3. 渗透率测试装置

渗透率测试装置主要包括：井下开/关井控制系统、井下温压传感器、井口数据记录和采集系统、导锥、筛管、封隔器连接管、封隔器、扶正器、变径、压力计、压力表、压力计托筒、膨胀管线、水箱、高压水泵及高压水管、防爆电缆、储水罐。其中，导锥最大外径为65mm，长度为305mm；高压水泵提供的最大水压为16MPa；封隔器外径为55mm，长度为890mm；筛管外径为53mm，长度为520mm；压力表共两块，最大量程为25MPa；水箱共两个，单个容积为0.4m^3。

4. 测试工艺

1) 测试试验流程

煤矿井下储层渗透率测试流程包括地面测试设备准备、井下安装准备、井下施工 3 部分。

2) 测试步骤

(1) 测试管柱入孔，记录入孔钻杆的根数及长度；同时膨胀管线与管柱一并入孔。

(2) 膨胀管线接泵。

(3) 启动高压水泵，开始座封封隔器(按设计压力操作，一般应高于最大注入压力2MPa以上)。

(4) 停泵后观察封隔器压力，20min无变化后开始注入/压降测试。

(5) 启动注入泵，无压灌满测试管柱后，开始计时、控制稳定排量注入。

(6) 根据注入量进行调节，观测内外孔的压力变化、注入排量、累计注入量。记录时间间隔不超过10min，持续时间为2h。

(7) 观测结束后关井。

(8) 开井，取出压力计，现场录入分析数据，经现场检验资料合格后结束测试。

3) 测试注意事项

(1) 测试段煤心长度不小于3m；

(2) 开/关井段长度不超过测试段煤心长度；

(3) 钻进过程中注意保护煤心，力求试验段煤心保持原始状态；

(4) 观测煤心和巷道、回采工作面煤层割理–裂隙类型、密度、宽度、高度、充填程度、产状，以便合理确定渗透率方向和各向异性原因；

(5) 小孔流体注入(注水)压力应低于煤层破裂压力。

5. 测试数据处理与分析技术

1) 储层物理模型

井下测试储层参数物理模型与地面测试不同，主要表现在：地面钻孔储层物理模型一般为均质无穷大，除非遇断层、煤层尖灭、恒压径流场等情况；而井下储层物理模型一般为平行边界模型(即河床模型)。

2) 解析解及数据分析方法

均匀流量和无限导流能力水平井压力响应模型的第一个解析解是在 20 世纪 80 年代中期得到的。无限导流水平井模型假设沿井眼压力为常数。在井中等效点处测量均匀流量水平渗流区的压力可以得到模型解析解，或可通过沿井眼长度进行压力平均得到模型解析解。

经过几年来的探索和实践，对煤矿井下储层参数注入/压降测试数据的分析方法已有新的认识。其分析主要借鉴地面水平井，但井下测试有其特殊性，主要体现在：无静水柱压力；有底水、无气顶，边界条件截然不同；渗流模式在局部可以视为均质。因此，采用的数据分析方法是：用双对数曲线判断模型及边界类型；采用半对数特征直线法分析储层参数。

6. 应用情况

研制的煤矿井下煤层渗透率设备经地面试验、调试后，对内蒙古伊泰煤炭股份有限公司酸刺沟煤矿 4 号煤层进行了现场试验，试验基本参数见表 3-1。

表 3-1　试验基本参数表

试验地点	酸刺沟煤矿
试验煤层号	4 号
钻孔直径/mm	*Φ*70
钻孔类型	水平顺煤孔
试验深度/m	15 和 35
煤层厚度/m	4.60
封隔器直径/mm	*Φ*56
钻井液类型	低固相

钻孔进尺 15m 后，进行第一测点(*A* 测点)试验；试验结束后继续钻进，钻孔深度达到 35m 后，进行第二测点(*B* 测点)试验。其主要目的是探查煤层采动、应力释放后纵深方向渗透率变化规律。

A 测点中心距离孔口 15m，封隔器坐封压力为 4.4MPa，注水时间为 80min，关井 5h，累计注入水量 0.582m^3，平均排水量 10.50m^3/d，最大注入压力为 1.65MPa。

B 测点中心距离孔口 30m，封隔器坐封压力为 4.4MPa，注水时间为 90min，关井 9h，累计注入水量 0.175m^3，平均排水量 2.80m^3/d，最大注入压力为 1.70MPa。

图 3-1 是试验点煤矿井下的实测压力曲线。与地面钻孔不同，井下钻孔在测试初始阶段是无水状态，有一个注水升压的过程。在注入一段时间后，关井，压力降低。由图 3-1 可以看出，压降速度非常快，后期压力曲线平稳。通过压降段双对数、半对数分析曲线分析，可以依次获得煤层渗透率等参数。两种曲线互相检验了分析结果的准确性。

从测试结果来看，受煤层采动影响，应力释放后，渗透率变化非常大，*A* 测点的渗透率为 31.03mD，*B* 测点的渗透率为 320.70mD(表 3-2)。该方法可以有效地探测煤矿井下渗透率大小。

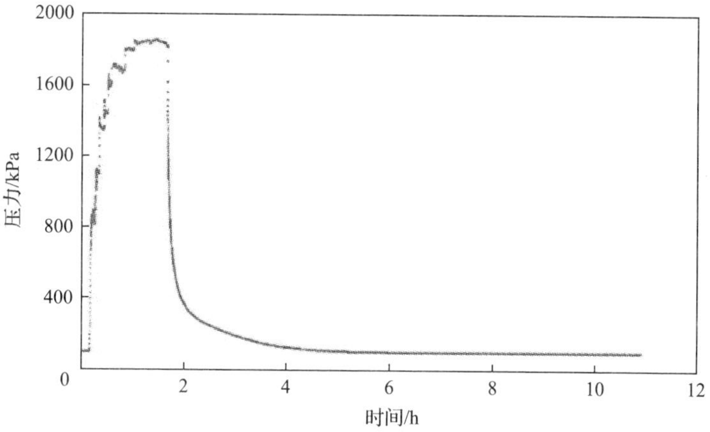

图 3-1　实测压力曲线

表 3-2　两个测点渗透率测试结果表

试验地点	深度/m	钻孔直径/mm	渗透率/mD	压力/MPa
A 测点	15	*Φ*70	31.03	34.18
B 测点	35	*Φ*70	320.70	14.78

3.1.3　矿井瓦斯含量与压力快速测定装置

煤层瓦斯压力与含量是煤矿瓦斯防治的基础参数，是煤与瓦斯突出危险性预测等工作的重要依据，准确测定煤层瓦斯压力与含量对于矿井瓦斯防治有重要意义。煤层瓦斯压力与含量等参数测定一般采用直接测定法。直接测定法准确性较高，但其对测压地点要求高，同时测定周期太长，不能满足目前采掘工作面的要求。沈阳研究院基于煤层气压力恢复曲线理论研制了 CPD25M 型煤层瓦斯参数快速测定装备，该装备可在短时间内(为普通测定时间的 1/3～1/2)测算出煤层瓦斯压力，并在此基础上测算出瓦斯含量、煤层透气性系数、煤层钻孔瓦斯流量、煤层温度等煤层赋存参数。

1. 技术原理

借鉴油气井开发过程中的压力恢复曲线理论，并结合可压缩流体的体积随压力变化的定律、质量守恒定律和流体通过孔隙介质时所遵循的达西定律，可得到穿煤钻孔流量稳定后封闭钻孔一段时间孔内钻孔瓦斯压力恢复值的基本微分方程式，再结合具体的边界条件，可得到压力恢复曲线。

煤层瓦斯含量间接法计算是以煤的吸附理论为基础，根据国内外众多学者建立的相关模型来计算。煤的吸附理论认为，煤层瓦斯含量由两部分组成，一部分为煤的吸附瓦斯量，另一部分为游离瓦斯量，可用朗缪尔(Langmuir)方程来表达。因此，用间接法确定煤层瓦斯含量时需先测定煤层瓦斯压力，然后用朗缪尔方程推导煤层瓦斯含量。根据实验室测定的吸附常数 a、b 值，并考虑煤的吸附瓦斯的影响因素，可利用式(3-1)间接确定煤层瓦斯含量：

$$X=\frac{abP}{1+bP}\times\frac{100-A_{\mathrm{ad}}-M_{\mathrm{ad}}}{100}\times\frac{1}{1+0.31M_{\mathrm{ad}}}+\frac{10eP}{\gamma} \tag{3-1}$$

式中，X 为煤层瓦斯含量，m^3/t；a 为吸附常数，实验温度下的极限吸附量，m^3/t；b 为吸附常数，MPa^{-1}；P 为煤层原始瓦斯压力，MPa；A_{ad} 为煤的灰分，%；M_{ad} 为煤的水分，%；e 为煤的孔隙率，m^3/m^3；γ 为煤的视密度，t/m^3。

根据 P-$\lg t/(T+t)$ 的关系得出曲线斜率段的周期斜率 i，因为 $i=\dfrac{2.19q_{\mathrm{G}}B_{\mathrm{G}}\mu}{Kh}$，所以可以反推出煤层透气性系数 K：

$$K=\frac{2.19q_{\mathrm{G}}B_{\mathrm{G}}\mu}{ih} \tag{3-2}$$

式中，q_{G} 为钻孔关闭前瓦斯稳定产量，m^3/d；B_{G} 为钻孔关闭前地层内压力状况下瓦斯的体积分数；μ 为瓦斯动力黏度，mPa·s；h 为煤层厚度，m；i 为曲线斜率段的周期斜率，MPa/周期；K 为煤层透气性系数，D。

2. 测定装置

CPD25M 型煤层瓦斯参数快速测定装置主要由压力传感器、流量传感器、温度传感器、显示器和 CPU 等组成。利用采集的煤层瓦斯钻孔导气管道中的瓦斯压力、流量和温度等参数值，通过 A/D 转换将数据送入 CPU 中，以实时曲线的形式显示在触摸屏上，并通过装置的内部软件可在短时间内(为普通测定时间的 1/3～1/2)计算出煤层原始瓦斯压力，以及瓦斯含量、透气性系数等参数，同时该装置还有具有通信功能(可接入矿井监控系统)、硬件模块化、显示精度高、计算结果准确等特点。

3. 测定流程

将瓦斯参数快速测定装置和井下的测量管路通过高压软管连接。①关闭阀门一，打开阀门二、阀门三，测定钻孔关闭前瓦斯自然产量，直至钻孔瓦斯流量稳定后(一般需要2～3d)，通过测定装置上的流量保存按钮保存稳定后的钻孔瓦斯流量值。②关闭阀门一、阀门二，打开阀门三，通过压力传感器和温度传感器测量钻孔瓦斯压力和温度，直至显示屏上的压力恢复曲线出现完整的斜率段后完成瓦斯压力斜率段的测定过程，随后在装置中输入已知的煤层参数，即可计算出煤层瓦斯压力值、瓦斯含量、煤层透气性系数等参数。③缓慢打开阀门一，关闭阀门二、阀门三，将装置管路中的瓦斯气体释放掉，等装置管路中的瓦斯释放完毕后，卸下装置，即可完成测量工作。

4. 应用情况

瓦斯参数快速测定技术及装备已在淮南矿业集团潘集第一煤矿、邯郸矿业集团陶二煤矿、神华集团包头矿业有限责任公司阿刀亥矿等进行了现场试验。采用该装备测定的煤层瓦斯压力与常规法测定的各煤层瓦斯压力结果基本一致，且运用该装备大幅缩短了测定时间，详细结果见表 3-3。

表 3-3　两种不同方法测定的瓦斯压力值比较

煤层	CPD25M 型煤层瓦斯参数快速测定装置测定结果		常规法测定结果	
	瓦斯压力/MPa	测定时间/d	瓦斯压力/MPa	测定时间/d
潘一东矿	1.21	3.7	1.20	7.3
陶二煤矿 2 号煤层	1.67	5	1.63	25
沁城煤矿 2 号煤层	1.65	9	1.63	20
临漳矿 2 号煤层	1.22	3	1.20	17
阳泉煤业(集团)有限责任公司五矿 15 号煤层	0.23	9	0.22	23
阿刀亥矿 Cu2 煤层	0.32	9	0.32	20

采用快速测定装置测定的煤层瓦斯含量与常规法测定的各煤层瓦斯含量比较，计算值一般都在测定值范围之内，符合现场实际情况，测定情况见表 3-4。

表 3-4　两种不同方法测得的瓦斯含量值比较　(单位：m^3/t)

煤层	CPD25M 型煤层瓦斯参数快速测定装置测定含量值	常规法测定含量值
陶二煤矿 2 号煤层	11.30	7.81～13.10
沁城煤矿 2 号煤层	16.42	16.21
临漳矿 2 号煤层	10.61	7.60～10.79
吉克矿 M11 煤层	7.49	7.74
东庄煤矿 2 号煤层	11.76	11.72～16.43
野马煤矿 3 号煤层	17.29	10.54～17.75

3.2　煤矿井下煤层密闭取心技术与装备

多年来，煤矿井下和地面煤层气(瓦斯)含量均采用解吸法进行测定，业界普遍认为采用目前的测试方法测试得到的煤层气(瓦斯)含量结果偏低。主要原因是：传统的取心方法，由于岩心管多为半封闭式，在将获取的煤心从孔底提至孔口，以及从岩心管取心装入解吸罐的过程中，煤层暴露，大量气体逸散。而目前针对损失气含量估算主要采用美国矿业局直接法，通过室内实验等大量研究工作已经验证了其估算值误差较大。如果要提高煤层气含量测试结果的准确性，可利用密闭取心技术来避免煤层气的逸散损失。

3.2.1 煤层取心技术要求

1. 煤层取心装置及技术现状

煤层取心是获取煤岩样品，分析煤岩、煤质、煤储层及其含气性等物化参数的基础，是煤炭、煤层气资源勘探开发及矿井瓦斯综合治理等领域的一项基础工作。多年来，国内外专家、学者及工程技术人员在煤层取心技术工艺方面做了大量研究，开发出了一系列煤层取心设备和技术工艺。根据研究目的和技术工艺的不同，一般可分井下直接取样、井下普通取心管取心、绳索取心、地面双层取心管取心、保压取心和煤心采集器取心及钻孔引射取样工艺等。

1) 井下直接取样

该方法主要应用于井下石门揭煤、煤巷掘进和回采工作面现场浅孔采取煤样，从而进行煤岩煤质分析测试和煤层瓦斯含量快速检测。取样工艺有“麻花”钻杆螺旋排粉、水力排粉和压风排粉等，孔口接取煤样。该取心方法设备、工艺简单，成本低廉，但存在孔壁残粉的影响较大，特别是在碎软煤层或钻孔长度较大的情况下，孔壁残粉影响加大，影响测试成果的真实性。

2) 井下普通取心管取心

该方法目前广泛应用于矿井煤层瓦斯参数测试过程中的煤层取心。取心过程分为 3 个步骤：

(1) 煤矿井下顺层或者穿层向上钻探施工，达到目标层位后排尽孔内残粉并快速退出钻具。

(2) 安装普通取心管快速送到孔底，钻机带动取心筒钻取煤心样品。

(3) 取心钻进结束后，快速退出钻具，将取心筒提至孔口，取出煤样装罐并密封。

钻进取心过程一般有水力排渣和压风排渣两种，也有“干钻”非排渣取心。该取心方法虽然操作简单，成本较低，但在钻孔较深的情况下，取心时间长，且无论是水力排渣还是压风排渣或是“干钻”排渣取心都不能兼顾煤样保质，“干钻”排渣取心还可能导致煤样干烧和加速瓦斯逸散，影响煤质和瓦斯含量测试成果的准确性。

3) 绳索取心工艺

绳索取心是煤田地质勘探常用装备之一，该备由取心管和套管等核心技术构件组成，为双管单动装置，采用水力排渣，外套管钻进取心，内管收集岩(煤)心，采用绳索提升。绳索取心工艺取心准确，能够快速地提取岩(煤)心，基本能够满足地面煤层取心及煤层气含量测试的要求。但该取心工艺仍存在煤心受泥浆污染、深钻孔(＞600m)损失量补偿误差大等问题，且不适合在煤矿井下使用。

4) 地面双层取心管取心

地面双层取心管也是煤田地质勘探常用装备之一，包括内管和外管，为双动结构，取心过程中外管钻取煤心，内管收集煤心，取心介质从双管间隙经钻孔壁排出孔外。该取心工艺在煤田地质勘探阶段能够较好地完成煤田勘探取心任务，但该设备过于笨重，在煤矿井下适用性较差。经过改进的双层单动取心管可以应用于煤矿井下煤层取心，可提高煤心采取率，但总体存在取心时间长的问题，和井下普通取心管取心差别不大。

5) 保压取心法和煤心采集器取心法

早期的煤层瓦斯保压取心法主要出现在美国，而煤心采集器取心法主要见于苏联文献。保压取心是在储层压力条件下采集一定的煤心样品，因此无须进行损失量补偿，被认为是相对标准的煤层气含量直接测定方法，但该方法取心成本相对要高得多，取心过程复杂，取心成功率较低。

苏联广泛采用煤心采集器法测定煤层原始瓦斯含量，煤心采集器是一个前端开口的筒状体，开口的一端有丝扣可以安装取心钻头，钻取煤心后，在孔外卸下钻头，用带阀门的密封罐密封，然后送实验室脱气，测算煤层气含量。该方法与井下普通取心管取心相比，虽然减少了煤样装罐环节，但煤样密封之前仍有煤层气含量损失，损失量大小取决于煤心瓦斯解吸速度和煤样的暴露时间等因素。

6) ZCY-I 型钻孔引射取样工艺

“十五”期间，重庆研究院根据瓦斯含量测定对煤心的质量要求，以及煤层特征发明了 ZCY-I 型钻孔引射取样工艺及装置。ZCY-I 型引射取样装置的原理是借助抽吸装置引射器所产生的负压，迅速从钻孔底部碎软煤层中取出新鲜煤样。该取样装置在风压 0.45MPa 条件下最大取样深度达到 120m，取样时间小于 5min。该取样装置对于碎软煤层取心效果较好，对于硬质煤层取心效果差，需要与普通取心管配套使用，应用较为局限，推广起来较为困难。

综上所述，各种煤层取心技术工艺和设备各有所长，在特定的环境中得到了广泛应用，但均存在一定的缺陷和不足，地面取心设备多不适合井下取心测试环境，井下取心工艺存在取心时间长，煤心保质、保气性差等问题，在一定程度上难以满足井下煤层气含量准确测定的要求。

2. 煤矿井下煤层取心技术要求

与地面环境不同，受煤矿井下空间环境和技术条件限制，一方面要求钻探取心设备必须适应井下环境；另一方面要求其快速、准确、完整地提取高质量煤心样品，最大限度地减少取心过程中的气体逸散损失。同时，为了满足不同的研究目的，对井下取心点选取、取心钻孔技术参数设计等有不同的要求。

1) 矿井环境要求

煤矿井下空间相对狭小、视野狭窄，井下工作需要矿井通风、供水、供电、除尘及瓦斯防治等措施保障，设备的调运和施工又受矿井运输条件的制约。因此，煤矿井下环境的特点要求取心技术设备必须满足以下条件：

(1) 煤层取心装置及其配套设备须设计轻便小巧，便于运输、拆卸和组装，坚固耐用且操作简单，以适应井下狭小的空间环境；

(2) 煤层取心装置必须与目前广泛应用的坑道钻机、钻具、泥浆泵等设备相配套，并与之连接方便，以增强井下技术的适应性；

(3) 取心装置和测试设备必须操作安全，符合《煤矿安全规程》中的相关规定，满足井下防火、防爆(瓦斯爆炸)等安全要求。

2) 取心测试点选取要求

根据不同的研究目的，井下煤层瓦斯含量测试可分为两个方面，一方面是未受采动影响的原始储层条件下原始瓦斯含量取心测试，其作用是代替地面取心，同时也可以为矿井瓦斯治理提供参数；另一方面是受采动影响区的煤层瓦斯含量取心测试，主要研究受采动影响条件下煤层气含量变化规律，为井下煤层气抽采、产能预测和矿井瓦斯综合治理提供参数支持。

因此，井下瓦斯测试点选取除了要考虑地质构造因素外，还要根据测试目的考虑采动影响。受采动影响区的煤层气含量测试可选取合适的地质构造条件位置进行，而煤层原始瓦斯含量和瓦斯压力测定除了要满足地质构造条件外，还必须在未受采动、抽采及人为影响的原始煤储层中进行。

《煤层瓦斯含量井下直接测定方法》(AQ 1066—2008)规定，“煤层采样深度应超过钻孔施工地点巷道的影响范围，并满足：在采掘工作面取样时，采样深度应根据采掘工作面的暴露时间来确定，但不得小于 12m；在石门或岩石巷道采样时，距煤层的垂直距离应视岩性而定，但不得小于 5m”。因此，煤层原始瓦斯含量取心测试一定要充分考虑采动、石门揭露等因素的影响，取心钻孔设计应避开煤层瓦斯卸压带。

3) 采动影响下煤层取心要求

当煤层受到采动、石门揭露和瓦斯抽采等人为影响时，储层应力、温度等条件的改变，特别是受采动应力的影响，使煤体原有裂隙不断扩张，并产生新的裂隙，从而使采动影响范围内的煤层渗透性变好。

与原始煤层相比，采动影响区煤层取心和煤层气含量测试时，瓦斯更容易从煤层孔隙中解吸出来，解吸速率和损失量取决于煤样暴露时间、煤心破碎类型、取心介质等取心技术工艺因素。煤样暴露时间越短、煤心越完整，煤层气损失量就越小。水(泥浆)介质条件下煤样中的煤层气解吸规律相对复杂，多数情况下会加速瓦斯解吸。因此，采动影响区的煤层气含量取心测试必须满足以下两个条件：

(1) 尽可能地缩短煤样暴露时间，减少和避免提钻和煤样装罐环节造成的煤层气含量损失。

(2) 煤样要保质，必须尽可能地减少和避免取心介质的污染。

3.2.2　密闭取心装置构成及工作原理

针对井下取心技术要求和传统取心测试方法存在的问题，西安研究院通过科研攻关，研制了 MSC 系列煤矿井下煤层密闭取心装置及技术方法，大幅提高了瓦斯含量测试精度。

1. 密闭取心装置的构成

MSC 系列煤矿井下煤层密闭取心装置主要由取心管、液压总成、外套总成、底喷式聚晶金刚石(PDC)取心钻头及钻杆转接头等构件组成(图 3-2)。其中，取心管、液压总成等构件安装在密闭取心装置内部。外套总成置于密闭取心装置最外层，包括外套筒和外套轴承组等，其前端安装底喷式 PDC 取心钻头，末端通过转接头与钻杆相连；外套总成一方面保护内置的取心内筒和液压总成，另一方面连接钻杆传输动力，带动钻头取心钻进。取心管在取心过程中收集煤心，取心钻进结束后，岩心爪和球阀分别卡断煤心和将煤心密闭在取心管内。取心管末端安装有解吸阀门，可兼作瓦斯罐，取心结束后无须煤样装罐即可连接煤层气含量测试设备进行现场解吸和脱气。

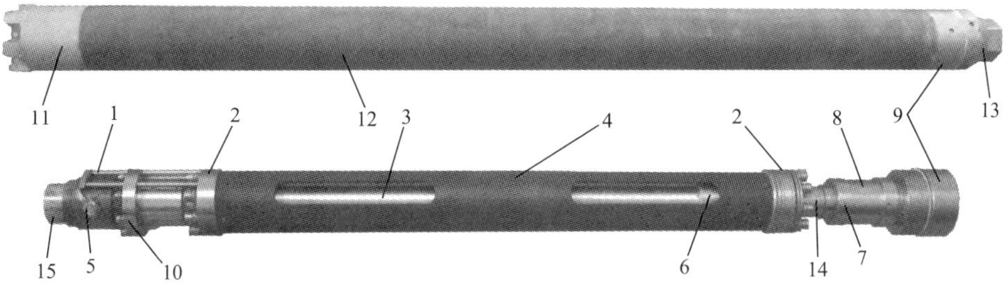

图 3-2　密闭取心装置及其结构组成示意图

1-推动杆；2-液压筒轴承；3-取心管；4-液压筒；5-球阀开关；6-球座；7-销钉；8-外套轴承组；9-外套筒接头；10-球阀转接头；11-底喷式 PDC 取心钻头；12-外套筒；13-钻杆转接头；14-投球管路；15-定位铜套

液压总成位于取心内筒外层，主要用来传递泥浆泵压力，在取心钻进结束后关闭球阀开关，将煤心和解吸的煤层气密闭在取心筒管内部。为了与各种坑道钻机、钻具搭配和衔接，密闭取心装置还配备了各种钻具转接设备，主要有 Φ63.5mm/Φ73mm、Φ63.5mm/Φ89mm 和 Φ73mm/Φ89mm 等变径接头，以及 Φ133mm 和 Φ94mm 的破碎钻头等。此外还配备了各种型号的销钉(主要为 Φ3mm、Φ4mm 和 Φ5mm)和橡胶球(主要有 Φ20mm、Φ22mm、Φ25mm)等。

MSC 煤矿井下煤层密闭取心装置采用模块化设计、双筒单动结构，设备解体性好，便于运输、拆卸和维护，与各种钻机、钻具、泥浆泵、瓦斯解吸仪等设备的配套和衔接十分方便，取心过程操作简单，保证了煤心在钻割后、退钻、自然解吸全程被密闭，因煤心暴露时间极少而省去损失气量估算环节，能够准确、完整、快速地提取高质量的煤心样品。

2. 密闭取心测试配套设备

井下煤层气密闭取心测试的配套设备主要包括钻机、钻具和泥浆泵等钻探设备，以及煤层气解吸仪、真空脱气装置、恒温水浴和球磨罐等气含量测试设备。在密闭取心过程中，要求钻机扭矩≥1200N · m；钻杆内径≥20mm，能够满足投球的需要；泥浆泵能够提供足够大的关闭压力(泵压≥8MPa)。煤层气含量测试设备主要是在密闭取心结束后，快速、准确地测算煤样中的煤层气含量，要求具有相当的精度，参数见表 3-5。

表 3-5 密闭取心装置主要技术参数表

模块名称	构件(参数)名称	技术参数
外套总成	外套筒/(mm×mm)	Φ100×1359
	外套轴承	角接触球轴承组
	钻杆转接头	外套总成×Φ63.5mm/Φ73mm 钻杆等
取心钻头	外径/内径/mm	Φ108/Φ40
取心管	内径/总长/mm	Φ40/558.5
	解吸阀门承压/MPa	>4
	球阀关闭压力/MPa	3～4.5
	球阀内径/mm	Φ38
液压总成	液压筒扶正轴承组	深沟球轴承组
投球装置	球座(容孔直径)/mm	Φ18
	投球管路(长度)/mm	300
	橡胶球/mm	Φ20

3.2.3 密闭取心装置特点及用途

煤矿井下煤层密闭取心装置适用于煤矿井下煤层气含量密闭取心测试，有效缩短了煤样暴露时间，减少了提钻和煤样装罐环节造成的瓦斯损失，从而使得煤层气含量测试结果更加准确可靠。与传统的煤层取心测试装置相比，其具有以下特点：

1. 采用双筒单动结构

取心过程中，外套总成带动取心钻头钻取煤样，内筒收集煤样，取心过程中内筒不随外筒一起转动，避免煤心在内筒中二次破坏，从而保留更多的原始煤体结构、构造信息。

2. 取心内筒采用密闭性设计，可兼作瓦斯解吸罐作用

其前端安装密闭球阀，末端安装煤层气解吸阀门，钻取煤样结束后，煤样即刻被密闭在取心内筒中，取出内筒无须进行煤样装罐即可连接煤层气含量测试设备进行现场解吸和脱气。

3. 适用于不同硬度煤层的密闭取心

取心内筒球阀密闭的动力由泥浆泵提供，利用泥浆泵驱动液压装置关闭内筒球阀。球阀关闭压力的大小可以通过安装在液压装置上的销钉型号和数量调节，可适用于不同硬度煤层的密闭取心。

4. 密闭取心装置优点

密闭取心装置采用模块化设计、框架式结构，解体性好，便于拆卸和维护，取心过程操作简单，与各种钻机、钻具连接十分方便，具有很强的井下环境和技术适应性。

3.2.4 密闭取心技术及工艺

煤矿井下煤层密闭取心技术包括取心前准备、非取心钻进、取心钻进、取心筒密闭、气密性检验、煤层气含量测试 6 个工艺步骤。

1. 取心前准备

包括确定井位，安装钻探及配套设备，连接电源，准备循环介质(一般为清水)，并对密闭取心装置进行入井前检查。

2. 非取心钻进

接通电源，开动钻机及泥浆泵，安装非取心钻头正常钻进，直至达到取心目标孔深，停钻并迅速退出钻具。

3. 取心钻进

更换密闭取心装置及底喷式 PDC 取心钻头，开动钻机迅速下钻至目标层位，开始取心钻进，直至达到取心长度后停止钻进；提钻，产生轴向拉力，使卡箍式岩心爪在缩径套内产生相对位移，锁紧并拉断煤心。

4. 取心筒密闭

向孔外钻杆内投入橡胶球后接上水龙头，开动泥浆泵，将橡胶球冲入密闭取心器带分水接头内的球座，增大泵压，驱动液压总成关闭球阀，煤心被密闭在取心内筒中。

5. 气密性检测

停泵提钻至孔口，拆卸密闭取心装置，取出已关闭的密闭取心内筒，放入水中检验密闭效果，若取心筒有效密闭，取心工作结束，否则需要重复第 3 步工作至此。

6. 煤层气含量测试

将气密性检验合格的取心内筒进行现场煤层气含量解吸测试或一并进一步送实验室进行脱气和残余气测定，以最终确定煤层气含量值。

3.2.5 煤矿井下密闭取心测试技术应用

煤矿井下煤层密闭取心技术方法适合井下各种煤层的取心和煤层气含量测试，能够有效提高煤层气含量的测试精度，已在山西晋煤集团寺河矿、成庄矿，安徽淮北芦岭矿，陕西彬长矿区胡家河矿和河南焦作矿区赵固二矿等，开展了不同地区、不同煤阶、不同煤体结构和不同钻孔工艺的试验和应用，并分别进行了普通取心和密闭取心两种方法的对比研究。

试验和应用结果表明，煤矿井下密闭取心方法比传统测试方法耗时短(表 3-6)。煤矿井下密闭取心方法简化了传统取心的步骤，大大缩短了煤心揭露后的暴露时间；密闭取心的时间参数减少了取钻时间和煤样装罐时间(21～29min)，但多出了投球关闭时间(2～3min)，因此，密闭取心比传统取心时间减少 19～26min；对于煤层解吸周期较短的情况，在 19～26min 时间内煤体所逸散的瓦斯量相当可观；该装置密闭取心的采取率超过 80%，满足煤矿瓦斯含量测定的基本要求。

表 3-6 煤矿井下密闭取心与传统方法测试时间对比

取心类别	取心钻进时间/min	取钻时间/min	煤样装罐时间/min	投球关闭时间/min	总时间/min	采取率/%
传统取心	3～5	18～25	3～4		24～34	80～85
密闭取心	3～5			2～3	5～8	81～92

试验和应用结果还表明，密闭取心方法比传统取心方法瓦斯含量高(表 3-7)。密闭取心方法比传统方法的测试数据提高了 20.33%～26.2%，平均为 23.92%。研制的煤矿井下密闭取心装置经过实验室密闭性测试和煤矿井下取心测试，各项指标达到设计要求，密闭取心效果良好；实践证明，该装置可满足不同煤体结构、不同煤阶和水平钻孔及穿层钻孔等方式的应用；赵固二矿应用显示钻孔取心深度可达到 490m，满足煤矿瓦斯含量测试的需求，测试数据对地面煤层气开发也具有一定的指导作用。

表 3-7 不同煤矿不同瓦斯含量测定方法的条件和测定结果比对表

试验和应用地点	煤层号	煤阶	孔深/m	煤体结构	钻孔方式及角度	瓦斯含量		
						传统方法/(cm³/g)	密闭取心方法/(cm³/g)	含量提高/%
寺河矿	3	无烟煤	49.6	原生结构	顺煤层水平孔	6.65	8.25	24.1
成庄矿			61.1	碎裂结构	顺煤层上仰孔 21°	6.11	7.44	21.8
芦岭矿	10	肥煤	52.3	碎粒结构	底板穿层孔倾角 84°	12.67	15.88	25.3
			57.9		底板穿层孔倾角 60°	13.10	16.53	26.2
			53.2		底板穿层孔倾角 45°	12.88	16.20	25.8
胡家河矿	4	长焰煤	42.2	原生结构	顺煤层水平孔	3.59	4.32	20.33
赵固二矿	$二_1$	无烟煤	130～490	原生结构	底板穿层孔—顺煤层	—	7.18	—

注：瓦斯含量数据为所采取样品平均值。

3.3 煤矿区煤层气开发工程优化设计技术

煤矿区煤层气开发有别于传统意义的煤层气开发，其重要特点是适应煤矿安全生产的需要，具体包括以下几个方面：首先，不能选择有利区，哪里需要就在哪里采气；其次，开发项目的经济效益放在第二位，尽快大量产气是终极目标；最后，不能存在抽采盲区，确保抽采的安全性。当然任何工程项目必须做到成本最小化，因此在满足上述原则的前提下，煤矿区煤层气的开发工程必须进行优化，以最小的成本获取最大的收益。

3.3.1　优化设计技术思路

煤矿区煤层气开发工程的优化有两个原则：一是满足煤矿安全生产的需要；二是降低工程成本。由此得到优化的前提条件，或者说约束条件之一就是煤矿安全生产的需要，主要依据就是煤矿的采掘计划。另外一个约束条件就是任何煤层气开发工程优化必不可少的条件——地质条件。

优化结果的表现形式主要包括井位、井型、井网和增产措施。

1. 煤矿采掘与煤层气开发的相互影响

煤矿采掘对煤矿区煤层气开发的影响主要可以从两个方面进行分析，从客观角度分析，分为有利影响和不利影响。有利影响一方面体现在煤矿采掘活动对煤层进行疏水，客观上造成了煤层气开发中储层的提前大范围降压，有利于煤层气解吸；另一方面体现为采掘造成的储层应力释放，使得煤层渗透能力大大改善，有利于煤层气的运移和产出。煤矿采掘对煤层气开发的不利影响也有两个方面：一方面由于煤矿大面积疏水引起煤层内流体压力降低，作用在煤体上的净压力增加，煤层受到压缩，渗透能力降低，不利于煤层气运移和产出；另一方面布置在采动影响范围内的煤层气井易受到岩层变形移动的损害，影响气井寿命。

煤矿采掘对煤层气开发的影响造成地质条件发生变化，因此，在煤层气开发工程部署、井型选择和井身结构优化设计时必须对其加以考虑。

水力压裂改造措施是国内外煤层气井增产的主要手段。而进行压裂的前提是煤层气井经过套管固井和射孔操作，这样势必在煤层中存在套管和水泥环等外来物质。目前煤层气井使用的套管主要是 N80 或 J55 套管，其机械强度和韧性均强于煤炭(表 3-8)。而采煤机械一般是按照煤炭的强度设计的，对钢套管的切削能力相对较弱。因此，当采煤机械遇到煤层中的钢套管时，首先是扭矩增大，影响采煤机械的工作效率；其次，严重时可能导致采煤机械损坏，造成损失；最后，也是更严重的，当采煤机切割钢套管时，产生火花，引起瓦斯爆炸，造成安全生产事故。

表 3-8　煤层气井常用套管、水泥环和煤岩的强度对比

材料	规格	抗压强度/MPa	抗拉强度/MPa
N80 套管	139.7mm×7.72mm	53.37	15.48
J55 套管	139.7mm×7.72mm	36.68	10.18
凝结水泥环	G 级	17.3	1.44*
煤	平均	11.45	0.35

* 水泥抗拉强度等于其抗压强度的 1/12 左右。

煤层气固井一般选择 G 级固井水泥并添加一定的添加剂使用，水泥环的强度相对钢套管较小，但是较煤层难以切割，因此也存在采煤机械快速磨损，甚至损坏的问题。压裂砂的影响比较小，其在煤层中主要以分散的状态存在，一般不会造成采煤机械扭矩明显增加，但是砂子的存在，会使采煤机械的磨损速度加快，影响采煤机械的寿命。

随着煤炭开采的机械化程度越来越高，采煤过程中石块与金属、煤与金属、金属与金属间摩擦、碰撞所产生的火花引燃甲烷爆炸的事故时有发生，给人民的生命和国家财产造成极大的损害。为此，有效控制采煤作业中火花的产生，始终是煤矿安全生产中必须解决的重大问题。地面煤层气钻孔的金属套管在开采煤层中的存在，无疑增加了采煤机械、煤块及其他工具与金属碰撞的概率，同时增加了产生碰撞火花的可能，为煤矿安全生产添加了一项不安全因素。

在地面煤层气井压裂施工时，一般考虑在煤层注入大量的石英砂作为支撑剂，提高压裂缝的导流能力。煤层压裂通常会在煤层内产生复杂的裂缝几何形态(包括多条分支裂缝和水平缝)，一般钻井附近的裂缝很不规则，很容易在近钻井附近形成大量的砂子堆积。压裂作业时，注入的砂子包括粗砂、中砂、细砂或粉砂，当含大量砂子的煤炭进入洗煤厂时，会影响煤炭洗选的效率，造成洗选困难，从而影响煤质。

煤层气地面开发井压裂施工后通常生成垂直缝，而且裂缝不仅局限于在煤层中延伸，多数情况下会将煤层的顶板和底板岩层压开。综采放顶开采时煤层的顶底板按一定的规律破断、垮落，但是当煤层气井压裂造成煤层顶底板破裂后，这种周期性的、有规律的岩层破断和垮落会被打乱，造成岩石无规律地垮落。所以地面煤层气井通常会造成未来煤炭开采的顶板管理难度增大的问题。

这些问题都需要在设计煤层气开发井井身结构、井位等工作时进行优化。

2. 地质条件对煤层气开发的影响

地质条件包括地面地形条件、穿过地层组合、构造条件、水文条件等，虽然地质条件参数众多，对煤层气开发的影响非常复杂，但地质条件对于煤层气开发工程的设计优化至关重要。不同的地质条件对于煤层气开发方案、井型选择、井位部署、井身结构设计、钻井工艺、完井工艺、增产工艺、排采工艺等都有影响。忽视地质条件或忽视部分地质条件而进行开发工程设计都将对后期的开发活动造成严重损失。对于地质条件对煤层气开发工程优化设计的影响将在后面详述。

3. 井位优化部署

在煤层气开发工程中井位部署是一个重要环节，对其优化设计显得尤为重要。煤矿区煤层气开发工程的井位优化的原则同样以确保煤矿安全生产需要为重要依据。各种井型的抽采井以优化组合的方式实现控制区域内开采煤层的全覆盖、不留死角，确保控制范围内煤层气含量均能在抽采结束时达到煤矿安全生产的需要。井位优化部署只要考虑煤矿的采掘规划和地面地形条件。

4. 井型优化

煤矿区煤层气开发中可以使用的井型很多，可以按照井口位置分为两大类：地面井和井下抽采孔。地面井可以分为垂直井和定向井，其中定向井包括水平井、丛式井等。从井型分类可以看出井型优化主要考虑煤矿的采掘现状和采掘计划、地面地形条件、地质条件等。在满足上述条件的前提下需要根据成本最小化原则进一步进行井型优化。

5. 井网优化

井网优化包括井距、井型和井网形状优化。井距可以称为井网密度，按照井组在抽采周期结束时达标的有效半径确定。由于需要考虑消除抽采盲区和克服复杂的地面条件，在井网优化中可能需要不同的井型互相补充。井网形状比较复杂，在单一井型情况下可以有排状、矩形、菱形等不同形状等，如果采用多种井型，则井网就成了不规则井网。

6. 增产措施优化

一般情况下，煤层气抽采前都需要进行增产强化措施，常用的增产措施为水力压裂。因此，一般情况下增产措施优化的主要内容是施工工艺参数的优化。优化的依据是可用由抽采时间(由采掘计划决定)决定的增产系数和施工成本。

特殊情况下，可能会采用其他方式的增产措施，如径向钻进、裸眼水平井等。这时增产措施的优化主要考虑地质条件、地面条件等。

7. 抽采工艺优化

煤矿区煤层气开发包括井下抽采和地面开发两类方案。井下抽采工艺一般采用真空抽采的方式；地面开发一般采用排水采气的方式。随着煤矿区煤层气抽采活动的井型多样性，地面抽采有时也采用真空抽采的方式进行。抽采工艺优化主要依据地层水文条件进行。

3.3.2　不同条件下煤层气开发方式选择

根据考察的各种典型煤矿区煤层气抽采方式分析，影响煤矿区煤层气抽采方式选择的开发地质因素主要包括煤层数量与煤层厚度、煤层稳定程度、水文地质条件、构造复杂程度、煤体结构、渗透性及瓦斯基础参数等，外部工程因素主要包括地面地形条件、社会经济条件、自然地理条件及采动影响等。

1. 煤矿区煤层气开发地质条件分类

1)煤层数量和煤层厚度

煤层数量影响抽采方式的选择，体现在井型的选择上。对于多煤层，水平井的选择受到一定的局限性，同时水平井钻完井技术和资本密集程度高；而垂直压裂井或者丛式井可以同时打开多个煤层，单井效率高，尤其是层间干扰不显著，进行区域开发时在经济上比较合理。

煤矿区煤层气抽采的煤层数目和厚度类型划分为 4 种：薄煤层（设计回采煤层数不超过 2 层且煤层总厚度小于 3.5m）、厚煤层（设计回采煤层数不超过 2 层且煤层总厚度大于 3.5m）、薄煤层群（设计回采煤层数不少于 3 层且煤层总厚度小于 3.5m）和厚煤层群（设计回采煤层数不少于 3 层且煤层总厚度大于 3.5m）。

2）煤层稳定程度

煤层稳定性影响抽采方式的选择，体现在煤层稳定性差时，水平井见煤率低，抽采效果差，不适合水平井煤层气抽采。

参考《矿产地质勘查规范 煤》（DZ/T 0215—2020）将煤矿区煤层气抽采的煤层稳定性划分为稳定、较稳定、不稳定和极不稳定 4 种类型。

3）水文地质条件

煤层气是通过排水降压解吸产出的，水动力活动频繁程度不仅决定了煤层气藏的保存、运移和扩散，而且对煤层气排采过程中的压降产生影响。因此，地下水径流强、水文地质条件极复杂的地区，往往不利于煤层气的保存、排水降压及进行煤层气地面抽采。

水文地质条件主要考虑目标层顶底板及其附近地层的含水性，包括含水层距目标层的距离、含水性、导水性等。当含水层距离目标煤层较近，且含水性或导水性强时，不能对储层进行压裂改造。另外，水文地质条件影响着地面施工钻井的井身结构和钻井施工的难易程度。

4）构造复杂程度

构造复杂程度不仅影响到钻井的有效部署，也会影响开发工程的实施，甚至煤层气井的产能。构造复杂程度主要考虑断层和褶皱发育程度。当断层和褶皱发育时，对水平井施工不利。同时，构造复杂程度也是严重制约煤矿生产的因素。构造复杂程度根据《矿产地质勘查规范 煤》（DZ/T 0215—2020）的划分标准进行确定。

5）煤体结构

不同煤矿区所经历的不同地质历史时期所受的构造应力、温度、边界条件等均存在较大差异，导致煤岩体变形。煤体结构是表征煤岩体变形的一个重要参数，在一定程度上反映了煤层渗透率的好坏。同时也是储层可强化性评价及强化工艺、参数选择的前提。

根据煤体脆性、脆韧性和韧性变形的结构，可将煤体结构划分为原生结构、碎裂结构、碎粒结构和糜棱结构。

6）渗透性

煤层渗透性受到煤体结构、煤层裂隙发育状况和地应力等多方面的影响，是煤层气可采性和储层产能的重要影响指标。我国 182 口煤层气井的注入/压降试井结果表明：我国煤层渗透率变化很大，大部分属于低渗透煤层，这也是我国煤层气地面抽采难以实现的最主要原因。在实际生产中，由于煤层及煤层气的特殊性，储层参数的获取都有着不同的难度，并且受到测试技术、测试方法等的影响，测试所得到的渗透率值往往偏小，不能准确地反映煤层气藏的实际情况，一般通过煤层气储层数值模拟技术获取的值更贴近实际值。

在我国煤层气资源评价阶段地质选区方法中，前人对煤层渗透性有着不同的优劣划分标准，参考前人成果，本节将储层渗透率划分为高、低两类(表 3-9)。

表 3-9　煤储层绝对渗透率分类表　　(单位：$10^{-3}\mu m^2$)

<table>
<tr><td colspan="6">以往划分标准</td><td colspan="2" rowspan="2">本次划分标准</td></tr>
<tr><td colspan="2">华北石油地质局</td><td colspan="2">石油勘探开发研究院廊坊分院</td><td colspan="2">孟召平等 2010 提出</td></tr>
<tr><td>好</td><td>>10</td><td>高</td><td>>5.0</td><td>极高</td><td>≥10</td><td rowspan="2">高</td><td rowspan="2">≥1.0</td></tr>
<tr><td>中</td><td>1～10</td><td>较高</td><td>0.5～5.0</td><td>高</td><td>1～10</td></tr>
<tr><td>差</td><td><1</td><td>中</td><td>0.1～0.5</td><td>中</td><td>0.1～1.0</td><td rowspan="2">低</td><td rowspan="2"><1.0</td></tr>
<tr><td></td><td></td><td>低</td><td><0.1</td><td>低</td><td><0.1</td></tr>
</table>

7) 瓦斯基础参数

瓦斯基础参数是实施井下瓦斯抽采的先决条件，根据《煤矿瓦斯抽采工程设计标准》(GB 50471—2018)和《煤矿瓦斯抽采基本指标》(AQ 1026—2006)，基础瓦斯参数主要有瓦斯压力、瓦斯含量、瓦斯涌出量、钻孔瓦斯流量衰减系数和煤层透气性系数。各参数均应按照规范或标准进行测定或计算。

钻孔瓦斯流量衰减系数和煤层透气性系数是井下瓦斯抽采的可行性指标参数。需要说明的是，瓦斯抽采的可行性一般是指煤层在自然透气性条件下进行预抽的可行性。根据可行性评价指标将未泄压的原始煤层抽采煤层气的难易程度进行分类(表 3-10)。

表 3-10　煤层气抽采难易程度类型划分标准

指标难易程度	钻孔瓦斯流量衰减系数(α)/d^{-1}	煤层透气性系数(λ)/[m^2/($MPa^2 \cdot d$)]
容易抽采	<0.003	>10
可以抽采	0.003～0.05	10～0.1
较难抽采	>0.05	<0.1

2. 煤矿区煤层气抽采其他条件分类

1) 地面地形条件

地面地形条件影响地面工程的施工和管理成本及难度，从而影响抽采方式的选择和优化。

煤矿区煤层气抽采的地面地形条件分为两类：①Ⅰ类，地形为平地，地势平坦，交通运输便利，地面无障碍物或有障碍物但能够移除；②Ⅱ类，地形为山地，地势起伏大，交通运输不便，地面有障碍物且不能移除。

2) 社会经济条件

社会经济条件影响抽采工程的成本、利润，从而影响抽采方式的选择和优化。

煤矿区煤层气抽采的社会经济条件分为两类：① I 类，区域经济发达，民用能源缺口大，社会关系简单；②II类，区域经济落后，民用能源饱和，社会关系复杂。

3) 自然地理条件

自然地理条件影响地面工程的施工和管理成本及难度，从而影响抽采方式的选择和优化。

煤矿区煤层气抽采的自然地理条件分为两类：① I 类，区域恶劣气候少，自然灾害少见；②II类，区域恶劣气候多，自然灾害频发。

4) 采动影响

采动影响程度直接涉及抽采紧迫性和抽采系统的布置形式。

煤矿区煤层气抽采的采动影响程度划分为 3 种：规划区(区内煤层未受采动影响，2 年后开采)、开拓准备区(区内煤层未受采动影响，在 1～2 年内开采)和生产区(区内煤层受到采动影响，在 1 年内开采)。

3. 煤矿区煤层气开发方式

煤矿区煤层气开发方式可以分为两大类，一类是煤层气地面开发，另一类是煤层气井下抽采。煤层气地面开发是从地面施工煤层气抽采井达到抽采煤层瓦斯的目的，煤层气井下抽采是在煤矿井巷中施工煤层气抽采孔或借助煤炭开采工作面、巷道等进行瓦斯抽采的一种方式。

煤层气地面开发具有抽采时间长、不受采掘空间限制等优点。但地面开发常常受到工农关系、环保等各种条件的限制，直接成本较高。煤层气井下抽采具有外界干扰小、直接施工成本低等优点。但煤层气井下抽采工程受到采掘空间限制，无法实现超前抽采，有时影响煤炭开采计划。

常见的煤层气地面开采方式可以分为 3 类，即采前预抽、采动区抽采和采空区抽采。3 种地面开采方式都可以采用垂直井或定向井进入抽采目标层，但完井方式和抽采工艺有较大差异。例如，采前预抽井一般都需要经过增产强化后再进行抽采，而采动区井和采空区井不进行增产改造直接进行抽采。

煤矿区井下煤层气抽采方法按照抽采方式分为钻孔法抽采、巷道法抽采、综合抽采、地面垂直井抽采；按照抽采时间划分为采前预抽、边掘边抽、边采边抽、采后抽采；按照抽采工程实施方式的不同可分为钻井抽采、巷道钻孔抽采、巷道抽采和插(埋)管抽采 4 类。《矿井瓦斯防治》中根据煤层气来源和煤层开采程序将井下煤层气抽采分为本煤层抽采、邻近层抽采、采空区抽采和围岩抽采，该分类在矿井煤层气(瓦斯)抽采中已被广泛应用。在此基础上，一些学者又根据应用角度对抽采方法有着进一步不同的认识和分类，其中本煤层可进一步划分未卸压、卸压和人为卸压抽采；邻近层可分为上、下邻近层抽采；采空区分为回采工作面煤层气抽采、老采空区煤层气抽采和报废矿井煤层气抽采。

煤层气不同开发方式的适应条件见表 3-11 和表 3-12。

表 3-11　地面煤层气不同开发方式的适应条件

条件		地面垂直井	丛式井	羽状水平井	U 形井	地面采动区井	地面采空区井
空间		规划区	规划区	规划区	规划区	采动区	采空区
地形条件		地形平坦	要求低	要求低	要求低	地形平坦	地形平坦
占地面积		大	小	小	较小	较大	较大
地质条件	构造条件	简单—复杂	简单	简单	简单	简单—复杂	简单—复杂
	目标煤层数	数层	数层	2	1	数层	—
	目标煤层发育状况	厚度较大—大，较稳定—稳定	厚度较大—大，较稳定—稳定	厚度大，稳定	厚度大，稳定	邻近层发育且距离开采层近	—
	埋深/m	≤1200	≤1200	400～800	400～800	≤1200	≤1200
	煤体结构	原生—糜棱结构	原生—糜棱结构	原生—碎裂结构	原生—碎裂结构	原生—碎粒结构	原生—碎粒结构
	渗透性	中—高	中—高	较高—高	较高—高	中—高	中—高
	煤层气含量	中—高	中—高	中—高	中—高	中—高	中—高
	水文地质条件	简单—较复杂	简单—较复杂	简单	简单	简单—较复杂	简单—较复杂
技术工艺		技术成熟、工艺简单	技术成熟、工艺复杂	技术成熟、工艺复杂	技术成熟、工艺复杂	技术成熟、工艺简单	技术成熟、工艺简单
钻井投资成本		低	低—较高	高	较高	低	低

表 3-12　井下煤层气不同开发方式的适应条件

条件		顺层定向长钻孔	高位多分支定向长钻孔	顺层钻孔	穿层钻孔	密闭(插)埋管
空间		采动区	采动区	采动区	采动区	采空区
地形条件		—	—	—	—	—
占地面积		—	—	—	—	—
地质条件	构造条件	简单	简单	简单—复杂	简单—复杂	简单—复杂
	目标煤层数	1	1	1	数层	—
	目标煤层发育状况	厚度大，稳定	—	—	—	—
	埋深/m	≤1200	≤1200	≤1200	≤1200	≤1200
	煤体结构	原生或碎裂结构	碎粒或糜棱结构	原生或碎裂结构	原生—糜棱结构	原生—碎粒结构
	渗透性	较高—高	中—高	较高—高	中—高	中—高
	煤层气含量	中—高	中—高	中—高	中—高	中—高
	水文地质条件	简单	简单	简单	简单	简单
技术工艺		技术成熟、工艺复杂	技术成熟、工艺复杂	技术成熟、工艺简单	技术成熟、工艺简单	技术成熟、工艺简单
钻井投资成本		较高	较高	低	低	低

4. 抽采方式的组合与优化

我国煤层气(瓦斯)目前开发主要还是以地面开发和井下抽采两种相对独立的方式进行，其中煤矿井下瓦斯(煤层气)抽放系统研究始于 20 世纪 50 年代，而地面煤层气抽采始于 20 世纪 70 年代初，经过先后几十年的发展，煤矿区煤层气(瓦斯)抽采已由最初的保障煤矿安全生产单一方法抽采转为多种抽采方法相结合的综合抽采模式，未来的趋势必然向安全能源环保的地面井下立体综合模式发展。

3.3.3 煤矿规划区煤层气开发工程优化技术

煤矿规划区一般是指煤矿采掘活动 2 年以后才能涉及的区域，该区域在井下没有开展相关煤层气抽采工作。根据地质条件和煤矿采掘活动情况，仅考虑地面煤层气抽采工程。

基于上述建立的抽采方式分类体系，结合煤矿区矿井地质条件类型和煤层特征级别类型，选择相应的地面煤层气抽采井型组合。参考国内外经验或区内已施工的地面煤层气抽采井，设计相应的井网和井间距，利用 CBM-SIM 软件对煤层气井进行产能预测，根据煤层气井部署规模在固定时间内的抽采规模(强度)是否能满足规划区在规定时间内的瓦斯降幅要求且经济合理，选择合适的井网和井间距，进而形成规划区地面煤层气抽采工程优化设计方案。

钻井工程的优化依据具体井的地质条件进行。好的钻井工程设计是达到地质钻探目的，保证钻井工程质量，保护煤层，提高产气量，保护环境，实现安全、优质和经济钻井的重要程序。钻井工程优化的主要内容包括井身结构、钻井液体系、钻具组合、完井工艺等。

套管固井射孔是常用的完井方式，水力压裂是应用最为广泛、技术最为成熟的储层增产改造措施。针对我国煤层特点及压裂工艺的要求，在满足施工条件下，优先选择低成本、低伤害的活性水压裂比较适合，并适当添加一定的添加剂，以降低摩阻，提高造缝能力和携砂能力。

3.3.4 采动区煤层气开发工程优化技术

煤矿采动区按时间划分为煤矿开拓准备区和生产区。

煤矿开拓准备区是指按照井田(煤矿)采掘规划 1～2 年即将要开采的区域。该区域已介入部分井巷工程。考虑到其时间间距相对较缓，其煤层瓦斯可采取地面开发或井下抽采两种方式进行。

煤矿生产区是指按照井田(煤矿)采掘规划 1 年内开采的区域。该区域已送进各类井巷工程，考虑到其抽采时间有限，区域内煤层瓦斯仅考虑以井下抽采方式进行。

抽采工程在步骤原则上遵循“先进行区域预抽，后进行集中抽采”。

1. 煤矿开拓准备区煤层气区域预抽优化设计

1)设计思路

首先基于瓦斯基础参数(以钻孔瓦斯流量衰减系数和煤层透气性系数为主)、矿井地质条件类型和储层特征级别类型，依据建立的抽采方式优化体系，选择地面、井下区域预抽方式组合。其次考虑到单一煤层开采不存在邻近卸压瓦斯抽采问题，因此抽采方式优化设计按照单一煤层和煤层群划分分为两个思路：单一煤层开采根据抽放效果和规定时间内的瓦斯降幅要求优化设计；煤层群开采一方面要根据保护层开采及相应的开采进度所带来的被保护层裂缝带发育的横、纵向范围，二是根据抽放效果，三是根据规定时间内的瓦斯降幅要求优化设计。

2)抽采方式优化

针对不同的煤矿开拓准备区的瓦斯基本参数、矿井地质条件类型和储层特征级别类型选择相应的地面、井下抽采方式组合，具体参照上述建立的抽采方式优化体系执行。

煤矿开拓准备区地面抽采方式的优化可以参考煤矿规划区的方法执行，区别在于抽采时间较短，需要更好地考察各种方式的时效和井网密度。在条件合适的情况下优先考虑水平井。

煤矿开拓准备区煤层气区域预抽优化体现在两个方面：一方面是井间距优化；另一方面是井眼轨迹设置问题。两者设置的合适与否，直接影响着能否完成在规定年限的瓦斯降幅程度及煤矿为此所投入的安全成本升降幅度。

地面采动区、采空区煤层气钻井是一种抽采低渗透性、高煤层气含量、构造煤、碎软厚煤层采动泄压煤层气的方法。该类方法利用开采保护层的采动影响作用，增加上覆煤层的渗透性，既可对上覆远距离煤层群进行抽采，也可实现近距离煤层群下伏煤层采空区的煤层气抽采。对于该类泄压煤层气地面钻井抽采，国内外学者已有了较为深入的认识，并且此类技术已在美国、澳大利亚和我国淮北、淮南和铁法等矿区成功应用。

井下瓦斯区域抽采是指井下通过长钻孔(定向)工艺在煤炭采掘前，对某个工作面或某个采区进行集中抽采，使煤层瓦斯形成区域下降的一项技术。目前常见的井下长钻孔工艺技术包括：井下顺层定向长钻孔和井下高位定向长钻孔，其中后者根据瓦斯来源不同划分为顶板高位定向长钻孔和高位多分支定向长钻孔。

2. 煤矿生产区井下煤层气集中抽采优化设计

1)设计思路

煤矿生产区井下煤层气集中抽采优化设计思路如图3-3所示。

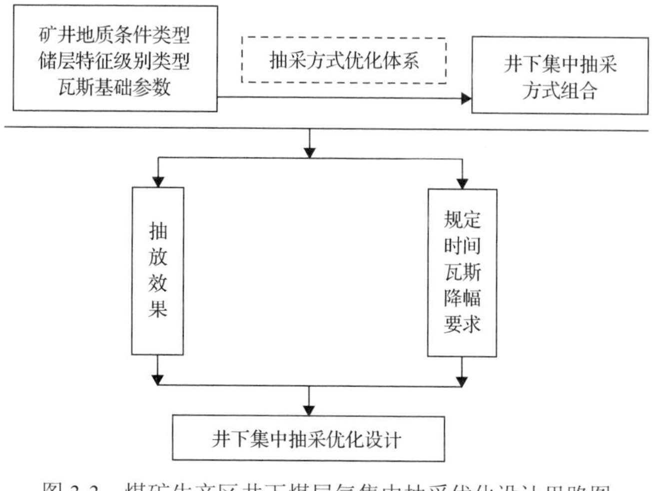

图3-3　煤矿生产区井下煤层气集中抽采优化设计思路图

从图 3-3 可以看出，首先基于瓦斯基础参数(以钻孔瓦斯流量衰减系数和煤层透气性系数为主)、矿井地质条件类型和储层特征级别类型，依据建立的抽采方式优化体系，选择井下集中抽采方式组合。其次根据井下各类集中抽采方式的抽放效果与规定时间内的瓦斯降幅要求优化设计。

2) 抽采方式选择

煤矿生产区井下抽采方式的选择与煤矿开拓准备区井下抽采方式的选择步骤相同。其不同的是相比于开拓准备区，生产区的时限性要求更高，即 1 年内甚至几个月完成相应瓦斯降幅要求，且其相应巷道的准备较生产区更完善，因此集中抽采一般以常规的顺层钻孔和穿层钻孔为主。

3) 抽采设计优化

煤矿生产区煤层气集中抽采优化体现在两个方面，一方面是井间距(布孔形式)优化；另一方面是井眼轨迹设置问题。两者设置的合适与否，直接影响着能否完成在短期内的瓦斯降幅程度及煤矿为此所投入的安全成本升降幅度。

具体的优化思路与图 3-3 所示的设计思路相同。

3.4　碎软低渗煤层煤层气开发区优选

3.4.1　碎软低渗煤层区地质评价方法

国内外学者对煤层气开发高产区开展过较多的研究工作，在生产实践中采用灰色聚类分析方法、层次分析法、风险概率法等数学方法定量分析优选煤层气开发目标区。在综合比较分析各种方法的优缺点的基础上，本书选取层次分析法，优选出研究区煤层气开发目标区。

3.4.2　碎软低渗煤层区煤层气高产区评价参数

影响煤层气高产区评判的因素包括煤层厚度、煤层构造发育特征、煤层气含量、煤岩煤质、煤阶、孔隙度、渗透率、煤体结构、区域构造特征、煤层埋深、顶底板岩性及埋深等。

根据不同盆地的地质特征和不同的完井方式，高产区的标准也有所差别。通过总结分析我国不同地区煤层气勘探试验井的实践资料和中国煤层气分布地质特点，针对研究区碎软低渗煤层的地质特征和矿区目前煤层的开采情况，以及研究区地质条件，本书从煤层条件、构造条件、储层物性特征、封闭条件 4 个大的地质条件中优选出 9 个研究区的煤层气高产区评判因素，分别为煤层气含量、煤层厚度及占比、煤层埋深、构造位置、储层压力、渗透率、普氏系数、筛分指数、顶板岩性及厚度。

3.4.3　评价体系

最终依据优选出来的煤层厚度及占比、煤层埋深、构造位置、储层压力、煤层气含量、渗透率、普氏系数、筛分指数、顶板岩性及厚度 9 个参数特征，建立了碎软低渗煤层区煤层气开发地质条件评价体系(表 3-13)。

表 3-13　碎软低渗煤层区煤层气开发地质条件评价体系

煤层条件		构造条件	储层物性特征					封闭条件
煤层厚度及占比	煤层埋深/m	构造位置	储层压力/MPa	煤层气含量/(m^3/t)	渗透率/mD	普氏系数	筛分指数/%	顶板岩性及厚度
2～4m >20%	300～500	背斜转折端	<0.74	4～6	0～0.3	<0.3	18～25	泥岩，厚 2.0m
4～6m 20%～5%	500～700	拐点部位	0.74～1.5	6～8	0.3～0.6	0.3～0.5	25～50	粉砂质泥岩，厚 3.0m
>6m <5%	700～1200	向斜核部	>1.5	>8	0.6～1.0	0.5～1.0	>50	砂质泥岩，厚 3.0m

用层次分析法结合专家对比打分情况，逐层进行计算分析，最终建立了碎软低渗煤层的煤层气开发地质条件评价层次分析法权重表(表 3-14)。

表 3-14　碎软低渗煤层的煤层气开发地质条件评价层次分析法权重表

评价指标		等级及赋值		
煤层条件	煤层厚度及占比	2～4m >20%	4～6m 20%～5%	>6m <5%
	分值	0～30	30～60	60～100
	权重	0.15		
	煤层埋深/m	300～500	500～700	700～1200
	分值	0～30	30～60	60～100
	权重	0.12		
构造条件	构造位置	背斜转折端	拐点部位	向斜核部
	分值	35	70	100
	权重	0.08		
储层物性特征	储层压力/MPa	<0.74	0.74～1.5	>1.5
	分值	0～30	30～60	60～100
	权重	0.13		
	煤层气含量/(m^3/t)	4～6	6～8	>8
	分值	0～30	30～60	60～100
	权重	0.14		
	渗透率/mD	0～0.3	0.3～0.6	0.6～1.0
	分值	0～30	30～60	60～100
	权重	0.13		
	普氏系数	<0.3	0.3～0.5	0.5～1.0
	分值	0～30	30～50	50～100
	权重	0.10		
	筛分指数/%	18～25	25～50	>50
	分值	0～30	30～60	60～100
	权重	0.09		
封闭条件	顶板岩性及厚度	泥岩，厚 2.0m	粉砂质泥岩，厚 3.0m	砂质泥岩，厚 4.0m
	分值	0～30	30～60	60～100
	权重	0.06		

3.4.4　碎软低渗煤层抽采井田优选方法

结合 3.4.3 节所述，根据研究区碎软煤层的地质学特征，赵庄煤矿优选出的目标煤层为 3 号煤层。

根据前述的地质评价内容，结合煤矿的生产情况、接续开采计划及煤矿的构造格局等情况，将研究区划分为若干井田。依据本书建立的碎软低渗煤层的煤层气开发地质条件评价层次分析法权重表进行井田打分排序优选，最终优选出目标区。

结合赵庄煤矿的生产开采情况和煤矿构造格局将其分成 4 个井田。根据建立的指标体系，结合 4 个井田的情况，进行打分排序对比，优选出了区内构造简单、储层条件相对较好的西北部采区为碎软低渗煤层地面煤层气抽采高产井田(图 3-4)。

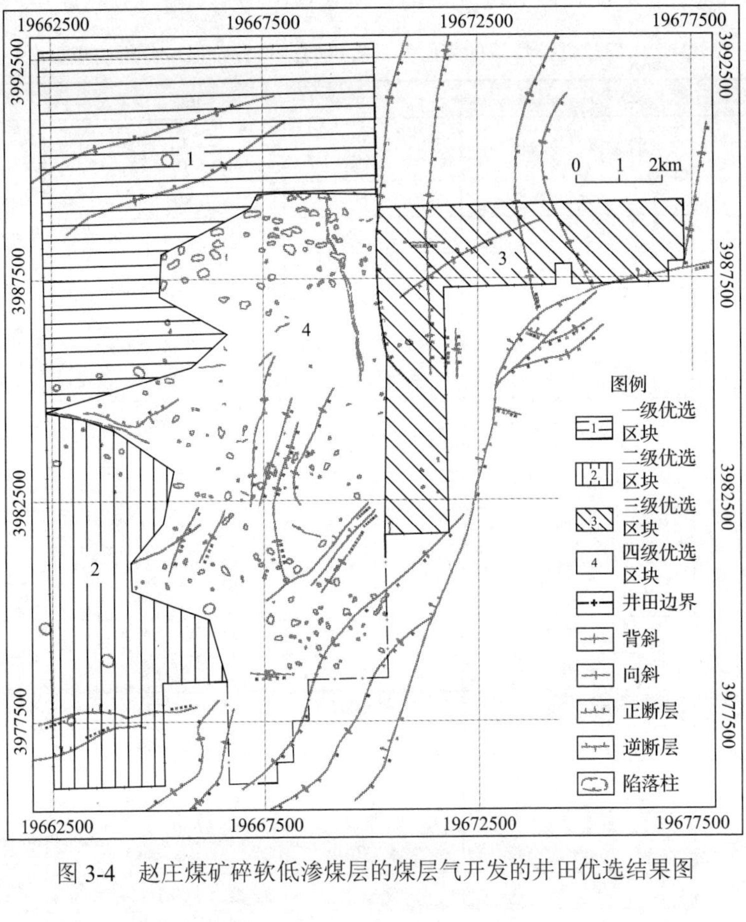

图 3-4　赵庄煤矿碎软低渗煤层的煤层气开发的井田优选结果图

3.5　煤矿区煤层气抽采产能数值模拟技术

煤层气储层数值模拟是煤层气资源勘探和开发的关键技术之一，也是煤层气产业发展的重要内容，在研究煤层气储集、运移和产出机理，煤层特征，煤层气资源开发潜力评价和开发工程方案优化等方面都能发挥了重要作用。煤层气储层数值模拟是在油气藏模拟的基础上发展起来的，应用计算机研究煤层中煤层气的解吸、扩散和气-水两相流流动规律的新型数值计算方法，是一种有效的产能预测方法。煤层气数值模拟实质上是用数学模型的方法将煤层气藏开发动态重新展现出来，是将地质、储层工程和生产作业结合在一起的过程，是一门综合性学科。通过煤层气数值模拟可以客观地描述煤层气储层特征、准确预测煤层气井产量、科学制定煤层气开发方案，以及及时有效地发现和诊断煤层气井生产过程中出现的问题，可应用于煤层气的选区评价、煤层气开发的可行性研究及方案设计等，具体包括产能预测、敏感性分析、历史拟合、气井产能分析和诊断、煤层气开发方式选择、井网部署和开发规划、增产措施及工艺优化等。

作为一种非常规天然气，煤层气与常规石油天然气储层不同，第一，煤层气是自生自储的，主要以吸附态存在；第二，煤储层是由微孔隙和天然裂隙组成的双重孔隙系统；第三，煤层性软易碎，渗透率对应力敏感性强，且易受钻井液、压裂液等污染。煤层气储层数值模拟自身的成藏理论和储层特性，决定了其模拟技术有别于常规油气藏。

3.5.1　原始条件下地面煤层气产能预测技术

早期地面煤层气开发的数值模拟主要集中在对原始储层的研究，并先后提出了众多模拟模型，整体上可分为：气体吸附-扩散模型、组分模型和黑油模型，气体吸附-扩散模型又分为经验吸附模型、平衡吸附模型和非平衡吸附模型。依据上述各类模型，结合计算机技术的快速发展，形成了多个解算数值模拟软件，如 INTER COMP-1、ARRAYS、PSV-1D 等，另外，基于 COMET 模型开发的 COMET 系列软件为业内人士熟悉和广泛应用，它是一个功能强大、三维、气-水两相流的计算机模型，可模拟多井、多层和压裂井，考虑了重力效应、溶解气、孔隙压缩系数、煤基质收缩系数及应力对渗透率的影响。

3.5.2　采动条件下地面煤层气产能预测技术

我国的地面煤层气勘探开发大多在煤矿区或靠近煤矿区进行，且已初步形成了产业化。采动条件下地面煤层气开发是煤矿区煤层气开发的新课题，受采动影响后煤层气储层的应力得到释放、岩层发生了形变破坏、渗透率得到了极大的提高，煤层气在储层中的渗流运移也发生了巨大的变化，煤矿采动区储层中煤层气的储集、运移和产出也必然改变，而这一切与煤矿开采紧密联系，受矿山压力分布、采场覆岩移动破坏规律与孔隙介质流体扩散、渗透运移规律控制。

1. 采动条件下的煤岩层应力场动态演变

沿煤层走向方向的应力分布是动态的，在工作面推进过程中，岩层中同一点的应力是不断变化的。工程实践证明，随着工作面向观察测点不断推进，应力值逐渐增大，当工作面接近或推进到观察测点正下方时，应力值达到最大；随着工作面的继续推进，应力值不断减小，当观察测点进入采空区中，应力值下降为最小值；此后，随着工作面继续推进、覆岩不断垮落，应力值不断增大。采空区覆岩应力分布可分为 3 个区，即工作面后方一定范围内的卸压波动区（该区裂缝较为发育），采空区中部的卸压增大区（该区裂缝逐渐压实），以及切眼前方一定范围内的卸压缓慢变化区（该区裂缝仍可保持），但随着离煤层的垂直距离的增大，中部的卸压增大区范围变小，其他两个区的范围变化不大。同时，在距工作面煤壁投影距离相同的情况下，顶板不同层位应力集中系数不同。垂向上，在采空区裂隙带范围之外，离煤层较近的上覆岩层支承压应力集中程度较高，随着离煤层的垂直距离的增大，顶板支承压力集中程度逐渐降低且趋向缓和；在采空区裂缝带范围内，随着离煤层的垂直距离的增大，顶板支承压力集中程度先逐渐减小(最小位置处于未垮落的上位关键层下方)，后又增大并趋向缓和。

采空区覆岩应力沿倾向分布与沿走向分布相同，也分为 3 个区，即上、下顺槽一定范围内的卸压波动区(该区裂缝较为发育)，顺槽向工作面内部延伸一定范围内的卸压缓慢变化区(该区裂缝仍可保持)，采空区中部的卸压增大区(此区裂缝逐渐压实)。同样，在距顺槽投影距离相同的情况下，垂向上，在采空区裂缝带范围之外，离煤层较近的上覆岩层支承压应力集中程度较高，随着离煤层的垂直距离的增大，顶板支承压力集中程度逐渐降低且趋向缓和；在采空区裂缝带范围内，随着离煤层的垂直距离的增大，顶板支承压力集中程度先逐渐减小，后又增大并趋向缓和。

2. 采动条件下储层裂缝的动态分布

煤层开采后，采空区上覆岩层一般会形成两类裂缝：一类是随岩层下沉破断形成的穿层裂缝，称为竖向破断裂缝，它是上、下邻近煤岩层间瓦斯沟通的通道；另一类则是随岩层下沉在层与层之间形成的沿层裂缝，称为离层裂缝，其使煤岩层产生膨胀变形，将煤层瓦斯卸压，并增大了煤岩层的渗透率。通过大量的相似模拟实验研究及现场观测得出：采空区及其上部覆岩的整个空间上，破断裂缝只在煤层顶板一定高度的覆岩范围内较发育，离层裂缝多出现于破断裂缝之上；切眼、正回采的工作面及工作面上下风巷附近，由于煤壁等的支承作用，上部覆岩裂缝较发育；采空区中部的采动裂缝，在覆岩压力的作用下基本被压实。

随着工作面的推进，采动裂缝的发生、发展及其时空分布特征与关键层的位置及其是否破断有很大关系。具体来说，随工作面的推进，在第 1 亚关键层破断前，其下形成采动裂缝椭抛带，当第 1 亚关键层破断后，椭抛带中部被压实，四周则呈椭圆形圈分布；与此同时，第 2 亚关键层下出现离层，其下再次形成椭抛带，当第 2 亚关键层破断后，椭抛带中部再次被压实，四周还呈椭圆形圈分布，如此发展直至主关键层破断；当主关键层破断后，椭抛带不复存在，但呈层面展布的裂缝区仍为一近似的椭圆形。

总之，采动裂缝椭抛带的高度随工作面的推进由下往上逐步发展，但一般是经若干循环后，才有覆岩离层的动态变化，也就是说，椭抛带的高度并非随工作面的推进而逐步升高，而是在(主或亚)关键层破断后或顶板来压时才有所变化，另外，椭抛带的带宽与工作面开采时的初次来压步距和周期来压步距有密切关系。

3. 采动条件下储层渗透率的变化

煤层的渗透性是反映煤层中气、水等流体渗透性能的重要参数，是影响煤层气井生产能力的极为重要的因素。煤层的渗透性主要由裂缝网络提供，相互连通的裂缝网络构成了煤层气流动的通道。

我国煤层渗透率普遍较低，一般在$0.1\times10^{-3}\sim0.001\times10^{-3}\mu m^2$，但研究和实践证明，受采动影响后煤层气储层的应力得到释放、岩层发生了变形破坏、渗透率得到了极大的提高。采动区煤储层受采动的卸压影响发生破坏，产生变形膨胀，具体到微孔和裂隙，则主要表现为裂隙系统裂隙的扩张、延伸和相互连通，以及微孔隙的破坏连通。煤层作为一个整体，裂隙系统是其薄弱位置，受到外力作用后，裂隙系统优先发生再次破坏，而基质虽然包含大量微孔隙，但相对强度较高，相较于裂隙系统，基质不易发生再次破坏。因此，煤层中裂隙系统受采动的影响程度要比基质块大，而裂隙系统是煤岩层中流体流动的主要通道，所以受采动影响后煤岩层的渗透性变化规律与裂隙系统的动态分布一致。

4. 采动影响的边界范围确定

1) 采动影响外边界确定

开采地面下沉盆地范围一般采用边界角来确定。边界角是指在开采达到充分采动时，地表下沉盆地主断面上下沉10mm的点和采空区边界点的连线与水平线在采空区外侧的夹角，用δ_0表示，其值通过地表移动观测站测量求取。依据采动覆岩内部移动变形研究，采动覆岩的内部移动与地面移动具有相同的规律，但由于上部厚松散层的影响，其边界角并不相同(图3-5)。不同深度岩层采动影响的边界角可以通过两个走向方向开采边界和边界点距离(l_1、l_2)、上部岩层厚度(h_1、h_2)、下部岩层厚度(H_1、H_2)之间的几何关系建立如下方程组求解：

$$\begin{cases} l_1 = h_1\cos\varphi + H_1\cos\delta_0 \\ l_2 = h_2\cos\varphi + H_2\cos\delta_0 \end{cases} \tag{3-3}$$

式中，φ为松散层移动角，直接观测或通过经验计算获得。

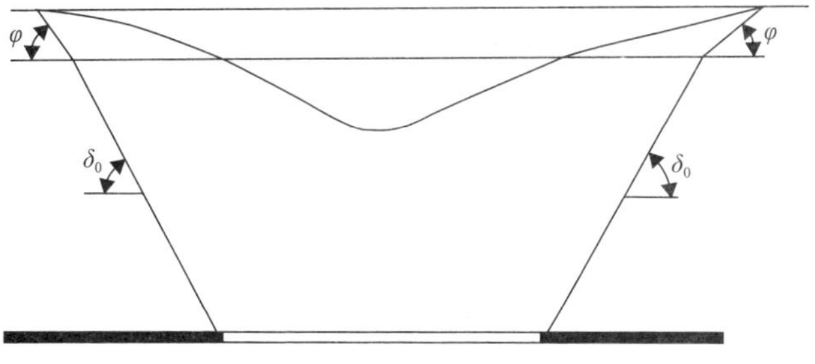

图3-5　松散层与基岩边界角

通过采动条件下储层裂缝与渗透率变化的分析认为，储层渗透率受采动影响外的边界主要受其上下关键层的控制，在宏观表现上与采动采空区下沉影响的外边界是一致的，因此为简化研究，可以采用储层层位的边界角来确定储层受采动影响的外边界。

2) 采动影响动态范围

随工作面的推进，采动裂缝的发生、发展及其时空分布特征与关键层的位置及是否破断有很大关系。对储层来说，其上下邻近的两个关键层的破断状态是其受采动影响程度的重要控制因素，如图 3-6 所示。根据矿压控制理论及关键层理论研究成果，上关键层的破断距要大于下关键层的破断距，同时上关键层破断滞后于下关键层破断，显然储层在下关键层断裂且砌体梁结构已经失效而上关键层未断时裂缝最为发育，这个区域是储层受采动影响卸压增透的最大区域，可以用上下两个关键层的破断距来表示其范围；在上关键层断裂形成砌体梁结构的区域储层受上部地层压力影响，裂隙开始压缩，这个区域的范围主要由上关键层砌体梁结构范围控制；当上关键层砌体梁结构失效，完全不能承载上部地层压力时，储层进一步压实，再向采空区侧发展，则在上部地层持续沉降压力的作用下储层离层裂缝基本被压实，而且显然再不可能恢复到初始状态。

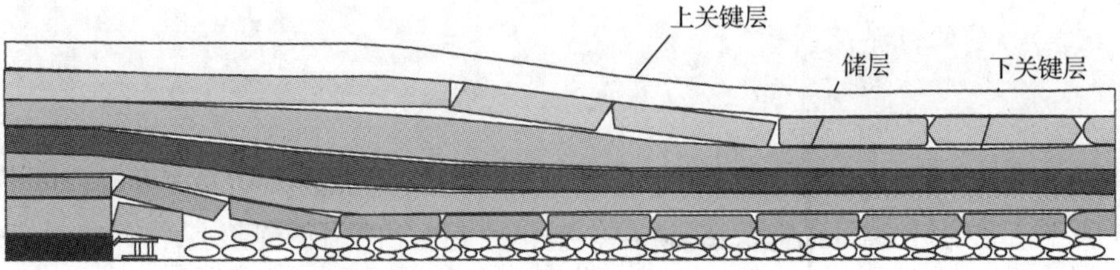

图 3-6　储层与上下关键层破断示意图

5. 采动条件下煤层气抽采数学模型

依据对采动条件下煤储层性质及煤层气在其中储集和运移机理的分析研究，将煤层气储集和运移的地质模型概化如下：

(1) 煤层气藏是由低渗透、高储存能力的煤岩基质微孔系统和高渗透、低储存能力的煤岩基质裂隙宏观孔隙系统组成的双孔隙度单渗透率的特殊双重孔隙多孔介质。

(2) 煤层中存在气-水两相流体，孔隙介质中的两相流体为牛顿流体，流动为层流运动，符合达西定律。

(3) 固体骨架和孔隙可压缩；流体在裂隙和孔隙中的流动是相互独立而又相互重叠的。

(4) 煤基中气体的扩散过程为非平衡拟稳态过程且服从菲克 (Fick) 第一定律。

(5) 两相流体的 PVT 特性符合微可压规律，不考虑气体在水中的溶解。

(6) 煤层是非均质、各向异性的；煤炭生产导致煤岩层应力场、裂缝场发生变化，其变化具有一定的规律性。

(7) 煤层具有典型的裂隙-孔隙双重孔隙结构，是由煤基质块中的微孔隙系统和裂隙系统构成的双孔隙系统。

(8) 煤基质块中的微孔隙是煤层气的主要储集空间，煤层气主要以吸附态赋存于微孔隙的内表面上。微孔隙很小，水不能进入其中，所以微孔隙系统中只存在单相气体。裂隙系统既是气体和水的储集空间，也是气-水两相流体的渗流通道。

(9) 煤层气从煤层运移产出，经历解吸、扩散和渗流 3 个阶段。

(10) 在裂隙系统中的气体是自由气体，表现为真实气体特性；水是可压缩的流体。在微孔隙系统中，各种气体组分不存在选择性吸附现象。

(11) 基质块表面的解吸作用非常快，足以维持自由气和吸附气之间的平衡，在煤基质块内部的吸附气与自由气处于不平衡状态。

(12) 煤矿区煤炭生产导致煤岩层应力场、裂缝场发生变化，其变化是连续的，且随工作面的推进呈规律性的关联变化；整个体系中有气-水两相，CH_4、N_2、H_2O、CO_2 4 种组分。

上述地质模型假设中，煤层被视为裂隙-孔隙双重孔隙结构，主要包括煤基质块微孔隙系统和裂隙系统，结合采动对煤层的影响认识，依据煤基质块微孔隙系统和采动影响的裂隙系统中的物质运动和力学分析，寻找表述煤层气解吸、扩散和渗流及水运移的数学方程表达式，附加表征储层地质条件和煤层气开发工程实际的定解条件，即可建立完整的采动条件下地面煤层气抽采模拟数学模型。

1) 基质中的数学(运动)方程

(1) 煤层气的吸附与解吸。

煤层气在煤层中的储集主要依赖于吸附作用，呈吸附状态的甲烷占 70%～95%，吸附是完全可逆的。在一定条件下，被吸附的气体分子从煤的表面脱离出来，称为解吸。有少量的煤层气自由地存在于煤的割理和其他裂缝或孔隙中，这种赋存状态称为游离态。呈游离态的煤层气占总量的 10%～20%。还有少量的煤层气溶解在煤层内的水中，称为溶解气。

1916 年，法国化学家 Langmuir 在研究固体表面吸附特性时，得出了单分子吸附的状态方程，即 Langmuir 方程；随后国内外的瓦斯工作者经过实验和理论分析后发现，该方程同样适用于瓦斯在煤体表面的吸附。基质块中的甲烷浓度主要是受吸附煤层气解吸的影响，可以用吸附方程求解，吸附煤层气在吸附平衡时遵循 Langmuir 方程。

(2) 微孔隙中气体的运输。

通常认为煤基质块中只有单相气体拟稳态扩散(假设基质中只存在甲烷组分)，所以将基质中气体的解吸、扩散过程视为拟稳态扩散，遵从 Fick 第一定律。

煤基质块中总的气体浓度由微孔中所含的游离气和表面的吸附气两部分组成，其中游离气的浓度为

$$c_1 = \rho_1 \phi_m = \frac{M p_m \phi_m}{RTZ} \tag{3-4}$$

式中，ρ_1 为游离气的密度；c_1 为基于整体体积的游离气的浓度；ϕ_m 为煤体基质的微孔隙度；Z 为气体的偏差因子；p_m 为基质块中的气体压力；M 为煤层气摩尔质量；$R = 8314 \text{kg} \cdot \text{m}^2 / (\text{K} \cdot \text{mol} \cdot \text{s}^2)$，为气体的普氏常数；$T$ 为温度。

根据 Langmuir 方程，每立方米煤体所吸附的煤层气质量为 $\frac{V_L P_m}{P_L + P_m}$，等于吸附气的浓度 c_p：

$$c_p = \frac{V_L P_m}{P_L + P_m} \tag{3-5}$$

式中，V_L 为 Langmuir 体积；P_L 为 Langmuir 压力；P_m 为储层压力。

所以基质块中基于整体体积的煤层气总浓度 c_{px} 为

$$c_{px} = \frac{Mp_m\phi_m}{RTZ} + \frac{V_L P_m}{P_L + P_m} \tag{3-6}$$

拟稳态过程基于 Fick 第一定律，认为基质块中基于整体体积的煤层气总浓度 c_{px} 对时间的变化率与差值 c_{px}–c_p 成正比，即符合 Fick 第一定律：

$$\frac{dc_p}{dt} = D_p F_s (c_{px} - c_p) \tag{3-7}$$

式中，D_p 为孔隙内扩散系数，m^2/d；F_s 为基质块形状因子，$1/m^2$。

2) 裂隙系统多组分模型数学(运动)方程

裂隙系统各组分基本数学方程为

$$\sum_{j=1}^{2}\nabla\cdot\left[\frac{c_{ij}kk_{rj}}{B_j\mu_j}(\nabla p_j - \rho_j g\nabla H) + c_{ij}D_{jf}\nabla\frac{S_j}{B_j}\right]_f + q_{if} + q_{ip} = \frac{\partial}{\partial t}\left[\varphi_t\sum_{j=1}^{2}c_{ij}\frac{S_j}{B_j}\right]_f$$

$$j = g, w$$
$$i = 1, 2, \cdots, N \tag{3-8}$$

式中，k 为绝对渗透率；k_{rj} 为多相的相对渗透率；φ_t 为煤体裂隙系统孔隙度；B_j 为储层因数；μ_j 为流体黏度；p_j 为流体压力；ρ_j 为流体密度；∇H 为相对基准面高度；S_j 为流体饱和度；q_{ip} 为质量气源(基质扩散到裂隙的气体，只有甲烷)；D_{jf} 为裂隙中气体扩散系数；c_{ij} 为裂隙中气体浓度；q_{if} 为单位时间内单位体积地层产出(流入生产井)i 组分流体的体积，m^3/s。

对于裂隙中各气体组分，一般煤层构造角度不大，可以不考虑重力影响，因此基本数学方程可以变为

$$\sum_{j=1}^{2}\nabla\cdot\left[\frac{c_{ij}kk_{rj}}{B_j\mu_j}\nabla p_j + c_{ij}D_{jf}\nabla\frac{S_{jf}}{B_j}\right]_f + q_{if} + q_{ip} = \frac{\partial}{\partial t}\left[\varphi\sum_{j=1}^{2}c_{ij}\frac{S_j}{B_j}\right]_f$$

$$j = g, w$$
$$i = 1, 2, \cdots, N \tag{3-9}$$

3) 辅助方程

数学模型中除了根据质量守恒用偏微分方程表示煤层中气、水两种流体的运移过程，还需要饱和度方程和毛细管力方程：

$$S_g + S_w = 1 \tag{3-10}$$

$$P_c = P_g - P_w \tag{3-11}$$

式中，S_g 为气体饱和度；S_w 为水饱和度；P_c 为毛细管压力；P_g 为气体压力；P_w 为水的压力。

描述数学模型的 6 个方程[式(3-6)～式(3-11)]组成的方程组是可求的，所以模型中其他物理量是求解变量的函数，其中包括绝对渗透率、相对渗透率、黏度、密度、毛细管压力等。储层绝对渗透率受采动影响，是空间和时间的函数，通过区域数值矩阵赋值。

4)定解条件

定解条件包含边界条件和初始条件。一般将井筒作为内边界条件处理其气水产量，将模拟区域边界作为外边界处理。用初始条件确定 t=0 时刻煤层气水饱和度和压力分布。

6. 采动条件下煤层气抽采数学模型求解

数值模拟最终都要归结为线性方程组的求解。在均匀网格条件下，使用中心差分格式，对气、水偏微分方程在空间和时间上进行离散化，得到线性代数方程组，然后用求解线性代数方程组的方式代替求解偏微分方程组。

基于前面的假设，将采动条件处理为变传导率的方程。考虑到工作面推进后主要是对裂隙产生影响，因此在各传导率前添加工作面推进影响系数 $U(x,y,z)$，对于系数 U 有

$$U=\begin{cases}U(x,y,z), & \text{工作面推进波及范围内}\\ 1, & \text{工作面推进波及范围外}\end{cases} \tag{3-12}$$

同时假设已知工作面推进速度为 $v_{\mathrm{u}}=c$，波及范围和方向均已知，其中波及方向为网格方向中的某一方向。则根据推进速度等均可计算某一时刻对应的工作面推进影响系数 U。

7. 采动条件下煤层气数值模拟软件及应用

1)采动条件下煤层气数值模拟软件

基于采动条件下煤层气抽采数学模型及其求解方法，以 CBM-SIM 软件解算模块为内核，构建了可以实现煤矿采动区煤层气井抽采产能数值模拟的软件。该软件的主程序采用全隐式方法处理模型中的参数，并采用逐点松弛解法求解最后形成的线性方程组，可以模拟煤层气藏在单井、多井情形下的生产动态，同时考虑了渗透率的采动影响变化规律。

2)采动条件下煤层气数值模拟软件应用

以淮南矿区某矿为例进行说明。

模拟区域位于该矿 1252(1)工作面，该工作面走向长度为 1745.2～1822.5m，平均为 1783.8m，倾斜长 208.5m。开采煤层 11-2 煤层，煤层厚度为 0.2～3.0m，平均为 2.45m，煤层倾角为 0°～5°，平均为 2°。煤层结构较简单，下部一般含一层泥岩夹矸，厚 0～0.1m；煤呈黑色，粉末状-块状，属半暗型-半亮型煤，直接顶、直接底均为砂质泥岩或泥岩。老顶平均厚度为 10.5m，为细砂岩，浅灰-灰白色，分选一般，钙质胶结，夹条带泥质薄层。

1252(1)工作面以其上部 13-1 煤层为目标储层，该工作面开采 11-2 煤层，工作面北部为 1242(1)工作面(未掘进)，南部为 1262(1)工作面(已回采完)，西部为西三采区(未

开拓)，东部为西一采区大巷。区域内 13-1 煤层平均煤层厚度为 3.1m，与 11-2 煤层间距平均为 80m。煤炭生产工作面推进速度为 5.4m/d，回采初次来压间距为 22.3m，周期来压间距为 7.5m，垮落带高度为 13.5～18.5m，裂缝带高度为 44.5～57.5m。

1252(1)工作面布置地面抽采钻孔 6 口，选取 W1252-1 井和 W1252-2 井开展产能数值模拟工作。W1252-1 井和 W1252-2 井工作面回采到抽采孔下方开始抽采，两口井 100d 的抽采数据及拟合情况如图 3-7 所示。

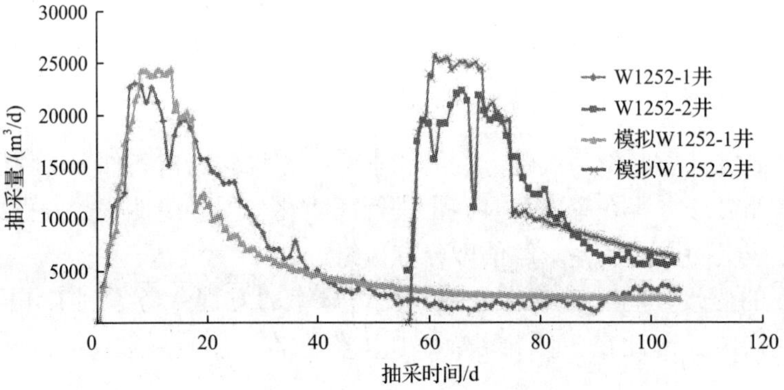

图 3-7　W1252-1 井和 W1252-2 井煤层气抽采历史拟合图

根据通过历史拟合获取的新的储层参数，以及获取的渗透率受采动影响的区域变化规律，对 1252(1)工作面北边邻近 1242(1)工作面地面煤层气井的抽采进行产能预测。两个工作面邻近储层基本参数直接采用，工作面回采参数相应调整，预测生产井位置按 1252(1)工作面 W1252-1 井设置，井工作制度一致，从工作面推进到井下方开始抽采，模拟预测结果如图 3-8 所示。

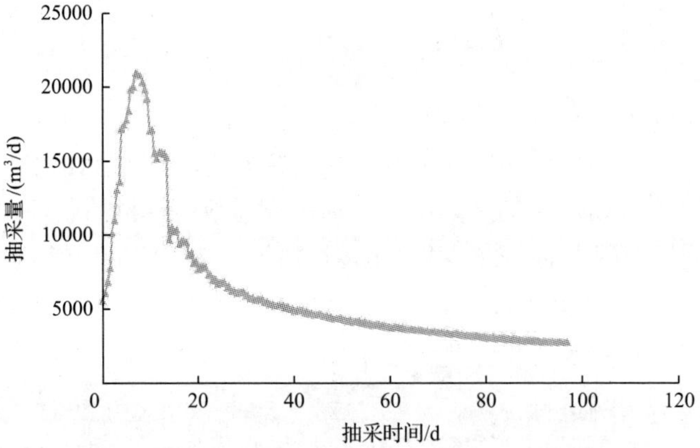

图 3-8　1242(1)工作面煤层气井抽采预测曲线

从预测结果可以看出：生产井在开井第 7d 达到高峰产气量，开井 44d 下降到 5000m^3/d 以下，44d 累计产气大约 40 万 m^3。按气井生产 110d 计，气井服务年限内累计产气约 76 万 m^3。按走向井控制 200m，工作面倾向影响 260m 范围计算，区域煤层含瓦斯总量约为 131 万 m^3，抽采率约 58%。从模拟曲线可以看出，生产井的产气量上升快，衰减也快，主要原因是 13-1 煤层受采动影响渗透率大幅提升，进入采空区后受上部地层压实作用影响，煤层渗透性下降。

3.5.3　保护层开采条件下煤层气产能预测技术

1. 煤矿井下单一高瓦斯煤层煤层气产能预测技术

单一高瓦斯煤层气产能预测技术是煤层气开发的关键技术之一。通过对矿井煤层瓦斯抽采时间、抽采钻孔间距和抽采率进行定量分析，确定抽采钻孔工程量和瓦斯抽采规模，可指导高瓦斯和突出矿井的瓦斯抽采作业，也能够对规模化开发井下煤层气储量进行评估，为矿井瓦斯治理和煤层气开发提供支撑。

1) 单一高瓦斯煤层气产能预测数学模型构建

A. 理论方程分析

(1) 连续性方程。

孔隙系统中扩散运动连续性方程：根据质量守恒定律，单位时间 Δt 内各方向上扩散流入表征体单元的总质量与流出的总质量之差加上质量源的生成量应等于表征体单元质量变化量，则可得到孔隙系统的扩散运动连续性方程，进行简化后为

$$\frac{\partial c_{\mathrm{p}}}{\partial t}+\nabla m+q=0 \tag{3-13}$$

式中，c_{p} 为吸附气的浓度，$\mathrm{kg/m^3}$；m 为扩散通量，$\mathrm{kg/(m^2\cdot s)}$；q 为孔隙系统的气体质量源，$\mathrm{kg/(m^3\cdot s)}$。

裂隙系统中渗流运动连续性方程：根据质量守恒定律，单位时间 Δt 内各方向上渗流流入表征体单元的总质量与流出的总质量之差加上质量源的生成量应等于表征体单元质量变化量。单位时间 Δt 内，瓦斯气体密度 ρ^{g} 和煤的孔隙率 e 将发生变化，使得游离瓦斯浓度 C_2 发生改变，则可简化得出孔隙系统的渗流运动连续性方程为

$$\frac{\partial c_1}{\partial t}+\nabla(\rho^{\mathrm{g}}V)-q=0 \tag{3-14}$$

式中，c_1 为游离气的浓度，$\mathrm{kg/m^3}$；ρ^{g} 为瓦斯气体密度，$\mathrm{kg/m^3}$；V 为渗流通量，$\mathrm{kg/(m^2\cdot s)}$；q 为孔隙系统的质量源。

耦合连续性方程：以上研究是将瓦斯流动过程作为两个独立子系统进行的，但两个系统相互影响，相互制约，二者之间通过质量交换源完成质量传递。瓦斯的吸附、解吸只是发生物质形态的变化，并未引起微元中质量的变化，因此瓦斯流动场的连续性方程可表示为

$$\frac{\partial C_2}{\partial t}+\frac{\partial C_1}{\partial t}+\nabla\cdot(\rho^{\mathrm{g}}V+m)=0 \tag{3-15}$$

(2) 运动控制方程。

孔隙系统中扩散运动控制方程：煤体中发生扩散运动的瓦斯主要来源于吸附态瓦斯，当含瓦斯煤体的吸附、解吸平衡状态被打破时，部分吸附态瓦斯发生快速解吸，以达到新的平衡。解吸的瓦斯在浓度梯度作用下发生扩散运动，扩散过程符合 Fick 第一定律：

$$m = -D\nabla C_1 \tag{3-16}$$

式中，D 为 Fick 扩散系数，m^2/s。

裂隙系统中渗流运动控制方程：煤体中发生渗流运动的瓦斯主要来源于游离态瓦斯，在压力梯度作用下，沿煤体中裂隙发生渗流运动。瓦斯在低渗透率多孔介质中运移时，在固体壁上瓦斯渗流表现出速度不为零的现象，其渗流规律不再符合线性达西定律，渗流力学把这种效应称为“滑脱效应”，此时煤层中瓦斯的运动方程可表示为

$$V = -\frac{K_\infty}{\mu}\left(1+\frac{B_b}{P}\right)\nabla P \tag{3-17}$$

式中，B_b 为滑脱效应系数，MPa；K_∞为煤体绝对渗透率，m^2；μ 为气体黏度系数，mPa·s；∇P 为瓦斯压力梯度，MPa/m；P 为瓦斯压力。

(3)运动状态方程。

根据模型构建的假设，将瓦斯气体简化为理想气体，服从理想气体状态方程：

$$\rho^g = \frac{PM_L}{RT} = \beta P \tag{3-18}$$

式中，ρ^g 为瓦斯气体密度，kg/m^3；M_L 为气体的摩尔质量，g/mol；R 为摩尔气体常数；T 为煤体温度，K；$\beta = \dfrac{M}{RT}$，为一个常数。

(4)瓦斯含量方程。

瓦斯以吸附态和游离态两种形式赋存于煤层中。吸附态瓦斯主要被吸附在煤体孔隙表面，而游离态瓦斯主要赋存于煤体的大孔及裂隙中。煤体吸附瓦斯含量遵守 Langmuir 吸附平衡方程，则吸附态瓦斯浓度可表示为

$$C_1 = \frac{a_1a_2P}{1+a_2P}\rho^s\rho^{g0} = \frac{\beta a_1a_2\rho^s P_0 P}{1+a_2P} \tag{3-19}$$

式中，C_1 为吸附瓦斯浓度；ρ^s 为煤体密度，kg/m^3；ρ^{g0} 为瓦斯初始密度，kg/m^3；a_1 为极限吸附量，m^3/kg；a_2 为吸附常数，MPa^{-1}；P_0 为煤体中瓦斯初始压力，MPa。

煤体中游离态瓦斯与煤体的孔隙率、瓦斯压力及温度等有关。在等温过程中，游离态瓦斯浓度可表示为

$$C_2 = \rho^g e = \beta eP \tag{3-20}$$

式中，e 为孔隙率。

(5)煤层气产能预测模型。

将上述气体状态方程、瓦斯含量方程、运动控制方程代入连续性方程得到含瓦斯煤体流动场方程：

$$\frac{\partial \dfrac{\beta a_1a_2\rho^s P_0 P}{1+a_2P}}{\partial t} + \frac{\partial e\beta P}{\partial t} - \nabla\cdot\left[\beta P\frac{K_\infty}{\mu}\left(1+\frac{B_b}{P}\right)\nabla P + D\nabla\frac{\beta a_1a_2\rho^s P_0 P}{1+a_2P}\right] = 0 \tag{3-21}$$

由于煤体变形是小变形，可视其固体颗粒密度不变，假设物质导数近似等于其空间导数，则孔隙率与时间的变化关系可表示为

$$\frac{\partial e}{\partial t}=\alpha\frac{\partial \varepsilon_v}{\partial t}+\frac{1-e}{k_{\mathrm{s}}}\frac{\partial P}{\partial t} \tag{3-22}$$

式中，α 为体积压缩系数；ε_v 为体积应变；k_{s} 为体积模量，GPa。

将式(3-21)代入式(3-22)化简得

$$\left[\frac{a_1a_2\rho^{\mathrm{s}}P_0}{\left(1+a_2P\right)^2}+\frac{\left(1-e\right)P}{k_{\mathrm{s}}}+e\right]\frac{\partial P}{\partial t}+\alpha P\frac{\partial \varepsilon_v}{\partial t}-\nabla\cdot\left\{\left[P\frac{K_\infty}{\mu}\left(1+\frac{B_{\mathrm{b}}}{P}\right)+\frac{a_1a_2\rho^{\mathrm{s}}P_0D}{\left(1+a_2P\right)^2}\right]\nabla P\right\}=0 \tag{3-23}$$

式(3-23)为煤矿井下煤层气产能预测数学模型，该模型含有体现孔隙率 e 和体积应变 ε_v 等相关力学参数对瓦斯流动的影响。

B. 数学模型数值计算分析

数值模型既要保证计算结果的准确性，还需要体现其可操作性。因此，在满足计算结果准确精度的要求上，对模型进行了相关修正。修正后的模型去除了影响因素较小的参数项，计算量需适中，并考虑抽采钻孔漏气对产能预测的影响，修正后的模型可表示为

$$\left[\frac{a_1a_2\rho^{\mathrm{s}}P_0}{\left(1+a_2P\right)^2}+\frac{\left(1-e\right)P}{k_{\mathrm{s}}}+e\right]\frac{\partial P}{\partial t}+\alpha P\frac{\partial \varepsilon_v}{\partial t}-\nabla\left(P\frac{K_\infty}{\mu}\nabla P\right)=0 \tag{3-24}$$

通过求解煤层气渗流控制方程组即可实现煤层气抽采产能预测。针对煤层气抽采产能预测数学模型的数值求解，为满足求解高效性和单元网格划分随意性等要求，选用有限体积法进行推导。

2) 单一高瓦斯煤层煤层气产能预测软件

(1) 软件编制。

根据现代软件设计理论，采取自上而下、模块化结构设计，利用 FORTRAN 语言编制煤层气产能预测主程序。该软件以煤层气渗流方程为基础，主要由输入模块、初始化模块、计算模块和输出模块 4 个模块组成，模块之间的关系如图 3-9 所示。单一高瓦斯煤层产能预测软件共涉及吸附常数、初始渗透率、黏度系数、煤层密度、煤体体积模量等 12 个基本参数；边界设定模块主要为模型计算提供定解条件，涉及初始瓦斯压力和抽采负压等参数；模拟软件计算模块包含单元格划分和数值运算，能模拟不同抽采条件下的瓦斯压力分布时空演化规律、瓦斯含量衰减规律、煤层瓦斯抽采影响半径。

(2) 应用案例。

利用李雅庄煤矿 2-609 回风巷 1#、2#钻场及万峰煤矿 1211 回风巷 1#～3#钻场抽采数据验证软件的可靠性，结果如图 3-10 所示。从图中可以看出预测软件能很好地反映不同抽采时间条件下的瓦斯含量衰减变化，可为煤层气抽采工程设计及优化和矿井煤炭与煤层气的协调开发制定合理的抽-采-掘衔接部署提供重要的参考依据。

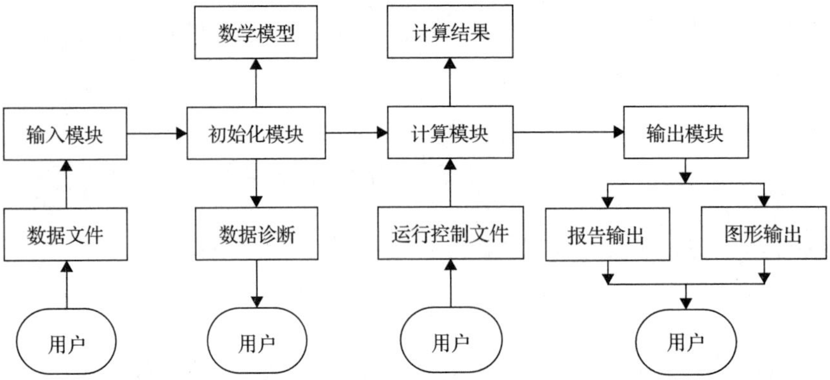

图 3-9　软件编制总体结构

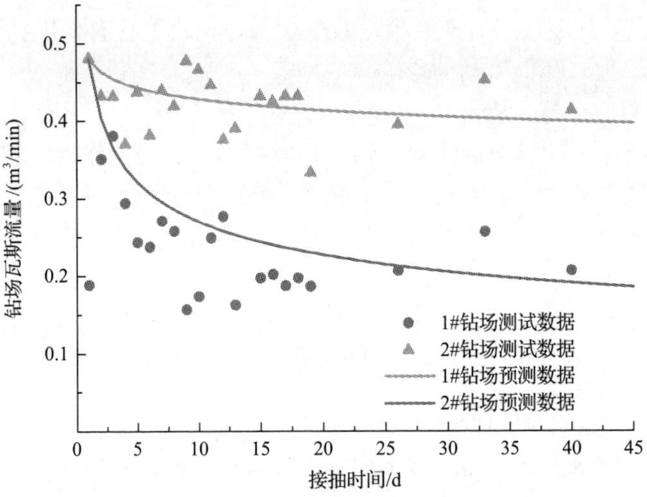

(a) 李雅庄煤矿2-609回风巷预抽钻场

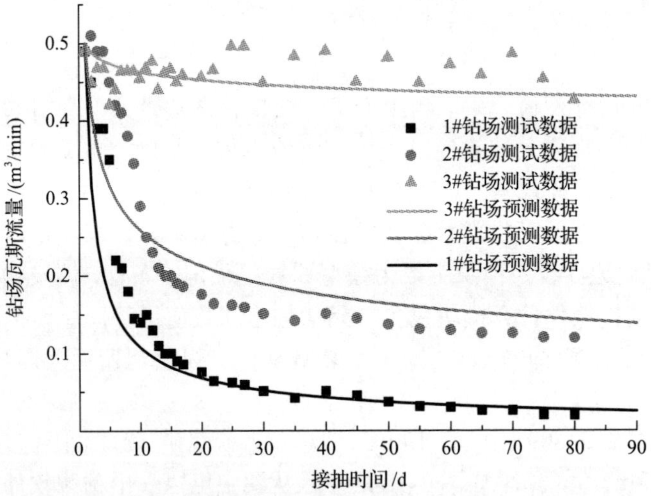

(b) 万峰煤矿1211回风巷预抽钻场

图 3-10　软件现场验证图

2. 保护层开采条件下煤层气产能预测技术

单一煤层条件下的瓦斯产能预测研究证明了技术的可行性和可靠性，但在实际生产过程中，大多数矿井均采用开采保护层来防治煤与瓦斯突出。因此，分析煤矿井下煤层群煤层气产能预测，针对不同位置煤层分别建立数学模型，分别确定抽采钻孔工程量和瓦斯抽采规模更贴近实际情况，具有更广泛的应用环境和基础。

保护层开采条件下煤层气产能预测技术研究步骤如下：首先，根据被保护层距保护层的距离判断被保护层所在位置；其次，根据被保护层所在位置建立相应的瓦斯流动方程，从而构建煤层气产能预测模型；最后，利用计算机汇编语言编制产能预测软件。

1）保护层类别划分及判断方法

煤矿井下原始煤层处于应力平衡状态，受到采掘影响后，原始应力平衡状态遭到破坏，采场周围的应力大小和方向都发生了明显变化。已有研究表明，保护层开采条件下，上覆岩层由于受到应力的转移会发生不同程度的变形破坏，呈现出明显的“三带”分布，即弯曲带、裂缝带和垮落带。典型保护层开采示意图如图 3-11 所示。

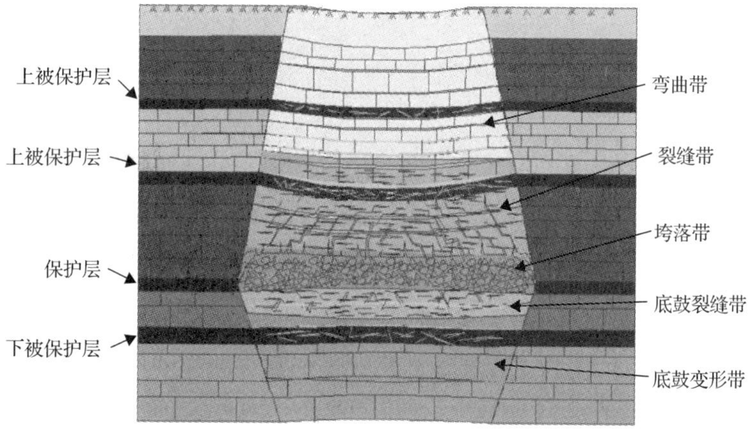

图 3-11 典型保护层开采示意图

开采保护层是利用矿压显现规律使被保护层产生卸压变形释放弹性能，增加煤层透气性，从而增加瓦斯抽采量，卸压范围的判识及计算流程如图 3-12 所示。

A. “裂缝带”范围判别方法

在实际生产中，由于具体地质条件和工作面开采技术条件的变化，瓦斯卸压抽采的“三带”并不一定同时存在，即在某一特定条件下，覆岩中仅存在导气裂缝带、卸压解吸带、不易解吸带中的一个或两个分带。例如，当煤层埋深较浅和主关键层距开采煤层较近时，在主关键层破断后，有可能会出现导气裂缝直达地表的情况，这种条件下覆岩中就只存在导气裂缝带；再如，即使煤层埋深较深，采动过程中导气裂缝仅在一定高度内发育，但如果受关键层结构影响，导气裂缝止于主关键层之下时，覆岩中就只存在导气裂缝带和不易解吸带。因此，需要根据工作面的具体开采条件，对覆岩瓦斯卸压抽采“三带”范围分别进行判别。综合覆岩关键层结构、工作面长度及煤层采高对覆岩导气裂缝带高度的影响规律，归纳总结出导气裂缝带范围的判别方法及步骤，如下所述。

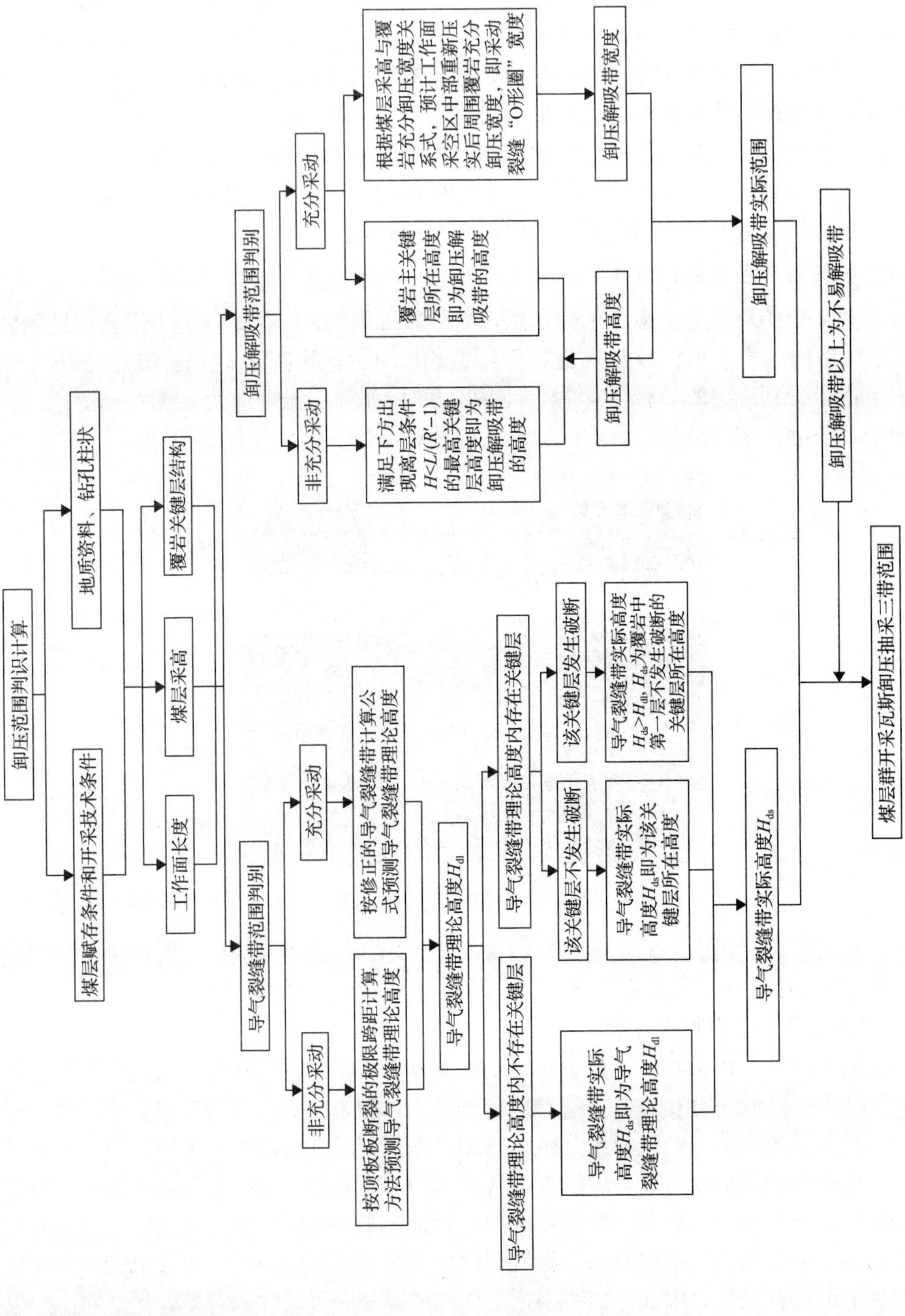

图3-12　卸压范围的判识及计算流程

(1) 根据开采工作面钻孔柱状图，对工作面上覆岩层进行关键层判别，确定覆岩中关键层的数目、位置和厚度等。

(2) 判断在该工作面长度条件下是否达到充分采动：当工作面尚未达到充分采动时，覆岩裂缝带高度取决于工作面的最小长度，即面长和走向长度中的最小值。此时可根据顶板断裂的极限跨距计算方法，确定该面长条件下覆岩中不发生破断的岩层层位高度，此高度即为导气裂缝带理论预测高度 H_{dl}；当工作面达到充分采动时，可以采用修正的导气裂缝带高度经验计算公式，确定该工作面长度条件下导气裂缝带理论预测高度 H_{dl}。在非充分采动条件下，导气裂缝带最大高度主要受工作面长度影响；在充分采动条件下，导气裂缝带最大高度主要受煤层采高影响。

(3) 综合分析 (1) 和 (2) 的判别、计算结果，首先确定 (2) 中预测的导气裂缝带理论高度 H_{dl} 内是否存在关键层：如果导气裂缝带理论预测高度 H_{dl} 内不存在关键层，则导气裂缝带实际高度 H_{ds} 即为导气裂缝带理论高度；如果导气裂缝带理论预测高度 H_{dl} 内存在关键层，则对处于导气裂缝带理论预测高度 H_{dl} 内的关键层是否发生破断进行计算。如果该关键层不发生破断，则受关键层的控制作用，导气裂缝带止于该关键层之下，导气裂缝带实际高度 H_{ds} 即为该关键层所在高度；如果该关键层发生破断，同样受关键层的控制作用，其所控制的岩层随之同步破断，最大破断高度止于其上部不发生破断的关键层，导气裂缝带实际高度 H_{ds} 即为覆岩中第一层不发生破断的关键层所在高度。

B. 变形带范围判别方法

综合覆岩关键层结构、工作面长度及煤层采高对覆岩卸压解吸带高度的影响规律，归纳总结变形范围的判别方法及步骤如下：

(1) 根据导气裂缝带范围判别方法中的 (1)、(2) 步骤判断导气裂缝带范围。

(2) 覆岩中存在离层是煤岩膨胀卸压的主要原因，而离层主要在各关键层下出现。因此，可以通过确定出现离层的最高层位来预计变形带的最大高度。首先根据工作面长度判断是否达到充分采动条件，其次对具体条件 (面长和采高) 下变形带的最大高度进行预计：当工作面尚未达到充分采动时，由下向上对裂缝带以上各关键层下是否满足离层出现条件 [$H<L/(R'-1)$，H 为关键层距煤层高度，L 为煤层采高，R' 为关键层下全部岩层的综合碎胀系数，变形带高度即为最后一个满足出现离层条件的关键层所在层位高度；当工作面达到充分采动时，变形带最大高度为覆岩主关键层所在高度。

(3) 煤层采出一定面积之后，采空区中部重新压实，仅在靠近切眼和工作面附近一定范围内覆岩处于充分卸压状态，这一范围宽度受煤层采高影响明显。根据得出的煤层采高与覆岩充分卸压宽度关系式，预计工作面采空区中部重新压实后覆岩充分卸压宽度。

保护层类别的判断方法可根据距保护层的距离进行判别，以重庆松藻煤电有限责任公司相关煤矿为例，进行实地调研后初步获得了保护层类别的判断方法，详见表 3-15。

表 3-15 保护层类别的判断方法

保护层类别	距保护层距离	瓦斯释放难易程度
垮落带	$h \leqslant 10$m	瓦斯充分释放
裂缝带	下保护层为 10～50m	瓦斯仍可通过层间裂缝得以排放，层间距越大，排放程度越差
底鼓裂缝带	上保护层为 10～30m	
弯曲变形带	下保护层为 50～80m	瓦斯不能通过层间裂缝排放，解吸瓦斯积聚在离层空洞内，依靠层内裂缝向上水平采空区或巷道排放
底鼓变形带	上保护层为 30～40m	

2) 保护层开采条件下煤层气产能预测数学模型及分析

以弹塑性力学理论、渗流力学理论、气体扩散理论及界面力学理论等为研究基础，构建了综合考虑被保护层与保护层的层间距并结合单一煤层的产能预测数学模型，构建了不同保护层位置的产能预测数学模型。

弯曲变形带和底鼓变形带数学模型：

$$\left[\frac{a_1 a_2 \rho^{\mathrm{s}} P_0}{(1+a_2 P)^2}+\frac{(1-e)P}{k_{\mathrm{s}}}+e\right]\frac{\partial P}{\partial t}+\alpha P\frac{\partial \varepsilon_v}{\partial t}-\nabla\left\{\left[P\frac{K_\infty}{\mu}\left(1+\frac{b}{P}\right)+\frac{a_1 a_2 \rho^{\mathrm{s}} P_0 D}{(1+a_2 P)^2}\right]\nabla P\right\}=0 \tag{3-25}$$

裂缝带和底鼓裂缝带数学模型：

$$\left[\frac{a_1 a_2 \rho^{\mathrm{s}} P_0}{(1+a_2 P)^2}+\frac{(1-n)P}{k_{\mathrm{s}}}+e\right]\frac{\partial P}{\partial t}+\alpha P\frac{\partial \varepsilon_v}{\partial t}-\nabla\left[\left(P\frac{K_\infty}{\mu}+\frac{a_1 a_2 \rho^{\mathrm{s}} P_0 D}{(1+a_2 P)^2}\right)\nabla P\right]=0 \tag{3-26}$$

垮落带数学模型：

$$\left[\frac{(1-e)P}{k_{\mathrm{s}}}+e\right]\frac{\partial P}{\partial t}+\alpha P\frac{\partial \varepsilon_v}{\partial t}-\nabla\left[\left(P\frac{K_\infty}{\mu}\nabla P\right)\nabla P\right]=0 \tag{3-27}$$

以重庆松藻煤电有限责任公司渝阳煤矿为工程背景，分析开采过程中瓦斯流动规律。根据渝阳煤矿地层分布及参数建立二维平面模型，模型高度为 72.94m、宽度为 120m，模拟工作面长度为 100m，开切眼处预留煤柱 20m，开采保护层 8#煤层，开挖步距为 10m，上覆岩层压力设定为 15MPa。模型左右边界为 x 方向(横向)约束边界，顶端边界为应力边界；模型内部流场边界条件(煤体与岩体接触边界)为自然边界条件；四周及煤壁处的边界为强制流动边界。图 3-13 为不同开挖条件下的覆岩位移变化云图、最大主应力云图、最小主应力云图、塑性变形云图、不同位置的渗透率时空演化曲线，能较好地描述不同位置煤层气的流动规律。

3) 保护层开采条件下的煤层气产能预测软件

A. 软件编制

根据保护层开采特点，总结保护层分类的判别方法，针对“三带”分别构建保护层开采条件下的煤层气产能预测数学模型，并编制相关预测软件。软件主要由输入模块、初始化模块、计算模块和输出模块 4 个模块组成，具体流程如图 3-14 所示。

(1) 输入模块：读入原始数据，为数学模型求解提供基础参数。

(2) 初始化模块：根据输入参数，采用插值方法计算各节点坐标，给各网格块的储层参数赋值，并且对抽采钻孔及煤层覆岩参数进行初始化。

(3) 计算模块：读入煤层气抽采的作业制度数据，设置计算初始时间步长，计算网格块传导率，形成系数矩阵，进行迭代计算，求解预测模型。

(4) 输出模块：输出抽采钻孔的煤层气抽采指标，如煤层气压力、瓦斯含量、残余瓦斯含量等参数。

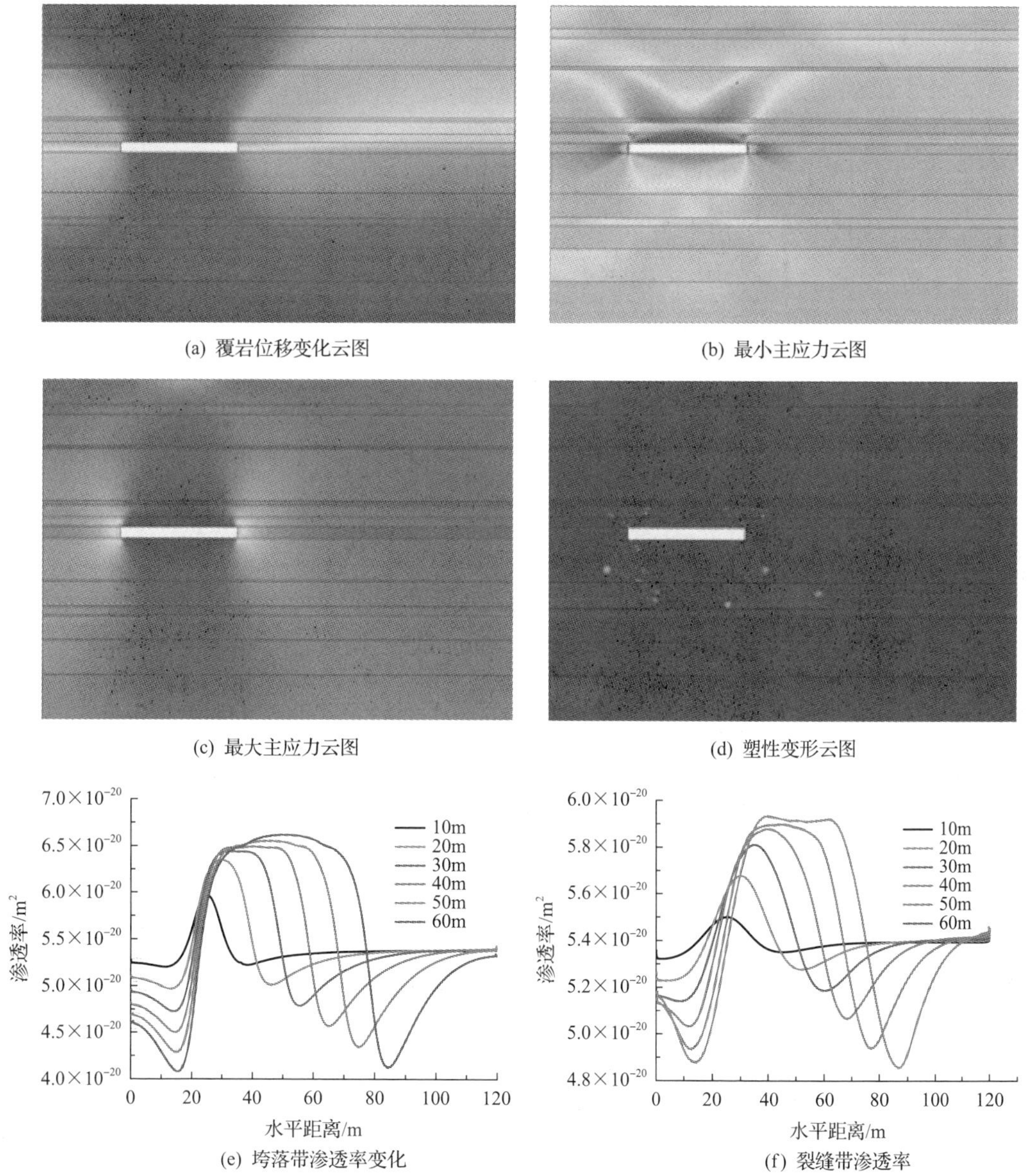

(a) 覆岩位移变化云图　(b) 最小主应力云图

(c) 最大主应力云图　(d) 塑性变形云图

(e) 垮落带渗透率变化　(f) 裂缝带渗透率

图 3-13　保护层开采条件下煤层气产能预测数值计算结果(文后附彩图)

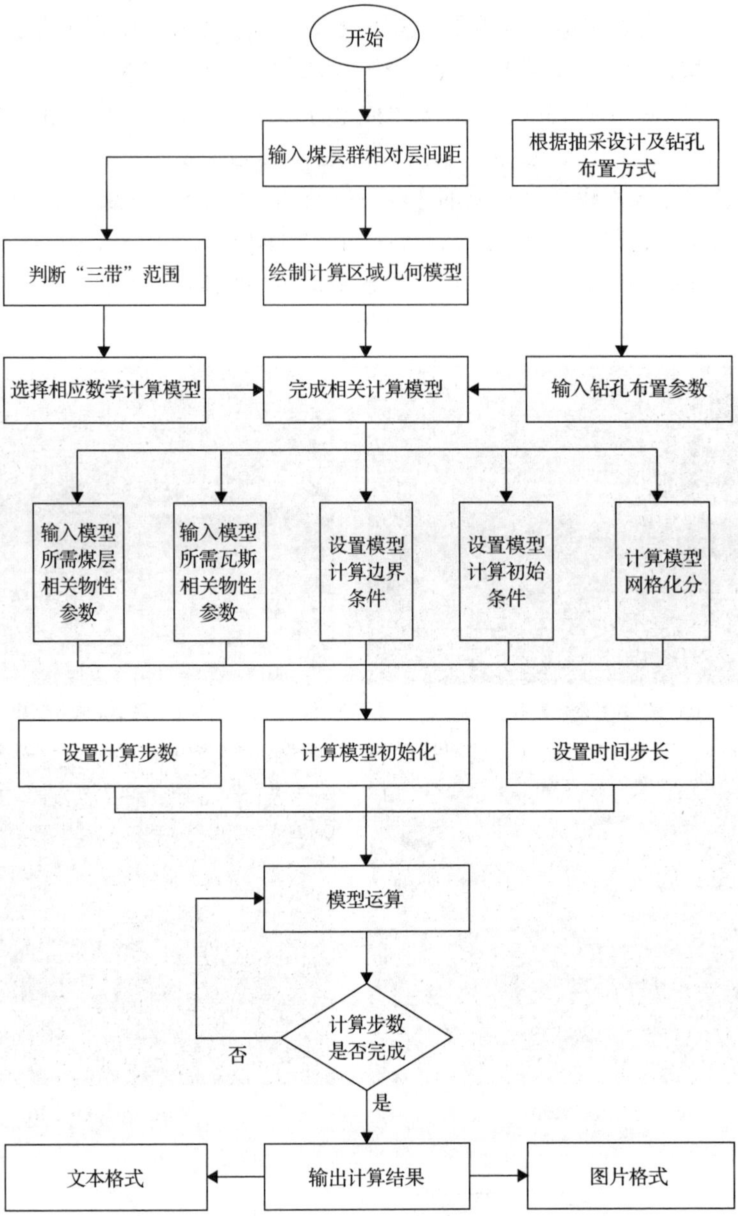

图 3-14　保护层开采条件下产能预测软件实施方案

根据保护层开采条件下的煤层气产能预测模型，利用汇编语言对弯曲变形带数学模型、裂缝带数学模型、垮落带数学模型进行程序化设计。

B. 应用案例

以渝阳煤矿为例，分析开采下保护层 7#煤层后被保护层 6#煤层煤层气产能变化。本次模拟共包含 6#煤层、7#煤层两层煤，煤层及瓦斯相关参数见表 3-16 和表 3-17。根据渝阳煤矿地层分布及参数建立二维平面模型，模拟工作面长度 100m，预测结果如图 3-15 所示。从图中可以看出：该预测软件能较好地反映保护层开采条件下不同抽采时间条件下的瓦斯含量衰减变化。该产能预测软件可为煤层气抽采工程设计及优化和矿井煤炭与煤层气的协调开发制定合理的抽-采-掘衔接部署提供重要的参考。

表 3-16　地层分布及相关物理力学参数

序号	岩性	厚度/m	弹性模量/GPa	密度/(kg/m^3)	初始孔隙率/%	初始渗透率/m^2
1	石灰岩	5.47	33.00	2600	0.40	5.21×10^{-17}
2	细砂岩	2.17	32.95	2780	0.28	6.92×10^{-17}
3	砂质泥岩	7.05	20.18	2750	0.18	2.57×10^{-18}
4	6#煤层	0.68	2.88	1440	3.64	6.33×10^{-20}
5	砂质泥岩	19.73	20.18	2750	0.18	2.57×10^{-18}
6	7#煤层	0.90	2.88	1440	3.64	6.33×10^{-20}
7	细砂岩	2.74	32.95	2780	0.28	6.92×10^{-17}
8	砂质泥岩	2.12	20.18	2750	0.18	2.57×10^{-18}

表 3-17　煤层瓦斯参数表

序号	煤层	吸附常数 a/(m^3/t)	吸附常数 b/Pa^{-1}	瓦斯压力 P/MPa	瓦斯黏度 μ/(Pa·s)	温度 T/K
1	6#	41.00	1.22	2.00	1.08×10^{-5}	305
2	7#	41.00	1.22	1.99	1.08×10^{-5}	305

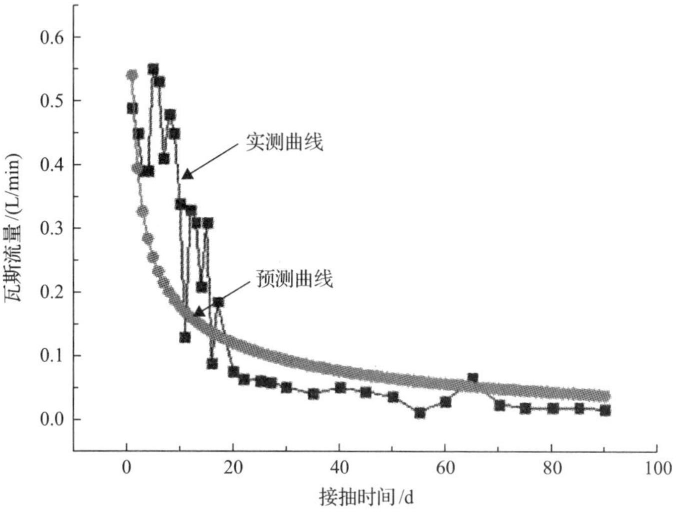

图 3-15　渝阳煤矿预抽钻场瓦斯流量曲线

本章汇稿人：靳秀良　晋香兰

本章主要编写人员：张培河　张　群　姜在炳　韩保山　王彦龙　王　成　黑　磊　范章群　张占存　赵继展　刘延保　李贵红　贾建称　李　林　张东亮　吴敏杰　等

第 4 章　未采动区地面煤层气钻井技术

随着国家科技重大专项“大型油气田及煤层气开发”的实施，我国未采动区地面煤层气抽采技术与装备取得了长足发展，逐步形成了以泥浆、泡沫、空气钻井和 PDC 复合钻井为核心的垂直井钻井技术；以随钻测量、地质导向和螺杆马达为核心的水平定向、侧钻开分支和精确对接钻井技术；以欠平衡钻井和屏蔽暂堵为核心的钻井过程储层伤害控制技术。

同时随着国家科技重大专项“大型油气田及煤层气开发”的持续支持和煤炭科技相关科研院所的不断创新，未采动区地面煤层气钻井装备逐步完成了具有自主知识产权的国产化装备的研制和进口装备的替代。西安研究院成功研制了 ZMK5530TZJ60、ZMK5530TZJ100 等系列全液压车载钻机，重庆研究院研制了山地模块化钻机，并在配套钻具、钻头、泥浆泵、固控系统及测斜仪器等方面进行了有效集成和改进，形成了一整套成熟的未采动区地面煤层气抽采技术与装备，为我国煤层气开发提供了技术与装备保障。

4.1　煤层气井钻进装备

4.1.1　全液压车载钻机

未采动区煤层气地面抽采所需的大功率地面车载钻机及配套装备需要从国外进口，由于国外的技术垄断，产生了进口设备价格昂贵、维修不便、售后服务跟不上，以及对关键技术封锁等问题，直接制约着我国煤矿区煤层气抽采。因此，急需要针对我国煤层气产业发展的需要，对地面煤层气开发钻井施工装备和技术进行研究攻关，在已引进消化国外先进技术和装备的基础上，开展自主研发，形成有自主知识产权的装备和配套技术，为我国煤矿区开发煤层气提供技术支撑。

ZMK5530TZJ60、ZMK5530TZJ100 全液压车载钻机(图 4-1)采用动力头(顶驱)形式，具有工艺适应性强、移动搬迁迅速、机动性强、占地面积小等优点，可快速搬迁到施工场地并立即展开钻孔作业，其中 ZMK5530TZJ60 全液压车载钻机具有施工直径 153mm、孔深 1200m 和直径 311mm、孔深 600m 钻孔的能力；ZMK5530TZJ100 全液压车载钻机具有施工直径 153mm、孔深 2500m 和直径 711mm、孔深 500m 钻孔的能力，能够满足地面煤层气开发和矿山应急救援的需要，钻机技术参数见表 4-1。全液压车载钻机主要由特种车辆底盘、动力系统、液压系统、电控系统、给进装置、动力头、操纵台、卸扣大钳、孔口装置组成。

(a) ZMK5530TZJ60　　(b) ZMK5530TZJ100

图 4-1　全液压车载钻机

表 4-1　全液压车载钻机参数性能表

钻机型号		ZMK5530TZJ60	ZMK5530TZJ100
名义钻孔深度		1200m（孔径 153mm）	2000m（孔径 153mm）
最大提升力/t		60	100
井架伸出时高度/m		21.5	21.5
井架缩回时高度/m		14	14
柴油机	型号	康明斯 QSK19	康明斯 QSK19
	功率/hp	675	675
	转速/rpm	1800	1800
液压系统工作压力	动力头旋转系统/MPa	22	22
	给进起拔系统/MPa	28	32
	辅助液压系统/MPa	21	28
动力头	最大输出转矩/（N·m）	12000	30000
	最大输出转速/rpm	140	120
整机质量/t		53	53
整车运输尺寸（长×宽×高）/（m×m×m）		13.63×2.85×4.30	13.63×2.85×4.19

注：1hp=745.700W；1rpm=1r/min。

1. 特种车辆底盘

特种车辆底盘型号为 WS5532TYT 重型特种越野底盘，该底盘整体技术水平目前居于国内领先。具有以下突出优点。

1）强机动性及越野性

底盘驱动型式为 10×8，前、后各两桥驱动，分动箱带有高、低两挡速比，均有差速器和差速锁，可以实现钻机车对多种条件路面的全时越野行驶，以及高车速、大爬坡度，可充分适应全液压车载钻机在矿区、山区等地形的行驶特性。

2) 安全性高

整车完全按照国家 3C 强检要求设计，确保满足驾驶的安全性能，同时配备发动机捷可博(JACOBS)制动和美国艾力逊(ALLISON)液力缓速器的辅助制动系统，联合工作时能解决长距离下坡道时车轮过热、轮毂老化过快、刹车性能大幅下降等重载卡车普遍存在的顽疾，显著提高了行驶的安全性。本底盘选用的 ALLISON 4700 变速箱目前大量装备于国内外油田钻机车、石油修井车、矿用自卸车、军用车等恶劣工况的特种重型运输车辆。变速箱速比范围宽，可达 0.64～7.63，与康明斯(CUMMINS)发动机的动力匹配性能优异。

3) 操作性能好

采用人机工程学设计，驾驶环境舒适、操控简单，优化改进的单人偏置驾驶室不仅满足驾驶员正常驾驶与操作要求，同时还进行了国家碰撞检测试验，其强度完全满足对驾驶员的防护要求。

4) 节能环保

使用国四排放的发动机，绿色环保，低油耗、低噪声，大幅减少排放污染；驾驶室采用环保冷媒的空调系统；液力变速器与高效的辅助制动系统能够有效减少摩擦片颗粒物的排放。

2. 柴油发动机动力系统

全液压车载钻机的工作动力由一台独立的上装柴油发动机提供，型号为美国康明斯QSK19，发动机参数见表 4-2。康明斯发动机广泛应用于车辆、工程机械、矿用机械和油田等领域，不仅具备一流的可靠性、耐久性和经济性，同时排放技术超前，在日益严格的发动机排放领域持续领先。在要求极为苛刻的油气应用场合，可靠性高于一切，这正是QSK19 发动机在高出勤率、高生产效率方面所表现出的与众不同之处。

表 4-2 柴油机参数指标

性能	参数值
功率/hp	675
扭矩/(N · m)	2983
排量/L	19.0
缸数/缸径/in	6/6.25
冲程/in	6.25

注：1in=2.54cm。

3. 液压系统

液压系统是全液压车载钻机执行部件工作的核心，直接决定了整机的操控性和性能，其采用 7 泵开式系统，主要实现功能包括：回转器转速、转矩调节；给进装置快速倒杆、慢速钻进调节；主卷扬、录井绞车控制，以及卸扣器控制；钻机整体稳固；桅杆起落、稳固；回转器锁定、倾斜；系统冷却风扇控制等。

钻机的快速给进起拔不仅要求动作迅速，耐冲击，防止大负载对桅杆稳定性的影响；而且低速可控性好，精度高。为了实现上述目标，选用了采用先进负载独立流量分配(LUDV)技术的力士乐 M7 阀，该阀目前在国外工程机械上已成熟应用，最大流量可达到 650L/min，性能可靠，还可以解决大直径油缸两端油量不对称的问题。

4. 电控系统

电控系统由主控台、副控台、远控台、柴油机及传感器、开关、油门旋钮、指示灯及电磁阀等外围器件构成，同时为了布线方便，车身分别布置有发动机分线盒、桅杆分线盒及车尾防爆箱。各控制台接收开关、传感器、摄像头及油门旋钮的输入信号、输出控制指示灯和电磁阀，同时将各信号参数反映在显示屏上，方便查看。

各控制台与柴油机四者之间交换数据通过控制器局域网络(CAN)总线相互访问，四者通过 CAN 总线组成网络，每个挂在 CAN 总线上的设备都是一个 CAN 节点，各节点通过帧 ID 来判断是否需要接收和处理。柴油机采用 J1939 协议，控制台采用 CAN2.0B，各控制台采集连接到自身的传感器信号，并将信号进行调理和处理，计算出各物理量并保存在控制器中，并将该物理量内容与帧 ID 发送出去，以便其他节点进行接收。

5. 给进装置

给进装置由天车轮、给进油缸、起拔钢丝绳、给进机身、动力头、给进钢丝绳、下滑轮、托板等构成(图 4-2)；动力头与给进起拔钢丝绳和起拔钢丝绳连接，安装于给进装置导轨上。其中给进机身包含一级给进装置和二级给进装置，一级给进装置内侧有两组直线凹槽导轨，导轨断面为“凵”形，二级给进装置滚轮组与一级给进装置直线导轨接触，可上下滑动；二级给进装置两侧分别设有一组直线式导轨，动力头滚轮组与之配合，亦可上下滑动。起拔钢丝绳绕过二级给进装置上的天车滑轮架，两端分别固定在一级给进装置和动力头上端。给进钢丝绳绕过固定在二级给进装置上的下滑轮，两端分别与一级给进装置和动力头下端连接。给进油缸缸筒固定于一级给进装置内，活塞杆通过销轴与二级给进装置的天车滑轮架铰接。给进油缸伸缩时，二级给进装置在一级给进装置导轨上上下滑动，在钢丝绳的带

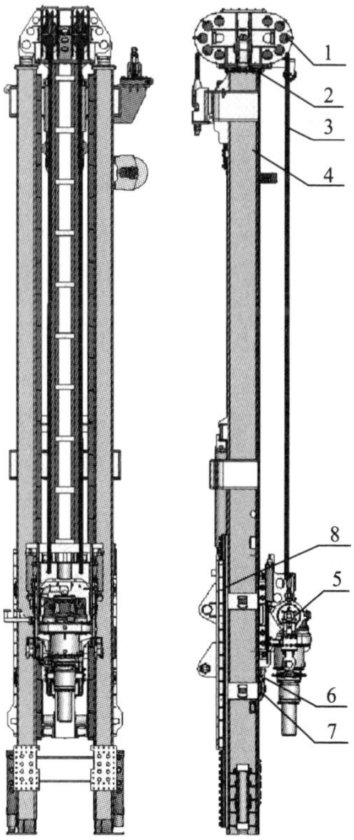

图 4-2　给进装置结构原理图

1-天车轮；2-给进油缸；3-起拔钢丝绳；4-给进机身；5-动力头；6-给进钢丝绳；7-下滑轮；8-托板

动下动力头上下运动，完成钻进过程中的起拔和给进作业。

给进行程为 15m，满足电磁波随钻测斜和测井等仪器、套管下放的高度要求，油缸缩回时，机身仅为 13.6m，结构紧凑，方便运输，给进装置的主要功能包括：通过油缸、钢丝绳和天车轮等执行机构带动动力头、钻杆和钻头的给进和起拔，并实现对钻压的精确控制，实现连续破岩钻进；具有强力起拔的能力，能够处理卡钻、埋钻等孔内事故；具有快速起下钻具的功能，可减少空行程和钻具更换等辅助工序的时间，间接提高钻进效率；具备较长的给进行程，满足长钻具、仪器的使用要求；减少钻具连接丝扣的数量，缩短钻具拧卸的辅助时间，提高效率；作为动力头的导轨，承受动力头回转的反扭矩、主轴中心和给进驱动装置不同轴产生的附加扭矩；作为辅助绞车、卸扣大钳和孔口装置的安装基座；具备变幅功能，钻进时给进装置立起进行钻井作业，运输时处于便于运输的水平状态。

6. *动力头*

动力头是连接在钻柱上端实现直接驱动钻柱旋转钻进、循环泥浆、接钻杆等多种钻井操作的多功能钻井设备，研制的车载钻机动力头解决了国外进口设备存在的主轴通径小且缺少制动功能、泥浆水封更换耗时长、整机部件互换性差、维护成本高等问题。

动力头总成主要由回转器总成、托板、翘起装置、泥浆管汇和制动装置等组成(图 4-3)。托板采用框架式结构及自润滑轴承滚轮，上下两端分别连接起拔钢丝绳和给进钢丝绳，提钻时起拔钢丝绳牵引动力头总成沿一级给进装置导轨上行进行起钻作业，起拔钢丝绳牵引动力头总成沿一级给进装置导轨上行，下钻时运动方向相反。回转器总成通过翘起装置与托板连接，钻进工作时定位销插进销孔，翘起装置锁死，马达带动主轴旋转进行正常钻进；起下钻时，定位销拔出，回转器翘起，与换杆装置配合提高换杆效率。采用低速液压马达单级齿轮驱动结构减速箱，结构可靠、传动效率高，下端安装有浮动接头装置，上卸扣时保护钻杆丝扣；后端安装有快拆式冲管总成，更换方便。

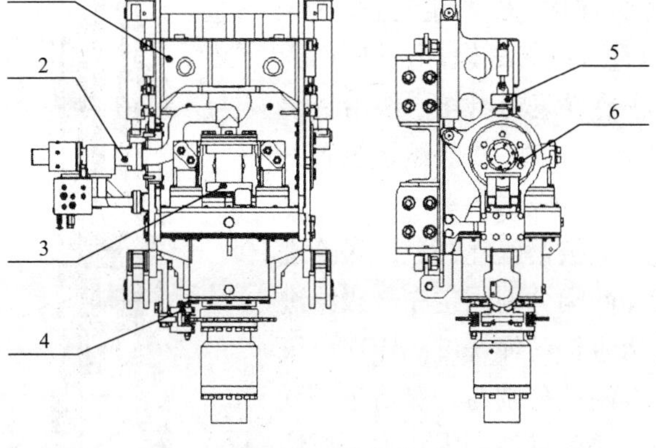

图 4-3 动力头

1-托板；2-泥浆管汇；3-回转器总成；4-制动装置；5-定位销；6-翘起装置

回转器主轴通径达到 110mm，可满足大通径双壁钻杆气举反循环等返渣工艺的需求，同时配有可更换的内衬管，防止返渣对主轴内壁的腐蚀磨损。浮动接头由内轴、外套、V 形密封和端盖组成，在上卸扣过程中实现主轴浮动功能，保护钻杆接头螺纹，减小钻进过程中钻杆对回转器总成的轴向冲击。在钻井过程中，从泥浆泵中输出的泥浆由泥浆胶管输送至动力头的上部，再由冲管总成向井底输送。冲管总成安装于泥浆管汇接头与回转器主轴尾部螺纹接头之间，用于高压泥浆旋转密封，在钻井施工过程中如发现漏浆，可实现快速更换，且盘根等易损件均为标准件，维护成本低。

7. 操纵台

操纵台是钻机的控制中心，由多种液压控制阀、压力表及管件组成。钻机动力头回转、给进起拔、机身稳固等动作的控制和执行机构之间的联动功能都是通过操纵台上的阀组来实现的。按照钻机主要功能和操作习惯，将操纵机构分为主操纵台与副操纵台两部分。

操纵装置的设计以人机工程学为依托，遵循容易上手、方便操作的原则，将钻机所有功能划分为电控操作区、压力显示区、频繁操作区、孔口操作区、辅助动作区五大模块，降低了学习使用的成本，方便了操作，实现了高效的人机交互。同时，操作模块的划分减少了液压管路之间的相互穿插，提高了液压系统的可靠性，方便了管路安装与检修。

8. 卸扣大钳

传统卸扣大钳上下钳体轴向位置固定，拧卸钻具时会对钻具螺纹产生挤压或拉伸作用，损坏钻具丝扣。研制了有钻具保护功能的摆臂式卸扣大钳，在卸扣钳与上下旋转轨道间设置轴向浮动装置，保证卸扣时有足够的窜动空间，不损伤钻杆丝扣；液压卸扣大钳通过支座与钻机给进大梁连接，结构紧凑；由马达和油缸完成大钳的摆动、升降、夹紧、松开、卸扣等动作(图 4-4)。

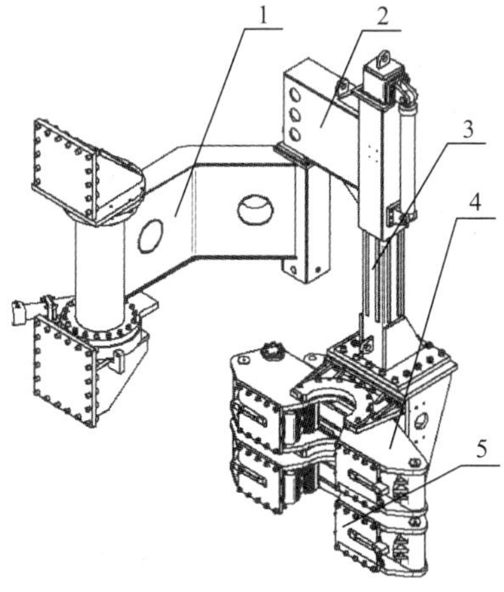

图 4-4　液压卸扣大钳

1-摆动臂；2-支撑臂；3-提升臂；4-卸扣钳；5-夹紧钳

9. 孔口装置

孔口装置用于孔口夹持钻具和套管等钻进工具，更换卡瓦座和卡瓦等零件可适应不同直径钻具的夹持要求。取掉卡瓦座和卡瓦，拔除定位插销，油缸可以推开前后推板，孔口装置最大通过直径为720mm。

4.1.2　山地模块化钻机

山地模块化钻机(图 4-5)是一种适用于复杂地形及通行路况差的煤矿区地面煤层气抽采设备，其主要特点为模块小型化、钻进速度快、各模块间拆装方便、解体性强、质量轻、结构简单、转场方便、钻进成本较小、钻进深度可达800m，解决了大型车载钻机无法进入复杂煤矿区进行施工的问题，有效填补了国内复杂煤矿区地面煤层气抽采设备的空白。

图 4-5　山地模块化钻机

1-液控操作系统；2-底座稳固系统；3-原动力系统；4-给进提升系统；5-动力减速系统

山地模块化钻机由五大系统组成：液控操作系统、底座稳固系统、原动力系统、给进提升系统和动力减速系统。液控操作系统集成了钻机执行元件的液压控制阀，便于施钻人员一体化操作，提高施工效率；底座稳固系统是钻机的基石，起到连接各子系统和稳固钻机的作用；原动力系统主要由柴油机和液压泵组成，给钻机液压系统提供压力油；给进提升系统是钻机的重要执行元件之一，主要完成起下钻作业；动力减速系统采用双摆线马达驱动，实现双速无级调速，满足泥浆回转、空气潜孔锤等多种钻进工艺要求。

1. 基于模糊聚类算法的山地钻机模块划分技术

模块是模块化产品的基本要素，是一种实体的概念。模块主要分为两大类，一类是具有相同功能的单元，另一类是功能结构不同但能满足互换性的单元。产品的模块化设计按不同的方式可分为很多类，总体来说可以分为两大类：一类是侧重产品零部件形状结构的模块化设计方法，对大批量结构简单的产品具有设计优势；另一类是侧重功能划分的模块化设计方法，此种方法主要针对模块接口进行设计，对模块内部结构考虑较少，山地模块化钻机采用此方法进行模块化设计。

提取影响钻机设计的因素：钻机部件功能属性、钻机部件空间结构属性、钻机部件物理属性，并设定权重值项目。

1) 钻机部件功能属性

将定性分析和定量分析相结合引入钻机的模块化设计中，先对钻机组件间存在的关联属性进行定性分析，并对其之间的关联属性的强弱进行定量赋值，建立功能相关性矩阵，对应的组件间功能相关表见表 4-3。

表 4-3　组件间功能相关表

赋值	关系描述
1	钻机组件之间存在功能上的依存关系，缺一不可
0.4～0.9	钻机组件之间存在协作关系，功能相关关系强
0.1～0.4	钻机组件之间存在辅助关系，功能相关关系弱
0	钻机组件之间存在独立关系，无功能相关关系

2) 钻机部件空间结构属性

钻机部件空间结构属性主要指组件之间的连接方式，简单易拆卸的连接方式易于实现设备的可搬迁性，如钻机和车体之间通过螺栓连接或销连接，在后期可搬迁性上肯定优于通过焊接连接的方式，以此连接拆分难易程度建立空间结构相关性矩阵。

3) 钻机部件物理属性

在考虑划分模块的时候，将存在物理性质传递的零部件划分为一个模块，可以使划分的模块具有较高的内部聚合程度。对各零部件物理属性相关性的强弱进行分析，并对照物理属性相关性表对各零部件相关性进行两两赋值，建立物理属性相关性矩阵。

2. 山地模块化钻机快速钻进工艺技术

山地模块化钻机主要应用于复杂地形及通行条件差的煤矿区地面煤层气抽采作业，其快速钻进工艺技术主要包括轻便化钻具组合、钻进规程参数优化和泥浆参数 3 个方面的内容。在示范钻场运用该技术进行钻进工艺试验时，通过优化钻具组合和钻进规程参数，控制钻孔井斜，提高了机械钻速，达到了快速钻进的目的。

1) 轻便化钻具

目前，国内地面车载钻机使用的钻杆及钻铤长度为 9m，其整体质量较大。山地模块化钻机主要在复杂山区使用，钻杆及钻铤长度设计为 4.5m，提高了运输转场效率。

2) 钻进规程参数

考虑到钻机施工场地地质条件与配套设备的限制，采用钻铤加压、钻具无级高速回转吊打钻进方式。孔身结构设计为三开结构，同时针对地层有多层含砾砂岩层且具有研磨性的特点，选用三牙轮镶齿钻头。具体钻具组合、钻进规程参数设计方案如下：

一开 Φ311mm 三牙轮钻头、10 根 Φ165mm 钻铤，采用小钻压吊打，充分利用钻具的自重，以达到防斜保直的目的。一开钻压 20～60kN，转速 70～100r/min，泵量 850L/min。

二开 Φ215.9mm 三牙轮钻头、10 根 Φ165mm 钻铤、10 根 Φ121mm 钻铤、Φ89mm 钻杆，相比一开加大钻压控制井斜。二开钻压 60kN，转速 40～80r/min，泵量 850L/min，解决排渣、沉砂问题。

三开 Φ152.4mm 三牙轮钻头、10 根 Φ121mm 钻铤、Φ89mm 钻杆，三开钻压 30kN，转速 40～80r/min，泵量 680L/min。

3) 泥浆参数

为了配合钻进时的需求，泥浆参数设计方向为高携砂能力、润滑减阻、避免钻头重复破碎而产生过度磨损。泥浆配置方案采用预水化膨润土泥浆，泥浆性能参数为：漏斗黏度为 45s 左右，泥浆密度为 1.05～1.08g/cm^3，含砂量小于 0.5%，pH 为 7～8。

4.1.3 泥浆泵及固控系统

1. 泥浆泵

泥浆泵是钻进装备循环系统的主要组成部分，地面煤层气抽采钻进施工用泥浆泵主要有两类：石油钻井用三缸单作用泥浆泵和地质勘探用双缸双作用泥浆泵。国内使用的石油系列泥浆泵主要有两大类，即 F 系列泥浆泵和 3NB 系列泥浆泵，其中 F 系列泥浆泵性能参数见表 4-4。

表 4-4 F 系列泥浆泵性能参数表

技术性能参数	F500	F800	F1000
额定功率/kW	373	597	746
额定冲次	165	150	140
冲程/mm	190.5	228.6	254
最高工作压力/MPa	34.5	34.5	34.5
最大缸套直径/mm	170	170	170
最大缸套排量/(L/s)	36.75	41.51	43.24
最大缸套泵压/MPa	9.3	13.6	16.4

3NB 系列泥浆泵与 F 系列泥浆泵结构形式相近，不同点在于其曲轴由直轴体与偏心轮组装而成，有效降低了生产成本。常用型号为 3NB350、3NB500、3NB800 以及 3NB1000 泵，性能参数见表 4-5。

表 4-5 3NB 系列泥浆泵性能参数表

技术性能参数	QZ3NB350	3NB500C	QZ3NB800	3NB1000C
额定功率/kW	261	368	597	735
额定冲次	135	95	130	110
冲程/mm	180	254	273	305
最高工作压力/MPa	24.0	34.3	26.5	34.3
最大缸套直径/mm	160	160	170	170
最大缸套排量/(L/s)	24.4	24.26	40.2	38
最大缸套泵压/MPa	9.5	13.72	13.1	17.44

双缸双作用泥浆泵能够以较低能耗实现较大泵量，在浅层煤层气井钻井施工中有所应用。常用的双缸双作用泥浆泵为 TBW-850 型和 TBW-1200 型，性能参数见表 4-6。

表 4-6 双缸双作用泥浆泵性能参数表

技术性能参数	TBW-850/5B	TBW-1200/7C
额定输入功率/kW	90	185
额定冲次	66	70
冲程/mm	260	270
最高工作压力/MPa	8	8
最大缸套直径/mm	140	160
最大缸套排量/(L/s)	14.2	20
最大缸套泵压/MPa	5	7

2. 固控系统

固控系统由泥浆罐、混浆装置及固控设备组成，应储层保护与钻井液固相控制要求，煤层气垂直井、定向井需配备振动筛、除砂器、除泥器三级固控系统，煤层气水平井需配备离心机和液气分离器，近年来，随着环保要求的提高，还增加了泥浆不落地系统。

煤层气泥浆固控系统处理流程如图 4-6 所示，井口返出的泥浆经出浆管线流入振动筛，处理后进入沉砂仓，沉淀后经渡管进入除砂仓，再由砂泵泵入除砂器进行处理，除砂器出浆口直接接入除泥仓，除泥仓泥浆由砂泵泵入除泥器进行处理，经过处理的泥浆流入离心仓，由立式供液泵吸入离心机进行处理，经过离心机处理的泥浆达到固相处理要求，直接进入混浆仓，由泥浆泵泵入井内进行循环。经振动筛、除砂器、除泥器、离心机祛除的固相经过无害化处理后排放。

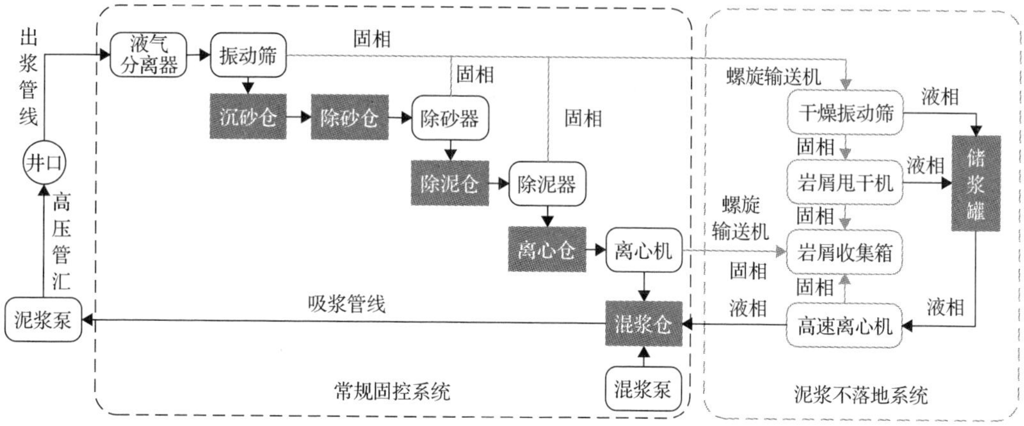

图 4-6 煤层气泥浆固控系统处理流程

4.1.4 配套钻具及钻头

钻具和钻头是煤层气井钻进装备的重要组成部分，合理选用钻具组合是钻井工程顺利实施的关键。其中地面煤层气抽采井施工配套钻具主要包括：高强度斜坡钻杆、高强度加重钻杆、钻铤、稳定器和螺杆马达等，钻头主要包括牙轮钻头和 PDC 钻头等。

1. 高强度斜坡钻杆

钻杆柱将钻压和扭矩传递至井底钻头，煤层气井在施工水平对接井时，随着井深的增加，钻柱与井壁接触时所受摩阻增大，加之水平连通井造斜段曲率半径小、施工距离长，钻杆柱的受力状态复杂，除了承受垂直钻进时的拉、压、扭、冲击和震动等多种载荷外，还需承受由托压引起的附加轴向载荷、由钻孔弯曲施加的附加弯矩及磨损、腐蚀等作用，对配套钻杆的强度和韧性提出了更高的要求。地面煤层气抽采井施工过程中使用的常规钻杆柱更容易造成钻杆失效，引发井内事故，不能满足安全施工要求，而高强度斜坡钻杆可以满足煤层气钻井施工要求。

1) 地面煤层气抽采井常用高强度斜坡钻杆规格型号

煤层气钻进所用高强度斜坡钻杆按外径的不同分为 Φ127mm、Φ114.3mm、Φ88.9mm 和 Φ73mm 4 种规格，其中 Φ127mm 和 Φ114.3mm 钻杆用于一开、二开回转钻进和冲击回转钻进，Φ88.9mm 和 Φ73mm 钻杆用于三开造斜井段和水平段的滑动定向钻进和回转复合钻进；按照加厚方式分为外加厚和内外加厚两种，其中 Φ114.3mm 高强度斜坡钻杆为内外加厚，Φ73mm 高强度斜坡钻杆为外加厚。

2) 高强度斜坡钻杆技术要求

煤层气井施工水平井时，钻井深度大，曲率半径小，井壁摩阻高，钻杆柱除了承受拉、压、扭、冲等载荷外，还要承受由托压引起的附加轴向载荷和弯矩及磨损等作用，因此对高强度斜坡钻杆的技术参数要求如下：

(1) 高强度斜坡钻杆由外螺纹接头、内螺纹接头和钻杆管体 3 部分组成，管体两端通过摩擦焊分别与外螺纹和内螺纹接头连接，组成一根完整钻杆；

(2) 高强度斜坡钻杆材料的钢级不低于 G105 钢级标准要求；

(3) 钻杆管体内外加厚部分内锥面长度不小于 100mm，过渡圆角半径不小于 300mm，内锥面平整，无波浪、凹坑等几何缺陷，加厚锥面以镦粗方法成型；

(4) 钻杆内螺纹接头吊卡台肩设计为 18°锥形，避免截面几何尺寸突变而导致应力集中从而引起钻杆失效；

(5) 钻杆接头螺纹采用 NC 系列，螺纹几何尺寸、表面粗糙度等按照 API Spec 5DP—2009 规定制作；

(6) 钻杆螺纹根部采用滚压强化技术处理，提高了钻杆的疲劳强度和疲劳寿命，螺纹表面通过镀铜或磷化处理防止内外螺纹粘扣。

2. 高强度加重钻杆

在煤层气井施工中，加重钻杆连接在钻杆与钻铤之间，防止钻柱截面模数突然变化，从而减少钻杆疲劳破坏，且能够代替一部分钻铤，减轻钻机提升负荷，稳定下部钻具，减少钻具摆动对定向及无线测量仪器的影响，增加其钻深能力。在煤层气井水平段施工过程中，加重钻杆和钻铤常常采用“倒装”形式，将一部分加重钻杆置于垂直井段内，减小斜井段及水平段对钻具的摩阻，同时另一部分加重钻杆留在无磁钻铤与钻杆之间，为井底钻头提供钻压，解决了小曲率半径造斜后长水平段施工时加压困难的问题。加重钻杆与井壁接触面积较钻铤小，因此不容易形成压差而卡钻。

加重钻杆分整体加重钻杆和摩擦焊接加重钻杆两类。其常用规格有 Φ127mm 和 Φ73mm 两种。整体加重钻杆是采用 AISI4145H 合金钢加工而成，采用整体热处理工艺。摩擦焊接加重钻杆是采用材料为 AISI4145H 或 AISI4137H 的高级合金钢接头和材料为 AISI1340 的合金钢管体摩擦焊接而成，与整体加重钻杆相比，具有以下优点：

(1) 制造上采用分体投料，经摩擦焊接成型，管体、接头采用不同的材料和热处理方式，管体采用加工余量较小的无缝钢管，柔性好，更利于加重钻杆在造斜段的使用。

(2) 接头部分经专用热处理炉处理后，螺纹强度进一步提高，延长了加重钻杆的使用寿命。因此，摩擦焊接加重钻杆既保证了管体部分的柔性，又保证了接头部分的强度。

3. 钻铤

钻铤作为钻具组合的重要组成部分，主要特点是壁厚大，具有较大的质量和刚度，满足钻井过程中井眼刚、满、直的钻进要求。在钻进过程中，钻铤的主要作用有：为钻头施加轴向钻压；保证钻杆柱在压缩条件下的必要强度；减轻钻头的震动、摆动和跳动，使钻头工作平稳；扶正钻头保持井眼垂直，控制井斜。目前，国内生产钻铤的企业较多，加工能力强、销售量较大的企业主要有山西北方风雷工业集团有限公司、中原特钢股份有限公司、西安长庆石油工具制造有限责任公司等。

1) 钻铤的分类

钻铤根据结构及材质不同一般分为 3 种：

(1) 整体钻铤，整体为厚壁圆管，两端加工连接螺纹，是最常用的钻铤；

(2) 螺旋钻铤，外圆柱面上加工右旋的螺旋槽，与井壁的接触面积小，能有效防止压差卡钻；

(3) 无磁钻铤，主要用于石油、煤层气钻井过程中的井斜方位角监测，结构与整体钻铤相同，采用无磁不锈钢材料制造，经过严格的化学成分分析锻造而成，可确保硬度、韧性、冲击功及抗腐蚀性能，具有良好的低磁导率和机械加工性能。

2) 钻铤的工作特性

钻进过程中，钻铤连接螺纹主要承受弯、扭交变载荷的作用，在螺纹尾端部的牙根处易产生应力集中，疲劳失效多发生于此。因此，为了预防疲劳失效，在钻铤螺纹根部设计加工应力分散槽，并对螺纹根部进行滚压强化处理，消除牙根处的应力集中，提高钻铤的抗疲劳特性。

根据煤层气井施工特点，结合钻铤 API 加工标准机外形尺寸，在煤层气井初始阶段选用 Φ165mm 钻铤，可采用螺旋钻铤或无磁钻铤，螺旋钻铤主要给钻头加压及保直，防止钻进过程中出现吸附及压差卡钻；无磁钻铤除了发挥与普通钻铤相同的作用外，还用于放置钻井参数测量仪器。

4. 稳定器

稳定器在煤层气井钻进施工中，对整个钻杆柱起到稳定、稳斜、扶正及导向作用，是钻井工程必不可少的重要工具。在施加较大钻压的情况下，合理使用稳定器，可降低井斜变化率和方位变化率，避免形成“狗腿”急弯，进而提高井身质量和钻进速度，降低钻进成本。

1) 稳定器的作用

(1) 控制井眼轨迹。

稳定器在钻具组合中主要起着支点和扶正作用，多个稳定器安装在不同位置将井斜角和井眼曲率控制在规定范围内，有助于将钻挺的绝大部分质量集中在钻头上，减少钻柱和钻头上所承受的非井眼中心力的其他外力。保证底部钻柱与井眼基本同轴，减少钻具上的扭矩，防止钻铤与井壁长距离接触，相应地减少形成键槽卡钻和产生压差卡钻的可能性，从而提高钻头工作的稳定性，延长其寿命，这对金刚石钻头尤为重要。随着稳定器的发展和大量施工水平井和定向井，稳定器在钻井过程中逐渐由单一的扶正作用演化为辅助造斜、稳斜和降斜，成为现代井眼轨迹控制技术中不可或缺的井底钻具。

(2) 扩眼作用。

稳定器的主要作用不是扩眼，但在弯曲井眼或井眼缩径处，其随钻柱一起钻进，其下端本体与工作段过渡的倒角处起着一定的辅助扩眼作用。

(3) 修整井壁。

随钻柱一起转动的稳定器在与井壁摩擦接触过程中，对井壁具有一定程度的修整作用，使井壁更光滑平整，提高井身质量。

此外，在钻井过程中，使用稳定器不但能有效控制井斜，提高井身质量，而且还可以强化钻压、提高钻速、延长钻头使用寿命。

2) 稳定器的分类

稳定器按结构形式分为 4 种：

(1) 整体螺旋稳定器，工作表面的耐磨结构分为镶嵌硬质合金柱、镶嵌金刚石复合体、低温钎焊硬质合金块及堆焊耐磨带等多种形式，由于其结构简单，约束条件少，使用寿命长，现使用最广泛；

(2) 整体直棱稳定器，包括整体三棱、四棱及多棱稳定器，其主体是由高强度合金钢经热处理制成，工作表面耐磨结构分为镶嵌硬质合金复合体及堆焊耐磨带等；

(3) 可换套螺旋稳定器，由主体、稳定套、护套组成，具有不破坏井壁的优点，但其受环境温度限制较大，且使用寿命短；

(4) 滚轮式稳定器，具有较强的修整井壁的能力，主要用于研磨性地层。

3) 稳定器的选型

稳定器主要用于煤层气井一开、二开井段，根据一开、二开井眼尺寸、配套钻具组合及稳定器的 API 加工标准，选择常用的螺旋稳定器即可满足使用要求。

5. 螺杆马达

螺杆马达是一种以钻井液为动力介质、把液体压力能转化为机械能的容积式井下动力钻具，又被称为定排量马达(positive displacement motor，PDM)，具有定向钻进效果好、易侧钻分支、不用反复起下钻具、施工工序简单、可以和测斜仪器配合准确控制钻孔轨迹等特点。

1)螺杆马达基本结构

未采动区地面煤层气开发钻井用螺杆马达主要由旁通阀总成、马达总成、万向轴总成和传动轴总成组成，如图 4-7 所示。

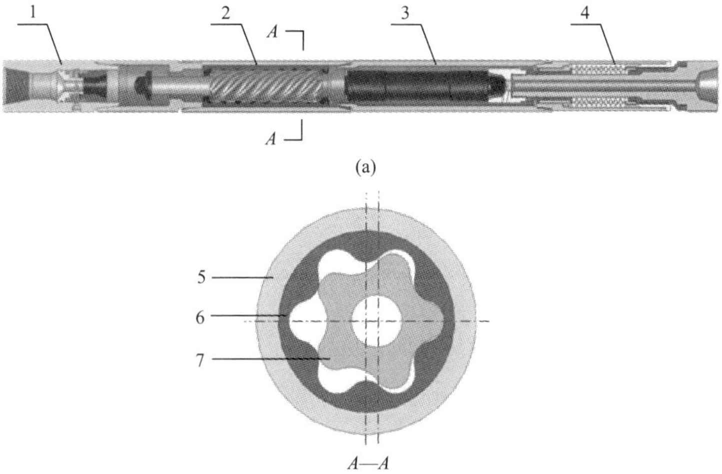

(a)

(b)

图 4-7　螺杆马达的结构组成示意图

1-旁通阀总成；2-马达总成；3-万向轴总成；4-传动轴总成；5-定子外管；6-橡胶衬套；7-转子

旁通阀总成由阀体、阀芯、阀套及弹簧等组成，有旁通和关闭两个工作位置。正常钻进过程中，旁通阀自动处于关闭状态，即当钻井液流量和压力达到标准设定值时，阀芯下移，关闭旁通阀孔，钻井液流经马达总成，把压力能转换成机械能。起下钻作业过程中，旁通阀处于旁通位置，即弹簧将阀芯顶起，旁通阀孔打开，钻杆柱内的钻井液进入井眼环空，避免钻井液溢流到钻台上。

马达总成是螺杆马达的核心部件，包含转子和定子，其中转子是一根表面镀有耐磨材料的钢制螺杆，其上端是自由端，下端与万向轴相连；常规定子是在钢管内壁上压注并黏结牢固的橡胶衬套，内孔具有螺旋曲面形状，其螺距与转子的螺距相同、波齿数比转子的多一个；马达总成中的转子与定子相互啮合，通过二者的导程差而形成螺旋密封腔，以完成能量转化。

万向轴总成由壳体和万向轴本体组成，其中轴体常用的有活瓣式结构和球铰式结构两种，万向轴本体将转子与传动轴连接起来，并将马达转子的平面行星运动转化为传动轴的定轴转动，同时把马达输出的扭矩及转速通过传动轴传递给钻头。

传动轴总成由壳体、传动轴、推力轴承、径向轴承等组成，主要作用是将马达总成输出的扭矩和转速传递给钻头。

2) 螺杆马达工作原理

螺杆马达可以把钻井液的液压能转换成旋转机械能，即高压钻井液经旁通阀进入马达总成，在马达总成的上下端产生压力差，进而驱动转子绕定子轴线旋转、输出扭矩和转速；转子输出端的平面行星运动通过万向轴转化为传动轴的定轴转动，再传递给钻头，使其在井底回转切削碎岩。

采用螺杆马达滑动定向钻进时保持钻杆柱不旋转，减少或消除了钻杆柱与井壁之间的回转摩擦阻力，因而在较小动力损失的情况下就能达到较大的钻进深度。更为重要的是，由于钻头破碎岩石所需的扭矩由螺杆马达直接提供，不需要钻杆柱回转，只要装上造斜工具(如弯接头、弯外管等)并在钻进中保证造斜工具朝向(即工具面向角)不变，就可使井眼轨迹按预定方向延伸，实现定向钻进。

3) 螺杆马达选型

我国20世纪70年代末～80年代初开始引进螺杆马达，主要应用于石油勘探开发钻井领域。随着国内定向井和水平井的数量日益增多，一些有实力的生产制造企业和研究单位加大研究力度，实现了螺杆马达国产化。目前我国大型螺杆马达生产厂家主要有天津立林机械集团有限公司、山东陆海石油技术股份有限公司、北京石油机械有限公司、中国石油集团渤海石油装备制造有限公司等，其生产的螺杆马达在结构、性能和使用寿命方面已取得了重大突破，产品规格从Φ43mm到Φ244mm已成系列化，并逐步取代了进口产品。

根据未采动区地面煤层气开发井井身结构及钻进工艺技术特点，选用了3种国产的单弯螺杆马达，型号为5LZ165×7.0-DW-L-5、9LZ95×7.0-DW-L-4和9LZ95×7.0-DKW-L-4，其执行标准均为《螺杆钻具》(SY/T 5383—2010)。

6. 牙轮钻头

牙轮钻头作为一种钻削岩层的工具已被广泛应用，其依靠牙齿破碎岩石，在工作时存在两种运动状态：公转和自转。公转为固定在牙轮上的牙齿随钻头一起绕钻头轴线旋转，自转为牙齿绕牙轮轴线旋转。

结合煤系地层相对较软的特点与牙轮钻头性能和成本等综合因素，钻进煤系地层时，在表层黏土层或者第四纪地层多选用铣齿牙轮钻头；在软－中硬地层或者含有夹层的软地层，多采用镶齿牙轮钻头。无体式钻头结构可靠性更高，因此市场上该种牙轮钻头比有体式多。相对于滚动轴承和浮动型滑动轴承，滑动轴承从承载能力、高速旋转等综合性能上具有明显优势，所以牙轮钻头多采用滑动轴承。而选择密封方式时，橡胶密封多用于普通钻进，而用在高温、高转速等钻进时，金属密封方式更可靠。煤系地层钻进时，常用的牙轮钻头型号见表4-7。

7. PDC钻头

PDC钻头是在早期刮刀钻头的基础上发展起来的。PDC钻头的剪切破岩基本消除了牙轮钻头的牙齿敲击、挤压岩石所带来“压持效应”的重复剪切，能保持较高的机械钻速；同时，其小钻压和高转速钻进工艺参数有利于防斜和扩大井眼直径，使井眼规则。

表 4-7　常用牙轮钻头选用表

钻头类型	轴承型式	密封型式	江钻型号	立林型号	飞龙型号	适用地层	推荐参数	
							钻压/(kN/mm)	转速/(r/min)
铣齿牙轮钻头	滑动轴承	橡胶密封	HAT127	LHT127	GY127	低抗压强度、高可钻性的软地层，如页岩、软石灰岩等	0.35～1.00	150～70
	滚动轴承		GA125	LGT125	GY125	低抗压强度、高可钻性的极软地层，如页岩、黏土、盐岩等	0.25～0.70	200～80
镶齿牙轮钻头	滑动轴承	橡胶密封	HA517G	LHA517G	GY517	低抗压强度、高可钻性的软地层，如页岩、黏土、砂岩等	0.35～1.05	120～50
			HA537G	LHA537G	GY537	低抗压强度、中软、有较硬研磨性夹层等，如硬页岩、硬石膏等	0.35～1.05	110～40
			HA637G	LHA637G	GY637	高抗压强度、中硬和研磨性高的地层，如石灰岩、砂岩等	0.70～1.20	70～40
		金属密封	HJ517G	LHJ517G	GHJ517G	低抗压强度、高可钻性的软地层，如页岩、砂岩、软石灰岩等	0.35～1.05	240～50
			HJ537G	LHJ537G	GHJ537G	低抗压强度、有较硬研磨性夹层的中软地层，如硬页岩、砂岩、含夹层白云岩等	0.50～1.05	220～40
			HJ637G	LHJ637G	GHJ637G	高抗压强度、有研磨性的中硬地层，如石灰岩、白云岩、硬砂岩等	0.50～1.10	200～40

PDC 钻头的切削齿为聚晶金刚石复合片(简称复合片)。复合片一般为圆片状，由人造聚晶金刚石薄层和碳化钨底层构成，具有高强度、高硬度及高耐磨性的特点，可耐温750℃。为了满足排渣及冷却钻头的需要，PDC 钻头上设有由中心水道、喷嘴、排屑槽等组成的冲洗液流道。

1)PDC 钻头的分类

PDC 钻头按照功能和结构可分为全面钻头、取心钻头、扩孔钻头等多种类型，其中应用最为广泛的是全面钻头。PDC 钻头按照钻头体材料可分为胎体钻头和钢体钻头两种，其性能对比见表 4-8。

表 4-8　胎体、钢体钻头性能对比表

	胎体钻头	钢体钻头
特性	采用铸造碳化钨粉、碳化钨粉和浸渍料经无压浸渍烧结而成	采用整块合金钢毛坯经机加工而成，钻头体与带 API 公扣的接头焊接在一起
优点	结构灵活，表面耐冲蚀，保径面采用天然金刚石或金刚石孕镶块，保径作用强	主要靠机械加工，加工质量容易保证
缺点	制造工艺较复杂，加工质量不易控制	钻头表面不耐冲蚀(尽管钻头表面有抗磨敷层)，规径易磨小

2)PDC 钻头结构

A. PDC 钻头剖面形状

钻头剖面形状直接影响钻头工作时的稳定性、导向性、布齿密度等，也对清洗和冷却效果有一定影响。在实际设计过程中，有 3 种基本的 PDC 剖面形状可供选择和参考，即双锥形、浅锥形和抛物线形，其他形状在上述形状的基础上略有变化。不同的剖面形状具有不同的工作特性，对于地层的适应性亦不相同。其中，双锥形 PDC 钻头内外锥体保持钻头稳定，有助于打垂直井，钻头外侧部位可布置较多齿；浅锥形PDC钻头的冠部面积小，较平坦，水力能量集中，清洗效果较好，有利于消除泥包，提高钻速，适合定向井施工，但浅锥形钻头复合片密度不易过大；抛物线形PDC钻头整个冠部载荷均匀，无明显载荷过渡区，并且钻头肩部及规径部位可布更多的切削齿，其侧向切削能力强，常与井下马达配合用于钻定向井，且具有良好的使用寿命，但要求较高的流量和水力能量来实现清洗和冷却。

B. PDC钻头布齿

PDC钻头布齿的合理与否直接决定着PDC钻头碎岩效果的好坏及其使用寿命的长短，主要包括切削齿的径向布齿、周向布齿及切削齿工作角度的优化设计3个方面。

(1)径向布齿。

径向布齿具体设计时，一般应遵循以下两方面的原则：保证井底切削覆盖良好；使各切削齿磨损相对均匀，提高切削齿的利用率。

(2)周向布齿。

目前PDC钻头设计主要采用刀翼式布齿结构，所以周向布齿设计的内容包括确定刀翼数量、各刀翼上切削齿布置设计、刀翼分布设计和各切削齿周向角设计等内容。为保证钻头寿命和排屑顺畅，具体设计时，应遵循以下原则：刀翼数量应能满足布齿要求；同一刀翼上的切削齿在安装时互不干涉；切削齿以一定规律分布在各刀翼不同部位上；刀翼设计和切削齿的分布有利于提高钻头的稳定性；切削齿和刀翼的布置有利于提高水力清洗能力和冷却效果。

(3)切削齿工作角度。

切削齿工作角度设计是按照一定原则在一个强制平衡条件下工作，以防止某些切削齿先期损坏，最大限度地发挥切削齿的工作能力。

C. PDC钻头的水力结构

PDC钻头的水力结构主要包括喷嘴、水道和排屑槽3部分，其设计结果对钻头水力冲洗效果产生重要影响，主要表现在钻头冷却、井底清洗和辅助破岩3个方面。

4.2　测斜仪器

4.2.1　有线随钻测量系统

有线随钻测量系统主要应用于未采动区地面煤层气开发井钻进过程中的垂直井段井身质量检测和控制。

1. 系统概况

有线随钻测量系统的整体设计是借助绞车将探管下放至井眼内的无磁钻杆中，利用集成在探管中的加速度计传感器、方位传感器(如磁通门)将反映井斜和井斜方位等信息的物理量转换成电信号，然后由探管内的数据采集板采集处理，利用电缆将数据传输到地表，由地面仪器接收、处理、显示。

2. 系统结构组成

有线随钻测量系统由井底仪器总成、地面仪器、电缆密封总成及绞车系统装置 4 个部分组成。

1) 井底仪器总成

A. 探管

探管由传感器组、CPU 控制及数据采集电路、通信接口电路、电源控制电路等组成，所有电路和传感器安装固定在无磁壳体内。探管工作时，测量出来的仪器相对于重力的变化量和相对于磁场的变化量及其他工程参数的模拟电压信号，经过多路模拟开关、采样保持器进入 A/D 电路转换成数字信号，再由 CPU 解调出来后通过通信电路将信号传递给电缆。

(1) 传感器组。

传感器组的主要作用是完成井斜角、井斜方位角、工具面向角等参数的精确测量，基本原理是通过精确测得重力加速度和磁场强度在探管测量坐标系各轴上的分量，就可以计算出井斜角、井斜方位角和工具面向角。

(2) 供电电源电路。

井底仪器通过电缆和地表仪器连接，可以通过电缆向井底传感器和数据采集电路板供电。供电方式采用恒流供电，供电电路采用常规的达林顿管形式，用一个小三极管去推动一个大三极管对井底仪器进行供电，用稳压管控制大三极管的集电极电流，从而保证供电电流的恒定性。

(3) 硬件电路。

探管内的硬件主要是用来进行信号采集、数据转换和信号传输的电子元件。在选择好传感器后，进行数据采集控制系统的设计。硬件电路板选用 AT89C51 单片机，内有 3 个与串行通信有关的寄存器：串行数据缓冲器(SBUF)、串行通信控制器(SCON)、电源控制器(PCON)。CPU 可以通过不同的指令对数据缓冲器进行存取；串行控制器控制单片机的串行口工作方式和字符帧格式；电源控制器可对串口波特率进行选择。

B. 电缆与探管间固定装置

电缆负责将探管送入井底测量位置及将其提出，同时用于传输探管的测量信号，两者之间的连接必须可靠、牢固。

C. 保护及减震装置

由于钻杆内径较小，且往往充满钻井液，为了保护电缆在下放和使用时不被碰撞和避免发生腐蚀，在探管的外面设置一个外保护筒，将探管固定在保护筒内。保护筒的一端连接电缆密封接头，以防止流体进入。它采用无磁材料制作壳体，抗高压、密封性能良好。

D. 定位装置

探管使用时应处于一个无磁干扰的环境，因此需要设置加长杆，将其放在钻头上部无磁钻铤/钻杆的中间。现场施工时，可根据开发井的地理位置、设计井斜和井方位选择合适长度的加长杆，使仪器在无磁钻具中处于最佳位置，最大限度降低磁干扰。

2) 地面仪器

井底仪器总成将测量信号通过电缆发送到地面后，由地表仪器进行接收、处理和显示，为此研制了有线随钻测量专用机和工具面指示器。

(1) 有线随钻测量专用机。

有线随钻测量专用机负责通过电缆线给探管供电，同时接收探管发送的串行数据并进行解码、高边修正后显示出来。同时专用机还负责将测量处理后的数据传送给工具面指示器，由工具面指示器进行显示。此外，有线随钻测量专用机上还配备有一台打印机，用于打印测量数据。

(2) 工具面指示器。

工具面指示器主要用于司钻观察数据。有线随钻测量专用机测量好井斜、方位角和工具面向角后，利用信号电缆线将数据由专用机传送到工具面显示器，在其右边特设的 3 个窗口中显示出井斜、方位、重力高边或磁性高边的数值。面板上还设置了两个指示灯：重力和磁性指示灯，当重力指示灯亮时，显示重力高边，当磁性指示灯亮时，显示磁性高边，同时，在该工具面指示器左边设置了一个罗盘分度盘，用于直观显示井底螺杆马达弯外管的方向，即工具面向角。

3) 电缆密封总成及绞车系统配置

电缆密封总成可采用循环头或旁通接头，系统使用时可以选择其中的一种。为了将井底仪器总成下放和提出井内，需要在地面配置一个绞车系统，同时要求绞车具有自动排绳功能，可以测量出下放的深度及速度，便于掌握井底仪器总成在井内的位置和状况。由于煤层气开发井深度一般较浅，选用 Φ5.6mm 铠装电缆即可满足要求。

3. 系统技术指标

根据未采动区地面煤层气开发井垂直井段井身质量检测、控制随钻测量的要求，研制的有线随钻测量系统的测量精度指标、工作环境指标、其他技术指标及井内仪器的外形尺寸见表 4-9～表 4-12。

表 4-9 有线随钻测量系统测量精度指标

项目	测量范围/(°)	测量精度/(°)	限制条件
井斜角	0～180	0.1	—
磁方位角	0～360	1	井斜≥5°
高边工具面向角	0～360	1	井斜≥5°
磁性工具面向角	0～360	1	井斜≤5°

表 4-10 有线随钻测量系统工作环境指标

项目	要求
最高工作温度/℃	125
抗冲击性	1000g，0.5rms
抗振动性	20g，20～200Hz
最高承压/MPa	120

表 4-11　有线随钻测量系统其他技术指标

项目	要求
传输距离/m	＞3000
一组数据传输时间/s	＜1.5

表 4-12　井内仪器的外形尺寸

项目	要求
仪器外径/mm	Φ35
仪器长度/mm	＜6000

4.系统使用操作

1)有线随钻测量专用机内的探管系数设置

每个探管都对应一个系数盘。使用探管测量前，需要将探管系数盘连接到有线随钻测量专用机上，开机后，有线随钻测量专用机会自动读取和显示系数盘对应的探管编号，同时将系数盘信息拷贝到专用机内，以备探管后续使用。

2)探管和工具面检查

将探管、工具面指示器与有线随钻测量专用机连接好后，打开有线随钻测量专用机电源，选择对应的探管编号，开始显示数据。将探管水平放置，井斜应在 90°左右；将探管垂直放置，井斜应在 0°左右。检查工具面指示器显示是否与专用机显示一致，以及工具面表盘指示是否正确。若以上显示全部正确，则说明系统工作正常。

3)高边修正

连接好仪器，将井底总成部分水平放置在支架上，全流式引鞋的缺口朝上(可将水平尺放在全流式引鞋的缺口上，校正水平)，转动仪器使得水平尺中的水泡居中，目的是使全流式引鞋的缺口垂直向上为 0°，为修正高边做好准备。然后连接有线随钻测量专用机，完成高边修正工作。

4)测量

(1)坐键。

将有线随钻测量专用机工具面显示调整为显示磁性工具面，连续坐键 3 次，磁性工具面显示值无大幅度变化则表明坐键成功。

(2)钻进。

根据显示的工具面值调整井底螺杆马达的弯头方向，从而控制钻进方向按设计轨迹延伸(小井斜时使用磁性工具面，大井斜时使用高边工具面)。

(3)轨迹记录。

每钻进完一个单根后停泵，待显示数据稳定后记录和打印轨迹数据，并在打印条上记录钻进深度。

4.2.2 无线随钻测量系统

无线随钻测量系统主要应用于未采动区地面煤层气开发井钻进过程中的随钻井身质量检测和控制。按信号传输方式，无线随钻测量系统可分为泥浆脉冲、电磁波和声波等，其中泥浆脉冲和电磁波传播方式在生产实践中应用广泛。以下介绍未采动区地面煤层气开发井定向钻进过程中常用的两款无线随钻测量系统产品。

1. 赛维 SMWD 泥浆脉冲无线随钻测量系统

赛维 SMWD 泥浆脉冲无线随钻测量系统是由赛维石油仪器设备公司研制生产的一种正脉冲无线随钻测量系统。该仪器是将井下参数进行编码后，产生控制信号驱动脉冲发生器内的电磁阀动作，限制钻杆柱局部钻井液过流断面积，从而产生泥浆正脉冲。地面上采用泥浆压力传感器检测来自井下仪器的泥浆脉冲信息，并将其传输到地面数据处理系统(包括主机和计算机)进行处理，井下仪器所测量的井斜角、方位角和工具面数据可以显示在计算机和司钻显示器上。

1) 系统组成

赛维 SMWD 泥浆脉冲无线随钻测量系统地面设备包括：压力传感器、主机、司钻显示器、计算机及有关连接电缆等；井下测量仪器主要由测量探管、主控、泥浆脉冲发生器、电池、扶正器等组成。

(1) 测量探管。

探管由 3 个用于测量地球重力加速度的加速度计、3 个用于测量地球磁场强度的磁通门传感器、1 个温度传感器及相关的电子线路和高性能单片机系统组成。探管检测时，传感器组感受其输入量时，与其放大电路一起将输入量变换成与之对应的输出电压。温度传感器及其电路将温度变换成输出电压。CPU 采集这 7 个测量电压和两个基准电压后经过数字滤波，计算出井斜、方位、工具面等参数以备主控调用。

(2) 主控。

主控包括泵状态判断、主控、驱动 3 个单元，泵状态判断单元的功能是根据钻井液压力状况判断当前泵的状态并在停泵 3min 后切断测量探管及主控其他单元的电源；主控单元的功能是根据泵的状态按照预先设定好的模式将测量探管传来的测量数据进行编码后传给驱动；驱动的功能是提供脉冲发生器所需要的电源及传递主控单元的信号给脉冲发生器。

(3) 泥浆脉冲发生器。

泥浆脉冲发生器类似于在钻具内部安装的可控制闸门，需要产生脉冲时，驱动短节给脉冲发生器加电，泥浆脉冲发生器使钻杆柱中心孔局部钻井液过流通道减小一定的面积，并使钻具中心孔内钻井液流动阻力加大，立管压力升高；驱动短节停止供电时，泥浆脉冲发生器使钻具内部通道恢复到原来的面积，立管压力恢复到正常水平。

(4) 主机。

主机的功能包括：接收立管压力传感器的电信号，将电信号处理后传递给计算机；设定检查主控、测量探管；将计算机解码后的数据(井斜、方位、工具面向角等)传输给司钻显示器。

(5) 司钻显示器。

为司钻和定向井工程师实时显示井斜、方位、工具面向角等测量数据。

(6) 计算机。

对主机处理后的压力信号进行检波、解码，将泥浆脉冲信号还原成测量数据。

(7) 压力传感器。

将立管压力转换成电信号提供给主机。

2) 系统性能指标

赛维 SMWD 泥浆脉冲无线随钻测量系统的主要性能指标见表 4-13～表 4-15。

表 4-13 赛维 SMWD 泥浆脉冲无线随钻测量系统主要性能指标 单位：(°)

参数	示值误差	测量范围	传输精度	示值稳定性
井斜角	±0.1	0～180	0.03	0.02
方位角(井斜角大于等于 5°)	±1.0	0～360	0.05	0.3
高边工具面向角(井斜角大于等于 5°)	±1.5	0～360	1.41	0.02

表 4-14 赛维 SMWD 泥浆脉冲无线随钻测量系统脉冲发生器系统性能指标

型号	脉冲发生器外径/mm	悬挂短节内径×外径/(mm×mm)	适用井眼/mm	适用排量/(L/s)
SMWD-1-76S	76	76×105	118	6～12
SMWD-1-108S	108	108×172	215.9	20～40

表 4-15 SMWD 系统其他性能指标

项目	参数	项目	参数
最高工作温度/℃	125	泥浆排量/(L/s)	10～55
仪器外筒承压/MPa	70	泥浆信号强度/MPa	0.1～0.8
抗压筒外径/mm	Φ45	泥浆黏度/s	≤140(漏斗黏度)
仪器总长/m	6.9	泥浆含砂/%	<1
电池工作时间/h	180	泥浆密度/(g/cm^3)	≤1.7

3) 系统使用操作

(1) 系统检测。

赛维 SMWD 泥浆脉冲无线随钻测量系统检测包括电池筒测试、测量探管测试、主控设定与测试等工作。电池筒测试要保证电压表的读值为 24V 左右。测量探管测试的目的主要是检测探管功能是否正常，需要注意的是，探管须放在两个无磁支架上，要求周围至少 2m 内无铁磁物、7m 内无较大的铁磁物体，操作者身上不能带有任何导磁物。主控设定与测试的目的是检查开泵门限、停泵门限、开泵时间、停泵时间、延时停电时间、可靠系数等参数是否合理，流量开关工作电流是否正常，全部参数设定成功并保存后即可准备下井使用。

(2) 系统连接调试。

将主机和计算机放在井场办公室内，将司钻显示器固定在司钻员易观察到的地方。将司钻显示器线缆安全高架，其一端插头插到司钻显示器相应的插座上，另外一端与主机连接。打开回水阀，放掉立管中的泥浆，将压力传感器连接到立管的接头上；把压力线缆安全高架，其一端插头插到压力传感器相应的插座上，另外一端与主机连接。

(3) 系统使用。

未采动区地面煤层气开发井钻进时，将悬挂短节与无磁钻铤连接，将下井仪器放入悬挂短节，保证仪器坐键；测量泥浆脉冲发生器顶部到悬挂短节端面的距离，确定垫片的高度，加垫片。

将无磁钻铤下入井内，当无磁钻铤下到井口下时，开泵进行测试，验证系统工作是否正常。若正常则下钻至孔底，开始定向钻进作业，定向钻进时按照软件说明书进行数据测量工作，指导开发井轨迹调整。

2. BlackStar EM-MWD 电磁波随钻测量系统

BlackStar EM-MWD 电磁波随钻测量系统是由美国国民油井华高公司(National Oilwell Varco，NOV)研制生产，它利用低频电磁波经过地壳将信息传送到地表面，通过地面天线接收数据信号，由计算机解码并处理为可利用的参数，并发送到司钻显示屏上。BlackStar EM-MWD 电磁波随钻测量系统能够传送井斜、井斜方位、工具面、磁场强度、重力、温度、高边伽马、低边伽马和环空压力等参数。

1) 系统组成

BlackStar EM-MWD 电磁波随钻测量系统主要由井下仪器、地面接收天线、接收仪器(处理器)等组成。井下仪器包括电池短节、发射天线、动态旋转伽马组件及各传感器等，将其组装成仪器串后装入专用无磁钻铤中。地面接收天线包含井口天线和参考天线两种天线，其中井口天线连接在井口防喷器上，参考天线插在距井口一定距离的大地表面，井口天线接收仪器上传的信号，参考天线提供接地基准从而形成电流回路。地面接收仪器主要由双通道放大器、计算机、电缆、电磁波测试电缆、电源线等组成。

2) 系统性能指标

(1) 地层参数。

地层电阻率：通常为 3～1000Ω(高压发射器可用于电阻率较高的地层)。

信号模型：需在施工前预测信号的大小。

(2) 数据传输。

BlackStar EM-MWD 电磁波随钻测量系统数据传输参数见表 4-16。

表 4-16　BlackStar EM-MWD 电磁波随钻测量系统数据传输参数表

参数	数值
类型	低频电磁波
操作频率/Hz	2～12
传输速率/(bit/s)	1～6
数据更新/s	3～8

(3) 仪器规格。

BlackStar EM-MWD 电磁波随钻测量系统仪器规格参数见表 4-17。

表 4-17　BlackStar EM-MWD 电磁波随钻测量系统仪器规格参数表

参数	数值
长度/m	9.373
直径/in	1.875 (0.5715m)
压力传感器/psi	20000
电池/h	80～200
温度/℃	–20～150
井下数据记录/h	可到 144
井下连接	通过压力泵开关完成

注：1psi=6.89476×10^3Pa。

(4) 环境指标。

BlackStar EM-MWD 电磁波随钻测量系统环境指标参数见表 4-18。

表 4-18　BlackStar EM-MWD 电磁波随钻测量系统环境指标参数表

参数	数值
冲击	1000g 之内正常工作，0.5ms，半正弦波；2000g 之内不损坏，0.5ms，半正弦波
震动	工作状态——正弦震动，峰值 15g，50～800Hz；随机震动，最大 10g，rms；损坏条件——正弦震动，峰值 30g，50～800Hz；随机震动，最大 20g，rms

(5) 井下仪参数。

BlackStar EM-MWD 电磁波随钻测量系统井下仪参数见表 4-19。

表 4-19　BlackStar EM-MWD 电磁波随钻测量系统井下仪参数表

参数	单位	范围	分辨率	精度
井斜	(°)	0～180	0.05	±0.2
方位	(°)	0～360	0.18	±1.0
工具面	(°)	0～360	0.18	±1.5
地磁倾角	(°)	0～±90	0.1	±0.2
磁场强度	μT	0～70000	100	±200
高边伽马计数率	C/s	2000	1	±1 (最大 120rpm)
低边伽马计数率	C/s	2000	1	±1 (最大 120rpm)
伽马计数率	C/s	2000	1	±1
环空压力	MPa	0～103.42	1～8	0.01
温度	℃	–20～150	0.07	±1
全振动	(g, rms)	0～30	0.01	±0.5
井下转速	rpm	0～120	1	±0.5
近钻头井斜	(°)	80～100	0.05	±0.1
		70～80/100～110	0.05	±0.5

3) 系统使用操作

(1) 系统设置与检测。

BlackStar EM-MWD 电磁波随钻测量系统的设定、测试及操作主要包括 BlackStarEMVue 设置及测试、选择频率、仪器设置、双通道放大器电压表设定、BlackStarEMXConfig 设置、发射器设置、环空压力设置、静态测量和动态测量参数结构设置、Monitor Transmitter A/D 测试、振动传感器测试、伽马设置等。

(2) 系统连接与调试。

地面设备主要包括天线、双通道放大器、计算机、电缆、显示器等部件，其连接主要是天线布局和双通道放大器及电脑的连接和设置，其他设备主要是电缆连接。

井下仪器连接及测试主要将井下仪器及电池筒连接后，通过测试棒分别连接放大器与井下仪器，启动 EMX Configuration 程序，打开程序测试盒电源，等待 Progress Message 窗口结束，Terminal 窗口显示[Ok]表示探管启动联机正常。

(3) 系统使用。

未采动区地面煤层气开发井钻进时，将井下仪器下入无磁钻铤，保证仪器坐键。定向钻进作业时，按照软件说明书进行数据测量工作，指导开发井轨迹调整。

4.2.3　旋转磁测距系统

旋转磁测距系统(rotary magnetic ranging system，RMRS)主要用于未采动区地面煤层气开发精确对接井对接施工。

1. 系统概况

旋转磁测距系统利用永磁短节在钻进过程中产生一个动态的旋转磁场，通过目标靶井内的有线探管测量动态旋转磁场信号，从而解析出钻头和靶点之间的相对位置参量，最终引导钻井进入靶区或避让靶区，旋转磁测距系统原理示意图如图 4-8 所示。

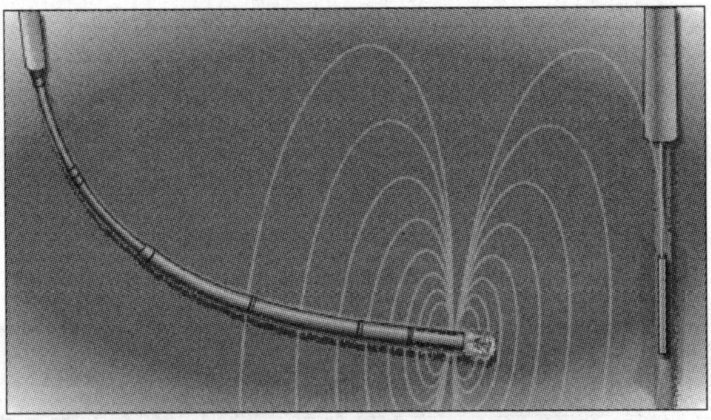

图 4-8　旋转磁测距系统原理示意图

旋转磁测距系统具有以下优点：

(1) 旋转磁测距系统着重测量近靶点(40m 以内)距离和方位，克服了传统 MWD 产生累计误差的固有缺陷，其偏差并不依赖于井距，能够直接引导钻头钻穿目标靶点。

(2) 传统 MWD 系统通常用单多点(EMS)仪进行轨迹复检。但是，以同一种方法进行同一地点的轨迹复检并不可靠。旋转磁测距系统抛开地磁，以人工营造磁场的方式检测钻头与靶点之间的方位和距离，具有异类方法检测的优势。

(3) 采用传统 MWD 系统导航钻进，即使实现了连通，其中靶精度也不可获知，对该地区以后的钻井作业没有指导借鉴作用。旋转磁测距系统可总结出某一地区某种型号的 MWD 可能产生的惯性偏差，从而对以后的钻井作业提供预纠偏指导。

(4) 旋转磁测距系统具有距离靶点越近，测量信号越强、解析精度越高的特点。

2. 系统组成

RMRS 系统由硬件和软件两部分组成，其中硬件包括永磁短节、探管、地表接口箱、无线信号传输器和通用计算机/专用数据处理器等，各部分功能如下所述。

1) 永磁短节

永磁短节是带有永磁短节的稳定器，连接于螺杆马达与钻头之间。永磁短节由横行排列的永磁钢组成，它镶嵌于永磁短节的磁钢安装孔内，主要用来提供一个恒定的待测磁场，磁场信号的有效传播距离不小于 40m，一般在 30～75m 范围工作。永磁短节按外径规格可以分为 3.875in、4.75in、6.75in 和 8.0in 等几种。

2) 探管

RMRS 系统的探管是测量永磁短节与探管间的距离、永磁短节方位、倾角的核心部件，其性能的好坏直接关系到测量精度和两井对接的成功率。探管的辅助部件还包括承压筒、加重杆等，长度约 1.2m。

3) 地表接口箱

地表接口箱用于向井底探管供电，并与探管之间进行数据通信，最终将信号以无线传输方式传送给通用计算机/专用数据处理器，完成数据采集工作。

4) 无线信号传输器

无线信号传输器由一个信号发送器和一个信号接收器及不同功率的天线组成，它用于在水平连通井井口处以无线方式获取目标垂直井处的数据流。

5) 通用计算机/专用数据处理器

通用计算机/专用数据处理器用于收集无线信号传输器传来的原始信号，然后进行解析，最终计算出永磁短节与靶点之间的距离、井斜和方位角偏差。

RMRS 系统软件的核心功能是将硬件系统采集的参数进行处理，计算出永磁接头与探管，即钻头与目标洞穴之间的距离数据。

3. 系统性能指标

旋转磁测距系统测量参数指标见表 4-20。

表 4-20　旋转磁测距系统测量参数指标　[单位：(°)]

项目	井斜	方位角
测量范围	0～180	0～360
测量精度	0.15	0.4

4. 系统操作与使用

旋转磁测距系统与随钻测量系统和定向螺杆马达配合使用，钻具组合为：钻头＋永磁短节＋定向螺杆马达＋无磁钻挺＋MWD＋钻杆。

对接井连通前，首先将两个井井底所测的数据输入配套采集软件中，初始化坐标系。其次将探管借助测井绞车下入目标垂直井内靶点处，在钻头与螺杆马达间连接一个永磁短节。连通过程中，在螺杆马达的驱动下，永磁短节与钻头一起旋转，从而产生一个动态的旋转磁场；当钻头进入洞穴井内探管的测量范围(40～50m)后，探管就可以不断地收到当前磁场的强度值，定向井工程师可根据采集的测点数据判断出当前的井眼位置，实时计算当前测点的闭合方位并预测钻头处方位的变化，然后通过调整工具面及时地将井眼方向纠正至洞穴中心位置。接近洞穴时，根据防碰原理，利用专用的轨迹计算软件进行柱面法扫描，判断水平连通井与洞穴中心的距离，从 3D 视图上分析轨迹每接近洞穴一步其变化趋势，以达到连通的目的。

4.3 煤层气井成井工艺技术

地面钻井开发煤层气是在石油、常规天然气开发技术的基础上，根据煤层的岩石力学特性、煤层气的赋存特点及产出规律发展起来的，因此，煤层气井的成井工艺与油气勘探开发井的成井工艺相似。在井型方面，我国煤矿区煤层气地面开发井可根据井身结构、钻进方法等典型特征分为垂直井和定向井两大类。

4.3.1 煤层气井钻进工艺

煤层气井钻进是实现地面钻井开发煤层气的基础和关键环节。与油气层地质特点不同，煤的机械强度低、易垮塌，导致井径扩大，钻开后的煤层浸泡时间越长、吸水垮塌越严重；煤岩微裂隙、孔隙发育，钻开后滤失量往往较大，且地层孔隙压力低，容易发生漏失。由于煤层气储层的特殊性，煤层气井钻进须兼顾安全钻进和储层保护双重目标。

1. 垂直井钻进工艺

垂直井是目前我国用于煤层气开发的主要钻井类型，普遍采用二开井身结构，如图 4-9 所示：一开井眼直径 Φ311.15mm，钻至基岩或稳定岩层以下 10m 左右，下入 Φ244.5mm 表层套管；二开井眼直径 Φ215.9mm，钻至目标煤层以下 30～60m，下入 Φ139.7mm 生产套管。

煤层气垂直井钻进工艺主要有两种：常规回转钻进和空气潜孔锤钻进。

1) 常规回转钻进

常规回转钻进是目前煤层气垂直井施工所采用的主要钻进工艺，非目标煤层段常以泥浆作为冲洗介质进行正循环钻进，目标煤层段则多以清水或特殊钻井液体系施工。常规回转钻进工艺的适应性强，可根据地层硬度和井身结构选择不同类型的钻头，包括硬质合金钻头、牙轮钻头及 PDC 钻头等。

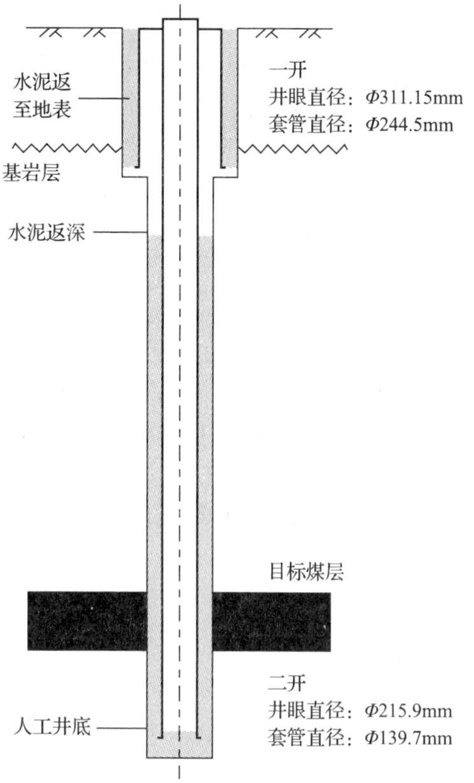

图 4-9　垂直井井身结构示意图

2) 空气潜孔锤钻进

空气潜孔锤钻进是煤层气垂直井施工常采用的另一种钻进工艺，用于钻进坚硬、漏失、水敏等复杂地层。空气潜孔锤钻进是气体钻进技术的一个分支，它将压缩空气既作为循环介质，又作为破碎岩石的能量，以冲击和回转切削联合的方式破碎井底岩石，广泛用于硬岩地层钻进，是一种钻进效率高、井内事故少、施工成本低的钻进方法。

空气潜孔锤钻进技术兼具气体钻进和冲击回转钻进的优势，表现为：

(1) 机械钻速高，且钻速稳定。

在潜孔锤的高频冲击载荷作用下，消除了常规冲洗液液柱“压持效应”，井底岩石以体积破碎为主，机械钻速高；同时，钻头破碎井底岩石的能量主要来自潜孔锤活塞的高频冲击，能量传递直接，机械钻速不会因为井深的增加而明显下降。

(2) 钻压较小、转速较低，能够有效防止井斜。

小钻压和低转速使得钻杆柱受力状态得到改善，磨损降低；同时，避免了大钻压和高转速下的钻杆柱弯曲，大大减小了钻头的倾角，能够在不牺牲机械钻速的条件下起到防斜作用。

(3) 钻遇裂隙性地层能够减少和避免严重漏失事故的发生。

钻遇水敏性地层时可有效防止井壁地层吸水膨胀、缩径、坍塌。

(4) 井底岩屑清除彻底。

避免了重复破碎，钻头寿命长，减少了更换钻头辅助作业时间，有利于缩短建井周期，降低综合钻进成本。

(5)用空气作为钻进循环介质，适用于缺水、无水区钻进，且钻进不受季节限制。

空气潜孔锤钻进技术也存在一定的不足，表现为：对地层压力的控制能力低，一般仅限于地层孔隙压力较低的井段；应对大量地层水侵入环空的能力有限；因没有泥浆的润滑作用，压缩空气携带岩屑上返时对钻具的冲刷作用较强，且潜孔锤工作时，井底钻具的震动较大，钻具的损坏较严重；潜孔锤钻进难以实现倒划眼作业，发生缩径时难以有效处理。

2. 定向井钻进工艺

煤层气开发定向井的井型包括丛式井、L 形水平井、多分支羽状水平井及远端对接井等。代表性的 L 形水平井普遍采用三开井身结构，如图 4-10 所示：一开井眼直径 Φ311.15mm，下入 Φ273.05mm 表层套管；二开井眼直径 Φ241.3mm，下入 Φ193.7mm 技术套管；三开井眼直径 Φ171.45mm，裸眼完井或根据需要下入 Φ139.7mm 完井套管。

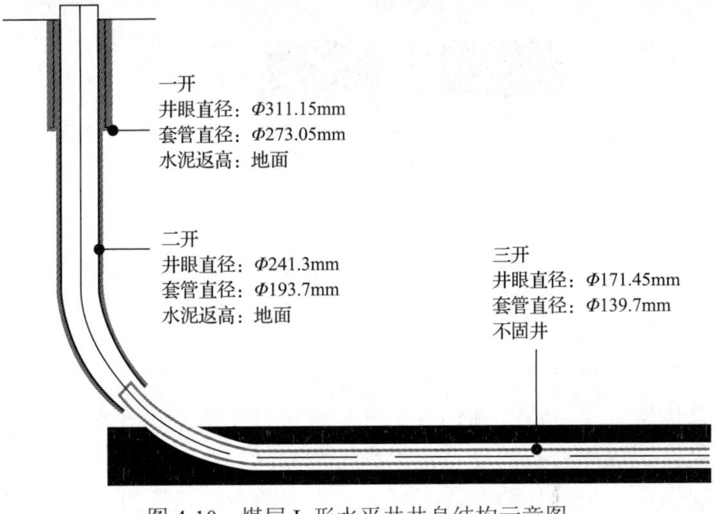

图 4-10　煤层 L 形水平井井身结构示意图

煤层气开发定向井的垂直井段钻进工艺与垂直井相同，造斜井段、水平井段则采用随钻测量定向钻进工艺施工，与石油定向井钻进工艺相似。

1)煤层气定向井轨道设计

煤层气开发定向井不同于油气勘探开发定向井，其特点是：①煤层气定向井的目标层垂深普遍较浅，大多在 1000m 以浅；②煤矿区前期勘探开发程度较低，地质资料不精确，目标层位起伏较大；③造斜曲率半径(靶前位移)较小，一般在 150～220m，造斜率相对较高。因此，煤层气开发定向井井眼轨道设计应遵循以下原则：①消耗较小的位移获得较大的垂深；②井眼轨道平滑，有利于钻进作业和后续生产；③应能在一定程度上减小钻柱的摩阻扭矩，增强水平井段的延伸能力，增加在煤层中的有效进尺，增大和煤层的接触面积；④非煤段进尺与总进尺之比尽可能小，确保煤层有效进尺最大化。

2)欠平衡钻进工艺

出于对储层保护方面的考虑，煤层气开发定向井的煤层段通常采用清水作为钻井液，根据特殊需要可实施欠平衡钻进工艺。

欠平衡钻进属于控压钻进(manage pressure drilling，MPD)的一种，其主要特征是在钻进过程中，钻井液液柱压力低于地层孔隙压力，使地层流体受控制地进入井筒并将其循环到地面。

国内外研究及应用成果表明欠平衡钻进工艺具有以下技术优势：①减少对储层的伤害。欠平衡钻进能够减少或避免对储层的损害，提高开发井的产量；实施欠平衡钻进工艺时，由于井内钻井液液柱压力低于地层压力，钻井液滤液和有害固相的侵入就会减轻或消除，从而有效保护了储层。②提高机械钻速。欠平衡钻进技术能够大幅度提高机械钻速，延长钻头使用寿命，缩短建井周期，减少作业及相关费用。实施欠平衡钻进技术时井底处于负压钻进状态，这使得井底岩石三向应力状态发生了改变，大大减小了“压持效应”，有利于钻头对井底岩石的破碎，从而能够大幅度提高机械钻速，降低综合钻进成本。③能够有效控制漏失。欠平衡钻进能够有效控制漏失，并减少或避免压差卡钻等井内复杂情况的发生。在欠压地层，常规过平衡钻进不可避免地会引起钻井液的漏失，钻遇易漏层段则更为严重，漏失不但会进一步诱发其他事故和复杂问题，延长建井周期，增加钻进成本，而且在储层钻进时还会造成严重的储层损害；欠平衡钻进由于井内钻井液液柱压力低于地层孔隙压力，能够减少或避免钻井液漏失，降低压差卡钻等复杂情况发生的概率。④可改善地层评价及指导钻进。利用欠平衡钻进技术钻进煤层段时，可诱导储层流体进入井筒，并循环至地面，可通过气测录井等方式对上返流体进行记录，并评价产层潜力。同时，在计算迟到时间的基础上，气测录井数据可反映井底实时揭露地层情况，为后续钻进提供指导。

尽管欠平衡钻进可带来众多好处，但由于其固有特性，这项技术也存在诸多不足之处：①潜在的井眼稳定性问题。欠平衡钻进导致井壁的应力状态发生改变，地层孔隙压力大于钻井液液柱压力，井眼尤其是水平段井眼易发生失稳。此外，欠平衡钻进中地层流体动态流动、环空压耗的变化、设备机械故障等因素均可引起井底压力波动，在波动压力作用下地层易发生坍塌。②地层过量出水。在地层孔隙压力大于钻井液液柱压力的情况下，地层水进入井筒中，使钻井液性能发生改变。③可能发生地层伤害。欠平衡钻进作业时，由于井内液柱压力低于地层孔隙压力，无法形成桥堵和密封的滤饼，现有的欠平衡钻进技术难以达到全过程欠平衡；在过平衡状态，钻井液易侵入地层，造成地层伤害。

4.3.2 煤层气井完井技术

煤层气的赋存特点和产出规律决定通常需要独特的完井技术和强化措施以便在井筒和储层间建立有效的联络通道，使煤层内部的气体解吸并流向井筒，以获得工业性产气量。

1. 煤层气井完井概述

煤层气井的完井目的主要包括：①使井筒与煤层的天然裂隙系统连通；②有效封堵、封隔出水地层和不同压力体系的目标煤层，以利于实施增产措施和后期排采作业；③穿透近井壁附近的伤害层，因为钻进过程中总会有滤液、固相颗粒等不同程度地侵入目标层的裂缝和孔隙中，引起近井壁储层的各种敏感性伤害、渗透率下降，形成伤害层。

煤层气井完井方法的选择、效果的好坏直接影响煤层气的后期排采、产气能力。

煤层气井完井方式的选择需要考虑渗透率、孔隙度、煤层应力分布、煤层岩石力学性质(抗拉强度、抗压强度、抗剪强度、泊松比、弹性模量、内聚力、内摩擦角等)、煤层厚度、煤层压力、煤的脆性、煤的硬度、煤层是否含水等。

煤层气井的完井方法可归结为以下三大类，见表 4-21。

表 4-21 煤层气井的完井方法

裸眼完井						套管完井		套管-裸眼完井
裸眼		洞穴		射孔		割缝		
裸眼	砾石充填	筛管	自然造穴	机械造穴	水力造穴	层间射孔	喷射开槽	

裸眼完井是一种最基本、最简单、最经济的煤层气井完井方法，在 20 世纪 50～70 年代普遍被采用。研究与生产实践表明：裸眼完井方法适宜高渗透性的单一煤层或者距离相近的单一煤组，对于低渗透性的煤层很难获得工业性的产气量。

裸眼洞穴完井用于煤层气井的历史较长，但直到 1977 年阿莫科(Amoco)公司用该方法完成了 Cahnl 井后，人们才真正认识到其潜在的优势，其在美国圣胡安盆地、粉河盆地的一些煤层气田开发中应用取得了良好效果。裸眼洞穴完井适用于高压高渗煤层(根据美国的经验，如果煤层渗透率介于 5×10^{-3}～$10\times10^{-3}\mu m^2$ 且煤易碎，则可采用裸眼洞穴完井)。

套管完井是对产气煤层下套管，再利用射孔或压裂将井筒与煤层连通。套管完井适用于低渗透性煤层，可以获得高产气量的原因是通过人工方式在煤层内形成裂缝，并用支撑剂支撑裂缝，增大了渗流面积、改善了渗流方式，同时人工形成的长裂缝有利于井筒周围远距离煤层气解吸、渗流、产出。

2. 煤层气开发垂直井完井工艺及其发展

我国煤层气地面开发井的完井技术是在借鉴和移植美国的完井技术的基础上发展起来的，大致经历了以下 4 个主要阶段。

(1) 20 世纪 80 年代，煤炭、地矿部门及一些省份从煤矿安全角度出发，与国外煤层气公司合作，在山西阳泉、辽宁抚顺等煤矿区施工了几十口煤层气垂直井，采用套管和筛管方式完井。

(2) 20 世纪 80 年代后期～90 年代初，联合国开发计划署(UNDP)资助我国原煤炭工业部和地质矿产部在山西柳林、晋城，安徽淮南和东北铁法等矿区进行有针对性的煤层气勘探试验，部分试验井采用 Φ127mm 套管射孔完井。

(3) 20 世纪 90 年代，我国先后在山西三交、辽宁新城子等矿区进行了垂直井裸眼洞穴完井试验，由于储层低渗、低压的特点，决定采用裸眼洞穴完井后，初期产气量较大，但由于裂隙延伸距离有限，排采过程中压力不能有效传递，产气量衰减快，最终以失败告终。

(4) “十五”期间，以中联煤层气有限责任公司为代表的多家单位对煤层气开发钻完井技术进行了深入研究，逐渐意识到储层保护的重要性。采用套管射孔完井技术弥补了裸眼完井排采过程中易形成煤粉聚集、井壁坍塌的不足，通过射孔压裂对储层进行改造，可有效提高煤层气井的产能，在沁水盆地东南部地区获得了突破，实现了商业化开发。

目前我国煤层气地面开发垂直井的主流完井技术是套管固井-射孔压裂。

3. 煤层气开发定向井完井工艺

多分支水平井与远端对接井是我国地面煤层气开发中应用较多、最具代表性的定向井型。2004年，在沁水盆地大宁地区成功实施了第一口地面煤层气多分支水平井，拉开了我国多分支水平井地面开发煤层气的序幕。2010年，在沁水盆地寺河井田钻成了我国煤矿区第一口高产的煤层气地面远端对接井。

多分支水平井技术是一种集钻井、完井和增产措施于一体的先进技术。目前多分支水平井垂直井段和造斜井段多采用套管完井，水平井段最主要的完井方式是裸眼完井，而对于排采过程中裸眼煤层段孔壁易垮塌、后期无法进行井下改造等难题，可采用筛管完井。根据筛管材质的不同可将筛管完井进一步细分为钢筛管完井技术、PE筛管完井技术和玻璃钢筛管完井技术等。

煤层气开发远端对接井针对不同类型煤层形成了系列完井工艺：中硬完整煤层采用裸眼完井工艺，碎软易塌煤层采用筛管(PE筛管、玻璃钢筛管等)完井工艺，低渗薄煤层采用裸眼滑套分段压裂或水力喷射加砂分段压裂完井工艺。

4.3.3　典型应用案例

以远端对接井——2013ZX-SH-UM15井为例介绍地面煤层气井钻完井工艺。

1. 井组基本信息

2013ZX-SH-UM15远端对接井组由1口目标垂直井(2013ZX-SH-UM15V井)和1口水平连通井(2013ZX-SH-UM15H井)组成，井位平面分布图如图4-11所示，其位于山西省晋城市沁水县郭南村附近，是根据晋城矿区煤层气开发规划与井网布置总体方案，结合国家科技重大专项“大型油气田及煤层气开发”示范工程研究任务需要，以寺河井田15#煤层为目标层实施的科研井组，目标垂直井与水平连通井的井口间水平距离为771.45m。目标垂直井设计采用二开井身结构，以套管-洞穴(目标煤层段造洞穴)方式完

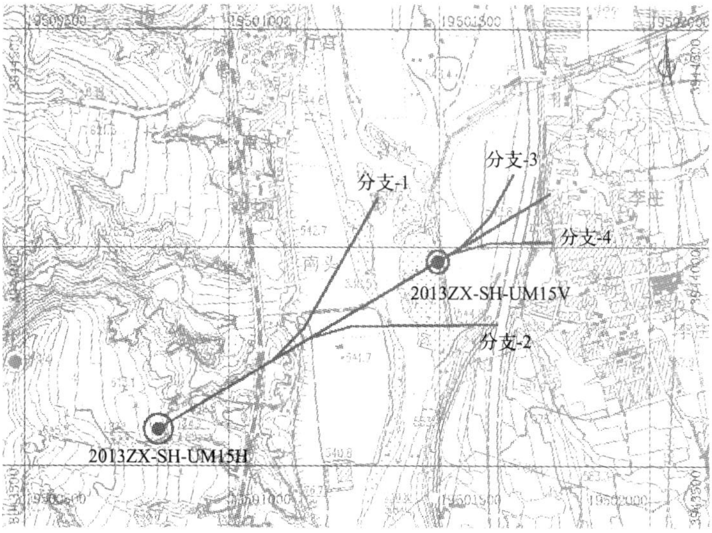

图4-11　2013ZX-SH-UM15远端对接井组井位布置平面分布图

井，设计参数见表 4-22。水平连通井设计采用三开井身结构，以裸眼滑套分段压裂方式完井，设计参数见表 4-23。

表 4-22 2013ZX-SH-UM15V 井井身结构设计参数

开钻次序	井深/m	钻头外径/mm	套管外径/mm	套管下入深度/m	环空水泥浆返高
一开	30	311.15	244.5	29	地面
二开	410	215.9	177.8	409	地面

表 4-23 2013ZX-SH-UM15H 井井身结构设计参数

开钻次序	井深/m	钻头外径/mm	套管外径/mm	套管下入深度/m	环空水泥浆返高
一开	48	311.15/550	351	井底	地面
二开	500	215.9	177.8	490	地面
三开	1350	152.4	114.3	1330	不固井

2. 目标垂直井钻完井工艺

目标垂直井(2013ZX-SH-UM15V 井)采用回转钻进工艺施工，一开井段钻井液体系为水基膨润土浆，二开井段钻井液采用清水，见煤前进行彻底地换浆，保证煤层的清洁钻进。

目标垂直井采用套管-洞穴(目标煤层段造洞穴)方式完井，一开 Φ311.15mm 井眼钻穿覆盖层，进入稳定基岩，下入 Φ244.5mm 套管，固井水泥返至地面。二开 Φ215.9mm 井眼钻至 15#煤层底板以下 40m，下入 Φ177.8mm 生产套管，套管串结构为：15#煤层下部井段为下封隔器+套管串，封隔器坐封在 15#煤层底板以下 5m 左右；15#煤层上部井段为上封隔器+套管串，封隔器坐封在 15#煤层顶板上部约 5m 处，其中 3#煤层段为玻璃钢套管。固井水泥浆自上封隔器上部沿环空间隙返至地面。采用造穴工具在 15#煤层段全段造穴，洞穴直径≥500mm。2013ZX-SH-UM15V 井实钻井身结构数据见表 4-24。

3. 水平连通井钻完井工艺

水平连通井(2013ZX-SH-UM15H)垂直井段采用常规回转钻进工艺、空气潜孔锤钻进工艺施工，造斜井段、水平井段(包含分支井)采用定向钻进工艺施工。2013ZX-SH-UM15H 井实钻井身结构数据见表 4-25。

表 4-24 2013ZX-SH-UM15V 井实钻井身结构数据

项目	一开	表层套管	二开	生产套管
钻头直径/mm	311.15		215.9	
井深/m	35.89		405.00	
套管外径/mm		244.5		177.8
套管总长/m		35.00		391.32
套管下深/m		35.00		405.00
套管顶端距地面/m		0.00		–0.28
水泥浆上返深度		地面		地面

表 4-25　2013ZX-SH-UM15H 井实钻井身结构数据

项目	一开	表层套管	二开	技术套管	三开	生产套管
钻头直径/mm	311.15/550		215.9		152.4	
井深/m	48.30		508.69		1356.72	
套管外径/mm		351		177.8		114.3
套管总长/m		46.91		498.41		983.37
套管下深/m		46.91		498.13		1321.6
套管顶端距地面/m				–0.28		329.53
水泥浆上返深度		地面		地面		—

水平连通井以裸眼滑套分段压裂方式完井，即主井眼中下入压裂管柱(由 93 根 Φ114.3mm 生产套管、7 个 Φ146mm 封隔器、4 个 Φ139.7mm 滑套及附件组成)分 4 段对目标煤层进行压裂。

具体压裂施工步骤如下：

1) 第一段

通过油管注入前置液并憋压至设定的压差滑套打开压力，压力突降则表明压差滑套打开；如果压力无明显变化，则通过注入的液体量来判断压差滑套是否打开。压差滑套打开后按压裂设计的具体参数实施压裂作业，继续注入前置液，再注入携砂液。

2) 第二段

第一段加砂结束后开始顶替。注入 2m^3 顶替液后投 2.5″球，随后继续注入顶替液，要求排量不得高于 2.5m^3/min；将 2.5″球到达对应滑套球座前最后 2m^3 顶替液的注入排量降低至 1.0～1.5m^3/min；球到位并使注入压力明显上升时，提高顶替液排量，打开压裂滑套 1，随后按设计进入正常压裂施工程序，注入前置液、携砂液。

3) 第三段

第二段加砂结束后开始顶替。注入 2m^3 顶替液后投 2.625″球，随后继续注入顶替液，排量控制要求及打开对应压裂滑套的方法与第二段相同，压裂滑套 2 打开后按设计进入正常压裂施工程序，注入前置液、携砂液。

4) 第四段

第三段加砂结束后开始顶替。注入 2m^3 顶替液后投 2.812″球，随后继续注入顶替液，排量控制要求及打开对应压裂滑套的方法与第二段、第三段相同，压裂滑套 3 打开后按设计进入正常压裂施工程序，注入前置液、携砂液及顶替液。

压裂结束后，在井口安装压力表，测孔内压降，并通过油嘴控制放喷。随后起出回接压裂管柱，进行扫球座、冲砂作业，最后完井。

本章汇稿人：石智军　张　阳

本章主要编写人员：张　阳　闫保永　张　晶　董萌萌
方　俊　王传留　刘建林

第5章　采动区煤层气地面抽采技术

煤矿采动区煤层气地面抽采是指充分利用煤炭井下回采过程造成的采动影响卸压增透、采动裂缝场储气和导流通道作用，采前在地面施工地面井，终孔在采动裂缝场内，抽采回采空间、采空区内煤层气；或者，直接在废弃矿井地表施工地面井到既有采动裂缝场内，抽采废弃矿井内的煤层气。从煤层赋存和开采条件方面进行分类，一般包括单一开采煤层条件下的地面抽采和煤层群开采条件下的地面抽采；从地面井的抽采目的方面进行分类，一般包括采动活跃区地面井和采动稳定区地面井；从地面井的井身类型方面进行分类，一般包括地面垂直井和地面L形顶板水平井两类。

受煤炭成因和地质构造运动历史影响，我国煤炭赋存条件一般较为复杂，“三低一高”(低压、低渗、低饱和、高含气量)现象非常普遍，这使得煤层中的煤层气无法在采前被更多的抽采出来，达到生产矿井抽采达标要求。随着煤矿生产集中度和矿井产量的日益提高，煤炭开采卸压后的瓦斯大量涌入回采空间，仅仅依靠矿井通风和常规的顶板钻孔抽采、采空区埋管抽采等措施已经无法有效治理回采空间的瓦斯超限问题，瓦斯积聚、超限、爆炸风险大幅度增加。采取有效方式治理回采空间巨量涌出瓦斯已经成为束缚矿井煤炭产量的瓶颈，有效抽采回采空间瓦斯也成为煤层气清洁资源高效利用的重要资源来源。

近几年，依托国家科技重大专项“大型油气田及煤层气开发”等项目的支持，重庆研究院、煤炭科学技术研究院等以在煤层气抽采和井下瓦斯治理方面的强大技术优势和经验积累为基础，对煤矿采动区煤层气地面抽采技术进行了系统攻关，取得了重要进展。在煤矿采动覆岩裂缝场演化规律方面，研究获得了以地表沉降和采场覆岩运动为基本判识依据，以采动裂缝场空间量化分布规律为基础的采动裂缝场煤层气富集空间分布规律。在采动活跃区地面井抽采技术方面，为了克服采动活跃区地面井井身破断率高、抽采时间短的难题，建立了采动活跃区地面井“层面拉剪”变形理论框架，攻克了井型结构逐级优化设计技术、采场布井位置优化选择技术、井身高危部位判识和安全防护技术、地面井瓦斯安全抽采技术等多项核心关键技术，形成了“全井固井+自重完井”“局部固井+悬挂完井”“局部固井+两级完井”3 种实用井型结构。在采动稳定区地面井抽采技术方面，为了克服采动稳定区资源量不清、井位布置不明等难题，形成了采动稳定区储气空间精算技术，并根据不同条件需求建立了采动稳定区煤层气资源的直接加法评估技术和间接减法评估技术，进而形成了集资源评估、井型结构设计和安全抽采于一体的成套抽采技术。在采动区井上下联合抽采技术方面，根据不同矿区地面抽采技术和井下抽采技术的特点，形成了先井下布孔+地面再压裂抽采、先地面压裂+井下滞后布置钻孔抽采、地面压裂+井下千米孔布置抽采和采动区井上下联合抽采等多种抽采模式。在采动区地面钻井工艺技术方面，为了解决采动岩层破碎区钻井漏液、卡钻等困扰钻进效率的难题，研发了高效堵漏钻井液、高强度钻井套管、可钻式一体化钻头等，形成了采动岩层破碎区套管钻井成套技术及装备。在采动区煤层气地面安全抽采方面，通过对井下通风、煤层发火、不同浓度煤层气安全集输等技术的研究，建立了采动区煤层气地面安全抽采监控指标体系、抽采系统建设条件、安全控制方法等成套技术。目前该类成套技术已经在晋城、大同、淮南、淮北、铁法、宁夏等矿区获得了大量的应用，实现了安全、高效抽采，效果显著。

本章将对采动覆岩裂缝场演化及瓦斯富集规律、采动活跃区地面井抽采技术、采动稳定区地面井抽采技术、采动区井上下联合抽采技术和采动区煤层气地面抽采安全控制技术等进行系统介绍。

5.1　采动覆岩裂缝场演化及瓦斯富集规律

5.1.1　岩层移动变形破坏时空分布基本规律

1. 地表移动变形时空规律

1)地表移动空间规律

(1)地表移动充分度。

在工作面的推进方向，地表移动充分度是随着采煤工作面推进位置不同而不断变化的。工作面从开切眼推进到采宽采深比为 0.3 位置之前，为极不充分采动开采；工作面推进到采宽采深比为 1.2 位置时，为临界开采，即临界开采前为不充分采动开采，临界开采后为充分采动开采，如图 5-1 所示，它描述了不断变化的动态地表下沉、超前影响角和超前影响角范围。

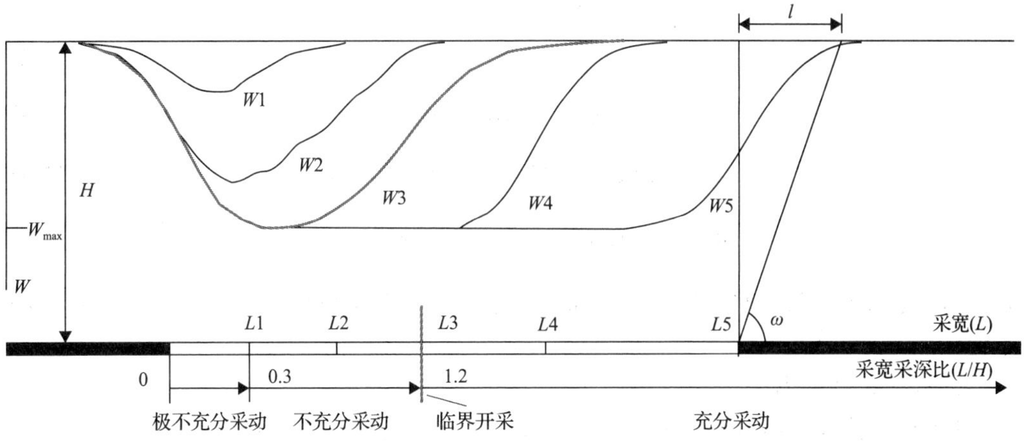

图 5-1　动态地表下沉与超前影响范围

l-超前影响角影响范围；W-地表下沉值，mm；$W1$～$W5$-不同开采阶段的地表下沉值，mm；W_{max}-地表最大下沉值；H-采深，m；L-采宽，m；$L1$～$L5$-不同开采阶段的采宽，m；ω-超前影响角，(°)

图 5-2 为充分采动时地表移动盆地(边界角内)下沉 W 和水平变形 ε 曲线。地表下沉盆地拐点外边缘为拉伸变形区，地表下沉盆地拐点内边缘为压缩变形区。拐点为零水平变形点，盆地中部为无变形区。因此，整个剖面内存在 3 个零水平变形点(区)。

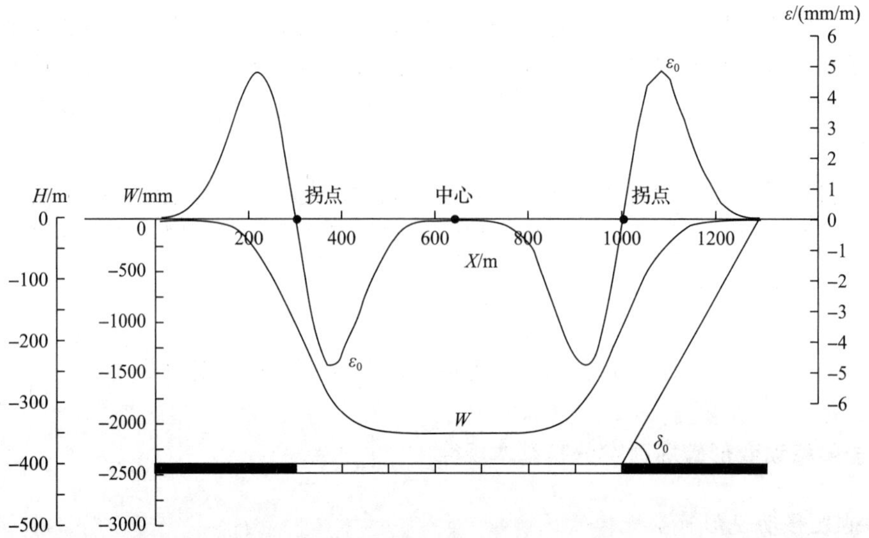

图 5-2　地表下沉和地表水平变形曲线与最终采动范围

δ_0-边界角

(2)地表移动变形最大值。

在充分采动开采条件下，地表移动变形值与开采厚度、开采深度、上覆岩层结构和岩性等相关。地表移动变形最大值，一般基于该区域地质采矿条件参数和地表移动变形计算参数，根据式(5-1)～式(5-5)计算获得。相关参数包括：开采厚度 M、煤层倾角 α、开采深度 H、下沉系数 q、水平移动系数 b 和主要影响角正切 $\tan\beta$。

$$W_{\max} = q \cdot M \cdot \cos\alpha \tag{5-1}$$

$$U_{\max} = b \cdot q \cdot M \cdot \cos\alpha \tag{5-2}$$

$$I_{\max} = q \cdot M \cdot \cos\alpha \cdot \tan\beta / H \tag{5-3}$$

$$\varepsilon = 1.52b \cdot q \cdot M \cdot \cos\alpha \cdot \tan\beta / H \tag{5-4}$$

$$K_{\max} = 1.52b \cdot q \cdot M \cdot \cos\alpha \cdot \tan^2\beta / H^2 \tag{5-5}$$

式中，$U_{\max}$ 为地表最大水平移动值，mm；$I_{\max}$ 为地表最大倾斜值，mm/m；$K_{\max}$ 为地表最大曲率，mm/m^2。

(3)地表移动范围。

地表移动范围可用边界角来确定，边界角是充分采动条件下地表下沉 10mm 的点和开采边界的连线与水平线在煤柱侧的夹角。边界角主要取决于覆岩结构和强度等因素。覆岩碎软时，边界角较小；覆岩坚硬时，边界角较大。第四系地层边界角一般为 40°～50°，基岩地层边界角一般为 50°～65°。

2)地表移动时间规律

地表移动观测表明，当采煤工作面推进一定距离之后，岩层移动先从其顶板开始，由下往上发展。对于地表移动延续时间或地表移动期，地表的移动过程可分为初始期、活跃期和衰退期 3 个时期。在 3 个时期中，初始期是开始采动影响的启动时期；活跃期是对覆岩和地表破坏最为严重的时期；衰退期一般延续时间长，但对覆岩和地表破坏影响不大。覆岩厚度越大，地表移动延续时间越长。地表移动延续时间可根据本矿区实测资料确定。无实测资料时，地表移动延续时间可根据以下公式计算：

$$T=2.5H \qquad 当\ H\leqslant 400\text{m}\ 时 \tag{5-6}$$

$$T=1000\exp\left(1-\frac{400}{H}\right) \qquad 当\ H>400\text{m}\ 时 \tag{5-7}$$

式中，T 为地表移动延续时间，d。

2. *覆岩和底板破坏时空规律*

1) 覆岩破坏分区

覆岩采动影响程度主要指覆岩导水裂缝带(或裂缝带)的发育程度。刘天泉等(1981)对我国煤矿覆岩破坏分布做了大量实测和理论研究，提出了“上三带”理论，如图 5-3 中的垮落带、裂缝带和整体移动带。

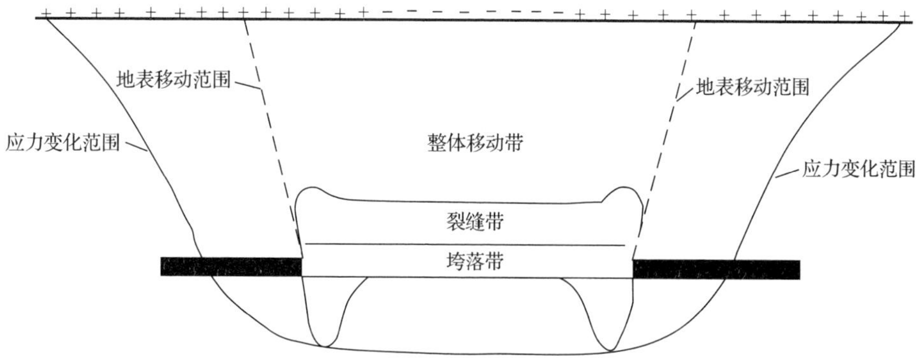

图 5-3　长壁工作面开采后覆岩内部破坏特征分区

垮落带内岩块破坏严重。裂缝带内靠近垮落带的岩层，断裂严重；远离垮落带的岩层，断裂较轻微。整体移动带指的是自裂缝带顶界到地表的整个岩系弯曲下沉带。整体移动带的岩层基本上是处于水平方向双向受压缩状态，因而其密实性及塑性变形能力得到提高。

2) 煤层覆岩和底板破坏空间规律

(1) 煤层覆岩破坏规律。

根据现场实测资料，缓倾斜(倾角为 0°～35°)煤层覆岩导水裂缝带发育范围的最终形态类似于马鞍形，采空区四周边界上方破坏范围高于采空区中央，其最高点边界位于采空区边界以内或以外的数米范围内；中倾斜(倾角为 36°～54°)煤层覆岩走向剖面上导水裂缝带范围仍为马鞍形，采空区倾斜剖面覆岩破坏范围的最终形态呈上大下小的抛物线拱形形态；急倾斜(倾角为 55°～90°)煤层，由于垮落岩块在采空区底部堆积，或受覆岩整体滑动、煤层抽冒的影响，覆岩破坏范围呈现出各种不同的类似于拱形的形态。

覆岩破坏高度与覆岩岩性和力学结构密切相关。坚硬脆性岩层覆岩破坏高度较大，一般为开采厚度的18～28倍；软弱塑性岩层覆岩破坏高度较小，一般为开采厚度的9～12倍；中硬覆岩的破坏高度一般介于坚硬和软弱之间。覆岩破坏高度一般与开采厚度呈正比例关系，随开采厚度的增大而增加。当采用单一长壁全部垮落采煤法时，裂缝带高度在经过回采工作面第一次放顶和老顶周期来压及地表出现最大下沉速度时出现，此时采空区走向长度对于中硬顶板一般为20～60m，当覆岩破坏达到最大值时，它就不再随采空区走向长度的增加而增大了。

(2)煤层底板破坏规律。

煤层开采后，煤层底板沿煤层至采空区的水平方向上，根据支承压力的变化分为应力增加区、卸压区(应力降低区)和应力恢复区，根据岩层受力变化又称为压缩区、膨胀区和压实区。应力和位移变化剧烈区一般在工作面前后几十米范围内，工作面煤壁前方支承压力最大峰值一般深入煤体2～10m，影响范围可达工作面前方90～100m。

垂直方向上，在压缩区和膨胀区临界区域易发生剪胀破坏，在工作面推进过程中形成了动态的采动矿压破坏带。煤层底板岩层位移及应力变化频度和幅度随埋深的增加而减小，即越接近煤层底板，受采动影响越剧烈。根据实测资料，采动破坏带一般为6～27m，有些矿井甚至更大，其值主要与采掘空间尺寸相关。

3)煤层覆岩破坏的时间规律

煤层开采覆岩破坏高度随时间的变化经历了发生—上向发育—最大值—压缩降低—最终稳定的时间规律性发育过程(图5-4)。

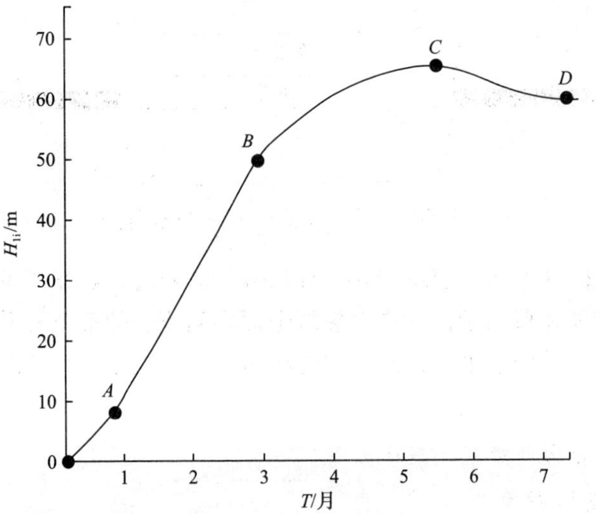

图5-4　覆岩破坏高度随时间的变化(以皖北某工作面为例)

H_{1i}-覆岩破坏高度，m

在裂缝带达到最大值之前，其高度随时间而增长。对于中硬覆岩，一般是工作面回采后1～2个月时间内，裂缝带达到最大值；对于坚硬覆岩，裂缝带达到最大值的时间长一些；对于软弱覆岩，裂缝带高度达到最大值的时间短一些。对于薄煤层，裂缝带发育至稳定的时间短一些，对于中厚-厚煤层，裂缝带发育至稳定的时间则相对长一些。

3. 岩层移动规律在煤层气与煤炭协调开发中的应用

1) 煤层气抽采主要技术方法与岩层移动关系分析

我国煤层的渗透率普遍较低。当煤层开采后，岩层移动导致岩层应力场与裂缝场发生改变，即使是渗透率很低的煤层，其渗透率也将增大数十倍至数百倍，为煤层气卸压运移和开采创造了条件。因此，岩层移动变形和破坏规律对于采动区煤层气抽采中优化抽采方案、提高采出率具有很重要的指导作用。

2) 在地面钻井抽采中的应用

地面钻井是采空区瓦斯抽采最为有效的方法之一，其在我国晋城矿区、淮北矿区和淮南矿区都成功地进行了应用。地面钻井设计与岩层移动间关系密切。地面钻井既要利用采动裂缝通道来抽采煤层气，又要避免地面钻井因岩层移动产生井壁断裂、钻井井筒闭合等问题。

依据岩层移动参数，可界定采动区时空影响。根据边界角，基于实际的开切眼、停采线、上回风巷、下运输巷等开采边界线，可划定采煤工作面最终采动影响范围；根据超前影响角，可确定地表动态的超前影响距离；根据覆岩破坏分区和破坏空间规律，可计算垮落带和裂缝带高度，掌握采空区垮落特征；根据岩层移动时间规律，可计算地表和覆岩内部采动影响持续时间。采动影响范围以外为不受开采影响的区域，受采动影响的地表移动延续时间外为相对稳定区。

基于岩层移动、变形和破坏时空规律的地面钻井设计原则如下所述。

(1) 在确定钻井井底空间位置时，一是根据覆岩内部破坏特征和垮落带高度，把井底设计在垮落带内，可以捕捉裂缝发育区和煤层气富集区；二是根据开采煤层采空区垮落特征，使地面钻井进入工作面四周的导气 O 形裂缝通道，使其具有足够的通道，可畅通抽采工作面的煤层气。

(2) 在进行钻井井口平面位置设计时，可借鉴岩层移动规律，避免把钻井井口布置在拉压变形严重区，而选择在水平变形为零或者变形较小的区域，即拐点附近和盆地中间位置，如图 5-5 所示。4 个钻井布置在静态水平变形零位置的拐点(S_1、S_2、S_3和 S_4分别为不同方向的拐点移动距)上，一个钻井布置在工作面中心。这样，能减少岩层移动导致的钻井破坏数量。

(3) 在时间上，地面瓦斯抽采钻井尽可能避开地表移动活跃期布设。

例如，在两淮矿区地面井布设工程实践中(图 5-6)，在空间上，井位布置于工作面正中央或距离回风巷 1/3 处，井间距为 200～400m；在时间上，尽可能避开地表移动活跃期(2～3 个月)布设瓦斯抽采钻孔(井)。再加上加强的钻孔井壁结构，地面抽放钻孔效果良好。

3) 在井下高抽巷等抽采工程中的应用

井下高抽巷是在开采煤层上方覆岩内且位于该工作面采动区的巷道。采动裂缝带形成后，该巷道与采空区连通，工作面瓦斯上浮，使得该顶板巷道充满高浓度瓦斯，而通过预置管道，即可将采空区瓦斯抽出。

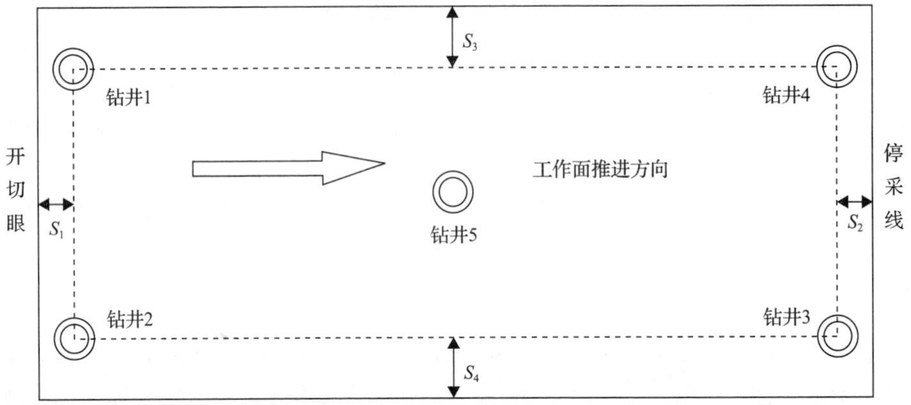

图 5-5　地面钻井平面设计原则

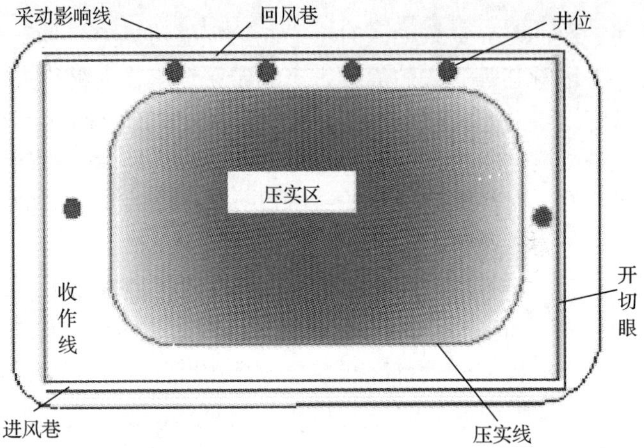

(a) 平面图

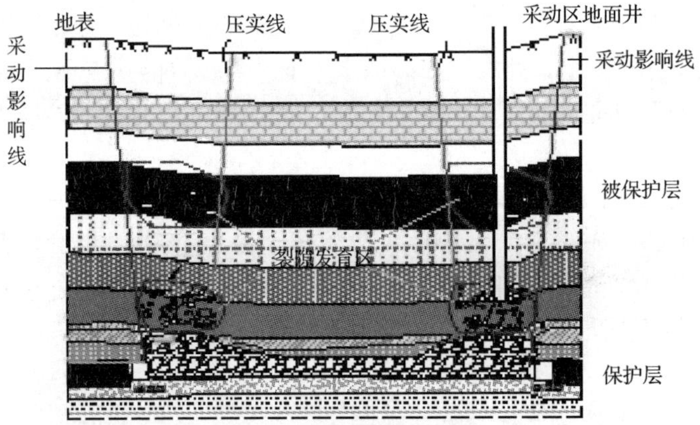

(b) 剖面图

图 5-6　岩层移动规律在地面钻井布置中的应用

与地面钻井相同，井下高抽巷布置与岩层移动间关系(图 5-7)存在既要使井下高抽巷位置具备采动裂缝通道，又要控制高抽巷不遭受严重垮塌，保持其运移煤层气的功效。高抽巷沿工作面走向推进方向布置，在平面方向可沿工作面中心线或者稍靠上风巷一侧(考虑瓦斯气体上移特点)掘进，在立面方向高抽巷布置在采动裂缝带内，并在高抽巷内施工抽放钻孔，打到回采煤层垮落带，使采空区与高抽巷连通。

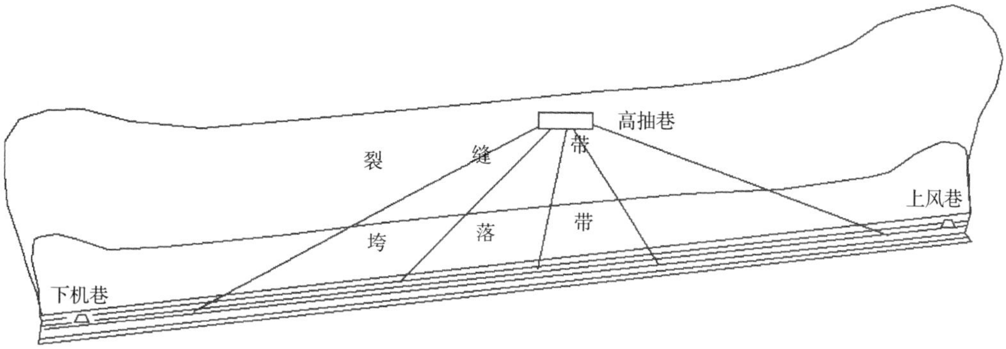

图 5-7　岩层移动规律在高抽巷布置中的应用

煤层采动破坏规律主要包括煤层覆岩破坏规律和底板采动破坏规律。其他井下抽采工程(穿层钻孔、高位钻场、高抽巷、底抽巷和顺层抽采钻孔等)的空间布置的理论基础，也是依据煤层覆岩和底板移动、变形、破坏规律。如图 5-8 所示，煤层顶板抽采工程的位置应布置在便于维护、煤层气相对富集区或采动裂缝内，一般应避开垮落带，布置在裂缝带中下部；底抽巷等底板抽采工程的位置应布置在底板相对完整岩层中，一方面应避开底板采动破坏带的影响，另一方面不应距离煤层过远而增加工程成本，底板抽采巷或底板穿层钻场应布置在距底板 25～35m 位置；煤层顺层钻孔主要布置在本煤层中，间距一般为 3～5m，主要考虑煤层开采超前压力影响范围，该影响范围一般为 30～50m，顺层钻孔在采煤工作面推进至距离 30～50m 时就停止抽采。

4) 在下部保护层抽采中的应用

根据观测数据，先开采下部保护层时，上部被保护层膨胀变形可达 7.84‰～26.4‰，有效卸压影响间距可达 150m，煤层透气性系数增加 1000～3000 倍，卸压瓦斯抽采率达 60%以上。但必须掌握下部保护层选择与岩层移动间的关系。

开采下部保护层时，既不能让采动引起的垮落带进入被保护层，还需要保持一定的安全距离，防止小构造引发煤与瓦斯突出事故，这样就要求被保护层应在裂缝带和整体移动带分界线附近。

5.1.2　采动裂缝场演化规律

通过利用矿用本安型钻孔成像系统对围岩裂缝场动态演化现场进行实测发现，根据裂缝统计特征及裂缝形心所处位置，采场上方受采煤工程扰动的覆岩裂缝区域可以划分为 4 个部分：离层低角度裂缝区、冒落中角度裂缝区、裂缝扩展高角度区、中高角度过渡区。4 个区域的位置和基本特征如图 5-9 所示。

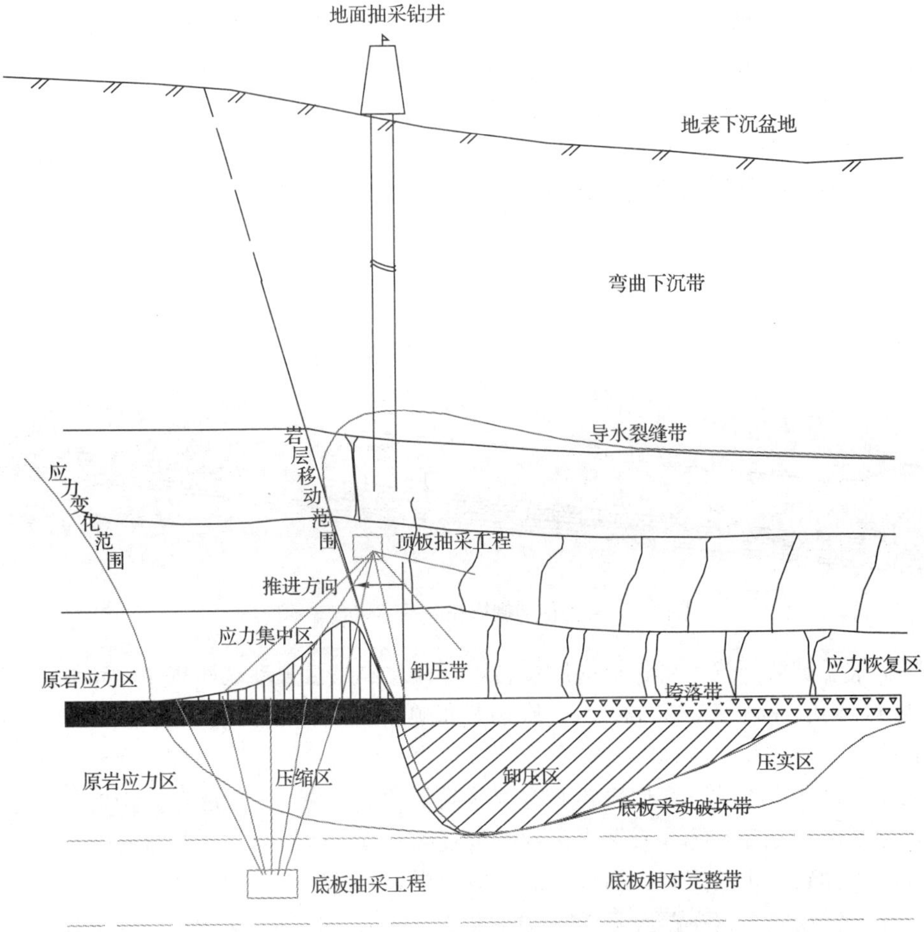

图 5-8　岩层移动规律在底抽巷工程中的应用

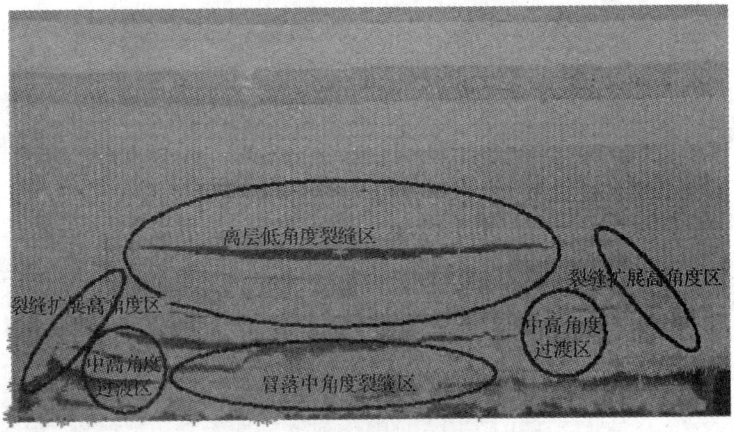

图 5-9　裂缝角度分带特征图

(1) 离层低角度裂缝区：该区域主要集中在弯曲下沉带及裂缝带顶上限位置处、裂缝角度以 0°～30°小角度为主的区域，部分离层裂缝两端有大倾角裂缝，但未发生断裂。该区域主要是不同岩性或者具有分层特性的岩体受采动影响，导致其原始围岩压力发生改变，在其弯曲沉降的过程中相邻岩层在界面位置产生分层而形成的。

(2) 冒落中角度裂缝区：该区域的典型特征是以中角度裂缝为主，由于该区域主要形成于切眼及工作面靠近采空区、采空区上部垮落带、裂缝带中部与下部，该部位多为上一周期来压或几个来压所产生的裂缝位置，曾经的大倾角裂缝或者由散体堆积形成的裂缝由于受到上覆垮落岩体自重及矿山构造应力等，裂缝角度降低，但多集中在中度倾角 30°～60°。此外，该区域主要由散落矸石和上覆岩层整体砌块组成，包含的裂缝倾角值比较多样化。

(3) 裂缝扩展高角度区：该区域的主要特点是大倾角裂缝出现频次与中、低角度裂缝出现频次相比有明显增多的趋势。分析其原因主要是该区域是裂缝穿层导通上下离层的主要区域，多表现出高角度穿层裂缝，随工作面的推进，开切眼上方高角度裂缝区一直保持继续向高位和采空区扩展的趋势；工作面上方高角度裂缝区将向中角度区域转变，角度随上覆岩层向采空区移动而降低。

(4) 中高角度过渡区：该区域的主要特点是以中、高度角度裂缝频数占有较高比例为主，分析其原因，该区域上覆岩体向采空区垮落或产生位移，致使高角度扩展位置煤岩体向采空区一侧发生以铰接点为圆心的轻度转动，该区域是砌体梁形成及裂缝向中、低角度扩展连接高角度裂缝区和中角度裂缝区并形成具有一定空隙的高导、高渗、高透的主要位置。

5.1.3　采动区瓦斯富集规律

1. 采动区瓦斯赋存分布的演化特征

煤层回采在不同的阶段采动区内的瓦斯来源、赋存状态、运移规律是不同的，总体上可以分为 5 个阶段，如图 5-10 所示。

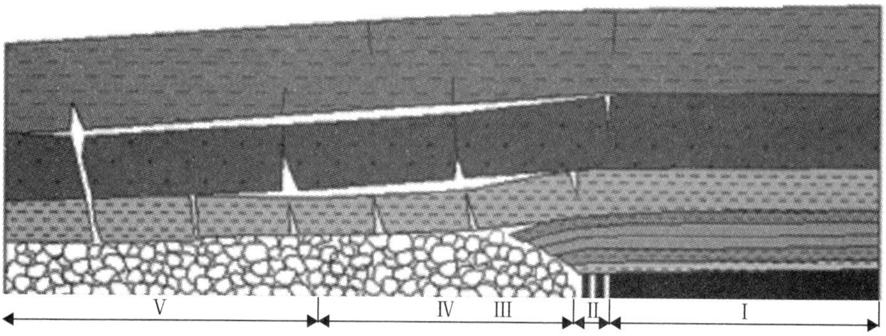

图 5-10　煤层回采的不同阶段

第 I 阶段，瓦斯在煤层内以吸附态为主，在采动卸压影响下正逐渐经历解吸过程，向游离态转化；

第 II 阶段，瓦斯以新鲜落煤、煤壁的涌出为主，主要是游离态，聚集在回采工作面的狭小空间内并随回风流进入回风巷及第 III 阶段新采空区的裂缝空间；

第Ⅲ、第Ⅳ阶段，以回采工作面的涌入瓦斯、采空区落煤解吸瓦斯及煤壁解吸瓦斯为主，以游离态存在并迅速向采场上方的裂缝场空间汇集、运移；

第Ⅴ阶段，垮落带处于基本压实状态，遗煤、煤柱等的瓦斯解吸趋于平衡，垮落带内的瓦斯大部分运移到了采场裂缝带内的O形圈空间聚集区。

煤层回采的第Ⅱ、第Ⅲ和第Ⅳ阶段总体上属于采动活跃区，该阶段涌出的瓦斯是采动活跃区地面井抽采的重点；煤层回采的第Ⅴ阶段总体上属于采动稳定区，该阶段赋存的瓦斯是采动稳定区地面井抽采的重点。

2. 采动区瓦斯赋存与运移规律

在采动影响下，煤层应力等平衡状态遭到破坏，形成瓦斯的流动通道，瓦斯经解吸—扩散—渗流至整个采动空间，使原始动态平衡状态受到影响，逐渐发展建立新的平衡。

瓦斯在采动空间通道内的流态依据雷诺数大致可分为3个区域：层流区($Re<10$)、过渡区($10<Re<100$)和紊流区($Re>100$)。由采动影响下工作面前方煤体的受力分析可知，其受支承压力作用未发生宏观破坏，煤体内气体流动符合达西定律；而煤矿巷道与工作面通风可视为管道流动；采空区内由于垮落矸石间存在大量空隙及上覆岩层移动产生采动裂缝，气体流动介于达西渗流与管道流动之间的过渡流动状态。

水平方向靠近工作面的区域由于工作面回风风流的影响，风流压力从采空区进风侧到回风侧逐渐降低，瓦斯由进风侧向回风侧运移，导致进风侧的瓦斯浓度低于回风侧的瓦斯浓度。随着采空区深度的增加，瓦斯从工作面进风侧向采空区深部延伸逐渐形成“扇形”浓度降低区，部分瓦斯从采空区回风侧逐渐流入工作面，在工作面上隅角附近可能形成积聚区。

竖直方向，采动裂缝空间内的竖向破断裂缝和离层裂缝具有显著的流动导向性，为瓦斯流通的主要通道。瓦斯沿裂缝空间向采空区深部及上部运移，在一定时间后，裂缝带上部离层裂缝最显著的区域瓦斯流量最大。

5.2 采动活跃区地面井抽采技术

5.2.1 地面井与采动覆岩的耦合变形作用

1. 地面钻井套管变形破坏的特点与耦合因素分析

与地面压裂预抽井相比，地面瓦斯抽采钻井的变形破坏是钻井套管受到岩层与水泥环变形、错动的影响产生拉、剪、挤的作用而发生的相应形式的变形，当套管变形达到承载极限时，会发生变形破坏。因此，地面瓦斯抽采钻井套管承载变形的能力与钻井的孔径、套管壁厚、套管钢级、水泥环特性、岩土体材料等物理、几何参数有关，这也是地面瓦斯抽采钻井套管变形破坏的主要耦合影响因素。

但是，地面瓦斯抽采钻井套管变形具有自身的特点：由于煤层开采的大尺度和采空区垮落效应的影响，采场上覆岩层发生沉降和岩层滑移，地层以岩层间的错动和离层拉伸为主要的变形形式，挤压效应的影响相对较弱。而且，在地面钻井瓦斯抽采工程实践中，在离层位移发生较大的位置，地面钻井套管发生破坏的概率很大。因此，地面瓦斯抽采钻井套管的变形破坏以岩层移动造成的拉、剪变形为主，其影响因素也是地面瓦斯抽采钻井变形破坏的主要耦合变形影响因素。

2. 耦合因素对地面钻井变形破坏的影响效应

1) 钻井套管剪应力影响因素

地面钻井套管伴随采场上覆岩层移动的变形破坏是一个岩层、水泥环对钻井套管综合力学作用的表现。钻井套管的剪切滑移变形呈 S 形分布，套管变形形式可近似用正弦函数表示，即

$$u(y) = A\sin\left(\frac{2\pi y}{a}\right) \qquad \left(0 < y < \frac{a}{2}\right) \tag{5-8}$$

式中，y 为剪切区域内沿套管的长度；$u(y)$为 y 点套管的垂直位移；A 为位移函数的振幅；a 为与岩层物理力学性质和应力环境有关，为剪切区域宽度的 2 倍。

根据材料力学梁的弯曲变形原理可得地面钻井套管剪切滑移变形状态下的弯矩方程为

$$M_{\mathrm{t}} = \frac{4AE_{\mathrm{c}}I\pi^2}{a^2}\sin\left(\frac{2\pi}{a}y\right) \qquad \left(0 < y < \frac{a}{2}\right) \tag{5-9}$$

式中，E_{c} 为套管的弹性模量，GPa；I 为横截面对中性轴的惯性矩，m^4。

当梁的横截面为环形时，根据材料力学的证明，横截面边缘上各点的剪应力与圆周相切。这样，在水平弦 AB 的内外径的 4 个端点上与圆周相切的剪应力作用线相交于 x 轴上的某点 p[图 5-11(a)]。

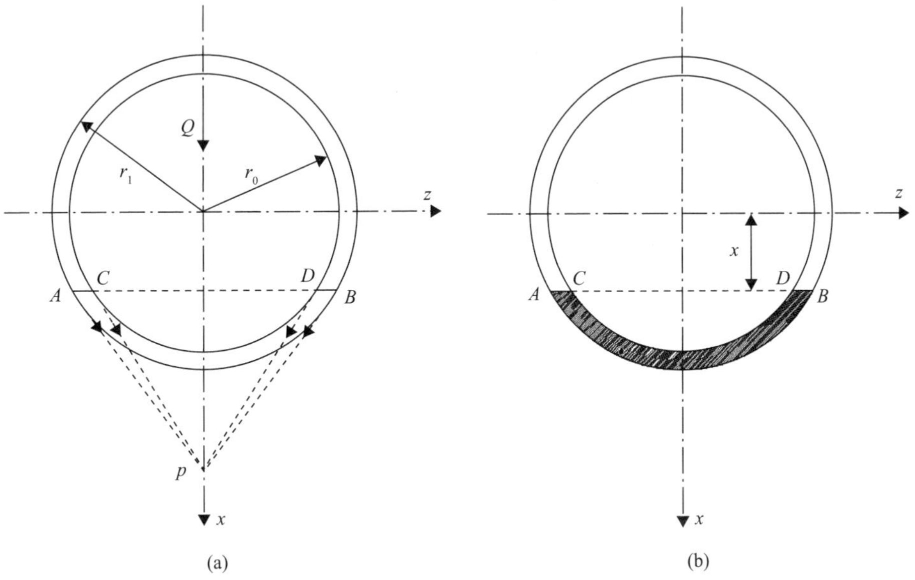

图 5-11　环形梁截面剪应力示意图

由此可以假设，AB 弦上各点剪应力的作用线都通过 p 点。因此，环形梁的截面剪应力计算公式为

$$\tau = \frac{QS_z^*}{I_z b_t} \tag{5-10}$$

式中，Q 为梁横截面上的剪切力；I_z 为横截面对中性轴的惯性矩，这里 $I_z = \frac{\pi}{4}(r_1^4 - r_0^4)$；$S_z^*$ 为横截面上距中性轴为 x 的横线以外部分面积对中性轴的静矩[图 5-11(b)]；b_t 为梁壁厚的 2 倍；r_0、r_1 分别为地面钻井套管内、外径。

将式(5-9)进行变换后获得 Q 的表达式并代入式(5-10)得到钻井套管截面最大剪应力表达式为

$$\tau_{max} = \frac{8AE_c\pi^3(r_1^2 + r_1r_0 + r_0^2)}{3a^3}\cos\left(\frac{2\pi}{a}y\right) = \frac{8AE_c\pi^3(3r_1^2 - 3r_1t + t^2)}{3a^3}\cos\left(\frac{2\pi}{a}y\right) \tag{5-11}$$

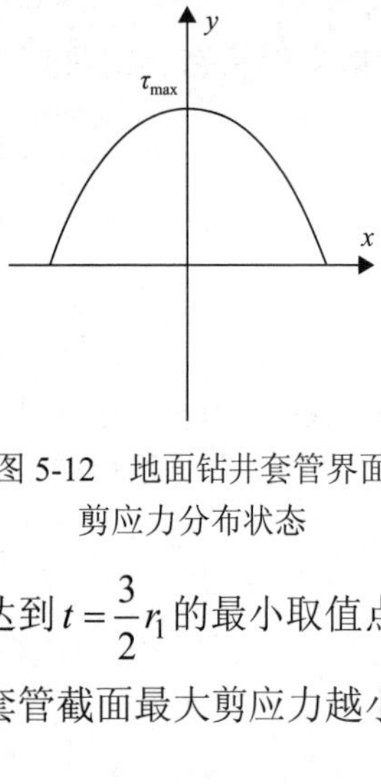

图 5-12　地面钻井套管界面剪应力分布状态

由式(5-11)可知，在地面钻井套管的横截面上，剪应力呈抛物线形对称性分布，在套管变形中性面上，剪应力达到最大值；岩层移动过程中，地面钻井最大受力方向是在钻井套管弯曲变形的方向，因此，最大受力方向上的套管边界位置的剪应力为零，如图 5-12 所示。

由式(5-11)可知，当地面钻井套管外径 r_1 不变，钻井套管壁厚 t 逐渐增加时，套管截面最大剪应力呈先逐渐减小，在 $t = \frac{3}{2}r_1$ 时为最小值，然后逐渐增大的变化趋势，如图 5-13 所示。钻井直径往往远大于钻井套管壁厚，套管壁厚很少能够达到 $t = \frac{3}{2}r_1$ 的最小取值点，因此，在地面钻井工程实践中一般呈现钻井套管壁厚越大，套管截面最大剪应力越小的单一变化规律。

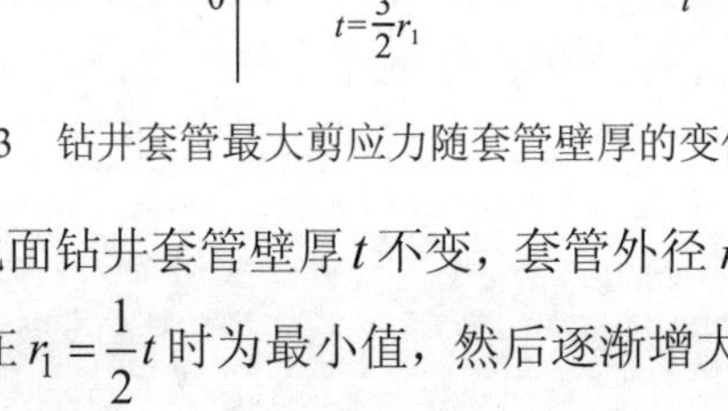

图 5-13　钻井套管最大剪应力随套管壁厚的变化规律

由式(5-11)可知，当地面钻井套管壁厚 t 不变，套管外径 r_1 逐渐增加时，套管截面最大剪应力呈先逐渐减小，在 $r_1 = \frac{1}{2}t$ 时为最小值，然后逐渐增大的变化趋势，如图 5-14 所

示。地面钻井套管壁厚一般远小于钻井套管直径，钻井套管横截面最大剪应力达到最小值的可能性比较小，因此，在实际工程中一般呈现钻井直径越大，钻井套管横截面最大剪应力越大的单一变化规律。

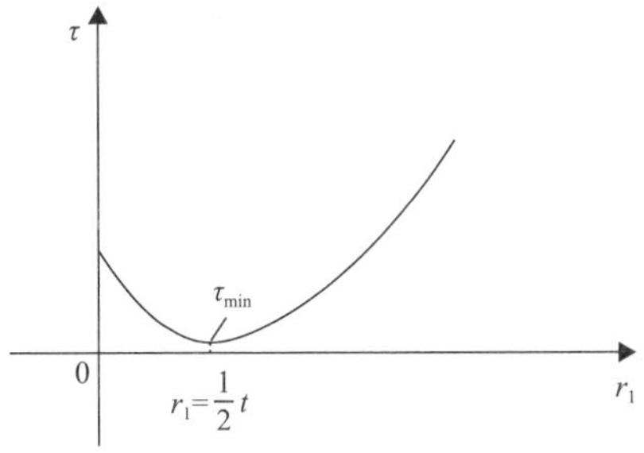

图 5-14　钻井套管横截面最大剪应力随套管半径的变化规律

由式(5-11)可知，地面钻井套管截面最大剪应力与套管的弹性模量 E 呈正比例关系，如图 5-15 所示。

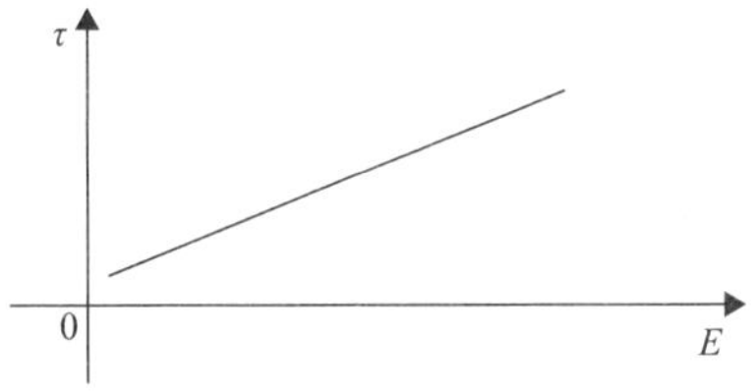

图 5-15　钻井套管横截面最大剪应力随套管弹性模量的变化规律

由式(5-11)可知，随着地面钻井套管壁厚、内径和管材弹性模量的增大，套管的抗弯刚度增大，钻井套管的挠曲变形幅度减小，即式(5-11)中系数 A 减小。但是，从钻井套管型号的一般规律看，其因壁厚、内径和管材弹性模量的变化而导致的套管抗弯刚度的变化并不大，因此，这里可以近似认为系数 A 不变，从而获得图 5-13～图 5-15 所示的变化规律。用这种处理方法获得的钻井套管横截面最大剪应力会偏大，从而在一定程度上会增强钻井套管设计的安全系数。

2) 钻井套管拉伸应力影响因素

在地面钻井拉伸变形中，因岩层离层而产生的钻井套管拉伸变形是最主要的拉伸形式。在离层拉伸的情况下，由于影响离层效果的主要因素是煤层开采工艺和采场覆岩情况，可以近似认为钻井套管受到的拉伸作用力是一定值。

因此，设钻井套管受到的拉伸力为 p，套管内外径和壁厚分别为 r_1、r_0、t，则在离层拉伸作用下钻井套管横截面拉伸应力为

$$\sigma_t = \frac{p}{\pi(r_1^2 - r_0^2)} = \frac{p}{\pi(2r_1 - t)t} = \frac{p}{\pi(2r_0 + t)t} \tag{5-12}$$

根据胡克定律，离层拉伸条件下钻井套管横截面拉伸应力也可以表示为

$$\sigma_t = E_c \varepsilon_s = E[\varepsilon(y) + \Delta w / a] \tag{5-13}$$

式中，E_c 为套管的弹性模量；ε_s 为钻井套管截面拉应变；$\varepsilon(y)$ 为因岩层剪切滑移而发生的套管微观拉伸变形；Δw 为套管横截面处岩层的最大离层位移；a 为与岩层物理力学性质和应力环境有关，为剪切区域宽度的 2 倍。

由材料力学轴向拉伸和梁的横力弯曲力学分析，可以认为因采场上覆岩层离层拉伸作用产生的拉伸应力在钻井套管横截面上近似呈均匀分布，这是满足工程精度要求的。

由式(5-12)可知，当地面钻井套管外径 r_1 不变，钻井套管壁厚 t 逐渐增加时，套管截面拉伸应力呈先逐渐减小，在 $t=r_1$ 时呈最小值，然后逐渐增大的变化趋势。钻井套管壁厚往往远小于钻井套管外径，达到最小值条件 $t=r_1$ 的可能性很小，因此，在工程实践允许的取值范围中，随着钻井壁厚的增加，地面钻井套管截面拉伸应力往往呈单一的非线性递减趋势，如图 5-16 所示。

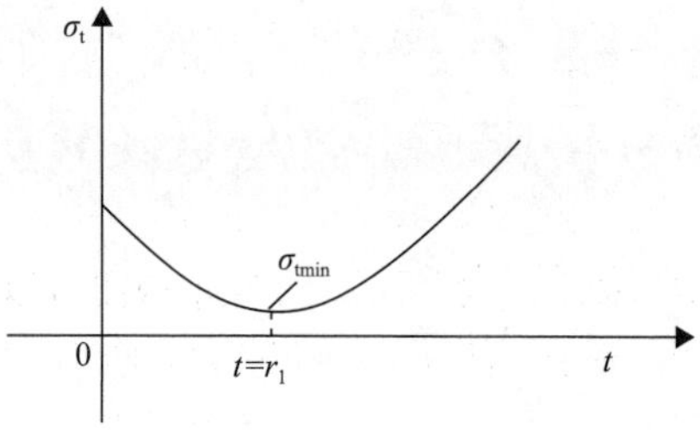

图 5-16　钻井套管截面拉伸应力随套管壁厚的变化规律

由式(5-12)可知，当套管壁厚 t 不变时，套管截面拉伸应力随套管外径的增加呈非线性递减的趋势，如图 5-17 所示。

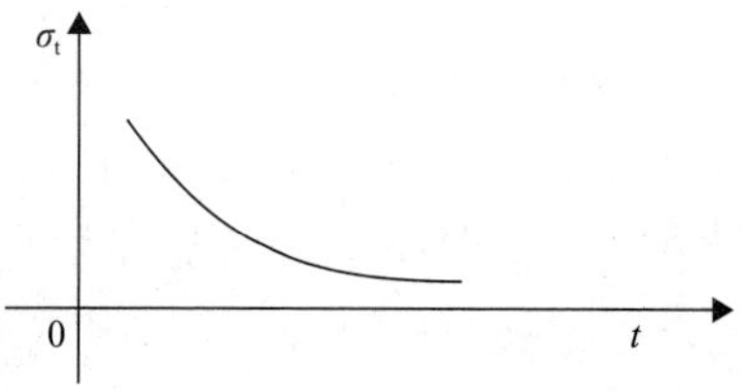

图 5-17　钻井套管截面拉伸应力随套管半径的变化规律

5.2.2　地面垂直井损害防治技术

1. 地面井套管损害极限分析

极限分析方法是通过改变结构体既有物理力学参量，从而降低(或增强)结构体的力学承载能力，使得结构体在工程环境中达到力学的临界平衡状态，以对结构体的安全性进行量化评估的方法。通常极限分析方法借助安全系数对结构体的安全性进行评估。安全系数是工程结构设计方法中用以反映结构安全程度的系数。安全系数的确定需要考虑荷载、材料的力学性能、计算模式和施工质量等各种不确定性因素，还须涉及工程的经济效益及结构破坏可能产生的后果，如生命财产和社会影响等诸多因素。岩土工程设计中常采用强度储备安全系数和超载储备安全系数，是计算的极限荷载与实际荷载之比或计算的极限承载力与实际承载力之比。

因此，设钻井套管材料的极限承载剪应力为 τ_{lim}、套管在岩层移动过程中的实际剪应力为 τ_{in}，则地面井套管剪切破坏安全系数为

$$f_{\mathrm{s}}=\frac{\tau_{\mathrm{lim}}}{\tau_{\mathrm{in}}}=\frac{3a^{3}\tau_{\mathrm{lim}}}{8AE_{\mathrm{c}}\pi^{3}(3r_{1}^{2}-3r_{1}t+t^{2})\cos\left(\dfrac{2\pi}{a}y\right)} \tag{5-14}$$

设钻井套管材料的极限承载拉伸应力为 $\sigma_{\mathrm{t-lim}}$、套管在岩层移动过程中的实际拉伸应力为 $\sigma_{\mathrm{t-in}}$，则地面井套管拉伸破坏安全系数为

$$f_{\mathrm{t}}=\frac{\sigma_{\mathrm{t-lim}}}{\sigma_{\mathrm{t-in}}}=\frac{\pi t(2r_{1}-t)\sigma_{\mathrm{t-lim}}}{p} \tag{5-15}$$

对于破坏位置的判断，可以根据组合岩层划分理论计算获得采场上覆岩层中关键层位置和组合岩层的划分规律，进而对具有高危险性的关键层下岩层界面和组合岩层内的厚层岩层下的界面进行剪应力和拉伸应力的重点测算。

由图 5-18 钻井套管截面剪应力在套管截面的分布规律可以看到：在两个最大剪应力计算点的连线上（$A\to D$），套管内壁的剪应力高于外壁的剪应力，当剪切破坏安全系数或套管截面最大剪应力计算点达到套管剪切极限时，由套管内壁向套管外壁的 $B\to A$ 和 $C\to D$ 线上各点均已经达到了剪切极限，考虑到钻井套管弹脆性材料的特点，当由式(5-14)根据最大剪应力计算获得的剪切破坏安全系数小于 1 时，可以初步认为钻井套管将发生剪切破坏。

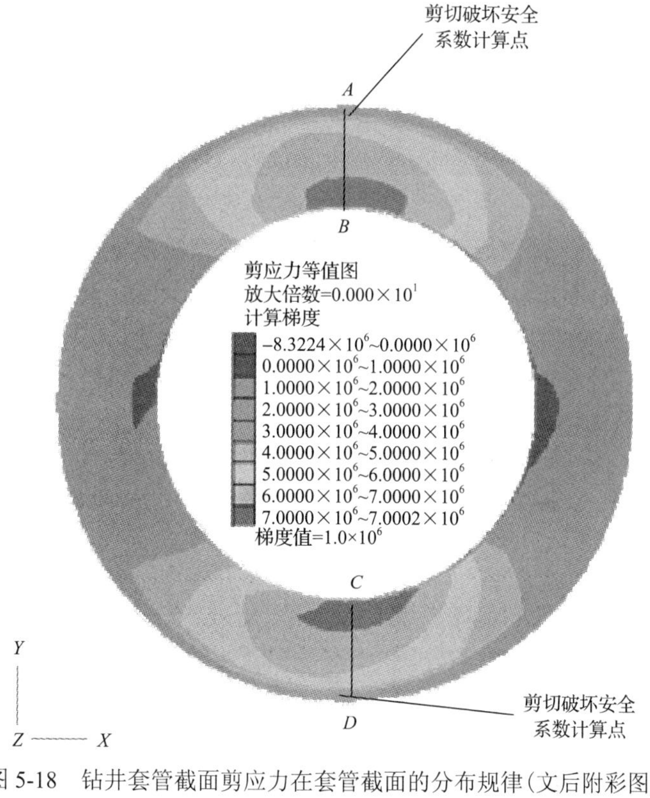

图 5-18　钻井套管截面剪应力在套管截面的分布规律（文后附彩图）

同理，由于钻井套管截面拉伸应力在套管横截面上近似呈均匀分布(图 5-19)，当由式(5-14)根据拉伸应力计算获得的拉伸破坏安全系数小于 1 时，可以初步判定钻井套管将发生拉伸破坏。

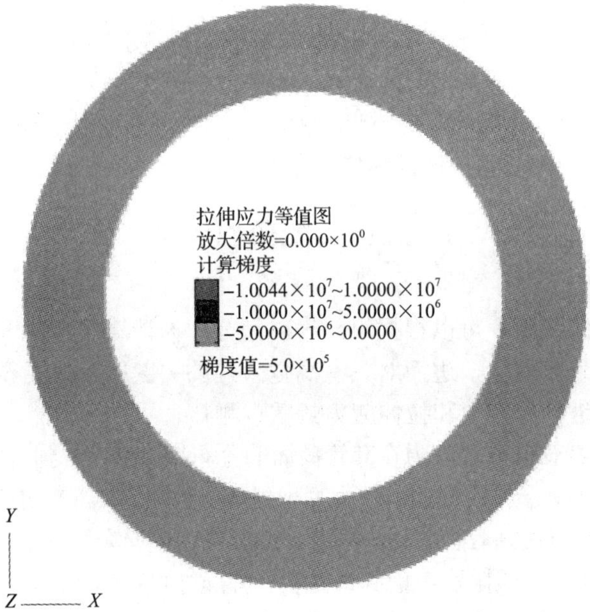

图 5-19　钻井套管截面拉伸应力在套管截面的分布规律(文后附彩图)

因此，地面井套管解析法安全系数计算判识方法可以归纳为：剪切破坏安全系数或拉伸破坏安全系数小于 1，安全系数的量值分别由式(5-14)和式(5-15)计算。

地面井套管的变形破坏是施工于采场上覆岩层中的钻井套管受采动影响岩层产生沉降、剪切、拉伸、挤压等多种形式的变形作用并达到一定变形阶段后发生的破坏，其破坏规律受煤层回采开挖分步的影响，以及岩壁与套管相互作用的影响。同时，地面井套管安全系数解析计算方法的判断仅限于钻井套管的弹性极限变形阶段，对于弹塑性套管材料在塑性变形阶段的应力应变无法考虑。而通过三维数值分析可知：在煤层回采过程中，地面井套管危险部位的应力、应变是逐渐发展的，随着回采工作面的推进，由最先破坏位置逐渐发展到最终状态，并且当最先破坏位置的应力、应变达到一定值后，整个套管截面的应力、应变分布迅速变化到最终状态。由于钻井套管的破坏是随着套管应力、应变变化的一个弹塑性变化过程，可以借助数值分析的技术手段对钻井套管不同位置截面处的安全系数进行强度折减法直接求解分析，获得钻井套管安全性评估结果，从而结合解析方法的计算结果进行综合判断。

地面井套管强度折减安全系数求解方法：

(1)构建地面钻井工程的数值模型；

(2)进行工程的全真数值模拟分析，使得模拟的地表沉陷达到矿区实测(或预测)沉降位移值；

(3)进行钻井套管力学参数等效黏聚力 c 或抗拉强度 t_t 的等比例系数折减，并分别进行数值分析，直至考察的钻井套管截面处于剪切或拉伸极限平衡状态；

(4)运用强度折减求解获得的套管拉、剪破坏安全系数进行钻井安全性综合评估。

有限元强度折减整体失稳判据为：

(1)结构出现塑性区贯通的滑动面；

(2)滑动面节点位移或塑性应变发生突变；

(3)折减系数的微小变化会造成整个系统结构的失稳破坏。

因此，借鉴上述岩土工程强度折减极限分析破坏判据的既有成果并结合地面钻井工程实际，可以将地面井套管数值模拟法安全系数计算判识方法归纳为：

(1)钻井套管壁塑性区贯通；

(2)监测点径向位移发生突变；

(3)钻井两侧走向方向 1 倍采动影响半径范围内的煤层开挖运算完毕；

(4)模型地表沉降达到工程实际值(或预测值)。

进行强度折减计算过程中同时达到上述 4 个条件时，将钻井套管壁等效黏聚力系数 c_t 的折减系数定为地面井的安全系数。

地面井套管安全系数解析计算方法的判断仅限于钻井套管的弹性极限变形阶段，对于弹塑性套管材料在塑性变形阶段的应力应变无法考虑。数值分析方法需要建立准确的数值模型，这对模型参数体系及应力环境要求较高，因此，考虑到地面井变形破坏是一个从弹性到塑性逐渐发展的变化过程，为了保证工程的安全性应综合比较两种计算方法的评估结果，对套管的安全性进行综合分析。

2. 护井水泥环参数优化方法

采动影响下，施工于地层中的地面钻井套管与岩层及水泥环的相互作用力学模型如图 5-20 所示，三区域作用模型如图 5-21 所示。

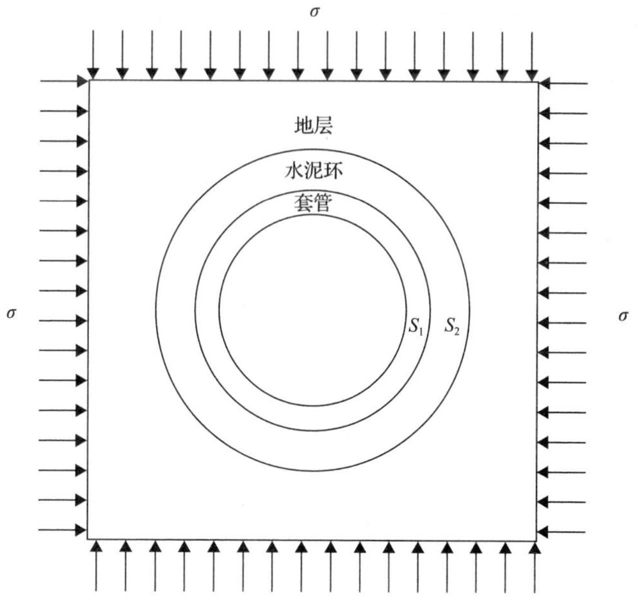

图 5-20　地层、水泥环、套管综合作用力学模型

σ-均布地应力；S_1-套管对水泥环的作用力，MPa；S_2-地层对水泥环的作用力，MPa

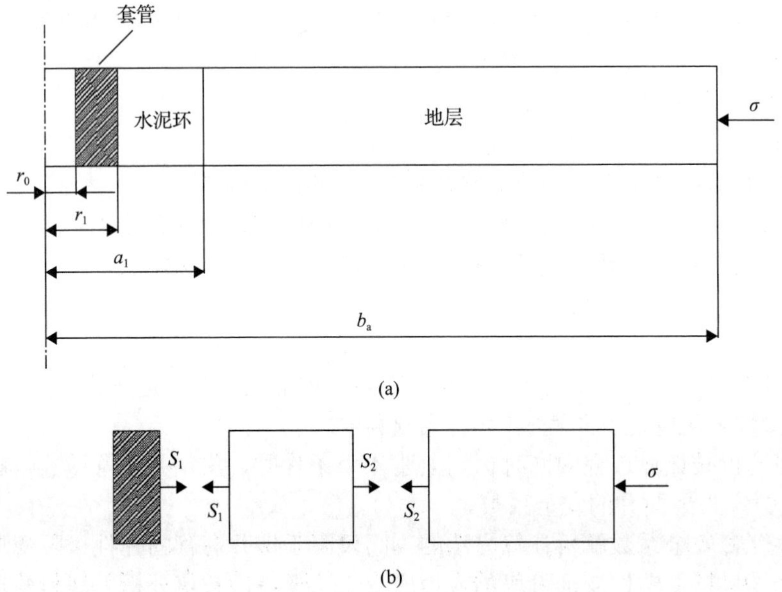

图 5-21　三区域作用模型

σ-均布地应力，MPa；r_0-套管内径，mm；a_1-水泥环外径，mm；r_1-套管外径，mm；b_a-地层外径，mm

在这里用下标 c 表示属于套管的量，如弹性常数 E_c(E_c 为套管的弹性模量)、ν_c（ν_c 为套管泊松比)，内外半径比 $m_c = \dfrac{r}{r_1}$；用下标 s 表示属于地层的量，如弹性常数 E_s(E_s 为地层地性模量)、ν_s（ν_s 为地层泊松比)，内外半径比 $m_s = \dfrac{a_a}{b_a}$（a_a 为地层内径，mm)；未注明下标的量是属于水泥环的量，如弹性常数 E(E 为水泥环弹性模量)、ν（ν 为水泥环泊松比)，内外半径比 $m = \dfrac{a_w}{a_1}$ 。

假设：①地层、水泥环、套管均为各向同性的弹性材料；②地层、水泥环、套管紧密接触，没有相对滑动。

在均布地应力条件下，水泥环对钻井套管的作用力为

$$S_1 = \frac{-2(1-\nu_s)\sigma}{\dfrac{k_s}{mk_c}\left[\dfrac{(1+\nu_s)E}{(1+\nu)E_s}\dfrac{(1-m^2)}{2(1-\nu)} + \dfrac{(1-2\nu)+m^2}{2(1-\nu)}\right] + \left[(1-2\nu)\dfrac{(1+\nu)E_s}{(1+\nu_s)E}\dfrac{(1-m^2)}{2(1-\nu)} + \dfrac{(1-2\nu)+m^2+1}{2(1-\nu)}\right]} \tag{5-16}$$

式中，k_c 为套管刚度，$k_c = \dfrac{(1-m_c^2)E_c}{[(1-2\nu_c)+m_c^2](1+\nu_c)a_w}$；$k_s$ 为地层刚度，$k_s = \dfrac{E_s}{(1+\nu_s)a_1}$；$\sigma$ 为均布地应力。

引入水泥环和地层的材料差异系数：

$$\xi = \frac{(1+\nu_s)E}{(1+\nu)E_s} - 1 \tag{5-17}$$

并引用记号：

$$\psi = \frac{(1-m^2)}{2(1-\nu)}\left(\frac{k_s}{mk_c} - \frac{1-2\nu}{1+\xi}\right)\xi \tag{5-18}$$

可得

$$S_1 = \frac{-2(1-\nu_s)\sigma}{1+\dfrac{k_s}{mk_c}+\psi} \tag{5-19}$$

式中，k_s/mk_c 为刚度比，记为 λ。

式(5-17)定义的材料差异系数反映了水泥材料和地层材料弹性性质的差异程度，即 E、ν 和 E_s、ν_s 的差异程度。如果 $E=E_s$、$\nu=\nu_s$，则 $\xi=0$，此时地层材料和水泥环材料无差异。实际上，地层与水泥环的泊松比相差不大，差异主要表现在弹性模量上。如果水泥环弹性模量 E 大于地层弹性模量 E_s，则 $\xi>0$；相反，如果水泥环弹性模量 E 小于地层弹性模量 E_s，则 $\xi<0$。

由式(5-18)定义的 ψ 可称为增益项，这是因为它的大小反映了水泥环对套管压力 S_1 的影响。当 $\psi=0$ 时，钻井套管受到的外力为无水泥环情况下的外力；当 $\psi>0$ 时，水泥环的存在使原来的套管压力降低了，这种情况称为增益；当 $\psi<0$ 时，原来的套管压力增大，这种情况称为负增益。因此，水泥环的存在可使套管压力减小，也可使之增大，这主要看增益项是正值还是负值。

当水泥环与地层材料弹性性质完全相同时，差异系数 $\xi=0$；当水泥环厚度很小时，$(1-m^2)\approx 0$。在这两种情况下，增益项 $\psi=0$。因此，在水泥环与地层的弹性常数相差不大或水泥环较薄时，增益项很小，可以不考虑水泥环对钻井套管压力的影响。在材料差异系数或水泥环厚度不是很小的情况下，水泥环的存在对钻井套管压力的影响主要反映在增益项 ψ 上。ψ 的大小与水泥环厚度[体现在因子 $(1-m^2)$ 上]、刚度比 $\lambda=k_s/mk_c$ 和差异系数 ξ 有关。由于 $(1-m^2)$ 总是大于零的，增益($\psi>0$)还是负增益($\psi<0$)主要取决于刚度比的大小及差异系数的大小和符号。刚度比的大小与地层弹性模量 E_s 和套管弹性模量 E_c 的相对大小有关；差异系数与水泥环弹性模量 E 与地层弹性模量 E_s 的相对大小有关。因此，增益项的大小和正负，取决于 E、E_c、E_s 三者之间的相互关系(泊松比的差异很小，其影响可以忽略不计)。

如图 5-22 所示，图中曲线均通过原点 O，在 $\xi\to -1$ 和 $\xi\to\infty$ 时，分别有渐进线 $\xi=0$ 和 $\psi=\lambda\xi$。在刚度比 $\lambda>1-2\nu$ 时，对于正的材料差异系数，有 $\psi>0$，而且增益项 ψ 随 ξ 的增大而增大。但是对负的差异系数 ξ，在一定范围内有 $\psi<0$，即为负增益。当 $\lambda<1-2\nu$ 时，正的差异参数却产生负增益；仅在很大的 ξ 值之后才又开始变为正增益。因此，地层与套管刚度比的大小和水泥环对钻井套管压力的大小起重要作用。

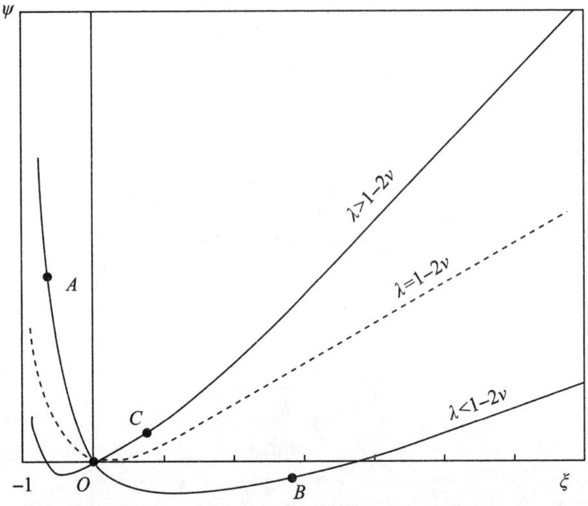

图 5-22　以刚度比 λ 为参数的 $\psi-\xi$ 曲线

在非均布地应力作用条件下（$p_1 \neq p_2$），可以将其转化为等效应力条件，借助“等效荷载”的概念，运用式(5-19)进行求解(图 5-23)，得到非均布应力作用下水泥环对钻井套管的作用力表达式为

$$S_1 = \frac{-2(1-\nu_s)p_c}{1+\dfrac{k_s}{mk_c}+\psi} = \frac{-2(1-\nu_s)\sqrt{p_1 p_2}}{1+\dfrac{k_s}{mk_c}+\psi} \tag{5-20}$$

式中，p_c 为等效破坏载荷，MPa。

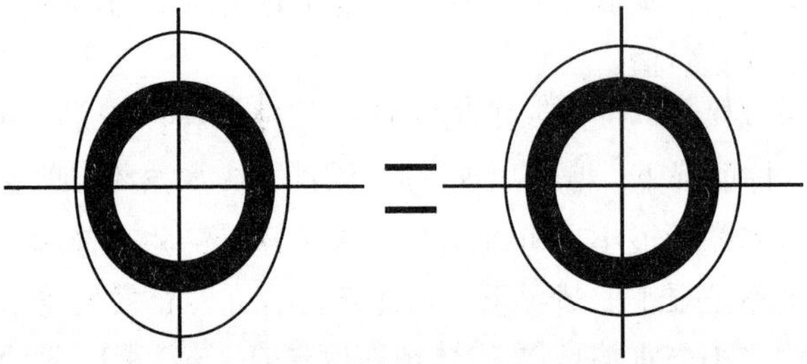

图 5-23　“等效破坏载荷”的概念示意图

即非均布应力作用下水泥环对钻井套管的作用力是由最大主应力与最小主应力乘积的平方根决定的，其变化规律及临界条件的判别与均布应力条件下的情况是相同的。

3. 采动区地面井高危破坏位置的判识与防护技术

1) 采动影响下地面井的高危破坏位置判识

采动影响下地面井的高危破坏位置是指优选地面井布井区域位置后，在采动影响下地面井及其套管仍会发生变形、破坏，造成地面井失效的少数地面井井身位置。这些高危破坏位置一般是采取区域优化布井措施不能完全规避的。

受采动影响下地面井的拉伸、剪切、挤压变形破坏形式的影响，地面井的高危破坏位置一般发生在离层位移大、基岩厚度大、表土层厚度大的岩层界面位置。

根据研究获得的地面井拉剪综合变形破坏模型和地面井耦合变形破坏规律，建立的采动影响下地面井的高危破坏位置判识原则如下：

(1)采场上覆岩层发生离层位移位置；

(2)岩层剪切位移量超越套管有效通径；

(3)套管的拉伸或剪切破坏安全系数小于阈值“1”的位置。

2)地面井高危破坏位置局部防护技术

地面井高危破坏位置防护主要是在分析获得地面井高危破坏位置后，在地面井套管完井过程中对地面井的二开套管的局部高危破坏位置施加能够抗岩层移动剪切、离层拉伸等作用的专用防护结构，以提高地面井的抗破坏能力，延长地面井的使用寿命。

根据地面井在采动影响下变形破坏的特点和变形破坏的作用形式，重庆研究院开发了偏转防护结构、伸缩防护结构、厚壁刚性防护结构和自适应柔性防护结构等多种适用防护装置，如图 5-24 所示。

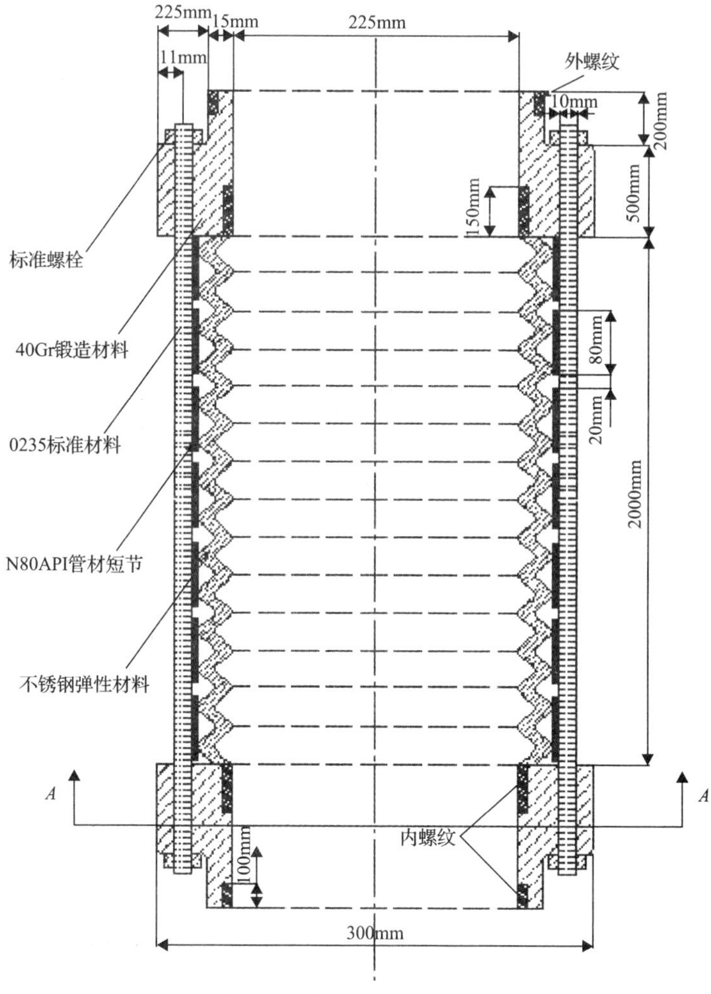

图 5-24　自适应柔性防护结构

5.2.3　地面 L 形井优化设计技术

采动区地面 L 形井（以下简称 L 形井）设计包括水平井段结构设计、钻井设计、地面井抽采设计及安全保障等。

1. 水平井段井径确定

1）水平井段井径计算

依据《煤矿瓦斯抽放规范》（AQ1027—2006）的计算方法，水平井段井径可按下式计算：

$$D = 0.1457\sqrt{\frac{Q'}{v'}} \tag{5-21}$$

式中，D 为水平井段井径，m；Q' 为水平井段煤层气流量，m^3/min；v' 为水平井段煤层气的平均流速，m/s，一般取 v'=10～15m/s。

2）原始应力对井径的影响

建立水平井段模型，将三向应力简化为两向应力状态，水平井段受原始应力模型如图 5-25 所示。

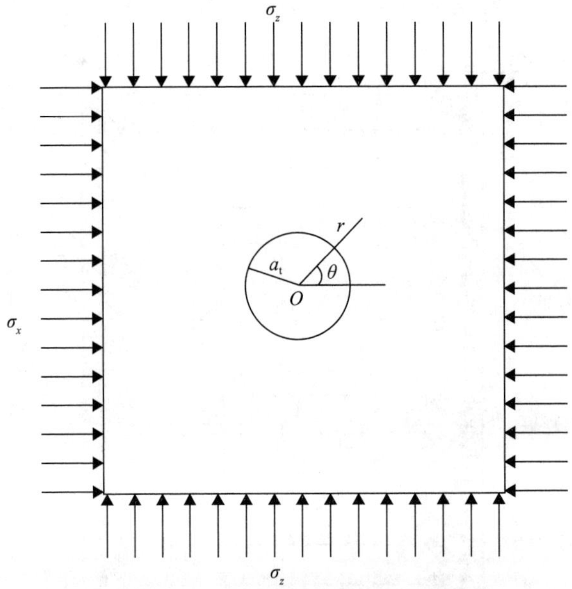

图 5-25　水平井段受原始应力模型

根据经典弹性力学原理，在双向状态下，弹性力学给出了各向同性、弹性材料的周向应力计算式：

$$\sigma_\theta = \frac{\sigma_x + \sigma_z}{2}\left(1 + \frac{a^2}{r^2}\right) - \frac{\sigma_x - \sigma_z}{2}\left(1 + \frac{3a^4}{r^4}\right)\cos 2\theta \tag{5-22}$$

式中，σ_θ 为水平井段井径周向应力，Pa；a_t 为水平井段井径，m；r 为距井径中心的距离，m；θ 为任意径向与 x 轴的夹角；σ_x、σ_z 分别为 x、z 方向上分布的应力，MPa。

本书计算井径变形时，即可取 $r=a_t$，即式(5-22)可简化为

$$\sigma_\theta = \sigma_x + \sigma_z - 2(\sigma_x - \sigma_z)\cos 2\theta \tag{5-23}$$

$$u_r = \frac{1}{E} - (1+m)\frac{A_1}{r} + 2(1-m)C_1 \times r$$

式中，u_r 为井径径向位移量，m；A_1、C_1 由应力和位移边界条件确定。

2. 地面井平面位置

平面位置指水平井段距回风巷的距离，因为距回风巷距离的不同其流场特征不同，即煤层气含量、浓度有所不同。以下分析 U 形通风条件下水平井段最优平面位置。

1)裂缝场分布规律

煤层采出后，采空区周围原有的应力平衡状态遭到破坏，引起应力重新分布，从而引起岩层变形、回转与破断，并且这种变形、回转与破断由下向上发展至地表，在覆岩有关键层时，可能发展至某一关键层而停止，在关键层下面岩层中产生大的裂缝，通过相似模拟试验能清楚地看到裂缝情况，如图 5-26 所示。可以看出，采空区上覆岩层卸压后，切眼与工作面上方的岩层受重力作用会回转，从而产生竖向裂缝，该裂缝场从剖面图上看近似椭抛线，见图中点画线。

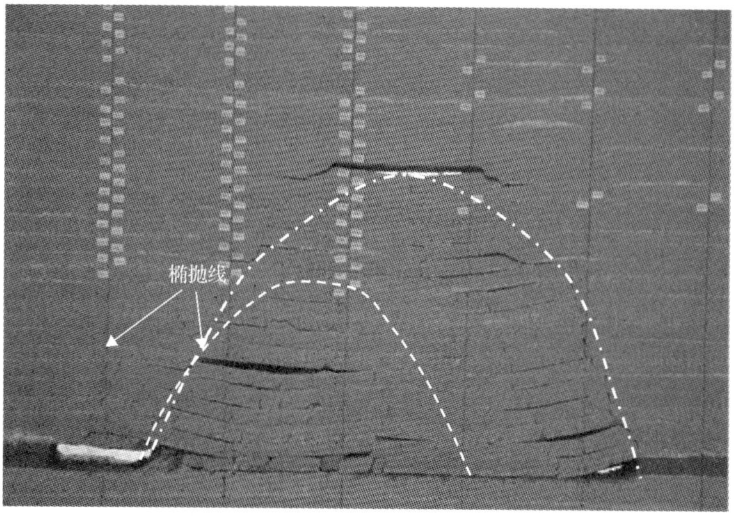

图 5-26　裂缝场抛物线形态

结合相似模拟试验结果，分析得出(图 5-27)，沿工作面走向老顶破断岩块回转(B块)，而 C 块已重新压实，因此，在采空区压实区域的两边界同样会产生一条近似椭抛线的竖向裂缝。

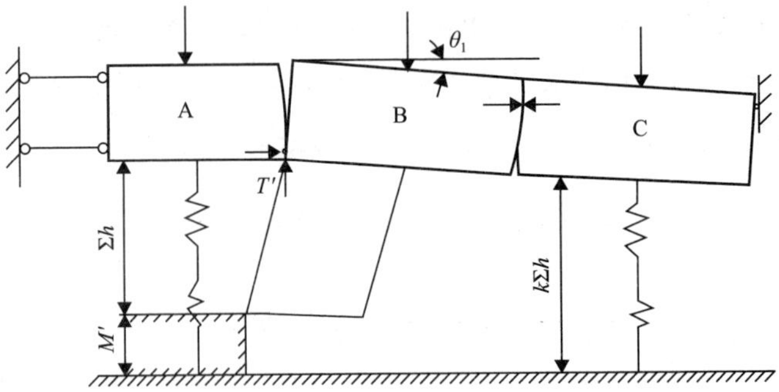

图 5-27　采场围岩整体力学模型

T'-水平推力，N

结合重新压实砌体梁结构形态，在考虑老顶“砌体梁”关键块“S-R”稳定及直接顶和覆岩支撑体为非刚性体的基础上，老顶岩层断裂后形成的“砌体梁”结构的力学特性与形态主要取决于采高、老顶岩层的力学特性及煤壁与采空区充填体的刚度，老顶破断岩块(B 块)的长度 l 主要取决于下述关系：

$$l = \frac{M' - \Sigma h(k-1)}{\tan\theta_1} \tag{5-24}$$

式中，l 为老顶破断岩(B 块)的长度，m；M' 为采高，对于放顶煤 M' 为全厚度，m；Σh 为直接顶厚，m；k 为直接顶垮落后未经压实的松散系数；θ_1 为老顶破断岩(B 块)的回转角，(°)。

2)采动裂缝椭抛面特征

基于上述分析，建立如图 5-28 所示的直角坐标系，图中 x 轴方向为工作面推进方向，y 轴方向为工作面长度方向(倾向)，z 轴为覆岩裂缝高度发育方向。设工作面日推进速度为 v_c，每日开采时间为 t_i，到现在工作天数为 n 天，即推进距离 L 为

$$L = \sum_{i=1}^{n} v_c t_i \tag{5-25}$$

因此，建立外椭抛面的一般数学表达式：

$$\frac{x^2}{\left(\frac{L}{2}\right)^2} + \frac{y^2}{\left(\frac{a'}{2}\right)^2} = -z \tag{5-26}$$

式中，z 为覆岩回转在四周形成的裂缝高度，m；a' 为工作面倾向长度，m。

内椭抛面的一般数学表达式：

$$\frac{x^2}{\left(\frac{L}{2}-l\right)^2} + \frac{y^2}{\left(\frac{a'}{2}-l\right)^2} = -z \tag{5-27}$$

式中，l 为老顶破断岩(B 块)的长度，m。

根据外、内椭抛面的数学表达式可知，内椭抛面只是外椭抛面向内偏移了老顶破断岩(B 块)的长度 l，且内椭抛面内的范围为重新压实区。

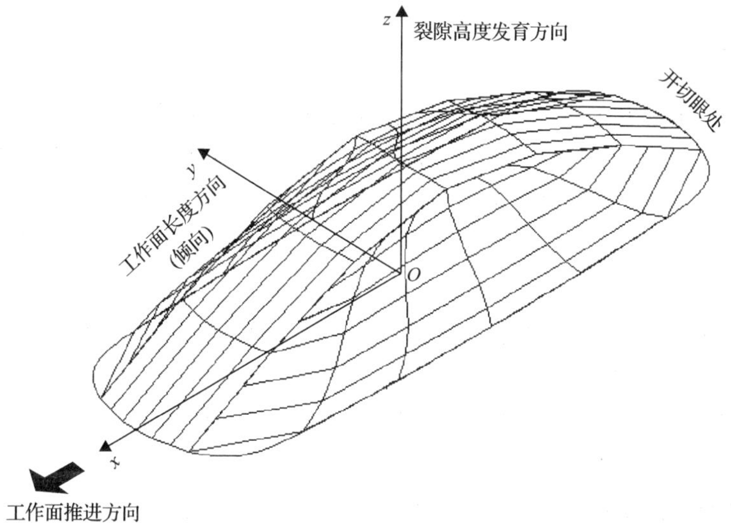

图 5-28　采动裂缝空间形态

3) 采场覆岩裂缝“O”形圈分布特征

从开切眼开始，随着工作面的推进，采动裂缝不断发展，采空区中部采动裂缝最发育，此为采动裂缝发展的第一阶段。当采空区面积达到一定值后，进入采动裂缝发展的第二阶段，此时，位于采空区中部的采动裂缝趋于压实，而在采空区四周存在一连通的采动裂缝发育区，即采动覆岩裂缝“O”形圈。采动覆岩裂缝“O”形圈能长期保持，是卸压瓦斯的储存空间与流动通道。显然，将抽放钻孔布置在裂缝发育且能长时间保持的区域，有利于卸压瓦斯流动到抽采钻井中。

用裂缝发育高度范围内的水平面去切椭抛面即可得采场覆岩裂缝“O”形圈形态，如图 5-29 所示。根据采动裂缝椭抛面形态特征，在内、外椭抛面之间，会形成很多条“瓦斯河”，关键岩层下部的“瓦斯河”空间最大。“瓦斯河”裂缝形态只能体现采空区两边界(开切眼、工作面处)，地面 L 形井水平井段布置于内、外椭抛面之间的“O”形圈裂缝场内，才能保证最佳抽采效果。

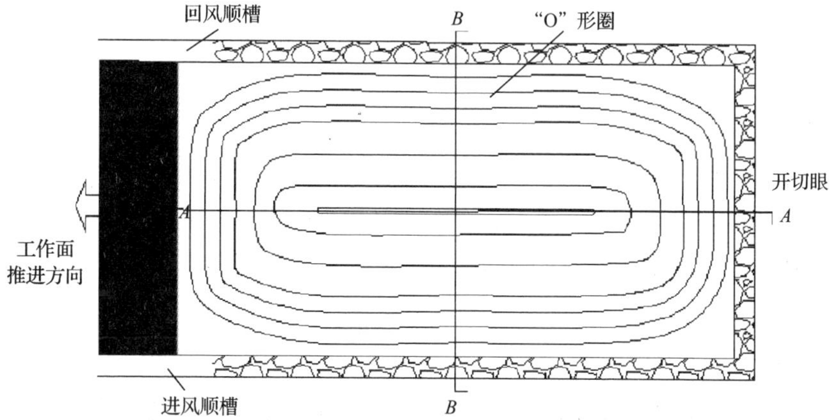

图 5-29　采场覆岩裂缝“O”形圈形态

3. 层位优选

采动区 L 形地面井水平井段垂直层位的最优选择是保障抽采效果的前提，最基本的原则是：水平井段相对导流能力保持时间足够长、最大量抽采高浓度的煤层气。

水平井段层位布置既要考虑井身结构的稳定性，又要考虑地面井产气效果，由于岩层结构的复杂性，根据煤岩层倾角条件分两种情形进行分析，即岩层为近水平和岩层倾角为 10°的上行开采。

根据第一种情形，近水平煤层开采条件，采动区 L 形地面井的布置方法为：

(1) 计算导水裂缝带高度。

(2) 根据组合岩梁理论对垮落带和裂缝带高度进行分析，组合岩梁的基本原理是其下部关键层破断下沉，其上覆岩层同步下沉，可根据该理论修正垮落带和裂缝带高度。当根据计算的裂缝带高度处于组合岩梁岩内偏上部，即计算的裂缝带高度需加上计算的裂缝带高度至组合岩梁上边缘的距离；当根据计算的裂缝带高度处于组合岩梁岩内偏下部，即计算的裂缝带高度需减去计算的裂缝带高度至组合岩梁下边缘的距离。

(3) 裂缝带高度计算出来之后，由于从下向上裂缝发育程度是逐渐减小的，将裂缝带分为 3 部分，即裂缝带上部、裂缝带中部和裂缝带下部。

(4) 将采动区地面井水平井段分成 3 部分，各段长度分别为：第 1 段长为 $0.1L$、第 2 段长为 $0.8L$、第 3 段长为 $0.1L$。且水平井段设计为单斜向下布置，倾角为 1°～2°。

(5) 分析裂缝带中部的岩层情况，在裂缝带中部寻找厚度及强度均较大的岩层，将水平井段的第 2 段主要布置在裂缝带中部，而将第 1 段主要布置在裂缝带上部，第 3 段主要布置在裂缝带下部。

根据第二种情形倾斜煤层开采条件，采动区 L 形地面井的布置方法为：

(1) 裂缝带高度计算同第一种情形。

(2) 将裂缝带分为 3 部分，即裂缝带上部、裂缝带中部和裂缝带下部。

(3) 在裂缝带中部寻找厚度及强度均较大的岩层，将采动区 L 形地面井沿该岩层中部布置即可。

4. 轨迹控制、压力水疏通

1) 水平井段轨迹控制

根据煤层气比空气轻的特点，且考虑钻井或高压水疏通易积水的可能，水平井段轨迹宜布置单向向下倾斜为好，且不可出现明显的“下凹”或“上凸”现象。根据确定的布置水平井段的高度和水平井段的长度，确定轨迹倾斜向下的角度。以下分几种情况分析水平井段的斜度问题。

2) 水平井段压力水疏通

目前采用的采动区 L 形地面井水平井段多采用裸井完井，在覆岩竖向应力作用下水平井段会发生一定的变形，甚至有些区域会发生堵塞现象，进而影响地面负压泵抽采瓦斯效果，因此有必要采取压力水疏通的措施对水平井段进行疏通，将水平井段内的岩屑冲至孔底。根据山西晋城采动区 L 形地面井疏通的经验，压力水一般超过 5MPa。

5. 寺河矿地面 L 形顶板水平井抽采试验

1) 工作面概况

寺河矿 3313 工作面位于东三盘区，工作面底板等高线为+394～+466m，地面标高为+800～+960m。地面位置在向阳崖村以西，老坟腰村以南，小东山风井以北。东为 4305 工作面，南为东三盘区北翼辅助运输巷、东三盘区北翼胶带巷，西为东区北翼辅助运输巷、东区北翼胶带大巷，北为东四西翼中部回风二巷。工作面走向长度为 1239m，工作面长度为 264m，工作面采用垮落式长壁开采工艺，一次采全高，全部垮落法处理顶板。煤层埋深 302～554m，煤层平均厚度为 6.13m，平均倾角为 5°，半亮型煤，黑色、似金属光泽，条带状结构、含夹矸。工作面回采时的瓦斯绝对涌出量为 29.73m^3/min。煤尘无爆炸性，煤无自燃倾向性。

2) 地面 L 形顶板水平井抽采优化部署

(1) 井位选择。

根据寺河矿的地质条件和生产技术实际情况，计算获得寺河矿西区覆岩垮落带高度为 14.58m，裂缝带高度为 84.12m(含垮落带)，由此确定地面 L 形顶板水平井水平段垂直层位于 3#煤层上方 50～70m 范围内。3313 工作面上覆盖层厚度平均为 500m，根据关键层岩梁断裂特征分析测算，工作面“O”形圈的分布范围为靠近回风巷侧 40～70m 范围，由此确定地面 L 形顶板水平井水平段的水平位置为回风巷侧 60m 附近区域，如图 5-30 所示。

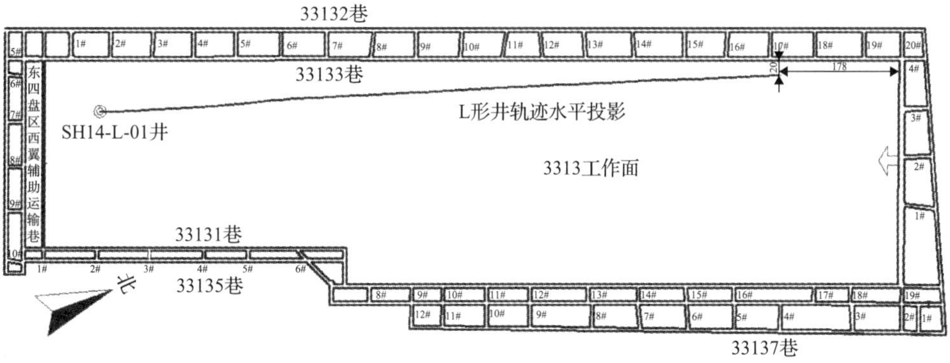

图 5-30　SH14-L-01 地面 L 形顶板水平井在 3313 工作面平面上的投影图

(2) 井型结构优化。

寺河矿 SH14-L-01 地面 L 形顶板水平井的地质设计基本数据见表 5-1，该井二开套管深度为 466.97m，水平段长度为 1000m，斜深为 1468.46m。钻井采用“单弧剖面”(直-增-水平) 三段制剖面形式，造斜率为 (7～9)°/30m，轨迹投影剖面图如图 5-31 所示。

表 5-1　SH14-L-01 地面 L 形顶板水平井地质设计基本数据

参数	数据
最大井斜角/(°)	86.87
造斜点/m	146.59
最大造斜率/[(°)/m]	8.1530
设计井深	最大斜深 1468.46m(着陆点垂深 357.21m)
井口坐标	*X*：3939307.00　　*Y*：509347.00
A 靶坐标	*X*：3939492.62　　*Y*：509421.47
B 靶坐标	*X*：3940420.72　　*Y*：509793.81
目的层	山西组 3#煤层上部 50～70m

注：SH14-L-01 地面 L 形顶板水平井为地面抽采井。

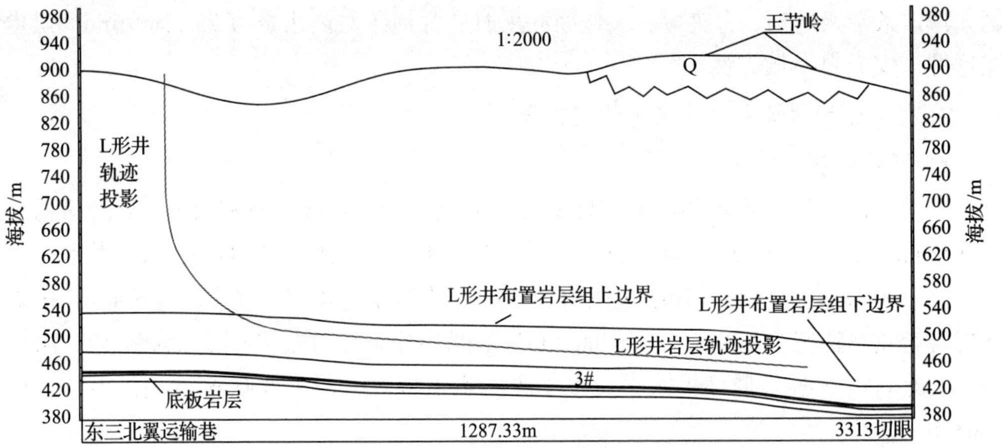

图 5-31　SH14-L-01 地面 L 形顶板水平井剖面图

3) 应用效果

(1) 抽采效果分析。

寺河矿 SH14-L-01 地面 L 形顶板水平井于 2014 年 9 月 23 日开始抽采，累计抽采 300 余天。抽采瓦斯浓度平均为 80%、最高达 93%，抽采瓦斯纯量平均为 2.2 万 m^3/d，最高达 3.11 万 m^3/d，累计抽采煤层气 650 余万 m^3，如图 5-32 所示。

(2) 瓦斯治理效果分析。

寺河矿 3313 工作面推过切眼 323.7m 后，SH14-L-01 地面 L 形顶板水平井开始抽采，其控制范围内的井下 14#、13#、10#、7#、6#、3#联络巷施工的高位钻孔和 14#、11#联络巷施工的千米钻孔的抽采量快速衰减至 0；同时，在工作面日产量增加约 2500t 的情况下，回风巷平均瓦斯浓度降低至 0.11%，工作面上隅角瓦斯浓度降幅达 46.5%，有效提高了生产效率，对该工作面瓦斯治理起到了关键性作用，抽采后瓦斯的变化情况如图 5-33 所示。

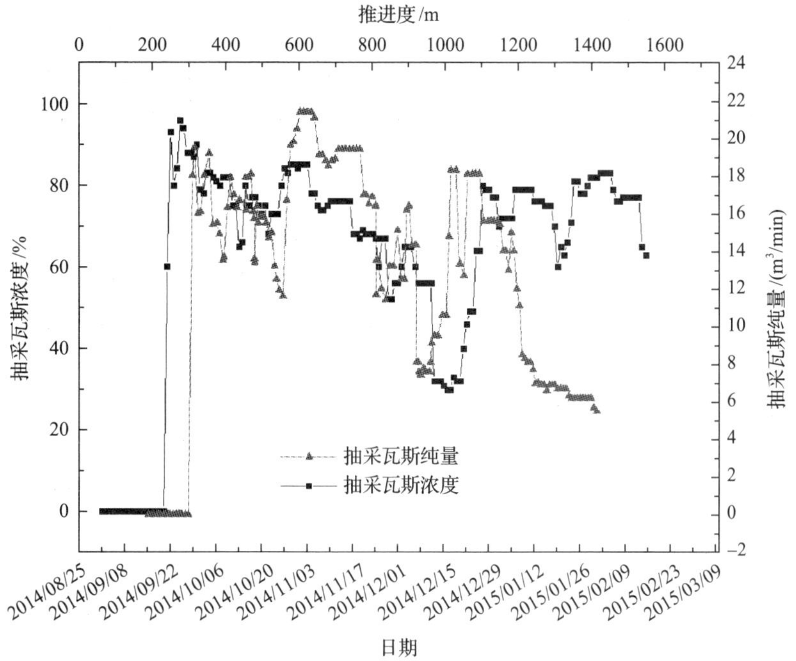

图 5-32　SH14-L-01 地面 L 形顶板水平井抽采数据(部分)

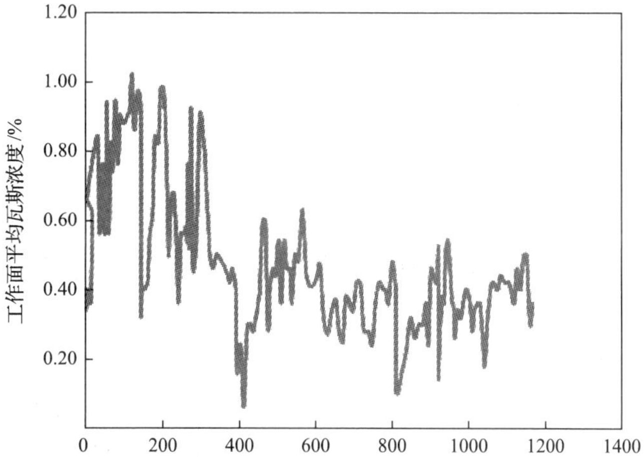

图 5-33　SH14-L-01 地面 L 形顶板水平井抽采对工作面瓦斯的影响效果

5.2.4　地面井布井指导原则

采动活跃区地面井布置主要应该遵循如下原则：

(1)煤矿采动区地面井的布置应综合考虑有利于地面井井身结构稳定和抽采瓦斯治理效果两个方面。

(2)由采动区地面井变形破坏的时空演化规律可知，采场上覆岩层不同深度的最大剪切位移的位置是不同的，均在岩移沉降拐点附近；最大离层位移发生在离层位置的中间位置。因此，从地面井井身结构稳定性上考虑，地面井应尽可能回避剪切和离层拉伸位移最大区域，选择在地表沉降拐点和采场中线之间的区域(对于倾斜煤层应根据煤岩倾角不同，向下山方向偏移一定距离，具体区域及偏移距离应根据不同矿区的具体地质条件和采动区地面井变形破坏模型计算获得)。

(3) 由地面井抽采条件下采场空间的瓦斯流动规律可知，受采场通风系统风流流向的影响，地面井布置在回风巷侧时能起到更好的瓦斯抽采与上隅角瓦斯治理效果。

(4) 综合考虑多因素条件下，煤矿采动区地面瓦斯抽采井应优先选择在回采工作面回风巷侧与地表沉降拐点连线和采场中线之间的区域；不同矿区应根据具体的工程地质条件和通风系统布置进行具体分析和计算选择。

晋城矿区地表沉降拐点偏移距一般在回风巷侧 30～40m，通风方式一般为三进二回形式。因此，晋城矿区地面井布井最佳范围为回风巷侧 40～80m 的一个 L 形区域(图 5-34)，具体施工地面井的位置需要针对具体位置的地形地貌、岩层分布、地质构造情况及通风参数进行综合计算。

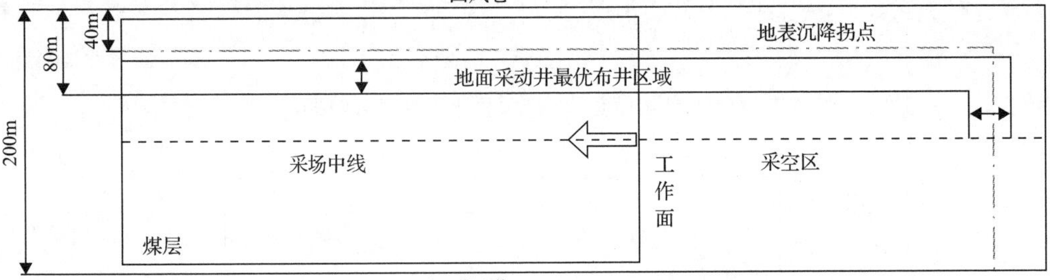

图 5-34　煤矿采动区地面井布井优选区域示意图

5.3　采动稳定区地面井抽采技术

5.3.1　采动稳定区煤层气可采储量估算技术

采动稳定区煤层气开发技术是 20 世纪 90 年代后期才发展起来的一种新的煤层气开发方式，由于地面井施工成本较高，进行产前选区和经济效益的对比分析是必不可少的，这就需要提前评估目标区域的煤层气资源总量和可采资源量。

1. 采动稳定区煤层气可采储量估算模型

1) 直接加法估算模型

(1) 单一煤层条件：

$$G_{sg} = M_1 q_1 R_{fa} + n_{采} V R_{fg} \tag{5-28}$$

式中，G_{sg} 为单一煤层条件可采煤层气储量，m^3；M_1 为采场内遗留煤炭总量，t；q_1 为采场内遗煤残余煤层气含量，m^3/t；$n_{采}$为采动稳定区内煤层气体积分数，%；V 为采动稳定区空隙体积，m^3；R_{fa}为开采煤层吸附气量采收率，%；R_{fg}为孔隙游离气量采收率，%。

(2) 煤层群单一开采煤层条件：

$$G_{gs}=M_1q_1R_{fa}+\sum_i M_{ji0}\left[\left(1-\eta_{ji}\right)\left(q_{ji0}-q_{jic}\right)+q_{jic}\right]R_{jfai}+n_{采}VR_{fg} \tag{5-29}$$

式中，G_{gs}为煤层群单一开采条件可采煤层气储量，m^3；η_{ji}为开采煤层第 i 邻近层煤层气排放率，%；M_{ji0}为开采煤层第 i 邻近层原始煤炭总量，t；q_{ji0}为开采煤层第 i 邻近层原始煤层气含量，m^3/t；q_{jic}为开采煤层第 i 邻近层残余煤层气含量，m^3/t。R_{jfai}为开采煤层第 i 卸压邻近煤层吸附气量采收率，%。

(3) 煤层群多开采煤层条件：

$$G_{gp}=\sum_j\left[M_{1,j}q_{1,j}R_{fa,j}+n_{采}V_{,j}R_{fg,j}+\sum_i M_{ji0,j}\left[\left(1-\eta_{ji,j}\right)\left(q_{ji0,j}-q_{jic,j}\right)+q_{jic,j}\right]R_{jfai,j}\right]-Q_{re}R_{fre} \tag{5-30}$$

式中，G_{gp}为煤层群多开采条件可采煤层气储量，m^3；$M_{1,j}$为第 j 层开采煤层采场内遗留煤炭总量，t；$q_{1,j}$为第 j 层开采煤层采场内遗留煤炭的残余煤层气含量，m^3/t；V_j为第 j 层开采煤层采动稳定区空隙体积，m^3；$\eta_{ji,j}$为第 j 层开采煤层不同层间距邻近层煤层气排放率，%；$M_{ji0,j}$为第 j 层开采煤层第 i 邻近层原始煤炭总量，t；$q_{ji0,j}$为第 j 层开采煤层第 i 邻近层原始煤层气含量，m^3/t；$q_{jic,j}$为第 j 层开采煤层第 i 邻近层残余煤层气含量，m^3/t；$R_{fa,j}$为第 j 层开采煤层吸附气量采收率，%；$R_{jfai,j}$为第 j 层开采煤层第 i 邻近层吸附气量采收率，%；$R_{fg,j}$为第 j 层开采煤层采动稳定区游离气量采收率，%；R_{fre}为重复计算的煤层气资源量采收率，%；Q_{re}为因邻近煤层卸压范围重叠引起的煤层气资源重复计算量，m^3。

2) 间接减法估算模型

(1) 损失气量阶段统计法：

$$G=\left[(R_{fa}+\varsigma R_{fg})q_{c0}-\kappa(q_{cc}-q_c)\right]L_{c0}W_{c0}H_{c0}\gamma_c+\sum_i R_{jfai}V_{ji}\gamma_{ji}q_{ji0}+R_{fg}\sum_i c_i\varphi_i V'_{ji}-\sum_i U_{ti}-\sum_i U_{mi}-\sum_i\left(\sum_j U_{pij}C_{pij}\right)-(1+K'')\sum_i\left(\sum_j U_{wij}C_{wij}\right)-\left[\frac{K_t(f-\Delta P)S_t}{\mu_g L_r}+\frac{\varsigma_g K_b J_b S_b}{\mu_w}\right]T' \tag{5-31}$$

式中，G 为采动稳定区煤层气可采资源量，m^3；ς 为开采煤层顶底板围岩煤层气量计算系数，一般取 0.05～0.20；q_{c0}为开采煤层原始煤层气含量，m^3/t；q_c为开采煤层残余煤层气含量，m^3/t；κ 为采区的煤炭回采率，%；q_{cc} 为煤层残留煤层气含量，m^3/t；L_{c0} 为采区走向长度，m；W_{c0} 为采区倾向长度，m；H_{c0} 为开采煤层真厚度，m；γ_c 为开采煤层容重，t/m^3；R_{jfai} 为开采煤层第 i 卸压邻近煤层吸附气量采收率，%；V_{ji} 为采区第 i 卸压邻近煤层体积，m^3；q_{ji0} 为开采煤层第 i 邻近层原始煤层气含量，m^3/t；γ_{ji} 为采区第 i 卸压邻近煤层容重，t/m^3；c_i 为采区第 i 卸压岩层孔隙内的煤层气浓度，%，一般取 1；φ_i 为采空区第 i 卸压岩层的原始孔隙率，%；V'_{ji} 为采区卸压含气岩层体积，m^3；U_{ti} 为采区第 i 条巷道掘进前采出的煤层气含量，m^3；U_{mi} 为生产阶段第 i 个月采区井下工程采出的煤层气含量，m^3；U_{pij} 为第 i 条准备巷道开挖第 j 天的排风量，m^3；C_{pij} 为第 i 条准备巷道开挖第 j 天的平均风排煤层气浓度，%；K'' 为采区封闭后煤层气井下涌出系数；U_{wij} 为生产阶段第 i 条回风巷第 j 天的排风量，m^3；C_{wij} 为生产阶段第 i 条回风巷第 j 天的平均风排煤层气浓度，%；K_t 为覆岩盖层岩石的渗透率，m^2；ΔP 为覆岩盖层顶底部压力差，Pa；f 为煤层气驱动力，Pa；μ_g 为煤层气流动黏度，Pa·s；S_t 为采动稳定区有效卸压盖层面积，m^2；L_r 为覆岩盖层厚度，m；K_b 为采动稳定区底板岩层渗透率，m^2；J_b 为底板岩层水力梯度，Pa/m；S_b 为底板岩层面积，m^2；μ_w 为地下水流动黏度，Pa·s；ς_g 为煤层气在水中的溶解度；T' 为采动稳定区形成时间，近似从采区封闭时开始计算，d。

(2)损失气量分源预测法：

$$
\begin{aligned}
G=&\left[R_{fa}(1-\kappa)+R_{fg}\varsigma+(1-K'')\kappa\right]M_{c0}q_{c0}-\kappa M_{c0}q'+\sum_i R_{jfai}V_{ji}\gamma_{ji}q_{ji0}+R_{fg}\sum_i c_i\varphi_i V'_{ji}\\
&-(1+K'')\left[M_f\left(1-\bar{k}\right)\int_0^{(l_1+l_2)/v_f}v_0\left(1+t^*\right)^{-\beta''}\mathrm{d}t^*+\sum_i\left(q_{ji0}-q_{jic}\right)V_{ji}H_{ji}\gamma_{ji}\eta_{ji}\right]-\\
&M_t\left(q_{c0}-q'\right)-\left[\frac{K_t(f-\Delta P)S_t}{\mu_g L_r}+\frac{\varsigma_g K_b J_b S_b}{\mu_w}\right]T'-\\
&(1+K'')\begin{cases}
L_m W_m H_m\gamma_c\left(q_{c0}-q_{cc}\right) & W_m<2W_{lm}，且T_h\geqslant T_1\\
2\int_0^{L_m/v'}\int_0^{L_m}v'_0 e^{-\frac{\beta_2 l}{v'}}H_m\mathrm{d}l\mathrm{d}t_m+2\int_{T_h-\frac{L_m}{v'}}^{T_h}v'_0 e^{-\beta_2 t_m}H_m L_m\mathrm{d}t_m & W_m<2W_{lm}，且T_h<T_1\\
\frac{2}{3}\int_0^{L_m/v'}\int_0^{L_m}v'_1\left(e^{-\frac{\beta_1 l}{v'}}+1\right)H_m\mathrm{d}l\mathrm{d}t_m+\frac{2}{3}\int_{T_h-\frac{L_m}{v'}}^{T_h}v'_1\left(e^{-\beta_1 t_m}+1\right)H_m L_m\mathrm{d}t_m & W_m\geqslant 2W_{lm}\\
\frac{1}{3}\int_0^{L_m/v'}\int_0^{L_m}v'_1\left(e^{-\frac{\beta_1 l}{v'}}+1\right)H_m\mathrm{d}l\mathrm{d}t_m+\frac{1}{3}\int_{T_h-\frac{L_m}{v'}}^{T_h}v'_1\left(e^{-\beta_1 t_m}+1\right)H_m L_m\mathrm{d}t & 单侧暴露煤壁
\end{cases}
\end{aligned}
\tag{5-32}
$$

式中，K'' 为采区封闭后瓦斯井下涌出系数；M_f 为采区工作面开采煤炭资源总量，t；$\bar{k}$ 为工作面回采率，%；l_1 为工作面煤壁到支架的距离，m；l_2 为采空区沿工作面推进方向上的瓦斯浓度非稳定区域宽度，倾斜长壁工作面一般为 60～80m，m；v_f 为工作面推进速度，m/min；v_0 为落煤在 t=0 时的瓦斯解吸强度，$m^3/(t\cdot min)$；t^* 为落煤的暴露时间，

min；β'' 为落煤解吸强度衰减系数，min^{-1}；q_{ji0} 为开采煤层第 i 邻近层的原始煤层气含量，m^3/t；q_{jic} 为开采煤层第 i 邻近层残余煤层气含量，m^3/t；η_{ji} 为开采煤层第 i 邻近层煤层气排放率，%；V_{ji} 为采区第 i 卸压邻近煤层的体积，m^3；H_{ji} 为采区第 i 卸压邻近煤层的厚度，m；γ_{ji} 为采区第 i 卸压邻近煤层容重，t/m^3；M_t 为抽采工程控制的煤炭量，t；q_{c0} 为开采煤层原始煤层气含量，m^3/t；q' 为煤层始突深度的瓦斯含量，m^3/t；L_m 为巷道长度，m；W_m 为煤柱宽度，m；H_m 为煤柱高度，m；v' 为巷道掘进速度，m/d；v_0' 为较窄煤柱单位面积煤壁的瓦斯涌出初速度，$m^3/(m^2 \cdot d)$；β_2 为较窄煤柱煤壁瓦斯涌出衰减系数，d^{-1}；t_m 为煤壁暴露时间，d；l 为巷道已掘进长度，m；v_1' 为足够宽煤柱单位面积煤壁的瓦斯涌出初速度，$m^3/(m^2 \cdot d)$；β_1 为足够宽煤柱煤壁瓦斯涌出衰减系数，d^{-1}；T_1 为较窄煤柱瓦斯极限排放时间，$T_1 = \dfrac{3\alpha W_m^2}{8\lambda_t \sqrt[3]{p_1^2}}$；$\alpha$ 为瓦斯含量系数，$m^3/(m^3 \cdot MPa^{0.5})$；$\lambda_t$ 为煤层透气性系数，$m^2/(MPa \cdot d)$；p_1 为煤层原始瓦斯压力，MPa；T_h 为巷道从开始掘进到采区封闭所经历的时间，d；W_{lm} 为巷道煤壁的瓦斯极限排放宽度，$W_{lm} = \dfrac{\lambda_t (p_1^2 - p_2^2)}{v_\infty'}$；$p_2$ 为巷道内大气压力，MPa；v_∞' 为煤壁暴露时间足够长后的单位面积瓦斯涌出速度，$m^3/(m^2 \cdot d)$；$M_{(c)0}$ 为采区开采煤炭资源总量，t。

3) 评估模型适用条件

$$\sum \Theta_i \left(H_{oi} - h_{si} \cos\theta_{fi} \right) \geqslant 5 \frac{\Sigma M}{c} \tag{5-33}$$

式中，H_o 为盖层原始厚度，m；h_s 为断层在盖层内的断距，m；θ_f 为断层倾角对应弧度。i 为储层空间与含水层之间的第 i 层盖层；ΣM 为累计采厚，m；c 为开采分层层数。

2. 煤层气资源量评估基本步骤

1) 基本资料收集

当确定需要对某矿区或矿区内某一区域的采动稳定区的煤层气资源进行储量评估时，要先对目标区域进行有针对性的资料收集，主要包括目标区域煤层开采时间、水文地层构造情况、煤层气地质条件、实际采掘工程布置情况及回采工艺技术等资料。

2) 评估模型适用条件判别

根据目标区域煤层赋存条件及采掘工艺特点，进行评估模型的适用条件判别，如果符合模型基本适用条件，则继续完成资源量评估工作。

3) 评估模型选择

根据收集到的资料的完整性及目标区域煤层赋存条件，选择合理的煤层气资源量评估模型。

如果目标矿区的井下生产资料保存完整，则选择损失气量阶段统计间接减法评估模型；如果井下生产资料缺失但不严重，则选择损失气量分源预测间接减法评估模型；如果井下生产资料缺失严重，则选择直接加法评估模型。

4) 评估区域划定与资料补充收集

划定资源量评估计算单元，根据评估模型的计算参数要求，对资料进行深入整理、筛选及分析。结合储量评估模型的计算参数要求，对已有的资料进行查漏补缺，有针对性地进行资料的补充收集。

5) 煤层气资源量评估

以资源量评估计算单元为基础，选取或计算各关键参数，并将其代入模型中完成目标区域的煤层气资源量评估计算。

6) 模型的验证及完善

根据地面抽采数据对评估模型参数取值进行修正，进一步完善资源量评估模型。

3. 煤层气资源量评估应注意的问题

(1) 煤层群开采时，要注意各煤层开采卸压范围的交叉重叠，避免重复计算；

(2) 煤层实际开采情况很关键，必须详细掌握煤层实际开采情况，哪里是采空区，哪里是由于断层构造、煤质问题及技术条件等遗留的实体煤。

5.3.2 采动稳定区煤层气地面抽采设计技术

1. 地面井井型结构设计

1) 井身结构优化设计

常规的采动稳定区地面井结构分二开井身结构和三开井身结构两种(图 5-35)，分别适用于不同的地质构造条件。

二开井身结构适用于没有表土层或松散层(或较薄)、开采煤层埋藏较浅、地质构造简单、岩性较单一的矿区。一开钻进深度应该穿过施工区域表土覆盖层及风化带岩层，并深入基岩 50m 以下，同时钻进深度不低于 100m，一开钻井终孔位置距离采场覆岩裂缝带顶部边界 15～30m。二开终孔位置为煤层顶板垮落带顶部边界或根据现场施工风压决定。

三开井身结构适用于表土层或松散层较厚、开采煤层埋藏较深、岩层地质构造复杂的矿区。一开钻进深度应该穿过施工区域表土覆盖层及风化带岩层，终孔位置距离表土层下 20～30m；二开终孔位置应距离开采煤层裂缝带顶部边界 15～30m；三开终孔位置为煤层顶板垮落带顶部边界或者根据现场施工风压变化决定。

2) 套管选型

采动稳定区围岩移动已经稳定或基本稳定，因此在分析套管受力状态时，可以将套管与围岩壁视作是一体的，即套管只是受到围岩的挤压力和自身重力，套管在轴向方向上不受拉伸力的作用。

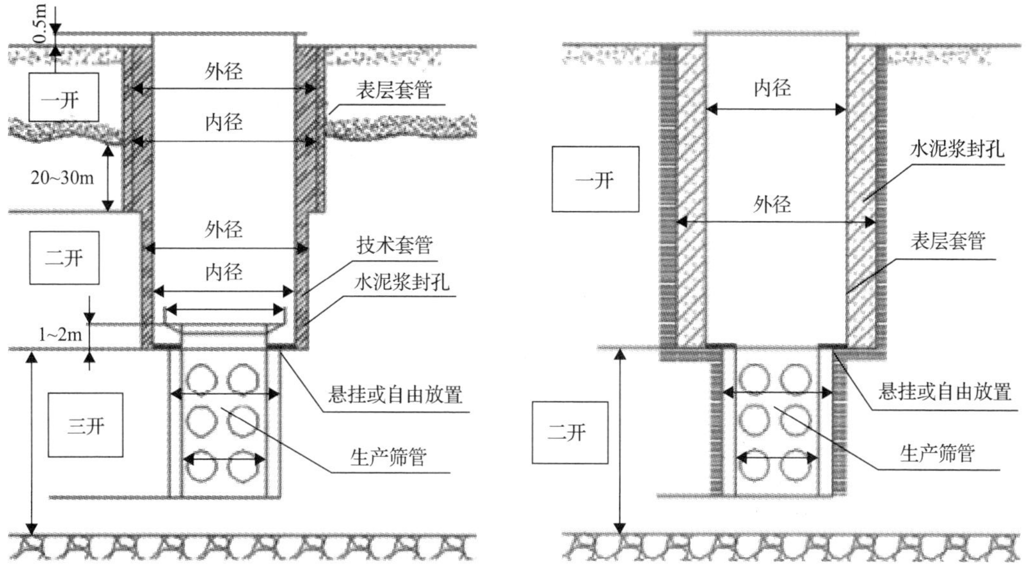

(a) 三开井身结构　　(b) 二开井身结构

图 5-35　采动稳定区地面井结构示意图

由于地面井运行时在套管内部产生负压，负压级数仅达到千帕左右，而套管的强度及围岩壁对套管的挤压应力普遍达到兆帕级数，在计算采动稳定区地面井套管挤毁压力时，忽略其内部压力的影响。

不考虑轴向拉伸作用及内部压力作用的套管可能发生屈服挤毁、塑性挤毁、过渡挤毁和弹性挤毁 4 种类型的挤毁。套管各类挤毁压力计算与判识可参照相关石油天然气工业套管性能公式及计算标准。分析计算套管极限破坏强度后可通过查找标准 API 管材强度参数完成套管选型，一般选用 J55 钢级管型即可。

2. 地面井施工优化设计

1) 井位选择优化设计

地面井布井位置选择主要考虑采动稳定区煤层气储集空间分布及地面井抽采控制范围两个方面。煤层气储集空间主要在采场上覆岩层裂缝场分布范围内“O”形圈的分布区域等。地面井的抽采控制范围应根据采动稳定区内空气压力、地面井井口抽采负压和采空区的连通性等进行计算确定。

研究表明，在采空区内部相同纵深处，采空区回风巷侧的瓦斯浓度要高于进风巷，其煤层气浓度可达 80%，把地面抽采钻井布置在靠近回风巷侧更有利于高浓度煤层气的抽采。

2) 钻完井工艺设计

为保证地面井抽采效果，采动稳定区地面井钻进施工应该以减少对采空区裂缝场导气通道的破坏和污染为第一原则。地面井应优先选用空气钻进工艺，使用大风量潜孔锤钻机完成地面井钻进施工，使用水液钻进工艺时，尽量缩短钻进周期。

由于采动稳定区采场上覆岩层破碎严重，钻进过程中会发生钻井液漏失及塌孔现象。非生产井段施工时，需要对钻井漏液段进行灌浆封堵处理，井壁环空可采用全井段固井工艺以保证抽采井密封性良好；生产井段钻进时，应尽可能使用空气钻进工艺，宜采用悬挂花管完井或自然放置花管完井工艺，提高生产井段强度的同时尽量增加产气通道面积。

5.3.3 煤层气地面井抽采试验

1. 工作面概况

在重庆松藻煤电有限责任公司石壕煤矿进行了采动稳定区煤层气地面井抽采试验，经过资料收集分析及实地勘察，地面试验井下方对应石壕煤矿的 N1714 工作面及 N1815 工作面采动稳定区。

1）N1714 工作面

N1714 工作面走向长约 420m，倾斜长约 260m，开采 7#煤层，煤岩平均倾角为 6°，对应地面标高+735m，工作面平均标高+395m。南翼留有 100m 北一石门保安煤柱，西邻 N1712 工作面采空区，东邻 N1716 工作面采空区，北邻 N1725 工作面采空区。

工作面自 1990 年开始回采，于 1992 年回采完毕，局部区域由于地质断层密集等未开采，工作面回采率取 90%，采区回采率取 83%。

2）N1815 工作面

N1815 工作面地面平均标高约+735m，工作面平均标高+390m。工作面西邻 1813 工作面采空区，东以北皮带上山保安煤柱为界，北部与南部均为实体未采煤。工作面走向长 120m，倾向长 730m，开采 8#煤层，煤层位于煤系中部，煤层平均厚度为 2.6m，属中厚煤层，上距长兴含水层约 40m，下距茅口灰岩 30m。开采煤层倾角为 3°～5°，原始瓦斯含量为 14.7m^3/t，煤体容重为 1.5t/m，工业煤炭储量约 41 万 t。

工作面自 1998 年开始回采，于 2000 年回采完毕，参考邻近同时期工作面，工作面回采率取 95%，采区回采率取 85%。

2. 煤层气资源量评估

1）评估模型选择

由于目标矿区开采时间久远，井下资料收集困难，选用分源加法评估模型完成煤层气资源量评估，矿区为多煤层开采条件，使用煤层群多煤层开采条件煤层气资源量评估模型，具体计算公式见式(5-30)。

2）估算区域划定

根据评估基本原则，结合矿区井下工作面部署，地面井抽采影响范围对应 N1714 工作面采空区、N1815 工作面采空区、N1716 工作面采空区、N1813 工作面采空区、N1811 工作面采空区和 N1812 工作面采空区。

3) 煤层气资源量

(1) 各工作面采空区内遗留煤炭总量。

由于煤层薄化等，7#煤层及 8#煤层的工作面仅局部回采，估算区域内采空区遗留煤炭量约为 29.05 万 t。

(2) 各工作面卸压煤炭总量。

试验点开采煤层近水平，其卸压角为 105°，根据各工作面顶底板围岩层的赋存特征及岩性参数，估算工作面卸压煤炭量约为 144.95 万 t(扣除重叠煤量)。

(3) 遗煤残余煤层气含量。

抽采试验点对应的工作面开采时间较早，其采动稳定区内未进行埋管抽放，且未采用顺层钻孔预抽措施，内部遗煤煤层气含量较高，结合邻近层抽采煤层气排放率经验曲线，取开采煤层及邻近煤层的排放率及残余煤层气含量，见表 5-2。

表 5-2　遗煤排放率及残余煤层气含量

邻近煤层	原始含气量/(m^3/t)	排放率/%	残余煤层气含量/(m^3/t)	残余可解吸煤层气含量/(m^3/t)
M5 煤线	10.43	70	4.92	2.36
6-1 煤线	10.43	80	4.13	1.57
6-2 煤线	10.43	90	3.35	0.79
6-3 煤层	10.43	90	3.35	0.79
7-1 煤线	10.97	90	2.41	0.95
7#煤层	10.97	90	2.41	0.95
8#煤层	14.70	90	3.47	1.25
煤线	14.70	80	4.72	2.5
9#煤层	14.70	80	4.72	2.5

(4) 煤层气体积分数。

参考采空区密闭埋管抽采煤层气数据，采动稳定区内煤层气体积分数取 40%。

(5) 采动稳定区内孔隙体积。

利用相关公式，估算采动稳定区内岩层的孔隙体积为 321.29 万 m^3。

(6) 可抽采资源储量。

采动稳定区废弃气体压力约 0.04MPa，游离气采收率为 62%，各邻近煤层吸附气采收率约 70%。将各参数代入式(5-30)得到最大可抽采煤层气资源量约 164.81 万 m^3。

3. 地面井施工设计

1) 地面井设计

A. 钻进工艺

为减少钻进工程对煤层气储层裂缝的影响，采动稳定区地面井应优先选用空气钻进工艺，尤其是生产井段，如果现场条件不具备，考虑使用清水快速钻进工艺。

B. 井型结构

(1) 一开井身使用外径 Φ311.15mm 的钻头钻进到距离表土层下方 10m 处，下入 J55

级 DN244.48mm×10.03mm 表层套管，使用 42.5#硅酸盐高强水泥全段封固井壁环空，直至井口返出纯水泥浆。

(2) 二开井身使用 Φ215.9mm 钻头钻进至开采煤层顶板裂缝带上方，止深在地下 200m，下入 J55 级 DN177.8mm×9.19mm 石油套管，套管高出地表 0.5m，使用 42.5#硅酸盐高强水泥全段封固井壁环空，直至井口返出纯水泥浆。

(3) 三开井身使用 Φ149.2mm 钻头钻进至 275m，下入 80m 的 J55 级 DN139.70mm×7.72mm 筛管，自然放置。

2) 地面抽采系统设计

A. 地面抽采管道系统

(1) 地面煤层气抽采管路管径。

地面煤层气抽采管的管径按单井平均混合流量 25m^3/min 进行管路计算，最终地面抽采管路选用 DN219mm×8mm 型无缝钢管。

(2) 地面煤层气抽采设备。

进行采动稳定区煤层气抽采的主要设备包括：水环真空泵、水封泄爆器、防回火器、气水分离器、放空器、循环水箱、循环水泵、分流管路系统等。

B. 地面抽采安全监控系统

为时刻掌握采出气煤层气浓度，防止井下遗煤自然发火，抽采试验监测参数包括：甲烷浓度、氧气浓度、抽采负压、抽采流量、抽采气体成分等。监控系统设备包括：GD_4 型瓦斯抽放多参数传感器、氧气传感器、U 形压差计和光干涉甲烷测定仪。其中，GD_4 型瓦斯抽放多参数传感器、氧气传感器为日常自动监控系统，U 形压差计和光干涉甲烷测定仪用于监控系统出现故障时的人工测量管道煤层气流量和浓度。

4. 地面井抽采数据分析

地面井抽采系统于 2014 年 9 月 18 日正常抽采运行，平均日运行 23h，持续运行 230d 后停止试验，累计抽采煤层气纯量约 51.37 万 m^3。地面井部分运行数据见表 5-3，抽采运行数据变化曲线如图 5-36 所示。通过拟合长期抽采流量趋势线，预计地面井连续运行 600d 后抽采流量会逐渐降低至 0，极限抽采煤层气总量约 101 万 m^3。

分析表 5-3 及图 5-36 可知，地面井正常运行期间，煤层气抽采数据基本稳定，采出气浓度约 30%，混合气量约 5.5m^3/min，抽采负压约 45kPa。地面井运行期间使用钻孔成像仪对井筒内部进行探视，未发现井筒产生变形。地面井持续运行 7 个月的数据未发生大幅度变化，说明井内煤层气抽采通道畅通，但抽采流量偏低，抽采负压较大，分析认为由于地面井井斜控制较差，终孔位置偏离标靶严重，有效出气通径减小，影响采气效果；同期试验的另一口地面井全程使用清水钻进工艺施工，在钻进至覆岩采动裂缝带后卡钻、掉钻事故频发，严重影响了钻进速度及完井质量，后期抽采发现井壁围岩内裂缝被泥浆封堵，井筒内积水严重，无法产气。表明影响采动稳定区地面井抽采效果的关键问题不是地面井筒的变形破坏，而是布井位置的选择、钻井设备与工艺的选择、钻完井质量控制等因素，在钻遇采动裂缝带时清水钻进工艺宜谨慎使用，尽量减少对裂缝通道的污染。

表 5-3　地面井部分运行数据一览

日期	采出气浓度/%	混合气量/(m^3/min)	煤层气纯量/(m^3/min)	抽采负压/kPa
2014-11-01	29	5.24	1.5196	46
2014-11-02	32	5.42	1.7344	44
2014-11-03	36	5.36	1.9296	45
2014-11-04	32	5.37	1.7184	41
2014-11-05	28	5.31	1.4868	44
2014-11-06	32	5.2	1.664	45
2014-11-07	28	5.3	1.484	44
2014-11-08	31	5.23	1.6213	44
2014-11-09	30	5.42	1.626	44
2014-11-10	32	5.57	1.7824	44
2014-11-11	32	5.04	1.6128	43
2014-11-12	30	5.51	1.653	43

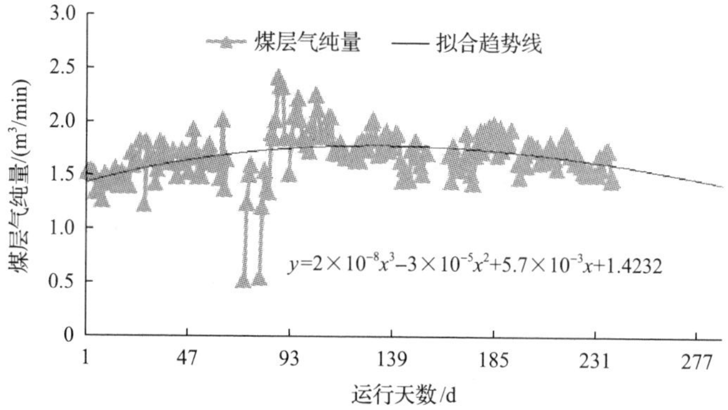

图 5-36　地面井抽采运行数据变化曲线

5.4　采动区井上下联合抽采技术

5.4.1　性能特点及适用范围

1. 井下抽采

当前国内井下瓦斯治理主要包括回采前本煤层瓦斯治理和回采期间采空区瓦斯治理。采前预抽采取措施包括顺层钻孔、穿层钻孔和千米定向钻孔等，然而部分矿井采前预抽后工作面瓦斯涌出量仍然较大，需对采空区瓦斯采取必要措施。对采空区瓦斯采取的主要措施有专用尾巷、顶板高抽巷、插(埋)管和普通高位钻孔等，以上措施在一些矿井均取得了较好的瓦斯治理效果，然而专用尾巷、顶板高抽巷因投资成本高、维护费用高且管理难度大等，现场大范围推广应用受到了一定的限制；插(埋)管抽采存在抽采浓度低，覆盖区域有限，效率低下等问题；普通高位钻孔有效抽采孔段短，且人为影响因素较多，易存在覆盖盲区。总体而言，井下瓦斯抽采技术虽具有施工相对容易、覆盖密度高和成本低等优点，但影响范围有限，同时存在受井巷工程限制等问题，在高瓦斯区仅靠井下治理措施具有一定的局限性。

2. 地面抽采

地面井一般分为采前压裂预抽地面井、采动活跃区地面井和采动稳定区地面井(图 5-37)，其中根据煤层赋存条件的不同，采动活跃区地面井又分为本煤层采动活跃区抽采和邻近层采动活跃区抽采两种类型(图 5-38)。一般地面井根据抽—掘—采—衔—接提前布置，先作为采前预抽钻井，当工作面推进采动影响至预抽井位置时，其主要抽采采动区与采空区瓦斯，空间上不同区域抽采作用不同，实现了地面井“一井多用”。地面井虽具有施工安全、影响范围大且可超前于井巷工程施工等优点，但同时具有施工周期长、覆盖密度低、成本高等缺点，在高瓦斯区仅靠地面井抽采难以保障矿井正常安全生产。

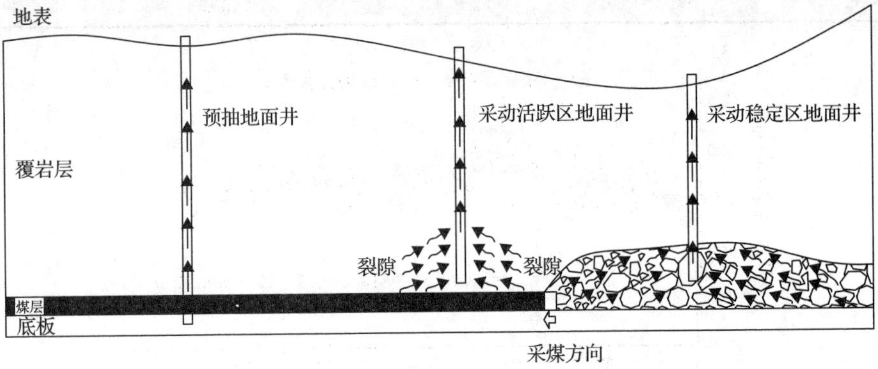

图 5-37　地面井“一井三用”煤层气抽采

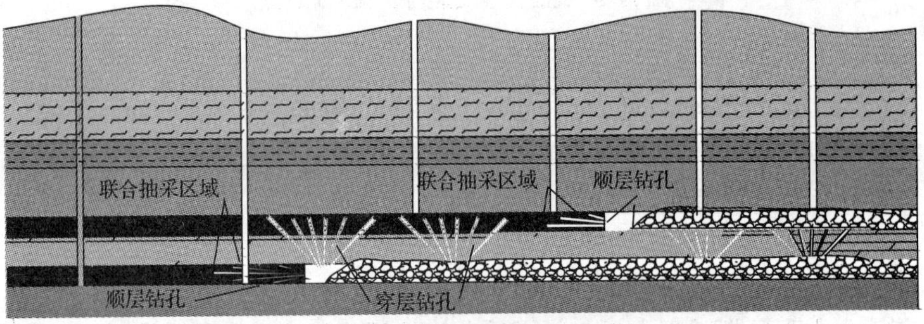

图 5-38　煤矿采动区地面井类型划分及联合抽采模式

3. 井上下联合抽采

地面井工程与井下抽采工程相比，具有施工安全、可超前于井巷工程实施、采用地面压裂时影响范围大等优点，但也存在成本高、完井周期长、覆盖密度低等缺点；井下抽采具有成本低、覆盖密度高、施工难度低的优点，但具有工程影响范围相对较小、施工较地面存在安全隐患，同时受井巷工程限制等问题。将两者相结合分别发挥地面压裂和井下抽采的技术优势，形成“地面压裂+井下抽采”的立体瓦斯抽采格局，可避免采取单一抽采技术带来的各类问题。

“地面压裂+井下抽采”是在地面和井下实施不同的工程而形成的立体化抽采模式，其关键问题在于如何使两者在时间和空间上形成高效合理的衔接，空间上井下抽采工程需考虑地面压裂的影响范围布置，时间上井下抽采需在压裂有效期内开展。同时由于地面与井下工程存在先后顺序，“地面压裂+井下抽采”具有“先压裂后布孔”和“先布孔后压裂”两种具体实施形式，不同的实施形式在时空衔接上有所不同，合理的时间和空间衔接才能发挥井上下联合抽采的理想效果。

另外，采动区裂缝发育，是瓦斯富集区，矿井生产过程中，采空区瓦斯涌出量大、工作面后部和顶部裂缝区浓度高，针对采动区瓦斯治理，采用“采动区地面井+井下大直径顶板长钻孔”的井上下联合抽采模式，可实现整个采动区走向及垂直空间的瓦斯全覆盖抽采，以达到降低回采工作面瓦斯涌出量，缓解瓦斯超限压力和开发煤层气的目的。

5.4.2 典型应用

1. 赵庄矿实施井下先布孔，地面再压裂试验

1) 布置方式

在赵庄矿的1307工作面和1308工作面进行了不同安全距离(钻孔终孔点与压裂井的距离)的钻孔抽采效果对比。先提前在已掘的13064巷道内布置好布孔方式相同的抽采钻孔，然后在距离抽采钻孔120m、180m、200m处分别施工了1#、2#、3# 3口地面压裂井进行压裂，并进行井下抽采效果考察。钻孔终孔与压裂井井底相对位置图如图5-39所示。

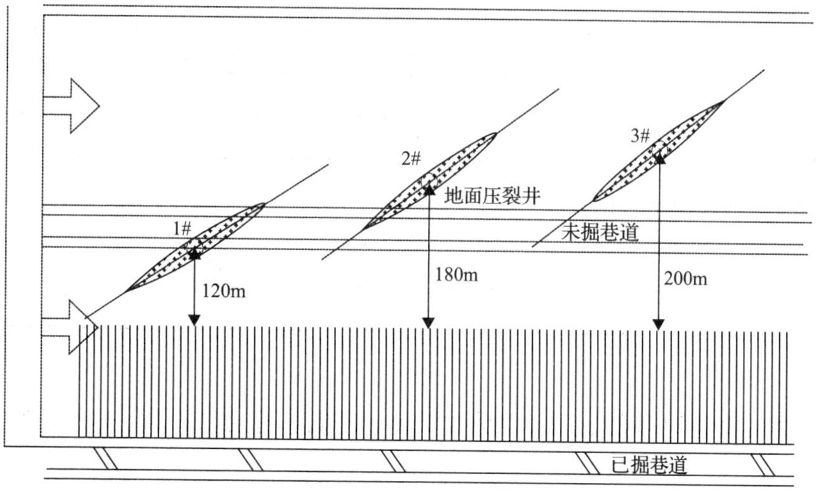

图5-39　钻孔终孔与压裂井井底相对位置图

2) 抽采效果

表5-4为不同安全距离钻孔瓦斯抽采参数考察结果。安全距离为180m和200m以上的钻孔抽采效果相当，而安全距离为120～180m的钻孔区域受压裂影响较大，钻孔抽采

效果明显提高，预抽时间大大缩短，主要表现在透气性系数增加了约 1 倍，平均百米钻孔流量提高了约 1.5 倍，钻孔瓦斯流量衰减系数减少了约 2/3，抽采达标时间缩短了约 3/5。

表 5-4　不同安全距离钻孔瓦斯抽采参数考察结果

安全距离/m	平均百米钻孔流量/[m^3/(min · hm)]	瓦斯流量衰减系数/d^{-1}	抽采达标时间/d	透气性系数/[m^2/(MPa^2 · d)]
120～180	0.0652	0.025	56	3.143
180 以上	0.0269	0.081	135	1.654
200 以上	0.0248	0.076	147	1.612

巷道掘进期间，实测比较了不同区域煤层的煤与瓦斯突出危险性预测指标——煤层钻屑瓦斯解吸指标 K_1 值的分布特点。压裂井压裂覆盖范围内的 K_1 值大于 0.4 的占比仅为 7.8%，未压裂区域内 K_1 值大于 0.4 的占比为 40%～50%。说明在地面井压裂和井下钻孔抽采的双重作用下，煤与瓦斯突出危险性预测指标明显减小，突出危险性降低。

2. 成庄矿实施地面先压裂，井下滞后布置钻孔试验

1) 布置方式

成庄矿四盘区共施工 5 口地面压裂井，在井下 7 个钻场分别滞后地面压裂不同时间向压裂井底施工 47 组定向长钻孔，考察钻孔滞后不同时间的瓦斯抽采效果。定向长钻孔与地面压裂井的对应关系见表 5-5，对钻孔滞后地面井压裂小于 2 个月、2～4 个月及 4 个月以上 3 种不同滞后时间的钻孔施工和钻场抽采效果进行考察。

表 5-5　定向长钻孔与地面压裂井关系对照表

压裂井	钻场编号	定向钻孔数量	钻场位置	滞后时间/月
ZX-1#	1#	10	43153 巷	<2
ZX-2#	2#	2	43214 巷	2～4
ZX-3#	3#	5	43212 巷	0～2
	4#	8	43212 巷	2～4
ZX-4#	5#	11	4106 巷	2～4
	6#	8	4105 巷	>4
ZX-5#	7#	3	4104 巷	<2

2) 抽采效果

对不同滞后时间的钻孔施工和抽采效果进行了现场考察与整理，并同压裂影响区域外的钻孔抽采效果进行对比，见表 5-6。

井下钻孔滞后地面压裂小于 2 个月时，一方面，受地面压裂的影响，煤体裂缝发育，结构破碎，钻孔施工困难，易出现塌孔、卡钻现象，钻孔施工速度慢，成孔率低，成孔深度小，达不到设计施工深度；另一方面，由于压裂裂缝发育，目标煤层透气性增加，钻孔抽采效果好，百米钻孔流量为 0.0141m^3/min，是正常区域钻孔的 1.7 倍。受成孔效果差的影响，钻孔有效覆盖区域小，整体抽采效果受影响。

表 5-6　不同滞后时间钻孔施工情况抽采效果

所在区域	滞后时间/月	成孔率/%	钻孔日进尺/m	平均浓度/%	百米钻孔流量/(m^3/min)	钻孔施工情况
压裂区域	＜2	62	140	71.94	0.0141	施工难、易卡钻、塌孔
	2～4	82	200	74.7	0.0168	偶尔出现塌孔
	＞4	83	210	61.28	0.0107	偶尔出现塌孔
正常区域	—	85	190	53.6	0.0082	偶尔出现塌孔

井下钻孔滞后地面压裂 2～4 个月时，钻孔施工有明显的好转，成孔率和钻孔日进尺大幅度提高，钻孔平均浓度和百米钻孔流量也有所增加，百米钻孔流量达 0.0168m^3/min，是正常区域的 2 倍左右。

井下钻孔滞后地面压裂 4 个月以上时，成孔率和钻孔日进尺相差不大，煤体透气性改善程度明显减小。百米钻孔流量降低了 36%，钻孔平均浓度有所下降，但与正常区域钻孔相比，得益于地面压裂，抽采效果有一定的提高。

3. 寺河矿实施地面压裂，井下千米孔抽采试验

1) 布置方式

寺河矿西三盘区掘进运输巷及集中回风巷附近布置压裂井，在西三集中回风巷(与压裂位置同一巷道)布置 3#千米孔和 4#千米孔。

压裂井位置如图 5-40 所示。根据所需考察的煤层瓦斯赋存特征，在水力压裂影响区域煤层内布置 4 组不同间距的穿层瓦斯预抽钻孔，与未进行水力压裂区域煤层的穿层瓦斯预抽钻孔的预抽效果进行对比。

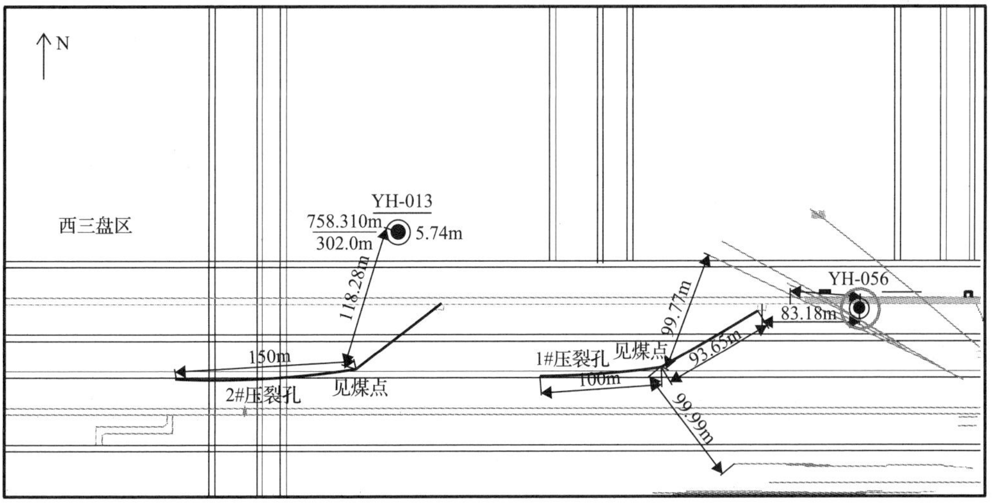

图 5-40　地面压裂井位及压裂孔布置

2) 抽采效果

(1) 压裂孔抽采情况。

钻孔压裂后开始抽采，最高抽采量为 8.8m^3/min，平均抽采量为 5.21m^3/min，最高抽

采浓度为 92%，平均抽采浓度为 72.5%，累积抽采时间达 9 个月，累积抽采瓦斯纯量为 204.81 万 m^3，如图 5-41 所示。

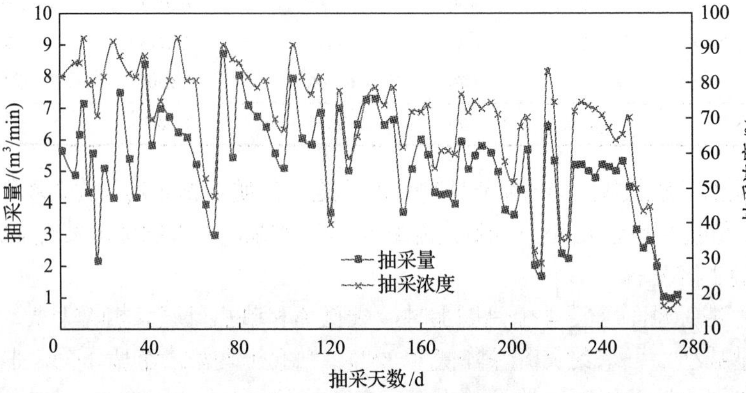

图 5-41　压裂瓦斯抽采数据

图 5-42 为西三集中回风巷(与压裂位置同一巷道)的 3#千米孔的抽采数据，百米钻孔流量平均为 1m^3/min，压裂孔(煤层段长 102m)的百米钻孔流量达到 5.21m^3/min，提高了 5 倍有余。

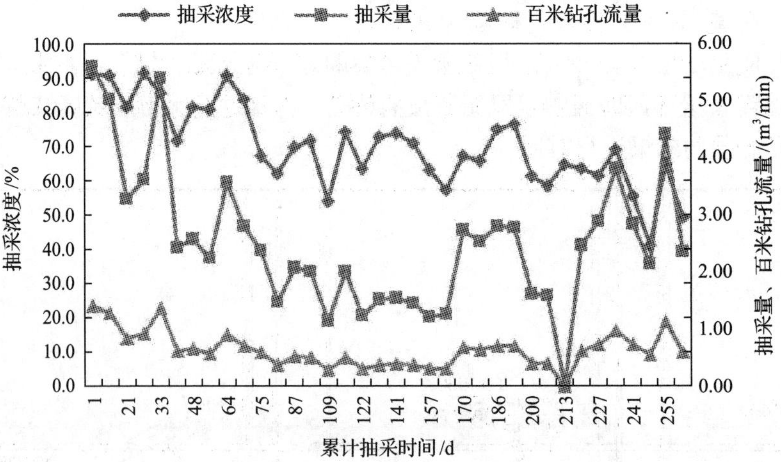

图 5-42　3#千米孔抽采数据分析

(2)考察孔的抽采情况。

根据制订的考察孔布置设计，在 10#钻场布置的 4#考察钻孔的抽采情况如图 5-43 所示。从图中可知，单孔最大抽采量为 1.3m^3/min，最高抽采浓度为 86%，平均抽采量为 0.87m^3/min，平均抽采浓度为 70%。从已观测到的压裂后的瓦斯含量数据可以看出，压裂孔 70m 范围内的瓦斯含量平均为 7.87m^3/t，与未压裂前比较降低了 31.2%。

在 11#钻场监测到的抽采数据较少，其中 5#考察钻孔的最大抽采量为 0.58m^3/min，最高抽采浓度为 69%，平均抽采量为 0.41m^3/min，平均抽采浓度为 63%，如图 5-44 所示。

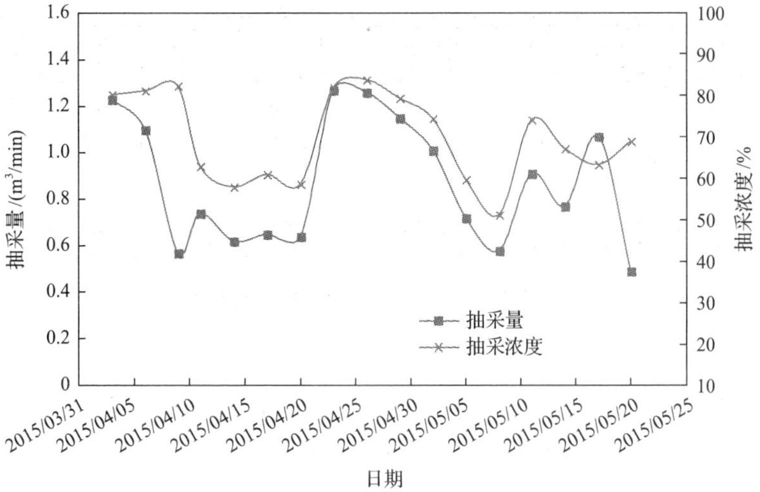

图 5-43　10#钻场 4#考察钻孔的抽采情况

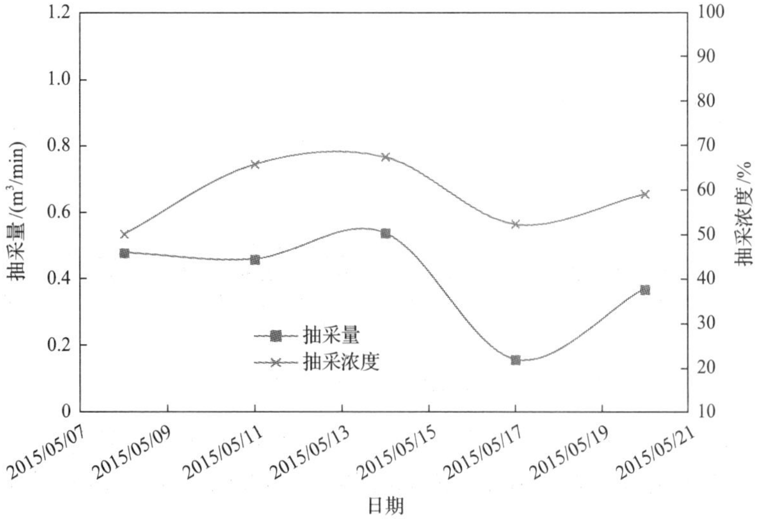

图 5-44　11#钻场 5#考察钻孔的抽采情况

4. 寺河矿实施采动区井上下联合抽采试验

1) 布置方式

在寺河矿西区 W2301 工作面、东区 3313 工作面进行了采动区井上下联合抽采试验。W2301 工作面走向长度为 1250m，倾向长度为 221.50m。煤层平均厚度约 6m，平均层倾角为 2°，走向长壁一次采全高综合机械化开采。井下顶板长钻孔共施工 110 个钻孔，钻孔组间距为 65m，每组 4～5 个，钻孔深度为 110m，终孔点距煤层顶板 36～48m。地面设置 3 口地面采动区井，井深 410～540m，井口距离回风巷 40～65m，三开孔径 216mm（图 5-45）。

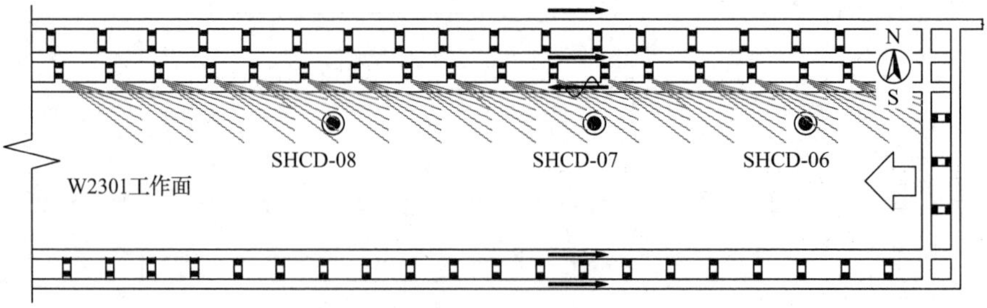

图 5-45 地面采动井及顶板钻孔布置

2) 抽采效果

(1)地面井抽采后，地面井抽采量最大达到 10.2m^3/min，日抽采 1.5 万 m^3。显著改善工作面的通风安全状况，风排瓦斯量降低 41.83%(图 5-46)。

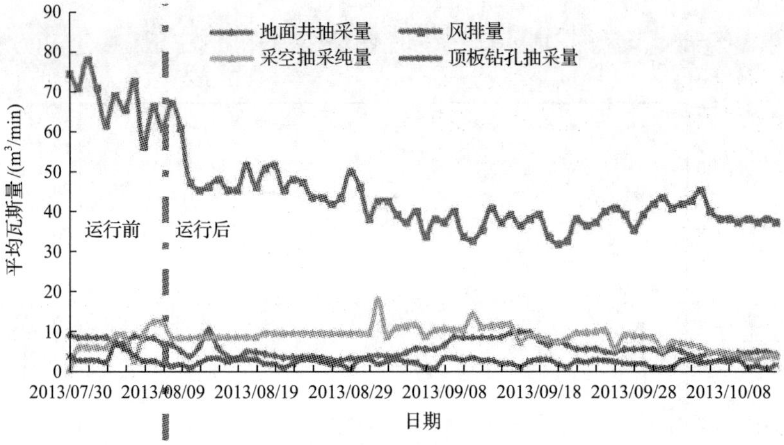

图 5-46 工作面涌出瓦斯抽排走势(文后附彩图)

(2)井上下联合抽采期间，工作面瓦斯抽采浓度平均为 0.27%，较前期降幅为 45.45%；回风巷最大瓦斯抽采浓度为 0.76%，较前期降幅为 17.39%，实现瓦斯零超限(图 5-47)。

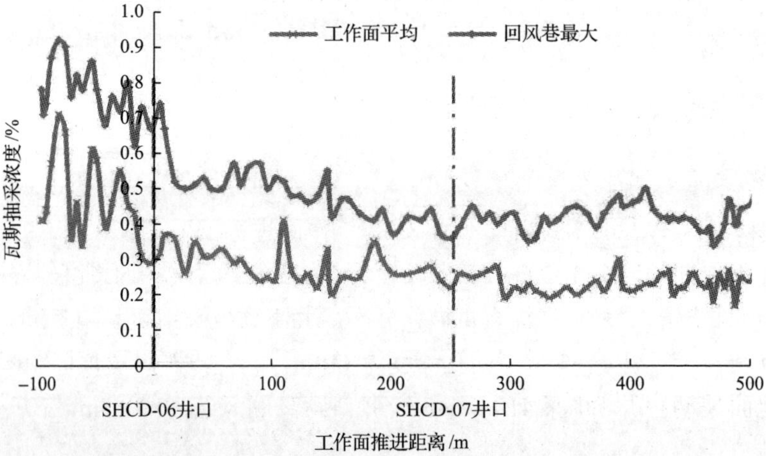

图 5-47 联合抽采前后工作面瓦斯抽采浓度变化(文后附彩图)

5.5　采动区煤层气地面抽采安全控制技术

5.5.1　地面安全抽采主要控制指标及其临界值

地面安全抽采控制指标包括两个方面：一方面是气体参数指标；另一方面是地面系统状态指标。

1. 气体参数指标

采动区煤层气气体参数能够直接反映出采空区内部的安全状态，主要参数指标包括甲烷浓度、氧气浓度、一氧化碳浓度、温度、乙烯及乙炔含量。

1) 甲烷浓度

甲烷是煤层气的主要成分，甲烷浓度的实时监测有 3 方面的意义：甲烷浓度可以有效反映工作面漏风情况；可以反映出采动区瓦斯聚集量的多少；可以判断抽采瓦斯的浓度范围(爆炸限内的甲烷不能点火只能集输或放空)。

2) 氧气浓度

对于有自然发火危险性的煤层，氧气是煤层自燃氧化的必要条件。氧气浓度实时监测的意义在于可以随时监控采动区煤层气的抽采是否会造成临近工作面新鲜风流的入侵。因为地面抽采系统运行时会在采动区内钻井附近产生低压区，可能造成临近回采工作面的新鲜风流向采空区内部入侵，这一方面会导致临近工作面新鲜风流不足；另一方面会促进遗煤缓慢氧化，造成采空区内部温度缓慢升高。如果得不到有效控制，容易使遗煤发生自燃。

3) 一氧化碳浓度

一氧化碳是煤层氧化的伴生产物。一氧化碳浓度监测的意义在于监控采动区内部遗煤是否发生自然发火。因为采空区内遗煤发生自燃时，由于大部分为不完全燃烧，会产生大量的一氧化碳气体，采空区内一氧化碳气体浓度迅速上升。

4) 乙烯与乙炔含量

乙烯与乙炔是煤层自然发火的标志性气体，我国和很多国家将乙烯作为煤层自然发火的监控指标。当发现乙炔时，煤层必定着火，采动区地面安全抽采应将其列为监控参数指标。

5) 温度

如果采空区内遗煤发生氧化反应或者已经自燃，变化最明显的参数就是温度。

2. 地面系统状态指标

地面系统状态指标能够反映出抽采系统中各组成部分的运行是否正常，主要包括抽采动力系统状态指标、水循环系统状态指标、安全保障系统状态指标、抽采负压和抽采流量指标等，实时监测这些状态指标能够有效预防安全事故的发生。

1) 抽采动力系统状态指标

抽采动力系统的故障主要有水环式真空泵不抽气、真空度不够、轴温过高、功耗过大，这些故障可以通过监测泵站液位、供水流量、轴温等来进行诊断。因此应将泵站液位、供水流量、轴温作为监控指标。

2) 水循环系统状态指标

水循环系统的故障主要有循环水量不足、水泵功耗过高、电机轴承过热、水泵不出水等，这些故障可以通过监测水泵流量、功耗、电机轴承温度等来进行诊断。因此，应将水泵流量、功耗、电机轴承温度作为监控指标。

3) 安全保障系统状态指标

安全保障系统故障主要有火焰传感器失灵、抑爆装置失效、泄爆装置水位不足、泄爆片破损等，这些故障可以通过监测传感器反馈信号、抑爆装置电信号、泄爆装置完整形态及水位高低等进行判断。因此，可将影响反馈信号、水位作为监测指标。

4) 抽采负压和抽采流量

抽采负压和抽采流量是两个重要的系统运行指标，主要反映抽采难易程度和强度，是衡量工作面与钻孔连通性的重要参数。例如，当瓦斯抽采负压突然增高时，可能出现抽采管路阻塞；当出现抽采负压时大时小间歇式变化时，可能是管路较低处出现管路积水；当抽采负压突然降低，同时瓦斯浓度变小时，可能是出现管路或者钻孔漏气。

3. 主要控制指标临界值

1) 甲烷浓度

甲烷浓度是地面抽采监控的主要指标，抽采过程中，可能会出现各种影响因素，导致抽采的煤层气浓度较低。当煤层气浓度足够低时，应停止对该钻孔的瓦斯抽采，避免发生安全事故，同时降低抽采运行成本。通过调研山西晋城、安徽淮南、新疆、宁夏、辽宁、吉林、黑龙江、陕西等多个抽采井的资料，发现其中90%以上的抽采井民用或者高浓度发电的瓦斯浓度临界值定为30%，《煤矿安全规程》规定：“抽采的瓦斯浓度低于30%时，不得作为燃气直接燃烧；用于内燃机发电或作其他用途时，瓦斯的利用、输送必须按有关标准的规定，并制定安全技术措施。”因此，对于用作燃气或者高浓发电的煤层气，临界值确定为30%。对于低浓度瓦斯发电的临界值，国内外部分厂商限定为6%，实际上很多矿井当瓦斯浓度达到6%时并不能进行运转，通过调研低浓度煤层气发电用户可知，将8%作为最低浓度的控制值较为合理。因此，将8%作为低浓度发电的临界值，30%作为燃气和高浓发电的临界值。

2) 氧气浓度

煤自然发火的临界氧气浓度的含义是指能维持煤自然发火发生和发展的氧气浓度下限值，它是采空区合理注氮的主要依据。研究表明：煤氧化需要大量氧气，如果采空区气体中氧气浓度高，煤的氧化自燃可能性就增高，煤矿采空区煤层自燃临界氧浓度一般为5%～10%。当采空区内氧气浓度大于7%时，煤氧化能够持续进行，直到煤自然发火；当氧气浓度在5%～7%时，煤氧化速度缓慢；当氧气浓度小于5%时，煤氧化基本停止。

因此，采空区煤层气抽采控制中，将氧气气体浓度监控指标控制点定为5%和7%。若抽采采空区煤层气中氧气浓度大于7%时，控制采空区煤层气的抽采量；当抽采采空区煤层气中氧气浓度为5%～7%时，保持现有的抽采状态；当抽采采空区煤层气中氧气浓度小于5%时，增大采空区煤层气的抽采量。

3) 一氧化碳浓度

一氧化碳作为标志气体来预测煤自然发火已经有很长的历史，在我国得到了普遍应用。实验观测和现场调查发现，煤样在30℃～50℃时氧化产生一氧化碳，在65℃以后一氧化碳产生量增加速度明显，到达110℃以后一氧化碳产生量急剧增加，因此，可以根据一氧化碳浓度的变化率来评价煤的自然发火程度。一般情况下对于有自然发火倾向煤层，开采时采动区内一氧化碳浓度在10～20ppm①(个别情况一氧化碳浓度达到30ppm)，当一氧化碳浓度变化率达到40ppm时，采动区内煤到达或接近高温氧化阶段，煤层气的发火危险性增加。地面抽采系统运行稳定后，一氧化碳浓度应保持相对稳定的平衡状态(在平衡值附近上下波动)，当系统连续运行、浓度持续增高48h(或迅速增高)时应停机进行专业检查。

4) 乙烯与乙炔浓度

在煤的吸附气体中，没有甲烷气体组分，因此可以认为甲烷仅是在煤氧化过程中产生的。甲烷的现场应用也遇到了和一氧化碳一样的问题，即现场检测到的乙烯发生量与煤温之间的关系不明确，但就其临界温度而言则具有很大的应用价值，如果现场检测到乙烯，则表明此时的煤温已经超过其临界温度值，与一氧化碳气体相比，其有一个明显的时间差和温度差，这比单用一氧化碳更准确，同时也可以根据检测到的乙烯浓度的变化趋势，可大致估算自然发火温度的情况。乙烯出现以后，煤氧化进入加速阶段，煤样分别在不同煤温时，气体浓度相继出现突起的陡峰，这是煤剧烈氧化甚至燃烧的表征。在矿井自然发火预测预报工作中，应密切注意和观察乙烯的出现及其浓度的变化，这对矿井防灭火工作具有十分重大的意义。一般情况下，乙烯的出现表明煤已经进入加速氧化阶段，煤自然发火的危险程度较大，煤的温度超过110℃，煤层干裂。因此，采动区煤层气抽采控制中将乙烯作为标志性气体，煤层气抽采过程中一旦发现乙烯，必须立即停止采动区煤层气的抽采，防止采动区煤自然发火，保证工作面采动区安全抽采和工作面回采安全。乙炔是煤层氧化到一定程度出现明火后的产物，当检测到乙炔时，说明煤层已经自然发火，应立即停止抽采。

5) 气体温度

管道内气体温度在抽采稳定后的变化幅度应小于5°，同时应保持相对稳定的平衡状态(在平衡值附近上下波动)，当温度持续升高幅度不小于5°时应停机进行专业检查。

6) 抽采负压

煤层气抽采负压的大小决定了煤层气抽采的影响范围，当负压过低时煤层气抽采影响范围较小，抽采量也就越小。当负压过高时，泵站在超高负压下工作，容易造成憋泵。

---

① $1ppm=10^{-6}$。

因此，合理的抽采负压对于煤层气抽采是有利的。当利用钻井抽采煤层气时(即高负压抽采)，煤层气的抽采负压不低于 13kPa，正常抽采的负压范围是 15～80kPa。

地面井稳定抽采过程中负压值自然变小、混合流量自然增加时，必须综合瓦斯浓度的变化，调整抽采负压强度：瓦斯浓度升高时，适当调高抽采负压；瓦斯浓度降低时适当降低抽采负压，使瓦斯浓度保持较稳定的状态。当负压值急剧升高、混合流量自然变小时，必须综合瓦斯浓度的变化，调整抽采负压强度：瓦斯浓度升高时，适当降低抽采负压；瓦斯浓度降低时，适当提高抽采负压，使瓦斯浓度保持较稳定的状态。

7) 抽采纯量

煤层气抽采纯量是体现煤层气产量的直观指标，抽采纯量越大，煤层气产能也越大，但是当煤层气抽采纯量低于某一临界值时，该孔或者该分支就失去了抽采的价值，因此，需要设定一个抽采纯量的临界值。根据淮南、宁夏、铁法等矿区地面抽采矿井调研资料得出，从经济方面考虑，当钻孔抽采纯量低于 $1m^3/min$ 时，该钻孔就失去了抽采价值，应停止抽采。

8) 抽采及相关防护系统指标

抽采及相关防护设备的控制指标临界值应根据不同型号的设备单独制定。例如，水位高度、供水流量、泵站轴温等这些都可以根据不同型号的设备参数进行设定。

5.5.2 地面安全抽采系统及其组成

受地形和抽采利用需求的影响，煤矿采动区地面井地面抽采系统可以分为单井单建地面抽采系统和地面集输抽采系统两类。

1. 单井单建地面抽采系统

1) 地面煤层气抽采管路管径选择

地面煤层气抽采管的管径按单井最大混合流量进行管路计算，按以下公式：

$$d=0.1457\left(q_{管}/V_{经}\right)^{0.5} \tag{5-34}$$

式中，d 为管路内径，m；$q_{管}$为管路内混煤层气量，m^3/min；$V_{经}$为经济流速，m/s，可取 5～12m/s。

2) 地面煤层气抽采设备的选型

采动区地面井单井单建地面抽采系统主要需要配备 5 类设备：安全监控及控制设备、抽采基础设备、抽采数据采集设备、消防设备及电源动力辅助设备。

A. 抽采设备

采动区地面井单井单建抽采系统抽采设备主要有水环真空泵、气水分离装置、矿用隔爆型真空电磁起动器等，见表 5-7。

(1) 水环真空泵。

水环真空泵是采动区抽采系统中的核心设备，直接影响抽采的强度和效率，应根据抽采量和抽采系统的配置情况选择定型。

表 5-7　抽采基础设备

序号	名称	说明
1	矿用隔爆型真空电磁起动器	防爆起动开关
2	潜水泵	用于水环真空泵水循环
3	无刷交流同步发电机	供电
4	交流柴油发电机组	供电
5	水环真空泵	根据流量要求选配
6	隔爆型三相异步电动机	提供动力
7	气水分离器	用于气水分离

(2)气水分离装置。

由于各传感器的传感头对于水气都有很强的敏感性，尤其是氧气传感器的显示精度受水气影响很大，必须在抽采管路系统上安设气水分离装置，而且该设备应与水环真空泵配套使用。

(3)辅助设备。

为了保证抽采系统的正常运行，需要配备一些辅助设备，如循环水箱、循环水泵、发电机、分流管路系统等。循环水箱的作用是为真空泵提供冷却循环水，根据位置不同分为高位水箱和埋地水箱，大小需要根据水循环管径确定，一般设计为 4～5m^3 较合理；循环水泵的作用是为真空泵的运行提供循环水，水泵的功率大小根据循环管径确定；发电机为井场所有用电提供电力供应。

B. 抽采数据采集设备

为掌握地面井的抽采情况及保证设备的安全运行，需在抽采管路上设置相应的抽采数据监测装置(表 5-8)，监测对象主要包括甲烷浓度、氧气浓度、抽采负压、抽采量、抽采混量、抽采气体成分等。

表 5-8　数据采集设备

<table>
<tr><th>序号</th><th>名称</th><th>说明</th></tr>
<tr><td>1</td><td>瓦斯抽采多参数传感器</td><td>1 用 1 备</td></tr>
<tr><td>2</td><td>U 形压差计</td><td rowspan="2">自动监测失效时进行人工监测</td></tr>
<tr><td>3</td><td>光干涉甲烷浓度便携式测定仪(带负压取样器)</td></tr>
<tr><td>4</td><td>矿用氧气传感器</td><td>监测氧气浓度</td></tr>
</table>

C. 其他辅助设备

为了保障抽采设备和数据采集设备的连续安全运行，需要配备直流电源、消防沙箱等配套设施，见表 5-9。

D. 地面抽采系统安装要求

(1)采动区地面井抽采设备的安装架构和各设备的选型根据抽采需求确定，如图 5-48 所示；

(2)抽采管路采用架空方式布置，一般距离地表 1.5m；

表 5-9　电源动力辅助设备

序号	名称	说明
1	矿用本安型分站	自动喷粉抑爆装置、抽采数据监控设备的动力电源
2	矿用隔爆兼本安直流稳压电源	
3	磷酸铵盐干粉灭火器	井场防灭火必备
4	消防沙箱	

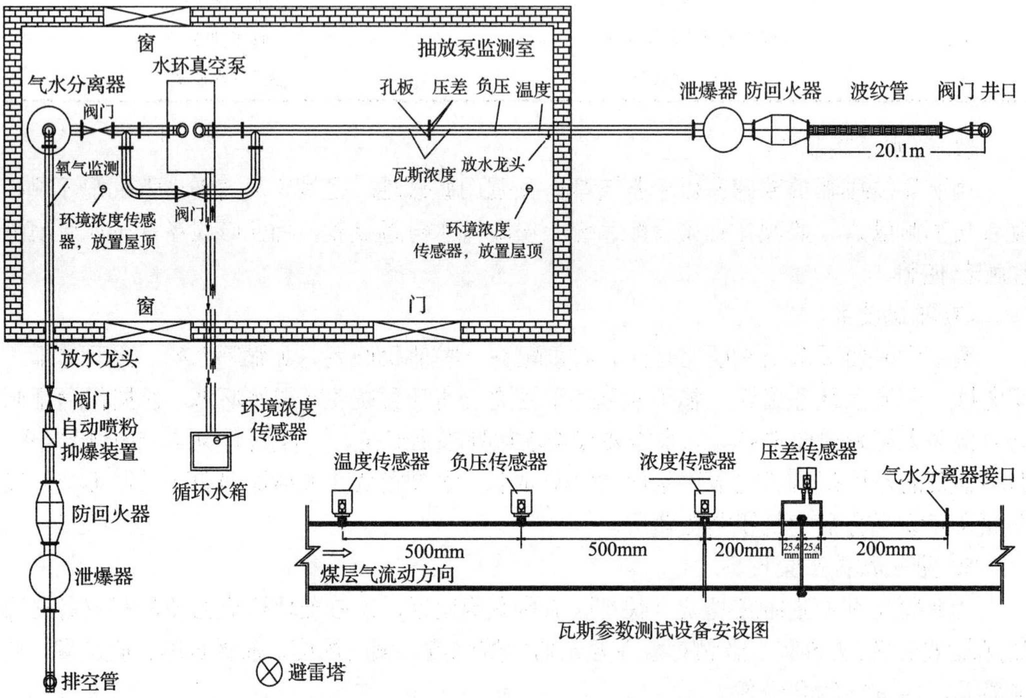

图 5-48　抽采及监控设备安装示意图

(3) 排空管距井口的距离应＞30m；

(4) 标注尺寸的管段必须保持直线型管段；

(5) 抽采泵基座高度一般高于地面 20～30cm，上部安设减震垫；

(6) 基座长宽尺寸根据具体抽采泵型号确定；

(7) 泄爆器与孔板之间的管路按 0.5(°)/m 的上仰斜度安设，孔板与真空泵之间的管路按 0.5(°)/m 的下伏斜度安设；

(8) 气水分离器与放空管之间的管路按 0.5(°)/m 的上仰斜度安设；

(9) 管道上的两个放水龙头安设在管道的正下方；

(10) 抽采系统在冬天运行时，应在易积水管路段上缠绕电热带 1 环/(10～15)cm，以备断续除冰使用；

(11) 各参量监测孔应按照监测要求按规格焊接在管路上；

(12) 排空管安装于抽采井场的上风向，其顶部安设防雨帽，排空管高度应高于泵房高度 3.5m；

(13)在排空管附近根据设计规范安装避雷系统。

2. 地面集输抽采系统

采动区瓦斯地面井采用负压抽采的方式，单口井的产气时间一般为 1～2 年，单井产量波动较大，通过多口地面井的联网集输、持续抽采可以实现抽采气流的相对平稳性，有利于瓦斯的高效利用。

采动区瓦斯地面井抽采地面集输通常采用地面井→集气支管→集气干管→地面抽采泵站→瓦斯发电站(或其他利用渠道)的模式。每口地面井通过集气支管连接(管路通常架空安设，每个支管安设控压阀门、防回火装置、流量计、浓度计和必要的防雷设施)，集气支管连接集气干管(每一段集气干管安设必要的放水装置等)，集气干管连接地面抽采泵站(按照煤矿瓦斯抽采规范建设)，煤层气在地面抽采泵站内进行脱水、净化处理后输送至利用终端，如图 5-49 所示。

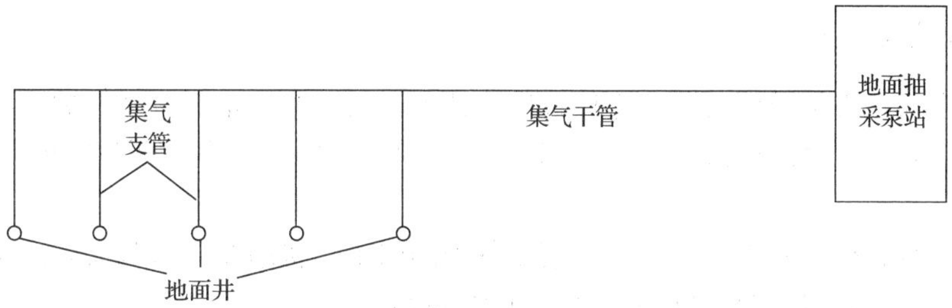

图 5-49　采动区瓦斯地面抽采技术模式示意图

3. 安全保障系统

采动区地面井抽采的瓦斯浓度波动范围大(20%～90%)，低浓度瓦斯集输需要按照行业标准进行“三级”防护，同时需要满足瓦斯抽采系统的安全保障要求，需要对防爆、防火、防雷等方面进行系统监控。采动区瓦斯地面抽采系统主要的安全设备见表 5-10。

表 5-10　安全监控及控制设备

序号	名称	说明
1	瓦斯抽放多参数传感器	具有报警功能
2	煤矿抽采瓦斯防回火装置	管路爆炸或燃烧时，防止回火的装置
3	全量程甲烷检测报警仪	瓦斯超限报警
4	孔板流量计	监测瓦斯流量
5	光干涉甲烷浓度便携测定仪	监测井场瓦斯浓度
6	U 形压差计	测量瓦斯流量
7	矿用抑爆装置控制器	抑制爆炸的控制系统
8	井下远程馈电断电器	具有断电反馈功能
9	矿用一氧化碳传感器	监测一氧化碳浓度，保障安全
10	环境瓦斯浓度传感器	具有报警功能

续表

序号	名称	说明
11	矿用本安型管道抑爆器	抑制管道爆炸装置
12	水封式防爆器	采用水封作为防爆的措施
13	矿用本安型报警器	发生安全问题报警
14	水封防爆器液位传感器	监测水封防爆器水位
15	正压放水器	正压时放水装置
16	矿用本安型火焰传感器	有火焰发生警报
17	矿用氧气传感器	监测管道氧气浓度变化
18	避雷针	防止夏季雷电危险

5.5.3 地面系统安全运行及其控制技术

1. 基本安全规定

(1) 工作人员必须经过培训，考核合格，持证上岗，并佩带好劳动保护用品；

(2) 工作人员严禁酒后操作，严禁携带烟火，泵房 20m 范围内严禁明火、吸烟和使用手机；

(3) 操作时必须精神集中，严密观察设备和阀门工作状态及各检测仪表数据；

(4) 保证水封防爆装置水位在进气管口 25cm 以上；

(5) 在水环真空泵上方安设环境瓦斯浓度传感器，当瓦斯浓度高于 1%时，必须停止抽采，开启轴流通风机；

(6) 在循环水箱上方安设环境瓦斯浓度传感器，当瓦斯浓度高于 1%必须停止抽采；

(7) 每小时检查设备周围 10m 范围内的瓦斯浓度，瓦斯浓度必须低于 0.5%方能正常运行；

(8) 泵站门口设置高危警示牌。

2. 抽采设备运行及维护

1) 抽采运行安全保障

(1) 开机时间：回采工作面距离采动活跃区地面井的距离达到 60m 时开机运行。

(2) 试运行：地面井抽采系统应连续运行，获取连续抽采条件下的抽采数据，在连续运行系统前应先进行 1～3 天的试连续运行，获得氧气、一氧化碳、温度等监测指标在稳定抽采条件下的平衡指标。

(3) 监测数据：监测传感器的读数应以每 60min 一次的频率进行读数，当回采工作面通过钻孔前后 150m 范围内或者数据出现剧烈波动时应至少每 30min 进行一次读数。

2) 抽采设备维护

(1) 若对抽采管道进行维护，需对管道进行注氮，置换管道中的甲烷气体，避免因甲烷气体引发的窒息或爆炸事故。置换过程中管道中氮气的排放时应防止大量氮气聚集造成人员窒息，并且管道中氮气量过大时应考虑提前多点排放。

(2)运行期间密切关注系统中各组件的工作性能。若发现工作不稳定组件，应及时停机并上报进行维修。

(3)泵房应时刻保证良好的通风，泵房隅角瓦斯浓度高于 1%时必须关阀、停泵、断电，及时撤人并进行抽采管路测漏补漏。

本章汇稿人：孙东玲　孙海涛　李日富

本章主要编写人员：孙东玲　孙海涛　李日富　林府进　胡炳南　李彦明　付军辉　周厚权　李宏艳　陈　宾　樊振丽　王　然

第6章 煤矿区煤层气井下抽采钻孔施工技术

煤矿区井下煤层气抽采是防治煤矿瓦斯灾害事故的根本措施，国家煤矿安全监察局制定了先抽后采、治理与利用并举的方针，在国家科技重大专项“大型油气田及煤层气开发”的支持下，适应我国煤矿区井下煤层气抽采孔施工的井下全液压动力头式坑道钻机取得了长足发展，钻机类型逐渐增多、性能进一步完善，涌现出了适应中硬煤层定向钻进技术的大功率定向钻机及配套泥浆泵车、钻具组合、随钻测量仪器等装备，适应碎软突出煤层钻进技术的螺旋钻进装备、螺杆马达复合排渣定向钻进技术、空气螺杆马达钻进装备、井下小曲率梳状钻孔装备、井下地质导向钻进技术与装备，大直径高位岩石定向长钻孔钻进技术与装备；遥控自动化钻进系统。在煤矿井下复杂地层钻进、定向钻进、钻孔轨迹测量等钻进技术方面均取得了较大的进步。中硬煤层定向钻进主要适用于较稳定的岩层（普氏系数 $f \leqslant 6$）及较完整的煤层（普氏系数 $f \geqslant 1$）定向长钻孔；碎软突出煤层的钻进特点是煤层破碎、稳定性差，瓦斯含量往往较高、压力大，本煤层钻孔施工过程中容易出现喷孔、垮孔和卡埋钻等事故；大直径高位岩石长钻孔钻进利用定向钻进技术控制钻孔轨迹爬升至煤层顶板一定层位，根据煤层走向布置 3～5 个长距离定向钻孔，先导钻孔施工完成后进行扩孔，以增大工作面回采后断裂带导通范围，改善瓦斯抽采效果。

西安研究院针对我国绝大多数矿井巷道断面普遍较小的现状，开发了小体积大功率定向钻进装备及配套技术。煤矿井下碎软煤层煤层气抽采孔钻进过程中很容易出现塌孔、卡钻等孔内事故，导致钻孔成孔率低、孔深不达标，煤层气抽采量低，严重影响碎软煤层煤层气抽采率，这一直是煤矿井下钻进领域的一大难题。针对这一钻进难题，国内一些科研机构和煤矿企业开展了大量的研究工作，取得了丰硕的成果。工作面回采过程中，煤层顶板裂缝带及采空区内聚集了大量煤层气资源，是井下煤层气抽采新的增长点。西安研究院利用大功率定向钻进装备、复合定向钻进工艺先钻进先导孔，再一次将孔径扩孔至 153mm。借助此顶板大直径定向孔可进行采动区抽采和采空区抽采，为治理上隅角瓦斯和解决回风流瓦斯浓度超限等问题提供了新途径。同时针对钻进中遇到的钻孔易缩径及地层破碎等技术难题，开发了煤矿井下固控系统，采用抑制性泥浆提高钻孔成孔率，实现井下钻进方式从“开式循环”到“闭式循环”的转变。

重庆研究院等单位开展了自动装卸钻杆、自动化钻进、无线遥控等关键技术的研究，实现了大倾角自动上下钻杆、全自动钻进、智能防卡钻、自动调整钻孔姿态等智能化功能，形成了多种实用化的煤矿智能钻进装备。

6.1 中硬煤层定向钻进技术

6.1.1 中硬煤层大功率定向钻机

煤矿井下钻进施工是进行瓦斯综合治理的重要措施，目前煤矿井下钻进装备的钻进能力已由最初的几十米钻深发展到 2km 以上，并且由单一的分体式发展到履带式和定向钻机等多种机型，产品性能也大幅度提升，煤矿井下钻进技术装备对煤炭产业的健康发展和保障能源安全发挥着重要作用。

西安研究院自 2004 年开始结合科研项目和用户实际需求积极开展定向钻进配套技术与装备的研发与应用，研发防爆计算机、随钻测量探管和中心通缆钻具等配套装备，目前已形成 ZDY 系列定向钻机成套技术和装备并实现规模化生产，能够为用户提供丰富实用和性能先进可靠的设备保障，并和国内多家煤矿用户合作开展在本煤层和煤层顶底板中进行定向钻孔施工。西安研究院依托国家国家科技重大专项“大型油气田及煤层气开发”，于 2008 年在陕西亭南煤矿施工定向长钻孔深度达到 1046m，率先在煤矿井下随钻测量千米定向钻进技术与装备领域取得了突破；之后，在定向钻进技术与装备方面继续加强研发，不断创新，相继于 2010 年在山西寺河矿施工定向长钻孔孔深达到 1059m，于 2011 年在神东保德煤矿施工定向长钻孔孔深达到 1112m，于 2012 年在陕西彬长大佛寺煤矿施工定向长钻孔孔深达到 1212m，于 2014 年在晋城寺河矿施工定向长钻孔孔深达到 1881m，于 2019 年在神东保德煤矿施工定向长钻孔孔深达到 2570m，创造了最新的井下顺煤层定向钻孔孔深记录。同时，西安研究院在定向钻进技术与装备规模产业化方面也取得了长足进步，形成了中硬煤层集束型定向钻孔施工技术、复杂顶板高位岩石定向长钻孔技术、碎软煤层梳状孔定向钻进施工技术等技术体系，始终引领和推动行业技术装备水平的发展，为煤矿安全高效生产提供了强有力的技术和装备保障，本节将对 ZDY12000LD 大功率定向钻机作详细介绍。

近 10 年的生产应用表明，定向钻孔深度和孔径需要进一步提高以确保高效抽采瓦斯；定向钻机井下钻孔事故处理专用钻具与工艺技术不配套，设备处理孔内事故的能力还有提升空间；配套泥浆泵流量小、压力低、可靠性较差，无法满足深孔定向钻进对其参数和可靠性的要求；滑动定向钻进钻孔弯曲强度大，钻孔轨迹不平滑，易造成钻杆屈服，钻杆摩阻较大，严重制约了钻进效率和钻孔深度；煤矿应用的常规定向钻机回转转矩普遍在 3000～6000N·m，还不能完全满足国内长距离回采工作面瓦斯预抽钻孔和顶底板岩层大直径钻孔施工的需求。

基于国家科技重大专项“大型油气田及煤层气开发”相关技术成果，“十二五”期间的相关项目研究了煤矿井下大功率全液压坑道定向钻机和配套装置，以及配套的复合定向钻进工艺方法，将滑动定向钻进工艺和回转工艺相结合，既能保证钻孔轨迹的人工控制，又可降低钻孔轨迹弯曲曲率，提高钻进效率和孔深，减少钻进事故风险，解决了煤矿区煤层气长钻孔抽采成孔难及钻孔利用率低的难题，为我国煤矿井下煤层气区域抽采及顶板定向长钻孔替代高抽巷提供了可靠的装备保证，为煤矿区煤层气井上、井下区域化立体联合抽采钻孔施工提供了装备与技术支撑。

1. 总体方案

钻机是进行钻进施工的主体设备，其性能的好坏直接影响钻进施工的成孔质量、效率、质量、成本和安全。钻机总体方案制定需要明确长钻孔施工的钻进工艺技术需求，针对枝状钻孔群长钻孔钻进过程对钻机各执行部件的特性要求，对钻机进行结构和液压方面的创新设计。要实现孔深超过 1500m 的本煤层顺层钻孔和孔深超过 1000m、孔径为 Φ153mm 的顶板硬岩钻孔，钻机必须具有大扭矩输出、大给进/起拔力以满足孔内钻杆的质量和回转能力；必须具有高压力、大流量的孔底马达钻进用泥浆介质输出。另外，钻机装备还要有较强的事故处理能力和可配套扩展功能。同时，钻机要结构紧凑、布局合理、功能丰富、性能可靠、操作简单，整机在煤矿井下运输和钻场适应性强。

结合孔口回转和孔底螺杆马达回转的复合驱动方式可以有效提高定向钻进的效率、降低钻孔弯曲强度，从而实现高效快速钻进定向深孔。根据近年来两种钻进方式在我国煤矿井下的使用效果对比，大功率定向钻机要适用孔底螺杆马达定向钻进、孔口回转钻进和复合定向钻进 3 种钻进施工方法。

煤矿井下深钻孔施工势必导致施工设备的功率越来越大，其体积也会逐渐增大，受巷道尺寸限制，采用多体化、分体式布局的钻进装备是解决大功率需求条件下设备与巷道空间矛盾的主要措施。为此，结构布局及传动方式的选择是大功率钻机装备设计首先要解决的问题，将大功率定向钻进装备分解为 ZDY12000LD 钻车、泥浆泵车两体式布局，泥浆泵单元独立设计，与钻机分体式布局，相比整体布局而言，其外形尺寸更加小巧紧凑，现场搬迁、运输灵活，可以提高设备在煤矿井下运输和钻场使用的适应性，能够满足国内大多数巷道条件和施工需要。

2. 结构及主要参数确定

ZDY12000LD 大功率定向钻机主要用于煤矿井下大直径瓦斯抽放定向长钻孔、大直径高位岩石钻孔及其他工程孔的施工，具备施工 1500m 定向长钻孔的能力，适用于孔口回转钻进、孔底螺杆马达定向钻进和复合钻进多种工艺方法。钻机的主要技术参数主要体现在钻机施工单元和泥浆泵单元两方面。ZDY12000LD 大功率定向钻机的主要技术参数见表 6-1。

表 6-1　ZDY12000LD 大功率定向钻机基本性能参数表

钻机部件	主要性能	单位	参数
回转器	额定转矩	N · m	12000～3000
	额定转速	r/min	50～150
给进装置	主轴倾角	(°)	–10～20
	最大给进/起拔力	kN	250
	给进/起拔行程	mm	1200
	给进额定压力	MPa	21
泵车	泥浆额定流量	L/min	390
	泥浆额定压力	MPa	12

1) 主要性能参数

由于钻机主要用于煤矿井下中硬煤层和临近层瓦斯抽采钻孔，综合现场使用需要，钻机机身倾角的调整范围设计为–10°～20°，由于钻杆长度规格为 3m，加之如果角度过大井下巷道空间受限，加接钻杆极不方便，通过调整钻机主轴倾角并结合带弯孔底螺杆马达造斜的方式进行钻孔倾角调整，可满足钻孔施工要求。钻机的主轴通孔直径主要由配套钻杆的外径决定，钻杆直径和结构方式直接影响动力头与给进装置的尺寸及回转、提升钻具所需的功率。钻机主轴通孔设计为 Φ135mm，可以通过直径在 Φ73～Φ127mm 的常规钻杆、中心通缆钻杆和打捞钻具等，更换不同规格的卡瓦可实现两种工况下夹紧钻具的需求，可扩大钻具规格范围，提高钻机处理孔内事故的能力。

2) 钻机结构

考虑到煤矿罐笼和井下巷道运输条件，钻车的宽度尺寸设计为 1.6m，方便其在井下运输和移动，能够满足大多数煤矿的实际运输要求。动力头部分采用双马达驱动的大通孔式结构，满足大扭矩、小体积的需要。为了缩短钻进中“倒杆”的辅助时间，并尽可能增大钻机的给进行程，钻机的中心轴线与双履带平行布局，主机放置在履带车体一侧，操纵台和泵站两部分顺长放在履带车体另一侧，采用多级油缸直推式调角装置，调角范围大且操作方便，可缩短辅助作业时间，减轻工人作业强度。流量计、急停开关设计安装在操纵台上，便于钻进施工过程随时观察和操作。根据定向钻进施工需要，操纵台布置于钻车前端靠近孔口的位置，防爆电脑集成安装在操纵台右侧，便于随时观测钻孔数据，解决好各执行部件操作时的可视性，同时提升操作的舒适性和整体美观性。

ZDY12000LD 大功率定向钻机采用整体式布局结构，如图 6-1 所示，分为钻车和泵车两部分，采用履带驱动方式，将钻进操作单元和泥浆泵单元分别集成安装在两个履带车体平台上，使其分别具备独立行走功能。其中钻车单元采用整体式结构，由主机、操纵台、泵站、履带车体、稳固装置、防爆电脑、踏板 7 部分组成。

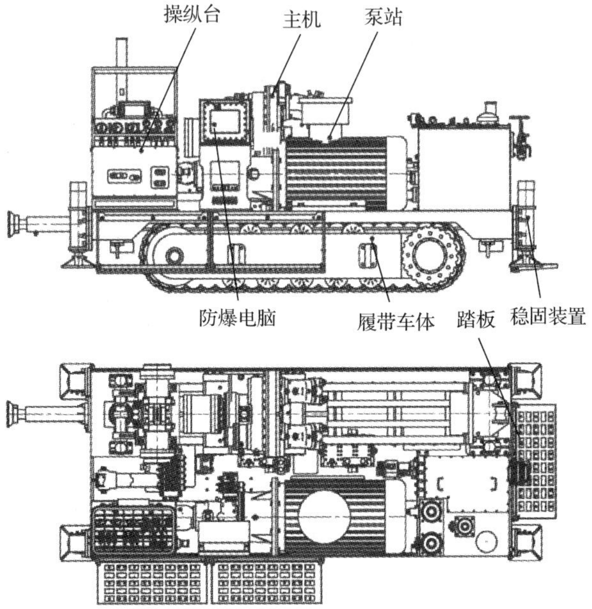

图 6-1　ZDY12000LD 大功率定向钻机

钻机各部分之间用高压胶管和螺栓连接。操纵台布置在钻机前端，方便施钻人员随时观察孔口情况；钻机仰俯角可在较大范围内自动调整，满足急倾斜煤层顺层孔和穿层孔的施工要求；钻机主机的给进行程达 1200mm，有效减少了钻进施工的辅助时间。

ZDY12000LD 大功率定向钻机主机由回转器、给进装置、夹持器和调角装置 4 部分组成。回转器安装在给进装置上，完成对钻具的抱紧和回转；给进装置通过前后两组立柱加横梁的结构固定连接在履带车体上，通过给进油缸实现起/下钻功能；调角装置采用多级液压油缸直推式结构，两个多级液压油缸分别安装在前后两组立柱中间，便于大角度仰俯角的调整，同时还可以实现钻机水平开孔高度的调节，操作方便；夹持器配合液压卡盘，可以实现拧卸钻杆和防掉钻功能。

(1) 回转器。

回转器是钻机驱动钻具回转和推进的关键核心部件，主要用于夹紧钻杆并将液压马达和推进装置输出的动力传递给钻杆，带动其回转和推进从而实现钻孔施工；另外，可用于配合夹持器拧卸钻杆。

钻机回转器由液压马达、变速箱、液压卡盘和主轴制动装置等组成，通过行星齿轮减速机构实现较大降速比，采用两组以液控方式调节排量的 A6V 斜轴式变量马达驱动作为能量转换的输入单元，输出 12000N · m 较大能力的转矩，还可对输出转矩和转速实现大范围无级调节，提高钻机的功率利用率；主轴制动装置具有 2000N · m 的制动能力，能有效防止误操作和孔底马达反作用力对主轴定位的影响；采用主轴通孔式结构和胶筒式液压卡盘，通孔直径设计为 Φ135mm，可配套 Φ73mm、Φ89mm、Φ102mm、Φ127mm 等多种不同规格的普通钻杆、通缆钻杆、螺旋钻杆和事故打捞钻具，具有较强的工艺适应性，能满足大通孔和大转矩输出要求。

(2) 给进装置。

给进装置结构形式直接决定钻机的给进性能参数并影响整机质量和起下钻具效率。根据钻机定位深孔定向钻进施工需要，给进装备要求结构简单，性能可靠，给进、起拔能力大，为此钻机给进装置采用油缸直接给进形式，并采用 1200mm 长行程结构。

给进装置由给进机身、给进油缸、V 形块、调整螺栓、托板、衬板、竖板等零部件组成。为了减小给进装置的结构尺寸，并使其具备 250kN 的大能力输出，采用两根双杆双作用油缸设计，活塞杆两端固定在机身的前后两端，有效增加了机身的刚度，通过连接螺栓将 V 形块、托板和竖板连接在一起，两根并列双杆双作用油缸带动拖板和回转器沿机身导轨移动，改善了缸筒的导向性，延长了油缸的使用寿命。给进机身由经折弯一定角度的钢板焊接而成，可靠性高。给进机身 V 形导轨摩擦力小，且通过调整螺栓可自动补偿由于使用磨损产生的间隙，装配维护方便。

(3) 夹持器。

夹持器作为决定钻进辅助工序安全和效率的重要孔口装置，需要在起下钻、拧卸钻杆及处理孔内事故时全部承载孔内钻具的重力和钻具的反扭矩。夹持器固定在给进装置机身的前端，液压夹持器与液压卡盘配合实现机械拧卸钻杆。

设计的顶部开放式大通孔夹持器采用复合式常闭结构，即在碟形弹簧夹紧、油压松开的常闭式结构的基础上增加夹持副油缸，采用碟簧组夹紧、副油缸增力夹持、主油缸打开的复合夹紧方式，即自然状态下靠碟簧夹紧钻具，主油缸进入高压油可以打开夹持器，副油缸进入高压油可实现强力夹紧钻具，同时解决定向钻进施工时粗径钻具和螺杆钻具的装卸问题。

夹持器顶部开放、两边对称布置，松开螺栓可以翻开上拉杆，实现夹持器顶部开放，可以直接通过粗径钻具。同时，夹持器可以在底座上左右移动，实现自动对中。夹持器底板上设计了与夹持器通孔同心的铜质定位拖轮，可保证夹持器开口增大钻进时对钻具有导向扶正作用。

(4) 调角装置。

为了使钻机具有较高的工艺适应性，拓宽钻机在煤矿井下的钻进施工范围，钻机需具备较大的机身倾角调节范围，不需要借助其他辅助装置就可以实现正负角度灵活调整。另外，受施工稳定性要求的限制，钻机的中心开孔高度不宜过高，考虑到上述因素，钻机的调角装置设计为双支点双油缸直接对顶的调节方式。由于该钻机的定位为深孔钻机，具备施工 1500m 定向长钻孔的能力，同时必须具备处理孔内事故的能力，要求回转器具有大输出转矩和最大给进/起拔力，12000N·m 的回转器输出转矩和 250kN 的最大给进/起拔力直接施加到钻机的调角装置上。

调角装置前后支撑部分主要由后立柱和前立柱组成，后立柱与履带车体之间通过多组螺栓固定式连接，前立柱通过销轴与支座铰接连接。两个多级油缸分别通过铰接的方式固定在给进机身前后横梁上，位于给进机身后方的多级调角油缸向上推动可实现调俯角操作；位于给进机身前方的多级调角油缸向上推动可实现调仰角操作。调整完机身倾角后，辅助稳固油缸可对机身进行辅助支撑，使其更加稳固。多级调角油缸采用大行程结构，能实现较大调角范围。该调角装置的特点是正负调角范围大，简单可靠，同时还能实现双油缸同时工作，完成对钻机水平开孔高度的快速调节。

(5) 操纵台。

钻车操纵台是钻机的控制中心，由多种液压控制阀、压力表及液压管件组成。钻机行走、转向、动力头回转、给进起拔、机身调角稳固等动作的控制和执行机构之间的各种配合动作均可以通过操纵台上的控制阀实现。操纵台的设计充分体现了液压系统的功能要求和人机工程，做到了符合多数操作者的使用习惯，按不同的工作状态，可将钻车操纵台分为主操纵台、钻机行走操纵台和副操纵台 3 部分。

主操纵台在钻机钻进时使用，设在履带车体前方左侧，便于观察孔口及钻进情况；钻机行走操纵台负责钻机行走时的操控，设在履带车体后方中间位置，符合操作及驾驶习惯；副操纵台位于防爆电脑下方，控制设在车体四角位置的稳固装置和调角装置的油缸，用于车体的稳固及给进机身倾角的调整。

副操纵台由一个七联多路阀实现钻机的稳固和钻进倾角的辅助调整，其中一联控制钻机前顶油缸、二联控制机身前后的调角油缸、其余四联控制稳固装置 4 只油缸的伸缩。钻机正常钻进时，上述油缸均不工作；进行定向钻孔施工时，回转钻进相关动作也均不工作，具有有效保护主要执行结构的作用。

钻机行走操纵台由主操纵台分油供给高压油工作，设有两个履带行走操作手把，分别控制左、右履带片的前进与后退，并可配合实现履带左右拐弯。

(6) 泵站。

泵站是钻机的动力源，为整机提供压力油，由电机泵组和油箱等部件组成，两者之间通过液压胶管进行连接，电机通过泵座和弹性联轴器带动液压油泵工作，液压油泵从油箱吸油并排出高压油，经操纵台各操作阀的控制和调节使钻机的各执行机构工作。

(7) 稳固装置。

ZDY12000LD 大功率定向钻机自重约为 9000kg，最大给进/起拔力为 250kN，最大输出扭矩为 12000N·m，钻机的自重不足以克服其反作用力，因此有必要设置支撑稳固系统来提高钻机的稳固能力。稳固装置是钻机正常工作的重要保证，主要由下接地装置和稳固调角油缸组成，其强度和刚度对保证整车正常钻孔施工具有重要意义。稳固油缸设在车体四角位置，共 4 组，单独作用，车体稳固方便可靠，适应性强。在车体前端设有一根前顶稳固油缸，用于强力起拔时的辅助支撑，钻机四角必须设置地锚，共计 8 处。在钻机下稳固装置稳固到位后，需要通过增加地锚确保钻机可靠稳固，防止钻进施工过程中钻机移位。必要时需将地面进行硬化处理，保证地锚的强度。设置地锚时应该确保导链与地面的夹角 α 小于 30°。

3. 液压系统

结合 ZDY12000LD 大功率定向钻机的使用需求，创新设计具有自主知识产权的、适用于中硬煤层施工的复合定向钻进用多功能逻辑保护钻机液压系统，其采用负载敏感、恒功率控制和恒压变量控制技术，满足钻机操作方便和运行可靠的使用要求，提升节能性和操控性。

按工况将各执行机构分为钻机和履带行走两组主要执行机构，液压系统对应分为钻机钻进系统和履带行走系统两部分，共用具有液压负载反馈功能的负载敏感多路阀组。其中钻机钻进系统又分为回转回路和钻进回路两个子系统。为了满足中硬煤层深孔定向钻进施工需要，将主要钻进系统设计为快速和慢速两种模式，分别由两组液压泵、阀实现对钻机主执行部件——回转器和给进装置的控制。

6.1.2 大流量泥浆泵车

泥浆泵是煤矿井下随钻测量定向钻进冲洗液循环系统的核心组成部分，其功能是在钻进施工过程中向孔内输送一定流量、压力的冲洗液，为孔底动力钻具提供流体压力能，同时冷却钻头、冲洗孔底、携带钻渣屑返出钻孔等，其性能的好坏在一定程度上决定了钻进效率、成孔质量和施工能力水平。

随着煤矿井下定向钻进工艺技术的发展、应用范围的扩大，本煤层超深定向枝状钻孔和顶底板大直径定向长钻孔成为井下瓦斯高效预抽、采动抽采等的新途径。在煤岩层中施工定向长钻孔和大直径顶底板钻孔，对冲洗液流量和压力及设备功率提出了新的需求。用于石油行业的泥浆泵体积过大，而用于地质勘探的泥浆泵的能力显得不足，与此同时，常用的电驱动泥浆泵流量分档输出，钻进负载适应性差，井下移动搬迁不便。以上诸多方面导致现有的泥浆泵不能完全满足超长定向钻孔、高位岩石大直径孔的施工需求。

依托国家科技重大专项“大型油气田及煤层气开发”研究课题，西安研究院开展了中硬煤层大功率定向钻进技术与装备的研究，旨在解决煤矿区煤层气长钻孔抽采成孔难及钻孔利用率低的难题，为煤矿区煤层气井上、井下区域化立体联合抽采提供装备与技术支撑，研制了 BLY390/12 型煤矿井下钻进用泥浆泵车。

针对 ZDY12000LD 大功率定向钻机施工大直径长钻孔的要求，其孔底动力钻具多采用 4 级或 5 级 3.5in 螺杆马达，最大输出扭矩高达 2000N·m，根据动力钻具特性曲线分析，并结合钻进工艺施工技术分析及钻进施工经验，将泥浆泵单元相关部件有机组合到一起，泥浆介质的输出参数为：最大流量 400L/min、最高压力超过 10MPa。泥浆泵车履带车体上集成安装有泥浆泵单元、操纵台和泵站 3 部分，各部分之间用高压胶管相连接。为了缩小履带车体外形尺寸，泥浆泵车采用紧凑式布局，整车宽度不超过 1.3m，同时为了便于集中控制和提高钻场施工的安全性，泥浆泵车上配套安装有能分别控制钻机和泥浆泵车的电磁起动器、瓦斯传感器和自动断电仪、LED 照明灯和急停开关。泥浆泵单元采用远程操作方式，可通过泥浆泵车操纵台和钻机主操纵台分别对泥浆泵单元进行控制。

泥浆泵车配套井下定向钻机，共同完成钻进施工，具有如下特点：

(1) 具履带式底盘，可独立行走；

(2) 流量输出可无级调节，压力自适应，流量和压力可实时监测；

(3) 集成了瓦斯传感器和自动断电仪，瓦斯超限时可自动断电；

(4) 泵车可单独操控，也可在钻机操纵台处远端操控；

(5) 孔底马达负载适应性强；

(6) 输出压力波动小，可配套泥浆脉冲无线随钻测量系统；

(7) 配备的电磁起动器具有多参数输出。

1. 总体方案

根据施工工艺和钻进深度的需求，为了搬迁方便、工作可靠，将泥浆泵单元相关部件有机组合到一起，同液压动力单元集成到可自行走的履带车体上，确定为煤矿井下钻进用泥浆泵车的总体方案。解决的主要技术问题有：泥浆泵车输出参数和泥浆泵选型、总体布局设计、泥浆泵单元设计、主要零部件结构设计、能适应孔底马达钻进负载动态性能需求的液压系统设计、安全防护设计及作业照明系统设计。总体方案设计应立足煤矿井下巷道实际运移搬迁要求，在同等能力情况下，产品设计宽度尺寸比长度尺寸对泵车下井、钻场设计等的影响大，各部件的选用首先要满足能力参数，此外应考虑相应的体积及外形尺寸。

泥浆泵车参数的确定是根据其孔底动力钻具和孔深、孔径所确定的。采用 4 级 3.5in 螺杆钻具，根据其特性曲线，并结合钻进工艺施工技术分析与计算，泥浆介质的参数为最大流量 400L/min、最大压力 12MPa 时，可满足施工的技术要求和经济性要求。为了满足国内大部分煤矿下井和井下运移要求，泵车整车宽度不超过 1.3m。BLY390/12 型煤矿井下钻进用泥浆泵车基本参数见表 6-2。

2. 泵车结构

1) 泥浆泵单元

泥浆泵单元(图 6-2)主要包含液驱泥浆泵选型、驱动马达的选型和其他功能附件的选型。泥浆泵的选型原则和选型基本条件，一般根据工艺流程、泵量和泵压需求、冲洗液性质及配套和布置形式确定。

表 6-2　BLY390/12 型煤矿井下钻进用泥浆泵车基本参数

类别	名称		参数		
			BLY260/9	BLY390/12	BLY460/13
泥浆泵单元	额定流量/(L/min)		260	390	460
	额定压力/MPa		9	12	13
	吸水口直径/mm		64	76	76
	排水口直径/mm		32	35	35
液压泵站	油泵	排量/(mL/r)	75	190	190
		额定压力/MPa	28	28	28
	电机	额定功率/kW	55	110	132
		额定转速/(r/min)	1480	1480	1480
行走装置	最大行走速度/(km/h)		2.0	2.0	2.0
	爬坡能力/(°)		15	15	15
整机	质量/kg		3200	5200	5500
	运输状态外形尺寸(长×宽×高)/(mm×mm×mm)		2500×1300×1760	3250×1300×1760	3300×1300×1760

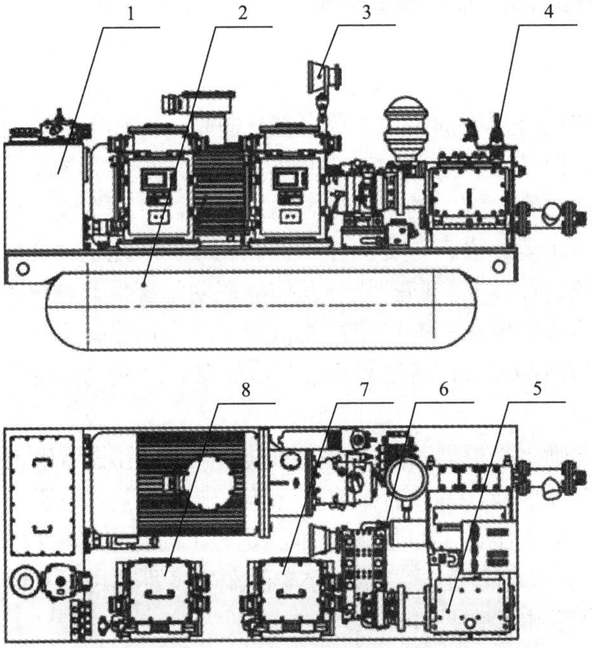

图 6-2　BLY390/12 型煤矿井下钻进用泥浆泵车

1-泵车泵站；2-泵车履带车体；3-机车灯组件；4-泵车操纵台；
5-泥浆泵组件；6-甲烷传感器；7-电器起动器 1；8-电器起动器 2

流量和压力是选泵的重要性能数据之一，直接关系到整套设备的生产能力和施工目的。选择泵时，以最大流量为依据，兼顾正常流量情况，同时应该关注较大流量输出的同时能提供的最高压力等泵的综合动态性能情况。BLY390/12 型煤矿井下钻进用泥浆泵车使用的 M13 型号泥浆泵的流量和压力参数所对应的转速及功率等见表 6-3。

表 6-3　M13 型泥浆泵性能参数

转速/rpm	流量/(L/min)	压力/MPa	功率/kW
450	392	12	110
425	370	12	92
400	345	12	82
375	330	12	79
350	303	12	68

2) 液压泵站

液压泵站是泥浆泵车的动力源，为整机提供压力油，由油箱、电机泵组和冷却器 3 部分组成，通过液压胶管进行连接，电机通过泵座和弹性联轴器带动液压油泵工作，液压油泵从油箱吸油并排出高压油，经操纵台各操作阀的控制和调节使泵车的各执行机构工作。

液压泵站设计的主要依据是泥浆泵车的装机功率。经计算确定 BLY390/12 型煤矿井下钻进用泥浆泵车的装机功率为 110kW。

3. 泵车履带车体

泵车履带车体由履带总成、车体平台两部分组成。履带总成选用钢制履带片，耐磨、强度高。车体平台采用整体焊接式结构，通过多组螺栓固定在连接左右两片履带的横梁上，用来固定安装泵站、泥浆泵、控制器和操纵台等部件。

4. 泵车操纵台

泵车操纵台设在履带车体后方中间位置，符合操作及驾驶习惯。泵车操纵台由多路阀组供油，设有两个履带行走操作手把和一个泥浆泵马达操作手把，分别负责泵车行走时的操控和泥浆泵马达的控制，通过钻车操纵台也可以操作泥浆泵的启停。

5. 瓦斯超限断电保护控制及照明系统

瓦斯超限断电保护控制及照明系统的瓦斯传感器可实现对瓦斯浓度的连续监测，断电仪实现瓦斯浓度超限时的断电保护，确保了设备在突发情况下电源可自动切断，电磁起动器提供多参数输出电源，遥控器可实现远程启停功能。

6.1.3　矿用有线随钻测量系统

矿用有线随钻测量系统主要用于煤矿井下近水平定向钻孔施工过程中钻孔轨迹的随钻监测。典型产品 YHD2-1000(A)型矿用有线随钻测量系统，以特制的中心通缆钻杆为信号传输通道，可在为孔内仪器供电的同时实现钻孔内外信号双向通信，其传输速度快、传输数据多、推广应用广泛，实钻最大传输距离达到 2311m。

1. 系统结构组成

YHD2-1000(A)型矿用有线随钻测量系统由防爆计算机、防爆键盘、防爆数据存储器和有线随钻测量探管 4 部分组成。其中孔口防爆计算机采用防爆键盘进行人机交互，采用防爆数据存储器进行文件导入、导出，既可随钻实时接收和处理测量信号，又可为孔内测量探管供电。测量探管采用孔口防爆计算机提供的电源工作，采集钻孔倾角、方位角、工具面向角等数据后，通过中心通缆钻杆将数据发送到孔口，由防爆计算机进行接收和显示。测量完成后，断开通信线路，孔内测量探管即会停止工作。

1) 防爆计算机

防爆计算机由硬件电路、机械结构和操作系统组成。

(1) 硬件电路。

防爆计算机硬件组成主要分为电源模块、液晶显示屏、硬盘、主控板、接口隔离电路板和系统控制板等，各部分通过数据线或电源线连接。计算机实时监测从各接口采集到的信息，发出相应的控制命令，控制设备的启/停。

(2) 机械结构。

防爆计算机在机械结构上被设计为一个隔爆壳体，各硬件电路模块合理、紧凑地安装在隔爆壳体内。防爆计算机隔爆壳体主要由前盖和后盖组成，均由整块材料加工而成，无焊接。前后盖之间隔爆接合面宽度不小于 27mm，间隙不大于 0.2mm，表面粗糙度为 3.2μm，隔爆接合面边沿到孔边沿的距离不小于 9.5mm，壳体内部涂 1321 耐弧漆，隔爆面进行磷化处理，装配前涂敷防锈油。

(3) 操作系统。

操作系统是随钻测量软件及其他软件的工作平台，直接影响到软件运行的稳定性，防爆计算机采用精简后的 Windows XP 作为操作系统，该操作系统基于 Windows 2000 打造，在图形界面和安全性上有很大的提高，配置要求极低、兼容性好、占用资源较少。

2) 防爆键盘

防爆键盘是防爆计算机实现人机交互和功能操作的工具，其将键盘和鼠标组合在一起，实现了按键信息输出、光标触摸移动等功能。

(1) 硬件电路。

防爆键盘由触摸板、触摸按钮、触摸感应电路、矩阵电路、MCU1、MCU2、信号收发电路等组成。键盘本体上的按键与矩阵电路连接，通过矩阵电路将按键的开关信号转换成数字信号，经 MCU1 处理后将串行信号输出至信号收发电路；触摸板与触摸感应电路连接，通过触摸感应电路将触摸板表面的滑动轨迹模拟信号转换成数字信号，经 MCU2 处理后将串行信号输出至信号收发电路；触摸按钮与触摸感应电路连接，通过触摸感应电路将触摸按钮的开关信号转换成数字信号，经 MCU2 处理后将串行信号输出至信号收发电路；信号收发电路将按键、触摸板和触摸按钮的信号最终转换为 USB 信号，通过有线方式传递给防爆计算机。

(2)机械结构。

防爆键盘采用不锈钢按键和外壳，并进行了防水、防尘设计。防爆键盘引出电缆线采用内部加固和外部防松两种方式进行了结构强化，通过有线方式与防爆计算机连接，由防爆计算机供电进行工作。

3)防爆数据存储器

防爆数据存储器用于将数据和文件导入导出防爆计算机和普通计算机。

(1)硬件电路。

防爆数据存储器硬件电路由两部分组成，一部分是接口隔离电路，保护存储器使用性能和安全性能不受外部电路影响；另一部分是存储器本安控制电路，实现存储器使用性能。防爆数据存储器由防爆计算机供电工作，供电电压为5V，工作时电压峰值为3～9V，平均传输速率为1.5Mbit/s，存储容量为4G。

(2)机械结构。

防爆数据存储器由内部存储器、接口和外壳组成，外壳采用高强度不锈钢材料制作，接口采用5芯航空插头，可直接与防爆计算机连接使用，也可以通过一根转换线与普通计算机连接使用。

4)有线随钻测量探管

有线随钻测量探管由传感器组、CPU控制器、钻孔轨迹采集电路、信号调制电路、信号载波传输电路、本安二次电源电路等组成。

(1)数据采集。

采用多通道并行高速AD芯片进行高速数据采集，其采样精度为12位，输入信号包括3路加速度传感器、3路磁传感器、1路供电电压、1路参考电压和1路温度传感器信号。

(2)信号有线载波传输。

有线随钻测量探管获得钻孔倾角、方位角和工具面向角等孔内工程参数后，需要将其传输至孔口。

信号传输时，将串行TTL电平转换成串行RS232C电平，以提高传输能力。有线随钻测量探管有足够的负载能力和驱动能力。同时考虑信号传输距离和抗干扰能力，数据传输波特率调整为600bit/s，并压缩数据传输格式，使得一个完整的数据包能在1s之内发送到孔口防爆计算机。

(3)机械结构。

有线随钻测量探管机械在结构上由连接套、扶正器、测量短节、安装套、护帽等组成。外壳全部采用无磁铍铜或黄铜管料加工，确保无磁性能满足参数测量需要。连接螺纹处均设计两个以上密封圈进行密封，保证能够承受12MPa的压力和冲刷。测量探管线路板采用三防漆，并选用低功耗且满足煤安要求的电子元件。所有电气部分均用密封胶密封，在增加可靠性的同时起到减震的作用。探管上设置了绝缘环和绝缘短节接头，将探管隔离成不导通的3个部分，其中前端与通缆钻杆内的中心通缆装置连接并导通；中间与无磁铍铜仪器外管连接并导通，从而形成电压回路，保证正常通信；后端悬空并设置有调试接口，由扶正器使其居中并减震。

2. 系统工作原理

矿用有线随钻测量系统使用时，孔内测量探管安装在螺杆马达后的无磁钻杆内，孔口设备安装在钻机操纵台附近，中心通缆钻杆从孔底依次连接至孔口，并使用电缆与孔口设备相连。信号传输时，中心通缆钻杆相当于同轴电缆，钻杆体和信号传输装置构成信号传输回路，其中钻杆中心的信号传输装置作为信号线，钻杆体作为信号地，将孔内数据实时传输至孔口，矿用有线随钻测量系统工作原理如图 6-3 所示。

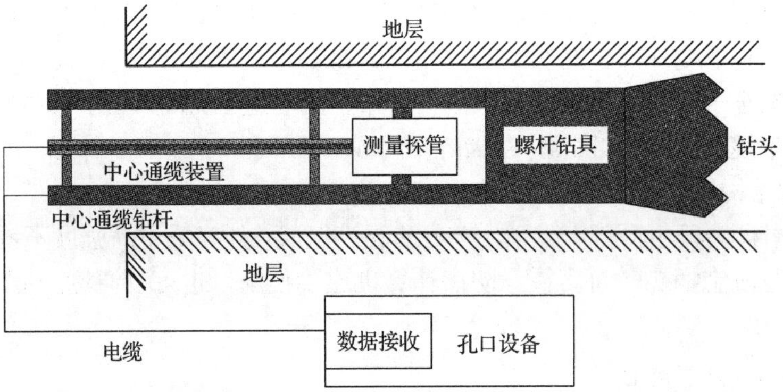

图 6-3　矿用有线随钻测量系统工作原理

3. 系统技术指标

YHD2-1000(A)型矿用有线随钻测量系统性能参数见表 6-4。

4. 系统使用操作

1) 系统测试

将通信螺钉拧在探管通信端内孔的螺纹处，然后将防爆计算机的通信线的正极与通信螺钉连接，负极或地线与安装套连接，启动软件并进入测量状态，此时计算机屏幕显示探管测量数据，待数据显示稳定后，若数据满足下面的情况，则说明系统正常，可以正常使用；若不满足下面的情况，或者启动测量后屏幕没有任何显示，说明系统故障，应进行检修：

(1) 校验和在 0.99～1.01。

(2) 温度与当前室温相差不大。

(3) 电压显示在 10～14V。

(4) 倾角跳动不超过 0.1°，方位跳动不超过 0.5°。

2) 系统组装连接

将防爆计算机固定在钻机操纵台附近，防爆键盘与防爆计算机连接，防爆数据存储器可根据需要与防爆计算机连接。

表 6-4　YHD2-1000(A)型矿用有线随钻测量系统性能参数

<table>
<tr><td rowspan="5">整体性能</td><td>传输距离</td><td colspan="3">＞1km</td></tr>
<tr><td rowspan="4">测量性能</td><td>项目</td><td>测量范围</td><td>允许误差</td></tr>
<tr><td>倾角/(°)</td><td>–90～+90</td><td>±0.2</td></tr>
<tr><td>方位角/(°)</td><td>0～360</td><td>±1.5</td></tr>
<tr><td>工具面向角/(°)</td><td>0～360</td><td>±1.5</td></tr>
<tr><td rowspan="7">防爆计算机</td><td>显示器</td><td colspan="3">12″高分辨率彩色液晶显示屏</td></tr>
<tr><td>人机交互</td><td colspan="3">键盘</td></tr>
<tr><td>电源</td><td colspan="3">外接 127V 交流供电，适应电压 75%～110%波动</td></tr>
<tr><td>外形尺寸(长×宽×高)/(mm×mm×mm)</td><td colspan="3">411×348×112</td></tr>
<tr><td>质量/kg</td><td colspan="3">38</td></tr>
<tr><td>防爆形式</td><td colspan="3">矿用隔爆兼本安型，防爆标志为 Exd[ib] I</td></tr>
<tr><td>工作温度/℃</td><td colspan="3">0～+40</td></tr>
<tr><td rowspan="3">防爆键盘</td><td>防爆形式</td><td colspan="3">矿用本质安全型，防爆标志为 EXibI</td></tr>
<tr><td>外形尺寸(长×宽×高)/(mm×mm×mm)</td><td colspan="3">361×145×20</td></tr>
<tr><td>质量</td><td colspan="3">＜5kg</td></tr>
<tr><td rowspan="5">防爆数据存储器</td><td>防爆形式</td><td colspan="3">矿用本质安全型，防爆标志为 EXibI</td></tr>
<tr><td>外形尺寸(外径×高)/(mm×mm)</td><td colspan="3">32×118</td></tr>
<tr><td>质量</td><td colspan="3">＜1kg</td></tr>
<tr><td>平均传输速率/(Mbit/s)</td><td colspan="3">1.5</td></tr>
<tr><td>存储容量</td><td colspan="3">4G</td></tr>
<tr><td rowspan="5">有线随钻测量探管</td><td>尺寸/(mm×mm)</td><td colspan="3">Φ35×532</td></tr>
<tr><td>质量</td><td colspan="3">＜4kg</td></tr>
<tr><td>工作电压</td><td colspan="3">由计算机供电，工作电压 10～14V</td></tr>
<tr><td>防爆形式</td><td colspan="3">矿用本质安全型，防爆标志为 EXibI</td></tr>
<tr><td>工作温度/℃</td><td colspan="3">0～+40</td></tr>
</table>

3) 系统使用

矿用有线随钻测量系统的操作流程如下：

(1) 连接系统并修正工具面。首先将螺杆马达通过钻机夹持器，在孔口事先调整好螺杆马达弯头方向，使其垂直向上，并将此方向记为弯头初始方向；其次依次在螺杆马达后部连接下无磁钻杆和测量探管，在钻机后部空间不足的情况下可向孔内送入钻具，但在送入钻具的过程中不能旋转；最后在测量探管后连接通信电缆，打开防爆计算机并运行测量软件，点击探管检测按钮，检查测量通信是否正常，如通信正常，则进行孔口工具面校正，记录校正后的工具面孔口值，并将此数值作为工具面修正值。

(2) 下钻。工具面初始方向和修正值确定后，依次连接上无磁钻杆和通缆钻杆，并继续下钻至设计开新孔位置，下钻过程中每隔 5～10 根钻杆进行一次探管检测，以确保数据通信正常。

(3) 开新孔。采用系统测量软件进行开新孔操作，以建立定向钻孔数据文件，导入设计数据后，进行第一次测量，完成开新孔操作。

(4) 设定测量增量并正常钻进。根据实钻测量频率对钻孔测量增量进行设置。设置好测量增量后即可正常钻进，钻进过程中，按照设定的测量增量进行钻孔轨迹测量。每次测量时，应在确保数据传输和计算正确的情况下，进行测量数据保存。钻孔轨迹测量完成后，调整工具面至合适位置，断开通信，加接钻杆继续进行定向钻进。

6.1.4　矿用无线随钻测量系统

矿用有线随钻测量系统具有信号传输干扰因素多、需要特制定向钻具等问题，而矿用无线随钻测量系统则降低了对特制定向钻具的要求，主要有泥浆脉冲、电磁波、声波、智能钻杆、光纤 5 种传输方式，其中煤矿井下以泥浆脉冲和电磁波两种传输方式为主。西安研究院研制了 YHD3-1500 型矿用泥浆脉冲无线随钻测量系统和 YHD4-1000 型矿用电磁波无线随钻测量系统，为复合定向钻进技术的实现提供了基础支撑。

1. YHD3-1500 型矿用泥浆脉冲无线随钻测量系统

1) 系统结构组成

YHD3-1500 型矿用泥浆脉冲无线随钻测量系统主要由孔口仪器和孔内仪器组成，孔内仪器为探管，包括脉冲发生器、驱动短节、充电电池筒和测量短节，其中测量短节和驱动短节由充电电池筒分开供电，测量短节用于孔内工程参数的测量和孔内仪器工作状态的控制，驱动短节用于控制脉冲发生器产生泥浆脉冲信号，脉冲发生器可将脉冲信号放大后传至孔口；孔口仪器包括防爆压力变送器和防爆计算机，其中防爆压力变送器用于采集泥浆泵的泵压变化信号，防爆计算机用于采集压力变送器的电信号，并进行脉冲信号的处理和显示。

A. 孔内仪器

孔内仪器由测量短节、充电电池筒、驱动短节和脉冲发生器组成，其中测量短节、充电电池筒和驱动短节通过螺纹连接，组成仪器串。仪器串装入无磁外管并固定后，无磁外管与定位接手和脉冲发生器用螺纹连接。

(1) 测量短节。

测量短节是探管的核心部件，主要完成钻孔轨迹的测量和编码，能够实时检测钻杆内的流量情况，判断泥浆泵是否打开，从而控制测量短节采集和发送数据，降低功耗。流量开关机械结构如图 6-4 所示。

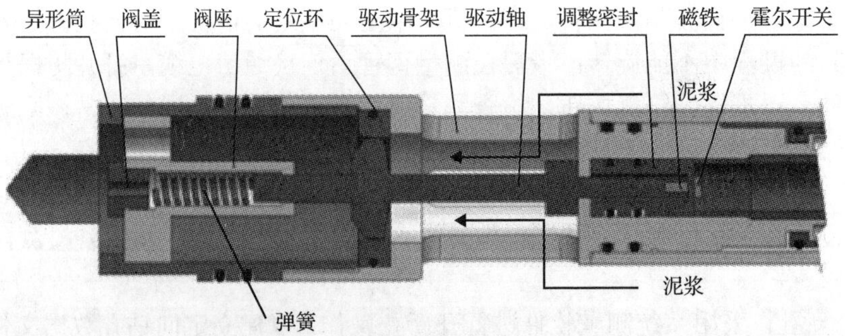

图 6-4　流量开关机械结构示意图

测量短节由测量模块和主控模块两部分组成，其中测量模块主要用于钻孔轨迹参数测量。主控模块包括泵状态判断和主控两个单元，泵状态判断单元的功能是根据流量开关是否开启判断当前泵的状态，并以此为依据实现间歇工作；主控单元的功能是根据泵的状态，按照预先设定好的模式，将测量模块传来的测量数据进行编码后传给驱动短节。

流量开关利用霍尔开关与磁铁的霍尔感应效应进行工作，其工作原理是：流量开关外径与仪器外管内径相当，当泥浆泵向钻孔内提供冲洗液时，冲洗液从右向左流动，进入驱动骨架的水口并推动驱动轴向左移动，将驱动轴与驱动骨架分离错位，冲洗液从仪器左侧流出；停泵后，驱动轴在弹簧作用下复位，流量开关关闭。采用霍尔开关检测驱动轴的工作状态即可判断泥浆泵开停状态。

(2)充电电池筒。

充电电池筒位于测量短节和驱动短节中间，负责给测量短节和驱动短节供电，是影响孔内仪器工作时间的重要因素。由于测量短节和驱动短节工作电气参数差别较大，充电电池筒需要分开给测量短节和驱动短节供电。

(3)驱动短节。

驱动短节用于根据测量短节的信号编码控制脉冲发生器产生压力脉冲，从而实现泥浆脉冲信号传输，其关键是电磁阀模块和硬件电路。

电磁阀可以控制脉冲发生器中心流道的开启和关闭，进而控制泥浆脉冲信号的产生。电磁阀由线圈骨架、缠绕在线圈骨架上的电感线圈及下静磁铁(即铁芯)组成。当电感线圈上通过电流时铁芯被磁化，从而吸合上静磁铁及带动其他连接部分移动。由于驱动短节外壳上有泄流孔，结构件移动时会堵塞泄流孔，从而阻塞流道，增大流阻。当电流消失时电磁铁磁性消失，由于复位弹簧的作用，所有结构件恢复原状，恢复流道。脉冲幅值调整杆的作用是控制行程，从而控制堵塞流道的多少，影响出口泵压变化的大小，即影响信号幅度。其中下静磁铁的材料为纯铁，即软铁，当电感线圈上的电流为0时可迅速消磁，从而防止误码的产生。电磁阀结构中下静磁铁、动磁铁、电磁铁外壳和上静磁铁均浸润在液压油中，以防止生锈，保证电磁力最大化，且不会产生毛刺，活动自如。

(4)脉冲发生器。

脉冲发生器类似在钻具内部安装的可控制阀门，当阀门打开时，泥浆流通顺畅，泥浆压力正常；当阀门关闭时，泥浆流通受阻，泥浆压力变大。信号传输时，脉冲发生器在驱动短节控制下按照数据编码格式不停地动态调整阀门的开停变化，从而将测量数据转换为泥浆压力脉冲变化，并传递至孔口。

由于煤矿井下钻进用泥浆泵额定泵量和额定泵压较小，且要求钻进过程中脉冲发生器压降不能太高，要求脉冲发生器应在小泵量、低压力降的情况下产生稳定脉冲信号。脉冲发生器采用一体式结构，位于仪器串上部，由驱动短节根据信号编码进行控制。当驱动短节工作时，电磁阀带动先导阀上移，关闭脉冲连接头与对接座之间的流道，造成阀杆中心至驱动短节的流道被关闭，流向阀头和外管之间流道的流量突然增加，而阀头和外管之间流道的面积变化较小，在小排量条件下造成泵压升高，产生正压力脉冲。驱动短节不工作时，一部分冲洗液从阀杆和外管之间的通道流过，另一部分冲洗液从阀杆中心的流道流过，并流向驱动短节，此时不产生压力脉冲。

B. 孔口仪器

(1)防爆计算机及配套设备。

防爆计算机及配套设备主要包括防爆计算机、防爆键盘和防爆数据存储器，与矿用有线随钻测量系统的防爆计算机的功能和结构基本相同，此外还具有以下 3 个功能：接收压力传感器的电信号并处理；设定及检查测量短节；对压力信号进行检波、解码，将泵压脉冲还原成测量数据。防爆键盘主要用于人机交互。

(2)防爆压力变送器。

防爆压力变送器的主要功能是将传递至孔口的压力脉冲信号转换成电信号，并提供给防爆计算机。本节介绍 GPD60(A)矿用本质安全型压力变送器，其原理是在硅基片上采用离子注入并经激光修正形成惠斯通电桥，外界压力作用于传感器的隔离膜片上使膜片产生位移，通过膜盒内的硅油将压力传递到硅基片上，使惠斯通电桥的 4 支电阻中有 2 支因拉伸而阻值变小，另外 2 支因压缩而阻值变大，桥臂阻值的变化使电桥失去平衡，这样就产生了一个与压力成正比的电压输出信号；传感器的毫伏信号经过集成放大电路处理转换成工业标准的 4～20mA 信号输出。

2) 系统工作原理

压力正脉冲的信号传输通道为孔内仪器上部钻杆柱的中部空间，其信号传输方向与泥浆流动方向相反。

结合煤矿井下定向钻进需求和长时间工作需要，矿用泥浆脉冲无线随钻测量系统的孔内仪器采用间歇工作模式：在采用螺杆钻具钻进的过程中，将仪器连接在螺杆钻具后面，测量短节检测到泥浆泵停泵信号后，采集钻孔轨迹参数(倾角和方位角)和定向钻具状态参数(工具面向角)等静态数据并进行编码。当检测到泥浆泵开泵信号后，驱动短节先将静态数据发送出去，然后开始计时并只测量和发送动态数据(即螺杆钻具工具面向角)，开泵状态下动态数据发送一定时间后就停止发送，直到下次开泵为止。驱动短节数据发送时按照预先设置的编码规则有序地调整脉冲发生器水力通道的流道面积。流道面积的改变会使流阻产生变化，从而导致泥浆泵出口压力发生变化。安装在泥浆泵出口的压力变送器采集压力变化信号并传递到防爆计算机；防爆计算机按照预先设置的编码规则将压力变化曲线转换成钻孔轨迹数据，并以数据表格和轨迹曲线的方式显示出来，为钻孔轨迹调整提供依据。数据传输完成后，孔内仪器串停止工作，脉冲发生器内部流道恢复初始状态，泥浆泵压力恢复为正常值，开始正常钻进。

3) 系统技术指标

YHD3-1500 型矿用泥浆脉冲无线随钻测量系统技术指标见表 6-5。

4) 系统使用操作

A. 系统设置与检查

YHD3-1500 型矿用泥浆脉冲无线随钻测量系统使用之前，应对孔口防爆计算机、无磁钻具、孔内仪器外观、探管测量精度、充电电池筒电量、脉冲发生器、泥浆泵等进行检查，确保系统能安全正常工作。

表 6-5　YHD3-1500 型矿用泥浆脉冲无线随钻测量系统技术指标

整体性能	传输距离	≥1.5km		
	测量性能	项目	测量范围	允许误差
		倾角/(°)	−90～+90	±0.2
		方位角/(°)	0～360	±1.5
		工具面向角/(°)	0～360	±1.5
	配套钻杆	可与常规钻杆配合使用		
	信号传输方式	泥浆脉冲无线传输		
	最小启动泵量/(L/min)	90		
	工作方式	流量控制，间歇工作		
防爆计算机	显示器	12″高分辨率彩色液晶显示屏		
	人机交互	键盘		
	电源	外接 127V 交流供电，适应电压 75%～110%波动		
	质量/kg	＜40		
	防爆形式	矿用隔爆兼本安型，防爆标志为 Exd[ib] I		
系统测量软件	文件管理	多叉树数据文件管理		
	数据校验	可对传输数据进行检验，判断数据是否正确		
	钻进工艺	可满足前进式分支和后退式分支定向钻进工艺		
防爆键盘	防爆形式	矿用本质安全型，防爆标志为 EXibI		
	质量/kg	＜3		
防爆数据存储器	防爆形式	矿用本质安全型，防爆标志为 EXibI		
	质量/kg	＜0.4		
	平均传输速率/(Mbit/s)	1.5		
	存储容量/G	≥4		
有线随钻测量探管	外壳材质	无磁黄铜		
	外形尺寸/(mm×mm)	≤Φ45×3300		
	供电方式	由充电电池筒供电		
	防爆形式	矿用隔爆兼本质安全型，防爆标志为 Exd[ib]I Mb		
压力变送器	工作电压/V	DC 12～24		
	输出信号/mA	4～20		

此外，应对探管运行参数进行设置，设置的目的是确定数据发送方式及格式，做到孔内仪器和孔口仪器运行参数一致，确保正确解调出随钻测量数据。探管采用“不使用上下通信模式”运行，传输的数据分为静态数据和动态数据两类，可根据需要进行设定。探管信号传输流程为：开泵 25s 后出现大同步(2 个脉冲，脉宽 2s，脉峰间隔 4s)，13s 后出状态标志位(2 个脉冲，脉峰间隔 3.4s)，按设定依次输出静态序列：①序列 1，静态

采样数据。采样时刻为仪器停泵后30s，发送的参数可根据需要设置。②序列2，工具面向角数据。开泵后工具面向角总数=组数×每组工具面向角个数时，仪器自动断电进入休眠状态。

探管运行参数设置完成后，应进行模拟测试，检测探管是否按设置参数进行数据发送。重复测量3次，确定探管工作正常，模拟测试合格，回收仪器并放置好。

B. 系统组装连接

(1) 孔口设备连接。

将防爆计算机固定在操作人员易观察到的地方，并将防爆计算机电源线接入井下防爆电柜中。将压力变送器三通接手与泥浆泵出水口牢固连接，并使压力变送器安装口朝上方；然后将压力变送器安装在三通接手上。合理布设压力变送器信号电缆，并将其从防爆计算机的信号连接口引入防爆计算机。

(2) 探管组装。

孔内仪器串由测量短节、充电电池筒、驱动短节用连接器依次连接组成，即旋转公头和固定母头连接。旋转公头和固定母头上均有窄边和宽边，连接时需要对准位置，使用勾扳手和摩擦管钳将螺纹完全拧紧。

(3) 系统使用。

将孔内仪器总成的流量开关定位接手端与下无磁、螺杆马达、钻头等钻具依次连接，完成工具面修正。然后在脉冲发生器端与钻进用钻杆连接，将仪器下入孔底。定向钻进时，孔内仪器根据泥浆泵工作状态，发送静态数据和工具面调整动态数据，指导定向钻孔轨迹调整，完成定向钻进施工。

2. YHD4-1000 型矿用电磁波无线随钻测量系统

1) 系统结构组成

YHD4-1000 型矿用电磁波无线随钻测量系统由孔内仪器和孔口仪器组成。其中孔内仪器有发控短节、充电电池筒、测量短节和无磁绝缘短节组成，测量短节和发控短节由充电电池筒分开供电，测量短节进行倾角、方位角、工具面和其他辅助参数的测量，发控短节负责控制测量短节工作和向孔口发射电磁波信号；无磁绝缘短节将钻杆柱分成两部分，以构成完整的电磁波传输通道。孔口仪器由防爆计算机和信号接收电极组成，防爆计算机用于系统软件平台运行和控制操作平台，内部安装电磁波信号接收板，接收信号和接收电极传来的电磁波信号，并进行钻孔轨迹计算、绘制、显示和保存；孔口信号接收电极与钻机和地层连接，用于接收从钻杆和地层传输来的电磁波信号。

A. 孔内仪器

(1) 测量短节。

测量短节主要用于钻孔轨迹参数测量，其测量原理与矿用有线随钻测量系统相同。

(2) 充电电池筒。

采用充电电池筒为孔内测量短节和发控短节供电，充电电池筒位于测量短节和发控短节中间，其电气结构和机械结构与测量短节和发控短节配套。

(3) 发控短节。

发控短节用于控制所有孔内仪器的工作状态，根据测量需要控制测量短节启停；在接收到测量短节检测到的孔内工程参数后，按预定的编码规则将数据调制成电流信号，由无磁绝缘短节仪器两端发射到钻杆柱和含煤地层。

(4) 无磁绝缘短节。

YHD4-1000 型矿用电磁波无线随钻测量系统发射信号时，为了形成一个完整的信号通路，需要采用绝缘短节将孔内钻杆柱分为两部分，信号发射电路将发射电压施加在无磁绝缘短节的两极即钻杆柱和钻头上，钻杆柱和钻头及地层构成信号电流回路。

B. 孔口仪器

孔口信号接收与处理是无线信号传输的重要组成部分，由于电磁信号在传输过程中衰减得很快，再加上噪声和回波等因素的干扰，孔口所接收到的电磁信号有时非常微弱，对信号接收与处理技术提出了很高的要求。

2) 系统工作原理

YHD4-1000 型矿用电磁波无线随钻测量系统工作原理：测量短节、充电电池筒和发控短节连接组成孔内仪器，并根据预设工作模式及泥浆泵开停泵状态进行工作；当需要进行数据测量和传输时，测量短节将检测到的参数发送给发控短节，发控短节按预先设定的编码规则将测量数据通过绝缘短节上部钻杆柱和绝缘短节下部钻杆柱以电磁波无线方式连续发射出去，经上部钻杆柱和含煤地层将数据传递至孔口，安装在孔口含煤地层中及钻进装备上的接收电极采集上传的电磁波信号并通过有线方式传递给防爆计算机中的信号采集板，信号采集板按预先设定的编码规则对信号进行解调，得出正确的孔内工程参数数据后，通过防爆计算机内的数据处理软件在屏幕上进行显示，如图 6-5 所示。

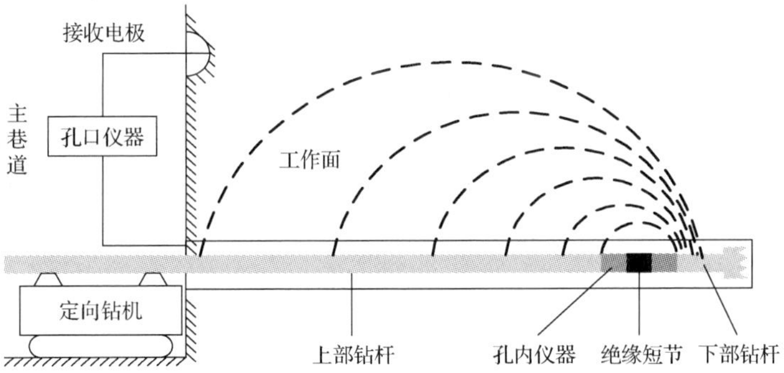

图 6-5　矿用电磁波无线随钻测量系统信号传输原理

3) 系统技术指标

YHD4-1000 型矿用电磁波无线随钻测量系统性能指标见表 6-6。

4) 系统操作

A. 系统设置与检查

矿用电磁波无线随钻测量系统使用之前，应对孔口防爆计算机、无磁钻具、孔内仪器外观、充电电池筒电量、绝缘短节等进行检查，确保系统能安全正常工作。

表 6-6　YHD4-1000 型矿用电磁波无线随钻测量系统主要技术参数

<table>
<tr><td rowspan="5">防爆计算机</td><td>显示器</td><td colspan="4">12″高分辨率彩色液晶显示屏</td></tr>
<tr><td>人机交互</td><td colspan="4">键盘</td></tr>
<tr><td>电源</td><td colspan="4">外接 127V 交流供电</td></tr>
<tr><td>防爆形式</td><td colspan="4">矿用隔爆兼本安型，防爆标志为 Exd[ib] I</td></tr>
<tr><td>工作温度/℃</td><td colspan="4">0～+40</td></tr>
<tr><td rowspan="2">防爆键盘</td><td>防爆形式</td><td colspan="4">矿用本质安全型，防爆标志为 ExibI</td></tr>
<tr><td>工作温度/℃</td><td colspan="4">0～+40</td></tr>
<tr><td rowspan="2">防爆数据存储器</td><td>防爆形式</td><td colspan="4">矿用本质安全型，防爆标志为 ExibI</td></tr>
<tr><td>工作温度/℃</td><td colspan="4">0～+40</td></tr>
<tr><td rowspan="8">无线随钻测量探管</td><td>尺寸</td><td colspan="4">Φ43mm×3000mm 无磁黄铜</td></tr>
<tr><td>工作电压</td><td colspan="4">由可充电电池筒供电，电池筒由两组电池组成</td></tr>
<tr><td rowspan="4">测量性能</td><td>项目</td><td>测量范围</td><td>允许误差</td><td>限制条件</td></tr>
<tr><td>倾角/(°)</td><td>−90～+90</td><td>±0.2</td><td>—</td></tr>
<tr><td>方位角/(°)</td><td>0～360</td><td>±1.5</td><td>倾角±30</td></tr>
<tr><td>工具面向角/(°)</td><td>0～360</td><td>±1.5</td><td>倾角±30</td></tr>
<tr><td>防爆形式</td><td colspan="4">矿用隔爆兼本质安全型，防爆标志为 Exd[ib]I Mb</td></tr>
<tr><td>工作温度/℃</td><td colspan="4">0～+40</td></tr>
</table>

先将测量短节、充电电池筒和发控短节依次连接组成仪器串，并水平放置在仪器支架上，用电缆将发控短节和测量短节的两个信号发射端分别连入防爆计算机的接收接口，启动防爆计算机并打开系统软件，进入测量状态；然后使用工具调整发控短节的流量开关位置，此时探管能按照设计模式进行状态切换和数据传输，计算机屏幕能够显示探管测量数据，且测量数据倾角跳动不超过 0.1°、方位角和工具面向角跳动不超过 0.5°，则说明系统工作正常，可以下入钻孔使用。若不满足上述情况，或者启动测量后防爆计算机屏幕没有任何显示，则应进行检修。

B. 系统组装连接

(1)孔口仪器连接。

先将防爆计算机固定在操作人员易观察到的地方，并将防爆计算机电源线接入井下防爆电柜中。将夹持器作为信号接收电极，选择合适位置并利用锉刀打磨干净。然后将信号传输电线一端用胶带牢靠固定在打磨位置，另一端与防爆计算机信号接收正极连接。再将信号接收电极插入距钻场 50m 左右的煤层中，将信号传输电线一端用胶带牢靠固定在信号接收电极上，另一端与防爆计算机信号接收负极连接。可在信号接收电极处浇灌盐水，提高信号接收效果。将信号接收电线、计算机电源线等布置合理，注意防碰、防损，连接线不允许打直角弯，以防折断。

(2)孔内仪器组装。

先将测量短节、充电电池筒、驱动短节依次连接组成仪器串，将流量开关定位接手与无磁仪器外管连接。然后将组装好的仪器串从仪器外管端伸入，顺时针转动仪器串，确保发控短节定位键进入流量开关定位接手的定位槽内并座牢。再将弹垫和固定套从仪器外管端装入，利用专用工具旋紧固定套将仪器压紧，确保仪器串不发生前后窜动。最后将绝缘短节与流量开关定位接手连接。

(3)系统使用。

先将孔内仪器的绝缘短节端与下无磁、螺杆马达、钻头等钻具依次连接，完成工具面修正。然后在无磁仪器外管端与钻进用钻杆连接，将仪器下入孔底。

定向钻进时，孔内仪器根据泥浆泵工作状态，发送静态数据和工具面调整动态数据，指导定向钻孔轨迹调整，完成定向钻进施工。

6.1.5　定向钻进用钻具组合

定向钻进技术是指利用钻孔自然弯曲规律或采用人工造斜工具使钻孔按照设计要求进行延伸，直到钻到预定目标的一种钻进方法。目前煤层气井下抽采钻孔以使用螺杆钻具进行受控定向钻进为主，钻孔分为套管段和定向钻进段。套管段钻进采用普通钻进工艺，而定向钻进根据随钻测量仪器的不同可分为有线随钻测量钻进和无线随钻测量钻进。钻进过程中先完成套管段的先导孔施工及该段的两级扩孔，扩孔完成后，下孔口管并用水泥固定套管，候凝 8h 后，安装孔口防喷装置和气水分离器，最后换用螺杆马达配套钻具进行定向段钻进。因此，煤层气井下抽采钻孔所用钻具组合可分为以下 3 种：

1. 套管段的钻具组合

套管段一般用 Φ108mmPDC 钻头开孔，根据地层情况一般钻至 10～20m 深后开始扩孔，一级扩孔用 Φ153mmPDC 钻头，二级扩孔用 Φ193mmPDC 钻头，两次扩孔后下套管至 9～12m 深处，用水泥固定套管。钻杆一般使用普通 Φ73mm 钻杆，壁厚 7mm，单根长 3m。因此，套管段施工的钻具组合为 Φ108mmPDC 钻头+Φ153mmPDC 钻头+Φ193mmPDC 钻头+普通 Φ73mm 钻杆+普通 Φ73mm 随钻测量送水器。

2. 有线随钻测量钻具组合

定向钻进段分为有线随钻测量钻进和无线随钻测量钻进两种方式。有线随钻测量是用电缆连接井下测量仪器而获得测量信号，显示直观、迅速，性能可靠，且不需要电池筒。缺点是只能在钻头滑动钻进或停钻条件下使用，旋转钻进时无法测量。

使用有线随钻测量定向钻进钻具组合，从孔底到孔口依次为：

Φ98mmPDC 钻头+Φ78mm 螺杆马达+下无磁接手+Φ76mm 下无磁钻杆+Φ76mm 探管外管+Φ76mm 上无磁钻杆+上无磁接手+Φ73mm 有线随钻测量钻杆+随钻测量送水器。

Φ73mm 有线随钻测量钻杆主要包括钻杆体、信号传输导体、绝缘装置和支撑装置 4 个部分，通常将信号传输导体、绝缘装置和支撑装置 3 部分统称为中心通缆装置。钻杆体包括管体和接头两部分，管体外径为 Φ73mm，壁厚 7 mm，钻杆接头采用内加厚方式，外径为 Φ75mm，内通孔为 Φ55mm，并通过摩擦焊与钻杆管体相连，接头螺纹采用双顶双锥结构，单根钻杆长度为 3m。信号传输装置由导线、接头和变径弹簧等组成，位于绝缘装置内侧，其作用是传递孔底与孔口设备之间的双向通信信号。绝缘装置由塑料公母接头和线管等组成，其作用是将中心信号传输装置与高压介质隔离，防止传输过程中的信号损失，保证信号传输装置的通信安全。支撑装置由稳定器、弹性挡圈及定位挡圈构成，起支撑与定位作用。

无磁钻杆材料选用无磁钢或铍铜，主要用于钻孔测斜时放置测量仪器，具有磁导率低的特性，为孔内磁性测量系统提供了一个不受钻具磁性干扰的环境，使探管附近的磁场与周边大地磁场接近，因而保证了测量钻孔地磁数据的精度。有线随钻测量的无磁钻杆由上无磁、探管外管和下无磁组成，上无磁钻杆长度为 3m，探管外管长度为 1m，下无磁钻杆长度为 2m，为双母螺纹结构，探管外管两端通过双公接头与上、下无磁钻杆连接。下无磁钻杆下端通过双公接头与螺杆马达相连，上无磁钻杆上端通过双公接头与通缆钻杆连接。

3. 无线随钻测量钻具组合

无线随钻测量的优点是不需要电缆来传输井下数据，可在任何方式的钻井作业中进行随钻测量，可随时将井斜方位、工具面向角等信号送至地面，且安装操作方便。缺点是数据刷新慢，对钻井泵和钻井液性能要求较高，且需要在探管后端接充电电池筒。煤矿井下无线随钻测量钻进以泥浆脉冲无线随钻测量定向钻进为主，其钻具组合从孔底到孔口依次为：Φ98mmPDC 钻头+Φ78mm 螺杆马达+下无磁接手+Φ76mm 下无磁钻杆+Φ76mm 探管外管+泥浆脉冲发生器+过滤钻杆+变丝接手+Φ73mm 普通钻杆+Φ73mm 随钻测量送水器。

无线随钻测量定向钻进所用钻杆为 Φ73mm 普通钻杆，所用无磁钻杆由下无磁钻杆和仪器外管构成，下无磁钻杆长度为 3.2m 左右，仪器外管长度为 0.6m 左右，通过双公定位接头连接，接手内部设有键槽，起到定位的作用。下无磁钻杆下端通过双公接头与螺杆马达连接，仪器外管上端通过双公接头与脉冲发生器和过滤钻杆相连。

6.1.6　定向钻进工艺技术

中硬煤层定向钻进包括滑动定向钻进技术、复合定向钻进技术、开分支技术。

1. 滑动定向钻进技术

煤矿井下定向钻进系统如图 6-6 所示，滑动定向钻进过程中，孔内随钻测量探管测量钻孔轨迹倾角和方位角及螺杆钻具的工具面向角(非标螺杆钻具弯头朝向)，并将数据发送至孔口监视器进行处理，根据实测钻孔参数，旋转钻具将工具面向角调至预定位置，通过泥浆泵向孔底泵入高压冲洗液驱动孔底马达转子和钻头转动，钻机只向钻具施加轴向力(钻压)，从而实现钻头碎岩的钻进技术就是孔底马达滑动定向钻进技术。该定向钻进技术的特点为：①钻进过程中钻头回转碎岩动力仅由泥浆泵提供；②钻进过程中只有钻头和孔底马达转子转动，钻具其他部分只产生轴向滑动。

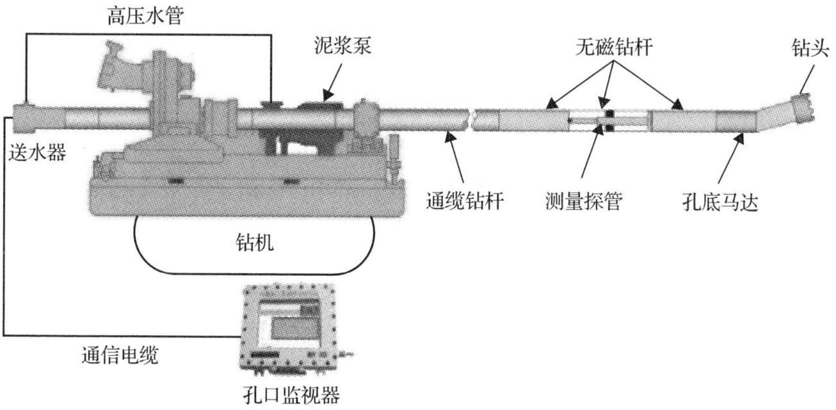

图 6-6　煤矿井下定向钻进系统连接示意图

2. 复合定向钻进技术

随着滑动定向钻进技术的大范围推广应用，其逐渐暴露出大倾角下斜孔段排渣问题、钻孔事故预防能力差及钻进系统压力高等局限性。为此，在“十二五”期间，借鉴石油钻井复合钻进工艺，结合煤矿井下近水平定向钻进工艺特点，形成了基于双动力复合钻进与滑动定向钻进复合的定向钻进工艺技术，即复合定向钻进技术。

复合钻进过程中，泥浆泵向孔底泵送高压水，驱动孔底马达转子带动钻头转动，同时，钻机带动钻具回转并向钻具施加钻压，从而实现复合碎岩的钻进方法为复合钻进。

复合钻进中，螺杆钻具的工具面向角随着其定子的不断旋转在不断变化，无法实现钻孔轨迹的连续人工控制。通过现场试验可知，复合钻进中钻孔轨迹弯曲强度很低，基本呈直线延伸。因此，钻进过程中，可采用“动纠斜+复合稳斜”的钻进工艺方法实现钻孔轨迹的人工控制。

复合定向钻进工艺与滑动定向钻进工艺相比较，复合钻进中钻头转速更高、钻进动力更强、钻进流程简化，综合钻进效率更高；复合定向钻进轨迹弯曲强度大大低于滑动定向钻进，钻具摩阻大幅度降低，装备深孔钻进能力显著提高；复合钻进中钻具持续转动，搅动孔内钻屑，使其处于悬浮状态，有利于排渣，降低了事故风险。

3. 开分支技术

煤矿井下定向钻进开分支采用悬空开分支技术(图 6-7)，开分支时，需要将螺杆钻具弯头调向下，这样会使得钻头下缘切削齿在钻孔下缘 A 点和钻头以上钻具某处在钻孔下缘 B 点将 A、B 点间的钻具架空，此时，悬空段钻具的重力可分解为 A、B 两点对煤层钻孔下边缘的压力 F_1 和 F_2，F_1 也称为钻具下斜力，这是悬空开分支的“力学条件”。同时，由于螺杆钻具具有 1.25°的弯角，在钻具弯头向下时，钻头会与竖直平面产生一个夹角 β，这个夹角使得钻头下缘切削齿稳定切削钻孔下边缘的煤层，这为悬空分支提供了钻头的“位置条件”。在力学条件力 F_1 和钻头位置条件夹角 β 的共同作用下，螺杆钻具在以速度 v 向前钻进时将会使钻头在煤层钻孔下边缘磨削出新的钻孔。

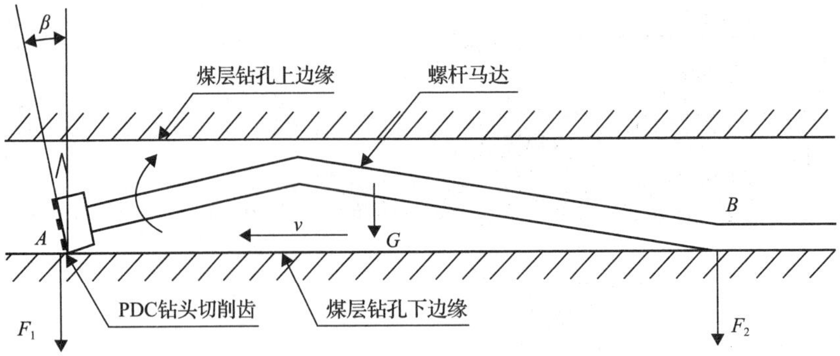

图 6-7　煤层悬空开分支孔力学模型示意图

G-重力

基于悬空开分支力学原理，形成了两种开分支工艺方法，即低速磨削分支法和高速反复磨削分支法。①低速磨削分支法：将包括单弯螺杆钻具的定向钻具组合下钻至预开分支点，将工具面向角调至 180°左右(弯头向下)，缓慢钻进(机械钻速 6～8m/h)，直到开出新的分支孔。采用此技术进行侧钻开各分支孔，施工工艺简单，易于实现，是目前最为常用的开分支孔方法。②高速反复磨削分支法：将定向钻具组合下钻至预开分支点，将工具面向角调至 180°左右(弯头向下)，以较快的速度钻进(机械钻速 20～30m/h)，机身钻具全部送入孔内后，再将其提出钻孔，再次以相同的方法送入孔内，以类似方法再磨削 2～3 次，可加杆继续磨削 2 次，之后再加杆向前正常钻进，直至分支开出。

在本煤层钻进时为保证钻孔沿煤层延伸，可基于煤矿井下定向钻进及开分支工艺技术，采用“主动探顶+开分支+主动探顶+……”的递进式钻进技术。该技术的特点是每钻进一定距离主动上调钻孔倾角，使钻孔轨迹进入煤层顶板，根据探查到的顶板信息预测煤层及顶板岩层走向，然后退钻开分支沿顶板下方煤层继续钻进，探明煤层顶板起伏情况，从而保证钻孔轨迹沿煤层延伸。主孔完成后，退钻过程中再进行主动探底作业，探明验证煤层厚度及起伏变化情况，为同一区域内的钻孔施工提供借鉴。

6.1.7　应用实例

1. 寺河矿顺煤层定向钻孔

寺河矿 1881m 顺煤层超长定向钻孔是采用国家科技重大专项“大型油气田及煤层气开发”课题研制的国内首套大功率定向钻进技术与装备施工的第一个深度在 1500m 以上定向钻孔，地点位于寺河矿东五盘区 5301 工作面，最大主孔深度为 1881m，创造了当时本煤层定向钻孔最大孔深世界纪录。

1) 钻孔轨迹

钻孔设计深度 1800m，钻孔设计轨迹平面布置如图 6-8 所示。

2) 配套装备

施工采用的主要配套装备有定向钻机、泥浆泵车、有线随钻测量系统、螺杆钻具、通缆钻杆和定向钻头，规格参数详见表 6-7。

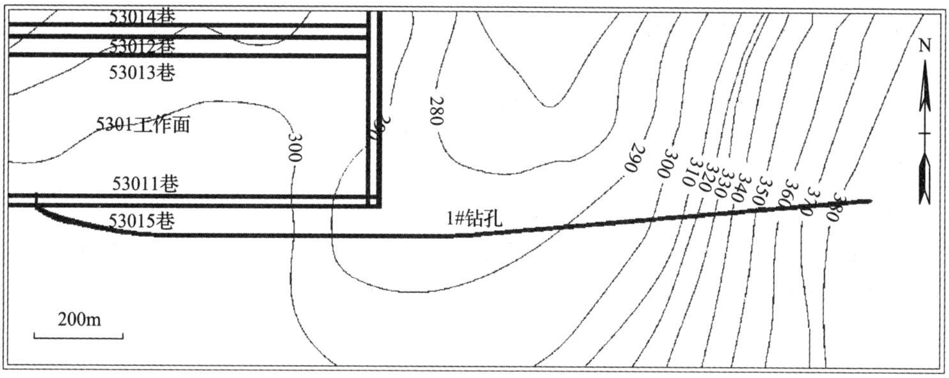

图 6-8　钻孔设计轨迹平面布置图

等高线单位为 m

表 6-7　配套装备规格参数表

设备名称	规格型号
定向钻机	ZDY12000LD
泥浆泵车	BLY390/12
有线随钻测量系统	YHD2-1000(A)
螺杆钻具/mm	*Φ*89
通缆钻杆	*Φ*89mm，长度为 3000mm
定向钻头/mm	*Φ*120

3) 施工情况

历时 12d，完成深度 1881m 主孔施工，单孔总进尺 2601m，开分支孔 11 个，钻孔的实钻轨迹剖面图如图 6-9 所示，钻孔施工平均日进尺 210m，复合钻进孔段占总进尺的 72%。

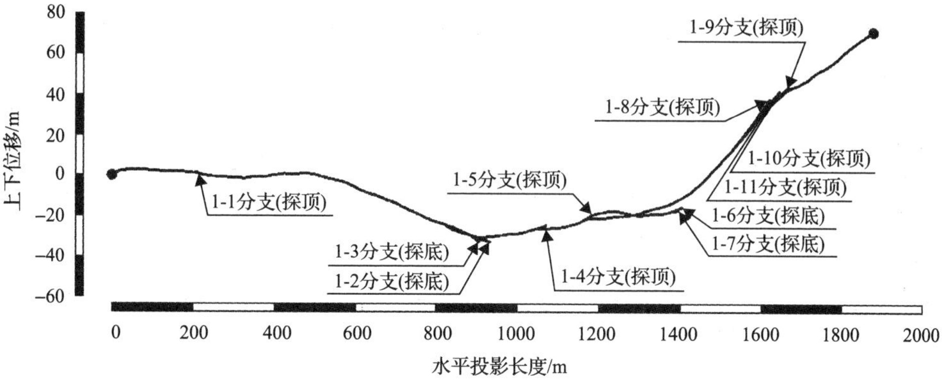

图 6-9　寺河矿 1881m 定向孔实钻轨迹剖面图

2. 保德煤矿顺煤层定向钻孔

为满足保德煤矿 3000m 长度以上工作面超前瓦斯区域治理需要，在工作面形成前从工作面两端的盘区大巷向工作面内施工超长本煤层定向钻孔进行瓦斯区域抽采，要求钻孔深度达到 2000m 以上。2019 年在保德煤矿五盘区定向钻场，利用 ZDY12000LD 大功率定向钻进装备，采用复合定向钻进工艺，施工完成了主孔深度 2570m 的顺煤层定向钻孔，创造了最新的顺煤层定向钻孔孔深世界纪录。

1）钻孔轨迹

钻场位于保德煤矿 81209 工作面北侧五盘区集中一号回风大巷，钻孔设计深度 2500m，主设计方位 185°，钻孔设计轨迹在 8#煤层内延伸，水平方向距 81209 工作面设计胶运顺槽约 42m，水平位移约 135m，设计钻孔平面布置如图 6-10 所示。

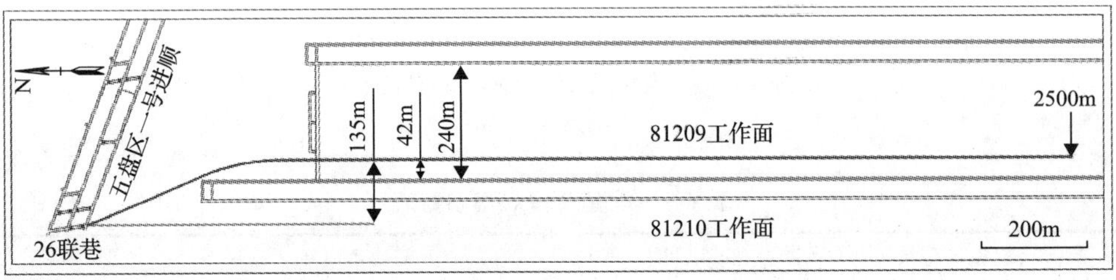

图 6-10　超长定向钻孔设计轨迹平面投影图

2）钻进装备

钻进装备配置与寺河矿 1881m 顺煤层超长定向钻孔基本相同，随钻测量系统增加了 YHD3-1500 泥浆脉冲无线随钻测量系统，详见表 6-7。

3）施工情况

钻孔历时 20d，成功完成了主孔深度 2570m 的顺煤层超深定向钻孔。当采用 YHD2-1000（A）有线随钻测量系统钻进至 1824m 时，受通缆钻杆密封件老化、变形等因素影响，测量信号衰减严重，更换 YHD3-1500 泥浆脉冲无线随钻测量系统，成功钻进至 2570m，信号传输稳定。钻孔施工总进尺 3164m，开分支孔 9 个，钻孔探顶 8 次、探底 4 次，煤层钻遇率为 97%，正常钻进情况下日平均进尺达到 200m 以上，钻孔轨迹剖面图如图 6-11 所示。

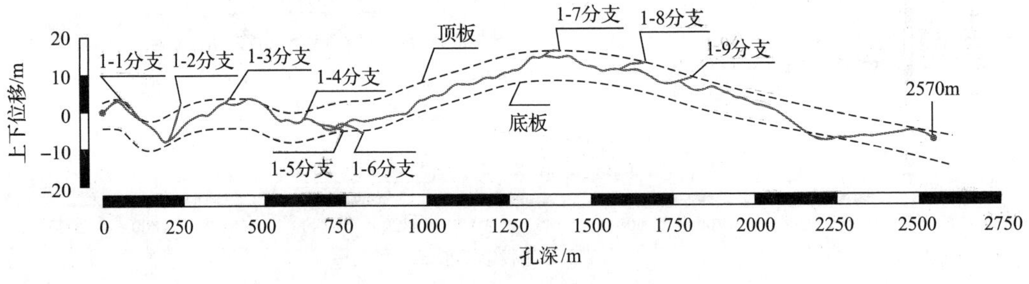

图 6-11　2570m 钻孔实钻轨迹剖面图

6.2　碎软突出煤层钻进技术

碎软煤层是同时具有“碎、软”特征的煤层。“碎”与“完整”对应，指煤体抵抗外来机械力(锹、镐、钻机及炸药爆破力等)作用的能力低，通常用煤的普氏系数 f 来表征，即 $f \leqslant 1$ 的岩石。因此，碎软煤层指原本结构被破坏的难以抵抗外来较强机械力的煤层，其钻进过程中容易塌孔、喷孔，孔壁稳定性差、成孔性差。

6.2.1　碎软煤层螺旋钻进技术

碎软突出煤层稳定性差、瓦斯含量高、压力大，钻进过程中容易出现喷孔、塌孔和卡钻等现象，造成钻孔施工难度大，且钻孔完成后抽采过程中易发生孔壁坍塌，堵塞瓦斯释放通道，影响瓦斯抽采效率，瓦斯抽采孔钻进是碎软突出煤层瓦斯治理的技术瓶颈。螺旋钻进具有排粉效率高、对孔壁扰动小的特点，是提高碎软煤层瓦斯抽采孔钻进效率、成孔深度和成孔率的有效技术手段，适用煤层普氏系数 $f \leqslant 1$ 的碎软煤层。

1. 技术原理

螺旋钻进是一种回转钻进方法，钻进过程中依靠钻杆的螺旋叶片不断地将钻头切削下来的钻屑输送至孔口，实现连续钻进。钻进过程中，钻头切削及孔壁产生的钻屑在自身重力、钻屑之间的黏滞力及钻屑与孔壁之间的摩擦力的作用下，不断地被钻杆螺旋叶片旋转推移输送，实现干式连续钻进排粉。由于螺旋钻进效率高，为了进一步提高排粉效率和钻具冷却效果，还可以在采用密封螺旋钻杆的情况下，加入适量的空气作为辅助排粉介质。螺旋钻进过程中要保持较高的转速，以保证较高的排粉效率，同时还要采用合理的转速和给进速度，通过系统压力、转速和给进速度的优化匹配，提高成孔深度、钻进效率和成孔率。

2. 技术特点

螺旋钻进技术是碎软煤层瓦斯抽采孔施工的有效手段，其技术优势主要有：

(1) 双螺旋叶片钻杆提高了排粉效果，有效减少了喷孔现象。

(2) 高转速螺旋排粉，无重复破碎，钻进效率高。

(3) 不需要冲洗介质，减少了对孔壁的扰动，成孔率高。

(4) 钻孔轨迹偏斜小，具备施工横穿工作面全煤钻孔的能力。

3. 钻进装备

1) 钻机

西安研究院研制生产的 ZDY1900L、ZDY3200L、ZDY5000RF、ZDY3000LG、ZDY2800LG、ZDY1450LG 履带式全液压钻机适用于螺旋钻进，具有技术性能先进、工艺适应性强、搬迁方便、安全可靠等优点。部分钻机具有多自由变幅机构，可进行跨皮带钻孔施工。

2) 钻杆

螺旋钻杆是将普通的钻杆作为芯杆，在芯杆上焊接螺旋叶片，叶片的尺寸与螺旋参数和芯杆匹配。螺旋钻杆具有足够的抗扭强度，根据不同的煤层特点，可选用相应的具有合适叶片高度、螺距及螺旋升角的螺旋钻杆。常用的钻杆规格有 Φ50mm/78mm、

Φ50mm/88mm、Φ63.5mm/100mm、Φ73mm/110mm、Φ73mm/120mm、Φ73mm/130mm等，钻杆的连接方式有螺纹式和插接式两种类型。

3) 钻头

螺旋钻进钻头常采用硬质合金作为切削齿，钻头前部设有锥形导向，有利于排粉和保直；钻头后部设有反切削合金，有利于提钻时切削煤屑。根据钻杆连接结构，钻头采用螺纹式连接或插接式连接。钻头规格有很多种，可根据所选用的螺旋钻杆规格选择合适级配的钻头。

4. 应用实例

碎软煤层螺旋钻进技术已经在我国多个矿区进行了推广应用，如山西阳泉新元煤矿、山西阳煤集团开元矿、晋城煤业集团赵庄矿、潞安矿务局长村矿、义马煤业集团股份有限公司(简称义马煤业集团)义安矿等。

1) 山西阳泉新元煤矿高速螺旋钻进应用

试验点位于新元煤矿西八副巷内，巷道宽5.2～5.5m，高3.5m。3号煤层赋存稳定，结构较简单，以亮煤为主，内生裂隙发育。煤层中一般含1～2层泥质夹矸，厚度一般为0.02～0.05m，平均为0.03m。该施工巷道沿3号煤层向南下坡掘进，煤层倾角一般为1°～6°，平均为5°，局部达10°左右，煤层厚度为3.05～1.60m，平均为2.62m。煤层上部存在一层高岭石泥岩伪顶，厚度约0.4m，直接顶为砂质泥岩，厚度为1.89m，老顶为中粒砂岩，厚度为2.54m。直接底为2.78m厚的砂质泥岩，含植物化石，老底为2.90m厚的中粒砂岩。

采用ZDY3000LG型履带式全液压钻机、Φ63.5mm/100mm螺旋钻杆、Φ120mm螺旋钻进钻头，从西八副巷150m处开始，每隔2m施工一个钻孔。钻孔开孔位置距离巷道底板1.7m，开孔倾角−1°，顺煤层钻进施工。试验期间共施工完成本煤层钻孔22个，其中3#孔孔深246m、7#孔孔深262m、15#孔孔深271m、14#孔孔深300m、22#孔孔深330m，5个钻孔均横穿工作面从对面顺槽穿出。应用表明，高速螺旋钻进技术在山西阳泉新元煤矿区完全具备施工孔深330m深钻孔的能力，高转速有利于钻进排粉，在稳定地层中，最高单班进尺可达202.5m，最高时效可达60m/h，平均时效为30m/h，其中加接钻杆时间占总施工时间的75%，充分发挥了高速螺旋钻进技术的优势。试验结束后矿方利用该套装已累计施工超过4万m(截至2017年)，为新元煤矿碎软突出煤层的安全高效开采提供了有力的技术保障。

2) 义马煤业集团义安矿高速螺旋钻进应用

义安矿正村井田所属的新安煤田位于豫西地区，煤层埋藏比较深，地质条件复杂。其煤田构造软煤发育，普遍达到《煤与瓦斯突出规定》中Ⅲ、Ⅴ类煤的标准，煤层受顺煤层剪切带发育影响，整个煤层及顶板遭到严重破坏，属于糜棱煤，煤体普氏系数普遍为0.2左右，富含FeS_2结核，顺层钻孔施工时塌孔、卡钻现象发生频率较高，一般在孔深超过75m后出现钻进困难。

针对义安矿煤层中富含FeS_2结核的问题，采用ZDY3000LG型履带式全液压坑道钻机、Φ60.3mm/95mm螺旋钻杆、Φ113mm三翼弧角钻头，在该矿11080工作面上巷共施工 15 个钻孔，其中 13 个达到设计孔深 100m，最大孔深 120m，成孔率达到 87%，截至 2018 年矿上使用该套钻具累计进尺已经超过 3 万 m。

义安矿通过应用高速螺旋钻进技术，解决了豫西“三软”煤层顺层长钻孔深度无法超过 75m 的瓶颈，孔深可达 100m 以上；提高了钻孔施工效率，加快了瓦斯综合治理速度，每年节约资金约 140 万元；实现了大采高、长工作面顺层钻孔消突和瓦斯综合治理，减少了煤巷掘进数量，预计可节约资金 3900 万元。

6.2.2　液动螺杆马达复合排渣定向钻进技术

1. 技术原理

碎软煤层采用液动螺杆马达复合排渣定向钻进，利用无线随钻测量系统实时监测钻孔轨迹参数和螺杆马达姿态参数，得到钻孔实钻轨迹，确定螺杆马达的造斜方向；利用螺杆马达进行轨迹控制，当钻孔轨迹与设计轨迹偏差较小时采用复合钻进，偏差较大需要进行轨迹调整时采用滑动定向钻进，使钻孔轨迹按设计要求延伸钻进至预定区域；利用三棱钻杆、三棱螺旋钻杆或宽翼片螺旋钻杆等异形钻杆进行复合排渣，确保钻进安全。

该技术具有以下优点：

(1) 信号传输受钻杆影响小，对钻杆无特殊结构要求，可选用外平钻杆和异形钻杆等普通钻杆，钻具成本低、强度高、地层适应性强。

(2) 复合定向钻进既有滑动定向钻进轨迹精确调控的优点，又有复合钻进高效快速、轨迹平滑、排渣通畅的优点，适用于远距离长钻孔施工。

(3) 使用水力正循环和异形钻杆进行复合排渣，提高孔底清洁效果，确保钻进安全。

2. 钻进技术

碎软煤层液动螺杆马达复合排渣定向钻进包括复合定向钻进技术和复合排渣技术等。

1) 复合定向钻进技术

复合定向钻进包括滑动定向钻进和复合钻进两种形式。其中滑动定向钻进过程中，定向钻机不回转异形钻杆，仅向孔内钻具施加钻压，孔底螺杆马达的工具面稳定至合适方向不变，泥浆泵提供高压水流驱动螺杆马达，带动螺杆马达传动轴和定向钻头回转碎岩。复合钻进过程中定向钻机回转异形钻杆并向孔内钻具施加钻压，孔底螺杆马达的工具面方向连续变化，同时泥浆泵提供高压水流驱动螺杆马达，带动螺杆马达传动轴和定向钻头快速回转碎岩。

复合定向钻进工艺将滑动定向钻进与复合钻进相结合，借助滑动定向钻进钻孔轨迹控制功能和复合钻进高效、轨迹平滑和排渣通畅等特点，在人工控制钻孔轨迹的同时发挥复合钻进的技术优势，提高了碎软煤层定向钻孔的钻进深度和成孔率。

2) 复合排渣技术

目前煤矿井下定向钻进均采用高压清水作为冲洗介质，当泵量较大、钻进产生的钻屑颗粒较小时，钻屑颗粒在钻孔环状间隙断面内的分布接近均匀，并在高压水流中呈悬浮状态前进；当泵量较小、钻屑颗粒较多或较大时，钻屑移动速度相应减慢并下沉，孔壁上侧悬浮钻屑快速流动，孔壁下侧钻屑分布变密且受摩擦力影响移动缓慢；尤其是当泥浆泵关闭、遇到钻孔轨迹下“凹”孔段或局部扩径孔段时，极易发生沉渣卡钻事故。

针对以上问题，提出了复合排渣技术，结合了大流量冲洗液正循环排渣和异形钻杆回转排渣两种形式，可提高钻孔清洗效果，确保钻孔顺利通过复杂地层。具体原理是：在利用高压清水给钻屑施加一个轴向推力的同时，利用钻机回转异形钻杆，使钻屑受到切向力作用；在轴向力的作用下钻屑向孔口运动；在切向力的作用下钻屑有绕钻杆作圆周运动的趋势并垂直于钻杆在孔内上下翻滚，减少了沉积在孔壁下侧的钻屑，使其在钻孔环状间隙的分布趋于均匀，有利于高压清水顺利将钻屑排出孔外；同时对钻屑具有磨削作用，可以磨碎大颗粒钻屑，降低钻屑颗粒粒径；当使用具有螺旋的异形钻杆时，还可以增大轴向力，提高排渣效果；此外，通过钻杆的回转搅动，对孔壁进行了打磨，提高了孔壁的光滑性，降低了钻屑运移阻力和钻进阻力。

复合定向钻进过程中，当采用滑动定向钻进时，异形钻杆不回转，利用水力正循环进行排渣，回次钻进结束后，回转钻杆利用复合排渣技术清除孔内沉渣；当采用复合钻进时，水力冲孔排渣的同时异形钻杆搅动，即可实现复合排渣，确保孔内清洁。

3. 钻进装备

碎软煤层液动螺杆马达复合排渣定向钻进主要由定向钻机、无线随钻测量系统、泥浆泵、螺旋螺杆马达、异形钻杆、螺旋无磁钻杆和定向钻头等组成。

1) 定向钻机

定向钻机是定向钻进的关键，主要用于提供给进、起拔和回转动力，夹持和拧卸孔内钻具，克服螺杆马达钻进反扭矩等，目前已实现定向钻机系列化。碎软煤层液动螺杆马达复合排渣定向钻进存在以下特殊要求：①复合钻进时转速较低，定向钻机应能进行低速回转钻进且可准确控制回转速度；②异形钻杆的结构特殊，定向钻机应具有较强的夹持能力，且不损坏钻杆结构。

2) 无线随钻测量系统

矿用无线随钻测量系统根据信号传输方式的不同可分为矿用泥浆脉冲随钻测量系统和矿用电磁波随钻测量系统。其中矿用泥浆脉冲随钻测量系统以钻杆柱内高压冲洗液为信号载体，采用水力脉冲作为数据传输方式，以钻杆柱内的水力通道为传输通道，信号传输衰减小，但传输速度较慢。矿用电磁波随钻测量系统以钻进用钻杆柱和含煤地层为传输通道，信号传输受地层影响较大。无线随钻测量系统解决了钻孔轨迹随钻测量的问题，可与常规钻杆配套使用，降低了对通缆钻杆的依赖，实现了复合定向钻进，为钻杆旋转排渣提供了基础。

3) 泥浆泵

泥浆泵用于向钻孔泵送高压冲洗液，具有驱动螺杆钻具将高压水动力转换为回转动力进行孔底局部回转钻进施工、冷却孔底钻具、携带和清除孔内钻屑的作用，同时高压冲洗液可作为脉冲信号传输载体，实现随钻测量数据的实时传输。泥浆泵的性能既影响孔底螺杆马达的性能发挥，又直接影响泥浆脉冲随钻测量系统数据传输的可靠性和稳定性，所以应选择大流量、高压力泥浆泵，建议选择液驱泥浆泵，并设置合适的稳压用空气包，确保泥浆泵工作时泵压变化平稳。

4)螺旋螺杆马达

螺杆马达可在泥浆泵提供的高压冲洗液作用下带动钻头进行孔底局部回转碎岩，是钻孔轨迹调控的关键。应根据钻孔孔径选择合适规格型号的螺杆马达；针对碎软煤层造斜困难问题，建议选用1.25°～1.5°弯角的螺杆马达；同时为提高近钻头排渣能力，在螺杆马达定子外壁上铣有螺旋槽。

5)异形钻杆

为提高碎软煤层复合定向钻进时的钻孔排渣效果，可选择螺旋钻杆、三棱钻杆、三棱螺旋钻杆等异形钻杆作为钻具。异形钻杆设计和选型时应尽量采用整体式结构、摩擦焊接工艺，提高钻杆的整体力学性能，以满足长钻孔钻进需要；尽量增加钻孔内径，降低对钻进冲洗液流动和泥浆脉冲信号传输的影响；接头可采用双顶结构设计，并进行特殊热处理，提高钻杆的耐压密封性能、抗扭和抗粘扣性能。

6)螺旋无磁钻杆

螺旋无磁钻杆主要用作测量探管的仪器外管，用于为测量仪器提供一个无磁干扰的环境，以避免普通钢性钻杆对测量方位角造成的干扰，保证测量数据准确。螺旋无磁钻杆主要包括下无磁钻杆、仪器外管和各种无磁接手，宜选用优质无磁钢作为原材料，提高无磁钻杆的力学性能；并可通过外壁铣洗螺旋槽，提高近钻头无磁钻杆的排渣能力。

7)定向钻头

定向钻头用于钻进碎岩，可选用PDC定向钻头，钻头体采用胎体式结构，利用粉末冶金原理烧结加工，提高整体抗磨性能；切削片优选高耐磨性、高冲击韧性复合片，采用高性能钎焊料镶焊于钻头底唇面，减少钻头崩齿、掉齿；保径采用硬质合金或聚晶金刚石，并设计为窄翼结构，提高钻头的侧向切削能力和整体排渣效果。

4. 应用实例

1)寺河矿现场试验

寺河矿主采煤层为3#煤层，位于山西组下部，上距K8砂岩平均30.35m，距K7砂岩平均6.05m，煤层平均厚度为6.50m；黑色，条带状结构，似金属光泽，半亮型，以亮煤为主；含夹矸一般为2层，煤层结构简单，变异指数为0.09，赋存稳定；瓦斯含量为15.04～19.52m^3/t，平均为16.6m^3/t。

现场试验位于寺河矿西区2302工作面，该工作面整体煤层情况良好，但在17#横川至23#横川之间存在较大的碎软煤层区域，裂隙发育，完整性差，矿方采用常规定向钻进技术与装备进行了5个定向钻孔钻进试验，塌孔、卡钻、埋钻事故频繁，均未能成功成孔。

采用液动螺杆马达复合排渣定向钻进技术与装备进行了钻进试验，施工装备主要有ZDY6000LD型钻机、3NB-300型泥浆泵、Φ73mm螺旋螺杆马达、YHD3-1500矿用泥浆脉冲随钻测量系统、Φ73mm 螺旋钻杆、Φ98mm 平底型 PDC 定向钻头等。

选择 W23014 巷 17#横川绕道作为试验钻场，共设计本煤层瓦斯抽采定向钻孔 3 个，对碎软煤层空白带进行覆盖和瓦斯抽采，确保工作面安全回采，钻孔实钻轨迹平面图如图 6-12 所示。共完成试验钻孔 3 个，施工分支孔 63 个，最大钻孔深度 270m，总进尺 3945m，钻孔参数见表 6-8。钻进过程中，排渣顺利，排渣量达到正常定向钻进的 5 倍以上，孔内塌孔、卡钻现象减少，且均顺利处理，成功覆盖设计区域。

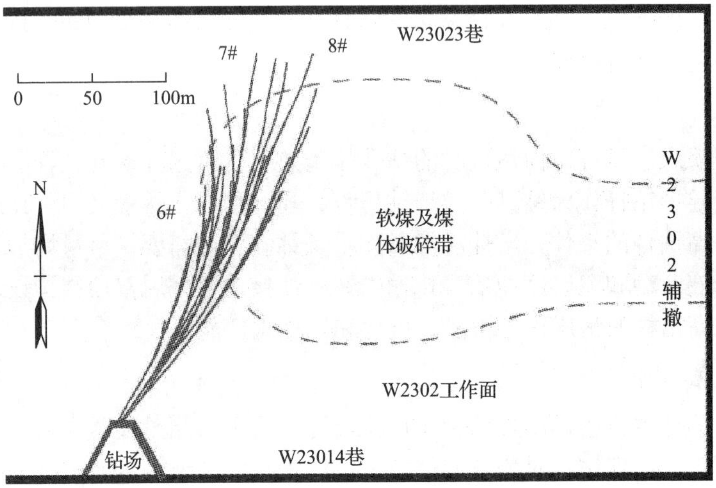

图 6-12　寺河矿试验钻孔实钻轨迹平面图

表 6-8　寺河矿试验钻孔参数表

钻孔编号	主孔深度/m	分支孔			孔径/mm	进尺/m	终孔原因
		总数	探顶次数	探底次数			
6#	135	9	2	0	96	435	串孔
7#	249	30	6	5	96	1521	达到设计深度
8#	270	24	5	3	96	1989	达到设计深度
合计	—	63	13	8	—	3945	—

2) 成庄矿现场试验

成庄矿主采煤层为 3#煤层，位于山西组下段上部，结构简单、沉积稳定，平均厚度为 6.44m；黑色，具金属光泽、整体较硬；瓦斯相对涌出量为 11～13m^3/t，瓦斯压力为 0.95MPa。

现场试验位于 4312 工作面和 4321 工作面，局部区域煤层内夹矸严重，局部层理或节理裂隙发育，矿方采用常规定向钻进技术与装备无法成孔，且发生了两起掉钻事故，直接经济损失超过 300 万元。

采用液动螺杆马达复合排渣定向钻进技术与装备进行了钻进试验，施工装备主要有 ZDY6000LD 型钻机、3NB-300 型泥浆泵、Φ73mm 螺旋螺杆马达、YHD3-1500 矿用泥浆脉冲随钻测量系统、Φ73mm 螺旋钻杆、Φ98mm 平底型 PDC 定向钻头等。

选择 43122 巷道反掘迎头和 43213 巷道 A8#横川作为试验钻场，设计定向钻孔 6 个。

现场试验共完成本煤层瓦斯抽采定向钻孔6个，其中在43122巷道反掘迎头钻场完成本煤层定向钻孔1个，主孔深度402m，总进尺863m；在43213巷道A8#横川钻场完成本煤层定向钻孔5个，最大主孔深度324m，总进尺4917m，实钻数据见表6-9，钻孔实钻轨迹剖面图如图6-13所示，钻孔实钻轨迹平面图如图6-14所示。钻进过程中，钻孔排渣通畅，钻孔轨迹控制良好，成功覆盖设计区域。

表6-9 成庄矿试验钻孔设计与实钻数据

钻场	钻孔编号	设计深度/m	实钻深度/m	分支/个	总进尺/m	终孔原因
43122	1#	270	402	6	863	达到设计孔深
43213	3#	270	324	4	516	达到设计孔深
	4#	270	219	3	342	开孔角度偏大
	5#	270	285	33	2574	达到设计孔深
	6#	270	147	8	420	开孔层位偏高
	7#	270	282	16	1065	达到设计孔深

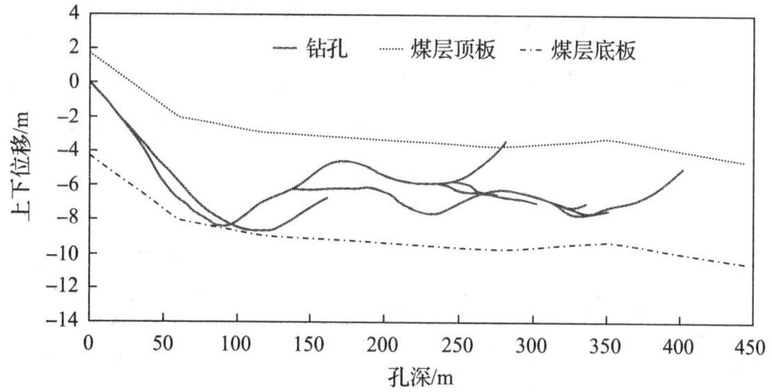

图6-13 成庄矿43122巷道反掘迎头钻场1#试验钻孔实钻轨迹剖面图

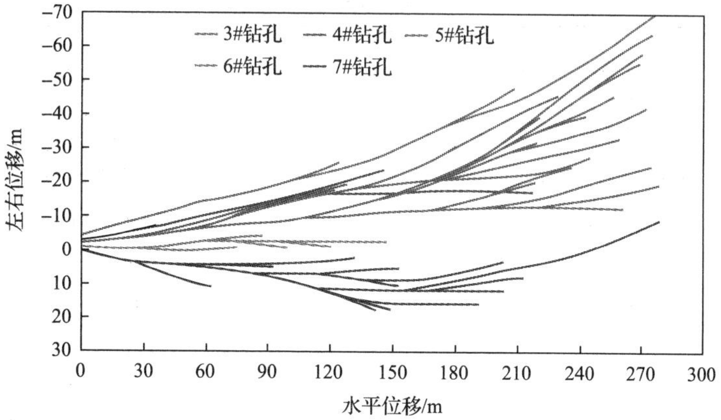

图6-14 成庄矿43213巷道A8#横川钻场试验钻孔实钻轨迹平面图(文后附彩图)

6.2.3 空气螺杆马达钻进技术

在碎软煤层中施工瓦斯抽采钻孔容易出现塌孔、卡钻，存在成孔难度大的问题；而采用回转钻进则出现钻孔轨迹控制难、易钻进至煤层顶(底)板岩石、无法实现煤层顺层长钻孔施工、瓦斯抽采不均匀等问题，导致产生抽采盲区，造成安全隐患。因此，破软煤层瓦斯抽采钻孔施工的关键问题是以深度和精度为主的成孔问题。

1. 技术原理

与液动螺杆钻具定向钻进原理类似，空气螺杆马达钻进技术采用带弯外管的空气螺杆钻具作为孔底动力工具，以压缩空气作为驱动介质，驱动螺杆钻具回转从而带动钻头回转碎岩。滑动定向钻进时，通过调整工具面向角即螺杆钻具弯头朝向来改变钻头切削方向，此时钻杆和空气螺杆马达外壳不回转，压缩空气从孔口沿着钻杆中心进入孔内驱动螺杆马达回转从而带动钻头回转切削破碎，由于螺杆马达弯外壳的作用，改变了钻头切削方向，达到了钻孔造斜和纠偏的目的。

在软煤钻进过程中，由于煤层碎软、钻渣较多，为保证排渣和成孔效率，采用复合钻进与滑动定向钻进相结合的方式，即当滑动定向钻进完成后，开始旋转复合钻进，钻机带动钻杆回转的同时，孔内压风驱动空气螺杆马达运转从而带动钻头回转。此时由于螺杆马达的弯外管随着钻杆回转不断变换，不起造斜作用，与常规回转钻进效果类似，主要提高软煤排粉效果。在回转过程中，整体式大通孔螺旋钻杆螺旋叶片对钻孔堆积的钻渣起到搅动作用，将钻孔内沉积钻渣搅动起来，压缩空气将搅起的钻渣排出孔外。

2. 钻进装备

空气螺杆马达定向钻进技术是在煤矿井下定向钻进技术和碎软煤层钻进技术的基础上，采用空气螺杆马达与无线电磁波随测量钻技术相结合的钻进新技术。主要设备包括定向钻机、大通孔钻杆、无线电磁波随钻测量系统、空气螺杆马达、定向钻头和防爆空压机等，具体参数和实物见表 6-10。

表 6-10　钻进施工主要装备

名称	规格型号
定向钻机	ZDY6000LD(F)
大通孔钻杆	Φ73mm 螺旋钻杆
无线电磁波随钻测量系统	YSDC 矿用电磁波随钻测量系统
空气螺杆马达	Φ83mm/73mm
定向钻头	Φ108mmPDC
导向钻头	Φ92mm 可开闭式
筛管	Φ32mm 连续管
防爆空压机	17m^3/min、1.25MPa
流量计	CX-100A 旋进旋涡流量计

根据钻进工艺要求，配备的防爆空压机作为独立风源为中风压空气钻进提供流量稳定的压缩空气，配备空压机最大供风量为 17m^3/min，最大风压为 1.25MPa；为了观测钻进供风参数，安装了流量计用于流量和风压监测。选用 CX-100A 旋进旋涡流量计，能够

观测钻进过程中供风的风量、风压等参数。

此外，考虑除尘，配置了孔口除尘装置，可减小空气钻进过程中产生的粉尘影响，改善施工环境；为了减小风阻，设计了专用大通孔水便，配备大通孔高压胶管；考虑排渣要求，靠钻头位置设计了螺旋短节。另外，为了满足冷却润滑要求，配备了冷却润滑装置。

3. 应用实例

1) 地层条件

试验地点位于安徽淮南矿区潘三矿 17102(3) 轨道顺槽，目标煤层为 13-1 煤层，煤层厚度为 3.2～6.2m，平均厚度为 4.0m，块状为主，粉粒及粉末状次之，块状煤内生裂隙发育，煤层普氏系数为 0.3～0.5，原始煤体瓦斯含量为 4.3～8.4m^3/t。煤层赋存稳定，总体上呈单斜状，东高西低，煤层产状为 210°～273°∠6°～11°，平均倾向为 8°，顶底板均为泥岩。

2) 钻孔设计

在 17102(3) 轨顺切眼向里约 730m 钻场内设计钻孔 25 个，钻孔要求穿过该工作面后至 17012(3) 运输顺槽外侧 20m 以上。各钻孔终孔点间距 5m，设计孔深 220m 左右，以中心方位为基准，钻孔平面呈扇形分布，设计开孔倾角为–5°。

3) 施工情况

试验所用钻具组合为：Φ108mm 钻头+Φ73/83mm 空气螺杆马达+Φ81mm 螺旋下无磁钻杆+Φ81mm 螺旋探管外管+绝缘短节+Φ81mm 螺旋上无磁钻杆+Φ73mm 螺旋钻杆串。

钻进施工 21 个钻孔，试验进尺 4611m，其中孔深大于 220m 的钻孔有 16 个，见煤率达到 85%以上，成孔后下筛管深度达到设计要求，实现了长孔段筛管护孔的目的。而 23#钻孔为国内外煤矿井下第一个软煤空气螺杆马达定向钻进，孔深 231m，下筛管 220m，钻孔施工情况见表 6-11，钻孔实钻轨迹平面图和轨迹剖面图如图 6-15～图 6-17 所示。

表 6-11　试验钻孔施工情况

序号	钻孔编号	孔深/m	见煤率/%	筛管长度/m
1	25#	202	48.56	190
2	24#	201	34.23	190
3	23#	231	85.54	220
4	21#	224.5	93.7	220
5	20#	225	93.7	214
6	19#	225	91.6	220
7	18#	160	—	—
8	补 18#	221	100	220
9	17#	223	100	220
10	16#	221	89.6	220
11	15#	221	100	220
12	14#	224.5	100	220

续表

序号	钻孔编号	孔深/m	见煤率/%	筛管长度/m
13	13#	222.5	100	220
14	12#	222.5	100	220
15	11#	226	91.2	224
16	10#	226	100	225
17	9#	175	100	170
18	8#	227.5	100	218
19	7#	227	85.5	220
20	6#	227	93.4	220
21	5#	175	93.7	171

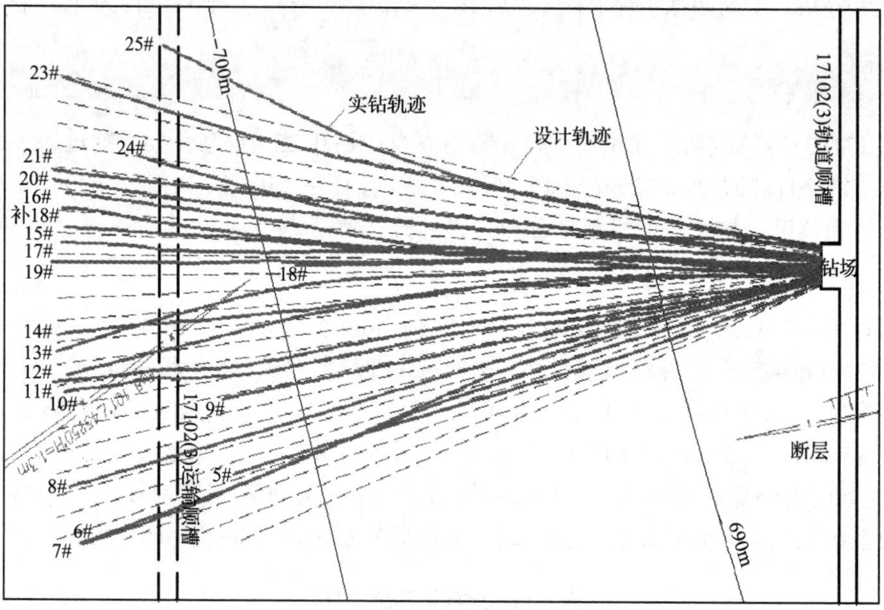

图 6-15　钻孔实钻轨迹平面图

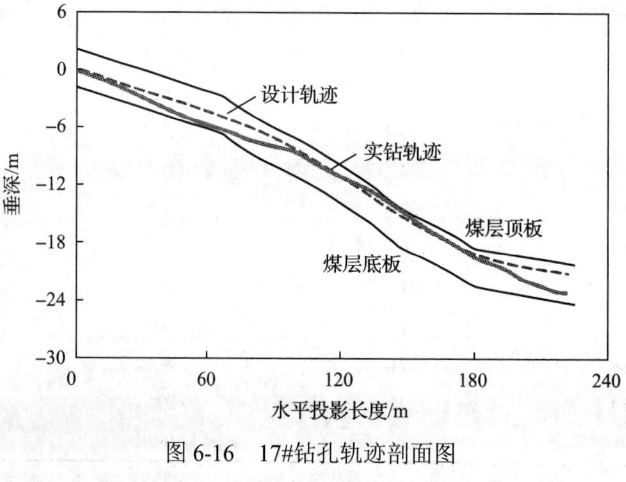

图 6-16　17#钻孔轨迹剖面图

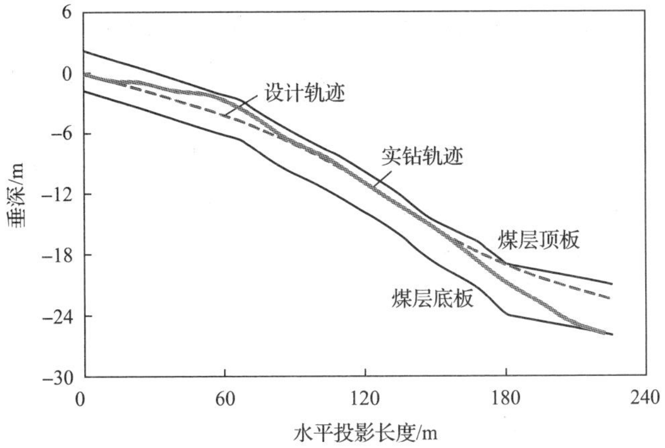

图 6-17　10#钻孔轨迹剖面图

6.2.4　井下小曲率梳状钻孔钻进技术

目前，碎软突出煤层常采用底板穿层钻孔进行煤层消突和卸压，通过高抽巷抽采采动和采空区瓦斯，需要施工相应的巷道和钻孔进行瓦斯治理。利用梳状定向钻进技术在碎软煤层稳定的顶底板岩层施工长距离主孔，然后从主孔施工梳状分支孔进入煤层，实现对碎软煤层瓦斯的远距离消突、抽采。采用定向钻进技术，解决了碎软煤层远距离和区域性抽采的问题。

1. 技术原理

在成孔性好的煤层顶板或底板目标层位施工梳状钻孔的主孔，根据设计要求选择合适的分支点，开分支孔进入煤层或目标区域，从而实现碎软煤层远距离瓦斯消突、预抽与卸压抽采等，因钻孔结构呈梳状称为梳状定向钻孔。根据梳状定向钻孔与煤层的空间位置关系可分为远煤层顶板梳状孔、近煤层顶板梳状孔和近煤层底板梳状孔(图 6-18)。梳状定向钻孔瓦斯治理技术主要用于本煤层瓦斯治理和采空区瓦斯治理领域。

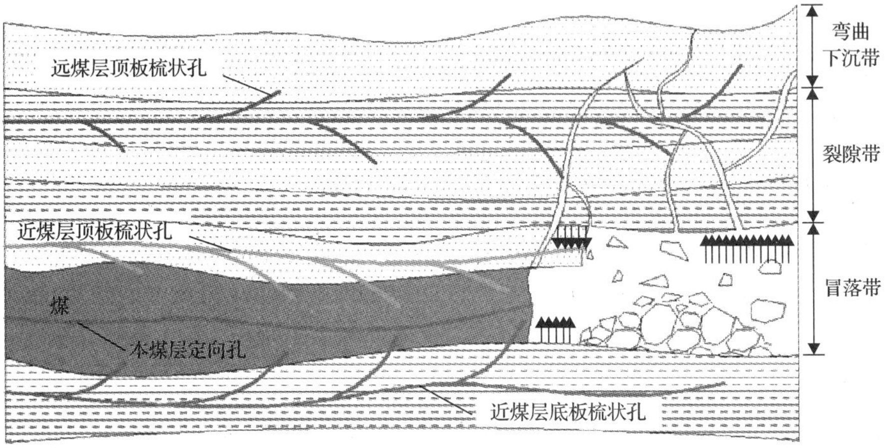

图 6-18　煤矿井下梳状钻孔布孔类型(文后附彩图)

近煤层顶板(底板)梳状孔解决碎软煤层瓦斯预抽。利用梳状钻孔技术在煤层顶板(底板)施工水平长定向孔之后再施工若干个分支孔进入煤层，从而实现远距离对碎软煤层瓦斯的预抽和消突。

远煤层顶板梳状孔用于采空区瓦斯有效治理。在煤层顶板裂缝带内的稳定岩层施工水平长定向钻孔作为主孔，之后从主孔向下开若干分支进入垮落带，导通垮落带与主孔抽采通道，从而在煤层回采期间使采空区的卸压瓦斯可以通过梳状钻孔抽采，降低上隅角瓦斯浓度，保障工作面煤层回采安全。

2. 技术特点

梳状定向钻孔瓦斯治理技术具有以下特点：

(1)近煤层顶板(底板)梳状孔可实现远距离对碎软煤层瓦斯的预抽和消突。

(2)远煤层顶板梳状孔可用于采空区和上隅角瓦斯的有效治理。

(3)可实现区域抽采，节省巷道、钻孔工程量。

3. 钻进装备

煤矿井下梳状钻孔钻进技术主要装备包括定向钻机、钻杆、钻头、螺杆钻具和随钻测量装置等。

1)定向钻机

根据孔深要求、运输或施工场地条件等情况合理选择钻机。不同孔深要求定向钻进选择不同类型的定向钻机，参数见表 6-12。

表 6-12 几种推荐型号定向钻进钻机尺寸参数 (单位：mm)

钻机型号		钻机尺寸参数		
		长度	宽度	高度
ZDY6000LD(F)	主机	3230	1360	1867
	泵车	2870	1410	1500
ZDY6000LD(B)	主机	3550	1450	1700
	泵车	2500	1300	1500
ZDY4000LD(A)	主机	3600	1300	1500
	泵车	2500	1300	1500
ZDY6000LD(A)		3500	2200	1900

其中 ZDY6000LD(F)型煤矿用履带式全液压坑道钻机属于自行式、低转速、大转矩类型，既适于采用孔底动力钻具施工定向孔，也可采用孔口动力及复合片钻头施工大直径钻孔。

2)钻杆与钻头

配套钻杆包括通缆钻杆、无磁钻杆及常规钻杆等。其中，通缆钻杆和无磁钻杆主要解决定向钻进施工中的信号传输问题；常规钻杆主要用于钻孔开孔和扩孔。钻头根据钻进工艺要求分为定向钻进钻头和扩孔钻头。其中定向钻进钻头主要用于定向梳状孔钻进施工，分为常规定向钻头和硬岩钻进定向钻头。

3) 螺杆钻具

常用的螺杆钻具有 Φ73mm 和 Φ89mm 两种规格，根据钻进地层情况可选择 3 级或 4 级螺杆钻具。

4) 随钻测量装置

配套随钻测量装置包括测量探管和防爆计算机，测量探管主要对钻孔倾角、方位角、工具面向角进行测量；防爆计算机则显示相应的测量结果，并对传输数据进行处理，绘制出钻孔轨迹。

4. 应用实例

该技术先后应用于晋煤集团、淮北矿业集团、淮南矿业集团、河南能源化工集团有限公司(简称河南能源化工集团)、贵州盘江煤电集团有限责任公司(简称盘江煤电)、冀中能源集团有限责任公司等煤炭企业，取得了良好的应用效果。

1) 近煤层顶板梳状孔瓦斯预抽应用

如图 6-19 所示，在成庄矿 53131 巷 3#横川施工了 D3#梳状孔，用于解决本煤层钻孔因向斜轴部处积水堵塞瓦斯抽采通道难题。施工主孔深度为 423m，累计进尺 831m。2014 年 4 月 28 日～9 月 6 日累计瓦斯抽采纯量 13.07 万 m^3，平均浓度为 77%。每米孔深瓦斯抽采纯量提高了 20 余倍，提高了本煤层施工钻孔的利用率。

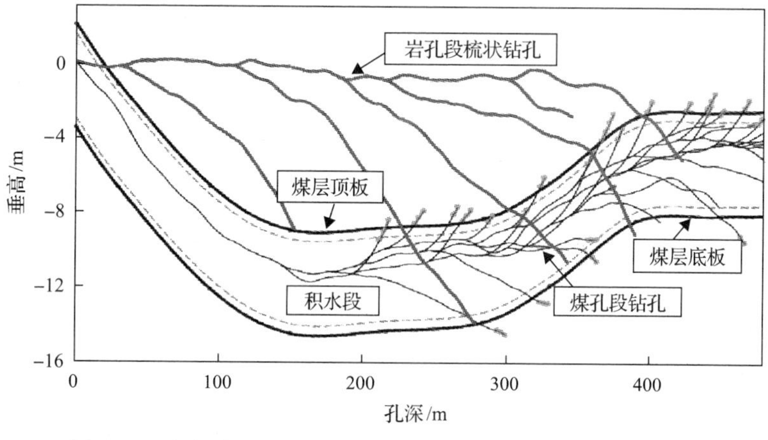

图 6-19　成庄矿 53131 巷 3#横川 D3#梳状孔轨迹(文后附彩图)

2) 近煤层底板梳状孔碎软煤层消突应用

2013 年在赵庄矿 1307 底抽巷共施工 9 个底板梳状孔，用于煤层预抽与消突、掩护煤巷掘进，替代部分底板巷与穿层孔，累计进尺 4753m，如图 6-20 所示。钻孔瓦斯抽采浓度前期保持在 80%以上，单孔瓦斯抽采量达到 800m^3/d 以上，抽采总量最高达到 1100m^3/d 以上。截至 2014 年底，瓦斯抽采纯量为 118776.77m^3。钻孔单个分支掏煤量在

1t 以上，对煤层起到了有效的消突卸压作用。

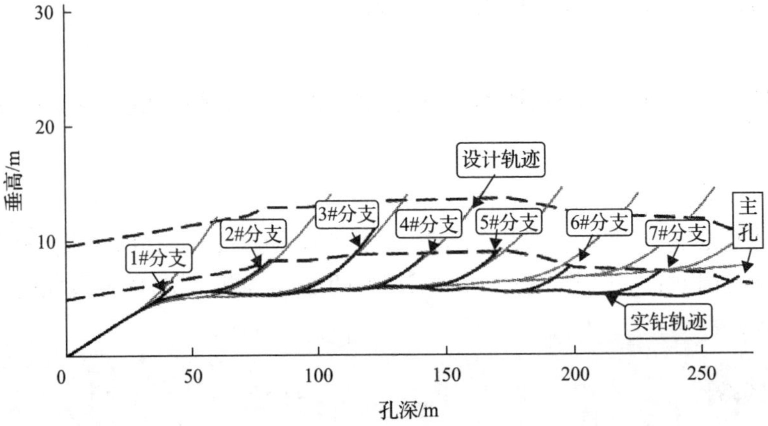

图 6-20　赵庄矿 1307 底抽巷典型梳状孔轨迹

3) 远煤层顶板梳状孔采空区瓦斯抽采应用

2012 年在焦作煤业(集团)有限责任公司九里山矿 16041 工作面施工了 3 个高位钻孔，用于预抽 16041 工作面顶板卸压瓦斯和抽采邻近 16021 工作面采空区瓦斯。截至 2012 年 12 月，回采中未出现瓦斯超限。累计抽采瓦斯混合量为 1389.634 万 m^3，瓦斯抽采纯量为 109.42 万 m^3，吨煤瓦斯抽采纯量为 2.94m^3/t，单孔瓦斯浓度最高为 28%，单孔抽采瓦斯纯量最高为 7974.7m^3/d。

4) 远煤层顶板梳状孔替代高抽巷瓦斯抽采应用

2014 年在贵州盘江精煤股份有限公司火铺矿 23125 工作面施工了 6 个梳状定向钻孔，钻孔总进尺 2229m，用于替代高抽巷治理采空区瓦斯。截至工作面回采完毕，未出现瓦斯超限。3 个月累计抽采瓦斯混合量为 273 万 m^3，瓦斯抽采纯量为 65 万 m^3。单孔瓦斯浓度最高值为 60%，单日抽采瓦斯纯量最高值为 17684m^3/d。

6.3　大直径高位岩石长钻孔钻进技术

根据工作面顶板覆岩层“三带”及顶板裂缝瓦斯运移理论，工作面回采过程中，采空区遗煤和邻近层卸压瓦斯在工作面采空区及顶板采动裂缝内聚集，容易造成工作面上隅角和回风流瓦斯超限。顶板高位岩石定向长钻孔是治理顶板采动卸压瓦斯的有效手段，具有抽采效果稳定、布置灵活、抽采范围广、综合成本低等优点。

6.3.1　大直径高位岩石定向长钻孔施工装备配套

1. 钻机及泥浆泵车

1) ZDY12000LD 钻机

早期的顶板高位定向钻孔施工采用 ZDY6000LD 和 ZDY4000LD 系列定向钻机，受钻机动力、螺杆钻具扭矩及钻杆规格局限，钻进日进尺一般不超过 90m，且终孔直径一般不超过 Φ133mm。

“十二五”期间，研制了可配套 Φ89mm 定向钻具的 ZDY12000LD 型煤矿用履带式全液压坑道钻机，该钻机是一种大转矩(最大额定转矩为 12000N·m)、低转速(额定转速为 50～150r/min)、适用于钻进大直径近水平长钻孔及 1500m 以上超长钻孔的履带自行式全液压动力头式坑道钻机。该钻机集主机、泵站、操作台、防爆计算机、流量计、急停开关等于一体，适用于螺杆马达定向钻进和孔口回转钻进等多种施工工艺。既可用于煤矿瓦斯抽采钻孔施工，也可用于井下探放水、异常地质构造和煤层厚度探测、煤层注水、顶底板注浆等各类高精度定向钻孔的施工。

2) BLY460/13 泥浆泵车

BLY460/13 型煤矿井下定向钻进用全液压履带泵车用于全液压动力头式钻机定向钻进时，提供高压水以驱动螺杆马达实现定向钻进。

2. 钻具

1) Φ89mm 定向钻杆

(1) Φ89mm 通缆定向钻杆。

Φ89mm 通缆定向钻杆采用中心通缆式大通孔结构设计，钻杆杆体为外平结构，可满足稳定地层条件下高位岩石定向钻孔施工，其功能除了传递钻压和扭矩及作为高压水通道外，还起到传输测量探管信号的作用。

(2) Φ89mm 整体式宽翼片螺旋定向钻杆。

为满足复杂地层条件下高位岩石定向钻进需要，开发了配套泥浆脉冲无线随钻测量系统使用的 Φ89mm 整体式宽翼片螺旋定向钻杆。该钻杆外壁采用圆柱状整体铣削式螺旋结构，有利于辅助排渣，可提高成孔率；螺旋槽在杆体上直接铣出，克服了早期在杆体上焊接螺旋叶片强度不足的缺点，整体力学性能好，使用寿命长；接头采用双顶设计，并经过特殊热处理，抗扭强度高，抗粘扣性能好。

2) Φ89mm 扩孔钻杆

Φ89mm 扩孔钻杆采用优质合金结构钢，接头采用双顶设计，具有高强度、高韧性的特点。Φ89mm 扩孔钻杆主要用于高位岩石定向钻孔扩孔钻进。为满足扩孔钻进排渣需要，复杂地层高位定向钻孔扩孔还可采用上述 Φ89mm 整体式宽翼片螺旋钻杆。

3) Φ89mm 无磁钻杆

无磁钻杆主要用作测量探管的仪器外管，包括下无磁钻杆、仪器外管和各种无磁接手，采用无磁不锈钢材料加工而成，用于为测量仪器提供一个无磁干扰的环境，以避免普通钢性钻杆对测量方位角造成的干扰，保证测量数据的准确性。

4) Φ89mm 螺杆钻具

Φ89mm 螺杆钻具是井下定向钻进的碎岩动力及定向工具，由螺杆总成、万向轴总成、传动轴总成三大部分组成。泥浆泵输出的高压流体介质经钻杆进入螺杆马达，在马达的进出口形成一定压差，推动马达的转子旋转，通过万向轴和传动轴将转速和扭矩传递给钻头，从而达到碎岩的目的。另外，螺杆钻具外壳体具有一弯角，定向钻进中通过调整弯角朝向可以起到控制钻孔轨迹的作用。

3. 测量装置

随钻测量装置主要用于定向钻孔施工过程中的随钻监测，可随钻测量钻孔倾角、方位、工具面等主要参数，同时可实现钻孔参数、轨迹的即时孔口显示，便于施钻人员随时了解钻孔施工情况，并及时调整工具面方向和工艺参数，使钻孔尽可能地按照设计的轨迹延伸。随钻测量装置根据信号传输方式的不同可以分为有线和无线两种形式，目前井下高位岩石定向钻进施工通常采用YHD2-1000(A)有线随钻测量装置和YHD3-1500泥浆脉冲无线随钻测量装置两种型号。

1) YHD2-1000(A)有线随钻测量装置

YHD2-1000(A)有线随钻测量装置由防爆计算机、防爆键盘、防爆数据存储器和探管4部分组成。防爆计算机为隔爆兼本安型设备，其余均为本质安全型设备，并通过了行业相应机构的防爆性能检测。

2) YHD3-1500泥浆脉冲无线随钻测量装置

YHD3-1500泥浆脉冲随钻测量装置由防爆计算机、防爆键盘、数据存储器、矿用本质安全型压力变送器和YHD3-1500T矿用隔爆兼本安型泥浆脉冲随钻测量装置探管组成。

4. 钻头

1) Φ120mm定向钻头

Φ120mm定向钻头主要用于高位岩石定向孔先导钻孔钻进施工。通过改造钻头底部唇面和水口结构形式，利用粉末冶金原理烧结而成，其耐磨性较好，钻头保径效果好，碎岩能力强，通水排渣流畅。

2) Φ120mm/Φ153mm扩孔钻头

Φ120mm/Φ153mm扩孔钻头与Φ89mm扩孔钻杆配套用于高位岩石定向钻孔全程扩孔，可将孔径由Φ120mm扩大至Φ153mm。其采用刚体式结构设计，由导向头和钻头体两部分组成。

6.3.2 大直径高位岩石定向长钻孔成孔工艺技术

顶板高位岩石定向钻孔施工采用“定向先导孔+回转扩孔”的钻进工艺方法，先导定向钻孔一次成孔直径为120mm，扩孔直径为153mm。

1. 先导定向孔钻进技术

高位岩石先导定向钻孔施工总体分为钻孔轨迹穿层爬升孔段和目标层孔段两个阶

段，前者的主要目的是以最短的进尺使钻孔轨迹进入目标层，并保证进入目标层后的钻孔倾角与目标层沿钻孔走向倾角接近(偏差<2°)，该孔段的施工采用滑动定向钻进工艺；进入目标层后，采用复合定向钻进工艺，即“滑动纠偏、复合保直”的钻进工艺方法，实现高精度、高效定向钻进。高位岩石先导定向钻孔钻具组合为“Φ120mm 定向钻头+Φ89mm 螺杆马达+Φ89mm 无磁钻杆(安装随钻测量探管)+Φ89mm 定向钻杆”。

2. 扩孔技术

扩孔钻进采用全孔段常规回转扩孔钻进工艺完成，钻具组合为“Φ153/120mm 扩孔钻头+Φ89mm 高强度高韧性钻杆”。

6.3.3　大直径高位岩石定向长钻孔瓦斯抽采技术

1. 封孔

高位岩石定向长钻孔抽采瓦斯机理决定了必须采用高负压抽采，抽采负压一般不低于 30kPa，为保证抽采期间孔口的密封性，必须保证钻孔的封孔质量。在孔口岩层稳定、密实性良好的情况下，要求高位岩石定向钻孔封孔深度不小于 12m，并采用水泥注浆封孔；孔口岩层有裂缝发育时，应适当增加封孔段长度，且必须采用水泥浆带压注浆封孔。

2. 抽采

为了保证高位岩石定向钻孔抽采效果，必须采用高负压抽采，因此，最好的管路连接方式就是将每个钻孔分别与主抽采管路连接；为了研究不同位置高位岩石定向钻孔瓦斯抽采规律，除了监测主管路抽采数据外，还必须对单个钻孔的抽采浓度、流量、负压、温度等参数进行监测。定向钻孔抽采连接示意图如图 6-21 所示。

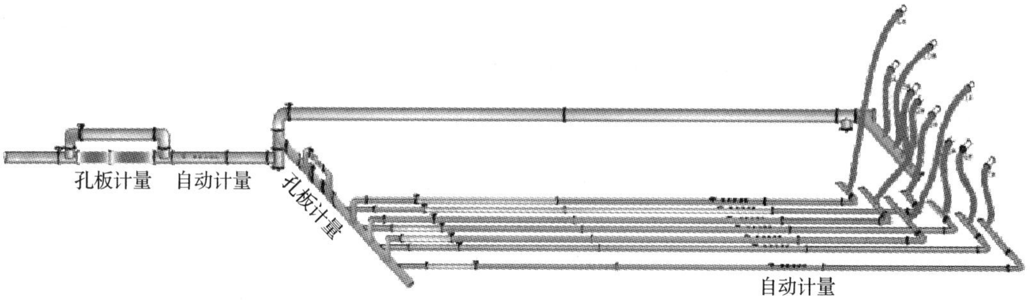

图 6-21　定向钻孔抽采连接示意图

6.3.4　应用实例

1. 寺河矿

1) 钻孔设计

寺河矿 W1305 工作面走向长度 739.8m，倾向长度 226.04m。根据寺河矿采煤工作面

“三带”发育高度数据，高位岩石定向钻孔有效抽采孔段应布置在煤层以上 27～30m 范围内平面投影距巷帮 10～60m 范围。在 W1305 工作面设计顶板高位钻孔 3 组，每组 4 个，如图 6-22 所示。

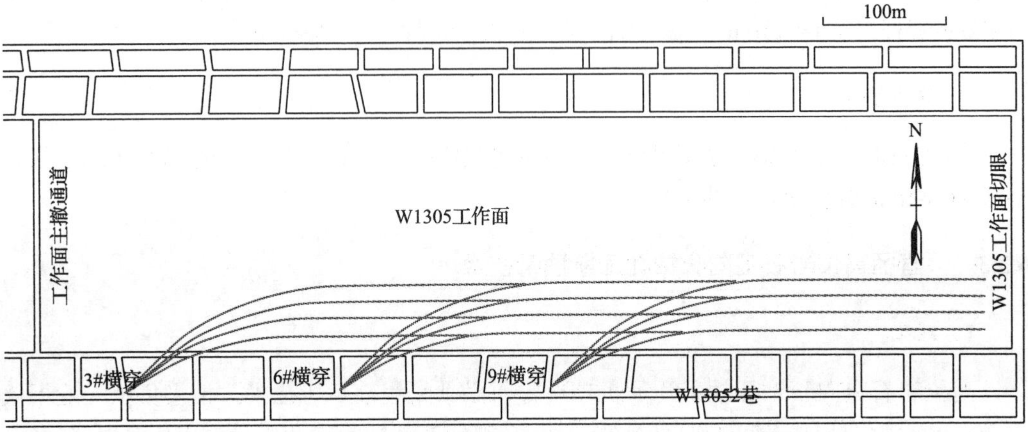

图 6-22　W1305 工作面顶板高位岩石定向长钻孔平面布置设计图

2) 钻孔施工

2013 年 12 月～2014 年 2 月，在 W1305 工作面 W13052 巷 9#、6#和 3#横川先后施工高位岩石定向长钻孔 12 个，总进尺 4416m，钻孔孔径为 153mm，如图 6-23 所示。

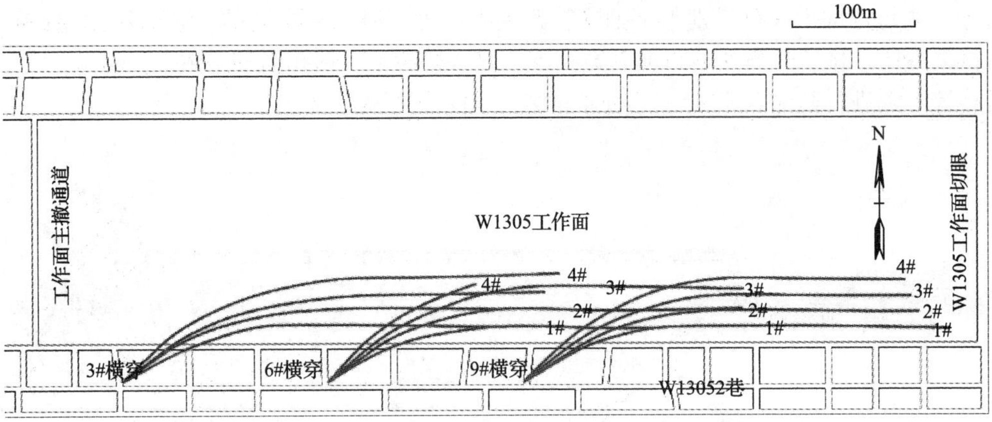

图 6-23　W1305 工作面高位岩石定向长钻孔实钻平面轨迹

3) 瓦斯抽采

(1) 抽采总量。

寺河矿 W1305 工作面顶板高位岩石定向长钻孔累计瓦斯抽采量达到 466 万 m^3，其中 9#横川 4 个钻孔抽采量最大，达到 354 万 m^3，见表 6-13。

表 6-13　W1305 工作面顶板高位岩石定向长钻孔瓦斯抽采量统计表

巷道	钻场	钻孔数量/个	总抽采量/m^3
W13052 巷	9#横川	4	354
	6#横川	4	64
	3#横川	4	48
合计		12	466

(2)防治效果。

以 9#横川高位岩石定向钻孔群为例，W1305 工作面开采期间，通过对顶板高位岩石定向长钻孔介入抽采前和介入抽采后的 W1305 工作面风流、W1305 上隅角、W13052 巷风流、W13052 巷口、W13054 巷风流、W13054 巷口 6 个位置的瓦斯浓度数据进行采集和统计。当回采工作面推进到钻孔有效抽采范围内后，瓦斯浓度明显下降，其中 W13054 巷风流和巷口的瓦斯浓度下降比例最大，由 0.7%降为 0.4%，效果显著，如图 6-24 所示。

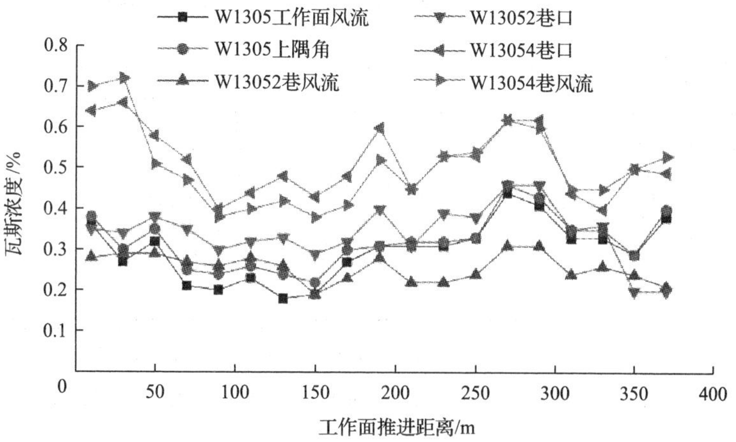

图 6-24　W1305 工作面各点瓦斯浓度变化

2. *淮南顾桥矿*

1)钻孔设计

淮南顾桥矿 1123(3)工作面走向长 1937m，倾向长 260m。煤层顶板以上 22～28m 和 30～40m 为稳定岩层，结合顶板裂缝发育特征和顾桥矿生产实践经验，最终确定布孔层位为 25m 和 38m。在 38m 层位布置 3 个钻孔(1#～3#)，在 25m 层位布置 7 个钻孔(4#～10#)，其中 1#～7#钻孔设计孔深 500m，8#～10#钻孔设计孔深 350m，如图 6-25 所示。

2)钻孔施工

自 2016 年 10 月 26 日～2017 年 5 月 21 日，钻进用时 82d，完成大直径顶板高位岩石定向长钻孔 10 个，深度在 500m 以上的钻孔有 7 个，总进尺 4643m，孔径均为 Φ153mm，如图 6-26 所示，全部达到设计要求。

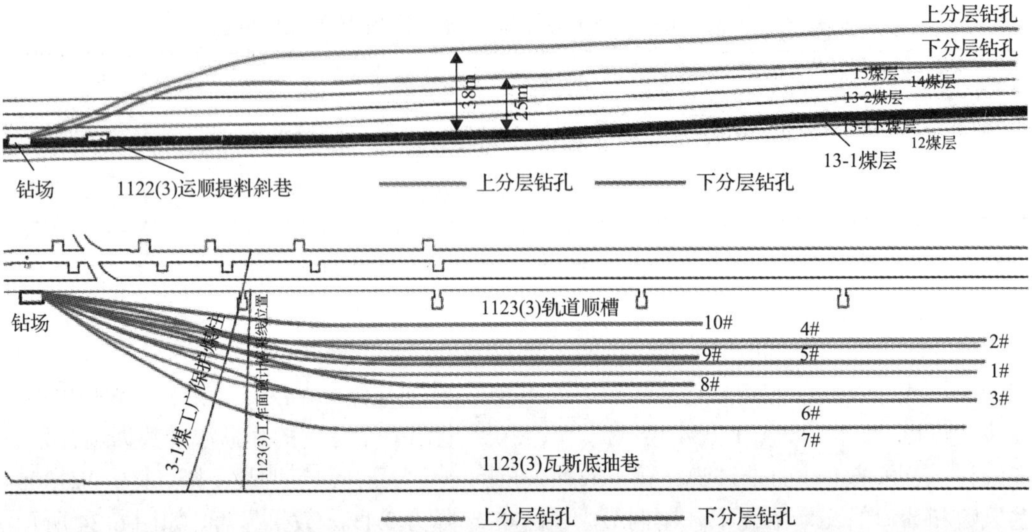

图 6-25　1123(3)轨道顺槽顶板高位岩石定向长钻孔设计轨迹剖面图和平面图(文后附彩图)

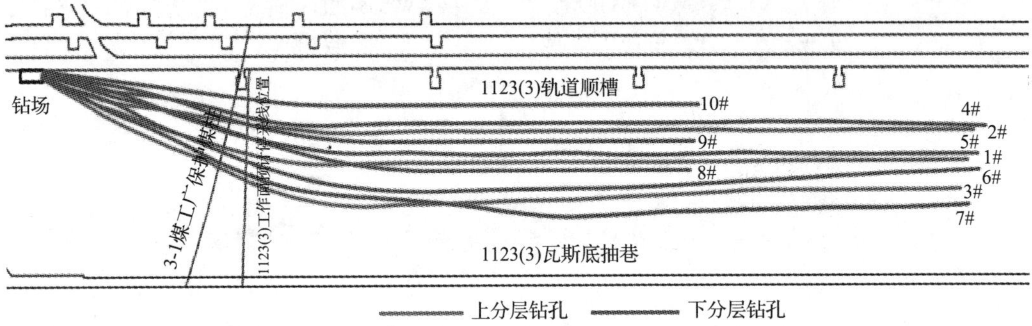

图 6-26　1123(3)轨道顺槽顶板高位岩石定向长钻孔实钻轨迹平面图(文后附彩图)

3) 瓦斯抽采

(1) 瓦斯抽采总量。

顶板高位岩石定向长钻孔进入抽采效果考察阶段后，10 个高位钻孔在考察阶段均有流量显示，自 2017 年 8 月 18 日有流量显现至 2017 年 9 月 13 日已稳定抽采 26d，单孔最大抽采纯流量达 9.41m^3/min，累计标况总量达 64.34 万 m^3，钻孔纯瓦斯流量随抽采时间变化曲线如图 6-27 所示。

(2) 防治效果。

在 1123(3)工作面高位岩石定向长钻孔抽采瓦斯之前，工作面上隅角瓦斯平均浓度为 0.078%。高位岩石定向长钻孔瓦斯介入后，工作面上隅角瓦斯浓度开始下降，当顶板高位岩石定向长钻孔纯流量达到 10.35m^3/min 时，工作面上隅角瓦斯浓度降低为 0.029%，此后顶板高位岩石定向长钻孔纯流量不断增大，工作面上隅角瓦斯浓度不断降低，自顶板高位岩石定向长钻孔有流量显示以来，工作面上隅角瓦斯平均浓度降低为 0.04%，如图 6-28 所示。此外，采用顶板高位岩石定向长钻孔抽采瓦斯期间，工作面回风巷瓦斯浓度也均在临界值以下。

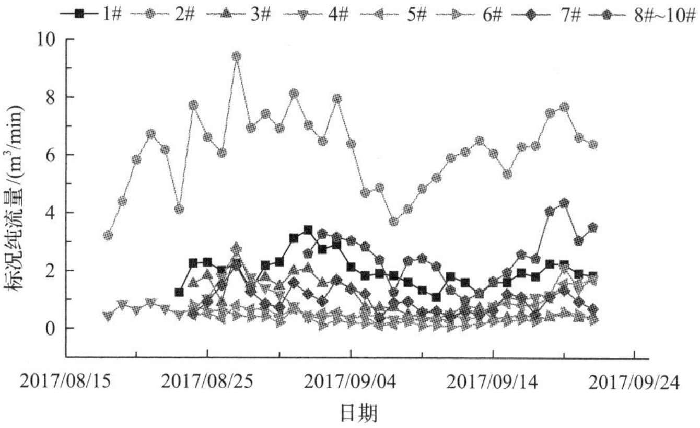

图 6-27　钻孔纯瓦斯流量随抽采时间变化曲线(文后附彩图)

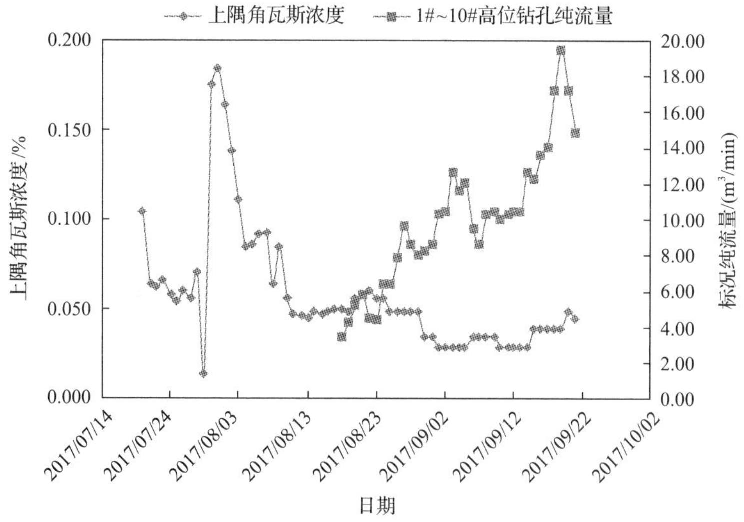

图 6-28　上隅角瓦斯浓度随高位钻孔抽采纯量变化曲线

6.4　井下地质导向钻进技术

6.4.1　基于自然伽马的地质导向钻进技术原理

地质导向钻进工艺将地层识别技术、滑动定向钻进与复合钻进相结合，借助地层识别的钻孔空间定位功能、滑动定向钻进钻孔轨迹控制功能和复合钻进高效及轨迹平滑特点，在钻孔轨迹人工控制的同时发挥复合钻进的技术优势，提高了探查定向钻孔深孔钻进成孔率、目标地层钻遇率和钻进效率。

地质导向钻进工艺技术的关键是对地层的识别和钻孔轨迹的人工控制，其核心是在钻进施工过程中如何根据钻孔实钻轨迹在空间中的位置合理转换滑动定向钻进工艺与复合钻进工艺。目前地质导向钻进主要基于自然伽马进行随钻地层识别，即在钻孔施工工程中，实时测量钻孔轨迹参数和地层伽马参数，结合岩屑录井信息，进行钻遇地层识别和钻孔轨迹空间精确定位；钻进施工人员根据钻孔轨迹与设计轨迹的偏差控制钻孔左右位移，根据伽马数据判断钻孔所处地层情况控制钻孔上下位移。当调整不大时，直接采用复合钻进，当需要进行较大调整时，采用滑动定向钻进，保证钻孔轨迹沿着设计轨迹及目的层位延伸。

6.4.2 地层随钻识别技术

地层随钻识别技术与现有的几何导向钻进技术相比，主要区别是地层随钻识别技术基于方位自然伽马，可采用伽马参数对比导向法、方位伽马导向法等进行地层识别，指导定向钻孔施工。

1. 伽马参数对比导向法

根据含煤地层物理特性分析可知，通常情况下，煤层的伽马值要低于顶板和底板的伽马值。而煤矿井下定向钻进时，钻孔倾角和地层倾角均近似水平，两个测点之间的上下位移相差不大，钻孔即使穿出煤层，与煤层的垂直距离也较小，可以很快回到煤层，因此在钻进过程中可根据当前测点的伽马值与含煤地层的正常伽马值和相邻测点的伽马值的对比，快速进行地层识别和导向钻进。

(1) 当知道施工区域含煤地层的正常伽马值时：若测点的伽马值大于测点所处地层的正常伽马值，则钻孔趋于顶板或底板；若测点的伽马值与测点所处地层的正常伽马值相差不大，则钻孔趋于测点所处地层；若测点的伽马值小于测点所处地层的正常伽马值，则钻孔趋于煤层。

(2) 当不知道含煤地层的正常伽马值时：当前测点与上一测点处于不同地层，则趋于当前测点地层钻进；当前测点与上一测点处于相同地层，若当前测点的伽马值与上一测点的伽马值相差不大，则趋于当前测点地层钻进；若当前测点的伽马值小于上一测点的伽马值，则趋于煤层钻进；若当前测点的伽马值大于上一测点的伽马值，则趋于顶板或底板钻进。

当采用伽马参数对比导向法进行钻进时，为提高导向钻进效果可以采取以下措施：

(1) 在钻进初期进行人为探顶、探底，从而确定该煤矿区或工作面煤层、顶板、底板的正常伽马值，为下一步施工中分析钻孔所处的地层提供参考依据。

(2) 钻进一定距离后，人为增加钻孔倾角，使钻孔主动靠近顶板，当伽马值增加，则可快速判断趋近顶板。

2. 方位伽马导向法

方位伽马导向法是指在测点处，通过回转钻杆使伽马方位分别处于0°和180°左右，测量获得相应的伽马值，并利用以上伽马值判定钻进趋势，进行导向钻进：

(1) 当前测点处于煤层时，若0°值大于180°值，说明钻孔趋于顶板；若0°值小于180°值，说明钻孔趋于底板；若0°值与180°值相差不大，说明探测半径内钻孔周围仍为煤层。

(2) 当前测点处于顶板时，若0°值大于180°值，说明钻孔趋于煤层；若0°值小于180°值，说明钻孔趋于放射性更强的顶板；若0°值与180°值相差不大，说明探测半径内钻孔周围仍为顶板。

(3)当前测点处于底板时，若0°值大于180°值，说明钻孔趋于放射性更强的底板；若0°值小于180°值，说明钻孔趋于煤层；若0°值与180°值相差不大，说明探测半径内钻孔周围仍为底板。

6.4.3 钻进装备

与几何导向钻进装备相比，地质导向钻进装备的主要区别为使用随钻测量系统。针对地质导向钻进需要，开发了YHD5-1000型矿用地质导向随钻测量系统。

1. 整体组成

YHD5-1000型矿用地质导向随钻测量系统由孔口防爆计算机和孔内测量探管组成。

防爆计算机采用矿井常用的127V综保照明电源供电，通过有线传输通道为钻孔轨迹测量短节恒压供电，并下达操作指令控制孔内探管工作，接收探管上传的数据并进行计算、显示、绘图和管理。

孔内探管由方位伽马测量短节、伽马电池筒和钻孔轨迹测量短节3部分组成，其中伽马电池筒用于为方位伽马测量短节供电；方位伽马测量短节用于随钻测量地层自然伽马参数和伽马方位，并上传给钻孔轨迹测量短节；钻孔轨迹测量短节负责按照防爆计算机下达的操作指令测量钻孔轨迹参数(倾角、方位角和工具面向角)，控制伽马测量短节测量地层自然伽马参数，并通过有线传输通道将测量的钻孔轨迹参数和地层自然伽马参数按预定的编码规则传送至孔口防爆计算机。

系统采用煤矿井下较为成熟的有线传输方式进行信号传输，利用中心通缆钻杆作为信号传输通道，数据传输速度快、效率高。

2. 自然伽马测量

方位伽马测量短节主要利用伽马射线穿透物质时发生的电子对效应、康普顿效应及光电效应等进行测量，主要由闪烁体、光电倍增管、信号放大电路、伽马采集模块、CPU控制器和通信电路组成。

闪烁体按化学性质分为无机晶体闪烁体和有机闪烁体。无机晶体闪烁体通常是含有少量杂质的无机盐晶体，而有机闪烁体是苯环碳氢化合物。考虑到仪器尺寸、探测效率及光谱匹配等因素，选用属于无机晶体闪烁体的端窗型碘化钠单晶体作为探测晶体，具有尺寸小、探测效率较高、晶体透明性好等优点。

光电倍增管是一种灵敏度很高的光探测器，它由光阴极、电子光学输入系统、倍增系统及阳极组成。根据倍增极的几何形状和排列方式，光电倍增管分为聚焦型和非聚焦型(百叶窗式和盒栅式)。为了和闪烁体匹配，选用倍增极较大的百叶窗式非聚焦型光电倍增管，具有尺寸小、增益高、线性好、灵敏度高等优点。

闪烁体和光电倍增管组成了自然伽马探测器，其原理是利用荧光物质的闪烁现象记录自然伽马辐射，结构上是一个密闭的暗盒，可与入射粒子直接作用，并且把粒子损耗的能量转变为电脉冲。它既能探测各种带电粒子，又能探测中性粒子；既能探测粒子的强度，又能探测粒子的能量，效率高，分辨时间短，是伽马放射性测量中应用最广的探测器。其工作流程为：当地层中的伽马射线进入闪烁体，通过3种效应产生次级电子；次级电子使闪烁体中的原子激发，退激时产生荧光；利用闪烁体和光电倍增管光阴极之间的光导和反射物质，将大部分荧光光子收集到光电倍增管的光阴极上；光子在光阴极上打出光电子；光电子在光电倍增管中倍增，最后倍增的电子束在阳极上产生电压脉冲，此脉冲被记录下来。闪烁体一般为碘化钠晶体。光导是导光物质，它的作用是减少荧光在闪烁体射出光的那个面上发生全反射，使大部分光子射出闪烁体，并被引导到光电倍增管的光阴极上去。光电倍增管是把光脉冲转变成电脉冲的元件，能将极微弱的光呈比例地转变成较大的电压脉冲，并且响应时间极快。

光电倍增管接收到的电压脉冲信号只有几毫伏，经过前置放大、主放大器组成的信号放大电路处理，以及伽马采集模块的滤波、整形后，变成规则的脉冲电信号；规则的脉冲电信号进入CPU控制器，统计单位时间内的脉冲数，可得出当前电脉冲数的计数率，而计数率与伽马射线的强度成正比，从而得到地层的伽马放射性；CPU控制器将准确的地层伽马数值通过通信模块传输给钻孔轨迹测量短节，并和测量到的钻孔轨迹参数一起传递至孔口防爆计算机。

3. 方位伽马测量

由于伽马测量短节中的闪烁体是全方位的，为了能够测量某一方向上的地质信息，在闪烁体外部用壁厚3mm的铅纸包裹，并开有120°的窗口，只有落入此窗口的放射线才会被接收。将窗口中心线引入外壳处，并做标记。

实际使用时，将钻孔轨迹测量短节、电池筒、方位伽马测量短节连接后，将方位伽马测量短节标记处水平朝上，进行方位伽马修正。钻进过程中，每钻进一根钻杆，分别将伽马方位转到0°、90°、180°、270°，记录不同方位的伽马值，通过伽马数据比较，可确定当前所处的地层和钻进趋势。

4. 伽马电池筒

伽马电池筒负责给方位伽马测量短节供电，考虑单次测量功耗和实际测量次数，电池筒容量设计为10A·h，采用10节D型镍氢充电电池串联组成，输出电压为DC12V。

伽马电池筒采用保护电路确保正常工作，保护电路具有防止过充电、过放电、短路及电池串联充放电均衡控制保护等功能，既可满足较小电压损耗的要求，又可在短路时快速地关闭电源，同时可确保对电池组过充电、外短路或反接时，电池组不爆炸、不起火。

6.4.4 应用实例

1. 寺河矿现场试验

晋城寺河矿试验钻孔类型为本煤层瓦斯抽采钻孔，目的地层为3#煤层，以亮煤为主，平均厚度为6.5m，结构简单，夹矸较少，煤层起伏情况未知。钻进初期，通过人为探顶、探底，掌握煤层、顶板和底板伽马值；为避免钻孔进入底板导致分支孔施工困难，钻进过程中，每隔50m左右，人为增加钻孔倾角，使钻孔主动靠近顶板；当发现钻孔接近顶板时，根据相邻的两次探顶数据，计算出煤层实际倾角，并调整钻进方向，将钻孔调回至煤层中部钻进，直至达到设计深度；完成的试验钻孔深度达到 1209m，仅施工分支孔 5 个，其中探顶分支 4 个、探底分支 1 个，钻孔实钻轨迹剖面图如图 6-29 所示。

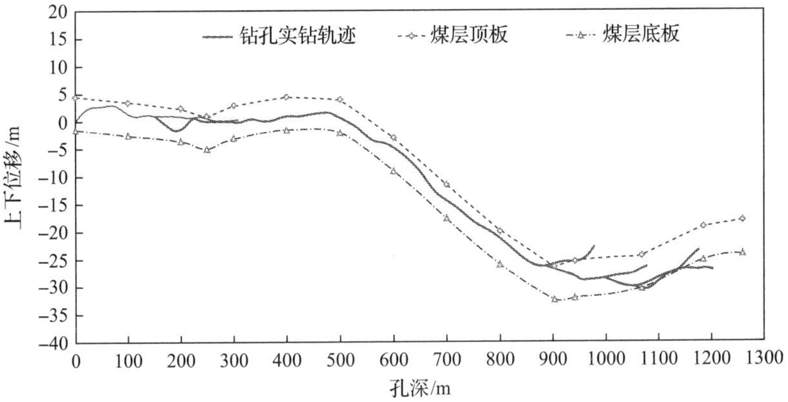

图 6-29　晋城寺河矿试验应用钻孔实钻轨迹剖面图

2. *赵固二矿现场试验*

焦作赵固二矿试验钻孔类型为掩护巷道掘进瓦斯抽采钻孔，目的地层为二 1 煤层，属优质无烟煤，赋存稳定，但含有多层夹矸，平均厚度为 6m，且已在试验钻孔旁 30m 左右采用几何导向钻进技术初步探查了区域煤层起伏情况。试验钻孔根据初探煤层起伏情况进行了设计，开孔点位于距煤层 10m 的底板巷内，以大角度开孔穿过底板进入煤层后，沿煤层起伏和巷道掘进方向延伸。钻进初期，利用钻孔从底板进入煤层后的倾角调整过程，结合自然伽马测量、孔口返渣情况和钻进参数变化情况，初步掌握煤层内夹矸层数量和分布位置；钻进过程中，钻遇夹矸层后，根据之前的探查数据，估算钻孔在煤层中的具体位置，且调整钻孔倾角快速穿过夹矸；完成的试验钻孔深度达到 606m，共施工分支孔 8 个，其中为提高覆盖面积施工了 3 个主分支孔，显著减少了分支孔数量，钻孔实钻轨迹剖面图如图 6-30 所示。

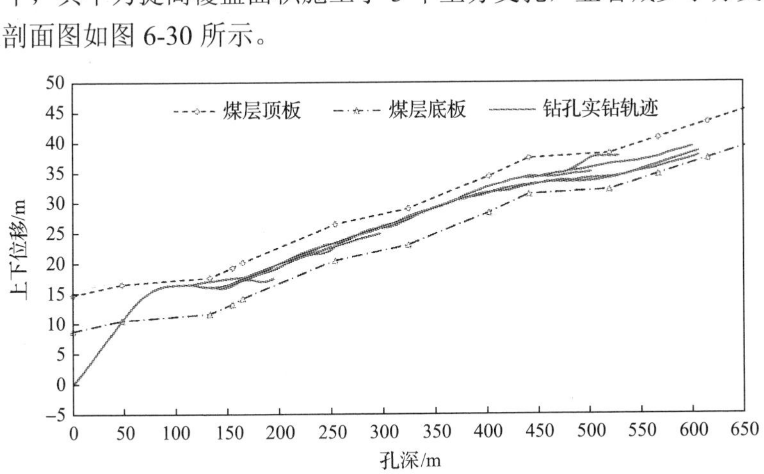

图 6-30　焦作赵固二矿试验应用钻孔实钻轨迹剖面图

6.5 遥控自动化钻机

6.5.1 钻机自动化钻进系统

1. 自动上下钻杆系统

自动上下钻杆系统由自动装卸钻杆装置和自动拧卸钻杆装置组成。自动装卸钻杆装置包括机械手和钻杆箱，钻杆箱用于储存钻杆，机械手用于输送、取回钻杆。自动拧卸钻杆装置主要包括钻机旋转部、推进部及双夹持器，旋转部用于输出旋转动力，推进部用于钻杆的给进与后退，双夹持器用于夹持钻杆。这 3 个部件自动控制程序的协调动作，可实现加接钻杆并能有效保护钻杆螺纹。

为提高机械手在自动上下钻杆过程中的定位精度，使其能准确地取放钻杆，采用比例-积分-微分(PID)控制方法来实现机械手的精确定位，使机械手的运动速度与目标钻杆之间的距离呈反相关，因此可以自动匹配最佳速度到达目标位置。PID 控制方法使机械手的运动过程具有良好的动态性能，可平稳地到达目标位置，控制原理如图 6-31 所示。

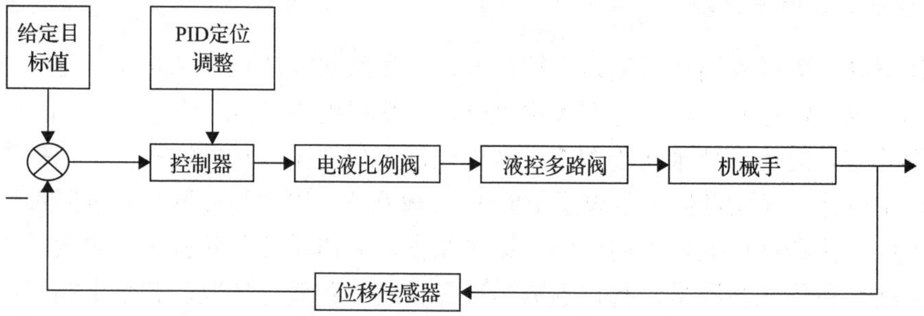

图 6-31 自动上下钻杆系统控制原理图

在钻机开机运行的同时，机械手将在巡检程序的控制下，通过巡检传感器自动识别钻杆箱的钻杆存储状态，即钻杆箱内有多少列钻杆、每列各有多少根，以便于机械手定位到相应的钻杆，避免空抓或与钻杆干涉的情况。自动钻机处于全自动工作状态时，钻杆存储状态还会在钻进或退钻过程中实时更新。

2. 自适应控制系统

所谓自适应控制，是指通过对旋转压力、推进压力及推进速度等主要状态参数的综合控制，实现自动处理钻孔过程中出现的各种状况的技术，即通过智能控制，使钻机在钻进效率高、卡钻可能性小的最佳结合点工作。

钻进系统为非线性实变系统，系统钻进过程状态具有显著的不可预知性，时刻都存在卡钻的风险，为此引入卡钻系数 knx 描述当前卡钻的可能性。根据经验，卡钻系数 knx 与旋转压力 $P1$、推进压力 $P2$、旋转压力变化率 $P1'$、推进压力变化率 $P2'$、推进速度 V 呈正相关，即上述参数值越大，越容易卡钻。上述参数函数 knx 由式(6-1)计算：

$$\mathrm{knx}=\left(a\frac{P1}{P1_{max}}+b\frac{P2}{P2_{max}}+c\frac{P1'}{P1'_{max}}+d\frac{P2'}{P2'_{max}}+e\frac{V}{V_{max}}\right)\times100\% \tag{6-1}$$

式中，$P1_{max}$ 为最大旋转压力；$P2_{max}$ 为最大推进压力；$P1'_{max}$ 为最大旋转压力变化率；$P2'_{max}$ 为最大推进压力变化率；V_{max} 为最大推进速度。

对于不同的地质条件，其取值不一样，可由试验及钻进的经验来确定并逐步完善。智能钻进技术的控制系统原理如图 6-32 所示。

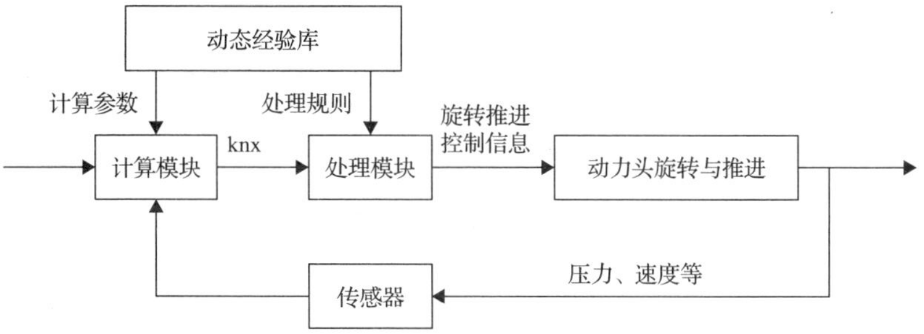

图 6-32　智能钻进技术的控制系统原理图

传感器是测量单元，包含压力传感器、速度传感器，用于测量旋转和推进的实时压力和速度，并反馈给控制模块；计算模块根据传感器的反馈值及动态经验库提供的参数计算出实时卡钻系数 knx；处理模块根据 knx 的大小及动态经验库提供的相关参数进行相应的处理，预防卡钻的发生；动态经验库是开放式的数据库，存储不同地质条件钻进时的加权系数 a、b、c、d、e 的取值，根据不同的系数计算出 knx 后进行防卡钻自动钻进控制处理。

6.5.2　钻机远距离操控技术

1. 井下无线遥控技术

井下无线遥控技术是指在离钻孔设备 50m 范围内进行远距离自动控制钻机钻孔施工的技术，该技术系统主要由无线遥控器、主控站、无线接收器 3 部分组成。其工作原理为：操作人员操作无线遥控器上的按钮，无线遥控器将控制信号传送至无线接收器，再传送至主控站，最后由主控站控制钻机电液控制系统，进而实现钻机的各个钻孔动作。

2. 地面远程控制技术

地面远程控制技术是指在地面(如地面监控室等位置)远距离自动控制井下钻机钻孔施工的技术，应用该技术的系统主要由主控站、远控站、远程视频监控系统、环网通信 4 部分组成。其工作原理为：操作人员在地面操作远控站输入控制信息，控制信息借助光纤以太网传输给主控站，主控站根据输入的信号控制钻机电液控制系统来实现钻机各个钻孔的动作型号；同时，远程视频监控系统实时监控钻机的工作状态，即传感器组的参数信息和摄像仪视频信息，并将这些信息通过 HMI 显示屏和工控机显示器显示出来，以达到实时监控施工现场的目的。

6.5.3　自动化钻进装备

1. 井下遥控自动化钻机

井下遥控自动化钻机(图 6-33)是一种集机、电、液技术为一体的新型煤矿钻机，该钻机将自动控制程序、电液联合驱动系统、上下钻杆自动控制系统等有机结合起来，实现了一键自动钻孔功能，即只需按下控制键，钻机整个钻孔施工过程中再无须其他人工操作。该钻机的主要特点如下所述。

(1) 自动上下钻杆功能：由机械手和钻杆存储箱组成的自动上下钻杆系统在自动控制程序的驱动下，可代替人工实现钻杆的自动加接和拆卸。相比常规井下钻机，该功能有效降低了钻机操作者的劳动强度。

(2) 全自动钻孔功能：采用自动控制程序驱动电液控制系统来控制执行元件的动作顺序，最终实现钻孔过程的全自动化。

(3) 钻孔数据自动记录功能：在钻孔过程中，可记录钻孔编号、钻孔倾角、钻孔深度、钻孔时间等数据。

(4) 无线远距离控制功能：配置小型远控操作台，操作时远离钻孔现场，有效保证操作人员的安全。

(5) 自动升降调斜功能：相比常规井下钻机，开孔时的倾角、方位角、水平高度均采用液压控制方式，调节方便迅速。

(6) 钻机自行走功能：钻机整体采用履带底盘搭载，搬迁钻场时可实现自行走，无须其他搬运工作，该功能大大缩短了钻机搬迁时间并降低了工人的劳动强度。

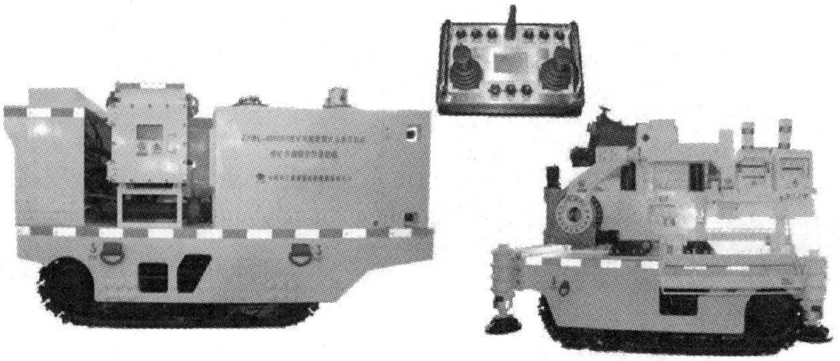

图 6-33　ZYWL-4000SY 井下遥控自动化钻机

井下遥控自动钻机可取代常规井下钻机施工各种瓦斯抽采孔，而且相比常规井下钻机，井下遥控自动钻机还具有需要操作人员少、综合钻孔效率高、安全性高等优点。

2. 地面远控自动化钻机

地面远控自动化钻机(图 6-34)在井下遥控自动化钻机的基础上增加了地面远控站、通信环网、远程视频监控系统等部件，使得其可在矿井地面通过远控站控制和监视井下钻机自动化钻孔施工。地面远控自动化钻机除了具有井下遥控自动化钻机的自动上下钻杆功能、全自动钻孔功能、钻孔数据自动记录功能、自动升降调斜功能、钻机自行走功能外，还具有以下特点。

(1)控制距离远：钻机可以与煤矿工业环网连接，井下任何有环网的地方，都可在地面控制。

(2)实时视频声音监控：通过远程视频监控系统，可在远控站实时接收井下钻机的工作画面和现场声音。

图 6-34　ZYWL-2000Y 地面远控自动化钻机

井下遥控自动化钻机特别适合在瓦斯突出风险大的工作面钻孔施工，该钻机的控制方式有效地保证了其在危险工作面施工的安全性。

6.5.4　应用实例

ZYWL-4000SY 井下遥控自动化钻机在淮南矿业集团谢桥矿进行了应用，该钻机累计钻孔进尺 20000m，最大日进尺 280m，该钻机施工过程中只需一人操控，全程采用全自动钻孔模式，该钻机的整体功效与该集团普通钻机持平，但该钻机在劳动强度、安全性能、操作便利性能等方面大大优于普通钻机(表 6-14)，可替代普通钻机。

表 6-14　自动钻机和普通钻机性能对比表

钻机类型	普通钻机	ZYWL-4000SY 井下遥控自动化钻机
工人数量(每台)/个	2～3	1
钻孔过程	人工操作、加接钻杆	自动控制
效率(以 60m 孔深时间计算)/h	4.5	4～5
安全性	一般	高

ZYWL-2000Y 地面远控自动化钻机在重庆松藻煤电有限责任公司进行了应用(图 6-35)，该钻机工作时远控站布置在地面调度室，远控站通过矿方工业环网与井下钻机连接，操作人员通过远控站控制井下钻机钻孔施工。该钻机在重庆松藻煤电有限责任公司累计钻孔 3192m，钻机的先进性得到了矿方的一致好评。

图 6-35　ZYWL-2000Y 地面远控自动化钻机应用

本章汇稿人：石智军　张　阳

本章主要编写人员：姚　克　方　鹏　张占强　方　俊
董萌萌　王传留　许　超　王　力
张　杰　万　军

第7章　低透气性煤层增渗技术

随着煤层开采深度的增加，煤层透气性越来越差，据统计我国95%以上的高瓦斯矿井所开采的煤层都属于低透气性煤层。解决高瓦斯低透气性煤层突出问题的关键在于提高煤层透气性，有效进行瓦斯抽采。

依托国家科技重大专项“大型油气田及煤层气开发”等项目的支撑，中国煤炭科工集团在低透气性煤层煤层气增产技术研究方面取得重要进展，形成了以水力压裂、水力割缝为代表的水力增渗技术及装备，以及以高能空气爆破及二氧化碳致裂为代表的气体增渗技术及装备，技术成果达到了国际先进水平。

低透气性煤层增渗技术的本质是改变煤的孔隙结构、裂隙结构、地应力、含水率等，从而增加煤层透气性，达到煤层气增产的目的，但每项技术的适用条件不同，如水力压裂需考察煤层地质条件及顶底板岩性、厚度等。本章将从技术原理、工艺技术及装备、工程实例等方面介绍上述几种低透气性煤层增渗技术。

7.1　井下水力压裂增渗技术

7.1.1　井下水力压裂增渗机理

水力压裂是指通过外在机械力产生的高压水在煤岩体中实现压裂造缝，这一过程一方面通过弱面的张开和扩展增加了裂隙等弱面的空间体积，另一方面通过裂隙等弱面的延伸提高了裂隙之间的连通性，从而形成了一个相互交织的多裂隙连通网络，形成了瓦斯流动的通道，能够有效增加煤层透气性，使煤体卸压，提高瓦斯抽放量。当压入的液体被排出时，压开的裂隙就为煤层瓦斯的流动创造了良好的条件。同时压裂后侵入煤体内的水将置换一部分吸附态瓦斯，降低吸附态瓦斯含量，增加游离态瓦斯含量，进一步提升增渗效果。

水力压裂作为一种增强煤岩层渗透性的手段，广泛应用于地面井石油、天然气和煤层气、页岩气开发。近些年，我国对煤矿瓦斯抽采给予了高度关注，政府颁发了“先抽后采、抽采达标”的强制性法令，开展了井下煤层钻孔水力压裂增强煤层渗透性的试验研究，并取得了一系列有效成果。但对碎软突出煤层，地面井水力压裂没有取得过成功经验，井下试验过程中也没有取得很好的效果，甚至产生了一些危及安全生产的隐患。因此，传统的压裂理论不适用于碎软突出煤层，按传统的压裂理论设计的压裂工艺参数等也难以适用于碎软突出煤层。必须从碎软突出煤层的水力压裂机理出发，研究压裂工艺及其参数的设计方法，研制与之相匹配的压裂设备和施工工艺，实现碎软突出煤层水力压裂技术的重大突破。重庆研究院依托国家科技重大专项“大型油气田及煤层气开发”

课题“低透气性煤层煤层气增产技术与装备”开展了软煤水力压裂增渗机理的相关研究，基于弹塑性理论创立了碎软突出煤层水力压裂塑性致裂理论。揭示了区别于中、硬煤层弹性起裂理论的碎软煤层微缝网循环延展塑性固化水力压裂增透机理，发现碎软煤层水力压裂遵循多波峰屈服-韧性起裂—微缝网扩展及循环延展—塑形流变保持-微缝网固化的演变机理。

1. 多波峰屈服-韧性起裂

通过对含水碎软煤层的大量实验研究发现(图 7-1)：其变形特征主要表现为在屈服强度区域呈现多应力峰值、峰后具有强应变软化特性；裂纹主要产生于屈服及峰后应变软化阶段，且为多裂缝同步发育；破坏类型为不具有明显破裂面特征的韧性破坏，破裂成因主要表现为剪切破坏或者拉-剪组合破坏。

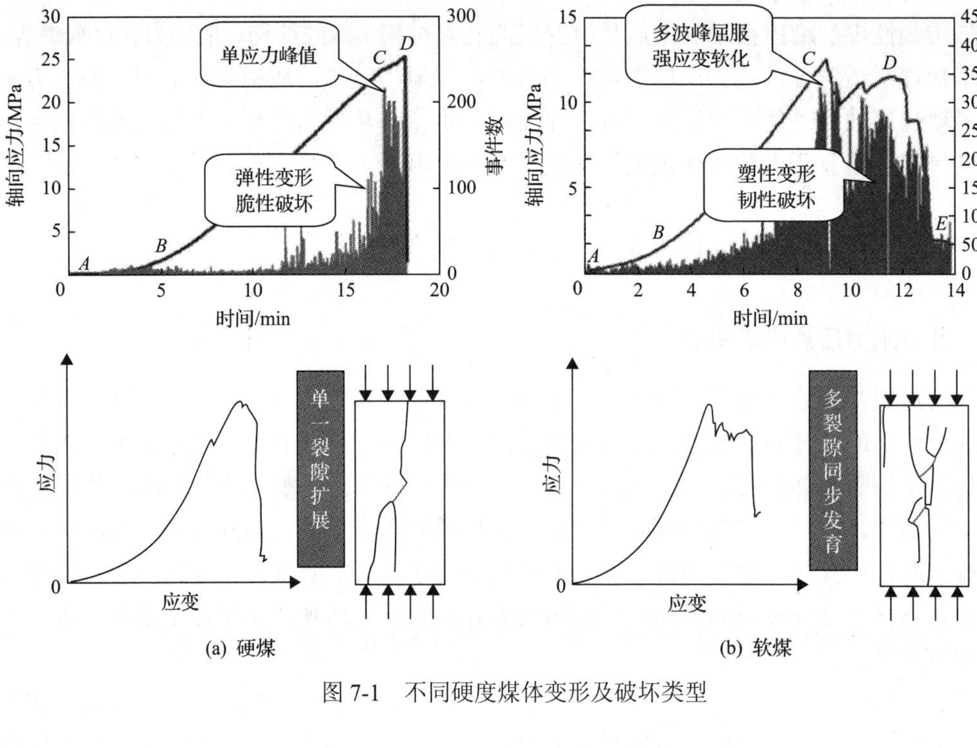

图 7-1　不同硬度煤体变形及破坏类型

2. 微缝网扩展及循环延展

碎软煤层致裂主要呈现剪切破坏，煤层最大主应力与最小主应力之差是裂纹扩展的先决条件。裂纹扩展的机理是在已有裂纹附近煤体内因应力场作用屈服产生损伤和塑性变形，由此使裂纹扩展，与裂纹起裂机理是一致的。裂纹扩展的方向由最大主应力方向和煤体最小力学强度分布方向决定。煤体在应力场、瓦斯压力和压裂液作用下，裂纹网中的各裂纹持续进行扩展，实现微缝网的循环延展(图 7-2)。

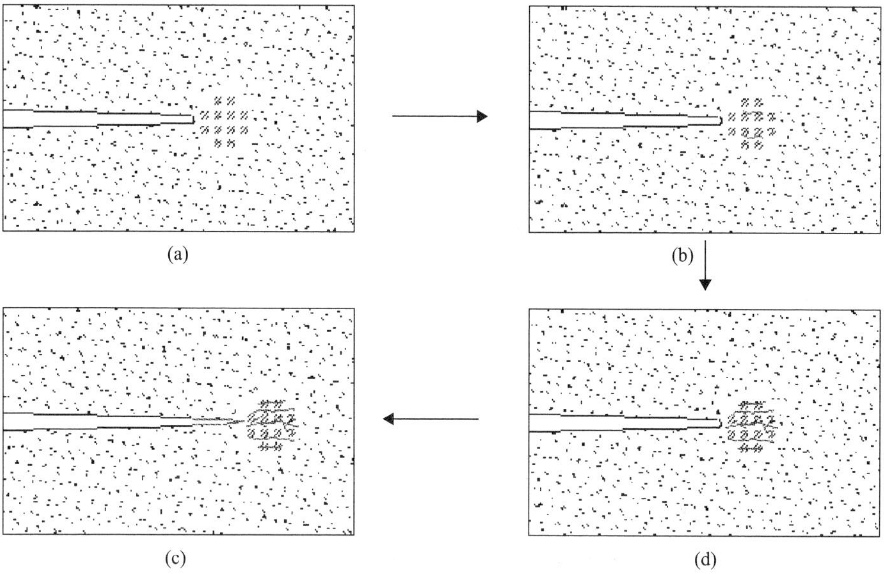

图 7-2　碎软煤层裂纹起裂与扩展示意图

采用三段直线型应变软化模型，基于莫尔-库仑剪切屈服准则构建了Ⅰ型[拉-剪张开型、式(7-1)]、Ⅱ型[剪切滑移型、式(7-2)]及复合型[Ⅰ、Ⅱ型复合、式(7-3)]裂纹的起裂与扩展数学模型，确定了地应力、物理力学特性、孔隙压力等为裂缝起裂与扩展的主要影响因素。

$$K_{\mathrm{I}}=-\sigma\sqrt{\pi a}=-\left[\frac{1}{2}(1-\cos 2\alpha_{\mathrm{z}})\sigma_1+\frac{1}{2}(1+\cos 2\alpha_{\mathrm{z}})\sigma_3-P_{\mathrm{k}}\right]\sqrt{\pi a} \tag{7-1}$$

$$K_{\mathrm{II}}=\tau\sqrt{\pi a}=\left[\begin{array}{l}\dfrac{1}{2}(\sin 2\alpha_{\mathrm{z}}+\cos 2\alpha_{\mathrm{z}}\tan\alpha_{\mathrm{z}}-\tan\alpha_{\mathrm{z}})\sigma_1- \\ \dfrac{1}{2}(\sin 2\alpha_{\mathrm{z}}+\cos 2\alpha_{\mathrm{z}}\tan\alpha_{\mathrm{z}}+\tan\alpha_{\mathrm{z}})\sigma_3+P_{\mathrm{k}}\tan\varphi_{\mathrm{s}}-c_{\mathrm{s}}\end{array}\right]\sqrt{\pi a} \tag{7-2}$$

$$K_{\mathrm{C}}=\left\{\begin{array}{l}K_{\mathrm{I}}\left[2(\cos\theta_0-1)\cos\dfrac{\theta_0}{2}(1+\tan\varphi_{\mathrm{s}})^{\frac{1}{2}}-4\cos\dfrac{\theta_0}{2}\tan\varphi_{\mathrm{s}}\right]- \\ K_{\mathrm{II}}\left[3\left(\sin\dfrac{3\theta_0}{2}-\sin\dfrac{\theta_0}{2}\right)(1+\tan\varphi_{\mathrm{s}})^{\frac{1}{2}}+6\sin\dfrac{\theta_0}{2}\tan\varphi_{\mathrm{s}}\right]\end{array}\right\}\Bigg/4\sqrt{2\pi r_{\mathrm{s}}}+P_{\mathrm{k}}\tan\varphi_{\mathrm{s}} \tag{7-3}$$

式中，K_{I}为Ⅰ型裂纹的应力强度因子；σ为拉伸应力，MPa；α_{z}为裂纹角度，(°)；σ_1为最水平主应力，MPa；σ_3为第三主应力，MPa；a为裂纹长度，m；P_{k}为裂纹内压力，MPa；K_{II}为Ⅱ型裂纹的应力强度因子；τ为切应力，MPa；φ_{s}为裂纹之间的夹角，(°)；c_{s}为摩擦应力，MPa；K_{C}为应力强度因子；θ_0为极角，(°)；r_{s}为距离裂纹中心的距离，m。

3. 塑形流变保持-微缝网固化

微缝网的形成与保持是实现增透有效的充要条件。微缝网形成后，煤体已进入塑性流变阶段，力学强度很小，水浸润后强度更小，较小的流体压力仍可使裂纹起裂与扩展持续进行，直至流体压力小于塑性煤体起裂压力时，微缝网不再延展，但应力场的作用将使煤体继续发生塑性变形，缝网结构得以固化保持（譬如砂子在应力作用下产生塑性流变，其孔网结构不会闭合），继而实现长期的增渗效果。

7.1.2　井下水力压裂增渗工艺技术及装备

1. 水力压裂工艺

煤矿井下水力压裂工艺主要分为两种：穿层钻孔压裂和本煤层钻孔压裂。压裂工艺的选择需充分结合煤矿井下巷道布置情况，做到简便安全、不损坏管路设备、不污染井下作业环境。

压裂工艺选择：①当煤体结构相对完整或发育相对完整的分层，以及能够在煤层中形成完整钻孔时，根据巷道布置情况，可以采用巷道内施工顺煤层钻孔压裂煤层；②当煤体结构破坏严重、难以成孔时，可以采用从底板抽放巷（或顶板抽放巷）中施工仰角（或俯角）穿层钻孔，岩孔段封孔；③当目标区为多煤层发育区、煤体结构破坏严重时，煤层间距在 20m 之内，可以从底板抽放巷（或顶板抽放巷）内施工仰角（或俯角）钻孔，对此煤层实施压裂，钻孔仰角不限。对于部分煤层，为了增强压裂效果，可设计添加适当比例的表面活性剂、阻燃剂，随同压裂液压入压裂孔。

1）碎软煤层水力压裂工艺参数设计方法和压裂效果评估方法

依据多波峰屈服-韧性起裂的机理，当达到屈服和塑性软化的受力条件时即可使煤体起裂；依据煤体对压裂水的漏失特性，可得到持续保持煤体破裂压力的注水速度；依据煤体微缝网扩展速度，可得到预期压裂半径所需的压裂持续时间。按照这一原理，采用离散元数值模拟与实验相结合的方法，构建了煤层物理力学参数（弹性模量、泊松比、抗拉强度及抗压强度）、注水参数（注水时间、注水压力及注水流量）、地应力、破裂压力、压裂效果参数（压裂半径、单位流量、裂缝张开度及裂隙数量等）等之间的数学关系模型。

（1）破裂压力数学计算模型：

$$P_b = a\sigma_t - \sigma_1 + c\sigma_2 - P_0 \tag{7-4}$$

式中，P_b 为起裂压力，MPa；σ_t 为抗拉强度，MPa；σ_1 为最大水平主应力，MPa；σ_2 为最小水平主应力，MPa；P_0 为初始孔压，MPa；$a = 6.985$，$c = 5.713$。

（2）压裂半径数学计算模型：

$$L_z = 9.582\sqrt{\xi Q t} - 1.348 \tag{7-5}$$

式中，L_z 为压裂影响半径，m；Q 为注水流量，m^3/h；t 为有效注水时间；h；ξ 为压裂液效率。

（3）单位流量计算模型：

碎软煤层泊松比大，弹性模量低，具有压敏性及漏失等特点，其单位流量模型为

$$v = 0.054\Delta p\left(\frac{kC_{\mathrm{f}}\phi}{\eta t}\right)^{\frac{1}{2}} \tag{7-6}$$

式中，v 为持续保持煤体破裂压力的注水流量；Δp 为裂缝孔压；k 为煤层渗透率；ϕ 为煤层孔隙度；η 为压裂液黏度；t 为有效注水时间，h；C_{f} 为煤层压缩参数。

(4) 压裂裂缝最大张开度数学计算模型：

$$W = 0.017 + 3.213\times10^{-5}\times(\xi Q)^{1.038}t^{0.797} \tag{7-7}$$

式中，W 为压裂裂缝最大张开度，m；Q 为注水流量，$\mathrm{m^3/h}$；t 为有效注水时间，h。

(5) 压裂裂缝数量数学计算模型：

碎软煤层水力压裂为多裂缝扩展方式，其裂缝数量可表示为

$$N = 40.699 + 4.391\times10^{-5}\times(\xi Q)^{2.754}t^{2.483} \tag{7-8}$$

式中，N 为压裂裂缝数量；Q 为注水流量，$\mathrm{m^3/h}$；t 为有效注水时间，h。

依据大量的现场试验验证，提炼得到相关参数的测定取值方法和相关系数的确定方法，显著提高了模型的可靠性。

2) 碎软煤层水力压裂增透施工工艺体系

施工工艺体系包含碎软煤层穿层钻孔水力压裂可行性评价、封孔装置与封孔方法、压裂施工工艺、压裂效果现场评价等内容。

A.碎软煤层钻孔水力压裂可行性评价

本书建立了以地质环境、顶底板条件、施工条件及安全条件为基础的水力压裂可行性评价方法。水力压裂应避免在以下条件区域实施，具体为：①断层或裂隙发育地带附近 60m 范围内；②煤层顶(底)板为含水层或压裂影响范围内存在透水型地质构造的区域；③围岩厚度小于安全厚度或压裂钻孔不能满足最小封孔长度的区域；④巷道围岩破碎区域；⑤压裂孔周边 60m 范围内存在未封闭的钻孔区域。

巷道顶板安全厚度的计算经验公式：

$$h \geqslant \frac{r_{\mathrm{z}}}{2}\mathrm{e}^{\left(\frac{H+h}{h}\right)} \tag{7-9}$$

式中，h 为顶板加固后的等效厚度，m；H 为注水压力，m；r_{z} 为巷道断面半径，m。

最小封孔长度计算方法为

$$L_{\mathrm{e}} \geqslant \max\left\{\begin{array}{c}\dfrac{T_{\mathrm{g}}}{2\pi R_{\mathrm{w}} f_{\mathrm{g}}} \\[2ex] \dfrac{T_{\mathrm{g}}}{\displaystyle\int_0^{2\pi} R_{\mathrm{w}}\theta f(\sigma_r,\theta)\mathrm{d}\theta}\end{array}\right\} \tag{7-10}$$

式中，L_{e} 为最小射孔长度，m；T_{g} 为单位面积内的应力，$\mathrm{MPa\cdot m^2}$；R_{w} 为钻孔半径，m；f_{g} 为摩擦应力，MPa；θ 为钻孔角度，(°)；σ_r 为应力，MPa。

B.碎软煤层水力压裂封孔装置与封孔方法

封孔质量是保证压裂效果的前提条件。岩壁钻孔宜采用封孔器封孔，封孔器械应满足密封性能好、操作便捷、封孔速度快、可回收等要求；煤层钻孔宜采用充填材料进行注浆封孔(图 7-3)，条件许可时亦可采用封孔器封孔。该装置包括前置压裂铁管、孔底筛管、注浆管、返浆管等，解决了封孔砂浆沉降造成封孔层位下降导致的非目的层被压裂和砂浆量不可控造成压裂钻孔阻塞等难题。

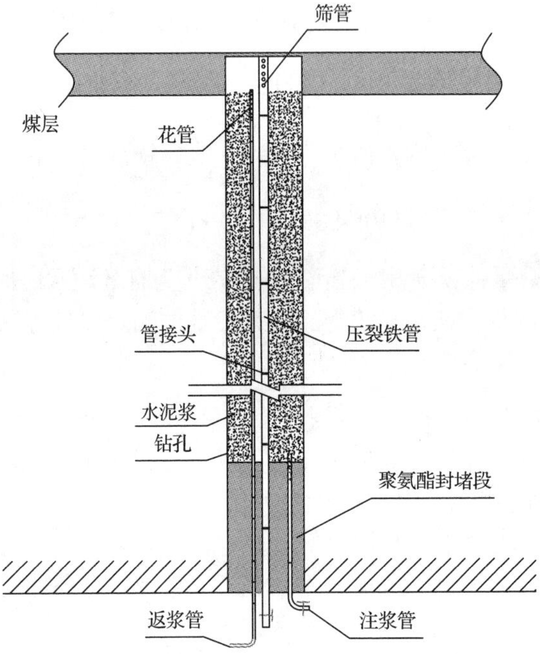

图 7-3　注浆封孔工艺示意图

C.碎软煤层水力压裂施工工艺

本书提出了碎软低渗煤层水力压裂实施“三原则”，即在保证煤层起裂压力条件下，保持合理泵注压力、流量及时间，解决了碎软煤层压敏性造成的孔穴效应和压裂液漏失等难题，避免了工艺参数不匹配造成的顶板垮落等安全风险。基于碎软煤体塑形流变保持与微缝网固化机理，形成了碎软煤层压裂后的保压工艺，即利用压裂结束后煤层内部的残余水压，继续对碎软煤层进行施压，促进微缝网的固化，保证压裂有效的持续性。

(1)压力适中原则。

理论分析、数值试验与现场工艺试验均证实，在对碎软煤层压裂过程中，保持大于起裂压力的泵注压力即可，泵注压力太大，会使裂纹尖端钝化，增大裂纹扩展的难度；同时由于碎软煤层的压敏性特性，裂缝壁被压实，容易形成孔穴。

(2)流量控制原则。

数值试验与现场工艺试验证实，较大的流量可缩短压裂工期，并可保证较好的压裂效果，主要原因有两点：一是大流量有利于裂纹扩展，同时减小压裂液漏失对碎软煤层的损伤，碎软煤层相对中硬煤层而言，由于压敏性的存在，其压缩系数较大，裂缝内外压差大，压裂液漏失速度快，压裂液效率低，加大了碎软煤层压裂流量，可提升压裂液效率，同时减小漏失损伤；二是加大流量可提高压裂后的煤层孔隙率，改善压裂效果。大流量可以提高压裂增透效果，并不代表流量可以无限增大。由于裂纹扩展速度有限，当流量增大到一定数值后，势必增加裂缝内的孔压，钝化裂纹尖端，压实裂纹壁面，形成孔穴。因此，碎软煤层压裂过程中，应采用流量适中原则。

(3) 时间控制原则。

碎软煤层压裂的时间控制原则主要包括两个方面：一方面是从缩短压裂周期，减小压裂液漏失对煤层的损伤角度出发，保持合理的泵注流量与泵注时间，使压裂裂缝尺寸与尽可能小的伤害程度相适应，以达到最好的增透抽采效果；另一方面是由于煤层厚度相对较小，特别是碎软煤层，在压裂过程中常出现裂缝在上下围岩及交界面中扩展，为避免该种现象，在压裂中应根据压裂施工曲线，实时调整压裂参数，避免在压裂后期裂缝扩展速率低时还存在盲目注入行为。

(4) 压裂有效半径现场快速评价方法。

根据水力压裂过程中高压水对瓦斯的驱赶及应力运移等作用，形成了以瓦斯含量、含水率及反映应力特征的钻屑量指标为主的压裂有效半径现场快速评价方法，如图 7-4 所示，瓦斯含量与应力降低，煤层含水率升高，相互重叠的区域为压裂有效半径。

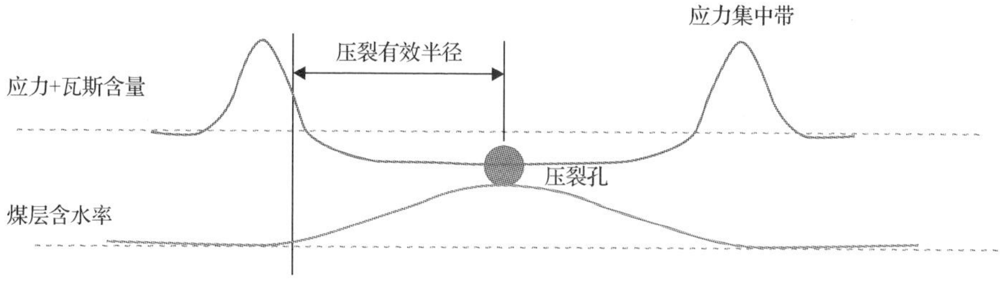

图 7-4　压裂有效半径评价方法示意图

2. 水力压裂成套装备

1) 封孔装备

煤矿井下水力压裂封孔用封隔器是重庆研究院在煤矿井下水力压裂增渗工艺中引入油气开采行业压裂的封隔器封堵技术，结合煤矿井下水力压裂实际工况，改进了封隔器的支撑和坐封方式。其具有封孔简便可靠、成本低和可重复使用的特点，适用于任意角度的穿层钻孔及顺层钻孔压裂。

MKY70 型封隔器结构主要由上下接头、中间管和胶筒组成。压裂时，压裂液经过压裂管由上接头进入封隔器的中间管，此时，具有一定压力的压裂液经中间管上的进液槽进入胶筒内腔，使胶筒胀大，起到封孔作用。中间管的压裂液卸压后，胶筒收回解封。座封装置与封隔器的下接头连接，其作用是当压裂液进入封隔器后，封隔器内形成压差，保证压裂液能经封隔器中间管的进液槽进入胶筒与中间管的环形腔内。当压裂管内部的压力达到一定程度后，座封装置能够自动打开，压裂液经座封装置流入筛管，开始压裂。

封隔器的通径和外径可根据需要进行调整，封隔器承压能力为 70MPa，单管长度为 1180mm，上下扣型为平式油管扣，工作温度为 0～150℃；座封装置承压 70MPa，单管长度为 400mm，上下扣型为平式油管扣。

2) 压裂泵组

(1) BYW450/70 型超高压变流量压裂泵组。

针对煤层水力压裂增透工艺的需要，重庆研究院已开发出 BYW450/70 型水力压裂成套装备，是国内首台达到 70MPa 的压裂泵组。该装备由泵注系统、管汇系统及监控与安全保障系统 3 部分组成，相对同类产品，其流量与压力大，且调节范围广，体积相对缩小 1/3，具备压风自适应换挡、独立润滑与自流式温控等子系统，能满足长时间连续作业等特点，适用于水力压裂、水力割缝及水力扩孔等工艺需要。

(2) BYW315/55 型定流量压裂泵组。

针对部分矿井煤层的需求，重庆研究院研制了 BYW315/55 型煤矿井下压裂泵组，泵组额定工作压力为 55MPa，功率为 315kW，泵组体积与井下乳化液泵体积相当，便于运输，操作简单，可用于煤层压裂、冲击倾向性严重的顶底板及坚硬煤层的卸压致裂、防尘注水、割缝、掏穴等工艺。

7.1.3　井下特殊水力压裂工艺

1. 邻近岩层压裂增渗技术

尽管煤层水力压裂技术在增透强化抽采方面发展较快，但对于Ⅳ～Ⅴ类煤而言，水力压裂技术的增透效果相对而言提升不显著。煤与瓦斯区域防突措施中常用的、比较有效和经济的方法之一是开采保护层。保护层的开采改变了被保护层的煤层瓦斯封存条件，煤层顶底板的渗透性增强、排驱压力降低，大量瓦斯从煤层中逸散出来，使被保护层的瓦斯含量、压力大大降低，以及在开采过程中不发生突出或降低突出的危险性。借助保护层开采的理念，对难以用保护层开采的Ⅳ～Ⅴ类煤层，将对煤层瓦斯起密闭作用的顶底板进行致裂，然后从中抽采由煤层扩散来的瓦斯，达到抽采低渗透煤层中瓦斯的目的。一般通过在煤层顶板内施工定向长钻孔并致裂产生连通煤层的裂隙，定向长钻孔距煤层顶板的距离应以 1～3m 为宜，长度应为 300～1000m，注水半径应为 20m 左右，支撑剂选用石英砂即可，钻孔施工如图 7-5 所示。

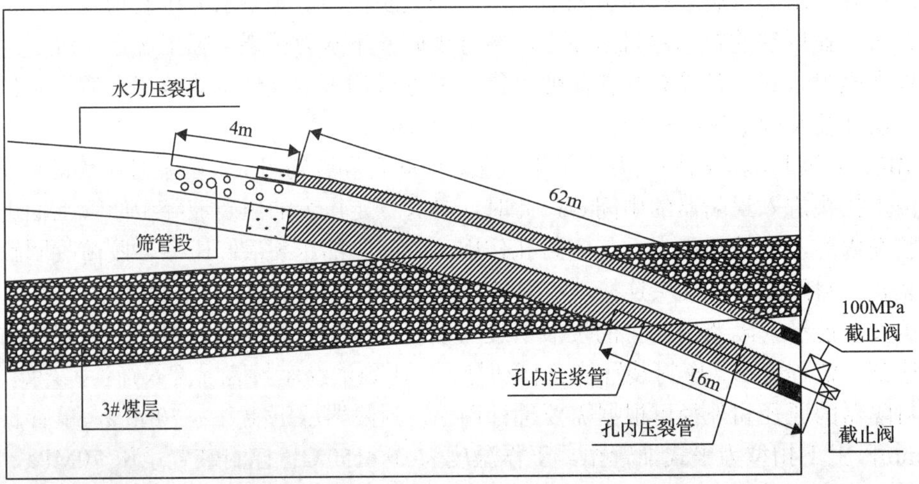

图 7-5　某矿煤层顶板水力压裂钻孔竣工示意图

2. 井上下联合压裂技术

从瓦斯抽采角度考虑，区域瓦斯治理措施可分为地面抽采和井下抽采两种。地面抽采多以获取洁净能源为首要目的，以地面煤层气开发技术为手段实现采前、采中、采后多阶段抽采；井下抽采以实现矿井安全生产为目的，以实施各种类型的井下钻孔为手段进行瓦斯抽采。目前，我国的地面煤层气抽采技术仅在沁水盆地、辽宁阜新盆地等个别区域取得了较好的效果，大部分矿区应用效果都不好，主要是因为煤矿区煤层气富集区基本全是构造煤强烈发育的严重突出矿区，所采煤层煤质碎软、渗透率低，如果不采取增透措施，常规的井下钻孔瓦斯抽采半径小，抽采效果差，很难达到在短时间内实现煤层消突和获取高浓度瓦斯资源的目的，往往以密集布孔和煤层顶底板岩石巷等高工程投入为代价进行抽采。为此，需采用水力强化增透措施对煤层及其顶底板进行改造。但利用井下压裂设备通过定向长钻孔对煤层及其顶底板进行压裂改造时，经常表现出压裂设备能力不足的现象，不能达到预期的改造目的。利用地面煤层气开发技术在地面对煤层及其顶底板进行压裂改造虽可达到预期效果，但经济成本较高。将地面压裂技术和井下钻孔相结合，能够将二者进行优势互补，既可实现较低经济成本下的大规模压裂，又可实现压裂范围的定向控制，从而达到区域瓦斯治理的效果。

根据工程需要，在煤矿井下利用千米定向钻机在煤层或其顶底板中施工井下大直径定向长钻孔，通过井上下定位技术，如图 7-6 所示，从地面向井下施工垂直井，与井下大直径长钻孔钻场或其附近巷道贯通，然后在地面和井下井口位置安装供压裂施工时用的井口装置并固定，利用高压管路将地面大型压裂装备、地面垂直井井筒和井下大直径定向长钻孔连接牢靠，利用地面大型压裂装备对每个井下大直径定向长钻孔实施压裂形成立体裂隙网络，将井下大直径定向长钻孔中的水排出后把压裂孔与卸压孔一起进行带压连抽，利用立体裂隙网络采用负压将煤层瓦斯快速抽采出来，实现井上下联合压裂与瓦斯抽采。

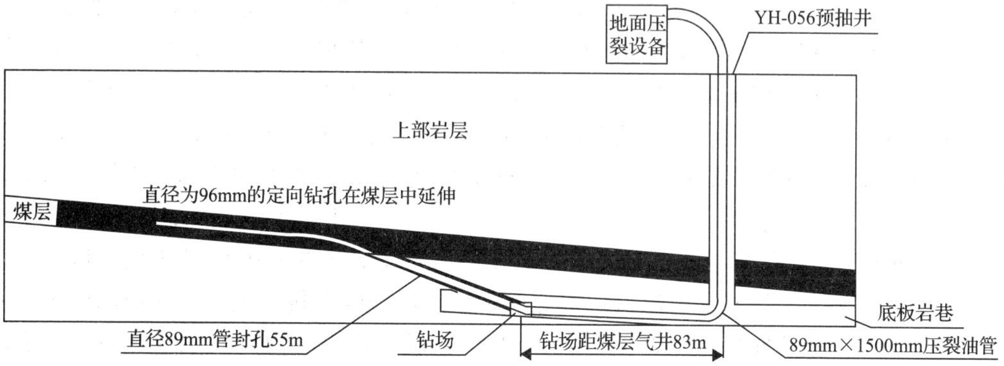

图 7-6　某矿井上下联合压裂钻孔示意图

3. 重复压裂技术

重复压裂是指煤岩层经过初次压裂后对同一层段进行的第二次及更多次的压裂措施。重复压裂的基本原理：一是在开发过程中由于地应力的改变，重复压裂裂缝方位角与原有裂缝有一定的偏转，沟通新的裂缝；二是重新压开过去已压裂的但因各种因素目前已堵塞或闭合的老裂缝系统；三是通过动静态资料的分析，采用分层压裂技术压裂物性较差的煤岩层，或者采用裂缝暂堵技术使裂缝偏转并产生新的裂缝。基于对重复压裂方式的不同理解，目前国内外实施的重复压裂有 3 种方式。

(1) 层内压出新裂缝。地应力的改变产生新的裂缝，从而大大增加了瓦斯渗流表面积，达到增产目的。重复压裂时裂缝延伸方位角有较大的偏转，其地应力方向改变主要由下列 3 方面因素造成：一是地层孔隙压力改变、裂缝剪切滑动等因素；二是受压裂裂缝对地应力场的影响，地层中已存在支撑裂缝，改变了钻孔附近的地应力分布，使得原来最大水平地应力变为最小，这种局部地应力的变化，使重复压裂的裂缝方位垂直于次裂缝的方位，但在离开钻孔一定范围以后，其方位发生转向，向平行于初次压裂裂缝方位的方向延伸。

(2) 延伸原有裂缝。压力等环境条件的改变使原有压裂裂缝失效。另外，压裂改造规模不够、支撑裂缝短或裂缝导流能力低，因此，这类钻孔必须加大压裂规模使原有裂缝继续延伸，或者提高砂量以增加裂缝导流能力。为了获得较长的增产有效期，必须优化设计重复压裂规模(液量、砂量)。

(3) 改向重复压裂(即堵老缝压新缝)。低渗透煤层已处于高含水期，裂缝成了水的主要通道。此时实施暂堵老裂缝，重新压裂，在与原有裂缝呈一定角度方向上造新缝，实现控水增气。

7.1.4 井下水力压裂增渗工程应用实例

在松藻、淮南、阳泉、晋城等地区开展水力压裂增渗技术与装备的推广应用。结果显示，在瓦斯抽采效果平均提高 3 倍以上、钻孔工程量缩减 1/3 条件下，瓦斯抽采达标时间缩短 1/3 以上，显著降低了瓦斯对采掘速度的影响，采进速度提高了 2 倍。

1. 阳泉矿区水力压裂增渗工程

阳泉矿区寺家庄矿 15 号煤层结构碎软($f=0.2\sim0.3$)透气性差[透气性系数为 $0.0226\text{m}^2/(\text{MPa}^2\cdot\text{d})$]，抽采流量衰减快(衰减系数为 0.0474d^{-1})，抽采效果差，极大地影响了矿井的安全生产和采掘接替。为解决以上难题，在 15117 工作面回风底板岩石预抽巷开展水力压裂，提高煤层透气性及低渗煤层瓦斯抽采效果，缩短抽采达标时间，保障采掘安全。压裂后煤层瓦斯衰减系数为 0.0231d^{-1}，较原始值降低 51.27%，透气性系数为 $0.734\text{m}^2/(\text{MPa}^2\cdot\text{d})$，较原始值提高 31.48 倍以上，平均单孔瓦斯抽采纯量最高提高 13 倍以上。经过水力压裂区域的煤巷在掘进过程中，钻屑瓦斯解吸指标 K_1 值未出现过超标现象，K_1 值接近 0.5 的次数显著降低；经过水力压裂区域煤巷掘进过程中瓦斯涌出量大幅度降低；未压裂区域掘进速度为 80m/月，进入压裂区域后掘进速度为 216m/月，掘进速度提高了近 1.7 倍。

2. 晋城矿区井上下联合压裂工程

晋城矿区地面井抽采技术取得了较好的效果，但对于高瓦斯区、地质构造区，低透气性煤层仅靠单一的地面井或者井下瓦斯抽采均很难解决瓦斯治理瓶颈。寺河矿西区大巷由于井下瓦斯较大，掘进比较困难。单靠井下钻孔抽采瓦斯，已经不能满足安全生产需求。

针对晋煤集团寺河矿西区煤岩体的特征，利用地面已停止抽采的预抽井作为压裂通道，采用地面井井上压裂井下强化抽采的方法改善煤层渗透率，提高煤层透气性，降低压裂影响范围内的突出危险性，提高井下抽采效率，缩短井下抽采时间，缓解采掘衔接紧张的问题。压裂煤层厚度为 6m，瓦斯含量为 10～22m^3/t，透气性系数为 0.0029m^2/(MPa^2·d)，普氏系数为 0.8～1。

如图 7-7 所示，实施压裂措施后，压裂增透有效半径为 45m 左右，250 天内单孔瓦斯抽采纯量达到 5.21m^3/min，平均提高了 5 倍。

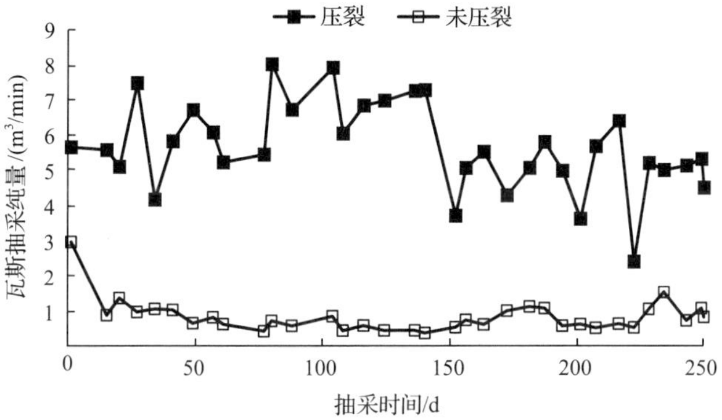

图 7-7　压裂前后抽采效果对比

7.1.5　井下水力压裂增渗技术适用条件

越来越多的实例表明，水力压裂增渗技术在煤矿井下瓦斯抽采与治理中具有举足轻重的作用。然而，该项技术并非是万能的，在一些地质条件复杂、煤层和顶底板硬度系数极小的矿井环境中，水力压裂增渗效果甚微。另外，水力压裂属于高压作业，需要避免水力压裂诱导的地质灾害。总之，煤矿井下水力压裂增渗技术的应用，需要满足技术可行、经济合理、安全可靠 3 方面的条件。

1. 技术条件

1) 煤体结构

煤体结构在一定程度上决定了煤层瓦斯渗透性的大小。通常情况下，碎软构造破坏煤体(III～V)的瓦斯渗透性较差，而具有中等破坏程度以上的构造煤和原生结构煤瓦斯渗透性普遍较好。原因是，软煤遭受破坏强度大，煤体过于破碎，受地应力的作用，随埋深的增加，煤越来越致密，透气性越来越差。对于 I 类和 II 类煤，受构造运动破坏强度相对较低，煤体内形成大量的外生裂隙，进而增加了煤层的瓦斯渗透率。

山西沁水盆地煤田煤层多为 I 类和 II 类煤，煤层割理虽被方解石填充或闭合，透气性降低，但由于其外生裂隙比较发育，采用水力压裂措施后有效提高了煤层瓦斯的渗透性，实现了煤层气的商业开发。豫西煤田煤层多为III类、IV类和 V 类煤，采用相同的水力压裂技术工艺取得的增透效果相差甚远。

水力压裂技术的实质就是降低煤体的地质强度。研究表明，煤体渗透率与地质强度指标(GSI)近似呈正态分布(图 7-8)。I 类和 II 类煤存在 GSI 下降、瓦斯渗透率增大的可能，而Ⅲ类、Ⅳ类和Ⅴ类煤(构造软煤)的 GSI 降低，渗透率不是增大而是急剧降低。因此，水力压裂煤层增渗技术更适用于Ⅰ类煤。

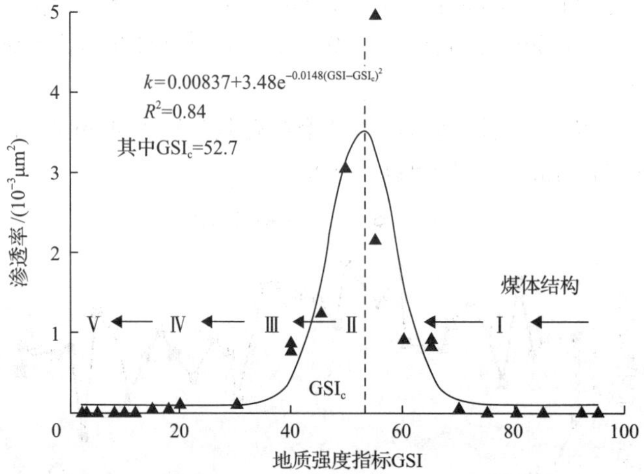

图 7-8　不同煤体结构的渗透率与地质强度指标 GSI 的关系曲线

k-煤层渗透率；GSI_c-地质强度峰值

此外，煤体由有机质和无机质组成，部分无机质矿物遇水容易膨胀和变软，如高岭石、蒙脱石、凝灰石等。水力压裂时这部分无机矿物遇水软化和膨胀后造成裂隙堵塞，降低压裂增渗效果。尽管有学者提出了改性液的压裂方案，但是目前井下压裂仍然以清水压裂为主。因而，在指定压裂方案前，工程师需要对压裂区域的煤体矿物组分进行检测。

2)地质构造

地质构造对水力压裂的影响主要有两方面：一方面是构造裂隙的影响；另一方面是构造应力的影响。

煤矿区地质构造繁多，如褶皱、断层、陷落柱等。如图 7-9 所示，构造区地质构造复杂，构造裂隙丛生，容易漏失压裂液，导致压裂时无法起压，无法压裂煤层。正常区地质构造相对简单，没有受到地质构造作用的破坏，煤岩层没有导通水的裂隙，压裂时容易起压，压裂效果较好。

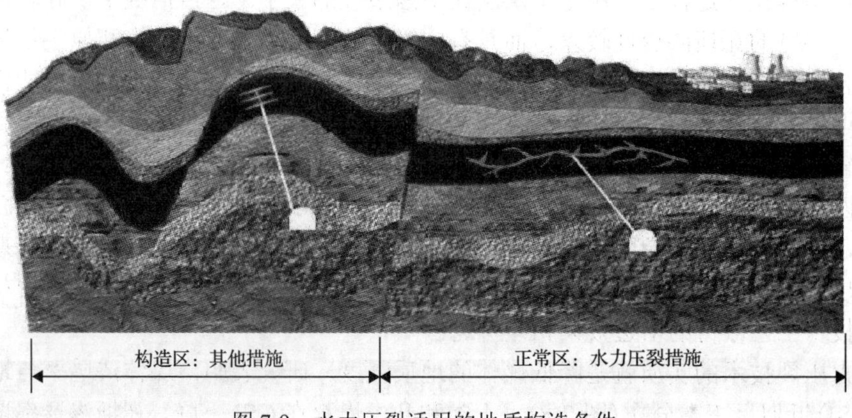

图 7-9　水力压裂适用的地质构造条件

地应力方向控制水力压裂裂缝的扩展方向。构造区地应力分布复杂多变，水力压裂裂缝扩展难以预测。而正常区水力压裂裂缝扩展方向相对稳定，有利于压裂设计。

因此，正常区适合采用水力压裂的增渗措施，而构造区不宜采用水力压裂，应采取其他措施。

2. 经济条件

煤矿井下采用水力压裂增渗技术的目的：一是提高煤层渗透率，以获得更高的瓦斯抽采纯量和抽采浓度，从而提高瓦斯抽采总量和瓦斯利用率；二是解放煤层中的瓦斯压力，消除瓦斯突出的危险性，为煤炭回采提供安全保障。

无论是为了提高瓦斯抽采量，还是为了消除突出危险获得更多的煤炭回采量，最终的目的都是增加企业的利润。煤矿井下水力压裂工程费用不能高于其所能带来的经济收益，否则将会造成财力、人力、物力的浪费。

3. 安全条件

水力压裂增渗是往地层注入高压水的过程。高压水的作用不仅是使煤层破裂，还可能使顶底板发生断裂。在页岩气开发中，已经发现部分地震的产生与水力压裂有关。对于煤矿井下，在顺煤层压裂中，压力过高，容易引起片帮；在穿层压裂中，若穿层保护厚度(压裂巷道到压裂煤层的垂距)或强度不够大，也会引起巷道顶板垮塌。在煤矿井下实施水力压裂时，一要确保注水压力不宜过高，二要确保足够的保护厚度和强度。

7.2　井下水射流割缝增渗技术

7.2.1　水射流割缝增渗技术原理

水射流割缝增渗技术是以水为动力，对钻孔周围的煤体进行冲刷、剥离，在钻孔周围形成具有一定深度和宽度的扁平缝槽，在地应力作用下，煤层会产生不均匀的变形和破坏，增加了煤层中的裂隙，改变了煤层中的原始应力和裂隙状况，使钻孔之间相互连通，为瓦斯的解吸和流动提供了通道，提高了煤层透气性的同时改变了瓦斯的流动状态，为瓦斯抽采创造有利条件。

1. 水射流破煤的力学机制

通常将水射流对煤的破坏过程划分为两个阶段，第一个阶段为水锤压力阶段。这个过程中高速冲击煤的射流可以简化为尖端为圆弧状的液体束，射流尖端撞击煤时，水射流及煤本身均受到压缩，强烈的压缩作用导致的变形分别在射流束和煤内部快速传播，发生应力波效应。随着射流尖端边缘不断接触煤体表面，新的冲击不断产生变形量并使其在两相介质中传播，直至射流与煤表面充分接触为止。在这个过程中变形量传播速度大于水射流中水的速度，因此，冲击作用将会在煤中产生水锤压力。

水锤压力作用在靶板表面，导致固体产生微小的形变。因此，在水锤压力作用的瞬

间，把固体表面视为弹性体，根据动量守恒定理，可得到水锤压力为

$$P=\frac{u\rho_{\mathrm{w}}c_{\mathrm{w}}\rho_{\mathrm{s}}c_{\mathrm{s}}}{\rho_{\mathrm{w}}c_{\mathrm{w}}+\rho_{\mathrm{s}}c_{\mathrm{s}}} \tag{7-11}$$

式中，P 为水锤压力，MPa；u 为水射流的冲击速度，m/s；ρ_{w}、c_{w} 为分别为水的密度与冲击波在水介质中的传播速度，kg/m^3、m/s；ρ_{s}、c_{s} 为分别为煤的密度与冲击波在煤中的传播速度，kg/m^3、m/s。

第二个阶段为滞止压力阶段，在这个阶段中射流实现稳定冲击，煤体将射流以一定的速度与角度反弹回去，这个过程中由于动量定理煤体同时受到水射流的冲击力，当冲击力造成的煤体内部的各应力分量超过煤体自身的强度极限时，煤体内部产生裂纹，随后裂纹扩展至宏观面产生破坏。滞止压力的大小同射流速度相关，其表达式为

$$P'=\frac{1}{2}\rho_{\mathrm{w}}u'^{2} \tag{7-12}$$

式中，P' 为水射流滞止压力，MPa；ρ_{w} 为水的密度，kg/m^3；u' 为液体微元的速度，m/s。

第一个阶段中水射流束从尖端撞击煤体到实现稳定冲击这个时间段极为短暂，主要产生应力波破碎效应，使煤发生初始损伤。根据 IM Danie*l* 使用光弹高速摄影法研究水射流结构和射流冲击产生的内应力场的结论：水射流的冲击速度同其冲击产生的应力波间具有非常大的相关性，当水射流的冲击速度低于 850m/s 时，不会产生明显的应力波效应。假设喷嘴出口压力为 100MPa 时，喷嘴出口处射流所具有的速度仅为 447m/s。与此同时，煤相较于致密的岩石而言，裂隙、孔隙发育程度较高，由于应力波效应是介质变形量的传播，煤体作为多孔介质在内部含有大量孔隙/裂隙结构，应力波的传播更为困难，限制了水锤效应的作用范围。综上所述，割缝条件下煤体内部裂纹扩展导致的小煤块崩落及射流往复冲击导致的煤体疲劳损伤是高压水射流冲击下煤体破坏的主要原因。

1) 割缝过程中射流对煤岩作用的理论分析

水射流稳定冲击煤体时，由于煤体表面的约束，射流内流体速度发生改变。分析水射流的冲击速度的改变量即可计算煤表面所受水射流作用力的大小，因此，由冲量定理可以得出水射流对煤体的作用力。

对于高速射流而言，因为射流的惯性力较大，所以近似忽略射流冲击过程中阻力及重力的影响，且认为割缝过程中符合动量守恒原理。那么，由射流动量守恒可知，在水射流对煤体稳定冲击时，可使用喷嘴出口处水射流动量近似替代水射流其他截面内射流动量。

在高压水力割缝系统内部，水经柱塞泵由高压管路直至喷嘴处射出，在这个过程中，水在管道内属于层流流动，并且水的密度变化及系统内的高程变化可以忽略，高压水在系统内的流动可由伯努利(Bernoulli)方程进行描述，进而得到不同高压清水泵输出压力下的射流在喷嘴出口处的速度。

通常情况下柱塞泵能输出的水射流驱动压力为 100MPa，喷嘴出口处压力则认为是大气压力，数值为 0.1MPa，因此喷嘴出口处压力相较于水射流驱动压力而言可近似认为为零。同时柱塞泵内水缸直径超过高压管路内管道内径一个数量级，那么由于质量守恒原理，

喷嘴出口射流速度的平方数值将会比管道中水的速度值大出两个数量级，因此，可近似认为是零。则喷嘴处瞬时射流压力 F 为

$$F=\frac{1}{2}\pi d_0^2 P_{\mathrm{p}} \tag{7-13}$$

式中，d_0 为喷嘴直径，mm；P_{p} 为水射流驱动压力，MPa。

2) 射流作用下煤的应力分布

将水射流对煤的作用力简化为作用于半无限平面上的准静态垂直集中力，将水射流对煤的冲击过程抽象为布西内斯克-弗拉芒(Boussinesq-Flamant)问题，这个问题可以获得解析解，其解析解通常由尖劈顶端受集中力模型的解推广求得，尖劈受力情况如图 7-10 所示。

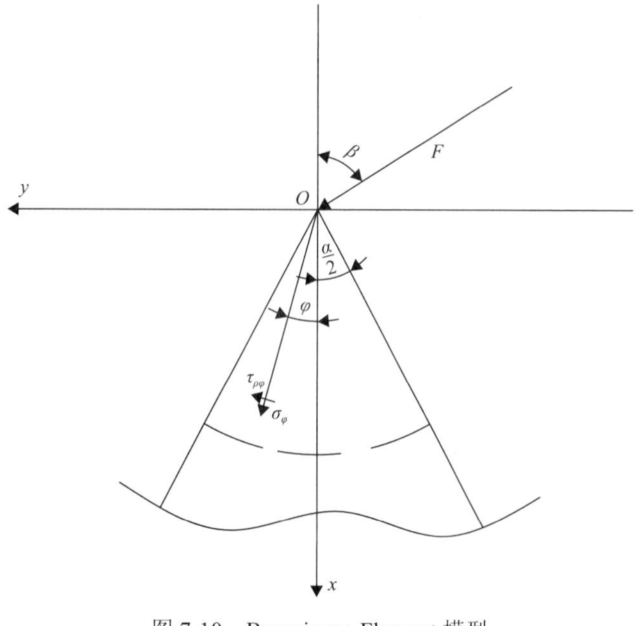

图 7-10　Boussinesq-Flamant 模型

使用量纲分析法处理这个问题，设存在一中心角为 α 的尖劈，顶端受与尖劈中心线呈 β 角的集中力。根据直观分析，尖劈内任意一点的应力大小应正比于水射流打击力 F_{s} 的大小并与尖劈形态、集中力 F 的方向及分析点在尖劈内的位置相关。由于水射流打击力 F 的大小的量纲为 MT^{-2}，极径 ρ 的量纲为 L，极角 φ、尖劈中心角 α、集中力夹角为 β 量纲一的量，因此，各应力分量中极径只能出现负一次幂，并且由极坐标系下平衡微分方程的表达形式可知，应力函数中极径的幂次应比各应力分量中极径的幂次高出两次。因此可假设应力函数具有如下形式：

$$U=\rho_{\mathrm{s}} f(\varphi) \tag{7-14}$$

式中，U 为极坐标系下的艾里应力函数；ρ_{s} 为煤的密度，kg/m^3。

结合边界条件与平衡条件，煤内部正应力分量为

$$\sigma_x = \frac{2F}{\pi} \frac{x^3}{(x^2 + y^2)^2} \tag{7-15}$$

水射流对煤体的冲击是分布载荷，有效作用范围为 l，其大小和方向如图 7-11 所示。

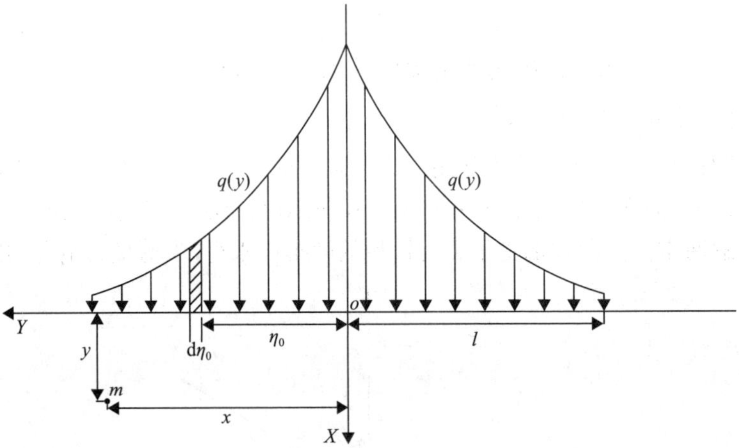

图 7-11　水射流对煤作用力分布示意图

将水射流对煤的滞止压力抽象为在煤表面上大小为 $q(y)$ 的连续分布载荷，运用叠加原理求解煤内各应力分量的分布。在坐标轴上距离原点为 η_0 处取微分线段 $d\eta_0$，其上所受力的大小为 $dF=qd\eta_0$，此时作用力微元可视为集中力，这个力导致的煤内任一点 $M(x, y)$ 的应力大小可由式(7-15)中的 σ_x 得出，于是集中力微元 dF 在煤内 m 点引起的应力为

$$\sigma_x = -\frac{q}{\pi}\left[\arctan\left(\frac{y+l}{x}\right) - \arctan\left(\frac{y-l}{x}\right) + \frac{x(y+l)}{x^2+(y+l)^2} - \frac{x(y-l)}{x^2+(y-l)^2}\right] \tag{7-16}$$

3)煤破坏的门槛压力

Loland 模型通过设置初始损伤来描述煤内部层理、裂隙等结构弱面，因而适合模拟煤这类脆性材料受到损伤破坏时的力学响应机制。模型使用应变等效原理，即已受损的材料在有效应力下产生的应变与同种材料在无损时产生的应变相等，因此，定义损伤参量 D 为截面上裂纹等弱面所占的面积同结构承力总面积之比。

随着射流驱动压力的增大，水射流作用于煤表面的压力的增加使得煤损伤量不断增大。在这个过程中，煤有效承载面积逐渐减少、有效应力逐渐增大，当煤内部正应力的增加导致剪应力超过煤的抗剪强度时，煤实际承载面积上有效应力的大小即为煤能够承受的最大压应力的门槛值：

$$\sigma = \sigma_0 s(1-D) = \frac{s(|\tau|-c)}{\tan\varphi_s}\left\{1 - D_0 - C_1\left[\frac{(|\tau|-c)(1-D_0)}{E\tan\varphi_s}\right]^{\beta'}\right\} \tag{7-17}$$

式中，σ_0 为初始煤体内应力，Pa；s 为截面总面积，m^2；D 为煤的损伤参量，无量纲；$|\tau|$ 为煤的抗剪强度，Pa；c 为煤的内聚力，Pa；φ_s 为煤的内摩擦角，(°)；D_0 为煤的初始损

伤，无量纲；系数 $C_1=\dfrac{1-D_0}{1+\beta}\varepsilon_p$，无量纲；$\varepsilon_p$ 为峰值应变，无量纲；系数 $\beta'=\dfrac{\sigma_p}{E\varepsilon_p-\sigma_p}$，无量纲；$\sigma_p$ 为峰值应力，MPa；E 为煤体弹性模量，GPa。

4) 水射流对煤岩的切割深度

对于煤内部深度为 x 的任意平面，σ_x 中 x 为常数，σ_x 随着 y 坐标的变化以 y=0 为分界点先递增后递减，对于任意深度为 x 的平面极大值均出现在 x 轴上。随着深度的增加，煤内应力逐渐降低，其最大值出现在煤的表面，即 x=0 的位置，因此，应力在(0,0)点的极值为

$$\sigma_{\max}=\frac{6.48b_0P_p}{d} \tag{7-18}$$

式中，b_0 为初始裂缝宽度。

将上式与由 Loland 模型定义、莫尔-库仑准则判定的煤能够承受的最大应力联立，整理可得水力割缝极限深度 d 为

$$d=\frac{6.48b_0P_p\tan\varphi}{s(|\tau|-c)}\left\{1-D_0-C_1\left[\frac{(|\tau|-c)(1-D_0)}{E\tan\varphi_s}\right]^{\beta'}\right\}^{-1} \tag{7-19}$$

2. 水力割缝卸压增渗机制

1) 钻孔周边原始应力分布

假设围岩均质且各向同性，垂直方向和水平方向上地应力均相等，钻孔断面为圆形且钻孔无限长，则钻孔周边的应力分布为平面应变问题，此时围岩单元的受力、变形情况如图 7-12 所示。

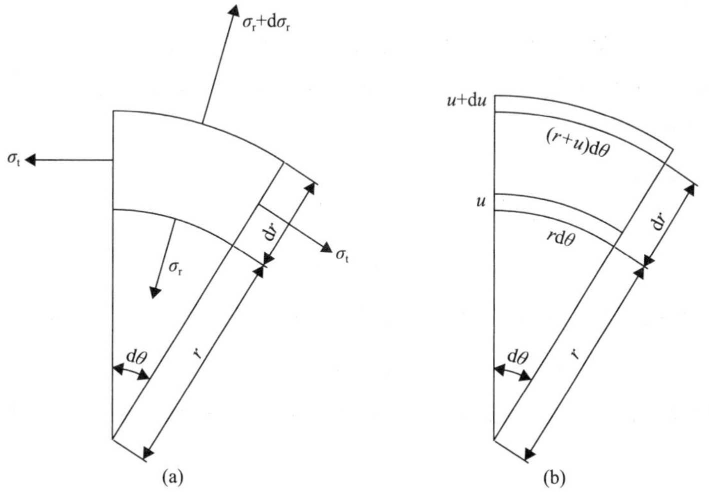

图 7-12　围岩单元的受力、变形示意图

由应力平衡可得：

$$(\sigma_r + \mathrm{d}\sigma_r)(r + \mathrm{d}r)\mathrm{d}\theta - \sigma_r r\mathrm{d}\theta - 2\sigma_\theta \mathrm{d}r \sin\frac{\mathrm{d}\theta}{2} = 0 \tag{7-20}$$

式中，σ_θ 为周向应力；σ_r 为径向应力；r 为极径；θ 为极角。

再由广义胡克定律可知，钻孔周边围岩应力分布为

$$\sigma_r = \gamma H_\mathrm{d}\left(1 - \frac{R^2}{{R_\mathrm{d}}^2}\right) \tag{7-21}$$

$$\sigma_\theta = \gamma H_\mathrm{d}\left(1 + \frac{R^2}{{R_\mathrm{d}}^2}\right) \tag{7-22}$$

式中，γ 为岩石容重；H_d 为煤层埋深；R_d 为到钻孔中心的距离；R 为钻孔半径。

钻孔开挖之后应力重新分布，围岩应力分布如图 7-13 所示。由式(7-22)可知钻孔周边出现了应力集中现象，最大周向应力可达到原始地应力的 2 倍，开挖后钻孔周边裂隙闭合，抽采中易发生“瓶颈效应”，制约抽采效果。

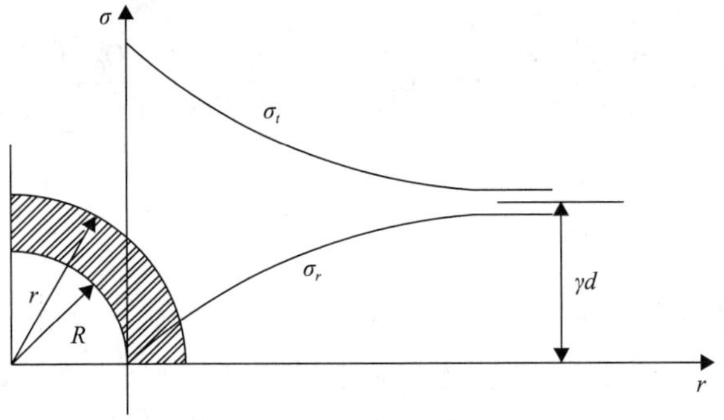

图 7-13　钻孔围岩应力分布示意图

2) 水力割缝对钻孔围岩卸压的影响

对于高压水射流割缝后低透气煤层瓦斯的流－固耦合模型，本书作如下假设：①煤体为多孔介质，被单相瓦斯所饱和；②煤体骨架具有弹塑性；③渗流按等温过程处理；④煤体为均质各向同性体。

(1) 有效应力原理。

据假设①，基于多孔介质的太沙基(Terzaghi)有效应力原理，可得煤体的有效应力为

$$\boldsymbol{\sigma}'_{ij} = \boldsymbol{\sigma}_{ij} - \phi p \delta_{ij} \tag{7-23}$$

式中，$\boldsymbol{\sigma}'_{ij}$ 为含瓦斯煤体的有效应力张量，Pa；$\boldsymbol{\sigma}_{ij}$ 为总应力张量，Pa；ϕ 为煤体孔隙率；p 为瓦斯压力，Pa；δ_{ij} 为克罗内克(Kronecker)函数。

上式体现了煤体中的流固耦合效应，即瓦斯渗流和煤体骨架变形的耦合。

(2) 孔隙率的动态演化模型。

在经典渗流力学中，通常假定介质材料为线弹性，但高压水射流割缝后，缝槽周边煤体骨架发生弹塑性变形，改变了煤体的孔隙率，影响瓦斯渗流。因此，煤体骨架的弹塑性变形不可忽略。据假设②、③和孔隙率的定义可得孔隙率的动态演化模型为

$$k_g=\frac{k_0}{1+\varepsilon_V}\left(1+\frac{\varepsilon_V}{\phi_0}-\frac{\Delta p(1-\phi_0)}{K_s\phi_0}\right)^3+\frac{0.95}{p}\left\{\frac{k_0}{1+\varepsilon_V}\left(1+\frac{\varepsilon_V}{\phi_0}-\frac{\Delta p(1-\phi_0)}{K_s\phi_0}\right)^3\right\} \tag{7-24}$$

式中，ϕ_0 为初始孔隙率；ε_V 为体积应变；Δp 为瓦斯压力改变量；k_0 为初始气体有效渗透率；K_s 为骨架体积模量；k_g 为气体有效渗透率。

(3) 煤层瓦斯渗流方程。

煤层瓦斯的渗流符合质量守恒定律：

$$\frac{\partial m}{\partial t}+\nabla(\rho_g q_g)=Q_m \tag{7-25}$$

式中，m 为单位体积含瓦斯煤体内的瓦斯质量含量，kg/m^3；ρ_g 为瓦斯密度，kg/m^3；q_g 为瓦斯的达西渗透速度，m/s；Q_m 为源汇项，kg/(m^3·s)；t 为时间变量，s。

假设瓦斯在煤体介质中的渗流运动服从达西定律，考虑瓦斯重力引起的势，则

$$q_g=-\frac{k_g}{\mu}(\nabla p+\rho_g g\Delta Z) \tag{7-26}$$

式中，μ 为瓦斯动力黏度，Pa·s；ΔZ 为高度改变量，m。

(4) 煤体变形方程。

根据假设④和动量守恒定律，含瓦斯煤体的表征单元体处于应力平衡状态。根据假设③，煤体介质的应力-应变关系按非线性材料处理，变形场本构方程采用弹塑性本构方程，屈服准则采用德鲁克-普拉格(Drucker-Prager)塑性屈服准则，则弹塑性矩阵 $\boldsymbol{D}_{ep}$ 表示为

$$\boldsymbol{D}_{ep}=\boldsymbol{D}_e-\boldsymbol{D}_p \tag{7-27}$$

式中，$\boldsymbol{D}_e$ 为弹性矩阵；$\boldsymbol{D}_p$ 为塑性矩阵。

(5) 流-固耦合模型。

由式(7-23)～式(7-27)可得，超高压水射流割缝后煤岩应力场与瓦斯渗流场耦合模型为

$$\begin{cases}\dfrac{M_g}{R_0T}\dfrac{\partial}{\partial t}\left[\left(\dfrac{\varphi}{p_a}+\dfrac{a_g b_g p\rho_c}{1+b_g p}\right)p^2\right]-\dfrac{M_g k_g}{R_0T\mu}\nabla\left[p\left(\nabla p+\dfrac{M_g g}{R_0T}\nabla Z\right)\right]=Q_m\\ \varphi=1-\dfrac{1-\varphi_0}{1+\varepsilon_V}\left(1-\dfrac{\Delta p}{K_s}\right)\\ k_g=\dfrac{k_0}{1+\varepsilon_V}\left(1+\dfrac{\varepsilon_V}{\varphi_0}-\dfrac{\Delta p(1-\varphi_0)}{K_s\varphi_0}\right)^3+\dfrac{0.95}{p}\left\{\dfrac{k_0}{1+\varepsilon_V}\left(1+\dfrac{\varepsilon_V}{\varphi_0}-\dfrac{\Delta p(1-\varphi_0)}{K_s\varphi_0}\right)^3\right\}0.67\\ (\boldsymbol{\sigma}'_{ij})_{,j}+(\varphi p\delta_{ij})_{,j}+F_i=0\\ \varepsilon_{ij}=\dfrac{1}{2}(u_{i,j}+u_{j,i}),\mathrm{d}[\boldsymbol{\sigma}'_{ij}]=\boldsymbol{D}_{ep}\mathrm{d}\varepsilon_{ij}\\ F=\beta I_1+\sqrt{J_2}-K,\boldsymbol{D}_{ep}=\boldsymbol{D}_e-\boldsymbol{D}_p\end{cases} \tag{7-28}$$

式中，K 为体积模量；ρ_c 为煤的密度；a_g、b_g 为朗缪尔常数；R_0 为理想气体常数；M_g 为瓦斯气体分子量；μ 为瓦斯动力黏度；p_a 为标准大气压；k_g 为气体的有效渗透率；F_i 为体积力；ε_{ij} 为应变分量；$u_{i,j}$、$u_{j,i}$ 为位移分量；I_1 为有效偏应力第一不变量；J_2 为有效偏应力第二不变量。

补充瓦斯渗流边界条件、煤层瓦斯赋存初始条件、煤层变形边界条件、煤层变形初始条件后，式(7-28)即为封闭方程。

7.2.2 超高压水射流割缝工艺技术及装备

1. 超高压水射流割缝工艺技术

在穿层或顺层钻孔中，采用低压水，利用矿用钻机带动水力割缝浅螺旋整体钻杆、高低压转换割缝器及金刚石复合片钻头钻进至预定位置，开启超高压清水泵，调节至指定压力，一定压力及流量的超高压水射流，通过高低压转换器上的喷嘴射出，对钻孔煤孔段的煤体进行切割、冲击，在煤体中形成一定宽度和高度的不规则缝槽，切割下来的煤体在超高压水射流的冲刷作用下被带出孔外，钻孔内煤体的暴露面积显著增大。切割形成的缝槽使钻孔周围煤体得以充分卸压、增渗，为煤体中的瓦斯排放创造了有利条件，达到了煤层卸压、增渗的目的。

2. 超高压水射流割缝装备

重庆研究院研制的 ZGF-100(A)型超高压水力割缝设备，对中硬煤层煤与瓦斯突出、冲击地压等灾害防治效果显著，解决了煤巷快速掘进、不具有保护层开采条件的煤层及突出危险首采层区域卸压增渗问题。

1)装备组成

超高压水力割缝装备由金刚石复合片钻头、水力割缝浅螺旋整体钻杆、超高压旋转水尾、超高压清水泵、高低压转换割缝器、多层钢丝缠绕苛刻条件下的超高压液压软管等组成。

超高压水力割缝装备工作原理系统示意图如图 7-14 所示。

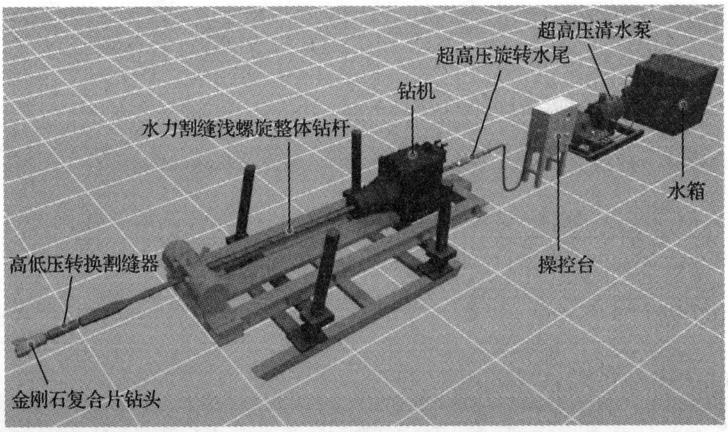

图 7-14　超高压水力割缝装备工作原理系统示意图

2) 装备特点

超高压水力割缝技术特点如下：

(1) 该装备可实现钻进、切割一体化，大幅度缩短了工艺流程时间。

(2) 采用的超高压清水泵体积小，便于井下安放。

(3) 水力割缝浅螺旋整体钻杆采用三密封，能够承压 100MPa 以上。

(4) 该装置操作更为简便、实用，效率高。

(5) 该装备不仅能解决穿层钻孔水力割缝增渗的问题，还能较好地解决顺层长钻孔大面积增渗的难题。

(6) 中等硬度煤层割缝半径可达 2.0～2.5m，减少了钻孔工程量，缩短抽采时间 30%以上。

3) 适用条件

该产品主要用于煤层稍硬的突出或冲击地压煤层及其复合型动力灾害底板穿层钻孔、石门揭煤及较大倾角采煤工作面顺层钻孔强化卸压、增渗，可提高瓦斯抽采效果，进而消除或降低煤与瓦斯动力危险。

GF-100 型超高压水力割缝装置适用于高地应力、高瓦斯、低透气性煤层（$f>0.4$）工作面顺层钻孔、穿层钻孔及石门揭煤卸压增渗、冲击地压防治等，顺层钻孔割缝深度为 80～100m，穿层钻孔割缝深度为 80～120m。

7.2.3　超高压水力割缝技术案例

1. 穿层钻孔超高压水力割缝技术

1) 试验地点

在丁集矿东二南采区 1351(1) 工作面进行超高压水力割缝，11-2 煤层煤巷条带穿层钻孔选在 1351(1) 运顺底板巷 2#～8#钻场进行。

2) 超高压水力割缝增渗效果

A.透气性分析

在 1351(1) 工作面运顺底板巷 1#钻场测定未采取割缝措施条件下 11-2 煤层钻孔瓦斯自然涌出量，在 4#钻场内测定超高压水力割缝条件下 11-2 煤层钻孔瓦斯自然涌出量，考察时采用简易排水法进行测量。

根据 11-2 煤层钻孔瓦斯自然涌出测定数据、实测瓦斯压力和钻孔施工参数，通过计算得出 11-2 煤层原始透气性系数为 $0.01316\mathrm{m^2/(MPa^2\cdot d)}$。

采用水力割缝后，测得 11-2 煤层透气性系数为 $0.18795\mathrm{m^2/(MPa^2\cdot d)}$，提高了 13 倍以上。

B.瓦斯抽采情况对比分析

东二南采区 1351(1) 运顺底板巷 2#～5#钻场为一个预抽评价单元，长度为 152m，采用超高压水力割缝增渗措施。1351(1) 运顺底板巷共施工高压水力割缝钻孔 248 个，选取同一块段的 1351(1) 轨顺底板巷第 2 预抽评价单元进行对比，1351(1) 轨顺底板巷第 2 单元钻场号为 9#～12#钻场，钻场间距为 40m，单元长度为 160m，钻孔按照 5m×5m 设计施工，共计 352 个孔，采用掏穴增渗措施。两个对比预抽评价单元均安装自动计量与人工计量装置，每班考查抽采数据，对两个预抽评价单元的抽采浓度及纯量进行考察计量。

(1) 预抽评价单元抽采浓度对比分析。

为了确保考察对比客观，两个预抽评价单元钻孔封孔方式均采用“两堵一注”带压注浆，保持抽采负压基本一致。1351 (1) 轨、运顺底板巷预抽评价单元抽采浓度变化如图 7-15 所示。

图 7-15　1351 (1) 轨、运顺底板巷预抽评价单元抽采浓度对比图

在考察两个预抽单元抽采浓度的同时，选取评价单元中的一组钻孔进行考察，割缝结束后，对单孔抽采浓度进行了考测记录，经过考察该组钻孔单孔浓度保持在 80%以上，平均浓度最高达到 93.7%，单孔浓度变化如图 7-16 所示。掏穴单元抽采浓度考察最低为 25%，最高为 35%，抽采浓度相对偏低，高浓抽采持续时间较短。水力割缝单元考察抽采浓度最高达到 85%，最低为 55%，抽采浓度较高且稳定。采用高压水力割缝增渗措施后扩大了孔内煤体暴露面积，增加了抽采裂缝，为实现持续高浓抽采提供了条件。

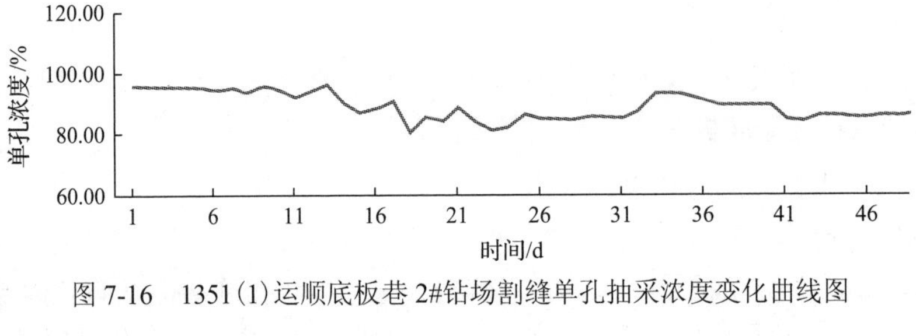

图 7-16　1351 (1) 运顺底板巷 2#钻场割缝单孔抽采浓度变化曲线图

(2) 预抽评价单元抽采纯量对比分析。

考虑到预抽评价单元钻孔数量的差异，对管路抽采纯量和单孔平均纯量进行对比。单元抽采纯量如图 7-17 所示，单孔平均抽采纯量如图 7-18 所示。实施高压水力割缝增渗措施后，单元抽采纯量最大为 2.65m^3/min，单孔抽采纯量最高为 0.011m^3/min。

2. 顺层钻孔超高压水力割缝技术

1) 试验地点

超高压水力割缝试验地点为潞安集团余吾煤矿 N1103 胶带顺槽。N1103 胶带顺槽采用顺层长钻孔的方式进行预抽，钻孔长度为 135m，倾角为 1°，方位角为 270°，钻孔间距为 4.0m。

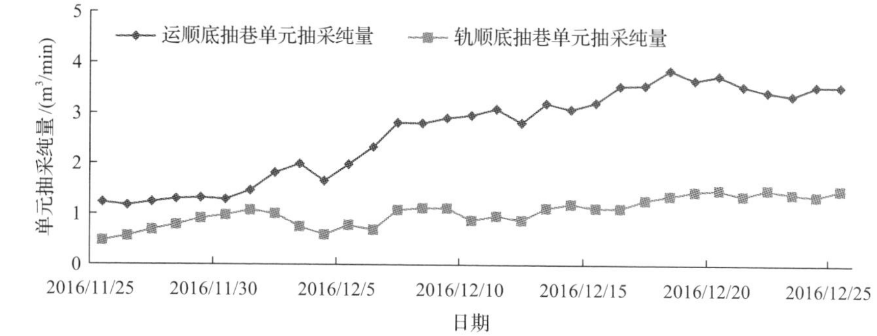

图7-17　1351(1)轨、运顺底抽巷预抽评价单元抽采纯量对比图

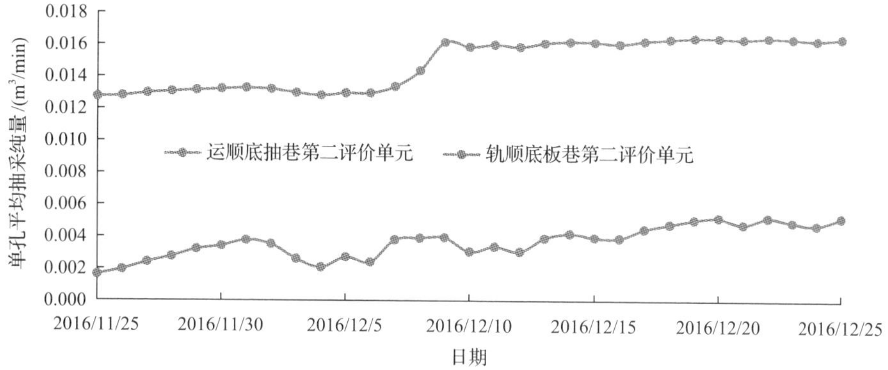

图7-18　1351(1)轨、运顺底抽卷考察单元单孔抽采纯量对比图

2）抽采效果分析

在抽采浓度上，割缝组钻孔单孔平均抽采浓度最小为56.3%，最大为83.7%，平均为67.2%，对比组钻孔单孔平均抽采浓度最小为33.3%，最大为68.1%，平均为44.75%；在抽采纯量上，割缝组钻孔单孔日均抽采纯量最小为0.039m³/min，最大为0.080m³/min，平均为0.040m³/min，对比组钻孔单孔日均抽采纯量最小为0.006m³/min，最大为0.031m³/min，平均为0.016m³/min。可得出，割缝组钻孔单孔日均抽采纯量是对比组的3.19倍。割缝组与对比组每日平均瓦斯抽采纯量与浓度变化曲线如图7-19所示。

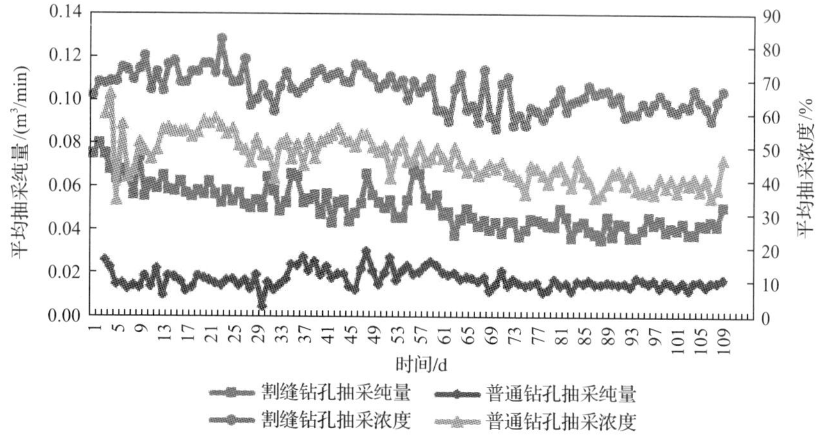

图7-19　割缝组与对比组每日平均瓦斯抽采纯量与浓度变化曲线(文后附彩图)

7.3 井下气体致裂增渗技术

7.3.1 气体致裂增渗机理

气体致裂增渗技术是一项用于提高低渗煤层渗透率的新技术，将瞬间气化膨胀产生的巨大能量作用于煤体，从而使煤体内产生新的裂缝，并促使煤体内部原生裂隙得到扩展，达到提高煤层透气性的目的，属于一种高压气体物理爆破技术，目前国内主要有高能空气爆破及二氧化碳致裂两种技术。气体致裂技术具有爆破过程无火花外露、爆破威力大、无须验炮、操作简单等技术优点，丰富了我国矿井瓦斯治理技术体系，为煤矿瓦斯治理问题提供了新的选择。

1. 气体致裂爆破应力波致裂作用

弹性固体介质中质点在内聚力的作用下彼此紧密联系，任何一个质点振动的能量都可以传递给周围质点，引起周围质点的振动。质点振动在弹性介质内以波动的形式向周围传播，这种波即为应力波，也称为弹性波。

增透过程中高能气流通过泄能阀释放出来，作用到周围的煤体上，形成应力波并向煤体深处传播，这样产生的应力波有别于炸药爆炸时产生的应力波，炸药爆炸由于其峰值压力高，爆速快，可达 2～4km/s，并且化学爆炸过程产生的一系列的应力波相互叠加，能量较大，是炸药爆破的主要能量，但容易造成过度破碎，另外一系列高强度的应力扰动对煤与瓦斯突出具有一定的诱导作用。气体致裂过程中产生的压力与爆速相对于炸药较低，较大程度地避免了煤体过度破碎，也提升了使用的安全性。

1) 应力波对煤体宏观裂纹扩展的作用

煤岩体的抗拉强度远小于其抗压强度，所以当应力波产生的伴生切向拉应力大于煤岩体的抗拉强度时，煤体被拉断，形成与粉碎区贯通的径向裂缝。随着应力波的继续传播，其强度也继续衰减。因为应力波的传播速度大于裂隙的传播速度，所以当应力波的峰值衰减至小于煤岩体强度时，已经形成的裂缝仍然继续扩展。当应力波传播至控制孔孔壁时，开始发生应力波的反射，控制孔反射产生的拉应力波及强间断波阵面后方的弱间断波造成的拉应力共同作用，使得在沿着预裂孔与控制孔连心线方向上的控制孔边缘也产生了裂缝，且该裂缝沿着连心线方向与预裂孔产生的径向裂缝相贯通，如图 7-20 所示。因为发生在控制孔方向的裂缝早于其他方向的裂缝，所以优先在预裂孔与控制孔的连心线处产生了贯通裂缝。

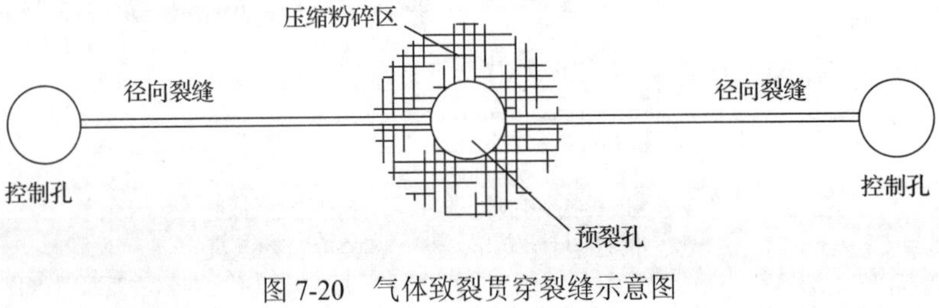

图 7-20　气体致裂贯穿裂缝示意图

气体致裂产生的应力波在煤体内部传播，其径向压力小于煤体的抗压强度，煤体不会被压坏，但会引起质点产生径向位移，并由此在靠近破碎圈的煤体中产生径向压缩和切向拉伸，具有较小抗拉强度的煤体在切向拉应力作用下被拉断产生宏观裂缝。径向应力峰值 $\sigma_{r\max}$ 与传播距离的关系在形式上可统一表述为

$$\sigma_{r\max} = \frac{P_1}{\bar{r}^a} \tag{7-29}$$

式中，P_1 为应力波峰值应力，Pa；$\bar{r}$ 为比距离，是钻孔内某一点到钻孔中心的距离与致裂孔半径的比值；a 为应力衰减指数，苏联学者给出的在完整性好的岩石中应力衰减指数与岩石泊松比的经验关系为 $a = 2 \pm \frac{\nu}{1-\nu}$，对冲击波取加号，对应力波取减号。

切向应力峰值 $\sigma_{\theta\max}$ 与径向应力峰值 $\sigma_{r\max}$ 之间的关系：

$$\sigma_{\theta\max} = b\sigma_{r\max} \tag{7-30}$$

式中，切向系数 b 值在预裂近区较大，随着距离的增大，b 值迅速减小，并逐渐趋向于只依赖于泊松比的固定值，$b = \frac{\nu}{1-\nu}$。

当煤体中应力波的切向拉应力超过煤体的动态抗拉强度 σ_{td} 时，煤体便出现开裂现象，即宏观裂缝的断裂准则为

$$\sigma_{\theta\max} \geqslant \sigma_{td} \tag{7-31}$$

切向拉应力造成煤体中的径向宏观裂纹，既为爆生气体的锲入创造了条件，也是煤层透气性增大的原因之一。

2) 应力波对煤体微观裂纹扩展的作用

煤体是脆性材料，其内部存在的许多原始节理裂隙、孔洞裂纹及微观裂纹，构成了煤体的原始损伤。在液态二氧化碳预裂爆破近区和中区，爆破的破坏力远远大于煤体的各项强度指标，此时原始损伤相对于初始的致裂威力而言，影响很小。随着应力波向煤体深部传播，虽然其峰值应力已衰减到不能直接造成煤体破坏，但会造成煤体内原始裂隙的局部损伤加剧，从而降低该区的煤体强度，改变煤体力学性质。爆炸应力波会在裂纹端部形成应力集中而使裂纹扩展，当煤体内原始裂隙相对集中时，则可能导致相邻裂纹彼此贯通形成大裂缝，裂缝之间相互连接形成局部裂缝网，使得煤体内局部地应力下降，煤体透气性增强，从而扩大了预裂爆破的影响范围。

由此可见，应力波在远区的破坏效应是基于该区域内存在原始损伤而导致煤体强度和断裂韧性降低，衰减后的应力波作用强度仍可能大于该区域损伤煤体的极限强度，从而导致原始裂纹扩展和延伸。

应力波向煤体深部传播过程中，与煤体内本身存在的节理裂隙、孔洞裂纹等相遇时，将产生波的反射、透射及折射，在裂纹尖端处还会出现衍射现象，从而使这些缺陷受到拉、压、剪等应力的混合作用。由于各种缺陷的存在，当受到应力波作用时，煤体的实

际承载面积变小，单位面积上的应力增大，表现为煤体的宏观力学性能发生改变，为此引入损伤参量 D。

脆性材料受冲击作用时，材料的破坏主要是由微裂纹附近的拉应力集中及应力波的拉伸部分引起的，由于应力(应变)迅速增加，裂纹的扩展速率及应力释放区的发展受到材料声速的限制，应变率越高，应力释放区越小，被激活的裂纹数越多，因而介质的损伤程度越高。材料撞击试验表明压缩波速的测定是评价受冲击脆性材料微裂纹发育程度的有效方法。在煤体内，弹性纵波的波速可表示为

$$c_{\mathrm{p}}=\sqrt{\frac{\lambda+2G'}{\rho_{\mathrm{c}}}}=\sqrt{\frac{K_{\mathrm{v}}+\frac{4}{3}G'}{\rho_{\mathrm{c}}}} \tag{7-32}$$

$$D=1-\frac{c_{\mathrm{ep}}}{c_{\mathrm{p}}} \tag{7-33}$$

式中，λ、G'为拉梅(Lame)常数；ρ_{c}为煤的密度，kg/m^3；K_{v}为煤体的原始体积模量，Pa；c_{ep}为未损伤煤体中弹性纵波的波速，m/s；c_{p}为弹性纵波的速度，m/s。

依据断裂力学理论，受二氧化碳预裂爆破应力波的影响，煤体中原生裂纹尖端处的位移场为

$$u_{CO_2}=\frac{K_{\mathrm{I}}}{4G'}\sqrt{\frac{r_{CO_2}}{2\pi}}\left[(2k-1)\cos\frac{\theta_{CO_2}}{2}-\cos\frac{3\theta_{CO_2}}{2}\right] \tag{7-34}$$

$$v_{CO_2}=\frac{K_{\mathrm{I}}}{4G'}\sqrt{\frac{r_{CO_2}}{2\pi}}\left[(2k-1)\sin\frac{\theta_{CO_2}}{2}-\sin\frac{3\theta_{CO_2}}{2}\right] \tag{7-35}$$

式中，u_{CO_2}、v_{CO_2}为分别为与裂纹平行及垂直方向上的位移，m；K_{I}为Ⅰ型裂纹的应力强度因子，Pa·m$^{1/2}$；r_{CO_2}为裂纹尖端附近一点到尖端的距离，m；k与泊松比有关，平面应力问题中$k=\frac{3-v_{CO_2}}{1+v_{CO_2}}$，平面应变问题中$k=3-4v_{CO_2}$；$\theta_{CO_2}$为裂纹尖端附近一点与尖端的连线和裂纹的夹角，(°)。

对裂纹尖端的位移场进行求导，依据广义胡克定律可得到体积应变ε和体积应变率$\dot{\varepsilon}$。

煤体在损伤状态下其动态本构关系可表示为

$$\boldsymbol{\sigma}_{ij}=3K_{\mathrm{e}}(1-D)\varepsilon\delta_{ij}+2G'(1-D)\boldsymbol{e}_{ij} \tag{7-36}$$

式中，$\boldsymbol{\sigma}_{ij}$为总应力张量；K_{e}为动态体积弹性模量，Pa；δ_{ij}为Kronecker函数；$\boldsymbol{e}_{ij}$为应变偏张量。

根据断裂力学理论，当Ⅰ型裂纹的应力强度因子K_{I}大于材料的动态断裂韧性K_{IC}

时，裂纹开始起裂并扩展。考虑到煤体的损伤会降低煤体的特性参数，损伤煤体的动态强度因子 K_{I}^{*} 为

$$K_{\mathrm{I}}^{*}=\frac{K_{\mathrm{I}}}{1-D}>K_{\mathrm{I}} \tag{7-37}$$

因此会存在 $K_{\mathrm{I}}^{*}>K_{\mathrm{I\,C}}>K_{\mathrm{I}}$ 的情况，此时若按照纯断裂力学理论，将得出裂纹不能起裂的错误结论，但是，依据损伤断裂理论，由于 $K_{\mathrm{I}}^{*}>K_{\mathrm{IC}}$，裂纹仍会起裂扩展，即考虑损伤后煤体裂纹会在更小的应力波压力下起裂。

致裂作用远区煤体裂纹的扩展主要受应力波远区局部拉应力场的作用，因此采用最大主应力准则来确定裂纹的扩展。依据裂纹尖端附近产生的集中应力场分布状态，可得到最大主应力为

$$\sigma_{1}=\frac{K_{\mathrm{I}}}{\sqrt{2\pi r_{\mathrm{CO_2}}}}\cos\frac{\theta_{\mathrm{CO_2}}}{2}\left(1+\sin\frac{\theta_{\mathrm{CO_2}}}{2}\right) \tag{7-38}$$

一旦裂纹开始起裂后，其致裂条件由使裂纹扩展应力场的最大主应力 σ_1 和煤体的动态抗拉强度 σ_{td} 决定。同样考虑损伤对煤体特性参数的影响，损伤煤体的动态抗拉强度 $\sigma_{\mathrm{td}}'=(1-D)\sigma_{\mathrm{td}}$。

气体致裂实质上是在爆破应力波、高压气体、煤的物理性质、瓦斯压力、地应力等因素共同作用下，煤体发生起裂、扩展、分叉、止裂的过程。

2. 爆生气体致裂作用

目前对于爆生气体驱动裂缝延伸方面的研究存在 4 种理论：①弹塑性力学理论。是将岩石看作理想均匀的连续介质，通过弹塑性力学分析，按照经典强度理论判断其是否破裂。②断裂力学理论。通过断裂力学理论分析裂缝扩展的强度因子，在裂缝周围的介质仍认为是连续介质。③损伤力学理论。材料内部存在微观缺陷组成的初始损伤，裂缝扩展是损伤积累到一定程度而产生的。④破坏力学理论。裂缝扩展同时存在断裂力学的强度因子和裂缝尖端的微观损伤，是断裂力学和损伤力学的结合。第 4 种理论更接近煤岩体裂隙的实际发展情况，能够更好地反映和解释高压二氧化碳气体在煤体中产生裂缝的过程，因此采用该理论研究爆生高压二氧化碳气体对煤体的致裂作用。

爆生高压气体对煤体的作用时间远高于应力波的作用时间，因此，相对于应力波的作用过程，爆生气体对煤体的作用可看作是一个准静态过程。

爆生高压气体对煤体的损伤断裂作用是在应力波作用后所产生的初始裂缝及损伤的基础上发生的。高压气体在爆破近区楔入煤壁上已张开的裂缝中，并在气体喷射的方向上形成新的裂缝，以气体驱动的模式促使裂纹扩展。高压气体在致裂作用的中远区煤体的裂缝尖端产生应力集中，在气体膨胀压力场和原岩应力场的作用下使裂缝进一步扩展。在整个裂缝扩展过程中，高压气体先进入张开宽度大、较平直、对气体楔入阻力小的大裂缝中，然后再进入与之沟通的小裂缝中，直到气体压力降到不足以使裂缝继续扩展为

止。一般情况下，在静态过程中，与排气孔距离越远，高压二氧化碳气体对煤体作用越弱，在煤体内存在二氧化碳气体应力梯度。因此，预裂裂缝始终是向着远离钻孔方向发展。在预裂爆破孔轴向方向，若存在压力梯度，裂缝也会沿着轴向扩展。总之，裂缝在高压二氧化碳气体驱动下，始终朝着压力(或应力)低的方向扩展。

裂缝在扩展过程中，受周围岩石的动态断裂韧性 K_{IC} 的控制，当裂缝边缘某一点上的应力因子 K_I 大于煤岩的断裂韧性 K_{IC} 时，裂缝将向前扩展。随着裂缝长度的增加和爆生气体压力的下降，裂纹扩展的驱动力逐渐减小，当裂纹尖端的应力强度因子小于其临界值时，裂纹止裂。

3. 控制孔对致裂效果的影响

在利用气体深孔预裂爆破增加煤层透气性的过程中，通常需要在预裂孔旁边设置控制孔，控制孔在一定程度上引导爆破能量作用的方向，提高爆破能量的利用率，有效改善爆破效果，使得布孔范围内的煤体充分利用爆破能量，从而产生较深孔预裂爆破范围大几倍的裂缝圈和扰动圈。

控制孔为气体深孔预裂爆破提供了辅助自由面。当爆破产生的压缩应力波传播到自由面时，会反射形成拉伸应力波，当拉伸应力波大于介质的抗拉强度时，就会产生霍金逊效应，使介质从自由面向里片落。同时，反射拉伸波和径向裂缝尖端处的应力场相互叠加，促使径向裂隙和环向裂缝进一步扩展，大大增加裂缝圈的范围。

控制孔的作用可以通过控制孔附近的应力分布来说明。控制孔直径 $r_{控}$ 远小于孔间距，因此可以把泄放压力对控制孔的作用视为无限大介质中受泄放压力作用的弹性力学模型，控制孔处于爆破应力场中，使爆破应力 $P_{煤}$ 的分布发生变化，在控制孔附近产生应力集中。控制孔受爆破应力影响的应力状态如图 7-21 所示。

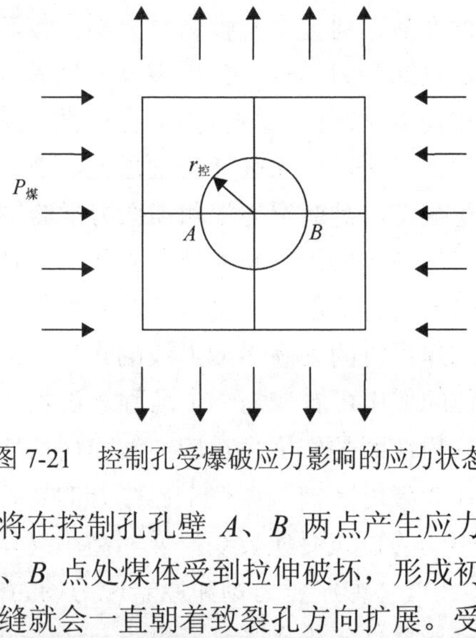

图 7-21　控制孔受爆破应力影响的应力状态

在爆破应力作用下，将在控制孔孔壁 A、B 两点产生应力集中，当切向拉应力大于煤体的抗拉强度时，在 A、B 点处煤体受到拉伸破坏，形成初始裂缝。只要切向拉应力大于煤体的抗拉强度，裂缝就会一直朝着致裂孔方向扩展。受爆破载荷作用，煤体瓦斯压力也将作用于裂缝内，进一步促使裂缝扩展，最终在钻孔连线方向上形成贯通裂缝。

4. 致裂区域的形成

气体致裂器产生的应力波和爆生气体作用在煤体上，冲击载荷超过煤体的极限抗压强度后，煤体遭到过度破坏，损坏成微粒状，形成破碎圈。通常炸药爆破也会在炮孔周围形成破碎圈，而形成破碎圈的过程即是爆破能量作用在煤体上，使其过度破碎的结果。预裂爆破的有效成果是以有限的能量在煤体中形成更多裂缝，而对煤体的过度破碎消耗能量很大，不利于在爆破中区形成更多裂缝。

随着作用时间的延长，冲击波推进到煤体内部，并开始衰减，当冲击波衰减为压缩应力波时，径向方向产生压应力和压缩变形，而切向方向将产生拉应力和拉伸变形。由于煤岩的抗拉能力很差，低于煤体的抗压强度，当拉伸应变超过破坏应变时，就会在径向方向产生裂缝。同时，爆生气体紧随其后迅速膨胀进入由应力波产生的径向裂缝中，由于气体的尖劈作用，裂缝继续扩展。随着裂缝的扩展，爆生气体压力迅速降低，当压力降到一定程度时，积蓄在煤体内部的弹性能就会释放出来，形成卸载波，使煤体内部产生以钻孔为中心的环向裂缝，环向裂缝与径向裂缝相互交叉形成致裂区域的裂缝圈。

直到应力波及爆生气体压力衰减到不足以使介质产生破坏，只能使煤体质点产生震动，且这种震动逐渐减弱消失，形成裂缝圈外的扰动圈。

最终在钻孔周围形成一片透气性好、裂纹发育的区域。这片区域由内至外分别为破碎圈、裂缝圈、扰动圈，如图 7-22 所示。

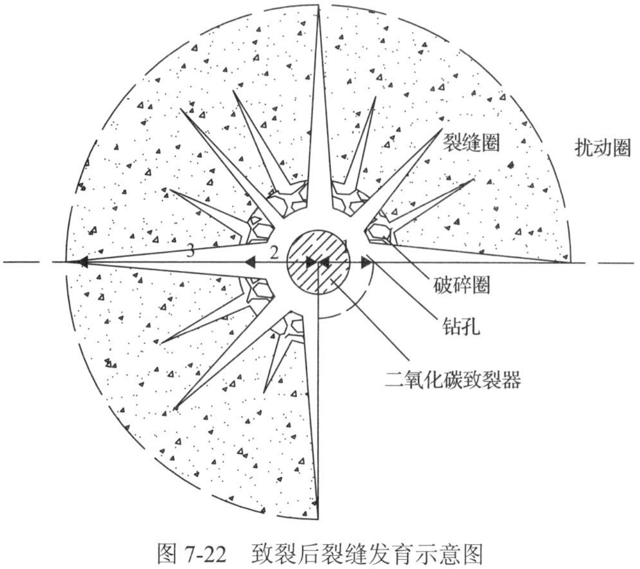

图 7-22　致裂后裂缝发育示意图

1-r_b，钻孔半径；2-$r_{碎}$，破碎圈半径；3-$r_{裂}$，裂缝圈半径

7.3.2　高压空气爆破增渗工艺

针对我国低透气性煤层煤层气赋存的特点，为了解决中硬低透气性煤层增渗难题，开展了高压空气爆破增渗工艺研究，具体包括：不同爆破孔径爆破效果，不同爆破应力

强度、不同孔间距的爆破增渗效果研究，高压空气爆破增渗工艺技术及参数研究，高压空气爆破增渗技术应用及增透效果考察等内容的研究，增加煤层透气性，提高煤层气产量。

1. 不同爆破孔径爆破效果

选择工程实际常用的内径 *Φ*95mm 与内径 *Φ*113mm 的试验孔进行爆破效果对比，基于试验安全的考虑选择抗拉强度分别 10MPa、20MPa、30MPa 的水泥块进行试验，一共 3 组，爆破应力强度为 30MPa。对比爆破效果的依据是，看破坏面的数量及破坏面的块体的大小，破坏面越多、破坏面的块体越多，增渗效果越好。

将高压空气释放装置出气头上方 20mm 套入密封圈，置于气爆孔内，并利用石膏进行封孔。石膏∶水∶减水剂为 100∶28∶2，搅拌 30s，并在 1min 内完成注入封孔，放置 60min 以上方可进行试验，以确保密封性良好。爆破前后效果分别如图 7-23 和图 7-24 所示。

图 7-23　预留直径为 *Φ*95mm M20 试块爆破结果(爆破前)

图 7-24　预留直径为 *Φ*95mm M20 试块爆破结果(爆破后)

试验结果显示：爆破孔内径为 *Φ*95mm 与 *Φ*113mm 的 M10 型号的水泥块，经过高压空气爆破后，完全被破坏，破坏面及破坏块的尺寸差别不大；爆破孔内径为 *Φ*95mm 与 *Φ*113mm 的 M20 型号的水泥块，经过高压空气爆破后，完全被破坏，但是内径为 *Φ*113mm 的水泥块的破碎程度优于内径为 *Φ*95mm 的水泥块；爆破孔内径为 *Φ*95mm 与 *Φ*75mm 的 M30 型号的水泥块，经过高压空气爆破后，都被破坏，内径为 *Φ*113mm 的 M30 型号水泥块的破坏块的尺寸小于内径为 *Φ*95mm 的 M30 型号的水泥块。

由实验结果可知，孔内径为 *Φ*113mm 的爆破效果要优于孔内径为 *Φ*95mm 的爆破效果。

2. 不同爆破应力强度、不同孔间距的爆破增透效果分析

根据高压空气地面爆破试验的应力加速度传感器、应变片等测得的数据，利用 Matlab 程序进行损伤区的演化研究。

模型如图 7-25 所示，几何尺寸为 10m×5m，假设煤体力学性质均一，裂隙分布均匀，没有差别，其中在模型中建立 7 个 *Φ*113mm 的钻孔，中心钻孔为爆破孔，1#～6#钻孔为观测孔，观测孔与爆破孔的距离依次为 1m、1.5m、2m、2.5m、3m、3.5m。

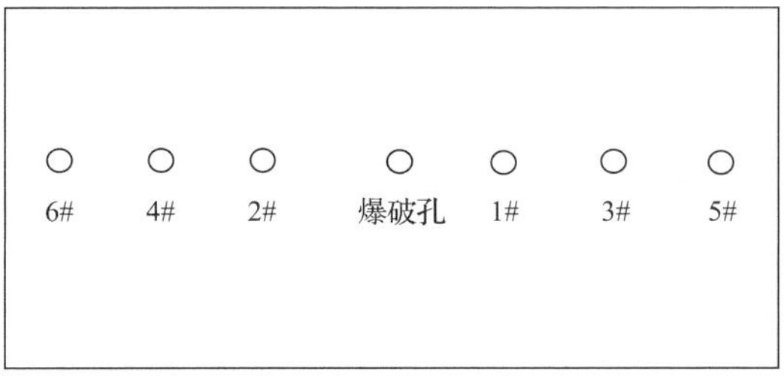

图 7-25　几何模型

共进行 6 组模拟试验，分别为地应力为 0MPa、10MPa，抗压强度峰值为 20 MPa、30 MPa、40MPa 时的模拟。主要结果如下所述。

1) 无地应力作用

(1) 地应力=0MPa、煤体抗压强度峰值为 20MPa 时的爆破效果如图 7-26 所示。

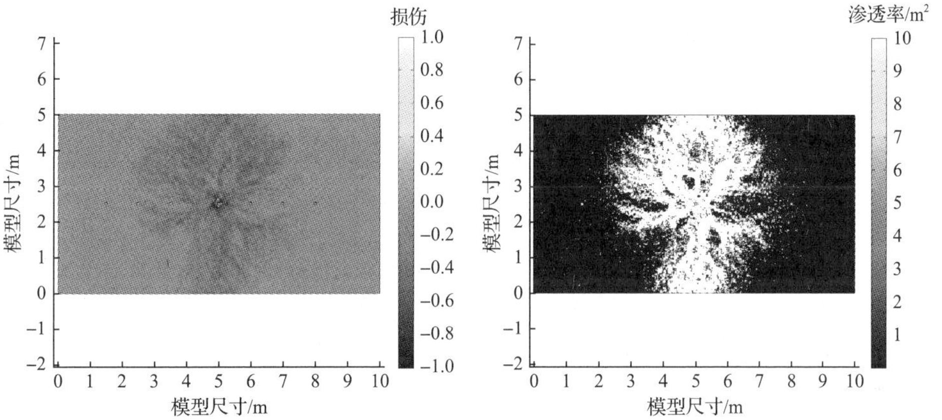

(a) 损伤图　(b) 渗透系数图

图 7-26　地应力为 0MPa、煤体抗压强度为 20MPa 时的损伤及渗透图(文后附彩图)

(2) 地应力=0MPa、煤体抗压强度峰值为 30MPa 时的爆破效果如图 7-27 所示。

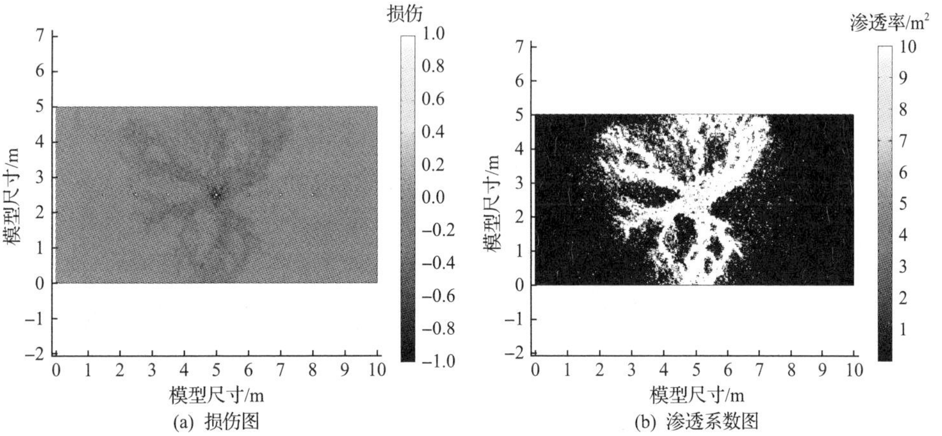

(a) 损伤图　(b) 渗透系数图

图 7-27　地应力为 0MPa、煤体抗压强度峰值为 30MPa 时的损伤及渗透图(文后附彩图)

(3) 地应力=0MPa、煤体抗压强度峰值为 40MPa 时的爆破效果如图 7-28 所示。

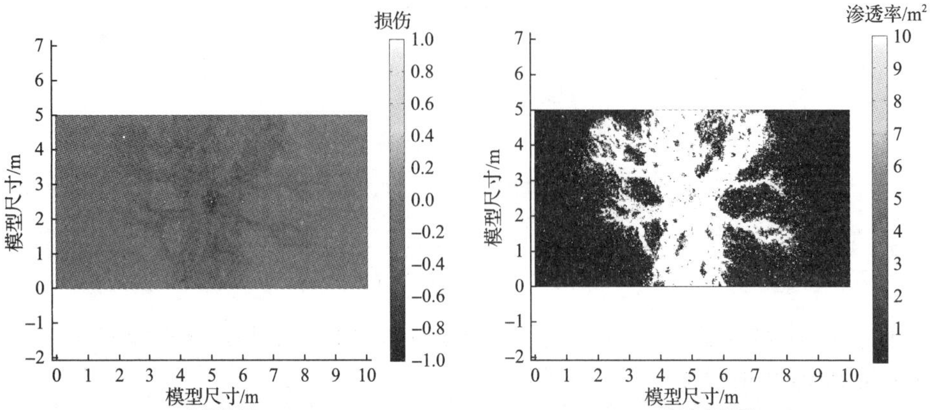

(a) 损伤图 (b) 渗透系数图

图 7-28 地应力为 0MPa、煤体抗压强度峰值为 40MPa 时的损伤及渗透图(文后附彩图)

2) 地应力作用下高压空气爆破增透

(1) 地应力=10MPa、煤体抗压强度峰值为 20MPa 时的爆破效果如图 7-29 所示。

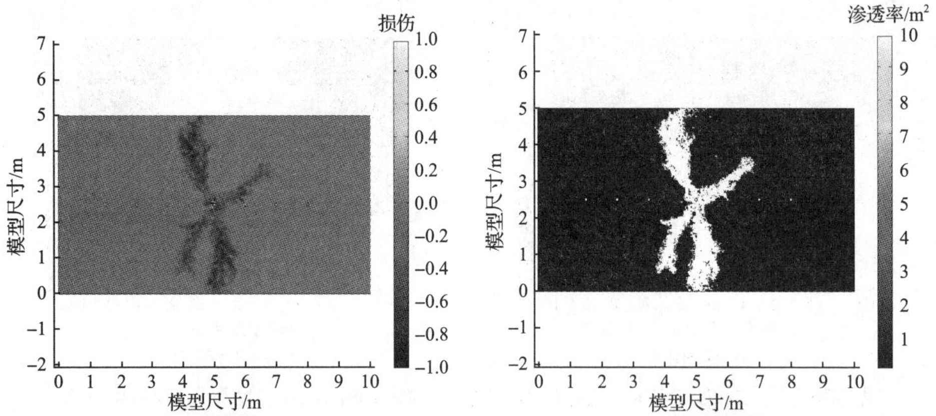

(a) 损伤图 (b) 渗透系数图

图 7-29 地应力为 10MPa、煤体抗压强度峰值为 20MPa 时的损伤、渗透图(文后附彩图)

(2) 地应力=10MPa、煤体抗压强度峰值为 30MPa 时的爆破效果如图 7-30 所示。

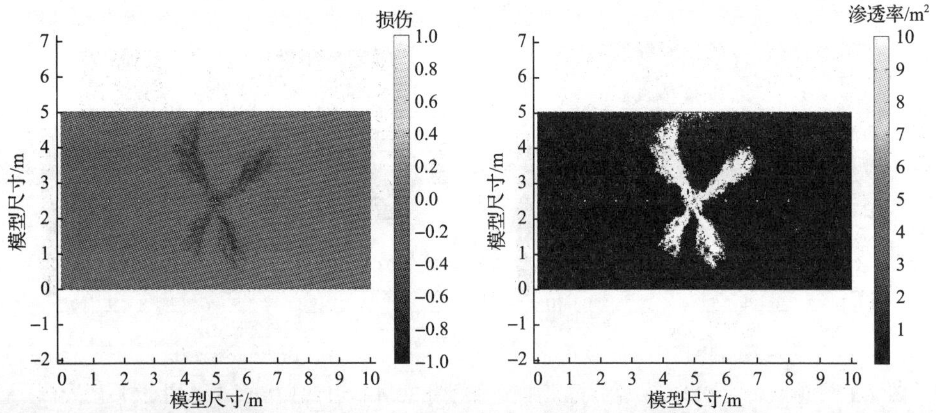

(a) 损伤图 (b) 渗透系数图

图 7-30 地应力为 10MPa、煤体抗压强度峰值为 30MPa 时的损伤、渗透图(文后附彩图)

(3) 地应力=10MPa、煤体抗压强度峰值为 40MPa 时的爆破效果如图 7-31 所示。

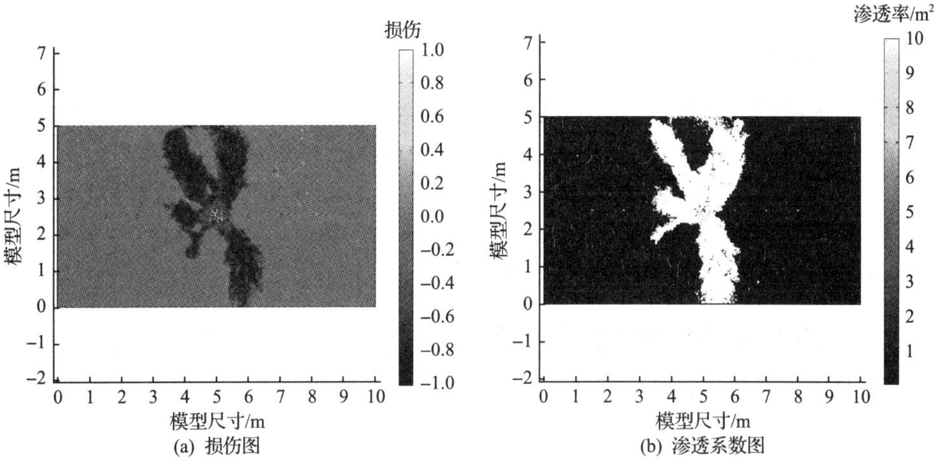

图 7-31　地应力为 10MPa、煤体抗压强度峰值为 40MPa 时的损伤、渗透图(文后附彩图)

3. 模拟结果及分析

模拟结果显示：在没有地应力的情况下，沿爆破孔的各个方向都有裂缝扩展，破坏区域呈壳状，沿爆破孔水平方向将孔分为上下两部分，孔上面损伤破坏面比孔下面损伤破坏面大，孔上面的裂缝密度大于孔下方，裂缝沿着破裂方向自由扩展。

当有较大的地应力存在时，地应力影响裂缝扩展的效果明显，表现为损伤面积变小，裂缝的数目变少，裂缝的方向性比较显著，在爆破孔上方，裂缝沿与中轴线约为 45°，两个方向扩展夹角约为 80°；爆破孔下方两个扩展方向与中轴的夹角约为 60°，两个方向扩展夹角约为 60°。

在地应力高的情况下，随着爆破应力的增加，裂缝扩展方向发生变化，表现为裂缝扩展的方向发生偏转，各个方向裂缝的扩展差异性更强，钻孔中轴上面及下面右边的钻孔发生偏转，同时裂缝的扩展程度也变大，钻孔中轴上面及下面左边的钻孔未发生偏转，裂缝的扩展程度略小。爆破孔的影响区域：上下为 6.5m，左右为 4m。

在没有地应力的情况下，裂缝扩展得比较均匀，孔间距的裂缝密度取决于爆破应力的大小，间距的差别不是很大。在地应力较大的情况下，由于裂缝的发育扩展受地应力的影响较大，在不同区域表现出差异性，不同方向的孔间距区域内的裂缝密度差别很大。随着爆破应力强度的增加，在一定范围内，裂缝密度增长明显；在范围之外，随着爆破应力强度的增加，裂缝密度增长不明显，部分区域甚至为零增长。因此，爆破孔间距的选择对煤层气抽采效果的影响显著。依据模拟结果，抽采孔的布置应在以爆破孔为圆心，半径为 2.5m 范围内，鉴于爆破损伤区域的特征，爆破孔上方布置的抽采孔数目多于爆破孔下方。

随着爆破应力强度的提高，高压空气爆破冲击作用下裂缝区域的面积及长度也随之增加，卸压效果增强。地应力对高压空气爆破冲击的裂缝扩展效果的抑制作用明显，随着地应力的增大，高压空气爆破破坏区域及裂缝的条数与长度将明显减少与降低。

7.3.3　二氧化碳深孔预裂爆破增渗工艺

1. 二氧化碳致裂器成套设备

二氧化碳致裂器由充装阀、发热装置、储液管、定压剪切片、密封垫、泄能阀 6 个部分组成。二氧化碳致裂器实物及结构示意图如图 7-32 所示。

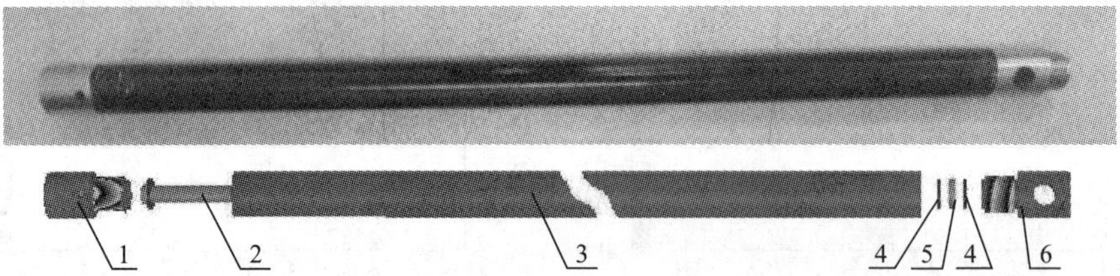

图 7-32　二氧化碳致裂器实物及结构示意图

1-充装阀；2-发热装置；3-储液管；4-密封垫；5-定压剪切片；6-泄能阀

充装阀是致裂器的关键部件，阀体设有充液口、充液针阀、导通电极和发热装置连接口。通过充液口可以向致裂器的储液管中充入液态二氧化碳，充装完毕后，拧紧充液针阀，将液态二氧化碳封存在储液管中。

发热装置为一圆柱形药卷，由连接头、药筒、启动器、发热材料组成，为一次性使用的易耗品。安装在充装阀发热装置连接口一端，内置的启动器与充装阀上的导通电极相连，处于储液管中的液态二氧化碳压力环境下时，使用矿用起爆器通过导通电极激发启动器，可使发热材料在瞬间发生反应，放出大量热量，使液态二氧化碳受热气化。

储液管采用高强度合金钢制造，管体中空且无焊缝，能承受瞬间管内压力剧变而不产生塑性变形，并且可重复使用。储液管两端为台阶型卡槽，一端安装密封垫、定压剪切片及泄能阀，另外一端安装发热装置和充装阀。储液管有多种规格，如外径有 51mm、57mm、89mm 等，长度有 1m、1.5m 等，储液管容积有 1L、1.5L、2.0L 等。储液管尺寸越大，可充装的液态二氧化碳就越多，可达到的极限爆破压力就越大。

密封垫安装在储液管两端的台阶型卡槽内，用于阀体的密封连接，可保证致裂器内的液态二氧化碳不发生泄漏，材质一般有钢板纸、金属薄板等。

定压剪切片为一圆形钢板，安置于储液管排气方向的一端，封闭储液管的开口以形成密闭容器。定压剪切片具有固定的抗剪切强度，一旦储液管内的压力超过定压剪切片的承载能力，定压剪切片就会在剪应力的作用下发生破坏，释放管内的气体。定压剪切片可根据不同的泄放压力的需求，由不同厚度或不同材质的钢板制成，从而控制储液管释放气体的初始压力。定压剪切片加工简单，为一次性使用的易耗品，下次使用时需换置新的定压剪切片。

泄能阀上设有泄能孔，启动致裂器产生的高压二氧化碳气流从泄能孔排出。泄能孔对气流的释放具有导向、聚能作用，使气流沿固定的方向喷出，减少能量的耗散。泄能阀的长度和开孔数量可根据致裂需要进行优化设计，一般在致裂硬度较大的岩石时，采用短型的泄能阀，便于高压气流集中释放；在致裂硬度较小的煤层时，采用长条形的泄能阀，增加释放口数量，从而增大致裂影响范围。

2. 二氧化碳致裂器泄能控制

二氧化碳致裂器在钻孔中用于预裂爆破时，生成的高压二氧化碳气流作用在周围煤壁上，对煤体形成冲击作用。与此同时，高压气流的反作用力也会对致裂器产生影响，由于致裂器材质坚硬，不会对致裂器外形结构产生影响，但是高压气流反作用力在致裂器轴向上的分力，可能会导致致裂器沿着钻孔方向向内或向外运动，在一定情况下，该分力会远大于致裂器与钻孔之间的摩擦力，从而导致致裂器飞出钻孔，影响致裂效果，威胁钻孔周围人员和设备安全。因此，需要对二氧化碳致裂器的泄能过程进行有效控制，将高能量的致裂过程控制在安全范围内。

二氧化碳致裂器形成的高压二氧化碳气流通过致裂器的泄能阀对外释放，泄能阀的结构特征直接影响到高压二氧化碳流体的泄放压力、流量、射流方向等参数，进而影响致裂破岩效果。泄能阀的结构特征主要体现在管体上开设的泄能孔的排数、数量、直径大小，即泄能孔开孔面积的大小，另外，泄能孔的开孔角度会影响高压二氧化碳气流的射流方向。

1) 泄能孔面积

二氧化碳致裂器储液管内高压二氧化碳冲破定压剪切片后，从泄能孔泄放，这一过程与压力容器内部超压后，高压流体冲破安全阀内的爆破片进而通过排气弯头向环境空间泄放高压流体的过程类似。研究表明，高压容器爆破片破膜面积的大小影响压力容器内超压发展变化过程，进而影响泄放出口流体压力与流量。当破膜压力一定时，破膜面积越小，单位时间的流体泄放量就越小，泄放后流体压力越小，容器内的超压将继续增大；相反，破膜面积增大到一定程度时，单位时间的流体泄放量将增加，泄放后流体压力也将增大，容器内的超压将在短时间内迅速减小。

同样，根据流体力学理论，流体在通道内流动时，将会受到沿程阻力和局部阻力影响，能量存在耗散效应，过流断面越小，能量沿程损失越大；过流断面突变越大，能量局部损失也越大。

泄能孔面积将直接影响泄能后能量损失的大小。为了取得较好的致裂效果，要求高压二氧化碳流体通过泄能孔泄放过程中，能量损失越少越好。因此，在不影响泄能阀整体强度的条件下，尽量减小泄能通道长度，增加泄能孔面积，尽可能使其与定压剪切片破断后直线流通段面积保持一致，并保持断面光滑，避免流动方向突变。

2) 泄能孔开孔角度

二氧化碳致裂器泄能孔开孔方向对于起爆后致裂器的止飞效果具有较大影响。类似于火箭发射反冲原理，如图 7-33 所示，储液管内高压二氧化碳流体冲破定压剪切片后，先沿直线段向泄能孔底方向运动，到达孔底后转向泄能孔方向向外喷射，气流在不同的运动方向将产生不同的反作用力。

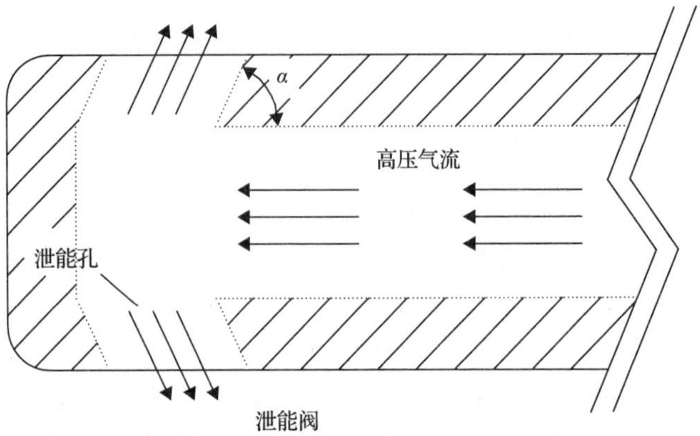

图 7-33　高压气流在泄能阀中的运动

(1)当气流沿直线段运动时，高压二氧化碳流体从致裂器的储液管向泄能阀方向运动，将会产生反向作用力，朝向充装阀方向，导致二氧化碳致裂器向孔口方向运动，大大降低了爆破效果，需要采取止飞措施。

(2)气流由孔底转向泄能孔方向运动时，随着孔口方向的不同，将产生不同的反作用力：

当孔口方向为 90°(泄能孔的轴线与泄能阀轴线正交)时，泄能孔在圆周方向均匀布置，不同泄能孔喷射二氧化碳气体形成的反作用力合力为零，不会影响致裂器运动，泄放压力在抵消部分局部阻力后，形成最大的致裂压力。然而，在气流沿直线段运动过程中，以及高压气流通过泄能孔冲击在煤壁后部分气流沿着致裂器管壁向孔口方向运动过程中，致裂器受到向钻孔孔口的作用力，导致致裂器可能蹿出钻孔。

当孔口方向小于 90°(泄能孔的轴线与泄能阀轴线呈夹角，并朝向孔口方向)时，不同泄能孔喷射的二氧化碳气体形成的反作用力合力不为零，并沿孔底方向抵消部分促使致裂器向孔外蹿出的作用力，夹角越小，该分力就越大，而泄放压力的径向分力就越小，致裂效果越弱。

(3)在实际开展二氧化碳深孔预裂爆破过程中，应综合考虑致裂器泄放压力、摩擦力、高压气流在轴向及径向的分力等作用力，优化计算泄能孔合理的开孔角度，提高致裂效果，并结合孔口的止飞装置，防止致裂过程中致裂器蹿出钻孔，保证深孔预裂爆破作业安全。

3. 致裂器多管联爆技术

二氧化碳致裂器用于煤层增透作业，在穿层钻孔中进行预裂爆破时，若钻孔煤段较短，使用单根致裂器即可满足增渗需求；若钻孔煤段较长，或在顺层钻孔中进行预裂爆破，则单个钻孔中需要连接多根致裂器，方可将钻孔控制的煤体区域覆盖完整。多根致裂器之间的连接方式与起爆导线的布置方式是致裂器多管联爆技术的关键所在。

1) 致裂器多管连接方式

根据二氧化碳致裂器应用领域的不同，致裂器之间的连接方式也有所不同。本书分别设计了用于致裂器之间直接连接的泄能阀和带有转接机构的多管连接装置，其中，多管直连泄能阀以较短致裂区域应用为主，带转接机构的多管连接装置以顺煤层中较长致裂区域应用为主。

基于对多管连接装置的结构、强度、与致裂器充装阀及泄能阀合理配合方式的考虑，开发了满足致裂器多管串联时爆破导线连线方便快捷的多管连接装置结构，通过预留接线腔，实现两根致裂器之间起爆导线的稳固连接；同时，考虑到现场爆破过程中，单个爆破孔内需要多根致裂器串联连接，并且应采用机械化手段将致裂器送入钻孔并从钻孔中取出，多管连接装置采用螺纹连接方式，并且设计了满足强度要求与致裂器充装阀及泄能阀合理配合的螺纹形状、螺距及牙型角，确保多管连接整体结构稳固可靠。

2) 多管联爆线路布设

在起爆导线布置方面，通常有起爆导线在储液管内部走线，以及起爆导线在储液管外部走线两种方案。致裂器是通过发爆器产生的电能进行起爆，在起爆过程中，发爆器产生的电能经过预置于储液管内发热装置内部的点火头，引爆点火头后，其释放的能量将发热材料引燃，产生大量热量激发二氧化碳致裂器爆破破岩。管内走线时，起爆导线的正负极需要分别连接点火头的脚线，若要实现致裂器多管联爆，起爆导线在连接上一根致裂器点火头脚线后，需要继续穿过上一根致裂器另一端的定压剪切片与泄能阀，才能与下一根致裂器的点火电极连接。因此，管内走线存在如下弊端：

(1) 需要对定压剪切片进行改造，在上面打两个孔并安装两个接线电极，同时保证接线电极与定压剪切片彼此绝缘，这将导致改装定压剪切片工艺复杂，并有可能导致液态二氧化碳从接线电极与定压剪切片安装位置泄漏。

(2) 起爆导线在储液管内一端连接点火头脚线，另一端连接定压剪切片接线电极。在进行液态二氧化碳充装时，在高压流体扰动下，有可能将起爆导线从连接处断开，可靠性较差。

(3) 起爆后，随着定压剪切片的破断，内置在储液管内的起爆导线也随之损坏，无法重复利用。

(4) 制作发热装置时需要考虑将起爆导线穿过发热装置堵头，工艺复杂，并且组装致裂器时，需要先将起爆导线穿过储液管，再与定压剪切片连接，操作不便。

储液管外加套管并设置走线槽可以避免管内走线存在的弊端，将起爆导线从上一根致裂器储液管外壁穿过，连接下一根致裂器，避免上述管内走线存在的类似问题；同时在充装阀、泄能阀表面刻槽，作为起爆导线敷设路线；为了使储液管外壁的起爆导线与充装阀上的点火电极相连，研发了专用插线头，其一端与充装阀点火电极相连，另一端脚线与起爆导线相连；为了使致裂器之间的爆破导线稳固相连，研发了接线端子，将爆破导线与接线端子连接后，将其固定在多管直连泄能阀或转接机构特定位置，保证接线稳固；同时，研发了护瓦，用于将裸露的起爆导线保护起来，防止致裂器送入钻孔过程中起爆导线与钻孔孔壁摩擦，形成短路或断路故障。

通过以上分析，明确了二氧化碳致裂器多管联爆的实现方法，即：①第一根致裂器组装并充装完成后，在泄能阀一端连接转接机构与连接管，之后连接管另一端的转接机构与下一根致裂器的充装阀相连，完成两根致裂器的串联连接，若第一根致裂器采用的泄能阀为多管直连泄能阀，则直接与下一根致裂器充装阀相连，至此，致裂器串联连接完成。②在进行致裂器连接的同时，连接致裂器间的起爆导线，先将第一根致裂器储液管外壁的起爆导线一端连接充装阀上的点火电极，线另一端经过泄能阀外壁凹槽进入转接机构，与接线端子进线端相连，接线端子出线端导线穿过连接管，与另一端接线端子进线端相连，之后另一端接线端子出线端与下一根致裂器充装阀上的点火电极相连，完成两根致裂器之间起爆导线连接。若第一根致裂器采用的泄能阀为多管直连泄能阀，则其储液管外壁的起爆导线一端经过多管直连转接头外壁凹槽，直接与下一根致裂器充装阀上的点火电极相连，至此，致裂器间的起爆线路连接完成。

二氧化碳致裂器多管联爆结构示意图如图 7-34 所示。

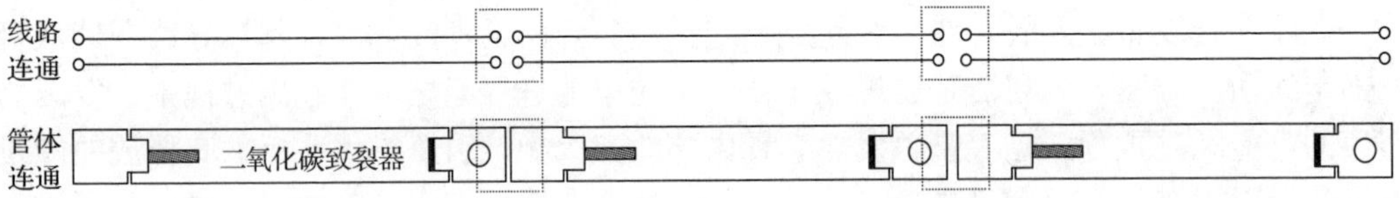

图 7-34　二氧化碳致裂器多管联爆结构示意图

4. 二氧化碳致裂器技术特点

二氧化碳致裂技术爆破能量可控，安全性高，除了应用于煤层增渗以外，还能在巷道掘进、顶板弱化、煤仓清堵、露天爆破、铁路公路爆破施工等诸多领域发挥良好的效果，具有明显的技术特点。

(1) 安全可靠。传统的炸药爆破存在引发煤矿井下瓦斯爆炸的危险，同时哑炮、瞎炮的处理也极易发生人员伤亡事故，给矿井安全生产带来隐患。而二氧化碳致裂技术采用独特的结构设计，在工作时不会产生任何明火或火花，爆破后温度低于环境温度，杜绝了引燃煤体或其他物料的可能性。此外，对于未正常启动的二氧化碳致裂器的处理方法也很简单安全，只需要打开针阀释放二氧化碳即可，不存在安全隐患。

(2) 爆破效果良好。二氧化碳致裂器爆破压力可达 200～250MPa，并可根据爆破目的对泄放方式进行针对性调整，精确定位爆点位置，在爆破落煤应用中，具有抛煤量大、块煤率高、抛掷距离短的优点，相比于传统炸药爆破，其安全性高、爆破效果好。

(3) 有害气体少。二氧化碳致裂虽然以二氧化碳为做功介质，但是释放的量并不多。1L 的液态二氧化碳对应的理想状态二氧化碳气体体积约为 $0.5m^3$，在正常的通风条件下，即使多根致裂器同时启动，释放的二氧化碳量也不足以使巷道二氧化碳浓度超限。此外，生成的一氧化碳体积分数一般为 3×10^{-6}～16×10^{-6}，产生的矿尘一般在 3～5min 即可排尽。

(4) 有害影响小。二氧化碳爆破与炸药相比，虽然在峰值压力、爆速方面都小了一个数量级，但峰值压力仍远高于岩石的强度。因此，其能够在满足致裂煤岩的情况下，将爆破影响控制在小范围内，不会对周围设备、道桥、构筑物产生破坏。另外，爆破的声音小，飞石也较少，对爆破周边环境破坏影响较小。

二氧化碳深孔预裂爆破增渗效果受多方面因素的影响，如钻孔的孔径大小、进行预裂爆破的钻孔倾角、煤层碎软程度、埋深、致裂器的泄放压力、爆破孔与控制孔间距等，这些因素均会影响煤层增渗效果。

5. 钻孔直径、致裂器直径与推送杆直径之间的匹配关系

二氧化碳致裂器在地面组装车间进行组装、充装、测试后，运送到预裂爆破作业地点，利用钻机将致裂器、连接管逐根送入爆破钻孔中，在实施完爆破作业后，再利用钻机将其取出。在操作过程中，致裂器的送入与取出能力是深孔预裂爆破试验的关键。因此，在预裂爆破试验之前，需要研究致裂器直径与钻孔直径、推送杆直径的匹配关系，选择合适的匹配关系，才能保证致裂器在顺层钻孔中顺利送入与取出。

钻孔直径、致裂器直径及推送杆直径三者之间的匹配关系简称“三径”匹配。煤层钻孔在成孔过程中，受到瓦斯压力、地应力及煤层强度等因素的影响，钻孔孔壁会有不同程度的剥落，很难形成光滑、整齐的钻孔孔壁，而且随着钻孔深度的加大，钻孔会有一定程度的偏斜，这些给致裂器的顺利送入和取出带来了一定难度。为了应对不平滑的钻孔对致裂器的阻碍作用，应使钻孔直径大于致裂器直径，当致裂器送入钻孔受到阻碍时，能够有空间进行调整。

另外，致裂器直径应与推送杆直径基本一致，若两者直径有差别，则会在相连处形成不连续的台阶，推送或取出过程中都会刮蹭钻孔孔壁，阻碍致裂器的送入和取出。

为了实地测试直径为 51mm 的二氧化碳致裂器搭配直径为 51mm 的推送杆在不同孔径钻孔中的送入能力，在煤巷中布置两组钻孔，钻孔倾角分别为 0°和 38°，每组 3 个钻孔，孔径分别为 64mm、75mm 和 89mm，实际考察致裂器在钻孔中的输送情况。测试结果见表 7-1。

表 7-1　致裂器送入试验结果

倾角/(°)	送入深度/m		
	孔径为 64mm	孔径为 75mm	孔径为 89mm
0	4.5	32	100
38	5.5	37	100

由表 7-1 测试结果可知：

(1) 51mm 的致裂器与 64mm 的钻孔孔径差为 13mm，致裂器只能送入 4.5～5.5m，远不能满足深孔预裂爆破的需要；

(2) 51mm 的致裂器与 75mm 的钻孔孔径差为 24mm，致裂器能够送入 32～37m，该深度通常不到采煤工作面长度的一半，预裂爆破覆盖范围较小，也不能满足深孔预裂爆破的需要；

(3) 51mm 的致裂器与 89mm 的钻孔孔径差为 38mm，致裂器可送入 100m，能满足深孔预裂爆破的需要。

6. 二氧化碳深孔预裂爆破合理泄放压力数值模拟

二氧化碳深孔预裂爆破增渗过程中煤层渗透率的变化非常复杂，是一个瓦斯运移和煤层变形之间相互耦合的复杂过程。通过建立涉及瓦斯渗流运移和煤层的固体变形两个物理过程的含瓦斯煤岩固-气耦合模型，来模拟二氧化碳深孔预裂爆破过程，探索二氧化碳致裂器在不同泄放压力下对煤层瓦斯运移的影响效应。其基础是建立固-气耦合控制方程，包括力学平衡方程、瓦斯运移方程和交叉耦合方程。

借助 COMSOL Multiphysics 软件对二氧化碳致裂器在不同泄放压力条件下的瓦斯运移过程进行模拟。建立长宽均为 20m 的二维平面应变计算模型，根据实际的煤层瓦斯抽采过程，以原始煤层透气性系数为基础，不考虑巷道对煤层透气性的影响(考虑瓦斯在巷道帮向巷道内的流动过程)，对致裂器爆破增渗过程中不同致裂压力情况进行模拟，并考察致裂效果，对致裂器泄放压力进行优化。

建立的模型大小均为 20m×20m，左侧为巷道临空侧，钻孔长度为 15m、直径为 75mm。通过有限元离散求解共划分 2288 个单元。时间步长按照非均等的积数步长增大，初始值为 0.5s，终止值为 106s(10d 左右)。

采用上述计算模型对致裂器预裂爆破效果进行模拟计算，致裂器预裂增渗泄放压力分别选为 0MPa(未采用增渗措施)、150MPa、200MPa。

预裂增渗前后煤层内瓦斯压力分布情况如图 7-35 和图 7-36 所示。由瓦斯压力分布等值线图可知，由于钻孔内和左侧巷道临空侧均为大气压力，煤层内部瓦斯压力大，煤层瓦斯向钻孔及巷道内流动，形成的瓦斯压力分布等值线沿巷道及钻孔轮廓呈 T 字形分布。

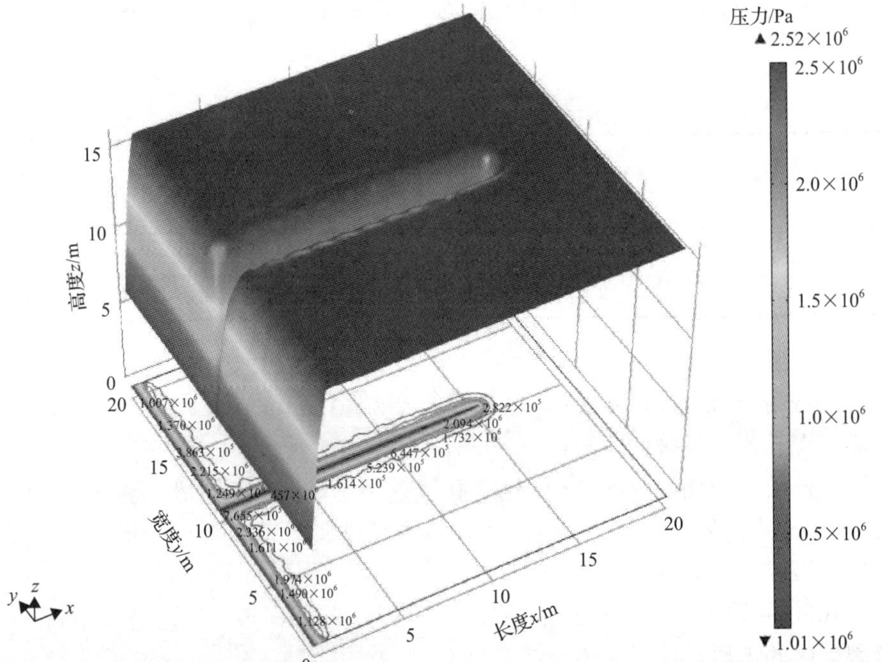

图 7-35　未采取致裂增透措施时瓦斯压力分布立体图(10d)(文后附彩图)

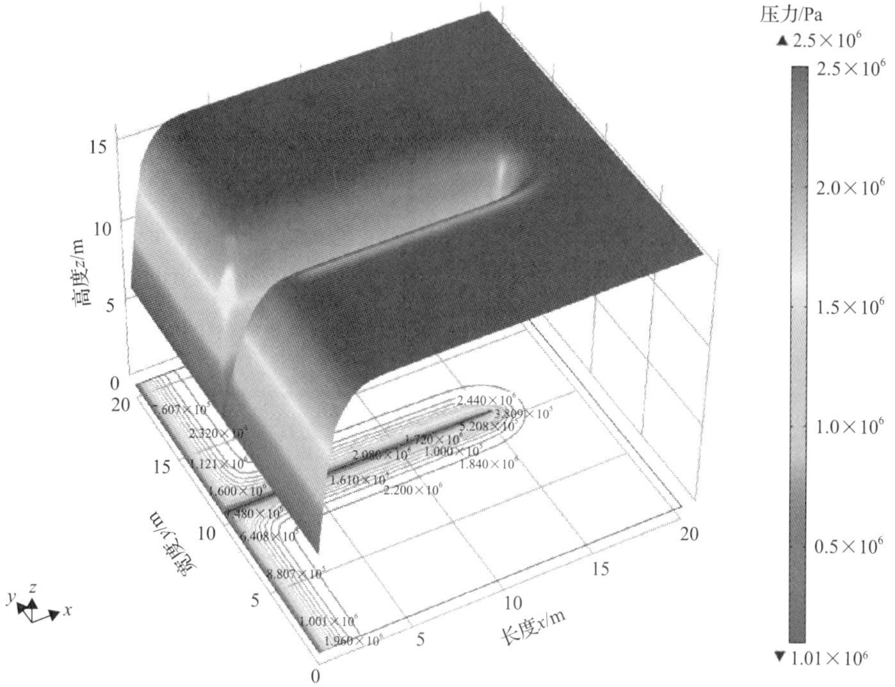

(a) 泄放压力150MPa

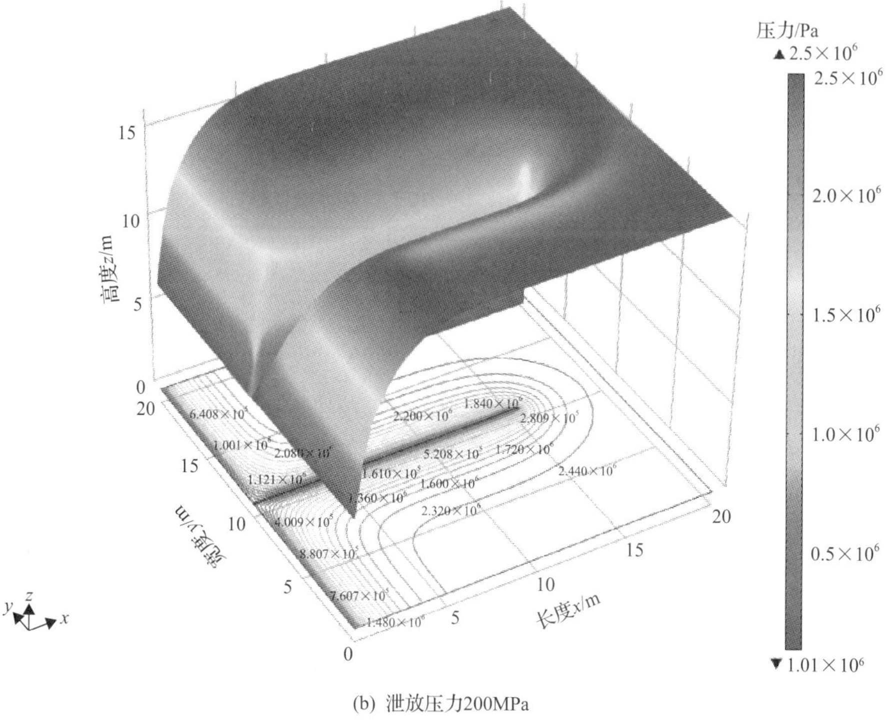

(b) 泄放压力200MPa

图 7-36　爆破时瓦斯压力分布立体图(10d)(文后附彩图)

立体图中呈现出从巷道及钻孔轮廓向煤体内部逐渐倾斜的斜坡形态，沿钻孔轴线出现了中间最低、两侧逐渐升高的谷状分布。靠近上下及右侧边界处瓦斯压力分布较为平坦，仍为初始煤层瓦斯压力，瓦斯流动并未对此形成影响。斜坡的斜率反映了孔隙率和渗透率的分布情况。由图 7-35 和图 7-36 可知，越靠近钻孔中部，斜坡越陡，因此，孔隙率和渗透率也越大，而在煤层内部，瓦斯压力分布为平面状，说明孔隙率和渗透率未发生变化。对比图 7-35 和图 7-36 可知，未采取增渗措施时，钻孔对周围煤体的孔隙率及渗透率影响范围有限，瓦斯渗流场经过 10d 的瓦斯流动，钻孔所带来的煤层瓦斯卸压效果极低。随着二氧化碳致裂器预裂爆破泄放压力的升高(由 150MPa 提高到 200MPa)，钻孔周围煤层瓦斯压力降低范围迅速扩大，有效降低了钻孔周围的煤层瓦斯压力，增渗效果明显。

7. 二氧化碳深孔预裂爆破影响半径

二氧化碳致裂器在煤层中进行深孔预裂爆破，产生以钻孔为中心向外依次为破碎圈、裂缝圈和扰动圈的 3 个区域，其中破碎圈中煤岩过度破碎且范围较小；扰动圈是预裂爆破后应力波衰减过程中影响到的区域，裂缝发育不充分；而裂缝圈则是预裂爆破过程中造缝效果最好的区域，该区域原生裂缝与爆生裂缝充分发育，增大了瓦斯运移的通道，是瓦斯抽采效果最为理想的区域。二氧化碳深孔预裂爆破的有效影响范围即是裂缝圈的范围。

裂缝圈范围可通过理论计算、数值模拟和现场试验的方法进行确定。理论计算和数值模拟都是一种间接推算致裂范围的方法，在假设煤岩体各向同性、忽略次要因素影响的前提下，基于煤岩体在应力波作用下的损伤破坏模型，以裂缝开裂、止裂条件作为初始条件和边界条件，推导出裂缝发育长度，这种间接计算的方法可以考察参数连续变化的影响。在具备现场试验条件的情况下，利用现场试验则可通过具体的钻孔参数、抽采数据、效果对比直接考察出致裂器预裂爆破的有效影响半径，具有指导工程实践的现实意义。

在试验矿井依次布置 6 个顺层钻孔，间距为 1.5m，孔深为 100m，倾角为 38°，开孔高度为 1.0m。其中，1#孔为爆破孔，2#～6#孔为考察孔。钻孔成孔后，使用快速封孔器封孔，并测试钻孔自然瓦斯涌出量。

在 1#爆破孔实施深孔预裂爆破后，持续测试 1#～6#钻孔的自然瓦斯涌出量，试验前后流量变化情况如图 7-37 所示。

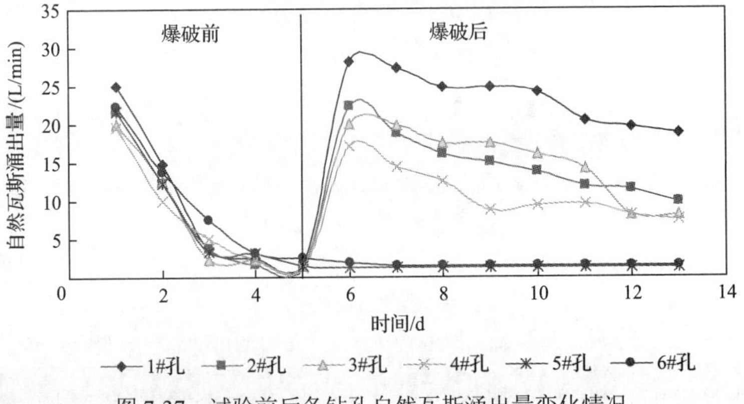

图 7-37　试验前后各钻孔自然瓦斯涌出量变化情况

通过图7-37中各钻孔自然瓦斯涌出情况可知：

(1) 1#爆破孔爆破前自然瓦斯涌出量已衰减到1.6L/min，通过实施预裂爆破，流量增大到28.2L/min；

(2) 距离1#爆破孔1.5m的2#孔在预裂爆破后自然瓦斯涌出量由1.2L/min增大到22.3L/min，受到深孔预裂爆破增渗效果的影响；

(3) 3#孔、4#孔在试验后最大自然瓦斯涌出量分别为20.0L/min、17.1L/min，平均涌出量增大了3.8～6.7倍，也受到深孔预裂爆破增渗效果的影响；

(4) 5#孔、6#孔在试验后自然瓦斯涌出量未见明显变化，显然未受到预裂爆破的影响。

可见，2#、3#、4#孔处于预裂爆破的影响范围内，预裂爆破影响半径达到了4.5m。为了便于二氧化碳深孔预裂爆破工程施工，同时对试验煤层实现致裂增渗，可采用“隔一爆一”的方式布置钻孔，即两个爆破孔中间设置一个控制孔(图7-38)，使其有效致裂区域有所重叠。

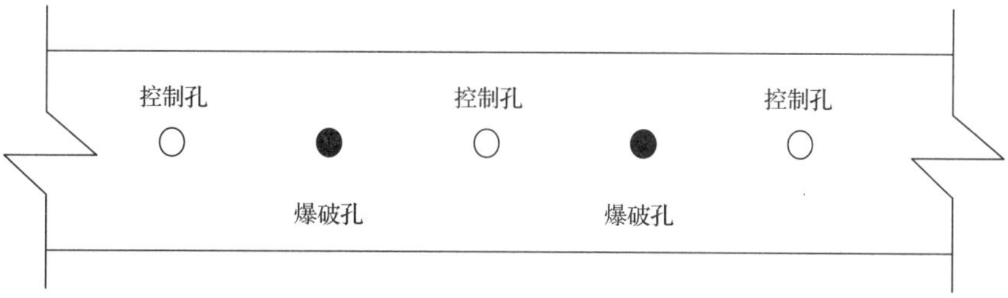

图7-38 爆破孔与控制孔布置示意图

8. 二氧化碳深孔预裂爆破工艺流程

对二氧化碳致裂器深孔预裂爆破工艺参数的研究为形成完善的预裂爆破工艺流程打下了基础，同时在参数研究过程中开展的现场试验也为形成合理的爆破工艺流程积累了经验。

在实施二氧化碳深孔预裂爆破时应遵循以下工艺流程。

(1) 准备阶段：检查二氧化碳致裂器性能，若储液管已充液存放1d以上，则需要重新称重，保证管内液态二氧化碳满足预裂爆破的需求。检查设备的导通性能，若不能导通则需要更换新的储液管；检查排气孔是否堵塞；清洁储液管的螺纹，防止螺纹被异物卡住而不能连接推杆。

(2) 钻进成孔：根据二氧化碳深孔预裂爆破工艺参数研究，设计合理的钻孔孔径、倾角等参数，安排有经验的施钻工人施工爆破钻孔。钻孔成孔后，将钻杆从钻孔中退出，保持钻机位置、角度不变。

(3) 送入致裂器：将储液管安置在钻机上，利用钻机依次送入致裂器和连接管，推进过程中要慢速匀速推进，若遇到“顶钻”情况，适度旋转钻杆缓速推进，不能猛冲，防止顶坏设备。预先计算好需要的连接管数量，距离孔口端安全距离内不布设致裂器。在送入连接管的过程中，每送入3～5根需要测试一次起爆电极导通性能，若发现不能导通，则及时排查问题，送入过程如图7-39所示。

(a) 钻机将致裂器送入水平长钻孔

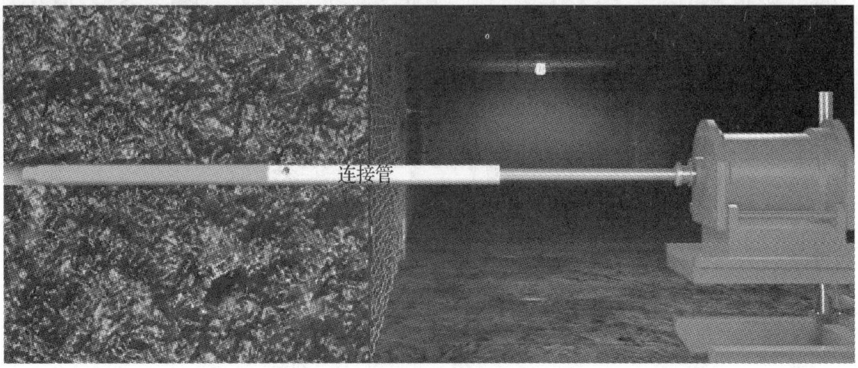

(b) 钻机将连接管送入水平长钻孔

图 7-39　送入过程示意图

(4)敷设起爆线路：施钻人员将孔口端连接管固定在钻机上，由夹持器、推进头共同卡紧后，在最外一根连接管尾部连接起爆导线，由专职人员敷设起爆导线至安全区域；人员撤离到安全区域，并安排专职人员进行警戒，防止其他人员进入爆破区域；再次检验导通性后，与起爆器连接，做好起爆准备工作。

(5)起爆：安检员执行“一炮三检”制度，检查无误后，启动起爆器。再次检测导通性，若显示为断路，则说明预裂爆破成功。

(6)预排：预裂爆破后，钻孔中瓦斯、二氧化碳等气体会逸散到巷道中，注意监测巷道瓦斯浓度及二氧化碳浓度。

(7)取出：起爆半小时后，检测风流中瓦斯浓度及二氧化碳浓度，人员回到试验地点。试验人员依次退出连接管、致裂器等装置。

(8)封孔抽采：退出连接管、致裂器等装置后，及时对钻孔进行封孔接抽，采用“两堵一注”封孔工艺，选择聚氨酯封孔材料与微膨胀水泥注浆材料联合封孔。

7.3.4　井下气体致裂增渗技术现场增渗案例

1. 高压空气爆破现场增渗技术案例

高压空气爆破增渗煤层工艺技术流程为(图 7-40)：根据试验地点的地质条件，进行参数设定，然后利用高压空气加压泵站对空气进行加压，通过高压管路将高压空气输送至高压空气释放装置，当空气压力达到试验所需压力值时开启爆破阀，高压空气突然释放，在煤层中爆破冲击煤体。使冲击钻孔与控制钻孔之间的煤体破坏，产生位移或裂隙，达到瓦斯抽采增渗目的。

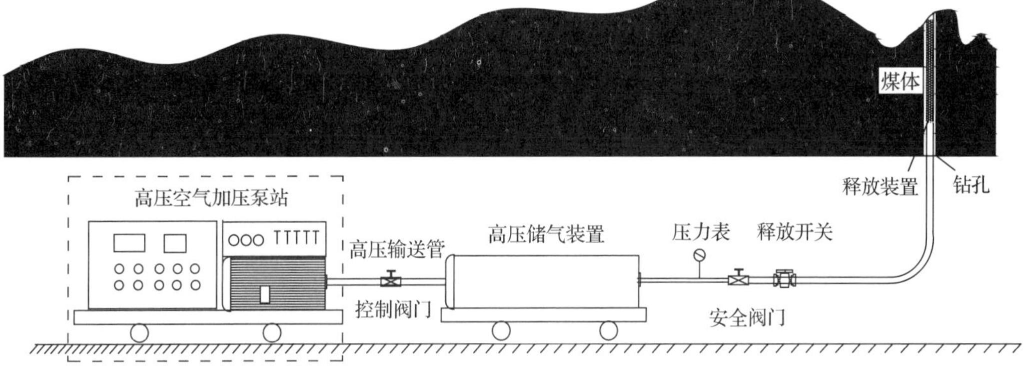

图 7-40　高压空气爆破工作工艺图

在进行高压空气爆破增渗参数研究时，确定了几组钻孔布置方式：单孔(爆破孔与非爆破孔)瓦斯自然排放钻孔进行对比、单孔(爆破孔与非爆破孔)瓦斯抽放钻孔进行对比、在爆破孔外不等距考察钻孔瓦斯自然衰减参数、在爆破孔外不等距考察钻孔瓦斯抽放效果、爆破孔与非爆破孔煤层透气性系数进行对比。

1) 试验地点

试验选择在淮南矿业集团丁集矿西一 13-1 轨道大巷联巷。试验煤层为 13-1 煤层，煤层平均厚度为 3.6m，丁集矿 13-1 煤层为突出煤层，西一 13-1 采区 13-1 煤层实测瓦斯压力为 1.6MPa，瓦斯含量为 6.11m^3/t，煤层碎软，煤层透气性系数为 0.01112m^2/(MPa^2·d)，透气性差。在丁集矿西一 13-1 轨道联巷施工穿层钻孔，总共 35 个钻孔，4 个压力钻孔，7 个爆破孔，24 个观测孔。考察钻孔(常规抽放钻孔)和试验钻孔(高压空气爆破钻孔)均为 Φ75mm 钻孔。设计钻孔均为穿层钻孔，测压钻孔倾角为 35°，试验钻孔倾角为 50°，垂直于巷道壁。根据试验安排，有部分钻孔需要封孔留出管子连接瓦斯流量计用于测瓦斯流量，部分钻孔需要封孔测压。测压钻孔封岩石段全长，试验钻孔根据开孔的围岩特性确定，钻孔确定封孔长度为 3～5m。封孔材料采用合适管径的钢管，外用麻袋添加聚氨脂封孔及瓦斯抽放快速封孔剂封孔。

2) 试验效果

现场试验结果表明：①单孔爆破后煤层瓦斯涌出自然衰减系数从 0.3217d^{-1} 降低为 0.0187d^{-1}，降低了 94%，大幅度降低了低透气性煤层钻孔瓦斯涌出衰减速度，能增加钻孔瓦斯排放量；②同时相比较于原始钻孔，高压空气爆破钻孔在同一统计时间内单孔自然瓦斯涌出量大幅度增加，平均增加 700%；单孔瓦斯抽放纯量大幅度增加，平均增加 600%；③通过不等距考察钻孔瓦斯自然衰减参数试验考察，可知距离爆破钻孔 2.5m 处考察钻孔瓦斯流量在高压空气爆破后变化率达到最大值，大于 2.5m 后考察钻孔瓦斯流量变化率降低，可知爆破影响半径为 2.5m 是最佳距离，爆破影响范围为 5m；④通过不等距考察钻孔瓦斯抽放效果试验考察，可知两组钻孔在高压空气爆破后瓦斯抽采混合量和瓦斯抽采纯量均大幅度增加，最大混合量增加变化率为 374.77%，最大纯量增加变化率为 400.65%；⑤通过高压空气爆破，煤层透气性系数从 $0.0214m^2/(MPa^2·d)$ 提高到 $1.1385～27.0653m^2/(MPa^2·d)$，提高 50 倍以上。结果显示高压空气爆破工艺在低透气性煤层增渗方面，可以有效提高煤层透气性及煤层气抽采效果，增加煤层气产量。

2. 二氧化碳深孔预裂爆破现场试验

1) 试验矿井条件

为了实际考察二氧化碳致裂器深孔预裂爆破的增渗效果，在贵州贝勒煤矿进行了井下试验。贝勒煤矿为煤与瓦斯突出矿井，主采 M_1、M_4、M_5、M_6、M_7 煤层，试验巷道 1603 运输巷布置在 M_6 煤层中，巷道采用 U 形棚支护。M_6 煤层倾角为 25°～39°，厚度为 1.75～2.9m，中间夹矸为 0.2～0.8m，煤层普氏系数为 0.4，破坏类型属Ⅲ～Ⅴ，原始瓦斯含量为 $12.15m^3/t$，瓦斯压力为 1.15MPa，钻孔抽采影响半径为 1.0m。煤层结构简单，顶(底)板岩性均以细砂岩和粉砂岩为主，局部夹泥岩。

2) 试验方案

二氧化碳深孔预裂爆破工业试验方案：

(1) 在 1603 运输斜巷选取 1603 工作面一段长 50m 的未受采动影响区域进行工业试验，在该区域内布置爆破孔和控制孔，进行二氧化碳深孔预裂爆破增渗试验。此外，在该巷道增渗试验区域外，即未采取增渗措施区域施工 2 个抽采钻孔，连续测试其瓦斯抽采数据，并进行对比。

(2) 共施工 11 个试验钻孔，其中 1#、3#、5#、7#、9#、11#钻孔为控制孔，2#、4#、6#、8#、10#钻孔为爆破孔，爆破孔与控制孔交错布置，钻孔间距为 5m，孔径为 89mm，钻孔长度为 100m，倾角为 38°，先施工控制孔，再施工爆破孔，使用煤层瓦斯综合参数测试仪测试控制孔瓦斯流量、浓度等参数。

(3) 爆破孔成孔后即按照二氧化碳深孔预裂爆破工艺流程进行深孔预裂爆破，爆破后连续测试爆破孔及控制孔的瓦斯流量、浓度等参数，绘制瓦斯浓度、流量变化曲线。

(4) 与未增渗区域抽采钻孔进行对比，分析评价二氧化碳深孔预裂爆破增渗效果，计算瓦斯抽采量、预抽率等。

3) 试验结果及分析

二氧化碳深孔预裂爆破试验之后，测试巷道风流中二氧化碳和一氧化碳浓度，二氧化碳浓度最高为 0.1%，低于《煤矿安全规程》规定的 0.5%临界值；一氧化碳浓度最高为 11ppm，低于《煤矿安全规程》规定的 24ppm 临界值。二氧化碳致裂器进行深孔预裂爆破没有引起巷道风流二氧化碳、一氧化碳浓度超标。

二氧化碳深孔预裂爆破后，立即对钻孔进行封孔接抽，连续测试各试验钻孔的瓦斯流量、浓度，选取 1#～6#钻孔进行分析，此外测试了未采取增渗措施的 A、B 钻孔的抽采数据进行对比。试验钻孔抽采流量随时间变化曲线如图 7-41 所示。深孔预裂爆破之后，试验钻孔单孔平均抽采流量为 68.2～112.8L/min，对比钻孔平均抽采流量约为 16.2L/min，采取二氧化碳预裂爆破后的钻孔瓦斯抽采流量是原始煤体钻孔抽采流量的 4.2～6.9 倍。

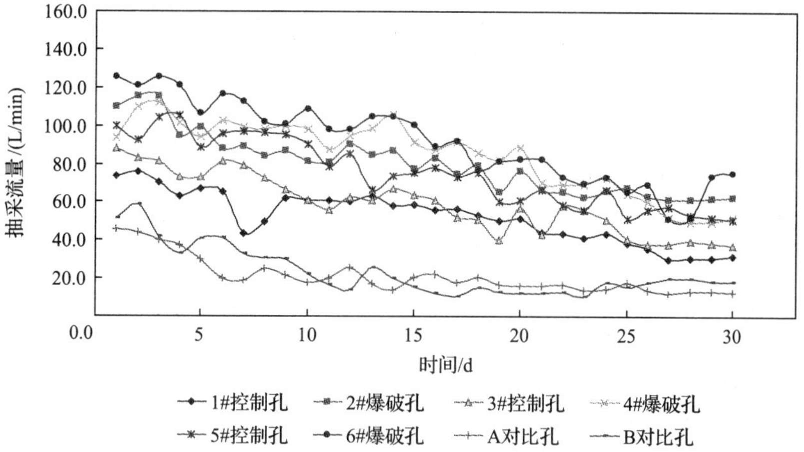

图 7-41 试验钻孔抽采流量随时间变化曲线(文后附彩图)

M_6 煤层原始透气性系数为 $0.4793m^2/(MPa^2 \cdot d)$，进行预裂爆破试验后，通过试验区域煤层瓦斯含量、瓦斯压力及钻孔瓦斯流量等实测数据，可计算得到煤层透气性系数为 $12.9643m^2/(MPa^2 \cdot d)$，比试验前提高了 26 倍。

对原始煤层进行二氧化碳深孔预裂爆破增渗后，改变了原始煤体中的裂隙发育情况，使原生裂隙扩展，并形成了新的裂缝、裂隙，形成了较大范围的裂缝网，表明二氧化碳深孔预裂爆破增渗技术在煤层增渗、强化瓦斯抽采方面具有很好的效果。

本章汇稿人：胡千庭 武文宾

本章主要编写人员：胡千庭 武文宾 李全贵 张永将 李守国 霍中刚 孙小明 秦玉金

第 8 章　煤矿区煤层气安全集输技术

近几年，依托国家科技重大专项“大型油气田及煤层气开发”等项目的支持，重庆研究院充分利用电子技术和信息技术，在煤层气安全集输技术及装备研发方面取得了重要进展。在煤层气抽采利用监控方面，研究集成了煤层气利用监控系统，逐步形成了以红外甲烷浓度传感器、激光甲烷浓度传感器、涡街流量计、V 锥流量计及威力巴流量计等为代表的系列化技术及产品，使抽采瓦斯浓度、流量监测更加精准；同时，抽采监控系统信息化、数字化技术进一步提高，监测控制功能进一步完善，抗干扰能力进一步加强。在抽采管网运行监测调控技术方面，研究形成了集输管网运行状态智能分析技术、集输管网运行状态智能调控系统、煤层气集输管网漏气在线检测、堵漏技术等，通过监测抽采参数的变化规律，对瓦斯抽采管网主要工艺参数进行动态调节控制；通过检测负压泄漏超声波，实现集输管网漏气在线检测、在线堵漏，有效提高了复杂环境下煤层气抽采安全性及抽采系统运行效率，提升了抽采煤层气的品质。在瓦斯智能混配系统方面，研发了低阻力动态对旋混配器、高精度多点监测计量装置、智能混配监测控制系统等，可有效调节进入混配器的两路气体流量，保证混配后的气体浓度稳定在瓦斯利用设备最佳工况运行范围内。该技术可用于抽采高、低浓度瓦斯混配后发电及低浓度瓦斯与空气或乏风混配后的蓄热氧化产热，扩展了抽采低浓度瓦斯的利用途径。在瓦斯输送安全保障系统方面，研究形成了“阻火泄爆、抑爆阻爆、多级防护、确保安全”的低浓度瓦斯输送安全保障技术，研发了可自动监测水位并自动控制补排水的瓦斯管道输送水封阻火泄爆装置；可自动监测输送管道爆炸火焰、压力等信号实现快速关闭阻爆的自动阻爆装置；根据火焰和压力监测信号自动控制喷粉抑爆等自动抑爆装置；该技术在内燃机瓦斯发电用管道输送中成功应用，消除了低浓度瓦斯抽采利用的安全隐患，促进了低浓度瓦斯发电、蓄热氧化等利用技术的快速发展。在瓦斯安全排空和销毁系统方面，研究开发了低浓度瓦斯排空和销毁安全控制系统、安全销毁火炬系统等，对减少抽采瓦斯直接排放、保护环境意义重大。

目前，由瓦斯抽采利用监控系统、抽采管网运行监测调控系统、瓦斯智能混配系统、瓦斯输送安全保障系统、瓦斯安全排空和销毁系统等构成的煤矿区煤层气安全集输技术及装备体系已经初步形成，煤矿区煤层气抽采、集输、利用、销毁等各环节关键参数监测的准确性、可靠性显著提升，系统控制的自动化、智能化水平大幅度提高，为煤矿区煤层气安全、稳定、高效抽采利用提供了有力支撑。

本章重点介绍煤矿区煤层气参数测试技术与装置、煤矿区煤层气集输管网智能调控技术及装备、煤矿区煤层气智能混配技术、煤矿区煤层气地面安全集输保障、 煤矿区煤层气排空与销毁等内容。

8.1　煤矿区煤层气参数测试技术与装置

8.1.1　煤层气抽采系统安全集输监测技术

1. 煤层气气体流量参数监测技术

煤矿瓦斯抽采管网一般都是由总管、干管、支管、汇流管及钻孔等构成。管道瓦斯流量计量是瓦斯抽采计量的重要手段，瓦斯抽采管网系统中的各个阶段均要设置监测点，确保流量测量设备的现场适应性及测量准确性是关键。

1) 瓦斯抽采流量计量技术的发展

当前，我国煤矿现场使用的瓦斯管道流量监测装置主要有孔板流量计、涡街流量计、V 锥流量计、威力巴流量计等。其发展历程为：“十一五”之前用于瓦斯抽采流量计量的主要为孔板流量计和涡街流量计，其中孔板流量计主要用于人工测量管道瓦斯流量，涡街流量计主要用于瓦斯抽采系统总抽采量的在线监测；“十一五”时期，用于瓦斯抽采流量计量的主要工具为 V 锥流量计，主要用于瓦斯抽采总量及主干管抽采流量的连续监测；“十二五”时期，随着区域瓦斯抽采效果评判成为新的应用需求，结合微差压测量技术的日益成熟，威力巴流量计在保证测量精度的同时还具有压损小、测量下限低、插入式安装方便、携带轻便的优势，迅速成为瓦斯抽采流量计量的主要工具。

2) 常用瓦斯流量计介绍

A.孔板流量计

孔板流量计测量原理是基于伯努利方程，充满管道的流体在流经管道中的节流装置时，流束将在节流装置处形成局部收缩，从而使流速增加，静压力降低，于是在节流装置前后便产生了差力压。流体的流速越大，即在相同流通面积条件下的流量越大，在节流装置前后产生的压力差越大。

由于孔板结构简单、成本低且无可转动部件，基本能够满足煤矿瓦斯抽采计量需求。在“十一五”之前，孔板流量计在煤矿瓦斯计量领域应用较多。

在瓦斯抽采计量中，孔板流量计多用于比对测量，安装在旁侧管上，实现定期的管道瓦斯流量的人工测量。

B.涡街流量计

涡街流量计的测量原理是：在流体中设置旋涡发生体(阻流体)，从旋涡发生体两侧交替产生有规则的旋涡，这种旋涡称为卡曼涡街。

相对孔板流量计，涡街流量计具有量程比宽、压损小等特点，但也存在很多缺点，如不适用于低雷诺数条件下的流量测量($Re_D \geqslant 2 \times 10^4$)，在高黏度、低流速、小口径情况下应用受到限制；旋涡分离的稳定性受流速分布畸变及旋转流的影响，所需直管段较长。这些情况都严重制约了其在瓦斯抽采流量计量领域的大批量应用。

C.V 锥流量计

V 锥流量计与孔板节流件相比，改变了节流布局，从中心孔节流改为环状节流。从而使其具备孔板流量计测量精度高、稳定性好、可测量多相流等优点的同时，还具有测量量程比宽、自整流、自清洁、压损小、稳定性高等诸多优点。

V 锥流量计也存在其自身的一些缺点，如 V 锥节流件为管道形式，整体较为笨重，特别是在管径较大的时候，安装、运输不便；虽然相比孔板流量计压损较小，但仍然存在较大的压损，对于低压力输送的瓦斯抽采系统来说，当多台 V 锥流量计串联使用时会造成较大压损，影响抽采效果。因此，该流量计主要用于抽采系统的主干管计量。

D.威力巴流量计

威力巴流量计是基于皮托管原理的一种插入式流量测量装置，属于均速管流量计的一种。

威力巴流量计与孔板流量计、涡街流量计及 V 锥流量计相比具有更多的优点，具体表现在以下几个方面：

(1) 精度高，量程比大，大于 10∶1；

(2) 采用非收缩节流设计，产生的永久性压损在实际应用中可忽略不计；

(3) 安装简单，安装费用低，基本免维护；

(4) 威力巴流量计探头在高、低压区有按一定准则排布的多对取压孔，能精确检测到由流体的平均速度所产生的平均压力差，使准确检测平均流速成为可能，相比点式测量方式，现场适应能力更强；

(5) 配合微差压测量设备，测量下限可以达到很低，可有效应对低流速流体。

近年来，微差压测量技术的高速发展与普及应用，有效解决了煤矿瓦斯抽采低流速、小流量测量问题，实现了威力巴流量计在煤矿瓦斯抽采评价单元、钻场、钻孔流量的准确测量，达到了煤矿瓦斯抽采系统全覆盖，极大地推进了瓦斯抽采计量技术的进步。目前该流量计正在瓦斯抽采计量领域得到大面积地推广应用，使用效果得到了煤矿用户的认可与好评。

2. 煤层气抽采系统安全监测传感器技术

1) 瓦斯气体检测技术

目前，实现瓦斯气体检测的技术有很多，应用于煤矿井下工作面、瓦斯抽采管道的瓦斯气体浓度检测技术主要有载体催化燃烧、热导、光干涉、红外光谱吸收及激光光谱吸收等。

A.检测原理

(1) 载体催化燃烧检测技术。

载体催化燃烧检测技术利用了催化物能使低浓度甲烷在低温下持续燃烧(氧化)从而释放热量的特性，因为不同浓度的甲烷在燃烧时产生的热量不同，所以用温度变化来测量甲烷浓度。

这种原理的检测仪器是当前国内外测量低浓度甲烷使用最普遍也最成功的一种，主要用于煤矿井下低浓度甲烷(0.00～4.00)%CH_4的连续监测。适用于采掘工作面、机电硐室、回风巷道等具有瓦斯爆炸危险的地点和场所。但该检测原理也存在抗中毒性较差，使用寿命短，需定期调校，受温度变化影响时，易发生零点漂移，测量高浓度甲烷时会给出错误信息等缺点。

(2) 热导检测技术。

热导检测技术是利用所测气体与空气的热导率之差来实现对气体浓度的检测。

这种检测原理的优点是热导元件为半永久性元件，工作寿命长，热导元件工作温度较低，工作电压低，极易制成本质安全型仪表，这种检测原理已经被应用于高浓度甲烷检测。其缺点是检测极易受空气中水蒸气和二氧化碳等气体影响，特别是在检测低浓度甲烷时，水蒸气的影响起到决定性作用。

(3) 光干涉检测技术。

光干涉检测技术是利用光波在空气和甲烷中的传播速度不同，产生的光程差引起干涉条纹的移动来测量甲烷浓度的。

该技术的优点是结构简单、安全性好、使用寿命长、适用气体广泛、故障少等；缺点是浓度指标不直观，受气压、温度、湿度影响，特别是当空气中的氧气不足和氮氧比例异常时，测量将出现误差。

(4) 红外光谱吸收检测技术。

红外光谱吸收检测技术是利用不同气体对红外辐射有不同的吸收光谱，吸收强度与气体浓度有关来检测甲烷浓度的。

该技术的优点是选择性良好，精度高，不消耗气体，信噪比高，防爆性好，使用寿命长。其缺点是价格相对昂贵，结构复杂，且受环境湿度的影响较大。

(5) 激光光谱吸收检测技术。

激光光谱吸收检测技术也是基于气体对红外光的吸收进行气体检测的，主要是利用可调谐半导体激光器的窄线宽和波长随注入电流改变的特性实现对分子的单个或几个距离很近很难分辨的吸收线进行测量，是目前激光气体检测的主要技术途径。

激光光谱吸收检测技术是激光光谱分析技术、光纤传感技术、微弱信号检测技术与现代信号处理技术相结合的产物，具有灵敏度高、选择性好、响应时间快、气室结构简单等优点，同时使用多路气室共用一套光源与光电探测器的复用技术可以降低单个测量点的造价。

B.典型装备及技术参数

(1) KG9701B 型低浓度甲烷传感器。

该传感器测量范围为 0.00～4.00%CH_4，基本误差符合表 8-1 的规定。

表 8-1　KG9701B 型低浓度甲烷传感器基本误差

测量范围/%CH_4	基本误差
0.00～1.00	±0.10%CH_4
1.00～3.00	±(实际值×10%)
3.00～4.00	±0.30%CH_4

(2) KG9001B 型高低浓度甲烷传感器。

该传感器在载体催化元件检测时的基本误差见表 8-2 的规定。

表 8-2 KG9001B 型高低浓度甲烷传感器基本误差（载体催化元件）

测量范围/% CH_4	基本误差
0.00～1.00	±0.10% CH_4
1.00～3.00	±（实际值×10%）
3.00～4.00	±0.30% CH_4

传感器在热导元件检测且测量量程为 4.00%～40.0% CH_4 时的基本误差符合表 8-3 的规定。

表 8-3 KG9001B 型高低浓度甲烷传感器基本误差（热导元件）

测量范围/% CH_4	基本误差
4.00～40.0	±（实际值×10%）

（3）GJG100H（B）型红外甲烷传感器。

该传感器基本误差符合表 8-4 的规定。

表 8-4 GJG100H（B）型红外甲烷传感器基本误差

测量范围/% CH_4	基本误差
0.00～1.00	±0.06% CH_4
1.00～100	±（实际值×6%）

（4）GJG100J 型激光甲烷传感器。

该传感器基本误差符合表 8-5 的规定。

表 8-5 GJG100J 型激光甲烷传感器基本误差

测量范围/% CH_4	基本误差
0.00～1.00	±0.05% CH_4
1.00～100	±（实际值×5%）

2）一氧化碳气体检测技术

一氧化碳气体目前普遍应用的检测仪表均是基于电化学原理进行检测。典型装备及技术参数——GTH1000 型矿用一氧化碳传感器的测量范围为 0～1000ppm。传感器基本误差符合表 8-6 的规定。

表 8-6 GTH1000 型矿用一氧化碳传感器基本误差

测量范围/ppm	基本误差
0～100	±4
100～500	±（实际值×5%）
>500	±（实际值×6%）

8.1.2　煤层气利用监控系统

1. 煤层气利用综合管控系统

“十一五”“十二五”期间，我国煤层气梯级利用技术得到了快速发展，形成了一系列配套的煤层气输送及利用监控系统，如低浓度瓦斯输送安全监控系统、煤层气智能混配控制系统、蓄热氧化监控系统等。在瓦斯利用的工业现场，各监控系统通常独立运行，不便于系统间的协同工作和集中管控。“十三五”期间重庆研究院优化部分系统，并通过先进的物联网技术将异构系统进行无缝集成，实现了煤层气梯级利用过程的自动化、管控一体化，为安全生产、经营决策提供了科学依据及技术支撑。

1) 系统组成及工作原理

目前，集成系统一般包含低浓度瓦斯输送安全监控系统、煤层气智能混配控制系统、煤层气深冷液化监控系统、蓄热氧化监控系统、低浓度瓦斯燃烧安全监控系统等。各子系统通过网络接入交换机，在交换机之上部署工业安全网闸，工业安全网闸通过用于过程控制的 OLE(OLE for process control, OPC) 驱动将所有子系统传感器和执行机构的设备运行状态、实时数据等采集到网闸侧，再经过信息网传输至集控室的操作员站及移动终端，由集控中心软件对数据进行挖掘、分析、联动、展示，实现生产流程监视、趋势查看、系统健康状态监视、异常报警显示、异常联动、权限管理、报表打印等功能，以实现基于统一管理平台的数据调度，达到指令快速下达、报警快速响应的目的。

系统一般采用 3 层架构，包含设备层、控制层、信息层。

(1) 设备层由各类子系统挂接的终端设备组成，包含各类传感器、执行机构、电源等终端设备。

(2) 控制层由各子系统控制柜、监控主机、不间断电源 (UPS) 等组成。子系统控制柜通过安全网闸将数据汇总到数据传输平台，上传至云服务器，实现数据的统一采集、共享、存储。

(3) 信息层包含工程师站、操作员站、移动终端。工程师站对现场控制子系统的工程配置进行维护及远程调试，负责组态系统画面、设计各类报表、定义控制逻辑、定义故障报警判识规则、为子系统数据共享交互建立通道。操作员站用于调用和显示工程师站组态的监控画面，展示系统工作流程或现场实时数据、历史数据、趋势曲线、报警信息等，监测画面可投影到 LED 大屏进行显示，方便统一调度。移动终端利用移动 PC 浏览器或手机 APP，通过 4G 网络对集成数据进行调用显示，支持系统运行状态查看、报警、故障信息查询、趋势曲线查询，能帮助工作人员第一时间了解现场情况。移动终端还具备现场摄像头视频画面显示，支持定时录像、定时回放、视频备份功能。

2) 系统功能及特点

(1) 集成系统实现抽采到利用全过程集中监测、远程控制、协同工作、故障连锁，提高了抽采瓦斯的利用效率和利用过程安全性，实现了减员增效。

(2) 系统采用开放式架构设计，提供多种标准化接口，支持主流控制系统及设备接入，对异构系统具有较高的兼容性。

(3) 系统采用组件式开发、模块化设计，部署灵活，伸缩性好，支持大、中、小各种规模的控制系统。

(4) 系统具备通信故障诊断、任务故障自诊断、网关运行状态自诊断，支持数据断点续传、通信自动重连，具备较高的可靠性和稳定性。

2. 集成子系统介绍

1) 低浓度瓦斯输送安全监控系统

低浓度瓦斯输送安全监控系统具备管道参数监测、输送环境监测、低浓度瓦斯输送安全保障系统故障监测、抽采计量等功能。当系统中心站软件检测到安全保障系统故障时，会提示检修或根据定义逻辑进行控制或急停；当监测到突发事件时，会在有效时限内提示、报警、断电和启动安全保障系统，防止灾害扩大化，最大限度地保障人和设备的安全。

A.系统组成及工作原理

低浓度瓦斯输送安全监控系统主要由中心站主机、备用机、中心站软件、双机热备软件、通信接口、监控分站、电源、爆炸信号控制器、火焰传感器、爆炸压力传感器、水位控制器、冲击波传感器、实施流量监测的多参数传感器、环境监测传感器及报警器等设备组成。

火焰传感器和爆炸压力传感器实时监测管道内的火焰和压力信号，当监测到异常时，会将异常信号输送到爆炸信号控制器，爆炸信号控制器控制关断阀迅速切断低浓度瓦斯输送通道，切断火焰及爆炸的传播途径，同时输出控制信号给抑爆装置实施喷粉抑爆。为保证监测信号的可靠性，机械式冲击波传感器实时监测管道内的冲击波信号，一旦检测到危险立即发出自动阻爆装置点火信号，控制关断阀迅速切断气源。系统中冲击波传感器、火焰传感器、爆炸压力传感器在监控系统中互为补充，任一信号发生均会产生关断阀点火信号，从而保证自动阻爆装置及时工作。

水位传感器实时监测水封泄爆装置的水位高度并将水位高度传递给水位控制器，由水位控制器实施自动补放水控制。保证一旦发生爆炸时水封泄爆装置能最大限度地发挥泄爆功能。

环境监测传感器实时监测传感器采样值及控制器工作状态，实现异常报警及交叉断电控制，同时将采集和控制信息传递给系统中心站软件。

中心站软件对整个保障系统、输送管道及运行环境实现集中监测，实现设备故障巡检诊断、超限判断、报警提示、远程控制、紧急制动等功能。双机热备软件通过心跳网络连接，实时监测系统及数据库和应用软件进程，并将受保护的数据实时传送到远程备机端，达到数据的高度一致性，若监测线程异常便立即进行主备机切换，避免停机可能造成的损失。

B.系统功能及特点

(1) 快速、全面、有效监测低浓度瓦斯输送管道安全保障装备的运行情况和健康状况，确保灾害发生时安全保障装备能有效发挥作用。

(2) 具有设备故障检测、管道多参数监测及抽采环境监测功能，当系统监测到突发事件时能即时调整作业方式，配合系统硬件在有效时限内启动保障系统。

(3) 具备灵活的逻辑报警功能及分级报警功能，可根据现场需求进行自定义。具有自动断电功能，可根据预先设置交叉断电逻辑，在出现异常时实现快速断电、断阀。

(4) 系统容灾策略能较好地保证系统 24h 连续不间断实施监测、监控任务。

(5) 系统既能独立运行，又能方便接入抽采利用综合管控系统，与抽采利用系统协同工作、故障联动。

2) 煤层气智能混配控制系统

抽采煤层气甲烷浓度不稳定影响煤层气利用效率，严重威胁输配系统和利用系统的运行安全。利用现场通常需要将直接抽采的煤层气掺入空气、乏风或者高浓度瓦斯，混配到一定浓度后再进行利用。目前煤层气混配主要采用人工调节，存在混配精度不高、无法应对浓度及流量波动，导致混配后气源不稳定，进而影响到后端利用的稳定性，如果瓦斯浓度波动大，一旦超过了安全界限就会带来爆炸危险性。“十三五”期间，重庆研究院成功研发了煤层气智能混配控制系统，配套高精度、快响应传感器，低阻力高均匀度混配器，实现了大气量、连续、自动混配，混配浓度可设置，混配后甲烷均匀度不小于 95%。

A.系统组成及工作原理

煤层气智能混配控制系统主要由混配器、高精度计量装置、快速执行机构(比例阀、快关阀)和可编程逻辑控制器(PLC)控制系统 4 部分组成，可选配上位机软件和智能移动终端 APP 实现远程监测与维护。

系统以工业以太网+4G 网络作为数据主要通信平台。PLC 控制系统实时监测各类传感器及执行机构运行状态，通过高速采样和防脉冲干扰平均滤波，结合多级滤噪模型，有效减少群脉冲信号对系统的干扰，有效避免执行机构误动作。PLC 控制系统采用复合 PID 控制技术，实现连续自动混配及浓度调节的自适应闭环控制。系统增加异常前馈控制，减少进气浓度剧烈波动对混配效果的影响，确保混配后瓦斯浓度控制在安全范围内，当混配后气体不满足应用条件时执行排空。PLC 控制柜设计触摸屏操作，具备参数设置、参数整定、手/自动切换、数据上传等功能。可选配上位机软件或移动终端 APP，实现设备运行状态和混配效果远程可视化、设备故障远程诊断、软件系统远程升级维护、瓦斯抽采计量、历史数据查询及报表输出等功能。

B.系统特点

(1) 智能自动混配提高了混配精度和调节速度，解决了人工混配存在的混配精度不高、无法及时应对浓度及流量波动的问题，实现了少人值守，达到了减员增效的目的。

(2) 混配装置具备低阻力、高均匀度特性，混配均匀度不低于 95%。

(3) 采用分布式多点高精度、快响应激光甲烷传感器和高精度超声波气体流量检测装置，确保监测数据的时效性和精准性，传感器数据采用总线传输，具备较好的抗干扰性。

(4) 系统具备较好的扩展性、伸缩性和经济性，可根据需要选配上位机软件和智能移动端 APP 实现远程监控。

(5) 系统既能独立运行，又能方便接入抽采利用综合管控系统，与抽采利用系统协同工作、故障联动。

3) 低浓度煤层气深冷液化自动控制系统

低浓度煤层气深冷液化的目的是从煤层气中提炼出液化天然气(LNG)产品，进行罐装储存与利用。整个工艺流程包括计量稳压、原料气压缩、净化预处理(脱酸、脱水)、深冷液化、精馏分离等单元。煤层气深冷液化制取 LNG 的过程为连续生产工艺，工艺流程复杂，低浓度煤层气甲烷浓度低、含氧量高，具有易燃易爆危险性。整个系统的运行与控制要求高度自动化、高安全防护能力及高可靠性。

“十一五”期间，重庆研究院承担国家科技重大专项“大型油气田及煤层气开发”，开展了低浓度煤层气含氧液化提纯工艺技术研究，成功生产出纯度达99.1%的LNG产品。“十二五”期间，其再次对生产工艺进行了优化，并提升了控制系统的安全性和自动化程度，形成了成熟的 LNG 生产自动化控制系统，该套系统具有自动化程度高、控制精度高、反应速度快、执行效率高、安全可靠的特点。

A.系统组成及工作原理

系统由分布式集散控制系统(DCS)和独立的紧急停车系统(EDS)两部分组成。分布式集散控制系统是 LNG 生产过程的主控系统，结构上分为过程控制级、监控级。现场过程控制级由过程控制站、I/O 单元、现场仪表组成。监控操作级包括操作员站和工程师站等外围设备，完成系统的监视、操作和组态。该系统通过数据监测、数据预处理、复杂计算、过程控制、PID 调节、人机接口实现计量稳压、原料气压缩、净化预处理、深冷液化、精馏分离全过程控制及一般安全联锁保护功能。

紧急停车系统作为安全保护系统，需要 EDS 实时在线监测装置的安全性或关键参数，实现紧急停车、紧急泄压及关键设备联锁保护，安全级别高于 DCS。系统遵循“独立设置原则”，检测单元到执行单元采用专用设备或仪表，系统配备 EDS 工作站，负责定义连锁逻辑，提供系统检修人机交互接口。在正常情况下 EDS 是静止的，不采取任何动作，不需要人为参与，只有当生产装置发生故障，重要参数达到警界值，发生火灾或出现瓦斯、LNG 泄漏事故危及设备及人身安全时，才执行紧急控制，避免灾害扩散造成人员或设施设备的损失。

B.功能及特点

(1) 实现了 LNG 生产全过程自动化监测、监控。

(2) 采用多重冗余设计，支持双机、双网、双 CPU 冗余，通过热备减少故障停机时间，保障系统连续运行。

(3) DCS 分布式集散控制系统具备控制功能分散、危险分散、显示操作集中、兼顾分而自治和综合协调的特点。

(4) EDS 独立应急关断系统按 SIL3[①]安全完整性等级设计，保证紧急状态下系统的快速关断和关键设备连锁。独立系统设计可有效降低控制功能和安全功能同时失效的概率，具有高可靠性。

① SIL 表示安全完整性等级。

(5)系统既能独立运行，又能方便接入抽采利用综合管控系统，与抽采利用系统协同工作、故障联动。

4)低浓度瓦斯蓄热氧化监控系统

低浓度瓦斯蓄热氧化监控系统是低浓度瓦斯蓄热氧化过程必不可少的控制系统及安全保障系统，实现低浓度瓦斯从输送到蓄热氧化全过程的自动控制、集中监控和安全防护。

A.系统组成及工作原理

监控系统主要设备包括工程师站、操作员站、数据传输平台、PLC 可编程控制柜、传感器、执行器、传输线缆及其他辅助设备，系统以工业以太网+4G 网络作为数据主要通信平台。

系统包含三大功能模块，即智能混配控制、蓄热氧化控制、系统安全监控。

(1)智能混配控制功能模块通过控制抽采瓦斯流量将抽采的煤层气通过混气装置与乏风或空气掺混到 1%左右的浓度，并送入蓄热氧化装置。

(2)蓄热氧化控制功能模块通过实时监测氧化燃烧室温度、压力、流量、阀门开度、阀门开关、主风机频率等信号，控制氧化室进气、出气、反吹阀门，按工作流程循环对氧化室进行进气、出气、反吹。同时对燃烧器、电机、主风机、新风风机、燃烧风机、引风机、油泵、热水泵、潜水泵的运行状态进行监测控制，保证热值转化过程可靠、稳定。

(3)系统安全监控功能模块实时监测低浓度瓦斯输送、低浓度瓦斯混配及蓄热氧化过程，当乏风甲烷浓度超限、混合后甲烷浓度超限、风机故障或炉膛超温时，实施连锁控制，切断抽采瓦斯气源和进入氧化装置瓦斯气源，控制排空系统排空；当突发危险或出现重大设备失灵时，执行紧急切断逻辑，显示紧急切断报警信号，实现消防设备的联动及连锁保护，向系统输出紧急停车信号，就地控制器实现紧急状态停机。

B.功能及特点

(1)图形化显示蓄热式焚烧炉(RTO)工艺流程提供各执行器的远程手/自动控制、设备启停控制，实现了低浓度瓦斯输送、混配及蓄热氧化全过程监测、自动化监控。

(2)设计独立安全控制功能模块，对触发的异常信号采用多重表决算法，分级报警、分级关断，快速应对突发灾害，保障系统安全运行。

(3)采用多重冗余设计，支持双机、双网、双 CPU 冗余，通过热备确保系统稳定可靠运行，减少故障停机时间。

(4)选用高精度、快响应的传感器及执行机构，进气浓度、炉膛温度调节均采用 PID 自动调节、分程控制等复杂控制算法，保证了系统控制的精度和速度。

(5)系统既能独立运行，又能方便接入抽采利用综合管控系统，与抽采利用系统协同工作、故障联动。

5)低浓度瓦斯燃烧安全监控系统

低浓度瓦斯燃烧安全监控系统采用可编程自动化控制技术，实现低浓度瓦斯焚烧过程的自动控制、集中监控和安全防护，是低浓度瓦斯安全燃烧必不可少的控制系统及安全保障系统。

A.系统组成及工作原理

低浓度瓦斯燃烧安全监控系统由监控主机、中心站软件、数据传输平台、PLC 控制柜、风机、点火装置、燃烧系统、安全保障装备及各种传感器等组成，可通过智能移动端 APP 实现远程监控、现场视频监视等功能。

燃烧系统设计三级控制，共设 3 组 5 个同型号的燃烧器。5 个燃烧器采用轴对称的布置形式，有利于热量的均匀放散，提高了燃烧器的安全性。分级燃烧控制满足了不同气量充分燃烧的需求。

PLC 控制柜实时监测挂接传感器、执行器工况参数，控制地面火炬燃烧器启停、点火、分级燃烧及急停。监测及控制信息通过以太网上传至中心站软件或通过 4G 网络传输给智能终端 APP。

中心站软件配合 PLC 控制柜实现低浓度瓦斯混配、焚烧过程远程监测、控制，配合低浓度瓦斯输送分站实现安全保障装备工况监测、输送管道参数监测；软件提供用户交互窗口、实现参数设定、远程手动控制、焚烧瓦斯计量、历史数据查询、系统故障诊断报告输出等功能。选配远程智能终端 APP 可实现远程监控功能及远程视频监视。

B.系统功能及特点

(1) 选用高防护等级设备，配置低浓度瓦斯输送安全保障系统，具备完善的安全控制策略，系统运行安全可靠。

(2) 系统采用三级控制，可满足不同瓦斯气量充分燃烧的需求，系统燃烧效率大于 98.6%。

(3) 燃烧器启停、点火、分级燃烧全过程自动监测、判断、控制，操作简便，自动化程度高。

(4) 系统具备较好的扩展性、伸缩性和经济性。可根据需要选配智能移动端 APP 实现燃烧器远程监控，现场远程视频监视，以及少人或无人值守，达到减员增效的目的。

(5) 系统既能独立运行，又能方便接入抽采利用综合管控系统，与抽采利用系统协同工作、故障联动。

8.2 煤矿区煤层气集输管网智能调控技术及装备

我国现有的煤层气开发模式主要有两种：地面钻井煤层气开发和煤矿井下煤层气抽采。目前，我国所有高瓦斯矿井均建有瓦斯抽采系统，瓦斯抽采总规模较大，但实际瓦斯抽采量和抽采效果较差。出现这种局面的原因有很多，其中，井下煤层气安全集输技术是制约煤矿区煤层气资源开发的主要因素之一。

随着煤层气产业化的发展及对瓦斯灾害的重视，对煤矿区煤层气高效抽采、集输技术与装备的需求将越来越大。因此，研制和开发煤矿区煤层气高效抽采、集输技术与装备，对促进煤矿区煤层气的开采、利用，确保矿井安全、高效、生产，具有非常重要的意义。

煤矿区煤层气安全集输技术自 2011 年提出，经历了“十一五”和“十二五”两个研发阶段。“十一五”期间，重庆研究院在煤矿区煤层气集输管网计量技术、运行状态智能分析与调控技术、管道泄漏检测与堵漏技术方面开展了系统研究，首次提出煤矿井下抽采管网智能调控技术，能够根据现场实际情况及时对煤层气抽采管网实施调控和在线分析，确保抽采瓦斯浓度处于合理安全输送(利用)范围。研发了负压超声波检漏技术与装备，有效检测煤矿井下负压抽采管道泄漏点，检测距离达 1.5m，并可在 30min 内实施在线快速堵漏处理。

“十二五”期间，重庆研究院在“十一五”成果的基础上对集输管网运行状态与分析进行了更深入的研究，形成了一套精度更高、适用性更强、智能化程度更高的煤矿区井下低浓度煤层气集输管网安全输送成套技术及装备，其具备管网阻力解算、调控仿真和泄漏故障检测等管网运行状态分析功能，管网调控仿真结果与实测数据相对误差低于15%，有效保障了集输管网的安全高效运行。

8.2.1　煤层气集输管网运行状态智能分析与调控技术

1. 系统装备构成

煤层气集输管网运行状态智能分析与调控系统由系统软件和系统硬件构成。抽采管道中的气体状态参数由参数测定仪测得，并传输至监控主机。监控主机安装有煤层气集输管网运行状态智能分析平台软件，承接发来的监控数据，分析并判断煤层气集输管网是否存在异常。当发生管道断裂时，通过负压调节装置将断裂处上下游实施截断封闭；当集输管网中煤层气浓度低于所设阈值时，负压调节装置对抽采系统运行状态进行调节，使管道中煤层气浓度处于较高范围。负压调节装置由设置于管道上的防爆电动蝶阀和管道压力控制器构成，管道压力控制器接收来自监控分站的指令，进而对电动蝶阀与管道的开闭度进行调节，最终实现对煤层气输送管网运行状态的智能调控。

系统装备主要包括 GD4-Ⅱ型瓦斯抽采参数测定仪、QJ 系列防爆电动阀门、管道压力控制器、矿用本安型网络交换机及地面网络交换机等。

1) GD4-Ⅱ型瓦斯抽采参数测定仪

A.主要功能

GD4-Ⅱ型瓦斯抽采参数测定仪主要用于集输管网内瓦斯浓度、抽采负压、气体温度和流量的实时在线监测，采用液晶大屏显示各类监测参数，同时将各类参数转化成标准信号输出，输出信号与煤层气输送管网智能调控系统配套使用，可实现远程监测和计量自动化。并且可以根据监测的历史数据计算监测区域内的瓦斯预抽率和预计抽采达标时间，实现了瓦斯抽采效果的实时评价和预测功能。

B.结构特征与工作原理

GD4-Ⅱ型瓦斯抽采参数测定仪主要通过压力差、绝对压力、甲烷浓度和温度传感器分别监测瓦斯抽采管道中各测点的压力差、抽采负压、甲烷浓度、管道温度，能配合多种流量计测量流量，计算并显示抽采瓦斯混合流量和纯甲烷流量。

C.技术特性

(1) 主要测量参数。

GD4-Ⅱ型瓦斯抽采参数测定仪的主要测量参数见表 8-7。

表 8-7　GD4-Ⅱ型瓦斯抽采参数测定仪测量范围与误差

测量参数	压力差/kPa	绝对压力/kPa	甲烷浓度/%		温度/℃
测量范围	0.000～5.000	0.0～120.0	0.00～100.0		0.0～100.0
显示分辨率	0.001	0.1	0.01 (0～10)	0.1 (10～100)	0.1
显示值稳定性	—	—	不超过 0.4%		—
基本误差	±1.5%FS	±1.5%FS	±0.05% 0～1%	±(实际值×10%) 1～100%	±1.5%FS
响应时间	—	—	不大于 50s		不大于 10s

(2)其他技术参数。

GD4-Ⅱ型瓦斯抽采参数测定仪其他技术参数见表 8-8 所示。

表 8-8　GD4-Ⅱ型瓦斯抽采参数测定仪其他技术参数

名称	技术参数
额定工作电压/V	12～24
工作电流/mA	≤200
信号输出方式	①RS485 通信方式：传输速率为 2400bit/s，电压峰值不大于 12V ②电流传输方式：输出电流 1～5mA 或 4～20mA
本安参数	Ui1：18.4V；Ii1：200mA；Ci1：4.4μF；Li1：0μH； Ui2：18.4V；Ii2：930mA；Ci2：3.0μF；Li2：0μH

2)管道压力控制器

A.主要功能

KXJ660Y 型管道压力控制器是煤矿区煤层气集输管网运行状态智能分析与调控系统的重要组成部分。其接收计算机数据信号，并将其转换成阀门可接收的 4～20mA 模拟量信号输出给阀门，调节阀门的开度，同时接收阀门反馈的开度信号，并发送给计算机，实现系统的闭环控制。

B.技术特性

KXJ660Y 型管道压力控制器主要技术参数见表 8-9。

表 8-9　KXJ660Y 型管道压力控制器技术参数

名称	技术参数
工作电压	660V/127V AC
工作电流	≤0.03/0.15A
输入信号	3 路电流信号(4～20mA)
输出信号	3 路电流信号(4～20mA)
通信信号	RS485，半双工，主从通信；传输速率为 2400bit/s；电压峰值≤10V

3) QJ 系列防爆电动阀门

A.主要功能

QJ 系列防爆电动阀门是根据瓦斯抽采的特点，开发出的新型、防静电、防腐蚀的瓦斯抽采专用阀门，属于智能调节型蝶阀，通过接收开度信号，自动调整蝶阀的开度，并反馈开度信号，主要用于煤层气集输管网内气体的负压、流量等参数的自动调节。

B.结构特征与工作原理

电动阀门由蝶阀阀体与阀门驱动装置组成，两者通过法兰连接。电动阀门工作时主要通过阀门驱动装置输出转矩带动蝶阀阀杆转动实现阀门的开度调节。电动阀门的控制方式有现场和远程两种方式：现场控制是通过配接控制箱上的开关按钮来控制阀门开关；远程控制是通过接收管道压力控制器发送的电流信号实现阀门对应的开度，在阀门开到对应位置时会将开度通过电流信号自动反馈。另外在调试或电源断电的情况下，也可以通过手轮实现阀门手动控制。

C.技术特性

QJ 系列防爆电动阀门主要技术参数见表 8-10。

表 8-10　QJ 系列防爆电动阀门技术参数

名称	技术参数
阀体材料	C-碳钢
适用温度	≤300℃
公称压力	0.6MPa、1MPa
信号输入端口	1 路电流信号(4～20mA)
信号输出端口	1 路电流信号(4～20mA)，1 路频率信号(200～1000Hz)

2. 现场应用

1) 重庆松藻煤电有限责任公司逢春煤矿应用概况

煤层气集输管网运行状态智能分析与调控系统在重庆松藻煤电有限责任公司逢春煤矿进行了现场应用。逢春煤矿目前建有两套独立的永久瓦斯抽采系统，分别为+670m 地面瓦斯抽采泵站和茶林湾地面抽采泵站，其中+670m 地面瓦斯抽采泵站主要承担矿井采区的瓦斯抽采，茶林湾地面抽采泵站主要负责矿井张狮坝扩区全部瓦斯抽采。

2) 技术方案与目标

煤层气集输管网运行状态智能分析与调控系统现场应用技术方案如图 8-1 所示。

首先，按照管网状态监测、调控设置地点的基本要求，选取试验管网，并安装设置监测点和阀门调控点。其次，利用集输管网运行状态、智能分析与调控系统对试验矿井井下煤层气抽采现状及管网运行状态存在的问题进行系统分析和评判，按照评判结果，进行故障状态或调控状态下的调控试验。

通过调控试验验证调控理论模型的可靠性及调控功能的可行性及时效性，并通过对比分析调控前后抽采瓦斯效果变化情况，得出调控前后抽采系统运行效率百分比，实现抽采系统的自动调节成功率达 99%。

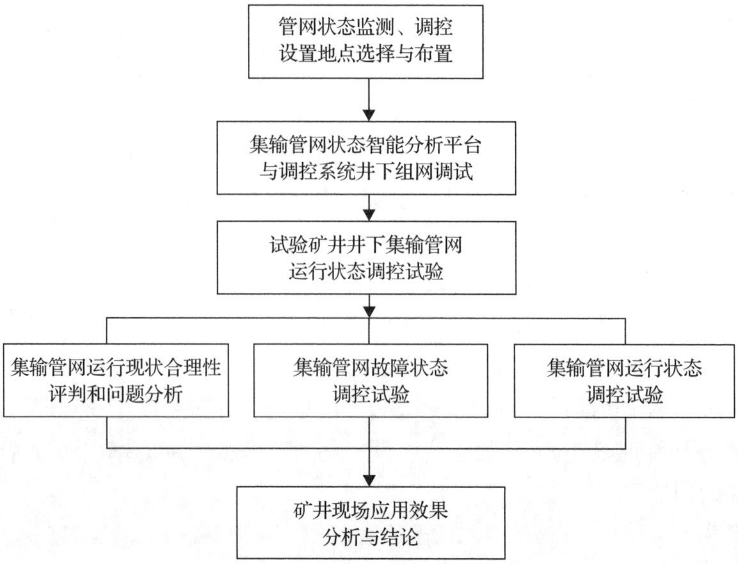

图 8-1　现场应用技术路线图

3）现场应用效果

A.试验矿井集输管网运行状态合理性评判试验

(1)集输管网运行状态参数监测。

根据现场应用技术方案进行集输管网状态监测、调控设置地点选择与布置，并进行整个系统组网调试，系统调试正常后，对抽采系统运行状态进行了 1 个月的监测。通过对当前集输管网中各种参数指标的在线监测，根据之前建立的管网智能调控评判准则及模型，利用智能分析与调控系统对抽采系统当前运行状态的合理性进行评判。

(2)集输管网运行状态合理性评判。

根据上述评判试验的监控数据，按照管网合理性评判准则和故障分析评判模型进行综合分析。

(3)集输管网故障状态调控。

根据智能分析与调控系统对试验矿井系统管网的评判结果可知，当前管网处于不合理运行，并且存在故障状态，表现为主管管道有泄漏故障。根据系统的报警信号和处理模式提示，对泄漏故障状态进行了处理，后经智能分析与调控系统对集输管网运行状态进行重新监测和评判。

根据系统提示对主管管道存在的泄漏进行处理后，系统的泄漏故障报警随后解除。从故障处理后的监测数据来看，张狮坝扩区抽采管道故障排除后整个系统阻力由原来的 21.12kPa 降低到 19kPa 左右，主管抽采浓度由 14%提升到 18%，孔口负压由 5kPa 左右提升到 8kPa 左右，在抽采泵能力已达到饱和的情况下，抽采系统抽采纯量由原来的 8.5m^3/min 提升到 11.5m^3/min。可见，通过初步的故障调控，有效提高了抽采系统的运行效率。

B.集输管网运行状态调控试验

针对目前煤层气集输管网运行状态智能分析与调控系统对监测数据的评判提示，当前管网预抽支管末端负压不合理，管网处于需要调控状态。结合矿井井下各区域瓦斯含量及抽采衔接要求，拟通过对 11202 工作面上顺槽抽采支管进行调控，实现强化 11203 工作面瓦斯抽采能力的目标。

a.集输管网运行状态调控试验方案

按照集输管网运行状态合理评判准则中预抽支管末端负压宜不小于 13kPa，以及集输管网智能调控基本要求中“调控应从支管汇流处依次向干管、主管逐步调节，调节幅度不能过大”的原则，对 11202 工作面支管测点电动蝶阀进行调控，调控阀门开度为 90%→60%→30%，调控间隔时长为 30min；通过逐步调控，根据实时监测参数指导下一步调控操作，最终实现按需调控的目的。

b.试验考察过程及结果

(1)调控前的状态。

在对 11202 工作面及 11203 工作面进行调控之前，根据煤层气集输管网运行状态智能分析与调控系统监测可知：11202 上顺槽预抽支管末端负压范围为 6～8kPa，瓦斯浓度为 18%左右，抽采混合流量为 20m^3/min。11203 工作面+680m 底板支管末端负压范围为 8～9kPa，瓦斯浓度为 31%左右，抽采混合流量为 12m^3/min。主管瓦斯浓度为 17%，抽采混合流量为 67m^3/min。

(2)调控阀门开度由 90%→60%后的状态。

初次调节幅值为 90%→60%，调节后抽采主管道瓦斯平均浓度为 18%，管道瓦斯的抽采纯量也呈现出一定程度的增加，平均流量由调控前的 11.39m^3/min 增加至 12.5m^3/min。

(3)调控阀门开度由 60%→30%后的状态。

地面控制中心控制阀门开度由 60%→30%，该段调控时间为 12min，调节后抽采主管混合流量达 75m^3/min，瓦斯平均浓度为 19%，平均抽采纯量为 14.25m^3/min，抽采混合流量为 13.8m^3/min。11202 上顺槽支管末端负压范围为 3～5kPa，瓦斯浓度为 19%左右，抽采混合流量为 13.8m^3/min；11203 工作面+680m 底板支管末端负压范围为 11～13kPa，瓦斯浓度为 32%，抽采混合流量为 31m^3/min。调控前后集输管网各测点参数监测数据见表 8-11。

表 8-11　调控前后集输管网各测点参数监测数据

序号	地点	监测参数	调控前状态	阀门开度 60%	阀门开度 30%
1	主管	瓦斯浓度/%	17	18	19
		混合流量/(m^3/min)	67	69.44	75
2	11202 上顺槽支管	末端负压/kPa	6～8	—	3～5
		瓦斯浓度/%	18	—	19
		混合流量/(m^3/min)	20	—	13.8
3	11203 工作面+680m 底板支管	末端负压/kPa	8～9	—	11～13
		瓦斯浓度/%	31	—	32
		混合流量/(m^3/min)	12	—	31

经过调控后，11202 上顺槽支管在浓度不变、混合流量减小的情况下，末端负压平均值小幅度减小，降至 5kPa；而 11203 工作面+680m 底板支管，经过调控后，末端负压

值由 9kPa 升至 12kPa，且抽采纯量从 3.52m^3/min 上升到 8.32m^3/min。最终，通过煤层气集输管网运行状态智能分析与调控系统的在线监测和远程控制，对集输管网的抽采能力进行了合理分配，达到了管网调控目的，集输管网运行状态调控试验取得成功。

c.调控试验效果

试验区集输管网经过调控后，排除了管网原有故障，提高了主管、支管中的瓦斯抽采量，同时解决了管道泄漏问题，提高了抽采浓度。并且通过阀门开度的远程调控，加强了重点预抽区的瓦斯抽采能力，使工作面支管末端管道负压上升到 12kPa 左右，实现了对重点预抽工作面的有效抽采。同时矿井抽采率也从 35.09%上升到了 45.88%，满足了煤矿瓦斯抽采基本指标的要求。

8.2.2　煤层气集输管网漏气在线检测、堵漏技术

1. 集输管网超声波在线检漏技术

1) 技术原理

如果一个容器内部压强小于外部压强即系统为负压时，一旦容器有泄漏孔，气体就会发生泄漏。泄漏发生时，大量气体由系统外部向系统内部涌入，在泄漏孔附近，气体将由在系统外部的层流状态变为系统内部的湍流状态，于是便产生超声波。

负压管道发生泄漏时，由于内外压力差较大，漏孔尺寸较小，雷诺数较高，会有气体穿过泄漏孔形成湍流，湍流在泄漏孔附近产生一定频率的声波。泄漏孔较小时，将产生频率大于 20kHz 的超声波。

2) 负压泄漏超声波传播影响因素分析

(1) 不同泄漏孔径对超声波产生的影响规律。

在管道负压和测试距离一定的情况下，泄漏超声波的频率峰值随泄漏孔径的增大而减小，其关系曲线如图 8-2 所示。

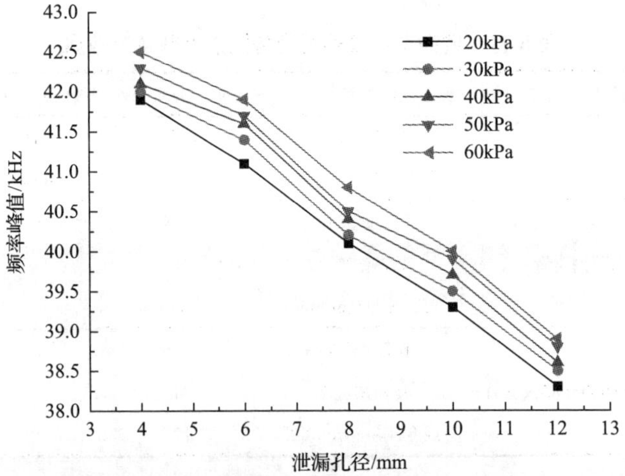

图 8-2　泄漏孔径与频率峰值关系示意图

(2)不同管道负压对超声波产生的影响规律。

在泄漏孔径和测试距离一定的情况下，泄漏超声波的频率峰值随管道负压的增大而增大，其关系曲线如图 8-3 所示。

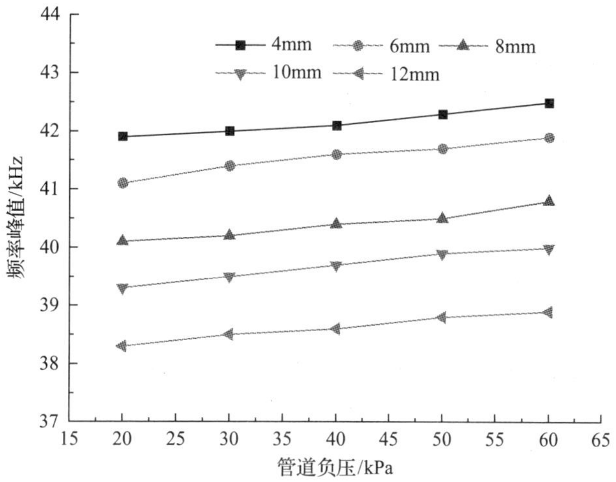

图 8-3　管道负压与频率峰值关系示意图

(3)实验结果分析。

由实验结果可知，在管道负压和测试距离一定的情况下，泄漏超声波的频率峰值随泄漏孔径的增大而减小；在泄漏孔径和测试距离一定的情况下，泄漏超声波的频率峰值随管道负压的增大而增大。

2. 集输管网超声波检漏装置

1)超声波检漏仪软硬件设计

小孔气体泄漏所发出的超声波强度是极其微弱的，而且在工业场合，环境噪声是相当大的。所以要检测出在恶劣环境下的气体泄漏所发出的超声波，必须对系统信号放大部分进行优化设计。在本系统中只检测 40kHz 点的泄漏超声波的强度，原因是在 40kHz 点的泄漏超声波能量比较大，而且泄漏声和本底噪声能量差值也最大，这样可以选择增加系统灵敏度。

超声波检漏仪系统主要由信号放大电路、音频处理电路、频率显示电路等组成。信号放大电路由前置放大电路、带通滤波电路和二次放大电路组成。

设计音频处理电路的目的是能够比较方便地判断哪里有泄漏产生。人耳的听觉范围在 1～20kHz。降频的原理是利用差分信号的乘法特性，通过有源滤波电路得到差频信号。音频处理电路由本振电路、混频器、功率驱动电路组成。传感器信号经过放大滤波处理后一路通过降频处理，将高频的超声信号转化为人耳可听的低频信号，另一路则接入频率显示电路，将超声信号的频率值在液晶屏上实时显示出来，最终设计得到超声波检漏仪。

2) 主要技术参数

(1) 额定工作电压：7.5±1.5V.DC。

(2) 工作电流：≤150mA。

(3) 工作频率：40kHz。

(4) 误差范围：±1.5kHz。

(5) 测量距离：正前方 1.5m(空旷、无遮挡)。

(6) 测量角度：0°～90°。

3. 在线堵漏技术

1) 在线堵漏装备——注剂枪

A.工作原理

注剂枪采用将手动机械能转换为液压能的原理进行设计，可分以下 4 个过程。

(1) 充液：油泵在开始工作时，油液被柱塞压入高低压单向阀，通过高低压单向阀进入油缸，当压力升至 1MPa 时，打开低压阀，低压油溢回储油管。

(2) 升压：在充液的基础上，高压柱塞继续工作，压力逐渐升高，当压力超过额定压力 63MPa 时，打开高压阀，高压油从高压阀溢回储油管，压力始终保持在 63MPa。高压阀就是安全阀。

(3) 工作：在工作过程中，由于工作缸做功，能量减少，要随时摇动手柄，保持所需的工作压力，直至工作结束。

(4) 卸载：油泵工作完毕，需要将压力减至零，打开卸载阀，油液流回储油管，完成卸载工作。

B.性能技术指标

注剂枪主要技术性能指标见表 8-12。

表 8-12　注剂枪主要技术性能指标

名称	单位	型号 DLB63
压力[高压]	MPa	63
压力[低压]	MPa	1
流量[高压]	mL/次	2.3
流量[低压]	mL/次	12.5
最大手摇力(约)	N	400
重量	kg	7.5
外形尺寸	mm×mm×mm	610×130×64
贮油量	L	0.7

2) 在线堵漏材料

为实现不停泵在线快速堵漏，堵漏时间不大于 30min，堵漏剂需具有快速固化、高黏接强度的特性；同时，为了适应煤矿的安全要求，还必须具有阻燃和抗静电性能；配套的堵漏设备能够满足直管段和法兰连接处的堵漏要求。基于以上技术要求研发了在线堵漏材料。

根据对堵漏材料的要求，通过文献分析和多轮对比试验，确定选用环氧树脂材料。其具有力学性能高、黏结性能优异、固化收缩率小、化学稳定性好、固化方便等优点。井下集输管网快速堵漏材料在设计开发完成后，利用现有的试验条件，对其堵漏性能和阻燃抗静电性能进行了试验，试验数据见表 8-13。从试验数据来看，其完全符合快速堵漏材料的要求。

表 8-13　在线堵漏材料性能参数

序号	试验项目	技术要求	实测结果	单项结论
1	抗静电性能	表面电阻平均值不得大于 $3\times10^8\Omega$	引用检测中心数据	合格
2	阻燃性能	6 块试样有焰燃烧时间平均值不得超过 3s，每块试样有焰燃烧时间单值不超过 10s	引用检测中心数据	
		6 块试样无焰燃烧时间平均值不得超过 10s，每块试样无焰燃烧时间单值不超过 30s	引用检测中心数据	
3	可操作时间	≥10min	20min	
4	固化时间	≤1h	50min	

3）在线堵漏工艺流程

根据堵漏装备的特点，形成的在线堵漏工艺流程如下：

(1) 利用便携式超声波检漏仪检测泄漏孔洞的位置和大小；

(2) 根据泄漏孔洞的大小和形状调配注剂，控制注剂凝固时间和强度；

(3) 用夹具夹持住法兰(或泄漏处)外廓，拧紧固定螺栓，使夹具与法兰(或管壁)空隙之间形成新的密封腔；

(4) 把注胶枪枪头旋拧至丝杆注胶头上，根据管道内介质选用不同密封注剂胶棒装填至枪头的侧填料口内，按动手动高压泵将胶棒注入法兰缝隙中，注胶至法兰夹具和法兰缝隙，出现纸片类胶体飞出立即停止，按上面的程序在另一侧夹具注剂口安装注胶头、连接注胶枪，一直注到不漏为止；

(5) 经过 30min 后注剂固化，形成新的密封结构，拆卸夹具；

(6) 使用超声波检漏仪检测堵漏效果。

8.3　煤矿区煤层气智能混配技术

8.3.1　作用及技术原理

煤矿区煤层气智能混配技术能解决气体在混配过程中存在的压力损失较大、混配精度低等问题，从而为低浓度煤层气蓄热氧化和低浓度煤层气发电提供稳定的气源，克服甲烷浓度不稳定造成的蓄热氧化系统运行的安全性和经济性问题，解决低浓度煤层气浓度波动大引起的煤层气发电站开机率低及发电效率低的技术问题。

煤层气智能混配系统主要由混配器、计量装置、控制系统和执行机构(阀门)4 部分组成。

高浓度瓦斯和低浓度瓦斯先分别通过前端甲烷浓度传感器、流量计和调节阀后进入混配器，在混配器中实现充分的混合均匀，然后再通过后端甲烷浓度传感器、流量计、调节阀和切断阀进入氧化炉或者发电系统。

混配器是整个系统的核心主体设备，高浓度瓦斯和低浓度瓦斯在混配器中通过螺旋叶片产生湍流，在流动过程中实现混合均匀。混配器的均匀度决定着设备运行的安全性，混合阻力影响整个系统运行的经济性。混配器要求混合均匀度高，混合过程阻力低。

计量装置主要包括激光甲烷传感器、超声波流量计。在混配器的前端和后端都装有激光甲烷传感器和超声波流量计。前端计量装置实现对进气瓦斯的测量，为控制系统提供前馈值；后端计量装置实现对混配后瓦斯的精确测量，为控制系统提供反馈值。激光甲烷传感器要求测量基本误差≤3%，响应时间($T90$)≤10s；超声波气体流量检测装备测量精度达 0.5 级。

控制系统是实现智能混配的核心设备。通过现场可编程门阵列(FPGA)技术实现数据的高速并行采集，缩短数据传输时间，建立浓度、流量及利用端参数耦合调控模型。该控制系统采用具有趋势控制功能的 PLC 算法，并利用前反馈控制、后反馈控制及复合 PID 控制技术，实现掺混浓度的自适应闭环智能控制调节，减少进气浓度剧烈波动对混配效果的影响，具有较强的防干扰性和安全性。

执行机构包括调节阀和切断阀。调节阀接收控制系统的调节信号，通过对瓦斯流量的调节，最终实现对浓度的调节。切断阀的作用是当控制系统检测到连锁切断信号时，切断阀立刻关闭，阻断瓦斯进入后端系统。

8.3.2 智能混配系统

1. 高精度、低阻力混配器

1) 混配器分类

混配器是智能混配系统的核心和主体装备，其作用是使两种不同浓度的瓦斯通过螺旋叶片产生湍流，使瓦斯混合达到工艺要求的均匀度。混配器的主要指标是阻力和混气均匀度。混配器根据结构可分为动态混配器和静态混配器两大类。

2) 对旋式混配器研发

重庆研究院经过多年研究，开发出具有低阻力、高均匀度的对旋式静态混配器。该混配器由入口区、导流区、混合区和出口区 4 部分组成。混配器剖面结构图如图 8-4 所示。

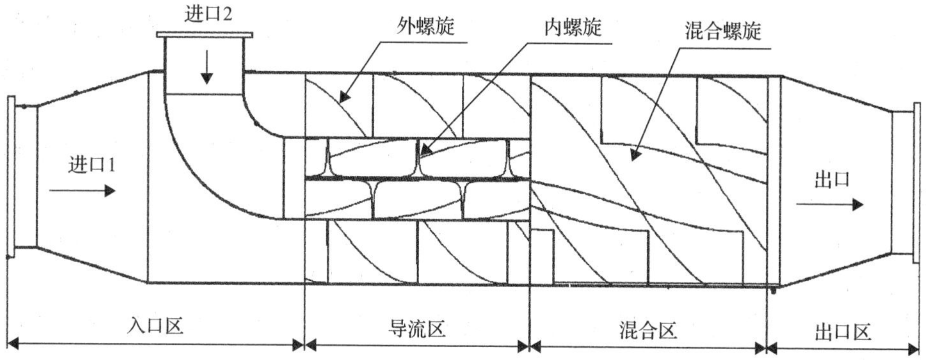

图 8-4　混配器剖面结构图

(1) 入口区包含两个进气口，分别进入两种不同浓度的瓦斯或者空气。为了减少混配器的阻力，径向进气口 2 采用 90°弯头将进气瓦斯导向轴向。

(2) 导流区由内螺旋和外螺旋组成，内外螺旋由隔板隔开，气体无法在该区域混合，内螺旋与进气口 2 连接，高浓度瓦斯进入内螺旋后，在螺旋叶片的导向作用下沿着轴向方向旋转流动。低浓度瓦斯(或者空气)在外螺旋中沿着螺旋流动，外螺旋的叶片旋转方向与内螺旋相反，低浓度瓦斯在外螺旋叶片的导向下产生反向旋转，然后进入混合区与低浓度瓦斯混合。

(3) 混合区同样由多叶片的螺旋组成，高浓度瓦斯和低浓度瓦斯在螺旋叶片间混合，并且在螺旋叶片的作用下产生湍流、旋转，加速瓦斯的混合过程。

(4) 出口区同瓦斯混合管道相连，为了便于安装、检修，通常采用法兰连接。

导流区和混合区的螺旋是混配器的关键零部件，螺旋的结构决定着混配器的阻力和均匀度。螺旋的参数包括旋向、螺距、叶片倾角、螺旋长度、叶片数量等。阻力和均匀度是一对矛盾的参数，如果要提高均匀度，那么就必须增加螺旋叶片数量和螺旋长度、减少螺距，但是这又会增加混配器阻力。需要通过分析设计出阻力和均匀度都满足工程要求的螺旋叶片结构。

为了减少阻力，同时提高混气均匀度，利用计算机仿真软件，采用量纲分析的方法分析螺距、螺旋长度、叶片数量、叶片倾角等结构参数对阻力和均匀度指标的影响程度，据此提出相关的无量纲参数，在此基础上采用 MATLAB、Origin 或 SPSS 等软件进行多种经验关联式的拟合，得出最优的理论结构参数，再通过与试验平台实测数据进行对比分析，从而验证和优化螺旋结构。

2. 高精度计量装备

高精度计量装备包括分布式激光甲烷传感器和超声波气体流量计。为了使混配系统工作安全可靠，要求分布式多点激光甲烷浓度测量基本误差≤3%，响应时间($T90$)≤10s；超声波气体流量检测装备测量精度必须达到 0.5 级。

1) 分布式激光甲烷传感器

甲烷检测目前常用原理有：激光、红外、催化/热导、半导体气敏等。

重庆研究院在激光甲烷检测原理的基础上，开发出分布式多点激光甲烷检测装置。该技术首次采用光空分复用扩展技术和快速响应气室设计，解决了分布式多点检测协同通信、同步处理和快速响应的关键技术。

采用光空分复用扩展技术和多路高速数字谐波解调的技术途径，实现了从 8 路扩展到 24 路测量气室同步测量，测量误差小于 3%。

快速响应气室通过缩短气路通道、增加通气有效接触面积，使气流进入测量气室的速度得到明显提升。通过测试，该气室结构的响应时间满足 10s 要求。

分布式激光甲烷传感器利用激光空分复用、激光自稳频和温压补偿技术，提高稳定性和响应速度。

分布式激光甲烷传感器光路结构采用模块化独立设计，同时实现分布式激光甲烷监测主机的光路、电路分离模块化设计，解决装配过程中光纤、电路耦合性等复杂的问题。

2) 超声波气体流量计

超声波气体流量计在发射端采用了超声波发射端“自干涉+变压器”驱动技术和接收端“窄带 AGC+滤波”结合分步互相关检测算法，提高了信号收发过程中的信噪比，解决了互相关算法稳定性和一致性发生周期性偏差的问题。

利用互相关时差法超声波气体流量计测量原理提高测量精度，互相关时差法超声波原理如图 8-5 所示。

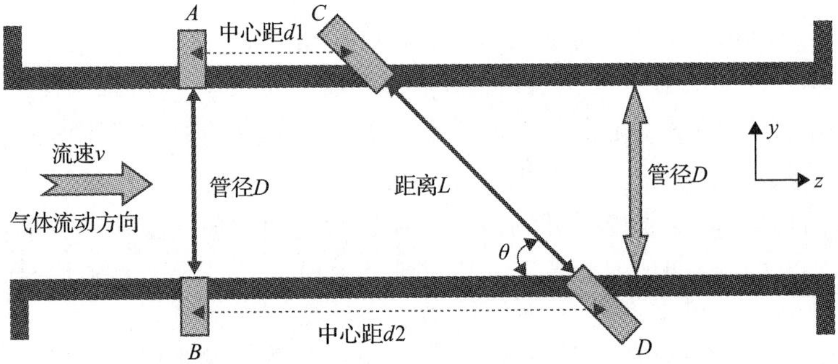

图 8-5　互相关时差法超声波原理图

两对超声波探头 AB 和 CD，AB 垂直于管道安装，CD 与管壁成 θ 角安装，用探头 AC 发射，BD 接收，可得到顺流时差；然后用探头 BD 发射，AC 接收，可得到逆流时差。根据顺流时差和逆流时差两种情况计算气体流速，进而得到气体流量。

利用互相关时差法超声波测量原理设计的流量计精度可达 0.5 级，传统单声道超声波流量计精度等级通常为 1.0 级。

3. 煤层气智能混配监测控制系统

煤层气智能混配监测控制系统是整个智能混配系统的控制中心，该控制系统可独立运行，也可与其他系统实现数据共享，接收其他控制系统的控制指令。控制系统基于 PLC 构架，主要由硬件和软件两部分组成。硬件主要由中央处理单元、存储器、程序输入装置、输入输出回路构成。该控制系统结合现代移动终端技术和云平台，利用智能终端(如智能手机）设备，实现远程监测、控制。

该控制系统的特点是具有智能调节功能，对监控的数据进行采集、统计、分析，通过系统的自学习功能，实现对现有工况的预判，从而提前进行干预、调节，减少系统的波动。

该系统采用前反馈和后反馈及复合 PID 控制技术，实现掺混浓度的自适应闭环控制调节。前端流量计和甲烷浓度传感器检测进气流量和浓度，从而计算出甲烷纯流量，为 PLC 控制系统提供前反馈参数，PLC 通过与历史数据的对比分析，输出预调节信号，通过前端调节阀调节进气流量。后端流量计和甲烷浓度传感器进行出口检测，输出后把信号反馈给控制系统，控制系统将其与设定值对比后，输出调节信号给调节阀，让出口浓度达到设定值范围内。由于前反馈的介入，出口浓度的波动范围大大减小，从而实现混气的均匀性和系统的稳定性。

8.3.3　煤层气智能混配技术工业化应用

1. 在煤层气发电系统中的应用

由于井下瓦斯抽采的位置不同，抽采的瓦斯浓度不同；同时由于抽采过程中的不可预见因素，同一个位置的抽采瓦斯浓度在不同时间段也会发生波动。瓦斯浓度的剧烈波动容易导致发电机组停机，降低发电机的开机率。

因此，将来自不同抽采管道的瓦斯进行混合，利用煤层气智能混配技术实现对瓦斯混合浓度的智能调节，可满足瓦斯发电机组对瓦斯浓度和流量的要求。目前该系统已经成功应用于淮南丁集瓦斯蓄热氧化项目、山西荣欣瓦斯发电项目、山西沁城瓦斯发电项目、山西潞安高河煤矿瓦斯发电项目，取得了良好的经济、社会效益。

2. 在低浓度煤层气蓄热氧化利用系统中的应用

煤层气蓄热氧化利用技术是一项环保、节能的新技术，该技术能将 1%左右的低浓度瓦斯氧化并放出多余的热量，利用该热量能为矿区建筑供暖及井筒加热。该技术对瓦斯浓度的控制要求极高，因为在高温条件下，瓦斯的爆炸下限会降低，瓦斯浓度的轻微波动都可能进入爆炸下限。

重庆研究院开发的煤层气智能混配技术能快速、精确地控制混合煤层气浓度。该系统将低浓度瓦斯和乏风（或空气）进行精确混合，让混合气始终维持在 1%的浓度，为瓦斯蓄热氧化提供安全、稳定的气源。该技术已经成功应用于重庆松藻煤电有限责任公司打通一矿低浓度瓦斯蓄热氧化示范工程、阳泉煤业（集团）有限责任公司（简称阳煤集团）五矿低浓度瓦斯蓄热氧化工程、阳煤集团一矿低浓度瓦斯蓄热氧化工程、淮南矿业集团丁集瓦斯蓄热氧化工程。

8.4　煤矿区煤层气地面安全集输保障

按照《煤矿安全规程》规定：利用瓦斯时，瓦斯浓度不得低于 30%，且在利用瓦斯的系统中必须装设有防回火、防回气和防爆炸作用的安全装置。而全国已有的矿井瓦斯抽采量中，约80%以上属于从采空区或采动卸压区抽采出的瓦斯，而其中又有70%以上的抽采瓦斯浓度低于 30%，属于低浓度瓦斯(甲烷浓度＜30%)抽采范围，甚至有相当一部分抽采瓦斯浓度低于 20%(标准状态的瓦斯爆炸浓度限为 5%～16%，状态的改变会促使瓦斯爆炸浓度限发生改变)，由于这部分瓦斯浓度在爆炸界限内，输送和利用、排放过程都存在严重的安全隐患。

2006～2008 年由重庆研究院和胜利油田胜利动力机械有限公司承担了国家发展和改革委员会项目——“低浓度瓦斯安全输送成套技术开发与装备研制”。该项目对输送管道低浓度瓦斯爆炸及传播机理、爆炸抑制技术、管道快速截断控制技术、管道阻火阻爆安全技术等进行了深入、系统地研究和设备开发，形成了 6 项行业标准，并成功研制了具有高可靠性的水封阻火泄爆、自动阻爆装置、自动抑爆装置的三级安全保障装置，实现了低浓度瓦斯的安全输送和直接利用，对促进矿井瓦斯的开发和利用、保证矿井安全高效生产等方面具有十分重要的意义。

8.4.1　输送管道瓦斯爆炸传播的基本特性

1. 输送管道瓦斯燃烧爆炸、传播特性

通过进行爆炸界限内不同瓦斯浓度的爆炸试验，测试爆炸所产生的压力及火焰传播速度，从而得出瓦斯爆炸的传播规律，为安全保障技术及装备研究提供基础理论及相关的设计参数。

1)爆炸压力传播规律

对爆炸试验过程中所得到的各测点爆炸压力峰值及呈现时间进行分析，得出爆炸压力峰值传播规律。

(1)爆炸压力峰值传播规律。

图 8-6～图 8-8 分别为 DN500mm 管道和 DN700mm 管道各测点压力峰值曲线图及 DN500mm 管道前 8 个测点压力峰值曲线图。

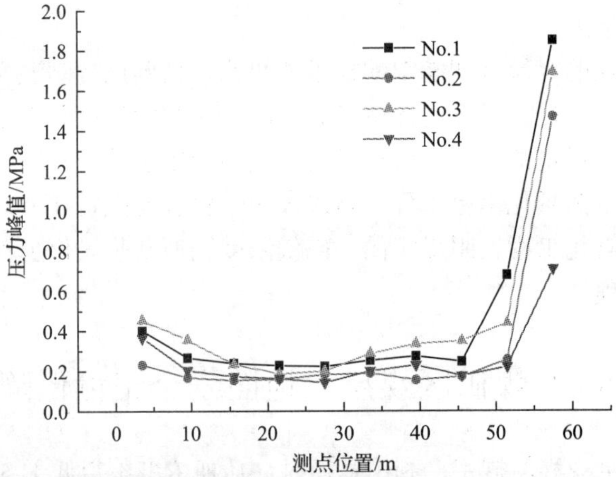

图 8-6　DN500mm 管道各测点压力峰值曲线图

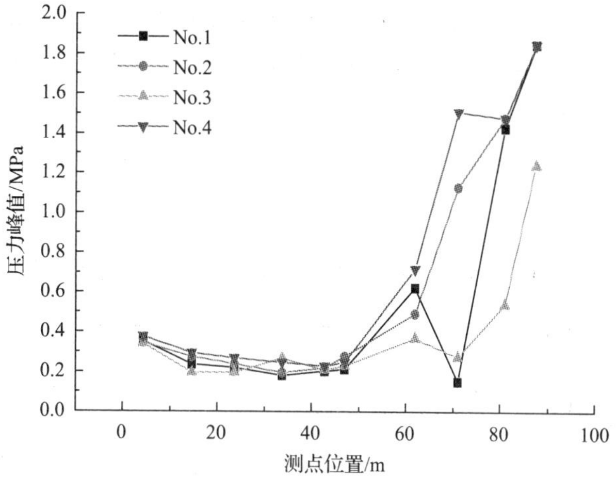

图 8-7　DN700mm 管道各测点压力峰值曲线图

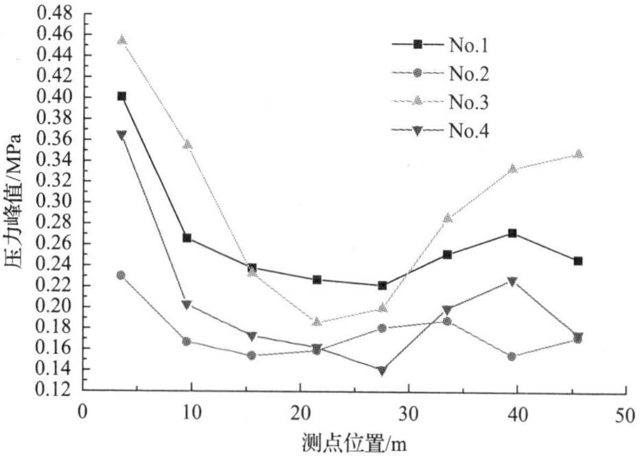

图 8-8　DN500mm 管道前 8 个测点压力峰值曲线图

从图 8-6、图 8-7 中可以看出，最大压力峰值出现在出口附近，在常温常压试验条件下，瓦斯控制在当量浓度附近，最大压力峰值在 0.7～1.9MPa。最大压力峰值出现在出口的原因是，为了封闭全管道的瓦斯气体，在管道出口处封有两层塑料膜，爆炸冲击波传至此处时，传播路线受到限制，使得压力峰值急速上升。

从图 8-8 中可以看出，传播过程中各测点压力峰值具有一定的规律性。在起爆源处压力峰值较以后各测点(除去出口附近测点)压力峰值偏高，原因是起爆源处为一封闭端，爆炸的传播受到限制，以及爆炸过程中冲击波的回传叠加都使得此处压力峰值偏高。随着爆炸在管道中的传播，压力峰值逐渐减小，又由于爆炸过程的自加速，压力峰值又有所回升，若管道另一端完全敞开，则压力峰值会随着传播距离的加长逐渐减小，但在低浓度瓦斯管道输送过程中，由于管道内全部为瓦斯空气混合气体，在爆炸过后，爆炸压力会随着传播距离的加长而逐渐加大。

(2)管道内瓦斯爆炸压力峰值与距离的关系。

对爆炸压力峰值与距离的关系进行了函数拟合，并通过该函数来分析瓦斯爆炸压力的传播规律。

依据试验数据分别拟合了 DN500mm 和 DN700mm 管道中瓦斯爆炸压力峰值与传播距离的关系式(8-1)、式(8-2)。它们的拟合曲线如图 8-9 和图 8-10 所示。

DN500mm 关系式：

$$y = 0.0005x^2 - 0.0242x + 0.524 \quad (R^2 = 0.86394) \tag{8-1}$$

DN700mm 关系式：

$$y = 0.0005x^2 - 0.0268x + 0.5262 \quad (R^2 = 0.9001) \tag{8-2}$$

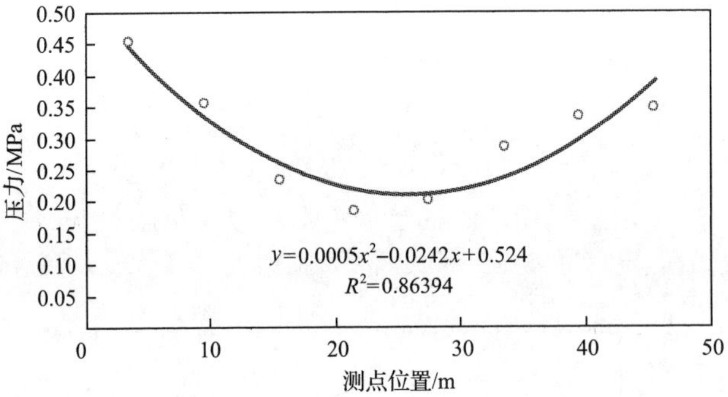

图 8-9 DN500mm 管道爆炸压力峰值与传播距离的关系

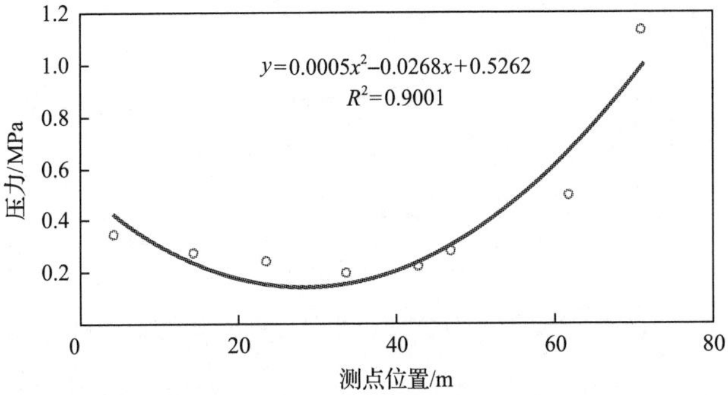

图 8-10 DN700mm 管道爆炸压力峰值与传播距离的关系

从以上两个关系式及拟合曲线可以看出：瓦斯爆炸压力峰值从爆源点开始逐渐下降，传播一段距离后出现拐点，压力开始上升。DN500mm 管道的拐点出现在 24m 左右，DN700mm 管道的拐点出现在 27m 左右。并且 DN700mm 管道爆炸压力的上升幅度明显大于 DN500mm 管道。

2) 火焰传播规律

(1) 火焰传播速度规律。

在试验管道各测点布置了火焰传感器记录火焰到达该点的时间，每两个传感器 1 和 2 之间火焰的平均速度可用式(8-3)来计算：

$$V = L / (T_2 - T_1) \tag{8-3}$$

式中，L 为相邻两个传感器之间的距离；T_1 为火焰前锋到达传感器 1 的时刻；T_2 为火焰前锋到达传感器 2 的时刻。

利用式(8-3)计算出的爆炸火焰传播速度见表 8-14 和表 8-15，并且根据表 8-14 和表 8-15 数据绘制如图 8-11 和图 8-12 所示的爆炸火焰传播速度曲线。

表 8-14　DN500mm 管道爆炸火焰传播速度　（单位：m/s）

序号	9.5～12.5m	12.5～21.5m	21.5～24.5m	24.5～33.5m	33.5～36.5m	36.5～45.5m	45.5～48.5m	48.5～57.5m	57.5～60.5m
No.1 火焰速度	33	64	158	167	176	—	—	—	750
No.2 火焰速度	33	86	158	170	188	310	375	750	1000
No.4 火焰速度	61	99	273	100	—	—	230	474	429
No.5 火焰速度	—	—	176	140	200	231	214	290	157

表 8-15　DN700mm 管道爆炸火焰传播速度　（单位：m/s）

序号	14.6～17.6m	17.6～30.8m	30.8～33.8m	33.8～47m	47～50m	50～62m	62～65m	65～84.5m	84.5～87.5m
No.1 火焰速度	—	101	186	241	337	571	700	1108	—
No.2 火焰速度	—	86	156	229	313	—	—	1016	—
No.3 火焰速度	—	109	183	201	366	366	366	595	—
No.4 火焰速度	—	113	137	217	362	579	633	1568	—

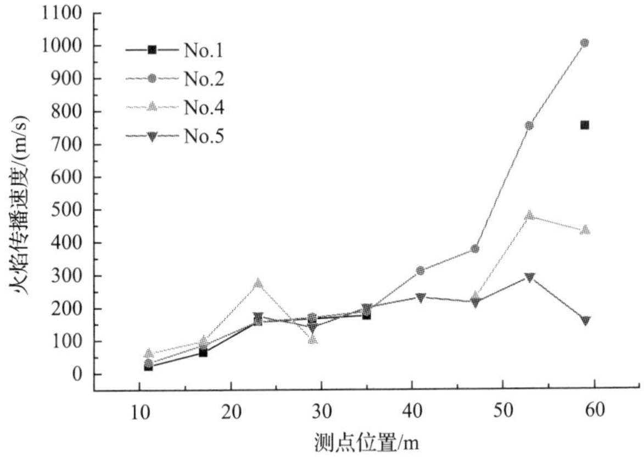

图 8-11　DN500mm 管道爆炸火焰传播速度曲线图

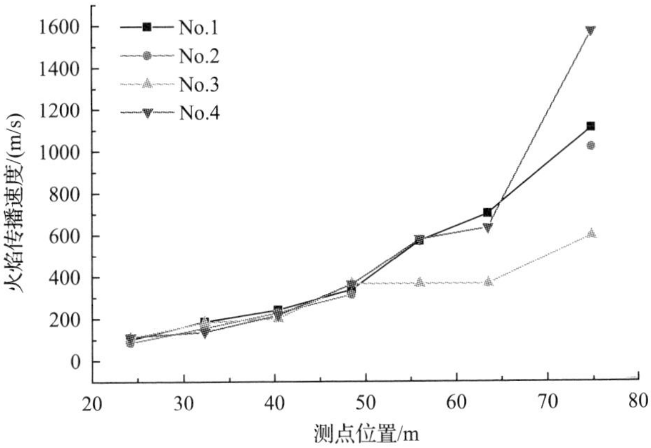

图 8-12　DN700mm 管道爆炸火焰传播速度曲线图

从表 8-14 和表 8-15、图 8-11 和图 8-12 可以看出，火焰传播速度是随着传播距离的加长依次增大的，在靠近出口处，火焰速度最快；且随着管道直径的增大，火焰传播速度增大。

(2) 火焰到达时间。

为了更好地观察火焰到达各测点的时间，对试验结果进行了转换，即把起爆点位置火焰的到达时间归为 0，后面各测点的火焰到达时间按时间差进行叠加。转换后的火焰到达时间见表 8-16 和表 8-17。依据表 8-16 和表 8-17 数据绘制如图 8-13 和图 8-14 所示的各测点火焰到达时间曲线。

表 8-16　DN500mm 管道各测点火焰到达时间　　　(单位：ms)

序号	0	3.5m	9.5m	12.5m	21.5m	24.5m	33.5m	36.5m	45.5m	48.5m	57.5m	60.5m
No.1 时间	0	—	288	379	520	539	593	610	—	—	666	680
No.2 时间	—	0	184	276	381	400	453	469	498	504	516	519
No.4 时间	—	0	98	147	238	249	339	—	352	365	384	391
No.5 时间	—	0	120	180	282	299	363	378	417	431	462	481

表 8-17　DN700mm 管道各测点火焰到达时间　　　(单位：ms)

序号	4.3m	14.6m	17.6m	30.8m	33.8m	47m	50m	62m	65m	84.5m	87.5m
No.1 时间	0	—	132	263	280	334	343	363	368	385	—
No.2 时间	0	—	155	309	328	385	395	—	424	443	—
No.3 时间	0	—	122	243	260	325	333	366	374	407	407
No.4 时间	0	—	118	235	257	318	326	357	352	364	365

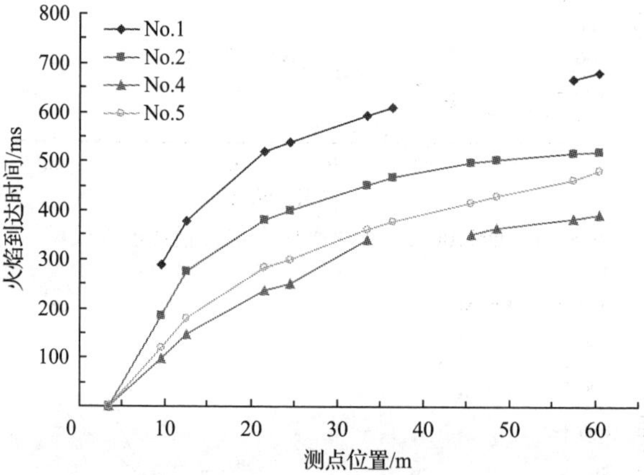

图 8-13　DN500mm 管道各测点火焰到达时间曲线图

从图 8-13 和图 8-14 各测点火焰到达时间图中可以看出，火焰是从起爆源处开始依次向后传播的，且随着管道直径的增大，火焰传播速度加快。

(3) 管道内瓦斯爆炸火焰到达时间与传播距离的关系。

对爆炸火焰到达时间与传播距离的关系进行了函数拟合，并通过该函数来分析瓦斯爆炸火焰的传播规律。

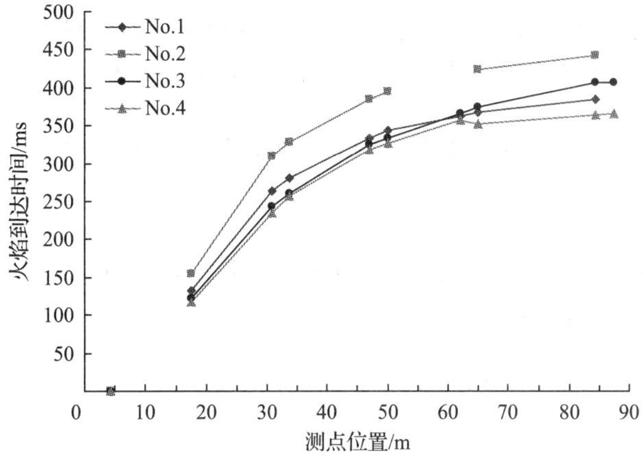

图 8-14　DN700mm 管道各测点火焰到达时间曲线图

依据试验数据分别拟合了 DN500mm 和 DN700mm 管道中瓦斯爆炸火焰到达时间与传播距离的关系式(8-4)和式(8-5)。它们的拟合曲线如图 8-15 和图 8-16 所示。

DN500mm 关系式：

$$y = 186.11\ln x - 214.74 \qquad (R^2 = 0.9853) \tag{8-4}$$

DN700mm 关系式：

$$y = 144.52\ln x - 240.12 \qquad (R^2 = 0.9734) \tag{8-5}$$

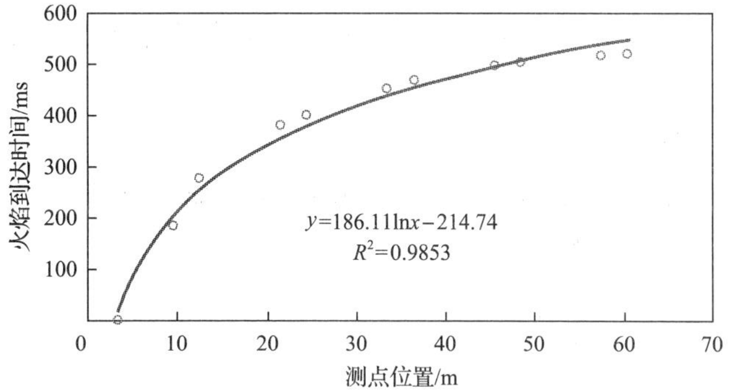

图 8-15　DN500mm 管道爆炸火焰到达时间与传播距离关系

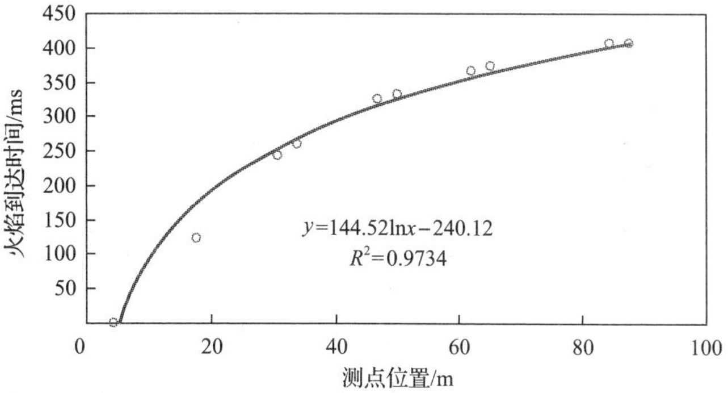

图 8-16　DN700mm 管道爆炸火焰到达时间与传播距离关系

从以上拟合曲线可以看出：DN700mm 管道的火焰传播速度明显大于 DN500mm 管道。通过关系式(8-4)和式(8-5)可以估算管道内某些点的爆炸火焰到达时间。

2. 不同管径管道内瓦斯爆炸压力峰值、火焰传播速度的对比

1)压力峰值的对比

取两组试验初始条件相同，即瓦斯浓度相同、点火能量相同，但管径不同的试验数据进行对比分析，结果如图 8-17 所示。

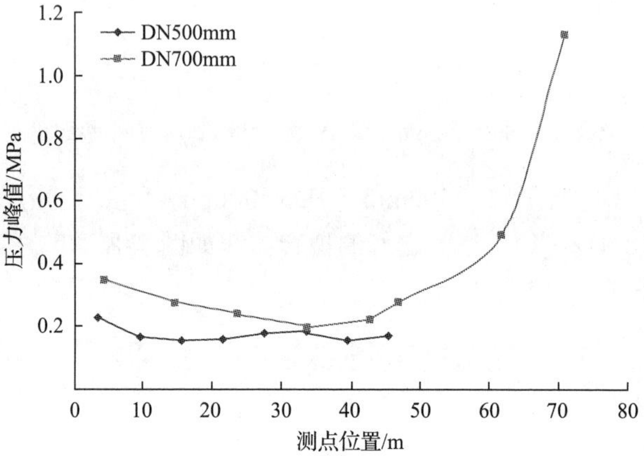

图 8-17　不同管径爆炸压力峰值对比

从图 8-17 中可以看出：DN700mm 管道的压力峰值大于 DN500mm 管道，且上升明显。

2)火焰到达时间的对比

取两组试验初始条件相同，即瓦斯浓度相同、点火能量相同，但管径不同的试验数据进行对比分析，结果如图 8-18 所示。

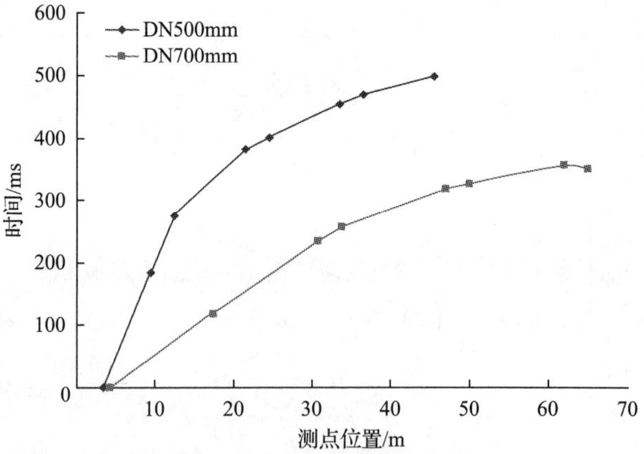

图 8-18　不同管径火焰到达时间对比

从图 8-18 中可以看出：DN700mm 管道的火焰要先于 DN500mm 管道到达。

3. 小结

(1) 管道内瓦斯爆炸压力峰值与传播距离呈二次函数关系；爆炸压力峰值从爆源点开始逐渐下降，传播一段距离后出现拐点，压力开始上升。

(2) 管道内瓦斯爆炸火焰的到达时间与传播距离呈对数函数关系；且火焰传播速度随着传播距离的加长而依次增大，在靠近出口处，火焰传播速度最快。

(3) 管道直径的大小明显影响了瓦斯的爆炸传播过程，DN700mm 管道的压力波峰值大于 DN500mm 管道，且上升明显；DN700mm 管道的火焰传播速度大于 DN500mm 管道。

8.4.2　瓦斯管道输送安全保障技术

根据不同的原理，低浓度瓦斯输送安全保障技术及装备包括阻火泄爆技术及装备、自动抑爆技术及装备、自动阻爆技术及装备。阻火泄爆装置一般是水封阻火泄爆装置；自动抑爆装置有自动喷粉抑爆装置、细水雾输送抑爆装置及气-水两相流输送抑爆装置 3 种；阻爆装置是自动阻爆装置。

1. 瓦斯管道输送水封阻火泄爆技术

1) 技术原理

在正常抽采时，瓦斯通过水封被抽出或排出。而一旦瓦斯管内发生爆炸或燃烧，由于爆炸波和火焰被水封所隔绝，同时爆破片冲开或破裂，爆炸能量得到释放，可保护井下、用户或泵房设备的安全。

瓦斯管道输送水封阻火泄爆装置分为单桶结构和双桶结构，如图 8-19 所示。

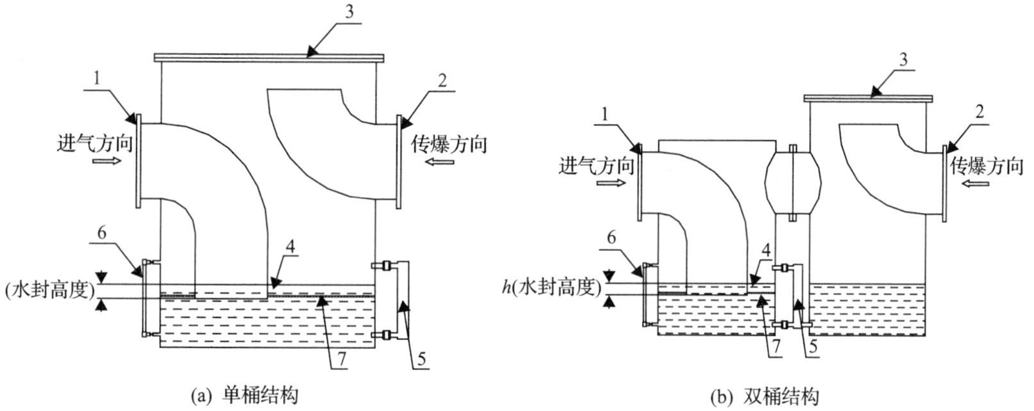

图 8-19　阻火泄爆装置工作原理图

1-进气端；2-出气端；3-泄爆部件；4-密封水；5-水位控制器；6-玻璃管水位计；7-金属分流网

2) 水封阻火泄爆装置

2009 年制定并颁布的《瓦斯管道输送水封阻火泄爆装置技术条件》(AQ 1072—2009)，为适用于输送压力在 30kPa 以内的瓦斯管道输送水封阻火泄爆装置的设计、制造和检验提供了行业标准。

A.主要技术参数

(1)公称压力≥1.0MPa。

(2)释放压力为 90～120kPa。

(3)阻火泄爆装置压力损失≤2.0kPa。

(4)有效水封高度以能有效阻火，同时满足阻火泄爆装置压力损失≤2.0kPa 为准。

B.水位自动控制功能

水封阻火泄爆装置配置了水位自动监控系统，监控系统由 3 个水位传感器、2 个电动球阀、1 个水位控制器等构成。监控系统实时为水封阻火泄爆装置补水、排水，使装置内水封高度保持在满足其有效水封高度要求范围内。

C.水封阻火泄爆装置构成

水封阻火泄爆装置构成见表 8-18。

表 8-18　单台水封阻火泄爆装置配置表

序号	名称	单位	数量
1	水封阻火泄爆桶体	个	1
2	泄爆片	个	1
3	矿用水位传感器	个	3
4	矿用隔爆型电动阀门	个	2
5	矿用隔爆兼本安型水位控制器	台	1

3)典型应用

瓦斯管道输送水封阻火泄爆装置于 2010 年应用于煤矿现场。最早应用于煤矿现场的是重庆研究院研制的 ZGZS500 瓦斯管道输送水封阻火泄爆装置，随后沈阳研究院、重庆淑维蒲吕机电设备制造有限公司、山西新思备科技股份有限公司、西安博深安全科技股份有限公司等公司的产品相继投放市场。

瓦斯管道输送水封阻火泄爆装置应用领域广泛，包括：低浓度瓦斯排空系统、低浓度瓦斯发电系统、乏风瓦斯蓄热氧化利用系统等。截至 2019 年，重庆研究院研制的 ZGZS500 瓦斯管道输送水封阻火泄爆装置已应用山西、陕西、重庆、贵州、安徽等全国大部分煤矿现场。

现场应用表明：①装置压力损失≤2kPa；②泄爆片泄爆压力为 90～120kPa；③装置能够在线监测筒体内水位高度，并能实现自动补排水，克服了传统装置需要人工补排水、水封高度无法保证的缺点；④瓦斯管道输送水封阻火泄爆装置能够有效阻火泄爆，保障了低浓度瓦斯管道输送的安全性，对低浓度瓦斯抽采、利用起到了积极的支撑和促进作用，具有良好的经济效益和社会效益。

2. 自动阻爆技术

1)技术原理及用途

自动阻爆装置主要用于易燃易爆气体与空气混合物的输送管道。该装置由矿用火焰传感器、矿用压力传感器、矿用本安型爆炸信号控制器、矿用隔爆兼本安型阻爆阀门用控制箱、矿用隔爆型阻爆阀门、矿用隔爆兼本安型直流电源等组成。其工作原理为：当矿用火焰传感器和矿用压力传感器检测到管道内的爆炸状态时，矿用本安型爆炸信号控制器采集传感器的信号后输出控制信号，矿用隔爆兼本安型阻爆阀门用控制箱在控制信号下输出直流电压，驱动矿用防爆型阻爆阀门快速关闭，切断爆炸路径，从而保护井下、用户或泵房设备的安全。

2) 自动阻爆装置

2009 年制定并颁布的《瓦斯管道输送自动阻爆装置技术条件》(AQ 1073—2009)，为瓦斯管道输送自动阻爆装置的设计、制造和检验提供了行业标准。

A.主要技术参数

(1) 传感控制相应时间：≤20ms。

(2) 阻爆阀门动作时间：≤80ms。

(3) 装置阻断时间：≤100ms。

(4) 阻爆阀门公称压力≥2MPa。

B.自动阻爆装置构成

自动阻爆装置构成见表 8-19。

表 8-19　单套自动阻爆装置配置表

序号	名称	单位	数量
1	矿用本安型爆炸信号控制器	台	根据实际情况配置
2	矿用火焰传感器	个	根据实际情况配置
3	矿用压力传感器	个	根据实际情况配置
4	矿用隔爆兼本安型阻爆阀门用控制箱	台	1
5	矿用隔爆型阻爆阀门	台	1
6	矿用隔爆兼本安型直流电源	台	根据实际情况配置

3) 典型应用

瓦斯管道输送自动阻爆装置于 2010 年应用于煤矿现场。最早应用于煤矿现场的是重庆研究院研制的自动阻爆装置。

瓦斯管道输送自动阻爆装置的应用领域包括：低浓度瓦斯发电系统、乏风瓦斯蓄热氧化利用系统等。截至 2019 年，重庆研究院研制的瓦斯管道输送自动阻爆装置已应用山西、贵州、安徽等地煤矿现场。

现场应用表明：①该装置能够实现火焰、压力信号快速监测，并发出控制信号控制自动阻爆装置快速关闭，切断爆炸火焰传播路径；②自动阻爆装置阻断时间≤80ms，满足相关标准要求。瓦斯管道自动阻爆装置的应用保障了前端瓦斯输送管道及抽采设备的安全性，对低浓度瓦斯抽采、利用起到了积极的支撑和促进作用，具有良好的经济效益和社会效益。

3. 自动抑爆技术

1) 技术原理及用途

自动抑爆装置包括自动喷粉抑爆装置、细水雾输送抑爆装置和气-水两相流输送抑爆装置 3 类。煤矿应用较为广泛的主要是自动喷粉抑爆装置、细水雾输送抑爆装置，应用最多的是自动喷粉抑爆装置，以下主要介绍自动喷粉抑爆技术及装置。

自动喷粉抑爆装置主要安设于瓦斯(或其他易燃易爆气体)输送管道系统中，当发生火灾爆炸事故时，可及时扑灭火源或爆炸火焰，减少灾害损失。具有整机响应时间短、动作灵敏、性能可靠、抑爆器喷射灭火剂迅速等特点。其工作原理为：当发生爆炸事故时，由传感器及时探测信号输出触发电平，由控制器触发抑爆器迅速喷射出灭火剂，扑灭爆炸火焰，将爆炸抑制在始发阶段，阻止爆炸传播，从而保护井下、用户或泵房设备的安全。

2) 自动喷粉抑爆装置

2009 年制定并颁布的《瓦斯管道输送自动喷粉抑爆装置通用技术条件》(AQ 1079—2009)，为瓦斯管道输送自动喷粉抑爆装置的设计、制造和检验提供了行业标准。

A.技术参数

(1) 火焰传感器。①响应时间：≤5ms。②触发条件：符合表 8-20 的规定。

表 8-20　传感器触发条件

触发条件	触发情况
四周密封环境(无火焰)	不触发
1 烛光火焰(5m 处)	触发

(2) 控制器相应时间不大于 15ms。

(3) 管道抑爆器。①喷撒滞后时间：≤15ms；②喷撒完成时间：≤150ms；③喷撒效率：≥80%。

B.自动抑爆装置构成

自动喷粉抑爆装置构成见表 8-21。

表 8-21　ZYBG 瓦斯管道输送自动喷粉抑爆装置配置表

序号	名称及型号规格	单位	数量
1	KDY660/12.5 矿用隔爆兼本安直流电源	台	1
2	GHG5 矿用本安型火焰传感器	个	1
3	ZYBG-12K 矿用本安型抑爆装置控制器	台	1
4	ZYBG-12Y 矿用本安型管道抑爆器	台	2

3) 典型应用

自动喷粉抑爆装置于 2010 年开始应用于低浓度瓦斯输送管道。最早应用于煤矿现场的是重庆研究院研制的 ZYBG 瓦斯管道输送自动喷粉抑爆装置。

根据《煤矿低浓度瓦斯管道输送安全保障系统设计规范》(AQ 1076—2009)的规定，自动喷粉抑爆装置应用领域广泛，包括：低浓度瓦斯排空系统、低浓度瓦斯发电系统及采空区抽采用低浓度瓦斯管道输送系统等，另外在乏风瓦斯蓄热氧化利用系统也得到了应用。截至 2019 年，重庆研究院研制的自动喷粉抑爆装置已应用于山西、陕西、重庆、云南、贵州、安徽等全国大部分煤矿现场。

现场应用表明：①抑爆装置的传感器能够快速监测燃烧与爆炸信号，并输入抑爆装置控制器；②控制器接收到燃烧爆炸信号后能及时触发抑爆器，抑爆器将灭火剂喷射到火焰阵面上，从而扑灭爆炸火焰，阻止爆炸传播；③自动喷粉抑爆装置喷撒滞后时间≤15ms；④喷撒完成时间≤150ms；⑤喷撒效率≥80%，满足相关标准要求。自动喷粉抑爆装置的应用保障了低浓度瓦斯管道输送的安全性，对低浓度瓦斯的抽采、利用起到了积极的支撑和促进作用，具有良好的经济效益和社会效益。

8.5　煤矿区煤层气排空与销毁

8.5.1　煤层气排空系统

煤矿抽采的瓦斯因浓度低、抽采量小无法利用时，需要进行排空。目前，瓦斯排空一般通过排空管直接排放到大气中。泵站抽采瓦斯从气水分离器出来通过输送管道到达排空管，由垂直安设的排空管出口排入大气中。另外，为了保障瓦斯排放的安全性，瓦斯排空输送管道上需要安设安全保障装置。根据《煤矿低浓度瓦斯管道输送安全保障系统设计规范》(AQ 1076—2009)规定，排空系统的瓦斯输送管道需要安设水封阻火泄爆装置及抑爆装置。

1. 煤层气排空系统构成

排空系统主要由输送管道、水封阻火泄爆装置、自动抑爆装置、放空管、阀门及其他管道附件组成。输送管道用于瓦斯输送；水封阻火泄爆装置、自动抑爆装置两级不同原理的安全保障装置可确保瓦斯输送过程的安全；放空管将瓦斯排入高空，达到排放目的。

2. 煤层气排空典型应用

我国煤矿抽采瓦斯中约 80%以上属于采空区或采动卸压区抽采出的瓦斯，而其中又有 70%以上的瓦斯抽采量的瓦斯浓度低于 30%，甚至有相当一部分抽采瓦斯浓度低于 10%，无法进行利用，只能进行排空，因此瓦斯排空系统得到了广泛应用。截至 2019 年，全国绝大多数煤矿基本都建立了地面瓦斯排空系统。

由水封阻火泄爆装置、自动抑爆装置两级不同原理的安全保障装置构成的瓦斯排空系统通过现场应用达到了如下效果。

(1) 水封阻火泄爆装置压力损失≤2kPa；能够在线监测水封筒体内水位高度，实现了自动补排水功能，克服了传统装置需要人工补排水、水封高度无法保证的缺点。

(2) 自动喷粉抑爆装置的传感器能够快速监测燃烧与爆炸信号，并将其输入抑爆装置控制器；控制器接收到燃烧与爆炸信号后能及时触发抑爆器将灭火剂喷射到火焰阵面上，从而扑灭爆炸火焰，阻止爆炸传播；自动喷粉抑爆装置喷撒滞后时间≤15ms，喷撒完成时间≤150ms，喷撒效率≥80%。

(3) 水封阻火泄爆装置实现了阻火、泄爆功能；自动喷粉抑爆装置实现了灭火、阻爆功能，两级安全保障装置共同作用大大提高了地面排空系统的安全性，促进了煤矿瓦斯抽采，从而保障煤矿生产的连续性，具有良好的经济、社会效益。

8.5.2 煤层气销毁系统

煤矿区煤层气销毁系统用于地面瓦斯销毁，销毁的手段主要是通过燃烧将瓦斯中的甲烷转变为水和二氧化碳，达到保护环境的目的。

1. 煤层气销毁系统构成

煤层气销毁系统由瓦斯输送安全保障系统及火炬系统构成。瓦斯输送安全保障系统设置水封阻火泄爆、抑爆、阻爆三级安全保障装置，确保瓦斯输送过程的安全性。火炬系统根据现场的实际情况分为简易火炬、地面火炬两种形式，火炬系统由阻火器、火炬主体、燃烧头及控制系统构成。

2. 煤矿区煤层气销毁系统

1) 系统工作条件

(1) 环境温度：0℃～40℃；

(2) 相对湿度：≤95%(25℃)；

(3) 大气压力：80～110kPa；

(4) 抽采气体在管道内的流速：<15m/s。

2) 主要技术参数

(1) 火炬系统燃烧效率为99%。

(2) 噪声不大于85dB。

(3) 电源电压为380VAC/660VAC，频率为50Hz。

(4) 水封阻火泄爆装置：①水封高度不低于50mm；②泄爆压力为90～120kPa。

(5) 自动阻爆装置：①传感控制相应时间≤20ms；②阻爆阀门动作时间≤80ms；③装置阻断时间≤100ms。

(6) 自动抑爆装置：①火焰传感器响应时间≤5ms；②控制器相应时间不大于15ms；③抑爆器喷撒滞后时间≤15ms；④抑爆器喷撒完成时间≤150ms；⑤抑爆器喷撒效率≥80%。

3) 系统构成

表8-22列出了煤矿区煤层气销毁系统具体装置配置。

表 8-22　煤矿区煤层气销毁系统装置配置表

序号	名称		单位	数量
1	瓦斯输送安全保障系统	水封阻火泄爆装置	台	1
2		自动抑爆装置	套	1
3		自动阻爆装置	套	1
4	火炬系统	火炬主体	个	1
5		燃烧室	个	1
6		燃烧头	个	1
7		点火系统	套	1
8		火炬阀组部件	套	1
9		控制系统	套	1

3. 典型应用

煤矿区煤层气销毁系统用于地面瓦斯销毁，尤其适用于废弃矿井瓦斯的销毁，随着我国对废弃矿井瓦斯抽采工程的研究，煤矿区煤层气销毁系统将得到广泛的应用。

本章汇稿人：杜子健　郭寿松

本章主要编写人员：杜子健　郭寿松　霍春秀　刘　胜
周厚权　刘延保　申　凯　杨　娟
黄克海　甘海龙　李　磊　隆清明
康建东　李　涛　孙世玲　苟　怡
逄锦伦　龙伍见

第 9 章　低浓度煤层气利用技术

根据国家《煤矿安全规程》规定，甲烷含量低于 30%的煤层气称为低浓度煤层气。低浓度煤层气中除了主要含有甲烷外，其主要成分还有氮气、二氧化碳、氧气等。低浓度煤层气在常温下的发热量为 3.43～3.71MJ/Nm^3。

低浓度煤层气利用主要包括直接发电、提纯制民用和工业燃料、提纯后发电、提纯制压缩天然气(CNG)和液化天然气、低温深冷液化、蓄热氧化利用等。低浓度煤层气利用途径如图 9-1 所示。

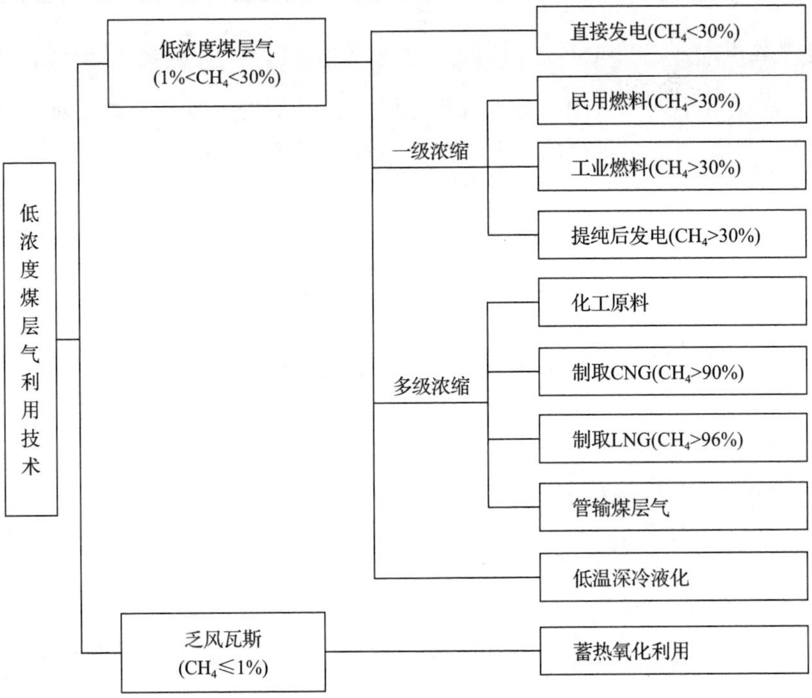

图 9-1　低浓度煤层气利用途径

近几年，依托国家科技重大专项“大型油气田及煤层气开发”等项目的支撑，煤科院和重庆研究院等单位根据低浓度煤层气组成特点，结合煤矿区煤层气相关利用单位技术需求，在低浓度煤层气梯级利用技术及装备开发方面取得了重要进展。开发了浓缩提纯专用吸附剂，该吸附剂针对煤层气中甲烷、氧气和氮气可以实现有效分离。将该吸附剂与变压吸附工艺相结合，开发了低浓度煤层气变压吸附浓缩提纯技术，该技术集成了除氧与变压吸附浓缩工艺，在实现甲烷浓缩提纯的同时可以将氧气脱除，提高了工艺技术的安全性、可靠性。该技术一方面可以通过一级浓缩将低浓度煤层气浓度提高至 35%以上，产生的产品可以作为民用燃气或工业燃气；另一方面可以通过多级浓缩将低浓度煤层气浓度提高至90%以上，产生的产品可以制成压缩天然气、液化天然气、管道天然气。该技术对项目规模及原料气甲烷浓度适应性强，既可以做成固定式利用装置，也可以做成移动式利用装置，同时解决了低浓度煤层气利用安全性差、能耗高、投资高等问题。开发了低浓度煤层气深冷液化技术，该技术针对煤矿区抽采的含甲烷浓度30%以上的含氧煤层气，进行甲烷分离提纯，并液化制成LNG产品。该技术可实现液化与分离在低温、低压下同步进行，一次完成，省去了脱氧环节，流程简单，甲烷回收率高(≥98%)，产品效益好，工艺中各单元设备成熟、可靠，可撬装化/工厂化设计，自动化程度高，工艺安全性有保障，可广泛应用于国内气源充足的各大煤矿区。开发了低浓度煤层气蓄热氧化利用技术与装备，该技术借用了逆流反应器的工作原理，装置主要由蓄热室、燃烧室、电加热装置、壳体(包括内保温)、切换阀、进气管路、排气管路和排气烟囱等组成。该技术的应用可以完全替代现在使用的燃煤热风炉，替换后无须使用煤炭作为燃料，在运行过程中排放的烟气也完全满足大气污染物排放标准，而且不会产生任何污水和固体废弃物，解决了燃煤热风炉污染物排放不达标的问题。通过低浓度煤层气蓄热氧化后产生的热能可用于矿区供热、供冷、煤泥烘干及发电等领域，并产生经济效益。

目前，国内对低浓度煤层气的利用还处于较低的水平，相比国外发达国家关注较高浓度的煤层气的开发利用，国内低浓度煤层气的开发利用意义更大，具有一举多得的功效：可提高瓦斯事故防范水平，具有安全效应；可有效减排温室气体，产生良好的环保效应；作为一种高效、洁净能源，商业化能产生巨大的经济效益。

本章重点介绍低浓度煤层气变压吸附浓缩利用技术、低浓度煤层气低温深冷液化技术、低浓度煤层气蓄热氧化利用技术、低浓度瓦斯工业安全燃烧技术及低浓度煤层气发电提效技术等，以及这些技术与相关的装备在实际应用中的示范效果，同时，对一些示范项目的主要技术经济指标也进行了综合性的评估分析。

9.1　低浓度煤层气变压吸附浓缩利用技术

低浓度煤层气变压吸附浓缩就是以分离吸附剂为核心将煤层气中的氧气、氮气等杂质气体去除的过程。变压吸附技术在气体分离及净化方面拥有多方面的优势，近些年来变压吸附技术也不断发展和完善，尤其是在煤层气浓缩利用方面，变压吸附技术拥有工艺流程短、产品浓度易于控制、原料气适应性强等特点。

(1)工艺流程短。

相比于其他煤层气分离工艺，含有多种杂质(氧气、氮气、二氧化碳等)的煤层气变压吸附浓缩分离工艺在大多数情况下可以做到一步分离多种杂质得到高浓度甲烷气。

(2)产品浓度易于控制。

在变压吸附分离煤层气的过程中，只需控制吸附过程的时间即可得到不同甲烷浓度的产品气。煤层气变压吸附分离装置可根据季节的变化调整产品气浓度以满足不同的产品气需求。例如，冬季由于居民煤层气需求量增加，可生产甲烷浓度在40%左右的产品气直接用于居民取暖。夏季由于矿区煤层气产量高，可生产甲烷浓度在 95%左右的产品气，并进一步液化制成 LNG 用于汽车燃料。

(3) 原料气适应性强。

低浓度煤层气变压吸附装置所使用的原料气主要来源于煤矿抽放泵站，由于不同煤层的开采条件不同，煤层气组分变化较大。通过调整吸附时间、吸附压力等工艺条件，变压吸附装置可以实现在原料气组分变化较大的情况下使产品气组分保持稳定。

9.1.1　浓缩专用碳分子筛制备工艺技术

1. 吸附剂气体分离原理

吸附法是采用固体吸附剂，通过气固接触来实现混合气体的分离，气固分离操作时被分离的气体中不会混入溶剂蒸气，所以与吸收法相比不存在溶剂损失和溶剂回收的问题。吸附分离法的关键就是研制高效的气体吸附剂，要求吸附剂的选择性高、吸附容量大、再生性好、强度高、磨耗低。

2. 碳分子筛吸附剂制备工艺

碳分子筛的制备工艺多种多样，一般包括原料的粉碎磨粉、成型、炭化、活化、碳沉积等步骤。根据原料的不同，粉体的制取可能需要脱灰、预氧化等预处理步骤，具体如图 9-2 所示。活化方法有化学活化法和物理活化法两种，碳沉积方法有气相碳沉积和液相浸渍碳沉积方法。

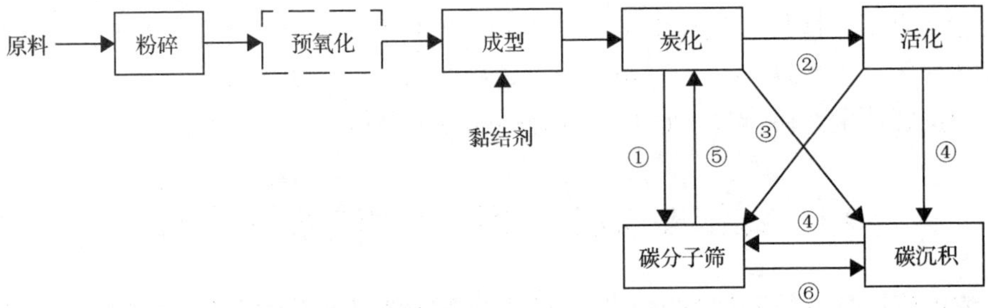

图 9-2　碳分子筛的制备步骤及工艺

选取不同的炭化、活化和碳沉积步骤可以组合成不同的制备工艺，如：①一步炭化工艺；②炭化-活化工艺；③炭化-碳沉积工艺；④炭化-活化-碳沉积工艺；⑤两步炭化工艺；⑥二次碳沉积工艺等。例如，成型料条经过一次炭化步骤得到吸附剂，为一步炭化工艺①；炭化步骤后，继续进行活化和碳沉积步骤才得到吸附剂，为炭化-活化-碳沉积工艺④；采用③或④得到的炭质吸附剂，如果孔径不符合要求，常需要进一步进行碳沉积处理，为二次碳沉积工艺。此外，炭化-活化后，在 1000～1200℃的高温条件下进一步热处理的过程为热缩聚法。

碳分子筛的制备工艺和活性炭类似，需要经过炭化和活化步骤，不过由于碳分子筛要求其微孔孔径均匀且分布在一较窄的范围，在制备工艺上，碳沉积调孔工艺显得尤为重要。通常采用有机气体裂解或者有机溶剂浸渍进行碳沉积缩小孔径。此外，也可以通过控制热处理条件，对活性炭进行热处理实现孔径收缩，从而将活性炭变为孔径分布适宜的碳分子筛。

3. 碳分子筛性能测试方法及表征手段

碳分子筛的性能包括常规物理性能和气体分离性能。常规物理性能主要包括耐磨强度、灰分、堆积密度、粒度等，可以借鉴《煤质颗粒活性炭气相用煤质颗粒活性炭》(GB/T 7701.1—2008)进行检测。针对煤层气中的 CH_4/N_2，碳分子筛气体分离性能的测试方法目前主要有 4 种：①工业上经常采用在 0.1MPa 下测得的吸附动力学曲线来估算，即以甲烷和氮气在 0.1MPa 下的平衡吸附量之比来衡量吸附剂的分离性能，其比值越大，表明吸附剂的分离性能越高。②在理论分析上，常通过电子天平或吸附仪测量纯组分单一气体的平衡吸附曲线或动力学吸附曲线，然后计算平衡分离系数或扩散系数来评价吸附剂的分离性能。③根据甲烷和氮气单组分或其混合气体的穿透曲线，以两个组分的穿透时间的差异大小来确定其分离性能，穿透时间相差越大，分离性能越好。④利用变压吸附装置，配置不同浓度的原料气，直接测试吸附剂的提浓效果。第③种和第④种方法可信度较高，第①种和第②种方法由于测试样品量较小，测试仪器误差较大，平衡分离系数计算结果有差异。目前碳分子筛性能测试方法尚无国家统一标准，测试方法及指标并无指导性标准，有待相关部门尽快出台相关标准。

4. 低浓度煤层气浓缩专用碳分子筛开发及应用

目前商业化碳分子筛主要为空分用碳分子筛产品，适用于 N_2/O_2 分离体系；由于 O_2、N_2、CH_4 三者动力学直径不同，针对低浓度煤层气 CH_4/N_2 的分离，商业空分碳分子筛(CMS)必然效果不佳，有必要对孔径进行调整，以适应 CH_4/N_2 体系的分离，煤层气浓缩专用碳分子筛目前还处于实验室中试阶段，还没有商业化碳分子筛产品。

国内相关研究主要集中在煤科院、大连理工大学、重庆大学等高校和研究机构。高校以理论研究为主，煤科院在吸附剂开发和产品的中试放大方面做了大量工作。在国家科技重大专项“大型油气田及煤层气开发”的支持下，采用碳沉积方法，在先驱体煤基活性炭上进行孔径调整，开发出了 BM1404 碳分子筛，并在 $5Nm^3/h$ 四塔变压吸附装置上模拟煤层气进行了工艺研究，结果表明：吸附时间为 150s、吸附压力为 0.6MPa、成品气排气流量为 4.20mL/min 时，分离效果最佳，可以将混合气中的甲烷含量从 35%提纯到 68.10%，回收率达到 67.30%；体积分数为 71%的甲烷平均提纯到 86.80%，回收率为 85.69%，如图 9-3 和图 9-4 所示。

“十二五”期间，在以前的研发基础上，进一步优化工艺，以酚醛树脂废料为主要原料，采用炭化-气相沉积一体化工艺，制备出性能优良的 CMS 样品，该样品在 $100Nm^3/h$ 的变压吸附中试装置中进行了评价测试，显示可将煤层气中甲烷浓度提高 25.6%，并和国外商业产品进行了对比，性能相当，具体见表 9-1。

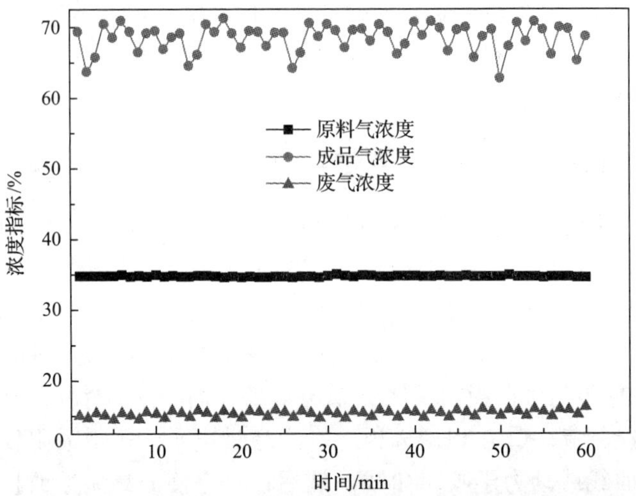

图 9-3　35%CH_4与 65%N_2混合气体变压吸附分离效果

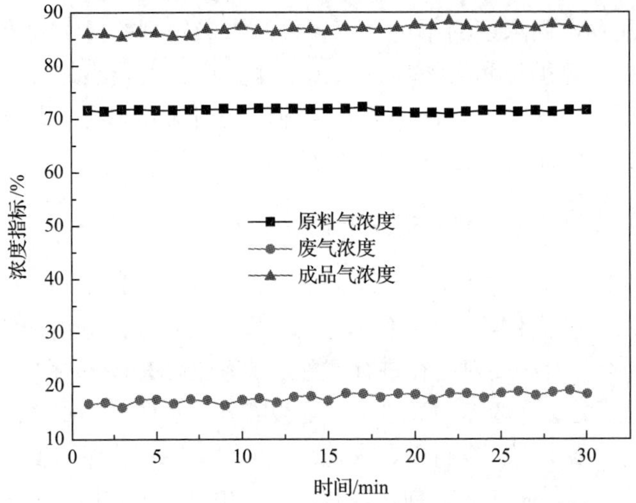

图 9-4　70%CH_4与 30%N_2混合气体变压吸附分离效果

表 9-1　碳分子筛 CMS 变压吸附浓缩分离效果对比　　（单位：%）

样品	原料气浓度	成品气浓度	回收率	提浓幅度
BMCMS(本项目)	27.7	53.3	92.7	25.6
JCCMS(国外商用)	27.0	52.2	90.3	25.2

9.1.2　变压吸附浓缩技术

1. 实验室小试

以 CH_4/N_2 分离吸附剂为核心，在实验室搭建的变压吸附分离小试评价装置上完成了低浓度煤层气变压吸附浓缩分离工艺模拟评价，通过实验室小试评价，确定了低浓度煤层气变压吸附浓缩分离工艺中吸附时间及吸附压力等主要工艺参数，确定了工艺流程，具体评价结果如图 9-5、图 9-6 所示。

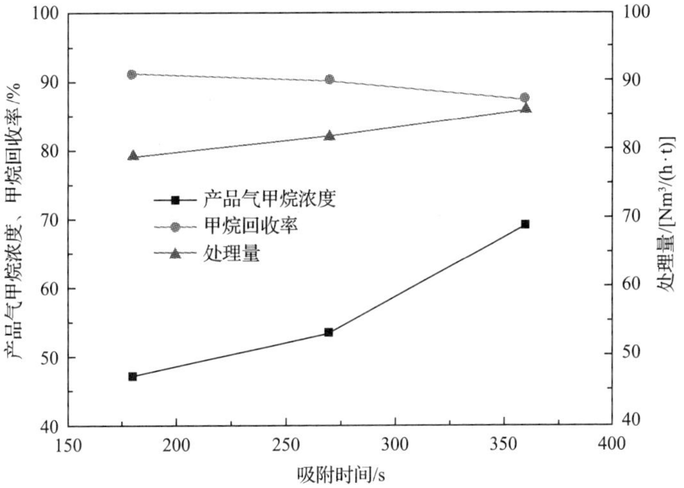

图 9-5　吸附时间对变压吸附分离性能的影响

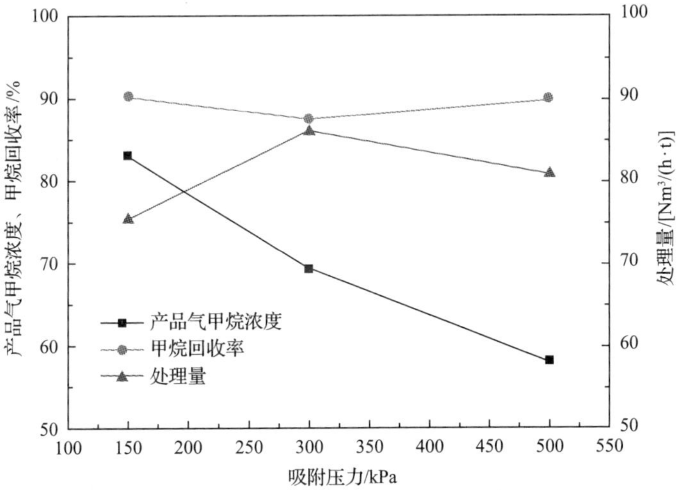

图 9-6　吸附压力对变压吸附分离性能的影响

从图 9-5、图 9-6 中可以看出，随着吸附时间的增加，产品气甲烷浓度逐渐提高，甲烷回收率小幅度下降，单位质量吸附剂处理能力提高；随着吸附压力的提高，产品气甲烷浓度明显下降，甲烷回收率先小幅度下降后小幅度上升，单位质量吸附剂处理能力出现先升高后下降的趋势。

变压吸附浓缩分离实验室小试评价结果如图 9-7 所示。

在原料气甲烷浓度为 33%条件下，经过三级变压吸附浓缩，一级浓缩后产品气甲烷浓度达到 65%左右，二级浓缩后产品气甲烷浓度达到 77%左右，三级浓缩后产品气甲烷浓度达到 91%，甲烷回收率达到 90%。

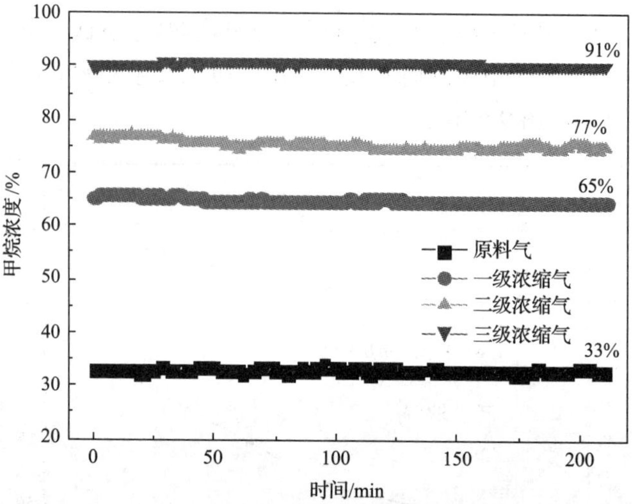

图 9-7　变压吸附浓缩分离实验室小试评价结果

2. 中试放大

根据实验室小试分离评价结果，确定了可中试放大的工艺流程，在阳煤集团五矿建设了日处理能力达 3000Nm^3 的中试试验装置，开展了低浓度煤层气变压吸附浓缩中试放大验证，结果如图 9-8、图 9-9 所示。

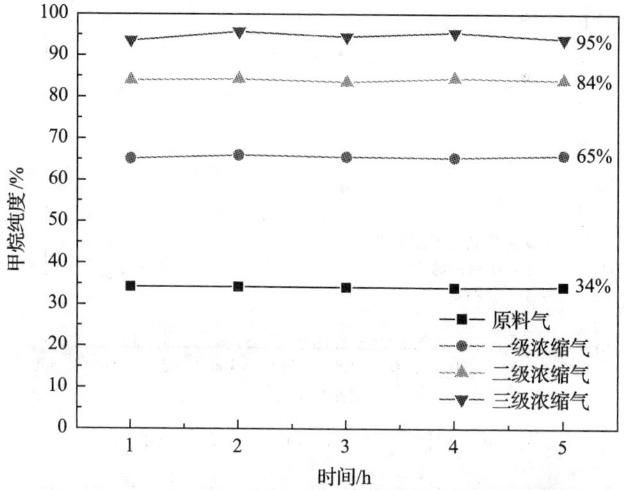

图 9-8　原料气处理能力为 3000Nm^3/d 的低浓度煤层气变压吸附浓缩中试评价效果

从图 9-8、图 9-9 中可以看出，通过 3000Nm^3/d 中试装置放大，在原料气甲烷浓度为 34%、氧气浓度为 13%情况下，经一级浓缩后产品气中甲烷浓度达到 65%，氧气浓度降低至 0.8%；经第二级浓缩后产品气中甲烷浓度达到 84%，氧气浓度降低至 0；经第三级浓缩后产品气中甲烷浓度达到 95%，氧气浓度降低至 0，中试放大验证结果优于实验室小试评价结果，形成了可工业示范应用的低浓度煤层气变压吸附浓缩工艺技术。

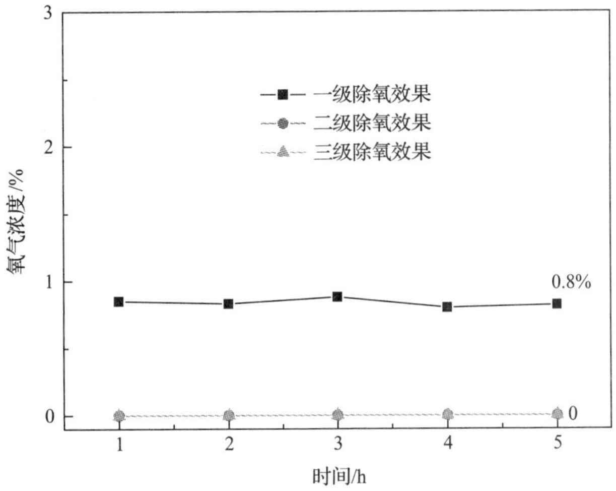

图 9-9　原料气处理能力为 3000Nm^3/d 的低浓度煤层气变压吸附除氧中试评价效果

9.1.3　变压吸附浓缩装备

针对低浓度煤层气浓缩分离核心装备即变压吸附塔，通过吸附塔内流场变化及分布模拟研究优化变压吸附塔高径比、塔底气体分布器的设计；结合小试、中试评价装置及工程实际情况研制低浓度煤层气变压吸附除氧浓缩分离核心装置(图 9-10)。

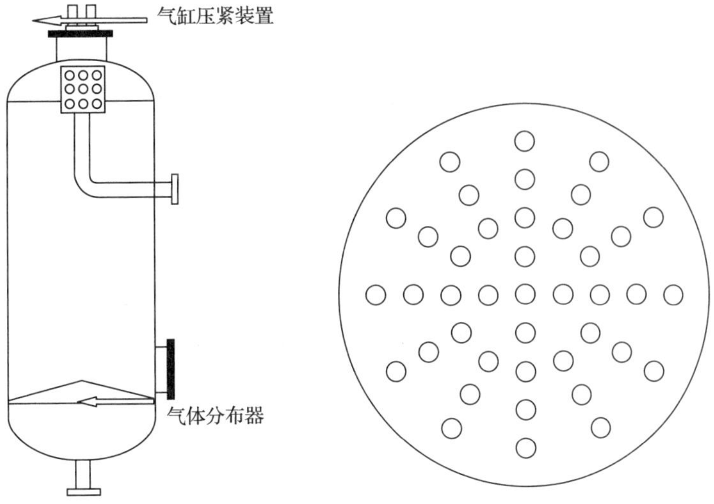

(a) 变压吸附塔结构图　(b) 气体分布器图

图 9-10　低浓度煤层气变压吸附除氧浓缩分离核心装置示意图

变压吸附塔底部安装的气体分布器可保证气体在吸附塔内均匀分布，提高吸附塔内吸附剂的利用率。同时吸附塔顶端安装气缸压紧装置，保证塔内吸附剂随时处于压实状态，减少吸附剂的磨损。

9.1.4　变压吸附浓缩利用技术工艺流程

针对甲烷浓度在30%以下的低浓度煤层气，煤层气浓缩利用技术采用三级变压吸附装置串联的工艺，具体工艺流程示意图如图 9-11 所示。

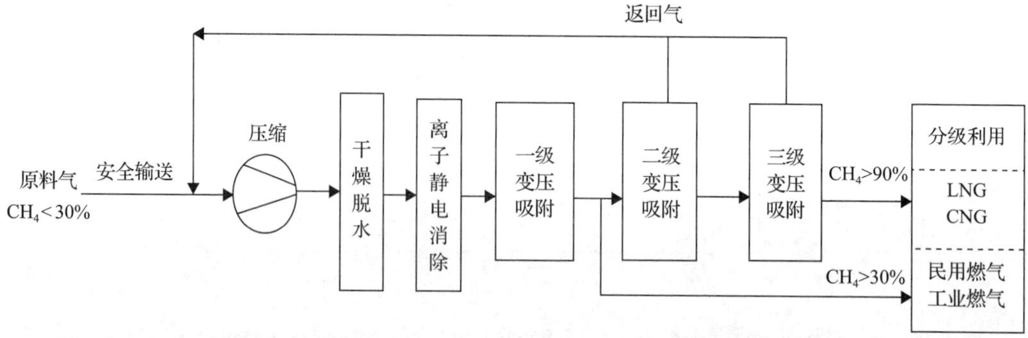

图 9-11　低浓度煤层气除氧浓缩利用技术工艺流程示意图

CNG-压缩天然气

低浓度煤层气经过安全输送系统进入压缩机加压后压力达到 0.7MPa，随后经过干燥装置脱水及离子静电消除装置消除静电后进入一级变压吸附装置；在一级变压吸附装置中煤层气经过浓缩后甲烷浓度达到 65%，随后依次进入二级和三级变压吸附装置，经过三级变压吸附装置浓缩后产品气甲烷浓度达到 90%以上；二级和三级变压吸附装置产生的尾气 CH_4 含量在 30%以上，返回压缩机进口前与新鲜原料气混合循环利用，提高系统 CH_4 回收率。

低浓度煤层气变压吸附浓缩技术工艺流程可分为 3 个系统，即安全输送系统、压缩净化系统及变压吸附浓缩系统，后续可根据用户需要配置压缩天然气制备系统、液化天然气制备系统及民用工业燃气系统。

各工艺系统流程描述如下：

1. 安全输送系统

来自煤层气气柜浓度为 35%左右的原料气先进入旋风除雾器进行净化，净化后的原料气通过干式双向管道稳定防爆轰型阻火器，然后进入水环压缩机闭环机组进行增压；经过增压的煤层气再进入旋风除雾器进行脱水，脱水后的煤层气进入压缩净化系统。

2. 压缩净化系统

来自安全输送系统的原料煤层气、变压吸附系统返回的常压解吸气体及真空解吸气体分别进入燃气调压箱进行气体压力调节，然后按照一定比例进入同压气体混合器混合均匀，混合均匀后的煤层气进入全自动反清洗自洁式气体过滤器除去 20μm 以上的颗粒物及杂质；经过过滤后的煤层气进入煤层气喷水螺杆压缩机进行压缩并增压至 0.7～0.8MPa；经过增压后的煤层气进入冷干机组及冷干机组前后配置的油水分离过滤器、主管过滤器、高效除油过滤器、活性炭罐进行除水和除油；经过除水和除油的煤层气进入变压吸附浓缩系统。

3. 变压吸附浓缩系统

来自压缩净化系统的压缩煤层气先进入一级变压吸附装置进行甲烷气体浓缩，甲烷气体浓度提高至65%(体积比)左右，然后进入一级变压吸附成品气缓冲罐；来自一级变压吸附成品气缓冲罐的浓缩甲烷气体进入二级变压吸附装置进一步浓缩，将甲烷气体浓度浓缩到80%(体积比)以上，进入二级变压吸附成品气缓冲罐；来自二级变压吸附成品气缓冲罐的浓缩甲烷气体进入三级变压吸附装置，将甲烷气体浓度提高至95%(体积比)以上，氧气浓度低于0.5%(体积比)，甲烷气体压力为0.3～0.4MPa，然后进入三级变压吸附成品气缓冲罐；从三级变压吸附成品气缓冲罐排出的气体进入压缩天然气制备系统或液化天然气制备系统。

一级变压吸附常压及真空解吸气体直接排空；二级变压吸附常压及真空解吸气体返回压缩净化系统与原料煤层气混合循环利用；三级变压吸附常压及真空解吸气体返回压缩净化系统与原料煤层气混合循环利用。

单级变压吸附装置采用六塔变压吸附系统，六塔变压吸附装置中每个吸附塔在单个吸脱附循环中共经历8个过程，分别为：吸附、一次均压、二次均压、逆减、抽真空、一次充压、二次充压、最终充压。通过变压吸附时序的设计实现两个吸附塔同时进行吸附。

9.1.5　变压吸附浓缩利用技术特点

结合煤矿区煤层气组分变化大、流量波动大、产品气要求随季节变化的特点，低浓度煤层气变压吸附浓缩利用技术采用单级压缩、多级提浓的方式，具有工艺过程安全性高、整体投资低、工艺过程能耗低的特点。

(1)工艺过程安全性高。原料气中含有液态水，进入浓缩装置前输送过程安全，在浓缩装置中煤层气中甲烷被提浓的同时氧气被除去，从而保证工艺过程的安全性，整个工艺过程没有爆炸风险。

(2)整体投资低。变压吸附浓缩利用技术使用煤科院自主研发的吸附剂，该吸附剂吸附容量大，可以有效减小整个设备的尺寸，减少占地面积，降低投资。

(3)工艺过程能耗低。本工艺采用单级压缩、多级提浓的方式，整个工艺过程原料气只需加压一次，从而有效降低了整体能耗。采用低压变压吸附浓缩过程，既可以进一步提高工艺过程的安全性，又可以有效降低工艺过程的能耗。

9.1.6　变压吸附浓缩利用技术工业化应用

煤科院利用变压吸附浓缩利用技术于2015年在山西省阳泉市盂县跃进煤矿建设了3万Nm^3/d低浓度煤层气浓缩制液化天然气工业示范装置。在山西省阳泉市神堂嘴煤层气工业园区建设了原料气处理能力为15万Nm^3/d的低浓度煤层气浓缩制压缩天然气工业示范项目，该项目将甲烷浓度由30%提高至92%以上，同时将氧气浓度降低至0.5%以下。

1. 低浓度煤层气浓缩制液化天然气工业示范装置

在山西省阳泉市盂县跃进煤矿建立了一套 3 万 Nm^3/d 低浓度煤层气浓缩制液化天然气工业示范装置，项目占地约 10 亩①，采用变压吸附除氧浓缩工艺，将 CH_4 浓度为 30%左右的低浓度煤层气经过一级浓缩浓度提高至 65%，经过三级浓缩浓度提高至 92%以上，浓缩产品气进入液化系统，生产出合格的 LNG 产品，CH_4 浓度达到 96%以上。3 万 Nm^3/d 低浓度煤层气浓缩制液化天然气工业示范项目现场如图 9-12 所示。

图 9-12　3 万 Nm^3/d 低浓度煤层气浓缩制液化天然气工业示范项目现场图

在此低浓度煤层气浓缩制液化天然气工业应用示范装置上，进行了连续运行试验，无故障连续运行时间≥720h，工业化试验累计运行时间≥2000h，试验结果如图 9-13 所示。

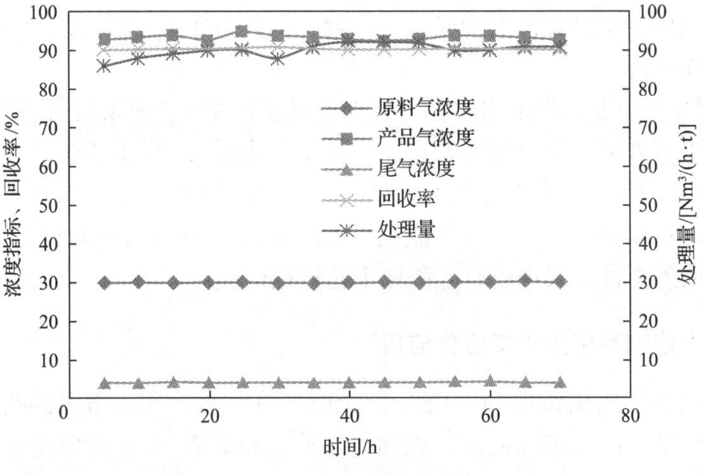

图 9-13　示范装置变压吸附浓缩效果

① 1 亩≈666.67m^2。

从图 9-13 可以看出，在原料气处理能力为 3 万 Nm^3/d 的工业示范装置上，采用变压吸附浓缩工艺，可以将 CH_4 含量为 30%左右的低浓度煤层气浓缩到纯度为 92%以上，尾气中 CH_4 含量在 5%以下，浓缩产品气可用于制备液化天然气使用；经过计算，CH_4 回收率达到 90.2%，具有较高的经济性。

在试运转过程中，低浓度煤层气经过压缩净化、变压吸附浓缩，三级浓缩后将甲烷浓度从 30%左右提高至 92%以上，原料气中氧气经过处理后浓度可降至 1%以下，浓缩后的产品气可制备液化天然气，甲烷浓度达 96%以上。通过工业示范装置运行，形成了可工业化应用的工艺技术流程。对项目的运行情况进行了研究分析，优化升级了低浓度煤层气浓缩技术，缩短了工艺流程，提高了装置自动化，更有利于该技术的推广应用。

项目同时具有较大的环境效益，以年处理煤层气 2500 万 m^3(纯量)计，则每年可减少甲烷排放量为 1.8 万 t。甲烷气体的温室效应是二氧化碳气体温室效应的 21 倍，那么每年则可以减少二氧化碳排放量 37.8 万 t。

2. 低浓度煤层气浓缩制压缩天然气工业示范装置

利用煤科院开发的“低浓度煤层气变压吸附浓缩工艺技术”与阳煤集团合作在山西省阳泉市神堂嘴工业园区建设了原料气处理能力为 15 万 Nm^3/d 的低浓度煤层气浓缩制压缩天然气工业示范装置，示范装置厂区如图 9-14 所示。

图 9-14　低浓度煤层气浓缩制压缩天然气示范装置厂区布置效果图

项目总工艺流程：来自 5 万 Nm^3 气柜的低浓度煤层气输送时压力约 40kPa。经过安全输送装置后进入混合器与二级和三级变压吸附装置的返回气进行混合，经过过滤后进入煤气压缩机压缩，压缩后煤层气经过过滤器除尘、冷干机除水、活性炭罐除油后进入三级变压吸附装置浓缩，浓度提高至 90%，浓缩后煤层气进入压缩天然气制备装置生产合格的压缩天然气。合格的压缩天然气通过槽车送至 CNG 加气子站供给不同用户使用。低浓度煤层气浓缩制压缩天然气示范项目工艺流程图如图 9-15 所示。

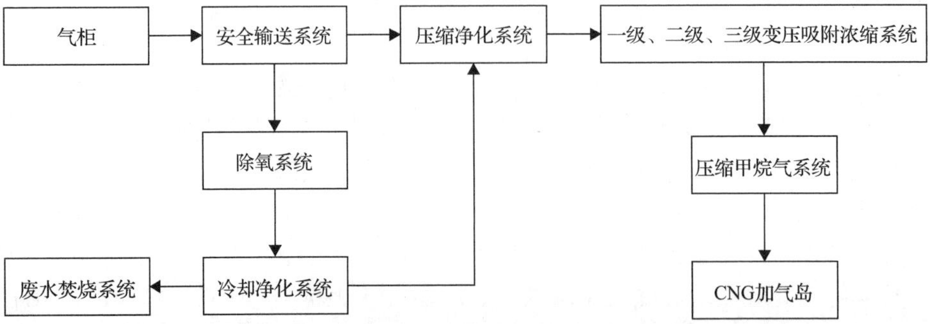

图 9-15　低浓度煤层气浓缩制压缩天然气示范项目工艺流程图

从我国矿区煤层气抽放利用情况及浓缩后产品的目标市场分析结果可以看出，我国矿区抽采煤层气量大，利用率普遍较低，煤层气浓缩工艺技术装备及浓缩后的产品均具有较大的市场发展空间。

9.2　低浓度煤层气深冷液化技术

煤矿区低浓度煤层气深冷液化技术主要针对煤矿区抽采的含甲烷浓度 30%以上的含氧煤层气，进行甲烷分离提纯，并液化制成 LNG 产品。图 9-16 为相应的技术流程图，主流程包括原料气压缩、脱碳、吸附净化、液化分离等工序。净化由脱碳和脱水两部分组成，分别在吸收塔和吸附净化塔中进行；液化分离工序在液化冷箱中进行，为本装置的核心工序，所需冷量由外部混合冷剂制冷系统提供。系统的运行采用高度自动化程序控制，保障装置运行的安全性和可靠性。

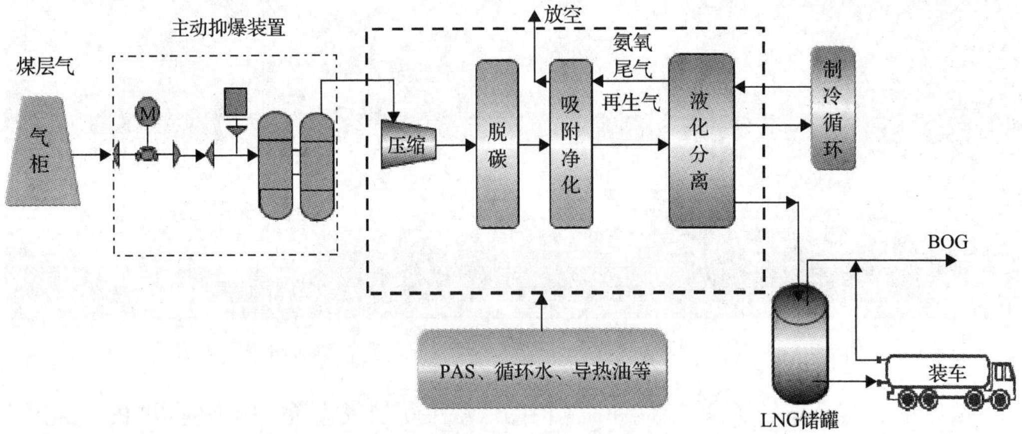

图 9-16　低浓度煤层气深冷液化制取 LNG 技术流程图

BOG-LNG 的闪发蒸气

由煤矿区抽采的低浓度煤层气进入气柜，计量并稳压至 105kPa 后进入原料气压缩系统。气柜前后均设有主动抑爆装置(包括自动阻爆阀门、自动喷粉抑爆装置、水封阻火泄爆装置)，切实保障瓦斯抽采系统、气柜和现场深冷液化设备的安全。在压缩机中，原料气被压缩至500kPa后进行净化工序。

在净化部分，煤层气进入吸收塔，由塔底向上流动，再生后的一乙醇胺(MEA)溶液从顶部进入吸收塔，经液体分布器分配均匀后向下流动，与逆向流动的煤层气充分接触，CO_2等酸性气体充分溶于液体中，从而达到脱酸的目的。吸收塔顶流出的低浓度煤层气进入吸附净化塔，采用分子筛变温变压吸附(PTSA)工艺，深度脱除其中的水与残余的CO_2。吸附净化塔顶出来的气体压力约430kPa，可看作是甲烷、氮气、氧气三组分混合物。

净化后的煤层气进入液化冷箱降温。液化冷箱内有原料气与制冷剂两个通道，混合制冷工作介质通过主换热器与精馏塔顶冷凝器内的制冷剂通道为煤层气提供冷量。原料气通道内的含氧煤层气在主换热器内被冷却到–165℃后进入节流阀，节流后压力约320kPa，进入精馏塔。在精馏塔内，液体组分自上而下流动，气体组分自下而上流动，两相间进行物质与能量的相互传递。向下流动的液体被向上流动的气体加热，其中的低沸点组分(氧气、氮气)先被蒸发；而向上流动的气体被流下来的液体冷却，其中的高沸点组分(甲烷)先被冷凝。于是，塔顶可以得到甲烷含量极少的氮氧组分，而塔釜内可得到液体燃料LNG，甲烷纯度可达99%以上。

9.2.1　技术与装备特点

本装置的液化与分离在低温、低压下同步进行，一次完成，省去了脱氧环节，占地面积小，投资及运行费用低，流程简单，产品纯度高，甲烷回收率高(≥98%)，产品效益好，工艺中各单元设备成熟、可靠，可撬装化/工厂化设计，自动化程度高，工艺流程中可能存在的危险环节均有相应的预防措施，工艺安全性有保障，可根据当地市场需求灵活调整产品结构，也可广泛应用于国内气源充足的各大煤矿区。

此外，本装备在技术上还具有如下特点：

(1)净化过程充分考虑原料气中酸性气体及高沸点烃类可能存在的变化，采用活化MEA溶液吸收酸性气体(二氧化碳、硫化氢)，脱除精度高，能耗低；脱除酸性气体后的原料气进入独特的分子筛脱水单元，该单元的3台吸附净化塔轮流操作，达到连续处理工艺气的目的；再生气为工艺气，闭路循环，操作弹性大，易于强化操作。整个工艺安全、稳定，可以轻松将水分脱除至1ppm以下，至此完成整个组合净化过程。该过程的特点是操作弹性大，净化效果稳定，在原料气组分发生较大变化时，均可确保液化冷箱不发生冰堵；再生气量少，大大降低了运行能耗。

(2)液化流程混合冷剂末级压缩后气液分离，液相直接进冷箱过冷后节流制冷，简化了流程；气相冷却到–120℃左右，出主换热器进入精馏塔塔底再沸器提供热量后，进入三级主换热器吸收冷量，最后节流复热出冷箱；氮气循环则是氮气压缩后进入冷箱，分别经过主换热器和过冷器冷却至约–178℃进入精馏塔塔顶冷凝器，最后复热出冷箱。上述气、液相流体的处理方式避免了正流气、液两相需要均布的问题，也避免了过多的重烃过冷，减压后在返流的过程中不易气化的缺点；同时此处重烃减压后进入冷箱时，低压返流气体量很大，有利于气液夹带与气液均布。

(3)多重措施保障运行中的安全。

①采取低压流程。利用安全阀严格控制煤层气通道的压力和温度；②气柜前后均装有主动抑爆装置，包括自动阻爆阀门、水封阻火泄爆装置，可有效防止事故扩大和火焰蔓延；③严格按照国家有关标准规范采取防雷防静电措施，所有设备严格接地，形成良好的导体，精馏塔内部器件采用铜丝带连接，接地电阻不大于4Ω；④系统关键节点的安全阀和爆破片等进行泄压保护，严格防止超压；⑤防爆区设备仪器、仪表均选用工业防爆和煤矿井下防爆设备，所有置于室外危险场所的仪表均采用本安结构，因此不能构成本安回路时选用隔爆型仪表并按 dⅡCT4 防爆级别配置；⑥装置采用可靠的分散集中控制系统(DCS)和紧急停车系统(SIS)，控制室及现场仪表供电除设置一般电源(GPS)外，还设置仪表专用的不间断供电系统(UPS)，不间断供电时间为 30min，可有效保护因电网断电而造成的安全隐患；⑦装备设置了火灾检测与报警系统，一旦隐患产生，均有报警，控制室操作人员会迅速做出反应。

本装置的爆炸点出现在精馏塔内部，根据爆炸三要素(可燃成分、助燃剂、点火源)，应该从消除点火源入手，来解决该段的安全问题。然而精馏塔本身为无电、低温操作，且在爆炸极限范围内的这一段没有任何带电仪器(如传感器)。此外，在设计与安装时采取如下措施：精馏塔采用不锈钢材质制作，换热器材质符合《爆炸性环境第 1 部分：设备通用要求》(GB 3836.1—2010)的规定。对精馏塔的设计采取了可靠的防雷击、防静电措施，用铜编织带将精馏塔内外与接地装置可靠连接，并严格控制接地电阻不大于4Ω，以形成一个良好的导体。塔内填料采用高导热导电性材料，可大大吸收可能引起爆炸的外来能量。

此外，精馏塔还设置了多重泄爆装置，塔顶同时设置了安全阀和爆破片，一旦发生爆炸，爆破片能在瞬间发生动作，起到泄爆作用。同时在工程上对精馏装置设置了火灾报警与喷淋系统，以应对意外事故。通过中试装置和工业化装置的连续运行，证明精馏塔的安全措施是可靠的。

9.2.2 低浓度煤层气深冷液化工艺

1. 压缩与净化过程

从矿井抽采出来的低浓度煤层气压力很低，必须由压缩机升压到流程所需压力。理论上，压力的升高可以增加混合物的液化点，从而提高液化温度，减小制冷系统的功耗，但煤层气中含有氧气，过高的压力不但因减小组分的沸点差而不利于分离，而且也会促进原料气在压缩过程中升温，爆炸极限范围变大。一般采用往复式压缩机，多级压缩、中间冷却。对于低浓度含氧煤层气，压缩机的排气状态一般为 0.4MPa(G)、40℃。压缩机级间温度严禁超过 80℃。

原料气中需要去除的杂质：酸性气体[包括 CO_2、H_2S、COS(硫化钴)、有机化合物]、H_2O、汞、重烃、芳香烃等。原料气中的汞成分会造成铝合金材料设备的腐蚀，同时造成环境污染，对人体产生危害；H_2O、CO_2、重烃和芳香烃在后续的低温液化部分会固化，造成冰封现象，影响设备的正常运行。在进入低温环境之前，原料气需要达到的净化指标为：CO_2≤50ppm(V)、H_2S≤5ppm(V)、硫化物总量≤5mg/m^3、水≤5ppm(V)。

根据对重庆天府矿业有限公司和重庆松藻煤电有限责任公司部分矿井抽采瓦斯的气体组分分析可知，其主要成分为 CH_4、O_2、N_2 和极少量 CO_2，因此气体净化部分可以免去 COS、汞、重烃、芳香烃的脱除，即本中试装置净化预处理部分只包括脱酸与脱水两个工序。

如图 9-17 所示，脱酸装置主要包括吸收塔、再生塔、冷干机、贫富液换热器、水冷器、富液泵、贫液泵。压缩后的含氧煤层气由吸收塔底部进入，再生后的脱酸贫液从吸收塔顶部进入，经液体分布器分配均匀后向下流动，与逆向流动的煤层气充分接触，酸性气体充分溶于液体中，从而达到脱酸的目的。富液从吸收塔底流出经换热器加热后，被富液泵抽至再生塔顶部，向下流动的过程中，吸收逆向流动的富酸性气体的热量，温度升高，其中的酸性气体因溶解度变小而游离，因此再生塔越往下，酸性气体因被“赶跑”而含量越低。压力越低，再生效果越好，游离出的 CO_2 等酸性气体即时放出再生塔，由顶部引进放空系统。整个再生装置应尽可能保持恒温，所需热量 Q_0 由导热油加热装置提供。在吸收塔底部形成温度较高的脱酸贫液，经换热器回收热量，并在水冷器中冷却至约 35℃后，由贫液泵抽至吸收塔顶部，完成一次循环。

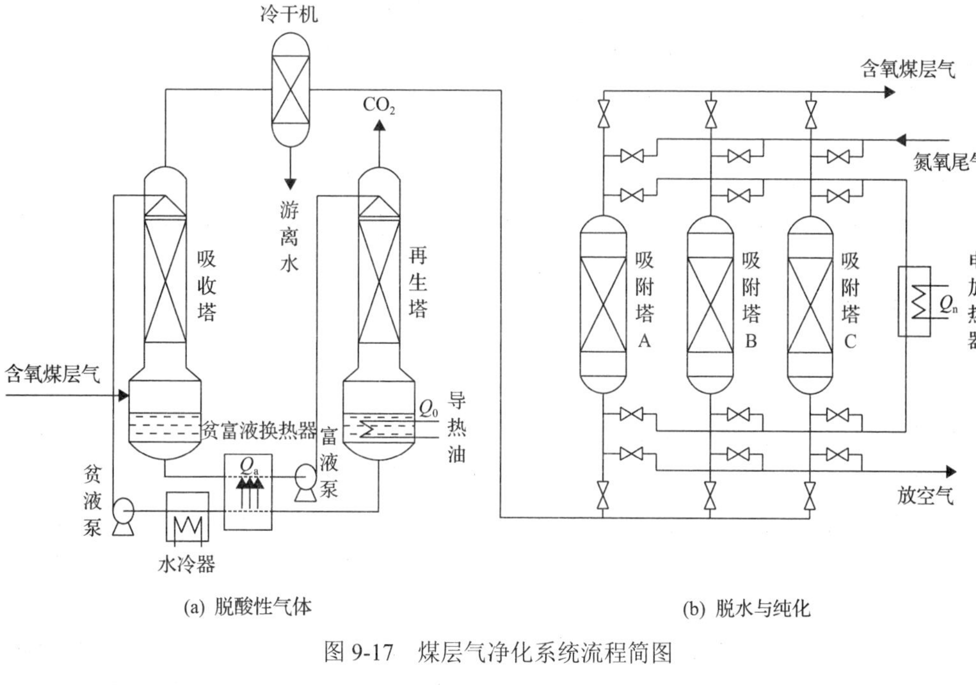

图 9-17　煤层气净化系统流程简图

脱水与纯化装置主要包括 3 个吸附塔、电加热器、电磁阀组。按 PTSA 工艺，3 个吸附塔内装有分子筛，正常运行时，一个塔吸附，另外两个塔再生。再生气体为装置后序液化部分分离出的干燥的氮氧尾气，脱附分子筛中的水主要由加热后的氮氧尾气反吹完成，热量 Q_n 由电加热器提供。电磁阀组由 18 个程控阀组成，其开关状况由 DCS 系统按预先设定的程序进行控制，使三塔交替完成吸附、泄压、热吹、冷吹、均压等工作。吹扫结束后的氮氧尾气进入放空系统。

2. 液化与分离过程

净化后的含氧煤层气可看作甲烷、氮气、氧气混合物，其进入液化冷箱，分别经换热器 I 预冷、换热器 II 回收返流气体冷量后，成为气液两相流，温度达–170℃，节流后进入精馏塔分凝，塔底经再沸器加热(热量由温度较高的流体提供)，温度达–145℃，高于氮氧组分沸点，可使其蒸发，最终得到高浓度 LNG 液体，塔顶气体由制冷剂冷却，高沸点组分(CH_4)在冷凝器中冷凝后作为回流液回流至精馏塔，氮氧气体由冷凝器顶部流出，返回主换热器，回收冷量后作为净化系统的再生气体。预冷系统的冷量和精馏塔顶冷凝器所需冷量由混合冷剂制冷系统提供。

在大规模煤层气含氧液化装置中，塔顶低温氮氧组分还可以进一步分离出其中的氮气，其中少量氮气用作制冷剂，以弥补制冷系统氮气的泄漏，大量氮气可用于煤矿井下防灭火。

根据混合冷剂制冷循环的特点，主换热器的流体数目较多，如一级换热器与二级换热器均有 5 股流体，所以传热温差不宜过大，一般的管壳式换热器在低传热温差时换热系数小，无法满足各股流体所要求的温度值与换热量。为了减小冷箱的总体尺寸，并考虑到低温环境下物料的特性，主换热器组均采用铝制板翅式换热器。再沸器与塔顶冷凝器虽然只有两股流体，但亦采用板翅式换热器，减小其尺寸(尤其是再沸器浸没在塔底 LNG 液体中，尺寸受精馏塔塔釜体积的限制)。板翅式换热器内部流体的热量主要经翅片通过平板传递，结构紧凑，单位体积的换热面积最高可达 $1500m^2/m^3$，因此当换热面积相同时，其质量一般只有管壳式换热器的 1/5。换热器的翅片对流体具有较强的扰动，使流体在流动时，构成热阻的边界层不断更新，传热系数一般为管壳式换热器的 3 倍。减小换热器的传热温差虽然会“牺牲”一部分换热系数，但可减小系统在换热过程中的熵产，从而减小能量的不可逆损失，达到节能效果，板翅式换热器在小传热温差(1.5～2℃)下，热(冷)量回收效果很好。

3. 仪表控制系统

低浓度煤层气深冷液化技术及装备的生产工艺为连续生产工艺，生产过程涉及易燃易爆物质，对自动化控制的水平要求很高，因此需要研制稳定性好、可靠性高及冗余容错能力强且应用比较成熟的控制系统。全厂设置中央控制室，自动化控制采用 DCS 和 ESD，对生产过程主要监测点采用集中监控、就地指示相结合的方案，并以集中监控为主的方式。

DCS 由系统软件、硬件及通信网络构成，硬件分级配置在结构上分为过程控制级、监控操作级及管理级：过程控制级主要由过程控制站、I/O 单元和现场仪表等组成，是系统控制功能的主要实施部分；监控操作级包括操作员站和工程师站等外围设备，完成系统的监视、操作和组态；管理级主要针对工厂管理信息(MIS)系统，目前国内 LNG 行业应用比较少，属于更高层次的应用信息管理和信息分析，以上各级间由高速通信网络实现控制和通信。

DCS 要求具有分散性、冗余性、开放性、先进性、拓展性及可靠性等基本技术。分散性应通过对硬件单元的分散配置，实现系统功能分散、运行危险分散等；冗余性对控制系统关键的电源、CPU、通信及重要I/O卡件采用1∶1冗余配置，从而提高系统的可靠性；开放性采用开放性网络结构，支持通信协议开放标准实现其他设备与DCS系统互联的要求；可靠性采用软硬件比较成熟安全，能保证系统平均故障间隔时间(MTBF)、平均修复时间(MTTR)满足规范要求，同时达到ISO9000系列标准质量管理认证。

低浓度煤层气深冷液化装备设置一套DCS系统和一套ESD系统。在装置现场根据需要设置了就地仪表箱或远程监视站/点，对工艺参数进行就地显示、报警和远程监控。成套设备自带PLC控制系统与全厂DCS系统进行信号交互。DCS系统按工艺需求对工艺过程的压力、温度、浓度、液位等参数进行实时监控和容差控制及调节。DCS系统会根据过程参数的示值进行实时闭环的容差控制，使参数处于正常示值。当该控制参数出现波动，其变动量达到(或超过)预先设定的某一限值(L、H)时，DCS系统会发出报警信号；如果波动达到(或超过)另一设定限值(LL、HH)，则DCS系统会提升报警等级。

4. 安全保障技术

低浓度煤层气深冷液化工艺技术通过前期研究，以及中试装置、示范工程的成功案例，证明具有安全保障技术上的成熟性。经过对深冷液化工艺各节点的爆炸理论计算、采取的安全设防措施，以及对压缩与净化环节、液化与分离环节的爆炸试验验证，充分说明各工艺环节的安全可靠性。

通过对整个工艺流程的危险源分析表明，在设计工况条件下压缩与净化环节原料气甲烷爆炸极限范围为4.49%～19.1%，通过20L三参数耦合爆炸试验验证了浓度在25%以上的原料气未爆；在液化分离环节，精馏塔顶部分区域甲烷浓度处在爆炸三角形内，该区段采用具有抑爆性能的填料，通过大量的抑爆试验验证未发生爆炸，即说明抑爆措施有效。

为了防止液化分离环节由电气安全导致火灾爆炸危险，在工程设计中必须采取可靠的措施防止有大于引燃甲烷最小点火能量的各种可能存在的能量在冷箱内存在，如静电、雷击等，因此必须设置相应的电气安全防范措施。

(1)厂区内的电气设备均选用防爆型，插座设漏电保护，电气线路选用铠装电缆直埋敷设或采用电缆桥架架空敷设。整个厂区防爆电气设计、安装及电气设备选型均依照相关标准及规范进行。

(2)防雷击方面，严格按照《建筑物防雷设计规范》(GB 50057—2010)和《石油化工装置防雷设计》(GB 50650—2011)的要求，设置独立的接闪装置，所有金属部件可靠跨接。

(3)防静电方面，严格按照《化工企业静电接地设计规程》(HG/T 20675—1990)要求，在生产加工、储运过程中，对设备、管道、操作工具及人体等，有可能产生和积聚静电而造成静电危害时，采取静电接地措施。精馏塔的每对法兰至少用2根铜编织带跨接。静电接地网与电气保护接地、通信系统等其他功能接地网公用，接地电阻值不大于1Ω。精馏塔前安装两个精密低温过滤器，防止原料气中可能夹带的固体颗粒进入精馏塔撞击产生静电。

全厂设有先进的DCS系统，生产全自动化操作。严格按照相关规范设置火灾报警及电话报警控制系统，火焰、可燃及有毒气体自动检测报警系统，生产紧急停车系统，原料气组分自动分析及报警系统，扩音呼叫系统，工业电视监控系统，生产紧急泄放火炬系统等安全保障设施，可全天候、全方位、多角度保证工艺安全生产。

综上所述，整个工艺流程中的安全是可控的。在此基础上，工程设计中按照化工项目最严格的安全等级进行设防，安全有保证。

9.2.3 低浓度煤层气深冷液化中试试验

1. 试验工艺参数

以 4800m^3/d 的低浓度煤层气深冷液化中试装置为平台，研究不同甲烷浓度(30%～50%)对净化系统、制冷系统、液化与分离系统的影响，为工业化应用提供设计依据。主要试验内容如下：

(1)考察研究原料气中二氧化碳及硫化物等酸性气体浓度变化及原料气压力降低对脱碳单元的影响。分别研究甲基二乙醇胺(MDEA)+乙醇胺(MEA)和活化 MDEA 的脱酸效果与抗氧化性能。

(2)在制冷系统不变时，考察原料气中甲烷浓度的变化对冷箱的影响；在原料气甲烷浓度不变时，考察制冷系统的变化对冷箱的影响，寻求最佳冷剂组成与配比。

(3)研究原料气的流量变化对系统的影响。

(4)低浓度煤层气含氧液化工艺评价与经济性分析。

2. 试验结果及分析

1)净化部分试验

(1)原料气进吸收塔压力对脱碳性能的影响。

原料气中 CO_2 组分的分压会影响吸收过程的传质速率等，因此有必要考察原料气进口压力对脱碳性能的影响。原料气进口压力(吸收塔压力)对净化气出口 CO_2 含量的影响如图 9-18 及图 9-19 所示。由图可知，随着原料气进口压力的提高，净化气出口 CO_2 含量

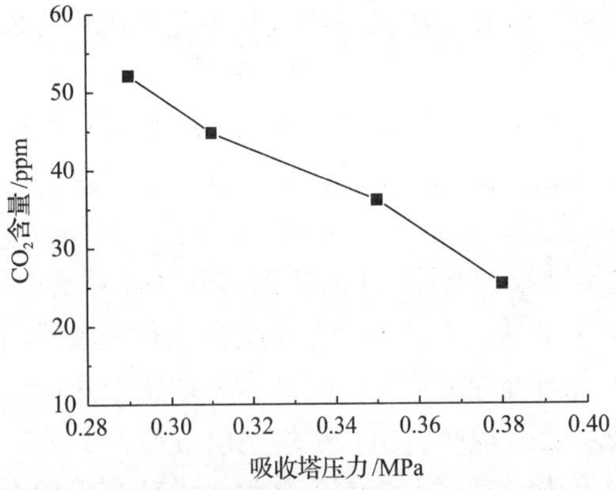

图 9-18　原料气(25%MDEA+10%MEA)进口压力对净化气中 CO_2 含量的影响

CO_2 浓度为 0.45%

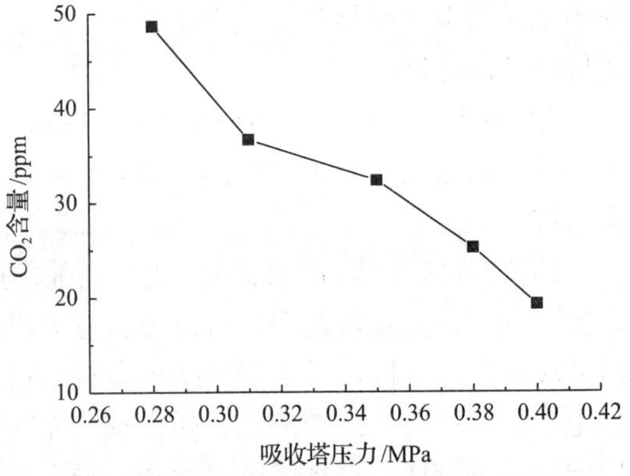

图 9-19　原料气(15%MEA)进口压力对净化气中 CO_2 含量的影响

CO_2 浓度为 0.45%

减小。原因可能为物质的溶解度与气相分压成正比，增大分压，可以加快传质速率，有利于吸收过程的进行；但吸收塔操作压力由原料气压缩机出口压力决定，压力增高，会增加运行费用，同时对设备要求也要相应的提高，综合考虑，选取吸收塔进口压力为 0.38～0.40MPa。

(2) 再生塔底温度对脱酸性能的影响。

再生塔底温度会影响贫液中的 CO_2 含量，为此考察再生塔底温度对吸收塔脱酸操作的影响。再生塔底温度对净化气中 CO_2 含量的影响如图 9-20 所示。由图 9-20 可知，随再生温度的升高，净化气中 CO_2 含量减少，说明对 CO_2 的吸收能力增强，因此，高的再生温度有利于酸性气体的吸收过程，这是因为再生温度越高，贫液再生质量越好，CO_2 净化度越高，但是再生温度是由再沸器热负荷决定，从而影响装置综合能耗，因此，应综合考虑能耗、CO_2 净化度等因素的影响，选择较合理的再生温度。从图 9-20 还可以看出，30%活化 MDEA 溶液在同等条件下的活性优于 25%MDEA+10%MEA 复配溶液。图 9-21 为在相同再生塔底温度下，不同贫液再生质量随运行时间的变化关系。从图中可知，25%MDEA+10%MEA 复配溶液的再生质量高于 30%活化 MDEA 溶液，这是因为 MEA 比 MDEA 的碱性强，其与 CO_2 的结合力较强，所以较难再生。

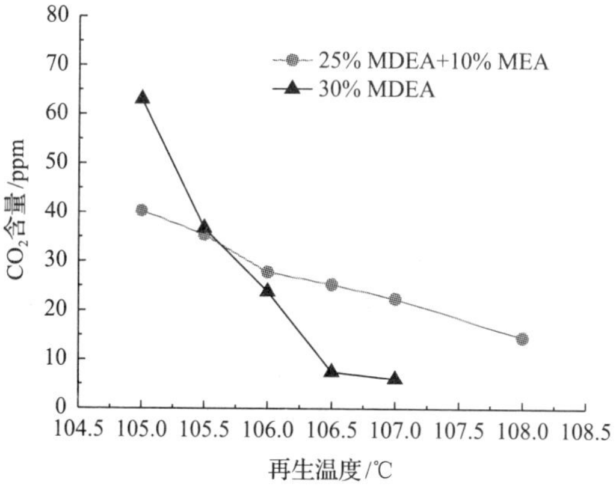

图 9-20　再生温度对净化气中 CO_2 含量的影响

CO_2 浓度 0.45%；进口压力 0.38MPa

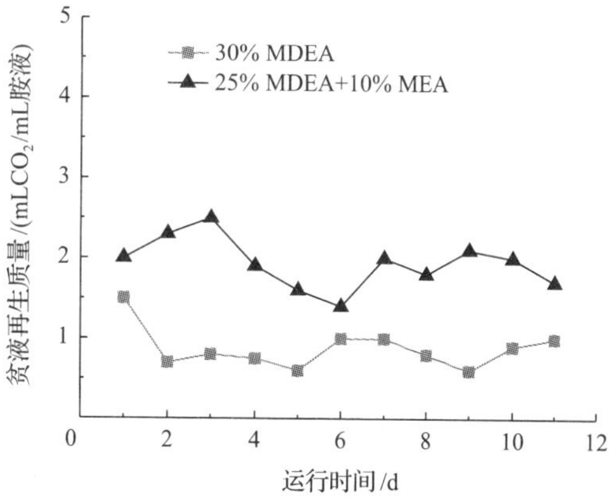

图 9-21　贫液再生质量随运行时间的变化关系

再生温度 108℃

(3) 胺液循环量对脱碳性能的影响。

胺液循环量是煤层气脱碳过程中的一个重要指标。增加胺液循环量，净化气中的酸性气体能满足后处理要求，但必然增加操作成本。在原料气流量及过程参数一定的情况下，考察胺液循环量对净化气中酸性气体含量的影响，试验结果如图 9-22 所示。由图 9-22 可知，净化气中 CO_2 含量随胺液循环量的增加而降低，但胺液循环量能耗增加，综合考虑，选取胺液循环量为 $0.21Nm^3/h$。

(4) 酸气浓度对脱碳性能的影响。

在原料气流量及过程参数一定的情况下，考察原料气中酸性气体浓度对净化气中 CO_2 含量的影响，试验结果如图 9-23 所示。由图 9-23 可知，随着进口 CO_2 浓度的增加，净化气中 CO_2 含量随之增加，同时说明活化胺液对 CO_2 有较好的脱除效果，即使 CO_2 浓度升至 2.5%，净化气中 CO_2 含量依然低于 50ppm，仍能满足净化要求。

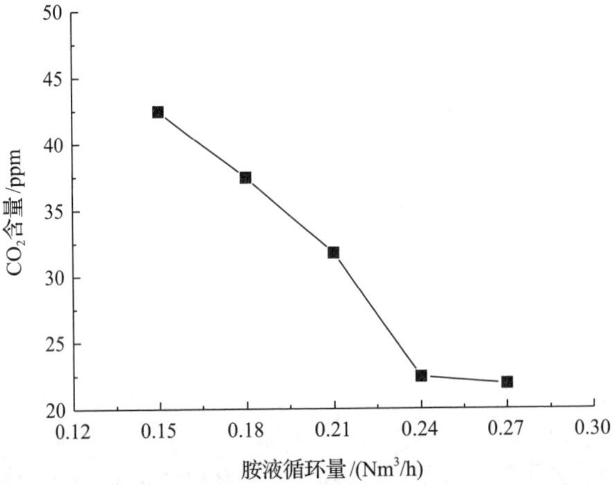

图 9-22　胺液循环量对净化气中 CO_2 含量的影响

再生温度 106.5℃；进口压力 0.38MPa；进口 CO_2 浓度 0.45%；25% MDEA+5% MEA

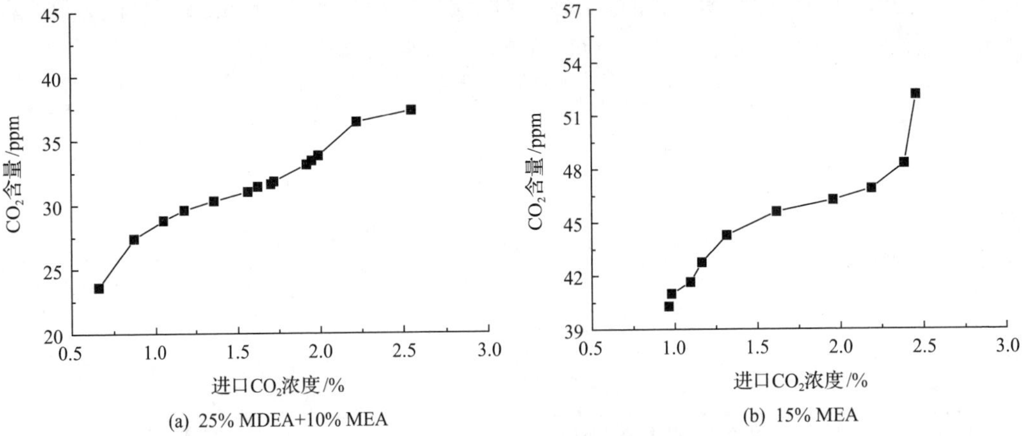

图 9-23　进口 CO_2 浓度对净化气中 CO_2 含量的影响

(a) 再生温度 108℃，进口压力 0.38MPa；(b) 再生温度 106.5℃，进口压力 0.38MPa

(5) 胺液的选择。

由图 9-20 可知，在相同条件下，30%活化 MDEA 溶液活性优于 25%MDEA+10%MEA 复配溶液。由图 9-21 可知，在相同再生温度下，25%MDEA+10%MEA 复配溶液的再生质量高于 30%活化 MDEA 溶液，这是因为 MDEA 吸收 CO_2 生成的氨基甲酸酯更易于水解和分解，从而加快了 CO_2 的吸收和解吸过程，提高了循环溶液的吸收能力。

与 MEA 相比，MDEA 有以下优点：

(1) 对装置的腐蚀轻微。MEA 对醇胺法脱碳装置的腐蚀最严重，二乙醇胺(DEA)次之，MDEA 比较轻微。目前国内的天然气和炼厂气处理装置几乎已全部使用 MDEA，除了选择性吸收和节能降耗外，其可减轻装置腐蚀也是重要原因。

(2) MDEA 对化学降解和热降解均相当稳定。MEA 和 DEA 装置的再生温度通常比较高，而 MDEA 较容易再生，进一步缓解了热降解。同时 MDEA 分子结构中不存在活泼氢原子，对于化学降解也相当稳定。

(3) MDEA 溶液的发泡倾向小于一乙醇胺和二乙醇胺，再生能耗低。

综合考虑，建议选取活化 MDEA 溶液作为脱碳胺液，其实质是以 MDEA 溶液为基础，根据工艺要求加入活化剂、抗氧化剂、缓蚀剂，从而进一步改善溶剂的脱碳性能。

MDEA 与 CO_2（水溶液）为可逆反应，化学方程式如下（正反应放热）：

$$(C_2H_4OH)_2N(CH_3)+CO_2+H_2O \rightleftharpoons (C_2H_4OH)_2N(CH_3)H^++HCO_3^-+热 \tag{9-1}$$

上述反应的正反应是体积缩小的放热反应，在低温高压下，有利于反应向右进行，利用此特点，在吸收塔内可使绝大部分 CO_2 从原料气中脱除，从而实现净化原料气的目的；在高温低压下，有利于反应从右向左进行，利用此特点，在再生塔内使 CO_2 从溶液中解析出来，使溶液得以再生，以便循环使用，与实验结果一致。

MDEA 水溶液脱酸工艺和常规的醇胺法具有相同的工艺流程，即 MDEA 水溶液通过吸收塔与由下而上的原料气逆流接触，从吸收塔底流出的富含酸性组分的富胺溶液首先通过贫富胺液换热器将贫胺液中的热量回收后进入再生塔进行再生，再生合格的贫胺液通过贫富胺液换热器和贫胺液冷却器将贫胺液温度降下来后，再通过循环泵加压后进入吸收塔完成循环。再生出来的酸性组分经过冷却将水分分离出来后，进入酸性回收系统。

2) 液化分离部分试验

A.原料气流量改变影响分析

在制冷装置冷量不变的条件下，原料气流量（即冷箱的处理量）的改变影响着整个液化分离系统的冷量是否充足，从而间接影响冷箱的液化性能。流量越小，冷箱的冷量相对过剩。本组试验不改变原料气的状态参数（温度、压力、组分、比焓）、冷箱操作压力、冷量及制冷剂配比，通过改变原料气流量（65～200Nm^3/h）观察 LNG 产品 O_2 含量、氮氧尾气的流量及 CH_4 的损失量，从而计算出纯度和 CH_4 回收率，据此绘制出原料气流量对 LNG 产品回收率和纯度的影响趋势图，如图 9-24 和图 9-25 所示。

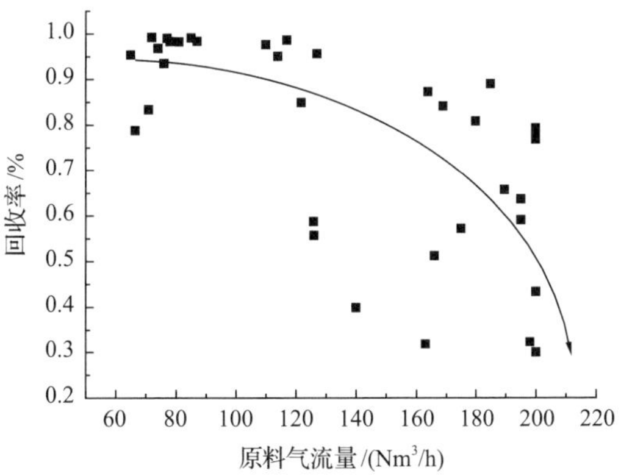

图 9-24　原料气流量对 CH_4 回收率的影响

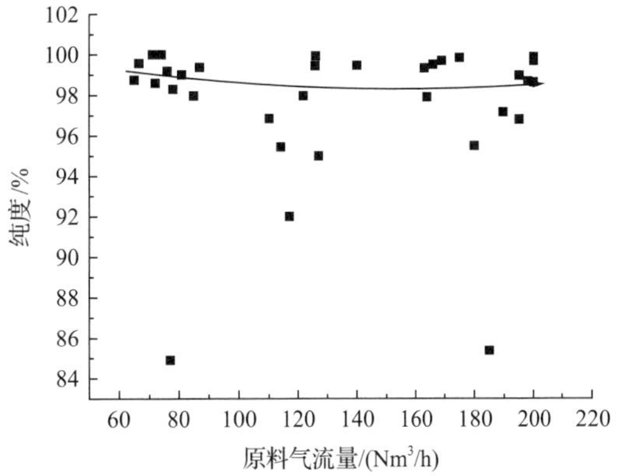

图 9-25　原料气流量对 LNG 纯度的影响

由图 9-24 和图 9-25 可以发现，原料气流量的增加会减小 CH_4 回收率，但对 LNG 产品的纯度影响不大。图 9-24 中，原料气流量低时，高回收率处的点分布较密，但回收率随原料气流量的增加有下降趋势；而原料气流量高(大于 120Nm^3/h)时，数据点主要分布在较低的回收率范围内，且回收率随原料气流量的增加急速下降。图 9-25 中，除几个坏点外，原料气流量虽然增加，但产品纯度变化并不规律，基本均分布在 95%以上。需要说明的是：作为试验装置，由于其规模小，无法选离心式压缩机作为制冷压缩机；由于投资有限，不能选密封性能好但价格昂贵的进口机型，而选用了国产普通活塞式压缩机，冷剂泄漏相对较严重，操作人员须手动补充冷剂，以维持制冷循环的操作压力和冷剂流量，实际操作中，由于每种组分需单独补充，补充后不能立即混合均匀，冷剂组分会跳跃式波动，瞬间打破冷箱内的换热平衡，加之色谱分析仪数据滞后，难免会出现补充不到位，偏离设计值，此时，冷箱内的热量及质量需要重新建立平衡，出现 CH_4 回收率和 LNG 纯度极低现象，所以图 9-24 和图 9-25 中包括少量坏点。

本试验装置的原料煤层气设计浓度为 40%，试验过程中，精馏塔底产生的 LNG 产品要进入 LNG 储罐存储，因 N_2 的沸点低于 O_2 的沸点，LNG 液体中 N_2 比 O_2 更容易蒸发，如果产品 CH_4 纯度 φ_3 不合格，那么其中的杂质大部分是 O_2 而不是 N_2，这样 LNG 储罐顶部的 BOG 气体中 O_2 含量较高，具有极大的安全隐患。事实上，精馏塔塔底装有在线色谱分析仪，可实时分析 LNG 产品的 O_2 含量，并与 LNG 产品进入储罐的切断阀联锁，避免高含氧量的不合格产品进入储罐。为保证精馏塔正常运行，在纯度不合格的时候，需采用一定的手段进行调整。当原料气流量变大时，如果保持冷剂流量不变，需通过冷剂循环的节流阀调整板翅式换热器的温区分布，以维持 LNG 产品的纯度在合理范围内。

在精馏塔前的板翅式换热器中，原料气与混合冷剂、N_2 等返流气体是靠受迫对流进行换热的，管内受迫对流的换热系数按下式进行计算：

$$h = c\frac{v^m}{d_\mathrm{e}^n}c_\mathrm{t}c_\mathrm{l}c_\mathrm{R} \tag{9-2}$$

式中，指数 m、n 均大于 0；h 为对流换热系数，$\mathrm{W/(m^2\cdot K)}$；v 为流道中流体的流速，即实际体积流量与横截面积的比值，m/s；d_e 为传热流道当量直径，m；c_t 为考虑边界层的温度修正系数；c_l 为考虑短管管长的短管修正系数；c_R 为考虑流道弯曲的弯管修正系数。

如图 9-24 所示，当原料气流量在小于 120Nm^3/h 的范围内增加时，煤层气流道因尺寸不变而使流速 v 增大、对流换热系数 h 增加，从而原料气被冷却所需要的换热量(即冷量)增加，而试验中，制冷系统保持稳定，冷量不变，即相对于处理更多的原料气，冷量不够，从而导致精馏塔内平均温度升高、蒸发量增加，更多的 CH_4 因蒸发而进入氮氧尾气，从塔顶排出，CH_4 回收率下降。但相对于 LNG(低温液体)带走的冷量，该冷量缺口较小，因此回收率下降趋势较慢。

当原料气流量大于 120Nm^3/h 时，LNG 产量较大，带走的冷量急剧增加，给系统冷量造成严重缺口，回收率急速下滑，大量 CH_4 进入氮氧尾气排放。

而 LNG 产品的纯度主要由精馏塔底温度及蒸发量决定，不管原料气处理量多大，只要通过适当的调整，塔底温度合理，能够将塔釜内液体中的氮氧成分尽可能地蒸发出去，即能保证纯度。因此，如图 9-25 所示，原料气流量的改变对产品纯度影响不大。

由于精馏塔底的成分是一定的，几乎都是 CH_4，在压力一定的情况下，达到平衡状态时的温度也是一定的。塔顶也是同样的道理。因此，随着原料气流量的改变，精馏塔顶、塔底所需要的温度几乎不变。此时，考虑的只是原料气流量的变化对精馏塔负荷的影响，在原料气进入冷箱时还会和主换热器换热，因此需综合考虑主换热器的负荷才能计算出原料气流量的变化对总冷量需求的变化。

B.原料气浓度改变影响分析

对于特定的煤层气液化装置(即规模确定)，原料气 CH_4 浓度决定 LNG 产量和系统所需冷量。CH_4 浓度越大，产气量越大，但冷量相对不足。试验中不改变原料气流量、温度、压力及冷箱和制冷系统参数，仅改变原料气浓度，考察对冷箱性能的影响。原料气的浓度通过以下方式改变。

(1) 增加浓度：将 LNG 储罐中的 BOG 气体通过空温器增压并复热后引入原料气气柜，要求的浓度越高，需要引入的 BOG 气体流量越大，而 BOG 气体 O_2 含量比 N_2 含量多得多，应考虑掺混到原料气中是否有爆炸危险，确保装置安全运行。试验中最高浓度为 57%。装置 LNG 储罐为带压储存，压力为 0.22MPa(G)，假定 LNG 液体为 99%的 CH_4 和 1%的 O_2(实际上 O_2 含量不可能超过 1%，否则需切断，避免不合格的产品进储罐)，经过气液相平衡计算，在该压力及泡点(–146℃)下出现的第一个气泡的组分为 96.02%的 CH_4 和 3.98%的 O_2(实际 BOG 气体的 O_2 含量不可能超过该值，若有微量 N_2 存在，则对安全性有利，因此这里不考虑)。即需要提高原料气浓度的混合气(假定流量为 q)由 BOG 气体(96.02%的 CH_4 和 3.98%的 O_2)和厂区原料气(40%的 CH_4、12.6%的 O_2 和 47.4%的 N_2)混合而成。经过质量平衡计算，欲将 CH_4 浓度提高到 57%，则 BOG 气体的流量为 $0.3034q$，场区原料气流量为 $0.6966q$，混合后 CH_4 浓度为 57%、O_2 浓度为 10%、N_2 浓度 33%，该组分在爆炸三角形的边界外，且远离爆炸区域。因为在本试验的浓度范围内采用 BOG 气体增加原料气浓度不会有爆炸危险。

(2) 降低浓度：将 N_2 引入气柜，可减小 CH_4 浓度。为了试验安全，没有掺空气，因为掺空气会减小与爆炸三角形边界的距离，增加危险性。O_2 和 N_2 的性质虽然不一样，但在净化阶段均不参与化学反应，只是酸性气体与胺液反应，在这个过程中 O_2 和 N_2 的作用可以认为是一样的；在液化阶段只存在物理过程，虽然 O_2 和 N_2 的汽化潜热不同，但是二者在进入冷箱前和出冷箱后的温度相同，且二者的液化和汽化都是在冷箱内部循环，只有 CH_4 被液化，所需要的冷量主要由 CH_4 的浓度或 LNG 产量决定，因此，仅掺 N_2 所得的试验结果虽与工业装置时的规律有一定的区别，但该区别有限，可以作为工业化装置设计时的参考依据。

图 9-26 和图 9-27 为试验结果。从图 9-26 可以看出，当原料气甲烷浓度从 21%增加到 28%时，CH_4 回收率轻微升高；原料气甲烷浓度继续增加到 43%时，CH_4 回收率轻微下降，但都维持在 98%以上；当原料气甲烷浓度从 43%继续增加时，CH_4 回收率快速下降。从图 9-27 可以看出，原料气 CH_4 浓度对产品纯度影响不大(依然忽略图中

少量坏点）。

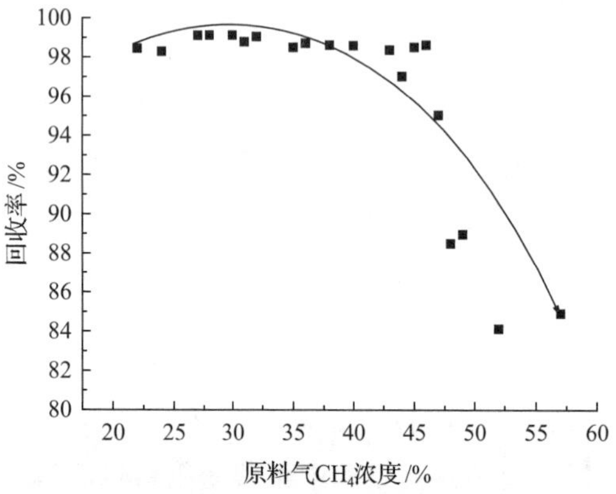

图 9-26　原料气 CH_4 浓度对 CH_4 回收率的影响

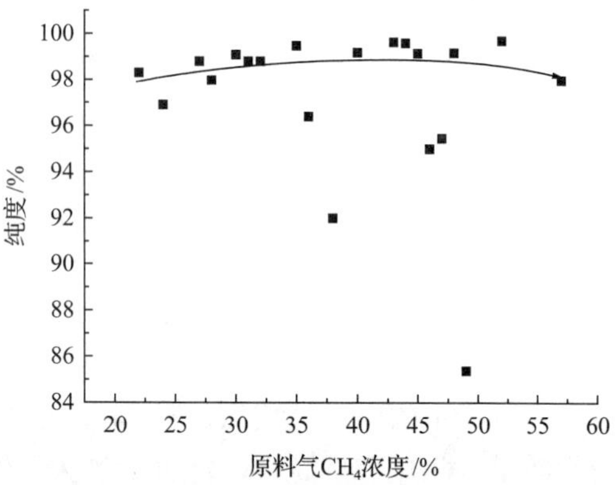

图 9-27　原料气 CH_4 浓度对产品纯度的影响

N_2、O_2、CH_4的标准定压比热容分别为 1.04kJ/(kg·K)、0.92kJ/(kg·K)、2.18kJ/(kg·K)，混合原料气的比热容随 CH_4 含量的增加而增大，在制冷循环参数(循环量、压缩机排气压力)基本不调整的情况下，随着原料气浓度的增加，原料气在进入精馏塔前的板翅式换热器中无法被充分冷却，精馏塔平均温度升高，塔釜蒸发量增加；同时，LNG 产量增加，导致返回板翅式换热器复热的氮氧尾气减少，复热不足，冷量损失变大，整套装置冷量不足。以上两个因素会导致大量 CH_4 被蒸发散失，回收率下降，该现象在 CH_4 浓度大于43%后更加明显。

但当原料气 CH_4 浓度偏离设计值，从 28%继续减小时，CH_4 回收率有缓慢下降现象。这是因为原料气中目标成分 CH_4 减小，在本冷箱操作压力和温度下，气液相的摩尔分数差减小，分离难度增大，即组分越少越难分离。虽然原料气在板翅式换热器中所需的冷量充足，但原料气沸点随 CH_4 浓度的减小而降低，需要更低的温度才能使回收率达到期望值。而本试验没有改变冷剂循环参数(如混合冷剂中重组分含量)，仅改变节流阀开度，试图降低温度，但重组分的下转化温度较高，当温度降低到比下转化温度还低时，节流就会受限，节流后制热、不制冷，因此无法获得比设计温度低得多的低温，塔顶操作回流比下降，氮氧尾气带走的 CH_4 增多，回收率减小。

如前所述，LNG 产品纯度主要由精馏塔塔釜温度决定，当原料气浓度变化时，须通过适当调整，保证塔底杂质尽可能蒸发，以保证纯度和 LNG 储罐安全。所以原料气浓度的变化对 LNG 产品纯度影响不大。

C.流程优化分析

与 N_2(或 N_2+CH_4)膨胀制冷相比，混合冷剂制冷因动设备少，其稳定性预期应该更好，但从本试验来看，没有达到这种预期效果，可能有两个原因及改进措施需要考虑：

(1)为了节约试验成本，混合冷剂压缩机采用活塞式，冷剂泄漏较严重，导致冷剂的流量和组分都在变化，冷剂通道无法形成稳态换热，工况不稳定。在工业化装置的设计中，可考虑采用离心式压缩机，尽可能减少工作介质泄漏。

(2)煤矿区含氧煤层气的流量及 CH_4 浓度波动较大。本装置的冷剂充装台设计不完善，需要人为手动操作，速度太慢，无法对工况的改变做出快速反应。在设计大型工业化装置时，应充分考虑到设备在安装好以后是不可动的，要求能够根据气源情况的变化调节冷剂中轻、重组分的比例，如设计流量调节阀，或者增加更方便的冷剂充装台，调整混合冷剂的组分时在中央控制室用 DCS 系统进行控制，尽量减少系统非稳态时间。

精馏塔再沸器的热负荷与冷凝器的冷负荷由同一股制冷剂流体提供(再沸器旁通阀基本没打开过)，相关性很强，单独通过调节蒸发量来提高纯度会减小 CH_4 的回收率，如果减小塔顶温度又会减小纯度。有以下两种措施可以考虑：

(1) 在冷剂加热塔底的同时，可考虑将板翅式换热器中间流出的原料气分出一部分加入再沸器，流量由针形阀或调节阀控制；

(2) 将塔底的设计温度提高，同时加大整体冷负荷(尤其是低温段冷负荷)，采用旁通阀(调阀)控制冷剂通过再沸器的流量，从而调节精馏塔蒸发量。

在后期的技术推广中进行工艺设计时，将采用上述优化措施，对工艺包进行完善，并在装置开车的过程中继续试验，在保证安全的前提下对这些措施进行验证。

9.2.4　低浓度煤层气深冷液化技术工业化应用

重庆研究院联合贵州盘江煤层气开发利用有限责任公司、中国科学院理化技术所共同开发了 10 万 Nm^3/d 低浓度煤层气深冷液化制 LNG 示范工程(图 9-28)。该装置设计规模为处理原料气量 10 万 Nm^3/d，操作弹性为 75%～105%，设计原料气甲烷浓度为 30%。净化后原料气 CO_2≤20ppm、H_2O≤2ppm、H_2S≤4ppm。设计 LNG 产品纯度为 98%，甲烷回收率为 98%，设计 LNG 产量为 20t/d。

图 9-28　盘江 10 万 Nm^3/d 低浓度煤层气深冷液化示范基地

该示范工程于 2015 年 12 月开工，2016 年 12 月完成联合调试及裸冷试车，2017 年 12 月 22 日～2018 年 1 月 22 连续正常运行 1 个月。装置运行期间为三班倒，每班 4 人，控制室 1 人，现场 3 人。

开车过程净化装置和冷箱正常后，原料气进入冷箱，约 40min 塔底出液体，160min 即塔底 LNG 产品纯度合格并装车，5h 冷箱达到设计温度。

运行期间的实测数据如下。

(1)原料气处理量为 500～1200Nm^3/h(受原料气供应限制，最大供气量只有设计指标的 25%)，原料气浓度为 35%～40%；

(2)净化指标 CO_2≤16ppm，H_2O 露点≤–79℃(0.6ppm)，产品未检出 H_2S；

(3)LNG 产品纯度在 99%以上，LNG 产品平均流量为 216kg/h(约 5d，一槽车 20t)。

考核指标测算如下：

(1)2018 年 1 月 18 日 22 时～2018 年 1 月 23 日 20 时装满一车 LNG，总共用时 118h，其中原料气浓度过低导致排空时间为 15h。2018 年 1 月 18 日 23 点时全厂总电表底数为 259.38×7200=1867536kW·h，2018 年 1 月 23 日 20 点时时全厂总电表底数为 297.33×7200=2140776kW·h，累计耗电量为 2140776 –1867536=273240kW·h。原料气排空时全厂每小时的耗电量为 1240kW·h，排空期间耗电总量为 1240×15=18600。实际生产耗电量为 273240–18600=254640kW·h。

LNG 质量为 19.97t，按照 1t 气化 1500Nm^3 的气化率计算，每标方的耗电量为 254640÷19.97÷1500=8.5(kW·h)/Nm^3。实际运行平均功率为 2472kW，用电负荷为 78.6%，原料气负荷为 22.08%。

(2)1 月 19 日 16 : 46～1 月 22 日 16 : 46，连续 72h 运行，产 LNG 产品 13t。在此时间段，原料气平均浓度为 34.59%，平均进气量为 792.68Nm^3/h，供气量最大时只有设计负荷的 25%，回收率为 13×1500÷(792.68×34.59%×72)=98.78%。在操作负荷如此低、原料气流量和甲烷浓度波动如此大的情况下，亦达到了设计指标。

综上所述，该装置的纯度和回收率均可达到设计指标，装置能够平稳运行。该工艺在技术上是可行的。

9.3 低浓度煤层气蓄热氧化利用技术

9.3.1 煤矿乏风瓦斯蓄热氧化工艺技术

1. 瓦斯蓄热氧化工艺

瓦斯蓄热氧化工艺借用了逆流反应器(reverse-flow reactor，RFR)的工作原理。逆流反应器是 Cottrelll 在 1938 年首次提出并申请了专利，但是直至 1979 年才在俄罗斯成功应用到二氧化硫氧化处理方面。逆流反应技术的研究虽然已有近 80 年的历史，但基于逆流反应技术的煤矿瓦斯氧化的研究主要集中在最近数十年时间中。

图 9-29 是蓄热氧化反应器的工作原理示意图。蓄热氧化反应器有两个陶瓷床和一个燃烧室。在某时刻，阀 1 和阀 4 打开，阀 2 和阀 3 关闭，气流从陶瓷床 1 进入，流过燃烧室后，从陶瓷床 2 排出。经过一定时长后，阀门状态改变，阀 2 和阀 3 打开，阀 1 和阀 4 关闭，气流换向，从陶瓷床 2 进入，流过燃烧室后从陶瓷床 1 排出。蓄热氧化反应器通过周期性改变气流方向，使装置中心区域的陶瓷床保持高温状态，气源中的甲烷在高温条件下持续发生氧化反应并放出热量，维持系统连续运行。催化逆流氧化反应器的

工作原理与蓄热氧化反应器的工作原理十分类似，主要不同之处在于催化逆流反应器在陶瓷床与燃烧室之间增加了催化剂层。

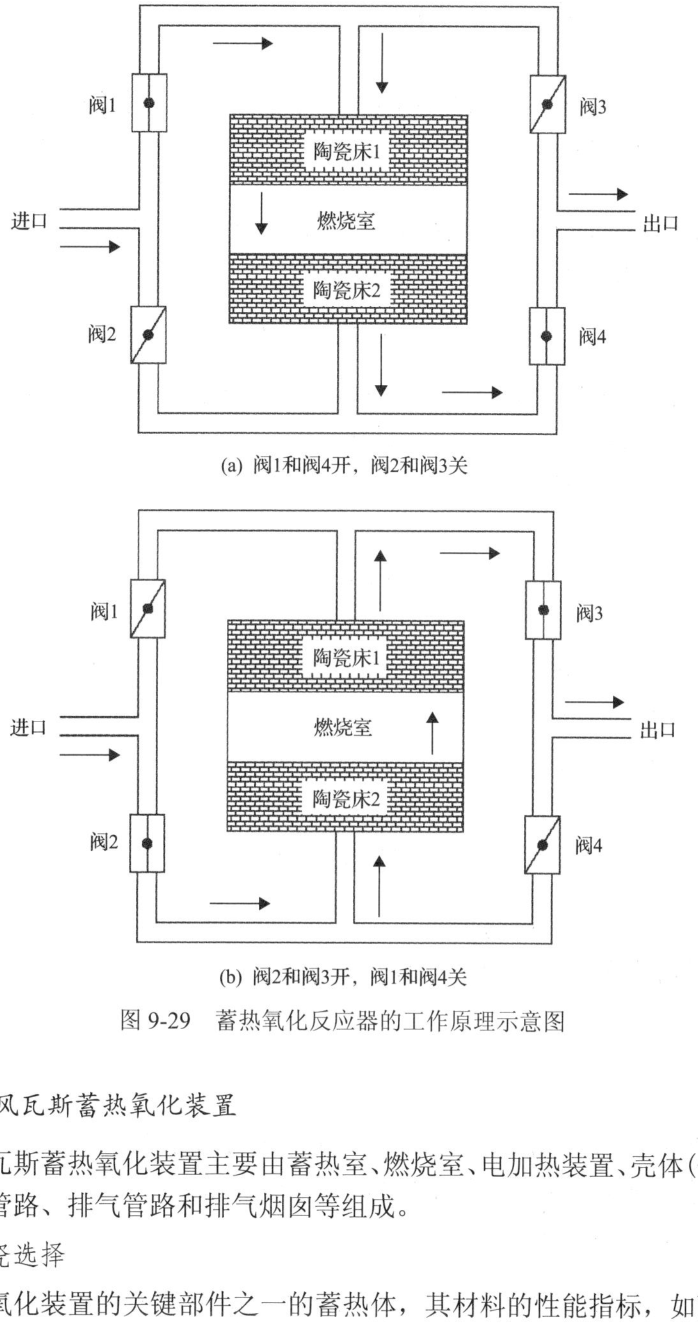

图 9-29　蓄热氧化反应器的工作原理示意图

2. 小型乏风瓦斯蓄热氧化装置

煤矿乏风瓦斯蓄热氧化装置主要由蓄热室、燃烧室、电加热装置、壳体(包括内保温)、切换阀、进气管路、排气管路和排气烟囱等组成。

1) 蓄热陶瓷选择

作为蓄热氧化装置的关键部件之一的蓄热体，其材料的性能指标，如耐高温性、蓄热密度、热导率、抗热震性、热膨胀系数、高温结构强度等对蓄热氧化装置的热效率、使用温度、使用寿命和维修周期等将产生重要的影响。一般来说，要求蓄热体材料蓄热量大，换热速度快，高温下结构强度高，可承受较大热应力，冷热变换频繁时无脆裂、脱落和变形，性价比高等。

根据研究及调研结果，蓄热氧化装置选用了蜂窝陶瓷蓄热体，其材质是莫来石和堇青石复合材料。该蜂窝陶瓷蓄热体耐火度高、蓄热密度大、比表面积大、热容高、传热快、压降低、抗污堵，能够满足蓄热氧化装置的使用需求。

2) 蓄热室设计

本节以夏克理论为基础，采用对数平均温差法，把蓄热氧化装置当作间壁式热交换器进行设计计算，得出乏风处理量为1000Nm^3/h时蓄热室的换热面积、体积和结构尺寸。

A.计算公式

根据热力计算公式，对蓄热室的换热面积、体积和结构尺寸进行计算，公式如下所述。

(1) 一个换向周期内预热乏风所需热量 Q：

$$Q = V_f(c_f''t_f'' - c_f't_f')\tau_h \tag{9-3}$$

式中，V_f 为预热乏风流量，Nm^3/s；c_f'、c_f'' 为进、出蓄热体乏风比热容，J/(kg·K)；t_f'、t_f'' 为进、出蓄热体乏风温度，℃；τ_h 为乏风加热周期时间，s。

(2) 蓄热室烟气出口温度 t_y''：

$$t_y'' = \frac{1}{c_y''}\left(c_y't_y' - \frac{Q}{V_y\tau_y\eta}\right) \tag{9-4}$$

式中，V_y 为烟气流量，Nm^3/s；c_y'、c_y'' 为进、出蓄热体烟气比热容，J/(kg·K)；t_y' 为进蓄热体烟气温度，℃；τ_y 为烟气冷却周期时间，s；η 为蓄热室热损失系数，$\eta = 0.9 \sim 0.95$。

(3) 对数平均温差 Δt：

$$\Delta t = \frac{\Delta t_{max} - \Delta t_{min}}{\ln \Delta t_{max}/\Delta t_{min}} \tag{9-5}$$

式中，$\Delta t_{max} = t_y' - t_f''$；$\Delta t_{min} = t_y'' - t_f'$。

(4) 乏风侧 α_f 及烟气侧 α_y 气体对流换热系数：

$$\alpha = 7.5\phi\frac{W^{0.5}}{de^{0.33}} \tag{9-6}$$

式中，ϕ 为温度修正系数，$\phi = 0.184T^{0.25}$，T 为气体的绝对温度，K；de 为蓄热体当量直径，m；W 为折算到标况下气体在最小截面处的流速，m/s；

(5) 综合热交换系数 K：

$$K = \left[1/\alpha_y\tau_y + 1/\alpha_f\tau_f + S\left(1/\tau_y + 1/\tau_f\right)/6\lambda\right]^{-1}(\tau_y + \tau_f)^{-1} \tag{9-7}$$

式中，K 为综合热交换系数，J/(m^2·K)；S 为蓄热体厚度，m；α_f、α_y 分别为乏风侧及烟气侧对流换热系数，W/(m^2·K)；λ 为蓄热体的导热系数，W/(m·K)；τ 为换向时间；下标 f、y 分别为乏风侧、烟气侧。

(6) 一个蓄热室的传热面积 A：

$$A = \frac{Q}{K\Delta t\eta(\tau_{\mathrm{y}} + \tau_{\mathrm{f}})} \tag{9-8}$$

(7) 一个蓄热室的体积 V：

$$V = \frac{A}{a_{\mathrm{v}}} \tag{9-9}$$

式中，a_{v} 为蓄热体比表面积，m^2/m^3。

(8) 一个蓄热室的横截面积 F：

$$F = \frac{V_{\mathrm{f}}}{W_{\mathrm{f}}\sigma} \tag{9-10}$$

式中，V_{f} 为预热乏风流量，Nm^3/s；W_{f} 为乏风流速，m/s；σ 为蓄热体孔隙率。

(9) 蓄热室高度 H：

$$H = \frac{V}{F} \tag{9-11}$$

根据上述计算公式，使用 FORTRAN 软件编程进行热力计算。

B.蓄热室设计计算结果

使用 FORTRAN 软件编程进行热力计算，计算结果见表 9-2。

表 9-2　计算结果

项目	单位	数值
蓄热室的传热面积	m^2	210.7
蓄热室的体积	m^3	0.52
蓄热室的横截面积	m^2	0.367
蓄热室高度	m	1.4

蓄热氧化装置选用的蜂窝陶瓷蓄热体尺寸是 305mm×305mm×101mm，比表面积为 $410m^2/m^3$，孔隙率为 69%。根据计算结果，在单侧蓄热室横截面上横向、纵向各布置 2 块蜂窝陶瓷蓄热体，高度方向布置 14 层，即蓄热室尺寸为 610mm×610mm×1414mm。

3) 电加热启动装置设计

在蓄热氧化装置启动阶段，需要通过外界加热的方式对蓄热体进行加热，使蓄热体达到甲烷氧化温度。为了计算蓄热体在启动过程中所需要的加热功率，使用以下简化模型进行计算：蓄热体上端预热温度 $T_1 = 900$ ℃，下端温度 $T_2 = 20$ ℃，温度在蓄热体内呈线性分布，保温层厚度为 250mm，保温层温度取平均温度 $T_3 = 150$ ℃；蓄热体和保温材料物性均选为定值，不随温度变化。

(1) 计算参数。

蓄热体横截面积：$A_1 = 0.61 \times 0.61 = 0.3721\,\text{m}^2$；

保温层横截面积：$A_2 = (0.61 + 0.5) \times (0.61 + 0.5) - A_1 = 0.86\,\text{m}^2$；

蓄热体比热容 $c_{\text{p1}} = 670\,\text{J/(kg·K)}$；

保温材料比热容 $c_{\text{p2}} = 1100\,\text{J/(kg·K)}$；

蓄热体容重 $\rho_1 = 703\,\text{kg/m}^3$；

保温材料容重 $\rho_2 = 220\,\text{kg/m}^3$。

(2) 加热量计算。

蓄热体加热所需热量：$Q_1 = c_{\text{p1}}\rho_1 A_1 \times \int_0^H \left(T_2 + \frac{T_1 - T_2}{H} x \right) \mathrm{d}x = 113989\,\text{kJ}$；

保温材料所需热量：$Q_2 = c_{\text{p2}}\rho_2 A_2 \times \int_0^H T_3 \mathrm{d}x = 44141\,\text{kJ}$；

两边蓄热室总加热热量：$Q = (Q_1 + Q_2) \times 2 = 316260\,\text{kJ}$。

取加热时间为 5h，则启动时所需要的加热功率为 17.6kW。考虑一定的富余量，加热功率定为 20kW。

4) 保温设计

炉衬材料使用条件为热面温度 1000℃、冷面温度 60℃、环境温度 20℃。根据使用条件，炉衬材料选择标准硅酸铝耐火纤维毯。按传热学单层平面壁的导热学计算，忽略钢板的导热，并按照稳态导热计算，炉衬厚度计算公式如下：

$$q = -\lambda \frac{\mathrm{d}t}{\mathrm{d}x} = \frac{\lambda}{\delta} \Delta T = \frac{\Delta T}{\delta / \lambda} \tag{9-12}$$

$$\lambda = \mathrm{e}^{A+Bt} \tag{9-13}$$

式中，q 为炉墙外表面热损失热强度，W/m^2；λ 为导热系数，W/(m·℃)；t 为炉衬中某一点的温度，℃；ΔT 为炉子冷面、热面温差，℃；δ 为炉衬的厚度，m；A、B 为常数。经计算得到硅酸铝耐火纤维毯的厚度为 250mm。

3. 小型试验系统设计及试验

1) 小型试验系统设计

试验系统如图 9-30 所示，由引风机、换向阀组、蓄热氧化装置、换热器、烟囱及监控系统等组成。试验用气由高浓度瓦斯和空气掺混而成，根据试验需要混合成不同流量和体积分数的气体来模拟乏风瓦斯。换向阀组由两个提升式三通阀组成，由压缩空气提供动力，换向时间可在 100～400s 范围内调节。蓄热氧化装置本体由两个蓄热室和一个燃烧室组成。换热器可从燃烧室内抽取部分烟气用于制取热水。

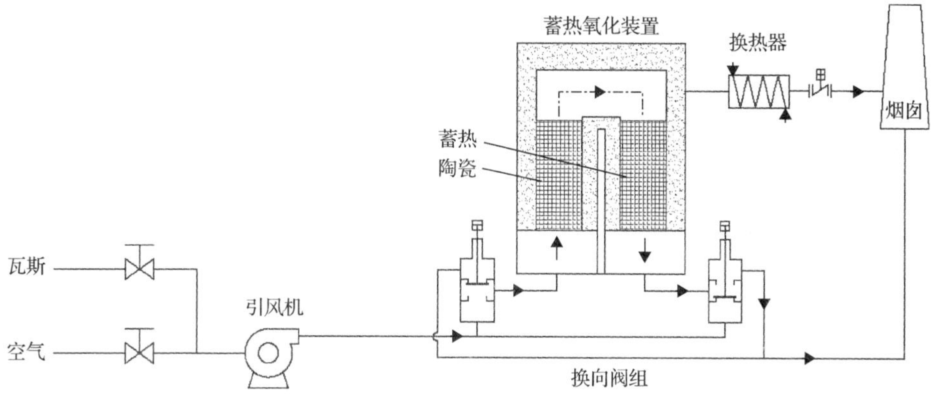

图 9-30　试验系统示意图

蓄热室内装填蜂窝陶瓷蓄热体，高度为 1.4m，沿高度方向 0.4m、0.75m、1.4m 处分别布置热电偶温度传感器。燃烧室中心处布置一个热电偶温度传感器。试验中采用气相色谱分析仪对进出口气体的甲烷体积分数进行精确测量。

该试验系统工作原理：在启动阶段，利用电加热对装置进行预热，当燃烧室中心温度达到 750℃以上时关闭电加热，通入乏风瓦斯；乏风瓦斯被高温蓄热陶瓷加热后发生氧化反应，放出热量，高温烟气流出装置时将热量传递给蓄热陶瓷；经过一个换向周期后，换向阀换向，乏风瓦斯从高温侧蓄热陶瓷进入，被加热至高温后发生氧化反应并放出热量，然后从低温侧蓄热陶瓷流出并将热量传递给蓄热陶瓷。如此循环往复，系统逐渐进入自维持状态。当乏风瓦斯浓度较高时，甲烷氧化放热除维持系统自热平衡外，还可以抽取部分高温烟气流过换热器取出热量。

2) 煤矿乏风瓦斯利用系统试验

煤矿乏风瓦斯利用系统集成后，开展了加热启动试验、氧化性能试验、最低自热平衡浓度试验等大量试验研究工作，煤矿乏风瓦斯利用系统运行状态良好，得到以下结论：

(1) 乏风蓄热氧化装置能够有效氧化处理甲烷。当燃烧室温度保持在 780℃时，乏风中甲烷体积分数的改变对甲烷氧化率的影响不明显，当甲烷体积分数为 0.148%时，氧化率仍维持在 96%以上。

(2) 当乏风瓦斯处理量为 1000m^3/h、甲烷体积分数≥0.3%时，装置自维持运行状态良好。

(3) 当燃烧室中心温度降低时，装置内高温区域变小，氧化反应区域变窄，甲烷氧化率降低，不利于氧化反应的进行。

9.3.2　多床式乏风瓦斯蓄热氧化工业化装置及试验

1. 多床式乏风瓦斯蓄热氧化工业化装置

1) 工业化瓦斯蓄热氧化装置结构选型

在“十一五”期间，重庆研究院在清水溪试验基地建立了处理量为 1000Nm^3/h 的煤矿乏风瓦斯利用试验系统，该乏风瓦斯蓄热氧化试验装置采用两床式结构。试验结果表明，在装置周期换向时，单侧蓄热室及换向阀管道内的滞留气体未进入燃烧室氧化，而是改变流向直接通过烟囱排向大气。这一部分未氧化的乏风导致装置平均氧化率偏低(仅为 95%)。因此，本书在工业化装置的设计时考虑采取多床式结构提高氧化率。

为了给处理量为 10 万 Nm^3/h 的乏风瓦斯蓄热氧化工业化装置选用最合适的结构型式，依据蓄热式换热器设计计算方法，对两床式、三床式、五床式结构参数进行了计算，从甲烷氧化率、余热利用效果、费用等方面综合考虑，处理量为 10 万 Nm^3/h 的乏风瓦斯蓄热氧化工业化装置选用五床式结构。

2) 五床式乏风瓦斯蓄热氧化工业化装置工作原理

五床式乏风瓦斯蓄热氧化工业化装置有 5 个蓄热室，所有蓄热室连通在一起的上部空间共同形成燃烧室。蓄热室内装填有蜂窝陶瓷。冷、热流交替通过蓄热室内的蓄热陶瓷，实现热量的储存与释放。甲烷在燃烧室内发生氧化反应，并放出热量。每个蓄热室下方有 3 个阀门，包括乏风进气阀、烟气出气阀、吹扫阀。装置某个周期的工作流程如图 9-31 所示。

图 9-31　五床式乏风瓦斯蓄热氧化工业化装置结构示意图

乏风瓦斯经主风机输送到乏风瓦斯蓄热氧化工业化装置，经乏风进气阀进入蓄热室一和蓄热室二，乏风被加热至高温，在上部燃烧室发生氧化反应，放出热量。燃烧后产生的高温烟气从蓄热室三和蓄热室四经烟气出气阀排入烟囱。吹扫风机从烟囱内抽取少量烟气，经吹扫阀进入蓄热室五，将上个周期残留在蓄热室五内未氧化的乏风瓦斯吹入燃烧室内氧化。在任何一个工作周期内，都有两个蓄热室处于蓄热状态，两个蓄热室处于放热状态，一个蓄热室处于吹扫状态。

2. 乏风瓦斯收集技术

1) 平移式乏风收集装置结构及工作原理

本装置采用平行移动式，通过乏风收集罩的定点停止完成乏风瓦斯的收集，同时有效地减小了对主排风机的阻力影响，主要应用于煤矿乏风利用过程中的乏风收集，为后续的利用提供稳定的乏风。

该装置主要包括乏风收集罩、从动车轮、主动车轮、链条、桥架、传动轴、轨道、收集管路、伸缩管、伸缩管吊架、立柱等部分。平移式收集装置工作原理如图 9-32 所示。工作前收集罩停于两扩散塔中间，位于停止位，如图 9-32(a)所示。当后端乏风利用设备启动时，收集罩启动，若扩散塔一排风，收集罩在动力机构的牵引下由原位置平行移动，使得收集罩中心与扩散塔一中心在一条垂直直线上，乏风瓦斯在煤矿矿井主排风机和乏风利用设备引风机的共同作用下进入收集罩，然后到达收集管路，供蓄热氧化设备运行，如图 9-32(b)所示。如果排风口发生切换，扩散塔二排风，收集罩受牵引平行移动，转至扩散塔二收集乏风，同样可以继续为后续设备提供乏风。当后端利用设备暂停工作时，收集罩完全移出扩散塔的工作面，扩散塔正常排风，没有安全隐患。

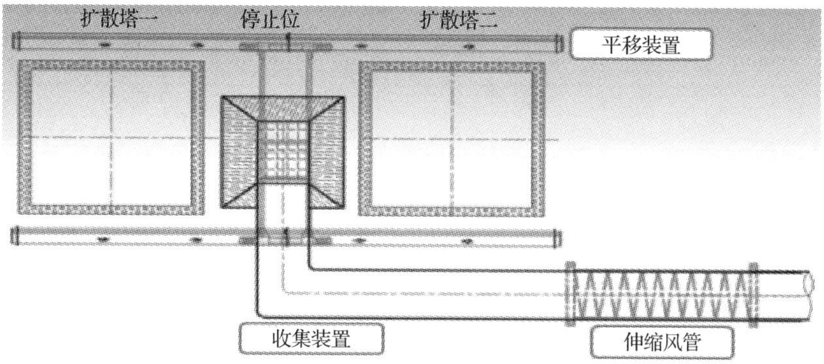

(a) 收集装置停止位

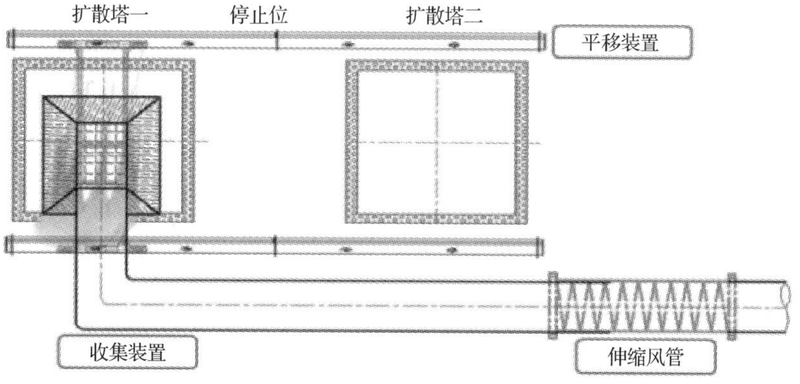

(b) 扩散塔一工作位

图 9-32　平移式收集装置工作原理图

2)乏风收集装置工业化应用

重庆研究院在重庆松藻煤电有限责任公司打通一矿西二井，建设了 10 万 m^3/h 乏风瓦斯蓄热氧化工业化装置。为减小乏风收集系统对风井通风的影响，同时节省乏风收集管路上的大型风门等控制设备，为该系统配套设计了 10 万 Nm^3 的平移式乏风收集系统，同时考察平移式乏风收集系统的收集效果。图 9-33 是在重庆松藻煤电有限责任公司打通一矿西二井建设完成的 10 万 Nm^3 平移式乏风收集装置。

(a)　　　　(b)

图 9-33　10 万 Nm^3 平移式乏风收集装置

3. 乏风瓦斯蓄热氧化工业化试验系统

1) 乏风瓦斯氧化利用工业性试验系统工艺流程

乏风瓦斯氧化利用工业性试验系统主要由乏风收集及掺混系统、蓄热氧化装置、余热利用系统、低浓度输送安全保障系统等部分组成，系统工艺流程图如图 9-34 所示。

在系统启动时，燃烧器燃烧柴油对炉体进行预热。在进行余热利用试验时，需要将抽采瓦斯与乏风进行掺混，使乏风瓦斯浓度达到 1%，抽取部分高温烟气加热余热锅炉，生产过热蒸汽。在进行最低自热平衡浓度试验时，需要将空气掺入乏风中，使其浓度降低到系统自热平衡浓度设计值，并开展自热平衡试验。

2) 工艺系统设计

整套工艺系统由系统管道、低浓度瓦斯输送安全保障系统、乏风收集系统、掺混系统、乏风瓦斯蓄热氧化系统、监控系统等部分组成。

A.系统管道设计

煤矿风井出口乏风经乏风收集罩收集后，在掺混装置内与抽采瓦斯进行掺混，然后经乏风主管道输送至后续设备。

乏风主管道管径选择：

$$D=18.81\left(Q_{混}/v_{乏}\right)^{1/2} \tag{9-14}$$

式中，D 为乏风主管内径，mm；$v_{乏}$为管道中乏风的经济流速，m/s；$Q_{混}$为管内乏风流量，m^3/h。

根据该项目设计资料，正常工况下乏风主管道输送乏风瓦斯量为 10 万 m^3/h。参照《工业金属管道设计规范》(GB 50316—2000)，管道气体流速为 15m/s，计算乏风主管内径为 1535mm。乏风主管道选择 DN1600mm 管道。经计算，沿程阻力为 256Pa，局部阻力为 186Pa，管道总阻力损失为 443Pa。

安全保障系统安设段管道输送气体为低浓度抽采瓦斯。当从矿井主通风收集的乏风瓦斯浓度低于试验所需瓦斯浓度时，需由该管道添加低浓度抽采瓦斯。

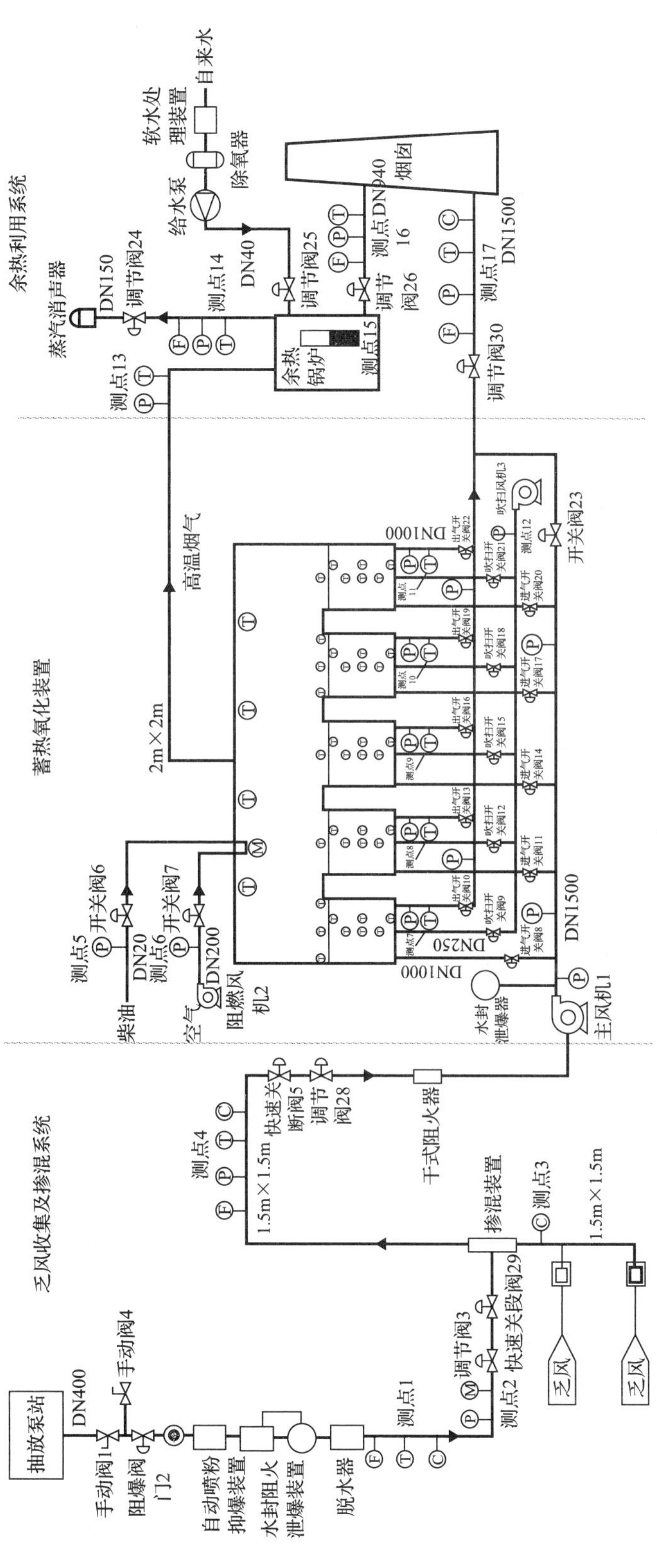

图 9-34　系统工艺流程图

经计算，需要掺混的抽采瓦斯量最大为 3148m^3/h。乏风主管内径计算公式参照式(9-14)，管道乏风的经济流速选用 10m/s，计算乏风主管内径为 343mm，选用 DN400mm 螺旋焊缝钢管。经计算，沿程阻力为 142Pa，局部阻力为 14Pa，管道总阻力损失为 156Pa。

B.低浓度瓦斯输送安全保障系统设计

低浓度瓦斯的输送安全保障系统设计遵照《煤矿低浓度瓦斯管道输送安全保障系统设计规范》(AQ 1076—2009)中内燃机瓦斯发电用管道输送安全保障系统设计要求进行。采用由水封阻火泄爆装置、自动喷粉抑爆装置和自动阻爆装置为主组成的低浓度瓦斯输送安全保障系统。

低浓度瓦斯输送安全保障系统主要由执行机构和监测控制系统等组成。执行机构主要包括水封阻火泄爆装置、自动抑爆装置抑爆器、自动阻爆阀门等；监测控制系统由稳压直流电源、爆炸信号控制器、电气转换控制箱、传感器、声光报警器组成，如图 9-35 所示。

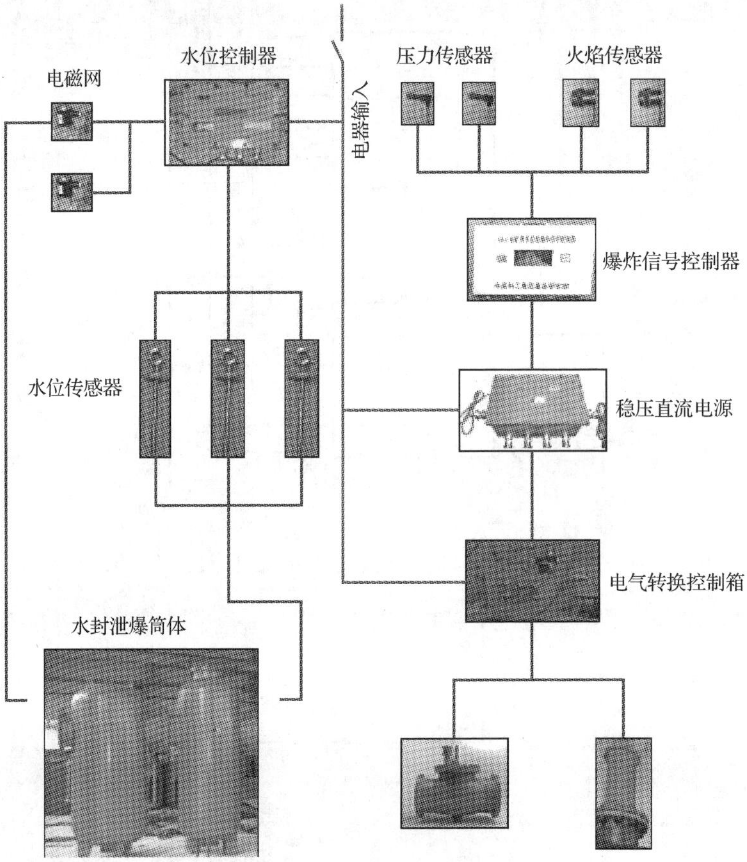

图 9-35　安全保障系统构成图

C.掺混系统设计

掺混系统由安装在抽采瓦斯管路上的 DN400mm 调节阀、快速关断阀，乏风总管上的 DN1600mm 调节阀、快速关断阀、掺混装置，以及抽采瓦斯浓度传感器、乏风浓度传感器、混合后气体浓度传感器及流量传感器构成。掺混系统的处理量达到 10 万 m^3/h，浓度范围为 0.2%～1.15%。

掺混装置是自行设计的 DN1800mm 型掺混装置，掺混装置采用内、外相反方向的螺旋形介质通道，使两股气体不断改变方向并增速，在出口处进行对冲，使气体充分混合均匀。

3) 监控系统设计

矿井乏风瓦斯蓄热氧化工业化试验系统的监控系统分为 3 个部分：一是低浓度瓦斯输送安全保障系统的监控系统，二是乏风收集及掺混系统的监控系统，三是乏风蓄热氧化及余热利用的监控系统。

低浓度瓦斯输送安全保障系统的监控系统独立于其他两个监控系统，监测数据不与其他系统共享。该监控系统根据压力传感器、火焰传感器、水位传感器等测得的数据，自动控制水封阻火泄爆装置、自动抑爆装置抑爆器、自动阻爆阀门相关执行机构的动作。

乏风收集及掺混系统的监控系统主要通过监测到的抽采瓦斯信息(浓度、流量、温度)、风井出口乏风浓度、混合气信息(浓度、流量、温度、压力)，通过控制和调节相应阀门的开度、收集罩的位置，为后续装置运行提供满足其浓度和流量要求的混合气体。

乏风蓄热氧化及余热利用的监控系统主要通过监测到的蓄热氧化装置内的温度、压力自动控制系统运行，同时根据需要，通过对汽包液位及压力、蒸汽压力、流量、温度等参数的自动监测和控制，实现稳定、可靠地生产过热蒸汽。

乏风收集及掺混系统的监控系统与乏风蓄热氧化及余热利用监控系统之间实现数据共享，所有数据均可相互调用。

4) 试验系统

经过数月的土建工程及安装工程施工后，建成了乏风瓦斯氧化利用工业性试验系统(图 9-36)。

图 9-36　乏风瓦斯氧化利用工业性试验系统全貌

4. 工业性试验

1) 冷态调试试验

在乏风瓦斯氧化利用工业性试验系统建成后，先进行冷态调试试验，即不加热，整套系统在常温下运行。

对系统电气线路进行检查后，电气仪表系统接通电源，启动监控系统。检查所有温度显示是否正常，现场显示的各压力表、变送器、甲烷浓度传感器等显示是否正常，仪表柜内电源是否到位，各动力电源、控制电源开关是否开启。启动空压机和冷干机，检查仪表风压力应不小于 0.6MPa。检查低浓度输送安全保障系统电源是否正常，水封阻火泄爆装置内水位是否正常，阻爆阀门是否处于打开状态。在 DN400mm 手动阀门关闭的情况下，在监控系统上对 DN400mm 调节阀、DN400mm 快关阀、DN1600mm 调节阀进行动作操作，检查各个阀门是否正常工作。

完成上述检查后，正常启动蓄热氧化系统，主风机频率设定为 15Hz，待风量稳定后，风机频率增加 5Hz，直至达到 50Hz。

2) 烘炉及煮炉试验

冷态调试通过后，开启燃烧器燃烧柴油，对蓄热氧化装置和余热锅炉进行烘炉；将蓄热氧化装置及余热锅炉升温至设定温度后，再通入掺混瓦斯加热锅炉进行煮炉。煮炉的目的是在烘炉的基础上清除锅炉内部的锈蚀和污物，保证生产出合格品质的蒸汽。煮炉工序及时间表见表 9-3。

表 9-3　煮炉工序及时间表　　(单位：h)

工序	时间
加药(并取样一次)	3
升至 0.2～0.4MPa	3
恒压 0.3～0.4MPa	12
降到 0.2MPa，排污(10%～15%)加水	1
升至 0.5～0.8MPa	2
恒压 0.5～0.8MPa	8
降压 0.3MPa，排污(10%～15%)加水	2
升至 1～1.2MPa	3
恒压 1～1.2MPa	10
锅炉换水至炉水达到运行标准	8

3) 变工况试验

烘炉和煮炉完成后，即进入正常运行阶段。试验了多种工况，考察混合气浓度、流量对蓄热氧化装置炉内温度、甲烷氧化率、床层阻力、过热蒸汽产量的影响。选取了 12

种典型工况，见表 9-4。每种运行工况要求装置处于稳定状态达 3h 以上，然后用气样袋抽取蓄热氧化装置进口、出口处的气样，使用气相色谱仪进行分析。

表 9-4 试验工况表

序号	风量/(万 m^3/h)	工况	切换时间/s	平均掺混浓度/%
工况 1	10.3	产汽	90	0.95
工况 2	11	产汽	90	0.99
工况 3	7.4	产汽	90	0.99
工况 4	5.2	产汽	90	0.97
工况 5	10.2	自平衡	90	0.20
工况 6	7.5	自平衡	90	0.23
工况 7	5	自平衡	90	0.25
工况 8	3.1	自平衡	90	0.26
工况 9	1.8	自平衡	90	0.31
工况 10	10.3	产汽	30	0.98
工况 11	10.3	产汽	60	0.93
工况 12	10.4	产汽	120	0.88

4) 试验结论

(1) 乏风瓦斯收集工业化系统结构设计合理，实现了对乏风瓦斯的高效收集，在工作时对轴流式抽风机的影响几乎可以忽略不计；收集系统创新性地采用了平移式结构，在不工作时可以完全移离扩散塔区域，不影响扩散塔正常工作。

(2) 乏风瓦斯蓄热氧化工业化装置创新性地采用了多床式结构，装置单机处理量达到了 10.4 万 m^3/h，甲烷氧化率达到了 99.1%，实现了对乏风瓦斯的高效氧化。

(3) 余热利用系统选配合理，在系统最大处理量为 11 万 m^3/h、混合气甲烷浓度为 0.99% 时，实现生产过热蒸汽流量 9.15t/h，热能利用率达到 72.4%，应用情况良好。

5. 低浓度煤层气蓄热氧化利用技术工业化应用

1) 蓄热氧化降耗提效技术

基于重庆松藻煤电有限责任公司打通一矿 10 万 Nm^3/h 低浓度煤层气蓄热氧化试验系统发现，低浓度煤层气蓄热氧化利用技术存在能耗高、热能调控及安全控制技术不够完善的技术问题。因此，“十三五”期间，将通过蓄热氧化降耗提效工艺技术、热能利用调控技术、综合安全控制技术的研究，以及结合示范工程开展工业化试验，解决瓦斯蓄热氧化装置自身能耗高、热能调控及安全控制技术不完善的问题，拓宽该装置能够处理的甲烷浓度范围，提高低浓度煤层气蓄热氧化利用技术的经济性，以达到“降耗提效”的目的，促进其工业化应用。

A.高温条件下甲烷爆炸下限试验

目前，蓄热氧化装置处理的甲烷浓度介于 0.2%～1.2%。其中，进气甲烷浓度的提高有利于提升装置的效率及经济性，但相应地也会增加装置运行的危险性。因此，通过蓄热氧化高温条件下甲烷爆炸试验规律研究，切实掌握提高蓄热氧化装置进气甲烷浓度上限(如将上限由 1.2%提高至 1.5%)的理论依据，并进行工程应用验证，具有重要的现实意义。

a.试验难点

目前，在温度处于常温至 400℃时，测量可燃气体爆炸极限的标准和方法可参照国标《空气中可燃气体爆炸极限测定方法》(GB/T 12474—2008)等标准执行；但高温(高于400℃)条件下，测量瓦斯爆炸极限的装置没有统一标准，也无统一测量方法。因此，需对试验系统进行原始设计，尽可能地与低浓度煤层气蓄热氧化运行工况契合；需探寻基于该试验系统的科学方法及合理判据，得出具有实际价值的指导值。

b.试验系统设计

爆炸下限试验系统是由配气系统、燃烧器、测控系统和其他辅助设备构成，如图 9-37 所示。瓦斯或空气依次经过手阀、电磁阀、流量控制器、阻火器后进入燃烧器。气体在燃烧器内被预先升温的陶瓷加热，从常温升高到试验温度。燃烧器末端出口处分为两路，水平管路末端软密封，竖直管路经过阀门后排空。阻火器末端与燃烧器入口端之间设置抽真空的旁路，排空管路上设置用于连接气体分析仪的采样口。

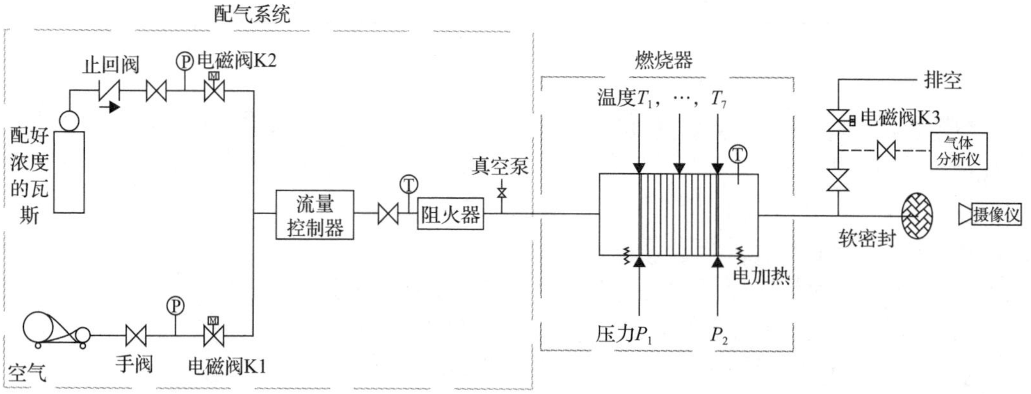

图 9-37　爆炸下限试验系统工艺流程图

该系统具有以下功能：①远程控制气体流量和阀门开关；②最高将气体升温至1000℃；③温度和压力的实时监测；④爆炸自动泄压；⑤抽真空、气体分析等功能。

燃烧器作为系统核心试验装置，其设计图如图 9-38 所示。燃烧器由内到外由蓄热陶瓷、内墙、保温层、外壳组成，瓦斯或空气从燃烧器中间通道通过。燃烧器内墙由耐火砖组成，外围保温层由陶瓷纤维板及高铝陶瓷纤维材料搭建，最外层由钢材组成外壳。保温层设计厚度为 350mm，设备表面温度＜50℃；炉膛内部放置两块蓄热陶瓷，用耐火胶泥固定。炉体由上、下两部组成，上盖可拆装，方便安装维护；设计炉膛工作温度为1100℃，蓄热陶瓷四周放置加热元件，加热元件设计最高温度为 1400℃，长时间工作温度为 1200℃。

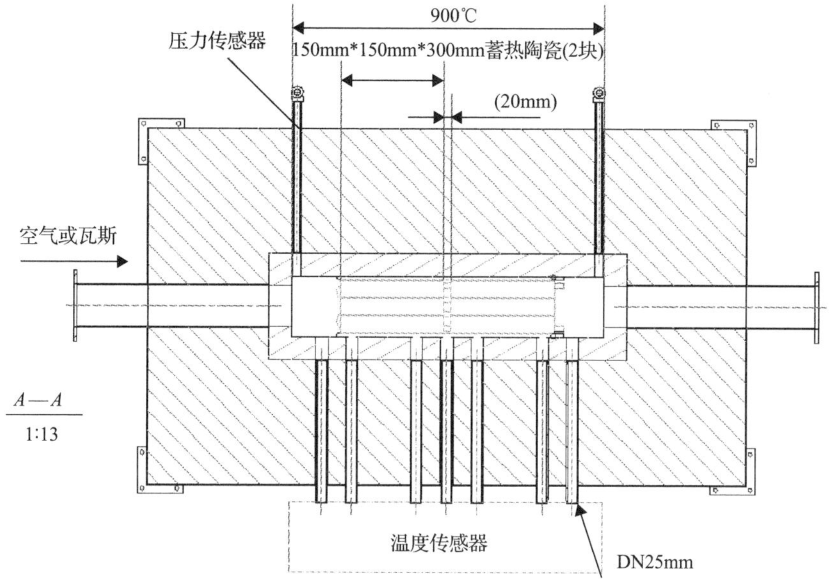

图 9-38　高温燃烧器设计图

c.试验方案

(1) 试验技术路线。

在通入气体(空气或瓦斯)前，先预热燃烧器内的蓄热陶瓷到指定温度。然后将燃烧器炉膛抽真空，抽完真空后通过 PID 控制柜打开电磁阀，让气流通过燃烧器。这时候气体从燃烧器内蓄热陶瓷的蜂窝孔通过，被高温的蜂窝孔壁加热到试验温度。同步记录陶瓷前后两端(即气体升温前后)的压力 P_1、P_2，计算的得到 $\Delta P=P_2-P_1$。

(2) 爆炸判据。

无论是常温还是高温下测定可燃物爆炸极限，目前用于判定爆炸的依据主要有两种：①观察火焰(是否存在爆炸式火焰蔓延现象)；②点火前后压力上升 5%以上。方法①的难度在于用肉眼观察爆炸式火焰蔓延很难分辨，难以实现；方法②测试结果得出的压力曲线很容易判断是否爆炸。因此，本试验从压力入手，力求做到科学严谨、有理有据。

在传统测爆炸极限的试验方法(此处特指使用爆炸压力判据的方法)中，试验主要步骤包括“抽真空—充瓦斯—点火—测压力”。现在对于在测量某浓度瓦斯点火前后爆炸压力的试验中，加入假想的“抽真空—充空气—点火—测压力”的一组平行试验。当每一组试验加入了假想的“空气组”试验后，在点火前“瓦斯组”和“空气组”的气体初始压力均为常压条件，爆炸压力判据的等效判据为“瓦斯点火后的压力值”相比“空气点火后的压力值”上升 7%。正是由于点火前后“空气组”的压力不变，传统的试验省去了“点燃空气”这一步骤。所以，可以认为等效的爆炸压力判据是传统的爆炸压力判据的拓展，传统的爆炸压力判据是等效的爆炸压力判据的特例。将传统试验的点火过程过渡到本试验的升温过程，得到本试验的爆炸判据为：瓦斯升温后的压力值与空气升温后的压力值之比 $P_2:P_1\geqslant1.07$(表 9-5)。

表 9-5　本试验的爆炸压力判据分析表

通气类别	升温前压力	升温后压力	爆炸判据
通空气	常压 P_0	P_1	瓦斯升温后的压力值与空气升温后的压力值之比 $P_2:P_1 \geqslant 1.07$
通瓦斯	常压 P_0	P_2	

d.试验结果预期

当前，低浓度煤层气蓄热氧化装置的安全运行浓度为 0.2%～1.2%。对于进气甲烷浓度 1.2%这一最高设计值是根据实践经验约定俗成的，在理论及工程应用方面均表明该值存在合理的提升空间。因此，通过本试验的开展，有望从试验角度探寻极高温度(400～1000℃)下甲烷的爆炸浓度下限，从而相应地提升低浓度煤层气蓄热氧化装置进气甲烷浓度的上限值。进气甲烷浓度的提高对于低浓度煤层气蓄热氧化利用技术的发展意义重大。在保障氧化装置安全运行的同时，提高利用项目的整体热能利用率，达到提效目的。

B.蓄热氧化装置的结构优化

结合重庆松藻煤电有限责任公司打通一矿 10 万 Nm^3/h 低浓度煤层气蓄热氧化试验系统试验情况，该蓄热氧化装置在陶瓷布置形式、切换阀门结构等方面还有进一步优化提升的空间，因此开展了一系列研究工作：

(1)通过数值模拟分析，研究装置内温度场分布规律，研究了甲烷浓度、入口流速、切换时间对装置温度场分布的影响，以及最低自热平衡浓度及最高温度随通道长度、流速、切换时间的变化规律，为优化蓄热氧化装置陶瓷布置形式提供依据。

(2)结合数值分析及实验室试验结果，将蜂窝陶瓷结构优化为四边形蜂窝陶瓷砖与陶瓷矩鞍环组合布置的形式。如此，平行孔之间相互连接，抗堵性能强，湍流度高，换热效率更高；矩鞍环强化了流通截面上的气流分布，从而减少了陶瓷体内的阻力损失，提高了气流分布的均匀性。

(3)针对现切换阀门结构的主要弊端，采取了密封面处增加密封垫圈、强化行程杆支撑、减小局部阻力损失等优化措施。为了进一步解决切换阀门的结构缺陷问题，针对性地设计出了锥形切换阀门，即阀板与接口采用锥形密封面，以提高密封性能。

2)蓄热氧化综合安全控制技术

A.蓄热氧化井筒加热综合安全控制技术

通过开展大量实验室研究工作，基于已建成的阳煤集团五矿小南庄风井井筒加热示范工程，所应用的综合安全控制技术及装备具有如下特性。

a.强化过程控制

(1)浓度、流量监测：在掺混后管道中设置快速反应的瓦斯浓度、流量传感器，并采用多点冗余设计，实现快速可靠监测。

(2)快关阀门：抽采瓦斯管道快关阀、蓄热氧化装置进气阀门在停电或瓦斯浓度超限时快速关闭。

(3)比例阀：放散比例阀、抽采瓦斯比例阀、热风比例阀、热水比例阀自动调节瓦斯气量及进入各换热器的高温烟气流量。

(4)湿式放散罐：用于低浓度瓦斯紧急放空。

(5) 备用 UPS 电源：保证意外停电时监控系统正常工作 30min，为快速反应、关断供气、打开排空阀提供电源。

b.强化自动监控

(1) 甲烷浓度超限保护：抽采瓦斯管快关阀、蓄热氧化装置进气阀门在停电或瓦斯浓度超限时快速关闭。

(2) 系统停电保护：UPS 电源保证停电时监控系统正常工作 30min，为快速反应、关断供气、打开排空阀提供电源。

(3) 输送安全保障系统、干式阻火器阻止火焰向泵站传播，保护泵站安全；氧化装置发生爆炸时，泄爆器快速泄爆；湿式放散罐用于瓦斯紧急放空，防止憋泵。

B.远程智能监控技术

低浓度煤层气蓄热氧化井筒加热系统的各种参数均通过传感器采集后直接在监控系统上显示。但现有监控系统存在着对高素质技术人员数量需求增加、无法远程传输设备运行参数和监控、未实现监控智能化的问题。通过远程智能监控可实现对各监控对象进行全天候、全方位监控，及时发现甚至提前预测设备问题，辅助安全生产，同时提高监控系统的自动化程度，从而提高生产效率与生产安全性，最终达到集中管理、减员增效的目的。

a.技术路线

远程智能监控技术路线如图 9-39 所示。通过对数据服务器采集的大量数据进行分析，归纳常见的故障及应用措施，建立故障诊断专家系统，指导日常运行维护操作；进行智能化控制方案编制及程序编写，实现系统可根据外部条件自主智能化调整系统运行状态，提高系统自动化程度。

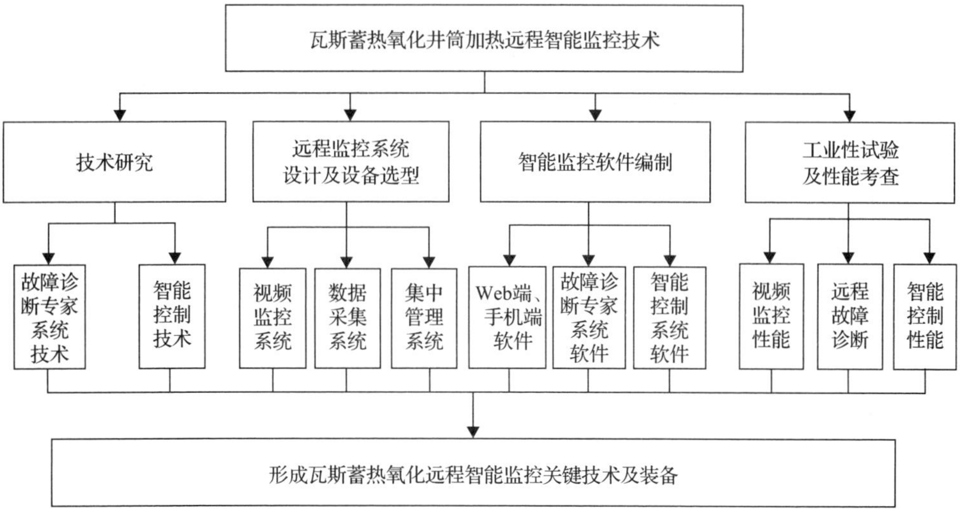

图 9-39　实施技术路线

b.关键技术

远程智能监控主要有两项关键技术。

(1) 故障诊断专家系统技术：通过远程查看现场监控数据及现场画面，了解现场设备运行情况，建立故障诊断专家系统，保障系统运行更加安全可靠。

(2)智能控制技术：实现系统可根据外部条件自主智能化调整系统运行状态，最终实现集中管理、减员增效的目的。

3)低浓度煤层气蓄热氧化利用技术示范应用效果

重庆研究院在山西阳煤集团五矿建成了处理量为 6 万 Nm^3/h 的低浓度煤层气蓄热氧化工业性实验装置(图 9-40)。该装置可以完全替代现在使用的燃煤热风炉，替换后无须使用煤炭作为燃料，在运行过程中排放的烟气也完全满足大气污染物排放标准，而且不会产生任何污水和固体废弃物，解决了燃煤热风炉污染物排放不达标的问题。

图 9-40　低浓度煤层气蓄热氧化工业性实验装置

采用新设计生产的四床式蓄热氧化装置，处理量为 6 万 Nm^3/h，自热平衡浓度最低为 0.2%，适应原料气甲烷浓度波动范围为 0.2%～1.2%，装置运行稳定。热风换热器为高效板式换热器，采用特殊结构设计，能够承受 900℃高温烟气的换热要求。热水换热器采用了翅片管式换热器，结构简单可靠，换热效率高。监控系统采用西门子 S7-400H 控制系统，控制器 CPU、网络、电源、部分重要模拟量信号模块均按 1∶1 冗余设计，控制系统采用双回路供电，监控系统自动化程度高，运行安全可靠。

9.4　低浓度瓦斯工业安全燃烧技术

9.4.1　低浓度瓦斯工业燃烧机理

1. 燃烧的活化能理论

燃烧是化学反应，而分子间发生化学反应的必要条件是互相碰撞。但不是所有碰撞的分子都能发生化学反应，只有少数具有一定能量的分子互相碰撞才会发生反应。这些少数分子称为活化分子。活化分子的能量要比分子平均能量高一定的值，高出的这部分定值称为活化能。活化分子碰撞发生化学反应，称为有效碰撞。当明火接触可燃物质时，部分分子获得能量成为活化分子，有效碰撞次数增加而发生燃烧反应。瓦斯浓度达到 5%以上的煤层气(煤矿瓦斯)，在遇到明火时，部分甲烷分子因获得能量成为活化分子，增加了有效碰撞次数，进而燃烧。

2. 燃烧的连锁反应理论

在燃烧反应中，气体分子间互相作用，往往不是两个分子直接反应生成最后的产物，而是活性分子自由基与分子间的作用。活性分子自由基与另一个分子作用产生新的自由基，新的自由基又迅速参加反应，如此延续下去形成一系列连锁反应。连锁反应通常分为直链反应和支链反应两种类型。连锁反应机理大致可分为 3 个阶段：①链引发。即游离基生成，使连锁反应开始。②链传递。游离基作用于其他参与反应的化合物，产生新的游离基。③链终止。即游离基消失，使连锁反应终止。游离基消失的原因是多方面的，如游离基相互碰撞生成分子，与掺入混合物中的杂质发生副反应，与非活性的同类分子或惰性分子互相碰撞而将能量分散，撞击器壁而被吸附等。燃烧是一种复杂的物理化学反应。光和热是燃烧过程中发生的物理现象，游离基的连锁反应则说明了燃烧反应的化学实质。按照链式反应理论，燃烧不是两个气态分子之间直接作用，而是与它们的分裂物——游离基这种中间产物进行的链式反应。

甲烷燃烧反应是一种链式反应，具有反应感应期长、点火温度高、火焰传播速度低等特点。其简化反应机理可认为是

$$CH_4 + O_2 \longrightarrow \cdot CH_3 + \cdot HO_2 \tag{9-15}$$

$$CH_3 + O_2 \longrightarrow \cdot CH_2O + \cdot OH \tag{9-16}$$

$$\cdot OH + CH_4 \longrightarrow \cdot CH_3 + H_2O \tag{9-17}$$

$$\cdot HCO + O_2 \longrightarrow CO + \cdot HO_2 \tag{9-18}$$

$$\cdot HO_2 + CH_4 \longrightarrow H_2O_2 + \cdot CH_3 \tag{9-19}$$

$$\cdot HO_2 + \cdot CH_2O \longrightarrow H_2O_2 + \cdot HCO \tag{9-20}$$

$$\cdot OH + \cdot CH_2O \longrightarrow H_2O + \cdot HCO \tag{9-21}$$

$$\cdot CH_2O + O_2 \longrightarrow \cdot HCO + \cdot HO_2 \tag{9-22}$$

$$\cdot OH + \text{器壁} \longrightarrow \text{终止} \tag{9-23}$$

$$\cdot CH_2O + \text{器壁} \longrightarrow \text{终止} \tag{9-24}$$

$$H_2O_2 + CO \longrightarrow CO_2 + H_2O \tag{9-25}$$

反应(9-15)为链的引发，反应(9-16)～反应(9-21)为链的传递，反应(9-22)为链的分支，反应(9-23)和反应(9-24)为链的终止。反应(9-15)和反应(9-22)的活化能分别为E_1=230kJ/mol、E_8=134kJ/mol。链的分支反应(9-22)是由比较稳定的中间产物甲醛和反应物作用的结果，这种支链反应称为退化支链反应。

3. 多孔介质表面燃烧机理

多孔介质燃烧技术是继普通燃烧技术、蓄热燃烧技术之后的第三代燃烧技术，是近年来发展起来的具有高效节能、低污染的新型燃烧技术，其技术核心是多孔材料燃烧器。燃气的燃烧在多孔材料内部和表面进行，以辐射传热为主。燃烧反应发生在多孔材料内部，其火焰不明显，称为浸入式燃烧；燃烧反应发生在多孔介质下游(接近出口)或者多孔介质出口，其火焰呈蓝色，称为表面燃烧。

多孔介质表面燃烧机理如图9-41所示，多孔介质内部由两部分组成：小孔隙区(A区)和大孔隙区(C区)。混合气体经过A区进入C区，在C区燃烧。因此，C区又称为燃烧区。多孔介质表面燃烧机理的关键是临界熄火孔径($d_{临}$)，在A区，孔径尺寸$d \leqslant d_{临}$，以阻止回火，而在C区则必须为$d \geqslant d_{临}$，混合气流从A区进入C区时，Pecklet准数产生突然变化，点火火焰在C区稳定燃烧。Pecklet准数由混合燃气的性质确定，由式(9-26)确定。

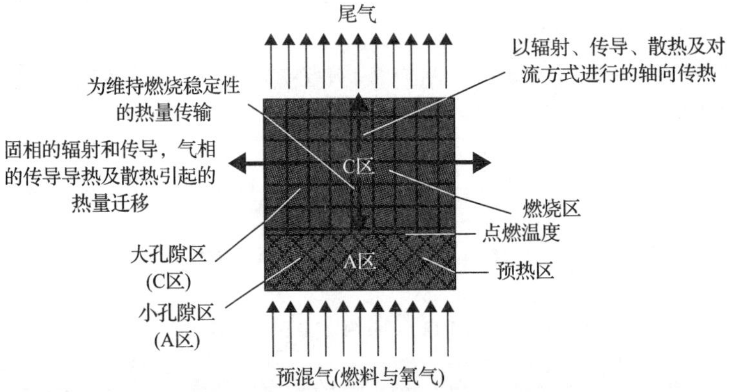

图9-41　多孔介质表面燃烧机理

$$P_e = U_c d_{临} C_p P_{临} / (\lambda_r R T) \tag{9-26}$$

式中，U_c为燃气传播速度；$d_{临}$为临界熄火孔径；C_p为燃气热容；$P_{临}$为混合气体的临界压力；λ_r为燃气的导热系数；R为气体常数；T为燃气温度。

通常，对所有燃气，P_e的临界值约为65，在A区，P_e<65，在C区，P_e>65，也只有在这种情况下，燃烧才能在多孔介质内(C区)发生并传播。

A区除了阻止火焰返回以外，还有预热作用，因此A区又称为预热区。

制作多孔介质的材质可以分为两大类：即陶瓷类和金属类。金属纤维多孔介质属于后者。采用金属纤维制成的燃烧器称为金属纤维燃烧器，因为其燃烧反应是在金属介质表面进行，所以称为金属纤维表面燃烧技术。

金属纤维多孔介质相比于陶瓷类多孔介质，具有较小的比热和较高的导热系数，相比其他金属多孔介质，具有良好的抗腐蚀性和抗氧化性。因此，燃烧器的使用寿命很长。燃烧器在封闭环境中，表面温度和辐射效率会提高。金属纤维燃烧器正常工作的最高温度为 1100℃。

4. 爆炸极限理论

影响烃类气体爆炸特性的因素主要有：初始温度和初始压力，惰性气体含量，烃类气体与空气混合的均匀程度，爆炸容器的几何形状和尺寸，点火源的形式、能量和点火位置，可燃混合物中的含氧量。

可燃气体发生燃烧和爆炸的 3 个基本物质因素是可燃气体、氧气、火源。而燃烧爆炸不仅需要可燃气体和氧气的存在，还需要一个重要条件——可燃气体与氧气适当的混配比例，即混合气中可燃气体的浓度必须高于爆炸下限，含氧量达到最大允许氧含量以上。只有两个条件同时具备了，遇到足够的点火能量就会发生燃烧或爆炸。最大允许氧含量是指当给以足够的点燃能量能使某一浓度的可燃气体刚好不发生燃烧爆炸的临界最高氧浓度，即爆炸与不爆的临界点。若氧含量高于此浓度，便会发生燃烧或爆炸；氧含量低于此浓度，便不会发生燃烧或爆炸。

可燃气体与空气的混合物并不是在任何组成下都可以燃烧或爆炸，而且燃烧(或爆炸)的速率也随其组成而发生变化。实验表明，当混合物中可燃气体浓度接近化学反应式的化学计量比时，燃烧最快、最剧烈。若浓度减小或增加，火焰蔓延速率降低。当浓度低于或高于某个极限值时，火焰便不再蔓延。可燃气体与空气的混合物能够使火焰蔓延的最低浓度称为该气体的爆炸下限；反之，能够使火焰蔓延的最高浓度称为该气体的爆炸上限。可燃气体与空气的混合物的浓度在爆炸下限以下或爆炸上限以上，便不会发生着火或爆炸。

混合气体浓度在爆炸下限以下时含有过量空气，由于空气的冷却作用，活化中心的消失数大于产生数，阻止了火焰的蔓延。混合气体浓度在爆炸上限以上时含有过量的可燃气体，助燃气体不足，火焰也不能蔓延。但此时若补充空气，仍有火灾和爆炸的危险。所以浓度在爆炸上限的混合气体也是不安全的。

可燃气体与空气按一定比例均匀混合后点燃，因为气体扩散过程在燃烧以前完成，燃烧速率只取决于化学反应速率。在这样的条件下，气体的燃烧就有可能达到爆炸的程度。这时的气体与空气的混合物称为爆炸性混合物。可燃性混合物爆炸和燃烧之间的区别就在于爆炸是在瞬间完成的化学反应。

爆炸性混合物如果燃烧速率极快，在全部或部分封闭状态下，或在高压下燃烧时，可以产生一种与一般爆炸根本不同的现象，称为爆轰。爆轰的特点是，突然引发的极高的压力，通过超音速的冲击波传播，可达 2000~3000m/s 及以上。爆轰是在极短的时间内发生的，燃烧物质和产物以极高的速度膨胀，挤压周围的空气。化学反应所产生的能量有一部分传给压紧的空气，形成冲击波。冲击波传播速率极快，以至于物质的燃烧也落于其后，所以，它的传播并不需要物质完全燃烧，而是由其本身的能量支持的。这样，冲击波便能远离爆轰源而独立存在，并能引发所到处其他化学品的爆炸，称为诱发爆炸，即“殉爆”。

甲烷气体的爆炸极限为5%～15%(甲烷体积分数)，当甲烷在空气中的浓度达到9.5%时(甲烷与空气中的氧气完全反应)，爆炸后体系的温度约为1800K，最高压力约为6atm①。

5. 阻火机理

国内外对多层金属丝网结构的阻火机理进行过较多研究，火焰淬熄理论认为多层丝网结构阻火有以下3种作用：

(1) 热效应。利用多层金属丝网结构较强的导热性能，将火焰区热量迅速导走，降低可燃气体的温度，使之无法达到燃点，从而逐渐淬熄火焰。

(2) 器壁效应。根据自由基链式燃烧理论，火焰锋面通过多层丝网结构时，自由基与丝网结构的碰撞增加，导致器壁销毁量增加，从而降低了燃烧反应速率。

(3) 火焰的扩张原理。火焰通过多层丝网结构时被撕裂成无数小的火焰团，火焰锋面不再连续，小的火焰团在较大的湍动作用下会失去热平衡而熄灭，无数火焰团的熄灭最终导致整个火焰锋面熄灭。

金属纤维燃烧器采用金属纤维织物作为燃烧载体，它与多层丝网相比，具有更优良的导热性能和特殊的多孔结构，因此，它比多层丝网结构具有更好的阻火性能。

9.4.2 金属纤维燃烧器的设计加工及试验

1. 金属纤维燃烧器的设计加工及试验

金属纤维燃烧器有3种工作模式，分别为红外、蓝焰和红外到蓝焰的过渡状态。对应的表面燃烧热强度分别为100～500kW/m^2、500～1000kW/m^{2}和1000kW/m^{2}以上。金属纤维织物的最高使用温度为1100℃(温度最高是红外线燃烧状态，到蓝焰状态时温度反而降低)。

混合气体从燃烧器表面流出后被点燃，当气体流速较低时，燃烧为红外模式，燃烧发生在金属纤维丝的孔隙里，热量以红外线的形式向外辐射。当气体流速达到一定数值时，燃烧为蓝焰模式，燃烧发生在金属纤维丝的表面，热量以热传导的形式向外传递。红外模式对于燃烧器有很大的危险性，热量有辐射到未燃气体的可能。足够的热量能点燃未燃侧混合气体，进而发展为爆燃。因此，要避免红外模式的出现，即使出现红外模式，其持续时间也要控制在很短的时间内。

设计加工3种不同形式的金属纤维燃烧器，如图9-42所示，并分别对其进行测试试验。

每种形式的金属纤维燃烧器均在腔体内部安设3套温度传感器，传感器沿轴线方向分布，分别测量轴线上的温度、阻火型低浓度瓦斯燃烧器内壁上的温度及二者之间的温度。温度传感器可以在管壳内沿轴线方向移动，可实现轴线方向上不同点温度的测量。

① 1atm=1.01325×10^{5}Pa。

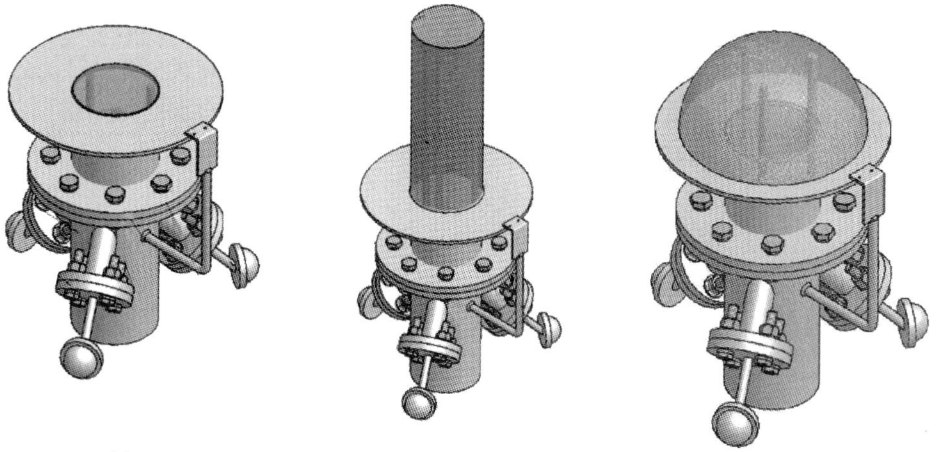

(a)　(b)　(c)

图 9-42　3 种不同形式的金属纤维燃烧器

单个燃烧器满负荷运行时，内部最高温度未超过 20℃，金属纤维材料是安全的，同时能实现有效阻火。金属纤维材料具有良好的隔热性能。

2. 试验结论

阻火型低浓度瓦斯燃烧器表面燃烧热强度控制在 $1500kW/m^2$ 以下时，在实现安全燃烧的同时燃烧器不会被烧坏。阻火型低浓度瓦斯燃烧器试验的重点和难点是需要借助材料检测方面的途径，检测经燃烧一段时间后金属纤维材料的成分和理化性质是否发生变化，同时预测燃烧器的使用寿命。

金属纤维型地面火炬燃烧系统的适用范围：①大规模易燃易爆气体的排放，如 CH_4、CO、H_2 等；②不与金属纤维材料反应的易燃易爆及有毒有害气体的销毁，如 CH_4、CO 和 H_2 等。

3. 测试结果

(1) 平面式金属纤维燃烧器散热效果最好，火焰稳定，加工简单。自燃烧器占用的平面空间较大，对使用的场所有一定的要求。

(2) 柱面式金属纤维燃烧器散热效果能满足使用要求，火焰较稳定，加工容易。燃烧器的使用对场所有很好的适应性。

(3) 球面式金属纤维燃烧器散热效果较好，火焰稳定，但自加工难度大，燃烧器的使用对使用的场所有一定的要求。

(4) 在多个燃烧器组成的燃烧系统中，柱面式燃烧器最适宜。

(5) 3 种形式的金属纤维燃烧器均可以安全燃烧甲烷浓度≥5%以上的煤矿瓦斯气体。

9.4.3　低浓度瓦斯工业燃烧安全保障系统

安全保障系统主要包括水封阻火泄爆装置、阻火器、自动阻爆阀门、自动喷粉抑爆装置。

抽屉式金属纤维阻火器：利用金属纤维材料优良的导热性能和特殊的多孔结构，实现有效防回火，将金属纤维材料作为阻火器的核心材料，制成抽屉式金属纤维阻火器。

抽屉式金属纤维阻火器的设计和加工：阻火芯结构采用 4 片金属纤维网均布在分流板两侧，每侧各两片，每片金属纤维网之间用铜网隔开。

抽屉式金属纤维阻火器试验如下所述。

(1) 水压测试：试验系统压力表量程为 0～2.5MPa，打水压为 2.0MPa，保压为 30min，焊缝与连接处均无渗水与泄漏，泄压后壳体没有变形与破损。

(2) 损失测试：金属纤维网为 4 片，均布在分流板两侧；分流板板厚 10mm，孔径为 Φ5mm，孔间隙为 6.5mm，孔隙率为 54.6%，在平均风速为 15m/s 时压力损失均≤1kPa，最大压力损失为 1kPa，符合系统要求。

(3) 阻火性能测试：试验系统主要由引爆管段、火焰加速管段、观察管段、点火系统、配气系统和火焰速度与爆炸压力测量系统组成。管道总长 24m，起爆点离阻火器法兰端面约 15m。

将抽屉式金属纤维阻火器安装在瓦斯输送管路中，管路中充满爆炸浓度范围的瓦斯气体，采用闭端点火，测试管路中瓦斯燃烧速度变化、管路压力变化情况及金属纤维阻火器后部是否有火焰通过。

依据标准，需要连续做 13 次阻火试验。试验证明该阻火器可以有效阻火，阻火效果良好。

9.4.4 低浓度瓦斯工业安全燃烧装置

1. 瓦斯燃烧系统安全监测控制系统

瓦斯燃烧系统安全监测控制系统包括硬件系统和软件系统。由监控主机、PLC、触摸屏、点火装置、风机、爆炸信号控制器及各种传感器等组成。

1) 瓦斯燃烧系统安全监测控制系统硬件系统

(1) PLC 及模拟量扩展模块。

其功能主要为采集流量、压力、温度等传感器的模拟量信号；采样开关量传感器、控制器的开关量信号；执行控制程序；输出控制量信号；将采集的数据传送到监控主机；接收监控主机传送的控制命令。

(2) 触摸屏。

该屏采用夏新液晶面板、Intel 的 CPU 芯片，具有寿命长、响应速度快、可靠性高等一系列优点。

(3) 隔离模块。

其功能为消除信号在传输过程中遇到的各种各样的干扰，保证信号稳定；将大负荷外部信号与 PLC 隔离开，保证 PLC 模块安全。

(4) 安全栅。

其功能为在安全区和危险区(本质安全)间双向传递电信号，并可限制因故障引起的安全区向危险区的能量转递；将非标准电信号转换成标准电信号。

(5) 流量计、温度传感器、压力传感器。①流量计选用质量流量计，测量范围为 0～500Nm³/h，压力为 2.5MPa，精度为 1 级；②高温温度传感器选用 0～1000℃的铠装热电偶，低温温度传感器选用–200～500℃的铠装热电阻；③压力传感器测量范围为 0～20.7kPa。

(6) 瓦斯浓度传感器。

瓦斯浓度传感器选用 GJG100J(B)型煤矿管道用高浓度激光甲烷传感器。

(7) 矿用压力传感器。

选择满足矿用电气设备的采用进口的高精度、高稳定性的带不锈钢隔离膜片的压力传感器。

(8) 火焰传感器。

选用高灵敏度火焰敏感元件，自行设计探测电路及结构，在火星产生的瞬间能够准确地发现，同时它对可见光完全没有感应，不需要过滤任何可见光。其具有很小的体积和很宽的敏感角度(择向性)。

(9) 爆炸信号控制器。

其主要功能是迅速感知管道内的火焰情况，输出监测信号及控制信号，控制自动阻爆装置动作，达到隔离爆炸的目的。

2) 瓦斯燃烧系统安全监测控制系统软件系统

软件系统的结构可划分为数据通信模块、信息显示模块、控制策略模块、系统管理模块和数据库模块。

系统软件配合 PLC 控制柜可远程监控地面火炬的启停、点火、燃烧监控；配合监控分站可实现对低浓度瓦斯输送安全保障监控系统的在线监控。给用户交互窗口提供监控模拟图和监测数据实时列表及曲线显示、电动阀门远控、历史数据列表及曲线查询、监测参数超限报警、系统故障自检、安全保障系统异常报警、控制柜操作记录，相关报表的查询和输出。

2. 低浓度瓦斯燃烧工业化装置设计和加工

$2000m^3/h$ 低浓度瓦斯安全燃烧系统由地面火炬燃烧系统、低浓度瓦斯输送系统、安全保障系统和监测控制系统 4 个部分组成。

1) 地面火炬燃烧系统设计

地面火炬的设计能力为处理 $2000Nm^3/h$ 的混合气体(甲烷浓度为 10%左右)。燃烧器采用分级燃烧系统设计，共分 3 级燃烧系统：一级燃烧系统设 1 个燃烧器，二级燃烧系统设 2 个燃烧器，三级燃烧系统设 2 个燃烧器。当流量小于 $400m^3/h$ 时，只开启一级燃烧系统；当流量大于 $1200m^3/h$ 时，开启三级燃烧系统。

参照化工行业《火炬系统设置》(HG/T 20570.12—1995) 中火炬筒体及高度的计算公式，以及该系统的处理能力，确定火炬筒体的参数如下：

火炬筒体直径为 DN2500mm，高度为 8000mm；火炬筒体外壳本体材质为 Q235B；钢丝网(内层/外层)为 304SS(7 目)/310SS(7 目)；锚固钉、垫片螺母为 310SS(M8)；火炬筒体硅酸铝耐火纤维毯的厚度为 150mm。

选择低温硅酸铝耐火纤维毯作为火炬筒体的保温隔热材料，其厚度为 150mm。

2) 低浓度瓦斯输送系统设计

(1) 输送管路直径计算。

低浓度瓦斯输送系统的管路分为 3 部分，即安全输送保障部分管路、火炬界区主管路和燃烧系统分级管路。

输送管路直径按以下公式计算：

$$D_g = 0.1457\times(Q_{气}/v_{气})0.5 \tag{9-27}$$

式中，D_g 为管路直径，m；$Q_{气}$为气体流量，m^3 / min；$v_{气}$为气体流速，m/s。

安全输送保障部分管路管径为 299mm×8mm 无缝钢管；火炬界区主管路管径为 299mm×8mm 无缝钢管；一级燃烧系统管路管径为 146mm×5mm 无缝钢管；二级燃烧系统管路管径为 194mm×5mm 无缝钢管；三级燃烧系统管路管径为 194mm×5mm 无缝钢管。

(2) 水环真空泵选型。

系统采用引射配气方式，抽采瓦斯气量 $Q_{气}=1200m^3/h$，选用 SK-20 型水环式真空泵，额定流量为 $20m^3/min$，即 $Q_{气}=1200m^3/h$。

(3) 其他设备选型。

粉尘清扫装置和气液分离除尘装置均为自主研制的产品。

3) 安全保障系统设计

(1) 安全保障系统的构成。

由 4 级安全保障设施构成：一级为金属纤维阻火器，二级为水封阻火泄爆装置，三级为自动喷粉抑爆装置，四级为自动阻爆装置。

(2) 自动喷粉抑爆装置选型。

自动喷粉抑爆装置选用自行研制的产品，其主要性能参数如下：①火焰传感器响应时间应不大于 5ms。②对火焰触发条件应符合当四周为密封环境(无火焰)时，不触发；当 5m 处一烛光火焰时，触发。③控制器响应时间应不大于 15ms。④抑爆器喷撒滞后时间应不大于 15ms。⑤抑爆器喷撒效率应不小于 80%。⑥抑爆器喷撒完成时间应不大于 150ms。

(3) 水封阻火泄爆装置选型。

水封阻火泄爆装置选用自行研制的产品，其主要性能参数如下：①接口直径为 200mm；②阻火泄爆装置公称压力(不含泄爆部件)≥1.0MPa；③泄爆部件释放压力为 90～120kPa；④有效水封高度为能有效阻火，同时满足阻火泄爆装置压力损失≤2.0kPa。

(4) 自动阻爆阀门装置选型。

自动阻爆阀门装置选用自行研制的产品，其主要性能参数如下：①接口直径为 200mm。②对火焰触发条件应符合当四周为密封环境(无火焰)时，不触发；当 5m 处一烛光火焰时，触发。③传感器控制响应时间应不大于 20ms。④阻爆阀门动作时间应不大于 90ms。⑤装置阻断时间应不大于 100ms。⑥阻爆阀门公称压力≥2MPa。

(5) 其他设备选型。

抽屉式金属纤维阻火器采用自行研制的产品。

9.4.5　低浓度瓦斯工业燃烧热能转化利用技术

1. 低浓度瓦斯燃烧余热制冷系统

通过低浓度瓦斯安全燃烧系统将浓度为 6%以上的瓦斯气体安全稳定的燃烧，将燃烧产生的 600～800℃的高温烟气作为热源，配置高效换热器及溴化锂吸收式制冷机组，便可实现低浓度瓦斯燃烧余热制冷。

2. 低浓度瓦斯直燃型溴化锂吸收式冷热水机组系统

直燃型溴化锂吸收式冷热水机组以燃气或燃油为能源，以产生的高温烟气为热源，按蒸汽吸收式循环的原理工作。

3. 低浓度瓦斯燃烧余热发电系统

通过低浓度瓦斯安全燃烧系统将 6%以上浓度的瓦斯气体安全稳定的燃烧，将燃烧产生的 600～800℃的高温烟气作为热源，加热热气机的受热面或者余热锅炉的受热面，实现低浓度瓦斯直接燃烧余热发电。

4. 低浓度瓦斯工业燃烧热能转化利用试验

金属纤维燃烧器通过表面燃烧技术实现安全燃烧，同时将热量传递给热气机的加热头，从而实现氢气介质在气缸内按斯特林循环工作。

由试验可知：

(1) 当燃气流量一定时，随工质进气压力的升高，燃烧室平均温度降低，发电效率也降低，输出发电功率减小。

(2) 低浓度瓦斯直燃型热气机发电效率≥28.20%，满足课题的要求，为低浓度瓦斯工业安全燃烧的热能利用提供了有效可行的技术途径。

5. 低浓度瓦斯工业安全燃烧系统试验

在重庆松藻矿务局石壕矿建立了设计处理量为 2000m^3/h 的低浓度瓦斯安全燃烧工业性试验系统。

1) 试验内容

(1) 测试地面火炬安全燃烧系统在瓦斯浓度约为 10%的情况下，5 个燃烧器同时工作(负荷相同)，持续燃烧 1h，整个系统是否能实现安全运行。同时，测试阻火型金属纤维燃烧器内部温度的分布情况。

(2) 测试阻火型金属纤维燃烧器在瓦斯浓度约为 10%且表面热强度达到约 1500kW/m^2 时，持续燃烧 1h，整个系统是否能实现安全运行。同时，测试阻火型金属纤维燃烧器内部温度的分布情况。

2) 试验结果及分析

(1) 当热强度在 500~1000kW/m^2 时，处于红外到蓝焰的过渡状态。此时燃烧器腔体内部温度变化较大。燃烧器热强度的变化规律与燃烧器腔体内部温度的变化规律基本保持一致性。

(2) 当热强度在 500~1000kW/m^2 时，处于红外到蓝焰的过渡状态，温度变化较大。

(3) 当热强度在 1500kW/m^2 以上时，处于蓝焰状态。由于风量增大及时带走热量，筒体温度有缓慢下降的趋势。

燃烧效率 $\eta_r = \dfrac{c_1 - c_2}{c_1} \times 100\%$，式中 c_1 为进气甲烷浓度(体积分数)，c_2 为出口烟气甲烷浓度(体积分数)。根据实验数据，计算得到平均燃烧效率为 98.6%。

9.5 低浓度煤层气发电提效技术

国内利用低浓度煤层气瓦斯发电的方式已经很普遍，现在低浓度瓦斯发电机组的实际年平均开机率及平均发电效率均达不到额定发电效率，因此有必要开展低浓度煤层气发电提效技术研究，寻找影响机组发电效率的关键影响因素，并提出有效的解决方式。

低浓度瓦斯含水是影响低浓度瓦斯发电机组发电效率的一个很大因素。目前国内瓦斯电站常采用重力分离脱水，依靠气体旋转流动产生的离心力脱除液态水。根据规范要求低浓度瓦斯气体的输送速度不得高于 15m/s，只采用简单的机械脱水会使液态水进入后续机组。

抽采瓦斯中也会含有大量的粉尘，运输过程中粉尘积累常会导致阻火装置堵塞，增加系统的运行阻力，定时停机清洗或频繁拆卸维修，导致开机率下降。粉尘累计还会使发动机滤网堵塞、气缸积碳增加，导致机组出力降低。

9.5.1 高效余热降温与机械联合脱水技术原理

低浓度瓦斯气在进入机组前先经过高效机械脱水装置脱出气源原有的液态水，除去大部分液态水后利用溴化锂余热降温系统，降低瓦斯气体温度，从而使瓦斯气体析出冷凝水。余热降温系统包括溴化锂吸收式制冷机组和换热器两部分。溴化锂吸收式制冷机组是余热制冷脱水所需冷量的来源，为气体降温脱水提供冷量。换热器的作用是实现冷水与瓦斯气体的热量交换，达到降低瓦斯气体温度的目的。再通过机械脱水方式去掉瓦斯气体中携带的液态水和冷凝水。图 9-43 为溴化锂余热降温机械联合脱水系统结构示意图。

9.5.2 高效机械脱水装置

低浓度瓦斯发电输送系统中含水量大，影响机组开机率和机组发电效率。目前普遍采用细水雾和低浓度瓦斯混合输送方式，低浓度瓦斯进入发电机组之前只采用简单的重力、惯性脱水，脱水效果不佳，大量的液态水和气态水进入瓦斯发电机组，导致机组出现效率下降、出力减少、设备利用率降低、润滑油消耗增加等一系列问题。

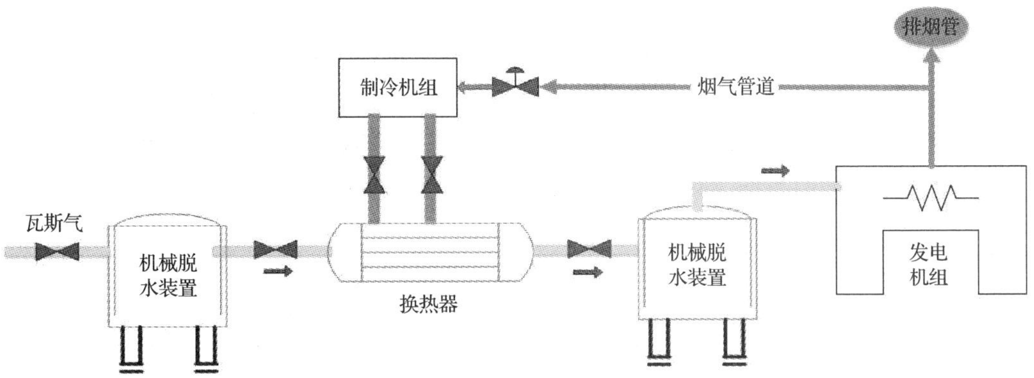

图 9-43　溴化锂余热降温机械联合脱水系统结构示意图

目前常用的脱水方法有重力沉降分离、离心分离、过滤分离、惯性分离、溶液吸收脱水等。各种方法既有优点，亦有缺点，且均有适用的范围和场合。在实际应用中，首先测定气体中的含水量，结合脱水要求，选择适合的脱水方法及设备进行设计。

目前瓦斯常采用旋风脱水器来脱除液态水。旋风脱水器适用于脱除机械过程形成的直径大于 50μm 的液滴。出于安全考虑，瓦斯流速一般控制在 10～15m/s 内，流速较低，因此旋风脱水器分离效果不理想，分离效率仅 50%～70%。

丝网脱水器的丝网除沫器是由丝网、挡圈、格栅及固定丝网块的支撑圈和封板组成(图 9-44)，不仅能除去气体中直径较大的液滴，还能除去直径较小的液沫，可以有效除去直径为 3～5μm 的雾滴。除沫器的规格有标准型(SP)、高效型(DP)、高穿透型(HR)、阻尼型(HP)。由于 DP 型脱水效率较高(高于 98%)且压力损失较小(低于 1kPa)，选用 DP 型(每 100mm 厚的网垫为 32 层丝网)。而且丝网脱水器在脱水的同时还可以脱除部分粉尘杂质。

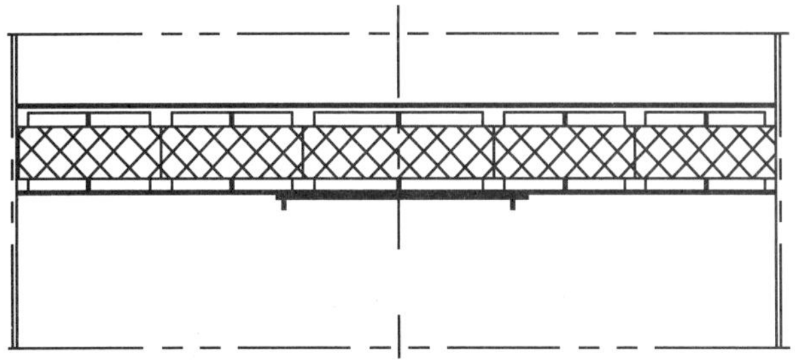

图 9-44　丝网除沫器结构示意图

9.5.3　低阻高效换热器

在低浓度瓦斯发电项目中，利用发电机产生的高温余热通过溴化锂吸收式制冷机产生低温冷媒，和瓦斯气在管壳式换热器中进行换热，原料气温度降低，部分水从原料气冷凝，从而达到降低原料气含水量，提高发电机组工作效率和稳定性的目的。由于热流介质含氧煤层气的 CH_4 体积分数(浓度)为 10%，换热器会因为氧气的存在而受到腐蚀，且该浓度处于爆炸界限内，所以在换热器设计中必须采取防隔爆措施。

瓦斯气体进入换热器后温度降低，气体中的部分饱和水蒸气随之以液态形式冷凝析出，气态含水量下降，经过二级脱水器后通过升温换热器提升气体温度实现无液态水的目标。系设计出换热效率高、阻力低且经济适用的换热器是脱水系统的关键环节之一。经调研确定采用结构紧凑、制作方便、传热系数较大的螺旋盘管式换热器。

9.5.4　在线清洗干式阻火装置

阻火器是用来阻止易燃气体、液体的火焰蔓延和回火而引起爆炸的安全装置，通常装在输送或排放易燃易爆气体的储罐和管线上。作用是防止外部火焰窜入存有易燃易爆气体的设备、管道内或阻止火焰在设备、管道间蔓延。

阻火器是基于火焰淬熄理论的装置。火焰淬熄理论有两种：一种是热理论，即火焰突入阻火器遇到阻火结构(如狭小孔隙)时，阻火器的阻火芯夺走了火焰的热量而使火焰的传播被阻止。另一种是器壁效应，即火焰在阻火芯表面上碰撞而失去自由基使燃烧反应停止，从而阻止了火焰传播。

按照《煤矿安全规程》，利用瓦斯时，瓦斯浓度不得低于 30%，且在利用瓦斯的系统中必须装设防回火、防回气和防爆炸作用的安全装置。在我国约有 60%的瓦斯浓度低于 30%，由于不能利用而直接排空。

根据国家行业标准《煤矿低浓度瓦斯管道输送安全保障系统设计规范》(AQ 1076—2009)，为了防止煤矿低浓度瓦斯管道输送系统中可能的火源点如发电机组(回火)、地面排空管口(雷击)、高速气流中杂物与管壁急剧摩擦产生火源及管道静电等，在瓦斯发电利用系统和地面瓦斯排空系统中，在发电设备的前端分管上安设阻火抑爆装置，且与火焰传感器的距离在 60m 左右，具体如图 9-45 所示。

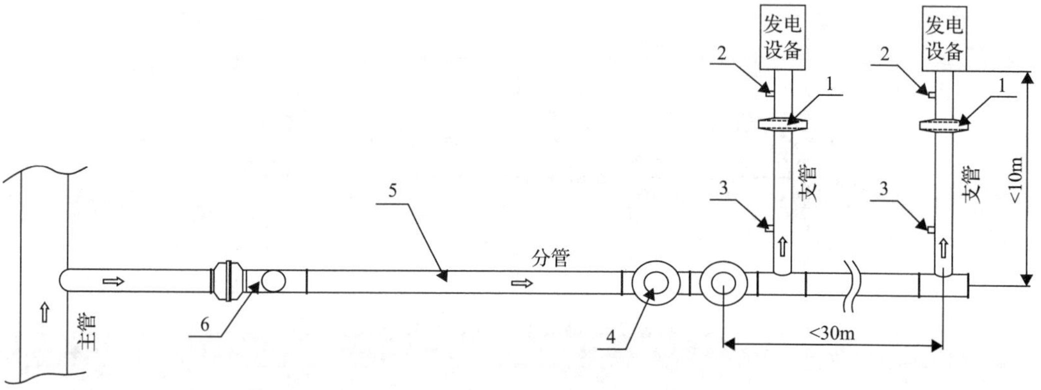

图 9-45　瓦斯发电利用系统安全实施安装示意图

1-脱水器；2-火焰传感器；3-压力传感器；4-水封阻火泄爆装置；5-阻火抑爆装置安设段；6-阻爆装置

“十二五”期间，大量煤矿瓦斯发电站应运而生，但新的问题也随之出现：煤层气气体中含有粉尘，极易堵塞干式阻火器，造成发电机组供气量下降从而导致开机率低(不足 50%)、发电效率低(30%)。干式阻火器拆卸困难、清洗频率高且不易清洗干净，严重影响了瓦斯发电的运行和效率。

综上所述，针对煤层气发电时，在线自清洗干式阻火装置能够有效解决煤层气利用时阻火装置输送压力损失大、清洗困难等问题。

通过DN500mm管道空气—甲烷混合气体爆炸实验研究可知，当甲烷含量为8%～10%时，在60m长管道内，其爆炸火焰传播速度最高在1000m/s左右。管道内爆炸压力在0.7～1.8MPa。根据实验结果数据设置安全系数，阻火装置的壳体设计压力可选为2.5MPa。

通过正交实验分析，阻火器壳体取扩张角α为30°、内径与管道直径比值为3∶1时，阻火器内爆轰火焰压力最小。即当输气管道为DN500mm，阻火器内径值取为1500mm时，爆轰火焰压力最小。

阻火器主要由阻火芯与壳体组成，其中阻火芯中的阻火层即波纹板是核心部件，其基本参数直接决定了阻火器的主要性能，包括压力损失与阻火性能。波纹板阻火芯由一层平薄板和一层波纹薄板交替组合叠加缠绕而成，单元孔呈三角形，适当改变三角形孔的高度和长度可以适应不同的操作情况。

波纹板的压力损失常用波纹板的外径大小、厚度及孔隙率去衡量：厚度越小，外径越大，孔隙率越高，压力损失越小；而其阻火性能主要由波纹板孔隙高度H_b与波纹板厚度L_b(即孔隙长度)决定。但不能单独依赖这两个参数中的任何一个达到阻火目的。当H_b过大时，不能用无限增大L_b来补偿；当H_b过小时，会增大气体的流阻；过小的L_b会导致阻火芯的强度不够。

自清洗干式阻火装置的工作原理是对阻火装置两侧进行压力监测，当阻火装置堵塞导致两侧压差增加超过规定压差时，清洗阻火装置。此时，电控泵工作，电磁阀打开，高压水通过电磁阀进入高压喷嘴，从喷嘴喷射后进入阻火装置，阻火芯进行清洗工作，产生的污水通过正压放水器自动排走。清洗完毕后，电控高压泵停止工作，关闭电磁阀，完成清洗。自清洗干式阻火装置主要由高压泵、电磁阀、高压喷嘴及高压管等设备组成。其中，高压泵的工作压力为1～3MPa，喷嘴为锥形圆孔，呈环形布置。

9.5.5　实施效果

1. 基础参数

瓦斯进入发电机组之前的温度t=40℃；瓦斯中的液态含水量为110g/m^3；发电机组排烟温度为500℃。

2. 液态含水量对发电效率的影响

液态水总的耗能包括液态水在发电机组内加热到100℃所需热量，在100℃时汽化所需热量，水蒸气由100℃加热到500℃时所需热量。

瓦斯中的液态含水量为110g/m^3，1Nm^{3}瓦斯气的液态含水量为0.11kg。液态水的比热容为4.18kJ/(kg·℃)，水由40℃加热到100℃所需热量为(0.11×4.18×60)kJ≈27.59kJ。

水的汽化潜热为2257.2kJ/kg，水在100℃时汽化所需热量为(0.11×2257.2)kJ≈248.3kJ。

发电机组排烟温度为500℃，气态水的比热容为2.1kJ/(kg·℃)，水蒸气由100℃加热到 500℃时所需热量为(0.11×2.1×400)kJ =92.4kJ。

液态含水量总的耗能为(27.59+248.3+92.4)kJ =368.29kJ。

瓦斯气中甲烷含量为 10%，纯甲烷热值为 35.8MJ/m^3，1Nm^3 瓦斯气的热值为 3.58MJ。

液态含水量总的耗能占甲烷热值的比例为 10.29%。

表 9-6 为相同甲烷含量情况下，不同瓦斯气液态含水量对发电量的影响，1g/m^3 液态含水量对发电量的影响约为 0.094%，瓦斯气液态含水量为 110g/m^3 时对发电效率的影响为 10.29%。

表 9-6　液态含水量影响发电量关系(瓦斯温度 40℃)

瓦斯气液态含水量/(g/m^3)	5	10	20	40	80	100	110
对发电量的影响/%	0.47	0.94	1.87	3.74	7.48	9.35	10.29

当瓦斯中甲烷含量不同时，1Nm^3 瓦斯的热值也不同，则相同液态含水量对发电效率的影响也不同，表 9-7 为不同甲烷浓度情况下 110g/m^3 液态水对发电量的影响。

表 9-7　不同甲烷浓度情况下 110g/m^3 液态水对发电量的影响　(单位：%)

瓦斯气甲烷浓度	8	10	12	15	20
对发电量的影响	12.86	10.29	8.57	6.86	5.14

3. 气态含水量对发电效率的影响

气态水总的耗能为水蒸气加热到 500℃时所需热量。

瓦斯温度为 40℃，气态含水量为 51.2g/m^3，1Nm^3 瓦斯气的气态含水量为 0.0512kg。

发电机组排烟温度为 500℃，气态水的比热容为 2.1kJ/(kg·℃)，水蒸气由 40℃加热到 500℃时所需热量为(0.0512×2.1×460)kJ≈49.46kJ。

瓦斯气中甲烷含量为 10%，纯甲烷热值为 35.8MJ/m^3，1Nm^3 瓦斯气的热值为 3.58MJ。

瓦斯气温度为 40℃，气态含水量对发电效率的影响为 1.38%。

不同进气温度下气态含水量不同，对发电量的影响也不同。表 9-8 为气态含水量对发电量的影响。

表 9-8　气态含水量对发电量的影响

瓦斯进入发电机组之前的温度/℃	10	15	20	25	30	35	40	50	55
气态含水量/(g/m^3)	9.31	12.83	17.3	23.05	30.38	39.63	51.2	83.06	104.4
对发电量的影响/%	0.27	0.37	0.49	0.64	0.84	1.08	1.38	2.19	2.73

4. 最终实测效果分析

在电站正常运行情况下，现场测试瓦斯气流量及甲烷浓度，计算甲烷纯量；测量液态含水量；记录环境温度、厂房温度、瓦斯温度、发电功率、总装机功率。

在相同基准下，记录环境温度、厂房温度、瓦斯温度、含水量、发电功率，根据装机功率计算发电效率，定量分析环境温度、厂房温度、瓦斯温度、含水量对发电效率的影响。

通过实测发现，环境温度和厂房温度对发电效率的影响较小，瓦斯温度和液态含水量对发电效率的影响较大，瓦斯温度降低1℃，发电效率提高0.08%(绝对值)；液态含水量降低1g/m^3，发电效率提高0.11%(绝对值)。瓦斯温度从40℃降低至15℃，且液态含水量降低60g/m^3，发电效率可以提高8.8%(绝对值)，发电效率相对提高10%以上。

液态含水量相同时，随着瓦斯温度的升高，发电功率下降，这是因为瓦斯温度升高，饱和含水量(气态)增加，进入机组会消耗部分热量，同时在机组内部加压冷却过程中，会析出部分液态水，影响机组的运行效率。

温度相同时，随着液态含水量的增加，发电功率降低，这是因为液态水进入机组气化升温会消耗大量热量，同时液态水的存在也会影响机组的运行效率。

温度降低，饱和含水量减少，会增加发电功率；但是析出的冷凝水部分被机械脱水装置脱除(现有装置不能完全脱除)，可能会导致液态含水量增加，降低发电功率。因此，如果能在降低温度的同时，脱除全部液态水(原液态水和析出的冷凝水)，则发电功率将会大大增加。

本章汇稿人：陈亚飞　陈金华　李雪飞

本章主要编写人员：李雪飞　肖　露　李兰廷　王　鹏
郭昊乾　车永芳　张进华　姚成林
兰　波　康建东　高鹏飞　邹维峰
于贵生　王　刚　逄锦伦　甘海龙
许慧娟　李　磊　岳建平

第 10 章　煤层气与煤炭协调开发示范工程

本章系统介绍了山西晋城矿区、安徽两淮矿区和重庆松藻矿区煤层气与煤炭开发地质与资源条件，煤层气与煤炭协调开发技术体系和开发模式，展示了煤层气与煤炭协调开发示范工程所产生的效果。

10.1　山西晋城矿区采气采煤一体化煤层气开发示范工程

晋城矿区是我国重要的优质无烟煤生产基地，随着晋城矿区东部老区煤炭资源逐渐衰竭，晋煤集团的煤炭开采不得不向西部新区转移。为解决西区寺河、潘庄等矿井的高瓦斯问题，早在 20 世纪 90 年代初期，晋煤集团即向原能源部申请并经批准，引进了美国地面钻井预抽煤层甲烷技术，1995 年经山西省人民政府批准，与美国美中能源有限公司(SINO AMERICAN ENERGY INC)成立合资公司，在潘庄井田施工了 7 口煤层气开发试验井，在国际上率先取得了无烟煤高瓦斯矿区地面预抽采的突破，形成了当时全国最大的煤层气开发试验井组。

经过十多年的先导性试验，晋煤集团积累了一系列地面煤层气开发利用的工艺技术和经验。以此为基础，为了从根本上解决瓦斯问题，2003 年，在寺河矿扩区开展了大规模的煤层气超前地面预抽。2003 年 12 月～2004 年 5 月完成了当时全国最大规模的 30 口井群的钻井、压裂、输气管道敷设、供电及设备安装，并及时进入了排采，单井平均日产气量达 2500m^3 以上，其中 SH-003 号井还出现了自喷现象。这批地面预抽井的成功，不仅加快了晋城矿区煤层气地面开发的步伐，还推进了我国煤层气产业的起步与发展，加速了采气采煤一体化的进程。

经过近 30 年的连续开发，晋城矿区已突破了无烟煤矿区地面开发煤层气的“禁区”，率先在国内取得了规模性开发利用煤层气的成功，使得沁水盆地南部地区成为我国煤层气地面开发的主产区，晋城矿区成为我国采煤采气一体化的示范矿区。特别是自“十一五”开始，晋煤集团在“十一五”“十二五”期间连续承担国家科技重大专项“山西晋城矿区采气采煤一体化煤层气开发示范工程”，“十三五”期间又联合阳煤集团、焦煤集团、潞安集团等单位承担了国家科技重大专项“山西重点煤矿区煤层气与煤炭协调开发示范工程”，形成了晋城矿区三区联动井上下立体抽采采气采煤一体化开发模式(晋城模式)，开发了适应沁南地区的以清水钻井、活性水压裂、定压排采为核心的地面开发系列技术及以煤矿井下顺煤层千米定向长钻孔抽采为核心的区域递进抽采技术体系，并首创了地面压裂——井下定向水平长钻孔抽采井上下联合抽采煤层气工艺技术，突破了煤矿采动区煤层气地面抽采技术，优化了碎软低渗煤层顺煤层钻孔抽采工艺技术，在晋城寺河等矿区基本实现了煤层气与煤炭协调开发。

10.1.1　晋城矿区煤炭与煤层气资源条件概述

晋城矿区属于国家规划的晋东大型煤炭基地，位于沁水煤田南端，行政区划隶属晋城市区及其泽州、高平、阳城、沁水等县(市)，绝大部分范围属于晋城市管辖。

晋城矿区地处太行山南段与中条山北缘的结合部，地貌特征以低山—丘陵地形为主。地势西北高、东南低，海拔标高为+490～+1154m。

晋城矿区位于山西沁水盆地东南缘，属典型的单斜构造。大量的区域地质调查和多年的煤田勘探表明，区内构造简单，以褶皱为主，断层稀少。主要断层为寺头正断层，走向为 NE60°，倾向 NW，倾角为 70°，落差为 350m，延伸长度约 10km。

晋城矿区主要含煤地层为上石炭统太原组(C_3t)和下二叠统山西组(P_1s)。

太原组(C_3t)：为井田主要含煤地层之一。由灰色中、细粒砂岩，灰黑色粉砂岩、泥岩，灰色黏土泥岩、石灰岩和煤组成，属海陆交互相沉积。自下而上 K2、K3、K5 3 层灰岩普遍发育，是对比煤层的良好标志层。本组共含煤 12 层，自下而上编号为 16～5 号，其中 15 号煤层稳定可采，9 号煤层较稳定、大部分可采，5 号煤层不稳定、局部可采，其他煤层均不可采。全组厚 77.52～112.07m，平均厚度为 91.98m，煤层总厚 3.25～8.95m。

下二叠统山西组(P_1s)：为井田主要含煤地层之一。由灰白-灰色中、细粒砂岩，灰黑色粉砂岩、泥岩及煤组成，为过渡相沉积。本组共含煤 1～3 层，其中主采煤层一层，编号为 3 号，平均厚度为 6.44m。全组厚 39.45～73.08m，平均厚度为 49.83m，煤层总厚 5.49～6.93m。

晋城矿区主要煤层对甲烷具有很强的吸附能力。最大吸附容量(Langmuir 体积)为 35.30～39.06m^3/t，平均为 37m^3/t。

晋城矿区煤层气含量高，一般在 10～30m^3/t，最高可达 40m^3/t。煤层气含量分布表现为：垂向上，下部 15 号煤层的煤层气含量明显高于上部 9 号煤层和 3 号煤层；平面上，煤层气含量呈现出中部高、四周低的特点。

煤层气主要组分为甲烷，在 90%以上(个别达 99%以上)；其次为氮气，一般不到 5%；二氧化碳含量一般不足 3%。少量样品检测出微量的重烃与硫分。

10.1.2　晋城矿区三区联动井上下立体抽采采气采煤一体化技术体系综述

基于煤炭开发时空接替规律，将煤矿区划分为煤炭生产规划区(简称规划区)、煤炭开拓准备区(简称准备区)与煤炭生产区(简称生产区)3 个区域(图 10-1)。

规划区：一般是指在矿井采矿许可范围内 6 年或更长时间以后采掘活动才能涉及的区域，因此，一般没有煤矿井下介入条件，只能采用地面开发方式进行煤层气预抽采。规划区不受井巷施工时序的影响，煤层气抽采时间较长，有利于煤层气预抽采量的增加。规划区应着眼于整个井田的开采设计与全局部署，首先对全矿区抽采地质条件进行分类，形成抽采地质条件分类体系；其次结合地形地貌条件和煤矿采掘规划优选井型、井网和井间距，形成地面抽采方式、方法的优化方案；同时，结合煤矿采掘规划，确定不同区域(允许)抽采时限，划分抽采阶段和抽采规模(强度)，形成规划区煤层气抽采规划方案。

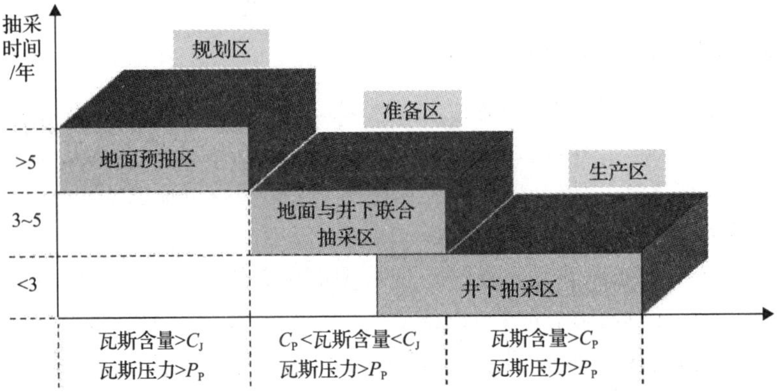

图 10-1　晋城矿区“三区”时空布局模型

C_P-安全生产容许瓦斯含量；P_P-安全生产容许瓦斯压力；C_J-安全掘进容许瓦斯含量

准备区：是指按照井田(煤矿)采掘计划 3～5 年内即将开采的区域，该区域基本没有井巷工程或仅有开拓巷道，但未进行工作面的回采。由于该区域将很快进入井下煤巷工程，属于煤炭开采和煤层气开采相互影响区，主要表现为巷道掘进的安全指标限制，即煤层气抽采需达标后方可进行采掘工程。准备区内煤层气可采取地面抽采、井下抽采或井上下联合抽采 3 种方式进行。

生产区：是指按照井田(煤矿)采掘计划 3 年内将开采的区域，该区域已完成各类井巷工程的施工，考虑到其抽采时间有限，区域内煤层气仅考虑井下抽采方式。煤炭生产区是煤层气与煤炭协调开发的直接影响区，受煤炭采动影响激励，煤层气会大量涌出，以井下强化抽采技术为主。

为定量判识煤层气抽采效果，根据理论推导和现场实践经验，创建了煤矿安全回采和安全掘进允许阈值预测方法，实现了由定性到定量的飞跃，详见式(10-1)和式(10-2)。

$$C_P = C_{ic}(1-R) + k\varepsilon \frac{M_c \times S_h \times V_h}{nP} \tag{10-1}$$

$$\eta_L = (C_{ic} - C_P) / C_{ic} \times 100\% \tag{10-2}$$

式中，C_P 为安全生产容许瓦斯含量，m^3/t；C_{ic} 为吨煤原始瓦斯含量，m^3/t；R 为解吸率；k 为煤炭回采率，%；ε 为影响因子；M_c 为回风流中甲烷最高允许浓度，%；S_h 为回风巷断面面积，m^2；V_h 为回风巷允许风速，m/s；n 为工作面迎头前方影响距离与推进速度的比值；P 为单位时间煤炭产量，t/s；η_L 为最低预抽采率，%。

根据煤炭开采不同阶段的最高允许含气量、超前预抽时间，结合各种抽采技术的适应条件和抽采能力，确定合适的抽采设计方法和参数(图 10-2)。

基于煤炭生产区不同的煤炭开采方式，在生产规划区、开拓准备区、煤炭生产区分别选取合适的煤层气抽采技术，形成了地面井预抽、井上下联合抽采和井下精准抽采的煤层气开发技术体系(图 10-3)。

10.1.3 规划区煤层气地面抽采关键技术

规划区的煤层气地面抽采是晋城矿区煤层气开发的重要阶段，也是煤层气开采的主要方式。经过“十一五”“十二五”的发展，晋城矿区煤层气地面井抽采技术主要包括地

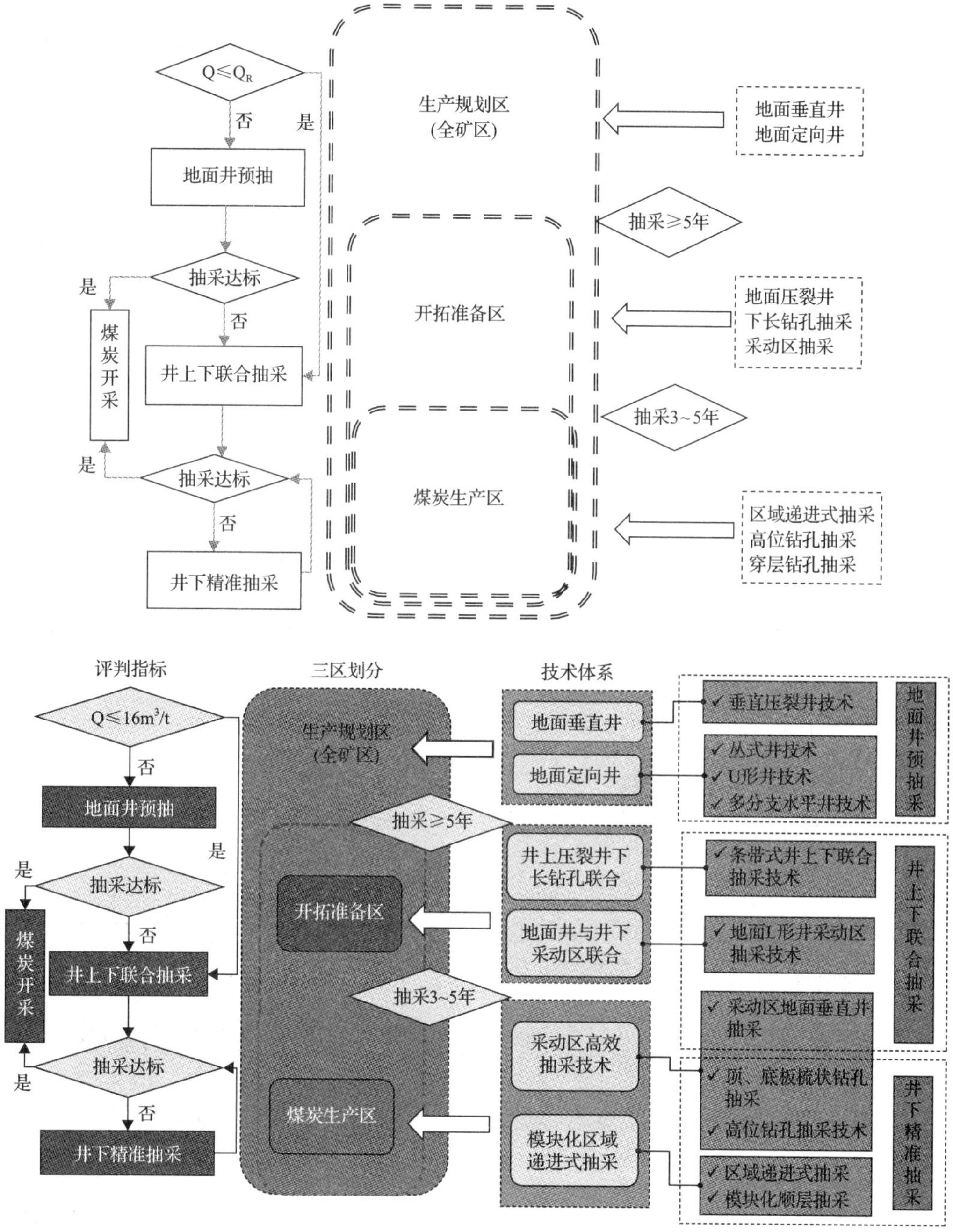

图 10-2 晋城矿区“三区联动”抽采模型

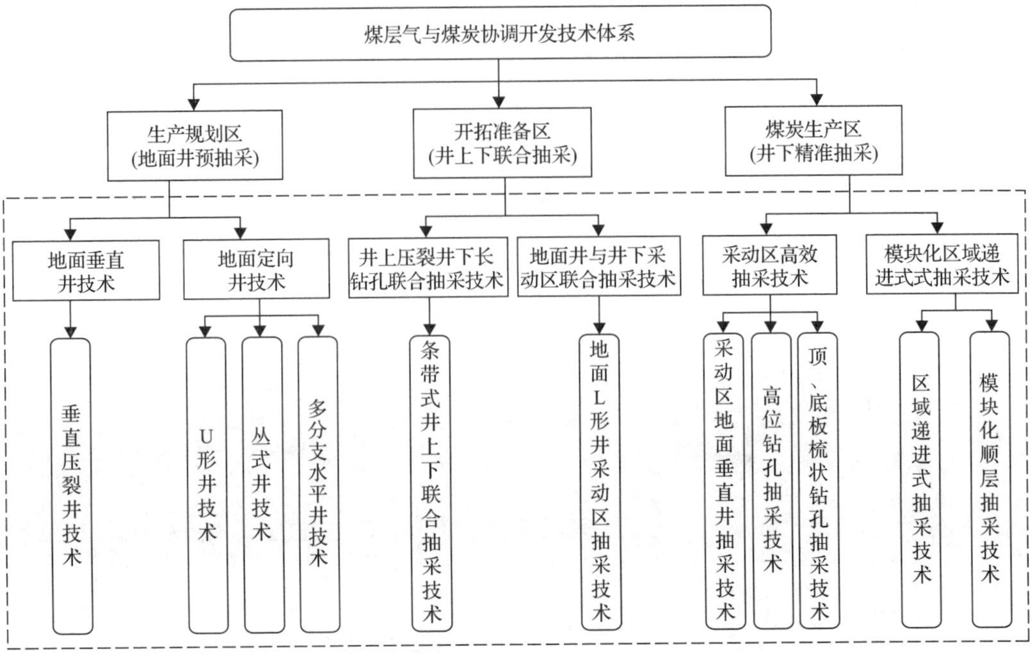

图 10-3　晋城矿区“三区联动”开发技术体系

面垂直井、定向井和水平井 3 类，地面井开采技术工艺示意图如图 10-4 所示。其中，地面垂直井开发技术优点在于在垂向上便于沟通多个煤层，具有开发投入低、风险易控、适合新区块首采试验等特性；地面定向井开发主要是丛式井技术，其优点在于适应于地面条件差、埋深适中的环境，占地少、便于集中管理等；地面水平井开发是钻井技术发展的必然趋势，其优点主要有单井控制面积大、占地更少、便于集中管控等，主要有 U 形水平井、短半径 L 形水平井和多分支水平井技术等。

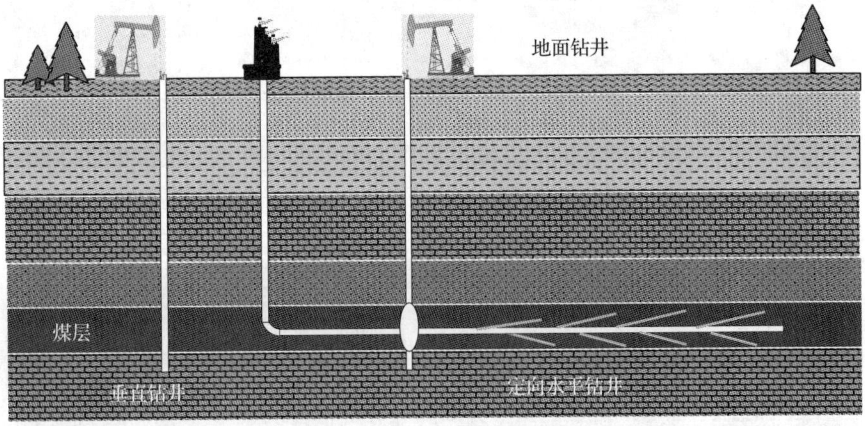

图 10-4　规划区煤层气地面井开采技术工艺示意图

地面井各种井型具有不同的特点且适应不同的条件，见表 10-1。因此，可以根据煤层气抽采的实际条件与特征优选合理的地面井型。

表 10-1　煤层气不同井型的适应条件

条件		地面垂直井	地面定向井	地面水平井
地形条件		地形平整	要求低	要求较低
井群占地面积		大	小	较小
地质条件	构造条件	复杂—简单	简单	较简单
	煤阶	低—高阶煤	高阶煤	低—高阶煤
	煤硬度	软—硬	软—较硬	硬
	含气量	低—高	低—高	高
	构造条件	复杂—简单	较简单	简单
	目标煤层数	1～3	1～3	1
	目标煤层厚度	较大—大	大	大
	发育状况	较稳定—稳定	稳定	较稳定
	埋藏深度/m	300～1000	＞600	300～1500
	渗透性	较高—高	较高—高	较低—高
	水文地质条件	简单—较复杂	简单—较复杂	简单
单井产量		低	低	高
技术条件		成熟	较成熟	较成熟
工艺		简单	较复杂	复杂
单井投资成本		低	低—较高	较高

1. 地面垂直井抽采技术

我国的煤层气地面垂直井抽采技术成熟，工艺简单，钻进风险小，设备国产化程度高，单井投资成本低，但是煤层气地面垂直井方式在开采过程中也存在许多难以克服的难题，如无法根据复杂的地形地貌条件实现煤层气抽采钻井的规则排列，只能根据地形地貌条件进行不规则布井；不适合渗透性较差、较厚且富含气体的煤层；无法在一些如湖泊、建筑物下进行开采。此外，煤层气垂直井的产量普遍较低，目前都需要采取一定的增产措施来提高煤层气垂直井的产量。晋城矿区目前主要采用 300m×300m 的矩形井网布局。

为提高地面垂直井的产量与抽采效果，晋煤集团施工完成裸眼井 10 口，新型压裂液压裂井 5 口，洞穴完井垂直井 20 口，造穴半径 0.5～0.8m。

1) 裸眼洞穴完井技术

裸眼完井是指将套管下在生产段煤层顶后钻开煤层，目的层以下不再下入套管的完井方法，产气煤层保持裸眼或用砾石充填。裸眼完井是一种最基本、最简单、费用较低的完井方式，适合于埋深较浅、渗透性能好的单目的层，要求煤层稳定且不容易垮塌。

裸眼洞穴完井技术是在常规裸眼完井的基础上发展起来的一种独特的煤层气完井方

式，如图 10-5 所示。裸眼洞穴完井技术是反复利用特殊的井下工具或手段，在较高的生产压差作用下，利用井眼的不稳定性，人为地在裸眼段煤层部位通过多次注空气或泡沫憋压放喷，造成剧烈的井内压力“激动”，使煤层崩落，在煤层段形成一个大于井径数倍的球状洞穴，消除可能发生的地层损害，在井眼周围形成巨大面积的、含有大量张性裂缝的卸载区，提高井筒周围割理系统的渗透性，增大地层的导流能力，提高煤层的渗透率，最大限度地使煤岩层的吸附气解吸，使井眼与地层之间实现有效连通而达到增产的目的。裸眼洞穴完井一般不再进行压裂，适用于高压高渗地层，缺点是井眼稳定性差，风险性比筛管完井大。

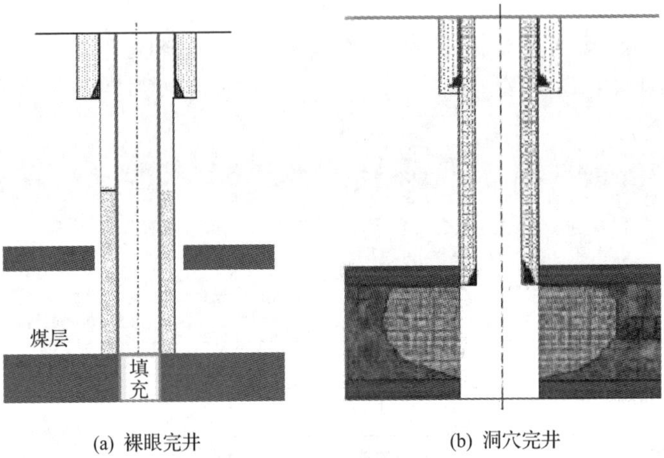

图 10-5　裸眼洞穴完井示意图

裸眼洞穴完井技术发源于美国圣胡安盆地，主要适用于高渗煤层，“十二五”期间在晋城矿区赵庄、长平等矿进行了少量试验，产气量不理想，均需进行后期改造。

2) 玻璃钢套管完井技术

根据晋城矿区煤层气垂直井井壁围岩稳定性及其对套管变形破坏的影响，以及煤层气开发的工程因素，优选了符合现场实际情况的 Φ139.7mm 酸酐环氧玻璃钢套管，如图 10-6 所示。在煤层气井的煤层段下入新型玻璃钢复合套管来替代常规的钢套管，是一

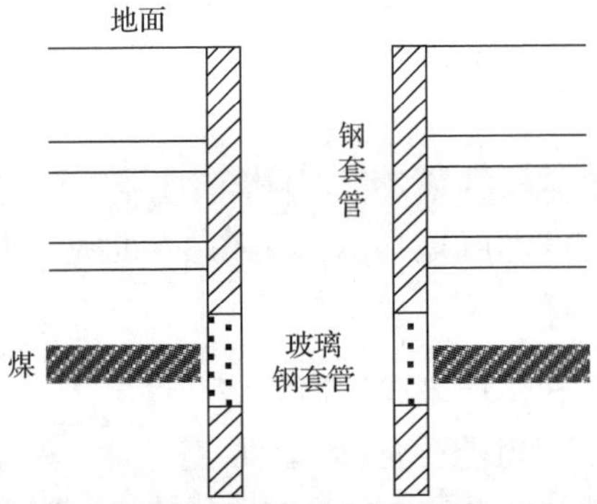

图 10-6　玻璃钢套管示意图

项创新性的突破。其重要意义之一就是可以避免因采煤过程中采煤机截齿与煤层气井中的钢套管碰撞产生火花而引发瓦斯事故。射孔试验后发现，玻璃钢套管表面存在一定的变形，射孔后孔洞尺寸为钢套管射孔孔洞直径的 1.2～1.5 倍。试验结果表明，玻璃钢套管射孔后可满足压裂要求。

“十二五”期间，在寺河矿区施工 5 口该类型煤层气井。2012ZX-F-01 井产气量稳定，最大日产气量达 2040m^3，日均产气 1300m^3 左右；2012ZX-F-02 井和 2012ZX-F-03 井最大日产气量分别为 1608m^3 和 1224m^3，日均产气 1000m^3 左右。

位于 2012ZX-F-01 井附近的 Sh-226 井在 2013 年 4 月前排采 3 号煤层，日均产气低于 1000m^3，另一口邻井 Sh-227 井于 2012 年 4 月开始排采 3 号煤层，日均产气低于 800m^3，说明玻璃钢套管井压裂效果较好，产气量稳定，用玻璃钢套管替代煤层段钢套管是可行的。

2. 地面丛式井抽采技术

丛式井是指在同一个井场或平台上，利用定向钻井技术向不同方向钻出若干口井，各井的井口相距数米，但井底向不同方位延伸(图 10-7)。煤层气丛式井开发具有以下优点：①减少大量的钻前费用和搬家费，钻井和压裂作业比较方便；②节约土地资源，有利于保护环境，大幅度降低征地费用；③多口井统一进行压裂及排采，减少管理成本及地面集输管控成本。煤层气丛式井组的缺点如下：①由于生产井眼弯曲，抽油杆偏磨，增加了排采控制难度；②钻井周期比垂直井长，在一定程度增加了井眼轨迹的控制难度；③需要的设备和技术条件较高；④目的层需具备一定深度以满足造斜段要求。

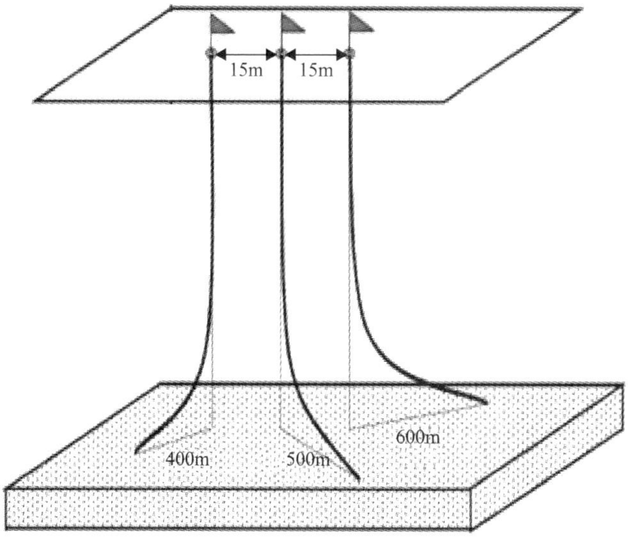

图 10-7　煤层气丛式井示意图

在晋城矿区煤层气丛式井钻采技术的实践和应用中，攻克了弯曲井眼排采等技术难关，在郑庄、胡底等矿区共示范了上百口丛式井，取得了较好的应用效果。

通常，丛式井的布局需考虑钻井技术水平、钻井费用、井场区域地貌、目的层埋深等因素，受地貌条件限制时，每个井场布井数不少于3口，通常的井数为4～9口，井口间距一般为4～6m，不得小于3m。丛式井组具有较大的经济效益，但是随着布井数的增加，单井进尺增加，施工难度增大，根据对不同丛式井组的评价，四井组丛式井(图10-8)最适合郑庄矿区煤层气的经济高效开发。

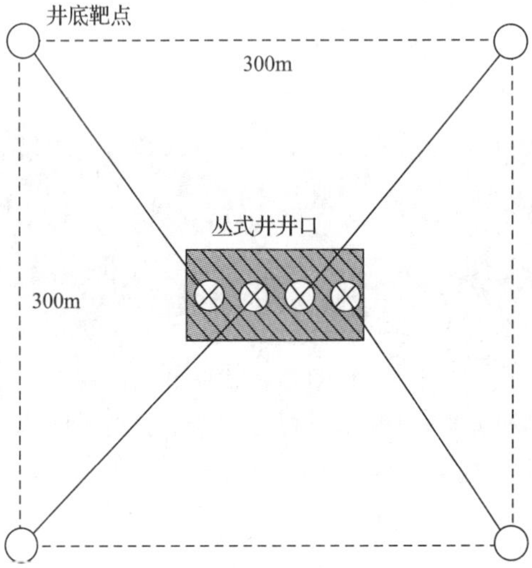

图10-8　四井组丛式井布局示意图

3. 地面U形水平井抽采技术

地面U形水平井技术是采用水平井完井和垂直井联合排采的方法，其工程井为L形水平井，再利用一口垂直井进行排水采气，对于在地形复杂的山区施工来说，这种井型具有减少大量的钻前工程和节省地面井场占地费用的优点，有利于提高工程的投资综合效益。水平段长度小于500m的称为短U形井，水平段长度大于500m的称为长U形井。如何保证水平段的安全钻进、防止井壁坍塌、做好煤层段的储层保护是U形井的主要技术难点。晋城示范工程在"十二五"期间先后完成了4口U形水平井的钻井施工，水平段长度一般在800m左右，通过U形水平井分段压裂技术工艺实现了碎软低渗煤层的煤层气增产。

U形水平井分段压裂技术是一种新型煤层气增产技术。在赵庄矿碎软低渗煤层试验U形对接工艺，先设计单井煤层段中水平进尺达到800m以上，然后进行分段压裂(图10-9)。

赵庄矿2012ZX-SP-02V井自2013年11月26日开始排采，2014年4月20日开始产气，5月8日并入管线。该井分段压裂后煤层渗透性和产气效果均有显著改善，排采结果为：平均日产水28m^3，平均日产气5150m^3，井底流压为0.585MPa，套压平均为0.35MPa，液柱高度平均为3号煤层顶板以上35m。

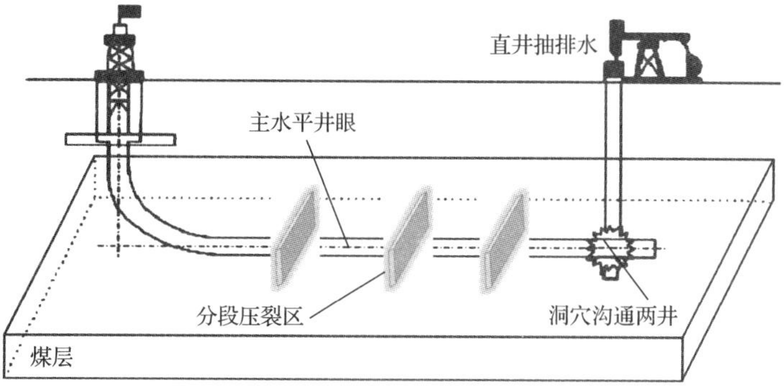

图 10-9　U 形水平井分段压裂结构示意图

目前，随着排采技术的发展，在工程井弯曲段下泵排采已成为可能，因此，近几年煤层气地面开发的 U 形水平井已可以替代垂直排采井，短半径 L 形水平井已逐步成为主流。

4. 地面多分支水平井抽采技术

多分支水平井是在常规水平井和分支井的基础上融合发展起来的，是集钻井、完井与增产措施于一体的钻井新技术，科技含量高，开发风险大。其增产机理在于主水平井眼两侧的多分支井眼在煤层形成相互连通的网络，最大限度地沟通煤层裂隙和割理系统，极大地提高了煤层导通性；同时大幅度降低了煤层裂隙内流体的流动阻力，加速了煤层排水降压和煤层气的解吸运移，从而大幅度提高了煤层气产量且缩短了煤层气采气时间，增加了煤层气开发的经济效益。

晋城矿区示范工程完成多水平分支井 2 组，井组井身结构示意图如图 10-10 所示。

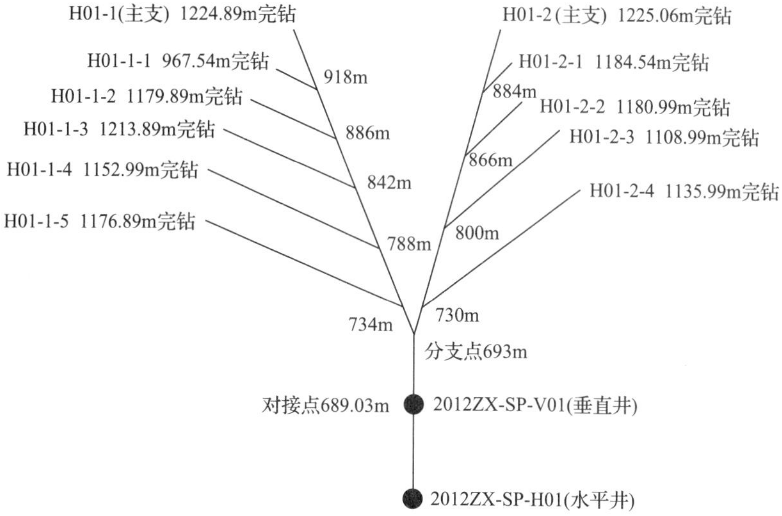

(a) JMP01-1H井组

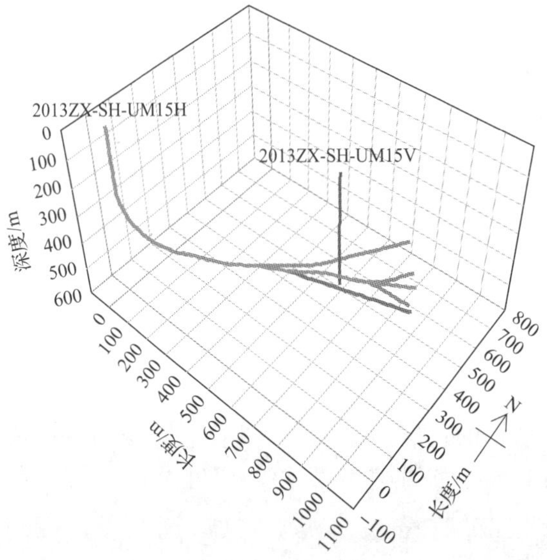

(b) 2013ZX-SH-U15井组

图 10-10　多分支水平井组井身结构示意图

“十一五”期间，晋煤集团在寺河矿西区施工了 2 口多分支水平井，工程总进尺为 9170m。其中，JMP01-1H 井总进尺为 5571m，JMP01-2H 井总进尺为 3599m。均安装了 5 型抽油机排采作业，平均单井日产气量为 15400m^3 左右。

10.1.4　准备区井上下联合抽采关键技术

井上下联合抽采技术主要应用于准备区的煤层气开发，是三区联动井上下整体煤层气开发模式的重要组成部分，主要包括地面压裂井下定向水平长钻孔抽采技术和地面 L 形井与采动影响区联合抽采技术，技术工艺示意图如图 10-11 所示。

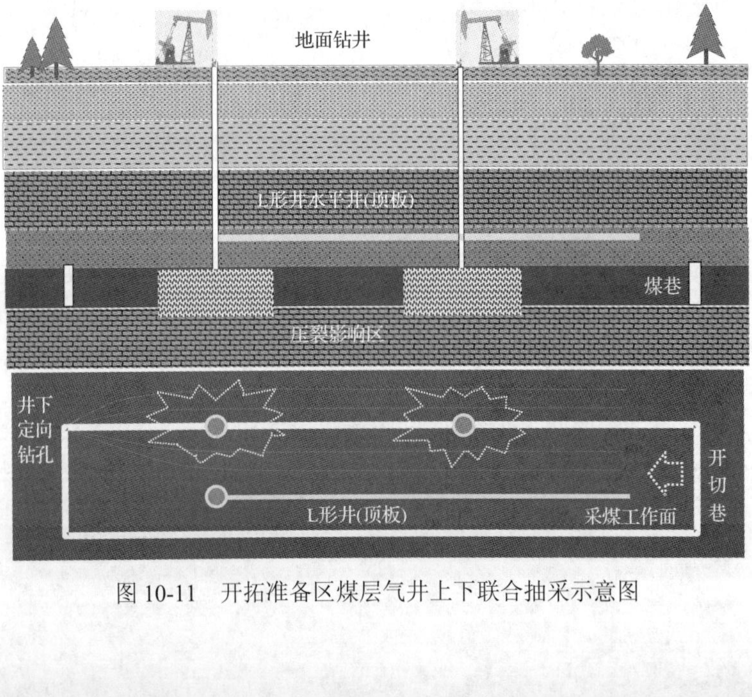

图 10-11　开拓准备区煤层气井上下联合抽采示意图

准备区介于规划区与生产区之间，一般 3 年左右即将转化为生产区，急需快速降低煤层瓦斯含量。准备区的井下巷道工程已进入开拓阶段，将地面钻井的压裂或排采影响区与井下定向长钻孔抽采相互配合，高效快速抽采准备区范围内的煤层气，可快速降低开拓巷道和煤炭生产区内的煤层气含量，达到提高井巷工程施工的安全性、缩短开拓准备区施工时间的目的。

1. 地面压裂井下定向水平长钻孔抽采技术

地面压裂井下定向水平长钻孔抽采技术是由地面垂直井、地面井压裂区和井下定向水平长钻孔 3 部分组成抽采通道，其中压裂区起“桥梁纽带”作用，地面垂直井与井下水平定向长钻孔对接，通过煤层压裂区内的压裂裂缝沟通成一个整体，进而形成由地面垂直井+煤层压裂区+井下定向水平长钻孔三者构成的立体化抽采体系。其基本原理是：首先施工地面垂直井并压裂，一般是排采一段时间后，再通过施工井下水平定向长钻孔与地面井压裂区的裂缝沟通形成地面—井下立体化抽采通道；其次封堵地面垂直井并利用井下水平定向长钻孔接入井下抽放系统快速进行煤层气抽采(图 10-12)，在抽采通道和抽采工艺两方面进行井上、井下联合，实现准备区的煤层气高效抽采。

晋城矿区示范工程试验施工了多组地面垂直井压裂、井下定向长钻孔联合抽采井组，其中赵庄矿试验施工 6 组，成庄矿试验施工 5 组，试验区井下定向水平长钻孔与地面垂直井压裂影响区对接准确率达到 100%。赵庄矿 1308 工作面实施了地面压裂井下定向水平钻孔联合抽采技术，影响区内的煤层气抽采参数均有大幅度提高；成庄矿四盘区内的 4315、4321、4325 3 个工作面应用效果表明，联合抽采区内煤层气抽采浓度和百米抽采流量均提高了 1 倍以上，煤层气抽采达标时间显著缩短。

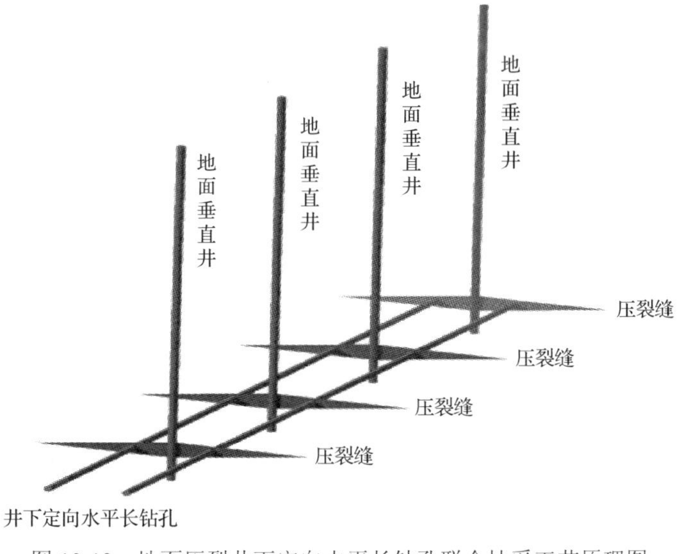

图 10-12　地面压裂井下定向水平长钻孔联合抽采工艺原理图

2. 地面 L 形井与采动影响区联合抽采技术

地面 L 形井与采动影响区联合抽采是一种新型煤层气开采技术，是在地面垂直井的基础上加一段井下水平长钻孔，形成了 L 形的地面井煤层气抽采方式。地面 L 形井与采动影响区联合抽采技术融合了地面垂直井、地面采动区井和井下水平段 3 种抽采技术的优点，发挥了煤炭开采对覆岩应力场与裂缝场的改变作用，以及地面钻井施工简便和抽采集输优势，主要对受卸压和煤体破坏影响的回采工作面及前方随采过程中涌出的煤层气进行高效抽采，降低煤炭开采过程中工作面煤层气浓度，达到采煤促采气和煤层气与煤炭共采的目的。

地面 L 形井与采动影响压联合抽采工艺的原理是：根据煤岩地质特征、采煤工作面的布置及井下通风设计，在煤炭开采卸压区(采动裂缝带)内设计 L 形井的水平段，通常井下水平段布置在煤层顶板，通过水平段收集煤炭开采过程中涌出的高浓度煤层气，其效果类似于在工作面上方施工的高抽巷；同时通过施工地面垂直井与井下水平段对接连通，将煤层气抽采至地面集输利用(图 10-13)。但 L 形井抽采瓦斯技术钻井施工工程量大，费用高，特别是水平井的位置确定直接影响钻孔的稳定性、时效性和抽采效果。通过对地面 L 形井与采动影响区的合理优化布置，可以达到覆盖范围广、抽采煤层气效果好的目的。

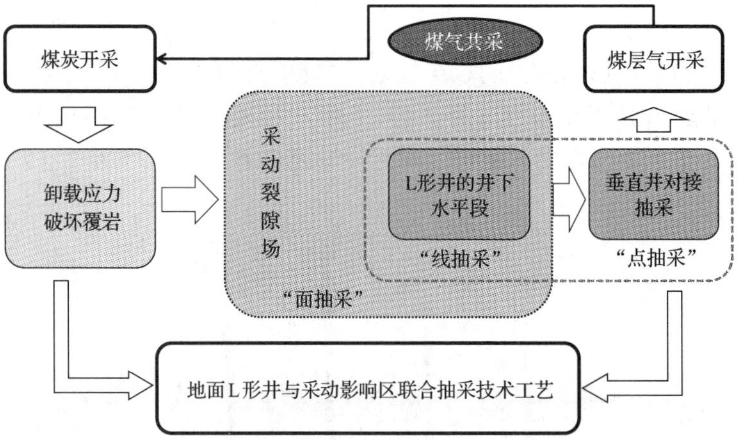

图 10-13　地面 L 形井与采动影响区联合抽采工艺原理图

寺河矿 3313 工作面施工了 1 口沿煤层顶板裂缝带钻进的地面 L 形井，根据试验地质条件，结合目前水平井钻井技术、设备及工具能力，采用“单弧剖面”(直-增-水平)三段制剖面形式。

该剖面相对简单，工具选择方便，施工易于控制；三段制剖面弯曲(高造斜率段)井段相对较短，有利于降低钻柱下入摩阻，确保钻具能够安全顺利地通过弯曲段，同时有利于钻井成本控制，确定造斜率为(7°～9°)/30m。水平段距煤层垂直距离为 40～70m。

该井累计运行 300 余天，抽采纯量最高达 3.11 万 m^3/d、平均为 2.2 万 m^3/d，累计抽采煤层气 650 余万米 ^{3}。

10.1.5　生产区煤层气井下抽采关键技术

煤层气井下抽采关键技术主要应用于煤炭生产区的煤层气开发，是煤层气与煤炭开采相互影响的重要阶段，也是煤层气强化抽采阶段，主要包括顶底板梳状钻孔抽采技术、高位定向长钻孔抽采技术及模块化区域递进式顺层抽采技术。由于采煤后形成的采动区内煤层气浓度较高，给煤炭安全生产带来了威胁，为了保证采煤安全并提高采动区内煤层气的捕集量，通过布置在采动区内的地面垂直井抽采井下煤层气。采动区内的地面垂直井抽采技术属于煤层气地面井开发技术，由于其主要服务对象为煤炭生产区内的采动区，并且抽采的煤层气为煤炭生产中的气源，将该技术归纳为一种特殊的煤层气采动区抽采技术。

受煤体内煤层气吸附解吸特性的影响，煤炭生产过程中会卸压解吸出大量的煤层气，为了保证煤炭生产过程中的安全高效，同时尽可能地增加采气量，煤层气井下抽采通过对煤层的井下采前强化预抽、边采边抽及采后抽等方法的时空配合，使原始煤层的含气量降低到安全生产标准以下的同时，保证煤炭生产工作面的煤层气含量和浓度不超限，最终实现煤层气与煤炭协调开发。

1. 模块化、区域递进式顺层抽采技术

区域递进式顺层抽采模块主要解决采煤工作面布置前进行大规模强化预抽煤层气问题。在掘进顺槽布置采煤工作面时，在外侧顺槽内提前向邻近工作面施工长钻孔，钻孔长度覆盖邻近下一工作面及其两侧的巷道。即在布置本工作面期间，就提前对第二个工作面区域进行抽采，消除第二个工作面区域煤体掘进时的突出危险性。布置第二个工作面巷道时，再通过第二个工作面外侧顺槽内提前向第三个工作面区域施工长钻孔，如此递进式向前推进，有序地实行递进式预抽煤层气。

1) 模块化顺层抽采技术

模块化顺层抽采技术是寺河矿井下煤层气抽采的重要技术，其核心是利用定向钻机在寺河矿 6m 厚的 3 号煤层中按设计施工，通过计算机自动生成钻孔轨迹，经过孔底马达调整保证轨迹精度，具有成孔效率高、抽采效果好、钻孔轨迹可控可靠等优点，并依据钻进结果实现对构造的探测分析、煤层等高线的修订、异常煤体区域圈定等。

2) 区域递进式顺层抽采技术

区域递进式顺层抽采技术是依托现有巷道，实施远距离、大范围的抽采作业，可为采掘活动，特别是巷道快速掘进提供更安全的条件；超前预抽可有效降低煤层瓦斯含量，减少采掘头面的用风量，缓解矿井通风压力，提高矿井安全系数；也可以通过收集和分析长钻孔施工、抽采数据，对地质构造和瓦斯地质条件起到精细探查作用，另外还可以有效排查陷落柱、瓦斯异常区等。为了有效降低煤层气含量及保证煤炭开采安全，设计优化不同种钻孔布置方式进行区域递进式预抽，可以利用已掘巷道的横川做钻场，向接替工作面顺槽巷道施工曲线钻孔，或者在接替工作面顺槽巷道掘进前利用盘区巷道施工千米掩护钻孔，也可以利用已掘巷道做专门钻场，向接替工作面顺槽巷道施工直线钻孔。各种钻孔布置方式的优缺点对比见表 10-2。

表 10-2　区域递进式顺层抽采技术不同钻孔布置方式优缺点对比表

布置方式	利用横川做钻场	利用盘区巷道	利用以掘巷道做专门钻场
优点	钻孔施工长度达 300m；可以跨越工作面提前实现对接替工作面顺槽巷道的超前抽放	钻孔施工长度达 600m；钻孔具有掩护掘进巷道的作用；钻孔施工工程量相对较大，搬家次数较少	钻孔多为垂直孔，施工难度低，长度达 750～1000m；钻孔覆盖均匀，钻孔施工无盲区；钻机 400～700m 搬家一次；钻孔兼具有掩护巷道掘进、预抽接替采煤工作面的作用，抽采时间长；钻孔数量减少、集中、便于管理
缺点	钻场之间会出现三角空白区域，补孔施工难度较大；钻孔弯度较大，施工难度大；钻孔不能作为掩护掘进巷道的超前钻孔，仍需施工钻场用普通钻机施工钻孔掩护巷道掘进；钻机搬家次数多；钻孔开孔数量多，钻机效率低	施工位置比较特殊，只有在盘区巷道到位后可以采用此种布孔方式	钻孔达到 700m 之后，钻进速度较慢

2. 顶底板梳状钻孔抽采技术

以先进的随钻测量定向钻进技术为重要手段，通过在成孔性好的煤层顶板或底板岩层先施工定向长钻孔，再利用定向分支技术，每间隔一定距离，从岩层长钻孔向煤层中分段施工梳状瓦斯抽采分支孔(图 10-14)，达到碎软低渗煤层远距离煤层防突、预抽与卸压抽采等目的。

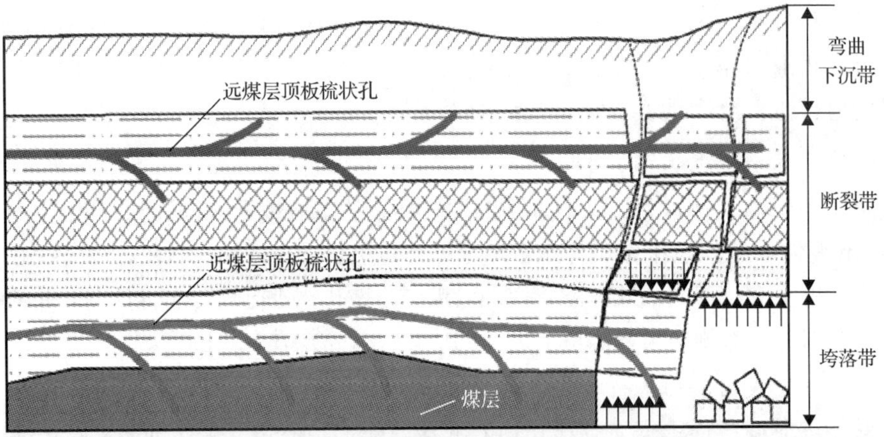

图 10-14　碎软煤层梳状定向钻孔与顺层孔示意图

顶底板梳状钻孔抽采技术体系分为开采前的底板梳状钻孔代替底抽巷技术和本煤层孔排水－顶板梳状钻孔抽采技术 2 种。

1) 底板梳状钻孔代替底抽巷技术

针对采用底抽巷施工穿层钻孔预抽工作面煤层气工程量大、成本高的难题，在赵庄矿进行了定向钻机施工底板梳状钻孔(图 10-15)工程示范，钻孔布置在煤层下方稳定岩层，然后开分支进入煤层，对煤层进行消突与煤层气预抽，节省大量底抽巷、减少多个原底抽巷钻场及穿层孔施工量。

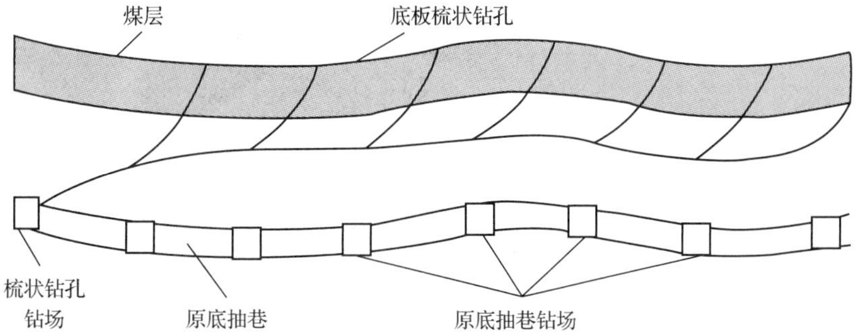

图 10-15　底板梳状钻孔代替底抽巷示意图

施工方法：当煤层还未开采时，一般主孔布置在煤层底板下方 2～4m 层位，采用"前进式"开分支工艺施工。在施工分支点处需向上增大倾角施工一孔段，以便开分支，之后提钻至分支点处采用裸眼侧钻开出分支，施工主孔段至下一分支点，即进行梳状主钻孔施工时施工主钻孔的同时完成分支钻孔进。分支孔进入煤层后通过定向轨迹控制分支孔尽可能在煤层延伸，直接抽采煤层瓦斯。另外，为提高抽采效果，可反复冲刷煤孔段提高出煤量，实现消突。

布孔方法：在垂直面上，主孔大部分孔段位于煤层底部 2～4m 处，且倾角一般大于 0°，主孔倾角变化幅度小于 10°。分支孔间距为 20～40m，分支孔较主孔倾角增幅小于 30°。在水平面上，主孔的布置原则是均匀覆盖整个瓦斯治理工作面，分支孔可以左右均匀地覆盖工作面。

适用条件：钻孔穿过岩层时顶板岩层成孔性要好；要求岩层普氏系数小于 6；主孔分布区内岩层含泥岩、泥质页岩等遇水膨胀性岩层的厚度小于 0.5m。

2) 本煤层孔排水-顶板梳状钻孔抽采技术

成庄矿 5313 大采高工作面受 1 条向斜和 2 个背斜构造控制，在 B3 号联络巷本煤层钻孔施工时，煤层走势为先下后上，呈 V 字形，本煤层抽采孔完成后，孔内积水严重，影响煤层气的抽采。因此，在该区域施工顶板梳状钻孔抽采瓦斯，利用本煤层孔排水(图 10-16)。钻场选择在煤巷，开孔后进入顶板中施工，采用"后退式"方法开分支进入煤层，可使分支孔中的施工残流水进入煤层，实现本煤层孔排水，顶板梳状钻孔抽采煤层气。

施工方法：采用"后退式"施工工艺向下施工梳状钻孔时先进行主钻孔施工，主钻孔施工完成后，退钻时向下施工分支钻孔进入煤层。

布孔方法：在垂直面上，主孔大部分孔段的倾角尽量大于 0°，主孔倾角变化幅度小于 10°。由于采用"后退式"施工，分支点间距较大(一般为 40～60m)，分支孔较主孔倾角降幅小于 20°，在水平面上，钻孔一般垂直沿巷道走向或指向目标点方向，本煤层定向钻孔须控制煤层中部，并有若干分支孔探煤层顶板。

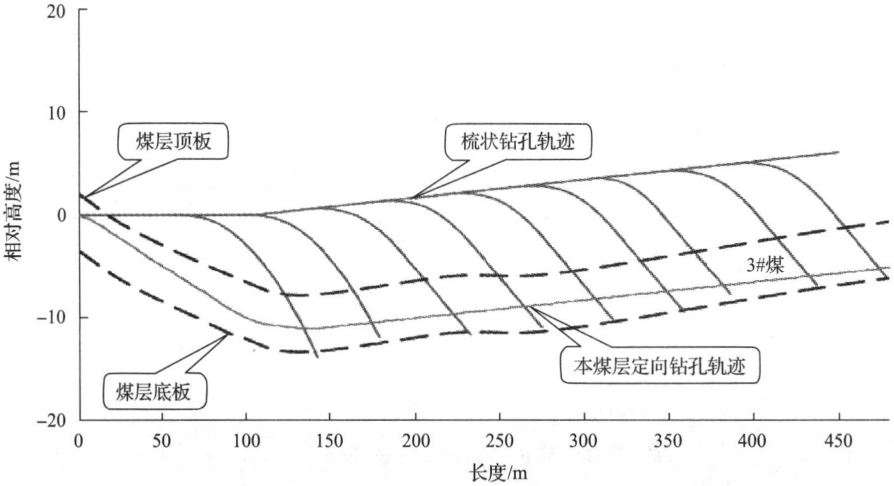

图 10-16　本煤层排水—顶板梳状钻孔设计示意图

适用条件：煤层走势呈 V 字形，本煤层成孔性好，但孔内残留水严重影响煤层气抽采；煤层顶板岩层成孔性要好(普氏系数小于 6)；主孔分布区内岩层含泥岩、泥质页岩等遇水膨胀性岩层的厚度小于 0.5m。

3. 高位定向长钻孔抽采技术

高位定向长钻孔抽采技术主要解决煤炭开采过程中工作面上隅角及回风瓦斯浓度偏高而影响煤炭安全生产的难题，即利用已经成为成熟技术的长距离定向钻进技术，在回风巷向回采工作面顶板施工定向长钻孔抽采煤层气。根据采空区上覆岩层运动的“三带”理论，将钻孔在剖面上布置在裂缝带内，形成了卸压瓦斯的流动通道；定向技术能够使抽采钻孔层位始终保持在采空区一定高度范围内，避免了由于顶板垮落对普通高位钻孔造成封堵、泄气等弊端，还能够有针对性地对采空区涌出带、过渡带瓦斯进行抽采，钻孔利用率更高；长钻孔施工技术能够减少钻进设备搬运次数，提高工作效率。

1) 高位定向长钻孔设计

根据寺河矿的实际情况，将试验高位定向长钻孔钻场设于 W13052 巷，每个钻场设计高位定向长钻孔 4 个，将钻孔终孔段(主抽采孔段)在平面上沿工作面走向布置在工作面以内 W13053 巷内帮 15～60m 范围内。高位定向长钻孔平面布孔方法如图 10-17 所示。

2) 高位定向长钻孔成孔方法

高位定向长钻孔抽采瓦斯与常规本煤层钻孔抽采瓦斯有着本质区别。本煤层瓦斯抽采过程中，瓦斯通过煤层孔段涌入钻孔；而高位定向长钻孔抽采时，煤层气只从靠近孔底孔段由开采扰动产生的裂缝通道供给。因此，高位定向长钻孔可被看作是一条煤层气抽采管道。理论计算可知，在相同抽采负压和钻孔深度条件下，随着钻孔直径的增大，钻孔抽采能力也会大幅度提高。以长度 400m、孔径分别为 Φ94mm 和 Φ153mm 的钻孔为例，抽采负压为 15～25kPa 条件下，孔径 Φ153mm 的高位定向长钻孔瓦斯抽采流量达到孔径 Φ94mm

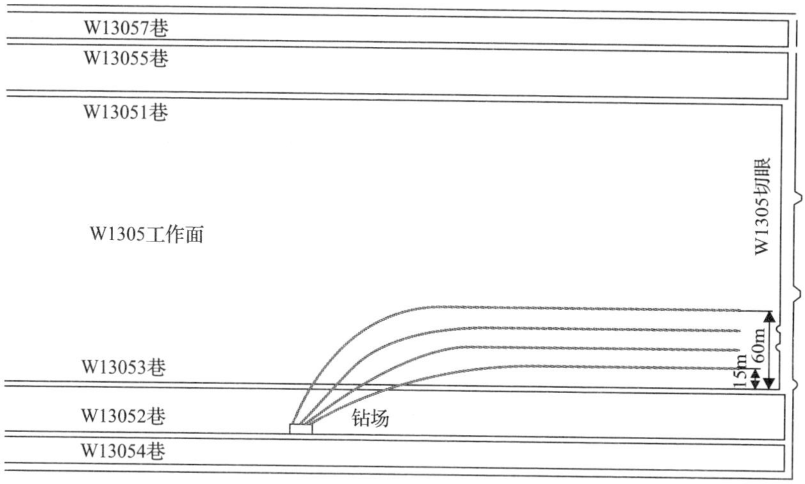

图 10-17　寺河矿 W1305 工作面高位定向长钻孔平面布孔方法

高位定向长钻孔的 3 倍以上。为了达到良好的煤层气抽采效果，应尽量增大钻孔直径。试验结合孔内钻具安全及瓦斯抽采需要，首先采用煤矿井下随钻测量定向钻进施工先导孔，钻孔直径为 Φ94mm；其次更换常规钻具和扩孔钻头进行扩孔钻进，一次性将钻孔直径扩大至 Φ153mm。

4. 采动区地面垂直井抽采技术

煤矿采动区地面垂直井抽采是近年来逐渐发展起来的一项煤层气开发及瓦斯治理新技术，该技术主要是采用负压抽采的方法，将残留在地下空间、岩层和煤层中的煤层气从地下抽采出来。煤矿采动区涉及正在经受采动影响并发生剧烈岩层运动的区域和经历采动影响后已经基本稳定的老采空区区域。正在经受采动影响并发生岩层剧烈运动的区域地面井应重点考虑岩层剪切、离层作用对地面井井身结构的破坏问题，优化设计井身结构；经历采动影响后基本稳定的老采空区区域地面井应重点考虑资源赋存和破碎覆岩带钻完井问题，进行资源评估并完善钻完井工艺。

在寺河矿东 5 盘区采空区示范 2 口采空区抽采井，2011ZX-CK01 井累计正常试验抽采 67d，抽采煤层气量 20.95 万 m^3，日均抽采流量 3120m^3；2011ZX-CK02 井累计正常试验抽采 30d，抽采煤层气量 10.29 万 m^3，日均抽采流量 3420m^3。

在岳城矿取得了较好的采动井抽采效果，2012ZX-YCCD-02 地面井投运后平均抽采瓦斯量 1.54 万 m^3/d，平均瓦斯浓度 55.3%，工作面推至井位处时，抽采瓦斯纯量最大为 3.79 万 m^3/d，抽采时间为 10 个月，累计抽采瓦斯量约为 360 万 m^3。

10.1.6　煤层气开发对煤炭开采的影响

1. 煤层气井压裂裂缝展布

1) 研究区煤岩物理性质

赵庄矿 3 号煤层顶板抗压强度为 34.2～46.9MPa，平均为 41.0MPa；抗拉强度为 1.27～

2.08MPa，平均为 1.70MPa。底板抗压强度为 42.4～54.9MPa，平均为 48.4MPa；抗拉强度为 1.51～2.02MPa，平均为 1.79MPa。

成庄矿 3 号煤层顶板粉砂岩抗压强度为 26.8～70.00MPa，平均为 43.50MPa；抗拉强度为 1.00～2.70MPa，平均为 1.57MPa。3 号煤层底板砂质泥岩抗压强度为 23.20～96.80MPa，平均为 45.28MPa；抗拉强度为 0.50～5.00MPa，平均为 1.84MPa。

2）裂缝形态考察

试验区裂缝形态考察主要通过 3 种方式：①微地震法、电位法等裂缝监测手段。②试验井压裂前后周围排采井生产数据的变化。③井下不同地点的钻孔排渣见砂情况及抽采钻孔流量异常情况。需根据定点轨迹追踪确定。

压裂过程中对试验区 4 口井进行了裂缝实时监测，2011ZX-YC-03 井采用微地震法，2014ZX-CZYC-09 井、2014ZX-CZYC-10 井和 2014ZX-CZYC-11 井同时采用微地震法和电位法两种方法。

监测结果表明，2011ZX-YC-03 井的裂缝为垂直裂缝，2014ZX-CZYC-09 井、2014ZX-CZYC-10 井和 2014ZX-CZYC-11 井的裂缝为水平裂缝，裂缝方位都为北东向(NE49°～NE81°)，采用微地震法测得的裂缝全长为 157～393m。

根据裂缝监测结果，采用两种监测方法所得的裂缝产状和裂缝方位基本一致，但裂缝长度却有明显差别。正常情况下，使用大地电位法和微地震法都可以基本反映裂缝的方位和长度，并且结果差异较小。由于受试验井附近地形的影响，大地电位法布点间距较小，且无法使用动态仪器进行检测，本节裂缝监测结果以微地震法为主，大地电位法监测数据作为参考(表 10-3 和表 10-4)。

表 10-3　微地震法裂缝监测结果

井号	压裂井段/m	裂缝长度/m			裂缝高度/m	裂缝方位/(°)	裂缝产状	监测时间
		东翼缝长	西翼缝长	裂缝全长				
2011ZX-YC-03	717.84～722.69	74.5	83.2	157.7	13.4	NE62.3	垂直	2011/06/02
2014ZX-CZYC-09	469.54～475.64	145	140	285		NE49	水平	2013/08/06
2014ZX-CZYC-10	385.165～391.26	216	177	393		NE81	水平	2013/10/01
2014ZX-CZYC-11	304.54～310.74	221	157	378		NE70	水平	2013/09/30

表 10-4　大地电位法裂缝监测结果

井号	压裂井段/m	裂缝最大长度/m	方位/(°)	裂缝最小长度/m	方位/(°)	裂缝产状	监测时间
2014ZX-CZYC-09	469.54～475.64	114	60～75	55	165	水平	2013/08/06
2014ZX-CZYC-10	385.165～391.26	138	270	75	45	水平	2013/10/01
2014ZX-CZYC-11	304.54～310.74	112	45	51	300	水平	2013/09/30

3）赵庄矿井下裂缝展布分析

赵庄矿试验区内没有正常排采的煤层气抽采井，压裂裂缝分布和影响范围的考察主要是通过分析井下不同地点的钻孔排渣见砂情况，以及抽采钻孔的流量异常情况，根据定点轨迹追踪确定。在当前所考察完成的几口井中，ZZCD-001 井、2011ZX-YC-02 井井下裂缝分布和影响范围相对比较确定。ZZCD-001 井在压裂及后期考察过程中，具有以下现象：ZZCD-001 井在压裂快结束时，在井下的钻孔(图 10-18 中 *A* 点)内有大量压裂介质涌出，表明压裂井与 *A* 点处钻孔压穿沟通；2013 年 12 月 20 日，距 ZZCD-001 井井下位置 144m 处的 13064 巷反掘迎头施工瓦斯抽采钻孔时，在 1 排 7#孔施工 97m 处见压裂石英砂，通过追踪钻孔轨迹，大致可以判断 7#孔终孔位置距 ZZCD-001 井地面抽采井井下位置大约 60m(图 10-18 中 *B* 点)；13064 巷正掘巷道迎头右帮于 2014 年 1 月 15 日发生片帮，在煤与矸之间出现黄砂(图 10-18 中 *C* 点)，预计为井上压裂注入的砂沿着煤与夹矸之间的裂缝扩散至此，此处距 ZZCD-001 井下位置 75m。因此，可判断 13064 巷反掘迎头施工的钻孔覆盖到了压裂影响区域。同时，13064 巷反掘迎头施工的钻孔在压裂前瓦斯浓度基本低于 10%，但是在压裂以后有 2 周时间瓦斯浓度保持在 50%以上，百米流量达到 0.39m^3/min 左右，可证明 13064 巷反掘处钻孔在地面压裂井影响范围以内。

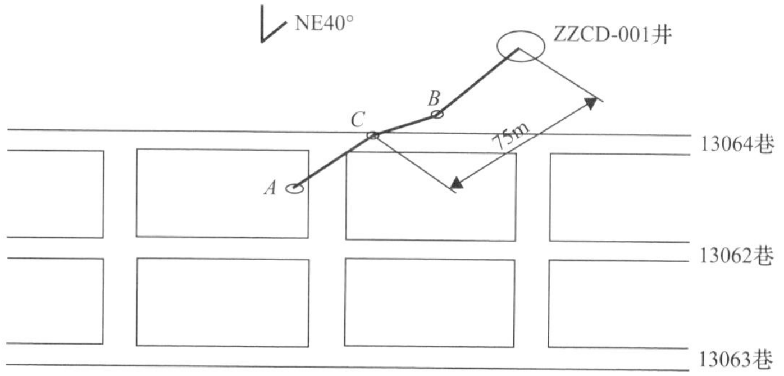

图 10-18　ZZCD-001 井井下压裂裂缝展布示意图

根据 ZZCD-001 井井下压裂介质分布情况和该区域钻孔抽采参数变化情况，可以初步判断得出：ZZCD-001 井井下主裂缝方向基本为一直线，大致呈 NE40°方向，长半轴方向的影响范围在 75m 以上。井下压裂顶板裂缝发育图如图 10-19 所示。

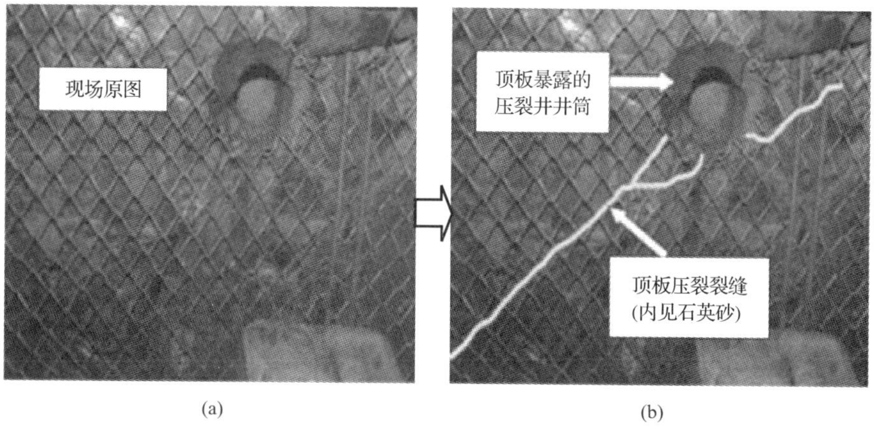

图 10-19　2011ZX-YC-02 井井下压裂顶板裂缝发育图

在 2011ZX-YC-02 井组考察期间，根据井下巷道掘进方向与压裂井井底的相互位置关系，通过局部调整采掘部署，采用井下巷道直接揭露压裂井井底的方法，对 2011ZX-YC-02 井组进行了井底裂缝展布现场观察和实际裂缝描述。现场勘查发现，压裂裂缝主要分布在煤层的顶板和底板，呈垂直状，清晰的裂缝数目为 1 条，宽度为 6～10mm，裂缝以压裂井井筒为起点主要向东南方向单侧延展，方位为 ES35°左右。西北方向裂缝尖灭较快，且裂缝数量少。裂缝中可见石英砂支撑剂残留物。此外，压裂井井底周围煤层顶底板比较完整，受压裂井压裂破坏的影响小，未增加现场支护作业难度，如图 10-19 所示。

在 2011ZX-YC-05 井组考察期间，13071 巷道在掘进至 2011ZX-YC-05 井底位置约 30m 处，在巷道顶板中揭露了一条宽约 60mm 的裂缝，裂缝中石英砂支撑剂清晰可见，但该点周围煤层中未见压裂所用的石英砂支撑剂残留，因此判断 2011ZX-YC-05 井在煤层中形成了明显的裂缝或裂隙。该条裂缝方位呈 ES15°～ES30°，延伸方向与 2011ZX-YC-02 井一致。此外，裂缝周围煤层顶底板比较完整，受压裂井压裂破坏的影响小，未增加现场支护作业难度。

通过井下井底揭露、裂缝跟踪等途径，初步掌握了压裂井的压裂裂缝主要分布在煤层顶板和底板，主裂缝基本为一直线，裂缝延展方向不具有同一性，裂纹数目较少，不能形成裂缝网络。综合井下钻孔瓦斯抽采数据分析及压裂井井底实际揭露裂缝延展情况，推断得出地面井压裂形成的压裂影响区域大致是一个以主裂缝为长轴的椭圆形，长轴与短轴的长度由实际的压裂效果决定，赵庄矿的压裂影响范围一般是长轴 70～100m、短轴 20～30m 的椭圆区间。

4) 成庄矿试验井裂缝形态分析

依据微地震法裂缝检测结果，以 2014ZX-CZYC-09 井为中心画一个长轴 285m、短轴 140m，长轴方位为 NE49°的椭圆作为压裂井预计压裂影响范围，同样用此方法预计 2014ZX-CZYC-07 井及周围抽采井影响范围。

2014ZX-CZYC-07 井附近有 3 口抽采井，试验井与 CZ-053、CZ-054、CZ-060 井的距离分别为 186m、179m、290m。2014ZX-CZYC-09 井附近有 4 口井，与其预计压裂范围有重合的只有 CZ-053 井。压裂过程中，各井产气量、产水量及套压都没有变化，压裂前后各井产气情况没有明显变化，属于正常波动范围，所以初步推测实际压裂影响范围要小于裂缝监测影响范围。

依据微地震法裂缝检测结果，以 2014ZX-CZYC-11 井为中心画一个长轴 378m、短轴 157m，长轴方位 NE70°的椭圆作为压裂井预计压裂影响范围，同样用此方法预计 2014ZX-CZYC-08 井及周围抽采井影响范围。

2014ZX-CZYC-08 井周围有 5 口抽采井，但距离都相对较远，只有 2014ZX-CZYC-11 井与 CZ-048 井的预计压裂区有小部分重合。压裂过程中各井产气量、产水量及套压无变化，压裂前后各井产气情况没有明显变化，属于正常波动范围，所以初步推测实际压裂影响范围小于裂缝监测影响范围。

依据微地震法裂缝检测结果，以 2014ZX-CZYC-10 井为中心画一个长轴 216m、短轴 177m、长轴方位为 NE81°的椭圆，作为压裂井预计压裂影响范围，同样用此方法预计周围抽采井影响范围。

2014ZX-CZYC-10 井与 CZ-269 井约有 50m 压裂影响范围重合区，但压裂过程中各井产气量、产水量及套压无变化，压裂前后各井产气情况没有明显变化，属于正常波动范围，所以初步推测实际压裂影响范围小于裂缝监测影响范围。

由于压裂期间，5 口地面压裂井对应井下位置距离已掘巷道都在 200m 以上，压裂期间巷道瓦斯涌出、钻孔涌水等无异常，说明目前的压裂方案影响范围小于 200m，结合钻孔施工情况和压裂前后地面抽采井的产气量变化，说明实际压裂影响范围小于微地震监测结果。裂缝的实际展布形态需要根据后期井底直接揭露或钻孔排渣见砂情况予以验证。

2. 煤层气井压裂对煤炭生产的影响

1) 压裂对煤层顶板的影响

通过对压裂井的直接观测，分析原生裂缝系统与新生裂缝系统之间的比例关系，可以从宏观角度衡量人工能量与矿井自然能量之间的关系。同时也可以准确做出压裂对采煤影响的评价。

依据观测，在距井筒 50m 半径以内，人工压裂造成的新生裂缝系统与原生裂缝系统相比，其比例在 1%以下。其中绝大多数是在井筒附近产生煤层内部的小规模短距离连接通道，没有观测到能与原生裂缝规模相当的新生裂缝。更没有发现由于压裂新增加的大裂缝延伸到煤层顶板内部。换句话讲，人工压裂形成的新生裂缝系统不会对顶板造成大的破坏。

这里需要指出的是，煤层埋藏深度和地应力场对煤层顶板破裂有着重要的影响。具体表现为随着煤层埋藏深度的增加，对煤层顶板压裂的次生影响明显减弱；随着地应力的不断增强，对煤层顶板压裂的次生影响明显减弱。

3 口煤层气井的观测资料：SH-133 井、YC-025 井、CZ-243 井中煤层埋藏深度分别为 431m、458m 和 497m，均未见煤层顶板受压裂影响、破坏的迹象。

成庄矿区煤层顶板为弱含水岩层，压裂对沟通含水层的影响需等待晋城矿区进入下组煤开采或其他矿区监测结果。

2) 压裂对煤体与煤质的影响

依据观测，注入煤层气垂直井中的压裂液体所携带能量的主要耗散环节是：

(1) 用于克服套管中狭窄通道的阻力而损失的能量，这部分能量损耗最大；

(2) 克服流体在煤层中的流动阻力而损失的能量，这部分能量损耗次之；

(3) 用于疏通原生裂隙与增加新生裂缝的能量而损失的能量，这部分能量更小。

(4) 其余为流体滤失过程中压裂液体能量的损失。

压裂液体对煤体确实产生了相当明显的松动作用。特别是在近井筒 5～20m 范围内（图 10-20），可以看出压裂液使得裂缝通道更加畅通，主要是增加了煤体的内部松动。

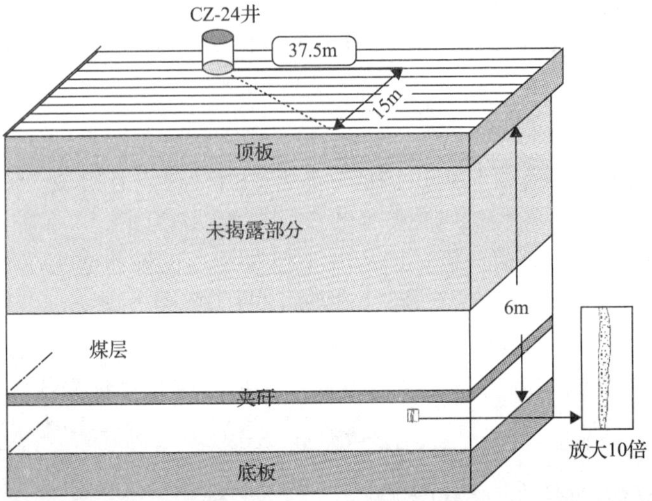

图 10-20　CZ-24 井压裂示意图

压裂砂对煤体破坏的影响程度非常有限，总体上可以忽略，除了局部的十分轻微的挤入与镶嵌作用外，压裂砂子对煤体稳定性的影响可以忽略不计。

压裂液体及压裂砂对煤质的影响特别微弱，压裂液体对煤质的影响几乎很难区别。压裂砂子对煤质的影响也可以忽略不计，主要是压入煤层的砂子总量特别低，加上其主要集中分布在井筒附近，对煤炭质量的影响微乎其微，甚至远不如矿井下一个简单的巷道工程造成的泥砂污染严重。

3) 压裂对采煤掘进和回采的影响评价

对于水力压裂，特别担心的是对采煤巷道掘进和工作面回采施工造成比较明显的影响。依据观测资料，分别叙述如下：

(1) 压裂后对煤层中裂缝沟通程度的影响。

大量的现场连续观测结果显示，在近井筒附近 50m 范围以内，压裂流体在原有主节理的方向起到了一定的沟通效果，越靠近井筒，裂缝沟通越充分，随着距离的增加，沟通程度显著降低。原有裂缝的特征在很大程度上决定压裂裂缝的形态与长度，压裂所起到的改造作用远远小于预期。

(2) 压裂对井下水平瓦斯抽放钻孔施工的影响。

在近井筒 30m 范围内，煤层瓦斯钻孔难以施工，主要是出现严重的卡钻、不返风、塌孔等事故，造成该段煤层瓦斯难以系统抽放，给回采带来了瓦斯涌出量局部超限的影响。要在这种区域施工煤层瓦斯抽放钻孔，最好采用新技术，改变钻井工艺才能成孔。

(3) 压裂后未经过排采的煤层气井对煤层瓦斯突出的影响。

成庄矿 5303 工作面施工的 CZ-24 井、CZ-15 井由于地面工程建设遇到困难等，煤层气压裂井 CZ-24 井、CZ-15 井在压裂以后尚未排采。由于井筒附近压裂煤层裂缝系统的渗透性得到了明显的改善，在巷道掘进及回采过程中经常遇到煤层瓦斯超限的情况，从而增加了煤层瓦斯突出的危险。

反之，若压裂煤层经过充分排水抽气以后，煤层瓦斯含量将会大大降低，会大大减少煤层瓦斯突出的危险。

寺河矿 2304 工作面施工过程中也发生了煤层瓦斯多次超限断电的事故。

(4) 压裂后对采煤掘进与回采施工操作的影响。

对比有压裂裂缝影响区域的煤帮与无压裂裂缝影响区域的煤帮的稳定性，由于煤体存在一定程度的松动，前者存在片帮的危险，但是危险程度有限，主要集中在特别靠近井筒附近。随着距离的增加，片帮的危险也显著降低。

从综合采煤的角度看，煤层裂缝发育对开采几乎没有影响，即不存在压裂导致冒顶的危险，也不存在局部液压支柱承载过大而压入底板的情形。虽然在 5303 工作面有顶板破碎，需要注浆，但这是由一条顺层断层所引起的，与 CZ-24 井的压裂关系不大。

SH-133 井和 YC-025 井的观测也得出同样的结论。在工作面回采通过 YC-025 井时比较顺利，对回采影响很小。在掘进巷道旁侧通过 SH-133 井时并未给掘进生产带来任何不良影响，很正常地通过了该井。

3. 遗留井套管对煤炭生产的影响及玻璃钢套管示范

1) 煤层气井遗留套管的实地考察

寺河矿某巷掘进中揭露出一口煤层气井遗留套管：煤层气井中钢套管井下揭露点位于巷道中部，距一帮 1.5m，出露 4m 左右，管体中部有破损，密布直径 1cm 左右射孔。围绕套管周围有裂缝发育，裂缝主要见于顶板，裂缝宽度为 10～100cm，基本从煤层气套管周围开始逐步变宽，并发育有一系列宽 1m 左右、向上延伸 1m 左右的巨大空腔，空隙内可见明显黄沙附着，揭露时内部只有少量砂子，并未充满空隙。该空隙是在煤层原先较为发育的一条裂隙的基础上由压裂改造形成的。套管中部射孔口有轻微锈蚀。井下进行掘进和回采过程中遭遇煤层气井的遗留金属套管，只能暂停工作，采用一定的安全方式将其切割或拔除，严重影响安全生产进度，还存在损害割煤机或掘进机、诱发安全事故的隐患。

通过对煤层套管、煤层内石英砂的分布、固井水泥破碎情况和套管的腐蚀情况的观察，得出以下认识：

(1) 煤岩特征和煤层赋存深度对裂缝有影响。主要表现在高煤阶煤层节理发育，常导致裂缝延伸受阻后产生相互垂直的两条裂缝。同样，深煤层（指埋深大于 800m 的煤层）由于垂向应力多大于两个水平主应力，比较容易形成以垂直裂缝为主的裂缝系统，但在埋藏较浅的煤层中可形成长度有限的水平裂缝。寺河矿煤层埋深在 500m 左右，在压裂过程中沿煤层内的夹矸应力薄弱面形成了水平裂缝。这些因素导致压裂效果下降，主裂缝延伸长度不足，直接影响煤层气井产气量。

(2) 固井质量决定目标煤层压裂的成败。在固井质量较差时，流体很容易贯穿套管与固结水泥之间的环空，到达破裂压力小的地方，形成裂缝，此时产生的裂缝很可能并不位于目标煤层中，直接导致对目标煤层的压裂失败。此次，观测的煤层气解剖固井水泥均存在此情况，固井水泥均存在不同程度的破碎，且在套管和固井水泥间存在环空。

(3) 流体从井筒到裂缝之间需要经过环形的、狭窄的空间面(微环面)，流体经过时可造成较大的压力降落，携砂液经过时就可能造成堵塞。同样，压裂过程中煤粉会随携砂液运移并聚集于裂缝前端堵塞压裂液通道，影响裂缝端部的扩展，迫使裂缝向其他方向延伸，造成裂缝的复杂弯曲和不规则变化。

(4) 石英砂在裂缝内的分布情况主要有 3 种：附着或镶嵌在固井水泥裂缝表面、附着或镶嵌在煤层表面和沉积在裂缝中，其中绝大部分石英砂沉积在裂缝较宽或是裂缝中的空腔中，这主要是由于携砂液在流经裂缝较窄处时流速相对较快，石英砂沉积于裂缝宽缓的位置，对裂缝的支撑作用有限。

2) 煤层气井遗留套管与割煤机撞击危险性评估

为了评估煤层气井遗留套管与割煤机截齿撞击带来的安全隐患，西安研究院设计了煤层气井套管模拟撞击试验，设计了摩擦火花安全性检验。利用煤层气井套管材料(J55)指标固定试件，用割煤机截齿材料制备旋转试件，在含有爆炸气体浓度范围内的情况下，采用正常割煤机转速将旋转试件与固定试件进行旋转撞击摩擦试验，评估煤层气开发后煤层气井遗留套管是否会造成安全事故。

试验结果表明：甲烷含量为 6.7%～6.9%，氧气含量为 25.0%～25.2%，符合井下发生爆炸的范围。截齿与 J55 套管配对金属材料试件撞击万余次(16584～17137 次)，产生了零星火花，未能引燃试验气体。从试验过程观测来看，套管腐蚀后产生的火花较多。说明割煤机与遗留套管还是存在安全隐患，在大规模撞击条件下，还是可能发生爆炸的。

10.1.7　晋城矿区煤层气抽采效果检验

通过地面煤层气的抽采，可以有效降低煤储层的瓦斯量。在 20 多年地面煤层气抽采中，根据经验，煤层气含量下降速度约 $1m^3/a$，但该结论缺乏翔实的测试数据，需要对不同煤层、含气量、抽采年限的煤层气生产区域进行抽采效果测试，得到准确的含气量变化规律，为煤矿设计、生产、安全和通风方式选择提供理论依据。

为了解地面煤层气开发对煤层瓦斯含量的影响，利用寺河矿区地面煤层气井群抽采周期长、规模大的优势，通过优选井位，在国内首次大规模实测验证了不同抽采年限煤层气生产区域的地面抽采效果，通过资料收集、检测钻孔施工、钻孔参数测试、钻孔样品采集、实验室分析化验等手段，结合煤层气产能数值模拟技术，揭示了晋城矿区典型地区不同抽采周期地面煤层气开发后煤层气剩余量的变化规律，为煤矿设计、生产和地面开发方式优化等提供了依据。

1. 煤层原始瓦斯含量与剩余瓦斯含量

晋城寺河矿自 1994 年 PZ-002 井开始排采以来，已进行了 20 多年的规模化开发，具有较长的开采历史，且寺河矿东五盘区和西二盘区煤层气地面井布局基本均衡，3 号煤层参数变化不大，因此优选这两个盘区为煤层气地面抽采效果评价区，通过生产数据历史拟合分析、检验区煤储层再描述、剩余气预测，进一步验证煤层气含量随抽采时间的变化规律。

1) 东五盘区

东五盘区共有 26 口井的原始瓦斯含量测试数据，测试方法为自然解吸法。原始瓦斯含量为 18.98～29.02m^3/t，平均为 23.66m^3/t。总体上含气量由东向西、由南向北呈增大趋势(图 10-21)。

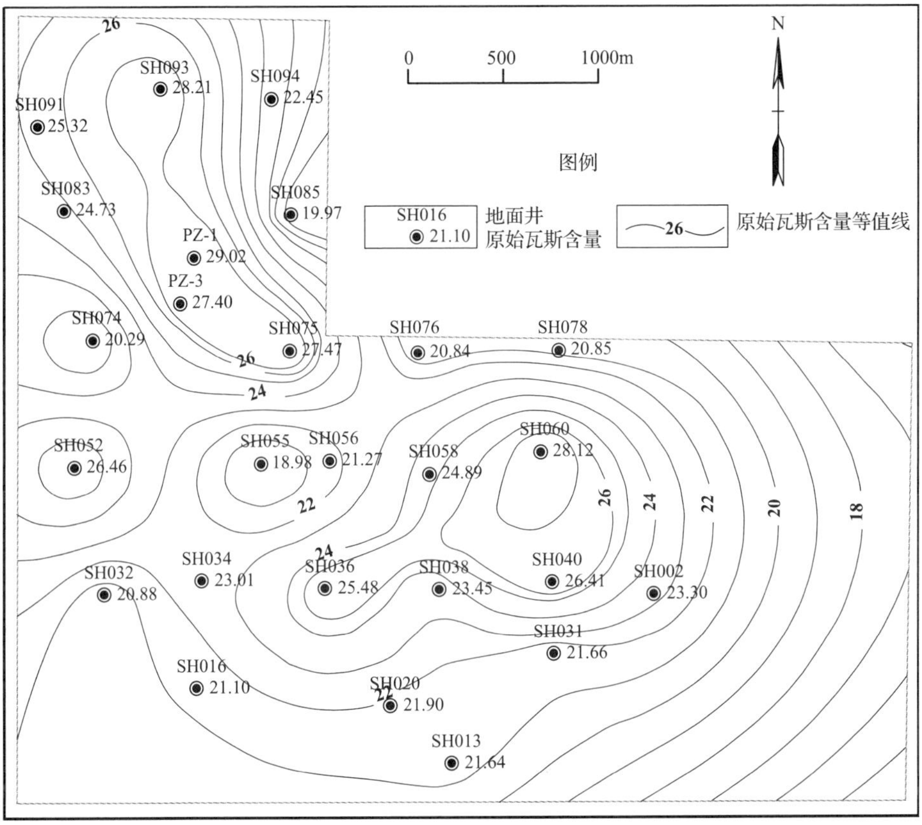

图 10-21　东五盘区原始瓦斯含量等值线图(单位：m^3/t)

2012 年初在寺河矿东五盘区和西二盘区施工了 16 口参数开发效果检验井，开发效果测试孔布置在原有煤层气取心井附近。其中东五盘区为 14 口，含气量测试方法均为快速加温解吸法。测试成果表明，东五盘区剩余瓦斯含量为 8.47～13.76m^3/t，平均为 11.02m^3/t(图 10-22)。

2) 西二盘区

西二盘区内对 9 口井做了原始瓦斯含量测试，测试方法为自然解吸法。该区域煤层原始瓦斯含量较高，为 20.30～26.33m^3/t，平均为 23.33m^3/t，西二盘区原始瓦斯含量整体上变化不大(图 10-23)。

2012 年初在西二盘区施工了 8 口检验井。测试结果表明，西二盘区 3 号煤层剩余瓦斯含量为 11.98～18.07m^3/t，平均为 13.90m^3/t，由北向南剩余瓦斯含量呈逐渐增大趋势(图 10-24)。

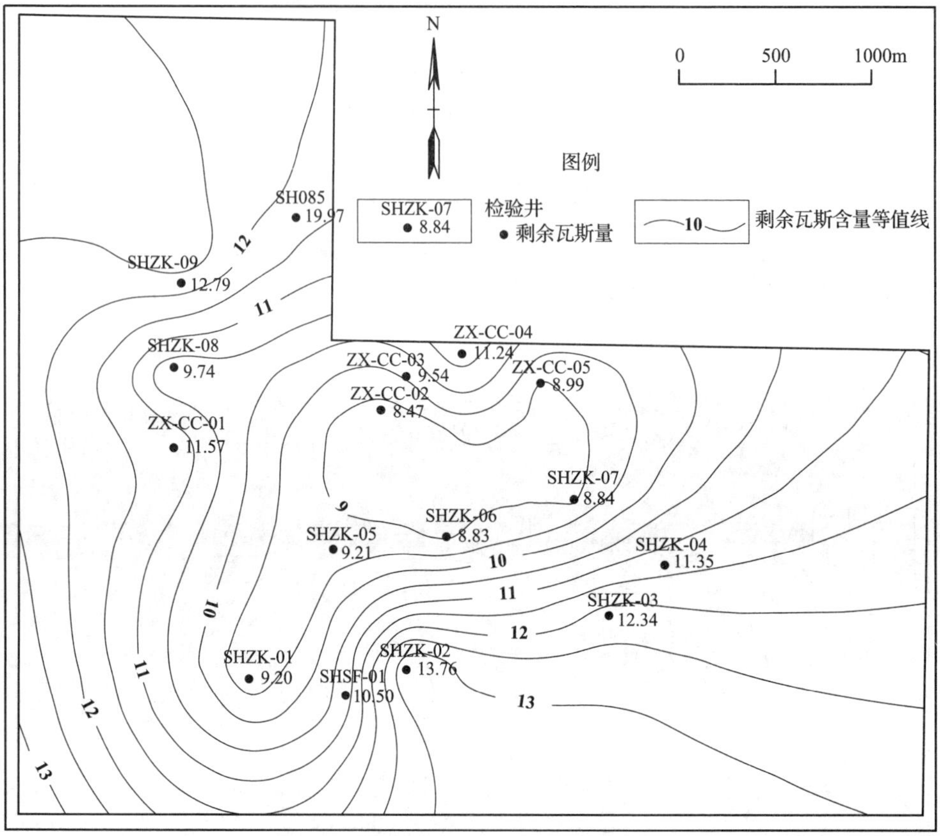

图 10-22　东五盘区剩余瓦斯含量等值线图(单位：m^3/t)

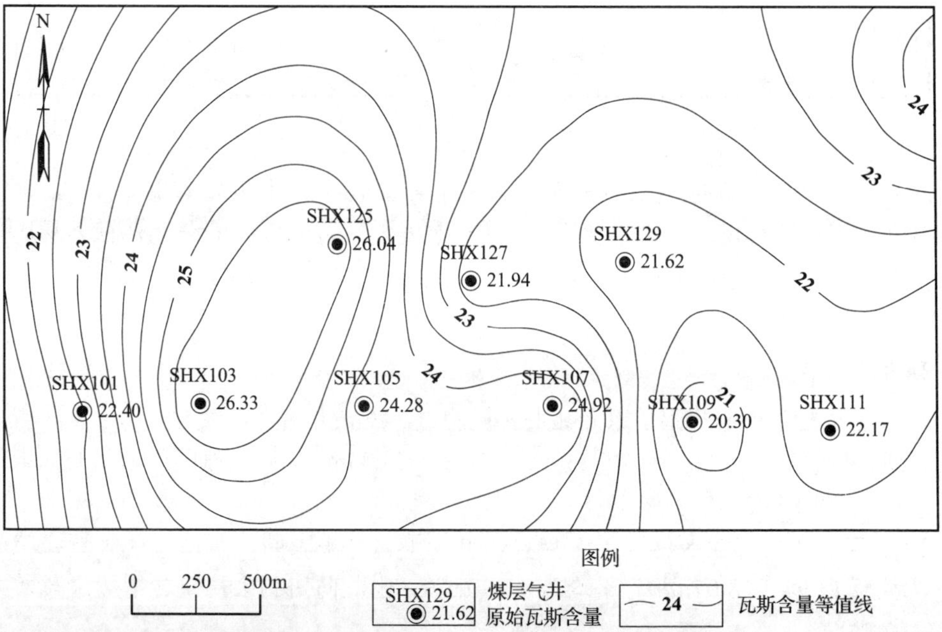

图 10-23　西二盘区原始瓦斯含量等值线图(单位：m^3/t)

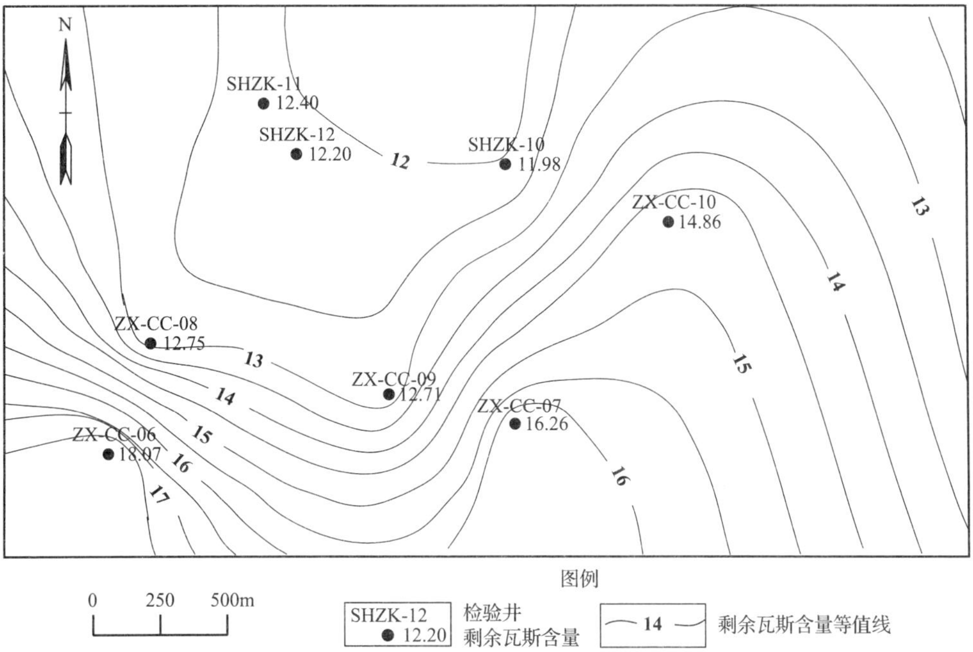

图 10-24　西二盘区剩余瓦斯含量等值线图(单位：m^3/t)

2. 煤层气地面井抽采效果实测数据分析

1) 东五盘区

东五盘区抽采前后瓦斯含量对比如图 10-25 所示。总体上 3 号煤层瓦斯含量降幅达 45%～69%，平均为 55%，煤层气地面抽采效果非常明显。

另据实际累计年产量与原位资源量之差推测，2015 年东五盘剩余瓦斯含量为 $14.96m^3/t$，平均瓦斯含量降低幅度为 37%，比实测评价结果差。原因可能为开发初期产量没有计入累计产量。

2) 西二盘区

西二盘区 3 号煤层剩余瓦斯含量明显降低，瓦斯含量下降幅度为 19%～53%，平均为 42%(图 10-26)。说明地面煤层气预抽能有效降低抽采范围的煤层气含量。

3. 煤层气地面井抽采效果模拟分析

1) 东五盘区

东五盘区共有生产井数 141 口，平均单井产量 $4450m^3/d$，累计产气量为 $10.68\times10^8m^3$，自 2005 年 12 月开始排采。

以历史拟合结果为基础，对东五盘区内 141 口井 15 年内的煤层气总产能作了预测(表 10-5)。由日产气量曲线可见，最高日产气量为 $77.34\times10^4m^3$，平均日产气量为 $27.69\times10^4m^3$。模拟 7 年累计产气量为 $11.31\times10^8m^3$，实际 7 年累计产气量为 $10.68\times10^8m^3$；模拟 10 年累计产气量为 $13.61\times10^8m^3$，模拟 15 年累计产气量为 $16.07\times10^8m^3$。

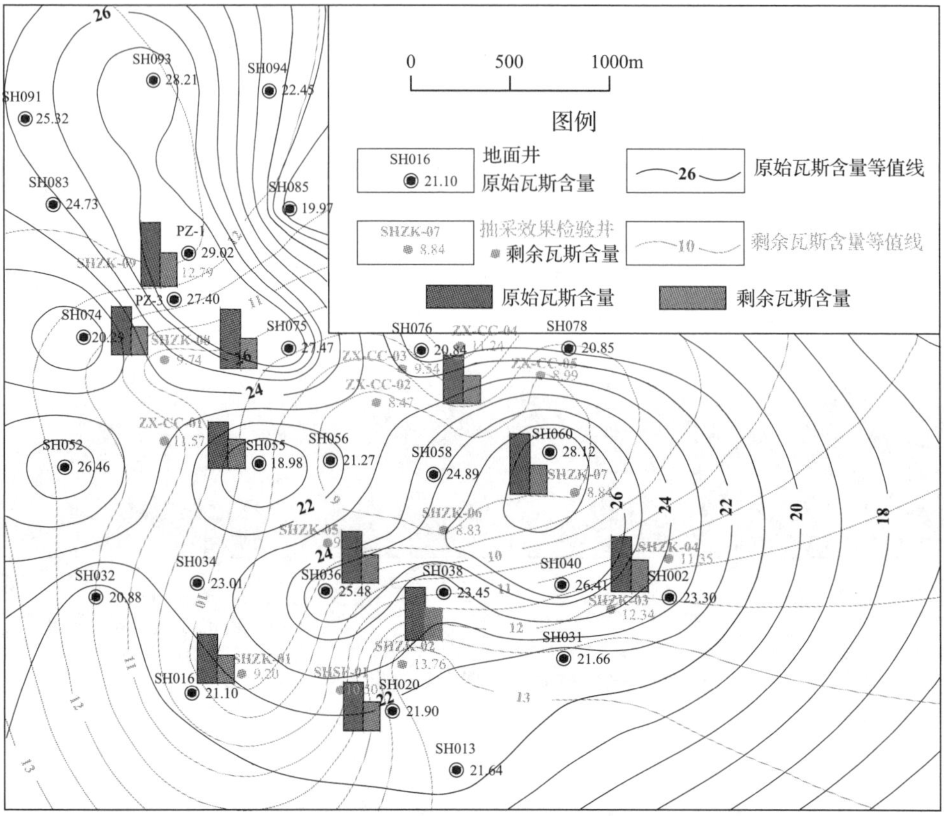

图 10-25　东五盘区原始瓦斯含量与剩余瓦斯含量对比图(单位：m^3/t)

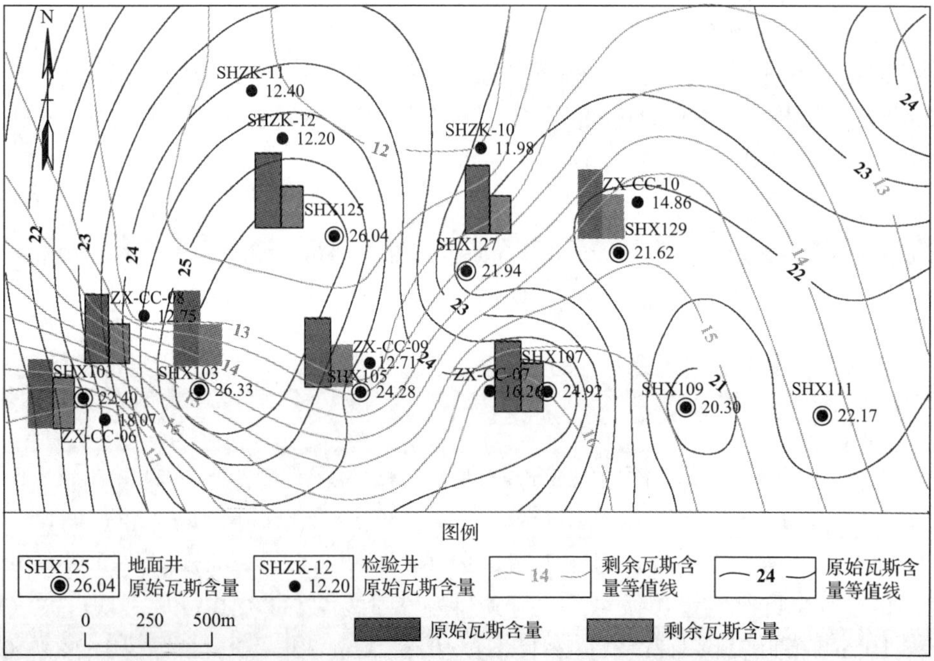

图 10-26　西二盘区原始瓦斯含量与剩余瓦斯含量对比图

表 10-5　东五盘区 141 口井产能整体模拟结果及抽采效果

时间/年	日产气量/10^4m^3	日产水量/m^3	累计产气量/10^8m^3	剩余瓦斯含量/(m^3/t)	瓦斯含量降低值/(m^3/t)	瓦斯含量降低幅度/%
7	25	136	11.31	10.07	13.61	57
8	22	118	12.21	8.99	14.69	62
9	20	107	12.84	8.23	15.45	65
10	18	95	13.61	7.31	16.37	69
11	17	87	14.13	6.67	17.01	72
12	16	79	14.78	5.90	17.78	75
13	15	74	15.22	5.36	18.32	77
14	13	67	15.78	4.69	18.99	80
15	13	64	16.07	4.35	19.33	82

根据产能模拟结果，东五盘区剩余瓦斯含量随抽采时间变化如图 10-27 所示，7 年剩余含量为 10.07m^3/t，10 年剩余瓦斯含量为 7.31m^3/t，15 年剩余瓦斯含量为 4.35m^3/t。7 年瓦斯含量降低幅度达 57%；10 年瓦斯含量降低幅度达 69%；15 年瓦斯含量降低幅度达 82%。

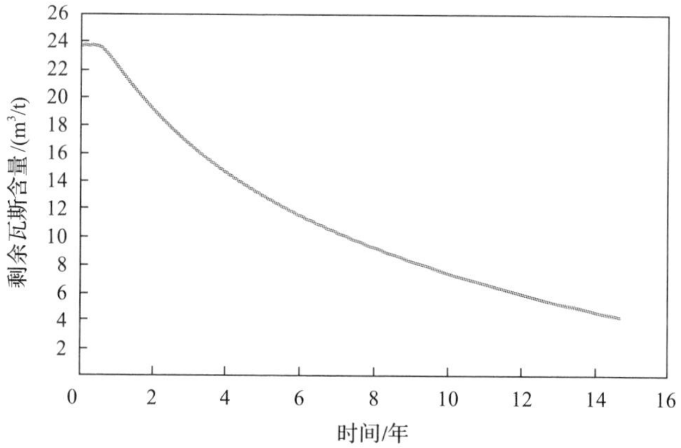

图 10-27　东五盘剩余瓦斯含量变化曲线

2) 西二盘区

西二盘区生产井数 88 口，平均单井产量 2979m^3，累计产气量为 3.89×10^8m^3，自 2007 年 1 月开始排采。

在历史拟合修正参数的基础上，对西二盘区内 88 口井 15 年内的煤层气总产能作了预测(表 10-6)。最高日产气量为 41.97×10^4m^3，平均日产气量为 13.4×10^4m^3。5 年累计产气量为 4.70×10^8m^3，实际 5 年总产气量为 3.89×10^8m^3；10 年累计产气量为 7.04×10^8m^3，15 年累计产气量为 8.53×10^8m^3。

据产能预测，西二盘剩余瓦斯含量随抽采时间变化如图 10-28 所示，5 年剩余瓦斯含量为 12.27m^3/t，10 年剩余瓦斯含量为 6.74m^3/t，15 年剩余瓦斯含量为 3.24m^3/t。5 年瓦斯含量降低幅度达 47%，10 年瓦斯含量降低幅度达 71%，15 年瓦斯含量降低幅度 86%。

表 10-6　西二盘区 88 口井产能整体模拟结果及抽采效果

时间/年	日产气量/10^4m^3	日产水量/m^3	累计产气量/10^8m^3	剩余瓦斯含量/(m^3/t)	瓦斯含量降低值/(m^3/t)	瓦斯含量降低幅度/%
5	17.61	103	4.70	12.27	11.06	47
6	15.74	88	5.19	11.11	12.22	52
7	13.74	74	5.76	9.75	13.58	58
8	12.55	66	6.15	8.84	14.49	62
9	11.23	57	6.62	7.73	15.60	67
10	10.15	50	7.04	6.74	16.59	71
11	9.45	46	7.33	6.06	17.27	74
12	8.64	41	7.69	5.22	18.11	78
13	7.95	37	8.02	4.44	18.89	81
14	7.49	34	8.25	3.90	19.43	83
15	6.95	31	8.53	3.24	20.09	86

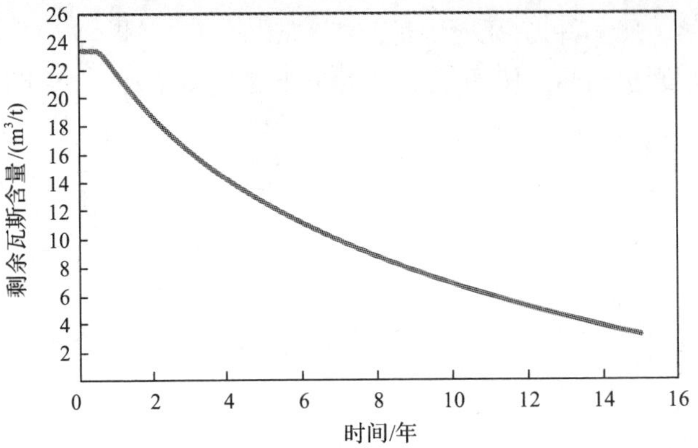

图 10-28　西二盘剩余瓦斯含量变化曲线

4. 抽采效果综合分析

将煤储层模拟预测的结果与原始/剩余瓦斯含量的对比结果进行分析可知，东五盘区地面抽采 7 年，平均降低幅度 55%，储层数值模拟降低幅度 57%，两者基本接近；西二盘区抽采 5 年含气量平均降低幅度 42%，模拟结果降低幅度 47%，结果同样较为接近。

寺河矿西二盘区和东五盘区地面煤层气抽采时间分别达到 5 年和 7 年，为了检验地面抽采效果，“十二五”期间，晋煤集团施工了 22 口专门的抽采效果检验井，如此大规模的抽采效果检验工程在国内外尚属首次。项目运用原始煤层瓦斯含量与剩余瓦斯含量值对比分析，对区内前期煤层气地面抽采效果进行了评价，东五盘区和西二盘区煤层瓦斯含量平均降低幅度分别为 55%和 42%；运用煤储层数值模拟方法，对 229 口气井进行了历史拟合和产能预测，对前期评价结果进行了验证，结果较为一致，并对未来 10 年、15 年的抽采效果做了预测，东五盘区和西二盘区 10 年的降低幅度分别达 69%、71%，15 年的降低幅度分别达 82%和 86%。

该成果能够指导目前煤矿瓦斯抽采工程量设计，避免运用原始含量数据，导致抽放工程量增加、煤矿经济效益降低。依据实际剩余瓦斯含量测试结果，2013 年《寺河矿东井区接替盘区瓦斯抽采设计》调减井下抽采工程投入 1200 万元；寺河矿东五盘区巷道掘进工期比预计缩短了 4 个月，缩短工期 35%，且未发生瓦斯超限。

目前“十三五”国家科技重大专项山西重点煤矿区煤层气与煤炭协调开发示范工程正在进行剩余瓦斯含量测试，可进一步为寺河矿地面井井网优化和排采工艺控制提供定量依据。

10.1.8 晋城矿区煤层气分级利用情况综述

晋煤集团坚持以用促抽，不断拓宽煤层气利用途径，形成了煤层气勘探、钻井、压裂、抽采、输送、压缩、液化、车辆运输、发电、汽车燃气、居民用气等完整的产业链，培育形成了国内规模最大的煤层气利用市场。

经过 20 多年的探索与发展，2018 年晋煤集团地面和井下瓦斯抽采量总量达到 29.58 亿 m^3，地面和井下瓦斯利用总量达到 20.23 亿 m^3，连续 13 年煤层气(煤矿瓦斯)抽采与利用量位列全国第一。

近 10 年来，晋煤集团累计抽采煤层气 240.49 亿 m^3、利用煤层气达 154.66 亿 m^3，相当于减排二氧化碳 2.32 亿 t。2018 年煤层气综合抽采利用率达到 68.4%，形成了全国规模最大的煤层气开发利用市场。

晋城矿区煤层气分级利用主要分为地面抽采的高浓度煤层气与煤矿井下抽采的低浓度煤层气分级利用。对于地面抽采的高浓度煤层气，其甲烷含量一般为 98%左右，属于天然气中的“干气”范畴，可以运用成熟的天然气利用技术加以快速发展。

对于地面高浓度煤层气利用，晋煤集团采取加速发展集输管网、压缩、液化、车运等基础设施，扩大用户群和集输半径，达到提高利用率的目的。截至 2018 年底，晋煤集团已建成煤层气集输管线 2000km、集气站 185 座、中央处理站 2 座、煤层气压缩站 7 座(压缩能力为 125 万 m^3/d)、煤层气液化厂 2 座(液化能力为 120 万 m^3/d)、煤层气长输管道 221.3km，拥有 200 余辆煤层气运输专用槽车。通过液化、压缩，煤层气产品现已销往山西、河南、河北、江苏、浙江、上海、广东等省、直辖市。

大力培育下游用户，发展居民用气、汽车燃料、工业用气，提高利用率。晋煤集团的煤层气现已覆盖山西太原、晋城、长治、晋中、临汾、左权等地区，燃气居民用户达 100 多万户。先后在山西及河南等地建成了 24 座煤层气加气站，日均加气量近 30 万 m^3，使用晋煤集团煤层气的燃气及油气两用汽车已达到 2 万多辆。目前，已实现向陶瓷、玻璃、钢铁等生产企业提供清洁的煤层气和天然气燃料，工业用户达 3300 余户。

对于煤矿井下抽采出的低浓度瓦斯主要采取就近发电的方式加以开发利用。对于抽采出的甲烷浓度大于 10%的煤矿瓦斯，采用就近发电是最佳利用方式。晋煤集团目前已建成了全国单厂规模最大的寺河 120MW 瓦斯发电厂，形成了瓦斯发电总装机容量达 298MW 的瓦斯发电集群，2018 年全年发电量跃上 21 亿 kW·h 新台阶，连续第十年保持瓦斯发电量全国第一。晋煤集团在国内煤炭企业中首家引入清洁发展机制(CDM)，累计获得 CDM 资金约合人民币 7 亿元。基于瓦斯发电与矿井综合利用等方式，晋煤集团 2018 年矿井瓦斯利用率已达到 58%。

晋煤集团还试验了低浓度瓦斯提浓和掺混技术。围绕井下采空区低浓度瓦斯的高效利用，晋煤集团采用国产设备和变压吸附技术，在成庄矿白沙风井建成了一个低浓度瓦斯提浓项目，将白沙风井甲烷浓度约16%的煤矿瓦斯一次提浓至35%，日提浓能力达到3万m^3，提浓技术位居全国领先水平。山西蓝焰煤层气集团有限责任公司在寺河采空区的提浓项目，可将甲烷浓度约 40%的煤矿瓦斯一次提浓至 80%左右，日生产能力为5000m^3。下一步，将根据实际需要，适时布点建设一些低浓度瓦斯提浓项目，不断提升煤矿井下低浓度瓦斯的利用率。

10.1.9　晋城矿区采气采煤一体化煤层气开发示范工程效果

经过晋城示范工程的连续实施，晋煤集团在煤层气开发利用领域得到进一步发展，经济效益明显，煤炭生产条件大幅度改善，环保效益显著，推广辐射效应明显。

2008～2018年，晋城矿区累计生产原煤61762万t(表10-7)，抽采煤层气240.49亿m^3、利用煤层气达154.66亿m^3。2018年与2008年对比：矿区煤炭产量由3709万t增加至6722万t，增产3013万t，瓦斯超限次数由141次减少至0次，煤层气年抽采量由7.76亿m^3逐渐增加至29.58亿m^3，煤层气年利用量由3.17亿m^3增加至20.23亿m^3，利用率由41%增加至68%，变化趋势如图10-29和图10-30所示。

表10-7　晋城矿区煤层气示范工程产生的效果

年份	煤炭产量/万t	瓦斯超限次数/次	煤层气年抽采量/亿m^3	煤层气年利用量/亿m^3	利用率/%
2008	3709	141	7.76	3.17	41
2009	4260	107	11.69	7.05	60
2010	4597	82	15.73	10.13	64
2011	5253	14	20.42	13.06	64
2012	5393	9	23.78	14.67	62
2013	5709	9	25.16	15.11	60
2014	6476	7	25.43	17.12	67
2015	7041	7	25.79	18.09	70
2016	6115	8	26.62	17.26	65
2017	6487	5	28.53	18.77	66
2018	6722	0	29.58	20.23	68

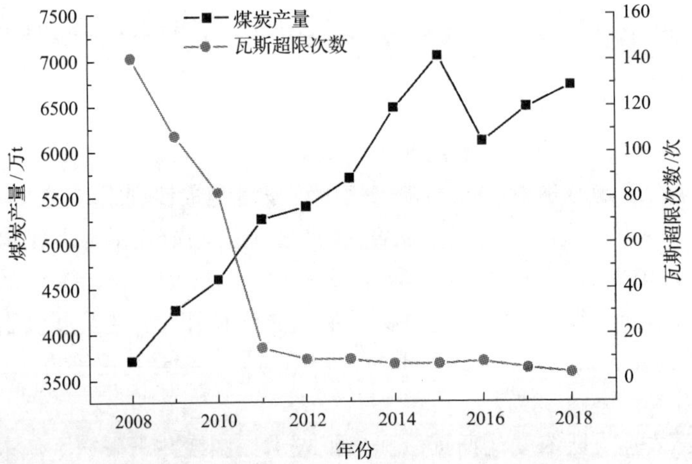

图10-29　晋城矿区煤炭产量与瓦斯超限次数变化图

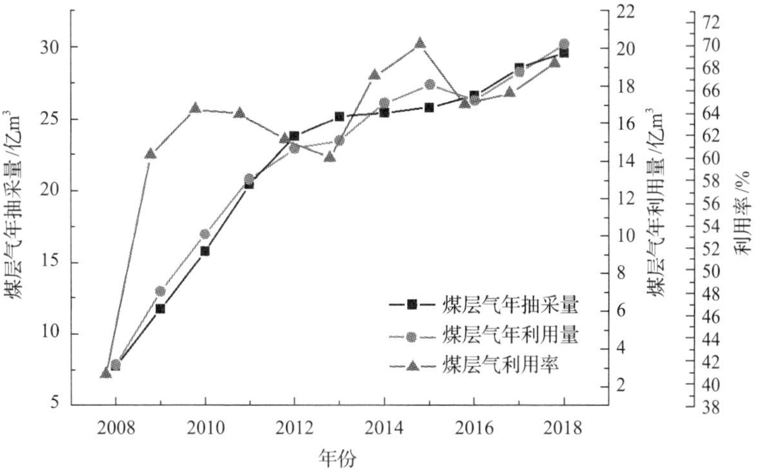

图 10-30　晋城矿区煤层气年抽采量、年利用量、利用率变化图

综上所述，晋城矿区采气采煤一体化技术取得了良好的示范效果，优势明显，归纳如下：

(1) 开创了煤层气大规模商业化开发的新局面，经济效益显著。在示范工程的引领和带动下，煤层气产业蓬勃发展，“十二五”期间，地面煤层气经营收入达 84.19 亿元，利润达 7.9 亿元，上交税费 9.67 亿元。

(2) 保障了煤矿安全高效发展。近 10 年，晋城煤业集团原煤产量近 6 亿 t，未出现瓦斯伤亡事故，在矿井数量不变的情况下，煤炭产量有了大幅度提升，瓦斯超限次数有了大幅度下降，煤炭采掘作业效率明显提高，保证了产能逐年、有序的释放。

(3) 环保效益显著。自 2008 年国家科技重大专项“大型油气田及煤层气开发”实施以来，晋煤集团共抽采煤层气 240.49 亿 m^3，利用煤层气 154.66 亿 m^3，相当于减排二氧化碳 2.32 亿 t，折合标准煤 2011 万 t。煤层气的综合利用有效减少了二氧化碳排放，降低了大气污染，改善了空气环境。据统计，晋城市区全年环境空气质量二级以上天数达到 161d。其中一级天数为 12d。空气综合污染指数为 6.88，较上年下降 11.6%，实现了低碳绿色发展。

(4) 推广辐射效应明显。基于示范成果在晋城矿区应用效果显著，2015 年 8 月，山西省政府提出，以晋煤集团煤层气勘探开发专业队伍为技术依托，在山西省大同、阳泉、西山、离柳、潞安等矿区范围内，实施“山西省瓦斯抽采全覆盖工程”，对山西省内的煤炭规划区、准备区和生产区实现井上井下全覆盖立体化抽采。截至 2018 年底，在大同、阳泉、西山等矿区累计施工各类煤层气井 1925 口(投运 1319 口)，实现年抽采量 2.6 亿 m^3。

(5) 形成了一支煤层气研究专家团队和产业化队伍。在示范工程的支持下，晋煤集团培育了一支集技术研发、煤层气勘探开发与利用的专业化队伍。山西蓝焰煤层气集团有限责任公司是晋煤集团下属的专门从事煤层气勘探利用的全资子公司，对外广泛开展合作，在“煤气共采”领域取得了丰硕成果。近年来，先后与阳煤集团、焦煤集团、美锦能源集团有限公司、山西襄矿集团有限公司、美中能源有限公司等煤炭、煤层气企业合作，对外累计施工煤层气地面钻井近 3000 口，探索形成了科学的合作模式。

(6)煤层气产业链发展带动社会就业。晋煤集团不断拓展煤层气利用途径，瓦斯发电总装机容量达到 298MW；建成了近 50 座煤层气加气站，拥有 300 余辆煤层气运输专用槽车，燃气汽车达到 2 万多辆。“十二五”期间，行业累计新增就业人口近 5 万人次，较大地缓解了地区就业压力。

综上所述，国家科技重大专项“大型油气田及煤层气开发”示范工程的连续实施，有力地推动了晋城矿区煤层气与煤炭两种资源安全高效协调开发。

本节统稿人：李国富

本节主要编写人员：王德璋　李国富　付峻青　焦海滨　王朝帅

10.2　两淮矿区煤层群开采条件下煤层气抽采示范工程

以两淮矿区为典型代表的我国深部高瓦斯煤层群矿区，普遍存在煤层碎软、渗透率低的特性，不利于直接抽采。1991 年以来，先后有华北石油地质局、中国煤田地质总局、美国安然公司、德士古公司等在两淮煤田进行过勘探评价工作，共计施工 14 口地面钻井试验抽采煤层气，单孔抽采量最大为 1000m^3/d，绝大多数不到 500m^3/d 且迅速衰减，有的基本不出气。

为了实现两淮矿区煤层气的高效抽采，通过先选择一层煤层进行卸压开采，使其他主采煤层卸压膨胀，膨胀率可达 20.74‰，渗透率可增加 500～2592 倍，然后通过地面钻井、井下巷道及钻孔等抽采卸压煤层气，取得了良好的效果。同时，对于首采煤层，在目标煤层上方 0.5～2.5m 的顶板岩层内实施水平分段压裂地面钻井技术，创造了我国碎软煤层地面煤层气井的产气记录。

10.2.1　两淮矿区煤层气赋存情况

两淮矿区具有资源、区位优势。华东是我国经济发达、人口稠密、交通便捷但能源严重缺乏的地区，安徽位于华东腹地，是我国煤炭资源丰富的省份之一，是华东地区的产煤大省。两淮矿区位于安徽中北部，煤炭、煤层气资源丰富，含煤地层分布面积达 17950km^2。在–2000m 以浅，探明和预测煤炭储量 877 亿 t，占全省煤炭资源总量的 98%，煤层气储量达 9088 亿 m^3。

1)煤层发育

两淮煤炭基地的淮南、淮北矿区均位于华北聚煤区的南部，石炭－二叠纪含煤地层的沉积类型属南华北型，主要含煤地层为二叠纪的山西组、下石盒子组和上石盒子组，明显区别于北华北型(其主要含煤地层为石炭纪的太原组和二叠纪的山西组)。

淮南矿区的含煤沉积属海陆交互相，煤层层位及厚度均比较稳定，可作为煤层气开发的目标煤层(单层厚度大于 1m、发育稳定和较稳定的煤层)包括 13_{-1}、8、1 等 10 个煤层，总计厚度 24m。

淮北矿区的含煤沉积同样属海陆交互相，可作为煤层气开发目标的煤层包括 3_2、7_1、10 等 6 个煤层，总计厚度 9.84m。另外，淮北矿区的岩浆活动比较强烈，对煤层发生侵蚀和熔蚀作用等，破坏性较大。

2) 煤层气含量

淮南矿区以低、中煤阶为主，煤层气含量较高。对分布于全矿区的 210 个煤层气含量实测数据的统计分析表明，淮南矿区原煤煤层气含量变化为 0.27～13.34m^3/t。总体上看，煤层气含量呈东部高、西部低；整个矿区有 3 个煤层气含量相对高的区域，分别是谢李区、潘集深部区和新集区。生产矿井均为高瓦斯矿井。

淮北矿区的煤阶比较多样化，从气煤到无烟煤均有分布，但以中煤阶为主；在岩浆侵入部位出现高变质的贫煤、无烟煤，甚至形成天然焦。煤层气含量较高，整个矿区煤层气含量(可燃基，daf)变化在 4～15m^3/t；受构造和岩体侵入的影响，煤层气含量在区域展布方面变化大，总体呈现出东高西低、南高北低的特征。生产矿井均为高瓦斯矿井。

3) 煤层渗透性

在两淮煤炭基地内，煤层气勘探活动比较活跃，利用现代煤层气测试方法实测过不少煤层渗透率和地层压力数据。

淮南矿区，用注入/压降方法在 4 个钻孔中获得 9 个实测数据。统计表明煤层渗透率变化在 0.01～1.20mD，一般为 0.25～0.40mD。

淮北矿区，用注入/压降方法在 5 个钻孔中获得 15 个实测数据。统计表明煤层渗透率变化在 0.02～20.00mD，一般为 0.40～0.70mD。

4) 地层压力

淮南矿区，在潘集、顾桥和新集地区地层压力梯度在 0.95～1.28MPa/100m 变化，属常压－高压储层。但在谢李区地层压力梯度仅为 0.57MPa/100m，属低压储层，这可能与煤炭开采形成的地下水降落漏斗有关。

淮北矿区，在 2 口煤层气参数井中测得地层压力梯度在 0.61～0.78MPa/100m 变化，属低压储层。

10.2.2　两淮矿区煤层群条件下地面抽采技术

1. 采动区地面抽采技术

1) 采动区地面钻井结构设计

自淮南矿区试验第一口采动区卸压煤层气地面钻井以来，为实现采动区卸压煤层气地面抽采，淮南矿区前后设计了多种井身结构。井身结构对采动后的井孔稳定性有重要影响，其本身结构的好坏，对采动区卸压煤层气地面抽采效率有很大的影响。随着淮南矿区采动区卸压煤层气地面钻井试验经验的积累，根据井身破坏情况和采动区卸压煤层气地面钻井产能的统计情况，采动区卸压煤层气的地面井结构一直在改进。目前，已经获得比较成功并已推广应用的井身结构有Ⅰ型、Ⅱ型、Ⅲ型和Ⅳ类。

A. Ⅰ型地面钻井井身结构设计

淮南矿业集团采动区卸压瓦斯地面抽采井技术研究工作自 2002 年开始，到 2008 年 8 月共施工钻井 61 口，分布在潘一矿、潘三矿、谢桥矿、张集矿、顾桥矿、丁集矿、谢一矿 7 个新老矿区，但钻井成功率较低。成功井全部集中在潘一矿、潘三矿和谢一矿，如潘一矿 2352(1)工作面单口地面钻井累积产气量 290 万 m^3；而在谢桥、张集、顾桥、丁集等矿几乎所有地面抽采钻井均不成功。通过多次井中摄像发现，在工作面推过钻井至 150m 范围内钻井不再出气。主要原因是井管多处断裂，筛管部位堵塞，水位上升，导致井毁气断。特别是在巨厚松散层、复杂水文地质条件区域及大采高、快推进的工作面内的钻井，一部分抽采井只出几方气，甚至有的抽采井未出气就以失败而告终。同时，井壁管破裂、第四系或基岩水涌入抽采井，对矿井构成了极大的水害威胁。

a. Ⅰ型钻井结构

(1)一开套管在基岩面以下 50m，采用普通水泥，无缝钢管套管固井。一开孔径 Φ273～Φ350mm，下入 Φ244.5mm×11.05mm 石油套管(N80 型)，整个环状间隙用速凝水泥浆全封闭，如图 10-31 所示。

(2)二开孔径 Φ244.5mm，244.5mm×11.05mm 石油套管底口至 11-2 煤层顶板 8m 左右孔，孔径 Φ216mm 下入 Φ177.8mm×9.19mm N80 实管；采用普通水泥，244.5mm×11.05mm 无缝钢管套管固井。11-2 煤层顶板 8m 及其以上 60m 段下入 Φ177.8mm×12.65mm 花管，花管与实管重叠 8.0m 左右，重叠部分用 Φ139.7mm×9.17mm N80 花管连接，采用活接头等形式加固套管。

(3)三开从 11-2 煤层顶板 8m 至底板 1m，采用孔径 Φ152mm 裸孔，下口放置了木塞或玻璃球。

b. Ⅰ型钻井抽采情况

Ⅰ型钻井 61 口，共抽采瓦斯量 7526.38 万 m^3，平均单井抽采量为 123.38 万 m^3，最大单井出气量 609.6 万 m^3(潘一矿 2371(1)工作面 1#钻井)。

c. Ⅰ型井身结构现场应用经验总结

Ⅰ型地面钻井不适用于复杂变化的地质情况及开采条件，在抽采过程中易产生挫断的问题。钻井挫断主要有以下几方面的原因：一是地质、水文条件影响，钻井发生破坏的矿井都在潘谢新区的西部，第四纪新地层普遍较厚，在 400m 左右，且含有多层含水流砂层，涌水量大，钻井往往在基岩面附近发生挫断；而地下水随回采不断下泄，使第四纪新地层的流砂逐渐堵塞在钻井中，造成钻井不透气。二是采高大、回采速度快，上覆岩层移动破坏加剧，工作面周期来压频繁，使钻井遭受巨大的剪切力作用。三是产气筛管较长，强度较弱，这在一定程度上影响了钻井的稳定性。针对以上问题，淮南矿业集团攻关小组在钻井设计上进行了改进和完善，在结构上增大了一开护壁管的直径及深

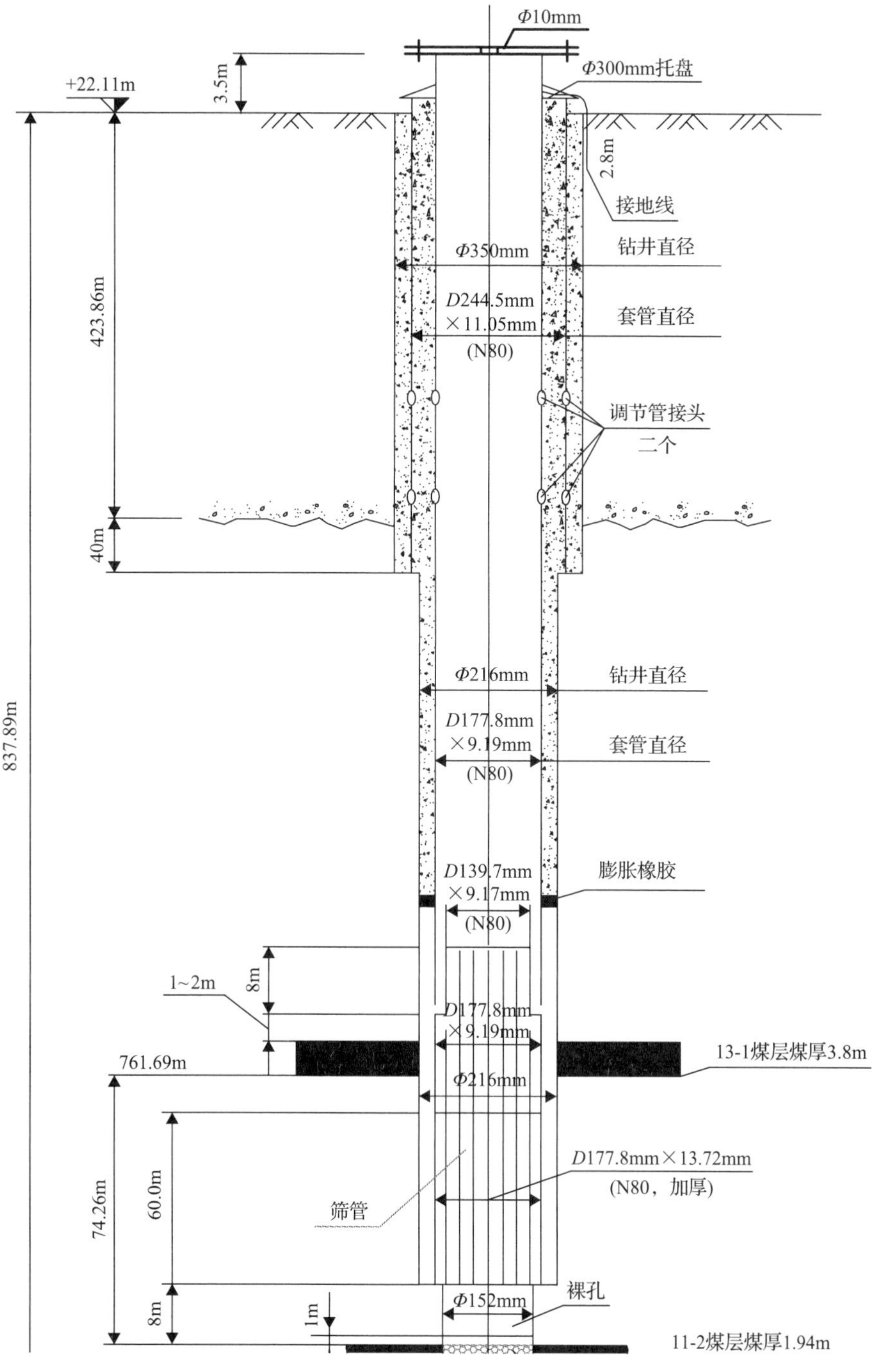

图 10-31　Ⅰ型钻井结构

度，加大了基岩段套管及花管的孔径、材质、套管壁厚等，确保钻井与采空区透水透气，从而形成了第Ⅱ类地面钻井。

B. Ⅱ型地面钻井井身结构设计

在调研及分析以往地面钻井失败原因的基础上，发现了要使钻井能够长时间出气，必须解决孔内积水的问题。

具体解决的思路是“上止下泄”，即上部止水。对上部松散层采用石油钻井的方法进行固井，防止新地层水受采动影响后进入孔内；下部在 11-2 煤层底板 10m 必须使用裸孔，确保孔底不被淤塞，孔内上部砂岩水能顺畅流入采空区。

根据这种思路，设计出了Ⅱ型井身结构。Ⅱ型地面钻井井身结构的具体参数如下。

(1) 一开：0～基岩面下 50m 左右，一开孔径为 Φ350mm，下入 Φ273mm×10.16mm 石油套管并采用石油固井；

(2) 二开：基岩面以下 50m 左右～13-1 煤层顶板 15m 左右，二开孔径为 Φ245mm，下入 Φ177.8mm×9.19mm 石油套管并采用石油固井；

(3) 三开：13-1 煤层顶板 15m～11-2 煤层顶板 5m，三开孔径为 Φ152mm，下入 Φ127×9.19mm 石油套管；

(4) 四开：11-2 煤层顶板 5m～11-2 煤层底板 10m，Φ118mm 裸孔。

a. Ⅱ型地面钻井现场应用情况

Ⅱ型井身结构试验井在丁集矿 1131(1)工作面及顾桥矿 1122(1)工作面各施工两个。丁集矿两孔单孔累计出气量接近 100 万 m^3，取得成功；但在顾桥矿仅出气几天，工作面过钻孔 70m 左右就衰减至 1m^3/min 左右，1#孔单井累计出气量为 7.9 万 m^3 左右，2#孔单井累计出气量为 10.4 万 m^3。

b. Ⅱ型井身结构现场应用经验总结

(1) 根据井中录像显示，孔深 462m 以上套管完好，而 462m 正好是 Φ273mm×10.16mm 石油套管底口。由此说明新地层采用两路套管及石油固井技术，取得的效果是明显的，止水效果好并能抗得住采动对钻孔造成的破坏。

(2) 如果仅孔深 462m 处变形是不影响钻孔泄水出气的，则可以推断，随孔深加大，下部基岩段套管及花管破坏变形非常严重。

(3) 对Ⅱ型井身结构设计的经验：加大一开护壁管的深度；加大基岩段套管及花管的孔径、材质、套管壁厚等，确保钻孔与采空区透水透气，通道畅通。

C. Ⅲ型地面钻井井身结构设计

Ⅱ型地面钻井井身结构虽然在丁集矿取得了成功，但是在顾桥矿效果却不是很理想。因此，在Ⅱ型地面钻井的基础上，设计出了Ⅲ型地面钻井。

其主要改进点为：为加强基岩面段套管抵抗破坏的能力，延深一开 Φ273mm 石油套管至 13-1 煤层顶板 15m，增大抽采段泄水出气性，增大抽采段孔径至 Φ245mm，花管增大为 Φ177.8mm×13.72mm 石油套管。

a. Ⅲ型地面钻井现场应用情况

在丁集矿 1422(1)工作面和顾桥矿 1122(1)工作面各布置一口Ⅲ型井身结构的地面钻井进行试验。丁集矿Ⅲ型试验钻井自 2009 年 10 月 25 日抽采至 2010 年 4 月 13 日，抽采瓦斯已超过 200 万 m^3，日平均抽采纯流量 1 万 m^3/min，标志着Ⅲ型试验钻井在丁集矿获得成功。后又在丁集矿 1321(1)工作面布置了 3 口III型钻井，抽采效果均良好，累积抽采量达到 100 万 m^3 以上，抽采效果明显比II型钻井提高。可以认为III型钻井结构及其工艺技术适应丁集矿的地质及开采条件。顾桥矿 1122(1)工作面III型 1#试验井于 2009 年 6 月 16 日开工，2009 年 8 月 12 日完工，终孔孔深 844m。当工作面推进至该井时，出气量从最初的 $5m^3/min$ 迅速提高到 $16m^3/min$，并在随后的 5 天内达到峰值 $43m^3/min$。然而，在工作面推过该面 45m 时，钻孔出气量突然衰减至 $1\sim2m^3/min$，共抽采瓦斯 $14575m^3$。

b. III型地面钻井现场应用经验总结

(1)根据井中录像显示，孔深 500m 以下套管变形弯曲严重，且随深度加大，变形越来越剧烈。由此说明，顾桥矿基岩段双路套管亦未能抵抗住采动破坏。

(2)花管段套管无法录像，但可以推断，花管段单层套管受采动破坏影响更大。

(3)通过往孔内压风判断，钻孔未被完全破坏，与采空区是连通的。因此，钻孔出气通道受采动影响变狭小，是钻孔出气量变小的直接原因。

D. IV型地面钻井井身结构设计

由于I型、II型、III型地面钻井的井身结构均未获得理想的抽采效果，在总结I型、II型地面钻井失败经验的基础上，进行了大胆的技术创新，设计出了IV型井身结构，其主要创新如下：

(1)针对采动卸压瓦斯抽采孔的特点，总结I型、II型孔的经验，打破常规钻孔设计思路，引入“上止下泄”及“硬抗”和“避让”相结合的设计理念，采用石油固井加强上部松散层止水，增大内层套管壁厚，将花管孔段扩大近一倍等多项举措。

(2)施工中采用 PDC 掏穴钻头将 13-1 煤层顶板至 11-2 煤层顶板瓦斯抽采花管段孔径扩大。给花管预留一定的外环空间进行“避让”，可以有效缓冲岩层在采动后产生的剪切、挤压力对花管的破坏，从而有效地保护花管在采动影响后能够保留完好的出气通道。另外，可以使目的层的出气表面积增大，有效增加钻井出气量，提高单井产量。

(3)在花管与套管的连接上进行了改进，这种改进既增大了钻孔的过气断面，同时花管和实管采用相同孔径，更易于钻孔的洗井工作。

(4)基岩面以下工作管石油套管壁厚增大 1 倍左右，花管壁厚增大近 40%，这些施工工艺的改进都将有效增强工作管抗抵抗采动破坏的能力，保证钻孔有良好的出气通道。

IV型地面钻井井身结构具体参数如图 10-32 所示。

a. 钻孔结构具体参数

(1)0～699.30m(13-1 煤层顶板)，孔径为 $\Phi350mm$；0～699.22m，下入 $\Phi273mm\times10.16mm$ 石油套管。

(2)699.30～779.00m，孔径为 $\Phi420mm$，其中由下而上 697.30～779.00m 下入 $\Phi177.8mm\times19.05mm$ 石油花管，花管上口连接 7.57m 长 $\Phi177.8mm\times19.05mm$ 石油套管；0～498.78m 下入 $\Phi177.8mm\times9.19mm$ 石油套管，管长 499.08m，高出台板 0.30m；498.78～688.72m 下入 $\Phi177.8mm\times19.05mm$ 石油套管，套管底口连接 8.70m 长的 $\Phi219mm\times10mm$ 无缝钢管(688.72～699.30m)与花管上口 $\Phi177.8mm\times19.05mm$ 实管重叠。花管底口距

11-2 煤层顶板 1.55m，底口岩性为细砂岩，整个花管段的岩性以砂质泥岩、泥岩、细砂岩为主，夹粉砂岩及煤层，其中细砂岩、粉砂岩总厚为 38.85m，占 48.7%。

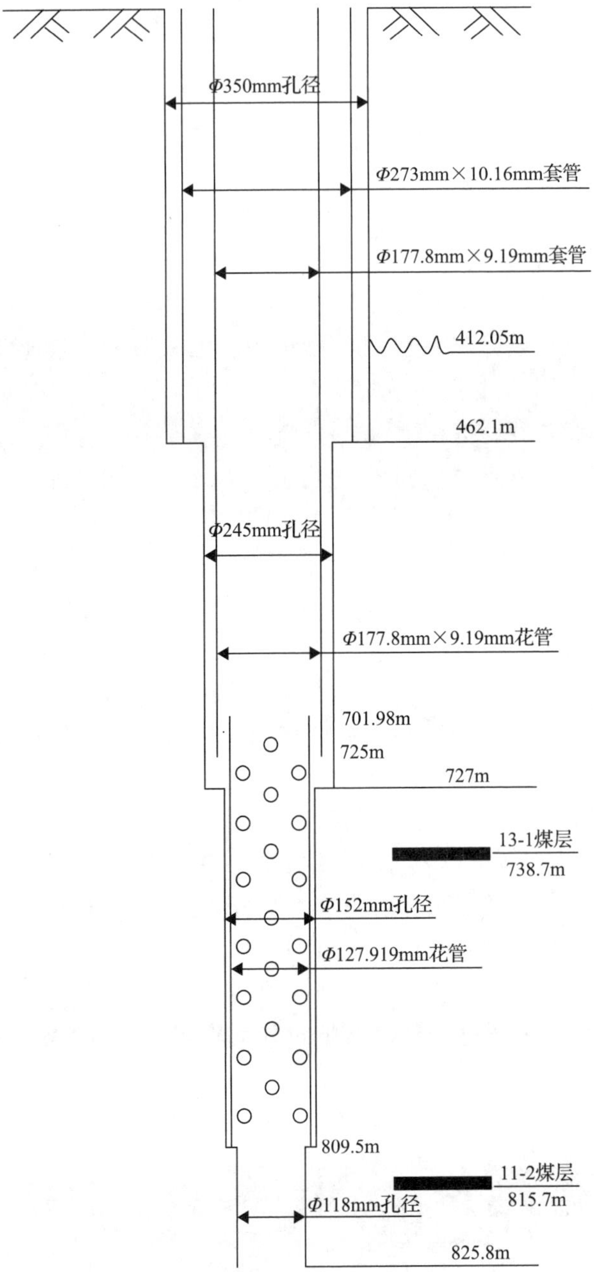

图 10-32　Ⅳ型地面钻井井身结构示意图

(3) 779.00～796.86m，孔径为 Φ133mm，裸孔。

该孔花管底口距 11-2 煤层顶板间距较小，因为在 Φ133mm 成井时该段岩心破碎，孔径较大，实际孔径超过 Φ216mm，因此，必须把花管底口下深，钻孔方能坐住花管底口。

b. Ⅳ型地面钻井现场应用情况

潘一矿Ⅳ型地面钻井在 1112(1)工作面试验，共设计 5 个钻孔，其中先施工 1#、2#孔，距切眼距离分别为 85m 和 400m，距运输顺槽 60m 左右，其中 1#孔孔深 650m，2#孔孔深 630m。1#孔抽采纯量最大为 58.6m^3/min，最大日产量超过 8.4 万 m^3，单井累计抽采量为 721 万 m^3。2#孔抽采纯量最大为 46m^3/min，累计出气量为 676 万 m^3。

Ⅳ型卸压区地面抽采钻井在淮南矿区取得了成功，解决了复杂地质及水文地质环境下工作面快速推进的地面钻井抽采卸压煤层气的难题。

2)采动区地面钻井施工关键技术

煤层气井类型和钻井工艺的选择取决于煤层的埋深、厚度、力学强度、压力及地层组合类型、井壁稳定性等地质条件。

采动区地面钻井的设计不同于原始地层煤层气垂直井施工，一方面井位需设计在采动卸压范围内；另一方面，下保护层的开采导致上覆岩层移动，煤层气井极易挫断或拉断，因此，对采动区地面钻井的施工设计有更严格的要求。下面以潘一矿 2361-1#钻孔为例，介绍采动区地面钻井施工工艺。

井身结构参数如下所述

A. 针对地质条件

(1)穿过新地层、风化带(40m 左右)至坚硬砂岩岩层(深度约 285m)，孔径为 *Φ*311mm，下入 *Φ*245mm×10mm 无缝钢管，整个环状间隙用速凝水泥浆全封闭。

(2)孔深 285～568.5m，孔径为 *Φ*216mm，下入 *Φ*177.8mm×9.19mm 石油套管(N80 型)至井口，并用速凝水泥浆全封闭。

(3)孔深 568.50～671.00m，孔径为 *Φ*152mm，下入 *Φ*139.7mm×9.17mm 石油筛管(N80 型)，其中在孔深 630.3～649.8m 段(底抽巷上下各 10m 内)下入 *Φ*139.7mm×9.17mm 石油套管(N80 型)并在套管顶底部缠止水橡胶。筛管上口与 *Φ*177.8mm 石油管重叠不少于 8m。

(4)孔深 671.0～680.89m，为 *Φ*94mm 裸孔，其中孔深 671.0m 至终孔用速凝水泥封闭。

B. 钻井固井

采动区地面钻井有以下 3 个要求：①全孔为无岩心钻进，且全孔进行常规测井；②孔斜控制方面新地层孔段钻孔偏斜顶角不超过 1°，终孔点相对孔口偏移不超过 10m；③井口管标高为 22.5m(施工完毕后标高)。钻井施工顺序如下：

(1)开孔用 *Φ*152mm 三牙轮钻头钻进至 300.00m 左右，并按常规测井、测斜确定固管准确深度。

(2)分别用 *Φ*216mm 和 *Φ*311mm 前导向扩孔钻头分级扩孔至 285m，并下 *Φ*245mm×10mm 套管并固管。

(3)固管结束后，继续用 *Φ*152mm 钻头钻进至 671.0m，改用 *Φ*94mm 钻头钻进至终孔并测井。

(4)用 *Φ*216mm 三牙轮扩孔钻头扩孔至 568.50m，下入 *Φ*177.8mm×9.19mm 套管并固管。

(5)固管结束后，用 *Φ*152mm 无芯钻头冲扫管内残留水泥浆及套(筛)管内壁水泥，冲扫孔深度至孔底，并下入 Φ139.7mm×9.19mm 筛管，后用高压射流逐段冲洗孔壁，直至孔口返清水，洗井时间要大于 48h。

(6) 按要求在外层套管安装避雷接地装置，内层套管高出地表 3.5m，且管口以闷盘封闭。

C. 地面钻井完井与强化

通过对采动区卸压煤层气地面井的工程施工及产气效果的统计分析和总结可知，在钻井完井过程中，采用如下方式时采动区卸压煤层气地面井具有相对较好的工程效果。

(1) 施工时间要求：地面井需在工作面回采之前施工完成。

(2) 钻进时需测井：钻孔过新地层与基岩段时，13-1 煤层底板 10m 及 11-2 煤层底板 10m 时需进行常规测井，确定岩性以便确认各路套管的管底位置。

(3) 测斜控制：钻进 50～100m 之后及开始下套管之前均需进行钻孔测斜。钻孔尽量保证垂直，终孔点相对孔口点偏移不超过 10m。

(4) 固管：护壁套管及技术套管要求全封闭。套管外部固井时封闭的质量对井孔抗压及抗剪强度有重要影响。前期地面井固井时，地面返流的水泥有时单边上返，将严重影响固井质量。改用辽河油田石油固管车固井后，相同井位设计和井孔结构的采动区卸压煤层气地面井有效抽采时间和产气量明显增大，因此采用高质量的固井方法，可有效提高采动区卸压煤层气地面井抽采效果。

(5) 冲洗液：松散层段严格控制泥浆的黏度、密度、失水量、含沙量，泥浆调配中适量加入部分降失水剂和稀释剂；基岩段选用低固相泥浆。

3) 采动区地面钻井井位设计与优化

(1) 井位设计。

采动区卸压煤层气地面抽采钻井布设在煤矿准备区范围内，抽采被保护层中的煤层瓦斯。在工作面未回采之前，地面抽采钻井要施工完毕。

采动区卸压煤层气地面钻井一般布置在采煤工作面倾向中部，这是因为在充分开采条件下，采煤工作面中部岩层移动量最大，其活跃期为 2～3 个月。因此，该位置曾被认为是抽放瓦斯的理论最佳位置。实践证明，采动区卸压煤层气抽采钻井的井位布置还应综合考虑工作面采动对钻孔的影响，采动区卸压煤层气地面钻井井位布置于采煤工作面上部且岩层下移速度相对较小区域更为有利。地面钻井有效抽放半径一般为 200m 左右，因此，采动区卸压煤层气地面钻井两井间距一般不大于 400m。

淮南矿区采动区卸压煤层气地面钻井井位部署主要有两种方式(图 10-33)：第一种，将井位布置于工作面正中间，井间距不超过 400m[图 10-33(a)]；第二种，将井位布置于离回风巷 1/3 工作面长度处，井间距一般不超过 400m[图 10-33(b)]。

(2) 地面钻井井位优化布置。

将采动区卸压煤层气地面井的“生产套管”置于采动裂缝发育且长期保持地段，这是采动区卸压煤层气地面井高产的关键。采动导致的岩层移动稳定后，采动裂缝发育且长期保持的区域位于采空区四周，即靠近工作面开切眼、收作线及靠近回风巷、进风巷的采动影响线与采空区压实线之间的区域内。因此，将井位布置于该区域将使地面井有相对较长的产气时间。由于煤层气密度低于空气，煤层气在运移过程中会偏向富集于倾

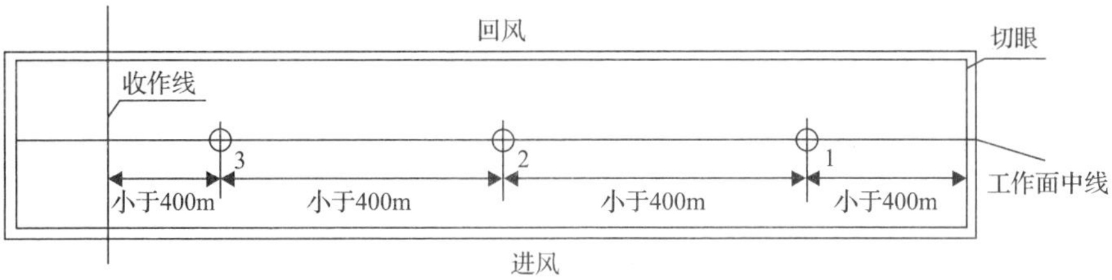

(a) 井位布置于工作面正中间

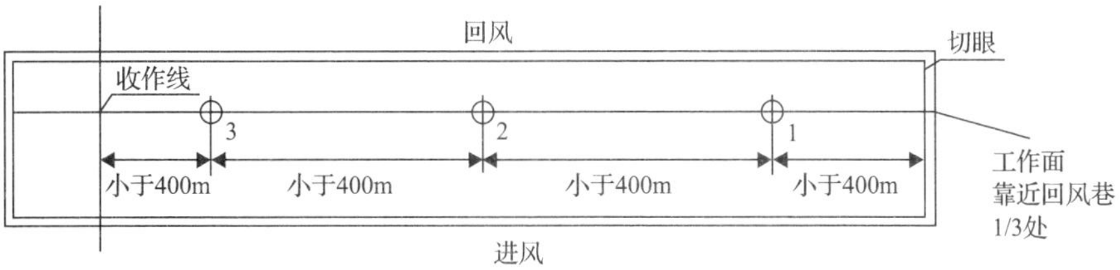

(b) 井位布置于离回风巷1/3工作面长度处

图 10-33　井巷与采动区卸压煤层气井联合部署图

斜工作面上山方向，即将井位布置于采空区靠近回风巷的采动裂缝发育区将会有更好的产气效果。采动区卸压煤层气地面井最佳井位如图 10-34 所示。

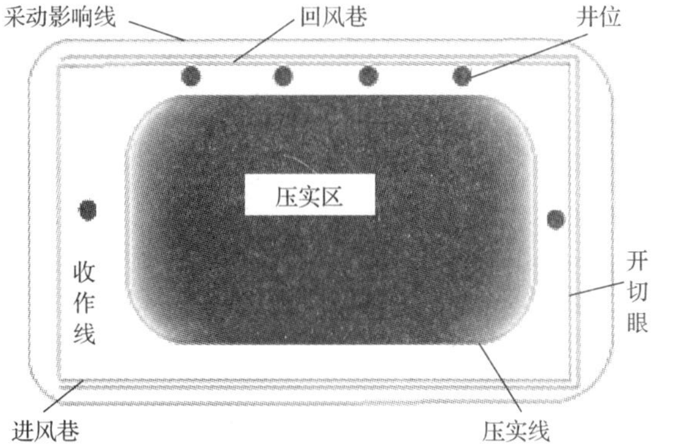

(a) 平面图

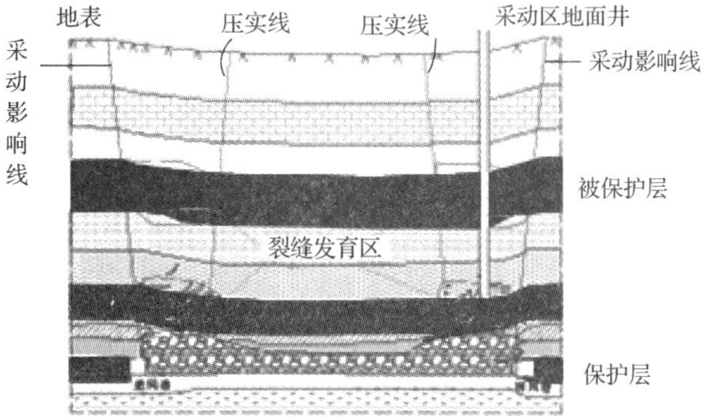

(b) 剖面图

图 10-34　采动区卸压煤层气地面井最佳井位布置图

4）顾桥矿采动区地面钻井抽采煤层群卸压煤层气实践

A. 顾桥矿井概况

顾桥井田二叠系含煤层段总厚734m，共含煤33层，煤层总厚30.08m，含煤系数为4.10%，自下而上依次可分为7个含煤段。主要可采煤层为13-1煤层、11-2煤层、8煤层、6-2煤层和1煤层，平均总厚19.65m，占可采煤层总厚的65.33%。13-1煤层煤层厚度为1.70～8.25m，平均厚度为4.65m。13-1下煤层是13-1煤层的下分层，两者呈合并分叉关系。最大厚度为1.85m，平均厚度为0.56m。11-2煤层上距13-1煤层平均69m，厚度为0.89～7.23m，平均厚度为3.10m。

B. 井位布置与施工

顾桥矿1121(1)工作面Ⅳ型1#钻孔于2010年1月13日开工，于2010年4月29日竣工。钻孔的终孔深度为760.34m，终孔层位为11-2煤层底板，基岩面深度为427.65m。

C. Ⅳ型地面钻井抽采效果

(1) W1121-1井抽采效果。

工作面推过W1121-1井地面钻井27.3m开始稳定出气，抽采浓度(体积分数，下同)为17.4%～58.6%，抽采混合量为10.37～23.64m^3/min，抽采纯量为2.28～12.62m^3/min。

在工作面距W1121-1井为14.2m时出气量为2.38m^3/min，随着工作面距钻井逐步靠近，抽采量逐步下降至0.7m^3/min；工作面推过钻井19m后抽采量上升至1.45m^3/min，工作面回采期间抽采量为2.28～12.62m^3/min，平均为6.5m^3/min；工作面推过钻井317m后，抽采量逐步下降至8.46m^3/min；工作面推过钻井413m后，抽采量降为3.27m^3/min，正常日抽采量为23187m^3，该井累计抽采煤层气5311368m^3。W1121-1井地面煤层气钻井抽采纯量变化曲线如图10-35所示。

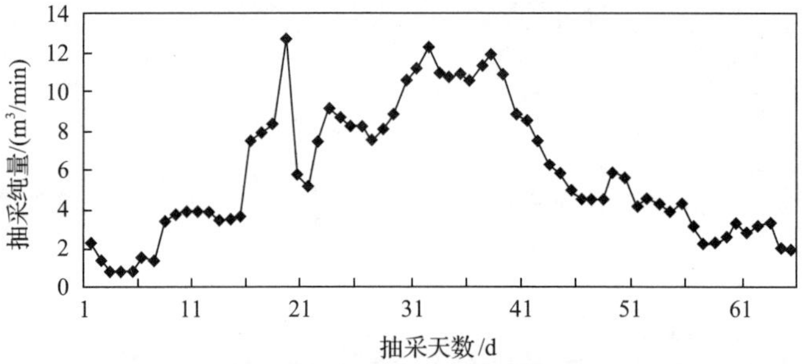

图10-35　W1121-1井地面煤层气钻井抽采纯量变化曲线

工作面距W1121-1井钻井14.2m时钻井抽采甲烷浓度为60%，随着工作面向钻井逐步靠近，抽采浓度逐步下降至4.0%；当工作面推过钻井27.3m后，抽采浓度又逐渐上升至17.4%，工作面回采期间抽采浓度为17.4%～58.6%，平均为40%；当工作面推过钻井378.7m后，抽采浓度由30%逐步下降至19%。

(2) W1121-2井抽采效果。

工作面距W1121-2井地面钻井2.5m开始稳定出气，抽采浓度为41%～93%，抽采混合量为 18.3～23.9m^3/min，抽采纯量为 8.3～18.4m^3/min。

工作面距 W1121-2 井 13.1m 开始出气，产气量为 4.62m^3/min，随着工作面逐步靠近钻井，抽采量逐步下降至 2.05m^3/min，工作面推过钻井后抽采量上升至 15.56m^3/min，工作面回采期间抽采纯量为 8.3～18.4m^3/min，平均为 14.2m^3/min，正常抽采日抽煤层气 20455m^3，该井累计抽采煤层气 4160504m^3。W1121-2 井地面煤层气钻井抽采纯量变化曲线如图 10-36 所示。

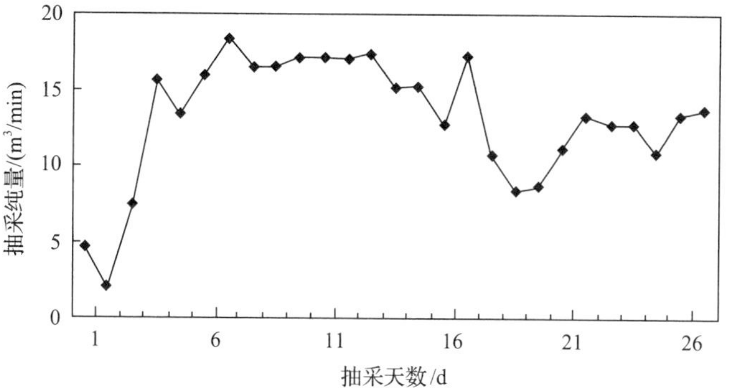

图 10-36　W1121-2 井地面煤层气钻井抽采纯量变化曲线

工作面距 W1121-2 井 23.7m 时钻井抽采甲烷浓度为 95%，随着工作面逐步靠近钻井，抽采浓度逐步下降至 16.6%，工作面距 W1121-2 井 2.5m 开始，抽采浓度上升至 56%，工作面回采期间抽采浓度为 41%～93%，平均为 71%。

(3) 1121(1) 工作面Ⅳ型地面钻井抽采效果分析。

W1121-1 井正常抽采时抽采纯量为 2.28～12.62m^3/min，平均为 6.5m^3/min，W1121-2 井正常抽采时抽采纯量为 8.3～18.4m^3/min，平均为 14.2m^3/min；两井同时抽采时，抽采纯量为 10.6～23.4m^3/min，平均为 18.4m^3/min。

该工作面平均日产 9500t 原煤，由于地面煤层气钻井有效抽采了 13-1 煤层卸压瓦斯，生产以来没有因瓦斯影响生产。同时地面钻井抽采浓度在 40%以上，满足了地面高浓度瓦斯机组发电需要，取得了良好的经济效益。

5) 技术实施成效

淮南矿区从 2009 年应用采动区地面钻孔施工技术以来已成功实施了Ⅰ型井 59 口、Ⅱ型井 43 口、Ⅲ型井 149 口、Ⅳ型井 20 口，无一损坏；平均单井抽采量为 166 万 m^3，最大单井出气量为 4692 万 m^3，见表 10-8。

表 10-8　各型地面钻井抽采情况

钻井类型	计数/口	抽采总量/万 m^3	平均抽采量/万 m^3
Ⅰ型井	59	7460	126.44
Ⅱ型井	43	5991	139.33
Ⅲ型井	149	25255	169.50
Ⅳ型井	20	4692	234.60
合计(平均)	271	43398	167.47

2. 碎软低透气性煤层水平定向压裂地面钻井抽采技术

1) 井位部署

(1) 目标煤层。

淮北矿业集团芦岭井田 8、9 煤层分布比较稳定，煤层厚度大。顶底板为致密的砂质泥岩、粉砂岩类，煤层气封闭保存条件好。煤层气含量高，质量好；煤层埋藏深度适中，8、9 煤层间距为 3.5m 左右，可进行合层抽采。此外，前期煤层气勘探试验也表明，8、9 煤层产气效果好。为此，将 8、9 煤层作为开发目标煤层。

鉴于 8 煤层松软破碎，定向水平钻进容易出现卡钻等事故。因此，确定在 8 煤层以上 0.5～2.5m 的砂质泥岩中实施定向水平钻进，然后向下定向射孔，实施分段压裂，抽采 8+9 煤层的煤层气。

(2) 目标区选择。

根据上述井位部署原则，综合分析芦岭井田采掘规划、煤与煤层气地质条件、交通地形及前期 WLG01、WLG02、WLG03、WLG04 和 WLG05 地面 5 口井的成功抽采经验等因素，将水平井组部署在Ⅲ102 采区 WLG01 井和 WLG02 井连线的西侧。

(3) 井位确定。

WLG03 井的 8+9 煤层微地震压裂缝监测显示：主裂缝方向为 NE 41.3°。因此，水平井组水平投影方位近似垂直于主裂缝方位，可获得较好的产气效果。此外，水平段长度也是一个重要的因素，过短则影响煤层气产量，发挥不出水平井的优势，投入/产出比低；过长则增加了工程的复杂性，以及工程风险。综合分析，本节设计水平段长度为 600m，并且水平段沿 8 煤层上倾方向钻进。

水平井组部署时两井水平投影长 800m，水平段长约 600m。该区域地势平坦，距离断层、已有勘探钻孔适中，无地面建筑，交通便利。沿垂直井到对接井，8 煤层标高逐步上升，上升角度约 4°。

2) 钻井工程

水平井组由 1 口排采垂直井 LG01-V 和 1 口水平对接井 LG01-H 组成(图 10-37)。排采垂直井钻完井工程结束后，水平对接井与排采垂直井进行对接完井。

A. 井身结构

(1) 排采垂直井井身结构。

排采垂直井采用二开井身结构(图 10-37)。一开用 Φ311.1mm 钻头钻穿第四系表土层，进入稳定基岩 40m 后，下入 Φ244.5mm 表层套管并注水泥固井。二开用 Φ215.9mm 钻头钻至 9 煤层底板以下 60m 完钻，下入 Φ177.8mm 生产套管(8 煤层顶界以上 5m 至 8 煤层底下入玻璃钢套管)，注水泥固井。固井结束后，采用特制的扩孔器在玻璃钢套管段进行扩孔，造出一个直径不小于 0.5m 的洞穴，井身结构数据见表 10-9。

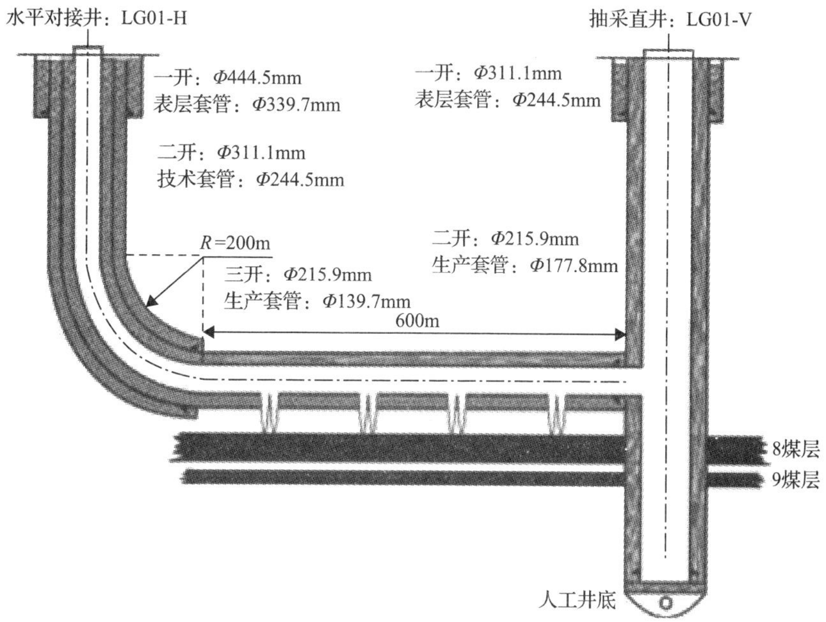

图 10-37　井组示意图

R-L 形井的圆弧段半径

表 10-9　LG01-V 排采垂直井井身结构设计数据表

开钻次序	井深/m	钻头尺寸/mm	套管尺寸/mm	水泥浆返深/m
一开	基岩以下 40m	311.1	244.5	地面
二开	9 煤层底板以下 60m	215.9	177.8	地面

LG01-V 井身质量按表 10-10 要求执行。全井最大井斜角≤2.5°，井底最大水平位移≤15m，全角变化率≤1.2°/25m，煤层段井径扩大率＜25%，全井段＜15%。

表 10-10　LG01-V 排采垂直井井身质量要求

井深/m	全井最大井斜角/(°)	井底最大水平位移/m	全角变化率/(°/25m)	井径扩大率/%	
				全井段	煤层段
全井段	≤2.5	≤15	≤1.2	＜15	＜25

(2)水平对接井井身结构。

水平井采用三开井身结构(图 10-37)。一开采用 Φ444.5mm 钻头钻至基岩面下 20m，下入Φ339.7mm 表层套管、固井候凝，水泥浆返至地面；二开采用 Φ311.1mm 钻头钻至着陆点，下入 Φ244.5mm 技术套管后固井候凝，水泥浆返至地面；三开水平段采用Φ215.9mm 钻头钻至设计井深完钻，下入 Φ139.7mm 生产套管后固井，水泥浆返至地面。

B. 造穴及水平对接

(1)造穴。

为了提高水平对接井 LG01-H 与排采垂直井 LG01-V 对接的成功率，解除排采垂直井近井地带的污染，建立气液通道，增大井眼的有效半径，LG01-V 井采用玻璃钢套管造穴技术，对目标层段进行造穴，造穴直径不小于 0.5m。

采用机械工具造穴。机械工具造穴是利用机械切削的原理，用钻具把特殊设计的机械装置送入造穴井段，然后通过液压控制方式使造穴工具的刀杆张开，并在钻具的带动下旋转，切削储层，形成满足实际需要的洞穴。机械工具造穴技术相对来说，工艺和设备比较简单，而且对洞穴的大小能够随意控制，从而满足不同煤层气开采的需要，因此，在国内该技术工艺和工具发展都已经比较成熟。

(2) 水平对接。

连通过程中采用旋转磁场测距导向系统(rotating magnetic range system，RMRS)技术。RMRS 技术的核心是电磁测距，主要用来测量目标井(排采垂直井)和实钻井的直线距离，在连通过程中，在垂直井中下入探管，在钻头处连接一个永磁短节和随钻测量(MWD)仪器。连通前将在两个井底所测的陀螺数据输入配套采集软件中，初始化坐标系。当钻头进入探头的测量范围后，接收仪器就可以不断地收到当前磁场的强度值，然后根据采集的测点数据判断出当前的井眼位置，实时计算当前测点的闭合方位，并预测钻头处方位的变化，之后通过调整工具面，及时地将井眼方向纠正至洞穴中心位置。接近洞穴时，根据防碰原理，利用专用的轨迹计算软件进行柱面扫描，判断水平井与洞穴中心的距离，从三维视图上分析轨迹接近洞穴过程中的变化趋势，以实现成功对接。

C. 水平井定向钻井

采用边界探测仪技术，解决水平对接井 LG01-H 水平段沿 8 煤层顶板 0.8～1.3m 范围内定向钻进的难题。

采用边界探测仪实时监测周围一定范围的煤岩层的电阻率和自然伽马等参数，根据 8 煤层与其顶板岩石电阻率和自然伽马差异明显的特点，实时探测井眼与煤层的距离，及时调整钻进方向，最大程度确保水平段井眼轨迹的精确控制。

D. 固井工艺

固井就是向井内下入一定尺寸的套管串，并向井眼和套管之间的环形空间注入水泥浆，把套管与地层固结成一体，避免井壁坍塌，影响后续作业的施工(包括下套管和注入水泥)。包括技术套管固井(表层套管固井)和生产套管固井。技术套管固井的目的是：封隔疏松、易塌、易漏等复杂地层，以利于下一步钻进；生产套管固井的目的是封隔气、水层，防止互相窜漏，以利于安装井口，控制气流，为后期产气等作业提供条件。

固井工程作为完钻后的一项重要作业，具有其特殊性，主要表现在以下几个方面：

(1) 是一次性工程，如果质量不好，一般情况下难以补救。

(2) 是一项隐蔽性工程，主要流程在井下，施工时不能直接观察，质量控制往往取决于设计的准确性和地面准备工作的好坏，同时受多种因素综合影响。

(3) 该作业施工时间短，工序内容多，作业量大，技术性强。

(4) 是完井工程的核心内容，其质量好坏直接关系到下一步施工作业。

基于以上因素，本次固井施工作业前，先对套管进行清洗、丈量、编号、排序。下套管时严格执行有关规程，使用合格的密封脂，确保上扣扭矩达到规定要求，同时加强设备检修、试运转工作，确保施工连续性，施工过程中严格执行施工程序。

同时，为了在一定程度上减小固井作业对煤层的伤害，二开采用变密度固井工艺封固煤系及上覆地层，最上面目标煤层段以上水泥浆密度为 1.6g/cm^3，其他段水泥浆密度为 1.8g/cm^3，固井水泥浆返至地面。

为了监测固井质量，一开固井结束候凝 24h 后，试压 6MPa，30min 内压降≤0.5MPa，视为合格；二开固井结束候凝 48h，试压 20MPa，30min 内压降≤0.5MPa，视为合格。试压结束后再测双界面声幅，检查固井质量。

3)压裂工程

LG01-H 井水平段长度设计为 600m，将水平段分为 6 段进行射孔和压裂。其中射孔采用定向向下的射孔方式。

A. 定向射孔

由于 LG01-H 井水平段井眼轨迹基本位于 8 煤层上部 0.3～1.3m，为了保证 8 煤层及下部煤层分段压裂工艺技术的成功，射孔必须要求穿透钢套管、水泥环和煤层顶部的泥岩，保证压裂缝在 8 煤层中延伸。采用向下 90°相位的定向射孔方式(图 10-38)，并结合超深穿透的复合射孔技术，可以保证从造缝点延伸出的裂缝延伸到 8 煤层及下部煤层中，以保证煤层段压裂施工的成功。

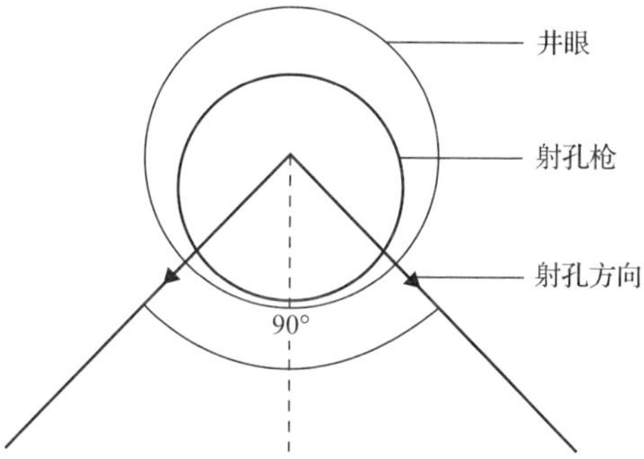

图 10-38 水平井定向射孔示意图

水平井定向射孔主要是靠重力作用实现定向，其定向方式有内定向和外定向两种，内定向是在枪身内采用弹架偏心设置，在偏心重力作用下实现射孔内定向，其定向精度高，定向成功率高，施工过程中枪身容易居中，有利于提高深穿透效果，射孔对套管的伤害较小，因此，本节采用内定向射孔方式进行射孔。

目前可用于水平井压裂的射孔传输方法有电缆传输射孔和油管输送射孔两种。油管输送方式虽然施工效率较低，但是该方法可以准确控制水平井的射孔方位，因此，采用该方式能满足本节要求的向下 90°相位的定向射孔。

超深穿透复合射孔技术射孔枪选择 102 型的复合射孔枪，配备 127 型超深穿透射孔弹，孔密度为 12 孔/m，采用螺旋状均布，螺距符合射孔密度要求(具体参数见表 10-11)。射孔后取出的射孔器材上检查的射孔弹发射率要求不低于 95%，所有射孔枪的孔眼必须排在一条直线上，否则都将重新定向补孔或射孔。

表 10-11　水平井定向射孔技术参数一览表

枪身型号	射孔弹	孔密度/(孔/m)	相位	布孔方式	射孔方式	定向方式
102	127	12	向下 90°	螺旋布孔	油管传输	重力内定向

B. 分段压裂

分段压裂是采用水平井方式开发煤层气的关键技术之一。所谓分段压裂技术，就是根据储层物性特征、固井质量的好坏等因素，将水平井筒分割成均等或不均等的几个段落，然后对各个段落分别射孔、压裂，对储层进行改造。压裂规模和加砂强度应根据射孔数目、孔径大小、水平段长度和储层厚度等因素通过相关软件模拟进行确定，并根据现场施工情况进行实时调整。

运用分段压裂技术可实现在较短时间内完成对储层多个水平段的压裂造缝，并最大限度地减少对储层的伤害，实现对储层的有效保护和改造，改变渗流方式，增加影响半径，扩大泄流面积，充分发挥储层资源潜力，最大限度地提高储层地质储量可动用程度，达到提高单井产量的目的。

LG01-H 井水平段长度设计为 600m，分成 6 段进行分段压裂，通过分段隔离对各目标层段进行压裂施工(图 10-39)。

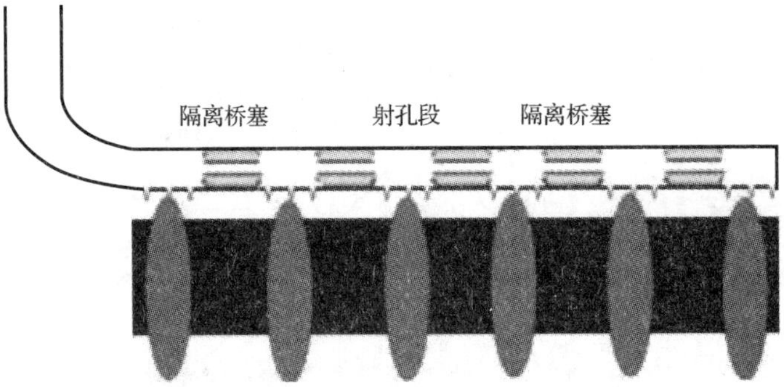

图 10-39　水平井分段压裂工艺示意图

C. 射孔和压裂的施工步骤

采用封隔一段、射开一段、压裂一段的方式完成全井段压裂，施工程序如下：

(1) 对水平井最远端实施封堵。采用油管传输方式将 5 1/2″复合材料压裂桥塞送至水平井段最远端，加压坐封；

(2) 采用油管传输方式，将射孔枪送至设计的水平井第一段，分 2～4 簇向下定向射孔，然后将射孔枪和油管提出井筒；

(3) 采用光套管方式压裂第一段；

(4) 压裂结束后，关井等待压降，随后放喷，冲砂、洗井；

(5) 再次采用油管传输方式，将桥塞输送到设计位置后加压坐封，对已压开的第一段进行封隔；

(6) 采用同样的方式，对第二压裂段向下定向射孔；

(7) 对第二段进行压裂，然后降压、放喷、冲砂、洗井；

(8) 重复以上步骤，依次压裂第三段、第四段、第五段，直至按设计要求完成压裂全井段。

4) 排采工程

LG01-V 井采用抽油机+管式泵排水和油套环空产气的方式对水平井水平段目标煤层进行排采，排采时间定为 12 个月。

采用一次下泵方式。泵吸入口深度为 8 煤层底板以下 5～10m。根据研究区的煤层特征、地层供液能力和实际生产情况，分阶段合理调整排采强度。

利用井下压力计精确监测井底压力，并利用智能排采系统对各排采参数进行实时采集。

设备安装调试主要包括：探砂面、冲砂洗井、换井口、下泵挂组合、下油管柱、下抽油杆柱、安装抽油机、调试抽油机、地面排采流程安装等作业环节。图 10-40 为排采设备安装调试作业工序及流程图。

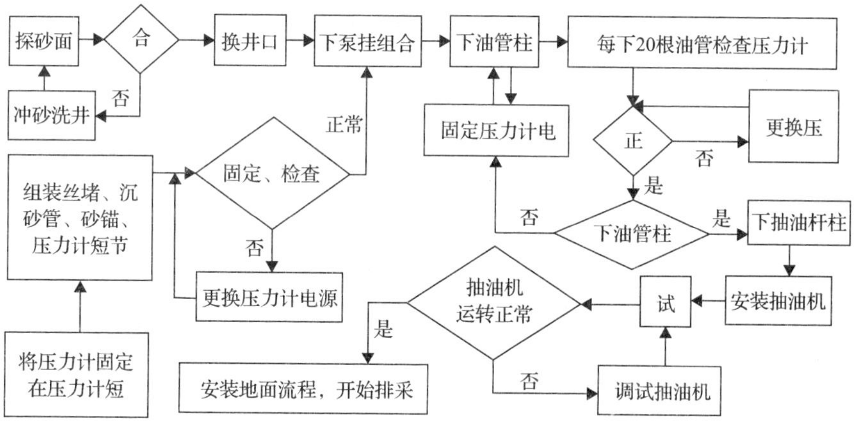

图 10-40　排采设备安装调试作业工序及流程

5) 抽采效果

2015 年 1 月 19 日开始排采，2015 年 4 月 16 日开始产气，在抽采过程中，应用智能监控系统，实时获取水平井排采的动态参数，针对排采的不同阶段，提出了合理的排采制度，实现了煤层气井的精细化排采。2016 年 1 月 1 日产气量为 10038m^3，1 月 12 日最高产气量为 10758m^3，2017 年 12 月 18 日，产气 32 个多月，累计产气量为 510 万 m^3，两年半时间煤层瓦斯含量降低 2.91m^3/t，抽采情况如图 10-41 所示。

10.2.3　两淮矿区煤层群条件井下增透技术

1. 井下机械掏穴扩孔增透技术

顾北矿揭煤地点较多，揭煤地点均为下山揭煤，采用下向穿层钻孔预抽瓦斯，瓦斯抽采浓度低，约有 2/3 以上钻孔浓度低于 3%。为了提高钻孔抽采浓度和抽采效果，在北一(6-2)上采区轨道上山下部车场揭煤高抽巷成功应用了下向掏穴钻孔及正压空气置换增透技术。

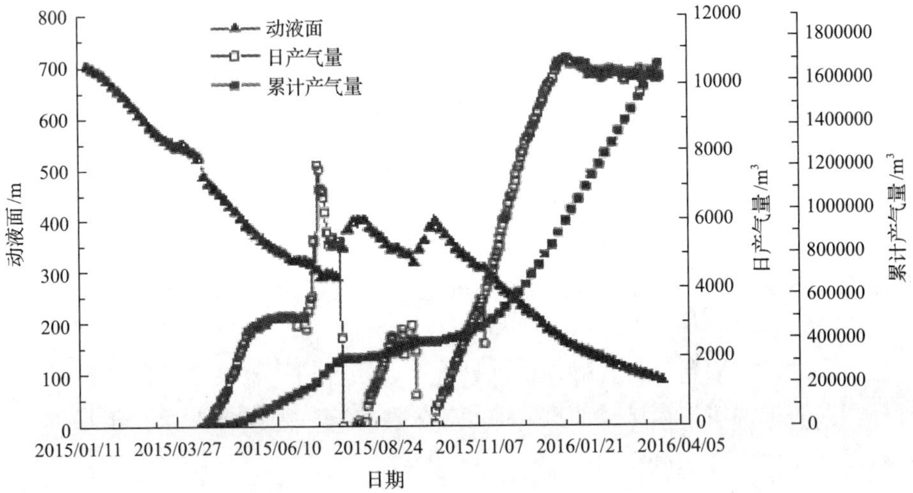

图 10-41　日产气量和累计产气量图

1) 试验工作面概况

北一(6-2)上采区轨道上山下部车场高抽巷位于–648m 井底车场西北，巷道设计全长 221.2m，巷道方位为 274°，距 6-2 煤层法距平均 12m，巷道标高为–646.8～–623.5m。

该处 6-2 煤层直接顶为砂质泥岩，厚 3.91m，其上为 0～0.39m 厚的煤线，且不稳定；6-2 煤层直接底为砂质泥岩，厚 1.28m，老底为粉、细砂岩，厚 18.6m。6-2 煤层原始瓦斯压力为 3.0MPa、原始瓦斯含量为 6.85m^3/t、瓦斯放散初速度为 12、普氏系数 f 为 0.61。

2) 试验设备

钻机：ZDY-3200S 型矿用全液压坑道钻机属于低转速、大转矩类型，适用于采用复合片钻头施工大直径钻孔。

钻杆：Φ73.5mm 肋骨钻杆。

钻头：Φ133mm、Φ113mm 复合片钻头。

掏穴钻头：Φ110mm 双翼掏穴钻头(展开后为 Φ220mm)。

空压机：MLGF17/12.5-132G 矿用防爆螺旋空气压缩机排气量为 17m^3/min，排气压力为 1.25MPa。

3) 掏穴钻孔增透技术试验

对不同倾角的钻孔进行掏穴钻头扩孔试验，以考察不同倾角掏穴钻孔施工时双翼钻头孔内打开情况及扩孔效果。

第一类倾角为–30º，孔深为 31～43m；第二类倾角为–40º，孔深为 26m；第三类倾角为–50º、孔深为 20m；第四类倾角为–60º、孔深为 21m。

A. 掏穴钻孔施工

2010 年 8 月 9 日～28 日，北一(6-2)上采区轨道上山下部车场揭煤高抽巷成功施工了 12 个掏穴钻孔。

B. 掏穴钻孔施工工艺及注意事项

(1)钻孔均采用压风排渣钻进(移动空压机供风，风压为 1～1.2MPa)。掏穴钻孔施工时，先使用 Φ133mm 钻头穿过 6-2 煤层进入底板 0.5m 处停止，起钻更换钻头，并准确记录止煤位置。

(2)使用掏穴钻头进行扩孔实验前，先在孔外安装掏穴钻头。待掏穴钻头在空压机压风作用下能正常打开后方可下入孔内。

(3)开始扩孔钻进前，先把掏穴钻头不带风送入孔内见煤处 100mm 以上，然后缓慢开启压力风，钻杆只旋转不给进，待掏穴钻头双翼完全打开后，方可正常扩孔钻进。

(4)掏穴钻头扩孔期间，必须轻压慢转钻进，确保煤屑充分排至孔外，防止憋孔造成瓦斯超限和孔内火灾。掏穴钻头钻至 6-2 煤层止煤位置时，保持孔内压风，待孔内煤屑排净后方可撤钻。

(5)钻进时不允许反转，以免钻杆脱扣。钻进加尺时，要认真检查钻杆质量，弯曲、坏扣或磨损严重的钻杆严禁使用。连接钻杆时，钻杆应不堵塞，接头间缠绕油线或盘根线，对准丝口，不歪斜、不漏风，人工上满丝。

(6)撤钻前，先停止旋转，关闭压风，待双翼钻头复位后，方可缓慢撤钻。

(7)旋转钻进施工前工作人员使用瓦斯便携仪测量掌握孔口风排瓦斯浓度变化情况，待压风全部打开，孔口瓦斯浓度≤0.5%时，方可开始旋转钻进施工。每扩孔钻进 1～2m，都必须用瓦斯便携仪检查孔口风排瓦斯浓度。

4) 掏穴钻孔效果

考察方法：在不同直径钻头穿煤期间，记录煤孔长度，统计掏出煤量，计算每米掏出煤量，通过比较掏出煤量大小判定掏煤效果。

考察情况：钻孔施工期间，考察了 12 个 Φ220mm 掏穴钻孔、10 个 Φ133mm 钻孔和 6 个 Φ113mm 钻孔的排出煤量，考察结果见表 10-12。

表 10-12　不同孔径钻孔掏出煤量汇总表

考察孔数/个	孔径/mm	理论掏出煤量/(kg/m)	平均掏出煤量/(kg/m)	平均增加掏出煤量/(kg/m)
12	220	53.19	113	59.81
10	133	19.44	60	40.56
6	113	17.74	36	18.26

统计分析表明：掏穴钻孔掏煤效果最好，平均掏出煤量 113kg/m，较理论掏出煤量增加 59.81kg/m。

掏穴钻孔抽采效果考察如下所述。

(1)考察依据：在钻孔抽采效果考察中，部分钻孔瓦斯流量衰减速度快，当单孔实际流量小于单孔考察装置计量精度时，单孔流量显示为零。因此，在抽采效果考察中以单孔考察装置显示流量时间段作为考察依据。

(2) 考察方法：在常规钻孔和掏穴钻孔的抽采管路上分别安装单孔考察装置，通过在线监测系统每隔一段时间统计一组抽采瓦斯浓度和抽采混合流量，并计算抽采纯量，如果掏穴钻孔的平均抽采纯量比普通钻孔的平均抽采纯量增加 10%，则表明掏穴钻孔有效。

(3) 考察孔抽采情况：5#考察孔显示抽采时间为 0.5h，平均抽采浓度为 10.23%，平均抽采纯量为 0.0353m^3/min，累计抽采瓦斯 1.06m^3；7#考察孔显示抽采时间为 67h，平均抽采浓度为 2.16%，平均抽采纯量为 0.0023m^3/min，累计抽采瓦斯 9.24m^3。

(4) 掏穴孔抽采情况：3#掏穴孔显示抽采时间为 161h，平均抽采浓度为 17.84%，平均抽采纯量为 0.0089m^3/min，累计抽采瓦斯 86.06m^3；4#掏穴孔显示抽采时间为 50h，平均抽采浓度为 20.39%，平均抽采纯量为 0.0321m^3/min，累计抽采瓦斯 96.27m^3。掏穴孔和考察孔抽采曲线如图 10-42 所示。不同孔径钻孔抽采情况见表 10-13。

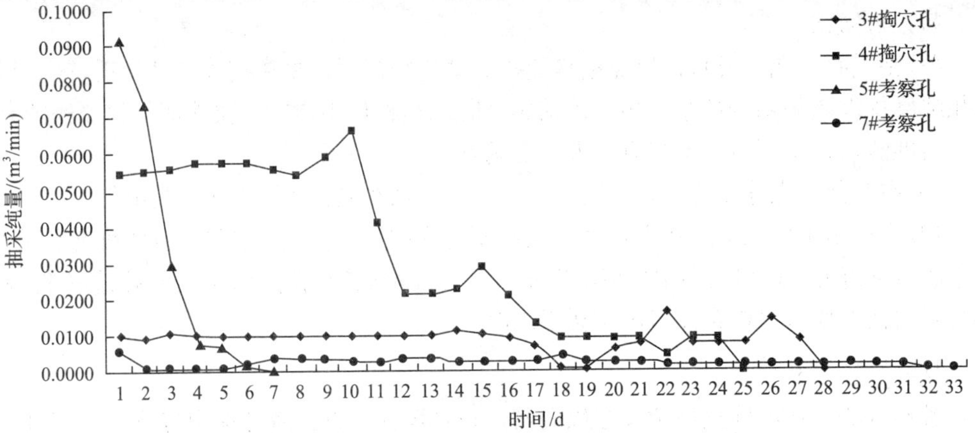

图 10-42　不同孔径钻孔抽采参数变化曲线图

表 10-13　不同孔径钻孔抽采情况统计表

孔别	孔号	孔径/mm	显示抽采时间/h	平均抽采浓度/%	平均抽采纯量/(m^3/min)	累计抽采量/m^3
掏穴孔	3	220	161	17.84	0.0089	86.06
	4	220	50	20.39	0.0321	96.27
考察孔	5	113	0.5	10.23	0.0353	1.06
	7	113	67	2.16	0.0023	9.24

通过掏穴技术的成功应用可以发现，掏穴钻孔与考察钻孔抽采情况相比，具有显示抽采时间长、抽采浓度高、抽出瓦斯量大的特点，因此掏穴钻孔抽采效果较好。

2. 井下碎软煤层钻割一体化增透技术

1) 试验工作面概况

芦岭矿 8 煤层厚度为 2.3～15.94m，平均厚度为 9.56m，9 煤层位于 8 煤层下部，间距为2～3m，煤层厚度为0～9.82m，平均厚度为3.01m。8、9煤层结构属于极其碎软、破碎类型，煤层的普氏系数平均在0.1～0.3，瓦斯放散初速度为13～30mL/s，大于突出临界值。–400m标高处(一水平下限标高)8、9煤层瓦斯压力为2.59MPa，煤层瓦斯含量为18.95m^3/t；–400～–590m标高范围(二水平)8、9煤层瓦斯压力为2.59～4.43MPa，煤层瓦斯含量为18.95～22.67m^3/t；–590～–800m标高范围(三水平)8、9煤层瓦斯压力为4.43～6.47MPa，煤层瓦斯含量为22.67～25.40m^3/t。

由于8、9煤层瓦斯含量高、透气性差、煤层厚，经过1～1.5年的预抽，抽采率只有30%左右，只能部分降低煤层瓦斯含量(降至14m^3/t)，减弱机巷掘进的突出危险性，并且工作面上部存在40m以上的抽采盲区，给回采工作面防突带来了安全隐患。

2)钻割一体化防突钻孔设计

采用高压磨料射流钻割一体机钻进，穿过9煤层至8煤层顶板，利用钻机退钻过程在8、9煤层中进行割缝，扩大单个钻孔有效影响半径。对煤层进行高压磨料射流割缝后可在较大范围以一定的比率卸除地应力，增加影响范围内煤体的透气性，从而提高了瓦斯排放的效果。结合瓦斯抽放工程的实施，可以在更大范围内形成对瓦斯压力的整体卸除，最终达到瓦斯治理的要求。

因此，通过钻割一体化技术的应用，考虑在实施方案的制定中将现有钻孔在煤层走向的间距由原来的6.7m调整至10m，以减少瓦斯治理的总工程量。

结合芦岭矿现场打钻经常出现严重喷孔的实际情况，为了保证施工过程安全，设计了钻割一体化防突钻孔，同时设计了以下钻割工艺流程：

(1)当钻场的第一个施工钻孔钻进至煤层段时出现喷孔现象，则该钻孔暂不进行割缝工艺步骤，直接退钻进行下一个钻孔的钻进作业，直到不出现喷孔现象时开始进行割缝工艺；

(2)当钻场施工第一个钻孔不出现喷孔现象时，不进行割缝作业，待该钻场第二个钻孔也不出现喷孔现象时，方可开始割缝。

另外，在整个钻场依次打钻割缝完成后，对于上述由于考虑打钻动力现象而没有进行割缝的钻孔，根据钻孔个数的多少可以选择重新进行割缝或者不割缝等措施。

3)钻割一体化防突设备操作流程

(1)将水箱注满，同时检查各接口的连接情况；

(2)然后开启乳化液泵，通过卸压阀将压力调至4～5MPa，同时开启钻机，进行打钻作业；

(3)当钻孔深度达到预定设计深度时，通过卸压阀慢慢将压力上升到25MPa，钻机开始退钻作业，同时进行水力割缝，退钻速度不超过1m/min，钻机禁止反转；

(4)待退出一根钻杆后，通过卸压阀将压力卸载到零，关闭卸压阀与钻机之间的球形阀门，开始卸钻杆，直到退至9煤层底板，完成一个钻孔、割缝作业。

4) 实施效果与分析

为了检验高压磨料射流钻割一体化设备治理瓦斯突出的效果，采用实施措施前后瓦斯相关参数定量对比的方法来检验措施的有效性。通过研究割缝前后单孔瓦斯流量的变化、割缝后割出煤量的大小，检验割缝后是否达到增透效果。

(1) 现场试验数据。

割缝后将钻孔并入抽采系统，逐日记录流量计的读数，并测定瓦斯抽采浓度，观测数据见表 10-14。在 8#钻场施工过程中，1#流量表和 2#流量表测量割缝后钻孔的瓦斯抽采数据。

表 10-14　8#钻场割缝后瓦斯抽放量随时间的变化统计表

天数	混合气体量/(m^3/d)		浓度/%	纯瓦斯量/(m^3/d)		瓦斯抽放流量/(L/min)		累计抽出纯瓦斯量/(m^3/d)	
	1#钻孔	2#钻孔		1#钻孔	2#钻孔	1#钻孔	2#钻孔	1#钻孔	2#钻孔
1	84.117	88.364	98	82.434	86.597	57.246	60.137	82.434	86.597
2	65.884	67.956	98	64.567	66.597	44.838	46.248	147.001	153.194
3	56.621	58.819	97	54.922	57.054	38.141	39.621	201.923	163.272
4	50.346	52.417	98	49.339	51.369	34.263	35.673	251.262	261.617
5	48.751	50.231	96	46.801	48.222	32.501	33.488	298.063	309.839
6	43.301	45.062	98	42.435	44.161	29.469	30.668	340.498	354.000
7	41.230	43.094	98	40.405	42.232	28.059	29.328	380.903	396.233
8	38.847	40.504	98	38.070	39.694	26.438	27.566	418.973	435.927
9	37.224	38.070	96	35.735	36.547	24.816	25.380	454.708	472.474
10	35.003	36.378	96	33.603	34.923	23.336	24.252	488.311	507.397
11	33.491	35.270	97	32.486	34.212	22.560	23.759	520.798	541.609
12	33.072	34.119	97	32.080	33.096	22.278	22.983	552.878	574.705
13	32.994	33.206	96	31.674	31.877	21.996	22.137	584.552	606.582
14	32.254	32.465	96	30.964	31.167	21.503	21.644	615.516	637.749
15	30.870	31.596	98	30.253	30.964	21.009	21.503	645.769	668.712
16	30.456	31.078	98	29.847	30.456	20.727	21.150	675.616	699.168
17	31.091	31.091	96	29.847	29.847	20.727	20.727	705.462	729.015
18	30.042	29.938	98	29.441	29.339	20.445	20.375	734.903	758.354
19	30.777	30.456	95	29.238	28.933	20.304	20.093	764.141	787.288
20	30.456	29.922	95	28.933	28.426	20.093	19.740	793.074	815.713

实验数据表明：由于磨料水射流割缝，大幅度提高了煤层瓦斯抽放速度，单孔纯瓦斯抽放量最高达到 60.137L/min，比相邻的非割缝钻孔瓦斯抽放速度提高了 4～6 倍，随着时间的推移，割缝钻孔与非割缝钻孔瓦斯抽放速度均在衰减，但钻孔割缝后瓦斯抽放流量是非割缝的 2.35 倍左右。

(2)割缝后瓦斯抽采流量效果分析。

在钻场施工完成后，将钻孔并入抽采系统进行抽采。与钻孔抽放相比，煤层在实施射流割缝后，煤层中产生大量的拉伸和剪切裂缝。这些裂缝和割缝后形成的缝槽连接贯通后，在缝槽周围形成较大范围的高渗透裂缝区，有效增加了单孔的影响范围。

从累计抽放量来看，未割缝钻孔 40d 内抽放量为 504.53m^3，而进行割缝的钻孔 40d 内抽放量达到 1406.73m^3，是未割缝钻孔的 2.788 倍。在抽放瓦斯流量稳定时期，割缝钻孔瓦斯流量是未割缝钻孔的 2.35 倍左右。从钻孔的影响范围来看，割缝的影响范围远远大于钻孔的影响范围，割缝抽采瓦斯的效率远远大于普通钻孔。

10.2.4　两淮矿区煤层群条件井上下立体抽采模式

1. *两淮矿区采动影响规律*

淮南矿区和淮北矿区拥有大量的上覆岩层，破坏规律和地表移动规律实测资料见表 10-15～表 10-19。

表 10-15　两淮矿区上覆岩层破坏“两带”高度实测数据

矿区	淮南				淮北		
煤矿	谢桥煤矿				桃园煤矿	张庄煤矿	朱仙庄煤矿
工作面	1121(3)	1211(3)			1031	514	865
采厚/m	4.8	5	4	4	3.7	3.5	13.4
覆岩性质	中硬	中硬			中硬	中硬	中硬
采煤方法	综放	综放			一次采全高	一次采全高	综放
煤层倾角/(°)	13	13			—	11	15
采深/m	499.9	490.1	445.8	483.2	326～442	—	480
松散层厚度/m	374.1	363	372.9	369.3	—	—	—
垮落带高度/m	21.5	32.2	22.7	30.7	11.7	8.1	55.6
导水裂缝带高度/m	54.8	73.3	38.8	45	54.3	34	130.8
观测方法	地面钻孔探查	地面钻孔探查			—	—	—

表 10-16　两淮矿区地表移动基本参数

矿区	淮南	淮北(包括部分皖北矿区)
地质开采条件	二叠系以页岩、砂岩、砂质页岩为主，第四系厚 18～128m。倾斜、缓倾斜煤层用倾斜分层人工假顶全部陷落法和单一长壁全部陷落法开采；急倾斜煤层用平板型掩护支架、伪倾斜柔性掩护支架、水平分层、倒台阶采煤法、全部陷落法管理顶板	冲积层为第四纪、古近纪，厚 30～300m，煤系地层为石炭-二叠纪，以砂岩、泥岩为主，硬度为中等，可采煤层 1～5 层，煤层厚度为 1～14m，单层厚度大多在 2～4m，采深为 60～700m，以炮采为主，少数为综采
松散层移动角	φ=41°	φ=40°(h<100m)； φ=42°(h>100m，$m\geq$2.5m)； φ=45°(h>100m，m<2.5m)

续表

矿区	淮南	淮北（包括部分皖北矿区）
边界角	δ_0=49°； β_0=49°–15°sinα； γ_0=54°； λ_0=40°	$\delta_0=\gamma_0$=69°； β_0=69°–0.7α； γ_0=40°
移动角	δ=66°； γ=70°（α＜55°）； β=66°–22°sinα（0＜α＜90°）； $\lambda=55°-e^{0.16\alpha-12}$（55°≤α＜90°）	δ=73.0°； γ=73.3°； β=73°–0.57α
裂缝角		γ″=67°； δ″=γ″=78°； β″=78°–0.4α
最大下沉角	θ=90°–0.6α（α≤55°）； θ=1.42α–18°（55°＜α≤76°）； $\theta=\arctan(2H_0/D_{js})$（α＞76°）	
开采影响传播角		$\theta_{岩}$=94.09–0.89α（重采与初采相同）
充分采动角		$\psi_1=\psi_2=\psi_3$=60°
下沉系数（初采、重采）	q=0.6+0.12ln*n*（不包括急倾斜煤层，*n* 为回采分层数）	$q=0.5905+0.117D_0/H_0+0.5198h/H_0-0.0001H_{基}\pm0.104$ q_1=0.18（一次重采）
水平移动系数	b=0.25+0.0043α（15°＜α＜50°）	b=0.2801+0.0037α 或 $b=0.225+0.2116h/H_0$ $b_{重}=b_{初}$
主要影响角正切	$\tan\beta=1.97-1.72\alpha/H_0$ （不包括急倾斜煤层）	$1.593\tan\beta+0.17564h/H_0+0.0004H_0-0.0088\alpha\pm0.28$ （重采 tanβ 较初采增加 0.25）
拐点偏移距	$S=0.1D_{js}$（不包括急倾斜煤层）	$S_2=(-0.1949-0.2341\lg D_0/H_0+0.11h/H_2)H_2$； $S_1=(-0.1531-0.088\lg D_0/H_0+0.1355h/H_1)H_1$

注：*m* 为煤厚；α 为煤层倾角；*h* 为埋深；H_0 为平均埋深；D_{js} 为工作面计算宽度；H_1 为工作面上部埋深；H_2 为工作面下部埋深；*q* 为下沉系数；H_0 为工作面平均埋深。

表 10-17　淮南矿区采动影响参数

矿区（地层时代）		淮南（二叠纪）						
观测站		张集（北区）1217（1）	顾桥矿 1117（1）	顾桥矿 1111（3）	顾桥矿 1117（3）工作面重复采动	顾桥矿 1414（1）	顾北矿 1232（3）	顾北矿 1312（1）
建站时代（年/月）		2012	2006/09	2007/08	2009/05	2013/10	2007	2011
采矿要素	采厚/m	3	3.5	4.5	4.3	3	3.5	3.6
	倾角/（°）	0～10	5	5	5	5	5	5
	采深上山（或下山）/m	441～635	723～820	550～630	640～730	680～770	575.4	528
	工作面尺寸走向/倾斜方向宽度/m	1800/－	2620/－	2730/－	2740/－	2120/－	1626/250	629/205
	推进速度/（m/月）	170	145	202	180	185	163	155.5
	采煤方法	综采	综采	综采	综采	综采	综采	综采
	顶板管理方法	全部陷落法	全部陷落法	全部陷落法	全部陷落法	全部陷落法	全部陷落法	全部陷落法
	松散层/m	385	360～440	460～480	360～440	390～440	450	439.7
	砂岩类占比/%	76.7	35.5	30.9	52.3	14.3	53.2	81.6
	泥岩类占比/%	23.3	64.5	69.1	47.7	85.7	46.8	18.4

续表

矿区(地层时代)			淮南(二叠纪)						
观测站			张集(北区)1217(1)	顾桥矿1117(1)	顾桥矿1111(3)	顾桥矿1117(3)工作面重复采动	顾桥矿1414(1)	顾北矿1232(3)	顾北矿1312(1)
建站时代(年/月)			2012	2006/09	2007/08	2009/05	2013/10	2007	2011
角量参数	边界角/(°)	β_0		48.9	48.1	48.1	40.5	48	42.8
		γ_0	45.8	46.7	48.1	48.1	40.5	48	42.8
		δ_0	46.1	57	42.7	45.6	41.8	42.7	46.2
	移动角/(°)	β		77.1	65.6	65.5	66.6	65.6	66.6
		γ	73.9	75.3	65.6	73.9	66.6	65.6	66.6
		δ	72.4	77.7	60.9	68.9	55.4	60.9	78.4
	超前影响角 ω/(°)		51.2	67.5	60.4	60.7	46.7	31.2	56.5
	最大下沉速度角 Φ/(°)			76.4	80.6	78	76.6	83	85.3
	最大下沉角 θ/(°)		87.8	90	88.8	90	88.6	88.8	89
概率积分法参数	q		1.13	1	1.18	1.36	0.94	1.18	1.1
	b		0.27	0.32/0.3/0.44	0.31/0.31/0.37	0.3/0.3/0.34	0.3	0.31/0.31/0.37	0.33
	$\tan\beta$		—/3.49/1.74	2.1/2.2/2.2	1.82/1.78/2.05	2.38/2.38/2.32	2.16	1.82/1.78/2.05	2.2
	S_1/m			−35.1	23.2	42	−21	23.2	−13
	S_2/m		30	−25.8	23.2	42	−6	23.2	5
	S_3/m			62.3	8.2	38	66	8.2	50
	S_4/m		−37				45	8.2	−1
移动延续时间总时间/d				637	263	661	423		434
移动延续时间活跃期/d				144	163	436	275		114

矿区(地层时代)		淮南(二叠纪)					
观测站		潘三矿1552(3)	潘三矿1212(3)	潘四东矿1111(3)	潘四东矿11113	朱集东矿1111(1)	谢一矿5111C13
建站时代(年/月)		1997	1999	2007	2012	2011	2007
采矿要素	采厚/m	3	2.9	3.5	3.5	1.8	3.5
	倾角/(°)	10	1	24	9	3	20
	采深上山(或下山)/m	621/652	524/526	477	412	920	696
	工作面尺寸走向/倾斜方向密度/m	920/160	560/140	1082/—	440/—	1585/—	460/—
	推进速度/(m/月)	51.1	94.9	85	88	126	100
	采煤方法	综采	综采	综采	综采	综采	综采
	顶板管理方法	全部陷落法	全部陷落法	全部陷落法	全部陷落法	全部陷落法	全部陷落法
	松散层/m	387	403.5	302～320	341～351	278	25
	砂岩类占比/%	23	28	43	21	27.3	40
	泥岩类占比/%	77	72	57	79	72.7	60
	平均单轴抗压强度/MPa	60.4	104.4	31.2/44.9	17.8/48.4	18.5/85.3	102

续表

矿区(地层时代)			淮南(二叠纪)					
观测站			潘三矿 1552(3)	潘三矿 1212(3)	潘四东矿 1111(3)	潘四东矿 11113	朱集东矿 1111(1)	谢一矿 5111C13
建站时代(年/月)			1997	1999	2007	2012	2011	2007
角量参数	松散层移动角 φ/(°)				41	41	41	41
	边界角/(°)	β_0	54.4		45.6		47	55
		γ_0	42.5	48.1	49.4	46.2	44.9	58
		δ_0	49.3	53.8	48.3	46.4	58.1	49
	移动角/(°)	β			63.1	63.4	66.3	60
		γ			65.5	66.8	69.5	70
		δ			64.5	70.8	79.9	68
	超前影响角 ω/(°)				58	56.9	70.9	58.9
	最大下沉速度角 Φ/(°)				80.4	80.3	75.4	67
	最大下沉角 θ/(°)		87	89	81.5	87.8	88.5	77
概率积分法参数	q		0.77	0.92	0.95	0.98	0.46	0.64
	b		0.32	0.3	0.35	0.33	0.34	0.38
	$\tan\beta$				2.1/2.1/1.2	1.76/1.86/1.92	1.7	1.56
	S_1/m				–2	–17	5	10
	S_2/m				–7	–44	8	–20
	S_3/m				20	0	110	15
	S_4/m					–28	37	10
移动延续时间总时间/d					452	431	438	359
移动延续时间活跃期/d					328	163	122	219

表 10-18　淮北矿区采动影响参数

矿区(地层时代)			淮北(石炭-二叠纪)					
观测站			杨庄 641	朔里 N311	百善 675	石台子 332	张庄 3131	刘桥 421
采矿要素	采厚/m		2.4	2.4	2.1	1.9	2.7	1.7
	倾角/(°)		14	4	5	5	15	30
	采深上山(或下山)/m		95/137	88/108	202/215	67/75	79/112	176/226
	工作面尺寸走向/倾斜方向长度/m		360/170	300/140	500/175	150/101	650/120	400/102
	推进速度/(m/月)		30	50	30	36	42	24.6
	采煤方法		炮采	炮采	炮采	炮采	炮采	炮采
	顶板管理方法		全部陷落法	全部陷落法	全部陷落法	全部陷落法	全部陷落法	全部陷落法
上覆岩层厚度及性质	松散层/m		69	60	145	49	48	120
	砂岩/m			20	22	7	4	56
	页岩/m			3	7.5			6
	砂质页岩/m		29				32	
	平均单轴抗压强度/MPa			40				40
	厚度＞10m 的砂岩、石灰岩	位置/m		3				6
		厚度/m		20				56

续表

矿区(地层时代)			淮北(石炭-二叠纪)					
观测站			杨庄 641	朔里 N311	百善 675	石台子 332	张庄 3131	刘桥 421
角量参数	松散层移动角 φ/(°)							44
	边界角/(°)	β_0						45
		γ_0						52
		δ_0						48
	移动角/(°)	β	64	68.6		82.6	70.9	
		γ	80	66		79		67.1
		δ	77	83		69	86.6	
		λ	46.5	46.5	46.5	46.5	46.5	46.5
	裂缝角/(°)	β''	74			80	69	66
		γ''	78			65	72	69
		δ''	68			64		78
	充分采动角/(°)	ψ_1	55	65		61		
		ψ_2	62	68		58		
		ψ_3	53	57	58	55	65	
	最大下沉角 θ/(°)		87.8	88	90	86	87.5	81
概率积分法参数	q		1.18	1.1	1.29	1.2	1.1	0.96
	b		0.36		0.24	0.32	0.34	0.4
	$\tan\beta$		1.6	1.7	2.17	1.5	1.9	1.45
	S_1/m		−3.7	−12	−18	−9		−2.0
	S_2/m		−18		−14	−8	−13	−21
	S_3/m		−18.0		14	−6		
	S_4/m		−5.0		18			
最大下沉速度/(mm/d)			40		14	45	100	
移动延续时间总时间/d			274	260	510	132	200	400
移动延续时间活跃期/d			142	67	318	74	126	176

表 10-19　淮北矿区地表移动期实测数据和计算数据一览表

站名	H_0/m	$T_{初测}$/d	$T_{初计}$/d	$\Delta T_{初}$/d	$T_{估测}$/d	$T_{估计}$/d	$\Delta T_{估}$/d	$T_{总测}$/d	$T_{总计}$/d	$\Delta T_{总}$/d
朱仙庄 842	327	74	66	8	240	228	48	383	444	61
刘桥 421	201	154			176	208	32	400	305	95
刘桥 422	298.5	30	37	7	210	184	26	330	301	29
朔里 334	84	8	17	9	78	110	32	103.5	174	71.5
朔里 N331	101	23	14	9	67	99.7	32.7	260	194	66
袁庄 3111	326.5	30	57	27	320	256	64	433	443	10
张庄 3133	125.5	55	13	5	85	96.4	11.4	125	220	95
张庄 2521	197.5	3	22	19	120	127.5	7.5	211	300	89

续表

站名	H_0/m	$T_{初测}$/d	$T_{初计}$/d	$\Delta T_{初}$/d	$T_{估测}$/d	$T_{估计}$/d	$\Delta T_{估}$/d	$T_{总测}$/d	$T_{总计}$/d	$\Delta T_{总}$/d
杨庄 641	116	22	24	2	142	136.7	5.3	274	210	64
百善 675	208.5	69	39	30	318			510		
张庄 523-1	109.5	23	30	7	199	157.5	41.5			
石台 332	71	12	14	2	95.5	99.8	4.3	130	160	30
张庄 3131	96	33.5	15	18.5	106	104	2	185	188	3
塑里 S3213	194.5	18	34	16	137	172	35	400	297	103
塑里 N317	110	0	11	11	135	90	45	160	203	145
平均值/中值误差				±1.81			±32			±74.9

注：H_0为开采深度；$T_{初测}$为初始期实测时间；$T_{初计}$为初始期计算时间；$\Delta T_{初}$为初始期时间误差；$T_{估测}$为活跃期实测时间；$T_{估计}$为活跃期计算时间；$\Delta T_{估}$为活跃期时间误差；$T_{总测}$为总移动期实测时间；$T_{总计}$为总移动期计算时间；$\Delta T_{总}$为总移动期时间误差。

淮北矿区对 15 个煤矿工作面的观测站进行了采动影响时间分析。表 10-19 为淮北矿区地表移动期实测数据和计算数据一览表。从表中可知，长壁开采时的地表总移动期与开采深度有关，分析得出具有以下相关关系：

$$T_{总}=81.5+1.11H_0\pm 74.9 \tag{10-3}$$

式中，$T_{总}$为地表总移动期，d；H_0为开采深度，m。

2. 淮南矿区煤层群条件井上下立体抽采模式

淮南矿区经过长期摸索，形成了–800～–700m 埋深煤层群煤层气立体高效抽采模式。

1）C 组煤煤层气抽采模式

（1）C 组煤 11-2 煤层与 13-1 煤层联合布置，选择关键保护层 11-2 煤层保护 13-1 煤层。

（2）关键保护层 11-2 煤层采用“一面三巷”的煤层气抽采模式。“一面三巷”为轨顺、运顺、瓦斯综合治理巷，如图 10-43 所示。

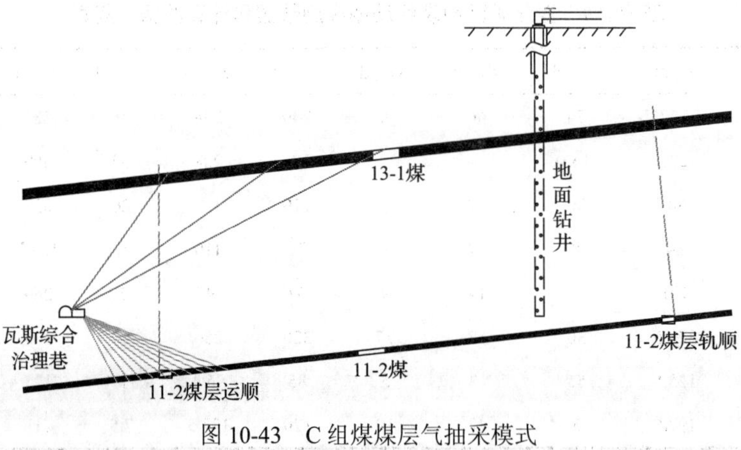

图 10-43　C 组煤煤层气抽采模式

2)B 组煤煤层气抽采模式

(1)B 组煤 11 煤层、9 煤层、8 煤层、7 煤层、6 煤层联合布置，选择 9 煤层作为关键保护层，上保护 11 煤层，下保护 8 煤层、7 煤层、6 煤层，上下同时保护。

(2)关键保护层 9 煤层采用“一面四巷”的煤层气抽采模式。“一面四巷”为风巷、机巷、10 煤层底板巷、6 煤层底板巷，如图 10-44 所示。

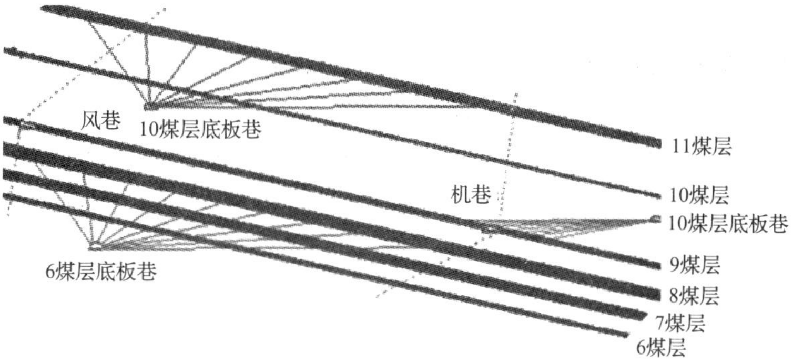

图 10-44　B 组煤煤层气抽采模式

3)B、C 组煤联合开采煤层气抽采模式

(1)C 组煤 C13 煤层与 B 组煤 B11b 煤层、B10 煤层、B8 煤层、B7 煤层、B6 煤层联合开采，选择 B10 煤层作为关键保护层开采，下保护 B8 煤层，上保护 B11b 煤层，上行开采 B11b 煤层保护 C13 煤层、开采 B8 煤层并向下逐层保护。

(2)关键保护层 B10 工作面采用“一面六巷”，即风巷、顺槽、B10 煤层底板巷、B10 煤层高抽巷、C13 煤层底板巷和 B6 煤层底板巷，实现“中间来一刀，上下都解放”，如图 10-45 所示。

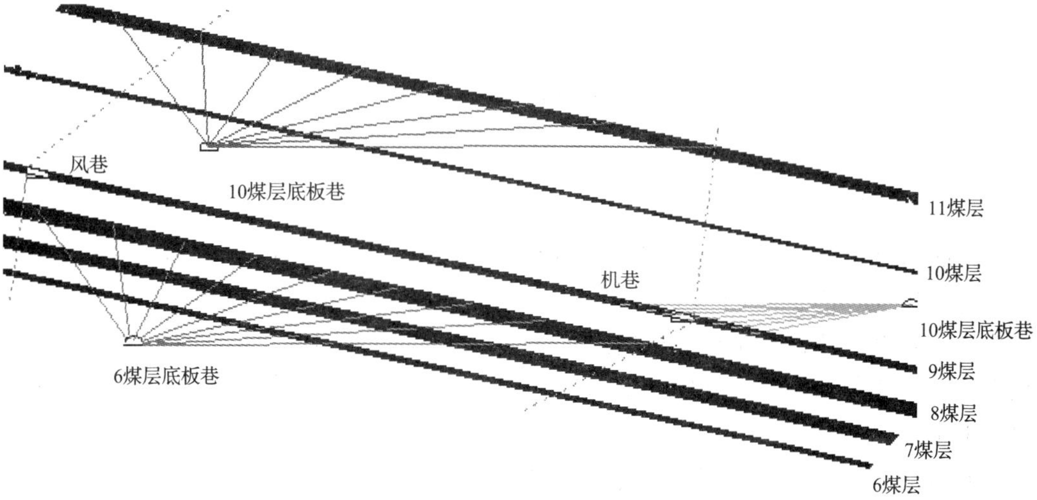

图 10-45　B、C 组煤联合开采煤层气抽采模式

3. 淮北矿区煤层群条件井上下立体抽采模式

淮北矿区坚持井上下立体抽采、应抽尽抽、抽采平衡、效果达标，做到不掘突出头，不采突出面。卸压瓦斯预抽方式为开采保护层+地面钻井+高位穿层拦截钻孔+顺层钻孔＋高位钻孔＋老塘埋管联合抽采方式。

1)保护层布置

工作面走向保护范围以始采线、止采线联合按卸压角划定的煤柱来划分(图 10-46)。

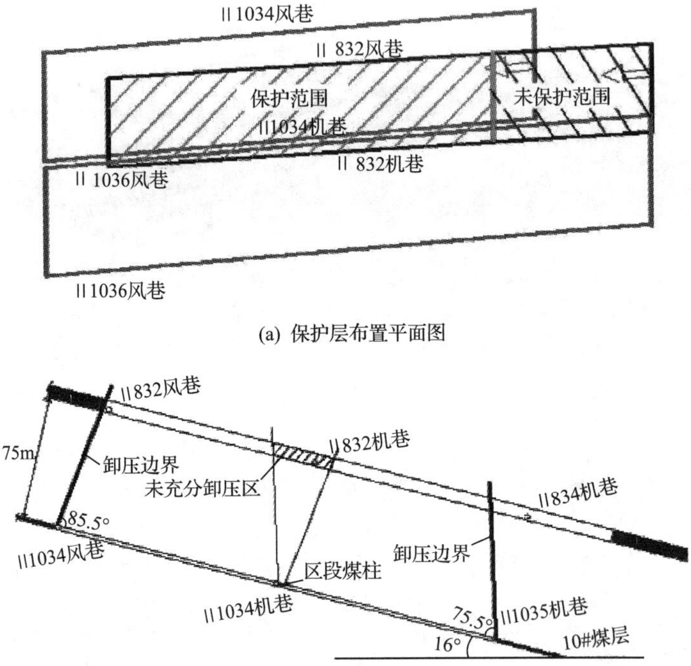

(a) 保护层布置平面图

倾向方向两个保护层工作面保护一个被保护层工作面示意图

(b) 保护层布置剖面图

图 10-46　保护层布置示意图

2)地面钻井预抽被保护层卸压瓦斯

地面钻井穿透被保护层进入保护层底板，在保护层开采期间，地面钻井对被保护层卸压区域瓦斯进行高负压抽采。

地面钻井布置：沿工作面煤层走向间距 120～150m 布置，钻井位于煤层倾斜方向距保护层工作面回风巷 50～80m 处，其中 1#钻井布置在距保护层工作面切眼 60m(图 10-47)。

3)高位穿层拦截钻孔预抽被保护层卸压瓦斯

高位穿层拦截钻孔设计在保护层工作面的高位钻场内，钻孔终孔穿透被保护层顶板 0.5m，在保护层开采期间，对被保护层采动卸压区域瓦斯实行递进式高负压抽采。

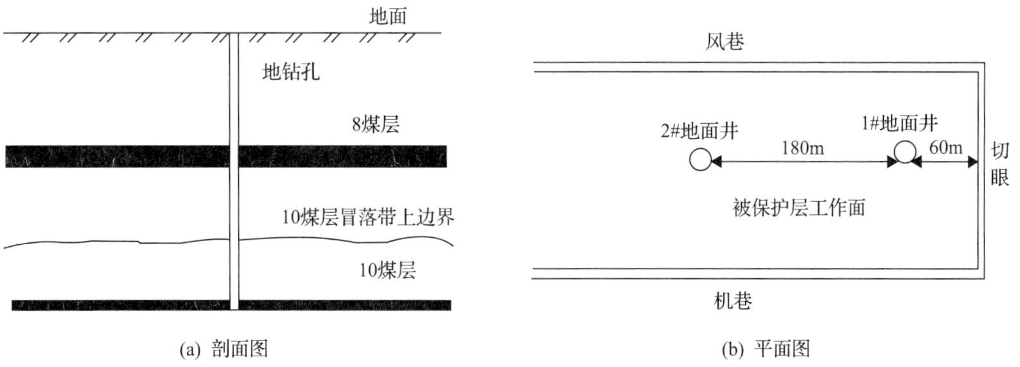

图 10-47　地面钻井抽采卸压瓦斯示意图

高位拦截钻孔设计：钻孔孔径≥113mm，钻孔内安设套管，封孔至垮落带以上。

高位拦截钻孔布置：钻孔间距 30m，覆盖整个工作面(图 10-48)。

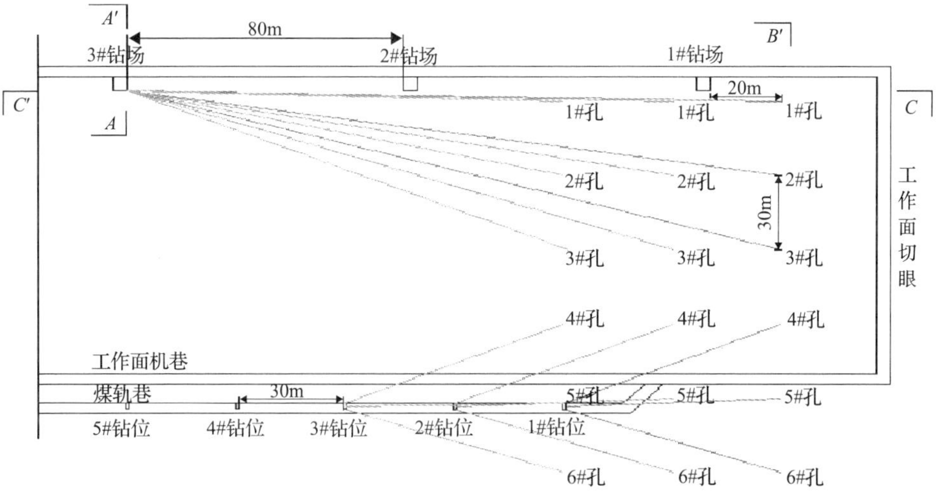

图 10-48　高位拦截钻孔示意图

4) 顺层钻孔预抽被保护层面煤层瓦斯

顺层钻孔以治理工作面生产期间本煤层瓦斯为主，通过顺层孔对工作面进行全覆盖抽采，降低煤层瓦斯含量，实现工作面安全高效回采。

顺层钻孔设计：钻孔孔径≥113mm，封孔长度≥16m。

顺层钻孔布置：钻孔从机巷、风巷成对向施工(压茬≮20m)或自机巷“一孔到位”，根据煤层厚度设计施工 1～3 个钻孔，间距 3～5m(图 10-49)。

5) 高位钻孔抽采采空区高浓度瓦斯

高位钻孔设计在工作面高位钻场内，主要治理工作面回采期间采空区瓦斯，通过高位钻孔对采空区进行抽采，减少采空区瓦斯涌出量，实现工作面安全生产。

高位钻场设计：高位钻场沿工作面风巷按走向间距 80～100m 布置，位于煤层顶板

2m 以上的稳定岩层中(图 10-50)。

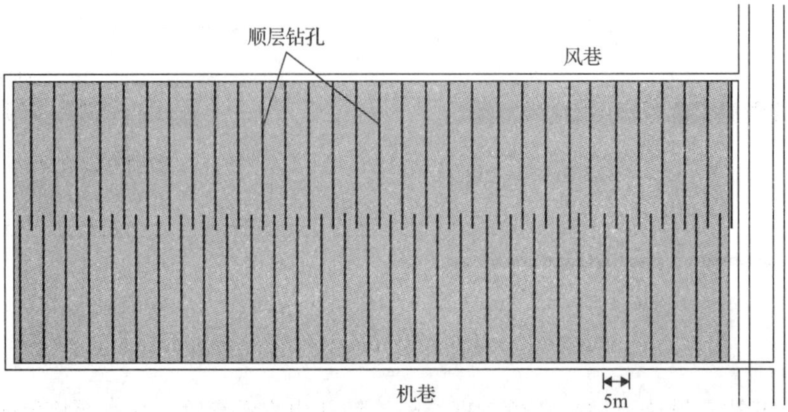

图 10-49　顺层钻孔布置示意图

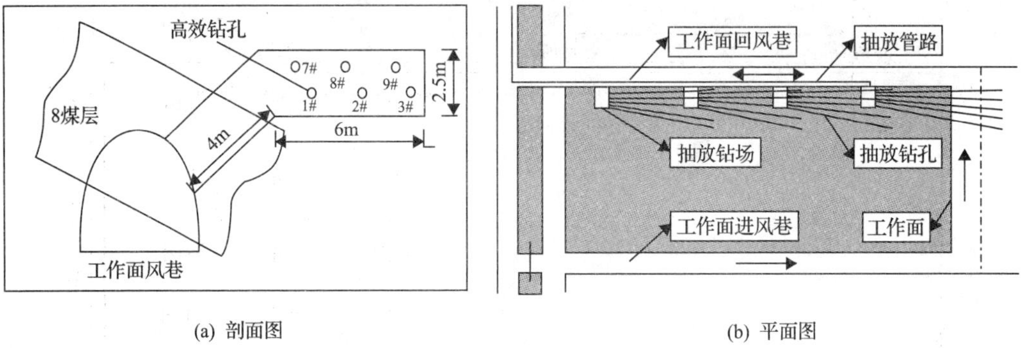

(a) 剖面图　　(b) 平面图

图 10-50　高位钻场及钻孔设计示意图

高位钻孔设计：钻孔控制工作面上部范围不少于面长的 1/3，孔径≥113mm，终孔位于工作面裂缝带下部，压茬大于 30m，封孔至垮落带以上。

6)迈步式老塘埋管抽采采空区瓦斯

老塘埋管抽采主要治理工作面采空区和上隅角积存瓦斯，通过抽采减少采空区瓦斯涌出量，防止工作面上隅角等局部地点瓦斯积聚或超限。

老塘埋管布置方式：采用独立抽采系统，抽采管路不小于 8in，采用交替迈步方式预埋，预埋管路端口采用木垛料搭接保护。

10.2.5　两淮矿区煤层群开采条件下煤层气抽采实施效果

通过两淮矿区煤层群开采条件下煤层气抽采示范工程的实施，有效提升了示范矿井的技术创新能力，工程技术人员和员工的创新意识、创新能力显著提高。新装备、新技术等的应用有效提高了煤层气资源的开采能力、开采量和利用效率，大量煤层气的利用在节省建煤气厂投资的同时，也减少了大量的煤炭运输，减轻了交通压力，实现了绿色环保。

通过两淮矿区煤层群开采条件下煤层气抽采实施示范工程，两淮矿区煤层气抽采量、抽采率和利用率(表 10-20)均显著提高。自“十一五”本示范工程实施以来，两淮矿区的安全生产得到了有效保障，各示范矿井未发生一起煤与瓦斯突出和瓦斯爆炸事故。在本示范工程的有力保障下，两淮矿区煤炭产量稳步提升；矿区煤层气年抽采量从 2007 年的 3.83 亿 m^3 提高到 2015 年的 7.81 亿 m^3。

表 10-20　两淮矿区示范工程产生的效果

年份	煤炭产量/万 t	百万吨死亡率	瓦斯超限次数/次	煤层气年抽采量/亿 m^3	抽采率/%	煤层气年利用量/亿 m^3	利用率/%
2007	7415.25	0.364	135	3.83	47.1	0.66	17.2
2008	7959.21	0.361	126	3.96	49.9	0.96	24.2
2009	8202.27	0.21	93	4.69	52.6	1.26	26.9
2010	9183.42	0.196	35	5.13	56.9	1.38	26.9
2011	10122.66	0.179	26	6.04	60.2	1.58	26.2
2012	10851.22	0.094	12	7.21	62.6	2.02	28.0
2013	9131.55	0.121	8	8.22	66.8	2.55	31.0
2014	9084.5	0.113	8	8.17	65.1	2.73	33.4
2015	9846.34	0.169	12	7.81	66.5	2.63	33.7
2016	9153.38	0.058	12	7.53	70.0	3.05	40.5
2017	8634.28	0.056	10	5.79	71.1	2.30	39.7
2018	8092.66	0.134	12	5.24	68.9	1.90	36.3

2016 年后，为响应国家“去产能、调结构、降成本、防风险”的政策，煤炭产量及相应的煤层气抽采量和利用量有序、可控地下调，但煤层气抽采率和利用率仍稳步提高，分别从 2007 年的 47.1%和 17.2%提高到 2017 年的 71.1%和 2016 年的 40.5%的历史最高水平，如图 10-51 和图 10-52 所示。

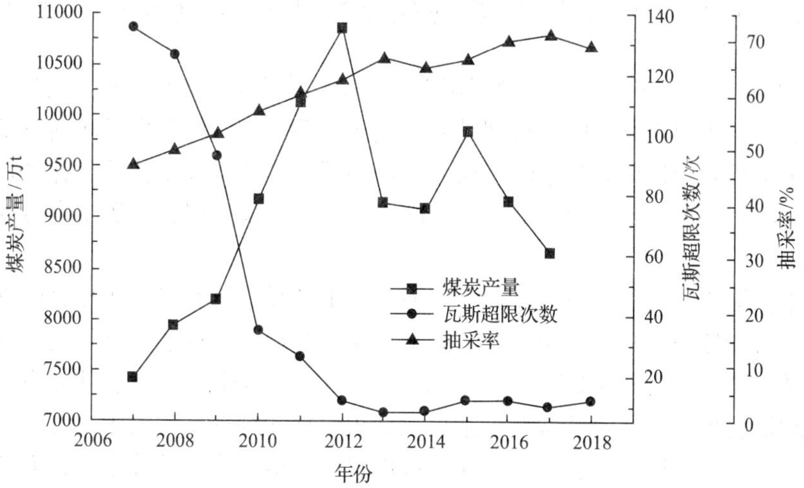

图 10-51　两淮矿区煤炭产量、瓦斯超限次数、抽采率情况

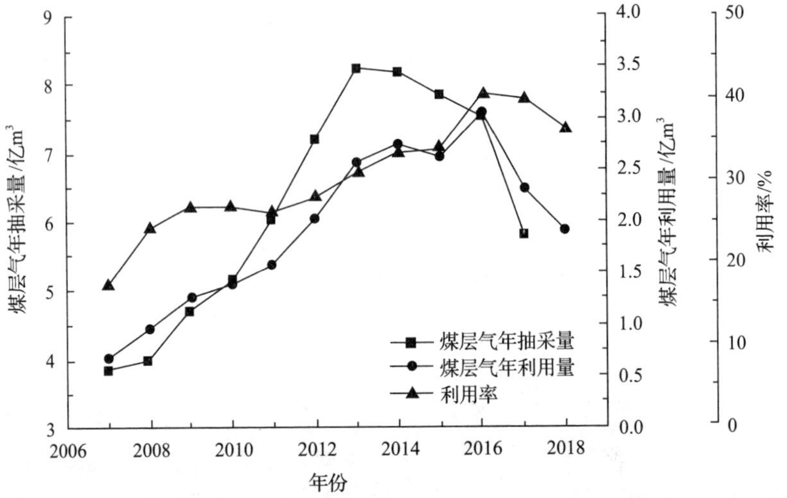

图 10-52　两淮矿区煤层气年抽采量、年利用量、利用率

“十三五”期间，地面水平分段压裂井煤层气抽采技术、采动区井采动区卸压煤层气抽采技术、井下碎软煤层煤层气强化抽采技术及煤层气抽采巷道将得到进一步的完善，煤层气利用率将进一步提高，煤层气产业规模将进一步扩大。

依托本示范工程建立了 10 个试验基地，为示范成果的推广提供了支撑。本示范工程成果在包括两淮矿区在内的 10 个矿区 100 多个矿井推广应用，各矿区实现了瓦斯抽采量大幅度提高，瓦斯灾害得到了有效控制。

本节汇稿人：李　平　宋庆尧　张纯如

本节主要编写人员：李　平　宋庆尧　张纯如　刘　振　李点尚　车　路　叶　敏　程　浩　蔡　峰　胡炳南

10.3　重庆松藻矿区复杂地质条件下煤层气开发示范工程

松藻矿区具有地质构造复杂、储层压力低、储层渗透率低、含气饱和度低和储层含气量高的特点，是我国南方矿区，特别是西南地区、湖南、江西等煤矿区的典型代表。研究总结松藻矿区复杂地质条件下煤与煤层气协调开发模式、技术体系、评价指标体系与技术规范，继而推广应用，对类似煤矿区煤层气高效共采，提升煤矿安全技术水平具有重要意义。

近几年，依托国家科技重大专项“大型油气田及煤层气开发”等项目的支撑，重庆松藻煤电有限责任公司联合重庆大学等单位协作研究形成了煤层气开发的松藻模式和技术保障体系，解决了低透气煤层“有气难抽”、煤层气抽采效率低的技术难题：①形成了突出煤层顺煤层预抽煤层气技术及工艺，包括顺层钻孔螺旋钻进技术工艺、三棱钻杆顺层钻进技术工艺，实现了对整个工作面区域煤层的瓦斯抽采，消除了工作面预处理“空白带”，初步解决了瓦斯治理难题。②形成了底板穿层钻孔预抽煤层气技术及工艺，包括潜孔锤风力排渣冲击钻进技术、多岩性高效回转钻进施工技术、多岩性离层抽采技术，解决了茅口灰岩、硅质灰岩中钻进效率低、难以实现高效穿层钻孔抽采的难题。③形成了松藻矿区煤层增透技术，包括水力压裂增透技术与保护层开采卸压增透技术。水力压裂增透技术主要应用于石门揭煤、保护层掘进条带及工作面回采区域煤层增透，保护层开采卸压增透主要应用于被保护层。④形成了适用于松藻矿区的“井下三区配套三超前增透抽采煤层气开发”模式，即开拓区为煤层气超前抽采提供时间、空间条件；准备区内利用水力化增透措施对保护煤层实施增透，进而对保护层进行超前预抽；达到安全开采标准后进行保护层开采；保护层开采导致被保护层卸压增透，在保护层卸压区内抽采被保护层卸压煤层气，达到安全开采标准后进行被保护层开采；同时对采空区煤层气进行抽采；最终实现松藻矿区煤层气与煤炭资源协调开发。

本节重点介绍突出煤层顺煤层预抽煤层气技术及工艺、底板穿层钻孔预抽煤层气技术及工艺、突出煤层井下水力化增透抽采技术、松藻矿区煤层气与煤炭协调开发模式及开发效果等内容。

10.3.1　松藻矿区开采地质条件

松藻矿区全区可采煤层只有 M8(K_3^b)煤层一层，平均厚度为 2.02～3.83m，煤炭储量约占矿区总储量的 60%左右；局部可采的临界薄煤层 2～5 层，分别为 M6(K_6)、M7(K_4)、M10(K_2^b)、M11(K_2^a)、M12(K_1)煤层，其可采区域煤层厚度一般为 0.7～1.1m。

矿区各开采煤层均属高变质无烟煤，矿区煤层气储量丰富，据 2010 年资料，矿区开采煤层煤层气总储量为 383 亿 m^3，可抽采储量为 183 亿 m^3。

矿区各煤层瓦斯压力变化幅度较大，变化范围为 1.5～6.5MPa；煤层多为Ⅳ～Ⅴ类构造煤，煤层普氏硬度系数只有 0.1～0.8；开采煤层渗透率低，普遍只有 1.4×10^{-4}～8×10^{-4}mD；煤层平均瓦斯含量为 17.1m^3/t，最高为 29m^3/t；各开采煤层均有煤与瓦斯突出危险性，各相邻煤层的层间距一般在 6～18m。矿区煤与瓦斯突出灾害十分严重，1958～2010 年，总计发生突出 489 次，一次最大突出强度 7138t、涌出瓦斯量 285km^3。矿井绝对瓦斯涌出量达 71.6～225.6m^3/min，相对瓦斯涌出量达 49.9～78.5m^3/t；尤其是保护层工作面，平均绝对瓦斯涌出量达 60～70m^3/min，最高达 110m^3/min。因此，松藻矿区是我国近距离碎软低渗突出煤层群煤层气与煤炭协调开发的典型代表。

矿区煤层及煤系的主要变化规律是：煤层层数及厚度由北向南有所增加，而煤层结构、煤系组成等由北向南趋于复杂，煤系厚度是由北向南渐次变薄。大部分为近水平-缓倾斜煤层，倾角为 3°～13°，部分为倾斜煤层，倾角为 20°～30°，少数区域为急倾斜煤层，倾角为 60°以上。矿区由东向西有 4 个大的褶曲，分别为两河口向斜、羊叉滩背斜、大木树向斜、鱼跳背斜。对开采影响较大的断裂地层分布在羊叉滩背斜、大木树向斜轴部及两河口一带和仙洞河以南。

总体而言，松藻矿区地质构造复杂，煤层赋存条件差，开采难度大，煤层原始瓦斯含量高，煤层碎软，渗透率低，煤层瓦斯压力大，煤层气资源丰富且分布相对均衡，储层压力梯度为 4.8kPa/m；矿区五大灾害俱全，属地质条件复杂的矿区之一，在全国具有典型的代表性。

10.3.2　突出煤层顺煤层预抽煤层气技术及工艺

1. 螺旋钻孔加压风顺层钻进技术

通过研究顺层钻孔螺旋钻进技术工艺，结合松藻矿区各矿井煤层赋存情况，制定相应的顺层钻孔螺旋钻进实施方案，成功在松藻矿区打通一矿、松藻煤矿、渝阳煤矿、同华煤矿等矿井应用，并取得了良好效果，实现了对整个工作面区域煤层的瓦斯抽采，消除了工作面预处理“空白带”，初步解决了瓦斯治理难题。目前该技术已在松藻矿区全面推广，在渝阳煤矿的应用及效果分析如下。

1) 工作面概况

渝阳煤矿 N2707 工作面埋深 165～465m，煤层为单斜煤层，层位稳定，平均煤层厚度为 0.90m，普氏硬度系数为 0.2～0.5，软煤分层厚达 0.1～0.5m，倾向为 NW10°，煤层瓦斯含量为 19.08m^3/t，工作面内无明显地质构造。根据区域预测结果，工作面埋深大于 200m 为突出危险区，埋深小于 200m 为突出威胁区。

工作面沿倾斜方向布置，仰斜开采，工作面面宽 165m，运输巷倾斜长 862m，回风巷倾斜长 873m。从运输巷和回风巷双向施工本层钻孔，要使钻孔能够控制整个工作面区域，钻孔深度必须达到 80m 以上。

2) 实施过程及效果分析

采用 ZYW-4000 型液压钻机配合 Φ87mm 螺旋钻杆、螺旋加压风排粉施工方式，累计施工本层深孔预抽孔 360 个，累计耗时 119d，平均每天施工 3 个钻孔，钻孔平均深度为 137m，平均月台机效率为 8000m。钻孔一次成孔 315 个，一次成孔率为 88%。

回风巷共施工本层深孔预抽钻孔 192 个，累计钻尺 15784m，施工中有 139 个孔有喷孔现象，实测最大瓦斯解吸指标 K_1=1.32mL/(g · $min^{1/2}$)，最大钻屑量 S_{max}=35kg/m。施工累计耗时 57d，最大孔深为 156m，平均孔深为 132.21m，高于设计深度 95m，其中孔深在 130m 以上的钻孔个数占比为 57%，较好地消除了该工作面的“空白带”。平均每天施工钻孔 3.37 个。

运输巷本层深孔预抽孔共施工本层回采深孔预抽孔 168 个，累计钻尺 13731m，钻孔施工累计耗时 62d，施工中有 147 个孔在 7～47m 后有喷孔现象，本层深孔预抽孔实测最大瓦斯解吸指标 K_1=1.57mL/(g · $min^{1/2}$)，最大钻屑量 S_{max}=36.0kg/m，最大孔深为 156m，平均孔深为 138.73m。平均每天施工深孔预抽孔 2.71 个。孔深大于 130m 的钻孔个数占比为 64%。

应用取得的主要效果如下：

(1) 将本层深孔预抽孔布置在煤层硬分层中，减少了钻孔施工过程中由于煤层碎软、瓦斯压力大，施工过程中出现喷孔、垮孔、卡钻现象的强度，保证了钻孔施工过程中排渣畅通，从而保证钻孔施工到设计深度，同时为本层深孔预抽孔的顺利封堵创造了有利条件。

(2) 钻孔采用螺旋加压风排粉施工，钻孔施工深度在 100～140m，采用井下压风和钻杆自身的螺纹作为排渣动力，压风压力为 1.2MPa，能满足钻孔施工需要，杜绝了施工过程中因排渣不畅通而发生的抱钻、卡钻，确保了钻孔的顺利施工。

(3)将 ZYW-4000 型液压钻机整体放置于大平板车上，移机时采用工作面 11.4kW 内绞牵引，一次移机时间仅需要 0.5h，在降低劳动强度的同时提高了钻孔施工进度。

3)抽采效果

(1)抽出率提高。

从表 10-21 中可以看出，N2705 运输巷本层 Φ75mm 浅孔抽采 73d 后，钻孔控制范围内抽出率为 6.66%，而 N2707 运输巷 Φ115mm 深孔考察孔经过 73d 抽采后，钻孔控制范围内抽出率达到 17.8%，在相同时间内，孔间距为 6m 的大孔径深孔比孔间距为 10m 小孔径浅孔抽出率高出 1.67 倍。

表 10-21　N2705 运输巷与 N2707 运输巷本层孔抽采效果统计表

钻孔类别	钻孔数/个	抽采时间/d	孔径/mm	孔深/m	孔间距/m	钻孔控制面积/m^2	控制范围内瓦斯储量/m^3	控制范围内钻孔抽出瓦斯量/m^3	抽出率/%
N2705 运输巷	12	73	75	80	10	8800	167904	11081.7	6.66
N2707 运输巷	12	73	115	138	6	9108	173781	30933	17.8

(2)抽采浓度提高。

本层预抽孔均采用马丽散封孔，能较好地封堵到设计深度，钻孔封堵质量得到了保证，钻孔平均抽采浓度达到 37%，最高达到 90%(详见表 10-22)，同时减小了封孔劳动强度。

表 10-22　N2707 运输、回风巷各浓度区段钻孔统计表

浓度区段	钻孔数/个	所占比例/%	浓度区段	钻孔数/个	所占比例/%
90%及以上	4	2.4	40%～50%	9	5.3
80%～90%	48	28.2	30%～40%	8	4.7
70%～80%	26	15.3	20%～30%	12	7.1
60%～70%	16	9.4	10%～20%	15	8.8
50%～60%	17	10.0	10%以下	15	8.8

(3)单孔抽采量增大。

N2707 本层深孔孔径增大到 115mm 后比 N2705 本层深孔孔径 75mm 增大了 40mm，由于煤层的暴露面积增大，抽采纯量增幅较大，运输巷 75 个钻孔和回风巷 76 个钻孔的平均单孔纯量达到 0.0154m^3/min，而相邻的 N2705 回风巷 95 个 Φ75mm 浅孔平均单孔纯量只有 0.00968m^3/min，显然，大孔径深孔平均单孔最大纯量增加了 0.00572m^3/min，增加了 59.1%，抽采效果较好(表 10-23)，同时缩短了钻孔有效抽采期，为采掘生产部署赢得了主动性。

表 10-23 N2707 运输巷、回风巷与 N2705 回风巷抽采效果对比

工作面	抽采地点	负压/Pa	速压/Pa	浓度/%	混合量/(m^3/min)	抽采钻孔/个	平均单孔纯量/(m^3/min)
N2707	运输巷	15320	19.62	37	2.87	75	0.01413
	回风巷	23940	39.24	36	3.54	76	0.01671
N2705	回风巷	15960	80.44	18	5.11	95	0.00968

2. 三棱钻杆加压风顺层钻进技术

通过研究三棱钻杆顺层钻进技术工艺，结合松藻矿区各矿井煤层赋存情况，制定了相应的三棱钻杆加压风顺层钻进实施方案，成功在松藻示范矿区下属渝阳煤矿 N3702 工作面、N21110 工作面等进行了现场应用，取得了良好效果，实现了最大钻孔深度 255m、平均孔深均大于 90m、钻孔一次性成孔率达到 85%以上，实现了对整个工作面区域煤层进行瓦斯抽采，彻底消除了工作面预处理“空白带”，初步解决了该矿区的瓦斯治理难题，达到了钻孔成孔率达到 60%的预期目标。目前该技术在松藻矿区逐步推广，渝阳煤矿 N3702 工作面钻进现场应用情况如下所述。

1) 工作面概况

N3702 工作面 M7 煤层埋深在 515～932m，倾向为 NW6°～10°，倾角为 8°～15°，M7 煤层平均煤层厚度为 0.65m，煤层普氏系数为 0.28～0.5，为煤与瓦斯突出煤层。

2) 实施工艺

在 N3702 运输巷试验采用 ZYW-4000 型液压钻机配合 Φ73mm 三棱钻杆加中压风排渣工艺施工顺层抽采钻孔，风压为 1.2MPa。

3) 实施过程

N3702 运输巷本层共施工钻孔 7 个，其中报废钻孔 2 个，一次成孔率为 71.4%，平均孔深为 208.8m，最大孔深达 255m(表 10-24)。

表 10-24 N3702 运输巷本层孔竣工参数表

孔号	施工时间	方位/(°)	倾角/(°)	孔深/m	备注
1	11/26 夜班～中班	180	2	42	垮孔，因旋转压力太大退钻
2	11/28 夜班～早班	180	2	183	全部在 M7 煤层钻进
3	12/01 夜班～中班	180	−1	195	全部在 M7 煤层钻进
4	12/03 夜班～中班	180	−1	39	垮孔，因旋转压力太大退钻
5	12/06 夜班～早班	180	−1	255	能力孔
6	12/08 夜班～早班	180	−1	201	200m 后见矸
7	12/16 中班～17 夜班	180	−1	210	208m 后见矸

4) 小结

(1) ZYW-4000 型液压钻机功率大，输出扭矩高，配套三棱钻杆强度高，与螺旋钻杆相比扩大了在孔内的排渣通道，加之采用中风压施工本层钻孔，在 N3702 运输巷施工的

7个试验钻孔中，平均孔深为208.8m，最大孔深达255m，是原有本层钻孔的2倍，在消除工作面本层钻孔控制“空白区”的同时，实现了只在进风巷或回风巷就能施工控制整个工作面的本层钻孔，减少了一半的本层钻孔数，降低了本层钻孔漏气量；缩短了本层钻孔施工占用时间，增加了钻孔预抽时间。

(2)三棱钻杆加中风压排粉方式施工本层钻孔在N3702运输巷的现场进行应用，未出现孔内因排粉不畅而使压风减小的情况，可防止因排粉不畅而出现卡、抱钻现象而造成钻杆不能撤出，降低了钻杆丢失的概率，表明该技术是一项先进的本层钻孔施工工艺。

10.3.3 底板穿层钻孔预抽煤层气技术及工艺

1. 潜孔锤风力排渣冲击钻进技术

该技术运用ZYW-6000LD大功率定向钻机，配套Φ73mm×800mm大通径双密封钻杆、DHD340型气动冲击器、Φ113mm钎头，采用中风压风力排渣施工工艺，适用于松藻、逢春等矿井坚硬岩层(f>10)较多的多岩性深孔钻进。

由于松藻矿区地质条件相当复杂，岩性变化较大，在应用气动冲击器进行钻进时，需不断调整冲击钻进的工艺参数，试验结果见表10-25。

表10-25 多岩性深孔冲击钻进工艺参数表

岩层	硬度(f)	钻进效率/(m/h)		提高效率/%	排粉动力
		冲击钻进	回转钻进		
茅口灰岩	6～8	8.6～10.5	5.8～9.4	12～48	采用中风压/螺旋双动力排渣
硅质灰岩	12～16	7.2～9.6	1.2～1.6	500	

试验表明，该工艺在硬度极高的茅口灰岩(f=6～8)、硅质灰岩(f=12～16)中钻进，钻孔深度提高2倍，最大深度达368m；在坚硬岩层中钻进的时效提高了5倍以上。

2. 多岩性高效回转钻进施工技术

松藻矿区底板瓦斯抽采巷掘进工程量大，占矿区总进尺的50%以上，巷道断面小，需采用小体积、高转速、较大扭矩钻机施工抽采钻孔。运用ZY1250等钻机，配套Φ50mm强力钻杆或Φ63mm×800mm圆弧凸棱钻杆，以及Φ75～Φ94mm PDC钻头，采用风力排渣或水排粉施工工艺，结合钻杆自动拆卸装置、气渣分离装置，形成了多岩性高效回转钻进施工技术，适用于矿区岩性变化大的多岩性穿层钻进。

同华煤矿在±0水平2117运输巷钻场施工K_3^b穿层卸压抽采钻孔，其中9#钻场使用ZDY750C型钻机配套Φ50mm外平钻杆、Φ75mm PDC钻头，以及静压水排粉施工工艺。10#钻场使用优化改进后的ZY1250型钻机，配套Φ50mm强力钻杆、Φ75mm PDC钻头，分段采用静压水及中风压排粉施工，即岩层段采用静压水排粉，易塌孔的软岩及煤层段采用中风压排粉。钻进过程使用钻杆自动拆卸装置，煤层段钻进使用气渣分离器。

在试验考察期间，9#钻场施工钻孔37个，进尺2114.73m，平均钻进速度为0.23m/min；10#钻场施工钻孔50个，进尺2570.94m，平均钻进速度为0.31m/min，较旧工艺提高了

34.78%；月台机效率由 3256m 提高到 4266m，提高了 31.02%（表 10-26）。

表 10-26　工艺优化改进前、后效果分析表

类别	转速/rmin	转矩/(N·m)	电机功率/kW	月台机效率/m	孔径/mm
旧工艺	95	750	18.5	3256	65
新工艺	180	1000	22	4266	75
比较/%	+89	+33	+19	+31.02	+15

3. 多岩性离层抽采技术

作为开采下保护层的矿井，常规穿层卸压抽采钻孔是在保护层开采前将钻孔施工至 K_3^b 煤层顶板，待开采保护层时抽采卸压煤层气。但由于保护层较薄，其顶板岩层塑性变形形成层间裂缝，预先施工的钻孔因塌孔等已堵塞不畅，在层间裂缝积存有大量卸压煤层气。为此，开发了保护层采空区离层抽采技术，即在下保护层 K_2^b 开采后，对上邻近层 K_3^b 及 K_4、K_5、K_6 煤层施工穿层钻孔进行采空区离层抽采。

离层抽采钻孔布置在 K_2^b 与 K_3^b 之间的深钻场（深 43～47m，钻场穿过 K_2^b 煤层垮落带，距 K_3^b 煤层 8m 左右）中，向煤层顶板方向施工至 K_6 煤层顶板（图 10-53）。

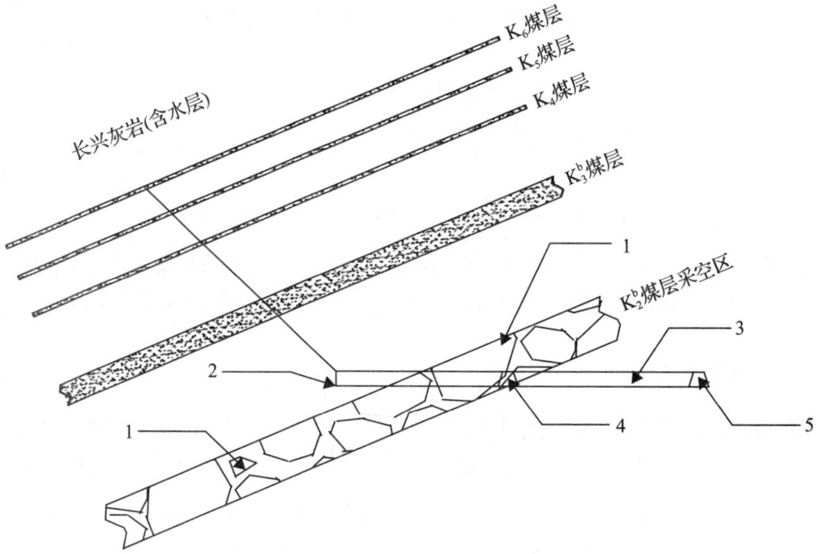

图 10-53　下保护层离层抽采示意图

1-K_2^b 煤层开采后冒落带；2-深钻场；3-联络巷；4-2224 运输巷；5-2122 运输巷

采用 ZY-1250A 型钻机配套 Φ50mm 外平钻杆和 Φ75mm 胎体 PDC 钻头施工，孔口 8m 封孔段采用 Φ91mm 胎体 PDC 钻头扩孔，采用水排粉，钻孔穿煤时使用气水渣分离器并与抽采系统连接，防止穿煤时瓦斯超限。

在 2122-2 采面运输巷钻场对 K_3^b 煤层及上邻近层 K_4～K_6 煤层瓦斯进行离层抽采，取得了很好的效果，单个钻场（25～30 个孔）初期抽采量最高达 12m^3/min 以上，抽采浓度最高达 92%。

10.3.4　突出煤层井下水力化增透抽采技术

煤层的低渗透率和非均质性造成用常规方法难以有效抽采瓦斯，而如何增加煤层渗透率成为制约矿井瓦斯抽采的瓶颈。水力化技术是增加岩(煤)体渗透率的有效途径，如高压水射流技术、水力压裂-水力割缝联合增透技术等。煤层水力压裂是以水介质作为压裂动力，使煤体裂隙畅通的一种措施，可有效增强煤层透气性。

1. 松藻矿区水力压裂应用概况

碎软突出煤层井下水力压裂技术在松藻矿区所有矿井实现了成功应用。在“十一五”和“十二五”期间，松藻矿区共进行石门揭煤水力压裂增透 120 次，条带网格水力压裂增透 698 次，本煤层水力压裂增透 572 次，各矿具体实施数量见表 10-27，取得了良好的煤层气增透抽采效果。与传统技术相比，石门揭煤、条带网格、本煤层预抽钻孔数量分别减少 27%、40%、34%以上，瓦斯抽采量增加 3～5 倍，揭煤预抽时间缩短 5 个月以上；平均月掘进单进提高 55%～90%；采煤工作面回采单产平均提高 57%，经济效益和社会效益提高显著。

表 10-27　松藻矿区水力压裂应用概况

类别	打通一矿	石壕煤矿	渝阳煤矿	同华煤矿	松藻煤矿	逢春煤矿	合计
石门揭煤	4	38	21	14	28	15	120
条带网格	221	102	127	64	127	57	698
本煤层	126	79	184	38	113	32	572
合计	351	219	332	116	268	104	1390

2. 石门揭煤水力压裂增透抽采技术

石门揭煤水力压裂增透抽采技术主要针对岩石巷道揭穿煤层时，突出危险性大、预抽钻孔多、预抽效果差、揭煤周期长的问题。石门揭煤水力压裂钻孔一般布置在所掘进巷道预抽控制区域内，对所掘煤层进行水力压裂增透，然后对揭煤区域施工预抽钻孔进行预抽。当石门穿过多个煤层时可进行多煤层联合压裂，缩短预抽时间，实现安全揭煤。

下面以渝阳煤矿石门揭煤水力压裂试验为例，对石门揭煤水力压裂技术进行说明。

1) 试验概况

渝阳煤矿 M7 煤层作为上保护层开采，进入北三区深部水平后，埋深 700～900m，M7 煤层平均厚度为 0.9m，M8 煤层平均厚度为 2.8m，煤层原始瓦斯含量分别为 18.57m^3/t 和 16.61m^3/t，煤层透气性性系数分别为 0.002486m^2/(MPa·d) 和 0.003336 m^2/(MPa·d)，属较难抽采煤层，揭煤预抽钻孔浓度仅为 10%左右，平均单孔抽采纯量为 0.0016m^3/min，抽采效果差，一般抽采达标时间需要 8～12 个月，揭 N3702 中部一号、二号、三号中部上山时，均需停在碛头补打抽采钻孔，重新接抽，因此，抽采时间延长 2～3 个月，导致揭煤周期多达 10 个月以上。

为增加煤层透气性系数，提高煤层抽采效果，在 N3704 东瓦斯巷对 N3704 中部二号上山实施高压水力压裂，M7 煤层、M8 煤层各压裂 1 个钻孔。

2) 钻孔布置及施工参数

N3704 中部二号上山水力压裂钻孔布置图如图 10-54 所示，钻孔施工参数表见表 10-28。

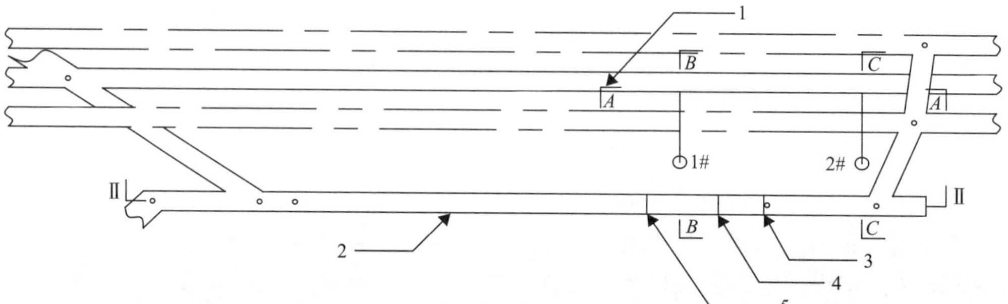

(a) 平面图

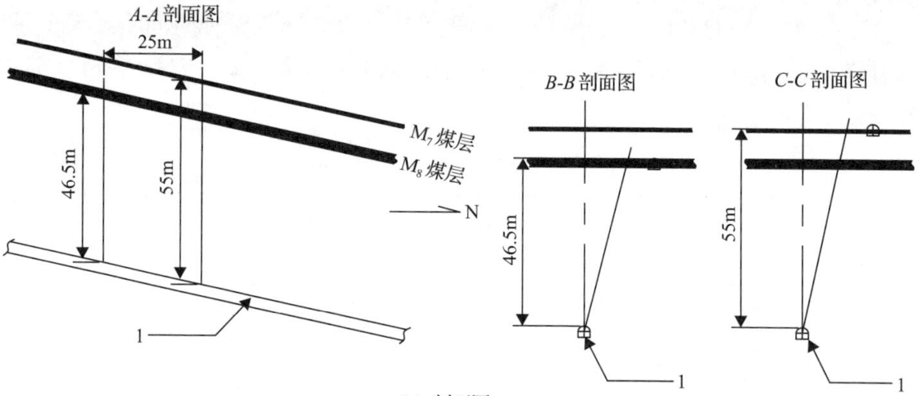

(b) 剖面图

图 10-54　N3704 中部二号上山水力压裂钻孔布置图

1-N3704 东瓦斯巷下山；2-N3704 二号中部上山；3-M7 煤层见煤点；4-M8 煤层出煤点；5-M8 煤层见煤点

表 10-28　压裂钻孔施工参数表及注水情况表

施钻地点	压裂地点	压裂孔数/个	施工方位/(°)	施工倾角/(°)	终孔深度/m	压裂目标层位	压裂主要参数	
							主泵压力/MPa	注水量/m^3
N3704 东瓦斯巷下山	N3704 中部二号上山	1	90	77	47	M8	24.2～42.9	255.6
		1	90	79	55	M7	32.4～49.5	296.4

3) 压裂过程

2012 年 5 月开始压裂，为考察水力压裂过程中的压力变化和实际注水量，在 N3704 东瓦斯巷实施水力压裂过程中，在压裂孔孔口安装了压力传感器，通过收集基础数据，2#压裂孔的压裂监测曲线如图 10-55 所示。

4) 压裂范围考察

为考察水力压裂影响范围，在压裂孔周围沿走向与倾向方向以 10m 间距设置考察孔，考察孔布置如图 10-56 所示。

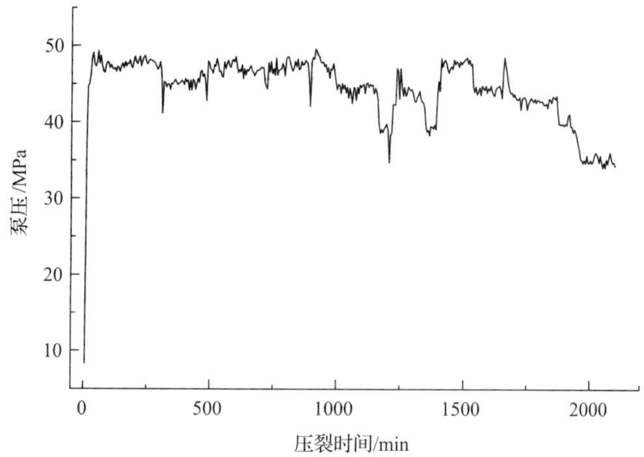

图 10-55　2#压裂孔压裂监测曲线

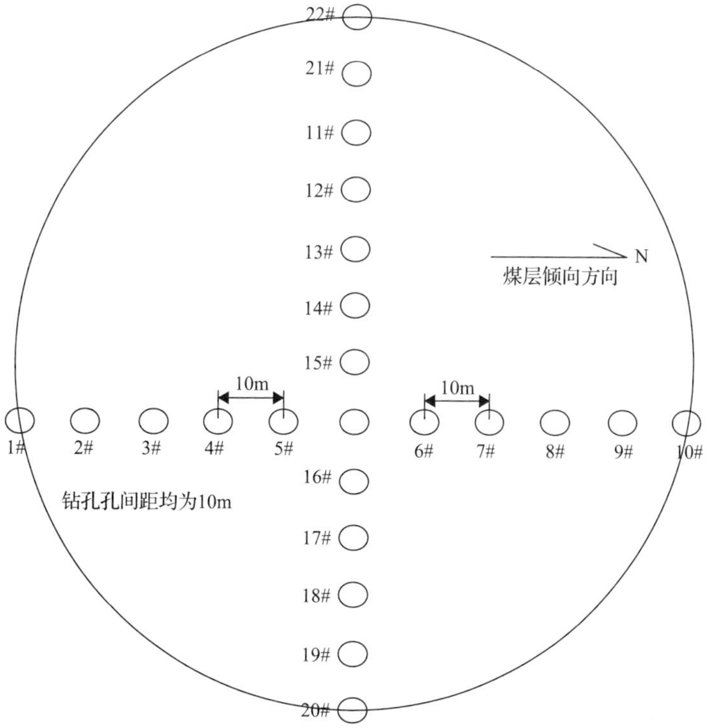

图 10-56　考察钻孔布置示意图

沿倾向方向：实施高压水力压裂前后，通过直接测量法测定 M7 煤层及 M8 煤层的瓦斯含量来确定压裂煤层倾向方向影响范围，测试结果见表 10-29。通过测定压裂孔周边检验孔的煤层瓦斯含量，与原始煤层瓦斯含量(M7 煤层、M8 煤层原始瓦斯含量分别为 $18.57m^3/t$ 和 $16.61m^3/t$)比较，在煤层倾向方向上，压裂有效影响半径为 30～40m。

表 10-29　2#压裂孔煤层瓦斯含量一览表

煤样编号	距压裂孔距离/m	煤层瓦斯含量/(m^3/t)
2#考察孔(M7 煤层)	40	21.8778
3#考察孔(M7 煤层)	30	13.6597
4#考察孔(M7 煤层)	20	11.7093
9#考察孔(M7 煤层)	20	12.8448
10#考察孔(M7 煤层)	10	8.4051
1#考察孔(M8 煤层)	50	12.9556
2#考察孔(M8 煤层)	40	17.1309
4#考察孔(M8 煤层)	20	16.4134
9#考察孔(M8 煤层)	20	14.2061
10#考察孔(M8 煤层)	10	10.573

同时，检验孔的施钻现象也是确定压裂有效影响范围的重要依据，各个检验孔施工现象统计详见表 10-30。

表 10-30　检验孔施工现象统计表

孔号	钻孔位置	施工现象
10#考察孔	距压裂孔以北 50m	M8 煤层有喷孔现象，孔内有水流出
9#考察孔	距压裂孔以北 40m	M8 煤层有喷孔现象，孔内有水流出
8#考察孔	距压裂孔以北 30m	M8 煤层有喷孔现象，孔内有水流出
7#考察孔	距压裂孔以北 20m	M8 煤层有喷孔现象，孔内有水流出
6#考察孔	距压裂孔以北 10m	顶钻、垮孔严重，未能穿过 M8 煤层
16#考察孔	距压裂孔以东 10m	M8 煤层有喷孔现象，M9 煤层以上煤岩中含水，抱钻现象严重
17#考察孔	距压裂孔以东 20m	M8 煤层中有水，撤钻困难
18#考察孔	距压裂孔以东 30m	M9 煤层以上煤岩中含水，垮孔严重，撤钻杆困难
19#考察孔	距压裂孔以东 40m	M8 煤层喷孔严重，有响炮声，抱钻现象严重，撤钻杆困难，孔内掉钻头
20#考察孔	距压裂孔以东 50m	钻孔过 M8 煤层喷孔严重，垮孔抱钻严重，撤钻杆困难
15#考察孔	距压裂孔以西 10m	钻孔过 M8 煤层喷孔严重，孔内有水间断性滴流
14#考察孔	距压裂孔以西 20m	正常
13#考察孔	距压裂孔以西 30m	钻孔过 M8 煤层喷孔严重，撤钻杆困难
12#考察孔	距压裂孔以西 40m	钻孔过 M8 煤层喷孔严重，孔内有水流出
11#考察孔	距压裂孔以西 50m	钻孔过 M8 煤层喷孔严重，有响炮声，垮孔抱钻不返水，未施工到 M7 煤层
21#考察孔	距压裂孔以西 60m	钻孔过 M8 煤层喷孔严重
22#考察孔	距压裂孔以西 70m	进入 M8 煤层后抱钻
5#考察孔	距压裂孔以南 10m	钻孔过 M8 煤层喷孔严重
4#考察孔	距压裂孔以南 20m	钻孔过 M8 煤层喷孔严重，孔内有少量水滴
3#考察孔	距压裂孔以南 30m	钻孔过 M8 煤层喷孔严重，孔内有少量水滴，穿孔困难
2#考察孔	距压裂孔以南 40m	钻孔过 M8 煤层喷孔严重，孔内有少量水滴，穿孔困难
1#考察孔	距压裂孔以南 50m	钻孔过 M8 煤层喷孔严重，孔内有少量水滴，穿孔困难

沿走向方向：从表 10-30 可以看出压裂孔以西 40m 处的 12#检验孔孔内有少量水流

出，以西 50m 处的 11#检验孔施工钻穿 M8 煤层过程中出现严重喷孔并伴有响炮声，与传统的施钻方法相比，喷孔现象异常，可以判断压裂孔以西的影响范围大于 40m、小于 50m；压裂孔以东 30m 处的 18#检验孔孔内有水流出，以东 40m 处的 19#检验孔施钻过程中出现异常，有响炮声，可以判断压裂孔以东的影响范围大于 30m、小于 40m。因此，在煤层走向方向上，压裂有效影响半径为 40m 左右。

5) 抽采及揭煤效果

水力压裂完成后，于 2012 年 11 月中旬开始施工揭煤预抽钻孔。渝阳煤矿石门揭煤压裂钻孔与未压裂钻孔抽采效果对比结果如图 10-57 所示。

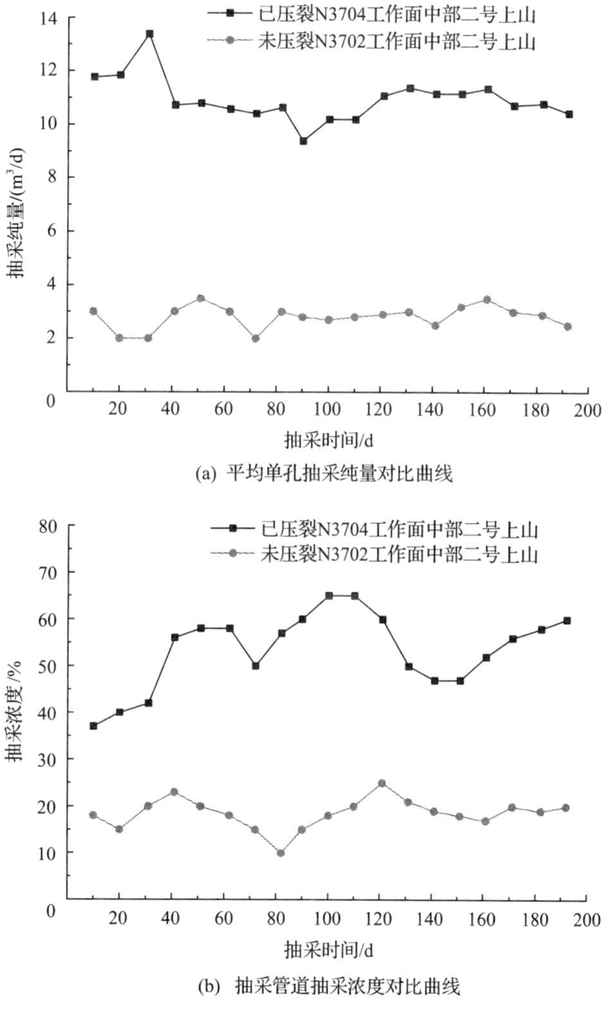

图 10-57　N3704 工作面与 N3702 工作面中部二号上山抽采效果对比图

从图 10-57 的试验结果可以看出，压裂后 N3704 二号中部上山的平均单孔抽采纯量最高达 13.4m^3/d，平均为 10m^3/d；抽采 200d 后，累计抽采瓦斯 28 万 m^3，预抽率达 72%；与未压裂的 N3702 二号中部上山相比，抽采量提高了 3.5 倍，抽采浓度提高了 30%～40%，抽采达标时间为 6 个月，缩短 5 个月以上。

6) 实施钻孔量比较

N3704 中部二号上山施工揭煤钻孔 190 个，累计钻尺 10340m；未压裂 N3702 中部二号上山施工揭煤钻孔 373 个，累计钻尺 15472m；压裂后钻孔施工钻尺量减少 33%。

3. 掘进条带水力压裂增透抽采技术

掘进条带水力压裂技术主要针对煤巷掘进速度慢、工作面接替紧张的问题。掘进条带水力压裂钻孔一般沿煤巷掘进方向及工作面推进方向按一定的间距布置，施工压裂钻孔时，在煤层底板瓦斯抽采巷穿过煤层底板至煤巷掘进位置，对煤层进行水力压裂增透，优化预抽钻孔数量，大幅度增强煤体透气性，提高煤层气抽采浓度和抽采量，缩短条带预抽达标时间，提高煤巷掘进效率。

1) 试验地点概况

打通一矿西区 W12 号瓦斯巷上方对应 W2706 工作面南回风巷，M7 煤层平均厚度为 1.2m，煤层原始瓦斯含量为 19.2m^3/t，瓦斯压力为 1.74MPa，煤层透气性系数为 2×$10^{-5}m^2/(MPa^2\cdot d)$，煤层埋深为 370～510m。

2) 起裂压力计算

根据打通一矿实验地点 W2706 工作面南回风巷的地质资料，确定计算中所用到的参数。计算中各参数取值见表 10-31。

表 10-31　起裂压力计算中参数取值

上覆岩石平均容重 γ_1/(kN · m)	煤抗拉强度 R_t/MPa	煤层埋深 H/m	地层应力系数 k	侧压系数 λ
26.0	1.7	500	0.8	1

垂直地应力值为

$$q_0 = \gamma_1 H_0 = 26.0 \times 500 = 13\text{MPa} \tag{10-4}$$

碎软突出煤层起裂压力为

$$p_{穿} = \min\{p_1, p_2\} = \min\begin{Bmatrix} k(3-\lambda)q_0 + \min\{R_{ti}\} \\ k(3\lambda-1)q_0 + \min\{R_{ti}\} \\ q_0\cos\alpha + \lambda q_0 \sin\alpha + \min\{C_i\} \end{Bmatrix} \tag{10-5}$$

式中，q_0 为煤层埋深为 H_0 时的垂直地应力；p_1 和 p_2 为不同条件下的起裂压力；R_{ti} 为钻孔径向软分层抗拉强度；C_i 为钻孔轴向软分层层间黏聚力；λ 为地应力侧压系数；α 为层理面与钻孔轴线的夹角。

由式(10-5)可以看出，在注水压力不断增加时，起裂位置是先满足 p_1 还是先满足 p_2 条件需进行判断，若先满足 p_1 条件则要看起裂位置在 $\theta=0°$ 或者 $\theta=90°$ 处，式(10-6)给出了压裂孔起裂压力和起裂位置的一个量化的判断标准：

$$p_f = \min\{k(3-\lambda)q_0 + R_t, k(3\lambda-1)q_0 + R_t\} \tag{10-6}$$

式中，p_f 为起裂位置为 $\theta=0°$ 或者 $\theta=90°$ 时煤层的起裂压力。

将以上各数值代入式(10-6)中得到：

$$
\begin{aligned}
p_{\mathrm{f}} &= \min\{k(3-\lambda)q_0 + R_{\mathrm{t}}, k(3\lambda-1)q_0 + R_{\mathrm{t}}\} \\
&= \{0.8\times(3-1)\times1.3+1.7, 0.8\times(3\times1-1)\times13+1.7\} = 22.5\mathrm{MPa}
\end{aligned} \tag{10-7}
$$

该煤层在水力压裂条件下，孔壁起裂压力临界值为 22.5MPa。然而在实际压裂过程中，受地质构造及管道摩阻损失影响，煤层真实起裂压力要稍大于该计算值。

3) 钻孔布置及注水参数

W2706 工作面南回风巷掘进条带累计设计水力压裂钻孔 9 个，水力压裂钻孔及注水参数见表 10-32，水力压裂钻孔布置方式如图 10-58 所示。

表 10-32　水力压裂钻孔及注水参数

孔号	倾角/(°)	孔深/m	注水量/m^3
1	80.4	53	310.39
2	79.6	56	390.13
3	79.6	57.5	310
4	79.6	58	305
5	79.2	55	313
6	79.2	54	396
7	79.4	49	305
8	81.0	60	315
9	81.9	68.5	309

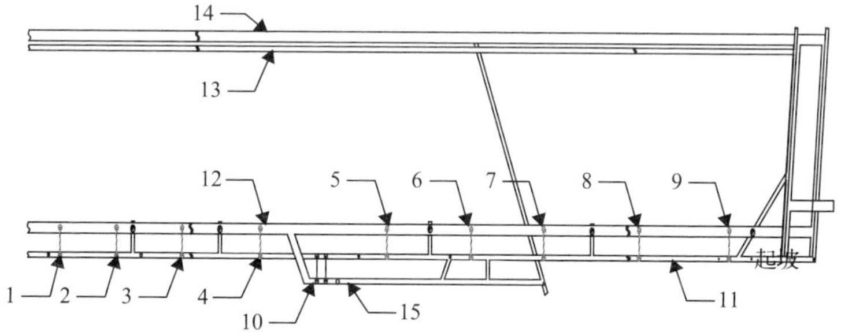

(a) 平面图

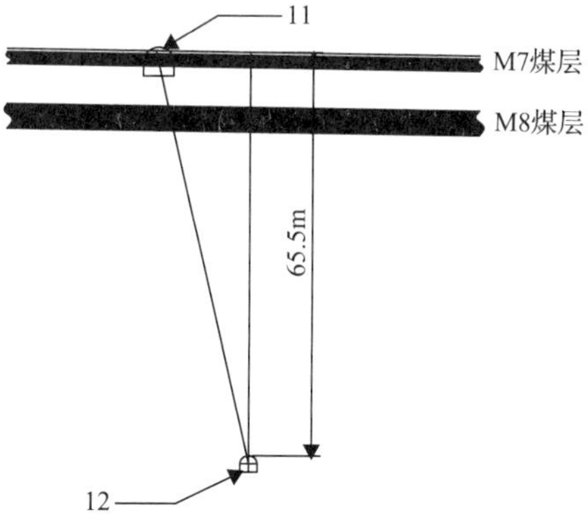

(b) 剖面图

图 10-58　水力压裂钻孔布置图

1～9-条带压裂钻孔；10-M7 揭煤 1#、2#压裂钻孔；11-W2706S 回风巷；12-W12 号瓦斯巷；13-W2706 运输巷；14-W10 号瓦斯巷；15-W12 号中部斜坡

4) 试验过程

压 1#孔终孔于 M7 煤层顶板 1.5m，封孔至 M7 煤层底板，采用水泥砂浆封孔；压 2#孔终孔于 M8 煤层顶板 1.5m，封孔至 M12 煤层底板。随后采用 HTB500 型泵实施压裂。压 1#孔在 M7 煤层累计注水 310.39m^3，泵压为 26.7～41.6MPa，流量为 0.6～13.7m^3/h，泵压、流量变化如图 10-59 所示。

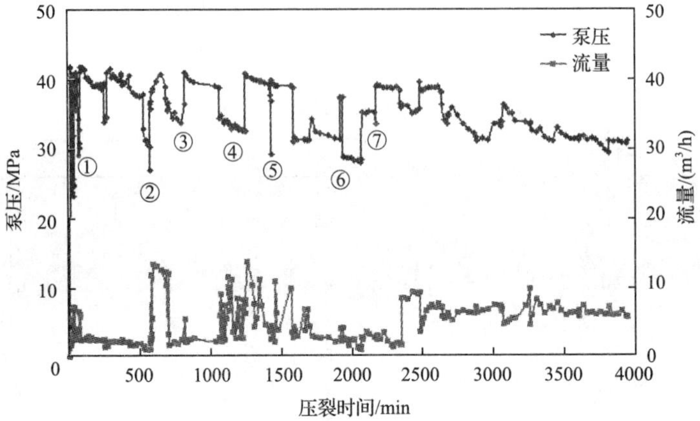

图 10-59 压 1#孔压裂过程中流量、泵压与压裂时间关系曲线

①～⑦-7 处泵压明显下降过程

图 10-59 为压 1#孔压裂过程中流量、泵压与压裂时间关系曲线，已消除开关泵过程泵压、流量变化对曲线的影响，通过分析可初步得出以下结论：

(1) 高渗透性硬煤层在压裂过程中，泵压达到煤层起裂压力后煤层压开，泵压急速下降，流量大幅度上升，最终泵压、流量稳定。与高渗透性硬煤层水力压裂不同，打通一矿碎软突出煤层在进行水力压裂时呈现特有的周期性的启裂后流量增大的规律。

(2) 在高压水压裂过程中经过反复多次泵压下降过程(图 10-59 中较为明显的有 7 处)。多次泵压下降过程中，均对应出现明显的流量上升，推断为多次小范围压开后注水量增加。

(3) 最终泵压、流量相对稳定变化，压裂过程终止。

从压 1#孔压裂过程的数据来看，整个压裂过程中泵压为 20～42.5MPa，流量为 2～15m^3/h。从泵压、流量关系推断，该孔压裂范围较大(M7～M12)，中间出现渗透率较大的煤岩层，造成流量较大，压力降低。

5) 压裂范围及抽采效果

(1) 压裂范围考察。

为考察试验地点原始瓦斯参数，分别在 W10#瓦斯巷上平巷、210 中平巷处施工测压孔，并对多处地点钻孔进行取样，考察原始瓦斯含量、原始瓦斯压力及煤层含水率，测定结果见表 10-33。

通过在压裂孔周围布置 14 个检测孔，考察压裂后煤层瓦斯含量、煤层瓦斯压力、煤层含水量，获得压裂影响半径，如表 10-34 和图 10-60 所示。

表 10-33　试验地点原始煤层瓦斯参数

瓦斯参数	煤层	测定值
煤层原始瓦斯含量/(m^3/t)	M7	19.22
		18.93
	M8	20.85
		19.09
煤层原始瓦斯压力/MPa	M7	1.74
	M8	2.55
原始煤层含水率/%	M7	1.15
	M8	1.05

表 10-34　压裂后煤层瓦斯含量、瓦斯压力、含水量测试表

孔号	煤层含水量/%	瓦斯含量/(m^3/t)	备注
测压孔	1.15	19.22	压裂前
检 3-4	1.5	19.67	压裂后无水
检 2-4	1.58	16.79	压裂后无水
检 1-4	1.83	15.3	压裂后成孔 2d 后出水
补检 1	2.89	15.29	压裂后成孔 1d 后出水
检 3-2	1.83(M8)	15.23(M8)	压裂后卡钻 M7 取不出
检 2-2	3.2(M8)	18.2(M8)	压裂后卡钻 M7 取不出，出水
检 1-2	3.85(M8)	19.37(M8)	压裂后卡钻 M7 取不出，出水
补检 2	—	—	未取样有水
补检 3	3.85	17.99	压裂后有水
检 2-3	3.9	18.45	压裂后有水
检 2-1	7.8	22.39	压裂后有水
检 3-1	5.6	17.29	压裂后有水
检 4-1	3.85	15.6	压裂后有水
补检 4	1.62	17.7	压裂后无水，含水量升高

经试验考察，在打通一矿压裂工况条件下，得出合理的煤矿井下碎软突出煤层水力压裂参数：掘进条带压裂孔间距取 80～150m，单孔压裂水量为 300～400t。考虑到安全因素，最终确定压裂点巷道必须超前一个准备工作面距离实施压裂，压裂后应在压裂影响区首先施工少量预抽钻孔释放煤层瓦斯，卸压后再施工其余钻孔，避免施钻瓦斯超限。

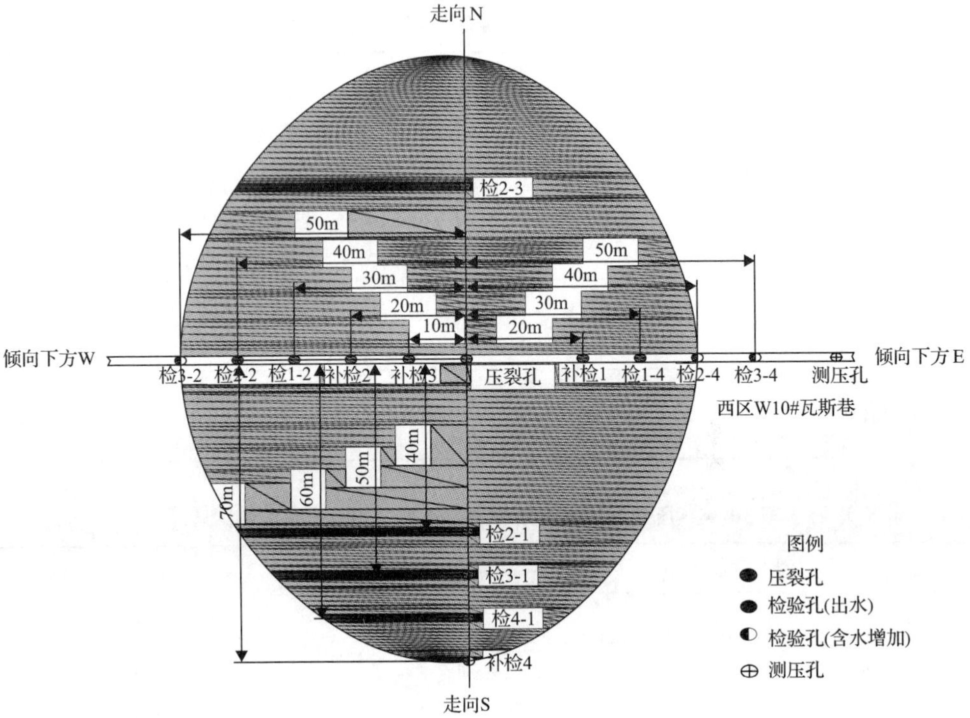

图 10-60　压裂范围考察效果图

(2) 抽采效果考察。

考察压裂后巷道预抽钻孔的抽采浓度及抽采量，试验结果如图 10-61 所示。

图 10-61 对比考察了 W12 号瓦斯巷和 W10 号瓦斯巷下段两处压裂与未压裂区域同期抽采效果，试验结果表明：对比未压裂区域，实施压裂区域抽采钻孔稳定后抽采主管道浓度为 48%～68%；平均单孔抽采量为 0.058～0.0124m^3/min，提高了 3～5 倍；通过测量，压裂后煤层透气性系数为 2.24×10^{-3}～4.3×10^{-3}m^2/(MPa^2·d)，提高了 112～215 倍，6 个月累计抽采瓦斯 112.78 万 m^3(图 10-62)。

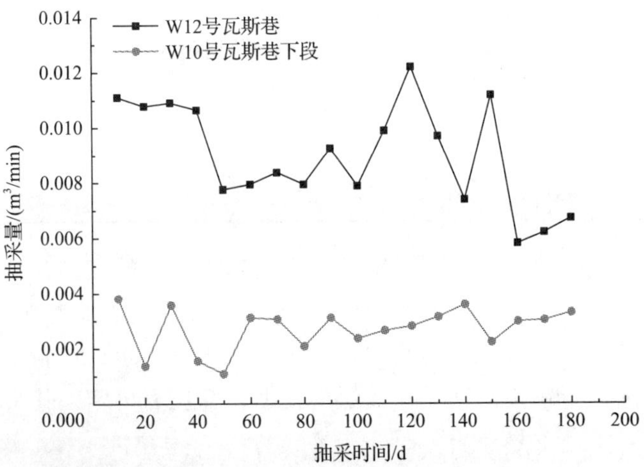

(a) 平均单孔抽采量对比

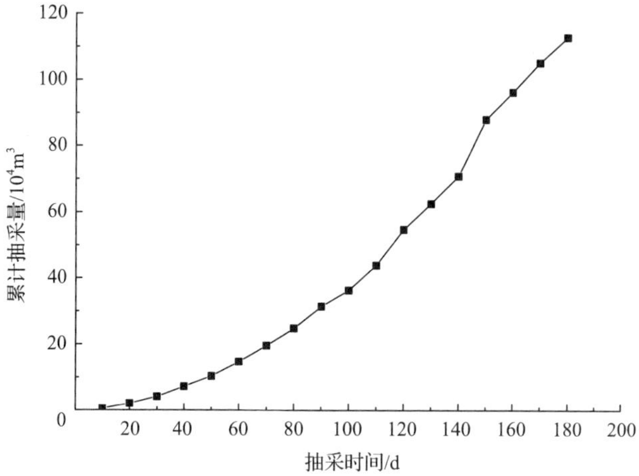

(b) 主管道累计抽采量变化

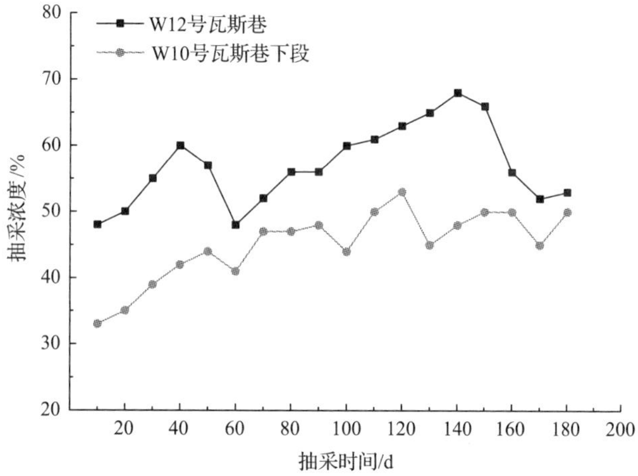

(c) 主管道抽采浓度对比

图 10-61　打通一矿掘进条带压裂后抽采效果对比图

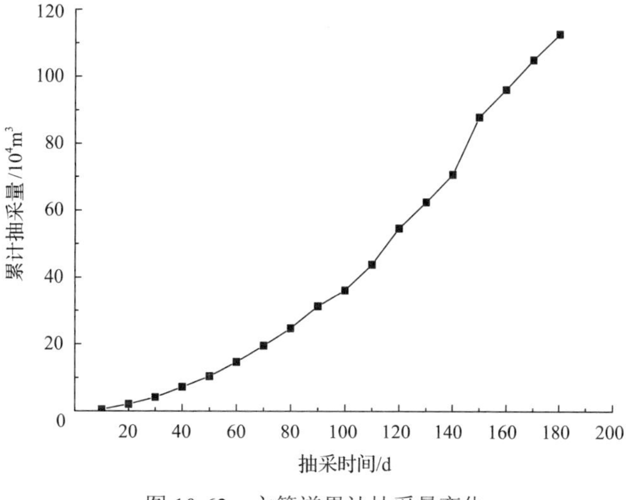

图 10-62　主管道累计抽采量变化

采用水力压裂之后，条带预抽钻场钻孔抽采瓦斯浓度达到 48%～68%，最高单孔浓度为 91%；抽采达标时间由 25～36 个月缩短至 8～12 个月。

6) 实施钻孔量比较

传统技术抽采钻孔按间距 5m×5m 设计，采用水力压裂技术之后，抽采钻孔间距按 7m×7m 设计，钻孔进尺减少 40%左右。

7) 掘进效果

W2706 运输巷、W2706S 回风巷压裂后掘进效果与未压裂 W2704 南回风巷对比效果见表 10-35。W2706 运输巷、W2706S 回风巷压裂后平均月单进 89.7m 和 107m，未压裂 W2704 南回风巷平均月单进 57.8m，分别提高了提高 55%和 85%。另外，掘进过程中瓦斯超限次数明显降低。

表 10-35　压裂与未压裂巷道掘进情况对比表

掘进地点	压裂孔情况	掘进长度/m	掘进时间/d	过断层时间/d	最高月单进/m	平均月单进/m	提高效率/%
W2704 南回风巷	未压裂	837	435	158	83	57.8	—
W2706 运输巷	压裂	1040	348	68	116	89.7	55
W2706S 回风巷	压裂	757	212	31	129	107	85

4. 本煤层水力压裂增透抽采技术

本煤层水力压裂增透抽采技术主要应用于保护层本层钻孔压裂增透抽采。由于煤层较薄，起伏变化大，钻孔易穿岩层，抽采效果不理想。水力压裂使煤层与顶底板交界面形成裂缝，增大煤层透气性，提高煤层气抽采量。本煤层水力压裂常用压裂装备为 BWR-200/31.5 型乳化泵或 BZW200/56 型压裂泵，压裂压力控制在 10～30MPa。该技术控制范围较大，增透效果好，能有效提高煤层气抽采量和抽采浓度。下面以同华煤矿本煤层水力压裂试验为例进行说明。

1) 钻孔布置方式

3111-1-2 本煤层水力压裂试验在 3111-2 运输巷进行，试验区域压裂孔间距为 30m，预抽钻孔间距为 5m，钻孔开孔孔径为 Φ91mm、开孔长度为 30m、终孔孔径为 Φ75mm。

2) 试验结果及分析

(1) 抽采效果。

3111-1-2 工作面运输巷压裂孔于 2013 年完成水力压裂试验，试验过程注水压力为 17.8～23.4MPa。压裂后对压裂区域进行煤层气抽采统计，测试工作面主管道浓度及纯量，并与相邻的 2117-1-2 工作面进行对比，试验结果如图 10-63 所示。

试验结果表明：与未压裂的 2117-1-2 工作面相比，3111-1-2 工作面抽采钻孔间距由原来的 2m 增加到 3m，钻孔数量减少 34%以上；抽采浓度提高 3.5 倍，单孔抽采纯量提高 4.2 倍；通过对回采过程中回风流中的风排瓦斯量的统计，对比 2117-1-2 工作面，3111-1-2 工作面回风流中瓦斯浓度降低 18.8%，风排瓦斯量降低 10%，压裂后工作面煤层气预抽率达到 68%，本煤层水力压裂有效提高了煤层气抽采率，减少了瓦斯排空造成的大气污染。

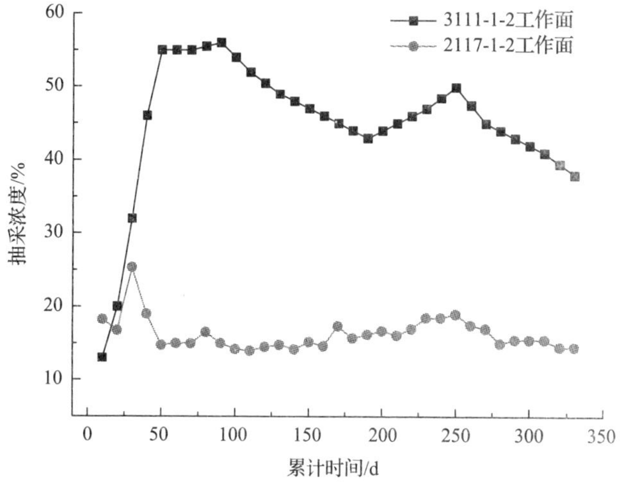

(a) 压裂与未压裂工作面抽采主管道浓度对比

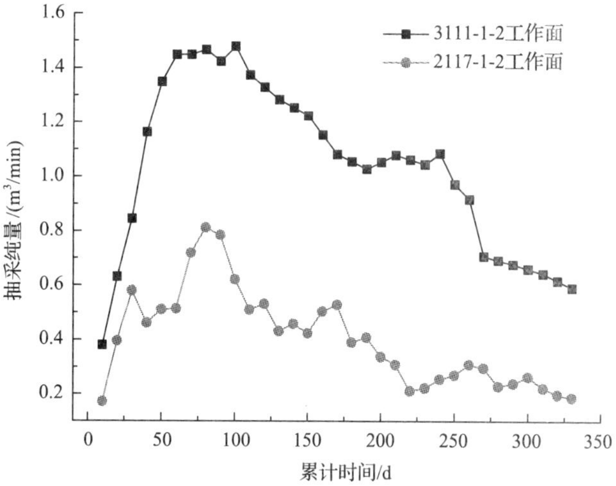

(b) 抽采纯量对比

图 10-63　同华煤矿本煤层水力压裂前后抽采效果对比图

(2)回采进度对比。

压裂后 3111-1-2 工作面与未压裂 2117-1-2 工作面回采进度见表 10-38。从表 10-36 可以看出，与未压裂的 2117-1-2 工作面相比，压裂的 3111-1-2 工作面月平均推进速度提高至 41.5m，最大达到 52.5m，回采面单产效率提高 57%。

表 10-36　压裂后 3111-1-2 工作面与未压裂 2117-1-2 工作面回采进度统计对比表

（单位：月/m）

工作面名称	压裂情况	开采期间月推进度											
		1	2	3	4	5	6	7	8	9	10	11	12
2117-1-2	未压裂	24	26	27	27.5	25	27	28	29	28	26	27	24
3111-1-2	压裂	25.5	30	38	41.5	41	52.5	45	43	45	44	43	50

10.3.5 松藻矿区煤层气与煤炭协调开发模式

1. 松藻矿区采动影响规律

松藻矿区对其特定地质条件的地表移动进行了专门研究。从 1977 年开始设立地表移动观测站，观测得到了地表下沉和水平移动值约 11000 个。

松藻矿区进行了近水平煤层群开采地表移动规律研究，对涉及的 10 个回采工作面的地表移动观测站进行了总结分析。所有工作面均采用倾斜长壁仰斜开采，全部陷落法管理采空区顶板。通过分析计算，得到了不同开采阶段地表移动参数的变化，不同开采阶段地表移动参数汇总见表 10-37。

表 10-37 多煤层不同煤层开采阶段地表移动参数汇总

开采阶段	边界角/(°)	下沉系数	水平移动系数	拐点偏移距/m	主要影响半径/m	主要影响角/(°)	最大下沉角/(°)	地表移动角/(°)	地表充分采动角/(°)
6 号单煤开采	72.1	0.41	0.12	69.4	326	45.9	79.9	未达临界值	60.5
7 号单煤开采	52.0	0.56	0.68	42.5	215.4	42.7	79.5	未达临界值	32.3
8 号单煤开采	37.0～47.3	0.46～0.84	0.12～0.31	20.0～102.4	177.3～182.3	53.5～60.9	64.1～85.0	70.3～86.9	43.0～52.7
6 号、7 号两煤同采	49.9～58.0	0.63～0.67	0.13～0.20	73.4～107.1	180.0～340.6	45.6～49.9	71.3～75.3	61.3～83.9	46.3～47.9
7 号、8 号两煤同采	44.1	0.65	0.36	13.3	182.5	57.4	73.4	72.4	59.0
6 号、7 号、8 号三煤同采	30.3	0.73	0.15	84.7	176.4	52.7	70.4	45.1	50.2

表 10-38 为松藻矿区各个煤矿工作面的地表移动规律实测资料。

表 10-38 松藻矿区各个煤矿工作面的地表移动规律实测资料

矿区(地层时代)		松藻矿区(二叠纪)		
观测站		打通一煤矿 N1713	打通一煤矿 E2707	松藻煤矿 2316
建站时代/(年/月)		1984/02	2009/07	2008/04
采矿要素	采厚/m	1.2	1.1	2.3
	倾角/(°)	6	9	24
	采深上山(或下山)/m	345.3	416	550
	工作面尺寸走向/倾斜/m	1031/228	928/290	1660/156
	推进速度/(m/月)	34.4	33.4	60
	采煤方法	倾斜长壁	倾斜长壁	综采
	顶板管理方法	全部陷落法	全部陷落法	全部陷落法
	砂岩类占比/%	17.1	17.1	3.4

续表

矿区(地层时代)			松藻矿区(二叠纪)		
观测站			打通一煤矿 N1713	打通一煤矿 E2707	松藻煤矿 2316
建站时代/(年/月)			1984/02	2009/07	2008/04
采矿要素	泥岩类占比/%		26	26	38.5
	平均单轴抗压强度/MPa		13.6～136	13.6～136	13～135
角量参数	边界角/(°)	β_0	70	66	55
		γ_0	70	66	55
		δ_0	70	66	55
	移动角/(°)	β		87	81
		γ		87	81
		δ		87	81
	超前影响角/(°)		80		
	最大下沉角/(°)			80	88
概率积分法参数	q		0.52		
	b		0.74//0.62		
	$\tan\beta$		1.91		
	S_1/m		–87.6		
	S_3/m		–75.6		
移动延续时间总时间/d			977	540	980
移动延续时间活跃期/d			228	122	260

2. 煤层气综合抽采技术体系

松藻矿区煤层透气性低、煤层气含量高、压力大、构造复杂、煤层气抽采困难，采取了适于保护层不同开采阶段的煤层气抽采技术，形成了煤层气抽采技术体系，如图10-64所示。

根据保护层开采的石门揭煤→煤巷掘进→工作面回采→形成采空区时间顺序，将煤层气抽采划分为掘前预抽、采前预抽、采中抽采、采后抽采4个阶段。在煤层群赋存条件下，掘前预抽中的石门揭煤预抽技术不仅限定于抽采石门揭开保护层区域的煤层气，也抽采石门揭开其他煤层区域的煤层气；掘前预抽中的保护层穿层条带预抽，采中抽采中的保护层顺层卸压抽采技术主要抽采保护层煤层气；采中抽采中的被保护层穿层卸压抽采技术主要抽采被保护层煤层气；采后抽采技术主要抽采保护层采空区及被保护层采空区煤层气。

1) 掘前预抽

掘前预抽包括石门揭煤预抽和保护层穿层条带预抽。岩石巷道进入煤层之前，在石门掘进工作面向揭煤区域施工穿层钻孔抽采揭煤区域煤层气，消除揭煤影响区域的煤层突出危险；进入煤层后，在煤层内掘进服务于煤炭开采的具有运输、通风等功能的煤层巷道，煤巷掘进前在底板瓦斯抽采巷内施工上向穿层钻孔抽采掘进条带区域煤层气，消除掘进条带区域煤层突出危险。

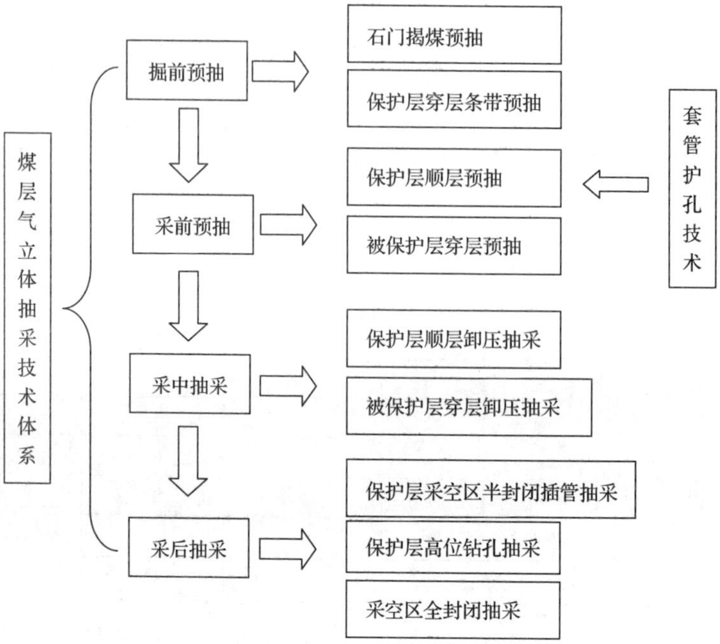

图 10-64　松藻矿区煤层气抽采技术体系框架

2) 采前预抽

采前预抽阶段主要进行保护层工作面回采区域煤层气的抽采与对应于保护层工作面的被保护层未受采动影响区域煤层气的抽采。当保护层工作面回采巷道和切眼贯通后，在运输巷道和回风巷道施工顺层钻孔抽采回采区域煤层气，消除回采区域煤层突出危险。保护层煤体碎软，容易造成抽采钻孔塌孔，采用顺层钻孔筛管护孔技术可有效防治钻孔塌孔，保障抽采效果。被保护层在受采动影响卸压前，在底板茅口灰岩的瓦斯抽采巷道内向被保护层施工穿层网格抽采钻孔对煤层进行预抽。

3) 采中抽采

采中抽采阶段包括保护层顺层卸压抽采和被保护层穿层卸压抽采。保护层回采期间利用采前预抽阶段施工的顺层钻孔抽采保护层工作面前方卸压区煤层气，保障工作面回采安全；保护层回采期间采场围岩应力重新分布引起岩层移动、被保护层卸压、透气性增大，利用底板瓦斯抽采巷道内预先施工的上向穿层网格钻孔抽采被保护层卸压煤层气，达到开发被保护层煤层气资源和消除其突出危险性的目的。

4) 采后抽采

采后抽采阶段包括保护层采空区半封闭插管抽采、保护层高位钻孔抽采、采空区全封闭抽采。保护层回采时，采空区内积聚的煤层气有向保护层回采区域涌入并造成工作面上隅角瓦斯超限的可能，采取采空区半封闭式插管抽采可以消除瓦斯超限事故；保护层工作面回采期间，在工作面回风顺槽向顶板施工高位抽采钻孔进入工作面后方采空区覆岩裂缝带，对采空区煤层气进行抽采，防止工作面上隅角煤层气浓度超限；工作面回采后，对采空区进行完全封闭，由于周边煤壁、遗煤、邻近层煤层气的涌出，封闭空间内聚集大量煤层气资源，采用采空区全封闭抽采技术对煤层气资源进行最大化开发。

3. 煤层气与煤炭协调开发的时空关系

对松藻矿区采掘部署与巷道布置规律、煤岩层掘进、煤层增透抽采、煤炭开采施工技术水平进行了总结，确定了模式中“三超前”时空关系。

1)“三超前”的时间关系

经过实践总结，探索得到了适用于松藻矿区近距离煤层群“井下三区配套三超前增透抽采煤层气开发”模式的“三超前”时空关系。

A. 掘进超前时间

(1) 开拓区超前准备区掘进的时间为 5～8 年。开拓巷道是指井田范围内为了采煤，从地面向地下开掘的一系列巷道进入煤体，建立矿井提升、运输、通风、瓦斯抽采、排水和动力供应等生产系统。综合矿区开拓方式、开采方法、巷道掘进技术水平，条带预抽钻孔施工、水力压裂、预抽时间等因素，为了保证开拓区巷道掘进与准备区煤层气预抽相互衔接，开拓区超前准备区掘进的时间为 5～8 年，即主要开拓巷道(包括运输大巷、轨道大巷、回风大巷、底板专用瓦斯抽采巷)超前准备区工序(包括条带预抽、石门揭煤预抽等)为 5～8 年时间。制定年度生产计划时应根据矿井采掘部署，列出需要开掘的巷道名称、断面、长度等，安排足够的施工力量保证接超前时间完成，为条带预抽、石门揭煤预抽提供时间保障。

(2) 开采水平可采储量剩余服务年限不足 8 年时，新水平必须进行延深施工。

(3) 开拓煤量可采期≥5 年，准备煤量可采期≥18 个月，回采煤量可采期≥1 年。开拓煤量是指井田范围内已掘进的开拓巷道(松藻矿区具体包括运输大巷、轨道大巷、回风大巷、底板瓦斯抽采巷等底板开拓系统)所圈定的尚未采出的可采储量；准备煤量具体是指已经完成采区上山及车场、区段集中平巷及必要的联络巷等准备巷道，正在进行煤层增透或已经抽采达标的煤量；回采煤量是指抽采已经达标，并且已经掘进完成的回采巷道和开切眼所圈定的可采储量。通过对 3 个煤量可采期的规定，从开采角度保证开拓、准备、回采工作的顺利衔接。

(4) 在水平生产能力开始递减前 1～1.5 年，必须完成接替水平的基本井巷工程、安全系统、安装工程。水平接替是矿井采掘接替工作最为重要的环节，新水平井巷工程、安装系统、安装工程工作量大，难以在短期内构成生产系统，形成生产能力，必须对接替水平提早进行计划，提前准备，保证原生产水平生产能力开始递减前 1～1.5 年，完成接替水平的基本井巷工程、安全系统、安装工程，从而保证矿井产量平稳。

(5) 在采区(盘区)生产能力开始递减的前 6 个月，接替采区(盘区)必须完成设备安装并调试运转正常。

B. 煤层气抽采超前时间

(1) 准备区煤层气抽采超前回采区煤层开采 3～5 年。保护层、被保护层煤层开采之前必须采取综合预抽措施，保证抽采达标，其中准备区是煤层气抽采的主要环节，综合预抽措施包括：揭煤预抽、保护层条带预抽、保护层顺层预抽、被保护层预抽。在揭煤预抽、保护层条带预抽、保护层顺层预抽中，采用了水力割缝、水力压裂、中压注水等增透强化措施。综合考虑增透后煤层透气性、煤层气含量、抽采影响范围、煤层增透抽采技术水平等因素，为了确保足够的煤层气预抽时间，保证抽采达标，实现煤层气预抽和煤炭安全开采的衔接，准备区煤层气抽采应超前回采区煤炭开采 3～5 年。

(2) 首采薄煤层保护层掘进前的穿层条带预抽不少于 12 个月。

(3) 回采前的保护层顺层预抽时间不少于 6 个月。

C. 保护层开采超前时间

(1) 保护层工作面的回采巷道采前形成时间不少于 8 个月，以满足首采层工作面本层先抽后采的要求；

(2) 接续采区首采工作面至少提前 6 个月具备生产条件；

(3) 采煤工作面相邻接替间隔时间不超过 3 个月；

(4) 矿井保护煤量可采期不得少于 24 个月，可供布置工作面的保护煤量可采期不得少于 18 个月。

2) “三超前”的空间关系

根据松藻矿区煤层突出危险严重、采前必须消突的地质特点，矿区以“掘进超前、抽采超前、保护层开采超前”为策略进行煤炭开采与煤层气抽采。根据现场生产资料的统计分析，以打通一矿为例，对近水平-缓倾斜煤层开采条件下空间层面上的“三超前”必须满足的最低指标进行说明。

A. 掘进超前空间距离

空间层面上实现掘进超前是为了给待接替煤层区域的采前预抽与工作面的准备提供施工空间条件，打通一矿空间层面上的掘进超前必须满足的最低指标为瓦斯抽采巷必须超前准备工作面两条瓦斯巷。打通一矿空间层面掘进超前示意图如图 10-65 所示。

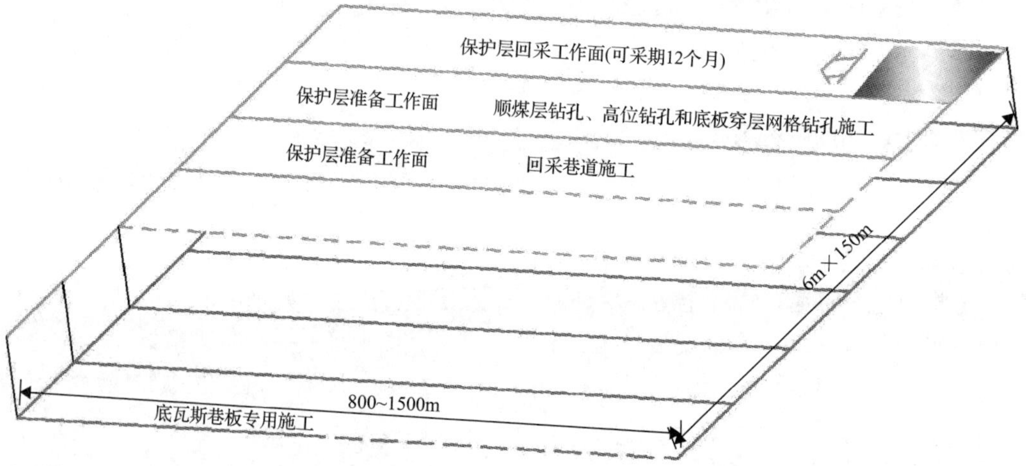

图 10-65　打通一矿空间层面掘进超前示意图

(1) 煤层开拓巷道必须超前保护层准备工作面一个工作面条带，确保下一个工作面的施工具备空间条件；

(2) 底板开拓巷道必须超前瓦斯巷道一个工作面条带，确保下一个瓦斯巷道的施工具备空间条件；

(3) 瓦斯巷道必须超前保护层准备工作面两条瓦斯巷道，以确保下一个保护层准备工作面煤层巷道的掘进条带抽采钻孔的施工。

B. 抽采超前空间距离

空间层面实现抽采超前是为了给待接替煤层区域提供采前预抽空间条件，进而保障足够充分的抽采时间使煤层消除突出危险性，保障煤炭安全高效开采。

打通一矿煤层回采工作面均实现了综合机械化开采，煤层掘进工作面也实现了综合机械化掘进。根据打通一矿掘进条带预抽、回采工作面本层采前预抽、被保护层网格预抽条件下各种预抽技术抽采达标时间的经验值并在掘进工作面的掘进速度、回采工作面的回采速度统计的基础上，计算出空间层面抽采超前必须满足的最低指标，见表 10-39。

表 10-39　空间层面抽采超前最低控制指标

序号	项目	最少超前距离/m
1	突出薄煤层巷道掘前掘进条带预抽采	600
2	突出薄煤层采面本层采前预抽采	600
3	突出中厚煤层巷道掘前掘进条带预抽采	1000
4	突出中厚煤层采面开采前本层预抽采	全部完工
5	薄煤层开采时，中厚煤层网格预抽采	300

C. 保护层开采超前空间范围

被保护层的受保护范围受与保护层的距离和卸压角的影响，这就说明随着层间距的增大与卸压角的减小，保护范围将随之减小。因此，为了实现矿井煤炭产量的提高，必须要保证主采的中厚煤层开采范围加大，需要合理配比保护层工作面与被保护层工作面开采面积，一般要求厚保面积比不低于 1.2∶1。

10.3.6　松藻矿区煤层气与煤炭协调开发效果

针对松藻矿区地质条件复杂、煤层的层间距近、煤层碎软、透气性低、煤层气抽采困难等问题，通过国家科技重大专项“大型油气田及煤层气开发”项目的持续攻关，形成了松藻矿区井下近距离煤层群“三区配套三超前增透抽采”煤层气与煤炭协调开发模式，并研究建立了以低透气性煤层井下水力压裂增透抽采为主的技术支撑体系。通过项目的实施，松藻矿区瓦斯灾害综合治理技术得到了大幅度提升，煤层气综合利用得到了进一步发展，企业原煤产量、经济效益均创历史新高。

由表 10-40 可知，2008～2017 年，矿区累计生产原煤 5429 万 t，抽采煤层气 24.97 亿 m^3、煤层气年利用量达 17.54 亿 m^3。2017 年与 2007 年相比：矿区煤矿数量由 7 对减少至 5 对，煤炭产量由 489 万 t 增加至 527 万 t，增产 38 万 t；瓦斯超限次数由 10162 次减少至 37 次、减少 99.6%；煤层气年抽采量由 1.96 亿 m^3 增加至 2.47 亿 m^3，增加 0.51 亿 m^3；矿井瓦斯抽采率由 55.89%增加至 67.33%，增加 20.47%；煤层气年利用量由 1.15

亿 m^{3}增加至 1.97 亿 m^3，增加 0.82 亿 m^3；利用率由 58.67%增加至 79.76%，增加 21.09 个百分点，详见图 10-66 和图 10-67。

表 10-40　松藻矿区示范工程产生的效果

年份	矿井数量/对	煤炭产量/万 t	瓦斯超限次数/次	煤层气年抽采量/亿 m^3	抽采率/%	煤层气年利用量/亿 m^3	利用率/%
2007	7	489	10162	1.96	55.89	1.15	58.67
2008	7	506	8165	2.23	58.02	1.37	61.43
2009	7	534	6185	2.45	60.05	1.54	62.86
2010	7	538	1420	2.58	63.01	1.56	60.47
2011	7	558	1155	2.58	60.41	1.88	72.87
2012	7	571	833	2.52	58.67	1.93	76.59
2013	7	581	497	2.75	63.11	1.99	72.36
2014	6	557	79	2.51	60.3	1.72	68.53
2015	5	521	65	2.45	63.87	1.76	71.84
2016	5	536	64	2.43	62.94	1.82	74.90
2017	5	527	37	2.47	67.33	1.97	79.76

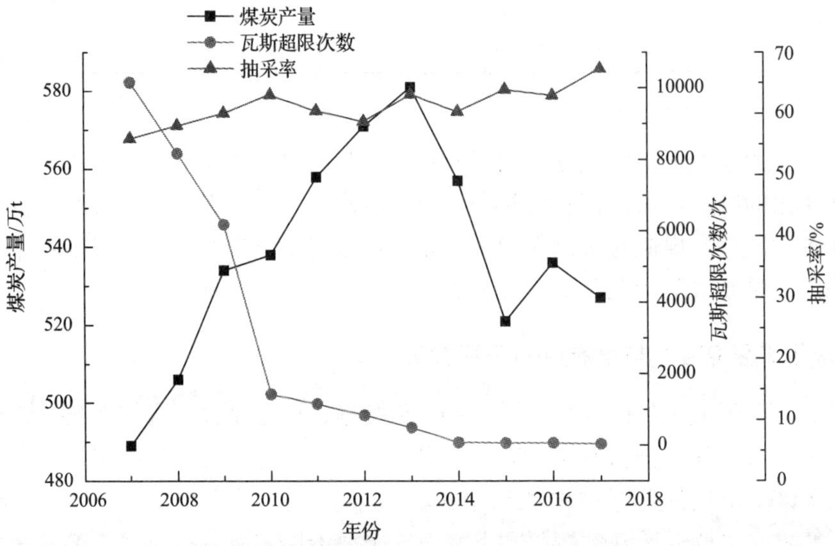

图 10-66　松藻矿区煤炭产量、瓦斯超限次数、抽采率与时间的关系

通过技术攻关，以碎软突出煤层水力压裂增透为主的综合抽采技术在松藻矿区得到成功应用，推动了高突矿井煤层气抽采技术的大幅度跨越，与传统技术相比，煤层气抽采量提高 3～5 倍，石门揭煤时间缩短 5 个月以上，突出保护煤层掘进单进提高 55%～90%，保护层回采单产提高 57%，为我国煤矿井下碎软突出煤层的安全高效开采提供了成功的系列化水力压裂增透抽采煤层气的典范。项目的实施取得了巨大的经济效益和社会效益，其科学性和实用价值在工程中得到了充分的肯定。

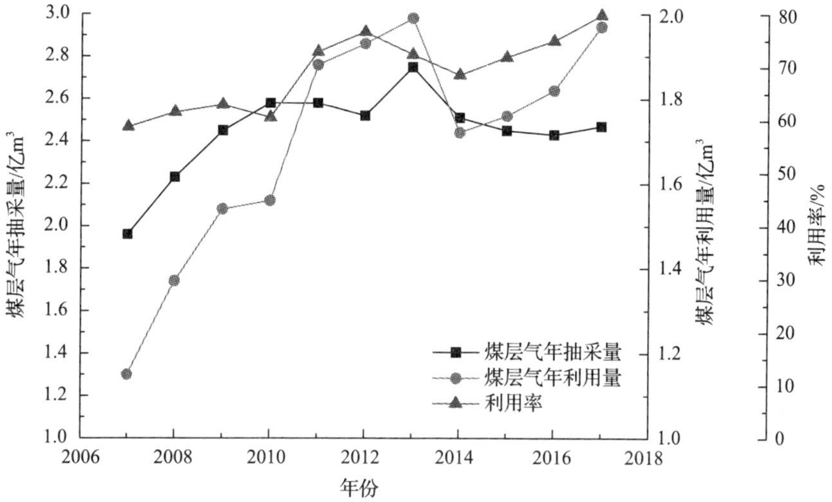

图 10-67　松藻矿区煤层气年抽采量、煤层气年利用量、利用率与时间的关系

松藻矿区为严重的煤与瓦斯突出矿区，历史上突出事故时有发生，2000～2009 年共发生 39 次突出事故，死亡 66 人。随着项目实施的推进，大量的新装备、新技术和新工艺逐步引进并推广应用，矿区煤层气抽采技术不断完善，煤与瓦斯突出事故得到有效遏制，2010～2017 年消除了煤与瓦斯突出等瓦斯事故，确保了矿区的良性发展。

本节汇稿人：陈久福　葛兆龙

本节主要编写人员：陈久福　葛兆龙　王荣超　杨萌萌

第 11 章　煤矿区煤层气与煤炭协调开发技术展望

煤矿区煤层气与煤炭协调开发具有广阔的发展前景。本章开展了煤矿区煤层气开发利用潜力评价，通过构建开发潜力模型，基于现有技术发展情景和新技术突破情景，分别预测了到 2035 年，井下煤层气、采动区煤层气、关闭(废弃)矿井煤层气抽采量，计算得出煤矿区煤层气抽采潜力和利用潜力；在分析欧美等主要产煤国煤层气开发现状的基础上，研判了国内外煤矿区煤层气科技发展趋势，未来应将在关闭(废弃)矿井、煤系气合采、采动区煤层气抽采、煤炭表外资源煤层气抽采方面进行重点攻关；围绕“协调、增效、拓源、集约”指导思想，提出未来煤矿区煤层气与煤炭协调开发优先领域、关键核心技术攻关方向；为到 2035 年，煤矿区煤层气抽采量达到 292 亿 m^3，煤层气利用量达到 189 亿 m^3，煤层气利用率提升至 65%提供技术支撑。

11.1　煤矿区煤层气开发利用潜力评价

近年来，随着煤炭工业的快速发展，煤矿区煤层气开发量日益增加，煤层气抽采利用产业也得到了快速发展，尤其是“十一五”以来，煤矿区煤层气开发利用迈上了新台阶，部分煤矿区煤层气通过天然气管道、压缩、液化等方式向城镇和矿区居民、工业用户提供燃料，或通过发电上网等方式供给清洁能源，煤层气的需求潜力巨大。

11.1.1　煤矿区煤层气开发潜力分析

1. 煤矿区煤层气开发潜力模型

煤矿区煤层气抽采量主要受到抽采矿井煤炭产量、吨煤抽采量、关闭矿井抽采量影响，具体可表述为

$$Q = AM + Q_1 + Q_2 = cBA + Q_1 + Q_2 \tag{11-1}$$

式中，Q 为煤矿区煤层气开发量，亿 m^3；M 为抽采矿井煤炭产量，亿 t；A 为吨煤抽采量，m^3/t；c 为煤层气抽采矿井煤炭产量与全国煤炭产量之比，%；B 为全国煤炭产量，亿 t；Q_1 为采动区煤层气抽采量，亿 m^3；Q_2 为关闭矿井煤层气抽采量，亿 m^3。

2. 井下煤层气抽采潜力预测

1) 煤层气抽采矿井煤炭产量预测

根据《能源发展战略行动计划(2014-2020)》指出，坚持“节约、清洁、安全”的战略方针，加快构建清洁、高效、安全、可持续的现代能源体系。积极发展天然气、核电、可再生能源等清洁能源，降低煤炭消费比重，推动能源结构持续优化。到 2020 年，一次

能源消费总量控制在 48 亿 tce 左右，煤炭消费总量控制在 42 亿 t 左右。到 2020 年，非化石能源占一次能源消费比重达到 15%，天然气比重达到 10%以上，煤炭消费比重控制在 62%以内。

根据《国家统计年鉴》中全国历年能源消费总量数据、国家能源局发布的全国历年能源结构占比数据，预测能源消费总量、煤炭消费量占比变化趋势(图 11-1)。从图中可以看出，2010～2035 年，我国能源消费总量呈逐年增加趋势，但煤炭消费量占能源消费总量的比重呈降低趋势，符合我国能源结构调整的需求。预计 2020 年、2025 年、2030 年、2035 年能源消费总量分别为 48 亿 tce、52 亿 tce、54 亿 tce、57 亿 tce，煤炭消费量占能源消费总量的比重分别为 57%、53%、52%、50%；据此，预计 2020 年、2025 年、2030 年、2035 年的全国煤炭消费量分别为 38.3 亿 t、38.5 亿 t、39.3 亿 t、39.5 亿 t。

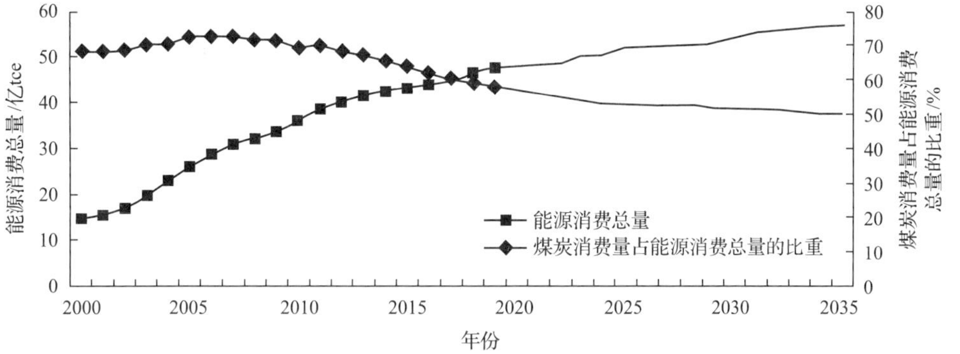

图 11-1　煤炭消费量占能源消费总量比重趋势曲线

2018 年煤炭产量为 36.8 亿 t，供需缺口为 1.5 亿 t，历年来供需缺口均值约为 2.7 亿 t/a；假设供需缺口按均值计算，预计 2020 年、2025 年、2030 年、2035 年全国煤炭产量分别为 35.6 亿 t、35.8 亿 t、36.6 亿 t、37.2 亿 t。随着矿井开采深度的增加，抽采矿井数量进一步增大，根据《煤矿区煤层气开发利用潜力研究》报告统计，煤层气抽采矿井煤炭产量占比约 40%，考虑到煤矿开采深度逐年增加带来的煤层中煤层气含量的增加，需要抽采煤层气的煤量呈增加趋势，若 2035 年需要抽采煤层气矿井的煤炭产量占比按 45%计算，预计 2020 年、2025 年、2030 年、2035 年煤层气抽采矿井煤炭产量分别为 16 亿 t、16.1 亿 t、16.5 亿 t、16.7 亿 t。

2) 吨煤抽采量预测

(1) 情景 1：现有技术发展情景。

以全国 74 个典型煤矿 2011～2014 年煤层气抽采数据为样本，得到 2011～2014 年，煤矿区煤层气吨煤抽采量分别为 7.43m^3/t、8.14m^3/t、8.49m^3/t、8.75m^3/t。随着时间的增加，吨煤抽采量呈对数函数的变化趋势，预测 2020 年、2025 年、2030 年、2035 年煤矿区煤层气吨煤抽采量分别为 8.56m^3/t、8.81m^3/t、8.99m^3/t、9.13m^3/t。

(2) 情景 2：新的抽采技术突破情景。

近年来，矿区煤层气抽采技术在国家油气重大专项的大力支持下取得了长足的进步，以国家油气重大专项 3 个示范区数据为基础，分析新的抽采技术突破情景条件下吨煤抽采量变化趋势。2011～2013 年，煤矿区煤层气示范矿区吨煤抽采量增长了 1.8m^3/t，年增幅约 8.56%。由于这 3 个示范矿区均为我国重要的煤矿集团，资金相对雄厚，技术及装备处于我国领先水平，远超过全国平均水平，选取全国平均年增幅 1.5% 作为预测基础，预测 2020 年、2025 年、2030 年、2035 年煤矿区煤层气吨煤抽采量分别为 9.85m^3/t、10.88m^3/t、12.01m^3/t、13.26m^3/t。

3) 井下煤层气抽采量预测

根据上述相关数据代入式(11-1)得到不同情景条件下的井下煤层气抽采量预测值，如图 11-2 所示。①情景 1：2020 年、2025 年、2030 年、2035 年的井下煤层气抽采量分别为 137 亿 m^3、142 亿 m^3、148 亿 m^3、153 亿 m^3；②情景 2：2020 年、2025 年、2030 年、2035 年的井下煤层气抽采量分别为 158 亿 m^3、175 亿 m^3、198 亿 m^3、222 亿 m^3。

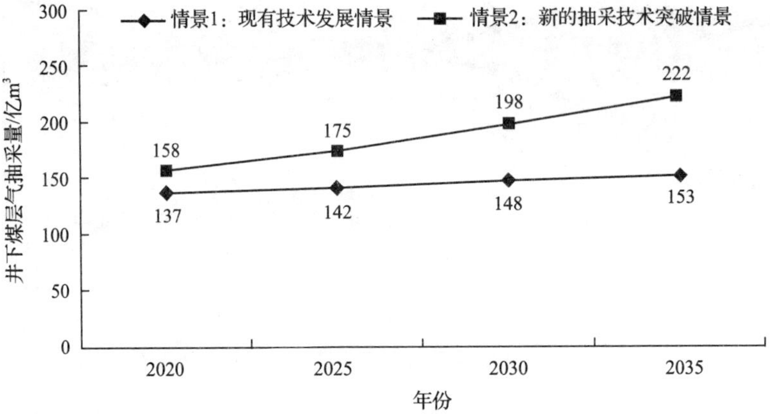

图 11-2　井下煤层气抽采量预测曲线

3. 采动区煤层气抽采量预测

“十二五”期间，随着矿区煤层气抽采技术及装备的突破和发展，地面采动区抽采也取得了一定的发展，2014 年，晋城、宁煤、两淮等矿区开展了地面采动区抽采相关作业，抽采量约为 0.94 亿 m^3，其中晋城矿区为 0.18 亿 m^3、宁煤矿区为 0.26 亿 m^3、两淮矿区为 0.50 亿 m^3。2018 年，采动区煤层气单井产量稳定在 2000m^3/a，随着技术的研发、完善和推广，预计 2020 年、2025 年、2030 年、2035 年采动区布井数量将达到 250 口、500 口、750 口、1000 口，预计抽采量将达到 5 亿 m^3、10 亿 m^3、15 亿 m^3、20 亿 m^3。

4. 关闭(废弃)矿井煤层气抽采量预测

随着我国关闭矿井数量大幅度增加，关闭矿井内赋存的煤层气量急剧增加，据有关研究资料表明，目前关闭矿井数量约 5000 对，关闭矿井内的煤层气量高达 5000 亿 m^3，这将成为煤矿区煤层气抽采的一个新气源，具有较大的开发潜力。目前我国关闭矿井基本未抽采煤层气，未来将会成为煤矿区煤层气抽采的重要补充。通过关闭矿井煤层气抽采技术的研发和推广，初步预计单井抽采量为 2000m^3/a，假设单一关闭矿井地面井不低于 2 口，预测 2020 年、2025 年、2030 年、2035 年关闭(废弃)矿井抽采地面井数量分别为 0 口、150 口、1000 口、2500 口，预计抽采量分别为 0 亿 m^3、3 亿 m^3、20 亿 m^3、50 亿 m^3。

5. 煤矿区煤层气抽采潜力预测

将上述影响因素数据代入式(11-1)得到不同情景条件下煤矿区煤层气抽采潜力，具体见表 11-1。

表 11-1　煤矿区煤层气抽采潜力

情景	年份	煤矿井下抽采量/(亿 m^3)			采动区抽采量/亿 m^3	关闭矿井抽采量/亿 m^3	抽采总量/亿 m^3
		吨煤抽采量/(m^3/t)	抽采矿井煤炭产量/亿 t	抽采量/亿 m^3			
情景 1(现有技术)	2020	8.56	16	137	5	0	142
	2025	8.81	16.1	142	10	0	152
	2030	8.99	16.5	148	15	0	163
	2035	9.13	16.7	153	20	0	173
情景 2(新的抽采技术突破)	2020	9.85	16	158	5	0	163
	2025	10.88	16.1	175	10	3	188
	2030	12.01	16.5	198	15	20	233
	2035	13.26	16.7	222	20	50	292

综上所述，当煤矿区煤层气开发在现有技术发展情景下，预计 2020 年、2025 年、2030 年、2035 年煤矿区煤层气抽采总量分别为 142 亿 m^3、152 亿 m^3、163 亿 m^3、173 亿 m^3；当煤矿区煤层气开发在新的抽采技术突破情景下，预计 2020 年、2025 年、2030 年、2035 年煤矿区煤层气抽采总量分别为 163 亿 m^3、188 亿 m^3、233 亿 m^3、292 亿 m^3，如图 11-3 所示。

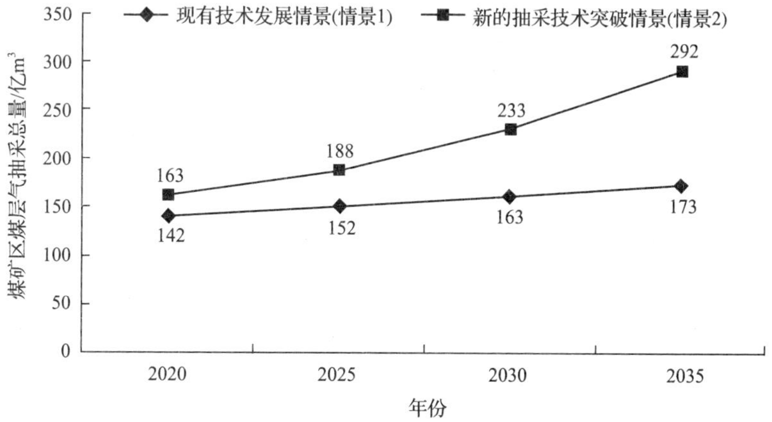

图 11-3　煤矿区煤层气抽采总量预测曲线

11.1.2 煤矿区煤层气利用潜力预测

当前我国煤矿区煤层气利用还处在起步阶段，利用率普遍偏低，2010～2018 年井下抽采煤层气利用率平均为 35.2%，2018 年井下抽采煤层气利用率首次突破 40%，为 40.9%。煤矿区煤层气利用潜力主要受经济效益、政策(发电补贴、强制减排)等因素影响。以下将采用不同浓度范围煤层气利用率增长模型预测煤矿区煤层气利用潜力。根据预测的抽采煤层气总量乘以各浓度段煤层气抽采占比，计算得出各浓度段煤矿区煤层气抽采量；根据预测的抽采煤层气总量乘以各浓度段的利用量占比预测值，计算得到总体利用量。

1. 情景 1：现有技术发展情景

依据《煤矿区煤层气开发利用潜力研究》报告中对 74 对矿井的样本统计可得，2014 年煤层气浓度 30%以上的占抽采总量的 43.58%，10%～30%的占抽采总量的 28.65%，10%以下的占抽采总量的 27.77%，利用率分别为 60%、27%、1%。

倘若保持现有政策力度(发电补贴、强制减排)不变、目前的先进技术和装备正常推广应用的条件下，预测 2020 年、2025 年、2030 年、2035 年煤矿区煤层气利用量分别为 57.11 亿 m^3、62.23 亿 m^3、67.91 亿 m^3、73.32 亿 m^3，利用率分别为 40.2%、40.9%、41.7%、42.4%，见表 11-2。

表 11-2 现有技术发展情景下煤矿区煤层气利用潜力预测

情景	浓度	抽采量占比/%	利用占比/%	利用占比预测/%				利用量预测/亿 m^3			
				2020 年	2025 年	2030 年	2035 年	2020 年	2025 年	2030 年	2035 年
情景 1(现有技术发展)	30%以上	43.58	60	68	69	70	71	42.08	45.71	49.72	53.53
	10%～30%	28.65	27	35	36	37	38	14.24	15.68	17.28	18.83
	10%以下	27.77	1	2	2	2	2	0.79	0.84	0.91	0.96
	合计/亿 m^3							57.11	62.23	67.91	73.32
	利用率/%							40.2	40.9	41.7	42.4

2. 情景 2：新的抽采技术突破情景

在新的抽采技术突破情景下，预期在 10%～30%浓度及 10%以下浓度范围煤层气利用方面取得重大技术突破，并在积极政策(发电补贴、强制减排)促进、先进技术和装备大面积推广应用的条件下，预测 2020 年、2025 年、2030 年、2035 年煤矿区煤层气利用量分别为 68.38 亿 m^3、88.06 亿 m^3、126.06 亿 m^3、189.42 亿 m^3，利用率分别为 41.9%、46.8%、54.1%、64.9%，见表 11-3。

表 11-3　新的抽采技术突破情景下煤矿区煤层气利用潜力预测

情景	浓度	抽采量占比/%	利用占比/%	利用占比预测/%				利用量预测/亿 m^3			
				2020 年	2025 年	2030 年	2035 年	2020 年	2025 年	2030 年	2035 年
情景 2（新的抽采技术突破）	30%以上	43.58	60	70	78	85	87	49.72	63.91	86.31	110.71
	10%～30%	28.65	27	38	40	45	65	17.75	21.54	30.04	54.38
	10%以下	27.77	1	2	5	15	30	0.91	2.61	9.71	24.33
	合计/亿 m^3							68.38	88.06	126.06	189.42
	利用率/%							41.9	46.8	54.1	64.9

11.2　国内外煤矿区煤层气科技发展趋势

11.2.1　国际煤矿区煤层气科技发展趋势

1. 欧美国家和地区关闭矿井(废弃)煤层气开发呈现蓬勃发展态势

1) 产业发展趋势

自 20 世纪 90 年代，欧美国家和地区相继开展了关闭煤矿煤层气抽采技术研究及工程示范。围绕废弃矿井的开发利用，美国、德国、英国等发达国家已经开展了大量的探索性研究工作，制定了废弃矿井关闭的相关规定，开发了废弃矿井煤层气抽采的技术和装备，如欧洲 RFCS 计划框架内完成的 FLOMINET 项目开发出 Boxmodel 数值模型，在德国鲁尔、英国曼斯菲尔德、美国等矿区成功实现了商业化开发。国外一些废弃矿井通过煤层气资源开发、土地复垦、地下空间利用和经济转型，一跃成为新兴的工业区和游览区等。

随着欧美发达国家和地区环保制度的落实，很多欧洲国家将全面停止煤炭开采，有大量的煤矿将被关闭，到 2035 年之前，国际上关闭矿井煤层气开发利用活动将出现蓬勃发展的态势。

2) 技术发展趋势

目前国际上关闭矿井煤层气抽采技术较为简单，多数成功案例都属于低成本开发模式。由于欧洲国家和地区的地质条件简单、煤炭开采条件有利于井巷系统不漏风、闭坑政策有助于井巷系统的独立性等有利条件，国外借助合适的地质条件和较为有利的开采、闭坑条件，通过简单的处理，就可以实现关闭矿井煤层气商业化抽采利用。

随着我国关闭矿井逐渐增多，关闭矿井煤层气抽采将快速发展，但受我国地质条件复杂、关闭矿井资料不完整、矿井闭坑措施不利等因素的影响，我国关闭矿井煤层气抽采相关技术的研究将变得复杂，相应地，更为精确的关闭矿井煤层气资源评价技术、更为复杂的抽采技术将取代简单的关闭矿井煤层气抽采利用技术。

2. 煤层气、致密砂岩气、页岩气“三气”协同合采技术将成为主流

煤系气是由整个煤系中的烃源岩母质在生物化学或物理化学煤化作用过程中演化生成的全部天然气，包括赋存在煤系泥页岩中的页岩气、煤层中的煤层气、煤型气源天然气水合物和致密砂岩气。煤层气、页岩气及致密砂岩气，通常又被称为“煤系三气”或煤系非常规气，其在成因上具有同源共生的特点。根据煤系气成藏特征可知，煤系非常规气埋深较深、储层较致密、渗透率较低，而煤系地层具有多层系、垂向上复合气藏共生共存的特点，单一储层开采不仅产量低、开发难度大，而且开发成本高，不宜进行单层开采，因此，对于煤系气的共采研究显得尤为重要。

在国外，单相非常规油气的开发技术已经较为成熟，尤其在北美地区，自 20 世纪 90 年代一直到 2008 年，单是页岩气的开发就将美国天然气的储量提高了 30%，到了 2010 年，美国致密砂岩气年产量达到了 1754 亿 m^3，占天然气总产量的 26%。由于美国、加拿大等地区的非常规油气成藏地层条件较好，相对于国内超低渗透的非常规油气藏而言，单井单项开发完全可以满足其应有的经济效益，美国对于非常规油气的共采也仅仅在 2001 年之后的几年时间内在皮森斯盆地白河隆起完成了由煤层气与致密砂岩气共采的测试，并未采取大规模的研发生产。

3. 随着人工智能技术的发展，各类抽采措施的高度自动化、智能化已经成为趋势

国外先进的全液压坑道钻机具有自适应钻进功能，配套开发了准确性较高的压裂模拟软件及诊断系统、钻孔煤层气抽采多参数监控系统，实现了抽采设计参数的自动设计和提取、抽采管路的自动设计和抽采过程的自动监控。煤层气井下抽采钻进将逐步发展为多机协作和闭环控制的智能化自适应钻进，增渗方式向区域化增渗和无人化、智能化增渗方向发展。

4. 小型分散低品质气源向分布式气源规模化提纯利用方向发展

变压吸附法、膜分离法、低温液化法提纯分离煤层气已完成工业示范和推广应用，而吸附-水合耦合法、溶液吸收法、化学合成生产化工成品技术大都处于研究开发阶段，距离商业推广还有一定距离。

11.2.2 国内煤矿区煤层气科技发展趋势

随着产业发展形势和政策变化，国内的煤矿区煤层气开发利用呈现出以下发展趋势。

1. 煤层气、致密砂岩气、页岩气单独开采均有不同程度的突破，开发将逐渐开始由单一层系资源开发向多层系合采拓展

早在 20 世纪 80 年代，我国老一辈地质学家就提出了煤系气这一专业术语，十分有远见地指出煤系气在我国未来天然气资源中的重要地位和战略地位，煤系气共生共探与共采受到科技界的高度关注。在国内，油层压力低、油藏含水量高等地层原因，使得国

内的常规油合采技术较为成熟。许多学者先后基于煤系气共采，分别从煤系地层的兼容性、压裂裂缝展布及煤系气资源特征等方向做了相关研究。

2. 大量矿井关闭，废弃煤矿煤层气开发利用研究正成为煤层气开发利用的重点工作

受诸多不利条件影响，虽然在 21 世纪初就开展了关闭矿井煤层气相关技术研究和抽采工程示范，但我国至今未形成关闭矿井煤层气抽采利用的成功案例，同样没有储量、产量和产业区等相关数据。

经过近 20 年对关闭矿井煤层气抽采利用相关技术的研究和对国外成功案例的剖析，国内已经储备了关闭矿井煤层气抽采相关技术，但是由于受我国地质条件复杂、关闭矿井管理不到位等因素的影响，亟须研究更为精确、安全、高效的关闭矿井煤层气抽采技术，实现我国关闭矿井煤层气的安全高效抽采和商业化利用。

目前我国在关闭矿井煤层气抽采方面的优势主要体现在对煤矿的地质认识较深、抽采相关技术齐全，短板主要体现在现有关闭矿井煤层气资源评价技术不能满足需要、现有成熟抽采技术不能适应关闭矿井的实际条件，没有形成成套的安全高效抽采技术。

3. “先抽后建”要求推动采前地面煤层气抽采技术快速发展

2016 年颁布的《煤矿安全规程》明确提出了有突出危险性煤层的新建矿井必须进行地面钻井预抽，做到“先抽后建”，且要求首采区突出煤层预抽率应达到 30%以上。新建矿井提出“先抽后建”的要求是要从源头上消除矿井建设期间煤与瓦斯突出危险性，实现本质安全型矿井建设的最终目标。

11.3　煤矿区煤层气与煤炭协调开发技术预测

按照国家生态文明建设的总体规划和我国低碳清洁能源的需求，面对煤炭集约化开采、西部特厚煤层高效开采、东部深部资源安全开采、关闭退出矿井大量增加等新形势，迫切需要解决煤矿区煤层气抽采率与利用率增幅缓慢的问题，以“协调、增效、拓源、集约”为指导思想，开发适应现代采煤技术的煤层气与煤炭协调开发技术、井下智能化无人化抽采技术、关闭矿井煤层气抽采技术，研究难采煤层气物理、化学和生物强采技术，井下原位煤气转化技术，区域气网集约与整装利用技术等突破性技术，进一步提高煤矿区煤层气资源的开发力度与利用率。

11.3.1　优先领域

1. 煤系气协同开发

突破煤系“三气”协同开发关键排、抽、采技术和煤矿区“先抽后建”、排抽结合连续抽采技术，精准定位关闭矿井“甜点”资源区，构建井下智能抽采调控提浓技术体系，高效增产优质煤层气。

2. 采动区煤层气高效抽采

采动区赋存大量煤层气，据测算，采动区煤层气资源量为 500 亿～800 亿 m^3/a，而现有采动区煤层气年抽采量不足 1 亿 m^3。利用采动区进行瓦斯抽采的技术，既利用了采动区煤层瓦斯卸压的高效抽采条件，又可在任意时间施工地面抽采井，没有与井下采掘作业的相互影响和依赖，是一种抽采瓦斯效率高、易大规模推广实施的新技术方法，亟须研发提高采动区煤层气高效抽采的理论和技术。

3. 废弃(关闭)矿井煤层气高效抽采

据预测，废弃(关闭)矿井煤层气资源量 2017 年为 5000 亿～10000 亿 m^3，2035 年将达到 2 万亿～3 万亿 m^3，而现在尚未开展废弃矿井煤层气开发，亟须研发关闭矿井煤层气资源经济有效的抽采技术与装备。

4. 煤矿区表外煤层气高效抽采

煤矿区煤炭资源储量中有些薄煤层、开采条件复杂，当前开采、加工技术尚未解决，技术经济条件下尚不能利用的储量，简称表外储量。而在表外储量中含有大量的煤层气资源量，据测算达 6 万亿 m^3，亟须研发煤矿区表外储量中煤层气资源量的抽采理论和技术。

11.3.2 关键核心技术

1. 煤矿采动区煤层气分区联动地面井全域抽采技术

1) 地面采动区定向井稳定持续抽采技术及装备

(1) 地面异形定向井钻进、固井、完井工艺及配套装备。针对高含水地层、大倾角地层、多变岩性地层等复杂地质条件，涉及钻进高效堵漏、精准控制钻进轨迹、安全固井、含水地层套管破断后仍然能够持续采气、不影响井下煤炭开采等一系列难题；利用 L 形、S 形等复杂井型“定向多变”地面井钻进轨迹避开难以钻进或防护的构造区或含水地层；研制适合异形定向井的钻进配套装备，确定合适的固井工艺，形成安全可靠的完井技术及配套装备。

(2) 地面异形采动定向井段阻塌防断技术及装备。地面异形定向井能够实现对开采工作面涌出瓦斯的高效抽采，但由于异形地面井结构较为复杂，受覆岩的作用易产生局部集中力，需要对异形地面井受覆岩作用的力学特征进行理论分析。在高强度开采影响下其水平生产井段在工作面推过后快速垮塌破断，无法持续抽采采空区内部集聚瓦斯，因此有必要开发新型布井、完井技术或套管筛管护孔材料工艺与装备，实现生产井段在工作面推过后“破而不断、断而不堵”。研制防塌钻井液，缓解水平井段塌孔现象，提高该类井型的抽采效果。

2) 地面井“排抽一体”煤层气连续开发技术

对“排抽一体”地面井变形及破坏井段实现快速全景实时或三维反演探测，明确破坏方式及原因，针对不同的破坏方式提出改造修复方案或者后续开发补救措施，研发智能化模块式联动抽采装备，实现采动井的规模高效持续抽采。

3) 待建矿井碎软突出煤层煤层气地面高效抽采技术

我国碎软煤层广泛分布，而碎软煤层发育区往往为高瓦斯、突出矿井，因此，未来将有大量的新建矿井需开展“先抽后建”工作。

针对新建矿井首采区碎软突出煤层中的煤层气开发在“时间-空间”上的迫切要求，攻关研发新建矿井“先抽后建”模式、新建矿井“先抽后建”优化设计、突出煤层井筒(巷道)快速抽采技术、工作面单井全覆盖煤层气水平井分段压裂开发技术、首采区煤层气“井工厂”高效开发技术 、多煤层多台阶水平井煤层气一体化开发技术等煤层气高效开发技术，从点、线、面、体多维度实现新建矿井首采区碎软突出煤层中的煤层气的高效、经济开发。

4) 薄煤层难采煤区煤层气地面抽采关键技术

难采煤矿区矿井表外煤层气资源量达 6 万亿 m^3，亟须研发薄煤层难采煤区煤层气高效抽采理论和技术。

2. 废弃(关闭)矿井地面井抽采煤层气技术

1) 关闭矿井煤层气资源评价及“甜点”优选技术

重点围绕煤炭主要产区，对我国关闭矿井进行排查摸底，初步弄清各种关闭矿井的状态，研究查明影响关闭矿井煤层气资源估算因素，如煤层气资源的计算范围，矿井的充水情况，井巷空间分布及连通性、井下空间的密封性、剩余气含量等，建立关闭矿井煤层气资源量评价方法和产能预测模型，对全国关闭矿井煤层气资源进行评价，优选典型有利开发区块和“甜点”区域。

2) 关闭矿井煤层气探测、开发技术及装备

(1) 矿井立体全空间精准探测技术与装备。发展具有背景噪声自动识别并能根据反馈结果智能调整数据采集方式及参数的探测系统，依托完善的专家系统和量子计算，能够智能快速地进行数据处理解释并实时显示立体探测结果。

(2) 矿井“呼吸”监测技术及装备。矿井关闭后，随着大气压的变化，其采空空间会“呼出”或“吸入”气体，造成资源的自然损失。如需估算资源量，这部分损失可能不容忽视。通过对矿井“呼吸”特征的认识，得到矿井关闭后的资源损失规律，形成对现存关闭矿井资源的准确预测。要解决上述问题，急需研发高精度气体流量监测工艺及装备。

3. 煤矿区煤系气合采关键技术

深部煤系气协同开发面临的问题主要是目前仍以单项气资源开发为主，在协同开发技术储备方面存在不足，虽然在个别区域实现单井产量突破，但整体来讲，煤系气协同开发难度仍非常大，给煤系气产业的快速发展带来了挑战。

近年来我国加强了煤系气协同开发的研究工作，尤其是“十三五”以来，启动了国家科技重大专项项目及相关的重大重点科技计划，推动了煤系气共生成藏、共探合采技

术的发展和示范基地的建设。煤系气开发技术由单一气体储层压裂排采转向了多类型、多储层分压合采及合压合采，未来需要重点攻关的技术包括：①深部煤系气围岩储层特性精准探测及其预测评价；②不同压力体系下煤系气原地合采技术与装备；③采动卸压条件下煤系气时空协同抽采技术；④煤炭与煤系气资源四维协调开发设计平台。

4. 煤矿区井下煤层气抽采技术

1) 井下钻孔机器人自适应钻进及封孔技术

研制自主导航与自适应钻进定向钻孔机器人和钻进过程智能化钻具等辅助钻进装备，开发井下钻进智能组网远程监控技术与装备、智能化随钻工况监测与地质信息探查技术与装备、煤矿井下智能巡航导钻技术与装备，实现井下钻进过程中人工智能控制，提高煤层气抽采钻孔施工机械化率和自动化率。

2) 井下大面积智能分段压裂增透技术

围绕紧邻煤层顶板或煤层中水平钻进技术、完井技术、条带式分段压裂技术、分段造穴技术等，开发绿色、高效、低成本的施工材料、工艺及装备，实现单口水平井抽采影响范围覆盖首采工作面。

研制井下绿色智能分段加砂水力压裂高效抽采技术及装备、智能化超高压(140MPa)切缝致裂技术与装备、纳米材料能量源可控冲击波储层致裂技术及装备、无水致裂增产技术与装备、井下智能造穴卸压增透技术与装备，开发致裂环境动态监测评价技术、致裂储层伤害评价与诊断技术，实现致裂技术环保无害、致裂工艺精准有效与致裂装备智能操作，提高致裂抽采效果；开发煤层特征参数智能感知与分析技术，为智能精准增透提供理论基础，实现煤层内精准造穴卸压和造穴作业装备的智能化施工，为碎软低渗难抽煤层的煤层气高效抽采提供新的技术途径。

3) 井下煤层气抽采钻孔全生命周期智能管控技术

开发井下负角度抽采钻孔排水技术与装备、煤层气负压抽采参数智能调控技术与装备、自动化快速高效绿色封孔技术与装备，可有效清除孔内积水，可靠封孔，优化控制抽采参数，充分利用定向钻孔实现高效抽采。

4) 井下煤层气物理萃取提浓技术与装备

研究基于物理溶剂萃取技术的全浓度(0～100%)煤层气提纯工艺，开发低成本全浓度煤层气物理萃取撬装装备，消除煤层气提纯过程中瓦斯浓度波动对提纯效率的影响。

11.4　煤矿区煤层气利用技术预测

11.4.1　优先领域

1. 煤层气梯级利用

重点攻关解决吸附材料分离效率不高、分离工艺复杂、投资成本及能耗高等问题，提高新型吸附剂对煤层气的吸附能力，优化变压吸附分离工艺和分离效率，降低成本能耗。

2. 小规模煤层气分布式经济利用

针对我国煤矿区低浓度煤层气抽采量占总量的 55%左右，束缚煤层气利用率长期低迷的困境，研发便于大面积推广、具有经济效益的低品质、小规模煤层气利用技术及装备；在原有技术的基础上，针对小规模、分散式矿井，发展能够提高经济效益的利用技术和储运技术。

11.4.2 关键核心技术

1. 煤层气分布式经济高效利用技术

针对煤层气(瓦斯)气源位置偏、分布散、量小、浓度不稳定等特点，开发微型短流程可移动式煤层气利用技术与装备及小规模分散式低浓度煤层气安全储运技术及装备，实现工业示范和规模化应用。

1) 低品位气源分布式发电技术及装备

研究多能互补基础理论，研发煤层气发电、地热、太阳能、风能多能互补技术及装备，以及示范矿井的多能互补示范，并在煤矿区推广应用。

2) 分布式煤层气资源储能技术及装备

研究低浓度煤层气与抽采管路内高浓度煤层气、煤制气管网内气体及其他可配高浓度气体的智能混配技术及装备。保证抽采低浓度煤层气充分利用，提高煤层气的利用率。

2. 低浓度煤层气大通量快速分离提浓技术及装备

研究高分离系数、低成本的新型膜材料，优化复合膜材料的结构、极性、磁性等属性，开发多属性复合膜法提浓技术及装备；从宏观和微观尺度研究 CH_4 运移规律和水合物生成热力学机理，研制水合反应器，开发吸附-水合耦合分离提纯工艺技术及成套装备；研发高效能的吸收液，开发溶液吸收分离技术及装备。

3. 低浓度煤层气化学转化利用技术及装备

以湿式爆炸限内低浓度煤层气为原料，研究 CH_4 和 O_2 部分氧化、CH_4 水蒸气转化机理，研制 CH_4 氧化、转化合成用催化剂，开发湿式爆炸限内低浓度煤层气催化重整制合成气技术与装备；研制新型高效反应器，等离子体发生器，采用电场重整和催化剂耦合，开发低质煤层气 CH_4 多电场重整合成乙醇技术及装备；研究甲烷含量为 10%～20%的煤层气与煤气化转化工艺参数影响、热力学及动力学特性，开发煤层气与煤两相转化制合成氨用原料气技术及装备。

本章汇稿人：赵路正

本章主要编写人员：赵路正　吴立新　赵旭生　管世辉　赵　娆　续岩岩等

主要参考文献

安莹，芦俊，杨春. 2018. 含煤地层多波 AVO 地震响应[J]. 煤炭学报, 43(3): 793-800.

白志鹏. 2016. 可压缩流体的瓦斯抽采管路流阻计算方法研究[J]. 煤, 25(4): 8-11.

柏锁柱，赵刚，薛立林. 2016. 压缩天然气作为汽车燃料的特点及经济性分析[J]. 炼油与化工, 27(6): 69-70.

柴细元，张文瑞，王贵清，等. 2009. 远探测声波反射波成像测井技术在裂缝性储层评价中的应用[J]. 测井技术, 33(6): 539-543.

常江华，凡东，田宏亮. 2017. 全液压车载钻机给进回路负载特性分析及设计[J]. 煤田地质与勘探, 45(6): 182-186.

常心洁，刘应书，刘文海，等. 2006. 低压变压吸附法分离净化低浓度瓦斯的试验研究[J]. 中国煤层气, 3(4): 39-43.

常益行. 2015. 地震属性技术在煤田断层识别中的应用[J]. 中国煤炭地质, 27(2): 57-61.

车永芳，张进华，李小亮，等. 2011. 炭分子筛的表征[J]. 洁净煤技术, 17(5): 48-51.

陈冬冬. 2011. 亚美大宁煤矿定向水平长钻孔预抽煤层瓦斯合理预抽期研究[D]. 焦作：河南理工大学.

陈功胜，武精科. 2014. 强突煤层保护层工作面煤与瓦斯共采技术[J]. 煤矿安全, 45(9): 55-57.

陈建伟，张瑞林，柴磊. 2010. 井下解吸法实测煤层原始瓦斯含量过程中采样损失量计算方法浅析[J]. 煤矿安全, 41(1): 84-86.

陈金华，肖露，令狐磊. 2016. 低浓度煤层气深冷液化工艺研究[J]. 煤炭科学技术, 44(6): 134-139, 181.

陈金华. 2017. 低浓度瓦斯蓄热氧化供热系统的应用研究[J]. 矿业安全与环保, 232(2): 62-65.

陈进殿，汪玉春，杨俊杰. 2009. 用微粒群算法实现天然气管网运行最优化[J]. 油气储运, 28(1): 7-11.

陈楠，徐雷鸣，宋志翔，等. 2018. 叠前 P 波方位各向异性裂缝检测软件研制与应用[J]. 石油物探, 57(6): 914-926.

陈跃，汤达祯，许浩，等. 2014. 应用测井资料识别煤体结构及分层[J]. 煤田地质与勘探, 42(1): 19-23.

程五一，张序明，吴福昌. 2005. 煤与瓦斯突出区域预测理论及技术[M]. 北京：煤炭工业出版社.

崔若飞，钱进，陈同俊，等. 2007. 利用地震 P 波确定煤层瓦斯富集带的分布[J]. 煤田地质与勘探, 35(6): 54-57.

刁文庆，唐大勇. 2013. 定向钻进用胎体式 PDC 钻头烧结工艺研究[J]. 煤炭科学技术, 41(3): 21-23, 62.

董红，侯俊胜，等. 2001. 煤层煤质和含气量的测井评价方法及其应用[J]. 物探与化探, 25(2): 138-124.

董萌萌. 2017. 煤矿井下用 Φ73mm 高韧性高强度钻杆的研制及应用[J]. 煤田地质与勘探, 45(2): 152-156.

董守华，王琦. 2003. 层析成像在巷道无线电波透视法中的应用[J]. 中国矿业大学学报, 32(5): 579-582.

杜文凤，彭苏萍，黎咸威. 2006. 基于地震层曲率属性预测煤层裂隙[J]. 煤炭学报, 31(S1): 30-33.

杜子健，刘子龙. 2007. 煤矿井下顺煤层千米枝状长钻孔抽采瓦斯技术[J]. 矿业安全与环保, 34(1): 27-30.

凡东. 2018. ZMK5530TZJ100 型车载钻机的试验研究[J]. 煤田地质与勘探, 46(2): 201-204.

凡东，常江华，王贺剑，等. 2017. ZMK5530TZJ100 型车载钻机的研制[J]. 煤炭科学技术, 45(3): 111-115, 146.

樊明珠，王树华. 1996. 影响煤层气可采性的主要地质参数[J]. 天然气工业, 16(6): 53-57.

方俊，石智军，李泉新，等. 2015. 顶板高位定向大直径长钻孔钻进技术与装备[J]. 矿业研究与开发, 35(7): 92-97.

方俊，石智军，李泉新，等. 2015. 新型煤矿井下定向钻进用有线随钻测量装置[J]. 工矿自动化, 41(8): 1-5.

方鹏. 2019. 煤矿坑道定向钻机钻进参数监测系统设计[J]. 工矿自动化, 45(1): 1-5.

方荣耀. 2018. 煤矿采空区的地震响应特征分析[D]. 太原：太原理工大学.

冯立杰，张胜有，姜光杰，等. 2010. 煤层气开发利用综合效益评估[J]. 煤炭经济研究, 33(1): 29-33.

付道明，孙军，贺志刚，等. 2004. 国内外管道泄漏监测技术研究发展[J].石油机械, 32(3): 49-51.

付晓泰，王振平，卢双航. 1996. 气体在水中的溶解机理及溶解度方程[J]. 中国科学 B 辑, 26(2): 124-130.

傅国廷，李波. 2016. 煤矿瓦斯抽采监测准确计量技术应用[J]. 煤炭科学技术, 44(7): 64-68.

傅雪海，秦勇，李贵中，等. 2002. 特高煤级煤平衡水条件下的吸附实验[J]. 石油实验地质, 24(2): 177-180.

富向，王魁军，杨宏伟，等. 2006. 煤粒瓦斯放散规律数学模型的应用[J]. 煤矿安全, 37(12): 1-3.

高婷，林文胜，顾安忠，等. 2010. 吸附余压预冷的煤层气混合制冷剂液化流程[J]. 化学工程, 38(2): 1-4.

辜敏，陈昌国，鲜学福，等. 2001. 抽放煤层气变压吸附过程的数学模拟[J]. 煤炭学报, 26(3): 323-326.
辜敏，鲜学福. 2006. 提高煤层气甲烷浓度的吸附剂的选择研究[J]. 矿业安全与环保, 33(3): 11-12, 16.
辜敏，鲜学福. 2015. 煤层气变压吸附分离理论与技术[M]. 北京：科学出版社.
管英富. 2010. CBM 甲烷回收吸附剂研究进展[J]. 化工进展, 29(增刊): 341-344.
郭晨，秦勇，韦重韬. 2011. 潘庄区块煤层气井网优化设计与产能预测[J]. 煤炭科学技术, 39(8): 104-106.
郭东. 2007. 低浓度煤层气资源利用现状与效益分析[J]. 中国煤层气, 5(3): 41-46.
郭广栋. 2009. 变压吸附浓缩低浓度煤层气的实验研究[D]. 北京：北京科技大学.
郭来同. 2014. 浅谈低浓度瓦斯发电技术的应用及改进[J]. 机电信息, 396(6): 87-88.
郭文峰，曹志勇，卫红学，等. 2015. 塌陷采空区的正演模拟及波场分析[J]. 地球物理学进展, 30(2): 847-852.
韩甲业，应中宝. 2012. 我国低浓度煤矿瓦斯利用技术研究[J]. 中国煤层气, 9(6): 39-42.
韩思亮，汤建新，马皓. 2005. PLC 远程监控与故障诊断系统设计与实现[J]. 工业仪表与自动化装置, 2005(1): 23-26.
何伯稳，贾金峰. 2007. 高位瓦斯抽放长钻孔人工造斜钻进技术[J]. 煤炭科学技术, 35(12): 42-44.
何继善，吕绍林. 1999. 瓦斯突出地球物理研究[M]. 北京：煤炭工业出版社.
贺天才，王保玉，田永东. 2014. 晋城矿区煤与煤层气共采研究进展及急需研究的基本问题[J]. 煤炭学报, 39(9): 1779-1785.
黑磊. 2014. 煤矿井下煤层密闭取心技术及应用[J]. 陕西煤炭, 33(2): 60-62, 91.
候俊胜. 2000. 煤层气储层测井评价方法及其应用[M]. 北京：冶金工业出版社.
胡炳南，张华兴，申宝宏. 2017. 建筑物、水体、铁路及主要井巷煤柱留设与压煤开采指南[M]. 北京：煤炭工业出版社.
胡朝元，彭苏萍，赵士华，等. 2005. 煤层气储层参数多信息综合定量预测方法[J]. 煤田地质与勘探, 33(1): 28-32.
胡千庭，孙海涛. 2014. 煤矿采动区地面井逐级优化设计方法[J].煤炭学报, 39(9): 1908-1913.
胡千庭，周世宁，周心权. 2008. 煤与瓦斯突出过程的力学作用机理[J]. 煤炭学报, 33(12):1368-1372.
滑俊杰，张跃兵，王向军. 2014. 顺层定向长钻孔预抽区段煤层瓦斯防突技术研究与应用[J]. 煤, 23(7): 18-20.
黄文尧. 2014. 深部井筒揭双层煤深孔预裂爆破增透技术研究[J]. 煤炭技术, 33(6): 16-18.
黄勇，姜军. 2009. U 型水平连通井在河东煤田柳林地区煤层气开发的适应性分析[J]. 中国煤炭地质, 21(增刊 1): 32-36, 43.
霍春秀. 2014. 瓦斯输送管道水封阻火泄爆技术研究[J]. 煤炭科学技术, 42(8): 29-32.
季长江，郝海金，郝春生，等. 2018. 赵庄区块地下水特征对煤层气开发的影响分析[J]. 煤炭科学技术, 46(5): 149-154.
季文博. 2015. 煤炭与煤层气协调开发问题研究[J]. 煤炭经济研究, 35(8): 62-65.
金淑明，刘秀伍，王桂香，等. 2012. 离子交换改性斜发沸石用于 N_2/CH_4 分离性能研究[J]. 河北工业大学学报, 41(2): 32-35.
金新. 2016. 顶板岩层定向卸压瓦斯抽采钻孔钻进关键技术[J]. 煤田地质与勘探, 44(3): 124-127.
金鑫. 2018. 煤矿井下硬岩定向钻进螺杆马达选型及试验[J]. 煤田地质与勘探, 46(1): 176-180.
晋香兰. 2012. 煤矿区煤与煤层气协调开发模式的探讨—以晋城矿区为例[J]. 中国煤炭地质, 24(9): 16-19.
荆新军. 2014. 煤矿采空区地面钻井法瓦斯抽采技术的探索[J]. 山西煤炭, 34(3): 67-69.
景兴鹏. 2015. 机械密闭取心瓦斯含量测定集成技术研究[J]. 中国安全生产科学技术, 11(11): 59-63.
康建东，兰波，严政，等. 2013. 乏风瓦斯蓄热氧化试验研究[J]. 矿业安全与环保, 40(1): 1-3.
康永尚，孙良忠，张兵，等. 2017. 中国煤储层渗透率分级方案探讨[J]. 煤炭学报, 42(S1): 186-194.
雷毅，申宝宏，刘见中. 2012. 煤矿区煤层气与煤炭协调开发模式初探[J]. 煤矿开采, 17(3): 1-4.
李爱军. 2014. 成庄矿 2319 面采空区顶板高位定向钻孔的工艺研究[J]. 煤炭技术, 33(6): 113-114.
李刚. 2016. 煤矿井下工作面内隐伏断层透射槽波探测技术[J]. 煤田地质与勘探, 44(5): 142-145.
李国彪，李国富. 2012. 煤层气井单层与合层排采异同点及主控因素[J]. 煤炭学报, 37(8): 1354-1358 .
李国富，何辉，刘刚，等. 2012. 煤矿区煤层气三区联动立体抽采理论与模式[J]. 煤炭科学技术, 40(10): 7-11.
李国富，李贵红，刘刚. 2014. 晋城矿区典型区煤层气地面抽采效果分析[J]. 煤炭学报, 39(9): 1932-1937.
李宏军. 2008. 中国煤矿瓦斯开发利用综合效益评估模型研究[J]. 中国煤层气, 5(4): 39-42.
李建广，应中宝，武逢平. 2011. 国产瓦斯发电机组单位瓦斯发电情况及影响因素分析[J]. 中国煤层气, 8(4): 39-41.
李杰，康建东，霍春秀. 2015. 乏风瓦斯蓄热氧化监控系统设计[J]. 自动化仪表, 401(1): 56-58.
李杰. 2014. 定向高位长钻孔抽采位置确定及瓦斯治理效果[J].煤炭科学技术, 42(12): 51-57.

李金海, 苏现波, 宋金星, 等. 2008. 封闭层对煤层气含量控制作用研究[J]. 中国煤层气, 5(2): 28-31.
李兰廷. 2016. 煤层气浓缩用碳分子筛的研制及性能研究[J]. 洁净煤技术, 22(2): 1-4.
李联友, 孙建新, 车大水. 2009. 计量供热系统适量调控管网技术的分析[J]. 河北科技大学学报, 30(3): 262-265.
李佩铭, 赵春阳. 2012. 基于硬件的燃气管道泄漏检测技术发展趋势[J]. 煤气与热力, 32(9): 34.
李泉新. 2018. 碎软煤层复合定向钻进技术研究与应用[J]. 煤炭科学技术, 46(11): 101-106.
李泉新, 方俊, 褚志伟, 等. 2018. 青龙煤矿碎软煤层顺层定向钻孔钻进试验研究[J]. 工矿自动化, 44(11): 1-6.
李泉新, 石智军, 史海岐. 2014. 煤矿井下定向钻进工艺技术的应用[J]. 煤田地质与勘探, 42(2): 85-88, 92.
李日富. 2014. 采动影响稳定区煤层气储层及资源量评估技术的研究与应用[D]. 重庆: 重庆大学.
李日富, 李保东, 张军. 2011. 松藻矿区煤层气开发技术优选[J]. 煤矿安全,42(4): 31-34.
李胜男. 2006. 吸附法浓缩煤层甲烷的实验研究[D]. 天津: 天津大学.
李树刚, 林海飞, 赵鹏翔. 2014. 采动裂隙椭抛带动态演化及煤与甲烷共采[J]. 煤炭学报, 39(8): 1455-1462.
李五忠, 王一兵, 崔思华, 等. 2003. 沁水盆地南部煤层气田煤层气成藏条件分析[J]. 煤田地质与勘探, 31(2): 23-26.
李晓红, 卢义玉, 赵瑜, 等. 2008. 高压脉冲水射流提高松软煤层透气性的研究[J]. 煤炭学报, 33(12): 1386-1390.
李琰庆. 2016. 淮南矿区突出煤层群开采瓦斯治理模式[J]. 煤炭技术, 35(6): 222-223.
李彦明. 2015. 复杂地层定向钻进施工技术研究[J]. 煤炭工程, 47(6): 55-57.
李永玲, 刘应书, 杨雄, 等. 2012. 等比例变压吸附法富集低浓度煤层气的安全性分析[J]. 煤炭学报, 37(5): 804-809.
李仲勋, 李仲科. 2015. 瓦斯立体抽采技术在杨柳矿 1061 综采面的应用[J]. 煤炭技术, 34(7): 163-165.
李宗福, 孙大发, 陈久福, 等. 2015. 水力压裂-水力割缝联合增透技术应用[J]. 煤炭科学技术, 43(10): 72-76.
连承波, 赵永军, 李汉林. 2007. 基于测井信息的煤层含气量预测方法[J]. 矿物学报, (增刊): 446-447.
梁庆华, 宋劲, 孙兴平, 等. 2013. 地质雷达井下探测瓦斯富集区特征研究[J]. 地球物理学进展, 28(3): 1570-1574.
廖志敏, 熊珊. 2004. 超声波流量计的研究和应用[J]. 管道技术与设备, (4): 12-13.
林海飞. 2009. 综放开采覆岩裂缝演化与卸压瓦斯运移规律及工程应用[D]. 西安: 西安科技大学.
林文胜, 高婷, 席芳, 等. 2011. 煤层气液化技术研究进展[J]. 制冷学报, 32(4): 1-8.
刘丹, 潘保芝, 陈刚, 等. 2015. 随钻电磁波测井仪器地质导向方法综述[J]. 国外测井技术, (2): 8-14.
刘广亮, 于师建. 2008. 基于质心频移的无线电波透视层析成像[J]. 地球物理学进展, 23(2): 583-587.
刘见中, 沈春明, 雷毅, 等.2017. 煤矿区煤层气与煤炭协调开发模式与评价方法[J]. 煤炭学报, 42(5): 1221-1229.
刘建林, 李泉新. 2017. 基于轨迹控制的煤矿井下复合定向钻进工艺[J]. 煤矿安全, 48(7): 78-81.
刘建林, 王四一, 赵江鹏, 等. 2018. 单弯螺杆马达与液动潜孔锤复合钻具研究[J]. 煤炭科学技术, 46(5): 138-142, 211.
刘健, 刘泽功, 高魁, 等. 2014. 深孔预裂爆破在深井高瓦斯低透气性煤层瓦斯抽采中的应用[J]. 中国安全生产科学技术, (5): 148-153.
刘立恒. 2011. 褐煤基颗粒活性炭的绿色制备及其变压吸附分离 CH_4/N_2 的性能研究[D]. 重庆: 重庆大学.
刘伟. 2013. 韩城煤层气地面集输工艺技术[J]. 中国煤层气, 10(1): 35-37.
刘鑫明. 2012. 煤岩介质中中高频电磁波传播规律研究[D]. 徐州: 中国矿业大学.
刘延保. 2016. 煤矿瓦斯负压抽采管网检漏技术及现场应用[J]. 中国矿业, 25(5): 156-159.
刘延鑫, 李增亮, 冯龙, 等. 2018. 新型粉液混配器结构分析与性能优化[J]. 中国石油大学学报(自然科学版), 42(1): 157-164.
刘应书, 杨雄, 李永玲, 等. 2010. 真空变压吸附提浓煤层气甲烷的均压过程[J]. 北京科技大学学报, 32(11): 1495-1499.
刘占宇. 2016. 矿井瓦斯抽采管网运行优化方法研究[D]. 北京: 中国矿业大学(北京).
刘振峰, 曲寿利, 孙建国, 等. 2012. 地震裂缝预测技术研究进展[J]. 石油物探, 51(2): 191-198.
刘忠, 张聪, 彭鹤, 等. 2014. 煤矿采掘区煤层气开发规律及模式探讨[J]. 中国煤层气, 11(1): 9-11.
柳珉敏, 徐文东, 关建郁, 等. 2010. 变压吸附技术应用研究进展[J]. 煤气与热力, 30(10): 43-46, 82.
陆占金, 石必明, 穆朝民, 等. 2012. 潘三矿下保护层开采条件下地面钻孔瓦斯抽采技术及效果[J]. 煤炭开采, 17(6): 89-91.
吕延防, 万军, 沙子萱, 等. 2008. 被断裂破坏的盖层封闭能力评价方法及其应用[J]. 地质科学, 43(1): 162-174.
吕延防, 张绍臣, 王亚明. 2000. 盖层封闭能力与盖层厚度的定量关系[J]. 石油学报, 21(2): 27-30.

马耕，苏现波，魏庆喜. 2009. 基于瓦斯流态的抽放半径确定方法[J]. 煤炭学报，(4)：501-504.
马晓娟. 2005. KJF2000瓦斯抽采泵站监控系统的开发[J]. 煤矿安全，36(12)：25-26.
马益民，阳俊，曹建军. 2013. 保护层工作面煤气共采技术实践[J]. 中国矿山工程，42(4)：43-46.
马志远. 2008. 瓦斯抽采系统管路摩擦阻力计算公式的探讨[J]. 矿业安全与环保，35(5)：73-74，83.
么玉鹏，姜波，李明，等. 2016. 构造煤裂隙及渗流孔隙分形特征研究[J]. 煤矿安全，47(8)：5-8.
孟召平，郭彦省，王赟，等. 2006. 基于地震属性的煤层厚度预测模型及其应用[J]. 地球物理学报，49(2)：512-517.
孟召平，田永东，李国富. 2010. 煤层气开发地质学理论与方法[M]. 北京：科学出版社.
煤炭科学研究院北京开采研究所. 1981. 煤矿地表移动与覆岩破坏规律及其应用[M]. 北京：煤炭工业出版社.
倪小明，王延斌，接铭训，等. 2008. 不同构造部位地应力对压裂裂缝形态的控制[J]. 煤炭学报，33(5)：505-508.
聂李红. 2008. 炭分子筛的制备及其应用[D]. 大连：大连理工大学.
宁书年，张绍红，杨峰，等. 2001. 无线电波层析成像技术及在矿井坑透中的应用[J]. 煤炭学报，26(5)：468-472.
牛杰，杨胜强，杨相玉，等. 2013. 矿井瓦斯抽采管网计量监控系统现状分析[J]. 煤矿安全，44(6)：156-158.
潘卫国，聂雪军，雷俊智，等. 2001. 对管内湍流边界层结构与流动阻力特性的数值研究[J]. 计算力学学报，18(4)：393-396.
潘文娜，武林，周正利. 2004. 吸收型光纤甲烷传感器的研究进展[J]. 光通信技术，28(10)：48-50.
彭苏萍，离云峰，杨瑞召，等. 2005. AVO探测煤层瓦斯富集的理论探讨和初步实践-以淮南煤田为例[J]. 地球物理学报，48(6)：1475-1485.
彭贤强，张宝生，储王涛，等. 2008. 中国煤层气开发综合效益评价[J].天然气工业，28(3)：124-126.
祁雪梅. 2013. 煤层气储层地震属性响应特征及应用[D]. 徐州：中国矿业大学.
乔磊，申瑞臣，黄洪春，等. 2007. 煤层气多分支水平井钻井工艺研究[J]. 石油学报，28(3)：113-115.
秦伟，许家林，胡国忠，等. 2013. 老采空区瓦斯储量预测方法研究[J]. 煤炭学报，38(6)：948-953.
秦勇，姜波，王继尧，等. 2008. 沁水盆地煤层气构造动力条件耦合控藏效应[J]. 地质学报，82(10)：1355-1362.
覃文洁，胡春光，郭良平，等. 2006. 近壁面网格尺寸对湍流计算的影响[J]. 北京理工大学学报，26(5)：387-392.
曲思建，董卫果，李雪飞，等. 2014. 低浓度煤层气脱氧浓缩工艺技术开发与应用[J]. 煤炭学报，39(8)：1539-1544.
任美洲. 2012. 大佛寺矿区煤层气水平对接井钻井技术研究[D]. 西安：西安科技大学.
沙爽. 2008. 煤层气吸附塔爆炸危险性的实验研究[D]. 沈阳：东北大学.
邵杰，李晓花，郭振江，等. 2016. k-ω湍流模型在流动阻力数值模拟中的应用研究[J]. 青岛大学学报(工程技术版)，31(1)：120-124.
申宝宏，陈贵锋. 2013. 煤矿区煤层气产业化开发战略[M]. 北京：中国石化出版社.
申宝宏，刘见中，张泓. 2007. 我国煤矿瓦斯治理的技术对策[J]. 煤炭学报，32 (7)：673-679.
申宝宏，刘见中，赵路正. 2011. 煤矿区煤层气产业化发展现状与前景[J]. 煤炭科学技术，39(1)：6-10.
石必明，俞启香，王凯. 2006. 远程保护层开采上覆煤层透气性动态演化规律试验研究[J]. 岩石力学与工程学报，25(9)：1917-1921.
石智军，胡少韵，姚宁平，等. 2008. 煤矿井下瓦斯抽采(放)钻孔施工新技术[M]. 北京：煤炭工业出版社.
石智军，李泉新，姚克. 2015. 煤矿井下水平定向钻进技术与装备的新进展[J]. 探矿工程(岩土钻掘工程)，42(1)：12-16.
石智军，刘建林，李泉新. 2018. 我国煤矿区钻进技术装备发展与应用[J]. 煤炭科学技术，46(4)：1-6.
石智军，田宏亮，田东庄，等. 2012. 煤矿井下随钻测量定向钻进使用手册[M]. 北京：地质出版社.
石智军，田宏亮，赵永哲，等. 2018. 煤矿区煤层气开发对接井钻进技术与装备[M]. 北京：科学出版社.
史进，吴晓东，韩国庆，等. 2011. 煤层气开发井网优化设计[J]. 煤田地质与勘探，39(6)：20-24.
宋岩，柳少波，琚宜文，等. 2013. 含气量和渗透率耦合作用对高丰度煤层气富集区的控制[J]. 石油学报，34(3)：417-426.
宋岩，柳少波，马行陟，等. 2016. 中高煤阶煤层气富集高产区形成模式与地质评价方法[J]. 地学前缘，23(3)：1-9.
宋岩，张新民，等. 2005. 煤层气成藏机制及经济开采理论基础[M]. 北京：科学出版社.
孙东玲，李日富. 2016. 煤矿采动稳定区煤层气地面井抽采技术及应用[J]. 煤炭科学技术，44(5)：34-38.
孙东玲，孙海涛. 2014. 煤矿采动区地面井瓦斯抽采技术及其应用前景分析[J]. 煤炭科学技术，42(6)：49-52.
孙粉锦，王勃，李梦溪，等. 2014. 沁水盆地南部煤层气富集高产主控地质因素[J]. 石油学报，35(6)：1070-1079.

孙家应, 尹德战, 谢长仑, 等. 2010. 高位钻场长钻孔在淮南刘庄煤矿瓦斯抽采中的应用[J].中国煤炭地质, 22(11): 65-66.
孙利, 沈本贤. 2004. 石油焦制备碳质吸附剂的研究[J]. 华东理工大学学报, 30(1): 15-18.
孙琳. 2010. 圆管突扩(缩)局部阻力试验及流场数值模拟[D]. 哈尔滨: 东北农业大学.
孙荣军. 2011. 国产随钻测量定向钻进系统在汝箕沟煤矿的应用[J]. 煤田地质与勘探, 39(4): 77-80.
孙万禄. 2005. 中国煤层气盆地[M]. 北京:地质出版社.
陶鹏万, 古共伟, 张剑锋, 等. 2008. 用煤层气(CMM)生产甲醇的探讨[J]. 天然气化工, 33(4): 47-50.
田永东, 张遂安, 张典坤, 等. 2012. 山西晋城采煤扰动区地面煤层气井抽采效果地质分析[J]. 高校地质学报, 18(3): 563-567.
童东绅, 周春晖, 葛忠华, 等. 2004. 气体分离用变压吸附剂的研究进展[J]. 化工生产与技术, 11(2): 16-20.
涂敏, 缪协兴, 黄乃斌. 2006. 远程下保护层开采被保护煤层变形规律研究[J]. 采矿与安全工程学报, 23(3): 253-257.
万玉金, 张劲, 王新海, 等. 2011. 煤层气经济开采增产机理研究[M]. 北京: 科学出版社.
汪凯斌. 2018. 矿用电磁波随钻方位伽马测井系统的研究与实现[J]. 煤田地质与勘探, 46(3): 145-151.
王长元, 王正辉, 陈孝通, 等. 2008. 低浓度煤层气变压吸附浓缩技术研究现状[J]. 矿业安全与保, 35(6): 70-72.
王长元, 张武, 陈久福, 等. 2011. 煤矿区低浓度煤层气含氧液化工艺技术研究[J]. 矿业安全与环保, 37(4): 1-4.
王传留, 居培, 高晓亮. 2016. 煤矿井下定向钻进用新型 PDC 钻头[J]. 金刚石与磨料磨具工程, 36(6): 74-78.
王峰明, 王生维. 2017. 煤层气开发技术与实践[M]. 北京: 中国地质大学出版社.
王季. 2015. 反射槽波探测采空巷道的实验与方法[J]. 煤炭学报, 40(8): 1879-1885.
王家豪, 董浩斌, 石智军, 等.2015.　煤矿井下随钻测量电磁传输信道建模[J]. 煤炭学报, 40(7): 1705-1710.
王金柱, 王泽根, 张丙辰, 等. 2011. 基于 SCADA 和 GIS 的油气调控运行系统[J]. 油气储运, 30(12): 902-906.
王升, 柳波, 付晓飞, 等. 2018. 致密碎屑岩储层岩石破裂特征及脆性评价方法[J]. 石油与天然气地质, 39(6): 1270-1279.
王鲜, 许超, 李泉新, 等. 2018. 淮南矿区顶板复杂地层中高位定向钻孔钻进工艺研究[J]. 煤炭科学技术, 46(11): 145-150.
王晓阳. 2008. KJ95N 型煤矿综合监控系统[J] . 西安科技大学学报, 28(2): 397-400.
王琰. 2004. 空气中低含量甲烷的变压吸附分离[D]. 天津: 天津大学.
王耀峰. 2002. 煤层原始瓦斯含量测定方法及误差影响因素研究[D]. 抚顺: 辽宁工程大学.
王赟, 张玉贵, 许小凯. 2013. 六种不同变质程度煤的最大镜质组反射率与弹性参数的关系[J]. 地球物理学报, 56(6): 2116-2122.
王兆丰. 2001. 空气、水、泥浆介质中瓦斯解吸规律及应用研究[D]. 徐州: 中国矿业大学.
王兆丰, 袁军伟, 贾东旭. 2005. 煤矿高瓦斯带超前判识技术研究[J]. 河南理工大学学报, 24(1): 1-4.
王志亮, 朱锴. 2014. 瓦斯抽采管路摩擦阻力计算方法及应用[J]. 煤矿安全, 45(4): 132-134, 137.
吴建光, 琚宜文, 裴红, 等. 2012. 我国煤层气田地面集输工艺及监测技术研究进展[J]. 中国工程科学, 14(2): 30-38.
吴建国. 2008. 芦岭煤矿卸压区瓦斯综合抽采试验及分析[J]. 煤田地质与勘探, 36(1): 28-29, 33.
吴建国, 李伟. 2005. 淮北矿区煤层气抽采利用技术探讨[J]. 中国煤层气, 2(5): 16-19.
吴荣新, 张平松, 刘盛东, 等. 2010. 矿井工作面无线电波透视“一发双收”探测与应用[J]. 煤炭学报, 35(增刊): 170-174.
吴燕清. 2002. 地下电磁波探测及应用研究[D]. 长沙: 中南大学.
武华太. 2011. 煤矿区瓦斯三区联动立体抽采技术的研究和实践[J]. 煤炭学报, 36(8): 1312-1316.
向旻, 帕尔哈提, 张峰玮. 2018. 基于两种时频分析的裂缝性地层阵列声波测井信号时频特征[J]. 石油地球物理勘探, 53(4): 849-857, 657.
肖宏跃, 雷宛, 杨威. 2008. 地质雷达特征图像与典型地质现象的对应关系[J]. 煤田地质与勘探, 36(4): 57-61.
谢保卫, 李国斌. 2002. 催化燃烧型瓦斯监测仪器性能特性及影响因素浅析[J]. 煤矿安全, 33(3): 54-55.
谢川. 2010. 一种基于磁强计和倾角传感器的钻井测斜仪[J]. 仪器仪表学报,31(10): 2357-2361.
谢和平, 周宏伟, 薛东杰, 等. 2014. 我国煤与瓦斯共采: 理论、技术与工程[J]. 煤炭学报, 39(8): 1391-1397.
解强, 张香兰, 李兰廷, 等. 2005. 活性炭孔结构调节: 理论、方法与实践[J]. 新型炭材料, 20(2): 183-190.
邢士学. 2008. 煤田钻探绳索取心技术探讨[J]. 煤炭技术, 27(9): 154-155.

徐方慧，王祝文，刘菁华，等. 2018. 基于 EMD 的声波测井信息提取与火成岩裂缝地层特征分析[J]. 石油物探，57(6)：936-943.
徐宏武. 2005. 煤层电性参数测试及其与煤岩特性关系的研究[J]. 煤炭科学技术, 33(3): 41-46.
徐龙君，鲜学福，刘成伦，等. 2000. 煤层气污染控制及其资源化利用的研讨[J]. 矿业安全与环保, 27(2): 6-8.
徐龙君，鲜学福，杨明莉，等. 2005. 煤矿区煤层气浓缩净化方面的基础研究[J]. 中国煤层气, 2(4): 11-15, 6.
徐涛，刘翠海，黄青斌. 2009. 水平定向钻进随钻测量系统研究与设计[J]. 仪器仪表学报,30(9): 1976-1980.
徐小兵. 2007. 煤与瓦斯突出倾向性的电磁波场特征研究[D]. 青岛：山东科技大学.
薛东杰，周宏伟，孔琳，等. 2012. 采动条件下被保护层瓦斯卸压增透机理研究[J]. 岩土工程学报, 34(10): 1910-1916.
闫保永. 2016. 高位定向长钻孔钻进工艺研究[J]. 煤炭科学技术, 44(4): 55-58.
严家平，王定武. 1999. 利用测井曲线判别煤的破坏类型及意义[J]. 东北煤炭技术, (3): 50-53.
阎捷. 1988. 利用计算机设计及控制瓦斯抽采[J]. 煤矿安全, 9: 57-62.
杨春，王赟，杨德义. 2014. 构造煤的地震可识别性特征[J]. 煤炭学报, 39(增刊 2): 465-470.
杨江峰，赵强，于秋红，等. 2011. 煤层气回收及 CH_4/N_2 分离 PSA 材料的研究进展[J]. 化工进展, 30(4): 793-801.
杨科，谢广祥. 2008. 采动裂隙分布及其演化特征的采厚效应[J]. 煤炭学报, 33(10): 1092-1096.
杨括宇，李肖君. 2011. 煤层气的资源化利用[J]. 陕西煤炭, 30(4): 113-114.
杨瑞召，李洋，庞海玲，等. 2013. 产状控制蚂蚁体预测微裂缝技术及其应用[J]. 煤田地质与勘探, 41(2): 72-75.
杨瑞召，王媛媛，王兴元，等. 2010. 煤田三维地震采区小断层解释方法及应用[J]. 矿业工程研究, 25(1): 12-15.
杨双安，宁书年，张会星. 2005. 基于双相介质理论的煤层甲烷预测技术[J]. 煤炭学报, 30(增): 66-69.
杨雄，刘应书，李永玲，等. 2011. 原料气浓度对低浓度含氧煤层气吸附分离效果的影响[J]. 矿业安全与环保, 38(3): 5-8.
杨毅，李长俊. 2005. 混合遗传算法在天然气管网优化运行中的应用[J]. 石油工程建设, 31(6): 7-11.
姚宁平，张杰，李乔乔. 2011. 煤矿井下近水平定向钻技术研究与应用[J]. 煤炭科学技术, 39(10): 53-57.
姚宁平，张杰，李泉新，等. 2012. 煤矿井下梳状定向孔钻进技术研究与实践[J]. 煤炭科学技术, 40(5): 30-34.
叶建平，武强，王子和. 2001. 水文地质条件对煤层气赋存的控制作用[J]. 煤炭学报, 26(5): 459-462.
叶青，林柏泉，姜文忠. 2006. 回采工作面瓦斯涌出规律研究[J]. 中国矿业, 15(5): 38-41.
余根海. 2014. 高瓦斯低透气性松软煤层“钻割”一体化技术研究[J]. 华北科技学院学报, 11(9): 1-5.
袁军伟. 2006. 水介质取心过程中瓦斯解吸规律研究[D]. 焦作：河南理工大学.
袁亮. 2009. 卸压开采抽采瓦斯理论及煤与瓦斯共采技术体系[J]. 煤炭学报, 34(1): 1-8.
袁亮，郭华，李平，等. 2013. 大直径地面钻井采空区采动区瓦斯抽采理论与技术[J]. 煤炭学报, 38(1): 1-8.
袁亮，薛俊华，张农，等. 2013. 煤层气抽采和煤与瓦斯共采关键技术现状与展望[J]. 煤炭科学技术, 41(9): 6-11.
袁志亮. 2007. 井间声波电磁波层析成像技术应用研究与软件研发[D]. 北京：中国地质大学(北京).
岳崇旺. 2007. 井间电磁波层析成像研究与应用[D]. 长春：吉林大学.
岳建平. 2013. 煤矿瓦斯抽放管道用阻爆阀门的研制[J]. 矿业安全与环保, 40(2): 49-51.
曾来. 2009. 变压吸附浓缩 CH_4/N_2 中 CH_4 的吸附剂的制备研究[D]. 重庆：重庆大学.
翟成，林柏泉，王力. 2008. 我国煤矿井下煤层气抽采利用现状及问题[J]. 天然气工业, 28(7): 23-26.
翟成，林柏泉，叶青. 2008. 图论理论在矿井瓦斯抽放系统优化中的应用[J]. 采矿与安全工程学报, 25(1): 119-122.
张冰，郭智奇，徐聪，等. 2018. 基于岩石物理模型的页岩储层裂缝属性及各向异性参数反演[J]. 吉林大学学报(地球科学版), 48(4): 1244-1252.
张波，张彬，陈必武，等. 2017. 煤层气水平井筛管完井工艺实践[J]. 煤炭技术, 36(11): 50-51.
张福凯，徐龙君，鲜学福，等. 2008. 改性煤变压吸附分离煤层气中甲烷的研究[J]. 天然气工, 33(4): 17-19, 23.
张广忠，张运成，李长河，等. 2009. 煤矿采空区下组煤三维地震勘探技术[J]. 煤田地质与勘探, 37(1): 66-68.
张国华，侯凤才. 2008. 预留瓦斯抽放钻场中钻场间距及布孔参数的确定[J]. 煤炭学报, 33(9): 992-996.
张洪，何爱国，覃成锦. 2010. 煤层气储层类型及配套钻井方案概述[J]. 中外能源, 15(11): 50-52.
张建卓，李康康，高猛，等. 2011. 粗糙度对流体泄漏和摩擦阻力的仿真研究[J]. 微计算机信息, 27(6): 238-240.
张进华，车永芳，李兰廷，等. 2011. 煤基碳分子筛的制备及 CH_4/N_2 分离性能研究[J]. 洁净煤技术, 17(2): 64-67.

张进华. 2015. 煤层气提纯用碳分子筛的研制及分离性能研究[J]. 煤炭科学技术, 43(6): 141-145.
张来斌, 王朝晖, 陈茜. 2003. 输油管道故障诊断中的实时模型法[J]. 油气储运, (9): 52-55, 63-68.
张培河, 张明山. 2010. 煤层气不同开发方式的应用现状及适应条件分析[J]. 煤田地质与勘探, 38(2): 10-12.
张培河. 2007. 影响我国煤层气可采性主要储层参数特征[J]. 天然气地球科学, 18(6): 881-884.
张群, 冯三利, 杨锡禄. 2001. 试论我国煤层气的基本储层特点及开发策略[J]. 煤炭学报, 26(3): 30-35.
张群, 李建武, 张新民, 等. 2001. 高煤级煤的煤层气开发潜力——以沁水盆地为例[J]. 煤田地质与勘探, 29(6): 26-29.
张遂安. 2006. 采煤采气一体化理论与实践[J]. 中国煤层气, 3(4): 13-16.
张遂安, 曹立虎, 杜彩霞. 2014. 煤层气井产气机理及排采控压控粉研究[J]. 煤炭学报, 39(9): 1927-1931.
张婷婷, 孙英男, 李守义, 等. 2005. CO_2-ECBM 技术的环境效益评价模型研究[J]. 世界地质, 24(4): 408-412.
张香兰, 周玮, 张英, 等. 2011. 甲烷沉积法对甲烷/氮气分离炭分子筛性能的研究[J]. 化学工业与工程, 28(5): 20-25.
张新民, 靳秀良, 姜在炳, 等. 1999. 煤层气开发利用经济评价及政策研究[R]. 西安: 煤炭科学研究总院西安研究院.
张新民, 郑玉柱. 2009. 煤层气与煤炭资源协调开发浅析[J]. 煤田地质与勘探, 37(3): 19-26.
张新民, 庄军, 张遂安, 等. 2002. 中国煤层气地质与资源评价[M]. 北京: 科学出版社.
张学林, 范世新, 张子纲, 等. 2012. 浅析含氧煤层气脱氧提浓技术[J]. 能源与节能, (8): 28-29.
张艳, 尤隆渤, 胡浩权. 2000. 酚醛树脂基碳分子筛的研究[J]. 新型炭材料, 15(3): 55-58.
张增平. 2010. 煤矿低浓瓦斯提纯技术及经济性分析[J]. 中国煤层气, 7(1): 42-44.
张增平, 葛敏. 2011. 淮南矿区低浓瓦斯浓缩技术运用与实践[J]. 中国煤层气, (4): 35-38.
章川泉, 林文胜, 顾安忠, 等. 2008. CH_4/N_2 混合气体在 CMS 上的低温吸附分离实验研究[J]. 低温与超导, 36(5): 9-12.
章进旸, 刘刚. 2012. 煤基活性炭用于分离低浓度矿井甲烷的研究[J]. 商品与质量 • 学术观察, (9): 284.
赵德悦. 2015. 阳煤煤层气发电厂低浓瓦斯提纯可行分析[J]. 能源与节能, 122(11): 60-61.
赵建国, 李泉新. 2018. 碎软煤层定向钻进技术研究与应用[J]. 煤矿安全, 49(7): 119-122.
赵孟军, 宋岩, 苏现波, 等. 2005. 沁水盆地煤层气藏演化的关键时期分析[J]. 科学通报, 50(增刊 I): 110-116.
赵明明. 2012. 潘二煤矿高抽巷穿层孔卸压增透技术研究[D]. 焦作: 河南理工大学.
赵娜. 2016. 低浓度煤层气提纯技术与应用的研究进展[J]. 广东化工, 43(334): 133-135.
赵庆波, 张公明. 1999. 煤层气评价重要参数及选区原则[J]. 石油勘探与开发, 26(2): 23-26.
赵社会. 2010. 穿层钻孔预抽区域煤层瓦斯增透关键技术研究[J]. 煤炭工程, 1(9): 51-53.
赵小辉, 于宝利, 曹小璐. 2017. 属性融合技术在微小断裂识别中的应用[J]. 石油地球物理勘探, 52(S2): 164-169, 8.
赵欣, 姜波, 徐强, 等. 2016. 煤层气开发井网设计与优化部署[J]. 石油勘探与开发, 43(1): 84-90.
赵旭生, 孙东玲. 2001. 定向长钻孔综合抽放瓦斯方法[J]. 煤炭科学技术, 29(3): 13-15.
赵益芳, 阎海英, 王飞, 等. 2002. 矿井低浓度瓦斯增浓技术的研究[J]. 太原理工大学学报, 33(1): 57-60.
赵永哲. 2013. 矿用近水平定向钻进螺杆钻具组合孔斜力参数敏感性分析[J]. 煤炭工程, 45(11): 123-125.
赵永哲, 石智军, 赵武强, 等. 2007. 高位水平长钻孔的定向工艺原理及应用[J]. 煤炭工程, (8): 52-54.
赵月. 2011. 基于 CFD 的管道局部阻力的数值模拟[D]. 大庆: 东北石油大学.
赵争光, 杨瑞召, 张凯淞, 等. 2014. 基于最大主曲率的煤储层渗透性预测方法[J]. 煤田地质与勘探, (2): 39-44.
赵中敏, 张秋云, 杨广才. 2007. PLC 控制系统设计[J]. 机床电器, 34(2): 37-40.
赵忠宪, 高宗华, 陈玉明, 等. 2011. KJ70 煤矿安全监控分站的设计与研究[J]. 自动化与仪器仪表, (1): 141-143.
钟敏. 2013. 高瓦斯低透气性煤层抽采增透技术研究现状与发展方向[J]. 科技经济市场, (11): 15-18.
周福宝, 夏同强, 刘应科, 等. 2010. 地面钻井抽采卸压煤层及采空区瓦斯的流量计算模型[J]. 煤炭学报, 35(10): 1638-1643.
周厚权. 2014. 突出矿井煤层气开发与安全高效采煤一体化模式的研究与实践[J]. 矿业安全与环保, 41(1): 31-35.
周胜国. 2002. 煤层含气量模拟试验方法及应用[J]. 煤田地质与勘探, 30(5): 25-28.
周为军. 2009. 高位钻孔瓦斯抽放效果考察与分析[J]. 煤炭技术, 28(8): 76-77.
周志军, 林震, 周俊虎, 等. 2007. 不同湍流模型在管道流动阻力计算中的应用和比较[J]. 热力发电, 1: 18-23.
朱宝存, 唐书恒, 蔡超. 2007. 煤层气井压裂技术研究现状[C]. 煤层气勘探开发理论与实践, 北京.
朱红娟. 2015. 三维地震属性解释技术在巷道探测中的应用[J]. 煤田地质与勘探, (4): 90-93.

朱介寿, 严忠琼, 曹俊兴, 等. 1998. 勘探地球物理层析成像软件系统及其应用[J]. 物探与化探, 22(2): 90-98.

朱英战. 2013. 阳泉矿区矿井煤层气利用发展现状[J]. 煤炭科学技术, 41(10): 70-73.

Bosch M, Mukerji T, Gonzalez E F. 2010. Seismic inversion for reservoir properties combining statistical rock physics and geostatistics: A review[J]. Geophysics, 75(5): 165-176.

Cadorin M, Morini M, Pinelli M. 2010. Numerical analyses of high Reynolds number flow of high pressure fuel gas through rough pipes[J]. International Journal of Hydrogen Energy, 35: 7568-7579.

Chopra S, Marfurt K J. 2008. Emerging and future trends in seismic attributes[J]. The Leading Edge, 27(3), 298-318.

de Lisle R C. 1994. Characterization of the major sulfated protein of mouse pancreatic acinar cells: A high molecular weight peripheral membrane glycoprotein of zymogen granules[J]. Journal of Cellular Biochemistry, 56(3): 385-396.

van't Veer L J, Dai H Y, van de Vijver M J, et al. 2002. Gene expression profiling predicts clinical outcome of breast cancer[J]. Nature ,415(6871): 530-536.

Vijiapurapu S, Jie C. 2010. Performance of turbulence models for flows through rough pipes[J]. Applied Mathematical Modelling, 34(6): 1458-1466.

Wang Y H. 2007. Seismic time 2D frequency spectral decomposition by matching pursuit[J]. Geophysics, 72(1): 13-20.

Yang Y, Ribeiro A M, Li P, et al. 2014. Adsorption equilibrium and kinetics of methane and nitrogen on carbon molecular sieve[J]. Industrial & Engineering Chemistry Research, 53(43): 16840-16850.

Zhang Y B, Che D F. 2014. Numerical simulation of turbulent flow and wall mass transfer in a rectangular channel roughened by V-shaped grooves[J]. Numerical Heat Transfer, Part A: Application, 66(5): 551-581.

彩　　图

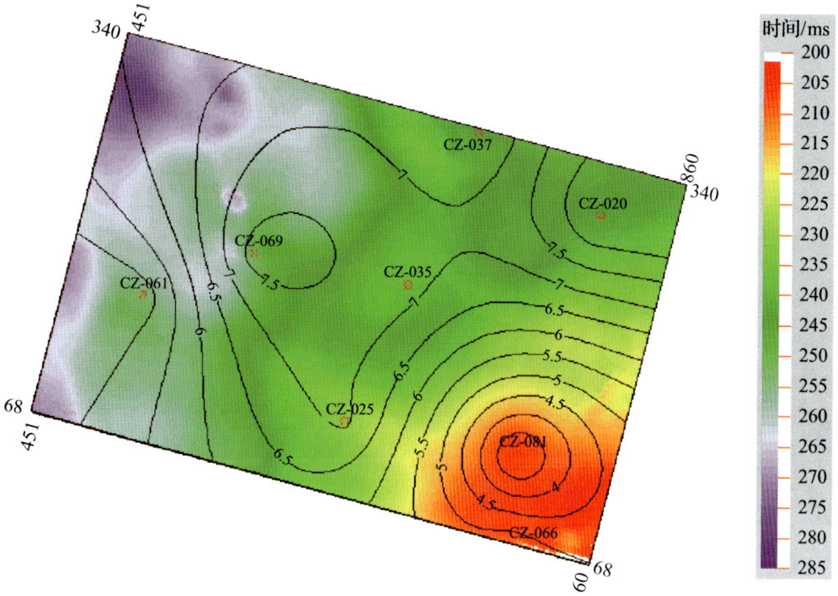

图 2-2　煤层等 T_0 影像与煤层气含量等值线叠合图

煤层气含量单位为 m^3/t

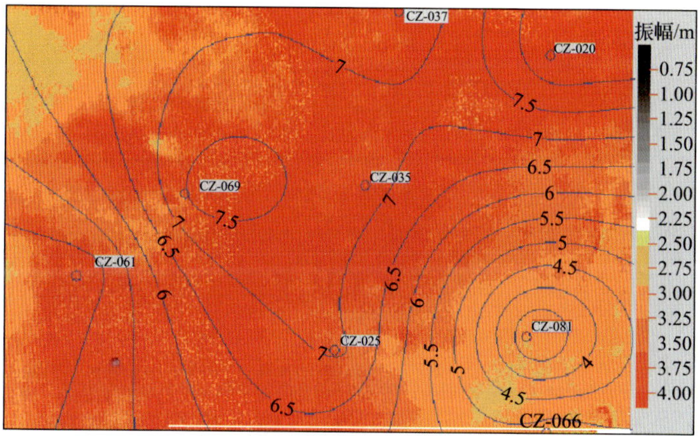

(a) 35Hz

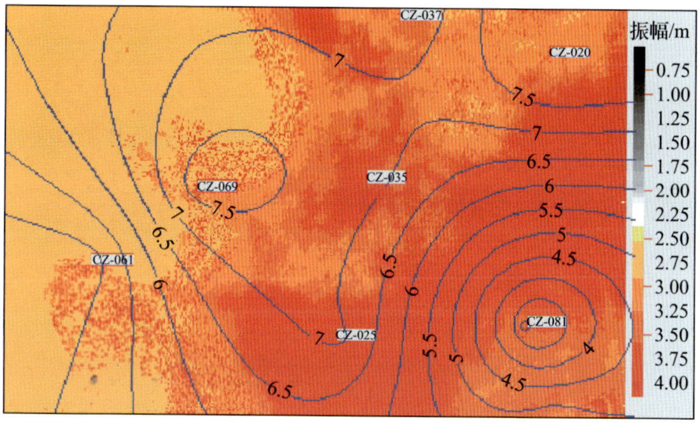

(b) 55Hz

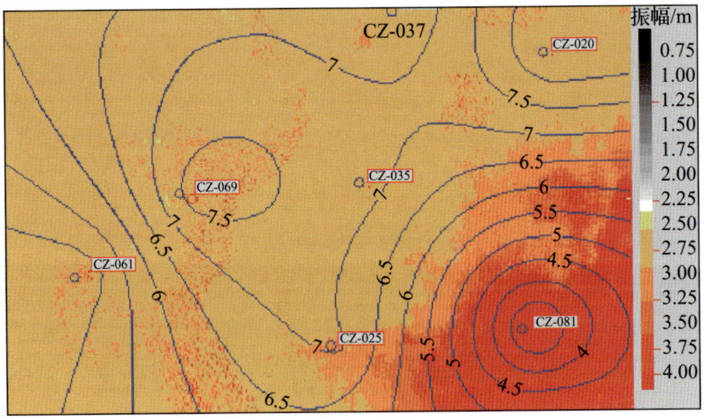

(c) 75Hz

图 2-4 不同频率的振幅切片

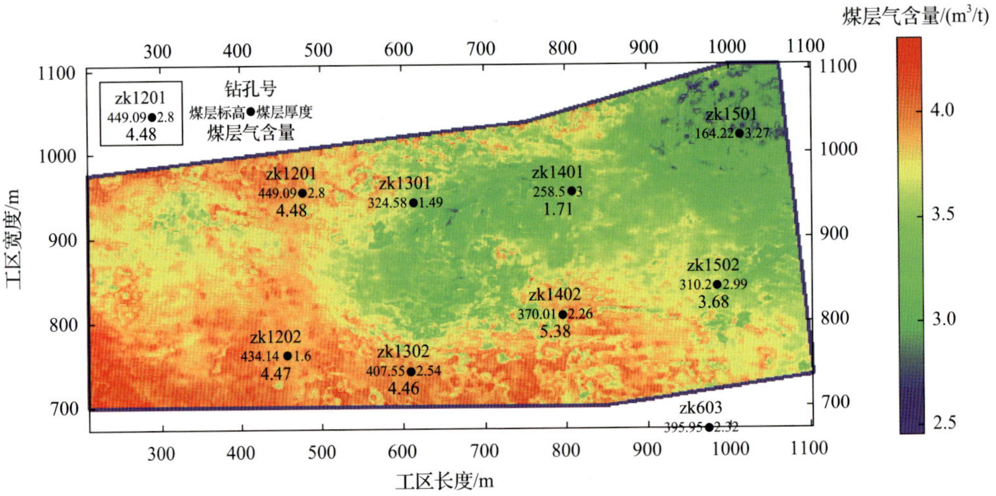

图 2-5 全区煤层气 SVM 预测效果图

煤层标高与煤层厚度单位均为 m

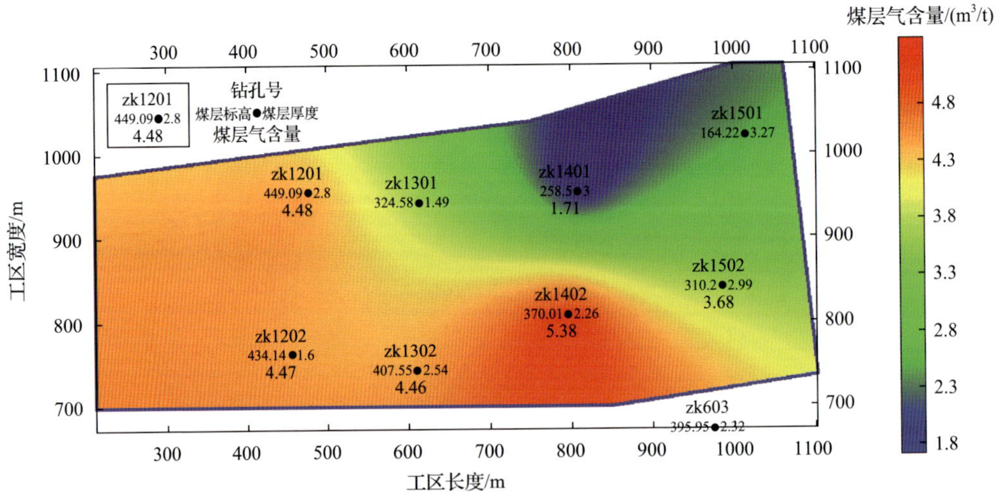

图 2-6 对已知的 6 个钻孔进行插值后的等值线图和渐变图

煤层标高与煤层厚度单位均为 m

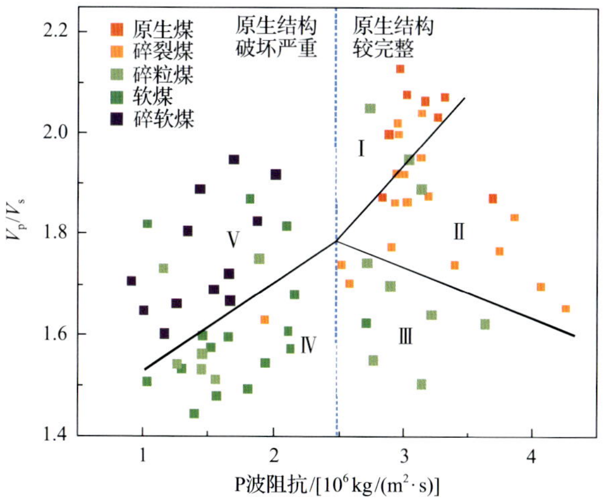

图 2-8　V_p/V_s 与 P 波阻抗交会图

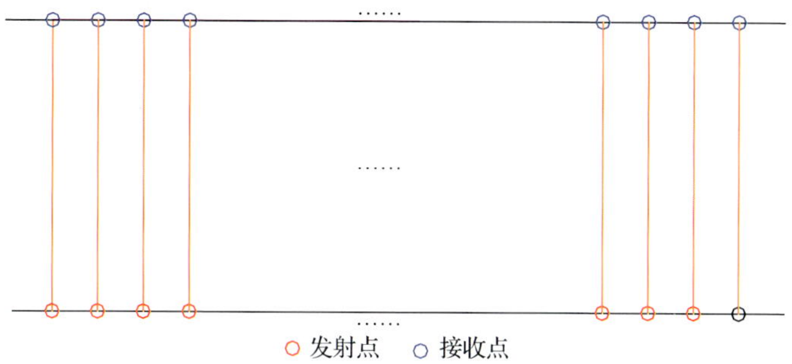

图 2-9　巷道同步法探测工作模式示意图

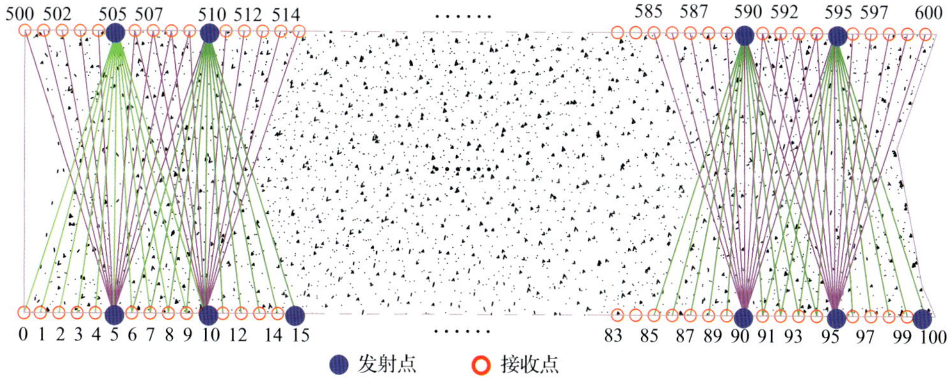

图 2-10　巷道定点法探测工作模式示意图

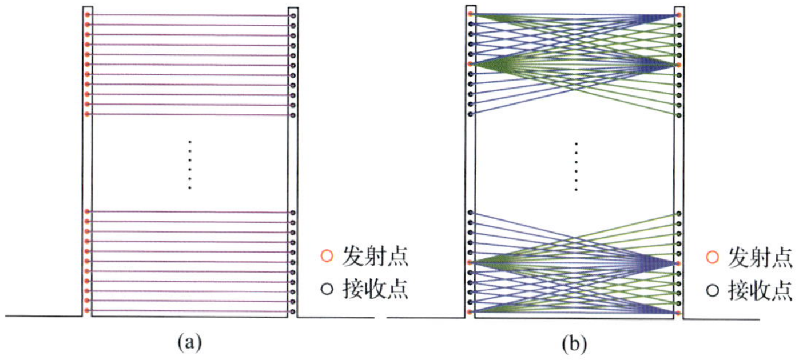

图 2-11　钻孔间探测工作模式示意图

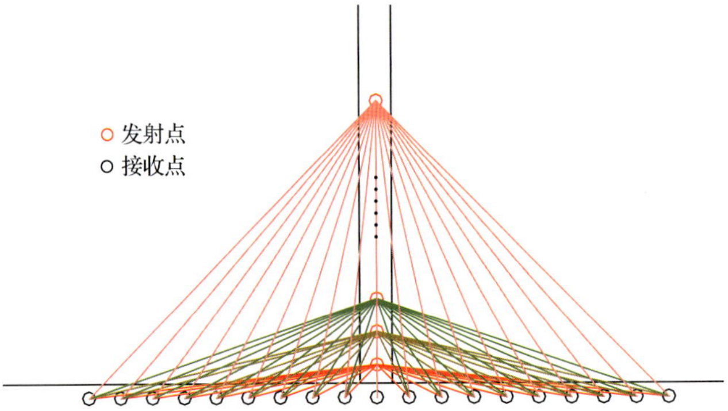

图 2-12　钻孔与巷道间电磁波探测示意图

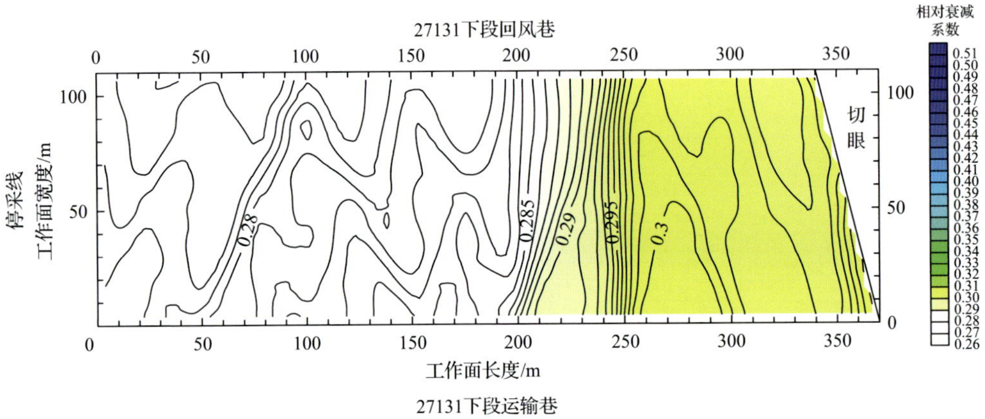

(a) 0.3MHz

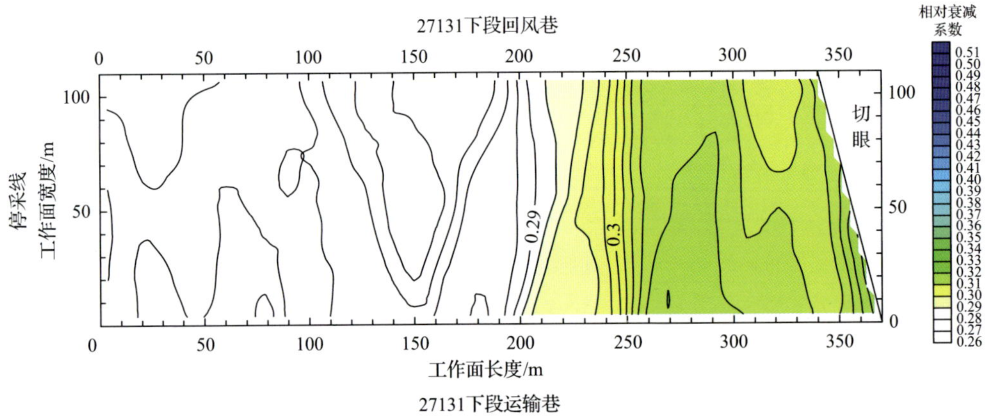

(b) 0.5MHz

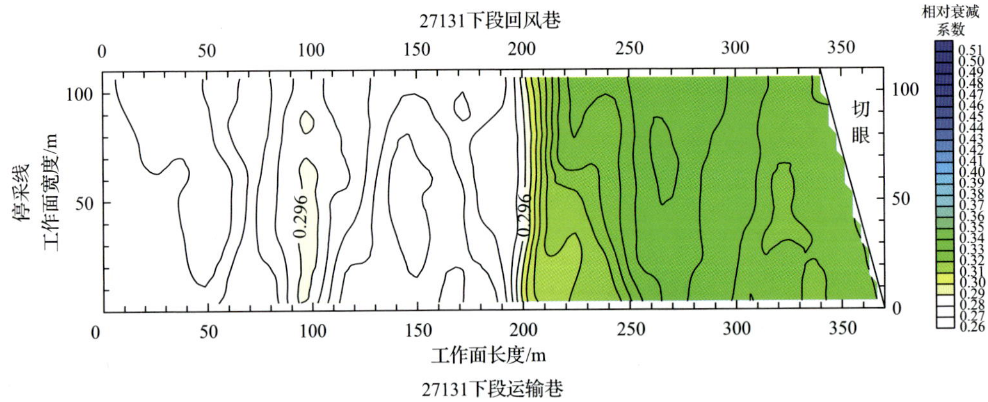

(c) 1.5MHz

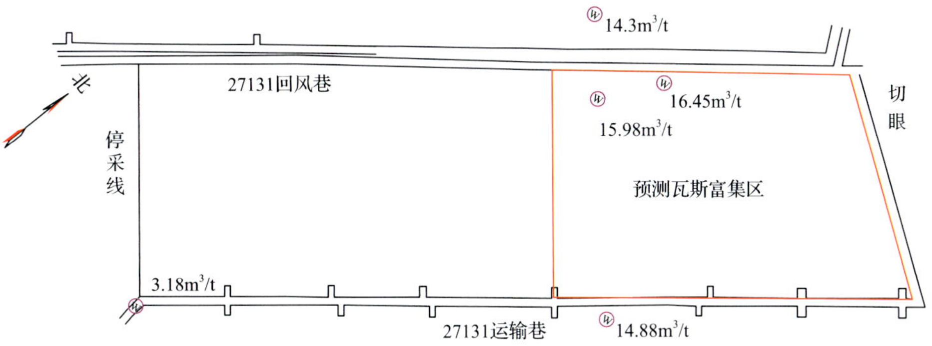

(d) 预测结果与钻孔瓦斯含量

图 2-13　电磁波 CT 透视成果与钻孔瓦斯含量对比

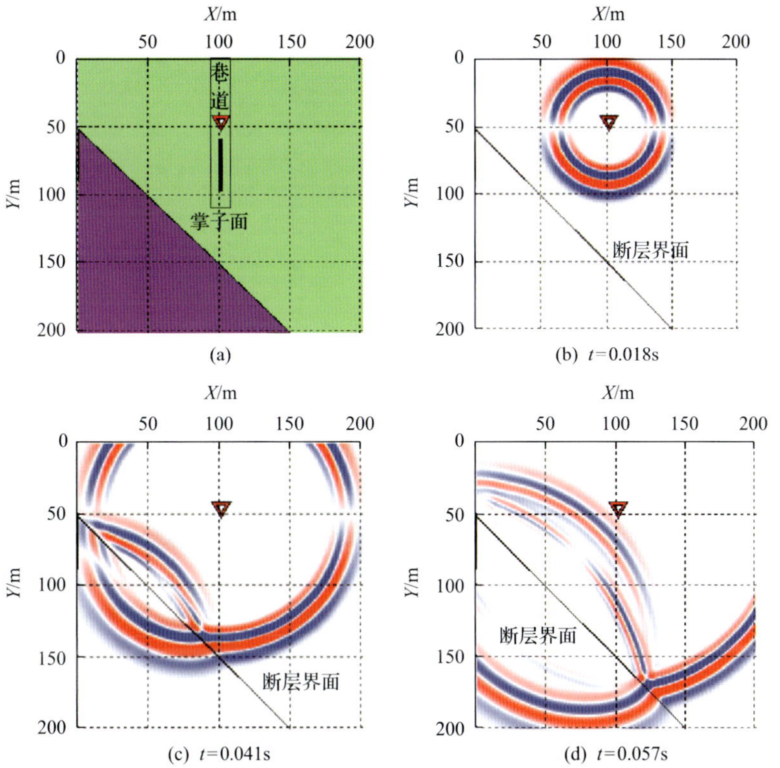

(a)　(b) t=0.018s　(c) t=0.041s　(d) t=0.057s

图 2-14　断层模型及数值模拟波场快照图

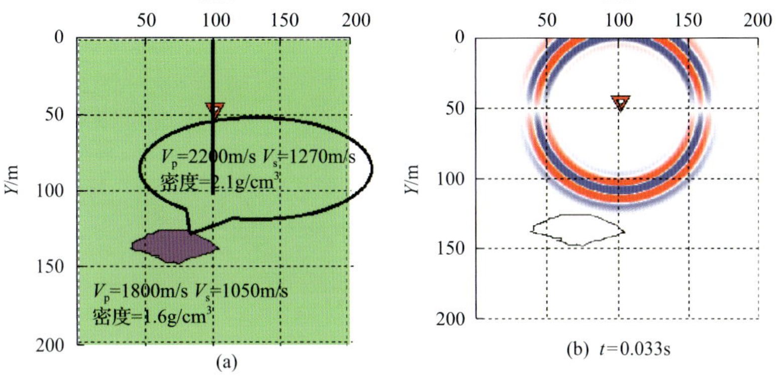

(a)　(b) t=0.033s

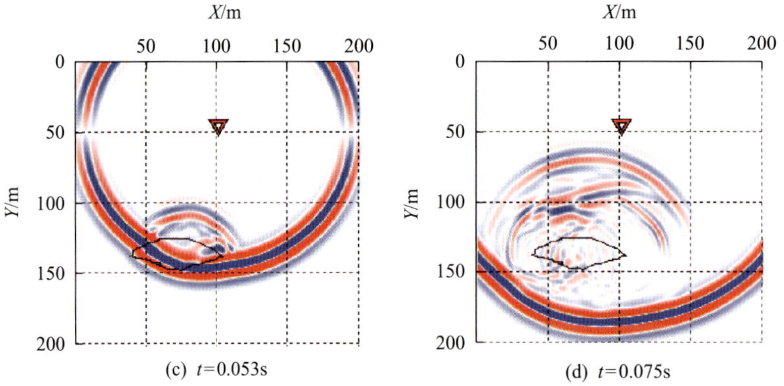

图 2-15　陷落柱 1 模型及数值模拟波场快照图

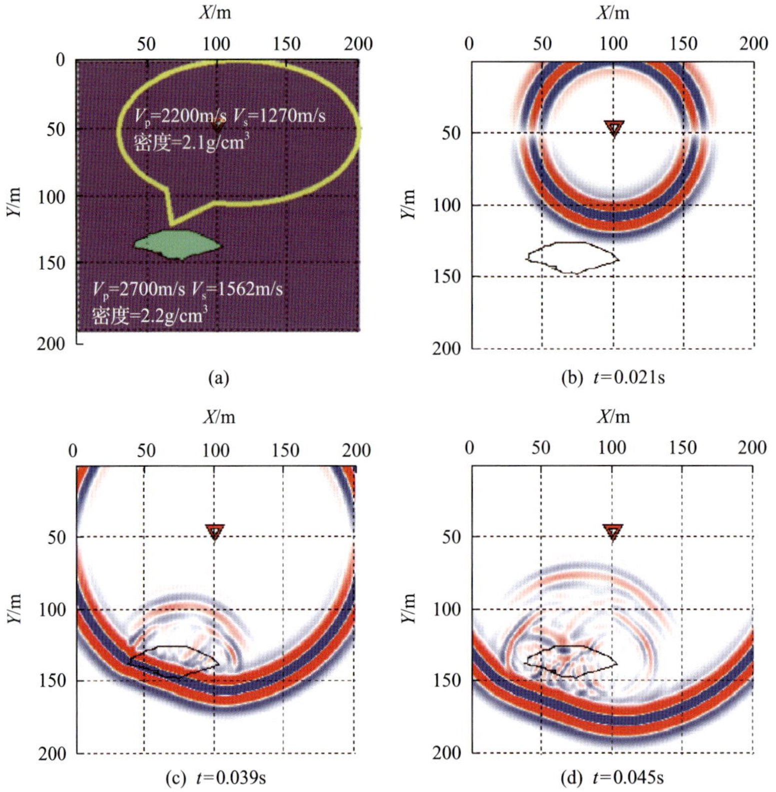

图 2-16　陷落柱 2 模型及数值模拟波场快照图

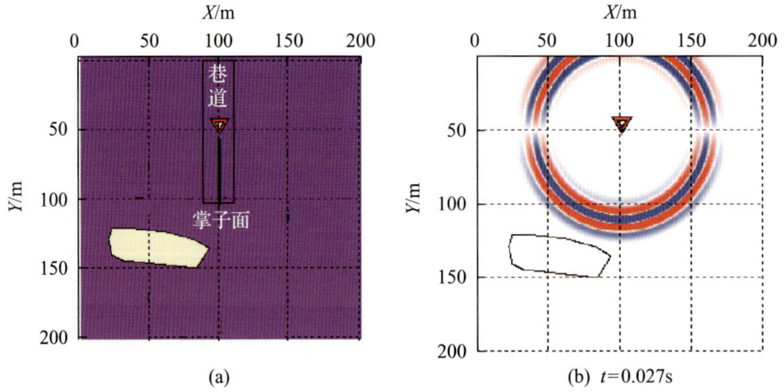

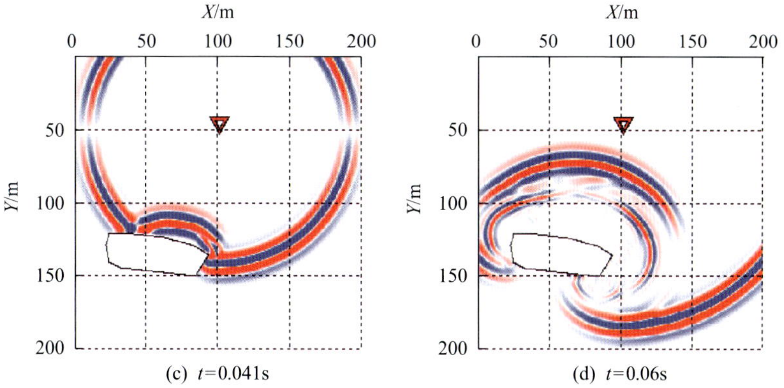

图 2-17　采空区模型平面及数值模拟波场快照图

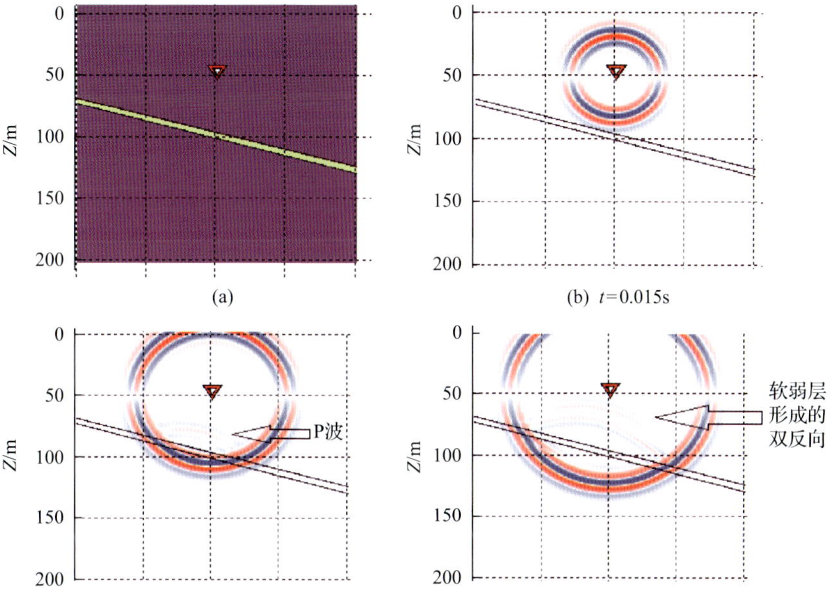

(a)　　(b) t=0.015s

(c) t=0.026s　　(d) t=0.034s

图 2-18　软弱层模型 1 数值模拟波场快照图

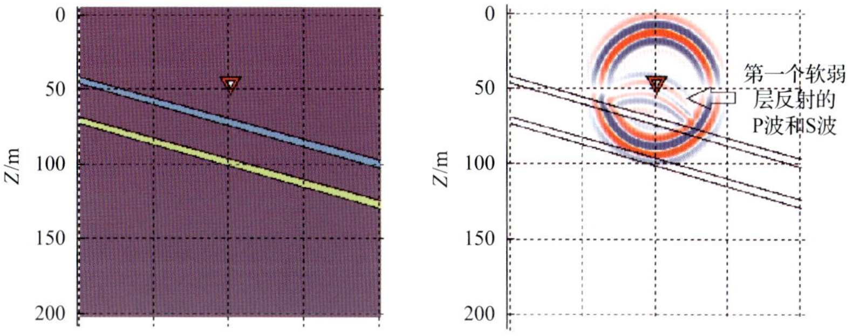

(a)　　(b) t=0.018s

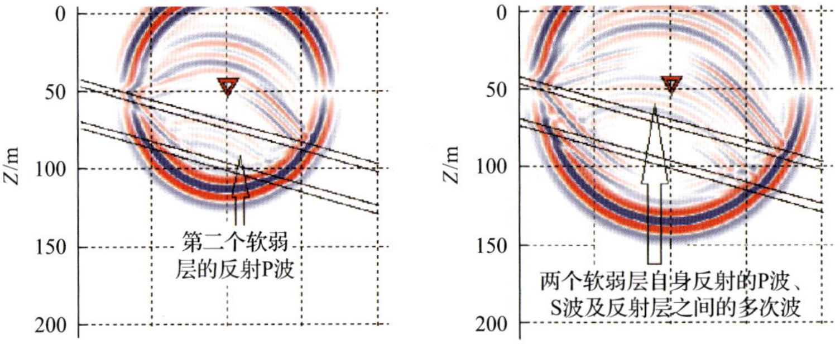

(c) t=0.028s (d) t=0.04s

图 2-19 软弱层模型 2 数值模拟波场快照图

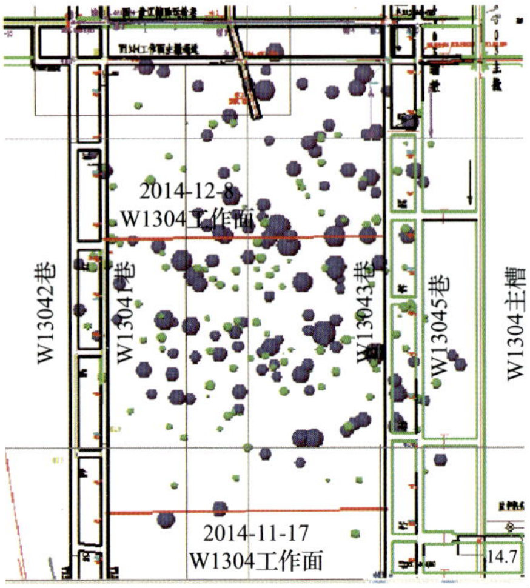

(a) 平面分布

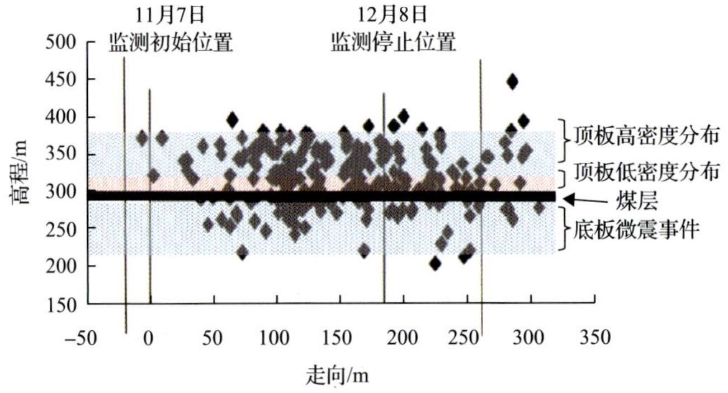

(b) 沿走向剖面显示

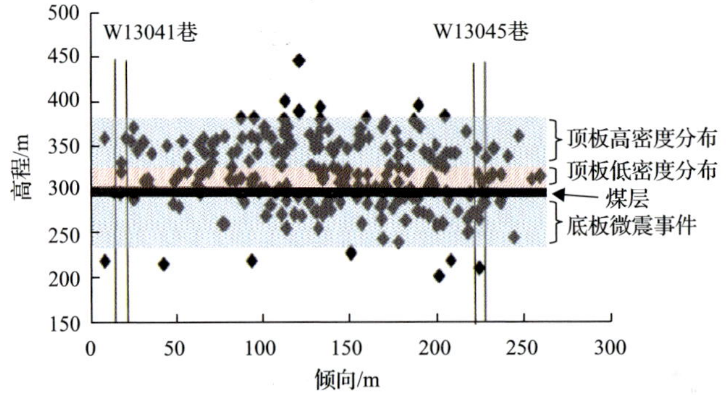

(c) 沿倾向剖面显示

图 2-24 微震事件分布特征

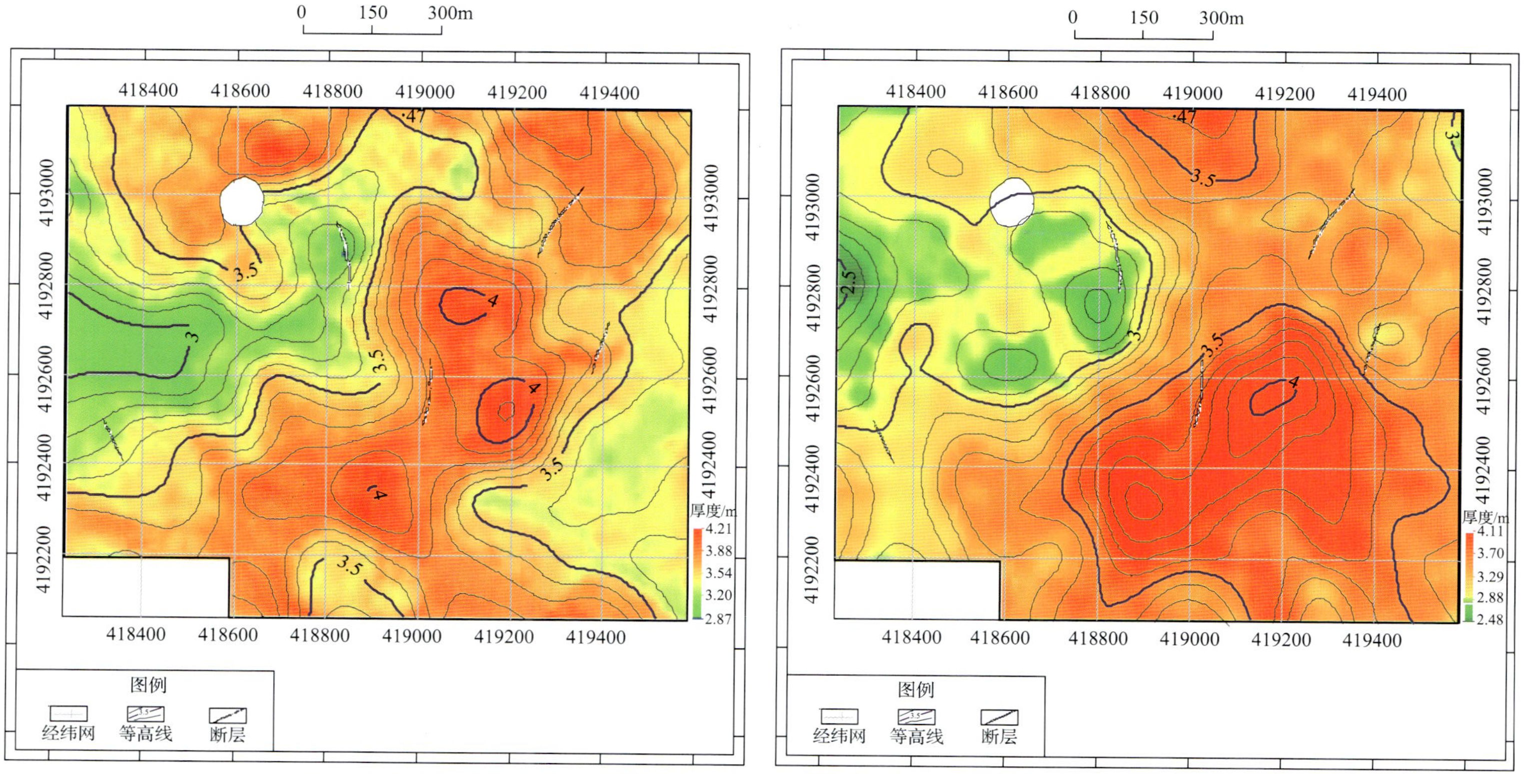

(a) 地质统计学反演煤层厚度

(b) 波阻抗反演煤层厚度

图2-28 地质统计学反演与波阻抗反演煤层厚度对比图(文后附彩图)

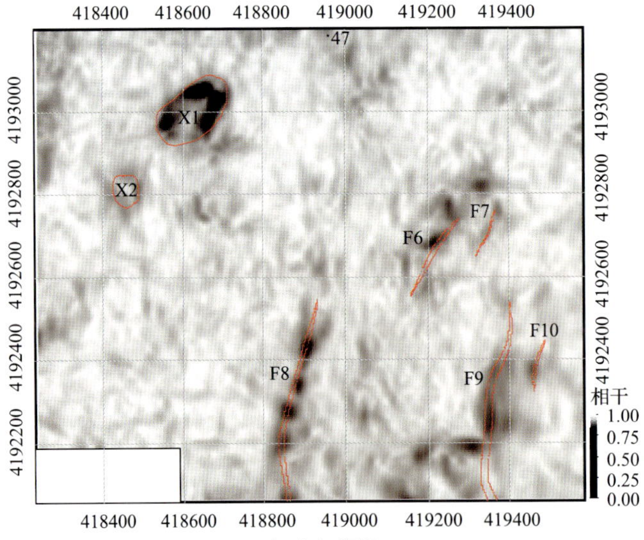

(a) 相干平面属性

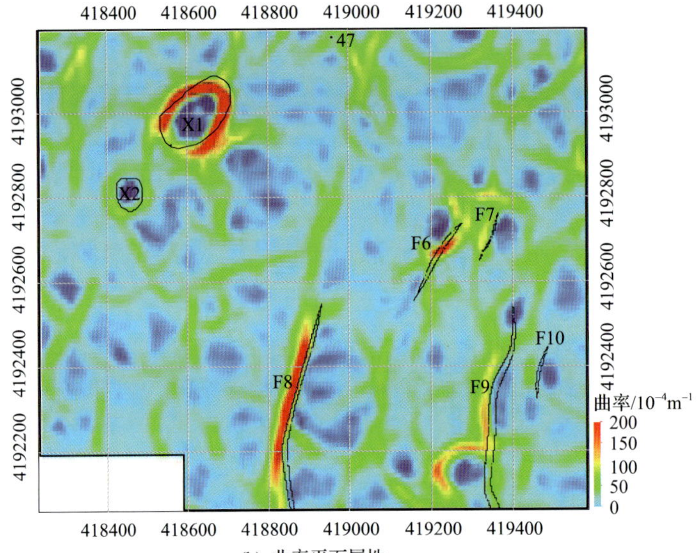

(b) 曲率平面属性

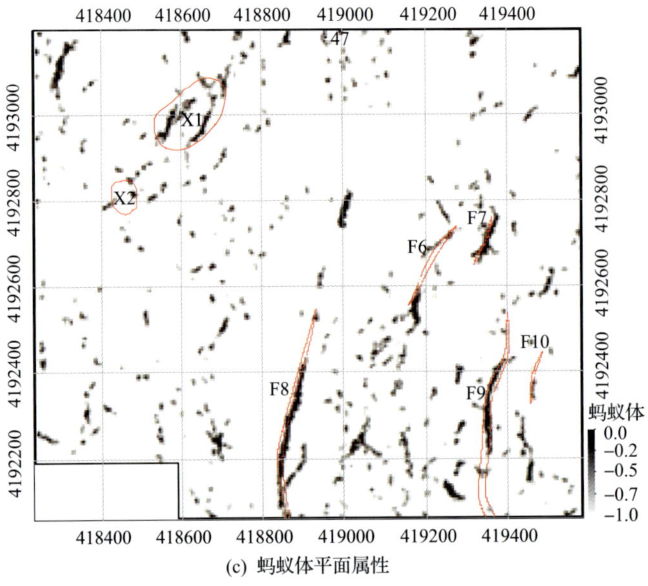

(c) 蚂蚁体平面属性

图 2-29 相干、曲率、蚂蚁体断裂识别系统

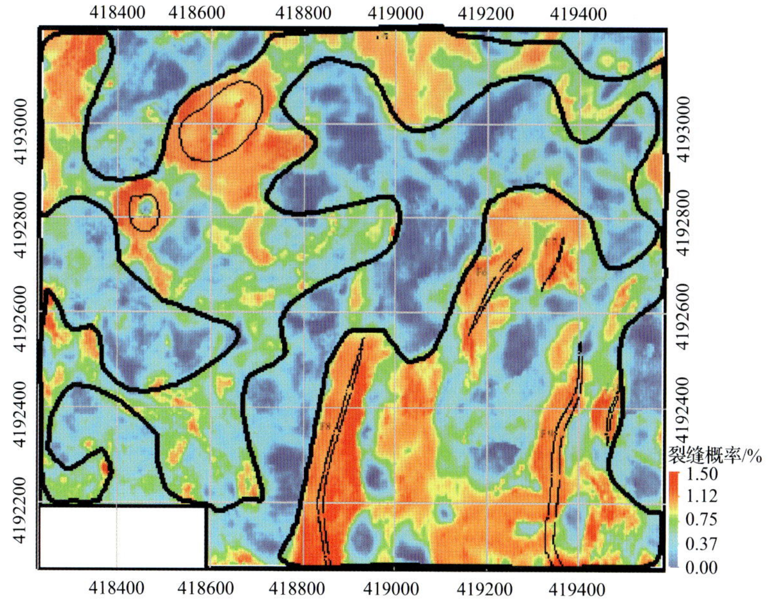

图 2-30　基于 BP 人工神经网络运算的煤层裂隙发育区识别

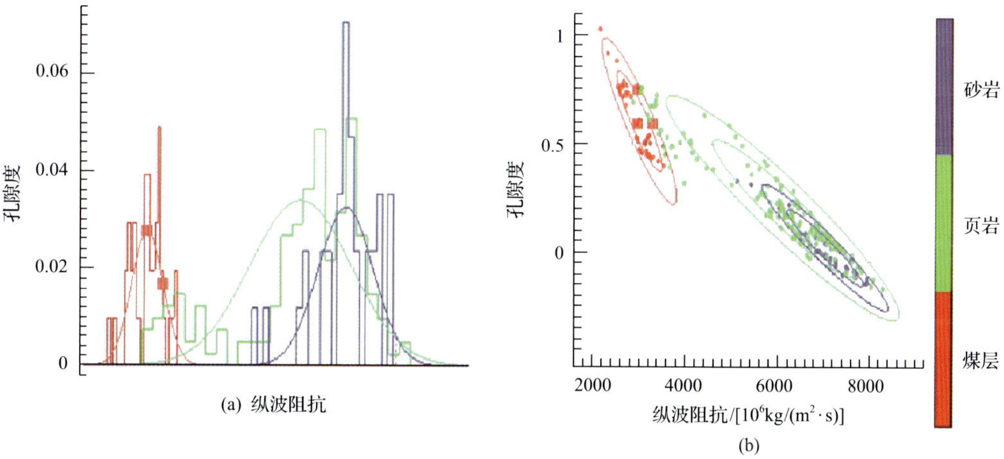

图 2-31　基质孔隙度协模拟参数示意图

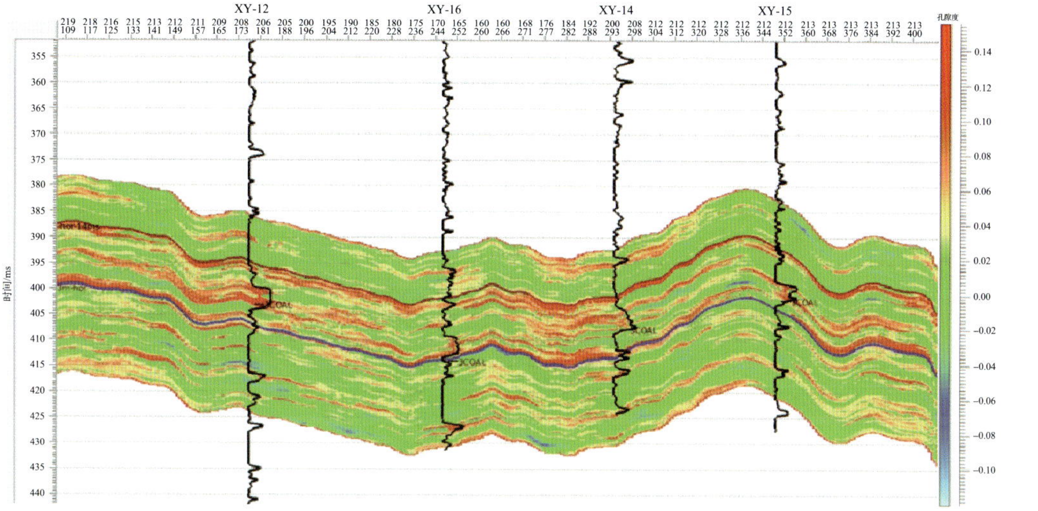

图 2-32　4 口井模拟基质孔隙度剖面

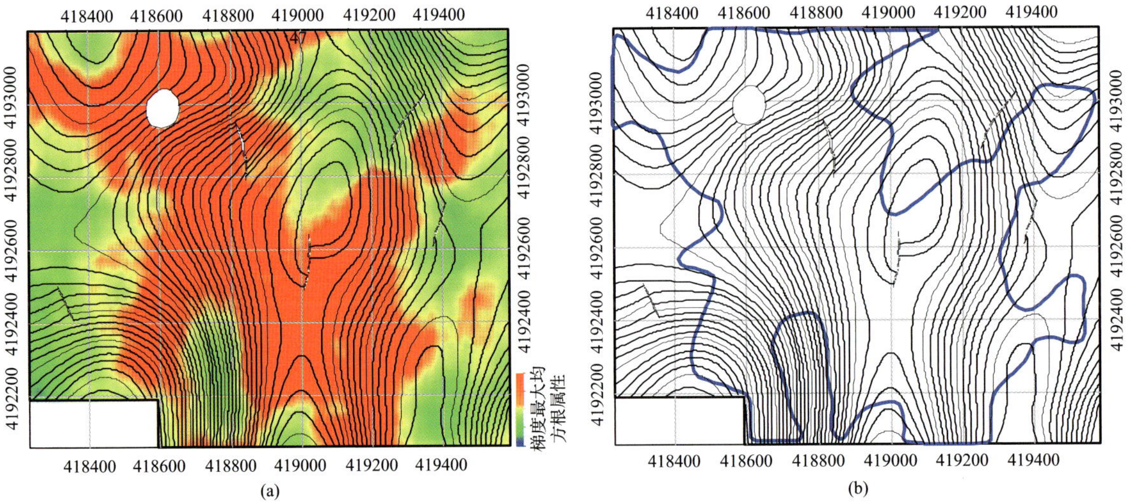

图 2-38　煤层梯度最大均方根属性及含气性预测区

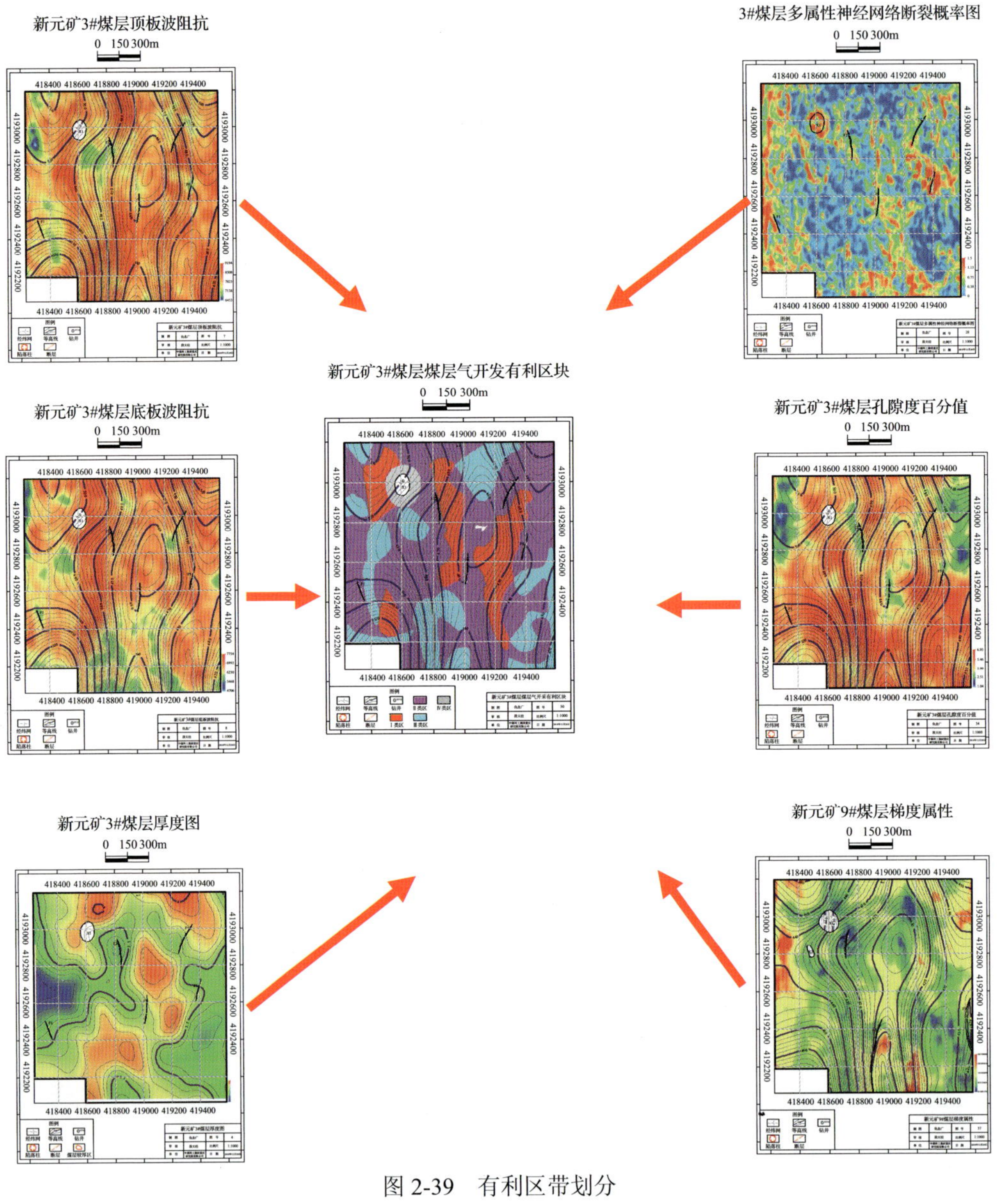

图 2-39　有利区带划分

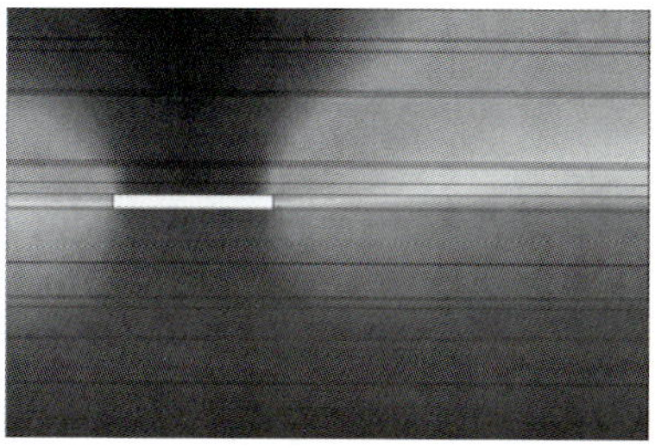

(a) 覆岩位移变化云图

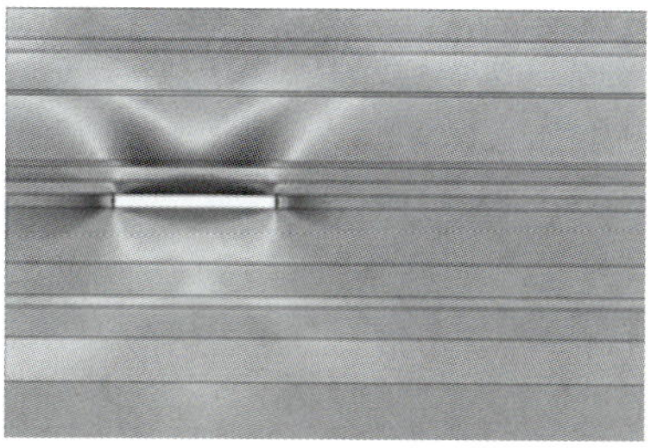

(b) 最小主应力云图

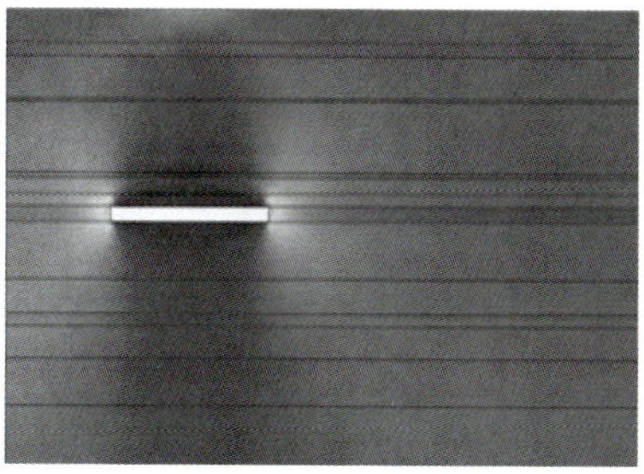

(c) 最大主应力云图

(d) 塑性变形云图

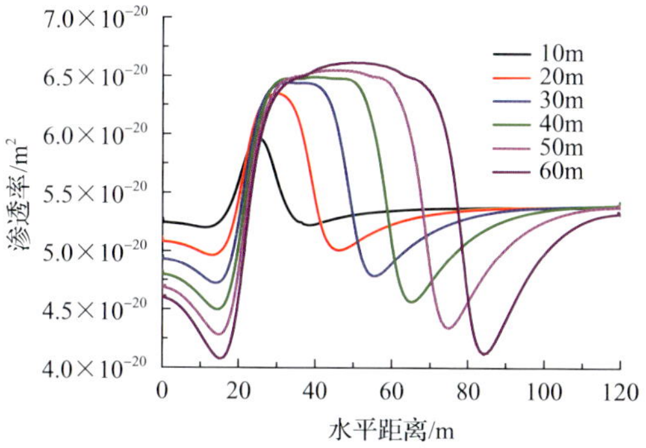

(e) 垮落带渗透率变化

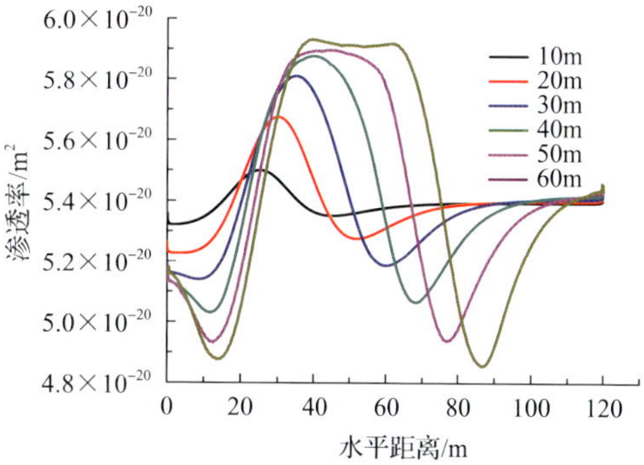

(f) 裂缝带渗透率

图 3-13 保护层开采条件下煤层气产能预测数值计算结果

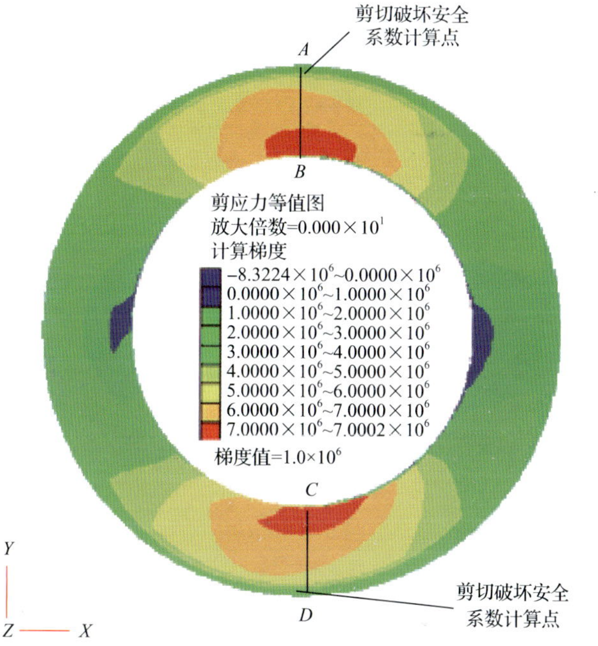

图 5-18 钻井套管截面剪应力在套管截面的分布规律

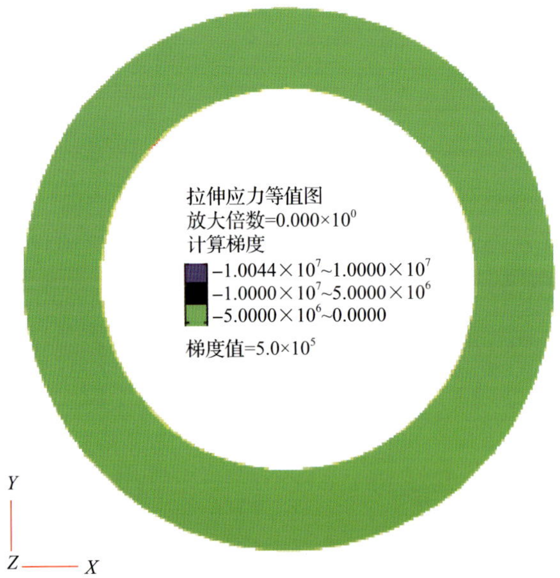

图 5-19 钻井套管截面拉伸应力在套管截面的分布规律

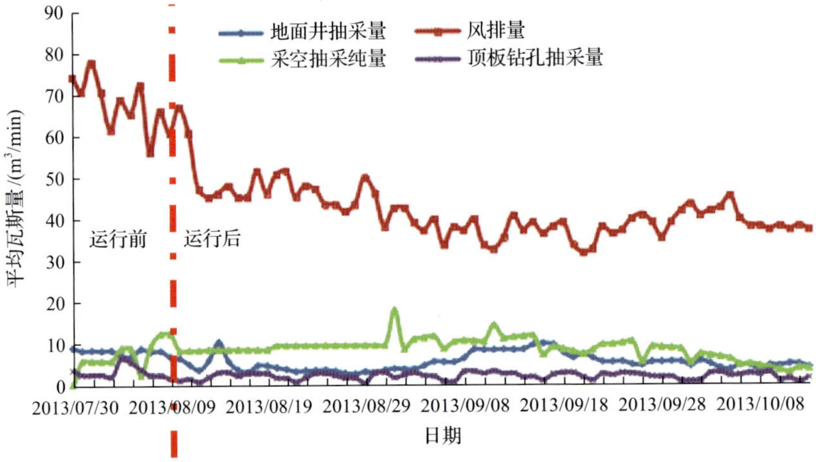

图 5-46 工作面涌出瓦斯抽排走势

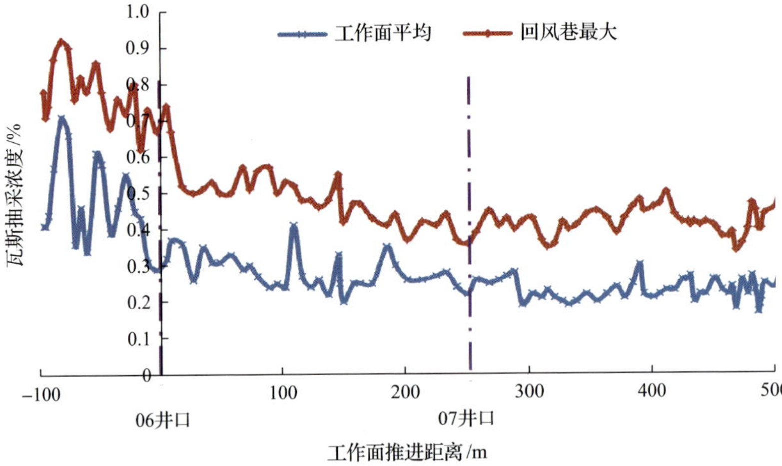

图 5-47 联合抽采前后工作面瓦斯抽采浓度变化

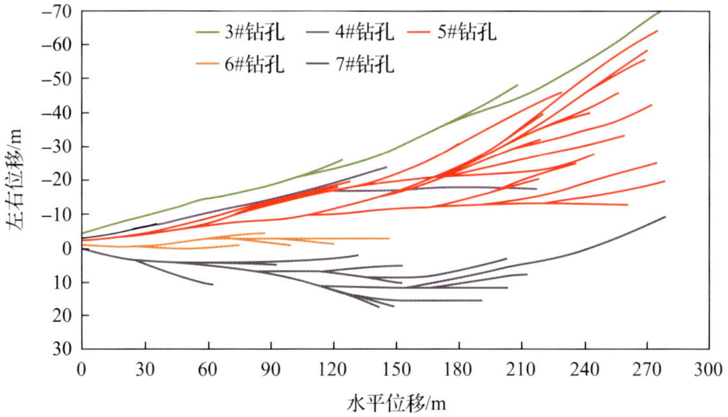

图 6-14　成庄矿 43213 巷道 A8#横川钻场试验钻孔实钻轨迹平面图

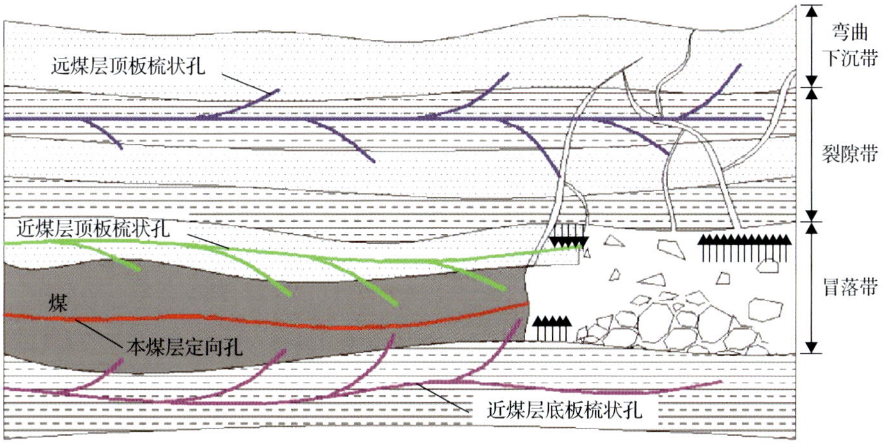

图 6-18　煤矿井下梳状钻孔布孔类型

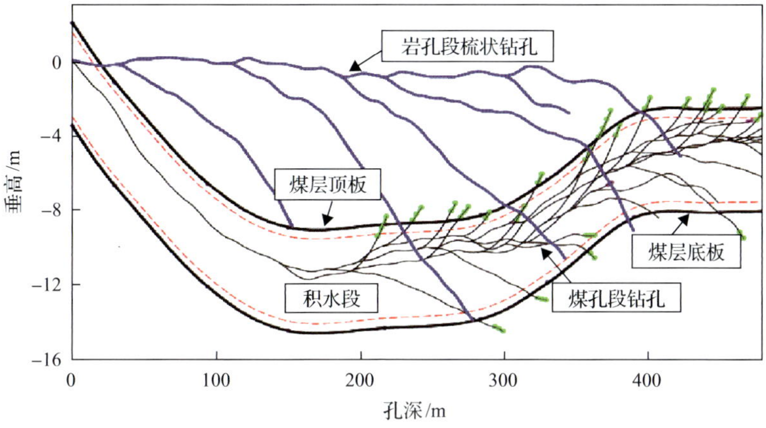

图 6-19　成庄矿 53131 巷 3#横川 D3#梳状孔轨迹

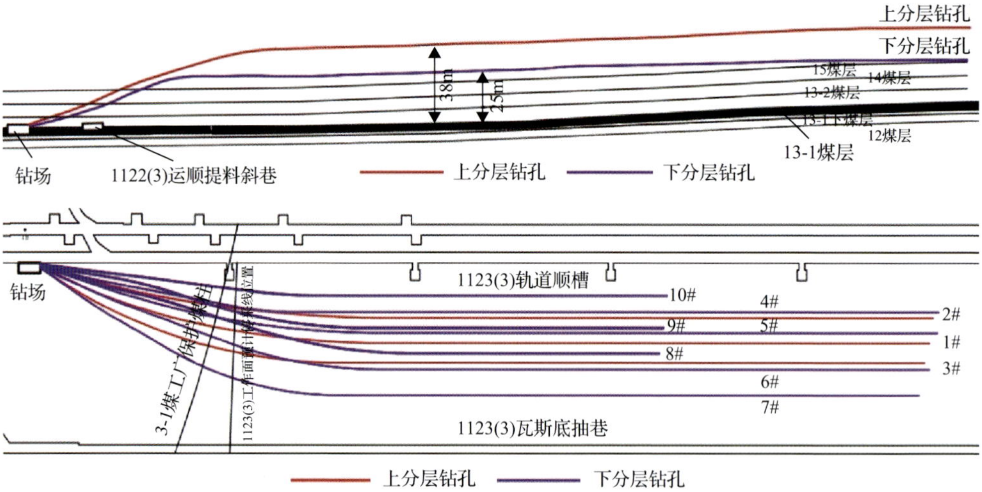

图 6-25　1123(3)轨道顺槽顶板高位岩石定向长钻孔设计轨迹剖面图和平面图

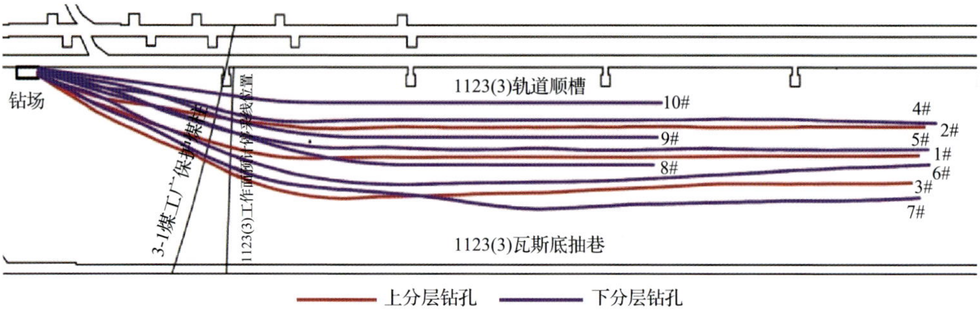

图 6-26　1123(3)轨道顺槽顶板高位岩石定向长钻孔实钻轨迹平面图

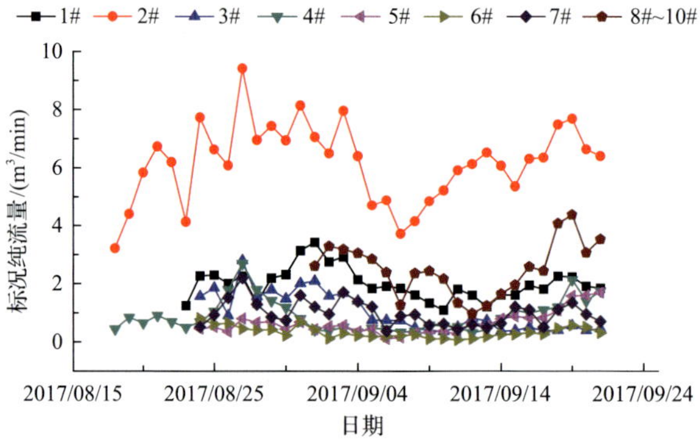

图 6-27　钻孔纯瓦斯流量随抽采时间变化曲线

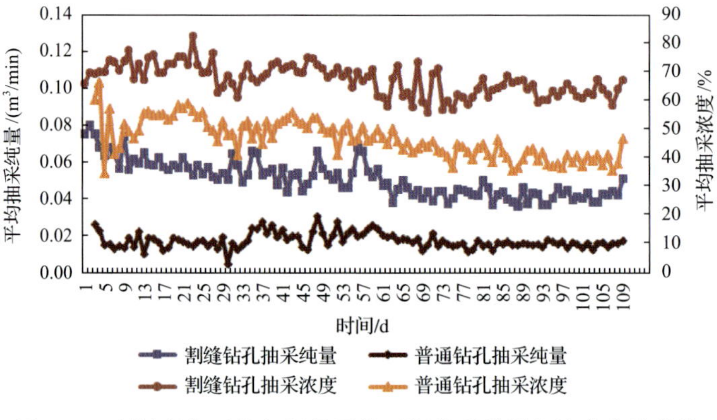

图 7-19　割缝组与对比组每日平均瓦斯抽采纯量与浓度变化曲线

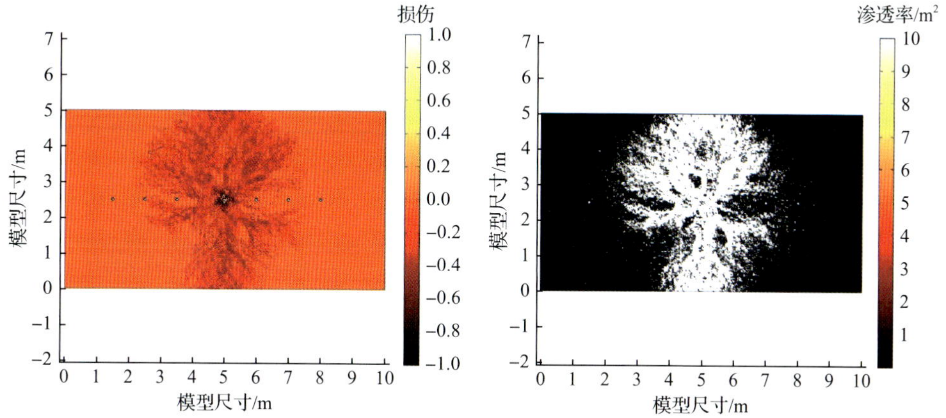

(a) 损伤图　　(b) 渗透系数图

图 7-26　地应力为 0MPa、煤体抗压强度为 20MPa 时的损伤及渗透图

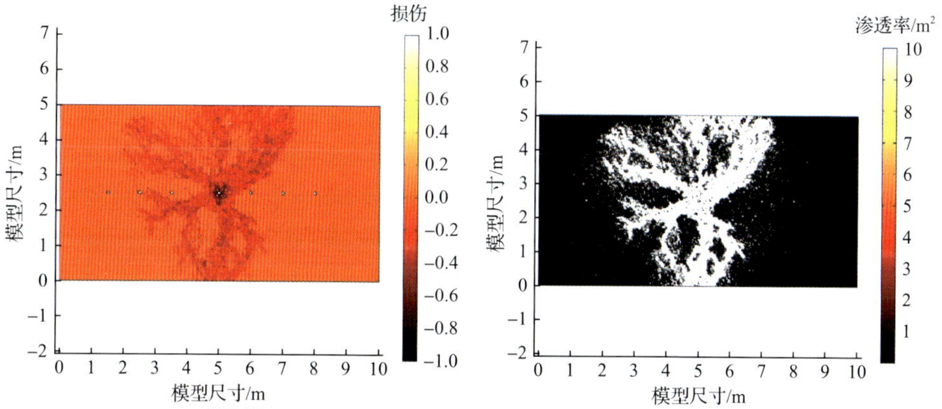

(a) 损伤图　　(b) 渗透系数图

图 7-27　地应力为 0MPa、煤体抗压强度峰值为 30MPa 时的损伤及渗透图

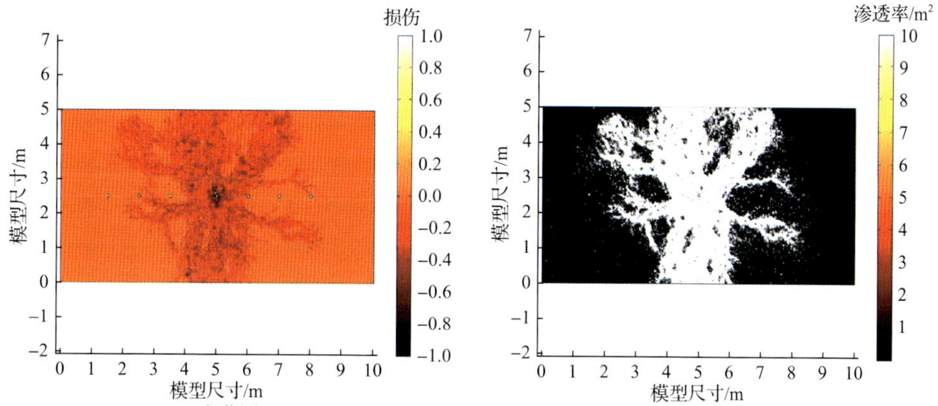

(a) 损伤图　　(b) 渗透系数图

图 7-28　地应力为 0MPa、煤体抗压强度峰值为 40MPa 时的损伤及渗透图

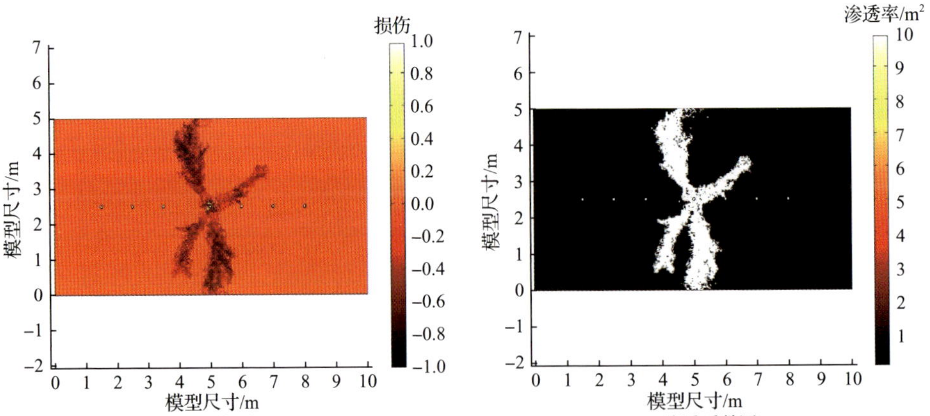

(a) 损伤图　　(b) 渗透系数图

图 7-29　地应力为 10MPa、煤体抗压强度峰值为 20MPa 时的损伤、渗透图

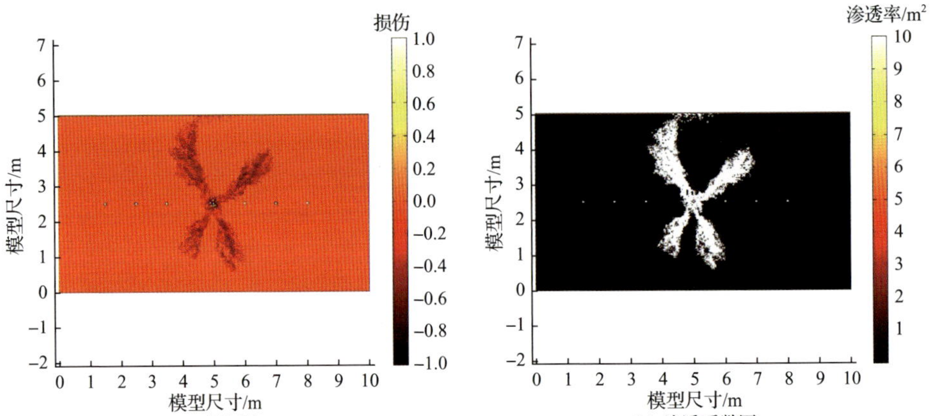

(a) 损伤图　　(b) 渗透系数图

图 7-30　地应力为 10MPa、煤体抗压强度峰值为 30MPa 时的损伤、渗透图

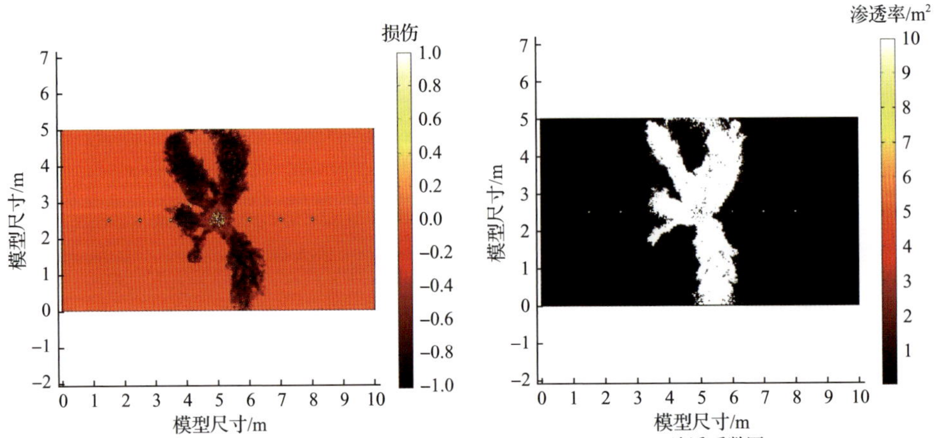

(a) 损伤图　　(b) 渗透系数图

图 7-31　地应力为 10MPa、煤体抗压强度峰值为 40MPa 时的损伤、渗透图

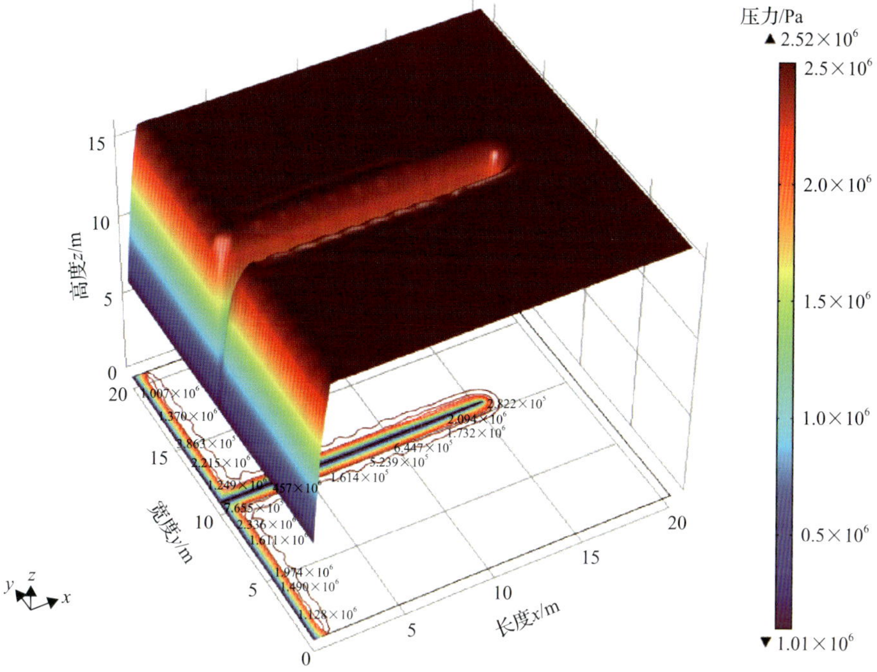

图 7-35　未采取致裂增透措施时瓦斯压力分布立体图(10d)

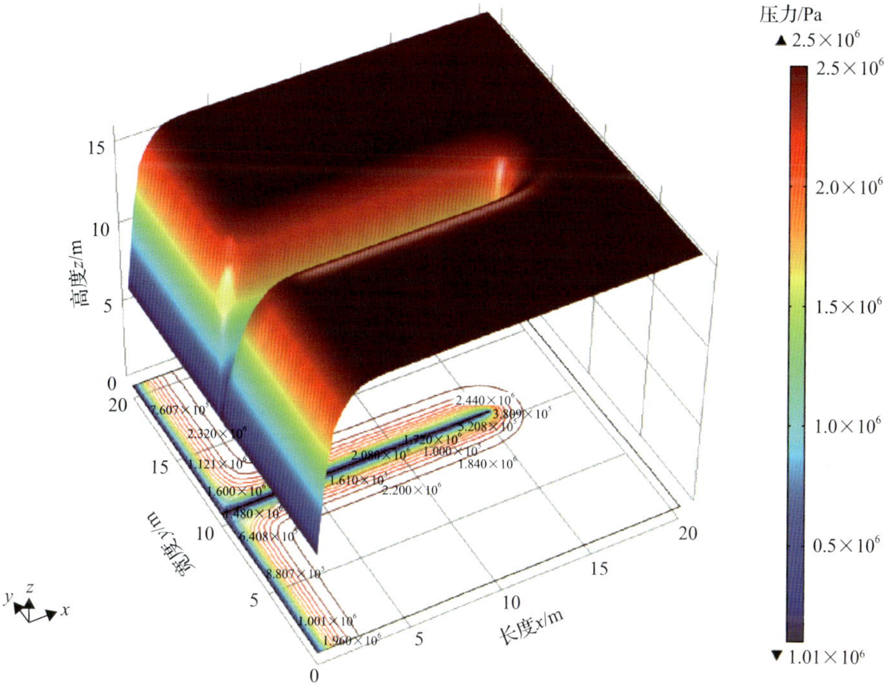

(a) 泄放压力150MPa

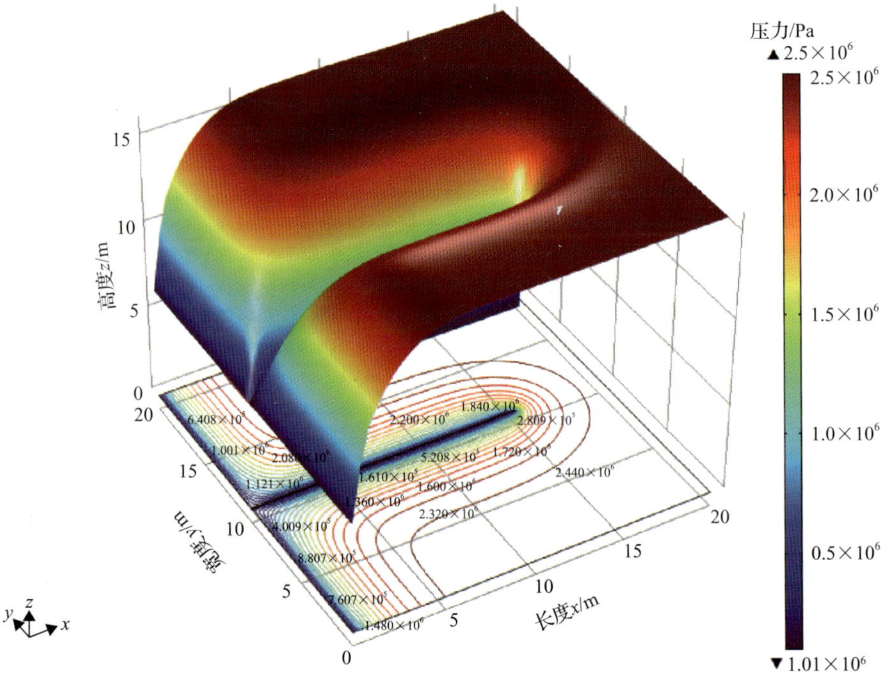

(b) 泄放压力200MPa

图 7-36 爆破时瓦斯压力分布立体图(10d)

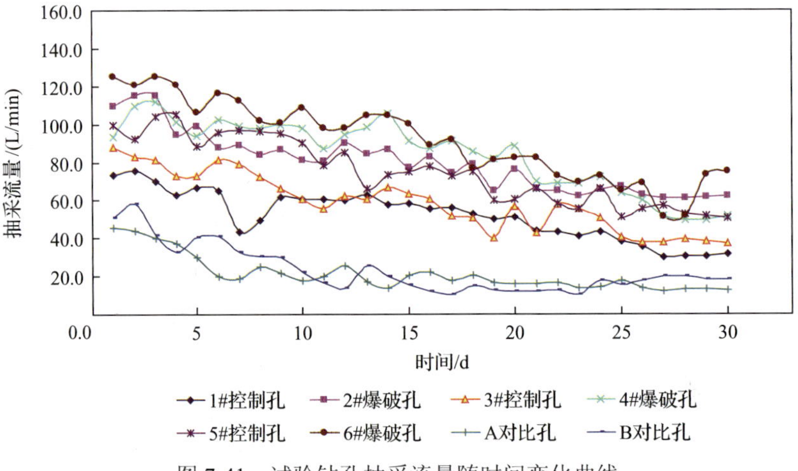

图 7-41 试验钻孔抽采流量随时间变化曲线